U0221418

国家自然保护地生物多样性丛书

ZHEJIANG

WUYANLING

GUOJIAJI

ZIRAN

BAOHUQU

ZHIWU

ZIYUAN

DIAOCHA

YANJIU

浙江乌岩岭国家级自然保护区植物资源调查研究

主编◎楼炉焕　雷祖培　楼一蕾　郑方东

ZHEJIANG UNIVERSITY PRESS
浙江大学出版社 ｜ 全国百佳图书出版单位

图书在版编目（CIP）数据

浙江乌岩岭国家级自然保护区植物资源调查研究/楼炉焕等
主编.—杭州：浙江大学出版社，2021.1
ISBN 978-7-308-20283-1

Ⅰ.①浙… Ⅱ.①楼… Ⅲ.①自然保护区－植物资源
－资源调查－泰顺县 Ⅳ.①Q948.525.54

中国版本图书馆CIP数据核字(2020)第103272号

浙江乌岩岭国家级自然保护区植物资源调查研究
楼炉焕 雷祖培 楼一蕾 郑方东 主编

责任编辑	季 峥（really@zju.edu.cn）	
责任校对	潘晶晶	
封面设计	海 海	
出版发行	浙江大学出版社	
	（杭州市天目山路148号 邮政编码310007）	
	（网址：http://www.zjupress.com）	
排 版	杭州林智广告有限公司	
印 刷	浙江省邮电印刷股份有限公司	
开 本	787mm×1092mm 1/16	
印 张	44.25	
插 页	24	
字 数	1053千	
版 印 次	2021年1月第1版 2021年1月第1次印刷	
书 号	ISBN 978-7-308-20283-1	
定 价	368.00元	

《浙江乌岩岭国家级自然保护区植物资源调查研究》
编委会

序

作为一个一辈子与植物打交道的植物学工作者，浙江乌岩岭国家级自然保护区自始至终是一个令我向往、令我留恋的地方。早在1958年，我在杭州大学生物系毕业留校任教后不久，就作为浙江省植物资源普查队的队员到乌岩岭进行植物资源调查。当时虽然工作条件不好、生活很艰苦，但丰富的植物资源、热情好客的乌岩岭人给我留下了终生难忘的印象。此后几十年间，我先后数次来到乌岩岭，有带学生实习的，有参加有关部门组织的考察调研的，有乌岩岭的领导邀请的，更多的是出于对乌岩岭植物资源强烈的兴趣而自动找上门的。每次来是为了植物，走还是为了植物，可以说，我与乌岩岭的植物结下了深厚的情谊。在这里，我发现了浙江雪胆等植物新种，编写过《泰顺县乌岩岭自然保护区种子植物名录》，对乌岩岭的种子植物区系进行了分析和总结。近几年，我总想在有生之年再去一次乌岩岭，看看那里的好友，看看那里的学生，更想看看乌岩岭的植物，奈何年岁不饶人，终未成行。

最近，楼炉焕同志送来《浙江乌岩岭国家级自然保护区植物资源调查研究》一书的书稿，请我作序。阅读过程中，我似乎又进入乌岩岭丰富多彩的植物世界，甚感欣慰。楼炉焕同志所在的项目组通过2年多的资源调查和积累，完成了《浙江乌岩岭维管束植物名录》，其中共记载维管束植物204科947属2292种4亚种59变种2变型3栽培变种，较《乌岩岭自然保护区志》记载的维管束植物191科850属2030种，应该说有大的进展。更令我高兴的是，全书的重点是对众多植物用途的探讨。

人类从诞生那一天开始，就与植物结下了不解之缘。完全离开植物，人类一刻也无法生存，过去是，现在是，将来必定还是。植物研究可简单地分为两个方向：一是基础研究，包括系统分类，科属种的分分合合，植物地理、植物生理、植物生态等都属于基础研究的范围；二是植物应用研究，包括农学、林学、中草药、园林园艺等。从表面上看，后者参与的人数和投入的人力物力远比前者多。但全球已知的植物有50多万种，但已知对人类的衣食住行有直接或间接关联的植物（通常称资源植物）仅25000种，而被广泛地人工栽培形成商品生产的植物（通常称经济植物）也只有数百种，而大量为人类提供吃（粮食、蔬菜、油脂、果品等）和穿的植物不到100种。这表明人类对植物的利用和开发研究还远远不够。在书稿第二部分对资源植物用途分类汇总中，本书作者查阅了多篇专著、论文等文献，还有很多种类在资源的开发利用研究方面是空白的。

浙江省的植物研究水平在全国处于前列，《浙江植物志》陆续出版，不少地市、县、保护区都有了自己的植物志。但目前还没有见到浙江经济植物志，落后于全国很多省份。植物研究和保护的最终目的是开发利用，为人类服务。植物资源开发利用的方法、方式和水平从多角度反映当地的科技水平、经济实力和精神文明程度。

　　本书作者在深入调查保护区植物种质资源的基础上，通过查阅大量文献资料、市场调查、群众访问等手段，对被调查到的种质资源的用途进行全面的了解，并尽可能有量化指标和开发利用方法，为今后编写保护区和相关地区的经济植物志打下基础，将对全省乃至全国的植物学研究、教学、科普，以及对植物资源的保护、开发利用产生积极的推动作用和重要的影响。

郑朝宗

浙江省植物学会前理事长、名誉理事长

浙江大学生命科学学院教授

2020年6月

前　言

　　浙江乌岩岭国家级自然保护区位于浙江省泰顺县西北部。1959年始建乌岩岭国营林场，1975年设立浙江省级自然保护区，1994年4月晋升为国家级自然保护区，总面积由原来的1494.7hm^{2}增加到18861.5hm^2。保护区主要保护对象为我国特产珍禽、国家一级保护动物黄腹角雉 Tragopah caboti (Gould, 1857) 及典型的中亚热带森林生态系统；它是浙江省八大水系之一飞云江的源头，为重要的水源涵养地和生态安全保护地。1983年，由温州市科委立项，温州市科协和林业局牵头，开展对保护区自然资源综合考察，我作为植物资源部分考察的主要参加者完成了保护区植物名录的制定工作。此后没有进行比较全面、系统的植物资源调查。为了更好地了解保护区的植物资源，在浙江乌岩岭国家级自然保护区管理中心的大力支持下，浙江农林大学、中国科学院植物研究所等单位于2015年10月—2017年11月，根据植物生长的季节性和不同的生态环境植物的差异进行了多次全面深入的实地踏查，范围遍及保护区的每个小区，多数种类在实地进行识别、鉴定和记录，对于保护区内的重点保护种类、稀有种类和当时没有十分把握的种类，采集标本、拍照，并做好记录。随后，我们对本次采集的标本、照片，浙江省内各标本馆珍藏的乌岭岩历年采集的标本，参考《中国植物志》《浙江植物志》《温州植物志》等，进行种类鉴定。

　　在整理过程中，参考 Flora of China，归并了165个种（包括种下分类等级）。完成了保护区维管束植物名录，共有维管束植物204科947属2292种4亚种59变种2变型3栽培变种。其中，蕨类植物43科87属231种2变种；裸子植物8科23属30种1栽培变种（栽培植物2科8属12种1栽培变种）；被子植物153科837属2031种4亚种57变种2变型2栽培变种（栽培植物3科15属50种1变种1变型2栽培变种）。为提高保护区植物名录自然性，此前保护区名录中的栽培种类，特别是农作物种类绝大多数被删除，仅保留在保护区栽培广泛的种类，如银杏 Ginkgo biloba Linn.、金钱松 Pseudolarix kaempferi (Lindl.) Gord.、水杉 Metasequoia glyptostroboides Hu et Cheng 等，以及原为引种栽培，现已较多逸生的种类，如桤木 Alnus cremastogyne Burk、鸡冠花 Celosia cristata Linn.、菊芋 Helianthus tuberosus Linn. 等。

　　通过查阅文献和参考此前的保护区植物名录（乌岭岩自然保护区志），共增加655种（包括种下分类等级），其中，蕨类植物75种，裸子植物1种，被子植物579种。

　　至此，课题只要再完成调查报告就可结束，但以下原因促使我们的工作继续进行。一是保护区有全省较其他保护区丰富的植物资源，保护区的同志建议尽可能列出这些资源的用途尽可能列出，有利于它们作为种质资源服务于社会。二是我在浙江农林大学主要从事是植物分类学、植物资源开发利用、观赏树木学和药用植物学课程的教学工作，看到保护区丰富的植物资源，若仅仅完成一个植物分类的名录，心有不甘，有心将保护区丰富多彩的资源展示出来，因而爽快地接受了保护区的建议。

我原以为将植物按用途分类排列应是举手之劳，从事植物资源开发利用教学不就是将植物按用途分类吗？但工作一开始就遇到了难题。第一，资料缺少，目前国内尚无对某一地区的整个植物资源进行分类的专著，国外有一些，但种类的共有性太低，参考价值不大，只能从单一的资源植物专著、论文去查找，如药用植物、观赏植物、油料植物、野生蔬菜等。但总有大量的植物在文献中都没有记载。这说明我们国家对植物资源全面深入的研究还很不够。第二，界定困难。例如蛋白植物类，从理论上说，蛋白质是生命的基础，所有植物都是蛋白资源，但在查阅到的文献中，作为蛋白植物资源的并不多。观赏植物的界定本来就是以人们的主观认识为主，在众多植物资源中用某一标准来确定哪些是观赏植物有点困难。原来以为野生蔬菜类的界定标准比较简单：无毒、口味或加工后的口味好、有一定的营养成分或防病治病功效就行，但事实上民间习惯食用的部分野菜是有毒的。如鱼腥草 *Houttuynia cordata* Thunb. 在我国多地作野生蔬菜，但所有资料都显示全株有毒；蕨 *Pteridium aquilinum* (Linn.) Kuhn var. *latiusculum* (Desv.) Unherw. 是最常见、食用范围最大的野生蔬菜，在东北还作为大宗产品出品，但日本研究显示其含有致癌物质；博落回 *Macleaya cordata* (Willd.) R. Br. 一直作为有毒植物和土农药，但在日本却是野生蔬菜。第三，量化数据太少。如油料植物类的含油量、脂肪酸的种类和占比是衡量的基本数据，木材的理化指标、力学性能是衡量的基本数据，维生素植物的维生素种类和含量是衡量的基本数据，但这些数据在大量的文献中是残缺不全或根本没有。还有的是不同的资料中同一植物的数据差距很大，甚至有数倍的差距。

面对上述困境，只能大量查阅文献资料，归纳汇总，坚持"文本主义"，即有文献资料的写上，没有的决不强求。通过一年多的不懈努力，我们基本完成了按资源用途对保护区维管束植物资源进行分类。

本书植物资源分类按吴征镒植物资源分类系统（1983）进行，分成5大类33小类，并在每种后加以标记符号。在此基础上，建成保护区资源植物数据库，点击植物的中名或拉丁学名，出现该植物的所有用途，点击某类用途的名称，可出现该用途植物名录。

书的主体是第三部分保护区植物资源和利用，对每类用途的资源植物进行记述。为节省篇幅，每种的形态特征描述全部省略，读者可查阅《中国植物志》《浙江植物志》《温州植物志》等。彩色照片仅选300张，主要是保护植物、保护区新分布植物和有重要开发价值的植物。

本书编写分工如下：第一部分，楼炉焕、郑方东编写；第二部分，楼炉焕、刘西编写；第三部分第一章、第二章，楼炉焕编写；第三部分第三章，夏国华编写；第三部分第四章，楼一蕾、夏国华编写；第三部分第五章，楼炉焕、刘西编写。楼一蕾负责全书统稿、参考文献整理、中名与拉丁学名索引编制工作。浙江农林大学研究生林雨萱、黄一芳参加了第三部分第一章和第四章的编写工作。

全书经温州大学丁炳扬教授审阅，并提出宝贵的修改意见，在此谨表衷心感谢。

由于水平有限，时间仓促，书中的错误肯定不少，还望读者不吝指正。

楼炉焕

目 录 | CONTENTS

第一部分

浙江乌岩岭国家级自然保护区
自然概况和历史追溯

第一章 浙江乌岩岭国家级自然保护区自然概况

一、地理位置

浙江乌岩岭国家级自然保护区（以下简称保护区）地处中亚热带南北亚带分界上，位于浙江省泰顺县西北部和西南部，是中国濒临东海最近的森林生态与野生动物类型国家级自然保护区。

保护区总面积18861.5hm²，包括北、南两个片区。北片为主区域，位于浙江省泰顺县的西北部，北纬27° 20′ 52″ ~ 27° 48′ 39″，东经119° 37′ 08″ ~ 119° 50′ 00″，西与福建省的寿宁、福安接壤，北接浙江省的文成、景宁县。南片位于泰顺县西南隅，北纬27° 22′，东经119° 45′，西连福建省福安市，北连罗阳镇洲岭社区，东、南连三魁镇垟溪社区。

二、地质地貌

保护区地处浙江永嘉—泰顺基底坳陷带的山门—泰顺断陷区内，为洞宫山脉南段。其特点是山峦起伏、切割剧烈、多断层峡谷、地形复杂。千米以上山峰有17座，彼此衔接，连绵延展，成为乌岩岭主要的地形景观，其中主峰白云尖高1611.3m，为温州第一高峰。

三、气候水文

保护区属南岭闽瓯中亚热带气候区，温暖湿润、四季分明、雨水充沛，具中亚热带海洋性季风气候特征。年平均气温15.2℃，1月均温5.0℃，7月均温24.1℃，极端最高气温39.2℃，极端最低气温－11.0℃，无霜期230天，平均相对湿度在82%以上，年均降水量2195mm，5—6月最多，占29%，主要生长季3—10月各月的降水量在100mm以上。

乌岩岭是浙江省八大水系飞云江的发源地，也是温州"大水缸"珊溪水库的源头。

从整个保护区范围来看，虽然山高坡陡，溪沟平均坡度大，暴雨汇流时间短促，形成众多瀑、潭，但河床仍较窄，河宽一般均在10m以内，两岸完整，冲刷缓和，源流短而流水长年不断，水质清澈，水资源丰富。

四、土壤结构

保护区山地土壤类型隶属红壤和黄壤两个土类，海拔600m以下的为红壤类的乌黄砾泥土，海拔600m以上的为黄壤类的山地砾石黄泥土、山地黄泥土、山地砾石香灰土和山地香灰土。森林土壤厚度一般为70cm左右，枯枝落叶层厚2～7cm，表土层厚10～20cm，pH值4～6，全氮含量0.1%～0.5%，全磷含量0.02%～0.03%，有机质含量高，土壤质地良好。年凋落物和枯枝落叶贮量平均为15.4t/hm²（以干物质计），腐殖质层和表土层吸收较多的水分，因此土壤久晴不旱。

五、植被构成

保护区植被在中国植被分区方案中属中亚热带常绿阔叶林南部亚地带。由于自然地理条件独特，加上地处群山僻壤，人烟稀少，20世纪50年代前，人迹罕至，保存了大面积原生性常绿阔叶林。1958年，部分遭到人为破坏，但通过几十年的保护和管理，恢复较快，植被保存比较完整，具有一定的中亚热带常绿阔叶林代表性。

六、生物资源状况

保护区树种繁多，生物资源异常丰富。据最新森林资源调查显示，保护区土地总面积18861.5hm²，其中林业用地17605.1hm²，非林业用地1056.4hm²，分别占土地总面积的93.3%、6.7%。整个保护区森林覆盖率为92.8%，其中核心区森林覆盖率达96.0%。

保护区为中国黄腹角雉的唯一保种基地和原产地人工繁殖基地。除黄腹角雉以外，保护区还拥有占中国5.9%的国家珍稀保护植物，如南方红豆杉、伯乐树等；拥有占中国15.7%的高等动物，其中国家一、二级重点保护有黄腹角雉、白颈长尾雉、金钱豹、黑麂等45种；拥有鸟类近200种，其中国家一、二级保护的有30种。因此，保护区被专家们喻为"天然生物基因库"和"绿色生态博物馆"。

（一）植物资源

保护区由于地处亚热带中部—中亚热带南北亚地带分界线上，是南北植物汇流之区，加上西北面山岗阻隔，地形复杂，气候优越，因此，植物种类丰富，区系较为复杂。据《乌岩岭自然保护区志》记载，区内有种子植物1863种，隶属于158科775属，占浙江省种子植物的55%，是保护区整个自然生态系统的主要组成部分；蕨类植物33科75属167种10变种2变型；苔藓植物59种，隶属于34科53属；真菌17目39科119种。

（二）动物资源

保护区动物资源丰富，动物地理分布和区系组成上有华南区特色。保护区内有脊椎动物4纲27目81科218属342种，占浙江省总数的53%，脊椎动物中以鸟类最多；有昆虫20目202科2133种，约占浙江省总数的22.2%。

兽类8目20科53种；鸟类11目52科198种；两栖动物34种，隶属于20属9科2目；爬行动物54种，隶属于11科2目；两栖动物和爬行动物物种数分别占浙江省总数的68.0%和63.5%。

七、旅游资源

保护区地形地貌复杂，形成了各种独特的自然景观。特色是山清水秀、盛夏无暑、气象变幻、莽林壁松、飞瀑碧潭、鸟语花香。大片常绿阔叶林形成的森林景观具很高的观赏价值，是旅游资源的基础；保护区内气象景观也非常丰富，一年四季气象万千，变幻无穷；保护区内除有切割剧烈、受断层峡谷的侵蚀地貌所产生的瀑、潭、嶂等景点，如白云瀑、白云尖、龙井潭外，还有珊溪、三插溪两大水库，司前、竹里两个民族（畲族）乡（镇）。

第二章 浙江乌岩岭国家级自然保护区发展历史沿革

乌岩岭旧称"万里林",由于地处百丈,又名"百丈林",为古代逃难隐居之所,后由于双坑口溪边石壁及岩石特别黑,背后又都是大森林,当地群众便称之为"乌岩林"。1958年建林场时,欲定名"乌岩林林场",因这一名称中有"林林"叠字,而林场均为高山峻岭,且从楠垟到叶山的古山道称为"箬岭坑",就将"乌岩林"改名为"乌岩岭"。因整个山体属武夷山系向北延伸的洞宫山脉的东段,1970年曾被改称"武夷岭",1978年恢复"乌岩岭"名。

历史上这里也曾遭到了几次人为破坏。清康熙年间,曾有福建省永安县有人逃难到乌岩岭,在此搭厂(棚),种植粮食和经济作物靛青。1958年,建炭窑200余座,砍伐木材3万余立方米,造成部分原生阔叶林的破坏。在现保护区的核心区,曾建一座大型炭窑,一次可出木炭万余斤,名为"万斤窑",此名沿用至今。但由于山体高大,面积较广,交通不便,区内仍保存了大量的原生阔叶林及各种动植物野生资源。

1959年,建立了乌岩岭国营林场,隶属泰顺县林业局。

1962年,撤销乌岩岭国营林场,作为一个林区,并入罗阳林场。

1964年5月,浙江省计划经济委员会和浙江省林业厅批准恢复乌岩岭国营林场。1969年,泰顺县乌岩岭林场革命委员会成立,开展了林木资源保护和用材林建设。经过精心造林、护林,森林资源不断增加,原有的天然阔叶林得以恢复和保存。

从20世纪50年代初开始,尤其到了70年代,一些高等院校、科研单位的研究人员对乌岩岭进行了考察研究,如上海华东师大完成了蕨类植物调查和常绿阔叶林群落调查分析,杭州大学做过动物资源片段调查等。丰富的生物资源引起科研工作者的极大关注,也引起政府和有关领导部门的高度重视。

1975年,浙江省革命委员会正式批准设立浙江省乌岩岭自然保护区(范围仅限于国有部分1500hm²),开展了以保护、科研为主的一些活动。

1981年5月30日傍晚，杭州大学诸葛阳教授首次在保护区发现世界濒危物种、国家一级重点保护动物——黄腹角雉，后即采取措施加以严格保护。

1983年，由温州市科委立项，并组织和邀请北京师范大学，华东师范大学，杭州大学，浙江林学院，杭州植物园，温州市和泰顺县林业、环保、气象、科协等相关部门的17个单位的专家、教授组成综合考察队，分成植物区系、植被、动物、昆虫、环保、土壤、地质、气象等10个考察小组，对乌岩岭进行全面系统的考察，取得了很大成果，特别对国际濒危鸟类之一——黄腹角雉进行了野外动态观察、习性调查、无线电跟踪等研究，填补了国际空白，确立了国家唯一的黄腹角雉保养、科研基地。

1993年5月，泰顺县人民政府批复同意扩大乌岩岭自然保护区经营范围，将岭北、碑排、司前、黄桥、竹里等乡镇部分行政村的林地纳入自然保护区经营范围，并建立垟溪保护点。

1994年4月5日，国务院批准建立浙江乌岩岭国家级自然保护区。

1995年，浙江省批准设立浙江乌岩岭国家级自然保护区管理局。

1997年1月6日，浙江乌岩岭国家级自然保护区管理局挂牌。时任浙江省代省长柴松岳亲自出席成立仪式，并为保护区授牌。

同年10月6日，泰顺县人民政府决定将乌岩岭林场从县林业局划归浙江乌岩岭国家级自然保护区管理局管理。

2001年12月26日，泰顺县人民政府致函国家林业局说明浙江乌岩岭国家级自然保护区面积情况：保护区行政范围涉及乌岩岭林场、司前镇、碑排乡、岭北乡、竹里乡、黄桥乡、垟溪乡6个乡镇的17个行政村的25个自然村，7个乡林场。保护区总面积18861.5hm²，其中，国有面积1456.3hm²，集体面积17405.2hm²。

第三章 浙江乌岩岭国家级自然保护区植物资源调查研究简史

1958年10月，浙江省野生动植物普查大队到乌岩岭林场进行野生植物资源调查，采集了几十种珍稀植物标本。

1960年，杭州植物园研究人员2次到乌岩岭调查并采集标本，采集了几十种药用和珍稀植物标本。

1971年8月，华东师范大学教师及学生8人到乌岩岭调查植物资源，采集植物标本。

1972年9月，杭州植物园章绍尧带队在乌岩岭调查植物资源，采集植物标本。

1977—1978年，华东师范大学教师刘金林、顾泳洁、宋永昌、张绅，中国科学院北京植物所王献溥、胡舜士到乌岩岭进行植物群落调查，发表《浙江省泰顺县乌岩岭常绿阔叶林群落分析》一文。

1979年7月，杭州大学生物系郑朝宗、楼炉焕、蔡延奔、陈启瑺到乌岩岭调查植物资源并采集种子植物标本。

1979年10月，泰顺县林业科学研究所在林木良种资源调查时，在乌岩岭发现深山含笑、亮叶水青冈、水青冈等优良珍贵树种。

1980年5月，杭州大学生物系张朝芳、丁炳扬、洪利兴、叶亦聪，在乌岩岭开展维管束植物资源调查，采集植物标本。

1980年7月，杭州大学生物系陈启瑺、周今华、沈炳辉、洪林到乌岩岭开展种子植物资源调查，并采集植物标本。

1980年10月—1983年，温州地区乔灌木树种资源考察队在乌岩岭进行乔灌木树种调查。

1981—1982年，华东师范大学生物裴佩熹、关依平先后2次到乌岩岭调查蕨类植物，完成《乌岩岭蕨类植物区系的初步研究》一文。

1982年8月，杭州大学生物系郑朝宗、郭晓勉、沈朝东在乌岩岭进行种子植物资源调查，完成《泰顺县乌岩岭区种子植物名录》。

1983年6月，由温州市科委立题，市科协和市林业局牵头，泰顺县林业局、乌岩岭保护区管理部门承揽"乌岩岭自然保护区自然资源综合考察"项目，邀请温州市林业、环保、土肥、气象、地理、水利、林学等学会，泰顺县科委、科协、环保办，杭州植物园，浙江林学院，浙江林校，杭州大学，浙江医科大学，北京师范大学，华东师范大学，浙江省农业科学研究院亚热带作物研究所等19个单位的专家、教授、工程师、农艺师、科技工作人员共44人，组成乌岩岭自然保护区自然资源综合科学考察队，完成了多学科的资源综合考察，资料汇编成《乌岩岭自然保护区自然资源综合考察报告》。在此次考察中，比较全面地对乌岩岭自然保护区高等植物（苔藓、蕨类、种子植物）进行了清查。

1983年7—8月，浙江林学院楼炉焕、丁陈森，泰顺县林业局吕正水、徐柳杨，保护区周洪青、盛毓兴在乌岩岭自然保护区、马子坑、里光乡调查维管束植物，采集植物标本。

1983年11月，浙江林校陈根蓉、泰顺县林业局吕正水、保护区周洪青在乌岩岭自然保护区、马子坑、里光乡对维管束植物进行进一步调查，并采集标本。

1985年5月，杭州大学生物系丁炳扬对乌岩岭杜鹃花科植物资源进行调查，并采集标本。

1985年12月，浙江省野生植物普查大队到乌岩岭进行野生植物资源调查。

同年，郑朝宗在乌岩岭发现新种浙江雪胆，并进行研究，在《植物分类学报》发表《雪胆属一新种——浙江雪胆》。

1986年11月，浙江林学院楼炉焕、李根有，泰顺县林业局吕正水对垟溪、百丈、司前、黄桥进行维管束植物调查，采集标本。

1987年3—5月，浙江林学院楼炉焕、李根有带领学生杨才进、沈士华、张道苟、李冬芳、吴丽君在乌岩岭自然保护区，重点是垟溪林场，调查维管束植物资源及其用途。泰顺县林业局吕正水，保护区周小芹、周洪青、刘宗行等参加调查。

1988年10月，杭州大学生物系丁炳扬在罗阳、司前附近调查水生维管束植物资源。

1989年11—12月，浙江林学院楼炉焕、金水虎，泰顺县林业局吕正水，保护区杨才进等在龟湖至交溪、寿泰溪流域及乌岩岭自然保护区进行维管束植物、珍稀濒危植物调查。

1990年4—5月，浙江林学院李根有带领学生徐耀良、陆锦星、顾振强对寿泰溪流域、仕阳溪流域维管束植物开展调查。

1992年8月，泰顺县林业局吕正水，浙江林学院楼炉焕、李根有、徐林娟、黄守捌等在司前沿溪至黄桥、乌岩岭等地进行维管束植物、野生水果、野生观赏植物资源调查。

1993年12月，泰顺县林业局吕正水、浙江林学院楼炉焕、杭州植物园鲍淳松在乌岩岭、里光、龟湖至交溪进行珍稀濒危植物、野生观赏植物资源调查。

在前述6次调查后，通过标本鉴定、分析研究，浙江林学院楼炉焕、李根有，泰顺县林业局吕正水、董直晓、徐柳杨，保护区杨才进、周洪青等在《浙江林学院学报》（1994年11卷）发表《浙江省泰顺县维管束植物资源研究专辑》，包括泰顺县植物资源调查报告、泰顺县维管束植物名录等8篇论文，中科院王文采院士为专辑作序。专辑反映的是泰顺全县维管束植物资源，但重点自始至终是保护区的植物资源。

2004年6月，中国科学院北京植物研究所肖楠到保护区专题考察苦苣苔科植物。

2004年7月，浙江大学植物进化与生物多样性实验室博士陈士超、赵云鹏与美国芝加哥自然博物馆博士后Stefanise Lekert-Bond到保护区考察金缕梅科植物。

2008年11月，日本东京大学邑田仁和浙江大学傅承新到乌岩岭考察百合科菝葜属植物。

2009年6月，由浙江大学教授丁平、北京师范大学副教授张雁云、浙江林学院教授李根有、浙江省林业调查设计院副院长陈征海等专家组成的功能区调整科学考察组到保护区做专题考察。

2011年7月，浙江省第四期植物分类与生物多样性保护高级研讨班在保护区举行，有来自浙江省林科院、浙江省植物学会、浙江大学等单位的植物学者、专家共30多人参加。

对浙江乌岩岭国家级自然保护区植物资源的调查研究可能远不止上面所述。鉴于保护区对进入区内进行植物资源调查的记载有些遗漏，特别是保护区建立前进行的植物资源调查没有根据严格的登记程序执行，或者是保护区机构和人员的变动大，档案资料的移交没有完全到位，许多为保护区植物资源调查研究做出贡献的学者、科研工作者没有被提及，在此向他们表示感谢。

第二部分

浙江乌岩岭国家级自然保护区
维管束植物名录及资源用途分类

Ⅰ.蕨类植物门 Pteridophyta 43科87属231种2变种。

Ⅱ.裸子植物 Gymnospermae 8科23属30种1栽培变种。其中，栽培植物2科8属12种1栽培变种。

Ⅲ.被子植物 Angiospermae 153科837属2031种4亚种57变种2变型2栽培变种。其中，栽培植物3科15属50种1变种1变型2栽培变种。

合计维管束植物 204科947属2292种4亚种59变种2变型3栽培变种。其中，栽培植物5科23属62种1变种1变型3栽培变种；野生植物199科924属2230种4亚种58变种1变型。

注：中名前有"△"为栽培植物，"★"为相对《乌岩岭自然保护区志》增加的种类（共655种，包括种下等级，其中蕨类植物75种，裸子植物1种，被子植物579种）。

每种后面有：①食用植物资源；②药用植物资源；③工业用植物资源；④保护和改造环境植物资源；⑤植物种质资源。

植物资源分类系统（吴征镒，1983）

一、食用植物资源

1. 淀粉植物类①–(1)；

2. 植物蛋白类①–(2)；

3. 食用油脂植物类①–(3)；

4. 维生素植物类①–(4)；

5. 饮料植物类①–(5)；

6. 食用色素植物类①–(6)；

7. 食用香料植物类①–(7)；

8. 植物甜味剂类①–(8)；

9. 饲用植物类①–(9)；

10. 野生蔬菜类①–⑽；

11. 食用竹类①–⑾；

12. 蜜源植物类①–⑿；

13. 水果干果类①–⒀。

二、药用植物资源

14. 中草药植物类②–(1)；

15. 植物农药类②–(2)；

16. 有毒植物类②–(3)。

三、工业用植物资源

17. 木材类③–(1)良；

18. 纤维植物类③–(2)；

19. 鞣料植物类③–(3)；

20. 香料植物类③–(4)；

21. 工业用油脂植物类③–(5)；

22. 植物胶类③–(6)：③–(6)a(树脂)，③–(6)b(橡胶)；

23. 工业用植物性染料类③–(7)；

24. 能源植物类③–(8)；

25. 经济昆虫寄主植物类③–(9)；

26. 其他植物类③–⑽。

四、保护与改造环境植物类

27. 防风固沙植物类④–(1)；

28. 水土保持植物类④–(2)；

29. 绿肥植物类④–(3)；

30. 花卉资源类④–(4)形：④–(4)叶，④–(4)花，④–(4)果；

31. 指示植物类④–(5)；

32. 抗污染植物类④–(6)。

五、植物种质资源

33. 特有植物资源类⑤–(1)：国家一级保护⑤–(1)a，国家二级保护⑤–(1)b，浙江省重点保护⑤–(1)c；

34. 作物品种种质资源类⑤–(2)；

35. 外来入侵种类⑤–(3)。

I 蕨类植物门 Pteridophyta

一 石杉科 Huperziaceae

1.蛇足石杉 **Huperzia serrata** (Thunb.) Trev.②－(1)②－(2)②－(3)⑤－(1)c

2.柳杉叶马尾杉 **Phlegmariurus cryptomerianus** (Maxim.) Ching ex H. S. Kung et L. B. Zhang②－(1)

3.华南马尾杉（福氏马尾杉）**Phlegmariurus fordii** (Bak.) Ching ——*P. yandongensis* Ching et C. F. Zhang②－(1)

4.闽浙马尾杉 **Phlegmariurus mingcheensis** (Ching) L. B. Zhang②－(1)

二 石松科 Lycopodiaceae

1.藤石松 **Lycopodiastrum casuarinoides** (Spring) Holub ex Dixit②－(1)④－(5)酸性土壤

2.石松 **Lycopodium japonicum** Thunb. ex Murray①－⑩②－(1)②－(2)②－(3)③－(5)③－(7)④－(4)形④－(5)酸性土壤

3.灯笼草（垂穗石松）**Palhinhaea cernua** (Linn.) Franco et Vasc.②－(1)④－(4)形

三 卷柏科 Selaginellaceae

1.﹡布朗卷柏 **Selaginella braunii** Bak.②－(1)④－(4)形

2.﹡蔓出卷柏 **Selaginella davidii** Franch.②－(1)④－(4)形

3.﹡薄叶卷柏 **Selaginella delicatula** (Desv.) Alston②－(1)④－(4)形

4.深绿卷柏 **Selaginella doederleinii** Hieron.②－(1)④－(2)④－(4)形

5.异穗卷柏 **Selaginella heterostachys** Bak.②－(1)

6.兖州卷柏 **Selaginella involvens** (Sw.) Spring②－(1)④－(4)形

7.细叶卷柏 **Selaginella labordei** Hieron.②－(1)

8.﹡具边卷柏 **Selaginella linbata** Alston④－(4)形

9.江南卷柏 **Selaginella moellendorfii** Hieron.②－(1)④－(2)④－(4)形

10.伏地卷柏 **Selaginella nipponica** Bak.②－(1)

11.疏叶卷柏 **Selaginella remotifolia** Spring②－(1)④－(4)形

12.卷柏 **Selaginella tamariscina** (Beauv.) Spring②－(1)④－(2)④－(4)形

13.翠云草 **Selaginella uncinata** (Desv.) Spring②－(1)④－(4)形

四 木贼科 Equisetaceae

1. 节节草 **Hippochaete ramosissima** (Desf.) Milde ex Bruhin ——*Equisetum ramosissimum* Desf. ①–⑩②–(1)②–(3)

五 松叶蕨科 Psilotaceae

1. *松叶蕨 **Psilotum nudum** (Linn.) Griseb. ②–(1)②–(3)④–(4)形⑤–(1)c

六 阴地蕨科 Botrychiaceae

1. *阴地蕨 **Scepteridium ternatum** (Thunb.) Lyon①–⑩②–(1)④–(4)形

七 观音座莲科 Angiopteridaceae

1. 福建莲座蕨（福建观音座莲）**Angiopteris fokiensis** Hieron.——*A. officinalis* Ching —— *A. lingii* Ching①–(1)②–(1)④–(4)形⑤–(1)c

八 紫萁科 Osmundaceae

1. 粗齿紫萁 **Osmunda banksiifolia** (Presl) Kuhn①–⑩④–(2)④–(4)形

2. 福建紫萁（桂皮紫萁）**Osmunda cinnamomea** Linn. var. **fokiense** Cop.①–⑩②–(1)④–(4)形

3. 紫萁 **Osmunda japonica** Thunb.①–(1)①–⑩②–(1)②–(2)④–(2)④–(5)酸性土壤

九 瘤足蕨科 Plagiogyriaceae

1. 瘤足蕨（镰叶瘤足蕨）**Plagiogyria adnata** (Bl.) Bedd. ——*P. distinctissima* Ching ②–(1)④–(2)

2. 华中瘤足蕨（武夷瘤足蕨、尾叶瘤足蕨）**Plagiogyria euphlebia** (Kunze) Mett. ——*P. chinensis* Ching ——*P. grandis* Cop. ②–(1)④–(4)形

3. 镰羽瘤足蕨（倒叶瘤足蕨）**Plagiogyria falcata** Cop. ——*P. dunnii* Cop. ②–(1)④–(2)④–(4)形

4. 华东瘤足蕨 **Plagiogyria japonica** Nakai②–(1)④–(2)

一〇 里白科 Gleicheniaceae

1. 芒萁 **Dicranopteris pedata** (Houtt.) Nakaike①–⑩②–(1)③–(2)④–(2)④–(4)形④–(5)酸性土壤

2. 中华里白 **Diplopterygium chinense** (Rosenst.) De Vol②–(1)④–(2)④–(4)形④–(5)酸性土壤

3. 里白 **Diplopterygium glaucum** (Thunb. ex Houtt.) Nakai②–(1)④–(2)③–(1)筷子④–(4)形④–(5)酸性土壤

4. 光里白 **Diplopterygium laevissimum** (Christ) Nakai④–(2)④–(4)形④–(5)酸性土壤

一一 **海金沙科** Lygodiaceae

1. 海金沙 **Lygodium japonicum** (Thunb.) Sw. ——*L. microstachyum* Desv.①–(9)①–⑽②–(1)②–(2)④–(4)形④–(5)酸性土壤

一二 **膜蕨科** Hymenophllaceae

1.长柄假脉蕨（多脉假脉蕨）**Crepidomanes latealatum** (Bosch) Cop. ——*C. insignis* (Bosch) Fu ——*C. racemulosum* (Bosch) Ching

2.团扇蕨 **Gonocormus minutus** (Bl.) Bosch ——*Crepidomanes minutum* (Bl.) K. Iwatsuki④–(4)形

3.华东膜蕨 **Hymenophyllum barbatum** (Bosch) Bak.——*H. khasianum* Hook.——*H. whangshanense* Ching et Chiu②–(1)

4.蕗蕨 **Mecodium badium** (Hook. et Grev.) Cop. ——*Hymenophyllum badium* Hook. et Grev.②–(1)④–(4)形

5.长柄蕗蕨 **Mecodium polyanthos** ——*M. lushanense* Ching et Chiu——*M. osmundoides* (Bosch) Ching②–(1)

6.瓶蕨 **Trichomanes auriculata** Bl. ——*Vandenboschia auriculata* (Bl.) Cop.②–(1)

7.华东瓶蕨（管苞瓶蕨）**Trichomanes orientalis** C. Chr.——*Vandenboschia birmanica* (Bedd.) Ching②–(1)④–(4)形

一三 **蚌壳蕨科** Dicksoniaceae

1. 金毛狗 **Cibotium barometz** (Linn.) J. Smith①–(1)②–(1)③–(2)④–(2)④–(4)形⑤–(1)b

一四 **桫椤科** Cyatheaceae

1. 粗齿桫椤 **Alsophila denticulata** Bak.④–(4)形⑤–(1)b

一五 **碗蕨科** Dennstaedtiaceae

1.细毛碗蕨 **Dennstaedtia hirsuta** (Sw.) Mett. ex Miq. ——*D. pilosella* (Hook.) Ching

2.碗蕨 **Dennstaedtia scabra** (Wall. ex Hook.) Moore②–(1)④–(4)形

2a. 光叶碗蕨 var. **glabrescens** (Ching) C. Chr.②–(1)④–(4)形

3. 华南鳞盖蕨 **Microlepia hancei** Prantl②–(1)④–(4)形

4. 边缘磷盖蕨 **Microlepia marginata** (Houtt.) C. Chr.②–(1)④–(4)形

5. 粗毛鳞盖蕨 **Microlepia strigosa** (Thunb.) Presl②–(1)④–(4)形

一六 **鳞始蕨科** Lindsaeaceae

1. 钱氏鳞始蕨 **Lindsaea chienii** Ching④–(4)形

2. 团叶鳞始蕨（海岛鳞始蕨、卵叶鳞始蕨）**Lindsaea orbiculata** (Lam.) Mett. ——*L. orbiulata* var. *commixta* (Tagawa) K. U. Kramer ——L. intertexta (Ching) Ching②–(1)④–(4)形

3. 乌蕨 **Sphenomeris chinensis** (Linn.) Maxon ——*Stenoloma chusanum* Ching①–(9)②–(1)④–(4)形

一七 姬蕨科 Hypolepidaceae Bernh

1. 姬蕨 **Hypolepis punctata** (Thunb.) Mett.②–(1)

一八 蕨科 Pteridiaceae

1. 蕨 **Pteridium aquilinum** (Linn.) Kuhn var. **latiusculum** (Desv.) Unherw.①–(1)①–(9)①–⑩②–(1)②–(2)②–(3)③–(2)③–(3)④–(2)④–(4)形

2. 密毛蕨 **Pteridium revolutum** (Bl.) Nakai①–(1)①–(9)①–⑩②–(1)④–(2)④–(4)形

一九 凤尾蕨科 Pteridaceae

1. 刺齿凤尾蕨 **Pteris dispar** Kunze②–(1)④–(4)形

2. 剑叶凤尾蕨 **Pteris ensiformis** Burm.①–(9)②–(1)④–(4)形④–(5)酸性土壤

3. ★溪边凤尾蕨 **Pteris excelsa** Gaud.④–(4)形

4. 傅氏凤尾蕨（金钗凤尾蕨）**Pteris fauriei** Hieron. —— *P. guizhouensis* Ching et S. H. Wu②–(1)④–(4)形

5. ★变异凤尾蕨 **Pterisinaequalis** Bak.④–(4)形

6. 全缘凤尾蕨 **Pteris insignis** Mett. ex Kuhn②–(1)④–(4)形

7. 井栏边草 **Pteris multifida** Poir.②–(1)④–(4)形

8. ★斜羽凤尾蕨 **Pteris oshimensis** Hieron.④–(4)形

9. ★半边旗 **Pteris sempinnata** Linn.②–(1)④–(4)形

10. 蜈蚣草 **Pteris vittata** Linn.②–(1)②–(2)②–(3)④–(2)④–(4)形④–(5)钙质土壤

二〇 中国蕨科 Sinopteridaceae

1. ★粉背蕨（多鳞粉背蕨）**Aleuritopteris anceps** (Bl.) Panigrahi ——*A. pseudofarinosa* Ching et S. H. Wu②–(1)④–(4)形

2. 毛轴碎米蕨 **Cheilosoria chunsana** (Hook.) Ching②–(1)④–(4)形

3. ★碎米蕨 **Cheilanthes opposita** Kaulfuss②–(1)

4. 野雉尾（金粉蕨）**Onychium japonicum** (Thunb.) Kunze②–(1)④–(4)形

5. 旱蕨 **Pellaea nitidula** (Wall. ex Hook.) Bak.

二一 铁线蕨科 Adiantaceae

1. 扇叶铁线蕨 **Adiantum flabellulatum** Linn.②–(1)④–(4)形④–(5)酸性土壤

⚫⚫ 裸子蕨科 Hemionitidacea

1. 凤了蕨（凤丫蕨、南岳凤了蕨）**Coniogramme japonica** (Thunb.) Diels ——*C. centrochinensis* Ching①–⑩②–(1)④–(4)

⚫⚫ 书带蕨科 Vittariaceae

1. 书带蕨（细柄书带蕨、小叶书带蕨）**Vittaria flexuosa** Fée ——*V. filipes* Christ ——*V. modesta* Hand.-Mazz.②–(1)④–(4)

⚫⚫ 蹄盖蕨科 Athyriaceae

1. 中华短肠蕨（中华双盖蕨）**Allantodia chinensis** (Bak.) Ching ——*Diplazium chinensis* (Bak.) C. Chr.④–(4)

2. 边生短肠蕨（无柄短肠蕨、边生双盖蕨）**Allantodia contermina** (Christ) Ching ——*A. allantodioidea* (Ching) Ching——*Diplazium conterminum* Christ④–(4)

3. *膨大短肠蕨（毛柄短肠蕨、毛柄双盖蕨）**Allantodia dilatata** (Bl.) Ching ——*Diplazium dilatatum* Bl.④–(4)

4. 薄盖短肠蕨（薄盖双盖蕨）**Allantodia hachijoensis** (Nakai) Ching ——*Diplazium hachijoense* Nakai④–(4)

5. 江南短肠蕨（江南双盖蕨）**Allantodia metteniana** (Miq.) Ching ——*Asplenium mettenianum* Miq. ——*Diplazium mettenianum* (Miq.) C. Chr.④–(4)

5a. 小叶短肠蕨（小叶双盖蕨）var. **fauriei** (Christ) Ching——*Diplazium metteniana* (Miq.) Ching var. *fauriei* (Christ) Tagawa④–(4)

6. 淡绿短肠蕨（淡绿双盖蕨）**Allantodia virescens** (Kunze) Ching ——*Diplazium virescens* Kuntze④–(4)

7. 耳羽短肠蕨（耳羽双盖蕨）**Allantodia wichurae** (Mett.) Ching ——*Diplazium wichurae* (Mett.) Diels

8. 华东安蕨 **Anisocampium sheareri** (Bak.) Ching

9. 钝羽假蹄盖蕨（钝羽对囊蕨）**Athyriopsis conilli** (Franch. et Sav.) Ching ——*Deparia conilii* (Franch. et Sav.) M. Kato

10. 二型叶假蹄盖蕨（二型叶对囊蕨）**Athyriopsis dimorphophylla** (Koidz.) Ching ex W. M. Chu ——*Deparia dimorphophyllum* (Koidz.) M. Kato④–(4)

11. 假蹄盖蕨（东洋对囊蕨）**Athyriopsis japonica** (Thunb.) Ching ——*Deparia japonica* (Thunb.) M. Kato①–⑩②–(1)

12. *毛轴假蹄盖蕨（毛叶对囊蕨）**Athyriopsis petersenii** (Kunze) Ching ——*Deparia petersenii* (Kunze) M. Kato

13. *溪边蹄盖蕨（修株蹄盖蕨）**Athyrium deltoidofrons** Makino——*A. giganteum* De

Vol④–(2)

14. 湿生蹄盖蕨（福建蹄盖蕨）**Athyrium devolii** Ching ——*A. fukienense* Ching

15. 长江蹄盖蕨**Athyrium iseanum** Rosenst. ——*A. dissectifolium* Ching②–(1)④–(4)形

16. *华东蹄盖蕨（日本蹄盖蕨）**Athyrium niponicum** (Mett.) Hance①–(10)②–(1)

17. 尖头蹄盖蕨**Athyrium vidalii** (Franch. et Sav.) Nakai④–(4)形

17a. *松谷蹄盖蕨 var. **amabile** (Ching) Z. R. Wang —— *A. amabile* Ching

18. 菜蕨（食用双盖蕨）**Callipteris esculenta** (Retz.) J. Sm. ex Moore et Houlst —— *Diplazium esculentum* (Retz.) Sw.①–(9)①–(10)④–(2)

19. 毛叶角蕨**Cornopteris decurrenti-alata** (Hook.) Nakai var. **pilosella** H. Itô——*C. decurrenti-alata* form. *pilosella* (H. Itô) W. M. Chu

20. *厚叶双盖蕨**Diplazium crassiusculum** Ching

21. *单叶双盖蕨（假双盖蕨、单叶对囊蕨）**Diplazium subsinuatum** (Wall. ex Hook. et Grev.) Tagawa ——*Triblemma lancea* (Thunb.) Ching ——*Deparia lancea* (Thunb.) Fraser-Jenk.②–(1)

22. *华中介蕨（大久保对囊蕨）**Dryoathyrium okuboanum** (Makino) Ching —— *Athyrium okuboanum* Makino ——*Deparia okuboana* (Makino) M. Kato②–(1)

二五 金星蕨科 Thelypteridaceae

1. *狭基钩毛蕨**Cyclogramma leveillei** (Christ) Ching

2. 渐尖毛蕨**Cyclosorus acuminatus** (Houtt.) Nakai ex Thunb. ——*C. cangnanensis* Shing et C. F. Zhang—*C. subacuminatus* Ching ex Shing②–(1)

2a. *牯岭毛蕨（鼓岭渐尖毛蕨）var. **kuliangensis** Ching②–(1)

3. 干旱毛蕨**Cyclosorus aridus** (D. Don) Ching②–(1)④–(4)形

4. 齿牙毛蕨（越北毛蕨）**Cyclosorus dentatus** (Forssk.) Ching——*C. proximus* Ching ②–(1)④–(4)形

5. 福建毛蕨**Cyclosorus fukienensis** Ching——*C. dehuaensis* Ching et Shing——*C. fraxinifolius* Ching et K. H. Shing——*C. luoqingensis* Ching et C. F. Zhang——*C. nanlingensis* Ching ex Shing et J. F. Cheng——*C. paucipinnus* Ching et C. F. Zhang

6. *闽台毛蕨**Cyclosorus jaculosus** (Christ) H. Itô

7. *宽羽毛蕨**Cyclosorus latipinnus** (Benth.) Tardieu——*C. papilionaceus* Shing et C. F. Zhang

8. 华南毛蕨**Cyclosorus parasiticus** (Linn.) Farwel——*C. aureo-glandulosus* Ching et Shing ——*C. excelsior* Ching——*C. hainanensis* Ching——*C. orientalis* Ching ex Shing—— *C. pauciserratus* Ching et C. F. Zhang——*C. yandongensis* Ching et Shing②–(1)④–(4)形

9. 小叶毛蕨**Cyclosorus parvifolius** Ching

10. *矮毛蕨 **Cyclosorus pygmaeus** Ching et C. F. Zhang

11. 短尖毛蕨 **Cyclosorus subacutus** Ching

12. 闽浙圣蕨 **Dictyocline mingchegensis** Ching④-(4)形

13. *羽裂圣蕨 **Dictyocline wilfordii** (Hook.) J. Smith②-(1)④-(4)形

14. 峨眉茯蕨 **Leptogramma scallanii** (Christ) Ching

15. 小叶茯蕨 **Leptogramma tottoides** H. Itô

16. *雅致针毛蕨 **Macrothelypteris oligophlebia** (Bak.) Ching var. **elegans** (Koidz.) Ching ②-(1)④-(4)形

17. *普通针毛蕨 **Macrothelypteris torresiana** (Gaud.) Ching②-(1)④-(4)形

18. 翠绿针毛蕨 **Macrothelypteris viridifrons** (Tagawa) Ching④-(4)形

19. *光叶凸轴蕨（微毛凸轴蕨）**Metathelypteris adscendens** (Ching) Ching

20. 林下凸轴蕨 **Metathelypteris hattorii** (H. Itô) Ching

21. 疏羽凸轴蕨 **Metathelypteris laxa** (Franch. et Sav.) Ching

22. *中华金星蕨 **Parathelypteris chinensis** (Ching) Ching②-(1)

23. *金星蕨 **Parathelypteris glanduligera** (Kunze) Ching②-(1)

24. 日本金星蕨（光脚金星蕨）**Parathelypteris japonica** (Bak.) Ching

25. *中日金星蕨 **Parathelypteris nipponica** (Franch. et Sav.) Ching②-(1)

26. 延羽卵果蕨 **Phegopteris decursive-pinnata** (H. C. Hall) Fée②-(1)④-(4)形

27. *镰形假毛蕨（镰片假毛蕨）**Pseudocyclosorus falcilobus** (Hook.) Ching②-(1)④-(4)形

28. 普通假毛蕨 **Pseudocyclosorus subochthodes** (Ching) Ching④-(4)形

29. *耳状紫柄蕨 **Pseudophegopteris aurita** (Hook.) Ching④-(4)形

30. *紫柄蕨 **Pseudophegopteris pyrrhorhachis** (Kunze) Ching④-(4)形

二六 铁角蕨科 Aspleniaceae

1. *华南铁角蕨 **Asplenium austrochinense** Ching——*A. pseudo-wolfordii* Tagawa②-(1)④-(4)形

2. *毛轴铁角蕨 **Asplenium crinicaule** Hance②-(1)④-(4)形

3. 虎尾铁角蕨 **Asplenium incisum** Thunb.②-(1)④-(4)形

4. 胎生铁角蕨 **Asplenium indicum** Sledge ——*A. yoshinagae* Makino var. *indicum* (Sledge) Ching et S. K. Wu ②-(1)④-(4)形

5. 倒挂铁角蕨 **Asplenium normale** D. Don②-(1)④-(4)形④-(5)酸性土壤

6. 东南铁角蕨 **Asplenium oldhamii** Hance④-(4)形

7. *北京铁角蕨 **Asplenium pekinense** Hance②-(1)④-(4)形

8. 长生铁角蕨（长叶铁角蕨）**Asplenium prolongatum** Hook.②-(1)④-(4)形

9. 华中铁角蕨 **Asplenium sarelii** Hook. ex Blakiston②-(1)④-(4)形④-(5)钙质土壤

10. 铁角蕨 **Asplenium trichomanes** Linn.②-(1)④-(4)形

11. ★闽浙铁角蕨 **Asplenium wilfordii** Mett. ex Kuhn④-(4)形

12. 狭翅铁角蕨 **Asplenium wrightii** Eaton ex Hook.④-(4)形

二七 球子蕨科 Onocleaceae

1. 东方荚果蕨 **Pentarhizidium orientale** (Hook.) Hayata——*Matteuccia orientalis* (Hook.) Trev.①-(10)②-(1)④-(2)④-(4)形

二八 乌毛蕨科 Blechnaceaae

1. 乌毛蕨 **Blechnum orientale** Linn.①-(9)①-(10)②-(1)④-(2)④-(4)形④-(5)酸性土壤

2. 狗脊 **Woodwardia japonica** (Linn. f.) Smith ①-(1)①-(10)②-(1)②-(2)④-(2)④-(5) 酸性土壤

3. 胎生狗脊（珠芽狗脊）**Woodwardia prolifera** Hook. et Arn.——*W. prolifera* var. *formosana* (Rosenst.) Ching①-(10)②-(1)②-(2)④-(2)④-(4)形

二九 鳞毛蕨科 Dryopteridaceae

1. 斜方复叶耳蕨 **Arachniodes amabilis** (Bl.) Tindale ——*A. rhomboidea* (Wall. ex Mett.) Ching②-(1)④-(2)④-(4)

2. 美丽复叶耳蕨 **Arachniodes amoena** (Ching) Ching②-(1)④-(4)

3. 刺头复叶耳蕨 **Arachniodes aristata** (G. Forst.) Tindale——*A. exilis* (Hance) Ching ②-(1)④-(2)④-(4)形

4. ★大片复叶耳蕨 **Arachniodes cavaleriei** (Christ) Ohwi④-(4)形

5. 中华复叶耳蕨（尾叶复叶耳蕨）**Arachniodes chinensis** (Rosenst.) Ching——*A. caudata* Ching④-(2)④-(4)形

6. 天童复叶耳蕨 **Arachniodes hekiana** Sa. Kurata——*A. tiendongensis* Ching et C. F. Zhang④-(2)④-(4)形

7. 缩羽复叶耳蕨 **Arachniodes japonica** (Sa. Kurata) Nakaike——*A. reducta* Y. T. Hsieh et Y. P. Wu—*A. gradata* Ching

8. 贵州复叶耳蕨（日本复叶耳蕨）**Arachniodes nipponica** (Rosenst.) Ohwi④-(4)形

9. 长尾复叶耳蕨（异羽复叶耳蕨）**Arachniodes simplicior** (Makino) Ohwi②-(1)④-(2)④-(4)形

10. ★相似复叶耳蕨 **Arachniodes similis** Ching

11. 美观复叶耳蕨 **Arachniodes speciosa** (D. Don) Ching——*A. neoaristata* Ching——*A. pseudo-aristata* (Tagawa) Ching——*A. yandangshanensis* Y. T. Hsieh②-(1)④-(4)

12. ★紫云山复叶耳蕨 **Arachniodes ziyunshanensis** Y. T. Hsieh——*A. pseudo-simplicior*

Ching

13. 卵叶鞭叶蕨**Cyrtomidictyum conjunctum** Ching——*Polystichum conjunctum* (Ching) L. B. Zhang

14. *阔镰鞭叶蕨**Cyrtomidictyum faberi** (Bak.) Ching——*Polystichumputuoeuse* L. B. Zhang

15. 鞭叶蕨**Cyrtomidictyum lepidocaolon** (Hook.) Ching——*Polystichumputuoeuselepidocaolon* (Hook.) Jsmith.

16. 镰羽贯众**Cyrtomium balansae** (Christ) C. Chr. ——*C. balansae* f. *edentatum* Ching②–(1)④–(2)④–(4)

17. 披针贯众**Cyrtomium devexiscapulae** (Koidz.) Koidz. et Ching——*C. integrum* Ching et Shing④–(2)

18. 贯众**Cyrtomium fortunei** J. Smith①–(1)②–(1)②–(2)②–(3)④–(2)④–(4)形④–(5)钙质土壤

19. 阔鳞鳞毛蕨**Dryopteris championii** (Benth.) C. Chr. ex Ching——*D. yandongensis* Ching et C. F. Zhang——*D. wangii* Ching——*D. grandiosa* Ching et P. S. Chiu②–(1)④–(2)④–(4)形④–(5)酸性土壤

20. 桫椤鳞毛蕨（暗鳞鳞毛蕨）**Dryopteris cycadina** (Franch. et Sav.) C. Chr.②–(1)④–(2)④–(4)形

21. *迷人鳞毛蕨（异盖鳞毛蕨）**Dryopteris decipiens** (Hook.) Kuntze④–(2)

21a. *深裂迷人鳞毛蕨var. **diplazioides** (Christ) Ching—— *D. fuscipes* C. Chr. var. *diplazioides* (Christ) Ching

22. 德化鳞毛蕨**Dryopteris dehuaensis** Ching④–(2)④–(4)形

23. 远轴鳞毛蕨**Dryopteris dickinsii** (Franch. et Sav.) C. Chr.④–(4)形④–(5)酸性土壤

24. 黑足鳞毛蕨**Dryopteris fuscipes** C. Chr.②–(1)④–(2)

25. *裸叶鳞毛蕨**Dryopteris gymnophylla** (Baker) C. Chr.④–(4)形

26. *假异鳞毛蕨**Dryopteris immixta** Ching

27. *京鹤鳞毛蕨（金鹤鳞毛蕨）**Dryopteris kinkiensis** Koidz. ex Tagawa

28. 齿果鳞毛蕨（齿头鳞毛蕨）**Dryopteris labordei** (Christ) C. Chr.②–(1)④–(4)

29. 狭顶鳞毛蕨**Dryopteris lacera** (Thunb.) O. Kuntze②–(1)

30. 太平鳞毛蕨**Dryopteris pacifica** (Nakai) Tagawa④–(2)

31. 无盖鳞毛蕨**Dryopteris scottii** (Bedd.) Ching ex C. Chr.④–(2)④–(4)形

32. *两色鳞毛蕨**Dryopteris setosa** (Thunb.) Akasawa——*D. bissetiana* (Bak.) C. Chr.②–(1)④–(2)④–(4)形

33. *奇羽鳞毛蕨（奇数鳞毛蕨）**Dryopteris sieboldii** (Van Houtte ex Mett.) Kuntze②–(1)④–(2)④–(4)形

34. 高鳞毛蕨**Dryopteris simasakii** (H. Itô) Kurata——*D. excelsior* Ching et Chiu④–(4)形

35. 稀羽鳞毛蕨 **Dryopteris sparsa** (D. Don) Kuntze——*D. sparsa* var. *viridescens* (Bak.) Ching——*D. sinosparsa* Ching et Shing④-(4)形

36. 无柄鳞毛蕨（钝齿鳞毛蕨）**Dryopteris submarginata** Rosenst.④-(4)形

37. 同形鳞毛蕨 **Dryopteris uniformis** (Makino) Makino②-(1)④-(2)④-(4)形

38. 变异鳞毛蕨 **Dryopteris varia** (Linn.) Kuntze——*D. caudifolia* Ching et P. S. Chiu——*D. lingii* Ching②-(1)④-(4)形

39. *黄山鳞毛蕨 **Dryopteris whangshangensis** Ching——*D. huangshanensis* Ching②-(1)④-(2)④-(4)

40. 黑鳞耳蕨 **Polystichum makinoi** (Tagawa) Tagawa②-(1)④-(4)形

41. *前原耳蕨 **Polystichum mayebarae** Tagawa④-(4)形

42. *棕鳞耳蕨 **Polystichum polyblepharum** (Roem. ex Kuntze) C. Presl②-(1)④-(2)④-(4)形

43. *假黑鳞耳蕨 **Polystichum pseudomakinoi** Tagawa④-(4)形

44. 灰绿耳蕨 **Polystichum scariosum** (Roxb.) C. V. Morton——*P. eximium* (Mett. ex Kuhn) C. Chr.④-(2)④-(4)形

45. 对马耳蕨 **Polystichum tsus-simense** (Hook.) J. Smith②-(1)④-(4)形

三〇 三叉蕨科 Aspidiaceae

1. *厚叶肋毛蕨（三相蕨）**Ctenitis sinii** (Ching) Ohwi——*Ctenitopsis sinii* (Ching) Ching——*Ataxipteris sinii* Holtt④-(2)④-(4)形

2. 亮鳞肋毛蕨 **Ctenitis subglandulosa** (Hance) Ching——*C. membranifolia* Ching et C. H. Wang——*C. rhodolepis* (Clarke) Ching④-(2)④-(4)形

三一 实蕨科 Bolbitidaceae

1. *华南实蕨 **Bolbitis subcordata** (Cop.) Ching②-(1)④-(2)④-(4)形

三二 舌蕨科 Elaphoglossaceae

1. *华南舌蕨 **Elaphoglossum yoshinagae** (Yatabe) Makino②-(1)

三三 肾蕨科 Nephrolepidaceae

1. 肾蕨 **Nephrolepis cordifolia** (Linn.) C. Presl——*N. auriclata* (Linn.) Trimen①-(10)②-(1)④-(2)④-(4)形

三四 骨碎补科 Davalliaceae

1. *杯盖阴石蕨（圆盖阴石蕨）**Humata griffithiana** (Hook.) C. Chr. ——*H. tyermanni* Moore②-(1)④-(4)形

2. *阴石蕨 **Humata repens** (Linn. f.) Small ex Diels——*Davallia repens* (Linn. f.) Kuhn ②–(1)④–(4)形

三五 水龙骨科 Polypodiaceae

1. 线蕨 **Colysis elliptica** (Thunb.) Ching——*Leptochilus ellipticus* (Thunb.) Nooteboom ②–(1)④–(4)形

2. 宽羽线蕨 **Colysis pothifolia** (Buch.-Ham. ex Don) Presl——*Leptochilus ellipticus* (Thunb.) Nooteboom var. *pothifolius* (Buch.-Ham. ex D. Don) X. C. Zhang ②–(1)④–(4)形

3. 褐叶线蕨 **Colysis wrightii** (Hook. et Bak.) Ching——*Leptochilus wrightii* (Hook. et Bak.) X. C. Zhang ②–(1)④–(4)形

4. *丝带蕨 **Drymotaenium miyoshianum** (Makino) Makino——*Lepisorus miyoshianus* (Makino) Fraser-Jenk. et Subh. Chandra ②–(1)

5. *披针骨牌蕨 **Lepidogrammitis diversa** (Rosenst.) Ching——*L. intermedia* Ching ②–(1)④–(4)形

6. *抱石莲（抱树莲）**Lepidogrammitis drymoglossoides** (Bak.) Ching ②–(1)④–(4)形

7. 骨牌蕨 **Lepidogrammitis rostrata** (Bedd.) Ching ②–(1)④–(4)形

8. *鳞果星蕨（短柄鳞果星蕨）**Lepidomicrosorium buergerianum** (Miq.) Ching et K. H. Shing ex S. X. Xu ——*L. brevipes* Ching et Shing ④–(4)形

9. 表面星蕨（攀援星蕨）**Lepidomicrosorium superficiale** (Bl.) Li Wang——*Microsorium brachylepis* (Bak.) Nakaike ②–(1)④–(4)形

10. *扭瓦韦 **Lepisorus contortus** (Christ) Ching ②–(1)④–(4)形

11. 庐山瓦韦 **Lepisorus lewisii** (Bak.) Ching ②–(1)④–(4)形

12. 粤瓦韦 **Lepisorus obscurevenulosus** (Hayata) Ching ②–(1)④–(4)形

13. 瓦韦 **Lepisorus thunbergianus** (Kaulf.) Ching ②–(1)④–(4)形

14. 拟瓦韦（阔叶瓦韦）**Lepisorus tosaensis** (Makino) H. Itô——*L. paohuashanensis* Ching

15. *江南星蕨 **Neolepisorus fortunei** (T. Moore) Li Wang——*Microsorium henyi* (Christ) Kuo ②–(1)④–(4)形

16. 卵叶盾蕨 **Neolepisorus ovatus** (Wall. ex Bedd.) Ching——*N. lancifolius* Ching et Shing ②–(1)④–(4)形

17. *恩氏假瘤蕨 **Phymatopteris engleri** (Luerss.) H. Itô——*Selliguea engleri* (Luerss.) Fraser-Jenk. ②–(1)④–(4)形

18. 金鸡脚（金鸡脚假瘤蕨）**Phymatopteris hastata** (Thunb.) Kitagawa ex H. Itô——*Selliguea hastata* (Thunb.) Fraser-Jenk. ②–(1)④–(4)形④–(5)酸性土壤

19. *屋久假瘤蕨 **Phymatopteris yakushimensis** (Makino) H. Itô——*P. Fukienensis* Ching——*Selliguea yakushimensis* (Makino) Fraser-Jenk.

20. 水龙骨（日本水龙骨）**Polypodiodes niponica** (Mett.) Ching②–(1)④–(4)形

21. ★相近石韦 **Pyrrosia assimilis** (Bak.) Ching②–(1)

22. ★光石韦 **Pyrrosia calvata** (Bak.) Ching②–(1)④–(4)形

23. 石韦 **Pyrrosia lingua** (Thunb.) Farwell②–(1)④–(2)④–(4)形

24. 有柄石韦 **Pyrrosia petiolosa** (Christ) Ching②–(1)④–(4)形

25. 庐山石韦 **Pyrrosia sheareri** (Bak.) Ching②–(1)④–(2)④–(4)形

三六 槲蕨科 Drynariaceae

1. ★槲蕨 **Drynaria roosii** Nakaike——*D. fortunei* (Kunze ex Mett.) J. Smith ①–(1)①–(10)②–(1)④–(4)形

三七 禾叶蕨科 Grammitidaceae

1. ★短柄禾叶蕨 **Grammitis dorsipila** (H. Christ) C. Chr. et Tardieu——*Grammitis hirtella* Ching non (Bl.) Tuyama

三八 剑蕨科 Loxogrammaceae

1. 中华剑蕨 **Loxogramme chinensis** Ching②–(1)④–(4)形

2. 柳叶剑蕨 **Loxogramme salicifolia** (Makino) Makino②–(1)④–(4)形

三九 蘋科 Marsileaceae

1. 蘋（南国田字草）**Marsilea minuta** Linn.——*M. quadrifolia* auct. non Linn.①–(9)①–(10)②–(1)③–(5)④–(4)形

四○ 槐叶蘋科 Salviniaceae

1. 槐叶蘋 **Salvinia natans** (Linn.) All.①–(9)②–(1)④–(3)④–(4)形

四一 满江红科 Azollaceae

1. 满江红 **Azolla pinnata** R. Br. subsp. **asiatica** R. M. K. Saunders et K. Fowler——*A. imbricate* (Roxb.) Nakai①–(9)②–(1)②–(2)④–(3)④–(4)形

II 裸子植物 Gymnospermae

一 苏铁科 Cycadaceae

1. △苏铁 **Cycas revolute** Thunb. ①–(1)①–(10)②–(1)②–(3)③–(5)④–(2)④–(4)形⑤–(1)b

二 银杏科 Ginkgoaceae

1. △银杏 **Ginkgo biloba** Linn. ①–(1)①–(5)①–(10)①–(13)②–(1)②–(2)②–(3)③–(1)良④–(2)④–(4)形④–(4)果④–(6)⑤–(1)a

三 松科 Pinaceae

1. △日本冷杉 **Abies firma** Zucc. ③–(1)③–(2)④–(2)④–(4)形

2. △雪松 **Cedrus deodara** (Roxb.) G. Don ②–(1)③–(1)③–(2)③–(3)③–(4)③–(5)④–(4)形④–(5)

3. 江南油杉 **Keteleeria cyclolepis** Flous——*K. fortunei* (Murr.) Carr. var. *cyclolepis* (Flous) Silba ①–(3)①–(10)②–(1)③–(1)③–(2)③–(4)③–(5)④–(2)④–(4)形⑤–(1)c

4. △湿地松 **Pinus eliottii** Engelm. ①–(2)①–(3)①–(9)①–(12)③–(1)③–(2)③–(3)③–(4)③–(5)③–(6)a④–(1)④–(2)④–(4)形

5. 马尾松 **Pinus massoniana** Lamb. ①–(2)①–(3)①–(4)①–(7)①–(9)①–(10)①–(12)②–(1)②–(2)③–(1)③–(2)③–(3)③–(4)③–(5)③–(6)a④–(1)④–(2)④–(4)形

6. △日本五针松 **Pinus parviflora** Sieb et Zucc. ①–(3)④–(4)形

7. 黄山松（台湾松）**Pinus taiwanensis** Hayata ①–(2)①–(3)①–(4)①–(7)①–(9)①–(10)①–(12)②–(1)③–(1)③–(2)③–(3)③–(4)③–(5)③–(6)a④–(2)④–(4)形

8. △火炬松 **Pinus taeda** Linn. ①–(3)①–(9)①–(12)③–(1)③–(2)③–(3)③–(5)③–(6)a④–(1)④–(2)④–(4)形

9. △金钱松 **Pseudolarix kaempferi** (Lindl.) Gord. ①–(3)②–(1)②–(2)②–(3)③–(1)③–(2)③–(3)③–(5)④–(2)④–(4)形⑤–(1)b

10. 黄杉 **Pseudotsuga sinensis** Dode——*P. gaussenii* Flous ③–(1)③–(2)③–(3)④–(2)④–(4)形⑤–(1)b

四 杉科 Taxodiaceae

1. 柳杉 **Cryptomeria japonica** (Thunb. ex Linn. f.) D. Don var. **sinensis** Miq.——*C. fortunei* Hooibrenk ex Otto et Dietr ①–(3) ①–(7) ①–⑿ ②–(1) ③–(1) ③–(2) ③–(3) ③–(4) ③–(5) ④–(2)④–(4)形④–(6)SO_2

2. 杉木 **Cunninghamia lanceolata** (Lamb.) Hook. ①–(7)①–⑿②–(1)③–(1)③–(2)③–(3)③–(4)③–(5)④–(2)④–(4)形

3. △水杉 **Metasequoia glyptostroboides** Hu et Cheng ③–(1)③–(2)④–(1)④–(2)④–(4)形⑤–(1)a

五 柏科 Cupressaceae

1. △日本扁柏 **Chamaecyparis obtusa** (Sieb. et Zucc.) Engl. ③–(1)良③–(2)③–(4)③–(5)④–(4)形④–(6)SO_2

2. △日本花柏 **Chamaecyparis pisifera** (Sieb. et Zucc.) Engl. ③–(1)良③–(2)③–(4)③–(5)④–(4)形

3. 柏木 **Cupressus funebris** Endl. ①–(3)①–(7)②–(1)②–(2)③–(1)良③–(2)③–(4)③–(5)④–(2)④–(4)形

4. 福建柏 **Fokienia hodginsii** (Dunn) Henry et Thomas ②–(1)③–(1)③–(2)③–(4)④–(4)形⑤–(1)b

5. 刺柏 **Juniperus formosana** Hayata ①–(3) ①–(7) ②–(1) ②–(2) ③–(1) 良 ③–(2) ③–(4)③–(5)④–(2)④–(4)形

6. 侧柏 **Platycladus orientalis** (Linn.) Franco ①–(3)①–(7)①–⑿①–⒀②–(1)②–(2)②–(3)③–(1)良③–(2)③–(3)③–(4)③–(5)④–(2)④–(4)形

7. 圆柏 **Sabina chinensis** (Linn.) Ant. ①–(7)①–(9)②–(1)②–(3)③–(1)良③–(2)③–(4)③–(5)④–(2)④–(4)形⑤–(1)c

7a. △龙柏 'Kaizrka' ③–(4)④–(4)形

六 罗汉松科 Podocarpaceae

1. 竹柏 **Nageia nagi** Kuntze ①–(3)①–⑿②–(1)③–(1)③–(4)③–(5)④–(4)形⑤–(1)c

2. 罗汉松 **Podocarpus macrophyllus** (Thunb.) D. Don ①–⑿①–⒀②–(1)③–(1)③–(3)③–(4)③–(6)a④–(2)④–(4)形

七 三尖杉科 Cephalotaxaceae

1. 三尖杉 **Cephalotaxus fortunei** Hook. f. ①–(1)①–(3)①–⑿①–⒀②–(1)②–(2)③–(1)良③–(2)③–(4)③–(5)④–(2)④–(4)形

2. 粗榧 **Cephalotaxus sinensis** (Rehd. et Wils.) Li ①–(3)①–⑿①–⒀②–(1)③–(1)良

③-(2)③-(4)③-(5)④-(4)形

八 红豆杉科 Taxaceae

1. 南方红豆杉 **Taxus wallichiana** Zucc. var. **mairei** (Lemee et Lévl.) L. K. Fu et Nan Li ——*T. mairei* (Lemee et Lévl.) S.Y. Hu ex Liu①-(3) ①-(6) ①-⑴③ ②-(1) ②-(3) ③-(1) 良③-(3)③-(5)④-(2)④-(4)形④-(4)果⑤-(1)a

2. 榧树 **Torreya grandis** Fort. ex Lindl.①-(1)①-(3)①-⑴③②-(1)③-(1)良③-(3)③-(4)③-(5)④-(4)形⑤-(1)b

III 被子植物门 Angiospermae

一 三白草科 Saururaceae

1. 蕺菜（鱼腥草）**Houttuynia cordata** Thunb. ①–(9)①–(10)②–(1)②–(2)②–(3)③–(4)④–(4)花

2. 三白草 **Saururus chinensis** (Lour.) Baill. ①–(9)②–(1)②–(2)②–(3)③–(3)③–(4)④–(4)花

二 胡椒科 Piperaceae

1. 山蒟（海风藤）**Piper hancei** Maxim. ①–(9)①–(10)②–(1)③–(4)④–(2)

三 金粟兰科 Chloranthaceae

1. 丝穗金粟兰（水晶花）**Chloranthus fortunei** (A. Gray) Solms-Laub. ①–(10)②– (1)②–(2)②–(3)③–(4)④–(2)④–(4)花

2. 宽叶金粟兰 **Chloranthus henryi** Hemsl. ——*C. multistachya* Pei ①–(10)②–(1)②–(2)②–(3)③–(4)④–(2)④–(4)花

3. 及己 **Chloranthus serratus** (Thunb.) Roem. et Schult. ①–(10)②–(1)②–(2)②–(3)③–(4)

4. 草珊瑚（接骨金粟兰）**Sarcandra glabra** (Thunb.) Nakai ①–(5)②– (1)②–(2)②–(3)③–(4)③–(5)④–(2)④–(4)果

四 杨柳科 Salicaceae

1. △加杨 **Populus canadensis** Moench ①–(12)②–(1)③–(1)③–(2)③–(3)④–(2)④–(4)形

2. 垂柳 **Salix babylonica** Linn. ①–(5)①–(9)①–(10)①–(12)②–(1)②–(2)②–(3)③–(1)③–(2)③–(3)④–(4)形

3. 银叶柳 **Salix chienii** Cheng ①–(9)①– (10)①–(12)②–(1)③–(1)③–(2)③–(3)④–(2)④–(4)形

4. 南川柳 **Salix rosthornii** Seemen ①–(9)①– (10)①–(12)③–(1)③–(2)③–(3)④–(2)④–(4)形

五 杨梅科 Myricaceae

1. 杨梅 **Myrica rubra** (Lour.) Sieb. et Zucc. ①–(3)①–(6)①–(12)①–(13)②–(1)②–(2)③–

(1)③–(2)③–(3)④–(2)④–(4)形④–(4)果

六 胡桃科 Juglandaceae

1. 青钱柳 **Cyclocarya paliurus** (Batal.) Iljinsk.①–⑿②–(1)③–(1)③–(2)③–(3)④–(2)④–(4)形④–(4)果

2. 黄杞（少叶黄杞）**Engelhardia roxburghiana** Wall. ——*E. fenzelii* Merr.②–(1)③–(1)良③–(2)③–(3)④–(2)④–(4)形④–(4)果

3. 化香树 **Platycarya strobilacea** Sieb. et Zucc.②–(1)②–(2)②–(3)③–(1)③–(2)③–(3)③–(4)④–(2)④–(4)形

4. 枫杨 **Pterocarya stenoptera** C. DC.①–(3)②–(1)②–(2)②–(3)③–(1)③–(2)③–(3)③–(4)④–(2)④–(4)形④–(4)果

七 桦木科 Betulaceae

1. △桤木 **Alnus cremastogyne Burk**①–(3)①–⑿②–(1)③–(1)③–(2)③–(3)④–(2)④–(4)形

2. 江南桤木 **Alnus trabeculosa** Hand.-Mazz.①–⑿③–(1)③–(2)③–(3)④–(2)④–(4)形

3. 短尾鹅耳枥 **Carpinus londoniana** H. Winkl.①–(3)①–⑿③–(1)③–(3)③–(5)④–(2)

4. 雷公鹅耳枥 **Carpinusviminea** Lindl.①–(3)①–⑿③–(1)③–(3)③–(5)④–(2)

八 壳斗科 Fagaceae

1. 锥栗（珍珠栗）**Castanea henryi** (Skan) Rehd. et Wils.①–(1)①–⑽①–⑿①–⒀②–(1)②–(2)③–(1)③–(3)④–(2)

2. 板栗 **Castanea mollissima** Blume①–(1)①–⑽①–⑿①–⒀②–(1)③–(1)③–(3)④–(2)④–(4)果

3. 茅栗 **Castanea seguinii** Dode①–(1)①–⑽①–⑿①–⒀②–(1)③–(1)③–(3)④–(2)

4. 米槠 **Castanopsis carlesii** (Hemsl.) Hayata①–(1)①–⑽①–⑿①–⒀③–(1)③–(2)③–(3)④–(2)④–(4)形

5. 甜槠 **Castanopsis eyrei** (Champ. ex Benth.) Tutch①–(1)①–⑽①–⑿①–⒀③–(1)③–(2)③–(3)④–(2)④–(4)形

6. 罗浮栲 **Castanopsis fabri** Hance①–(1)①–⑽①–⑿①–⒀③–(1)③–(2)③–(3)④–(2)④–(4)形

7. 栲树（栲）**Castanopsis fargesii** Franch.①–(1)①–⑽①–⑿①–⒀③–(1)③–(2)③–(3)④–(2)④–(4)形

8. 南岭栲（毛锥）**Castanopsis fordii** Hance①–(1)①–⑽①–⑿①–⒀③–(1)③–(2)③–(3)④–(2)④–(4)形

9. 乌楣栲（秀丽锥）**Castanopsis jucunda** Hance①–(1)①–⑽①–⑿①–⒀③–(1)③–

(3)④–(2)④–(4)形

10. 苦槠**Castanopsis sclerophylla** (Lindl. ex Paxton) Schott.①–(1)①–(9)①–(10)①–(12)①–(13)③–(1)③–(2)③–(3)④–(2)④–(4)形

11. 钩栲（钩栗、钩锥）**Castanopsis tibetana** Hance①–(1)①–(10)①–(12)①–(13)②–(1)③–(1)良③–(2)③–(3)④–(2)④–(4)形

12. 青冈（青冈栎）**Cyclobalanopsis glauca** (Thunb.) Oerst.①–(1)①–(10)①–(12)③–(1)良③–(2)③–(3)④–(2)④–(2)④–(4)形

13. 小叶青冈（岩青冈）**Cyclobalanopsis gracilis** (Rehd. et Wils.) Cheng et T. Hong①–(1)①–(12)③–(1)良③–(2)③–(3)④–(4)形

14. 大叶青冈**Cyclobalanopsis jenseniana** (Hand.-Mazz.) Cheng et T. Hong①–(1)①–(12)③–(1)③–(2)③–(3)④–(4)形

15. 多脉青冈**Cyclobalanopsis multinervis** Cheng et T. Hong①–(1)①–(12)③–(1)③–(2)③–(3)④–(4)形

16. 细叶青冈（青栲）**Cyclobalanopsis myrsinaefolia** (Blume) Oerst.①–(1)①–(10)①–(12)③–(1)良③–(2)③–(3)④–(2)④–(4)形

17. ★卷斗青冈（毛果青冈）**Cyclobalanopsis pachyloma** (Seem.) Schott.①–(1)①–(12)③–(1)③–(2)③–(3)④–(4)形⑤–(1)c

18. 云山青冈**Cyclobalanopsis sessilifolia** (Hance) Schott.——*C. nubium* (Hand.-Mazz.) Chun①–(1)①–(10)①–(12)③–(1)③–(2)③–(3)④–(2)④–(4)形

19. 褐叶青冈 **Cyclobalanopsis stewardiana** (A. Camus) Y. C. Hsu et H. W. Jen①–(1)①–(12)③–(1)③–(2)③–(3)④–(4)形

20. 台湾水青冈（浙江水青冈）**Fagus hayatae** Palib.——*F. hayatae* Palib. ex Hayata var. *zhejiangensis* M. L. Liu et M. H. Wu ex Y. T. Chang et C. C. Huang——*F. pashanica* C. C. Yang①–(12)③–(1)③–(2)③–(3)④–(4)叶⑤–(1)b

21. 水青冈（长柄水青冈）**Fagus longipetiolata** Seem.①–(1)①–(3)①–(10)①–(12)①–(13)②–(1)③–(1)③–(2)③–(3)③–(5)④–(2)④–(4)叶

22. 亮叶水青冈（光叶水青冈）**Fagus lucida** Rehd. et Wils.①–(1)①–(3)①–(10)①–(12)①–(13)③–(1)③–(2)③–(1)③–(3)③–(5)④–(2)④–(4)叶

23. 短尾柯（东南石栎）**Lithocarpus brevicaudatus** (Skan) Hayata——*L. harlandii* auct. non (Hance ex Walpers) Rehd.①–(1)①–(12)①–(13)③–(1)③–(2)③–(3)④–(2)④–(4)形

24. 包果柯（包石栎）**Lithocarpus cleistocarpus** (Seem.) Rehd. et Wils.①–(1)①–(12)③–(1)③–(2)③–(3)④–(2)④–(4)形

25. 柯（石栎）**Lithocarpus glaber** (Thunb.) Nakai①–(1)①–(10)①–(12)②–(3)③–(1)③–(2)③–(3)④–(2)④–(4)形

26. 硬壳柯（硬斗石栎）**Lithocarpus hancei** (Benth.) Rehd.①–(1)①–(12)③–(1)③–

(2)③–(3)④–(2)④–(4)形

27. 木姜叶柯（多穗石栎）**Lithocarpus litseifolius** (Hance) Chun——*L. polystachyus* auct. non (Wall. ex DC.) Rehd. ①–(1)①–(8)①–(12)②–(1)③–(1)③–(2)③–(3)④–(2)④–(4)形

28. 麻栎 **Quercus acutissima** Carr. ①–(1)①–(9)①–(10)①–(12)②–(1)②–(3)③–(1)③–(2)③–(3)③–(9)④–(2)④–(4)形

29. 槲栎（锐齿槲栎）**Quercus aliena** Blume——*Quercus aliena* Blume var. *acuteserrata* Maxim. ex Wenz. ①–(9)①–(12)②–(3)③–(1)③–(2)③–(3)④–(2)④–(4)叶

30. 巴东栎 **Quercus engleriana** Seem. ①–(1)③–(1)③–(2)③–(3)④–(4)叶

31. 白栎 **Quercus fabri** Hance ①–(1)①–(10)①–(12)②– (1)②–(3)③–(1)④③–(2)③–(3)④–(2)

32. 乌冈栎 **Quercus phillyraeoides** A. Gray ①–(1)③–(1)③–(2)③–(3)④–(4)

33. 枹栎（瘿栎、短柄枹）**Quercus serrata** Murr. ——*Q. glandulifera* Blume var. *brevipetiolata* (A. DC.) Nakai——*Q. serrata* Thunb. var. *brevipetiolata* (A. DC.) Nakai ①– (1)①–(10)①–(12)②–(3)③–(1)③–(2)③–(3)④–(2)④–(4)叶

九 榆科 Ulmaceae

1. 糙叶树 **Aphananthe aspera** (Thunb.) Planch. ①–(9)①–(10)①–(12)①–(13)②–(2)③–(1)良③–(2)③–(5)④–(2)④–(4)形

2. 紫弹树 **Celtis biondii** Pamp. ——*C. biondii* var. *heterophylla* (Lévl.) Schneid. ①–(9)①–(12)①–(13)②–(1)③–(1)良③–(2)③–(5)③–(9)④–(4)形

3. 珊瑚朴 **Celtis julianae** Schneid. ①–(3)①–(9)①–(12)①–(13)③–(1)③–(2)①–(3)③–(5)③–(9)④–(2)④–(4)形④–(4)果

4. 朴树 **Celtis sinensis** Pers. ——*C. tetrandra* Roxb. subsp. *sinensis* (Pers.) Y.C. Tang ①–(3)①–(9)①–(12)①–(13)②–(1)②–(2)③–(1)③–(2)③–(5)③–(9)④–(2)④–(4)形

5. 西川朴 **Celtis vandervoetiana** Schneid. ① – (3)① – (9)① – (12)① – (13)③ – (1)③ – (2)③ – (5)③ – (9)④ – (2)④ – (4)形④–(4)果

6. 光叶山黄麻 **Trema cannabina** Lour. ①–(9)①–(12)②–(1)③–(2)③–(3)③–(5)④–(4)果

6a. 山油麻 var. **dielsiana** (Hand.-Mazz.) C. J. Chen ①–(9)①–(12)②–(1)③–(2)③–(3)③–(5)④–(4)果

7. 兴山榆 **Ulmus bergmanniana** Schneid. ①–(9)①–(10)①–(12)③–(1)良③–(2)①③–(5)④–(2)④–(4)果

8. 多脉榆 **Ulmus castaneifolia** Hemsl. ①–(9)①–(10)③–(1)良③–(2)③–(5)④–(2)④–(4)形④–(4)果

9. 春榆 **Ulmus davidiana** Planch. var. **japonica** (Rehd.) Nakai ①–(3)①– (9)①–(10)①–(12)③–(1)良③–(2)③–(5)④–(2)④–(4)形④–(4)果

10. 榔榆 **Ulmus parvifolia** Jacq. ①–(3)①–(9)①–(10)①–(12)②–(1)②–(2)③–(1)③–(2)③–(5)④–(2)④–(4)形

11. △榆树 **Ulmus pumila** Linn. ① – (1)①–(3)①–(9)①–(10)①–(12)②–(1)②–(2)③–(1)③–(2)③–(5)③–(6)④–(2)④–(4)形④–(4)果

12. 大叶榉树（榉树）**Zelkova schneideriana** Hand.-Mazz. ③–(1)良③–(2)④–(2)④–(4)形⑤–(1)b

一〇 桑科 Moraceae

1. 藤葡蟠（藤构）**Broussonetia kaempferi** Sieb. var. **australis** Suzuki——*B. kaempferi* auct. non Sieb. ①–(9)②–(1)③–(2)

2. 楮（小构树）**Broussonetia kazinoki** Sieb. et Zucc. ①–(2)①–(9)①–(13)②–(1)②–(2)③–(2)④–(4)

3. 构树 **Broussonetia papyrifera** (Linn.) L′ Hérit. ex Vent. ①–(1)①–(2)①–(3)①–(9)①–(10)①–(13)②–(1)②–(2)③–(1)③–(2)③–(5)④–(2)④–(4)形④–(4)果

4. 天仙果 **Ficus erecta** Thunb.——*F. erecta* Thunb. var. *beecheyana* (Hook. et Arn.) King ①–(9)①–(10)①–(13)②–(1)③–(2)④–(4)果

5. 台湾榕 **Ficus formosana** Maxim.——*F. taiwaniana* Hayata ——*F. formosana* f. *shimadae* Hayata ①–(9)①–(10)①–(13)②–(1)③–(2)④–(4)果

6. 异叶榕 **Ficus heteromorpha** Hemsl. ①–(13)②–(1)③–(2)

7. 粗叶榕 **Ficus hirta** Vahl ①–(9)③–(2)

8. 琴叶榕 **Ficus pandurata** Hance——*F. pandurata* var. *holophylla* Migo——*F. pandurata* var. *angustifolia* W. C. Cheng ①–(10)①–(13)②–(1)③–(2)④–(4)果

9. 薜荔 **Ficus pumila** Linn. ①–(1)①–(3)①–(5)①–(9)①–(13)②–(1)②–(2)③–(2)③–(6)④–(4)④–(4)果

10a. 珍珠莲 **Ficus sarmentosa** Buch.-Ham. ex Smith var. **henryi** (King ex D. Oliv.) Corner ①–(5)①–(13)②–(1)②–(2)③–(2)

10b. 爬藤榕 var. **impressa** (Champ. ex Benth.) Corner ①–(13)②–(1)③–(2)

10c. 白背爬藤榕 var. **nipponica** (Franch. et Sav.) Corner ①–(13)②–(1)③–(2)

11. ★笔管榕 **Ficus subpisocarpa** Gagne. ③–(2)④–(4)形④–(4)果

12. 变叶榕 **Ficus variolosa** Lindl. ex Benth. ①–(10)①–(13)②–(1)③–(2)

13. 葎草 **Humulus scandens** (Lour.) Merr. ①–(9)①–(10)①–(12)②–(1)②–(2)③–(2)③–(5)④–(2)④–(3)

14. 构棘（葨芝）**Maclura cochinchinensis** (Lour.) Corner——*Cudrania cochinchinensis* (Lour.) Kudo et Masam. ①–(13)②–(1)②–(3)④–(2)④–(4)果

15. 柘 **Maclura tricuspidata** Carr. ——*Cudrania tricuspidata* (Carr.) Bur. ex Lavall ①–

(13)②–(1)③–(1)③–(2)④–(2)④–(4)形④–(4)果

16. 桑 **Morus alba** Linn. ①–(2)①–(4)①–(5)①–(6)①–(9)①–(10)①–(12)①–(13)②–(1)②–(2)②–(3)③–(1)③–(2)③–(5)③–(9)④–(2)④–(4)果

17. 鸡桑 **Morus australis** Poir. ①–(10)①–(12)①–(13)②–(1)③–(1)③–(2)③–(5)④–(2)④–(4)果

一一 荨麻科 Urticaceae

1. 白面苎麻（序叶苎麻）**Boehmeria clidemioides** Miq.——*B. clidemioides* Miq. var. *diffusa* (Wedd.) Hand.-Mazz. ①–(9)①–(10)②–(1)③–(2)

2. ★海岛苎麻 **Boehmeria formosana** Hayata ①–(10)③–(2)

3. 野线麻（大叶苎麻）**Boehmeria japonica** (Linn.) Miq.——*B.longispica* Steud. ①–(9)①–(10)②–(1)③–(2)

4. 苎麻 **Boehmeria nivea** (Linn.) Gaud. ①–(2)①–(9)①–(10)①–(12)②–(1)③–(2)③–(5)④–(2)

4a. 青叶苎麻 var. **tenacissima** (Gaud.) Miq.——*B. nivea* var. *candicans* Wedd.——*B. nivea* var. *nipononivea* (Koidz.) W. T. Wang ①–(9)①–(12)②–(1)③–(2)

5. 小赤麻（细野麻）**Boehmeria spicata** (Thunb.) Thunb.——*B. gracilis* C. H. Wright ③–(2)

6. 悬铃木叶苎麻 **Boehmeria tricuspis** (Hance) Makino —— *B. platanifolia* Franch. et Sav. ①–(3)①–(9)②–(1)③–(2)③–(5)

7. ★楼梯草 **Elatostema involucratum** Franch. et Sav. ①–(9)①–(10)②–(1)②–(3)

8. 钝叶楼梯草 **Elatostema obtusum** Wedd. ①–(9)

9. 庐山楼梯草 **Elatostema stewardii** Merr. ①–(9)①–(10)②–(1)

10. 糯米团 **Gonostegia hirta** (Blume) Miq. ①–(10)②–(1)③–(2)

11. 珠芽艾麻 **Laportea bulbifera** (Sieb. et Zucc.) Wedd. ①–(9)①–(10)②–(1)③–(2)

12. ★花点草 **Nanocnide japonica** Blume ②–(1)

13. 毛花点草 **Nanocnide lobata** Wedd. —— *N. pilosa* Migo ②–(1)

14. 紫麻 **Oreocnide frutescens** (Thunb.) Miq. ①–(9)①–(13)③–(2)④–(2)

15. 短叶赤车（山椒草）**Pellioniabrevifolia** Benth.——*P. minima* Makino ②–(1)

16. 赤车 **Pellionia radicans** (Sieb. et Zucc.) Wedd. ①–(10)②–(1)

17. 蔓赤车 **Pellionia scabra** Benth. ①–(10)②–(1)

18. ★波缘冷水花 **Pilea cavaleriei** Lévl. ①–(10)②–(1)

19. 冷水花 **Pilea notata** C. H. Wright ①–(10)②–(1)

20. 矮冷水花 **Pilea peploides** (Gaud.) W. J. Hook. et Arn.—— *P. peploides* (Gaud.) Hook. et Arn. var. *major* Wedd. ①–(10)②–(1)

21. 透茎冷水花 **Pilea pumila** (Linn.) A. Gray ①–(10)②–(1)④–(4)

22. 粗齿冷水花 **Pilea sinofasciata** C. J. Chen ①–(9)①–(10)

23. 三角叶冷水花 **Pilea swinglei** Merr. ①–(10)②–(1)

24. *雾水葛 **Pouzolzia zeylanica** (Linn.) Benn. ①–(9)②–(1)③–(2)③–(6)

一二 山龙眼科 Proteaceae

1. 小果山龙眼（越南山龙眼、红叶树）**Helicia cochinchinensis** Lour. ①–(1)①–(12)②–(3)③–(5)④–(4)形④–(4)果

一三 铁青树科 Olacaceae

1. 青皮木 **Schoepfia jasminodora** Sieb. et Zucc. ②–(1)③–(1)③–(5)④–(4)形④–(4)果

一四 桑寄生科 Loranthaceae

1. 栗寄生 **Korthalsella japonica** (Thunb.) Engl.

2. 椆树桑寄生 **Loranthus delavayi** Van Tiegh. ①–(13)②–(1)

3. 锈毛钝果寄生 **Taxillus levinei** (Merr.) H. S. Kiu ②–(1)④–(4)花

4. 四川寄生 **Taxillus sutchuenensis** (Lecomte) Danser ②–(1)

5. 槲寄生 **Viscum coloratum** (Kom.) Nakai ①–(13)②–(1)③–(6)④–(4)

6. 柿寄生（棱枝槲寄生）**Viscum diospyrosicola** Hayata ——*V. diospyrosicolum* Hayata ②–(1)

7. 枫香槲寄生 **Viscum liquidambaricola** Hayata ②–(1)

一五 马兜铃科 Aristolochiaceae

1. 管花马兜铃 **Aristolochia tubiflora** Dunn ②–(1)④–(2)

2. 尾花细辛 **Asarum caudigerum** Hance ②–(3)③–(4)④–(4)

3. 福建细辛 **Asarum fukienense** C. Y. Cheng et C. S. Yang ②–(1)②–(3)③–(4)

4. 马蹄细辛（小叶马蹄香）**Asarum ichangense** C. Y. Cheng et C. S. Yang ②–(1)②–(3)③–(4)

一六 蛇菰科 Balanophoraceae

1. 短穗蛇菰 **Balanophora abbreviata** Blume ——*B. subcupularis* auct. non Tam

2. 疏花蛇菰 **Balanophora laxiflora** Hemsl.——*B. spicata* Hayata ②–(1)

一七 蓼科 Polygonaceae

1. 金线草 **Antenoron filiforme** (Thunb.) Roberty et Vautier ②–(1)②–(2)②–(3)④–(4)

1a. 短毛金线草 var. **neofiliforme** (Nakai) A. J. Li ——*A. neofiliforme* (Nakai) Hara ②–(1)②–(2)④–(5)HF

2. 金荞麦（野荞麦）**Fagopyrum dibotrys** (D. Don) Hara①–(1)①–(9)①–(10)①–(12)②–(1)⑤–(1)b

3. 何首乌 **Fallopia multiflora** (Thunb.) Harald. ——*Polygonum multiflorum* Thunb.①–(1)①–(10)①–(12)②–(1)②–(2)②–(3)④–(2)

4. 萹蓄 **Polygonum aviculare** Linn.①–(9)①–(10)①–(12)②–(1)②–(2)④–(4)

5. 火炭母 **Polygonum chinense** Linn.①–(9)①–(10)①–(12)①–(13)②–(1)②–(2)②–(3)④–(4)④–(5)HF

6. 稀花蓼 **Polygonum dissitiflorum** Hemsl.①–(10)①–(12)

7. 戟叶箭蓼（长箭叶蓼）**Polygonum hastato-sagittatum** Makino①–(10)①–(12)

8. 水蓼（辣蓼）**Polygonum hydropiper** Linn.①–(9)①–(10)①–(12)②–(1)②–(2)②–(3)

9. 蚕茧草 **Polygonum japonicum** Meisn. ——*P. macranthum* Meisn.①–(10)①–(12)②–(1)②–(2)

10. *愉悦蓼 **Polygonum jucundum** Meisn.①–(10)①–(12)

11. 酸模叶蓼 **Polygonum lapathifolium** Linn.①–(1)①–(9)①–(10)①–(12)②–(1)②–(2)②–(3)③–(5)

11a. *绵毛酸模叶蓼 var. **salicifolium** Sibth.①–(9)①–(10)①–(12)②–(1)②–(2)

12. 长鬃蓼（马蓼）**Polygonum longisetum** De Br.①–(12)②–(1)

13. 小花蓼 **Polygonum muricatum** Meisn.①–(10)①–(12)

14. 尼泊尔蓼 **Polygonum nepalense** Meisn.①–(10)①–(12)②–(1)

15. 红蓼（荭草）**Polygonum orientale** Linn.①–(1)①–(9)①–(10)①–(12)②–(1)②–(3)④–(4)④–(4)花

16. 杠板归 **Polygonum perfoliatum** Linn.①–(10)①–(12)①–(13)②–(1)②–(2)②–(3)

17. 春蓼 **Polygonum persicaria** Linn.①–(10)①–(12)②–(1)②–(3)

18. 习见蓼 **Polygonum plebeium** R. Br.①–(9)①–(12)②–(1)

19. 丛枝蓼 **Polygonum posumbu** Buch.-Ham. ex D. Don①–(10)①–(12)②–(1)②–(2)

20. 伏毛蓼（无辣蓼）**Polygonum pubescens** Blume①–(10)①–(12)②–(1)

21. 箭叶蓼 **Polygonum sagittatum** Linn. ——*P. sieboldii* Meisn.①–(10)①–(12)②–(1)②–(3)

22. 刺蓼 **Polygonum senticosum** (Meisn.) Franch. et Sav.①–(3)①–(12)②–(1)

23. 细叶蓼 **Polygonum taquetii** Lévl.

24. 戟叶蓼 **Polygonum thunbergii** Sieb. et Zucc.——*P. sinicum* (Migo) Y. Y. Fang et C. Z. Zheng①–(10)①–(12)

25. 黏液蓼 **Polygonum viscoferum** Makino①–(12)

26. 黏毛蓼（香蓼）**Polygonum viscosum** Buch.-Ham. ex D. Don①–(10)①–(12)

27. 虎杖 **Reynoutria japonica** Houtt. ——*Polygonum cuspidata* Sieb. et Zucc.①–(10)①–(12)②–(1)②–(2)②–(3)③–(3)

28. 酸模 **Rumex acetosa** Linn. ①–(9)①–(10)①–(12)②–(1)②–(2)②–(3)③–(3)

29. 齿果酸模 **Rumex dentatus** Linn. ①–(10)①–(12)②–(1)②–(2)②–(3)

30. 羊蹄 **Rumex japonicus** Houtt. ①–(1)①–(9)①–(10)①–(12)②–(1)②–(3)③–(3)

一八 藜科 Chenopodiaceae

1. 藜 **Chenopodium album** Linn. ——*C. album* var. *centrorubrum* Makino ①–(2)①–(3)①–(9)①–(10)①–(12)② - (1)②–(2)②–(3)③–(5)

2. 土荆芥 **Chenopodium ambrosioides** Linn. ①–(9)①–(12)②–(1)②–(2)②–(3)③–(4)③–(5)⑤–(3)

3. 小藜 **Chenopodium ficifolium** Smith ①–(2)①–(3)①–(9)①–(10)①–(12)②–(1)③–(5)

4. △扫帚菜 **Kochia scoparia** (Linn) Schrad f. **trichophylla** (Hort.) Schinz et Thell. ①–(3)①–(9)①–(10)②–(1)③–(5)

一九 苋科 Amaranthaceae

1. 土牛膝 **Achyranthes aspera** Linn. ①–(2)①–(9)①–(12)②–(1)

2. 牛膝 **Achyranthes bidentata** Blume ①–(2)①–(9)①–(10)①–(12)②–(1)②–(2)②–(3)

2a. ★少毛牛膝 var. **japonica** Miq. ①–(12)②–(1)

3. 柳叶牛膝 **Achyranthes longifolia** (Makino) Makino ①–(2)①–(10)①–(12)②–(1)②–(2)

4. 狭叶莲子草 **Alternanthera nodiflora** R. Br. ①–(10)①–(2)①–(9)②–(1)④–(3)

5. 喜旱莲子草 **Alternanthera philoxeroides** (Mart.) Griseb. ①–(2)①–(9)①–(10)②–(1)④–(3)⑤–(3)

6. 莲子草 **Alternanthera sessilis** (Linn.) DC. ①–(2)①–(9)①–(10)②–(1)④–(3)

7. 凹头苋 **Amaranthus blitum** Linn. ——*A. lividus* Linn. ——*A. ascendens* Loisel. ①–(2)①–(9)①–(10)①–(12)②–(1)⑤–(3)

8. ★繁穗苋（老鸦谷）**Amaranthus cruentus** Linn. —— *A. paniculatus* Linn. ①–(1)①–(9)①–(10)①–(12)⑤–(3)

9. ★绿穗苋 **Amaranthus hybridus** Linn. ①–(10)①–(12)②–(1)⑤–(3)

10. ★大序绿穗苋（台湾苋）**Amaranthus patulus** Bertol ①–(10)①–(12)⑤–(3)

11. ★反枝苋 **Amaranthus retroflexus** Linn. ①–(1)①–(2)①–(9)①–(10)①–(12)②–(1)②–(3)⑤–(3)

12. 刺苋 **Amaranthus spinosus** Linn. ①–(9)①–(10)①–(12)②–(1)②–(3)⑤–(3)

13. △苋 **Amaranthus tricolor** Linn. ①–(2)①–(9)①–(10)①–(12)②–(1)①–(6)⑤–(3)

14. 皱果苋 **Amaranthus viridis** Linn. ①–(9)①–(10)①–(12)②–(1)⑤–(3)

15. 青葙 **Celosia argentea** Linn. ①–(9)①–(10)①–(12)②–(1)②–(2)④–(4)花⑤–(3)

16. △鸡冠花 **Celosia cristata** Linn. ①–(9)①–(10)①–(12)②–(1)④–(4)⑤–(3)

二〇 紫茉莉科 Nyctaginaceae

1. 紫茉莉 **Mirabilis jalapa Linn.**——*Nyctago jalapa* (Linn.) DC. ②–(1)②–(3)④–(4)⑤–(3)

二一 商陆科 Phytolaccaceae

1. 商陆 **Phytolacca acinosa** Roxb. ①–(10)②–(1)②–(2)②–(3)④–(4)果

2. 美洲商陆（垂序商陆）**Phytolacca americana** Linn. ①–(10)②–(1)②–(2)②–(3)④–(4)果⑤–(3)

二二 番杏科 Aizoaceae

1. 粟米草 **Mollugo stricta** Linn. ①–(10)②–(1)

二三 马齿苋科 Portulacaceae

1. 马齿苋 **Portulaca oleracea** Linn. ①–(2)①–(4)①–(9)①–(10)①–(12)②–(1)②–(2)②–(3)④–(4)

2. 土人参 **Talinum paniculatum** (Jacq.) Gaertn. ——*T. patense* (Linn.) Willd.——*Portulaca paniculata* Jacq. ①–(9)①–(10)②–(1)④–(4)⑤–(3)

二四 落葵科 Basellaceae

1. 落葵薯 **Anredera cordifolia** (Tenore) Steenis ①–(9)①–(10)②–(1)④–(2)⑤–(3)

2. △落葵 **Basella rubra** Linn. ①–(10)②–(1)④–(2)⑤–(3)

二五 石竹科 Caryophyllaceae

1. ★蚤缀 **Arenaria serpyllifolia** Linn. ①–(9)②–(1)②–(3)

2. 球序卷耳 **Cerastium glomeratum** Thuill. ①–(9)①–(10)②–(1)⑤–(3)

3. △石竹 **Diantjus chinensis** Linn. ①–(10)①–(12)②–(1)④–(4)④–(5)铜

4. 牛繁缕 **Myosoton aquaticum** (Linn.) Moench ①–(9)①–(10)②–(1)

5. 孩儿参 **Pseudostellaria heterophlla** (Miq.) Pax ①–(10)②–(1)⑤–(1)c

6. 漆姑草 **Sagina japonica** (Sw.) Ohwi ①–(10)②–(1)

7. 女娄菜 **Silene aprica** Turcz. ex Fisch. et Mey. ①–(9)①–(10)②–(1)

8. ★无瓣繁缕 **Stellaria apetala** Ucria ex Roem.

9. 雀舌草 **Stellaria alsine** Grimm ——*S.uliginosa* Murr. ①–(10)②–(1)

10. 繁缕 **Stellaria media** (Linn.) Villars ①–(9)①–(10)①–(12)②–(1)②–(3)

二六 睡莲科 Nymphaeaceae

1. △莲 **Nelumbo nucifera** Gaertn. ①–(1)①–(9)①–(12)①–(13)②–(1)③–(4)④–(4)④–(4)花⑤–(1)b

2. 睡莲（子午莲）**Nymphaea tetragona** Georgi①–⑴①–⑼①–⑿②–⑴③–⑷④–⑶④–⑷④–⑷花⑤–⑴c

二七 金鱼藻科 Ceratophyllaceae

1. 金鱼藻 **Ceratophyllum demersum** Linn.①–⑵①–⑼①–⑿②–⑴

二八 毛茛科 Ranunculaceae

1. 小升麻 **Cimicifuga japonica** (Thunb.) Spreng. ——*C. acerina* (Sieb. et Zucc.) Tanaka ①–⑿②–⑴②–⑶

2. 女萎 **Clematis apiifolia** DC.①–⑿②–⑴②–⑶④–⑵

2a. 钝齿铁线莲 var. **argentilucida** (Lévl. et Vant.) W. T. Wang ——*C. apiifolia* var. *obtusidentata* Rehd. et Wils.①–⑿②–⑴②–⑶④–⑵

3. 小木通 **Clematis armandi** Franch.①–⑿②–⑴④–⑷

4. *厚叶铁线莲 **Clematis crassifolia** Benth.①–⑿

5. 山木通 **Clematis finetiana** Lévl. et Vant①–⑿②–⑴②–⑵④–⑷

6. 单叶铁线莲 **Clematis henryi** Oliv.①–⑿②–⑴②–⑵④–⑷

7. 毛柱铁线莲 **Clematis meyeniana** Walp.①–⑿②–⑴

8. 裂叶铁线莲 **Clematis parviloba** Gardn. et Champ.①–⑿②–⑴

9. 圆锥铁线莲 **Clematis terniflora** DC.①–⑿②–⑴

10. 柱果铁线莲 **Clematis uncinata** Champ. ex Benth.①–⑿②–⑴④–⑵

11. 短萼黄连 **Coptis chinensis** Franch. var. **brevisepala** W. T. Wang et Hsiao②–⑴⑤–⑴c

12. 还亮草 **Delphinium anthriscifolium** Hance②–⑴②–⑶④–⑷

13. 蕨叶人字果 **Dichocarpum dalzielii** (Drumm. et Hutch.) W. T. Wang et Hsiao②–⑴

14. *人字果 **Dichocarpum sutchuenense** (Franch.) W. T. Wang et Hsiao②–⑴

15. 禺毛茛 **Ranunculus cantoniensis** DC.①–⑿（蜜有毒）②–⑴②–⑵②–⑶

16. 毛茛 **Ranunculus japonicus** Thunb.①–⑿（蜜有毒）②–⑴②–⑵②–⑶

17. 石龙芮 **Ranunculus sceleratus** Linn.①–⑽①–⑿（蜜有毒）②–⑴②–⑵②–⑶

18. 扬子毛茛 **Ranunculus sieboldii** Miq.①–⑿（蜜有毒）②–⑴②–⑵②–⑶

19. 天葵 **Semiaquilegia adoxoides** (DC.) Makino①–⑽②–⑴②–⑵②–⑶

20. 尖叶唐松草 **Thalictrum acutifolium** (Hand.-Mazz.) Boivin①–⑿②–⑴④–⑷花

21. 大叶唐松草 **Thalictrum faberi** Ulbr.①–⑿②–⑴④–⑷④–⑷花

22. 华东唐松草 **Thalictrum fortunei** S. Moore①–⑿②–⑴④–⑷花

二九 木通科 Lardizabalaceae

1. 木通 **Akebia quinata** (Houtt.) Decne.——*A. quinata* (Thunb.) Decne.①–⑽①–⒀②–⑴②–⑵②–⑶③–⑵③–⑸④–⑵④–⑷

2. 三叶木通 **Akebia trifoliata** (Thunb.) Koidz. ①–⑽①–⒀②–(1)②–(2)②–(3)③–(2)③–(4)③–(5)④–(2)④–(4)

2a. ★白木通 subsp. **australis** (Diels) T. Shimizu——*A. trifoliata* var. *australis* (Diels) Rehd. ①–⒀②–(1)②–(2)③–(2)③–(5)④–(2)④–(4)

3. ★五月瓜藤 **Holboellia angustifolia** Wall.——*H. fargesii* Reaub. ①–⒀②–(3)③–(2)③–(5)④–(2)

4. 鹰爪枫 **Holboellia coriacea** Diels ①–⑽①–⒀②–(1)③–(2)③–(4)③–(5)④–(2)④–(4)果

5. 大血藤 **Sargentodoxa cuneata** (Oliv.) Rehd. et Wils. ②–(1)②–(2)②–(3)③–(2)④–(4)果

6. 显脉野木瓜 **Stauntonia conspicua** R. H. Chang ①–⒀③–(2)④–(4)果

7. 钝药野木瓜（短药野木瓜）**Stauntonia leucantha** Diels ex Y. C. Wu ①–⒀②–(1)③–(2)④–(4)果

8. 倒卵叶野木瓜 **Stauntonia obovata** Hemsl. ①–⒀③–(2)④–(4)果

9a. 五指那藤（五指挪藤）**Stauntonia obovatifoliola** Hayata subsp. **intermedia** (Y. C. Wu) T. Chen ——*S. hexaphylla* (Thunb.) Decne f. *intermedia* Wu ①–⒀②–(1)③–(2)

9b. 尾叶那藤（尾叶挪藤）**Stauntonia obovatifoliola** subsp. **urophylla** (Hand.-Mazz.) H. N. Qin——*S. hexaphylla* (Thunb.) Decne. f. *urophylla* Hand.-Mazz. ①–⒀②–(1)③–(2)④–(2)④–(4)果

三〇 小檗科 Berberidaceae

1. 天台小檗（长柱小檗）**Berberis lempergiana** Ahrendt ①–⑿②–(1)④–(2)④–(4)果

2. 六角莲 **Dysosma pleiantha** (Hance) Woods. ②–(1)②–(2)②–(3)④–(4)叶④–(4)花⑤–(1)c

3. 八角莲 **Dysosma versipellis** (Hance) M. Cheng ex T. S. Ying ②–(1)②–(3)④–(4)叶④–(4)花⑤–(1)c

4. ★黔岭淫羊藿 **Epimedium leptorrhizum** Stearn ②–(1)⑤–(1)c

5. 三枝九叶草（箭叶淫羊藿）**Epimedium sagittatum** (Sieb. et Zucc.) Maxim. ①–⑽②–(1)②–(2)②–(3)④–(4)花⑤–(1)c

6. 阔叶十大功劳 **Mahonia bealei** (Fort.) Carr. ②–(1)②–(2)②–(3)④–(2)④–(4)花④–(4)果

7. 小果十大功劳 **Mahonia bodinieri** Gagnep. ②–(1)④–(2)④–(4)果

8. 南天竹 **Nandina domestica** Thunb. ①–⑿②–(1)②–(2)②–(3)③–(5)④–(2)④–(4)形④–(4)果

三一 防己科 Menispermaceae

1. 木防己 **Cocculus orbiculatus** (Linn.) DC.——*C. trilobus* Thunb. ①–(1)①–⑽②–(1)

②-(2)②-(3)③-(2)④-(4)果

1a. 毛木防己 var. **mollis** (Hook. f. et Thoms.) Hara①-(1)①-(10)②-(1)③-(2)④-(4)果

2. 轮环藤 **Cyclea racemosa** Oliv.②-(1)③-(2)④-(4)

3. 秤钩风 **Diploclisia affinis** (Oliv.) Diels②-(1)③-(2)④-(4)果

4. 蝙蝠葛 **Menispermum dauricum** DC.①-(10)②-(1)②-(2)②-(3)③-(2)④-(2)④-(4)

5. 细圆藤 **Pericampylus glaucus** (Lam.) Merr.②-(1)③-(2)④-(4)果

6. 汉防己（风龙）**Sinomenium acutum** (Thunb.) Rehd. et Wils.②-(1)②-(3)③-(2)④-(2)④-(4)

7. 金钱吊乌龟（头花千金藤）**Stephania cephalantha** Hayata①-(1)②-(1)②-(3)④-(4)果

8. 千金藤（千斤藤）**Stephania japonica** (Thunb.) Miers ①-(1)②-(1)②-(3)③-(2)④-(2)④-(4)果

9. 粉防己（石蟾蜍）**Stephania tetrandra** S. Moore①-(1)②-(1)②-(3)④-(4)果

[三][二] 木兰科 Magnoliaceae

1. 披针叶茴香（红毒茴）**Illicium lanceolatum** A. C. Smith①-(3)②-(1)②-(2)②-(3)③-(1)③-(4)③-(5)④-(2)④-(4)形④-(4)花④-(4)果

2. 南五味子 **Kadsura longipedunculata** Finet et Gagnep.①-(3)①-(10)①-(12)①-(13)②-(1)③-(5)④-(2)④-(4)果

3. 鹅掌楸 **Liriodendron chinense** (Hemsl.) Sarg.①-(12)②-(1)③-(1)③-(2)④-(2)④-(4)形④-(4)花⑤-(1)b

4. 黄山木兰 **Magnolia cylindrica** Wils.①-(12)②-(1)③-(1)③-(2)③-(4)④-(2)④-(4)形④-(4)花④-(4)果

5. △玉兰 **Magnolia denudata** Desr.①-(3)①-(5)①-(7)①-(10)①-(12)②-(1)③-(1)③-(2)③-(4)③-(5)④-(2)④-(4)形④-(4)花

6. △荷花玉兰 **Magnolia drandiflora** Linn.①-(12)③-(1)③-(2)③-(4)④-(2)④-(4)形④-(4)花④-(5)Cl_2

7. 厚朴（凹叶厚朴）**Magnolia officinalis** Rehd. et Wils. ——*M. officinalis* subsp. *biloba* (Cheng) Law①-(12)①-(3)①-(7)②-(1)②-(3)③-(1)③-(2)③-(4)③-(5)④-(2)④-(4)形④-(4)花④-(4)果⑤-(1)b

8. 木莲（乳源木莲）**Manglietia fordiana** Oliv. ——*M. yuyuanensis* Law②-(1)③-(1)良③-(2)③-(4)④-(2)④-(4)形④-(4)花④-(4)果

9. 深山含笑 **Michelia maudiae** Dunn①-(3)②-(1)③-(1)良③-(2)③-(4)③-(5)④-(2)④-(4)形④-(4)花④-(4)果

10. 野含笑 **Michelia skinneriana** Dunn③-(2)③-(4)④-(4)形④-(4)果⑤-(1)c

11. 乐东拟单性木兰 **Parakmeria lotungensis** (Chun et Tsoong) Law③-(1)③-(2)③-(4)④-(4)形⑤-(1)c

12. 二色五味子 **Schisandra bicolor** Cheng ——*S. repanda* (Sieb. et Zucc.) Radlk.①-(7)①-(10)①-(12)①-(13)②-(1)③-(4)③-(5)④-(2)④-(4)果

13. 粉背五味子（翼梗五味子）**Schisandra henryi** Clarke①-(4)①-(7)①-(10)①-(12)①-(13)②-(1)③-(4)③-(5)④-(2)④-(4)果

14. 华中五味子（东亚五味子）**Schisandra sphenanthera** Rehd. et Wils. ——*S. elongata* (Bl.) Baill.①-(3)①-(4)①-(7)①-(10)①-(12)①-(13)②-(1)③-(4)③-(5)④-(2)④-(4)④-(4)果

三三 蜡梅科 Calycanthaceae

1. △夏蜡梅 **Sinocalycanthus chinensis** (Cheng et S. Y. Chang) Cheng et S. Y. Chang—— *Calycanthus chinensis* Cheng et S. Y. Chang①-(12)④-(4)花⑤-(1)c

2. 浙江蜡梅 **Chimonanthus zhejiangensis** M. C. Liu①-(5)①-(7)①-(12)②-(1)③-(4)③-(5)④-(2)④-(4)花

三四 番荔枝科 Annonaceae

1. 瓜馥木 **Fissistigma oldhamii** (Hemsl.) Merr.①-(3)①-(13)②-(1)③-(4)④-(4)果

三五 樟科 Lauraceae

1. 华南樟 **Cinnamomum austro-sinense** H. T. Chang①-(10)①-(12)②-(1)③-(1)③-(2)③-(5)④-(2)④-(4)形

2. 樟（香樟）**Cinnamomum camphora** (Linn.) Presl①-(3)①-(7)①-(10)①-(12)②-(1)②-(2)②-(3)③-(1)良③-(2)③-(3)③-(4)③-(5)④-(2)④-(4)形⑤-(1)b

3. 浙江樟 **Cinnamomum chekiangense** Nakai①-(3)①-(7)①-(10)①-(12)②-(1)②-(3)③-(1)良③-(2)③-(4)③-(5)④-(2)④-(4)形

4. 沉水樟 **Cinnamomum micranthum** (Hayata) Hayata①-(7)①-(12)③-(1)③-(2)③-(4)③-(5)④-(4)形⑤-(1)c

5. 细叶香桂（香桂）**Cinnamomum subavenium** Miq.①-(7)①-(8)①-(10)①-(12)②-(1)②-(3)③-(1)良③-(4)③-(5)④-(2)④-(4)形

6. 乌药 **Lindera aggregata** (Sims) Kosterm.①-(3)①-(12)②-(2)①-(7)②-(1)③-(5)④-(2)

6a. *红果乌药 f. **rubra** P. L. Chiu①-(3)①-(7)①-(12)②-(1)④-(4)果

7. *狭叶山胡椒 **Lindera angustifolia** Cheng①-(3)①-(7)①-(10)②-(1)③-(5)④-(4)

8. 香叶树 **Lindera communis** Hemsl.①-(3)①-(7)①-(10)①-(12)②-(1)③-(1)③-(4)③-(5)④-(2)④-(4)果

9. 红果钓樟（红果山胡椒）**Lindera erythrocarpa** Makino①–⑿③–⑴③–⑸④–⑷果

10. 山胡椒**Lindera glauca** (Sieb. et Zucc.) Bl.①–⑶①–⑺①–⑿②–⑴③–⑷③–⑸③–⑹④–⑵④–⑷

11. 黑壳楠**Lindera megaphylla** Hemsl. ——*L. megaphylla* Hemsl. f. *trichoclada* (Rehd.) Cheng①–⑶①–⑺①–⑽①–⑿②–⑴③–⑴③–⑸④–⑵④–⑷形

12. 绒毛山胡椒**Lindera nacusua** (D. Don) Merr.

13. 绿叶甘橿**Lindera neesiana** (Nees) Korz①–⑽③–⑸④–⑷果

14. ★三桠乌药**Lindera obtusiloba** Bl.①–⑶①–⑺①–⑽②–⑴②–⑵③–⑸④–⑷果

15. 山橿**Lindera reflexa** Hemsl.②–⑴②–⑵③–⑸果

16. ★红脉钓樟**Lindera rubronervia** Gamble①–⑺②–⑴③–⑴③–⑸④–⑵④–⑷

17. 豹皮樟**Litsea coreana Lévl.** var. **sinensis** (Allen) Yang et P. H. Huang②–⑴③–⑴③–⑸④–⑷果

18. 山鸡椒**Litsea cubeba** (Lour.) Pers.①–⑶①–⑺①–⑽①–⑿②–⑴②–⑵③–⑴③–⑷③–⑸③–⑹④–⑵④–⑷花

18a. 毛山鸡椒var. **formosana** (Nakai) Yang et P. H. Huang①–⑶①–⑺ ①–⑽①–⑿②–⑴②–⑵③–⑴③–⑷③–⑸③–⑹④–⑵

19. 黄丹木姜子**Litsea elongata** (Wall. ex Nees) Benth. et Hook. f.③–⑴③–⑸④–⑷

19a. 石木姜子var. **faberi** (Hemsl.) Yang et P. H. Huang③–⑴③–⑸

20. 木姜子**Litsea pungens** Hemsl.①–⑶①–⑺①–⑽①–⑿③–⑴③–⑸③–⑹④–⑵

21. ★浙江润楠**Machilus chekiangensis** S. Lee③–⑴④–⑵④–⑷形

22. ★黄绒润楠**Machilus grijsii** Hance①–⑿③–⑴

23. 薄叶润楠**Machilus leptophylla** Hand.-Mazz.①–⑿②–⑴③–⑴③–⑸③–⑹a ④–⑵④–⑷形

24. 木姜润楠**Machilus litseifolia** S. Lee③–⑴④–⑷形

25. 长序润楠**Machilus longipedunculata** S. Lee et F. N. Wei③–⑴④–⑷形

26. 建楠**Machilus oreophila** Hance③–⑴④–⑷形

27. 刨花楠**Machilus pauhoi** Kanehira①–⑶③–⑴①–⑿③–⑹③–⑸③–⑹a④–⑵④–⑷形

28. 凤凰润楠**Machilus phoenicis** Dunn③④–⑷形④–⑷果

29. 红楠 **Machilus thunbergii** Sieb. et Zucc.①–⑶①–⑿② - ⑴③–⑴③–⑸③–⑺④–⑵④–⑷形④–⑷果

30. 绒毛润楠**Machilus velutina** Champ. ex Benth.①–⑿③ - ⑴③–⑷③–⑸④–⑷果

31a. 浙江新木姜子**Neolitsea aurata** (Hayata) Koidz. var. **chekiangensis** (Nakai) Yang et P. H. Huang②–⑴④–⑵

31b. 云和新木姜子 var. **paraciculata** (Nakai) Yang et P. H. Huang

31c. 浙闽新木姜子 var. **undulatula** Yang et P. H. Huang

32. 闽楠 **Phoebe bournei** (Hemsl.) Yang ①–⑿③–(1)良③–(4)③–(5)④–(2)④–(4)形⑤–(1)b

33. 浙江楠 **Phoebe chekiangensis** P. T. Li ①–⑿③–(1)良③–(4)③–(5)④–(2)④–(4)形⑤–(1)b

34. 紫楠 **Phoebe sheareri** (Hemsl.) Gamble ①–⑿②–(1)③–(1)良③–(4)③–(5)④–(4)形

35. 檫木 **Sassafras tzumu** (Hemsl.) Hemsl. ①–(3)①–(7)①–⑿②–(1)②–(2)③–(1)良③–(3)③–(4)③–(5)④–(4)形④–(4)花

三六 罂粟科 Papaveraceae

1. 台湾黄堇（北越紫堇）**Corydalis balansae** Prain

2. 伏生紫堇 **Corydalis decumbens** (Thunb.) Pers. ②–(1)②–(2)

3. 紫堇 **Corydalis edulis** Maxim. ①–⑽①–⑿②–(1)②–(3)④–(4)花

4. 刻叶紫堇 **Corydalis incisa** (Thunb.) Pers. ①–⑿②–(1)②–(3)④–(4)花

5. 黄堇 **Corydalis pallida** (Thunb.) Pers. ①–⑽①–⑿②–(1)②–(2)②–(3)④–(4)花

6. 小花黄堇 **Corydalis racemosa** (Thunb.) Pers. ①–⑽①–⑿②–(1)②–(2)②–(3)④–(4)花

7. △延胡索 **Corydalis yanhusuo** W. T. Wang ex Z. Y. Su et C. Y. Wu ①–⑿②–(1)②–(3)⑤–(1)c

8. 血水草 **Eomecon chionantha** Hance ②–(1)②–(3)④–(4)花

9. 博落回 **Macleaya cordata** (Willd.) R. Br. ①–(3)①–⑿（蜜有毒）②–(1)②–(2)②–(3)

三七 十字花科 Cruciferae

1. 荠菜 **Capsella bursa-pastoris** (Linn.) Medic. ①–(3)①–(9)①–⑽①–⑿②–(1)②–(2)③–(5)

2. 弯曲碎米荠 **Cardamine flexuosa** With. ①–(3)①–⑽①–⑿②–(1)③–(5)⑤–(3)

3. 碎米荠 **Cardamine hirsuta** Linn. ①–(3)①–⑽①–⑿②–(1)③–(5)④–(4)花

4. 弹裂碎米荠（毛果碎米荠）**Cardamine impatiens** Linn. ——*C. impartiens* var. *dasycarpa* (M. Bieb.) T. Y. Cheo et R. C. Fang ①–⑽①–⑿②–(1)

5. 水田碎米荠 **Cardamine lyrata** Bunge ①–(3)①–⑽①–⑿②–(1)③–(5)④–(4)花

6. 臭荠 **Coronopus didymus** (Linn.) Smith ②–(1)②–(2)⑤–(3)

7. 北美独行菜 **Lepidium virginicum** Linn. ①–⑽①–⑿②–(1)③–(5)⑤–(3)

8. 广州蔊菜 **Rorippa cantoniensis** (Lour.) Ohwi ①–⑽①–⑿

9. 无瓣蔊菜 **Rorippa dubia** (Pers.) Hara ①–(9)①–⑽①–⑿②–(1)

10. 球果蔊菜（风花菜）**Rorippa globosa** (Turcz. ex Fish. et Mey.) Hayek①–(9)①–(10)①–(12)③–(5)

11. 蔊菜**Rorippa indica** (Linn.) Hiern①–(9)①–(10)①–(12)②–(1)

12. 武功山阴山荠（武功山泡果荠）**Yinshania hui** (O. E. Schulz) Y. Z. Zhao——*Hilliella hui* (O. E. Schulz) Y. H. Zhang & H. W. Li①–(12)

三八 伯乐树科 Bretschneideraceae

1. 伯乐树(南华木)**Bretschneidera sinensis** Hemsl.③–(1)④–(4)形④–(4)花⑤–(1)a

三九 茅膏菜科 Droseraceae

1. 茅膏菜**Drosera peltata** Smith ex Willd.——*D. peltata* var. *glabrata* Y. Z. Ruan②–(1)②–(2)②–(3)

2. 圆叶茅膏菜(毛毡苔)**Drosera rotundifolia** Linn.——*D. rotundifolia* var. *furcata* Y. Z. Ruan

四〇 景天科 Crassulaceae

1. ★落地生根**Bryophyllum pinnatum** (Linn. f.) Oken②–(1)⑤–(3)

2. ★八宝**Hylotelephium erythrostictum** (Miq.) H. Ohba②–(1)④–(4)花

3. ★晚红瓦松**Orostachys japonica** A. Berger①–(9)①–(10)①–(12)②–(1)②–(2)②–(3)④–(4)

4. 费菜**Phedimus aizoon** (Linn.)′ t Hart——*Sedum aizoon* Linn.①–(9)①–(10)①–(12)②–(1)③–(3)④–(4)

5. 东南景天**Sedum alfredii** Hance①–(9)①–(10)①–(12)②–(1)④–(4)花

6. 珠芽景天**Sedum bulbiferum** Makino①–(9)①–(10)①–(12)②–(1)

7. 大叶火焰草**Sedum drymarioides** Hance②–(1)

8. 凹叶景天**Sedum emarginatum** Migo①–(9)①–(10)①–(12)②–(1)②–(3)

9. ★日本景天**Sedum japonicum** Sieb. ex Miq.①–(9)①–(10)①–(12)②–(1)

10. ★坤俊景天**Sedum kuntsunianum** X. F. Jin, S. H. Jin et B. Y. Ding

11. ★佛甲草**Sedum lineare** Thunb.①–(9)①–(10)①–(12)②–(1)②–(3)④–(4)花

12. ★龙泉景天**Sedum lungtsuanense** S. H. Fu①–(12)②–(1)

13. 圆叶景天**Sedum makinoi** Maxim.①–(9)①–(10)①–(12)②–(1)

14. 垂盆草**Sedum sarmentosum** Bunge——*S. sarmentosum* var. *angustifolia* (Z. B. Hu et X. L. Huang) Y. C. Ho①–(9)①–(10)①–(12)②–(1)②–(2)②–(3)④–(4)花

15. ★四芒景天**Sedum tetractinum** FrÖd.①–(10)①–(12)②–(1)

16. ★天目山景天 **Sedum tianmushanense** Y. C. Ho & F.

四一 虎耳草科 Saxifragaceae

1. 落新妇（红升麻、金毛三七）**Astilbe chinensis** (Maxim.) Franch. et Sav.①–⑽②–⑴②–⑶③–⑶④–⑷花

2. 大落新妇（华南落新妇）**Astilbe grandis** Stapf ex Wils.①–⑽②–⑴④–⑷花

3. 草绣球（人心药）**Cardiandra moellendorffii** (Hance) Migo②–⑴

4. ★肾萼金腰 **Chrysosplenium delavayi** Franch.

5. ★日本金腰 **Chrysosplenium japonicum** (Maxim.) Makino

6. ★绵毛金腰 **Chrysosplenium lanuginosum** J. D. Hooker & Thomson

7. ★大叶金腰（马耳朵草）**Chrysosplenium macrophyllum** Oliv.②–⑴④–⑷

8. 柔毛金腰（毛金腰）**Chrysosplenium pilosum** Maxim. var. **valdepilosum** Ohwi②–⑴

9. 宁波溲疏 **Deutzia ningpoensis** Rehd.①–⑿②–⑴④–⑵④–⑷花

10. 冠盖绣球（藤八仙）**Hydrangea anomala** D. Don①–⑿②–⑴④–⑷花

11. 中国绣球 **Hydrangea chinensis** Maxim. ——*H. angustipetala* Hayata——*H. jiangxiensis* W. T. Wang et M. X. Nie①–⑿②–⑴②–⑶④–⑷花

12. 圆锥绣球（水亚木）**Hydrangea paniculata** Sieb.①–⑿②–⑴④–⑷花④–⑷果

13. 粗枝绣球 **Hydrangea robusta** Hook. f. et Thoms. ——*H. rosthornii* Diels①–⑻①–⑿②–⑴②–⑶④–⑷花

14. 峨眉鼠刺（矩形叶鼠刺）**Itea omeiensis** Schneid. ——*I. chinensis* Hook. et Arn. var. *oblonga* (Hand.-Mazz.) C. Y. Wu①–⑽②–⑴④–⑷

15. ★浙江山梅花（疏花山梅花）**Philadelphus zhejiangensis** S. M. Hwang ——*P. brachybotrys* (Koehne) Koehne var. *laxiflorus* (Cheng) S. Y. Hu①–⑽①–⑿②–⑴④–⑷花

16. 冠盖藤（青棉花藤）**Pileostegia viburnoides** Hook. f. et Thoms.②–⑴④–⑷

17. 虎耳草 **Saxifraga stolonifera** Curtis①–⑽②–⑴②–⑵②–⑶④–⑷花

18. 浙江虎耳草 **Saxifraga zhejiangensis**Z. Wei et Y. B. Chang①–⑽④–⑷花

19. 秦榛钻地风（榛叶钻地风）**Schizophragma corylifolium** Chun①–⑽④–⑷

20. 钻地风（桐叶藤）**Schizophragma integrifolium** (Franch.) Oliv. ——*S. integrifolium* (Franch.) Oliv. f. *denticulatum* (Rehd.) Chun①–⑽②–⑴②–⑵④–⑷

21. 粉绿钻地风 var. **glaucescens** Rehd.①–⑽②–⑴④–⑷

22. 柔毛钻地风 **Schizophragma molle** (Rehd.) Chun

23. 黄水枝 **Tiarella polyphylla** D. Don②–⑴④–⑷

四二 海桐花科 Pittosporaceae

1. 崖花海桐（海金子）**Pittosporum illicioides** Makino①–⑿②–⑴③–⑵③–⑸④–⑵④–⑷形④–⑷果

2. △海桐 **Pittosporum tobira** (Thunb.) Ait. f.①–⑿②–⑴③–⑵③–⑷④–⑵④–⑷形

④–(4)果

四三 金缕梅科 Hamamelidaceae

1. ★蕈树 **Altingia chinensis** (Champ.) Oliv. ex Hance①–⑽②–(1)③–(1)良③–(2)③–(5)④–(4)形⑤–(1)c

2. 细柄蕈树 **Altingia gracilipes** Hemsl. ——*A. gracilipes* Hemsl. var. *serrulata* Tutch. ②–(1)③–(1)良③–(2)④–(4)形

3. 腺蜡瓣花（灰白蜡瓣花）**Corylopsis glandulifera** Hemsl. ——*C. glandulifera* Hemsl. var. *hypoglauca* (Cheng) H. T. Chang④–(4)花

4. 蜡瓣花 **Corylopsis sinensis** Hemsl.②–(1)④–(4)花

4a. ★秃蜡瓣花 var. **calvescens** Rehd. et Wils.④–(4)花

5. ★小叶蚊母树（圆头蚊母树）**Distylium buxifolium** (Hance) Merr. ——*D. buxifolium* var. *rotundum* H. T. Chang④–(2)④–(4)形④–(4)花

6. ★闽粤蚊母树 **Distylium chungii** (Metc.) Cheng③–(1)良③–(2)④–(2)

7. 杨梅叶蚊母树 **Distylium myricoides** Hemsl.③–(1)良③–(2)③–(3)④–(2)④–(4)

8. ★蚊母树 **Distylium racemosum** Sieb. et Zucc.①–(3)③–(1)良③–(2)③–(3)④–(2)④–(4)

9. 缺萼枫香 **Liquidambar acalycina** Chang②–(1)③–(1)③–(3)③–(4)③–(6)a④–(2)④–(4)

10. 枫香 **Liquidambar formosana** Hance①–(7)①–(9)①–⑿②–(1)②–(2)②–(3)③–(1)③–(2)③–(3)③–(4)③–(6)a④–(2)④–(4)

11. 檵木 **Loropetalum chinesis** (R. Br.) Oliv.①–⑿②–(1)③–(1)良③–(2)③–(3)④–(2)④–(4)

12. ★半枫荷（小叶半枫荷）**Semiliquidambar cathayensis** H. T. Chang ——*S. cathayensis* var. *parvifolia* H. T. Chang③–(1)③–(2)④–(4)形⑤–(1)b

13. 长尾半枫荷（尖叶半枫荷）**Semiliquidambar caudata** H. T. Chang——*S. caudata* H. T. Chang var. *cuspidata* (H. T. Chang) H. T. Chang③–(1)③–(2)④–(4)形

四四 杜仲科 Eucommiaceae

1. △杜仲 **Eucommia ulmoides** Oliv.①–(5)①–⑽②–(1)③–(1)③–(2)③–(5)③–(6)b④–(2)④–(4)形⑤–(1)c

四五 蔷薇科 Rosaceae

1. 龙牙草 **Agrimonia pilosa** Ledeb.①–(9)①–⑽①–⑿②–(1)②–(2)③–(3)

2. 桃 **Amygdalus persica** Linn.——*Prunus persica* (Linn.) Batsch①–(3)①–(4)①–⑽①–⑿①–⒀②–(1)②–(2)②–(3)③–(1)③–(4)③–(5)③–(6)④–(2)④–(4)花④–(4)果④–(5)HF、Cl_2、SO_2

3. 梅 **Armeniacamume** Sieb.——*Prunus mume* (Sieb.) Sieb. et Zucc. ①–(4)①–(10)①–(12)①–(13)②–(1)③–(6)④–(2)③–(4)④–(4)花④–(4)果④–(5)HCHO、HF

4. △杏 **Armeniaca vulgaris** Lam. ——*Prunus armentaca* Linn. ①–(4)①–(10)①–(12)①–(13)②–(1)②–(3)③–(1)③–(6)④–(2)④–(4)花④–(5)HF

5. 假升麻（棣棠升麻）**Aruncus sylvester** Kostel. ex Maxim. ②–(1)③–(5)

6. 钟花樱桃 **Cerasus campanulata** (Maxim.) A. N. Vassiljeva——*Prunus campanulata* Maxim. ①–(12)①–(13)③–(1)④–(2)④–(4)花④–(4)果

7. 华中樱桃 **Cerasus conradinae** (Koehne) Yu et Li——*Prunus conradinae* Koehne ①–(12)①–(13)③–(1)④–(2)④–(4)花④–(4)果

8. 迎春樱桃 **Cerasus discoidea** Yu et Li ——*Prunus discoidea* (Yü et Li) Yu et Li ex Z. Wei et Y. B. Chang ①–(12)①–(13)③–(1)④–(2)④–(4)花④–(4)果

9. ★浙闽樱桃 **Cerasus schneideriana** (Koehne) Yü et Li——*Prunus schneideriana* Koehne ①–(4)①–(12)①–(13)③–(1)④–(4)花④–(4)果

10. 山樱花（樱花）**Cerasus serrulata** (Lindl.) G. Don.——*Prunus serrulata* Lindl. ①–(4)①–(12)①–(13)③–(1)③–(5)③–(6)④–(2)④–(4)花④–(4)果

11. 野山楂 **Crataegus cuneata** Sieb. et Zucc. ①–(1)①–(4)①–(12)①–(13)②–(1)③–(6)④–(2)④–(2)④–(4)果

12. ★皱果蛇莓 **Duchesnea chrysantha** (Zoll. et Mor.) Miq. ②–(1)①–(12)

13. 蛇莓 **Duchesnea indica** (Andr.) Focke ①–(9) ①–(12)②–(1)②–(2)②–(3)③–(5)④–(4)

14. 枇杷 **Eriobotrya japonica** (Thunb.) Lindl. ①–(1)①–(4)①–(9)①–(10)①–(12)①–(13)②–(1)②–(3)③–(1)③–(5)④–(2)④–(4)果

15. 棣棠花 **Kerria japonica** (Linn.) DC. ①–(12)②–(1)④–(4)花

16. 腺叶桂樱 **Laurocerasus phaeosticta** (Hance) Schneid.——*Prunus phaeosticta* (Hance) Maxim. ③–(1)良④–(4)形④–(4)花

17. 刺叶桂樱 **Laurocerasus spinulosa** (Sieb. et Zucc.) Schneid.——*Prunus spinulosa* Sieb. et Zucc. ①–(12)③–(1)良④–(4)形④–(4)花

18. ★大叶桂樱 **Laurocerasus zippeliana** (Miq.) Brow.——*Prunus zippeliana* Miq. ①–(12)③–(1)良④–(4)形

19. ★台湾林檎 **Malus doumeri** (Bois) Chev. ①–(12)①–(13)③–(1)④–(4)果

20. 湖北海棠 **Malus hupehensis** (Pamp.) Rehd. ①–(1)①–(5)①–(10)①–(12)①–(13)②–(1)②–(2)③–(1)④–(4)花④–(4)果

21. 光萼林檎 **Malus leiocalyca** S. Z. Huang ①–(12)①–(13)③–(1)④–(4)果

22. 短梗稠李 **Padus brachypoda** (Batal.) Schneid.——*Prunus brachypoda* Batal. ①–(12)③–(1)良③–(3)④–(2)④–(4)果

23. ★橉木（华东稠李）**Padus buergeriana** (Miq.) Yü et Ku——*Prunus buergeriana* Miq. ①–⑿①–⒀②–(1)③–(1)③–(3)④–(2)

24. ★灰叶稠李**Padus grayana** (Maxim.) Schneid.——*Prunus grayana* Maxim. ①–⑿①–⒀③–(1)良③–(3)④–(2)

25. 中华石楠（厚叶中华石楠）**Photinia beauverdiana** Schneid. ——*P. beauverdiana* var. *notabilis* (Schneid.) Rehd. et Wils. ①–⑿①–⒀③–(1)③–(5)④–(4)果

26. ★闽粤石楠**Photinia benthamiana** Hance①–⑿

27. 贵州石楠(椤木石楠) **Photinia bodinieri** Lévl.—— *P. davidsoniae* Rehd. et Wils. ①–⑿①–⒀②–(3)③–(1)良③–(5)④–(2)④–(4)形

28. 光叶石楠**Photinia glabra** (Thunb.) Maxim. ①–⑿②–(1)②–(3)③–(1)良③–(5)④–(2)④–(4)果

29. 褐毛石楠**Photinia hirsuta** Hand.-Mazz. ①–⑿③–(1)③–(5)④–(4)果

30. ★垂丝石楠**Photinia komarovii** (Lévl. et Vant.) L. T. Lu et C.L. Li①–⑿①–⒀④–(4)果

31. 倒卵叶石楠**Photinia lasiogyna** (Franch.) Schneid. ①–⑿①–⒀③–(1)良③–(5)④–(2)④–(4)形④–(4)果

32. 小叶石楠（伞花石楠）**Photinia parvifolia** (Pritz.) Schneid.——*P. subumbellata* Rehd. et Wils. ①–(3)①–⑿①–⒀③–(5)④–(4)果

33. 桃叶石楠（水花石楠）**Photinia prunifolia** (Hook. et Arn.) Lindl. ——*P. prunifolia* var. *denticulata* Yu①–⑿③–(1)良③–(5)④–(2)④–(4)形④–(4)果

34. ★绒毛石楠**Photinia schneideriana** Rehd. et Wils. ①–⑿①–⒀③–(5)④–(4)形④–(4)果

35. 石楠（紫金牛叶石楠）**Photinia serratifolia** (Desf.) Kalk.——*P. serrulata* Lindl. ——*P. serrulata* var. *ardisiifolia* (Hayata) Kuan①–⑿②–(1)②–(2)②–(3)③–(1)良③–(5)④–(2)④–(4)形④–(4)果

36. ★泰顺石楠 **Photinia taishunensis** G. H. Xia, L. H. Lou et S. H. Jin——*P. lochengensis* auctnon Yu①–⑿④–(4)⑤

37. 毛石楠（毛叶石楠）**Photinia villosa** (Thunb.) DC. ①–⑿①–⒀②–(1)③–(5)④–(4)果

38. 浙江石楠 **Photinia zhejiangensis** P. L. Chiu①–⑿④–(4)果

39. 莓叶委陵菜**Potentilla fragarioides** Linn. ①–(9)①–⑽①–⑿②–(1)④–(4)

40. 三叶委陵菜**Potentilla freyniana** Bornm. ①–⑽①–⑿②–(1)

41. 蛇含委陵菜**Potentilla kleiniana** Wight et Arn.——*P. sundaica* (Bl.) Kuntze①–(9) ①–⑽①–⑿②–(1)②–(3)

42. 朝天委陵菜（三叶朝天委陵菜）**Potentilla supina** Linn. —— *P. supina* var. *ternata*

Peterm ①–(9)①–(10)①–(12)②–(1)

43. 李 **Prunus salicina** Lindl. ①–(10)①–(12)①–(13)②–(1)②–(3)③–(1)③–(5)④–(2)④–(4)果

44. 豆梨 **Pyrus calleryana** Decne. ①–(12)①–(13)②–(1)③–(1)良④–(2)④–(4)花

45. 锈毛石斑木 **Rhaphiolepis ferruginea** Metc. ①–(12)③–(1)良④–(4)形

46. 石斑木 **Rhaphiolepis indica** (Linn.) Lindl. ——*R. gracilis* Nakai ①–(10)①–(12)①–(13)②–(1)③–(1)良④–(4)花

47. 大叶石斑木 **Rhaphiolepis major** Card. ①–(10)①–(12)①–(13)③–(1)良④–(4)形

48. 硕苞蔷薇（糖钵）**Rosa bracteata** Wendl. ①–(4)①–(10)①–(12)①–(13)②–(1)③–(3)④–(2)④–(4)花

48a. *密刺硕苞蔷薇 var. **scabriacaulis** Lindl.ex Koidz ①–(4)①–(12)②–(1)④–(2)④–(4)花

49. △月季 **Rosa chinensis** Jacq. ①–(4)①–(10)①–(12)②–(1)③–(4)④–(4)花④–(5)HF

50. 小果蔷薇（山香木）**Rosa cymosa** Tratt. ①–(7)①–(9)①–(10)①–(12)①–(13)②–(1)③–(3)③–(4)④–(4)花

51. 软条七蔷薇 **Rosa henryi** Bouleng. ①–(10)①–(12)①–(13)②–(1)③–(4)④–(4)花④–(4)果

52. 金樱子（刺梨子、糖罐头）**Rosa laevigata** Michx. ①–(1)①–(4)①–(10)①–(12)①–(13)②–(1)②–(2)③–(3)④–(2)④–(4)花④–(4)果

53. 野蔷薇（多花蔷薇）**Rosa multiflora** Thunb. ①–(7)①–(10)①–(12)①–(13)②–(1)③–(3)③–(4)④–(2)④–(4)花

54. 腺毛莓 **Rubus adenophorus** Rolfe ①–(12)①–(13)②–(1)

55. 粗叶悬钩子 **Rubus alceaefolius** Poir. ①–(12)①–(13)②–(1)

56. 周毛悬钩子 **Rubus amphidasys** Focke ①–(12)①–(13)②–(1)

57. 寒莓 **Rubus buergeri** Miq. ①–(12)①–(13)②–(1)

58. 掌叶覆盆子（掌叶悬钩子）**Rubus chingii** Hu ①–(4)①–(12)①–(13)②–(1)④–(2)④–(4)果

59. 山莓 **Rubus corchorifolius** Linn. f. ①–(4)①–(12)①–(13)②–(1)③④–(2)

60. 插田泡（复盆子）**Rubus coreanus** Miq. ①–(12)①–(13)②–(1)③–(5)④–(4)果

61. 福建悬钩子 **Rubus fujianensis** Yü et Lu ①–(12)①–(13)

62. 光果悬钩子 **Rubus glabricarpus** Cheng ①–(12)①–(12)①–(13)

63. 中南悬钩子 **Rubus grayanus** Maxim. ①–(12)①–(13)

64. 蓬蘽 **Rubus hirsutus** Thunb. ——*R. hirsutus* form. *harai* (Makino) Ohwi ①–(4)①–(12)①–(13)②–(1)③–(3)④–(2)④–(4)果

65. 湖南悬钩子 **Rubus hunanensis** Hand.-Mazz. ①–(12)①–(13)

66. 陷脉悬钩子 **Rubus impressinervus** Metc. ①–⑿①–⒀

67. 白叶莓 **Rubus innominatus** S. Moore ①–⑿①–⒀②–(1)

67a. ★无腺白叶莓 var. **kuntzeanus** (Hemsl.) Bailey ①–⑿①–⒀②–(1)

67b. ★宽萼白叶莓 var. **macrosepalus** Metc. ①–⑿①–⒀②–(1)

68. 灰毛泡 **Rubus irenaeus** Focke ①–⑿①–⒀②–(1)

69. ★武夷悬钩子 **Rubus jiangxiensis** Z. X. Yu, W. T. Ji et H. Zheng

70. 高粱泡（高粱藨）**Rubus lambertianus** Ser. ①–(4)①–⑿①–⒀②–(1)③–(5)④–(4)果

71. 太平莓 **Rubus pacificus** Hance ①–⑿①–⒀②–(1)

72. 茅莓 **Rubus parvifolius** Linn. ①–⑿①–⒀②–(1)③④–(2)

73. 黄泡 **Rubus pectinellus** Maxim. ①–⑿①–⒀②–(1)

74. 盾叶莓 **Rubus peltatus** Maxim. ①–⑿①–⒀②–(1)

75. 锈毛莓 **Rubus reflexus** Ker ①–⑿①–⒀②–(1)

75a. ★浅裂锈毛莓 var. **hui** (Diels ex Hu) Metc. ①–⑿①–⒀②–(1)

76. 空心泡（蔷薇莓）**Rubus rosifolius** Smith ①–⑿①–⒀②–(1)

77. ★棕红悬钩子 **Rubus rufus** Focke ①–⑿①–⒀

78. 红腺悬钩子 **Rubus sumatranus** Miq. ①–⑿①–⒀②–(1)

79. 木莓 **Rubus swinhoei** Hance ①–⑿②–(1)

80. 三花悬钩子（三花莓）**Rubus trianthus** Focke ①–⑿①–⒀②–(1)④–(4)果

81. 光滑悬钩子 **Rubus tsangii** Merr. ①–⑿①–⒀

81a. ★铅山悬钩子 var. **yanshanenensis** (Z. X. Yu et W. T. Ji) L. T. Lu

82. 东南悬钩子 **Rubus tsangorum** Hand.-Mazz. ①–⑿①–⒀④–(4)果

83. 地榆 **Sanguisorba officinalis** Linn. ①–(1)①–(9)①–⑽①–⑿②–(1)②–(2)③–(3)③–(5)

84. ★水榆花楸 **Sorbus alnifolia** (Sieb. et Zucc.) K. Koch ①–(1)①–⑿①–⒀②–(1)③–(1)良③–(3)④–(4)形④–(4)果

85. 棕脉花楸 **Sorbus dunnii** Rehd. ①–⑿①–⒀③–(1)良③–(2)④–(2)④–(4)果

86. 石灰花楸 (石灰树) **Sorbus folgneri** (Schneid.) Rehd. ①–⑿①–⒀②–(1)③–(1)良③–(2)④–(2)④–(4)形④–(4)果

87. 江南花楸 **Sorbus hemsleyi** (Schneid.) Rehd. ①–⑿①–⒀②–(1)③–(1)良③–(2)④–(2)④–(4)形④–(4)果

88. ★疏毛绣线菊 **Spiraea hirsute** (Hemsl.) Schneid. ①–⑿②–(1)④–(2)④–(4)

89. 粉花绣线菊 **Spiraea japonica** Linn. f. ①–⑿②–(1)④–(2)④–(4)花

89a. ★白花绣线菊 var. **albiflora** (Miq.) Z .Wei et Y. B. Chang ①–⑿②–(1)④–(4)花

89b. 光叶粉花绣线菊 var. **fortunei** (Planch.) Rehd. ①–⑿②–(1)④–(4)花

90. 野珠兰（华空木）**Stephanadra chinensis** Hance②–(1)③–(2)④–(4)形

91. 波叶红果树 **Stranvaesia davidiana** Decne. var. **undulata** (Decne.) Rehd. et Wils.①–⑿②④–(4)果

四六 豆科 Leguminosae

1. *合萌 **Aeschynomene indica** Linn.①–(2)①–(9)①–⑽①–⑿②–(1)④–(3)

2. 合欢 **Albizia julibrissin** Durazz.①–(2)①–(9)①–⑽①–⑿②–(1)③–(1)良③–(2)③–(3)③–(5)③–(6)④–(4)形④–(2)④–(4)花

3. 山合欢 **Albizia kalkora** (Roxb.) Prain①–(2)①–⑽①–⑿②–(1)②–(3)③–(1)良③–(2)③–(3)③–(5)③–(6)④–(2)④–(4)形④–(4)花

4. 两型豆 **Amphicarpaea edgeworthii** Benth. ——*A.trisperma* (Miq.) Baker①–(9)①–⑽①–⒀②–(1)

5. *土圞儿 **Apios fortunei** Maxim.①–⑽②–(1)

6. 亮叶猴耳环 **Archidendron lucidum** (Benth.) Nielsen——*Pithecellobium lucidum* Benth. ①–⑿②–(1)③–(1)③–(3)③–(9)④–(2)④–(4)形④–(4)果

7. *紫云英 **Astragalus sinicus** Linn.①–(2)①–(9)①–⑽①–⑿②–(1)②–(3)③–(6)④–(2)④–(3)④–(4)

8. 龙须藤 **Bauhinia championii** (Benth.) Benth.①–(2)①–(9)①–⑿②–(1)③–(2)④–(4)⑤–(1)c

9. *薄叶羊蹄甲 **Bauhinia glauca** (Wall. ex Benth.) Benth. subsp. **tenuiflora** (Watt ex C. B. Clarke) K. Larsen et S. S. Larsen ——*B. glauca* auct. non (Wall. ex Benth.) Benth. ①–(2)①–⑿④–(4)

10. 云实 **Caesalpinia decapetala** (Roth) Alston①–(2)①–(9)①–⑿②–(1)②–(3)③–(3)③–(5)③–(6)③–(5)④–(2)④–(4)花

11. 锦鸡儿 **Caragana sinica** (Buc′ hoz) Rehd.①–(9)①–⑽①–⑿②–(1)②–(3)④–(3)④–(2)④–(4)花

12. *短叶决明（大叶山扁豆）**Cassia leschenaultiana** DC.——*Chamaecrista leschenaultiana* (DC.) O. Degener①–(9)①–⑿②–(1)④–(4)

13. *含羞草决明 **Cassia minmosoides** Linn. ——*Chamaecrista mimosoides* (Linn.) Greene①–(2)①–(9)①–⑿②–(3)④–(4)⑤–(3)

14. *豆茶决明 **Cassia nomame** (Makino) Kitagawa——*Senna nomame* (Makino) T. C. Chen①–(2)①–(9)①–⑽①–⑿③–(6)

15. △紫荆 **Cercis chinensis** Bunge①–(9)①–⑿②–(1)②–(2)②–(3)③–(1)良④–(4)花

16. *响铃豆 **Crotalaria albida** Heyne ex Benth.①–(2)①–(9)①–⑿②–(3)

17. *假地蓝 **Crotalaria ferruginea** Grah. ex Benth.①–(9)①–⑿②–(1)②–(2)②–(3)④–(4)

18. ★农吉利（野百合）**Crotalaria sessiliflora** Linn. ①–(2)①–(9)①–⑿②–(1)②–(3)③–(6)④–(3)④–(4)

19. ★南岭黄檀 **Dalbergia balansae** Prain ①–(9)①–⑽①–⑿③–(1)良④–(2)④–(4)形

20. ★藤黄檀 **Dalbergia hancei** Benth. ①–(9)①–⑿②–(1)③–(3)

21. 黄檀 **Dalbergia hupeana** Hance ①–(9)①–⑽①–⑿②–(1)②–(2)②–(3)③–(1)良④–(2)④–(4)形

22. 香港黄檀 **Dalbergia millettii** Benth. ①–⑿②–(1)④–(4)

23. ★中南鱼藤 **Derris fordii** Oliv. ①–(9)②–(1)②–(2)②–(3)④–(4)⑤–(1)c

23a. ★亮叶中南鱼藤 var. **lucida** How ①–(9)②–(1)②–(2)②–(3)

24. 小槐花 **Desmodium caudatum** (Thunb.) DC. ①–(9)①–⑿②–(1)②–(2)④–(2)

25. 假地豆 **Desmodium heterocarpon** (Linn.) DC. ①–(9)①–⑿②–(1)④–(4)④–(4)花

26. 小叶三点金 **Desmodium microphyllum** (Willd.) DC. ①–(9)①–⑿②–(1)

27. 饿蚂蝗 **Desmodium multiflorum** DC. ①–(9)①–⑿②–(1)

28. ★三点金 **Desmodium triflorum** (Linn.) DC. ①–(9)①–⑿

29. 截叶山黑豆 **Dumasia truncata** Sieb. et Zucc. ①–(9)

30. ★毛野扁豆 **Dunbaria villosa** (Thunb.) Makino ①–(2)①–(9)②–(1)③–(5)

31. 三叶山豆根（胡豆莲）**Euchresta japonica** Hook. f. ex Regel ④–(4)⑤–(1)b

32. ★皂荚 **Gleditsia sinensis** Lam. ①–⑽①–⑿②–(1)②–(2)②–(3)③–(1)③–(6)④–(2)④–(4)

33. 野大豆 **Glycine soja** Sieb. et Zucc. ①–(2)①–(9)①–⑽①–⑿①–⒀②–(1)③–(5)④–(2)④–(3)⑤–(1)b

34. ★肥皂荚 **Gymnocladus chinensis** Baillon ①–⑿②–(1)③–(1)①–(3)③–(1)③–(5)③–(6)④–(2)④–(4)

35. ★细长柄山蚂蝗 **Hylodesmum leptopus** (A. Gray ex Benth.) H. Ohashi et R. R. Mill ——*Desmodium leptopum* A. Gray ex Benth. ①–(9)

36. ★羽叶长柄山蚂蝗 **Hylodesmum oldhamii** (Oliv.) H. Ohashi et R. R. Mill ——*Desmodium oldhamii* Oliv. ①–(9)②–(1)

37. 长柄山蚂蝗 **Hylodesmum podocarpum** (DC.) H. Ohashi et R. R. Mill—— *Desmodium podocarpum* DC. ——*Podocarpicum podocarpum* (DC.) Yang et Huang ①–(9)②–(1)

37a. ★宽叶长柄山蚂蝗 subsp. **fallax** (Schindl.) H. Ohashi et R. R. Mill—— *Desmodium podocarpum* DC. subsp. *fallax* (Schindl.) H. Ohashi—— *Podocarpicum podocarpum* (DC.) Yang et Huang var. *fallax* (Schindl.) Yang et Huang ①–(9)②–(1)

37b. 尖叶长柄山蚂煌 subsp. **oxyphyllum** (DC.) H. Ohashi et R. R. Mill—— *Desmodium racemosum* (Thunb.) DC. ——*D. racemosum* (Thunb.) DC. var. *pubescens* Metc. ——*Podocarpicum podocarpum* (DC.) Yang et Huang var. *oxyphyllum* (DC.) Yang et Huang ①–(9)②–(1)

38. 庭藤 **Indigofera decora** Lindl. ①–(9)①–(10)①–(12)②–(1)④–(2)④–(4)花

38a. 宁波木蓝 var. **cooperii** (Craib) Y. Y. Fang et C. Z. Zheng ①–(9)①–(10)①–(12)②–(1)④–(2)④–(4)花

38b. 宜昌木蓝 var. **ichangensis** (Craib) Y. Y. Fang et C. Z. Zheng ①–(9)①–(10)①–(12)②–(1)④–(4)花

39. 华东木蓝 **Indigofera fortunei** Craib ①–(9)①–(10)①–(12)②–(1)④–(4)花

40. ★黑叶木蓝 **Indigofera nigrescens** Kurz ex King et Prain ① – (9)①–(10)①–(12)①–(12)

41. 浙江木蓝 **Indigofera parkesii** Craib ①–(9)①–(10)①–(12)①–(12)

42. ★脉叶木蓝（光叶木蓝）**Indigofera venulosa** Champ. ex Benth. ——*I. neoglabra* Hu ex Wang et Tang ①–(9)①–(12)

43. 短萼鸡眼草 **Kummerowia stipulacea** (Maxim.) Makino ①–(2)①–(9)①–(10)①–(12)②–(1)④–(4)

44. 鸡眼草 **Kummerowia striata** (Thunb.) Schindl. ①–(2)①–(9)①–(10)①–(12)②–(1)④–(4)

45. 胡枝子 **Lespedeza bicolor** Turcz. ①–(1)①–(2)①–(9)①–(10)①–(12)②–(1)③–(2)③–(5)④–(2)④–(2)④–(4)花

46. 中华胡枝子 **Lespedeza chinensis** G. Don ①–(2)①–(9)①–(12)②–(1)④–(4)

47. 截叶铁扫帚 **Lespedeza cuneata** (Dum. Cours.) G. Don ①–(2)①–(9)①–(10)①–(12)②–(1)④–(3)④–(4)

48. ★大叶胡枝子 **Lespedeza davidii** Franch. ——*L. merrilli* Rick. ①–(9)①–(10)①–(12)②–(1)③–(2)④–(2)④–(4)花

49. ★短梗胡枝子 **Lespedeza cyrtobotrya** Miq. ①–(9)①–(12)

50. ★春花胡枝子 **Lespedeza dunnii** Scjondl ①–(9)①–(12)

51. 多花胡枝子 **Lespedeza floribunda** Bunge ①–(2)①–(9)①–(12)②–(1)④–(2)④–(4)

52. ★铁马鞭 **Lespedeza pilosa** (Thunb.) Sieb. et Zucc. ①–(9)①–(12)②–(1)

53. 美丽胡枝子 **Lespedeza thunbergii** (DC.) Nakai subsp. **formosa** (Vogel) H. Ohashi——*Lespedeza formosa* (Vog.) Koehne ①–(2)①–(9)①–(10)①–(12)②–(1)③–(2)④–(2)④–(4)花

54. ★绒毛胡枝子 **Lespedeza tomentosa** (Thunb.) Sieb. ex Maxim. ①–(9)①–(10)①–(12)②–(1)③–(2)③–(5)④–(2)

55. ★细梗胡枝子 **Lespedeza virgata** (Thunb.) DC. ①–(9)①–(10)①–(12)②–(1)④–(4)

56. 香花崖豆藤（香花鸡血藤）**Millettia dielsiana** Harms——*Callerya dielsiana* (Harms) P. K. Loc ex Z. Wei et Pedley ①–(9)①–(10)①–(12)②–(1)②–(2)②–(3)③–(2)④–(4)花

57. ★亮叶崖豆藤 **Millettia nitida** Benth.——*Callerya nitida* (Benth.) R. Geesink ①–(9)①–(12)②–(1)④–(4)花

58. ★厚果崖豆藤 **Millettia pachycarpa** Benth. ①–(9)②–(1)②–(2)②–(3)③–(2)④–(2)

④–(4)

59. ★网络崖豆藤（昆明鸡血藤）**Millettia reticulata** Benth.①–(9)①–(12)②–(1)②–(2)②–(3)③–(2)④–(2)④–(4)花

60. ★常春油麻藤（常春黧豆）**Mucuna sempervirens** Hemsl.①–(1)①–(9)①–(10)②–(1)③–(2)③–(5)④–(4)花④–(4)果

61. 花榈木**Ormosia henryi** Hemsl. et Wils.②–(1)②–(3)③–(1)良④–(2)④–(4)形④–(4)果⑤–(1)b

62. ★老虎刺**Pterolobium punctatum** Hemsl.④–(4)果

63.★葛**Pueraria montana** (Lour.) Merr.——*P. lobata* (Willd.) Ohwi var. *montana* (Lour.) Maesen ①–(1)①–(2)①–(9)①–(10)①–(12)②–(1)②–(2)③–(2)③–(5)④–(2)④–(3)③–(5)④–(4)

63a. 野葛（葛麻姆）var. **lobata** (Willd.) Maesen et S. M. Almeida ex Sanjappa et Predeep——*P. lobata* (Willd.) Ohwi①–(1)①–(2)①–(9)①–(10)①–(12)②–(1)②–(2)③–(2)③–(5)④–(2)④–(3)④–(4)

64. 三裂叶野葛**Pueraria phaseoloides** Benth.①－(1)①－(2)①–(9)①–(10)①–(12)②–(1)③－(2)③–(5)④–(2)④–(3)④–(4)

65. ★渐尖叶鹿藿**Rhynchosia acuminatifolia** Makino①–(9)④–(4)果

66. ★菱叶鹿藿**Rhynchosia dielsii** Harms①－(9)④–(4)果

67. 鹿藿**Rhynchosia volubilis** Lour.①–(9)①–(10)②–(1)②–(2)④–(4)果

68. ★田菁**Sesbania cannabina** (Retz.) Poir.①–(9)①–(10)①–(12)③–(2)③–(6)④–(4)⑤–(3)

69. ★槐树**Sophora japonica** Linn.①–(1)①–(6)①–(9)①–(10)①–(12)②–(1)②–(2)②–(3)③–(1)③–(2)③–(4)③–(5)③–(6)④–(2)④–(4)形

70. 广布野豌豆**Vicia cracca** Linn.①–(9)①–(10)①–(12)②–(1)②–(2)④–(2)④–(3)④–(4)花

71. 小巢菜**Vicia hirsuta** (Linn.) S. F. Gray①–(9)①–(10)①–(12)②–(1)④–(2)④–(3)

72. 大巢菜（救荒野豌豆）**Vicia sativa** Linn.①–(2)①–(9)①–(10)①–(12)②–(1)②–(3)④–(2)④–(3)④–(4)

73. ★四籽野豌豆**Vicia tetrasperma** (Linn.) Schreb.①–(9)①–(10)①–(12)②–(1)④–(2)④–(3)

74. ★山绿豆（贼小豆）**Vigna minima** (Roxb.) Ohwi et Ohashi①–(2)①–(9)②–(1)⑤–(1)c

75. 野豇豆**Vigna vexillata** (Linn.) A. Rich.①–(2)①–(9)①–(12)②–(1)⑤–(1)c

76. 紫藤**Wisteria sinensis** Sweet①–(10)①–(12)②–(1)②–(3)③–(2)③–(4)④–(2)④–(4)花

四七 酢浆草科 Oxalidaceae

1. 酢浆草**Oxalis corniculata** Linn.①–(2)①–(9)①–(10)①–(12)②–(1)②–(2)②–(3)④–(4)

2. 山酢浆草 **Oxalis griffithii** Edgew. et Hook. f. ①–⑽②–⑴④–⑷

四八 牻牛儿苗科 Geraniaceae

1. 野老鹳草 **Geranium carolinianum** Linn. ①–⑿②–⑴⑤–⑶

2. 东亚老鹳草（中日老鹳草）**Geranium thunbergii** Sieb. ex Lindl. et Paxt.—— *G. nepalense* Sweet var. *thunbergii* (Sieb. et Zucc.) Kudo ①–⑽①–⑿②–⑴④–⑷

3. 老鹳草 **Geranium wilfordii** Maxim. ①–⑽①–⑿②–⑴

四九 古柯科 Erythoxylaceae

1. 东方古柯 **Erythroxylum sinense** Y. C. Wu——*E.kunthianum* (Wall.) Kurz ④–⑷果

五〇 蒺藜科 Zygophyllaceae

1. 蒺藜 **Tribulus terrestris** Linn. ①–⑿②–⑴②–⑶③–⑶③–⑸

五一 芸香科 Rutaceae

1. 松风草（臭节草）**Boenninghausenia albiflora** (Hook.) Reichb. ex Meisn. ②–⑴②–⑵②–⑶③–⑷

2. △柚 **Citrus maxima** (Burm.) Mwrr.——*C. grandis* (Linn.) Osbeck ①–⑷①–⑻①–⑽①–⑿①–⒀②–⑴③–⑷③–⑸④–⑵④–⑷

3. 金豆（山橘）**Citrus japonica** Thunb.——*Fortunella hindsii* (Champ. ex Benth.) Swingle——*F. venosa* (Champ. ex Hook.) Huang ①–⑷①–⑽①–⑿ ①–⒀②–⑴③–⑷④–⑵④–⑷果

4. △柑橘 **Citrus reticulata** Blaco ①–⑷①–⑻①–⑼①–⑽ ①–⑿①–⒀②–⑴③–⑷③–⑸③–⑹④–⑵④–⑷

4a. △椪柑 ‘Ponkan’ ①–⑷①–⑻①–⑽①–⑿①–⒀②–⑴③–⑷③–⑸④–⑵

4b. △瓯柑 ‘Suavissima’ ①–⑻①–⑽①–⑿①–⒀②–⑴③–⑷③–⑸④–⑵

5. 楝叶吴茱萸（臭辣树）**Euodia fargesii** Dode ①–⑿②–⑴③–⑴③–⑷③–⑸④–⑵④–⑷果

6. ★吴茱萸 **Euodia rutaecarpa** (Juss.) Benth. ——*E. rutaecarpa* f. *meionocarpa* (Hand.-Mazz.) Huang——*E. rutaecarpa* var. *officinalis* (Dode) Huang ①–⑽①–⑿ ②–⑴②–⑵②–⑶③–⑴③–⑷③–⑸④–⑵④–⑷果

7. ★臭常山 **Orixa japonica** Thunb. ②–⑴②–⑶

8. 茵芋 **Skimmia reevesiana** Fort. ②–⑴②–⑶④–⑷果

9. 飞龙掌血 **Toddalia asiatica** (Linn.) Lam. ①–⑿②–⑴②–⑶③–⑷④–⑷果

10. 椿叶花椒 **Zanthoxylum ailanthoides** Sieb. et Zucc. ①–⑶①–⑺①–⑽①–⑿②–⑴②–⑶③–⑴③–⑷③–⑸④–⑵④–⑷果

11. ★竹叶椒 **Zanthoxylum armatum** DC. ①–(7)①–(10)①–(12)②–(1)②–(2)②–(3)③–(4)③–(5)④–(4)果

11a. 毛竹叶椒 var. **ferrugineum** (Rehd. et Wils.) C. C. Huang——*Z. armatum* f. *ferrugineum* (Rehd. et Wils.) Huang ex C. S. Yang ①–(7)①–(12)②–(1)②–(3)③–(4)

12. 大叶臭花椒 **Zanthoxylum myriacanthum** Wall. ex Hook. f. ——*Z. rhetsoides* Drake ①–(7)①–(10)①–(12)③–(1)③–(4)③–(5)④–(2)④–(4)果

13. 花椒簕 **Zanthoxylum scandens** Bl. ①–(3)①–(10)①–(12)②–(1)③–(5)

14. 青花椒 **Zanthoxylum schinifolium** Sieb. et Zucc. ①–(3)①–(7)①–(10)①–(12)②–(1)③–(4)③–(5)④–(2)④–(4)果

[五][二] 苦木科 Simaroubaceae

1. 臭椿 **Ailanthus altissima** Swingle ①–(9)①–(10)①–(12)②–(1)②–(2)②–(3)③–(1)③–(2)③–(5)④–(2)④–(4)形④–(4)果

2. 苦木 **Picrasma quassioides** (D. Don) Benn. ①–(10)②–(1)②–(2)②–(3)③–(1)③–(5)④–(2)④–(4)形

[五][三] 楝科 Meliaceae

1. 楝树 **Melia azedarach** Linn. ①–(2)①–(9)①–(12)②–(1)②–(2)②–(3)③–(1)③–(2)③–(3)③–(5)④–(2)④–(4)形

2. ★红椿 **Toona ciliata** Roem.——*T. ciliata* var. *pubescens* (Franch.) Hand.-Mazz. ①–(10)①–(12)③–(1)良④–(2)④–(4)形⑤–(1)b

3. △香椿 **Toona sinensis** (A. Juss.) Roem. ①–(3)①–(4)①–(7)①–(9)①–(10)①–(12)②–(1)②–(3)③–(1)良③–(2)③–(4)③–(5)④–(2)④–(4)形

[五][四] 远志科 Polygalaceae

1. 香港远志 **Polygala hongkongensis** Hemsl. ②–(1)④–(4)花

1a. 狭叶香港远志 var. **stenophylla** (Hayata) Migo ②–(1)④–(4)花

2. 瓜子金 **Polygala japonica** Houtt. ②–(1)④–(4)花

3. ★齿果草 **Salomonia cantoniensis** Lour. ②–(1)②–(3)

[五][五] 大戟科 Euphorbiaceae

1. 铁苋菜 **Acalypha australis** Linn. ①–(2)①–(9)①–(10)②–(1)

2. ★裂苞铁苋菜（短穗铁苋菜）**Acalypha supera** Forssk. ——*A. brachystachya* Hornem. ①–(2)①–(10)②–(1)

3. 酸味子 **Antidesma japonicum** Sieb. et Zucc. ①–(13)④–(4)果

4. 小叶五月茶（狭叶五月茶）**Antidesma montanum** Hemsl. var. **microphyllum** (Hemsl.)

P. Hoff.——*A. pseudomicrophyllum* Croiz. ①–(12)④–(4)

5. ★重阳木 **Bischofia polycarpa** (Lévl.) Airy-Shaw ①–(3)①–(9)①–(10)①–(12)①–(13)②–(1)③–(1)③–(5)④–(2)④–(4)形

6. ★黑面神 **Breynia fruticosa** (Linn.) Muell.-Arg. ①–(9)②–(1)②–(3)③–(3)④–(2)④–(4)果

7. ★喙果黑面神 **Breynia rostrata** Merr. ③–(3)④–(2)④–(4)果

8. ★巴豆 **Croton tiglium** Linn. ②–(1)②–(2)②–(3)③–(5)④–(2)

9. ★泽漆 **Euphorbia helioscopia** Linn. ②–(1)②–(2)③–(5)

10. ★飞扬草 **Euphorbia hirta** Linn. ①–(2)①–(9)②–(1)②–(3)⑤–(3)

11. 地锦（地锦草）**Euphorbia humifusa** Willd. ①–(2)①–(9)②–(1)②–(2)②–(3)③–(3)④–(4)

12. 斑地锦 **Euphorbia maculata** Linn. ——*E. supine* Raf. ②–(1)②–(3)⑤–(3)

13. ★一叶萩（叶底珠）**Flueggea suffruticosa** (Pall.) Baill.——*Securinega suffruticosa* (Pall.) Rehd. ②–(1)②–(2)②–(3)③–(2)④–(2)④–(4)

14. 算盘子（馒头果）**Glochidion puberum** (Linn.) Hutch. ②–(1)②–(2)②–(3)③–(3)③–(5)④–(2)④–(4)果

15. 里白算盘子（尖叶算盘子）**Glochidion triandrum** (Blanco) C. B. Rob. ③–(3)③–(5)④–(4)果

16. ★湖北算盘子 **Glochidion wilsonii** Hutch. ②–(1)③–(1)③–(3)③–(5)④–(4)

17. 白背叶 **Mallotus apelta** (Lour.) Muell.-Arg. ①–(9)①–(10)①–(12)②–(1)③–(2)③–(3)③–(5)④–(2)

18. ★野梧桐 **Mallotus japonicus** (Thunb.) Muell.-Arg. ①–(12)②–(1)③–(2)③–(3)③–(5)④–(2)

19. 东南野桐（锈叶野桐）**Mallotus lianus** Croiz. ①–(12)③–(1)③–(2)③–(3)③–(5)④–(4)形

20. ★粗糠柴 **Mallotus philippensis** (Lam.) Muell.-Arg. ①–(9)①–(12)②–(1)②–(2)②–(3)③–(2)③–(3)③–(5)④–(2)④–(2)④–(4)果

21. 石岩枫 **Mallotus repandus** (Willd.) Muell.-Arg. ①–(12)②–(1)②–(2)②–(3)③–(2)③–(3)③–(5)④–(2)④–(4)

22. 野桐 **Mallotus tenuifolius** Pax——*M. japonicus* var. *floccosus* (Muell.-Arg.) S. M. Hwang ①–(3)①–(9)①–(12)②–(1)③–(1)③–(2)③–(3)③–(5)④–(2)

23. ★斑子乌桕（小乌桕）**Neoshirakia atrobadiomaculata** (Metc.) Esser et P. T. Li——*Sapium atrobadiomaculatum* Metc. ①–(12)

24. ★白木乌桕（白乳木）**Neoshirakia japonica** (Sieb. et Zucc.) Esser——*Sapium japonicum* (Sieb. et Zucc.) Pax et Hoffm. ②–(1)①–(12)②–(3)③–(5)

25. 青灰叶下珠 **Phyllanthus glaucus** Wall. ex Muell.-Arg. ①–⑿②–⑴④–⑷果

26. 叶下珠 **Phyllanthus urinaria** Linn. ①–⑽①–⑿②–⑴

27. 蜜柑草 **Phyllanthus ussuriensis** P. Rupr. et Maxim. ——*P. matsumurae* Hayata ①–⑿②–⑴②–⑶

28. 山乌桕 **Triadica cochinchinensis** Lour. ——*Sapium discolor* (Champ. ex Benth.) Muell.-Arg. ①–⑿②–⑴②–⑶③–⑴③–⑸④–⑵④–⑷

29. 乌桕 **Triadica sebifera** (Linn.) Small ——*Sapium sebiferum* (Linn.) Roxb. ①–⑵①–⑼①–⑿②–⑴②–⑵②–⑶③–⑴③–⑵③–⑶③–⑸④–⑵④–⑷叶④–⑷果

30. 油桐 **Vernicia fordii** (Hemsl.) Airy-Shaw ①–⑿②–⑴②–⑵②–⑶③–⑴③–⑶③–⑸④–⑵④–⑷花④–⑷果

31. ★木油桐（千年桐）**Vernicia montana** Lour. ①–⑿②–⑴③–⑴③–⑶③–⑸④–⑵④–⑷花

五六 交让木科（虎皮楠科）Daphniphyllaceae

1. 交让木 **Daphniphyllum macropodum** Miq. ①–⑶②–⑴②–⑵②–⑶③–⑴③–⑸④–⑵④–⑷形

2. 虎皮楠 **Daphniphyllum oldhamii** (Hemsl.) Rosenth. ①–⑶②–⑴②–⑵②–⑶③–⑴③–⑸④–⑵④–⑷形

五七 水马齿科 Callitrichaceae

1. ★沼生水马齿 **Callitriche palustris** Linn.

五八 黄杨科 Buxaceae

1. △匙叶黄杨 **Buxus bodinieri** Lévl. ①–⑿②–⑴②–⑶④–⑵④–⑷

2. 黄杨 **Buxus sinica** (Rehd. et Wils.) Cheng ex M. Cheng. ①–⑶①–⑿②–⑴②–⑶③–⑴良④–⑵④–⑷

2a. 尖叶黄杨 var. **aemulans** (Rehd. et Wils.) P. Brückn. et T. L. Ming ——*B. aemulans* (Rehd. et Wils.) S. C. Li et S. H. Wu ①–⑿②–⑴③–⑴良④–⑵④–⑷

五九 漆树科 Anacardiaceae

1. 南酸枣 **Choerospondias axillaris** (Roxb.) Burtt et Hill ①–⑿①–⒀②–⑴③–⑴③–⑵③–⑶③–⑸④–⑵④–⑷形

2. 黄连木 **Pistacia chinensis** Bunge ①–⑶①–⑸①–⑽①–⑿②–⑴②–⑵②–⑶③–⑴良③–⑶③–⑷③–⑸③–⑼④–⑵④–⑷形④–⑷果

3. 盐肤木（盐麸木）**Rhus chinensis** Miller. ①–⑼①–⑽①–⑿②–⑴②–⑵②–⑶③–⑴③–⑶③–⑸③–⑼④–⑵④–⑶④–⑷

4. ★白背麸杨 **Rhus hypoleuca** Champ. ex Benth. ①–(3)①–(12)③–(1)③–(3)③–(5)③–(9)④–(2)④–(4)形

5. 野漆 **Toxicodendron succedaneum** (Linn.) Kuntze ①–(9)①–(10)①–(12)②–(1)②–(2)②–(3)③–(1)③–(3)③–(5)④–(2)④–(4)

6. 木蜡树 **Toxicodendron sylvestre** (Sieb. et Zucc.) Kuntze ①–(10)①–(12)②–(1)②–(2)②–(3)③–(1)③–(3)③–(5)④–(2)④–(4)

7. 毛漆树 **Toxicodendron trichocarpum** (Miq.) Kuntze ②–(3)

六 冬青科 Aquifoliaceae

1. 满树星 **Ilex aculeolata** Nakai ①–(12)②–(1)④–(4)果

2. ★秤星树（梅叶冬青）**Ilex asprella** (Hook. et Arn.) Champ. ex Benth. ①–(12)②–(1)④–(4)果

3. ★短梗冬青 **Ilex buergeri** Miq. ①–(12)③–(1)④–(4)果

4. 冬青 **Ilex chinensis** Sims ——*I. purpurea* Hassk. ①–(10)①–(12)②–(1)③–(1)③–(3)③–(5)④–(4)形④–(4)果

5. ★枸骨（构骨）**Ilex cornuta** Lindl. et Paxt. ①–(5)①–(12)②–(1)③–(1)③–(5)④–(2)④–(4)形④–(4)果

6. 齿叶冬青（钝齿冬青）**Ilex crenata** Thunb. ①–(12)④–(4)

7. ★显脉冬青（凸脉冬青）**Ilex editicostata** Hu et Tang ①–(12)③–(1)④–(4)形④–(4)果

8. 厚叶冬青 **Ilex elmerrilliana** S. Y. Hu ①–(12)④–(4)果

9. ★硬叶冬青 **Ilex ficifolia** C. J. Tseng ex S. K. Chen et Y. X. Feng ①–(12)④–(4)果

10. 榕叶冬青 **Ilex ficoidea** Hemsl. ①–(12)③–(1)④–(4)形④–(4)果

11. 台湾冬青 **Ilex formosana** Maxim. ①–(12)③–(1)④–(4)果

12. 广东冬青 **Ilex kwangtungensis** Merr. ①–(12)③–(1)④–(4)果

13. 大叶冬青 **Ilex latifolia** Thunb. ①–(5)①–(12)②–(1)②–(3)③–(1)④–(2)④–(4)形④–(4)果

14. ★汝昌冬青 **Ilex limii** C. J. Tseng ①–(12)③–(1)④–(4)形④–(4)果

15. 木姜冬青（木姜叶冬青）**Ilex litseifolia** Hu et T. Tang ①–(12)③–(1)④–(2)④–(4)形④–(4)果

16. 矮冬青 **Ilex lohfauensis** Merr. ①–(12)④–(4)形④–(4)果

17. ★大果冬青 **Ilex macrocarpa** Oliv. ①–(12)③–(1)④–(4)形④–(4)果

18. 大柄冬青 **Ilex macropoda** Miq. ①–(12)③–(1)④–(4)果

19. 小果冬青 **Ilex micrococca** Maxim. ①–(12)③–(1)④–(4)形④–(4)果

20. 具柄冬青 **Ilex pedunculosa** Miq. ①–(12)②–(1)③–(1)④–(4)形④–(4)果

21. 毛冬青 **Ilex pubescens** Hook. et Arn. ①–(12)②–(1)④–(4)果

22. 铁冬青 **Ilex rotunda** Thunb. ——*I. rotunda* var. *microcarpa* (Lindl. et Paxt.) S. Y. Hu ①–⑿②–(1)③–(1)③–(3)③–(5)③–(6)④–(2)④–(4)形④–(4)果

23. 落霜红 **Ilex serrata** Thunb. ①–⑿④–(4)果

24. 香冬青 **Ilex suaveolens** (Lévl.) Loes. ①–⑿④–(4)形④–(4)果

25. 三花冬青 **Ilex triflora** Bl. ①–⑿②–(1)

25a. ★毛枝三花冬青（钝头冬青）var. **kanehirae** (Yamamoto) S. Y. Hu ①–⑿

26. 紫果冬青 **Ilex tsoii** Merr. et Chun ①–⑿④–(4)形

27. ★绿叶冬青（亮叶冬青）**Ilex viridis** Champ. ex Benth. ①–⑿

28. 温州冬青 **Ilex wenchowensis** S. Y. Hu ①–⑿④–(4)果

29. 尾叶冬青 **Ilex wilsonii** Loes. ①–⑿④–(4)形④–(4)果

六一 卫矛科 Celastraceae

1. 过山枫 **Celastrus aculeatus** Merr. ①–⑿（蜜有毒）②–(1)③–(2)③–(5)④–(2)④–(4)果

2. 哥兰叶 **Celastrus gemmatus** Loes. ①–(3)①–(9)①–⑽①–⑿（蜜有毒）②–(1)②–(2)③–(2)③–(5)④–(2)④–(4)果

3. ★拟粉背南蛇藤（薄叶南蛇藤）**Celastrus hypoleucoides** P. L. Chiu ①–⑿（蜜有毒）③–(2)③–(5)④–(2)④–(4)果

4. ★窄叶南蛇藤 **Celastrus oblanceifolius** Wang et Tsoong ——*C. oblongifolius* Hayata ①–⑿（蜜有毒）②–(1)③–(2)③–(5)④–(4)果

5. 南蛇藤 **Celastrus orbiculatus** Thunb. ①–(3)①–(9)①–⑽①–⑿（蜜有毒）②–(1)②–(2)②–(3)③–(2)③–(5)④–(2)④–(4)果

6. ★毛脉显柱南蛇藤 **Celastrus stylosus** Wall. var. **puberulus** (Hsu) C. Y. Cheng et T. C. Kao ①–⑿（蜜有毒）③–(2)③–(5)④–(2)④–(4)果

7. ★肉花卫矛 **Euonymus carnosus** Hemsl. ②–(1)③–(1)③–(5)④–(4)果

8. 百齿卫矛 **Euonymus centidens** Lévl. ④–(4)果

9. 鸦椿卫矛 **Euonymus euscaphis** Hand.-Mazz. ②–(1)③–(5)④–(4)果

10. 扶芳藤（常春卫矛、胶东卫矛）**Euonymus fortunei** (Turcz.) Hand.-Mazz. ——*E. hederaceus* Champ. ex Benth. ——*E. kiautschovicus* Loes. ①–⑽②–(1)②–(2)③–(5)④–(2)④–(4)果

11. △冬青卫矛 **Euonymus japonicus** Thunb. ①–(3)②–(1)③④–(4)果

12. ★疏花卫矛 **Euonymus laxiflorus** Champ. ex Benth. ①–(3)②–(1)③–(6)b④–(4)果

13. 大果卫矛 **Euonymus myrianthus** Hemsl. ②–(1)③–(1)③–(5)③–(6)b④–(4)果

14. 中华卫矛（矩圆叶卫矛）**Euonymus nitidus** Benth. ——*E. oblongifolius* Loes. et Rehd. ①–(3)②–(1)③–(1)④–(4)果

15. 垂丝卫矛 **Euonymus oxyphyllus** Miq. ②–(1)③–(5)③–(6)b④–(4)果

六二 省沽油科 Staphyleaceae

1. 野鸦椿 **Euscaphis japonica** (Thunb.) Kanitz ①–(10)②–(1)②–(2)③–(1)③–(3)③–(4)③–(5)④–(2)④–(4)果

2. 省沽油 **Staphylea bumalda** (Thunb.) DC. ①–(10)②–(1)③–(1)③–(5)④–(4)花④–(4)果

3. 瘿椒树（银雀树）**Tapiscia sinensis** Oliv. ③–(1)④–(4)⑤–(1)

4. 锐尖山香圆 **Turpinia arguta** (Lindl.) Seem. ②–(1)④–(4)花

六三 茶茱萸科 Icacinaceae

1. 定心藤 **Mappianthus iodioides** Hand.-Mazz.

六四 槭树科 Aceraceae

1. 阔叶槭 **Acer amplum** Rehd. ①–(12)③–(1)③–(5)④–(2)④–(4)叶④–(4)果

2. ★三角槭 **Acer buergerianum** Miq. ①–(12)②–(1)③–(1)③–(5)④–(2)④–(4)叶

2a. ★雁荡三角槭 var. **yentangense** Fang et Fang ①–(12)③–(1)

3. 紫果槭（小紫果槭、长柄紫果槭）**Acer cordatum** Pax——*A. cordatum* var. *microcordatum* Metc.——*A. cordatum* var. *subtrinervium* (Metc.) Fang ①–(12)③–(1)③–(5)④–(4)叶④–(4)果

4. 青榨槭 **Acer davidii** Fanch. ①–(12)③–(1)③–(2)③–(3)③–(5)④–(2)④–(4)叶④–(4)果

5. 秀丽槭 **Acer elegantulum** Fang et Chiu ——*A. olivaceum* Fang et Chiu ex Fang ①–(12)②–(1)③–(1)③–(5)④–(2)④–(4)叶④–(4)果

6. 建始槭 **Acer henryi** Pax ①–(12)③–(1)③–(5)④–(4)叶④–(4)果

7. △鸡爪槭 **Acer palmatum** Thunb. ①–(12)②–(1)③–(1)④–(4)叶④–(4)果

8. ★稀花槭 **Acer pauciflorum** Fang——*A. pubipalmatum* W. P. Fang ①–(12)③–(1)④–(4)叶④–(4)果

9. 毛脉槭 **Acer pubinerve** Rehd. ①–(12)③–(1)③–(5)④–(2)④–(4)叶④–(4)果

10. 天目槭 **Acer sinopurpurascens** Cheng ①–(12)②–(1)③–(1)③–(5)④–(4)叶④–(4)花④–(4)果⑤–(1)

11. 三峡槭 **Acer wilsonii** Rehd. ①–(12)③–(1)④–(4)叶④–(4)果

六五 无患子科 Sapindaceae

1. 无患子 **Sapindus saponaria** Linn.——*S. mukorossi* Gaertn. ①–(12)②–(1)②–(2)②–(3)③–(1)③–(5)④–(2)④–(4)④–(4)果

六六 清风藤科 Sabiaceae

1. ★珂楠树 **Meliosma alba** (Schlecht.) Walp.——*M. beaniana* Rehd. et Wils. ③–(1)

2. 垂枝泡花树 **Meliosma flexuosa** Pamp. ④–(4)③–(1)

3a. 异色泡花树 **Meliosma myriantha** Sieb. et Zucc. var. **discolor** Dunn ①–(10)③–(1)④–(2)④–(4)果

3b. ★柔毛泡花树 var. **pilosa** (Lecomte) Law ①–(10)③–(1)④–(2)④–(4)果

4. 红枝柴（羽叶泡花树）**Meliosma oldhamii** Maxim. ③–(1)③–(5)④–(2)④–(4)果

5. 腋毛泡花树 **Meliosma rhoifolia** Maxim. var. **barbulata** (Cufod.) Law ③–(1)

6. 笔罗子（野枇杷）**Meliosma rigida** Sieb. et Zucc. ②–(1)③–(1)良③–(3)③–(5)④–(2)

6a. ★毡毛泡花树 var. **pannosa** (Hand.-Mazz.) Law ③–(1)

7. 绿樟（樟叶泡花树）**Meliosma squamulata** Hance ③–(1)

8. 鄂西清风藤 **Sabia campanulata** Wall. ex Roxb. subsp. **ritchieae** (Rehd. et Wils.) Y. F. Wu ①–(10)②–(1)④–(4)果

9. 白背清风藤 **Sabia discolor** Dunn ①–(10)④–(4)果

10. 清风藤 **Sabia japonica** Maxim. ①–(10)②–(1)②–(3)④–(2)

11. 尖叶清风藤 **Sabia swinhoei** Hemsl. ex Forb. et Hemsl. ②–(1)

六七 凤仙花科 Balsaminaceae

1. △凤仙花（指甲花）**Impatiens balsamina** Linn. ①–(10)①–(12)②–(1)②–(2)②–(3)③–(5)④–(4)花④–(5)$SO_2$⑤–(3)

2. ★鸭跖草状凤仙花 **Impatiens commelinoides** Hand.-Mazz. ①–(12)④–(4)花

3. 牯岭凤仙花（野凤仙）**Impatiens davidi** Franch. ①–(10)①–(12)④–(4)花

4. ★黄岩凤仙花 **Impatiens huangyanensis** X. F. Jin et B. Y. Ding ①–(10)①–(12)④–(4)花

5. ★阔萼凤仙花（括苍山凤仙花）**Impatiens platysepala** Y. L. Chen —— *I. platysepala* var. *kuocangshanica* X. F. Jin et F. G. Zhang ①–(10)①–(12)④–(4)花

6. ★泰顺凤仙花 **Impatiens taishunensis** Y. L. Chen et Y. L. Xu ①–(12)④–(4)花

7. ★管茎凤仙花 **Impatiens tubulosa** Hemsl. ①–(12)④–(4)花

六八 鼠李科 Rhamnaceae

1. ★多花勾儿茶 **Berchemia floribunda** (Wall.) Brongn. ①–(12)①–(13)②–(1)④–(4)果

1a. 矩叶勾儿茶 var. **oblongifolia** Y. L. Chen et P. K. Chou ①–(12)②–(1)④–(4)果

2. 牯岭勾儿茶（小叶勾儿茶）**Berchemia kulingensis** Schneid. ①–(12)②–(1)④–(4)果

3. 枳椇（拐枣）**Hovenia acerba** Lindl.——*H. dulcis* auct. non Thunb. ①–(8)①–(10)①–(12)①–(13)②–(1)③–(1)④–(2)④–(4)

4a. 光叶毛果枳椇 **Hovenia trichocarpa** Chun et Tsiang var. **robusta** (Nakai et Y. Kimura) Y. L. Chon et P. K. Chou ①–(10)①–(12)①–(13)②–(1)③–(1)④–(2)④–(4)果

5. 山绿柴 **Rhamnus brachypoda** C. Y. Wu ex Y. L. Chen ①–(12)②–(1)③–(3)③–(5)

6. 长叶冻绿 **Rhamnus crenata** Sieb. et Zucc. ①–⑽①–⑿②–(1)②–(2)②–(3)③–(3)③–(5)④–(4)果

7. ★圆叶鼠李 **Rhamnus globosa** Bunge ①–⑿②–(1)③–(3)③–(5)④–(2)

8. ★薄叶鼠李 **Rhamnus leptophylla** Schneid.——*R. inconspicua* Grub. ①–⑿②–(1)②–(3)③–(3)③–(5)

9. 尼泊尔鼠李（染布叶）**Rhamnus napalensis** (Wall.) Laws. ①–⑿②–(1)③–(3)④–(4)果

10. ★皱叶鼠李 **Rhamnus rugulosa** Hemsl. ①–⑿③–(3)③–(5)

11. ★冻绿 **Rhamnus utilis** Decne. ①–⑽①–⑿②–(1)③–(3)③–(5)③–(7)④–(2)

12. 山鼠李 **Rhamnus wilsonii** Schneid. ①–⑿③–(5)

12a. ★毛山鼠李 var. **pilosa** Rehd. ①–⑿③–(5)

13. 钩刺雀梅藤（猴栗）**Sageretia hamosa** (Wall.) Brongn. ①–⑿①–⒀

14. ★刺藤子 **Sageretia melliana** Hand.-Mazz. ①–⑿①–⒀②–(1)④–(4)

15. ★雀梅藤（雀梅）**Sageretia thea** (Osbeck) Johnst. ①–⑿①–⒀②–(1)④–(4)

16. △枣 **Ziziphus jujuba** Mill. ①–(5)①–(9)①–⑿①–⒀②–(1)③–(1)良③–(5)④–(2)④–(4)

六九 葡萄科 Vitaceae

1. 广东蛇葡萄 **Ampelopsis cantoniensis** (Hook. et Arn.) K. Koch ①–⑿②–(1)④–(2)④–(2)④–(4)果

2. ★蛇葡萄 **Ampelopsis glandulosa** (Wall.) Momiyama ——*A. sinica* (Miq.) W. T. Wang ①–⑿①–⒀②–(1)②–(3)④–(2)

2a. ★光叶蛇葡萄 var. **hancei** (Planch.) Momiyama ——*A. sinica* (Miq.) W. T. Wang var. *hancei* (Planch.) W. T. Wang ①–⑿①–⒀②–(1)④–(2)④–(4)果

2b. ★异叶蛇葡萄 var. **heterophylla** (Thunb.) Momiyama ——*A. humulifolia* Bunge var. *heterophylla* (Thunb.) K. Koch ①–⑿①–⒀②–(1)④–(2)④–(4)果

2c. 牯岭蛇葡萄 var. **kulingensis** (Rehd.) Momiyama——*A. brevipedunculata* (Maxim.) Maxim. ex Trautv. var. *kulingensis* Rehd. ①–⑿①–⒀②–(1)④–(2)④–(4)果

3. ★毛枝蛇葡萄 **Ampelopsis rubifolia** (Wall.) Planch. ①–⑿①–⒀④–(4)果

4. ★樱叶乌蔹莓（白毛乌蔹莓）**Cayratia albifolia** C. L. Li ——*C. oligocarpa* var. *glabra* (Gagnep.) Rehd. ①–⑽①–⑿④–(4)果

5. 乌蔹莓 **Cayratia japonica** (Thunb.) Gagnep. ①–(3)①–⑽①–⑿②–(1)②–(2)②–(3)③–(6)

6. 大叶乌蔹莓（华中乌蔹莓）**Cayratia oligocarpa** (Lévl. et Vant.) Gagnep. ①–⑿②–(1)

7. 异叶爬山虎（异叶地锦）**Parthenocissus dalzielii** Gagnep. ——*P. heterophylla* (Bl.)

Merr. ①–⑿②–(1)④–(2)④–(4)叶

8. 绿爬山虎（绿叶地锦）**Parthenocissus laetevirens** Rehd. ①–⑿②–(1)④–(2)④–(4)叶

9. 爬山虎 **Parthenocissus tricuspidata** (Sieb. et Zucc.) Planch. ①–(3)①–⑽②–(1)②–(3)④–(2)④–(4)叶

10. 三叶崖爬藤 **Tetrastigma hemsleyanum** Diels et Gilg ②–(1)④–(2)④–(4)果⑤–(1)c

11. ★无毛崖爬藤 **Tetrastigma obtectum** (Wall.) Planch. var. **Glabrum** (Lévl. et Vent.) Gagnep. ②–(3)④–(2)④–(4)

12. ★蘡薁 **Vitis bryoniifolia** Bunge ——*V. adstricta* Hance ①–(3)①–(4)①–⑿①–⒀②–(1)

13. 东南葡萄 **Vitis chunganeniss** Hu ①–(3)①–(4)①–(9)①–⑿①–⒀②–(1)④–(2)

14. 刺葡萄 **Vitis davidii** (Roman.) Föex ①–(3)①–(4)①–(9)①–⑿①–⒀②–(1)③–(5)④–(2)④–(4)果

15. 葛藟（葛藟葡萄）**Vitis flexuosa** Thunb. ——*V. lexuosa* Thunb. var. *Parvifolia* (Roxb.) Gagnep. ①–(3)①–(4)①–⑿①–⒀②–(1)④–(2)

16. ★菱状葡萄（菱叶葡萄）**Vitis hancockii** Hance ①–(3)①–(4)①–⑿①–⒀

17. 毛葡萄 **Vitis heyneana** Roem. et Schult. ——*V. quinquangularis* Rehd. ①–(3)①–(4)①–⑿①–⒀②–(1)④–(2)④–(4)

18. △葡萄 **Vitis vinifera** Linn. ①–(3)①–(4)①–(6)①–(9)①–⑿①–⒀②–(1)④–(2)④–(4)果④–(5)HF

19. 温州葡萄 **Vitis wenchowensis** C. Ling ex W. T. Wang ①–(4)①–⑿①–⒀

20. 网脉葡萄 **Vitis wilsoniae** H. J. Veitch ①–(3)①–(4)①–(9)①–⑿①–⒀②–(1)④–(2)

21. ★浙江蘡薁 **Vitis zhejiang-adstricta** P. L. Chiu ①–⑿①–⒀④–(2)

22. ★大果俞藤 **Yua austro-orientalis** (Metcalf) C. L. Li ④–(2)

七〇 杜英科 Elaeocarpaceae

1. 中华杜英（华杜英）**Elaeocarpus chinensis** (Gardn. et Champ.) Hook. f. ①–⑿①–⒀③–(1)③–(3)④–(2)④–(4)

2. 杜英 **Elaeocarpus decipiens** Hemsl. ①–⑿①–⒀③–(1)③–(3)③–(5)④–(2)④–(4)

3. 秃瓣杜英 **Elaeocarpus glabripetalus** Merr. ①–⑿①–⒀③–(1)③–(3)④–(2)④–(4)

4. 薯豆 **Elaeocarpus japonicus** Sieb. et Zucc. ①–⑿①–(3)①–⒀③–(1)③–(3)④–(2)④–(4)

5. 山杜英 **Elaeocarpus sylvestris** (Lour.) Poir. ①–⑿①–⒀③–(1)③–(3)④–(2)④–(4)

6. 猴欢喜 **Sloanea sinensis** (Hance) Hemsl. ①–(3)①–⑿①–⒀③–(1)③–(3)③–(5)④–(4)

七一 椴树科 Tiliaceae

1. 田麻 **Corchoropsis crenata** Sieb. et Zucc. ——*C. tomentosa*（Thunb.）Makino ——*C.*

tomentosa var. *tomentosicarpa* P. L. Chiu et G. R. Zhong①–(12)②–(1)③–(2)④–(4)

2. ★甜麻 **Corchorus aestuans** Linn.①–(10)①–(12)②–(1)②–(3)

3. ★扁担杆 **Grewia biloba** G. Don①–(2)②–(1)①–(9)①–(12)③–(2)④–(2)④–(4)果

4. 短毛椴 **Tilia chingiana** Hu et Cheng——*T. breviradiata* (Rehd.) Hu et Cheng ①–(9)①–(12)③–(1)③–(2)④–(2)④–(4)形

5. 浆果椴（白毛椴）**Tilia endochrysea** Hand.-Mazz. ①–(9)①–(12)③–(1)③–(2)④–(2)④–(4)形

6. 粉椴（鄂椴）**Tilia oliveri** Szysz.①–(9)①–(12)③–(1)③–(2)④–(2)④–(4)形

7. 单毛刺蒴麻 **Triumfetta annua** Linn.①–(9)③–(2)

8. ★毛刺蒴麻 **Triumfetta cana** Bl. ——*T. tomentosa* Bojer①–(9)③–(2)

[七][二] 锦葵科 Malvaceae

1. 木槿 **Hibiscus syriacus** Linn.④–(4)花

2. ★野葵 **Malva verticillata** Linn.①–(9)①–(10)②–(1)③–(6)④–(4)花

2a. ★中华野葵 var. **rafiqii** Abedin①–(10)②–(1)③–(6)④–(4)花

3. ★桤叶黄花稔 **Sida alnifolia** Linn.③–(2)

4. ★白背黄花稔 **Sida rhombifolia** Linn.①–(9)②–(1)②–(3)③–(2)

5. 地桃花 **Urena lobata** Linn.①–(10)①–(12)②–(1)③–(2)④–(4)花

5a. ★粗叶地桃花 var. **glauca** (Bl.) B. Waalk. ——*U. lobata* var. *scabriuscula* (DC.) Walp. ①–(12)①–(3)②–(1)③–(2)④–(4)花

6. 梵天花 **Urena procumbens** Linn.①–(3)①–(9)①–(12)②–(1)③–(2)③–(5)④–(4)花

6a. ★小叶梵天花 var. **microphylla** Feng①–(12)②–(1)③–(2)④–(4)花

[七][三] 梧桐科 Sterculiaceae

1. 梧桐 **Firmiana simplex** (Linn.) W. Wight ——*F. platanifolia* (Linn. f.) Schott et Endl. ①–(3)①–(12)①–(13)②–(1)②–(2)③–(1)③–(2)③–(5)③–(6)④–(2)④–(4)④–(5)SO_2

2. 马松子 **Melochia corchorifolia** Linn.③–(2)

[七][四] 猕猴桃科 Actinidiaceae

1. 软枣猕猴桃 **Actinidia arguta** (Sieb. et Zucc.) Planch. ex Miq.——*A. arguta* var. *purpurea* (Rehd.) C. F. Liang①–(4)①–(12)①–(13)③–(6)④–(2)④–(4)

2a. 异色猕猴桃 **Actinidia callosa** Lindl. var. **discolor** C. F. Liang ①–(4)①–(12)①–(13)②–(1)④–(2)

2b. ★京梨猕猴桃 var. **henryi** Maxim.①–(4)①–(12)①–(13)④–(2)

3. 中华猕猴桃 **Actinidia chinensis** Planch. ①–(2)①–(3)①–(4)①–(9)①–(10)①–(12)①–(13)②–(1)②–(2)②–(3)③–(4)③–(6)④–(2)④–(4)果

4. 毛花猕猴桃 **Actinidia eriantha** Benth. ①–⑷①–⑼①–⑿①–⒀②–⑴③–⑹

5. 长叶猕猴桃 **Actinidia hemsleyana** Dunn ①–⑷①–⑿①–⒀②–⑴③–⑹

6. 小叶猕猴桃 **Actinidia lanceolata** Dunn ①–⑷①–⑿①–⒀②–⑴④–⑵

7. 黑蕊猕猴桃 **Actinidia melanandra** Franch.——*A. melanandra* var. *subconcolor* C. F. Liang ①–⑷①–⑿①–⒀②–⑴②–⑵

8. *安息香猕猴桃 **Actinidia styracifolia** C. F. Liang ①–⑿①–⒀

9. *对萼猕猴桃 **Actinidia valvata** Dunn ①–⑿②–⑴④–⑷果

10. 浙江猕猴桃 **Actinidia zhejiangensis** C. F. Liang ①–⑷①–⑿①–⒀②–⑴④–⑵

七五 山茶科 Theaceae

1. 大萼黄瑞木（大萼杨桐）**Adinandra glischroloma** Hand.-Mazz. var. **macrosepala** (Metc.) Kobuski ①–⑿①–⒀③–⑴

2. *黄瑞木（杨桐）**Adinandra millettii** (Hook. et Arn.) Benth. et Hook. f. ex Hance ①–⑿①–⒀③–⑴④–⑷

3. 短柱茶（短柱油茶）**Camellia brevistyla** (Hayata) Cohen-Stuart ——*C. brevistyla* form. *rubida* P. L. Chiu——*C. puniceiflora* H. T. Chan——*C. obtusifolia* H. T. Chang ——*C. obtusifolia* form. *rubella* Z. H. Cheng ①–⑶①–⑿③–⑸④–⑷形④–⑷花

4. *浙江红山茶（浙江山茶）**Camellia chekiangoleosa** Hu ——*C. lucidissima* H. T. Chang ①–⑶①–⑿②–⑴③–⑴③–⑸④–⑷形④–⑷花④–⑷果

5. 尖连蕊茶（连蕊茶）**Camellia cuspidata** (Kochs) H. J. Veitch ①–⑶①–⑿③–⑴③–⑸④–⑷花

5a. *浙江尖连蕊茶（浙江连蕊茶）var. **chekiangensis** Sealy ①–⑶①–⑿③–⑸④–⑷花

6. 毛花连蕊茶 **Camellia fraterna** Hance ①–⑿①–⑶②–⑴③–⑴③–⑸④–⑷形④–⑷花

7. △红山茶 **Camellia japonica** Linn. ①–⑶①–⑿②–⑴②–⑶③–⑴③–⑸④–⑷形④–⑷花⑤–⑴c

8. *闪光红山茶 **Camellia lucidissima** H. T. Chang ①–⑶①–⑿②–⑴③–⑴③–⑸④–⑷形④–⑷花④–⑷果

9. 油茶 **Camellia oleifera** C. Abel ①–⑵①–⑶①–⑿（蜜有毒）②–⑴②–⑵②–⑶③–⑴③–⑶③–⑸④–⑵④–⑷果④–⑷花

10. 茶 **Camellia sinensis** (Linn.) Kuntze ①–⑵①–⑶①–⑷①–⑸①–⑽①–⑿②–⑴②–⑵②–⑶③–⑸④–⑷形

11. 毛枝连蕊茶 **Camellia trichoclada** (Rehd.) Chien——*C. trichoclada* form. *leucantha* P. L. Chiu——*Thea trichoclada* Rehd. ①–⑶①–⑿②–⑴③–⑸④–⑷形④–⑷花

12. 红淡比 **Cleyera japonica** Thunb.③–⑴④–⑷形⑤–⑴c

13. 厚叶红淡比 **Cleyera pachyphylla** Chun ex H. T. Chang③–⑴

14. 翅柃 **Eurya alata** Kobuski①–⑿④–⑷形

15. ★黄腺柃（金叶细枝柃、金叶微毛柃）**Eurya aureopunctata** (Hung T. Chang) Z. H. Chen et P. L. Chiu——*E. loquaiana* Dunn var. *aureo-punctata* H. T. Chang——*E. hebeclados* var. *aureo-punctata* (H. T. Chang) L. K. Ling①–⑿

16. 微毛柃 **Eurya hebeclados** Ling①–⑿

17. 细枝柃 **Eurya loquaiana** Dunn①–⑿④–⑷形

18. ★隔药柃 **Eurya muricata** Dunn①–⑿③④–⑷形

19. ★细齿柃（细齿叶柃）**Eurya nitida** Kobuski①–⑿③–⑴

20. 窄基红褐柃 **Eurya rubiginosa** H. T. Chang var. **attenuata** H. T. Chang①–⑿②–⑴

21. 木荷 **Schima superba** Gardn. et Champ. ①–⑿②–⑴②–⑵②–⑶③–⑴④–⑴④–⑵④–⑷

22. ★紫茎 **Stewartia sinensis** Rehd. et Wils.②–⑴③–⑴良④–⑷花

22a. 尖萼紫茎 var. **acutisepala** (P. L. Chiu et G. R. Zhong) T. L. Ming et J. Li——*S. acutisepala* P. L. Chiu et G. R. Zhong②–⑴③–⑴良④–⑷形④–⑷花⑤–⑴c

23. 厚皮香 **Ternstroemia gymnanthera** (Wight et Arn.) Beddome①–⑶①–⑿②–⑴②–⑶③–⑴良③–⑶④–⑷

24. 亮叶厚皮香 **Ternstroemia nitida** Merr.①–⑶①–⑿②–⑴③–⑴良④–⑷形

七六 藤黄科 Guttiferae（Clusiaceae）

1. 黄海棠 **Hypericum ascyron** Linn.①–⑸①–⑽①–⑿②–⑴②–⑶④–⑷

2. 小连翘 **Hypericum erectum** Thunb. ex Murr.①–⑿②–⑴

3. 地耳草 **Hypericum japinicum** Thunb. ex Murr.②–⑴

4. 金丝梅 **Hypericum patulum** Thunb.①–⑿②–⑴④–⑵④–⑷花

5. 元宝草 **Hypericum sampsonii** Hance①–⑿②–⑴②–⑶④–⑷

6. 密腺小连翘 **Hypericum seniawinii** Maxim.①–⑿②–⑴

七七 堇菜科 Violaceae

1. 堇菜（如意草）**Viola arcuata** Blume ——*V. verecunda* A. Gray①–⑽①–⑿②–⑴③–⑹④–⑸锌

2. 戟叶堇菜 **Viola betonicifolia** Smith ——*V. betonicifolia* subsp. *nepalensis* W. Beck.①–⑽②–⑴

3. 南山堇菜 **Viola chaerophylloides** (Regel) W. Beck.①–⑽①–⑿②–⑴④–⑷形④–⑷花

4. 深圆齿堇菜 **Viola davidii** Franch. ①–⑽④–(4)

5. 蔓茎堇菜（七星莲）**Viola diffusa** Ging. ——*V. diffusa* Ging. ex DC. subsp. *tenuis* (Benth.) W. Benth.——*V. diffusa* Ging. ex DC. var. *brevibarbata* C. J. Wang ①–⑽①–⑿②–(1)③–(6)

6. 柔毛堇菜 **Viola fargesii** H. Boissieu ——*V. principis* H. Boissieu ①–⑽

7. 紫花堇菜 **Viola grypoceras** A. Gray ——*V. grypoceras* var. *pubescens* Nakai ①–⑽①–⑿②–(1)

8. 长萼堇菜 **Viola inconspicua** Blume ①–⑽

9. 犁头草（心叶堇菜）**Viola japonica** Langsd. ex DC. ——*V. concordifolia* auct. non C. J. Wang ①–⑽②–(1)②–(3)

10. *福建堇菜 **Viola kosanensis** Hayata

11. *粗齿堇菜（犁头叶堇菜）**Viola magnifica** C. J. Wang et X. D. Wang ①–⑽

12. 萱 **Viola moupinensis** Franch. ①–⑽①–⑿②–(1)④–(4)

13. 紫花地丁 **Viola philippica** Cav. ——*V. yedoensis* Makino ①–⑽①–⑿②–(1)②–(2)④–(4)④–(4)花

14. *辽宁堇菜 **Viola rossii** Hemsl. ①–⑽

15. 庐山堇菜 **Viola stewardiana** W. Beck. ①–⑽①–⑿

16. *三角叶堇菜 **Viola triangulifolia** W. Beck. ①–⑽①–⑿

17. *紫背堇菜 **Viola violacea** Makino

[七][八] 大风子科 Flacourtiaceae

1. 山桐子 **Idesia polycarpa** Maxim. ①–(3)①–⑿③–(1)③–(5)④–(2)④–(4)果

1a. 毛叶山桐子 var. **vestita** Diels ①–(3)①–⑿③–(1)③–(5)④–(2)④–(4)果

2. 柞木 **Xylosma congesta** (Lour.) Merr. ——*X. japonica* A. Gray ②–(1)③–(1)③–(9)④–(2)④–(4)

[七][九] 旌节花科 Stachyuraceae

1. 中国旌节花 **Stachyurus chinensis** Franch. ②–(1)②–(2)④–(4)

2. 喜马拉雅旌节花 **Stachyurus himalaicus** Hook. f. et Thoms. ex Benth. ②–(1)④–(4)

[八][〇] 秋海棠科 Begoniaceae

1. 美丽秋海棠 **Begonia algaia** L. B. Smith et Wassh. ①–⑽④–(4)花

2. 槭叶秋海棠 **Begonia digyna** Irmsch. ①–⑽⑤④–(4)叶④–(4)花

3. *紫背天葵 **Begonia fimbristipula** Hance ①–⑽②–(1)④–(4)叶④–(4)花⑤–(1)c

4. 秋海棠 **Begonia grandis** Dry. ——*B. evansiana* Andr. ①–⑽②–(1)②–(3)④–(4)花④–(5)O_3、$Cl_2$⑤–(1)c

4a. ★中华秋海棠 subsp. **sinensis** (A. DC.) Irmsch. ——*B. sinensis* A. DC.①–⑽②④–(4)花⑤–(1)c

八一 仙人掌科 Cactaceae

1. △仙人掌 **Opuntia dillenii** (Ker-Gawl.) Haw.②–(1)④–(4)

八二 瑞香科 Thymelaeaceae

1. ★芫花 **Daphne genkwa** Sieb. et Zucc.①–⑿②–(1)②–(2)②–(3)③–(2)④–(4)花④–(4)果

2. 毛瑞香 **Daphne kiusiana** Miq. var. **atrocaulis** (Rehd.) F. Maekawa ——*D. odora* Thunb. var. *atrocaulis* Rehd.①–(7)①–⑿②–(1)②–(3)③–(2)③–(4)③–(5)④–(2)④–(4)花④–(4)果

3. 结香 **Edgeworthia chrysantha** Lindl. ①–(7)①–⑽①–⑿②–(1)②–(2)②–(3)③–(2)④–(2)④–(4)花

4. 南岭荛花（了哥王）**Wikstroemia indica** (Linn.) C. A. Mey.①–(9)①–⑿②–(1)②–(2)②–(3)③–(2)③–(5)④–(2)④–(4)果

5. 北江荛花 **Wikstroemia monnula** Hance.①–⑿②–(1)②–(2)②–(3)③–(2)④–(2)④–(4)果

6. ★白花荛花 **Wikstroemia trichotoma** (Thunb.) Makino ——*W. alba* Hand.-Mazz.①–⑿②–(2)②–(3)③–(2)④–(4)果

八三 胡颓子科 Elaeagnaceae

1. 巴东胡颓子 **Elaeagnus difficilis** Serv.①–(4)①–⑿①–⒀④–(4)果

2. 蔓胡颓子 **Elaeagnus glabra** Thunb.①–(4)①–⑿①–⒀②–(1)③–(2)③–(4)③–(6)④–(4)果

3. 宜昌胡颓子 **Elaeagnus henryi** Warb. ex Diels①–(4)①–⑿①–⒀④–(4)果

4. 胡颓子 **Elaeagnus pungens** Thunb.①–(1)①–(4)①–⑿①–⒀②–(1)③–(2)③–(4)③–(6)④–(2)④–(4)果

八四 千屈菜科 Lythraceae

1. ★水苋菜（细叶水苋、浆果水苋）**Ammannia baccifera** Linn.①–(9)

2. △紫薇 **Lagerstroemia indica** Linn.①–⑿②–(1)③–(1)④–(2)④–(4)形④–(4)花

3. ★福建紫薇（浙江紫薇）**Lagerstroemia limii** Merr.③–(1)④–(4)形④–(4)花

4. ★南紫薇 **Lagerstroemia subcostata** Koehne in Engl.①–⑽①–⑿③–(1)④–(4)花

5. ★节节菜 **Rotala indica** (Willd.) Koehne①–(9)①–⑽①–⑿④–(4)花

6. 圆叶节节菜 **Rotala rotundifolia** (Roxb.) Koeh.①–(9)①–⑽①–⑿②–(1)④–(4)花

八五 石榴科 Punicaceae

1. △石榴 **Punica granatum** Linn. ①–⑷ ①–⑿ ①–⒀ ②–⑴ ②–⑵ ②–⑶ ③–⑶ ④–⑵ ④–⑷花 ④–⑷果

八六 蓝果树科 Nyssaceae

1. △喜树 **Camptotheca acuminata** Decne. ①–⑿ ②–⑴ ②–⑵ ②–⑶ ③–⑴ ④–⑷形 ⑤–⑴b

2. 蓝果树 **Nyssa sinensis** Oliv. ①–⒀ ③–⑴ ④–⑷叶 ④–⑷果

八七 八角枫科 Alangiaceae

1. 八角枫（华瓜木）**Alangium chinense** (Lour.) Harms ②–⑴ ②–⑵ ②–⑶ ③–⑴ ③–⑵ ③–⑸ ④–⑷花 ④–⑷果

2. 毛八角枫 **Alangium kurzii** Craib ——*A. kurzii* var. *umbellatum* (Yang) Fang ②–⑴ ②–⑵ ②–⑶ ③–⑴ ③–⑵ ③–⑸

2a. 云山八角枫 var. **handelii** (Schnarf) Fang ②–⑴ ②–⑵ ②–⑶ ③–⑴ ③–⑵ ③–⑸

3. 瓜木（三裂瓜木）**Alangium platanifolium** (Sieb. et Zucc.) Harms var. **trilobum** (Miq.) Ohwi ——*A. platanifolium* auct. non (Sieb. et Zucc.) Harms ②–⑴ ②–⑵ ②–⑶ ③–⑴ ③–⑵ ③–⑸ ④–⑷果

八八 桃金娘科 Myrtaceae

1. 华南蒲桃 **Syzygium austro-sinense** (Merr. et Perry) H. T. Chang et Miau ①–⑿ ①–⒀ ③–⑴良 ④–⑷果

2. 赤楠 **Syzygium buxifolium** Hook. et Arn. ①–⑿ ①–⒀ ②–⑴ ③–⑴良 ④–⑵ ④–⑷形 ④–⑷果

3. 轮叶蒲桃（三叶赤楠）**Syzygium grijsii** (Hance) Merr.et Perry ①–⑿ ①–⒀ ③–⑴良 ④–⑷形 ④–⑷果

八九 野牡丹科 Melastomataceae

1. 秀丽野海棠（高脚山茄）**Bredia amoena** Diels. ——*B. amoena* var. *eglandulata* B. Y. Ding——*B. chinensis* Merr. ②–⑴ ④–⑷花

2. ★四棱野海棠（过路惊）**Bredia quadrangularis** Cogn. ④–⑷花

3. 中华野海棠（鸭脚茶）**Bredia sinensis** (Diels) H. L. Li ——*B. glabra* Merr. ②–⑴ ④–⑷花

4. 异药花（肥肉草）**Fordiophyton faberi** Stapf ——*F. fordii* (Oliv.) Krass.——*F. maculatum* C. Y. Wu ex Z. Wei, Y. B. Chang et F. G. Zhang ②–⑴ ④–⑷花

5. 地菍 **Melastoma dodecandrum** Lour. ①–⑵ ①–⒀ ②–⑴ ③–⑶ ④–⑵ ④–⑷花

④–(4)果

6. 金锦香 **Osbeckia chinensis** Linn. ②–(1)④–(4)花

7. 朝天罐（星毛金锦香）**Osbeckia stellata** Buch.-Ham. ex Kew-Gawl.——*O. opipara* C. Y. Wu et C. Chen ②–(1)④–(4)花

8. 锦香草（短毛熊巴掌）**Phyllagathis cavaleriei**（Lévl. et Vant.) Guillaum.——*P. cavaleriei* var. *tankahkeei* (Merr.) C. Y. Wu ex C. Chen ①–(10)②–(1)④–(4)花

9. ★肉穗草 **Sarcopyramis bodinieri** Lévl. et Vaniot ②–(1)④–(4)

10. 楮头红 **Sarcopyramis nepalensis** Wall. ②–(1)④–(4)

九〇 柳叶菜科 Onagraceae

1. 南方露珠草（细毛谷蓼）**Circaea mollis** Sieb. et Zucc. ②–(1)

2. ★光滑柳叶菜（光华柳叶菜）**Epilobium amurense** Hausskn. subsp. **cephalostigma** (Hausskn.) C. J. Chen ——*E. cephalostigma* Hausskn. ①–(10)①–(12)④–(4)花

3. 长籽柳叶菜 **Epilobium pyrricholophum** Franch. et Sav. ①–(12)②–(1)④–(4)花

4. 水龙 **Ludwigia adscendens** (Linn.) H. Hara ①–(9)②–(1)

5. 丁香蓼（假柳叶菜）**Ludwigia epilobiloides** Maxim. ①–(9)②–(1)

6. ★毛草龙（草龙）**Ludwigia octovalvis** (Jacq.) P. H. Raven ①–(9)

九一 小二仙草科 Haloragaceae

1. ★黄花小二仙草 **Gonocarpus chinensis** (Lour.) Orchard ——*Haloragis chinensis* (Lour.) Merr.

2. 小二仙草 **Gonocarpus micranthus** Thunb. ——*Haloragis micrantha* (Thunb.) R. Br. ex Sieb. et Zucc. ②–(1)

3. ★穗花狐尾藻（穗状狐尾藻）**Myriophyllum spicatum** Linn. ①–(9)④–(4)

4. ★轮叶狐尾藻（狐尾藻）**Myriophyllum verticillatum** Linn. ④–(5)

九二 五加科 Araliaceae

1. 楤木 **Aralia chinensis** Linn. ①–(3)①–(7)①–(10)①–(12)②–(1)②–(3)③–(1)③–(5)④–(2)④–(4)

2. 头序楤木（铁扇伞）**Aralia dasyphylla** Miq. ①–(3)①–(10)①–(12)③–(5)②–(1)③–(5)④–(2)

3. 棘茎楤木 **Aralia echinocaulis** Hand.-Mazz. ①–(3)①–(10)①–(12)②–(1)③–(5)④–(2)

4. ★长刺楤木 **Aralia spinifolia** Merr. ①–(10)①–(12)

5. 树参 **Dendropanax dentiger** (Harms) Merr. ①–(10)①–(12)①–(13)②–(1)③–(1)④–(4)

6. 五加 **Eleutherococcus nodiflorus** (Dunn) S. Y. Hu ——*Acanthopanax gracilistylus* W. W. Smith ①–(7)①–(10)①–(12)①–(13)②–(1)②–(2)③–(4)④–(2)

7. ★白簕**Eleutherococcus trifoliatus** (Linn.) S. Y. Hu ——*Acanthopanax trifoliatus* (Linn.) Merr. ①–(10)①–(12)②–(1)③–(4)

8. ★吴茱萸五加**Gamblea ciliata** C. B. Clarke var. **evodiifolia** (Franch.) C. B. Shang et al.——*Acanthopanax evodiaefolius* Franch. ①–(7)①–(10)①–(12)②–(1)④–(2)④–(4)

9. ★中华常春藤**Hedera nepalensis** K. Koch var. **sinensis** (Tobl.) Rehd. ①–(12)②–(1)②–(3)③–(3)④–(2)④–(4)叶④–(4)果

10. 短梗幌伞枫**Heteropanax brevipedicellatus** Li②–(1)④–(4)

11. 大叶三七（竹节参）**Panax japonicus** C. A. Mey. ①–(10)①–(12)②–(1)⑤④–(4)果⑤–(1)c

11a. 羽叶三七（疙瘩七）var. **bipinnatifidus** (Seem.) C. Y. Wu et Feng ex C. Chou et al. ①–(10)①–(12)②–(1)④–(4)果⑤–(1)c⑤–(1)c

12. 鹅掌柴**Schefflera heptaphylla** (Linn.) Frodin ——*S. octophylla* (Lour.) Harms ①–(7)①–(10)①–(12)②–(1)②–(2)③–(4)④–(4)形

九二 伞形科 Umbelliferae (Apiaceae)

1. ★湘桂羊角芹**Aegopodium nandelii** Wolff①–(10)

2. ★重齿当归**Angelica biserrata** (Shan et Yuan) Yuan et Shan①–(10)①–(12)②–(1)

3. 紫花前胡**Angelica decursiva** (Miq.) Franch. et Sav. ①–(7)①–(10)①–(12)②–(1)④–(4)花

4. ★福参**Angelica morii** Hayata①–(10)①–(12)

5. 积雪草（老鸦碗、大叶伤筋草）**Centella asiatica** (Linn.) Urban ①–(9)①–(10)②–(1)②–(2)

6. 蛇床**Cnidium monnieri** (Linn.) Cuss. ①–(7)①–(10)②–(1)②–(2)②–(3)③–(4)

7. 鸭儿芹 **Cryptotaenia japonica** Hassk. ①–(9)①–(10)②–(1)③–(5)

8. ★细叶旱芹**Cyclospermum leptophyllum** (Pers.) Sprague ex Britt. et P. Wilson ——*Apium leptophyllum* (Pers.) F. Muell. ①–(10)⑤–(3)

9. 红马蹄草（八角金钱、大叶止血草）**Hydrocotyle nepalensis** Hook. ①–(9)①–(10)②–(1)

10. ★密伞天胡荽**Hydrocotyle pseudoconferta** Masam. ①–(10)②–(1)

11. 长梗天胡荽**Hydrocotyle ramiflora** Maxim. ①–(10)

12. 天胡荽**Hydrocotyle sibthorpioides** Lam. ①–(9)①–(10)②–(1)②–(3)

12a. 破铜钱 var. **batrachium** (Hance) Hand.-Mazz. ex Shan①–(10)②–(1)②–(3)

13. 肾叶天胡荽**Hydrocotyle wilfordii** Maxim. ①–(10)

14. 藁本（水芹三七、山芎䓖）**Ligusticum sinense** Oliv. ①–(7)①–(10)②–(1)③–(4)

15. ★岩茴香**Ligusticum tachiroei** (Franch. et Sav.) Hiroe et Constance②–(1)⑤–(1)c

16. 白苞芹（紫茎芹）**Nothosmyrnium japonicum** Miq.①–⑽②–⑴③–⑷

17. 水芹（水芹菜）**Oenanthe javanica** (Bl.) DC.①–⑵①–⑼①–⑽②–⑴

18. ★线叶水芹（中华水芹）**Oenanthe linearis** Wall. ex DC. ——*O. sinensis* Dunn①–⑽

19. 西南水芹（多裂叶水芹）**Oenanthe thomsonii** Clarke——*O. dielsii* auct. non H. Boiss.①–⑼①–⑽

20. 隔山香（柠檬香咸草）**Ostericum citriodora** (Hance) Yuan et Shan①–⑽②–⑴

21. 华东山芹（山芹）**Ostericum huadongense** Z. H. Pan et X. H. Li ——*O. sieboldii* auct. non (Miq.) Nakai①–⑽②–⑴

22. 前胡（白花前胡）**Peucedanum praeruptorum** Dunn①–⑽②–⑴②–⑶③–⑷

23. 异叶茴芹 **Pimpinella diversifolia** DC.①–⑽②–⑴②–⑶③–⑷

24. ★假苞囊瓣芹 **Pternopetalum tanakae** (Franch. et Sav.) Hand.-Mazz. var. fulcratum Y. H. Zhang

25. 变豆菜（山芹菜、鸭脚菜）**Sanicula chinensis** Bunge①–⑼①–⑽②–⑴③–⑷

26. 薄片变豆菜（小山芹菜）**Sanicula lamelligeera** Hance①–⑼①–⑽②–⑴

27. 直刺变豆菜（野鹅脚板）**Sanicula orthacantha** S. Moore①–⑼①–⑽②–⑴

28. 小窃衣 **Torilis japonica** (Houtt.) DC.①–⑽②–⑴②–⑶

29. ★窃衣 **Torilis scabra** (Thunb.) DC.①–⑽②–⑴②–⑶

九四 山茱萸科 Cornaceae

1. 窄斑叶珊瑚 **Aucuba albopunctifolia** Wang var. **angustula** Fang et Soong②–⑴④–⑷叶④–⑷果

2. ★长叶珊瑚 **Aucuba himalaica** Hook. f. et Thoms. var. **dolichophylla** Fang et Soong ④–⑷叶④–⑷果

3. 灯台树 **Cornus controversa** Hemsl. ①–⑿①–⒀②–⑴③–⑴③–⑶③–⑸④–⑵④–⑷形

4. 秀丽香港四照花（秀丽四照花）**Cornus hongkongensis** Hemsl. subsp. **elegans** (Fang et Hsieh) Q. Y. Xiang①–⑽①–⑿①–⒀③–⑴③–⑶④–⑵④–⑷花④–⑷果

5. 青荚叶 **Helwingia japonica** (Thunb.) Dietr.①–⑽②–⑴②–⑶③–⑸④–⑷形④–⑷果

5a. 台湾青荚叶（浙江青荚叶）var. **zhejiangensis** (Fang et Soong) M. B. Deng et Yo. Zhang——*Helwingia zhejiangensis* Fang et Soong①–⑽④–⑷形④–⑷果

九五 桤叶树科（山柳科）Clethraceae

1. 华东山柳（髭脉桤叶树）**Clethra barbinervis** Sieb. et Zucc.①–⑽①–⑿②–⑴③–

(1)④–(4)花

2. 江南山柳（云南桤叶树）**Clethra delavayi**Franch. ——*C. cavaleriei* Lévl. ①–⑽①–⑿③–(1)④–(4)花

九六 鹿蹄草科 Pyrolaceae

1. ★球果假沙晶兰（假水晶兰）**Monotropastrum humile** (D. Don) Hara——*Cheilotheca humilis* (D. Don) H. Keng

2. ★鹿蹄草 **Pyrola calliantha** H. Andr. ②–(1)④–(4)花

3. 普通鹿蹄草 **Pyrola decorata** H. Andr. ②–(1)④–(4)花

九七 杜鹃花科 Ericaceae

1. 灯笼花 **Enkianthus chinensis** Franch. ②–(3)③–(1)④–(4)花

2. ★齿缘吊钟花 **Enkianthus serrulatus** (Wils.) Schneid. ——*E. calophyllus* T. Z. Hsu ③–(1)④–(4)花

3. 毛果南烛 **Lyonia ovalifolia** (Wall.) Drude var. **hebecarpa** (Franch. ex Forb. et Hemsl.) Chun ①–⑽①–⑿（蜜有毒）②–(1)②–(3)④–(4)花

4. 马醉木 **Pieris japonica** (Thunb.) D. Don ①–⑿（蜜有毒）②–(1)②–(2)②–(3) ④–(4)花

5. 刺毛杜鹃 **Rhododendron championae** Hook. ②–(1)③–(1)④–(4)形④–(4)花

6. 丁香杜鹃 **Rhododendron farrerae** Tate——*R. mariesii Hemsl.* et Wils.——*R. mariesii* Hemsl. et Wils. f. *albescens* B. Y. Ding ①–⑿②–(1)③–(4)④–(4)花

7. 云锦杜鹃 **Rhododendron fortunei** Lindl. ①–⑿②–(1)③–(1)④–(4)花

8. 鹿角杜鹃 **Rhododendron latoucheae** Franch. ①–⑿②–(1)④–(4)花

9. 马银花 **Rhododendron ovatum** Planch. ex Maxim. ①–⑽①–⑿②–(1)②–(2)②–(3)③–(1)④–(4)花

10. 毛果杜鹃 **Rhododendron seniavinii** Maxim. ①–⑿④–(4)花

11. 猴头杜鹃 **Rhododendron simiarum** Hance ①–⑿③–(1)④–(4)花

12. 映山红 **Rhododendron simsii** Planch. ①–⑽①–⑿②–(1)②–(3)③–(3)④–(2)④–(4)花④–(5)HF、NO_2

13. 泰顺杜鹃 **Rhododendron taishunense** B. Y. Ding et Y. Y. Fang ①–⑿④–(4)花⑤–(1)c

14. 乌饭树 **Vaccinium bracteatum** Thunb. ①–(1)①–(4)①–(6)①–⑽①–⑿①–⒀②–(1)③–(1)④–(2)④–(4)花

15. 短尾越橘 **Vaccinium carlesii** Dunn. ①–⑽①–⑿①–⒀④–(2)②–(1)

16. 无梗越橘 **Vaccinium henryi** Hemsl. ①–⑿①–⒀④–(4)

17. 黄背越橘 **Vaccinium iteophyllum** Hance①–⑽①–⑿①–⒀

18. 扁枝越橘 **Vaccinium japonicum** Miq. var. **sinicum** (Nakai) Rehd.①–⑿①–⒀④–(4)

19. 江南越橘 **Vaccinium mandarinorum** Diels ①–⑽①–⑿①–⒀②–(1)③–(1)④–(2)④–(4)花

20. 刺毛越橘 **Vaccinium trichocladum** Merr. et Metc.① – ⑽①–⑿①–⒀④–(2) ④–(4)花

20a. 光序刺毛越橘 var. **glabriracemosum** C. Y. Wu ex R. C. Fang et C. Y. Wu①–⑿ ①–⒀

九八 紫金牛科 Myrsinaceae

1. 矮茎紫金牛 **Ardisia brevicaulis** Diels②–(1)④–(4)果

2. 小紫金牛 **Ardisia chinensis** Benth.②–(1)④–(4)果

3. 朱砂根 **Ardisia crenata** Sims —— *A. crenata* var. *bicolor* (E. Walker) C. Y. Wu et C. Chen①–⒀②–(1)③–(5)④–(2)④–(4)④–(4)果

4. 百两金 **Ardisia crispa** (Thunb.) A. DC①–⒀②–(1)③–(5)④–(2)④–(4)果

5. 大罗伞树 **Ardisia hanceana** Mez②–(1)③④–(2)④–(4)果

6. 紫金牛 **Ardisia japonica** (Thunb.) Bl.②–(1)③–(4)④–(4)果

7. 山血丹（沿海紫金牛）**Ardisia lindleyana** D. Dietr. ——*A. punctata* Lindl. ②–(1)④–(4)果

8. 莲座紫金牛 **Ardisia primulaefolia** Gardn. et Champ.②–(1)④–(4)果

9. 九节龙 **Ardisia pusilla** A. DC.②–(1)④–(4)果

10. *罗伞树 **Ardisia quinquegona** Bl.②–(1)④–(2)④–(4)果

11. 长叶酸藤子（平叶酸藤子）**Embelia undulata** (Wall.) Mez ——*E. longifolia* (Benth.) Hemsl.①–⑿①–⒀②–(1)④–(4)果

12. 网脉酸藤子（密齿酸藤子）**Embelia vestita** Roxb. ——*E. rudis* Hand.-Mazz.①–⑿①–⒀②–(1)④–(2)④–(4)果

13. 杜茎山 **Maesa japonica** (Thunb.) Moritzi. ex Zoll.①–⒀②–(1)④–(2)④–(4)果

14. 密花树 **Myrsine seguinii** Lévl. ——*Rapanea neriifolia* (Sieb. et Zucc.) Mez②–(1)③④–(4)形

15. 光叶铁仔 **Myrsine stolonifera** (Koidz.) E. Walker①–⑿②–(1)③–(3)④–(2)④–(4)果

九九 报春花科 Primulaceae

1. 泽珍珠菜 **Lysimachia candida** Lindl.①–⑽②–(1)②–(2)②–(3)③–(4)④–(4)花

2. *过路黄 **Lysimachia christinae** Hance①–(9)①–⑽①–⑿②–(1)④–(4)

3. 珍珠菜 **Lysimachia clethroides** Duby①–(9)①–⑽①–⑿②–(1)②–(2)③–(5)④–(4)花

4. 聚花过路黄 **Lysimachia congestiflora** Hemsl. ①–(10)②–(1)④–(4)花

5. 五岭过路黄（五岭管茎过路黄）**Lysimachia fistulosa** Hand.-Mazz. var. **wulingensis** Chen et C. M. Hu④–(4)花

6. 星宿菜 **Lysimachia fortunei** Maxim. ①–(9)①–(10)①–(12)②–(1)④–(4)花

7. 福建过路黄 **Lysimachia fukienensis** Hand.-Mazz.

8. 点腺过路黄 **Lysimachia hemsleyana** Maxim. ①–(9)①–(12)②–(1)

9. ★黑腺珍珠菜 **Lysimachia heterogenea** Klat. ①–(10)②–(1)

10. 长梗过路黄 **Lysimachia longipes** Hemsl. ②–(1)④–(4)花

11. 巴东过路黄 **Lysimachia patungensis** Hand.-Mazz. ①–(10)②–(1)④–(4)花

12. ★显苞过路黄 **Lysimachia rubiginosa** Hemsl. ①–(9)④–(4)花

13. ★紫脉过路黄 **Lysimachia rubinervis** Chen et C. M. Hu ④–(4)花

14. 假婆婆纳 **Stimpsonia chamaedryoides** Wright ex Gray

一〇〇 柿科 Ebenaceae

1. 山柿（浙江柿）**Diospyros japonica** Sieb. et Zucc.—— *D. glaucifolia* Metc. ①–(1)①–(12)①–(13)②–(1)③–(1)良④–(2)④–(4)果

2. △柿 **Diospyros kaki** Thunb. ①–(1)①–(5)①–(12)①–(13)②–(1)②–(2)③–(1)良④–(2)④–(2)④–(4)果

2a. 野柿 var. **sylvestris** Makino ①–(1)①–(5)①–(12)①–(13)②–(1)②–(2)③–(1)良④–(2)④–(2)④–(4)果

3. ★君迁子 **Diospyros lotus** Linn. ①–(1)①–(12)①–(13)③–(1)良③–(5)④–(2)④–(4)

4. 罗浮柿 **Diospyros morrisiana** Hance ①–(12)①–(13)②–(1)③–(1)④–(4)果

5. ★油柿（华东油柿）**Diospyros oleifera** Cheng ① – (1)①–(12)①–(13)③–(1)良④–(4)果

6. 老鸦柿 **Diospyros rhombifolia** Hemsl. ①–(12)②–(1)④–(4)果

7. 延平柿 **Diospyros tsangii** Merr. ①–(1)①–(12)①–(13)③–(1)良④–(4)果

8. ★浙江光叶柿 **Diospyros zhejiangensis** G. Y. Li , Z. H. Chen et P. L. Chiu ①–(1)①–(12)①–(13)③–(1)良④–(4)果

一〇一 山矾科 Symplocaceae

1. 薄叶山矾 **Symplocos anomala** Brand ①–(12)①–(3)③–(1)③–(5)④–(4)

2. ★阿里山山矾（潮州山矾）**Symplocos arisanensis** Hayata——*S. lancifolia* auct. non Sieb. et Zucc. ①–(10)①–(12)②–(1)③–(1)④–(4)

3. 总状山矾 **Symplocos botryantha** Franch. ①–(12)③–(1)④–(4)

4. ★山矾 **Symplocos caudata** Wall. ①–(3)①–(12)②–(1)③–(1)④–(4)③–(5)

5. 华山矾 **Symplocoschinensis** (Lour.) Druce

6. 南岭山矾 **Symplocos confusa** Brand ——*S. sonoharae* Koidz. var. *oblonga* H. Nagamasu ①–(12)①–(13)③–(1)③–(5)

7. ★密花山矾 **Symplocos congesta** Benth. ①–(12)②–(1)③–(1)④–(4)

8. ★朝鲜白檀 **Symplocos coreanaa** (H. Lév.) Ohwi

9. 羊舌树 **Symplocos glauca** (Thunb.) Koidz. ①–(12)③–(1)③–(1)③–(5)④–(4)

10. 团花山矾（宜章山矾）**Symplocos glomerata** Kingex C. B. Clarke ——*S. yizhangensis* Y. F. Wu ①–(12)③–(1)

11. 光亮山矾（四川山矾）**Symplocos kuroki** H. Nagamasu——*S. lucida* (Thunb.) Sieb. et Zucc. ——*S. setchuensis* Brand ①–(12) e ②–(1)③–(1)③–(1)③–(5)④–(4)

12. ★叶萼山矾（茶条果）**Symplocos phyllocalyx** Clarke

13. 黑山山矾（桂樱山矾）**Symplocos prunifolia** Siebold. et Zucc.——*S. heishanensis* Hayata ①–(12)③–(1)

14. 老鼠矢 **Symplocos stellaris** Brand ①–(12)③–(1)③–(5)④–(4)

15. 白檀 **Symplocos tanakana** Nakai——*S. paniculata* auct. non (Thunb.ex Murray) Miq. ①–(2)①–(3)①–(10)①–(12)②–(1)②–(2)②–(3)③–(2)③–(5)④–(2)

16. 黄牛奶树 **Symplocos theophrastifolia** Siebold et Zucc.——*S. cochinchinensis* (Lour.) S. Moore var. *laurina* (Retz.) Nooteboom ①–(3)①–(12)②–(1)③–(1)③–(5)④–(4)

17. 微毛山矾 **Symplocos wikstroemiifolia** Hayata ①–(3)①–(12)③–(1)③–(5)④–(4)

一〇二 安息香科 Styracaceae

1. 拟赤杨 **Alniphyllum fortunei** (Hemsl.) Makino ①–(12)③–(1)④–(2)④–(4)形④–(4)花

2. 银钟花 **Halesia macgregorii** Chun ③–(1)④–(4)花④–(4)果⑤–(1)c

3. 陀螺果（鸦头梨）**Melliodendron xylocarpum** Hand.-Mazz. ①–(3)③–(1)④–(4)花⑤–(1)c

4. 小叶白辛树 **Pterostyrax corymbosus** Sieb. et Zucc. ③–(1)④–(4)形④–(4)花

5. ★灰叶野茉莉 **Styrax calvescens** Perk. ①–(12)（蜜有毒）③–(1)③–(4)④–(4)花

6. ★赛山梅 **Styrax confusus** Hemsl. ①–(3)①–(12)（蜜有毒）②–(1)③–(1)③–(4)③–(5)④–(4)花

7. ★垂珠花 **Styrax dasyanthus** Perk. ①–(3)①–(12)（蜜有毒）③–(4)③–(5)④–(4)花

8. 野茉莉 **Styrax japonicus** Sieb. et Zucc. ①–(3)①–(12)（蜜有毒）②–(1)②–(3)③–(1)③–(4)③–(5)④–(4)花

9. 郁香安息香（芬芳安息香）**Styrax odoratissimus** Champ. ①–(3)①–(12)（蜜有毒）②–(1)③–(1)③–(4)③–(5)④–(4)花

10. 栓叶安息香（红皮树）**Styrax suberifolius** Hook. et Arn. ①–(3)①–(12)（蜜有毒）

②–(1)③–(1)③–(4)③–(5)④–(2)④–(4)花

11. 越南安息香 **Styrax tonkinensis** (Pierre) Craib ex Hartw. ①–(3)①–⑿（蜜有毒）③–(4)③–(5)③–(6)a③–(9)④–(2)④–(4)花

一〇三 木犀科 Oleaceae

1. 金钟花 **Forsythia viridissima** Lindl. ①–⑿②–(1)③–(5)④–(2)④–(4)花

2. 白蜡树（尖叶白蜡树、尖尾白蜡树）**Fraxinus chinensis** Roxb.——*F. chinensis* var. *acuminata* Lingelsh.——*F. szaboana* Lingelsh. ①–(9)①–⑿②–(1)③–(1)③–(2)③–(5)③–(9)④–(2)④–(4)叶④–(4)果

3. 苦枥木 **Fraxinus insularis** Hemsl. ①–⑿③–(1)③–(9)④–(2)④–(4)叶④–(4)果

4. 清香藤 **Jasminum lanceolaria** Roxb.——*J. lanceolaria* var. *puberulum* Hemsl. ②–(1)③–(4)③–(5)④–(4)叶

5. 华素馨（华清香藤）**Jasminum sinense** Hemsl. ④–(4)

6. 蜡子树 **Ligustrum leucanthum** (S. Moore) P. S. Green ——*L. molliculum* Hance ①–⑿③–(1)③–(5)

7. 华女贞（李氏女贞）**Ligustrum lianum** Hsu ①–⑿③–(1)③–(5)

8. 女贞 **Ligustrum lucidum** W. T. Ait. ①–(1)①–(3)①–(9)①–⑽①–⑿②–(1)②–(2)②–(3)③–(1)③–(4)③–(5)③–(9)④–(2)④–(4)形

9. 小叶女贞 **Ligustrum quihoui** Carr. ①–(3)①–(9)①–⑿②–(1)③–(1)③–(4)③–(5)④–(2)④–(4)叶

10. 小蜡（亮叶小蜡）**Ligustrum sinense** Lour. ——*L. sinense* var. *nitidum* Rehd. ①–(1)①–⑽①–⑿②–(1)③–(1)③–(4)③–(5)④–(4)花

11. ★云南木犀榄（异株木犀榄）**Olea tsoongii** (Merr.) P. S. Green ——*O. dioica* Roxb. ③–(1)④–(4)形⑤–(1)c

12. ★浙南木犀 **Osmanthus austrozhejiangensis** Z. H. Chen, W.Y. Xie et X. Liu

13. 宁波木犀（华东木犀）**Osmanthus cooperi** Hemsl. ①–⑽③–(1)③–(4)④–(2) ④–(4)形

14. 木犀（桂花）**Osmanthus fragrans** Lour. ①–(3)①–(5)①–(7)①–⑽②–(1)③–(1)③–(4)③–(5)④–(2)④–(4)形

15. 厚边木犀（厚叶木犀）**Osmanthus marginatus** (Champ. ex Benth.) Hemsl. ——*O. pachyphyllus* H. T. Chang ①–⑽③–(1)

15a. 长叶木犀 var. **longissimus** (H. T. Chang) R. L. Lu ——*O. longissimus* H. T. Chang ③–(1)④–(4)形

16. ★牛矢果 **Osmanthus matsumuranus** Hayata ②–(1)③–(1)④–(4)形

一〇四 马钱科 Loganiaceae

1. 驳骨丹 **Buddleja asiatica** Lour. ①–(12)②–(1)②–(3)④–(2)

2. 醉鱼草 **Buddleja lindleyana** Fort. ①–(12)②–(1)②–(2)②–(3)③–(4)④–(2)④–(4)花

3. *柳叶蓬莱葛 **Gardneria lanceolata** Rehd. et Wils. ②–(1)④–(4)

4. 蓬莱葛 **Gardneria multiflora** Makino ②–(1)④–(4)

一〇五 龙胆科 Gentianaceae

1. 五岭龙胆 **Gentiana davidii** Franch. ①–(10)①–(12)②–(1)④–(4)花

2. 华南龙胆 **Gentiana lourirei** (D. Don) Griseb. ①–(12)②–(1)④–(4)花

3. 龙胆 **Gentiana scabra** Bunge ①–(9)①–(10)①–(12)②–(1)②–(3)④–(4)花

4. 美丽獐牙菜 **Swertia angustifolia** Buch.-Ham. var. **pulchella** (Buch.-Ham.) H. Smith ①–(12)②–(1)④–(4)花

5. 獐牙菜 **Swertia bimaculata** Hook. f. et Thoms. ①–(9)①–(10)①–(12)④–(4)花

6. 浙江獐牙菜 **Swertia hickinii** Burkill ①–(12)②–(1)④–(4)花

7. 华双蝴蝶 **Tripterospermum chinensis** (Migo) H. Smith ex Nilsson ②–(1)④–(4)花

8. 细茎双蝴蝶 **Tripterospermum filicaule** (Hemsl.) H. Smith ④–(4)花④–(4)果

9. *香港双蝴蝶 **Tripterospermum nienkui** (Marq.) C. J. Wu ④–(4)花

一〇六 夹竹桃科 Apocynaceae

1. 念珠藤 **Alyxia sinensis** Champ. ex Benth. ②–(1)②–(3)④–(4)果

2. *鳝藤 **Anodendron affine** (Hook. et Arn.) Druce ④–(4)果

3. *大花帘子藤 **Pottsia grandiflora** Markgr. ④–(4)花

4. 毛药藤 **Sindechites henryi** Oliv. ——*Cleghornia henryi* (Oliv.) P. T. Li ②–(1)③–(2)④–(4)

5. 亚洲络石（细梗络石）**Trachelospermum asiaticum** (Sieb.et Zucc.) Nakai——*T. gracilipes* Hook. f. ③–(2)④–(2)④–(4)花

6. 紫花络石 **Trachelospermum axillare** Hook. f. ②–(3)③–(2)③–(6)a④–(2)④–(4)花

7. 贵州络石（乳儿绳、温州络石）**Trachelospermum bodinieri** (Lévl.) Woods. ——*T. cathayanum* Schneid.——*T. wenchowense* Tsiang ②–(1)③–(2)④–(2)④–(4)花

8. 短柱络石 **Trachelospermum brevistylum** Hand.-Mazz. ③–(2)④–(2)④–(4)花

9. 络石 **Trachelospermum jasminoides** (Lindl.) Lem. ——*T. jasminoides* var. *heterophyllum* Tsiang ②–(1)②–(2)②–(3)③–(2)③–(4)③–(6)a④–(2)④–(4)花

10. *酸叶胶藤 **Urceola rosea** (Hook. et Arn.) D. J. Middleton ——*Ecdysanthera rosea* Hook. et Arn. ①–(10)②–(1)④–(4)

一〇七 萝藦科 Asclepiadaceae

1. *折冠牛皮消 **Cynanchumboudieri** H. Léveillé et Vaniott ①–(9)①–(10)②–(1)②–(2)②–(3)

2. 蔓剪草 **Cynanchum chekiangense** M. Cheng ex Tsiang et P. T. Li②–(1)

3. *白前 **Cynanchum glaucescens** (Decne.) Hand-Mazz.②–(1)

4. *毛白前 **Cynanchum mooreanum** Hemsl.②–(1)

5. *徐长卿 **Cynanchum paniculatum** (Bunge) Kitagawa①–(10)②–(1)②–(3)

6. *柳叶白前 **Cynanchum stauntonii** (Decne) Schltr. ex Lévl.①–(5)①–(10)②–(1)②–(3)

7. *匙羹藤 **Gymnema sylvestre** (Retz.) Schult.①–(10)②–(1)

8. 黑鳗藤 **Jasminanthes mucronata** (Blanco) W. D. Stev. ——*Stephanotis mucronata* (Blanco) Merr.②–(1)④–(4)

9. 牛奶菜 **Marsdenia sinensis** Hemsl.②–(1)②–(3)

10. *萝藦 **Metaplexis japonica** (Thunb.) Makino①–(10)②–(1)②–(3)③–(2)④–(2)④–(4)

11. *毛弓果藤 **Toxocarpus villosus** (Bl.) Decne.③–(2)

12. 七层楼 **Tylophora floribunda** Miq.②–(1)②–(3)

13. *通天连 **Tylophora koi** Merr.

14. 贵州娃儿藤 **Tylophora silvestris** Tsiang

一〇八 旋花科 Convolvulaceae

1. *打碗花 **Calystegia hederacea** Wall. ex Roxb.①–(1)①–(9)①–(10)①–(12)②–(1)②–(3)④–(4)花

2. 旋花 **Calystegia silvatica** (Kitaibel) Griseb. subsp. **orientalis** Brummitt——*C. sepium* auct. non (Linn.) R. Br.①–(10)①–(12)②–(1)④–(4)花

3. 南方菟丝子 **Cuscuta australis** R. Br.①–(10)①–(12)（蜜有毒）②–(1)

4. 菟丝子 **Cuscuta chinensis** Lam.①–(10)①–(12)（蜜有毒）②–(1)②–(3)

5. *金灯藤 **Cuscuta japonica** Choisy①–(10)①–(12)（蜜有毒）②–(1)

6. *马蹄金 **Dichondra micrantha** Urban——*D. repens* Forst.①–(10)②–(1)②–(2)④–(4)

7. *瘤梗甘薯 **Ipomoea lacunosa** Linn.①–(12)⑤–(3)

8. *三裂叶薯 **Ipomoea triloba** Linn.①–(12)⑤–(3)

一〇九 紫草科 Boraginaceae

1. 柔弱斑种草 **Bothriospermum zeylanicum** (J. Jacq.) Druce——*B. tenellum* (Hornem.) Fisch. et C. A. Mey.②–(3)

2. 琉璃草 **Cynoglossum furcatum** Wall. ——*C. zeylanicum* (Vahl) Thunb. ①–(10)①–(12)②–(1)④–(4)

3. ★少花琉璃草 **Cynoglossum lanceolatum** Forsk. ①–⑽①–⑿

4. 厚壳树 **Ehretia acuminata** R. Brown ——*E. thyrsiflora* (Sieb. et Zucc.) Nakai. ①–(5)①–⑽①–⑿③–(1)④–(4)果

5. ★泰顺皿果草 **Omphalotrigonotis taishunensis** Shao Z. Yang, W. W. Pan et J. P. Zhong

6. 盾果草 **Thyrocarpus sampsonii** Hance

7. 附地菜 **Trigonotis peduncularis** (Trev.) Benth. ex Bak. et. Moore ①–⑽②–(1)

一一〇 马鞭草科 Verbenaceae

1. ★紫珠 **Callicarpa bodinieri** Lévl. ①–⑿②–(1)④–(4)果

2. 短柄紫珠 **Callicarpa brevipes** (Benth.) Hance ①–⑿④–(4)果

3. 华紫珠 **Callicarpa cathayana** H. T. Chang ①–⑿②–(1)④–(4)果

4. 白棠子树 **Callicarpa dichotoma** (Lour.) K. Koch ①–⑿②–(1)③–(4)④–(4)果

5. 杜虹花 **Callicarpa formosana** Rolfe ①–⑿②–(1)④–(4)果

6. 老鸦糊 **Callicarpa giraldii** Hesse ex Rehd. ①–⑿②–(1)②–(3)④–(4)果

6a. 毛叶老鸦糊 var. **subcarescens** Rehd. ——*C. giraldii* var. *lyi* Rehd. ①–⑿②–(1)④–(4)果

7. ★全缘叶紫珠 **Callicarpa integrrima** Champ. ①–⑿②–(1)④–(4)果

7a. 藤紫珠 var. **chinensis** (Pei) S. L. Chen——*C. peii* H. T. Chang ①–⑿④–(4)果

8. 枇杷叶紫珠 **Callicarpa kochiana** Makino. ①–⑿①–⒀②–(1)②–(3)③–(4)④–(4)果

9. 光叶紫珠 **Callicarpa lingii** Merr. ①–⑿②–(1)④–(4)果

10. 膜叶紫珠（窄叶紫珠）**Callicarpa membranacea** Chang——*C. japonica* var. *angustata* Rehd. ①–⑿④–(4)果

11. 红紫珠 **Callicarpa rubella** Lindl. ①–⑽①–⑿②–(1)③–(4)④–(4)果

11a. 钝齿红紫珠 var. **crenata** (C. Pei)) L. X. Ye et B. Y. Ding

11b. ★秃红紫珠 var. **subglagra** (Pei) H. T. Chang ①–⑿④–(4)果

12a. 狭叶兰香草 **Caryopteris incana** (Thunb. ex Houtt.) Miq. var. **angustifolia** S. L. Chen et R. L. Guo ①–⑿②–(1)③–(4)④–(4)花

13. ★臭牡丹 **Clerodendrum bungei** Steud. ①–(3)①–(9)①–⑽②–(1)②–(3)③–(4)④–(4)花

14. 大青 **Clerodendrum cyrtophyllum** Turcz. ①–(3)①–(9)①–⑽②–(1)④–(4)

15. ★赪桐 **Clerodendrum japonicum** (Thunb.) Sweet ①–(9)②–(1)④–(4)花

16. 浙江大青 **Clerodendrum kaichianum** Hsu ①–⑽

17. 尖齿臭茉莉 **Clerodendrum lindleyi** Decne. ex Planch. ①–⑽②–(1)②–(2)④–(4)

18. 豆腐柴 **Premna microphylla** Turcz. ①–(9)①–⑽①–⑿②–(1)②–(2)③–(6)

19. 马鞭草 **Verbena officinalis** Linn. ①–⑽①–⑿②–(1)②–(2)②–(3)④–(4)

20. ★山牡荆 **Vitex quinata** (Lour.) Will. ①–⑿③–(1)

一一一 唇形科 Labiatae (Lamiaceae)

1. 藿香 **Agastache rugosa** (Fisch. et Mey.) Kuntze ①–(3)①–(7)①–(10)①–(12)②–(1)③–(4)③–(5)④–(4)

2. 金疮小草 **Ajuga decumbens** Thunb.②–(1)②–(2)④–(4)

3. 紫背金盘 **Ajuga nipponensis** Makino②–(1)②–(2)④–(4)

4. 广防风 **Anisomeles indica** (Linn.) Kuntze ——*Epimeredi indica* (Linn.) Rothm. ②–(3)③–(4)

5. 毛药花 **Bostrychanthera deflexa** Benth.④–(4)花

6. 风轮菜 **Clinopodium chinense** (Benth.) Kuntze①–(10)②–(1)

7. 光风轮（邻近风轮菜）**Clinopodium confine** (Hance) Kuntze①–(10)②–(1)

8. 细风轮菜 **Clinopodium gracile** (Benth.) Matsum.①–(10)②–(1)

9. 绵穗苏 **Comanthosphace ningpoensis** (Hemsl.) Hand.-Mazz.②–(1)

10. ★水蜡烛 **Dysophylla yatabeana** Makino②–(3)④–(4)

11. 紫花香薷 **Elsholtzia argyi** Lévl. ①–(10)①–(12)③–(4)④–(2)④–(4)花

12. 香薷 **Elsholtzia ciliata** (Thunb.) Hyland. ①–(3)①–(7)①–(10)①–(12)②–(1)③–(4)④–(2)④–(4)花

13. 小野芝麻 **Galeobdolon chinense** (Benth.) C. Y. Wu①–(10)

14. 活血丹 **Glechoma longituba** (Nakai) Kupr.①–(10)②–(1)②–(2)②–(3)④–(4)

15. ★出蕊四轮香 **Hanceola exserta** Sun④–(4)花

16. 香茶菜 **Isodon amethystoides** (Benth.) Hara ——*Rabdosia amethystoides* (Benth.) Hara ①–(7)①–(10)①–(12)②–(1)④–(2)④–(4)花

17. ★内折香茶菜 **Isodon inflexus** (Thunb.) Kudô ——*Rabdosia inflexa* (Thunb.) Hara ①–(12)

18. 长管香茶菜 **Isodon longitubus** (Miq.) Kudô ——*Rabdosia longituba* (Miq.) Hara①–(12)④–(4)花

19. 线纹香茶菜 **Isodon lophanthoides** (Buch.-Ham. ex D. Don) Hara ——*Rabdosia lophanthoides* (Buch.-Ham. ex D. Don) Hara①–(12)②–(1)

20. 大萼香茶菜 **Isodon macrocalyx** (Dunn) Kudô ——*Rabdosia macrocalyx* (Dunn) Hara ①–(12)④–(4)花

21. 显脉香茶菜 **Isodon nervosus** (Hemsl.) Kudô ——*Rabdosia nervosa* (Hemsl.) C. Y. Wu et H. W. Li①–(12)②–(1)

22. 香薷状香简草 **Keiskea elsholtzioides** Merr.④–(4)花

23. 宝盖草 **Lamium amplexicaule** Linn.①–(9)①–(10)①–(12)②–(1)④–(4)

24. 益母草 **Leonurus japonicus** Houtt. ——*L. artemisia* (Lour.) S. Y. Hu——*L. artemisia* (Lour.) S. Y. Hu var. *albiflorus* (Migo) S. Y. Hu①–(2)①–(3)①–(9)①–(10)①–(12)②–(1)②–(2)②–(3)③–(4)③–(5)④–(4)

25. ★硬毛地笋**Lycopus lucidus** Turcz. var. **hirtus** Regel①–(8)①–(9)①–(10)①–(12)②–(1)

26. 走茎龙头草**Meehania fargesii** (Lévl.) C. Y. Wu var. **radicans** (Vaniot) C. Y. Wu ④–(4)花

27. 高野山龙头草**Meehania montis-koyae** Ohwi①④–(4)

28. 薄荷**Mentha canadensis** Linn. ——*M. haplocalyx* Briq.①–(3)①–(7)①–(10)①–(12)②–(1)②–(2)②–(3)③–(4)④–(2)

29. 凉粉草**Mesona chinensis** Benth.①–(7)①–(9)①–(10)①–(12)②–(1)③–(6)

30. 小花荠苧**Mosla cavaleriei** Lévl.①–(12)②–(1)

31. 石香薷**Mosla chinensis** Maxim.①–(10)①–(12)②–(1)③–(4)

32. 小鱼仙草**Mosla dianthera** (Buch.-Ham.) Maxim.①–(12)②–(1)

33. ★杭州荠苧**Mosla hangchowensis** Matsuda①–(12)②–(1)

34. 石荠苧**Mosla scabra** (Thunb.) C. Y. Wu et H. W. Li①–(7)①–(10)①–(12)②–(1)②–(2)③–(4)

35. 牛至**Origanum vulgare** Linn.①–(2)①–(7)①–(9)①–(10)②–(1)③–(4)

36. 云和假糙苏**Paraphlomis lancidentata** Sun

37. 紫苏**Perilla frutescens** (Linn.) Britt.①–(3)①–(6)①–(7)①–(8)①–(9)①–(10)②–(1)②–(2)②–(3)③–(4)③–(5)

37a. △回回苏var. **crispa** (Benth.) Decne. ex Bail.①–(3)①–(7)①–(8)①–(9)①–(10)②–(1)③–(4)

37b. 野紫苏var. **purpurascens** (Hayata) H. W. Li①–(9)①–(10)②–(1)③–(4)

38. ★水珍珠菜**Pogostemon auricularius** (Linn.) Hassk.

39. 夏枯草**Prunella vulgaris** Linn. ——*P. vulgaris* Linn. var. *albiflora* (Koidz.) Nakai ——*P. vulgaris* Linn. var. *leucantha* Schur①–(2)①–(10)①–(12)②–(1)②–(2)③–(4)④–(4)花

40. 南丹参**Salvia bowleyana** Dunn①–(10)①–(12)②–(1)④–(4)花

41. 华鼠尾草**Salvia chinensis** Benth.①–(10)①–(12)②–(1)④–(4)花

42. 鼠尾草**Salvia japonica** Thunb. ——*S. japonica* Thunb. form. *alatopinnata* (Matsum. et Kudô) Kudô①–(3)①–(5)①–(7)①–(10)①–(12)②–(1)③–(4)④–(2)④–(4)花

43. 荔枝草**Salvia plebeia** R. Br.①–(10)①–(12)②–(1)

44. 蔓茎鼠尾草（佛光草）**Salvia substolonifera** E. Peter①–(10)①–(12)②–(1)

45. 大花腋花黄芩**Scutellaria axilliflora** Hand.-Mazz. var. **medullifera** (Sun et C. H. Hu) C. Y. Wu et H. W. Li④–(2)

46. 半枝莲**Scutellaria barbata** D. Don①–(10)②–(1)④–(4)花

47. 岩藿香**Scutellaria franchetiana** Lévl.②–(1)

48. 印度黄芩（韩信草）**Scutellaria indica** Linn. var. **subacaulis** (Sun ex C. H. Hu) C. Y. Wu et C. Chen①–(10)②–(1)④–(4)花

48a. ★小叶韩信草 var. **parvifolia** (Makino) Makino

49. ★永泰黄芩 **Scutellaria inghokensis** Metcalf ①–(10)

50. 京黄芩 **Scutellaria pekinensis** Maxim. ①–(10)②–(2)

51. ★田野水苏 **Stachys arvensis** Linn. ①–(12)④–(4)花⑤–(3)

52. ★地蚕 **Stachys geobombycis** C. Y. Wu ①–(10)①–(12)④–(4)花

53. 水苏 **Stachys japonica** Miq. ①–(10)①–(12)②–(1)②–(2)④–(4)花

54. ★庐山香科科 **Teucrium pernyi** Franch. ②–(1)

55. 血见愁 **Teucrium viscidum** Blume ②–(1)③–(4)④–(4)

一一二 茄科 Solanaceae

1. ★曼陀罗 **Datura stramonium** Linn. ②–(1)②–(2)②–(3)③–(5)⑤–(3)

2. ★单花红丝线（紫单花红丝线）**Lycianthes lysimachioides** (Wall.) Bitter ——*L. lysimachioides* var. *purpuriflora* C. Y. Wu et S. C. Huang ②–(3)④–(4)果

3. ★枸杞 **Lycium chinense** Mill. ①–(2)①–(3)①–(4)①–(5)①–(6)①–(9)①–(10)①–(12)①–(13)②–(1)②–(2)③–(5)④–(2)④–(4)果

4. ★假酸浆 **Nicandra physalodes** (Linn.) Gaertn. ①–(5)①–(10)②–(3)⑤–(3)

5. △烟草 **Nicotiana tabacum** Linn. ②–(2)②–(3)

6. 苦蘵 **Physalis angulata** Linn. ①–(13)②–(1)⑤–(3)4–(4)

6a. ★毛苦蘵 var. **villosa** Bonati ①–(13)

7. ★少花龙葵 **Solanum americanum** Mill. ①–(9)①–(12)（蜜有毒）

8. ★牛茄子 **Solanum capsicoides** Allioni ②–(1)④–(4)果⑤–(3)

9. ★野海茄 **Solanum japonense** Nakai ①–(3)①–(10)②–(1)②–(3)④–(4)果

10. 白英 **Solanum lyratum** Thunb. ——*S. cathayanum* C. Y. Wu et S. C. Huang ②–(1)②–(2)②–(3)④–(4)果

11. 龙葵 **Solanum nigrum** Linn. ①–(2)①–(10)①–(13)②–(1)②–(2)②–(3)

12. ★海桐叶白英 **Solanum pittosporifolium** Hemsl. ④–(4)果

13. 龙珠 **Tubocapsicum anomalum** (Franch. et Sav.) Makino ①–(10)②–(1)④–(4)果

一一三 玄参科 Scrophulariaceae

1. ★石龙尾 **Limnophila sessiliflora** (Vahl) Bl. ②–(1)

2. 长蒴母草 **Lindernia anagallis** (Burm. f.) Pennell ②–(1)

3. 泥花草 **Lindernia antipoda** (Linn.) Alston ②–(1)

4. ★母草 **Lindernia crustacea** (Linn.) F. Muell. ②–(1)

5. ★狭叶母草 **Lindernia micrantha** D. Don——*L. angustifolia* (Benth.) Wettst.

6. ★宽叶母草 **Lindernia nummularifolia** (D. Don) Wettst. ④–(4)

7. 陌上菜 **Lindernia procumbens** (Krock.) Philcox. ④–(4)

8. 刺毛母草 **Lindernia setulosa** (Maxim.) Tuyama ex Hara

9. 旱落通泉草 **Mazus caducifer** Hance ①–(10)④–(4)花

10. ★纤细通泉草 **Mazus gracilis** Hemsl. ①–(10)

11. ★匍茎通泉草 **Mazus miquelii** Makino ①–(10)②–(1)

12. 通泉草 **Mazus pumilus** (Burm. f.) Steenis——*M. japonicus* (Thunb.) Kuntze ①–(10)②–(1)

13. 弹刀子菜 **Mazus stachydifolius** (Turcz.) Maxim. ①–(10)②–(1)④–(4)花

14. ★圆苞山萝花 **Melampyrum laxum** Miq. ④–(4)花

15. ★山萝花 **Melampyrum roseum** Maxim. ②–(1)④–(4)花

16. ★绵毛鹿茸草（沙氏鹿茸草）**Monochasma savatieri** Franch. ex Maxim. ②–(1)④–(4)花

17. 白花泡桐 **Paulownia fortunei** (Seem.) Lemsl. ①–(9)①–(12)②–(1)③–(1)③–(2)④–(2)④–(4)花

18. ★华东泡桐（台湾泡桐）**Paulownia kawakamii** Itô ①–(9)①–(10)①–(12)③–(1)③–(2)④–(2)④–(4)花

19. ★南方泡桐 **Paulownia taiwaniana** T. W. Hu et H. J. Chang——*P. australis* Gong Tong ①–(9)①–(10)①–(12)③–(1)③–(2)④–(2)④–(4)花

20. ★毛泡桐 **Paulownia tomentosa** (Thunb.) Steud. ①–(9)①–(10)①–(12)②–(1)③–(1)③–(2)④–(2)④–(4)花

21. 江西马先蒿 **Pedicularis kiangsiensis** Tsoong et Cheng f. ①–(10)①–(12)④–(4)花

22. 松蒿 **Phtheirospermum japonicum** (Thunb.) Kanitz ②–(1)④–(4)花

23. 玄参 **Scrophularia ningpoensis** Hemsl. ①–(12)②–(1)

24. 腺毛阴行草 **Siphonostegia laeta** S.Moore ①–(10)②–(1)④–(4)花

25. 长叶蝴蝶草（光叶蝴蝶草）**Torenia asiatica** Linn.——*T. glabra* Osbeck ④–(4)花

26. ★紫萼蝴蝶草 **Torenia violacea** (Azaola ex Blanco) Pennell ②–(1)④–(4)花

27. ★直立婆婆纳 **Veronica arvensis** Linn. ①–(12)②–(1)⑤–(3)

28. ★多枝婆婆纳 **Veronica javanica** Bl. ①–(12)

29. 蚊母草 **Veronica peregrina** Linn. ①–(12)②–(1)⑤–(3)

30. 阿拉伯婆婆纳 **Veronica persica** Poir. ①–(9)①–(10)①–(12)②–(1)⑤–(3)

31. 婆婆纳 **Veronica polita** Fries ①–(9)①–(10)①–(12)②–(1)⑤–(3)4–(4)

32. ★水苦荬 **Veronica undulata** Wall. ①–(9)①–(10)①–(12)②–(1)

33. 爬岩红 **Veronicastrum axillare** (Sieb. et Zucc.) Yamazaki ①–(12)②–(1)②–(2)②–(3)

34. ★毛叶腹水草 **Veronicastrum villosulum** (Miq.) Yamazaki ①–(12)②–(1)②–(3)

34a. 铁钓竿 var. **glabrum** Chin et Hong ①–(12)②–(1)

34b. ★两头莲 var. **parviflorum** Chin et Hong①–⑿②–(1)

一一四 紫葳科 Bignoniaceae

1. 凌霄 **Campsis grandiflora** (Thunb.) Schum. ①–⑽①–⑿②–(1)②–(3)④–(2)④–(4)花

2. ★梓树 **Catalpa ovata** G. Don①–⑽①–⑿②–(1)②–(2)②–(3)③–(1)良④–(4)花

一一五 列当科 Orobanchaceae

1. 野菰 **Aeginetia indica** Linn.①–⑿②–(1)②–(3)④–(4)花

2. 中国野菰 **Aeginetia sinensis** G. Beck.①–⑿②–(1)②–(3)④–(4)花

一一六 苦苣苔科 Gesneriaceae

1. 浙皖粗筒苣苔 **Briggsia chienii** Chun②–(1)④–(4)花

2. 羽裂唇柱苣苔 **Chirita pinnatifida** (Hand.-Mazz.) Burtt.②–(1)④–(4)花

3. 苦苣苔 **Conandron ramondioides** Sieb. et Zucc.②–(1)④–(4)花

4. 半蒴苣苔 **Hemiboea henryi** C. B. Clarke①–⑽②–(1)④–(4)花

5. 降龙草 **Hemiboea subcapitata** C. B.Clarke①–⑽②–(1)②–(3)④–(4)花

6. 吊石苣苔 **Lysionotus pauciflorus Maxim.**②–(1)④–(4)花

7. ★温氏报春苣苔（大齿报春苣苔）**Primulina wenii** Lian Li et L. J. Yan——*Primulina juliae* (Hance) Mich. Möller & A. Weber

8. 台闽苣苔 **Titanotrichum oldhamii** (Hemsl.) Soler.④ – (4)花⑤ – (1)c

一一七 狸藻科 Lentibulariaceae

1. 挖耳草 **Utricularia bifida** Linn.

2. 圆叶挖耳草 **Utricularia striatula** Smith

3. 钩突挖耳草 **Utricularia warburgii** K. I. Goebel ——*U. caerulea* auct. non Linn.

一一八 爵床科 Acanthaceae

1. ★白接骨 **Asystasia neesiana** Wall.——*Asystasiella chinensis* (S. Moore) E. Hossain ②–(1)④–(4)花

2. ★水蓑衣 **Hygrophila ringens** (Linn.) R. Br. ex Spreng.——*H. salicifolia* (Vahl) Nees ①–(2)①–⑽②–(1)

3. 圆苞杜根藤 **Justicia championii** T.Anders.——*Calophanoides chinensis* (Champ.) C. Y. Wu et H. S. Lo②–(1)

4. 爵床 **Justicia procumbens** Linn. ——*Rostellularia procumbens* (Linn.) Nees①–⑽ ②–(1)

5. 九头狮子草 **Peristrophe japonica** (Thunb.) Bremek.②–(1)④–(4)花

6. 密花孩儿草 **Rungia densiflora** H. S. Lo②–(1)④–(4)花

7. ★球花马蓝 **Strobilanthes dimorphotricha** Hance——*S. pentstemonoides* auct. non (Nees) T. Anders.②–(1)④–(4)花

8. ★少花马蓝 **Strobilanthes oligantha** Miq.②–(1)④–(4)花

9. 菜头肾 **Strobilanthes sarcorrhiza** (C. Ling) C. Z. Zheng ex Y. F. Deng et N. H. Xia——*Championella sarcorrhiza* C. Ling①–(10)②–(1)④–(4)花⑤–(1)c

一一九 透骨草科 Phrymataceae

1. 透骨草 **Phryma leptostachya** Linn. subsp. **asiatica** (Hara) Kitamura —— *P. leptostachya* Linn. var. *oblongifolia* (Koidz.) Honda②–(1)②–(2)②–(3)

一二〇 车前草科 Plantaginaceae

1. 车前草 **Plantago asiatica** Linn.①–(2)①–(9)①–(10)①–(12)②–(1)②–(2)②–(3)③–(6)

2. ★大车前 **Plantago major** Linn.①–(2)①–(9)①–(10)①–(12)②–(1)③–(6)

3. ★北美车前 **Plantago virginica** Linn.⑤–(3)

一二一 茜草科 Rubiaceae

1. 水团花 **Adina pilulifera** (Lam.) Franch. ex Drake①–(12)②–(1)②–(3)③–(1)③–(2)④–(4)花

2. 细叶水团花 **Adina rubella** Hance②–(1)③–(2)④–(4)花

3. 山黄皮（亨氏香楠）**Aidia henryi** (Pritz.) T. Yamazaki ——*A. cochinchinensis* auct. non Lour. ——*Randia cochinchinensis* auct. non (Lour.) Merr.②–(1)③–(1)④–(4)形

4. 风箱树 **Cephalanthus tetrandrus** (Roxb.) Ridsd. et Bakh. f.②–(1)③–(1)④–(1)④–(2)④–(4)形

5. 流苏子（盾子木）**Coptosapelta diffusa** (Champ. ex Benth.) Steenis ①–(12)②–(1)③–(2)

6. 短刺虎刺 **Damnacanthus giganteus** (Makino) Nakai——*D. indicus* Gaertn. var. *giganteus* Makino ——*D. subspinosus* Hand.-Mazz.①–(10)②–(1)④–(4)果

7. 虎刺 **Damnacanthus indicus** Gaertn.①–(10)②–(1)④–(2)④–(4)果

8. 浙皖虎刺（浙江虎刺）**Damnacanthus macrophyllus** Sieb. ex Miq.——*D. shanii* K. Yao & M. B. Deng①–(10)②–(1)④–(4)果

9. 狗骨柴 **Diplospora dubia** (Lindl.) Masam.——*Tricalysia dubia* (Lindl.) Ohwi①–(5)②–(1)③–(1)④–(4)果

10. 香果树 **Emmenopterys henryi** Oliv.②–(1)③–(1)③–(2)④–(4)形④–(4)果⑤–(1)b

11. 四叶葎 **Galium bungei** Steud.①–(10)②–(1)

12. 六叶葎 **Galium hoffmeisteri** (Klotzsch) Ehrend. et Schonb.-Tem. ex R. R. Mill——*G. asperuloides* Edgew. subsp. *hoffmeisteri* (Klotzsch) Hara et Gould.①–(10)②–(1)

13. 小猪殃殃（小叶猪殃殃）**Galium innocuum** Miq.——*G. trifidum* Linn.②–(1)

14. 猪殃殃 **Galium spurium** Linn.——*G. aparine* Linn. var. *echinospermum* (Wallr.) Cufod. ①–(2)①–(9)①–(10)②–(1)③–(7)

15. 栀子（大花栀子、水栀子）**Gardenia jasminoides** Ellis——*G. Jasminoides* Ellis var. *radicans* (Thunb.) Makino——*G. Jasminoides* Ellis form. *grandiflora* (Lour.) Makino①–(5)①–(6)①–(7)①–(10)②–(1)③–(1)③–(4)③–(7)④–(2)④–(4)形④–(4)花④–(4)果

16. ★狭叶栀子 **Gardenia stenophylla** Merr.①–(5)①–(6)①–(7)①–(10)②–(1)③–(4)③–(7)④–(4)形④–(4)花④–(4)果

17. 金毛耳草 **Hedyotis chrysotricha** (Palib.) Merr.②–(1)

18. 拟金草（剑叶耳草）**Hedyotis consanguinea** Hance——*H. lancea* Thunb. ①–(12)②–(1)

19. 伞房耳草 **Hedyotis corymbosa** (Linn.) Lam.②–(1)

20. 白花蛇舌草 **Hedyotis diffusa**Willd.②–(1)

21. 纤花耳草 **Hedyotis tenelliflora** Bl.②–(1)④–(4)

22. 粗叶耳草 **Hedyotis verticillata** (Linn.) Lam.②–(1)

23. 日本粗叶木 **Lasianthus japonicus** Miq. ——*L. hartii* Franch. ——*L. lancilimbus* Merr. ②–(1)④–(4)果

24. 羊角藤 **Morinda umbellata** Linn.②–(1)③–(2)④–(4)果

25. 玉叶金花 **Mussaenda pubescens** Ait. f.①–(5)①–(9)②–(1)②–(3)④–(4)花

26. 大叶白纸扇 **Mussaenda shikokiana** Makino① – (9)②–(1)③–(6)a④–(4)花

27. 卷毛新耳草（黄细心假耳草）**Neanotis boerhaavioides** (Hance) W. H. Lewis

28. 薄叶新耳草（薄叶假耳草）**Neanotis hirsuta** (Linn. f.) W. H. Lewis②–(1)

29. 臭味新耳草（假耳草）**Neanotis ingrata** (Wall. ex Hook. f.) W. H. Lewis

30. 日本蛇根草（蛇根草）**Ophiorrhiza japonica** Bl.②–(1)④–(4)

31. 耳叶鸡矢藤（长序鸡矢藤）**Paederia cavaleriei** Lévl.③–(2)

32. 鸡矢藤 **Paederia foetida** Linn. ——*P. laxiflora* Merr. ex Li ——*P. scandens* (Lour.) Merr. ——*P. scandens* (Lour.) Merr. var. *tomentosa* (Bl.) Hand.-Mazz. ①–(10)①–(12)②–(1)②–(2)②–(3)③–(2)

33. 海南槽裂木 **Pertusadina metcalfii** (Merr. ex H. L. Li) Y. F. Deng et C. M. Hu——*P. hainanensis* (How) Ridsd.③–(1)

34. 蔓九节 **Psychotria serpens** Linn.②–(1)④–(4)果⑤–(1)c

35.★ 金剑草 **Rubia alata** Wall.②–(1)

36. 东南茜草（茜草）**Rubia argyi** (Lévl. et Vant.) Hara ex Lauener ①–(6)①–(9)①–(10)②–(1)②–(2)③–(7)

37. ★浙南茜草 **Rubia austrozhejiangensis** Z. P. Lei, Y. Y. Zhou et R. W. Wang

38. 六月雪 **Serissa japonica** (Thunb.) Thunb. ②–(1)④–(2)④–(4)花

39. 白马骨 **Serissa serissoides** (DC.) Druce ①–(9)②–(1)④–(2)④–(4)花

40. 阔叶丰花草 **Spermacoce alata** Aublet ①–(9)⑤–(3)

41. 白花苦灯笼 **Tarenna mollissima** (Hook. et Arn.) Rob. ②–(1)

42. 钩藤 **Uncaria rhynchophylla** (Miq.) Miq. ex Havil. ②–(1)②–(3)③–(2)④–(2)④–(4)形

[一][二][二] 忍冬科 Caprifoliaceae

1. 菰腺忍冬 **Lonicera hypoglauca** Miq. ①–(5)①–(10)①–(12)②–(1)③–(4)④–(2)④–(4)花

2. 忍冬（金银花）**Lonicera japonica** Thunb. ①–(5)①–(9)①–(10)①–(12)②–(1)②–(2)③–(4)④–(2)④–(4)花

3. 大花忍冬（灰毡毛忍冬）**Lonicera macrantha** (D. Don) Spreng.——*L. macranthoides* Hand.-Mazz. ①–(5)①–(10)①–(12)② - (1)③ - (4)④ - (2)④ - (4)花

4. 下江忍冬 **Lonicera modesta** Rehd. ①–(12)④–(4)果

5. 无毛忍冬 **Lonicera omissa** P. L. Chiu, Z. H. Chen et Y. L. Xu ① - (5)①–(10)①–(12)②–(1)③–(4)④–(2)④–(4)花

6. ★细毡毛忍冬 **Lonicera similis** Hemsl.——*L. macrantha* var. *heterotricha* Hsu et H. J. Wang ①–(5)①–(10)①–(12)②–(1)③–(4)④–(2)④–(4)花

7. 接骨草 **Sambucus javanica** Bl.——*S. chinensis* Lindl. ①–(5)①–(10)①–(12)②–(1)②–(2)②–(3)③–(4)④–(2)④–(4)果

8. 金腺荚蒾 **Viburnum chunii** Hsu——*V. chunii* subsp. *chengii* Hsu ①–(1)①–(12)③–(5)④–(4)果

9. ★伞房荚蒾 **Viburnum corymbiflorum** Hsu et S. C. Hsu ①–(12)②–(1)③–(5)④–(4)果

10. 荚蒾 **Viburnum dilatatum** Thunb. ①–(12)①–(13)②–(1)③–(5)④–(2)④–(4)果

11. 宜昌荚蒾（蚀齿荚蒾）**Viburnum erosum** Thunb.——*V. ichangense* Rehd. ①–(12)①–(13)②–(1)③–(2)③–(5)④–(4)果

12. ★南方荚蒾 **Viburnum fordiae** Hance ①–(12)①–(13)②–(1)③–(5)④–(2)④–(4)果

13. ★光萼荚蒾 **Viburnum formosanum** Hayata subsp. **Leiogynum** Hsu ①–(12)④–(4)果

14. 巴东荚蒾 **Viburnum henryi** Hemsl. ①–(12)②–(1)④–(4)果

15. 长叶荚蒾（披针形荚蒾）**Viburnum lancifolium** Hsu ①–(12)②–(1)④–(4)果

16. 吕宋荚蒾 **Viburnum luzonicum** Rolfe ①–(12)①–(13)④–(4)果

17. ★黑果荚蒾 **Viburnum melanocarpum** Hsu ①–(12)①–(13)

18. △日本珊瑚树 **Viburnum awabuki** K. Kock——*V. Odoratissimum* Ker-Gawl. var. *awabuki* (K. Kock) Zabel ex Rumpl. ①–(12)③–(1)④–(4)形④–(6)

19. 蝴蝶荚蒾（蝴蝶戏珠花）**Viburnum thunbergianum** Z. H. Chen et P. L. Chiu——*V. plicatum* form. *tomentosum* (Thunb.) Rehd. ①–⑿②–⑴③–⑸④–⑷花④–⑷果

20. 球核荚蒾 **Viburnum propinquum** Hemsl. ①–⑿②–⑴③–⑸④–⑷果

21. 具毛常绿荚蒾 **Viburnum sempervirens** K. Koch var. **trichophorum** Hand.-Mazz ①–⑿②–⑴④–⑷果

22. 饭汤子（茶荚迷、沟核茶荚迷）**Viburnum setigerum** Hance——*V. setigerum* var. *sulcatum* Hsu ①–⑴①–⑶①–⑿①–⒀②–⑴③–⑸④–⑵④–⑷果

23. 合轴荚蒾 **Viburnum sympodiale** Graebn. ①–⑿②–⑴③–⑸④–⑷果

24. 壶花荚蒾 **Viburnum urceolatum** Sieb. et Zucc. ①–⑿④–⑷果

25. 水马桑 **Weigela japonica** Thunb. var. **sinica** (Rehd.) Bailey ①–⑿②–⑴④–⑵④–⑷花

一二三 败酱科 Valerianaceae

1. 异叶败酱（墓头回）**Patrinia heterophylla** Bunge——*P. heterophylla* subsp. *angustifolia* (Hemsl.) H. J. Wang ①–⑽①–⑿②–⑴③–⑷

2. ★斑花败酱（少蕊败酱）**Patrinia monandra** C. B. Clarke——*P. punctiflora* P. S. Hsu et H. J. Wang ①–⑽①–⑿②–⑴

3. 败酱（黄花败酱）**Patrinia scabiosifolia** Link ——*P. scabiosaefolia* Fisch. ex Trev. ①–⑽①–⑿②–⑴②–⑵②–⑶③–⑷④–⑷

4. 白花败酱（攀倒甑）**Patrinia villosa** (Thunb.) Juss. ①–⑽②–⑴②–⑶

5. ★柔垂缬草 **Valerianaflaccidissima** Maxim. ①–⑽②–⑴③–⑷

一二四 葫芦科 Cucurbitaceae

1. 绞股蓝 **Gynostemma pentaphyllum** (Thunb. Makino ①–⑸①–⑼①–⑽②–⑴④–⑵

2. 浙江雪胆 **Hemsleya zhejiangensis** C. Z. Zheng ①–⑴②–⑴④–⑷果⑤–⑴

3. 茅瓜 **Solena heterophylla** Lour. ——*S. amplexicaulis* (Lam.) Gandhi ①–⑽①–⒀②–⑴

4. 长叶赤爬 **Thladiantha longifolia** Cogn. ex Oliv. ①–⑽②–⑴

5. 南赤爬（锦赤爬）**Thladiantha nudiflora** Hemsl. ex Forb. et Hemsl. ——*T. nudiflora* var. *membranacea* Z. Zhang ①–⑽②–⑴③–⑸④–⑷果

6. 台湾赤爬 **Thladiantha punctata** Hayata ①–⑽

7. 王瓜 **Trichosanthes cucumeroides** (Ser.) Maxim. ②–⑴②–⑶④–⑷果

8. ★小花栝楼 **Trichosanthes parviflora** C. Y. Wu ex S. K. Chen ②–⑴

9. ★中华栝楼 **Trichosanthes rosthornii** Harms ①–⑴①–⑵①–⑶①–⒀②–⑴②–⑶③④–⑷果

10. 钮子瓜 **Zehneria bodinieri** (Lévl.) W. J. de Wilde et Duyfjes

11. 马㼎儿 **Zehneria japonica** (Thunb.) H. Y. Liu——*Z. indica* (Lour.) Keraudren ①–(3)①–(10)①–(13)②–(1)

一二五 桔梗科 Campanulaceae

1. 华东杏叶沙参 **Adenophora petiolata** Pax et K. Hoffm. subsp. **huadungensis** (Hong) Hong et S. Ge——*A. hunanensis* Nann f. subsp. *huadungensis* Hong ①–(1)①–(10)②–(1)④–(4)花

2. ★沙参 **Adenophora stricta** Miq.——*A. axilliflora* (Borb.) Borb. ex Prain ①–(1)①–(10)②–(1)④–(4)花

3. 轮叶沙参 **Adenophora tetraphylla** (Thunb.) Fisch. ①–(1)①–(10)②–(1)④–(4)花

4. 金钱豹（小花金钱豹）**Campanumoea javanica** Bl. subsp. **japonica** (Makino) Hong ①–(10)①–(12)①–(13)②–(1)④–(4)果

5. 羊乳 **Codonopsis lanceolata** (Sieb. et Zucc.) Trautv. ①–(1)①–(8)①–(10)①–(12)②–(1)④–(4)花

6. 轮钟草（长叶轮钟花）**Cyclocodon lancifolius** (Roxb.) Kurz——*Campanumoea lancifolia* (Roxb.) Merr. ①–(1)①–(10)①–(12)②–(1)④–(4)花④–(4)果

7. 半边莲 **Lobelia chinensis** Lour. ①–(10)②–(1)②–(2)②–(3)④–(4)花

8. 东南山梗菜（线萼山梗菜）**Lobelia melliana** E. Wimm. ①–(10)②–(1)④–(4)花

9. 铜锤玉带草 **Lobelia nummularia** Lam.——*Pratia* nummularia (Lam.) A. Br. et Aschers. ①–(5)①–(10)②–(1)④–(4)果

10. 山梗菜 **Lobelia sessilifolia** Lamb. ①–(5)①–(10)①–(13)②–(1)②–(3)④–(4)花

11. ★袋果草 **Peracarpa carnosa** (Wallich) J. D. Hooker & Thomson ②–(1)

12. ★异檐花（卵叶异檐花）**Triodanis perfoliata** (Linn.) Nieuwl. subsp. **biflora** (Ruiz et Pav.) Lammers ——*T. biflora* (Ruiz et Pav.) Green ⑤–(3)

13. 蓝花参 **Wahlenbergia marginata** (Thunb.) A. DC. ①–(10)②–(1)④–(4)花

一二六 菊科 Campositae (Asteraceae)

1. 下田菊 **Adenostemma lavenia** (Linn.) O. Kuntze ①–(10)②–(1)

1a. 宽叶下田菊 var. **latifolium** (D. Don) Hand.-Mazz. ①–(10)②–(1)

2. 藿香蓟（胜红蓟）**Ageratum conyzoides** Linn. ①–(9)②–(1)③–(4)④–(3)④–(4)花⑤–(3)④–(5)$O_3$⑤–(3)

3. 杏香兔儿风 **Ainsliaea fragrans** Champ. ex Benth. ②–(1)④–(4)形

4. 铁灯兔儿风 **Ainsliaea macroclinidioides** Hayata ②–(1)

5. ★长圆叶兔儿风 **Ainsliaea kawakamii** Hayata var. **Oblonga** (Koidz.) Y. L. Xu et Y. F. Lu

6. 香青 **Anaphalis sinica** Hance——*Anaphalis sinica* form. *pterocaula* (Franch. et Sav.) Ling ①–(7)①–(9)②–(1)

7. 牛蒡 **Arctium lappa** Linn. ①–(3)①–(6)①–(9)①–(10)①–(12)②–(1)②–(2)③–(2)③–(5)④–(6)

8. 奇蒿（六月霜）**Artemisia anomala** S. Moore ①–(5)①–(12)②–(1)③–(4)④–(2)

9. △艾蒿 **Artemisia argyi** Lévl et Vant. ①–(2)①–(9)①–(10)①–(12)②–(1)②–(2)②–(3)③–(4)④–(2)

10. ★茵陈蒿 **Artemisia capillaris** Thunb. ①–(7)①–(9)①–(10)①–(12)②–(1)②–(2)②–(3)③–(4)④–(2)

11. 印度蒿（五月艾）**Artemisia indica** Willd. ①–(7)①–(9)①–(10)①–(12)③–(4)④–(2)

12. 牡蒿 **Artemisia japonica** Thunb. ①–(5)①–(7)①–(9)①–(10)①–(12)②–(1)②–(2)③–(4)④–(2)

13. 白苞蒿（四季菜）**Artemisia lactifolia** Wall. ex DC. ①–(7)①–(10)①–(12)②–(1)③–(4)

14 矮蒿 **Artemisia lancea** Vant. ——*A. feddei* Lévl. et Vant. ①–(7)①–(10)①–(12)②–(1)③–(4)④–(2)

15. 野艾蒿 **Artemisia lavandulaefolia** DC. ①–(7)①–(9)①–(10)①–(12)②–(1)②–(2)③–(4)④–(2)

16. 猪毛蒿 **Artemisia scoparia** Waldst. et Kit. ①–(2)①–(9)①–(10)①–(12)②–(1)②–(2)③–(4)④–(2)

17. 白舌紫菀 **Aster baccharoides** (Benth.) Steetz. ①–(12)②–(1)③–(4)

18. 马兰 **Aster indicus** Linn.——*Kalimeris indica* (Linn.) Sch.-Bip. ①–(2)①–(9)①–(10)①–(12)②–(1)

19. 琴叶紫菀 **Aster panduratus** Nees ex Walp. ①–(10)①–(12)②–(1)

20. 全缘马兰 **Aster pekinensis** (Hance) F. H. Chen ——*Kalimeris integrifolia* Turcz. ex DC. ①–(9)①–(10)①–(12)②–(1)

21. 东风菜 **Aster scaber** Thunb. ——*Doellingeria scaber* (Thunb.) Nees ①–(9)①–(10)①–(12)②–(1)

22. 狭叶裸菀（窄叶裸菀）**Aster sinoangustifolius** Brouillet, Semple et Y. L. Chen——*A. Angustifolius* Chang—— *Miyamayomena angustifolia* (Chang) Y. L. Chen ①–(12)

23a. 三脉叶紫菀（卵叶三脉紫菀、微糙三脉叶紫菀）**Aster trinervius** Roxb. subsp. **ageratoides** (Turcz.) Grierson——*A. ageratoides* Turcz.——*A. ageratoides* Turcz. var. *oophyllus* Y. Ling——*A. ageratoides* Turcz. var. *scaberulus* (Miq.) Ling. ①–(5)①–(10)①–(12)②–(1)④–(4)花

24. 陀螺紫菀 **Aster turbinatus** S. Moore ①–(10)①–(12)②–(1)④–(4)花

25. △白术 **Atractylodes macrocephala** Koidz. ①–(10)①–(12)②–(1)③–(4)④–(4)花

26. 婆婆针 **Bidens bipinnata** Linn. ①–(3)①–(9)①–(10)①–(12)②–(1)②–(2)⑤–(3)3

27. ★金盏银盘 **Bidens biternata** (Lour.) Merr. et Sherff ①–(3)①–(9)①–(10)①–(12) ②–(1)

28. 大狼杷草（大狼把草）**Bidens frondosa** Linn. ①–(10)①–(12)②–(1)⑤–(3)

29. 鬼针草 **Bidens pilosa** Linn. ①–(9)①–(10)①–(12)②–(1)②–(2)②–(3)④–(6)⑤–(3)

30. 狼杷草（狼把草）**Bidens tripartita** Linn. ①–(5)①–(9)①–(10)①–(12)②–(1)②–(3)③–(5)③–(7)

31. 台湾艾纳香 **Blumea formosana** Kitamura ②–(1)④–(2)

32. 东风草（大头艾纳香）**Blumea megacephala** (Randeria) Chang et Tseng ②–(1)④–(2)

33. 长圆叶艾纳香 **Blumea oblongifolia** Kitamura ②–(1)④–(2)

34. 天名精 **Carpesium abrotanoides** Linn. ①–(9)②–(1)②–(2)②–(3)③–(4)④–(4)叶

35. 烟管头草 **Carpesium cernuum** Linn. ①–(9)①–(10)②–(1)②–(2)②–(3)③–(4)

36. 金挖耳 **Carpesium divaricatum** Sieb. et Zucc. ①–(9)①–(10)②–(1)②–(2)②–(3)③–(4)

37. 石胡荽（球子草）**Centipeda minima** (Linn.) A. Br. et Aschers. ①–(5)①–(10)②–(1)②–(2)

38. 野菊 **Chrysanthemum indicum** Linn.——*Dendranthema indicum* (Linn.) Des Moul. ①–(2)①–(5)①–(6)①–(7)①–(9)①–(10)①–(12)②–(1)②–(2)②–(3)③–(4)③–(5)④–(2)④–(4)花

39. 甘菊 **Chrysanthemum lavandulifolium** (Fisch. ex Trautv.) Makino ——*Dendranthema lavandulifolium* (Fisch. ex Trautv.) Ling et Shih. ①–(5)①–(9)①–(10)①–(12)②–(1)③–(4)④–(2)④–(4)花

40. 蓟（大蓟）**Cirsium japonicum** Fisch. ex DC. ①–(9)①–(10)①–(12)②–(1)②–(3) ④–(4)花

41. ★线叶蓟 **Cirsium lineare** (Thunb.) Sch.-Bip. ①–(9)①–(10)①–(12)②–(1)④–(4)花

42. ★刺儿菜（小蓟）**Cirsium setosum** (Willd.) M. Bieb. ①–(9)①–(10)①–(12)②–(1)④–(4)花

43. 野茼蒿（革命菜）**Crassocephalum crepidioides** (Benth.) S. Moore ——*Gynura crepidioides* Benth. ①–(2)①–(9)①–(10)②–(1)④–(3)④–(4)花⑤–(3)

44. ★黄瓜假还阳参（苦荬菜）**Crepidiastrum denticulatum** (Houtt.) Pak et Kawano——*Ixeris denticulata* (Houtt.) Stebb. ①–(9)①–(10)②–(1)②–(2)

45. 尖裂假还阳参（抱茎苦荬菜）**Crepidiastrum sonchifolium** (Maxim.) Pak et Kawano——*Ixeris sonchifolia* (Bunge) Hance ①–(9)①–(10)②–(1)②–(2)

46. 鱼眼菊 **Dichrocephala integrifolia** (Linn. f.) Kuntze——*D. auriculata* (Thunb.) Druce ①–(9)①–(10)②–(1)

47. 羊耳菊 **Duhaldea cappa** (Buch.-Ham. ex D. Don) Pruski et Anderb.——*Inula cappa* (Buch.-Ham.) DC. ①–(12)②–(1)④–(2)④–(4)花

48. 鳢肠（墨旱莲）**Eclipta prostrata** Linn. ①–(9)①–(10)①–(12)②–(1)③–(3)

49. 地胆草 **Elephantopus sacber** Linn. ①–(9)①–(10)②–(1)

50. 小一点红（细红背叶）**Emilia prenanthoidea** DC. ①–(9)①–(10)②–(1)

51. 一点红 **Emilia sonchifolia** (Linn.) DC. ①–(2)①–(9)①–(10)②–(1)④–(4)花

52. ★梁子菜 **Erechtites hieraciifolius** (Linn.) Raf. ex DC. ①–(10)⑤–(3)

53. 一年蓬 **Erigeron annuus** (Linn.) Pers. ①–(2)①–(9)①–(10)②–(1)②–(2)⑤–(3)

54. 香丝草（野塘蒿）**Erigeron bonariensis** Linn.——*Conyza bonariensis* (Linn.) Cronq. ①–(9)②–(1)⑤–(3)

55. 小蓬草（加拿大蓬、小飞蓬）**Erigeron canadensis** Linn.——*Conyza canadensis* (Linn.) Cronq. ①–(9)②–(1)②–(2)③–(4)④–(3)⑤–(3)

56. 苏门白酒草 **Erigeron sumatrensis** Retzius——*Conyza sumatrensis* (Retz.) Walker ②–(1)⑤–(3)

57. 白酒草 **Eschenbachia japonica** (Thunb.) J. Koster——*Conyza japonica* (Thunb.) Less. ②–(1)②–(3)

58. ★大麻叶泽兰 **Eupatorium cannabinum** Linn. ①–(8)①–(12)③–(2)③–(5)③–(7) ④–(4)花⑤–(3)

59. ★华泽兰（多须公）**Eupatorium chinense** Linn. ①–(12)②–(1)②–(3)③–(4)④–(4)花

60. 佩兰 **Eupatorium fortunei** Turcz. ①–(7)①–(8)①–(12)②–(1)②–(3)③–(4)④–(4)花

61. 泽兰（白头婆）**Eupatorium japonicum** Thunb. ①–(7)①–(8)①–(9)①–(12)②–(1)②–(3)③–(4)④–(4)花

62. 林泽兰（白鼓钉）**Eupatorium lindleyanum** DC.——*E. lindleyanum* var. *tripartitum* Makino ①–(9)②–(1)④–(4)花

63. 牛膝菊（睫毛牛膝菊）**Galinsoga parvifolia** Cav.——*G. ciliata* auct. non (Raf.) Blake ①–(2)①–(9)①–(10)②–(1)②–(2)⑤–(3)

64. 宽叶鼠麹草 **Gnaphalium adnatum** (Wall. ex DC.) Kitamura ①–(10)②–(1)③–(4)

65. 鼠麴草 **Gnaphalium affine** D. Don ①–(7)①–(9)①–(10)②–(1)②–(2)③–(4)

66. 秋鼠麴草 **Gnaphalium hypoleucum** DC. ——*G. hypoleucum* var. *amoyense* (Hance) Hand.-Mazz. ①–(9)①–(10)②–(1)

67. 细叶鼠麹草（白背鼠麴草）**Gnaphalium japonicum** Thunb. ①–(9)①–(10)②–(1)

68. 匙叶鼠麴草 **Gnaphalium pensylvanicum** Willd. ①–(9)①–(10)②–(1)

69. 多茎鼠麹草 **Gnaphalium polycaulon** Pers. ①–(9)①–(10)②–(1)

70. △红风菜（两色三七草）**Gynura bicolor** (Roxb. ex Will.) DC. ①–(9)①–(10)②–(1)

71. △白背三七草（白子菜）**Gynura divaricata** (Linn.) DC. ①–(9)①–(10)②–(1)②–(3)

72. △菊三七（菊叶三七）**Gynura japonica** (Thunb.) Juel. ——*G. segetum* (Lour.) Merr. ①–(9)①–(10)②–(1)④–(4)花

73. 菊芋 **Helianthus tuberosus** Linn.①–(1)①–(9)①–(10)①–(12)②–(1)③–(2)③–(4)③–(8)④–(4)花⑤–(3)

74. 泥胡菜 **Hemisteptia lyrata** (Bunge) Fisch. et Mey.①–(9)①–(10)①–(12)②–(1)

75. ★旋覆花 **Inula japonica** Thunb.①–(9)①–(10)①–(12)②–(1)②–(3)④–(4)花

76. 小苦荬（齿缘苦荬菜）**Ixeridium dentatum** (Thunb.) Tzvel.——*Ixeris dentata* (Thunb.) Nakai①–(2)①–(9)①–(10)②–(1)

77. ★细叶小苦荬（细叶苦荬菜）**Ixeridium gracile** (DC.) Pak et Kawano ——*Ixeris gracilis* (DC.) Stebb.①–(9)①–(10)②–(1)

78. 褐冠小苦荬（平滑苦荬菜）**Ixeridium laevigatum** (Bl.) Pak & Kawano——*Ixeris laevigata* (Bl.) Sch.-Bip.①–(10)

79. 剪刀股 **Ixeris debelis** (Thunb.) A. Gray①–(9)①–(10)①–(12)②–(1)

80. 苦荬菜（多头苦荬菜）**Ixeris polycephala** Cass. ex DC.①–(9)①–(10)①–(12)②–(1)②–(2)

81. ★圆叶苦荬菜（小剪刀股）**Ixeris stolonifera** A. Gray.①–(9)①–(10)①–(12)

82. 台湾翅果菊 **Lactuca formosana** Maxim. ——*Pterocypsela formosana* (Maxim.) Shih ①–(9)①–(10)②–(1)②–(3)③–(6)b

83. 翅果菊 **Lactuca indica** Linn.——*Pterocypsela indica* (Linn.) Shih——*P. lacciniata* (Houtt.) Shih ①–(9)①–(10)②–(1)②–(3)④–(2)

84. 毛脉翅果菊（高大翅果菊）**Lactuca raddeana** Maxim.——*Pterocypsela elata* (Hemsl.) Shih①–(9)①–(10)②–(1)④–(2)

85. 稻槎菜 **Lapsanastrum apogonoides** (Maxim.) Pak et K. Bremer——*Lapsana apogonoides* Maxim. ①–(9)①–(10)②–(1)

86. ★假福王草（毛枝假福王草）**Paraprenanthes sororia** (Miq.) Shih——*P. pilipes* (Migo) C. Shih①–(10)①–(12)

87. 心叶帚菊 **Pertya cordifolia** Mattf.

88. ★蜂斗菜 **Petasites japonica** (Sieb. et Zucc.) Maxim.①–(10)②–(1)④–(2)④–(4)花

89. 兔耳一枝箭（毛大丁草）**Piloselloides hirsuta** (Forsskål) C. Jeffrey ex Cufod. ——*Gerbera piloselloides* (Linn.) Cass.①–(10)②–(1)

90. 华漏芦（华麻花头）**Rhaponticum chinense** (S. Moore) L. Martins et Hidalgo——*Serratula chinensis* S. Moore①–(9)①–(12)②–(1)④–(4)花

91. 庐山风毛菊（天目风毛菊）**Saussurea bullockii** Dunn——*S. tienmushanensis* Chen ①–(9)①–(10)

92. 三角叶风毛菊（三角叶须弥菊）**Saussurea deltoidea** (DC.) Sch-Bip.——*Himalaiella deltoidea* (DC.) Raab-Straube①–(9)①–(10)

93. 千里光 **Senecio scandens** Buch.-Ham. ex D. Don①–(2)①–(9)①–(10)①–(12)②–(1)②–

(2)②–(3)③–(4)④–(4)花

93a. ★缺裂千里光 var. **incisus** Franch. ①–(9)①–(10)①–(12)②–(1)②–(2)②–(3)④–(4)花

94. 豨莶 **Sigesbeckia orientalis** Linn. ①–(3)①–(9)①–(10)②–(1)②–(3)③–(5)

95. 腺梗豨莶 **Sigesbeckia pubescens** Makino ①–(3)①–(9)①–(10)②–(1)②–(3)③–(5)

96. 蒲儿根 **Sinosenecio oldhamianus** (Maxim.) B. Nord. ——*Senecio oldhamianus* Maxim. ①–(9)①–(10)②–(1)②–(3)

97. 一枝黄花 **Solidago decurrens** Lour. ①–(12)②–(1)②–(3)④–(4)花

98. ★裸柱菊 **Soliva anthemifolia** (Juss.) R. Br. ①–(10)⑤–(3)

99. 苦苣菜 **Sonchus oleraceus** Linn. ②①–(9)①–(10)②–(1)②–(2)④–(3)⑤–(3)

100. ★苣荬菜 **Sonchus wightianus** DC. ——*S. arvensis* auct. non Linn. ①–(9)①–(10)②–(1)④–(3)

101. ★钻叶紫菀（钻形紫菀）**Symphyotrichum subulatum** (Michx.) G. L. Nesom——*Aster subulatus* Michx ①–(10)②–(1)⑤–(3)

102. ★南方兔儿伞（兔儿伞）**Syneilesis australis** Ling ——*S. aconitifolia* auct. Non (Bunge) Maxim. ①–(10)②–(1)②–(2)②–(3)④–(4)叶④–(4)花

103. 山牛蒡 **Synurus deltoides**（Ait.）Nakai——*S. pungens* (Franch. et Sav.) Kitamura ①–(6)①–(9)①–(10)②–(1)

104. 蒲公英（蒙古蒲公英）**Taraxacum mongolicum** Hand.-Mazz. ①–(2)①–(6)①–(9)①–(10)①–(12)②–(1)②–(2)②–(3)④–(4)花

105. ★狗舌草 **Tephroseris kirilowii** (Turcz. ex DC.) Holub——*Senecio kirilowii* Turcz. ex DC. ①–(9)①–(10)②–(1)②–(3)④–(4)花

106. ★夜香牛 **Vernonia cinerea** (Linn.) Less. ①–(9)②–(1)②–(2)④–(4)花

107. 苍耳 **Xanthium strumarium** Linn. ——*X. sibiricum* Patrin. ex Widde ①–(9)①–(10)②–(1)②–(2)②–(3)①–(3)③–(5)④–(6)

108. ★异叶黄鹌菜 **Youngia heterophylla** (Hemsl.) Babc. et Stebb. ①–(9)①–(12)②–(1)

109. 黄鹌菜 **Youngia japonica** (Linn.) DC. ①–(9)①–(10)①–(12)②–(1)

一二七 黑三棱科 Sparganiaceae

1. 曲轴黑三棱 **Sparganium fallax** Graebn. ①–(10)②–(1)⑤–(1)c

一二八 眼子菜科 Potamogetonaceae

1. ★菹草 **Potamogeton crispus** Linn. ①–(2)①–(9)①–(10)②–(1)④–(3)④–(6)

2. 鸡冠眼子菜（小叶眼子菜）**Potamogeton cristatus** Regel et Maack ①–(9)②–(1)④–(3)

3. 眼子菜 **Potamogeton distinctus** A. Benn. ①–(2)①–(9)①–(10)②–(1)④–(3)

4. 尖叶眼子菜 **Potamogeton oxyphyllus** Miq. ①–(9)④–(3)

5. 小眼子菜 **Potamogeton pusillus** Linn.①–(9)②–(1)④–(3)

一二九 茨藻科 Najadaceae

1. 纤细茨藻 **Najas gracillima** (A. Br. ex Engelm.) Magnus①–(9)

2. 草茨藻 **Najas graminea** Del.①–(9)

3. ★小茨藻 **Najas minor** All.①–(9)

一三〇 泽泻科 Alismataceae

1. ★小慈姑（小叶慈菇）**Sagittaria potamogetonifolia** Merr.①–(1)

2. 矮慈菇 **Sagittaria pygmaea** Miq.①–(9)②–(1)④–(3)

3. 野慈菇 **Sagittaria trifolia** Linn.——*S. trifolia* f. *longiloba* (Turcz.) Makino ①–(1)①–(2)①–(9)①–(10)①–(12)②–(1)②–(3)④–(4)花

一三一 水鳖科 Hydrocharitaceae

1. 无尾水筛 **Blyxa aubertii** Rich.①–(9)①–(10)④–(3)

2. 水筛 **Blyxa japonica** (Miq.) Maxim. ex Asch. et Gürk.①–(9)①–(10)④–(3)

3. ★黑藻 **Hydrilla verticillata** (Linn. f.) Royle①–(2)①–(9)②–(1)④–(3)④–(4)叶

4. ★苦草 **Vallisneria natans** (Lour.) Hara①–(9)②–(1)③–(8)④–(3)④–(4)

一三二 禾本科 Gramineae (Poaceae)

Ⅰ. 竹亚科 Bambusoideae Ascher. et Graebn.

1. 孝顺竹 **Bambusa multiplex** (Lour.) Raeusch. ex Schult. et Schult. f. ——*B. glaucescens* (Will.) Sieb. ex Munro①–(9)①–(10)③–(1)③–(2)④–(2)④–(4)形

2. 绿竹 **Bambusa oldhamii** Munro ——*B. atrovirens* Wen①–(10)①–(11)②–(1)③–(1)③–(2)④–(2)④–(4)形

3. ★米筛竹 **Bambusa pachinensis** Hayata①–(10)③–(1)③–(2)

3a. ★长毛米筛竹（温州水竹）var. **hirsutissima** (Odash.) W. C. Lin①–(10)③–(1)③–(2)④–(1)

4. 青皮竹 **Bambusa textilis** McClure①–(10)①–(11)②–(1)③–(1)③–(2)④–(2)④–(4)

5. ★大木竹（温州箪竹）**Bambusa wenchouensis** (Wen) Q. H. Dai——*Lingnania wenchouensis* Wen①–(10)①–(11)③–(1)③–(2)④–(4)形

6. 短穗竹 **Brachystachyum densiflorum** (Rendl.) Keng——*Semiarundinaria densiflora* (Rendl.) Wen①–(10)③–(2)

7. 方竹 **Chimonobambusa quadrangularis** (Fenzi) Makino——*Bambosa quadrangularis* Fenzi①–(10)①–(11)③–(1)③–(2)④–(4)形⑤–(1)c

8. 阔叶箬竹 **Indocalamus latifolius** (Keng) McClure①–(1)②–(1)③–(2)④–(4)形

9. 箬竹 **Indocalamus tessellatus** (Munro) Keng f.①–(1)①–(9)①–⑩②–(1)④–(4)形

10. 算盘竹 **Indosasa glabrata** C. D. Chu et C. S. Chao①–⑩③–(1)

11. 四季竹 **Oligostachyum lubricum** (Wen) Keng f.——*Semiarudinaria lubrica* Wen①–⑩①–⑪③–(2)

12. 肿节少穗竹（肿节竹）**Oligostachyum oedogonatum** (Z. P. Wang et G. H. Ye) Q. F. Zhang et K. F. Huang——*Clavinodum oedogonatum* (Z. P. Wang et G. H. Ye) Wen③–(1)④–(4)形

13. *糙花少穗竹（小黄苦竹）**Oligostachyum scabriflorum** (McClure) Z. P. Wang et G. H. Ye——*O. fujinensis* Z. P. Wang et G. H. Ye③–(1)

14. *少穗竹（大黄苦竹）**Oligostachyum sulcatum** Z. P. Wang et G. H. Ye①–⑩②–(1)③–(1)④–(4)形

15. *罗汉竹（人面竹）**Phyllostachys aurea** Carr. ex Riv. et C. Riv.①–⑩①–⑪③–(1)④–(4)

16. 毛竹 **Phyllostachys edulis** (Carr.) J. Houz.——*P. pubescens* Mazel ex H. de Lehai ①–⑩①–⑪②–(1)③–(1)③–(2)④–(2)④–(4)形

17. 水竹 **Phyllostachys heteroclada** Oliv.①–⑩①–⑪②–(1)③–(1)③–(2)④–(4)形

18. *红哺鸡竹（红竹）**Phyllostachys iridescens** C. Y. Yao et S. Y. Chen①–⑩①–⑪③–(2)④–(4)形

19. 台湾桂竹 **Phyllostachys makinoi** Hayata①–⑩①–⑪②–(1)③–(1)③–(2)④–(4)形

20. *毛环竹 **Phyllostachys meyeri** McClure①–⑩①–⑪③–(1)

21. 光箨篌竹 **Phyllostachys nidularia** Munro f. *glabrovagina* (McClure) Wen①–(2)①–⑩①–⑪③–(1)

22. 紫竹 **Phyllostachys nigra** (Lodd. ex Lindl.) Munro ①–(2)①–⑩①–⑪②–(1)③–(1)④–(2)④–(4)形

22a. 毛金竹 var. **henonis** (Mitford.) Stapf ex Rendl. ①–(9)①–⑩①–⑪②–(1)③–(1)③–(2)④–(4)形

23. 灰竹（石竹）**Phyllostachys nuda** McClure①–⑩①–⑪③–(1)

24. *桂竹 **Phyllostachys reticulata** (Ruprecht) K. Koch ——*P. pinyanensis* Wen ——*P. bambusoides* Sieb. et Zucc.①–⑩①–⑪②–(1)③–(1)③–(2)④–(4)形

25. 刚竹 **Phyllostachys sulphurea** (Carr.) Riv. et C. Riv. var. **viridis** R. A. Young——*P. viridis* (Young) McClure①–⑩①–⑪②–(1)③–(1)③–(2)④–(4)形

26. *云和哺鸡竹 **Phyllostachys yunhoensis** S. Y. Chen et C. Y. Yao①–⑩①–⑪②–(1)③–(1)

27. 苦竹 **Pleioblastus amarus** (Keng) Keng f.①–⑩①–⑪②–(1)③–(1)③–(2)③–(4)

28. 华丝竹 **Pleioblastus intermedius** S. Y. Chen①–⑩①–⑪–(1)③–(2)④–(2)

29. 油苦竹 **Pleioblastus oleosus** Wen①–⑩③–(1)

30. 面秆竹 **Pseudosasa orthotropa** S. L. Chen et Wen①–⑩③–(1)

31. *华箬竹 **Sasa sinica** Keng④–(4)形

II. 禾亚科 **Agrostidoideae** Keng et Keng f.

1. *华北剪股颖（剪股颖）**Agrostis clavata** Trin. ——*A. matsumurae* Hack. ex Honda ①–(9)②–(1)④–(4)形

2. *巨序剪股颖 **Agrostis gigantea** Roth①–(2)①–(9)

3. 看麦娘 **Alopecurus aequalis** Sobol.①–(2)①–(9)②–(1)

4. *日本看麦娘 **Alopecurus japonicus** Steud.①–(2)①–(9)②–(1)

5. 荩草 **Arthraxon hispidus** (Thunb.) Makino ——*A. hispidus* var. *cryptatherus* (Hack.) Honda①–(2)①–(6)①–(9)②–(1)③–(2)

6. *茅叶荩草 **Arthraxon prionodes** (Steud.) Dandy①–(2)①–(6)①–(9)②–(1)

7. 野古草（毛秆野古草）**Arundinella hirta** (Thunb.) Tanaka ——*A. anomola* Steud. ①–(2)①–(9)②–(1)③–(2)④–(2)

8. 刺芒野古草 **Arundinella setosa** Trin.①–(9)③–(2)④–(2)

9. *芦竹 **Arundo donax** Linn.①–(9)①–⑩①–(2)②–(1)③–(1)③–(2)④–(2)④–(4)形

10. 野燕麦 **Avena fatua** Linn.①–(1)①–(2)①–(9)②–(1)③–(2)④–(2)⑤–(3)

11. 菵草 **Beckmannia syzigachne** (Steud.) Fern.①–(2)①–(9)②–(1)③–(2)④–(2)

12. *白羊草 **Bothriochloa ischaemum** (Linn.) Keng①–(2)①–(9)③–(2)④–(2)

13. 毛臂形草 **Brachiaria villosa** (Lam.) A. Camus①–(2)①–(9)②–(1)

14. *日本短颖草 **Brachyelytrum japonicum** (Hackel) Matsumura ex Honda ——*B. erectum* (Schreb.) Beauv. var. *japonicum*Hack.①–(2)①–(9)

15. *雀麦 **Bromus japonicus** Thunb.①–(1)①–(2)①–(9)②–(1)④–(2)

16. 疏花雀麦 **Bromus remotiflorus** (Steud.) Ohwi①–(1)①–(2)①–(9)③–(2)④–(2)

17. 拂子茅 **Calamagrostis epigeios** (Linn.) Roth ——*C. epigeios* var. *densiflora* Griseb. ①–(2)①–(9)③–(2)④–(2)④–(4)果

18. 硬秆子草 **Capillipedium assimile** (Steud.) A. Camus①–(2)①–(9)

19. *细柄草 **Capillipedium parviflorum** (R. Br.) Stapf①–(2)①–(9)

20. 朝阳隐子草（朝阳青茅）**Cleistogenes hackelii** (Honda) Honda①–(9)④–(2)

21. *日本小丽草 **Coelachne japonica** Hack.①–(9)

22. 薏苡 **Coix lacryma-jobi** Linn.①–(1)①–(2)①–(9)①–⑩②–(1)③–(2)④–(2)④–(4)果⑤–(1)c

23. 橘草 **Cymbopogon goeringii** (Steud.) A. Camus ①–(2)①–(9)②–(1)③–(2)③–(4)④–(2)

24. *扭鞘香茅**Cymbopogon tortilis** (Presl.) A. Camus ——*C. hamatulus* (Hook. et Arn.) A. Camus①–(2)①–(9)②–(1)③–(2)③–(4)④–(2)

25. 狗牙根 **Cynodon dactylon** (Linn.) Pers. ①–(2)①–(9)②–(1)②–(3)④–(2)④–(4)形

26. 疏穗野青茅（疏花野青茅）**Deyeuxia effusiflora** Rendle ——*D. arundinacea* (Linn.) Beauv. var. *laxiflora* (Rendle) P. C. Kuo et S. L. Lu①–(2)①–(9)④–(2)

27. 野青茅（房县野青茅）**Deyeuxia pyramidalis** (Host) Veldkamp ——*D. arundinacea* (Linn.) Beauv. var. *ciliata* (Honda) P. C. Kuo et S. L. Lu ——*D. arundinacea* (Linn.) Beauv. var. *Ligulata* (Rendle) Kitagawa——*D. henryi* Rendle①–(2)①–(9)④–(2)

28. 升马唐 **Digitaria ciliaris** (Retz.) Koel.①–(1)①–(9)②–(1)

28a. *毛马唐 var. **chrysoblephara** (Fig. et De Not.) R. R. Stewart ——*D. chrysoblephara* Fig. et De Not.①–(1)①–(2)①–(9)

29. *短叶马唐 **Digitaria radicosa** (Presl.) Miq. ①–(9)④–(4)形

30. 紫马唐 **Digitaria violascens** Link①–(1)①–(9)

31. *镰形䅟茅 **Dimeria falcata** Hack.①–(9)

32. *䅟茅 **Dimeria ornithopoda** Trin.①–(9)

32a. 具脊䅟茅 subsp. **subrobusta** (Hack.) S. L. Chen et G. Y. Sheng

33. 长芒稗 **Echinochloa caudata** Roshev**.** ——*E. crusgalli* (Linn.) Beauv. var. *caudata* (Roshev.) Kitag.①–(1)①–(2)①–(9)③–(2)④–(2)④–(3)

34. 光头稗 **Echinochloa colona** (Linn.) Link①–(1)①–(2)①–(9)③–(2)④–(2)④–(3)

35. 稗 **Echinochloa crusgalli** (Linn.) Beauv. ——*E. crusgalli* var. *hispidula* (Retz.) Honda ①–(1)①–(2)①–(9)②–(1)③–(2)④–(2)④–(3)

35a. 无芒稗 var. **mitis** (Pursh) Peterm. ①–(1)①–(2)①–(9)②–(1)③–(2)④–(2)④–(3)

35b. *西来稗 var. **zelayensis** (H. B. K.) Hitchc. ①–(1)①–(2)①–(9)②–(1)③–(2)④–(2)④–(3)

36. 牛筋草 **Eleusine indica** (Linn.) Gaerth. ①–(2)①–(9)①–⑩②–(1)②–(3)③–(2)④–(2)

37. 长画眉草 **Eragrostis brownii** (Kunth) Nees ——*E. zeylanica* Nees et Mey.①–(9)

38. *珠芽画眉草 **Eragrostis cumingii** Steud. ——*E. bulbilifera* Steud.①–(9)

39. 知风草 **Eragrostis ferruginea** (Thunb.) Beauv.①–(9)③–(2)④–(2)④–(4)形

40. 乱草 **Eragrostis japonica** (Thunb.) Trin.①–(2)①–(9)②–(1)

41. *小画眉草 **Eragrostis minor** Host①–(9)②–(1)④–(4)形

42. *多秆画眉草（无毛画眉草）**Eragrostis multicaulis** Steud. ——*E. pilosa* var. *imberbis* Franch.①–(9)②–(1)④–(2)

43. *宿根画眉草 **Eragrostis perennans** Keng①–(9)②–(1)

44. 画眉草 **Eragrostis pilosa** (Linn.) Beauv.①–(1)①–(2)①–(9)②–(1)④–(2)④–(4)形

45. 假俭草 **Eremochloa ophiuroides** (Munro) Hack.①–(2)①–(9)②–(1)④–(2)④–(4)形

46. *野黍 **Eriochloa villosa** (Thunb.) Kunth①–(1)①–(2)①–(9)②–(1)

47. *四脉金茅 **Eulalia quadrinervis** (Hack.) O. Kuntze①–(2)①–(9)③–(2)

48. ★金茅 **Eulalia speciosa** (Debeaux) Kuntze ①–(2)①–(9)③–(2)

49. 小颖羊茅 **Festuca parvigluma** Steud. ①–(2)①–(9)④–(2)④–(4)形

50a. ★甜茅 **Glyceria acutiflora** Torr. subsp. **japonica** (Steud.) T. Koyama et Kawano ①–(2)①–(9)④–(4)形

51. ★球穗草 **Hackelochloa granularis** (Linn.) Kuntze ①–(9)

52. 大牛鞭草（牛鞭草）**Hemarthria altissima** (Poir.) Stapf. et C. E. Hubb. ①–(2)①–(9)③–(2)④–(2)

53. 猬草 **Hystrix duthiei** (Stapf ex Hook. f.) Bor ①–(9)

54. ★大距花黍 **Ichnanthus pallens** (Sw.) Munro ex Benth. var. **major** (Nees) Stieb.——*I. vicinus* (F. M. Bail.) Merr. ①–(9)

55. 大白茅 **Imperata cylindrica** (Linn.) Raeuschel var. **major** (Nees) C. B. Hubb. ——*I. koenigii* (Retz.) Beauv. ①–(2)①–(5)①–(9)①–(10)②–(1)③–(2)④–(2)④–(4)果

56. 柳叶箬 **Isachne globosa** (Thunb.) Kuntze ①–(2)①–(9)②–(1)

57. 浙江柳叶箬 **Isachne hoi** Keng f. ①–(9)

58. ★日本柳叶箬 **Isachne nipponensis** Ohwi ①–(9)

59. ★矮小柳叶箬（二型柳叶箬）**Isachne pulchella** Roth ——*I. dispar* Trin. ①–(9)

60. 平颖柳叶箬 **Isachne truncata** A. Camus ①–(2)①–(9)

61. 有芒鸭嘴草 **Ischaemum aristatum** Linn. ①–(9)

62. ★粗毛鸭嘴草 **Ischaemum barbatum** Retz. ①–(9)

63. 细毛鸭嘴草 **Ischaemum ciliare** Retz. ——*I. indicum* auct. non (Houtt.) Merr. ①–(9)

64. ★假稻 **Leersia japonica** (Makino) Honda ①–(9)②–(1)

65. ★秕谷草 **Leersia sayanuka Ohwi** ①–(9)②–(1)

66. 千金子 **Leptochloa chinensis** (Linn.) Nees ①–(9)②–(1)

67. ★黑麦草 **Lolium perenne** Linn. ①–(2)①–(9)②–(3)④–(2)④–(4)形⑤–(3)4

68. 淡竹叶 **Lophatherum gracile** Brongn. ①–(2)①–(9)②–(1)④–(4)形

69. ★中华淡竹叶 **Lophatherum sinense** Rendle ①–(9)②–(1)

70. ★日本莠竹 **Microstegium japonicum** (Miq.) Koidz.

71. 竹叶茅 **Microstegium nudum** (Trin.) A. Camus ①–(9)①–(12)

72. 柔枝莠竹（莠竹）**Microstegium vimineum** (Trin.) A. Camus ——*M. vimineum* var. *imberbe* (Nees) Honda ①–(9)③–(2)

73. 五节芒 **Miscanthus floridulus** (Labill.) Warb.ex K. Schum. et Laut. ①–(2)①–(10)①–(12)②–(1)③–(2)④–(2)④–(4)形

74. 芒 **Miscanthus sinensis** Anderss. ①–(2)①–(9)①–(10)①–(12)②–(1)③–(2)④–(2)④–(4)果

75. 沼原草（拟麦氏草）**Molinia japonica** Hack. ——*M. hui* Pilger ①–(9)④–(2)

76. *日本乱子草 **Muhlenbergia japonica** Steud.①–(2)①–(9)

77. *多枝乱子草 **Muhlenbergia ramosa** (Hack.) Makino①–(2)①–(9)

78. 山类芦 **Neyraudia montana** Keng③–(2)④–(2)

79. *类芦 **Neyraudia reynaudiana** (Kunth) Keng ex Hitchc.①–(2)①–(9)②–(3)③–(2)④–(2)④–(4)形

80. 竹叶草 **Oplismenus compositus** (Linn.) Beauv.①–(2)①–(9)①–(12)

80a. *中间型竹叶草 var. **intermedius** (Honda) Ohwi①–(9)①–(12)

81. 求米草 **Oplismenus undulatifolius** (Arduino) Roem. et Schult. ①–(2)①–(9)②–(1)④–(2)

81a. *日本求米草 var. **japonicus** (Steud.) G. Koidz.①–(9)

82. *糠稷 **Panicum bisulcatum** Thunb.①–(1)①–(2)①–(9)

83. 双穗雀稗 **Paspalum distichum** Linn. ——*P. paspaloides* (Michx.) Scribn. ①–(2)①–(9)①–(12)②–(1)③–(2)④–(4)形④–(6)⑤–(3)

84. *长叶雀稗 **Paspalum longifolium** Roxb.①–(2)①–(9)①–(12)

85. 圆果雀稗 **Paspalum scrobiculatum** Linn. var. **orbiculare** (G. Forst.) Hack. ——*P. orbiculare* G. Forst.①–(2)①–(9)①–(12)②–(1)

86. *雀稗 **Paspalum thunbergii** Kunth ex Steud.①–(2)①–(9)①–(12)

87. 狼尾草 **Pennisetum alopecuroides** (Linn.) Spreng. ①–(2)①–(9)②–(1)③–(2)④–(2)④–(4)果

88. 显子草 **Phaenosperma globosa** Munro ex Benth. et Hook. f.①–(9)②–(1)④–(2)

89. 芦苇 **Phragmites australis** (Cav.) Trin. ex Steud. ①–(1)①–(2)①–(9)①–(10)②–(1)②–(2)③–(2)④–(2)

90. 白顶早熟禾 **Poa acroleuca** Steud.①–(9)

91. 早熟禾 **Poa annua** Linn.①–(2)①–(9)②–(1)④–(4)形④–(5)O_3

92. 华东早熟禾 **Poa faberi** Rendle①–(9)

93. 金丝草 **Pogonatherum crinitum** (Thunb.) Kunth①–(2)①–(9)②–(1)

94. *棒头草 **Polypogon fugax** Nees ex Steud.①–(2)①–(9)②–(1)④–(2)

95. *长芒棒头草 **Polypogon monspeliensis** (Linn.) Desf.①–(2)①–(9)④–(2)

96. *纤毛鹅观草 **Roegneria ciliaris** (Trin.) Nevski①–(2)①–(9)④–(2)④–(4)形

96a. 细叶鹅观草（竖立鹅观草）var. **hackliana** (Honda) L. B. Cai ——*R. japonensis* (Honda) Keng①–(9)

97. 鹅观草 **Roegneria kamoji** (Ohwi) Keng et S. L. Chen——*R. kamoji* Ohwi①–(2)①–(9)②–(1)④–(2)④–(4)形

98. *筒轴茅（罗氏草）**Rottboellia cochinchinensis** (Loureiro) Clayton ——*R. exaltata* Linn. f. not (Linn.) Linn.①–(9)②–(1)

99. 斑茅 **Saccharum arundinaceum** Retz. ①–(9)①–(10)①–(12)②–(1)③–(1)③–(2)③–(8)④–(2)④–(4)果

100. 台蔗茅 **Saccharum formosanum** (Stapf) Ohwi ——*Erianthus formosanus* Stapf ①–(2)①–(9)①–(12)③–(2)④–(2)

101. ★囊颖草 **Sacciolepis indica** (Linn.) A. Chase ①–(2)①–(9)②–(1)

102. 裂稃草 **Schizachyrium brevifolium** (Swartz) Nees ex Buse ①–(2)①–(9)

103. ★莩草 **Setaria chondrachne** (Steud.) Honda ①–(9)④–(2)

104. 大狗尾草 **Setaria faberi** Herrm. ①–(1)①–(9)②–(1)④–(2)④–(4)

105. 棕叶狗尾草 **Setaria palmifolia** (Koen.) Stapf ①–(1)①–(2)①–(9)②–(1)④–(2)

106. 皱叶狗尾草 **Setaria plicata** (Lamk.) T. Cooke ①–(1)①–(9)②–(1)③–(2)④–(2)

107. 金色狗尾草 **Setaria pumila** (Poir.) Roem. et Schult. ——*S. glauca* (Linn.) Beauv. ①–(1)①–(2)①–(9)②–(1)②–(2)③–(2)④–(2)

108. 狗尾草 **Setaria viridis** (Linn.) Beauv. ①–(1)①–(2)①–(9)②–(1)②–(2)③–(2)④–(2)④–(4)形

109. ★稗荩 **Sphaerocaryum malaccense** (Trin.) Pilger ①–(9)

110. ★油芒 **Spodiopogon cotulifer** (Thunb.) Hack. ——*Eccoilopus cotulifer* (Thunb.) A. Camus ①–(9)②–(1)③–(2)④–(2)

111. ★大油芒 **Spodiopogon sibiricus** Trin. ①–(2)①–(9)②–(1)③–(2)④–(2)

112. 鼠尾粟 **Sporobolus fertilis** (Steud.) W. Clayton ①–(2)①–(9)②–(1)③–(2)

113. 苞子草 **Themeda caudata** (Nees) A. Camus ①–(2)①–(9)①–(12)②–(1)③–(2)④–(2)

114. 黄背草 **Themeda triandra** Forssk. ——*T. japonica* (Willd.) C. Tanaka ①–(9)①–(12)②–(3)②–(1)③–(2)④–(2)

115. 菅 **Themeda villosa** (Poir.) A. Camus ①–(2)①–(9)①–(12)③–(1)③–(2)④–(2)

116. ★线形草沙蚕 **Tripogon filiformis** Nees ex Steud ①–(9).

117. ★长芒草沙蚕 **Tripogon longearistatus** Hack. ex Honda ①–(9)

118. 三毛草 **Trisetum bifidum** (Thunb.) Ohwi ①–(2)①–(9)

119. ★菰 **Zizania latifolia** (Griseb.) Turcz. ex Stapf ——*Z. caduciflora* (Turcz.) Hand.-Mazz. ①–(1)①–(2)①–(9)①–(10)②–(1)③–(2)④–(2)④–(3)

120. ★结缕草 **Zoysia japonica** Steud. ①–(2)①–(9)④–(2)④–(4)形

121. ★中华结缕草 **Zoysia sinica** Hance ①–(2)①–(9)④–(2)④–(4)形⑤–(1)b

一三三 莎草科 Cyperaceae

1. 球柱草 **Bulbostylis barbata** (Rottb.) Kunth. ②–(1)

2. 丝叶球柱草 **Bulbostylisdensa** (Wall.) Hand.-Mazz.

3. ★阿里山薹草 **Carex arisanensis** Hayata

4. *浙南薹草 **Carex austrozhejiangensis** C. Z. Zheng et X. F. Jin

5. 浆果薹草 **Carex baccans** Nees①–(9)②–(1)④–(4)果

6. *滨海薹草（锈点薹草）**Carex bodinieri** Franch.①–(9)

7. 青绿薹草 **Carex breviculmis** R. Br. ——*C. leucochlora* Bunge①–(9)④–(2)④–(4)形

8. 短尖薹草 **Carex brevicuspis** C. B. Clarke④–(2)

9. 褐果薹草（栗褐薹草）**Carex brunnea** Thunb.①–(9)②–(1)④–(2)④–(4)形

10. 中华薹草 **Carex chinensis** Retz.④–(2)④–(4)

11. 十字薹草 **Carex cruciata** Wahlenb.①–(3)①–(9)②–(1)④–(2)④–(4)果

12. *长穗薹草 **Carex dolichostachya** Hayata

13. *签草 **Carex doniana** Spreng.①–(9)②–(1)④–(2)

14. 蕨状薹草 **Carex filicina** Nees①–(9)④–(2)④–(4)形

15. 福建薹草（苍绿薹草）**Carex fokienensis** Dunn ——*C. pallideviridis* Chü④–(2)

16. *穿孔薹草 **Carex foraminata** C. B. Clarke

17. *穹隆薹草 **Carex gibba** Wahlenb.

18. *长梗薹草 **Carex glossostigma** Hand.-Mazz.

19. *长囊薹草 **Carex harlandii** Boott

20. 狭穗薹草 **Carex ischnostachya** Steud.①–(9)

21. *高氏薹草 **Carex kaoi** Tang et Wang ex S. Yun Liang

22. *大披针薹草 **Carex lanceolata** Boott①–(9)②–(1)③–(2)④–(2)

23. 舌叶薹草 **Carex ligulata** Nees ex Wight①–(9)②–(1)④–(2)

24. *斑点果薹草 **Carex maculata** Boott

25. 密叶薹草 **Carex maubertiana** Boott②–(1)④–(2)

26. 乳突薹草 **Carex maximowiczii** Miq.①–(9)③–(2)④–(2)

27. 条穗薹草 **Carex nemostachys** Steud.①–(9)④–(2)④–(4)形

28. 霹雳薹草 **Carex perakensis** C. B. Clarke①–(9)④–(2)

29. 镜子薹草 **Carex phacota** Spreng.②–(1)

30. *凤凰薹草 **Carex phoenicis** Dunn ——*C. chaofangii* C. Z. Zheng et X. F. Jin

31. 粉被薹草 **Carex pruinosa** Boott④–(4)

32. *根花薹草 **Carex radiciflora** Dunn

33. *松叶薹草 **Carex rara** Boott

34. 大理薹草 **Carex rubrobrunnea** C. B. Clarke var. **taliensis** (Franch.) Kük. ——*C. taliensis* Franch.④–(2)

35. 花葶薹草 **Carex scaposa** C. B. Clarke②–(1)④–(2)④–(4)形

36. 柄果薹草 **Carex stipitinux** C. B. Clarke①–(9)

37. 细梗薹草 **Carex teinogyna** Boott

38. 三穗薹草 **Carex tristachya** Thunb.①–(9)②–(1)④–(2)

39. *截鳞薹草 **Carex truncatigluma** C. B. Clarke①–(9)②–(1)

40. 阿穆尔莎草 **Cyperus amuricus** Maxim.①–(9)

41. *扁穗莎草 **Cyperus compressus** Linn.

42. *长尖莎草 **Cyperus cuspidatus** Kunth.①–(9)

43. *砖子苗 **Cyperus cyperoides** (Linn.) Kuntz. ——*Mariscus umbellatus* Vahl②–(1)

44. 异型莎草 **Cyperus difformis** Linn.①–(9)②–(1)

45. *长穗高秆莎草 **Cyperus exaltatus** Retz. var. **megalanthus** Kük.③–(2)

46. 畦畔莎草 **Cyperus haspan** Linn.①–(9)②–(1)

47. 碎米莎草 **Cyperus iria** Linn.①–(9)②–(1)

48. *短叶茳芏 **Cyperus malaccensis** Lam. subsp. **monophyllus** (Vahl) T. Koyama ——*C. malaccensis* var. *brevifolius* Bockler③–(2)

49. 具芒碎米莎草 **Cyperus microiria** Steud.①–(9)

50. *三轮草 **Cyperus orthostachyus** Franch. et Sav.①–(9)

51. 毛轴莎草 **Cyperus pilosus** Vahl①–(9)④–(2)

52. 香附子 **Cyperus rotundus** Linn.①–(1)①–(3)①–(7)①–(9)①–(12)②–(1)③–(4)④–(6)

53. △荸荠 **Eleocharis dulcis** (Burm.) Trinius ex Henschel——*E. tuberosa* Schult.①–(6)①–(9)①–(10)②–(1)

54. 透明鳞荸荠 **Eleocharispellucida** Presl.

54a. 稻田荸荠 var. **japonica** (Miq.) Tang et Wang

55. 龙师草 **Eleocharis tetraquetra** Nees

56. 牛毛毡 **Eleocharis yokoscensis** (Franch. et Sav.) Tang et Wang②–(1)

57. *金色飘拂草 **Fimbristylis chalarocephala** Ohwi & T. Koyama

58. 两歧飘拂草 **Fimbristylis dichotoma** (Linn.) Vahl①–(9)②–(1)

59. *拟二叶飘拂草 **Fimbristylis diphylloides** Makino①–(9)

60. 宜昌飘拂草 **Fimbristylis henryi** C. B. Clarke

61. 日照飘拂草 **Fimbristylis miliacea** (Linn.) Vahl①–(9)②–(1)③–(2)

62. *独穗飘拂草 **Fimbristylis ovata** (Burm. f.) Kern.①–(9)

63. *结壮飘拂草 **Fimbristylis rigidula** Nees①–(9)②–(1)

64. 烟台飘拂草 **Fimbristylis stauntoni** Debeaux. ex Franch.

65. 双穗飘拂草 **Fimbristylis subbispicata** Nees et Meyen①–(9)②–(1)

66. 黑莎草 **Gahnia tristis** Nees①–(3)③–(2)④–(2)④–(4)果

67. *水莎草 **Juncellus serotinus** (Rottb.) C. B. Clarke

68. 水蜈蚣 **Kyllinga brevifolia** Rottb.②–(1)

69. 鳞籽莎 **Lepidosperma chinense** Nees et Meyen

70. 湖瓜草 **Lipocarpha microcephala** (R. Br.) Kunth.

71. 球穗扁莎 **Pycreus flavidus** (Retz.) T. Koyama ——*P. globosus* (All.) Reichb.

72. ⋆多穗扁莎 **Pycreus polystachyus** (Rottb.) Beauv.

73. 红鳞扁莎 **Pycreus sanguinolantus** (Vahl.) Nees

74. 华刺子莞 **Rhynchospora chinensis** Nees et Meyen

75. 细叶刺子莞 **Rhynchospora faberi** C. B. Clarke

76. 刺子莞 **Rhynchospora rubra** (Lour.) Makino

77. 萤蔺 **Scirpus juncoides** Roxb. ——*Schoenoplectus juncoides* (Roxb.) Palla ①–⑼②–(1)③–(2)④–(2)

78. 茸球藨草 **Scirpus lushanensis** Ohwi③–(2)④–(2)

79. 三棱秆藨草 **Scirpus mattfeldianus** Kuk.③–(2)④–(2)

80. 百球藨草 **Scirpus rosthornii** Diels③–(2)④–(2)

81. 类头状花序藨草 **Scirpus subcapitatus** Thw. et Hook. ——*Trichophorum subcapitatum* (Thw. et Hook.) D. A. Simpson②–(1)③–(2)④–(2)

82. 水毛花 **Scirpus triangulates** Roxb. ——*Schoenoplectus mucronatus* (Linn.) Palla subsp. *robustus* (Miq.) T. Koyama③–(2)④–(2)

83. 三棱水葱 **Scirpus triqueter** Linn. ——*Schoenoplectus triqueter* (Linn.) Palla ①–⑼②–(1)③–(2)

84. 毛果珍珠茅 **Scleria levis** Retz. ——*S. levis* var. *pubescens* (Steudel) C. Z.Zheng②–(1)

85. 小型珍珠茅 **Scleria parvula** Steud.

86. ⋆高秆珍珠茅 **Scleria terrestris** (Linn.) Fassett. ——*S. elata* Thw.②–(1)

一三四 棕榈科 Palmae (Arecaceae)

1. 毛鳞省藤 **Calamus thysanolepis** Hance①–⑽③–(1)③–(2)⑤–(1)c

2. 棕榈 **Trachycarpus fortunei** (Hook.) H. Wendl. ①–(1)①–⑽①–⑿②–(1)③–(1)③–(2)③–(3)③–(5)④–(4)形④–(4)叶④–(6)

一三五 天南星科 Araceae

1. △菖蒲 **Acorus calamus** Linn.①–(1)①–(7)①–⑼②–(1)②–(2)②–(3)③–(2)③–(4)④–(4)叶

2. 金钱蒲（石菖蒲）**Acorus gramineus** Soland. ex Ait. ——*A. tatarinowii* Schott. ①–(7)①–⑽②–(1)②–(2)②–(3)③–(4)④–(4)叶

3. ⋆海芋 **Alocasia macrorrhizos** (Linn.) G. Don①–(1)⑵–(1)②–(3)④–(4)叶

4. ⋆东亚魔芋（华东魔芋、疏毛魔芋）**Amorphophallus kiusianus** (Makino) Makino ——*A. sinensis* Belval①–(1)①–⑽②–(1)②–(2)②–(3)③–(6)④–(4)果

5. 灯台莲（全缘灯台莲）**Arisaema bockii** Engl. ——*A. sikokianum* auct. non Franch. et Sav. ——*A. sikokianum* var. *serratum* auct. non (Makino) Hand.-Mazz. ①–(1)②–(1)②–(3)④–(4)叶④–(4)果

6. 一把伞南星 **Arisaema erubescens** (Wall.) Schott ①–(1)②–(1)②–(2)②–(3)④–(4)叶④–(4)果

7. 天南星 **Arisaema heterophyllum** Bl. ①–(1)②–(1)②–(2)②–(3)④–(4)叶④–(4)果

8. ★云台南星 **Arisaema silvestrii** Pamp. ——*A. dubois-reymondiae* Engl. ①–(1)②–(1)②–(2)②–(3)④–(4)叶④–(4)果

9. 芋（野芋）**Colocasia esculenta** (Linn.) Schott ①–(1)①–(2)①–(9)①–(10)②–(1)②–(3)

10. 滴水珠 **Pinellia cordata** N. E. Brown ②–(1)②–(3)

11. ★掌叶半夏 **Pinellia pedatisecta** Schott ②–(1)②–(3)④–(4)叶

12. 盾叶半夏 **Pinellia peltata** Pei ②–(1)②–(3)⑤

13. 半夏 **Pinellia ternate** (Thunb.) Tenore ex Breit. ②–(1)②–(2)②–(3)④–(4)叶

14. ★大薸 **Pistia stratiotes** Linn. ①–(9)②–(1)②–(3)④–(3)④–(4)叶⑤–(3)

一三六 浮萍科 Lemnaceae

1. ★兰氏萍 **Landoltia punctata** (G. Mey.) Les et D. J. Crawford ——*Spirodela oligorrhiza* (Kurz) Hegelm.

2. ★稀脉浮萍 **Lemna aequinoctialis** Welw. ——*L. perpusilla* auct. non Torr. ①–(9)②–(1)⑤–(3)

3. 浮萍 **Lemna minor** Linn. ①–(9)②–(1)④–(3)④–(6)

4. 紫萍 **Spirodela polyrhiza** (Linn.) Schleid. ①–(9)②–(1)④–(3)④–(6)

5. 无根萍 **Wolffia globosa** (Roxb.) Hartog et Plas ——*W. arrhizaauct*. non (Linn.) Wimm. ①–(9)①–(10)

一三七 谷精草科 Eriocaulaceae

1. 谷精草 **Eriocaulon buergerianum** Koern. ②–(1)④–(4)花

2. 白药谷精草 **Eriocaulon cinereum** R. Br. ②–(1)

3. 长苞谷精草 **Eriocaulon decemflorum** Maxim. ②–(1)

4. ★四国谷精草 **Eriocaulon miquelianum** Koern.——*E. sikokianum* Maxim.

5. 尼泊尔谷精草（疏毛谷精草）Eriocaulon nepalense Prescott ex Bong. ——*E. nantoense* Hayata var. *parviceps* (Hand.-Mazz.) W. L. Ma

一三八 鸭跖草科 Commelinaceae

1. 饭包草 **Commelina benghalensis** Linn. ①–(9)①–(10)①–(12)②–(1)

2. 鸭跖草 **Commelina communis** Linn. ①–(9)①–(10)①–(12)②–(1)②–(2)②–(3)④–(4)花

④-(6)

3. 聚花草 **Floscopa scandens** Lour. ②-(1)

4. 疣草 **Murdannia keisak** (Hassk.) Hand.-Mazz. ①-(10)②-(1)

5. 牛轭草 **Murdannia loriformis** (Hassk.) R. S. Rao et Kammathy ①-(10)②-(1)

6. 裸花水竹叶 **Murdannia nudiflora** (Linn.) Brenan ①-(9)①-(10)②-(1)

7. 水竹叶 **Murdannia triquetra** (Wall.) Brückn. ①-(9)①-(10)②-(1)

8. *杜若 **Pollia japonica** Thunb. ①-(12)②-(1)④-(4)果

9. 竹叶吉祥草 **Spatholirion longifolium** (Gagnep.) Dunn ①-(9)②-(1)

一三九 雨久花科 Pontederiaceae

1. 凤眼莲（水葫芦、凤眼蓝）**Eichhornia crassipes** (Mart.) Solms ①-(2)①-(9)①-(10)①-(12)②-(1)③-(2)④-(4)花④-(6)⑤-(3)

2. 鸭舌草 **Monochoria vaginalis** (Burm. f.) Presl ex Kunth ①-(2)①-(9)①-(10)②-(1)④-(4)花

一四〇 灯心草科 Juncaceae

1. 翅茎灯心草 **Juncus alatus** Franch. et Savat. ①-(9)②-(1)

2. 星花灯心草 **Juncus diastrophanthus** Buch. ①-(9)②-(1)

3. 灯心草 **Juncus effusus** Linn. ①-(9)②-(1)③-(2)④-(6)

4. 江南灯心草（笄石菖）**Juncus prismatocarpus** R. Br. ——*J. leschenaultii* Gay ②-(1)③-(2)

5. *野灯心草 **Juncus setchuensis** Buch. ①-(9)②-(1)③-(2)

6. *羽毛地杨梅 **Luzula plumosa** E. Meyer ②-(1)

一四一 百合科 Liliaceae

1. 短柄粉条儿菜 **Aletris scopulorum** Dunn. ②-(1)②-(3)

2. 粉条儿菜 **Aletris spicata** (Thunb.) Franch. ①-(10)②-(1)②-(3)

3. 藠头 **Allium chinense** G. Don ①-(9)①-(10)①-(12)②-(1)④-(4)花

4. 薤白 **Allium macrostemon** Bunge ①-(1)①-(7)①-(9)①-(10)①-(12)②-(1)②-(3)

5. 天门冬 **Asparagus cochinchinensis** (Lour.) Merr. ①-(1)①-(2)①-(10)①-(12)②-(1)③-(6)④-(4)果

6. 开口箭 **Campylandra chinensis** (Baker) M. N. Tamura et al.——*Tupistra chinensis* Baker ②-(1)②-(2)②-(3)④-(4)果

7. 云南大百合 **Cardiocrinum giganteum** (Wall.) Makino var. **yunnanense** (Leichtlin ex Elwes) Stearn ①-(1)①-(10)②-(1)④-(4)花

8. 山菅 **Dianella ensifolia** (Linn.) Redoute ②-(1)②-(3)③-(5)④-(4)果

9. 深裂竹根七 **Disporopsis pernyi** (Hua) Diels ②–(1)④–(4)叶

10. 宝铎草 **Disporum sessile** D. Don ex Schult. ①–(10)①–(12)②–(1)④–(4)花

11. 萱草 **Hemerocallis fulva** (Linn.) Linn. ① – (9)①–(10)①–(12)②–(1)②–(2)②–(3)③–(2)④–(2)④–(4)花④–(5) HF

12. 紫萼 **Hosta ventricosa** (Salisb.) Stearn ①–(10)②–(1)②–(3)④–(4)叶④–(4)花

13. 野百合 **Lilium brownii** F. E. Brown ex Miellez ①–(1)①–(9)①–(10)②–(1)③–(4)④–(4)花

13a. 百合 var. **viridulum** Baker ①–(1)①–(7)①–(9)①–(10)②–(1)③–(4)④–(4)花

14. 禾叶山麦冬 **Liriope graminifolia** (Linn.) Baker ①–(9)①–(10)②–(1)③–(2)④–(2)④–(4)形

15. 阔叶山麦冬 **Liriope muscari** (Decne.) Bailey ——*L. muscari* var. *communis* (Maxim.) Hsu et L. C. Li ①–(9)①–(10)②–(1)④–(2)④–(4)形

16. 山麦冬 **Liriope spicata** (Thunb.) Lour. ①–(9)①–(10)②–(1)③–(2)④–(2)④–(4)形

17. ★鹿药 **Maianthemum japonicum** (A. Gray) La Frankie ——*Smilacina japonica* A. Gray ①–(10)②–(1)④–(4)果

18. ★间型沿阶草 **Ophiopogon intermedius** D. Don ①–(10)②–(1)④–(2)④–(4)形④–(4)果

19. 麦冬 **Ophiopogon japonicus** (Linn. f.) Ker-Gawl. ①–(10)②–(1)④–(2)④–(4)形④–(4)果

20a. 华重楼（七叶一枝花）**Paris polyphylla** Smith. var. **chinensis** (Franch.) Hara ②–(1)②–(3)④–(4)形④–(4)果⑤–(1)c

20b. 狭叶重楼 var. **stenophylla** Franch. ②–(1)②–(3)④–(4)形④–(4)果⑤–(1)c

21. 多花黄精 **Polygonatum cyrtonema** Hua ①–(1)①–(10)②–(1)④–(4)形④–(4)花

22. 长梗黄精 **Polygonatum filipes** Merr. ①–(1)①–(10)②–(1)④–(4)花

23. 吉祥草 **Reineckea carnea** (Andr.) Kunth ①–(10)②–(1)②–(3)④–(4)形④–(4)果

24. 尖叶菝葜 **Smilaxarisanensis** Hayata ①–(10)①–(12)②–(1)

25. 浙南菝葜 **Smilax austrozhejiangensis** C. Ling ①–(10)①–(12)④–(4)果

26. 菝葜 **Smilax china** Linn. ①–(1)①–(3)①–(10)①–(12)①–(13)②–(1)③–(2)③–(5) ④–(4)果

27. 小果菝葜 **Smilax davidiana** A. DC. ①–(1)①–(3)①–(10)①–(12)①–(13)②–(1)③–(5)④–(4)果

28. 托柄菝葜 **Smilax discotis** Warb. ①–(1)①–(9)①–(10)①–(12)④–(4)

29. 土茯苓 **Smilax glabra** Roxb. ①–(1)①–(2)①–(3)①–(9)①–(10)①–(12)②–(1)②–(2)③–(5)

30. 黑果菝葜 **Smilax glaucochina** Warb. ①–(1)①–(3)①–(9)①–(10)①–(12)②–(1)③–(5)

31. 肖菝葜 **Smilax japonica** (Kunth) A. Gray——*Heterosmilax japonica* Kunth ——*Smilax*

japonica (Kunth) P. Li et C. X. Fu (nom. illeg.) ①–⑽①–⑿②–(1)

32. 暗色菝葜 **Smilax lanceifolia** Roxb. var. **opaca** A. DC. ①–(9)①–⑽①–⑿②–(1)

33. ★木本牛尾菜 **Smilax ligneoriparia** C. X. Fu et P. Li

34. 缘脉菝葜 **Smilax nervomarginata** Hayata ①–(1)①–⑽①–⑿

35. 白背牛尾菜 **Smilax nipponica** Miq. ①–⑽①–⑿②–(1)

36. 牛尾菜 **Smilax riparia** A. DC. ①–(1)①–(9)①–⑽①–⑿②–(1)③–(3)③–(5)④–(4)形

37. 华东菝葜 **Smilax sieboldii** Miq. ①–(9)①–⑽①–⑿②–(1)

38. 鞘柄菝葜 **Smilax stans** Maxim. ①–(1)①–⑽②–(1)

39. 油点草 **Tricyrtis macropoda** Miq. ①–⑽②–(1)④–(4)花

40. 牯岭藜芦 **Veratrum schindleri** Loes. f. ①–⑿（蜜有毒）②–(1)②–(2)②–(3)④–(4)

41. 凤尾兰 **Yucca gloriosa** Linn. ①–(9)① – ⑽①–⑿②–(1)③–(2)④–(4)形④–(4)花⑤–(3)

一四二 石蒜科 Amaryllidaceae

1. 龙舌兰 **Agave americana** Linn. ①–(5)②–(1)②–(3)③–(2)④–(4)形

2. △君子兰（大花君子兰）**Clivia miniata** Regel ②–(1)④–(4)形④–(4)花

3. △文殊兰 **Crinum asiaticum** Linn. var. **sinicum** (Roxb. ex Herb.) Baker ①–⑿ ②–(1)②–(3)④–(4)形④–(4)花

4. 仙茅 **Curculigo orchioides** Gaertn. ②–(1)②–(3)④–(4)形

5. △花朱顶红 **Hippeastrum vittatum** (L′ Hér.) Herb. ②–(1)②–(2)②–(3)③–(7)④–(4)形④–(4)花

6. ★小金梅草 **Hypoxis aurea** Lour. ②–(1)

7. ★中国石蒜 **Lycoris chinensis** Traub. ①–(1)②–(1)②–(2)②–(3)③–(6)④–(2)④–(4)叶④–(4)花

8. 石蒜 **Lycoris radiata** (L′ Hér.) Herb. ①–(1)②–(1)②–(2)②–(3)③–(6)④–(2)④–(4)花

一四三 薯蓣科 Dioscoreaceae

1. 黄独 **Dioscorea bulbifera** Linn. ①–(1)①–(8)①–⑽②–(1)②–(2)②–(3)④–(4)果

2. 薯莨 **Dioscorea cirrhosa** Lour. ①–(1)①–(6)①–⑽②–(1)③–(3)③–(7)④–(4)果

3. 粉背薯蓣（粉萆薢）**Dioscorea collettii** Hook f. var. **hypoglauca** (Palib.) Pei et Ting ①–⑽②–(1)

4. 福州薯蓣（福萆薢）**Dioscorea futschauensis** Uline ex R. Kunth ②–(1)

5. 光叶薯蓣 **Dioscorea glabra** Roxb. ①–(1)①–(10)②–(1)

6. 纤细薯蓣（白萆薢）**Dioscorea gracillima** Miq. ①–(1)②–(1)②–(2)

7. 日本薯蓣（尖叶薯蓣）**Dioscorea japonica** Thunb. ①–(1)①–(10)②–(1)④–(4)果

8. *毛芋头薯蓣 **Dioscorea kamoonensis** Kunth ①–(1)①–(10)②–(1)

9. * 薯 蓣 **Dioscorea polystachya** Turcz. ——*D. opposita* Thunb. ——*D. oppositifolia* Linn. ①–(1)①–(2)①–(4)①–(10)②–(1)②–(2)④–(4)果

10. 绵萆薢 **Dioscorea spongiosa** J. Q. Xi, M. Mizuno et W. L. Zhao ①–(1)②–(1)

11. 细柄薯蓣（细萆薢）**Dioscorea tenuipes** Franch. et Sav. ①–(1)②–(1)

12. 山萆薢 **Dioscorea tokoro** Makino ②–(1)②–(3)

一四四 鸢尾科 Iridaceae

1. 射干 **Belamcanda chinensis** (Linn.) DC. ②–(1)②–(2)②–(3)③–(2)④–(4)叶④–(4)花

2. 蝴蝶花 **Iris japonica** Thunb. ①–(12)②–(1)②–(3)④–(2)④–(4)叶④–(4)花

3. 马蔺（白花马蔺）**Iris lactea** Pall. ——*I. lactea* Pall. var. *chinensis* (Fisch.) Koidz. ①–(1)①–(9)①–(12)②–(1)③–(2)④–(2)④–(4)叶

4. 小花鸢尾 **Iris speculatrix** Hance ①–(12)②–(1)②–(3)③–(2)④–(2)④–(4)叶④–(4)花

一四五 芭蕉科 Musaceae

1. 芭蕉 **Musa basjoo** Sieb. et Zucc. ①–(9)①–(10)①–(12)①–(13)②–(1)③–(2)③–(3)④–(4)形

一四六 姜科 Zingiberaceae

1. 山姜 **Alpinia japonica** (Thunb.) Miq. ①–(10)②–(1)③–(2)③–(4)④–(4)花④–(4)果

2. *华山姜 **Alpinia chinensis** (Retz.) Rosc.

3. 蘘荷 **Zingiber mioga** (Thunb.) Rosc. ①–(10)②–(1)③–(2)③–(4)④–(4)形

一四七 水玉簪科 Burmanniaceae

1. *头花水玉簪 **Burmannia championii** Thw.

2. * 宽 翅 水 玉 簪（石 山 水 玉 簪）**Burmannia nepalensis** (Miers) Hook. f. ——*B. fadouensis* H. Li

一四八 兰科 Orchidaceae

1. 无柱兰（细葶无柱兰）**Amitostigma gracile** (Bl.) Schltr. ②–(1)④–(4)花⑤

2. 大 花 无 柱 兰 **Amitostigma pinguicula** (Reichb. f. et S. Moore) Schltr. ②–(1)④–(4)花⑤

3. *金线兰（花叶开唇兰）**Anoectochilus roxburghii** (Wall.) Lindl. ②–(1)④–(4)花⑤

4. 竹叶兰 **Arundina graminifolia** (D. Don) Hochr. ②–(1)④–(4)花⑤

5. 白芨 **Bletilla striata** (Thunb.) Reichb. f.①–⑩②–(1)②–(2)③–(6)a④–(4)花⑤

6. 城口卷瓣兰（四棱卷瓣兰、浙杭卷瓣兰）**Bulbophyllum chondriophorum** (Gagnep.) Seidenf.——*B. quadrangulum* Z. H. Tsi⑤

7. *瘤唇卷瓣兰 **Bulbophyllum japonicum** (Makino) Makino

8. 广东石豆兰 **Bulbophyllum kwangtungense** Schltr.①–⑩②–(1)⑤

9. 齿瓣石豆兰 **Bulbophyllum levinei** Schltr. ——*B. psychoon* auct. non Reichb. f.①–⑩②–(1)⑤

10. *斑唇卷瓣兰 **Bulbophyllum pecten-veneris** (Gagnep.) Seidenf. ——*B. flaviflorum* (T. S. Liu et H. J. Su) Seidenf.①–⑩④–(4)花⑤

11. 泽泻叶虾脊兰 **Calanthe alismatifolia** Lindl.②–(1)④–(4)花⑤

12. 钩距虾脊兰 **Calanthe graciliflora** Hayata②–(1)④–(4)花⑤

13. *细花虾脊兰 **Calanthe mannii** Hook. f.②–(1)④–(4)花⑤

14. 云南叉柱兰 **Cheirostylis yunnanensis** Rolfe②–(1)⑤

15. 大序隔距兰 **Cleisostoma paniculatum** (Ker-Gawl.) Garay②–(1)⑤

16. *台湾吻兰 **Collabium formosanum** Hayata⑤

17. *蛤兰（小毛兰）**Conchidium pusillum** Griff. ——*Eria sinica* (Lindl.) Lindl.

18. 建兰 **Cymbidium ensifolium** Sw.①–⑩②–(1)③–(4)④–(4)花⑤

19. 蕙兰 **Cymbidium faberi** Rolfe①–(7)①–⑩②–(1)②–(3)④–(4)花⑤

20. 多花兰（台兰）**Cymbidium floribundum** Lindl.——*C. floribundum* var. *pumilum* (Rolfe) Y. S. Wu et S. C. Chen①–⑩④–(4)花⑤

21. 春兰 **Cymbidium goeringii** (Reichb. f.) Reichb. f.①–(7)①–⑩③–(4)④–(4)花⑤

22. 寒兰 **Cymbidium kanran** Makino①–⑩②–(1)④–(4)花⑤

23. 兔耳兰 **Cymbidium lancifoliu**m Hook.②–(1)④–(4)花⑤

24. 细茎石斛 **Dendrobium moniliforme** (Linn.) Sw.①–⑩②–(1)④–(4)形⑤

25. *血红肉果兰 **Galeola septentrionalis** H. G. Reichenbach⑤

26. *中华盆距兰 **Gastrochilus sinensis** Z. H. Tsi④–(4)⑤

27. 大花斑叶兰 **Goodyera biflora** Hook. f.②–(1)④–(4)花⑤

28. 光萼斑叶兰 **Goodyera henryi** Rolfe②–(1)⑤

29. 高斑叶兰 **Goodyera procera** (Ker-Gawl.) Hook.②–(1)⑤

30. 斑叶兰 **Goodyera schlechtendaliana** Reichb. f.②–(1)④–(4)花⑤

31. 绒叶斑叶兰 **Goodyera velutina** Maxim. ex Regel②–(1)⑤

32. *绿花斑叶兰 **Goodyera viridiflora** (Bl.) Lindl. ex D. Dietr. ⑤

33. 线叶十字兰（线叶玉凤花）**Habenaria linearifolia** Maxim.④–(4)花⑤

34. *裂瓣玉凤花 **Habenaria petelotii** Gagnep.②–(1)⑤

35. 叉唇角盘兰 **Herminium lanceum** (Thunb. ex Sw.) Vuijk②–(1)⑤

36. *旗唇兰 **Kuhlhasseltia yakushimensis** (Yamamoto) Ormerod ——*Vexillabium yakushimense* (Yamamoto) F. Maekawa⑤

37. 镰翅羊耳蒜 **Liparis bootanensis** Griff.②-(1)⑤

38. 长苞羊耳蒜 **Liparis inaperta** Finet②-(1)⑤

39. 见血青 **Liparis nervosa** (Thunb.) Lindl.②-(1)④-(4)花⑤

40. 香花羊耳蒜 **Liparis odorata** (Willd.) Lindl.②-(1)④-(4)花⑤

41. 长唇羊耳蒜 **Liparis pauliana** Hand.-Mazz.④-(4)花⑤

42. 纤叶钗子股 **Luisia hancockii** Rolfe②-(1)⑤

43. 深裂沼兰 **Malaxis acuminata** D. Don［*Flora of China*改为*Crepidium acuminatum* (D. Don) Szlachetko］⑤

44. 小沼兰 **Malaxis microtatantha** Tang et Wang［*Flora of China*改为*Oberonioides microtatantha* (Schlechter) Szlachetko］⑤

45. *日本对叶兰 **Neottia japonica** (Bl.) Szlach.——*Listera japonica* Bl.——*L. shaoii* S. S. Ying⑤

46. *二叶兜被兰 **Neottianthe cucullata** (Linn.) Schltr.②-(1)⑤

47. *长叶山兰 **Oreorchis fargesii** Finet②-(1)④-(4)花⑤

48. 狭穗阔蕊兰 **Peristylus densus** (Lindl.) Santop. et Kapad②-(1)⑤

49. 黄花鹤顶兰（斑叶鹤顶兰）**Phaius flavus** (Blume) Lindl.②-(1)④-(4)花⑤

50. 细叶石仙桃 **Pholidota cantonensis** Rolfe②-(1)④-(4)形⑤

51. 石仙桃 **Pholidota chinensis** Lindl.②-(1)④-(4)形⑤

52. 大明山舌唇兰 **Platanthera damingshanica** K. Y. Lang et H. S. Guo⑤

53. 密花舌唇兰 **Platanthera hologlottis** Maxim.②-(1)⑤

54. 舌唇兰 **Platanthera japonica** (Thunb.) Lindl.②-(1)⑤

55. 尾瓣舌唇兰 **Platanthera mandarinorum** Reichb. f.②-(1)⑤

56. 小舌唇兰 **Platanthera minor** (Miq.) Reichb. f.②-(1)⑤

57. 台湾独蒜兰 **Pleione formosana** Hayata ——*P. bulbocodioides* auct. non (Franch.) Rolfe②-(1)②-(3)④-(4)花⑤

58. *短茎萼脊兰 **Sedirea subparishii** (Z. H. Tsi) Christenso②-(1)⑤

59. *香港绶草 **Spiranthes hongkongensis** S. Y. Hu et Barretto⑤

60. 绶草（盘龙参）**Spiranthes sinensis** (Pers.) Ames②-(1)④-(4)花⑤

61. 带叶兰 **Taeniophyllum glandulosum** Bl.⑤

62. 带唇兰 **Tainia dunnii** Rolfe④-(4)花⑤

63. 小花蜻蜓兰 **Tulotis ussuriensis** (Regel) Hara［*Flora of China*改为东亚舌唇兰 *Platanthera ussuriensis* (Regel) Maxim.］②-(1)⑤

附：下列种类是《乌岩岭自然保护区志》中的乌岩岭保护区蕨类植物名录和乌岩岭保护区种子植物名录中记载的种类，但本次调查中未发现，作为存疑种列出，供后人研究参考。

1. 石蕨 **Saxiglossum angustissimum** (Gies. ex Diels) Ching（水龙骨科 **Polypodiaceae**）

2. 响叶杨 **Populus adenopoda** Maxim（杨柳科 **Salicaceae**）

3. 亮叶桦（光皮桦）**Betula luminifera** H. Winkl.（桦木科 **Betulaceae**）

4. 水蛇麻（桑草）**Fatoua villosa** (Thunb.) Nakai（桑科 **Moraceae**）

5. 华桑 **Morus cathayana** Hemsl.（桑科 **Moraceae**）

6. 艾麻 **Laportea cuspidata** (Wedd.) Friis（荨麻科 **Urticaceae**）

7. 百蕊草 **Thesium chinense** Turcz.（檀香科 **Santalaceae**）

8. 马兜铃 **Aristolochia debilis** Sied. et Zucc.（马兜铃科 **Aristolochiaceae**）

9. 蓼子草 **Polygonum criopolitanum** Hance（蓼科 **Polygonaceae**）

10. 威灵仙 **Clematis chinensis** Osbeck（毛茛科 **Ranunculaceae**）

11. 庐山小檗 **Berberis virgetorum** Schneid.（小檗科 **Berberidaceae**）

12. 三枝九叶草（箭叶淫羊藿）**Epimedium sagittatum** (Sieb. et Zucc.) Maxim.（小檗科 **Berberidaceae**）

13. 十大功劳 **Mahonia fortunei** (Lindl.) Fedde（小檗科 **Berberidaceae**）

14. 绿叶五味子 **Schisandra viridis** A. C. Smith（木兰科 **Magnoliaceae**）

15. 柔毛水杨梅 **Geum japonicum** Thunb. var. **chinense** F. Bolle（蔷薇科 **Rosaceae**）

16. 细齿稠李 **Padus obtusata** (Koehne) Yü et Ku——*Prunus obtusata* Koehne（蔷薇科 **Rosaceae**）

17. 绢毛稠李 **Padus wilsonii** Schneid.——*Prunus sericea* (Batal.) Koehne（蔷薇科 **Rosaceae**）

18. 弓茎悬钩子 **Rubus flosculosu**s Focke（蔷薇科 **Rosaceae**）

19. 中华绣线菊（铁黑汉条）**Spiraea chinensis** Maxim.（蔷薇科 **Rosaceae**）

20. 杭子梢 **Campylotropis macrocarpa** (Bunge) Rehd.（豆科 **Leguminosae**）

21. 香槐 **Cladrastis wilsonii** Takeda（豆科 **Leguminosae**）

22. 天蓝苜蓿（野苜蓿）**Medicago lupulina** Linn.（豆科 **Leguminosae**）

23. 直立酢浆草 **Oxalis corniculata** Linn. var. **stricta** (Linn.) Huang et L. R. Xu——*O. stricta* Linn.（酢浆草科 **Oxalidaceae**）

24. 刺果卫矛 **Euonymus acanthocarpus** Franch.（卫矛科 **Celastraceae**）

25. 卫矛 **Euonymus alatus** (Thunb.) Sieb.（卫矛科 **Celastraceae**）

26. 福建假卫矛 **Microtropis fokienensis** Dunn（卫矛科 **Celastraceae**）

27. 雷公藤 **Tripterygium wilfordii** Hook.（卫矛科 **Celastraceae**）

28. 樟叶槭 **Acer coriaceifolium** Lévl.——*A. cinnamomifolium* Hayata（槭树科 **Aceraceae**）

29. 谷蓼 **Circaea erubescens** Franch. et Sav.（柳叶菜科 **Onagraceae**）

30. 四照花（亚种）**Cornus kousa** F. Buerger ex Hance subsp. **chinensis** (Osborn) Q. Y. Xiang（山茱萸科 **Cornaceae**）

31. 羊踯躅 **Rhododendron molle** G. Don（杜鹃花科 **Ericaceae**）

32. 当归藤 **Embelia parviflora** Wall.（紫金牛科 **Myrsinaceae**）

33. 庐山桉（小白蜡树）**Fraxinus sieboldiana** Bl.——*F. mariesii* Hook. f.（木犀科 **Oleaceae**）

34. 兰香草 **Caryopteris incana** (Thunb.) Miq.（马鞭草科 **Verbenaceae**）

35. 牡荆 **Vitex negundo** Linn. var. **cannabifolia** (Sieb. et Zucc.) Hand.-Mazz.（马鞭草科 **Verbenaceae**）

36. 野芝麻 **Lamium barbatum** Sieb. et Zucc.（唇形科 **Labiatae**）

37. 江南散血丹 **Physaliastrum heterophyllum** (Hemsl.) Migo（茄科 **Solanaceae**）

38. 江南马先蒿（亨氏马先蒿）**Pedicularis henryi** Maxim.（玄参科 **Scrophulariaceae**）

39. 温州长蒴苣苔 **Didymocarpus cortusifolius** (Hance) W. T. Wang（苦苣苔科 **Gesneriaceae**）

40. 南方狸藻 **Utricularia australis** R. Br.（狸藻科 **Lentibulariaceae**）

41. 江南山梗菜 **Lobelia davidii** Frand（桔梗科 **Campanulaceae**）

42. 六棱菊（臭灵丹）**Laggera alata** (D. Don) Sch.Bip ex Oliv.（菊科 **Compositae**）

43. 水烛 **Typha angustifolia** Linn.（香蒲科 **Typhaceae**）

44. 百部 **Stemona japonica** (Bl.) Miq.（百部科 **Stemonaceae**）

45. 对叶百部（大百部）**Stemona tuberosa** Lour.（百部科 **Stemonaceae**）

46. 卷丹 **Lilium tigrinum** Ker-Gawl.——*L. lancifolium* auct. non Thunb.（百合科 **Liliaceae**）

第三部分

浙江乌岩岭国家级自然保护区
植物资源和利用

第一章 食用植物资源

食用植物资源是能被人类食用的植物的总称。它包括直接食用植物和间接食用植物两大类。前者是指植物体的全部或一部分可直接被食用，如野生蔬菜、野生果品等，或者是经过物理或化学方法加工后可被食用，如淀粉、食用油脂、甜味剂等。后者是指植物体的全部或一部分被动物食用，人类则食用该动物或该动物的产品，主要是饲料植物和蜜源植物。

食用植物资源通常可分为13类，即淀粉植物资源、植物蛋白资源、食用油脂植物资源、维生素植物资源、饮料植物资源、食用色素植物资源、食用香料植物资源、野生果品植物资源、野生蔬菜植物资源、食用竹资源、甜味剂植物资源、饲料植物资源和蜜源植物资源。

第一节　淀粉植物资源

一、概述

淀粉是高分子碳水化合物，是由单一类型的糖单元组成的多糖。淀粉的基本构成单位为 α -D- 吡喃葡萄糖，葡萄糖脱去水分子后经由糖苷键连接在一起所形成的共价聚合物就是淀粉分子。淀粉属于多聚葡萄糖，游离葡萄糖的分子式以 $C_6H_{12}O_6$ 表示，脱水后葡萄糖单位则为 $C_6H_{10}O_5$，因此，淀粉分子可写成 $(C_6H_{10}O_5)_n$，n 为不定数。组成淀粉分子的结构单体（脱水葡萄糖单位）的数量称为聚合度，以DP表示。

淀粉是经由 α -1, 4- 糖苷键连接组成的。其后，人们把淀粉分为直链分子和支链分子，直链分子是D- 六环葡萄糖经 α -1, 4- 糖苷键组成，支链分子的分支位置为 α -1, 6- 糖苷键，其余为 α -1, 4- 糖苷键。

直链淀粉含100～5000个葡萄糖单元，通常是数百个。支链淀粉含4000～40000个葡萄糖单元，偶见超过100000个。在天然淀粉中直链的占20%～26%，它是可溶性的，其余的则为支链淀粉。直链淀粉分子的一端为非还原末端基，另一端为还原末端基，而支链淀粉分子具有一个还原末端基和许多非还原末端基；当用碘溶液进行检测时，直链淀粉液呈深蓝色，吸收碘量为19%～20%，而支链淀粉与碘接触时则变为紫红色，吸收碘量为1%。在植物产生的天然淀粉中，全部由直链淀粉组成的淀粉是没有的，大多在30%以内；全部由支链淀粉组成的植物淀粉却存在，如糯米支链中淀粉含量达99%以上，通常说它全部由支链淀粉组成。

纯净的淀粉为白色，带有光泽，具有不同形状的微小颗粒，可依轮纹类型鉴别淀粉的种类。淀粉无味无臭，不溶于冷水和乙醇，但当水加温到55～60℃的糊化温度时，则淀粉在水中膨胀变成有黏性的半透明凝胶或成为胶体溶液。淀粉的密度为1.499～1.513g/cm³。

淀粉的用途很广。第一，它是人类最主要的粮食成分，人们每天吃的大米、面粉、玉米、马铃薯等，其主要成分就是淀粉，是人类身体能量的主要来源。第二，在食品工业中，利用淀粉可生产多种食品，如饼干、蛋糕、粉丝、粉皮等。淀粉还可以制成糖浆、淀粉糖和葡萄糖；在其他许多食品中掺用淀粉作为增稠剂、胶体生成剂、保湿剂、乳化剂、胶黏剂等。第三，淀粉是医药工业药品片剂、丸剂、粉剂等的主要辅料。第四，淀粉是与人类生活息息相关的产业不可缺少的重要原料，如造纸及棉、麻、毛、人造丝等纺织工业，化妆品、陶瓷、干电池制造及发酵等轻工业，冶金选矿、铸造、炸药制造等重工业。人类目前用的淀粉绝大多数来自栽培植物。

淀粉的提取和加工始终是利用淀粉不溶于冷水和密度比水大这两个物理性质。通常的工艺流程是：原料处理→浸泡→破碎→分离→纯化→干燥→筛分、包装→成品。

原料处理。以根或茎为原料的如葛根、蘑芋等通常用水洗清除杂质；以果实或种子为原料的如壳斗科果实，通常是晒干后破壳，然后通过风选或过筛清除杂质。

浸泡。对含水量低的原料，如壳斗科去壳后的果肉，必须先经浸泡软化，有些原料还可以加入SO_2或石灰等浸泡剂，能加速淀粉释放。

破碎。破碎的目的是破坏细胞组织，使淀粉从细胞中游离出来便于提取。常用的破碎设备有刨丝机（用于新鲜根状茎的破碎）、锤击式粉碎机（粉碎颗粒状原料）、磨盘式粉碎机（可磨多种原料）。破碎方式根据原料而定。一般进行两次破碎。

分离。粗淀粉乳中含有纤维素、蛋白质、脂肪、灰分等，必须除去这些成分才能得到高质量的淀粉。通常是先除去纤维素，再除去蛋白质。

分离纤维素多采用筛分法。通过筛网将磨碎的物料分成淀粉乳和渣。为提高工效，通常分级过筛，先用孔径较大的，接着用孔径较小的，最后一次过筛用140～200目。过筛的渣常常还有部分残存淀粉，可再次破碎过筛，可提高淀粉提取率。

过筛得到的淀粉乳可用3种方法将淀粉与蛋白质、脂肪、灰分（包括少量泥沙）分离开来。

①静置沉淀法。将淀粉乳置于沉淀容器中，静置8～12h，使淀粉沉淀，蛋白质悬浮于水中，泥沙沉于底部。先放出上层蛋白质水（不要丢弃，可提取植物蛋白，具体方法见下节），再加入清水，搅拌沉淀乳，混合均匀后静置，使淀粉沉淀。如此反复数次，即可得到纯度较高的淀粉。对于混有其他杂质或色素较多的淀粉资源，如壳斗科果实（多数含有带苦味的鞣质），多次沉淀是必要的。

②流动沉淀法。流动沉淀法是借助流槽分离蛋白质。流槽为细长形的平底槽，一般长40m，宽0.55m，槽底坡度为每米2～3mm，槽头高度0.25m。淀粉乳在流槽内做薄层流动。因淀粉相对密度大，其沉淀比蛋白质快3倍左右，故淀粉先沉淀于槽底，而蛋白质仍悬浮于水中，由槽尾流出，从而使蛋白质和淀粉分开。

③离心分离法。此法借助离心机进行分离，效率高，速度快。一般采用多级分离，即将3～4部离心机串联在一起，前一级所得的物料（淀粉乳）为第二级离心机的进料，从而逐步提高淀粉的质量。

纯化。目前较好的纯化方法是利用真空吸滤机两机串联进行淀粉纯化，效果较好。

干燥。采用真空吸滤机纯化的淀粉直接在机内进行干燥处理，使淀粉含水量降至10%～20%。利用静置沉淀法和流动沉淀法得到的淀粉乳，先在离心机进行脱水，使含水量降至40%左右，再进行干燥。常用的干燥机有转筒式、真空式和带式机。利用太阳晒干，较难准确控制含水量，同时不便于连续作业。

筛分、**包装**。干燥后的淀粉通常形状和大小不一，必须再经粉碎、过筛、分等处理。过筛将淀粉粗粒和细粒分开，细粒可直接包装成为成品，粗粒利用粉碎机粉碎、过筛，直至全部为细粉状后再包装。包装好的淀粉应储存于干燥恒温处。

淀粉在植物体中储存的部位不同。大多数植物的淀粉分布在果实、种子、块根、块茎、鳞茎中；少数分布于髓心，如棕榈、桫椤树；还有少数分布于皮层，如榆树等。

乌岩岭自然保护区维管束植物中共42科182种8变种具有比较丰富的淀粉。其中，蕨类植物8科15种，裸子植物4科6种，被子植物30科161种8变种。淀粉资源种类比较多的前10个科依次是壳斗科35种、禾本科21种1变种、百合科19种2变种、薯蓣科12种、天南星科8种、柿树科7种1变种、蓼科6种1变种、桔梗科6种、胡颓子科5种、豆科4种1变种。

二、主要淀粉植物资源列举

1. 蕨 Pteridium aquilinum (Linn.) Kuhn var. **latiusculum** (Desv.) Unherw.（蕨科 Pteridiaceae）

根状茎含淀粉20%～45%，从中提取的淀粉称蕨粉。蕨粉的食用方法很多。用蕨粉90～120g，加少许红糖，开水冲服，治泻痢腹痛；用蕨粉加葱头，以热的淡水酒冲服，治乳腺炎；用蕨粉与少许冰糖末调匀，外敷，治口腔溃疡；《本草纲目》曾记载，蕨粉有滑肠通便、清热解毒、消脂降压、通经活络、降气化痰、帮助睡眠等功效；蕨粉对咽喉疼痛、牙周炎、上火、泻痢也有很好的食疗效果。因此，它非常适合作为食疗食品和夏季凉菜，是老人、孕妇、儿童理想的营养佳品。现代研究认为，蕨粉对癌细胞有一定的抑制作用，常吃蕨粉有预防和辅助治疗癌症的作用。蕨粉还可制作粉丝和酿酒。

值得注意的是，1983年日本科学家指出，蕨菜中有一种叫作"原蕨苷"的天然毒素，它有很强的致癌性。但蕨菜中不同部位的原蕨苷含量也有很大差异，叶部的"原蕨苷"含量约是根部的10倍。蕨粉来自根部，且经过加工，原蕨苷含量已经非常少，食用蕨粉不会对人体造成伤害。

附：福建莲座蕨 *Angiopteris fokiensis* Hieron.（观音座莲科 Angiopteridaceae）、金毛狗 *Cibotium barometz* (Linn.) J. Smith（蚌壳蕨科 Dicksoniaceae）、狗脊 *Woodwardia japonica* (Linn. f.) Smith、胎生狗脊 *Woodwardia prolifera* Hook. et Arn.（乌毛蕨科 Blechnaceaae）、槲蕨 *Drynaria roosii* Nakaike（槲蕨科 Drynariaceae）等根状茎中也含有丰富的优质淀粉，目前几乎没有被利用。

2. 苦槠 Castanopsis sclerophylla (Lindl. ex Paxton) Schott.（壳斗科 Fagaceae）

苦槠果实富含淀粉，据报道含量达50%～60%，药用价值较高。据《本草纲目》介绍，槠实主治阳痿、水肿，有益气、充饥、明目、壮筋骨、助阳气、补虚劳、健腰膝等效用。苦槠淀粉的主要功效是对痢疾和止泻有独到的疗效，腹泻时只要喝上一碗苦槠羹，基本上都能够止住腹泻。苦槠豆腐是江西、安徽、浙江、福建等地的传统名吃。

附：壳斗科的全部种类都是淀粉植物，但目前被开发利用的仅是少数种类。乌岩岭保护区储藏量大、具有较好开发前景的有锥栗 *Castanea henryi* (Skan) Rehd. et Wils.、板栗 *Castanea mollissima* Blume、茅栗 *Castanea seguinii* Dode、米槠 *Castanopsis carlesii* (Hemsl.) Hayata、甜槠 *Castanopsis eyrei* (Champ. ex Benth.) Tutch、栲树 *Castanopsis fargesii* Franch.、南岭栲 *Castanopsis fordii* Hance、乌楣栲 *Castanopsis jucunda* Hance、钩栲 *Castanopsis tibetana* Hance、青冈 *Cyclobalanopsis glauca* (Thunb.) Oerst.、细叶青冈 *Cyclobalanopsis myrsinaefolia* (Blume) Oerst.、短尾柯 *Lithocarpus brevicaudatus* (Skan) Hayata、柯 *Lithocarpus glaber* (Thunb.) Naka、硬壳柯 *Lithocarpus hancei* (Benth.) Rehd.、木姜叶柯 *Lithocarpus litseifolius* (Hance) Chun、麻栎 *Quercus acutissima* Carr.、槲栎 *Quercus aliena* Blume、白栎 *Quercus fabri* Hance、乌冈栎 *Quercus phillyraeoides* A. Gray、枹栎（瘭栎、短柄枹）*Quercus serrata* Murr. 等。

3. 睡莲 Nymphaea tetragona Georgi（睡莲科 Nymphaeaceae）

其根状茎淀粉含量53.4%，粗纤维含量15%。它是重要的淀粉资源。

4. 莲 Nelumbo nucifera Gaertn（睡莲科 Nymphaeaceae）

其根状茎称藕，含淀粉56.83%，制成的淀粉称藕粉。它是重要的淀粉资源。

5. 薜荔 Ficus pumila Linn.（桑科 Moraceae）

瘦果种仁含淀粉，提取可供食用；瘦果外果皮富含优质果胶，是制造凉粉的上等原料，在国际市场颇受欢迎。

附：同属植物中，珍珠莲 *Ficus sarmentosa* Buch.–Ham. ex Smith var. *henryi* (King ex

D. Oliv.) Corner 有类似的开发价值。同科的柘树 *Maclura tricuspidata* Carr. 种仁含淀粉，可利用。

6. 粉防己（石蟾蜍）**Stephania tetrandra** S. Moore（防己科 Menispermaceae）

块根含丰富的淀粉，可提取供酿酒。

附：同科植物金钱吊乌龟（头花千金藤）*Stephania cephalantha* Hayata、千金藤 *Stephania japonica* (Thunb.) Miers、木防己 *Cocculus orbiculatus* (Linn.) DC.、毛木防己 var. *mollis* (Hook. f. et Thoms.) Hara 块根或根均含丰富的淀粉。

7. 葛 Pueraria montana (Lour.) Merr.（豆科 Leguminosae）

葛新鲜块根含淀粉 20%，高者达 27%，每 100g 鲜根含蛋白质 2.1g、脂肪 0.1g、钙 1.4g、磷 18mg、铁 0.6mg，还含有可治疗多种常见病的异黄酮化合物、葛根苷、皂角苷、三萜类化合物和多种人体必需的氨基酸。

附：同属近缘种野葛 var. *lobata* (Willd.) Maesen et S. M. Almeida ex Sanjappa et Predeep 和三裂叶野葛 *Pueraria phaseoloides* Benth. 的块根中也富含淀粉。

8. 菊芋 Helianthus tuberosus Linn.（菊科 Campositae）

菊芋的地下块茎富含淀粉，俗称菊粉，占其鲜重的 15%～20%。目前国际上菊芋主要作为加工菊粉、低聚果糖、超高果糖浆等产品的原料。菊粉是一类果糖通过 β-1, 2-键连接，末端带有一个葡萄糖分子的聚果糖。菊粉糖热量低，具有促进双歧杆菌生长、促进肠胃功能、防治便秘、增加维生素的合成量、提高免疫力、调节血脂、减肥等作用。菊粉中含有一种与人类内生胰岛素结构非常近似的物质，对血糖具有双向调节作用，即一方面可使糖尿病患者血糖降低，另一方面又能使低血糖患者血糖升高。

菊芋是一种多年生宿根性草本植物。原产北美洲，17 世纪传入欧洲，后传入中国。菊芋喜稍清凉而干燥的气候，耐寒、耐旱，块茎在 0～6℃时萌动，8～10℃出苗，由于菊芋的地下块茎能在寒冷的北方土壤下越冬，故翌年能萌发新株。其幼苗能耐 1～2℃的低温。18～22℃、日照 12h 的条件有利于块茎的形成。块茎能在 -30～-25℃的冻土层内安全越冬。其对土壤的适应性很强，在肥沃疏松的土壤中栽培能取得很高的产量。还可以在干旱的沙漠地带种植，作为改善生态环境的作物。

菊芋以块茎繁殖，秋冬收获块茎后，选择 20～25g 大的块茎播种，或砂藏备种。也可于春季土壤解冻后挖取大小适当的块茎播种。播种于春季进行。穴播或沟播。种植株行距为 50cm×50cm。穴植在挖松土壤施基肥后播种，但基肥不宜过多。播种深度约10cm。播后覆土平穴。播种后 1 个月左右出苗。齐苗后适当追肥、浇水，然后中耕除草，并培土成低垄，不太干旱时可不用再浇水，直至块茎膨大时浇水，以"见干见湿"为原则。如茎、叶生长过于茂盛，宜摘顶，促使块茎膨大。菊芋极少见病虫危害，可以不使用农药，极干旱时有可能发生蚜虫，喷水可消灭。秋霜后收获。亩产可达 2000～3000kg。淀粉可按块茎类植物淀粉提取方法提取。提粉后的残渣是牲畜优良的饲料。此外，菊芋还可作蔬菜鲜食或腌制食用。

9. 东亚蘑芋 Amorphophallus kiusianus (Makino) Makino（天南星科 Araceae）

东亚蘑芋和常见栽培的蘑芋一样，是有益的碱性食品，帮助人们酸碱平衡，对人体健康有利。每100g蘑芋中含蛋白质2.2g、脂肪0.1g、碳水化合物17.5g、钙19mg、磷51mg。此外，还含有大量甘露糖苷、维生素、植物纤维及一定量的黏液蛋白。

地下块茎扁圆形，宛如大个儿荸荠，营养十分丰富。其所含热量较低，碳水化合物及钙、磷、钾、硒等矿物质元素含量较高，还含有人类所需要的蘑芋多糖，并具有低热量、低脂肪和高纤维素的特点。块茎所含的黏液蛋白能减少体内胆固醇的积累，预防动脉硬化和防治心脑血管疾病；甘露糖苷对癌细胞代谢有干扰作用；优良的膳食纤维能刺激机体产生一种杀灭癌细胞的物质，能够防治癌症，并能促进胃肠蠕动，润肠通便，防止便秘和减少肠对脂肪的吸收，有利于肠道病症的治疗。

东亚蘑芋球茎淀粉含量约30%，含量更大的是葡萄甘露聚糖，约占50%，养身保健的主要有效成分多在葡萄甘露聚糖中。因此，提取的淀粉的工艺不用常规的粉碎→水洗→沉淀的方法，而是用如下的流程：块茎→去芽根→水洗→晾干→去皮→切片→漂白→烘烤→粉碎→旋风分离→检验→包装→成品。实际上，这只能说是广义上的淀粉，俗称蘑芋粉，它吸水膨胀，可增大至原体积的30～100倍，因而食后有饱腹感，是理想的减肥食品。它延缓葡萄糖的吸收，有效地降低餐后血糖，从而减轻胰脏的负担，使糖尿病患者的糖代谢处于良性循环，不会像某些降糖药物那样使血糖骤然下降而出现低血糖现象。

生的东亚蘑芋球茎有毒，必须煎煮3h以上才可食用，且每次食量不宜过多，推荐量每人每餐80g左右。在淀粉的提取过程中，多数有毒物质已经在漂白过程中被废水带走，但总有少量还留存在淀粉中，食用时煮透是关键。

蘑芋粉除供直接食用外，还可制成蘑芋豆腐、蘑芋挂面、蘑芋面包、果汁蘑芋丝等多种食品。

蘑芋粉与酸性食物，如蛋黄、乳酪、甜点、柿子、乌鱼子、柴鱼等一起吃有可能会减弱其保健功效。蘑芋粉一般不适宜皮肤病患者食用。

东亚蘑芋喜阴凉湿润环境，不耐高温强光。如低山种植，夏季高温强光是导致东亚蘑芋病害流行的重要因素。种植东亚蘑芋除选择适宜环境外，还可通过科学合理的间作套种，为蘑芋生长创造良好的适生环境，如可以在稀疏的阔叶林下套种，夏季通过树木为东亚蘑芋提供遮阴降温。

10. 菝葜 Smilax china Linn.（百合科 Liliaceae）

根状茎含丰富淀粉。淀粉可作酿酒原料；如经充分研磨粉碎，200目过滤，制成的淀粉可直接食用，但每次用量应控制在50g以内，过量可引起便秘等症；也供药用，祛风湿，活血，利小便，消肿毒，止渴，治关节疼痛、肌肉麻木、泄泻、痢疾、水肿、淋病、疔疮、肿毒、瘰疬、痔疮等。

附：菝葜野生资源比较丰富，保护区内同属的小果菝葜 Smilax davidiana A. DC.、托

柄菝葜 *Smilax discotis* Warb.、土茯苓 *Smilax glabra* Roxb.、黑果菝葜 *Smilax glaucochina* Warb.、缘脉菝葜 *Smilax nervomarginata* Hayata、无疣菝葜 var. *liukiuensis* (Hayata) Wang et Tang、鞘柄菝葜 *Smilax stans* Maxim. 均可作淀粉资源。

11. 日本薯蓣（野山药、尖叶薯蓣）**Dioscorea japonica** Thunb.（薯蓣科 Dioscoreaceae）

野山药营养丰富，可药菜兼用，具有健脾胃、助消化、滋肾益精、益肺止咳、降低血糖、延年益寿的作用，是很好的营养滋补品。其作为蔬菜口感好，食味佳，也是多数人喜食的上好菜肴。其块茎含有丰富的淀粉，据报道含量在40%以上，粉质细腻，口感颇佳。因淀粉颗粒细，粉碎去渣后的淀粉糊自然沉淀很慢，可用离心机脱水。

薯蓣属植物的地下块茎或根状茎中均含淀粉。但地下根状茎横向生长的多含有甾体皂苷，不宜作食品直接使用；地下的根状茎或块茎向下生长的不含甾体皂苷，可直接食用或提取淀粉。

附：在保护区内除日本薯蓣外，黄独 *Dioscorea bulbifera* Linn.、薯莨 *Dioscorea cirrhosa* Lour.、光叶薯蓣 *Dioscorea glabra* Roxb.、五叶薯蓣 *Dioscorea pentaphylla* Linn.、薯蓣 *Dioscorea polystachya* Turcz. 的块茎可直接食用。

第二节　植物蛋白资源

一、概述

蛋白质是生物体所必需的生物大分子物质，是细胞中含量最丰富、功能最多的大分子物质，在各种生命活动过程中发挥重要作用，是维持生命的物质基础。按摄取来源不同，可将蛋白质分为动物蛋白质和植物蛋白质两类。动物蛋白质主要来源于家禽、家畜以及鱼类的蛋、奶、肉等。其主要以酪蛋白为主。其特点是吸收利用率极高。植物蛋白质，顾名思义是从植物中提取的，其营养成分与动物蛋白质相仿，但植物蛋白质外周有纤维薄膜包裹，从而使得植物蛋白质较动物蛋白质难以消化。因此，从人体吸收利用率来说，植物蛋白质较动物蛋白质低，但经过加工后的植物蛋白质不仅更容易被人体所吸收，而且由于植物蛋白质几乎不含胆固醇和饱和脂肪酸，所以较动物蛋白质更加健康。

氨基酸是蛋白质的基本组成单位，也是蛋白质水解的最终产物。氨基酸成分就是指某种蛋白质含有全部氨基酸的种类以及各种氨基酸的相对含量。每种蛋白质都有其特定的氨基酸成分。氨基酸成分的测定是各种蛋白质的构造、特性和营养价值的重要研究手段。

蛋白质所含的氨基酸成分很多。目前已经知道的氨基酸总数在50种以上，而蛋白质所含的氨基酸仅20种。由于分析方法的不断进步，新的氨基酸还在不断地发现。氨基酸的化学结构通式有一共同的特点，即在其羧基（—COOH）相邻的碳原子上有一个氨基（—NH$_2$），此氨基称为 α-氨基。α-氨基酸的化学通式为：

$$R—C—COOH$$
$$|$$
$$NH$$

人对不同的氨基酸的味觉不一样：产生鲜味的氨基酸（FAA）主要有谷氨酸和天门冬氨酸两种氨基酸；甜味氨基酸（SAA）主要有丙氨酸、甘氨酸、丝氨酸、苏氨酸和脯氨酸5种氨基酸；苦味氨基酸（BAA）主要有缬氨酸、异亮氨酸、亮氨酸、精氨酸、苯丙氨酸、组氨酸和蛋氨酸。

植物蛋白质是一类氨基酸含量丰富的蛋白质，由于其具有丰富的营养和许多优良的功能特性，被广泛地应用于多种食品中，如肉类食品、焙烤食品、乳制品、饮料等。植物蛋白质一般不含或仅含有少量的胆固醇、油脂等，受到许多肥胖者、高血压患者、高血脂患者以及爱美人士的青睐。其在医疗方面也有很大的应用，如藻蓝蛋白具有抗氧化、抗炎症的功效，还可以用来治疗氧化应激诱导的一些神经退化疾病，以及促进机体免疫系统功能和抑制溶血的作用。以大豆蛋白质为主的植物蛋白质产业在我国已具有相当规模。将植物蛋白质作为副原料，在鱼糜制品中应用，进一步降低鱼糜制品成本。大豆饼粕是所有饼粕类饲料中最为优越的饼粕，在猪、鸡配合饲料中得到广泛应用。近年来，植物蛋白质饮料也深受人们的喜爱，花生乳、杏仁露等都是日常生活中随处可见的饮料。

植物蛋白质具有良好的加工特性。经过加工，其具保水性和保型性，使其制品有耐储藏等较好的经济性。植物蛋白质可以单独制成各种食品，同时也可与其他如蔬菜，肉类等相组合加工成各种各样的食品。在追求营养、健康、安全饮食的今天，经加工而成的植物蛋白饮料、蛋白粉等也受到越来越多的青睐。植物蛋白的这些经济性、营养性、功能性的优点使植物蛋白质的提取加工成为当今世界热门产业，其开发潜力巨大，市场前景广阔。

根据植物中各成分含量及其来源的不同，可以将植物蛋白质分为五种类型，即油料种子蛋白、豆类蛋白、谷类蛋白、螺旋藻蛋白及叶蛋白。

油料种子蛋白。油料种子主要包括花生、油菜籽、向日葵、芝麻等，其蛋白质种类主要以球蛋白为主。目前采用的从油料中提取蛋白质的方法主要有两种：碱溶酸沉淀法和反胶束溶液萃取法。

豆类蛋白。豆类中蛋白质含量丰富，其主要存在于蛋白质体中。豆类的蛋白质含量高达40%，蛋白质体含量高达80%。一般而言，豆类蛋白质中碱性氨基酸含量较少，谷氨酸、天冬氨酸等酸性氨基酸含量较多，也以球蛋白为主，还含有丰富的不饱和脂肪酸、钙、磷、铁、膳食纤维等，不含胆固醇，具有很高的营养价值。现代营养学研究证实，豆类蛋白质具有降低高血压、减少心血管病、促进营养吸收和降血脂的功效。不仅如此，豆类中还含有皂苷、异黄酮等活性成分，具有抗衰老、提高免疫力、促进钙物质吸收的功效。

谷类蛋白。谷类主要包括玉米、小麦、黑麦等。谷类中的蛋白质不溶于水或盐溶液，其主要成分为溶解于碱溶液的谷蛋白和溶解于酒精的醇溶蛋白。

螺旋藻蛋白。螺旋藻是一种外观为蓝绿色、螺旋状单细胞水生植物，是最近食品界较受关注的蛋白资源。螺旋藻中主要的蛋白是藻蓝蛋白，在螺旋藻中主要以藻胆蛋白体的形式存在，其蛋白质含量高达70%，藻胆蛋白体由多种藻胆蛋白及连接蛋白或多肽组成，含有人体所必需的苏氨酸、赖氨酸等，同时螺旋藻蛋白极易被人体吸收利用，具有很高的营养价值。

叶蛋白。叶蛋白的开发利用虽然还刚起步，但已经展现良好的前景。到目前为止，人们已知的可用来提取叶蛋白的原料有100多种，包括种类繁多的野生植物牧草、绿肥类、树叶及一些农作物的废料。不少种类叶中含有20%～30%的蛋白质，有的超过30%，最高的达到60.8%。牧草和绿肥类主要是利用其新鲜茎叶提取蛋白质，以苜蓿的叶含氮量较高，其干物质含粗蛋白18%～28%；此外，还有豆科的紫云英，伞形科的胡萝卜，茄科的烟草，一些水生植物，如三叶草、水花生、浮萍等。树叶中粗蛋白的含量也较高，一般在3%～9%。如松叶的粗蛋白含量高达12.1%；我国科研人员对30多种树叶的化学成分做了研究，发现槐叶、桑叶、构树叶、柑橘叶、柳树叶、榆树叶、杨树叶是提取叶蛋白的原料。除此之外，一些农产品的废弃物也是叶蛋白的较好来源，如苎麻叶、芦笋叶、籽粒苋、红薯藤叶等，其中芦笋干叶中含粗蛋白26.54%。叶蛋白浓缩物中除含有很高的蛋白质外，还含有适量的脂肪、纤维素、可溶性糖、淀粉、维生素，以及Ca、P、Mg、Mo、Fe、Zn等多种矿物质。

各类植物的物理形态不同，蛋白质的成分含量也不同，相应的提取方法也各不相同。植物蛋白质的提取是利用植物蛋白质的差别将目的蛋白与非蛋白质杂质和非目的蛋白相互分离，最常见的方法有碱溶酸沉法、酶提取法、有机溶剂提取法、盐溶提取法、反胶束萃取法等。

乌岩岭自然保护区维管束植物中共42科165种21变种具有比较丰富的蛋白质。其中，裸子植物1科3种，被子植物41科162种21变种。植物蛋白质种类比较多的前8个科依次是禾本科72种13变种、豆科29种2变种、菊科13种、苋科9种、大戟科5种、桑科3种、藜科2种1变种、唇形科1种2变种。

二、主要蛋白类植物资源列举

1. 紫萁 Osmunda japonica Thunb.（紫萁科 Osmundaceae）

紫萁嫩叶100g含碳水化合物4.3g、蛋白质2.2g、脂肪0.19g、胡萝卜素1.68mg，还含有维生素C、多种矿物质、皂苷和黄酮类物质。紫萁具有润肺理气、补虚舒络、清热解毒的功效，主治吐血、赤痢便血、子宫功能性出血、遗精等症。

2. 蕨 Pteridium aquilinum (Linn.Kuhn var. **latiusculum** (Desv.) Unherw.（蕨科 Pteridiaceae）

新鲜的蕨嫩叶100g中，水分86.0%，蛋白质1.6%，脂肪0.4%，糖类10.0%，热量209.2kJ，粗纤维1.3g，粗灰分0.4g，钙24.0mg，磷29.0mg，铁6.7mg，胡萝卜素68mg。各项营养成分含量大多较番茄、胡萝卜、大白菜、菜豆高，尤以蛋白质、脂肪、粗纤维和铁的含量较高，而钙和磷的含量比大白菜、菜豆略低。蕨根所提取的淀粉（称为"蕨粉"）有一定滋补作用，可制粉皮、粉条供食用。蕨菜干中蛋白质含量高于木耳，略低于香菇，脂肪和热量均比木耳、金针菜、香菇低。所含人体必需氨基酸的总量4438.37mg/100g，其中亮氨酸含量最高，赖氨酸次之。矿物质元素中钾的含量最高，硒次之，砷、汞、氯未检出，铜、铅和镉含量未超出我国有关食品规定的允许含量。维生素中，维生素C含量居首。蕨菜中所含膳食纤维较多，可螯合胆固醇，抑制胆固醇的吸收，防治高胆固醇和动脉粥样硬化。

3. 马尾松 Pinus massoniana Lamb.（松科 Pinaceae）

松针有蛋白质，粗脂肪，维生素K，钙、磷、铁、锌等各种矿物质和多种酶。松针含有的 α- 酪氨酸，可促进葡萄糖的分解，有降低血氨、促进脑代谢、降血压的作用。松针含有的苏氨酸是必需氨基酸，对维持人体氨基酸平衡起着重要作用。松针含有的脯氨酸是构成骨胶原的主要材料，起着壮骨作用。松针含有的甘氨酸是人体必需氨基酸，在生物体内起到新陈代谢作用，抗酸、抗消化性胃溃疡病，可治疗抑郁症，能延缓肌肉退化，对低血糖症有疗效。甘氨酸对美容美体有特殊的效果。松针中含有的丙氨酸为泛酸，对于人的成长与代谢具有重要的作用。松针含有的甲硫氨酸对人体起到强化营养、弥补天然蛋白质不足、平衡氨基酸的作用；人体内甲硫氨酸平衡，可消除头发变脆、骨头变脆现象；其与叶酸等结合，可以防御肿瘤的生成。松针中含有的酪氨酸是甲状腺荷尔蒙等的原料，是生成黑色素的基础物质；酪氨酸平衡的人，神清气爽、心情愉悦；人体酪氨酸平衡，还可减少脂肪的堆积，有助于戒烟。松针中含有的苯基丙氨酸亦是必需氨基酸，苯基丙氨酸在神经传导方面起着重大作用，它能控制疼痛，提高人的性欲，使人的饥饿感降低，提高思维和行动的敏捷性。松针里含有的铁元素是血红蛋白的中心原子，是许多酶的组成部分。缺铁会引起贫血和影响细胞的正常生长，引起脱发、畏寒；儿童缺铁，会有上课注意力不集中的现象。松针里含有的铜元素，在血红蛋白合成中起一定的活化作用。铜元素缺乏会引起骨质疏松症、关节炎。1kg松针含铜元素3.5mg。松针里含有的硒元素，虽人体的需求量不大，却很重要，硒是世界上公认的抗癌元素，被誉为"抗癌之王"，与维生素E结合能维持心脏健康。锌元素是人体中最重要的抗衰老的元素，是食道癌的天敌。它参与人体中100多种酶的合成和激活，直接参与核酸和蛋白质的合成，从而延缓细胞衰老过程。锌元素缺乏的人，味觉麻木，不怕辛辣，容易患感冒。锌元素还能预防男性不育症，增强性功能，解除异食癖和预防侏儒症等。松针里含有的其他成分，如甘油奎宁，具有降血糖的作用，可治糖尿病，松香酸对鸦片和尼古丁则具解毒的效果。松针提取物有排除体内尼古丁的特殊功效，所以常被加入特制的保健食品中供嗜烟者食用，戒烟效果明显。松针还有预防瘟疫，治疗中风口斜、关节痛、脚气（癣）、风疮、风牙肿痛、大风恶疮、阴囊湿痒等功能。

马尾松是保护区中，也是全省分布面积最大、数量最多的树种，该资源开发利用前景广阔。

附：同属的黄山松（台湾松）*Pinus taiwanensis* Hayata 亦有同样的开发价值。

4. 构树 Broussonetia papyrifera (Linn.) L' Hérit. ex Vent.（桑科 Moraceae）

叶蛋白产量（以鲜质量计，下同）5.16g/100g，叶蛋白的蛋白质含量56.97%。构树茎叶蛋白质含量已经超过国家一级鱼粉蛋白质含量（55%），是优质的蛋白资源。

5. 葎草 Humulus scandens (Lour.) Merr.（桑科 Moraceae）

叶蛋白产量6.47g/100g，叶蛋白的蛋白质含量54.49%。其茎叶蛋白质含量已经超过国家二级鱼粉蛋白质含量（50%），是优质的蛋白资源。葎草繁殖系数高，适应性强，生长迅速，是农业生产中最被讨厌的杂草之一，如能作为高蛋白的植物资源，如作为牲畜饲料，是变害为利、变废为宝之举。

6. 藜 Chenopodium album Linn.（藜科 Chenopodiaceae）

叶蛋白产量6.05g/100g，叶蛋白的蛋白质含量67.67%。藜茎叶蛋白质含量已经超过国家一级鱼粉蛋白质含量（55%），是优质的蛋白资源。

7. 喜旱莲子草 Alternanthera philoxeroides (Mart.) Griseb.（苋科 Amaranthaceae）

叶蛋白产量2.78g/100g，叶蛋白的蛋白质含量50.60%。其茎叶蛋白质含量已经超过国家二级鱼粉蛋白质含量（50%），是优质的蛋白资源。喜旱莲子草与藜一样，是农业生产中最被讨厌的杂草之一，如能作为高蛋白的植物资源，如牲畜饲料，是变害为利、变废为宝之举。实际上，20世纪20年代，它就是作为饲料从南美洲引入的。

8. 垂盆草 Sedum sarmentosum Bunge（景天科 Crassulaceae）

垂盆草中含有丰富的氨基酸，其中谷氨酸、蛋氨酸、异亮氨酸、亮氨酸、苯丙氨酸、赖氨酸、组氨酸、丙氨酸含量较高。微量元素分析结果发现，垂盆草药材中锌、硒、铜、锗、锰等5种微量元素含量要高出日常蔬菜、水果类食品3～10倍。钙含量也较高。从垂盆草的95%乙醇提取物中可得到双十八烷基硫醚和棕榈酸。此外，垂盆草中还含有甘露醇、葡萄糖、果糖、景天庚糖、丁香酸等其他成分。

9. 锦鸡儿 Caragana sinica (Buc' hoz) Rehd.（豆科 Leguminosae）

叶蛋白产量7.12g/100g，叶蛋白的蛋白质含量51.05%。其茎叶蛋白质含量已经超过国家二级鱼粉蛋白质含量（50%），是优质的蛋白资源。

10. 毛野扁豆 Dunbaria villosa (Thunb.) Makino（豆科 Leguminosae）

毛野扁豆茎叶细弱柔软，叶量多，羊、兔喜食，牛开始时不爱吃，但经一段时间适应，也喜食。从化学成分看，在分枝期和结荚初期均含有较丰富的粗蛋白质、粗脂肪和无氮浸出物。研究表明，毛野扁豆总能、代谢能和可消化粗蛋白质的含量均是较高的。

11. 野大豆 Glycine soja Sieb. et Zucc.（豆科 Leguminosae）

野大豆具有许多优良性状，如耐盐碱、抗寒、抗病等，与大豆是近缘种，而大豆是我国主要的油料及粮食作物，故在农业育种上可利用野大豆进一步培育优良的大豆品种。全株为家畜喜食的饲料，可栽作牧草、绿肥和水土保持植物。茎皮纤维可织麻袋。种子含蛋白质30%～45%、油脂18%～22%，供食用、制酱、制酱油和作豆腐等，又可榨油，豆粕是优良的饲料和肥料。

12. 臭椿 Ailanthus altissima Swingle（苦木科 Simaroubaceae）

叶蛋白产量4.17g/100g，叶蛋白的蛋白质含量54.14%。其茎叶蛋白质含量已经超过国家二级鱼粉蛋白质含量（50%），是优质的蛋白资源。臭椿为乔木树种，大型羽状复叶，叶产量高，对环境适应性强，具有较好的开发前景。

13. 金鱼藻 Ceratophyllum demersum Linn.（金鱼藻科 Ceratophyllaceae）

金鱼藻含质体蓝素及铁氧化还原蛋白，前者为含铜蛋白质，而后者为含铁蛋白质。金鱼藻亦可用作猪、鱼及家禽饲料；性味甘、凉，具有较高的药用价值。

14. 中华猕猴桃 Actinidia chinensis Planch.（猕猴桃科 Actinidiaceae）

中华猕猴桃果型大，单果重70~100g；果皮黄褐色，密被细毛；果肉呈绿色、黄色或浅黄色，横切面有浅色条纹；果心为白色或浅黄色；种子黑褐色或紫褐色。果实中维生素C含量特别高，一般每100g鲜果中含维生素C 100~200mg，高者可达420mg；含糖8%~14%；总酸1%~4.2%；含有天门冬氨酸0.446%、苏氨酸0.210%、色氨酸0.185%、谷氨酸0.6002%、甘氨酸0.240%、丙氨酸0.245%、脯氨酸0.3615%、胱氨酸0.102%、甲硫氨酸0.023%、异亮氨酸0.237%、亮氨酸0.294%、酪氨酸0.140%、苯丙氨酸0.197%、赖氨酸0.214%、组氨酸0.125%、精氨酸0.304%及氨基丁酸、羟丁氨基酸等多种氨基酸；还含有猕猴桃碱、蛋白水解酶、鞣质，以及钙、磷、钾、铁等多种矿物质元素。

15. 菊芋 Helianthus tuberosus Linn.（菊科 Compositae）

叶蛋白产量3.66g/100g，叶蛋白的蛋白质含量56.41%。其茎叶蛋白质含量已经超过国家一级鱼粉蛋白质含量（55%），是优质的蛋白资源。菊芋原产于南美洲，作为淀粉、蔬菜引入，主要利用地下块茎，其叶被废弃，如作蛋白资源开发，也是变废为宝的好事。

16. 菹草 Potamogeton crispus Linn.（眼子菜科 Potamogetonaceae）

菹草为多年生沉水草本，具近圆柱形的根状茎。不同产地的菹草常规营养成分测定值有较大差异，这与产地、生长环境及生长期的差异有很大关系。但粗蛋白质含量均在100g/kg 以上，钙含量和磷含量均在1.0g/kg 以上，干草的粗灰分含量均在100g/kg 以上，说明菹草粉是较好的蛋白质和矿物质元素的来源。菹草干草样中部分维生素含量分别为：维生素 B_1 1.8mg/kg、维生素 B_2 7.0mg/kg、维生素 B_{12} 42mg/kg、维生素C 281mg/kg、胡萝卜素550mg/kg。菹草的B族维生素含量丰富，胡萝卜素的含量高于玉米、麦麸和细绿萍，是良好的维生素补充料。

17. 浮萍 Lemna minor Linn.（浮萍科 Lemnaceae）

叶蛋白产量1.69g/100g，叶蛋白的蛋白质含量60.15%。其茎叶蛋白质含量已经超过国家一级鱼粉蛋白质含量（55%），是优质的蛋白资源。

乌岩岭自然保护区内，裸子植物中松科Pinaceae的湿地松 *Pinus eliottii* Engelm 为植物蛋白资源，但是应用不是特别广泛；而在被子植物中，除了上述几种重要的植物蛋白资源，苎麻 *Boehmeria nivea* (Linn.) Gaud.（荨麻科 Urticaceae）、小藜 *Chenopodium ficifolium*

Smith（藜科Chenopodiaceae）、牛膝 *Achyranthes bidentata* Blume（苋科Amaranthaceae）、马齿苋 *Portulaca oleracea* Linn（马齿苋科Portulacaceae）、合欢 *Albizia julibrissin* Durazz（豆科Leguminosae）、酢浆草 *Oxalis corniculata* Linn（酢浆草科Oxalidaceae）等也属于植物蛋白资源植物。

第三节　食用油脂植物资源

一、概述

食用油脂有动物脂肪和植物油两大类。由于它们的来源、性状和稳定性等方面都有所不同，因此，不同的食用油脂有着不同的营养特性和营养价值。

食用油脂的作用有很多：①供给能量。油脂是油和脂肪的通称。油脂在体内的氧化供能过程首先是油脂水解产生甘油和脂肪酸，再经氧化产生CO_2和水，并释放能量。油脂是细胞代谢和生命活动的重要能量来源。②供给必需脂肪酸。脂肪酸根据其分子结构中有没有双键，分为饱和脂肪酸和不饱和脂肪酸。分子结构中没有双键的脂肪酸称为饱和脂肪酸；分子结构中只有1个双键的脂肪酸称为单不饱和脂肪酸；分子结构中有2个或2个以上双键的脂肪酸称为多不饱和脂肪酸。有些多不饱和脂肪酸人体不能自身合成，必须通过食用脂肪供给，这些脂肪酸称为人体必需脂肪酸。必需脂肪酸具有多种生理功能，如作为构成细胞膜和线粒体膜的成分，维持皮肤和毛细血管健康，参与胆固醇的代谢，预防心脑血管疾病等。③促进脂溶性维生素吸收。刺激胆汁分泌，胆汁促进脂肪的消化和吸收，同时协助脂溶性维生素的吸收和利用。④增加饱腹感。食用脂肪由胃进入十二指肠时，可刺激十二指肠黏膜K细胞产生抑胃肽，使胃蠕动受到抑制，食物由胃进入小肠速度减缓，使人不易感到饥饿。食物中脂肪含量越多，胃排空的时间越长。⑤改善食物感官性状。油脂在烹饪中作为原料成熟的传热介质，使原料受热均匀，在短时间内熟化，发生蛋白质变性、淀粉糊化和纤维素软化等变化，改善烹饪食物的色、香、味、形，赋予烹饪食物特殊的风味，制作出各种质感的菜肴，达到美食和促进食欲的良好作用。⑥维持体温。脂肪是热能不良导体，在皮下可阻止体热过度散失，以维持体温恒定，也有助于御寒。⑦保护内脏。体内脂肪组织对某些内脏器官有包裹、支撑和固定作用，可缓冲机械冲击力，保护器官免受损伤或移位。

动植物油脂的主要成分是三脂肪酸甘油酯，简称甘油三酯。从结构来看，甘油三酯由一个甘油分子与三个脂肪酸分子缩合而成。脂肪酸最初是油脂水解而得到的，具有酸性，因此而得名。根据IUPAC（国际理论和应用化学联合会）在1976年修改公布的命名法中，脂肪酸为天然油脂加水分解生成的脂肪族羧酸化合物的总称，属于脂肪族的一元羧酸（只有一个羧基和一个烃基）。天然油脂中含有800种以上的脂肪酸，已经得到鉴别的就有500种之多。最重要的有以下几种。

硬脂酸 $CH_3(CH_2)_{16}COOH$

油酸 $CH_3(CH_2)7\ CH= CH(CH_2)_7\ COOH$

亚油酸 $CH_3(CH_2)_4\ CH=CHCH_2\ CH=CH\ (CH_2)_7\ COOH$

亚麻酸 $CH_3\ CH_2\ CH=CHCH_2CH=CHCH_2CH=CH(CH_2)_7\ COOH$

花生四烯酸 $CH_3(CH_2)_4\ CH=CHCH_2CH=CHCH_2CH=CHCH_2CH=CH(CH_2)_3\ COOH$

上述脂肪酸中，亚油酸、亚麻酸、花生四烯酸是必需脂肪酸。分析研究油脂组成成分，证实了上述三种不饱和脂肪酸是人体生命活动不可缺少的，因此，这三种脂肪酸称为人体必需脂肪酸，也叫维生素 F。维生素 F 的结构必须是：$-CH=CHCH_2CH=CH-$，如只具有一个双键的油酸，便没有这种作用。必需脂肪酸之所以引起人们的关注，是因为它与动脉硬化和心脏疾病有关。对预防治疗这些疾病，必需脂肪酸是很有效的。过量摄取含有很多动物性饱和脂肪酸的油脂时，血液中的胆固醇增加，沉积于血管壁上，发生粥状变性，而引起动脉硬化、高血压和心脏疾病等。如果摄取亚油酸、亚麻酸等必需脂肪酸，或者摄取含有必需脂肪酸较多的植物油脂，则能防止血清胆固醇的增加，因而对高血压和心脏疾病等的治疗和预防能起一定的作用。

从油脂保存性这方面来看，含饱和脂肪酸多的油脂难以氧化；反之，油脂不饱和度越高，就越容易氧化。例如，含有较多亚麻酸的亚麻籽油容易发生氧化和聚合反应，只宜用作油漆等，而供食用是极为罕见的。各种脂肪酸的氧化速度，与饱和脂肪酸相比，不饱和脂肪酸类的油酸、亚油酸、亚麻酸随着其双键数量的增加而明显增加。

油脂如果发生氧化就会产生酸败现象，其食用或使用价值明显降低，并产生毒性。这意味着含有多量亚麻酸等高度不饱和脂肪酸的油脂的储藏稳定性是很差的。同时，含饱和脂肪酸过多的油脂熔点高，除有难以使用的特点外，当温度超过人的体温时，固体油脂吸收率也非常差。

从以上两个方面来看，一般用于食用的油脂大多含适量的亚油酸和油酸，特别是作高级色拉油的玉米油和棉籽油中，这些脂肪酸就成为主体。油脂分类有多种方式，有按脂肪酸成分分的，有按用途分的，也有按原料分的。Bailey 主要是根据油脂的脂肪酸成分的特征而划分：①乳脂组；②月桂酸组油脂；③植物脂组；④家畜脂组；⑤油酸、亚油酸组油脂；⑥芥酸组油脂；⑦亚麻酸组油脂；⑧高度不饱和酸组油脂；⑨共轭脂肪酸组油脂；⑩羟基酸组油脂。其中，共轭脂肪酸组油脂是以十八碳三烯酸为主要成分，桐油属此类，因其容易氧化，聚合、干燥较快，是制作清漆等的原料，但不能食用。至于羟基酸组油脂是以蓖麻酸（羟基油酸）为主要成分，蓖麻油是该组油脂，也不能食用。第①~⑧组的油脂均具有作为各种食用油脂的特征。

（一）油脂品质评定主要指标

皂化值。皂化值是指 1g 油脂完全皂化所需氢氧化钾的毫克数。皂化值与各种油脂的相对分子质量有关。皂化值高的油脂，意味着含有很多低相对分子质量的脂肪酸。若皂化值低于常数，可以推断是因为添加了高相对分子质量的其他油脂，或者是混入了不皂化性的夹杂物，如混入了矿物油等。

碘值（又称碘价）。碘值就是100g油脂中所能吸收碘的克数。它表示油脂中不饱和脂肪酸双键的数值，碘价高则意味着双键多。因此，可以推断，碘价高的油容易氧化。很早以前，植物油就依据碘价的高低来进行分类，将碘价在130以上的称为干性油，90～130的称为半干性油，90以下的称为不干性油。

乙酰值。乙酰值是指1g乙酰化的油脂经水解后中和生成的醋酸所需氢氧化钾的毫克数，也就是油样中存在的羟基量的数值，以1个乙酰基对1个羟基的比例结合。

纯粹的甘油三酯的乙酰值是0，但是，实际的油脂中存在着甘油二酸酯和甘油一酸酯。另外，在脂肪酸的R—部分，有羟基的情况也不少。例如蓖麻油中含有大量蓖麻酸（即羟酸）。上述各种情况会显示相差较大的乙酰值。尤其是酸败的油脂乙酰值很大。一般油脂的乙酰值是变数，而蓖麻油中的蓖麻酸都是在一定的范围内，所以乙酰值是常数。各种油脂的乙酰值在10以下的情况较多，但蓖麻油的乙酰值常在153～156。

酸值。酸值是中和1g油脂中的游离脂肪酸所需氢氧化钾的毫克数。酸值因油脂的精炼程度、保存时间、水解程度等的不同而有差异。例如，完全精炼的色拉油，酸值很低（一般为0.03左右）；而毛油酸值多在1以上；从保存状况不好的米糠制取的毛米糠油，酸值大多是10以上。这就是说，不能根据酸值的高低来判断油脂的种类。但是，因为精炼的油脂酸值一般在0.1以下，所以酸值的高低对衡量油脂品质的好坏起指标作用。但如果已精炼过的油脂发生酸败，则甘油酯水解，生成游离脂肪酸，酸值也会增高。

过氧化值。按规定方法，对油样加入碘化钾时，析出碘，将这游离的碘用mg当量/kg（mg当量过氧化物氧/kg油）试样表示。

这个方法的原理是基于油脂的自动氧化，产生的过氧化物与碘氢酸反应，从而用来测定游离碘的含量。过氧化值表示油脂自动氧化初期形成的一次生成物——过氧化物的数量。所以，新鲜的油，过氧化值是0，如果长期在空气中保存，则过氧化值会逐渐增高。当过氧化值在10以下时，则可看成是能够实用的新鲜油。有人认为，固体脂的过氧化值达20，液体油的过氧化值达100，可以认作是酸败的界限值。

不皂化物。用试样中不皂化物（没有被碱皂化的脂质性物质）的百分含量来表示其值。油脂的不皂化物有色素类、甾醇类、生育酚类、高级醇类及碳氢化合物等。不皂化物含量因油脂种类与取油方法的不同而有很大差异。植物油中以米糠油的不皂化物为多，水产动物油脂，特别是鲨鱼肝油中，不皂化物含量非常多。不皂化物在油脂精炼过程中，被除去了较大一部分，因此，测定食用油脂中不皂化物含量，对判断精炼程度很起作用。

比重。按规定方法测定试样，试样重量与在同温度时的同体积水的质量之比。油脂的比重因脂肪酸种类不同而异，并随着不饱和酸、低级酸、含氧酸的含量增加而增大。

天然油脂的比重于15℃时在0.91～0.95。如因油脂加热聚合，比重也会增大。各种油脂的膨胀率在0.0007左右，温度越高，油脂的比重越低。

黏度。液体流动时的阻力程度称作黏度，也叫作黏性率或黏性系数（又称黏滞性或内摩擦）。黏性是液体和气体具有的黏稠性质，表现在流动的液体和气体内部的摩擦力。以黏度来表示黏性的程度。2℃时，水的黏度约为1厘泊。在油脂中脂肪酸基的碳数少与不饱和度高的情况下可见到黏度有少许降低。如油脂中存在着含氧酸、环氢酸类的结合物与氧化聚合物等，可使黏度增加。

烟点（又称发烟点）。烟点是指试样在按规定方法加热时，所见到试样发烟时的温度。

闪点（又称闪燃点）。闪点是指按规定方法，试样与火接触最初发生火焰的闪光时的温度。

燃点（又称着火点）。燃点是指试样在测定闪点以后，继续进行加热和接触测试火焰的操作，试样不断地燃烧不少于5s时的温度。

折光率。按规定方法测定时，光线由空气中进入试样中，入射角正弦值与折射角正弦值之比。对折光率的测定，通常采用的是Abbe折光计。

油脂的折光率与构成甘油酯的脂肪酸的种类有关，长链酸、不饱和酸、含氧酸的含量越多，折光率越大。此外，具有共轭双键的油脂其折光率明显高。油脂的折光率也因加热氧化而增大。

（二）精炼

食用油脂除了要满足人们对风味口感等的基本要求，还要满足人们对营养健康等方面的需求。随着食品加工业的日益发展，食品加工方式和烹饪方式都发生了很大的变化，这也对食用油脂的某些加工性能提出了新的要求。为了适应这些新的要求，油脂的精炼加工技术也必须适时更新和改进。精炼方法：油脂的精炼技术一般可以分为物理精炼和化学精炼两大类。物理精炼的方法则是采用蒸馏的方法去除游离脂肪酸。化学精炼的基本原理是将毛油中的游离脂肪酸采用苛性钠皂化后去除。化学精炼的基本工艺步骤一般概括为"五脱"：毛油→脱胶→脱酸→脱色→脱蜡→脱臭。而物理精炼方法没有脱酸这一工序。

脱胶。脱胶是指将毛油中所含磷脂等胶质去除。脱胶分为酸法脱胶、酶法脱胶、吸附脱胶和膜法脱胶。脱胶工艺被认为是油脂精炼加工中最重要的环节之一。脱胶效果的好坏将直接影响成品油脂的质量和产量。在化学精炼时，因为脱胶之后伴随的脱酸工序可以进一步将残余磷脂等胶质去除，所以在化学精炼中脱胶工序后磷脂等物质允许有一定的残留量。但是在物理精炼过程中，如果脱胶后的磷脂残留量超标，往往在其后工序中很难完全去除，会影响最终产品的风味和氧化稳定性。所以相对化学精炼，物理精炼方法虽然无需脱酸，可减少废弃物的产生，有利于环境保护，但是因其对脱胶效果要求极高，目前应用并不是很多。

脱酸。脱酸工艺的主要目的就是去除油脂中的游离脂肪酸。传统的脱酸方法是利用酸碱中和的原理，向油脂中加入一定量的碱，将游离脂肪酸中和。最常用的碱是氢氧化钠，相对于氢氧化钾更便宜，而且也不会像碳酸钠一样发生中和反应时生成二氧化碳气体，影响油与皂的分离。但是采用氢氧化钠进行脱酸，所产生的皂脚和废水还需进一步处理，否则对环境影响比较大。所以也有一些新方法正在被尝试，如氢氧化钾工艺。氢氧化钾虽相对于氢氧化钠售价高，看似不经济，但是采用氢氧化钾替代氢氧化钠也有它突出的优点，主要体现于以氢氧化钾代替氢氧化钠后，游离脂肪酸就变成了钾皂，脱酸废水采用氨或氢氧化铵处理后，就可以转变成含N、P、K的液体营养肥料。

脱色。常用的脱色方法是吸附法。采用一些具有选择性吸附的物质对油脂进行吸附不仅可以将油脂中大部分色素去除，还可以将油脂中残留的磷脂、过氧化物和微量金属元素等杂质去除。

脱蜡。蜡质是主要油脂中的一些高级脂肪酸和脂肪醇形成的酯类混合物。蜡质一般熔点较高，容易在油中形成细微的结晶，使得油脂透明度变差，品质降低。因此，脱蜡是油脂精炼过程中不可缺少的一个环节。传统的脱蜡方法是先对油进行冷冻，将冷冻后油脂中生成的结晶以及其他混合沉淀物再用过滤的方法进行分离。

脱臭。各种植物油脂都含有该植物的特殊气味，脱臭可除去气味，同时也可以除去霉烂油料中蛋白质的挥发性分解物及残留农药等，使之降至安全范围。传统的脱臭方法是利用真空脱臭锅，将油脂在真空中吸入脱臭锅，其内部挥发性物质与水蒸气一起被抽出并进入气液分离器中，分离气体中带有的液滴，然后混合蒸汽进入冷凝器中冷凝，冷凝液排到收集池中，而不冷凝气体则由冷凝器顶部出口排出。近年来新开发的工艺有软塔系统脱臭工艺、双重低温脱臭工艺和冻结-凝缩真空脱臭工艺。

乌岩岭自然保护区维管束植物中共41科158种5变种具有比较丰富的油脂。其中，裸子植物5科17种，被子植物36科141种5变种。油脂资源种类比较丰富的前12个科依次是山茶科10种1变种，十字花科10种，葡萄科10种，松科7种，安息香科7种，榆科5种，木兰科5种，樟科4种，豆科4种，芸香科4种，卫矛科4种，百合科4种。

二、主要食用油脂植物资源列举

1. 马尾松 Pinus massoniana Lamb.（松科 Pinaceae）

种子含油23.4%。理化常数：碘值163.9，皂化值192.3。脂肪酸组成（%）：棕榈酸3.7，硬脂酸0.8，棕榈油酸0.5，油酸19.4，亚油酸50.8，其他酸21.1。

种子油食用或工业用。

附：同科的江南油杉 *Keteleeria cyclolepis* Flous、黄山松（台湾松）*Pinus taiwanensis* Hayata 种子也含有油脂，可加以开发利用。

2. 竹柏 Nageia nagi Kuntze（罗汉松科 Podocarpaceae）

种子含油31.92%，种仁含油52.50%。油色淡黄，带苦味，属不干性油。理化常数：比重（20℃）0.8082，酸值0.73，皂化值187.90，碘值105.30。

种子油经过去苦处理可供食用，又可制润滑油和肥皂。竹柏油中苦味物质处理方法：①用0.5%～1%盐酸多次提取至苦味物质无余留为止，然后用水洗去油层中残留的酸，再将油加热到130℃左右，便得到橙黄色无苦味的食用油。②也可用高温处理（油锅加热至320℃）的方法，除去油中的苦味物质，煎煮后的油静置1～2天，苦味即除，可供食用。

3. 三尖杉 Cephalotaxus fortunei Hook. f.（三尖杉科 Cephalotaaceae）

种仁含油61.4%，油黄色，澄清透明。理化常数：折光率（25℃）1.4706，比重（25℃）0.9197，碘值109.1，皂化值190.5。脂肪酸组成（%）：棕榈酸8.1，油酸48.2，亚油酸25.7，亚麻酸4.4，其他酸5.6。

油可制肥皂及作润滑油等；精制后亦可食用。

4. 粗榧 Cephalotaxus sinensis (Rehd. et Wils.) Li（三尖杉科 Cephalotaaceae）

种子含油50%～60.4%，出油率25%～27%。理化常数：比重（15℃）0.9250，折光率（20℃）1.4760，碘值130.3，皂化值188.5。

油可制肥皂及作润滑油等；精制后亦可食用。

5. 草珊瑚 Sarcandra glabra (Thunb) Nakai（金粟兰科 Chloranthaceae）

种子含油49.5%，果实含油41.9%。理化常数：种子油碘值110.1，皂化值200.8；果实油碘值113.8，皂化值202.6。脂肪酸组成（%）：种子油含棕榈酸15.1，硬脂酸3.0，油酸17.1，亚油酸64.8；果实油含肉豆蔻酸0.3，棕榈酸16.4，硬脂酸3.1，油酸20.8，亚油酸59.4。

6. 桤木 Alnus cremastogyne Burk（桦木科 Betulaceae）

果实含油20.8%，理化常数：碘值129.5。脂肪酸组成（%）：肉豆蔻酸0.2，棕榈酸7.1，硬脂酸1.5，花生酸1.0，油酸5.9，亚油酸84.3。

种子油可食用，亚油酸含量高，有降胆固醇的作用。

7. 榆 Ulmus pumila L.（榆科 Ulmaceae）

种子含油18.5%，出油率13.2%。油色黄绿带褐，碱炼后呈褐黄色，有点泛绿，在常温下为液体，系不干性油。理化常数：碘值24.5，酸值2.83，皂化值271。脂肪酸组成：主要为饱和脂肪酸，其中，癸酸61.46%，辛酸17.66%，月桂酸33%，肉豆蔻酸2.05%，棕榈酸5.35%，硬脂酸微量；不饱和脂肪酸为少量的油酸、亚油酸和亚麻酸。

油味香可口，可供食用。

8. 华中五味子（东亚五味子）**Schisandra sphenanthera** Rehd. et Wils.（木兰科 Magnoliaceae）

种子含油20.3%。理化常数：碘值144.5。脂肪酸组成（%）：癸酸0.3，月桂酸1.0，肉豆蔻酸微量，棕榈酸10.6，硬脂酸1.8，油酸18.7，亚油酸67.5，亚麻酸微量。

种子油可食用。

9. 荠菜 Capsella bursa-pastoris (L.) Medic.（十字花科 Cruciferae）

种子含油26%，蛋白质32%。理化常数：折光率（40℃）1.4704，碘值148，皂化值176。脂肪酸组成（%）：棕榈酸9，硬脂酸6，花生酸3，十六（碳）一烯酸0.3，油酸11，亚油酸18，亚麻酸35，廿（碳）一烯酸13，廿（碳）二烯酸1。

种子油可食用、制油漆及肥皂。

附：同科的弯曲碎米荠 *Cardamine flexuosa* With.、碎米荠 *Cardamine hirsuta* Linn.、水田碎米荠 *Cardamine lyrata* Bunge、弹裂碎米荠（毛果碎米荠）*Cardamine impatiens* Linn.也含有油脂，可开发利用。

10. 檵木 Loropetalum chinesis (R. Br.) Oliv.（金缕梅科 Hamamelidaceae）

种子含油20%，油色褐黄。理化常数：折光率（30.5℃）1.4749，酸值18.19，皂化值194.80，碘值18.19。

种子油经过精炼后可以食用，并可制肥皂、润滑油。精炼的方法：①用漂白土处理。其法是将原油煮至60~80℃，按每50kg油加入3.5~4.0kg漂白土，搅拌1h，静置沉淀，滤去油脚。②将原油用蒜头或姜片煮沸去泡即可。经此二法处理的原油，可以食用。

11. 桃 Amygdalus persica Linn.（蔷薇科 Rosaceae）

种仁含油47.4%。理化常数：比重(25℃)0.913~0.918，折光率(25℃)1.462~1.465，碘值89.4，皂化值192.0。脂肪酸组成（%）：肉豆蔻酸0.1，棕榈酸5.2，硬脂酸微量，油酸63.4，亚油酸31.3。

油用途同杏仁油。

12. 杏 Armeniaca vulgaris Lam.（蔷薇科 Rosaceae）

杏仁含油40%~45%。冷榨的新鲜杏仁油，近无色透明，久置后逐渐变黄；热榨油呈红色。新鲜油气味良好，具杏仁味。理化常数：比重（25℃）0.912~0.916，折光率（25℃）1.462~1.465，碘值97~100，酸值0.2~4，皂化值188~200，不皂化物含量0.4%~1.4%。脂肪酸组成（%）：棕榈酸2.43，硬脂酸1.09，油酸60.61，亚油酸29.95，木焦酸0.05。

油可供食用或代苦杏仁油作药用，亦可作肥皂、润滑油和化妆乳脂的原料。

附：同科植物李 *Prunus salicina* Lindl. 种仁油可供制润滑油和肥皂等，亦可供食用。

13. 臭椿 Ailanthus altissima (Mill.) Swingle（苦木科 Simaroubaceae）

种子含油37.04%，蛋白质28%；壳含油2.59%；种仁含油58.49%，蛋白质19.39%，粗灰分5.15%，粗纤维1.12%，非氮物质17.34%。油色棕黄，为半干性油。理化常数：比重（20℃）0.9190，折光率（20℃）1.4794，碘值122.2，酸值182，皂化值186.7，可溶性脂肪酸含量0.6%，不溶性脂肪酸含量94.7%。脂肪酸组成（%）：饱和脂肪酸4，油酸35，亚油酸56，环氧酸0.5。

油可作发油、精密机械（如钟表）润滑油，又可制药膏、肥皂等用，也可食用。

14. 白木乌桕 Sapium japonicum (Sieb. et Zucc.) Pax et Hoffm.（大戟科 Euphorbiaceae）

种壳占种子的31.02%，种仁占68.98%，种仁含油63.26%，出油率55%～58%。油色浅黄，光亮纯洁，无毒，是一种干性油，不易变性。理化常数：碘值159.18，酸值45.43，皂化值207.96。脂肪酸组成（%）：棕榈酸4，硬脂酸1，少量高级饱和脂肪酸，油酸19，亚油酸55，亚麻酸8。

油香腻可口，是很好的食用油，也可制油漆、硬化油、肥皂及蜡烛等。

15. 黄连木 Pistacia chinensis Bge.（漆树科 Anacardiaceae）

全果实含油35.05%，外层皮肉含油58.12%，种壳含油3.28%，种仁含油56.46%。油呈淡黄绿色或深绿色。理化常数：比重（20℃）0.9164，折光率（20℃）1.4818，碘值92.9，酸值18.1，皂化值196.8，不皂化物含量1.59%，脂肪酸凝固点32.7℃，可溶性脂肪酸含量0.31%，不溶性脂肪酸含量94.5%。脂肪酸组成（%）：饱和脂肪酸20.66，其中有肉豆蔻酸、棕榈酸、硬脂酸、花生酸、山嵛酸、廿四（碳）烷酸；不饱和脂肪酸中，油酸52.73，亚油酸26.61。

油可供食用。新榨的黄连木油味常苦涩，不甚好吃，食用时需处理，方法为：①煎油时加入蒜瓣少许。②放缸内密封储藏一年以上，油味就可变好。有的在储藏时，50kg油加入200g碱，便可加速澄清脱涩。③待油熬熟，泡沫散净时再炒菜。不过，考虑到黄连种子油的酸值较高，味不甚好，以供工业用为佳，如供制肥皂及润滑油等。

16. 三裂叶蛇葡萄 Ampelopsis delavayana Planch（葡萄科 Vitaceae）

种子含油27.1%。理化常数：碘值133.3。脂肪酸组成（%）：棕榈酸9.8，硬脂酸2.5，油酸16.8，亚油酸70。

种子油可食用，亚油酸含量较高，有降低胆固醇和血脂的作用，可供药用。

17. 梧桐 Firmiana platanifolia (Linn. F.) Marsili（梧桐科 Sterculiaceae）

种仁含油20.7%～25.1%。理化常数：碘值97.6，皂化值194.7～198.8。脂肪酸组成（%）：肉豆蔻酸0.1，棕榈酸17.3～21.6，硬脂酸1.3～3.2，油酸25.3～25.7，亚麻酸41.1～41.3，亚麻酸2.5～3.2，其他酸7.1～10.4。

种子油供食用。

18. 油茶 Camellia oleifera C. Abel（山茶科 Theacea）

种仁含油50.1%～54.0%。理化常数：折光率（25℃）1.467～1.469，碘值81.9～84.7，皂化值191.2～197.6。脂肪酸组成（%）：棕榈酸8.5～9.7，硬脂酸1.0～1.6，油酸79.2～81.9，亚油酸7.0～9.5。

种子油供食用，含有大量不饱和脂肪酸，除油酸和亚油酸外，还含有丰富的维生素E、角鲨烯、茶多酚等生物活性物质。由于山茶油脂肪酸组成与橄榄油相近，并且具有抗肿瘤、降血压、降血脂、清除自由基等生理功能，因此山茶油又被称为"东方橄榄油"。

19. 茶 **Camellia sinensis** O. Ktze（山茶科 Theacea）

种仁含油27.7% ~ 28.4%。理化常数：比重（20℃）0.9178，折光率（20℃）1.4707，碘值859~88.5，皂化值195.0~196.2。脂肪酸组成(%)：棕榈酸19.3~23.7，硬脂酸微量，油酸53.1 ~ 57.3，亚油酸22.1 ~ 23.3。

茶籽油经提炼后为很好的食用油，也是精密机械的润滑油。茶栽培面积大，茶叶是主产品，茶籽油是副产品，具有很好的开发前景。

20. 红山茶 **Camellia japonica** Linn.（山茶科 Theacea）

种子含油45.27%，种仁含油73.29%。理化常数：比重（20℃）0.9209，酸值1.72，皂化值193.40，碘值81.88。脂肪酸组成（%）：饱和脂肪酸棕榈酸及硬脂酸10.60，不饱和脂肪酸油酸82.60，亚油酸2.10。

种子油供食用，并可作润滑油、制肥皂、钟表润滑油及供药用。

附：同属的短柱茶（短柱油茶）*Camellia brevistyla* (Hayata) Cohen-Stuart、浙江红山茶（浙江山茶）*Camellia chekiangoleosa* Hu、尖连蕊茶（连蕊茶）*Camellia cuspidata* (Kochs) H. J. Veitch及其变种浙江尖连蕊茶（浙江连蕊茶）var. *chekiangensis* Sealy、毛花连蕊茶 *Camellia fraterna* Hance、闪光红山茶 *Camellia lucidissima* H. T. Chang、毛枝连蕊茶 *Camellia trichoclada* (Rehd.) Chien有相似的开发价值。同科的厚皮香 *Ternstroemia gymnanthera* (Wight et Arn.) Beddome和亮叶厚皮香 *Ternstroemia nitida* Merr.也含有油脂，可进行开发利用。

21. 山桐子 **Idesia polycarpa** maxim.（大风子科 Flacourtiaceae）

种子含油31.6%，果肉含油32.0%。理化常数：种子油碘值135.2，皂化值1951；果肉油碘值127.3，皂化值201.9。脂肪酸组成（%）：种子油棕榈酸8.4，硬脂酸2.1，油酸7.7，亚油酸80.4，亚麻酸1.4；果肉油棕榈酸36.1，硬脂酸4.1，油酸12.8，亚油酸47.0。

种子油和果肉油均可食用，并制作肥皂或作润滑油、桐油代用品。

附：其变种毛叶山桐子 var. *vestita* Diels 油的用途相同。

22. 紫苏 **Perilla frutescens** (Linn.) Britt.（唇形科 Labiatae）

种子含油46.3%。脂肪酸组成（%）：棕榈酸6.7，硬脂酸2.0，油酸18.5，亚油酸18.29，亚麻酸52.9，花生酸0.9。

种子油芳香，供食用。

附：其变种回回苏 var. *crispa* (Benth.) Decne. ex Bail.和野紫苏 var. *purpurascens* (Hayata) H. W. Li也有相同的利用价值。同科的藿香 *Agastache rugosa* (Fisch. et Mey.) Kuntze种子油用途同紫苏。

23. 香薷 **Elsholtzia ciliata** (Thunb.) Hyland.（唇形科 Labiatae）

种子含油38.84% ~ 42.10%。油色淡黄，味香，干性油。理化常数：比重（15℃）0.9355，折光率（20℃）1.4840，碘值175.4 ~ 208.6，酸值0.36，皂化值192 ~ 196。脂肪酸组成（%）：亚麻酸58，油酸10，亚油酸23，棕榈酸6.9，硬脂酸2.2。

可供食用，也可代替桐油和亚麻籽油用于机器制造、制油漆等。

附：同科植物薄荷 *Mentha canadensis* Linn. 和鼠尾草 *Salvia japonica* Thunb. 也含有油脂，但目前对其开发利用较少。

24. 牛蒡 Arctium1 appa Linn.（菊科 Compositae）

果实含油16.1%。理化常数：碘值123.4，皂化值185.8。脂肪酸组成（%）：棕榈酸6.5，硬脂酸1.0，棕榈油酸0.4，油酸31.3，亚油酸52.5，亚麻酸8.3。

果实油可供食用。

25. 刺儿菜 Cephalanoplos segetum (Bunge) Kitam.（菊科 Compositae）

果实含油20.6%。脂肪酸组成(%)：肉豆蔻酸0.1，棕榈酸7.7，硬脂酸3.1，油酸8.8，亚油酸80.3。

果实油可供食用。

26. 苍耳 Xanthium strumarium Linn.（菊科 Compositae）

种子即苍耳子，种壳占55.17%，种仁占44.83%，种壳含油1.51%，种仁含油46.3%。油色棕黄或淡黄，干性油，无异味。理化常数：比重（20℃）0.9253，折光率（20℃）1.4741，碘值131.2，酸值7.4，皂化值192.6，不皂化物含量1.28%，乙酰值2.13，脂肪酸凝固点16.8℃，可溶性脂肪酸含量0.68%，不溶性脂肪酸含量95.00%。脂肪酸组成（%）：肉豆蔻酸1，棕榈酸1.9，硬脂酸4，花生酸、山嵛酸、廿四烷酸少量，油酸26.2，亚油酸64.4。

苍耳子油适于炼制干性油；掺和桐油可制油漆，又可作为油墨和油毡的原料，也可制硬化油和润滑油等；经精炼后可供食用。

27. 黑莎草 Gahnia tristis Nees（莎草科 Cyperaceae）

种子含油20.20%。油色棕黄，半透明。理化常数：折光率（20℃）1.4728，酸值18.04，皂化值189.50，碘值114.00。

种子油可供食用，也可供制肥皂、润滑油。

第四节　维生素植物资源

一、概述

维生素是人和动物维持正常生命活动不可缺少的物质。如果与一些主要营养物质——蛋白质、脂肪和糖相比，它的需要量甚微，但作用很大。维生素与有机体中的催化剂——酶有密切的关系。人体中缺乏某种维生素时，正常的生长和代谢会受到影响，发生维生素缺乏症。

因为绝大多数维生素是人体不能合成的，这些维生素必须通过膳食来获得，对预防营养缺乏性疾病非常重要。目前确认的人体必需维生素有4种脂溶性维生素（维生素A、D、E、K）和9种水溶性维生素（维生素B_1、B_2、B_3、B_5、B_6、B_8、B_9、B_{12}和维生素C）。而这13种人体必需维生素都满足以下4个特点。①外源性：人体自身不可合成，需要通过食物补充；②微量性：人体所需量很少，但是可以发挥巨大的作用；③调节性：维生素能够调节人体新陈代谢或能量转变；④特异性：缺乏了某种维生素后，人将呈现特有的病态。

人体可以合成维生素D和维生素B_{12}，不过还不足以满足人体的需求；其余的维生素虽然不能在人体内合成，但可以在细菌、真菌和植物中合成并积累，而且这些维生素也是这些物种生长发育必需的微量营养物质。

维生素通常作为酶反应的催化剂、辅酶或者辅酶的一部分，对人体和植物的生长发育起重要作用。在人体中维生素的缺乏通常引起营养性疾病，如脚气病（缺乏维生素B_1、硫胺焦磷酸）、糙皮病（缺乏维生素B_3、烟酸）、贫血（缺乏维生素B_6、吡哆醛）、坏血症（缺乏维生素C）和软骨病（缺乏维生素D）。同时，叶酸摄取不足会引发巨幼红细胞贫血和胎儿神经管发育缺陷，维生素A的缺乏导致全球有上亿的儿童有失明和易感疾病的危险，而维生素K的缺乏可以导致中风风险的增加。

不同的维生素有不同的作用机理，以下列举几种人类必需维生素的作用。①维生素A：与皮肤正常角化关系密切。因此，皮肤干燥、粗糙、无光泽、脱屑、有角栓者服用维生素A有好处。②维生素B_6：与氨基酸代谢关系甚密，能促进氨基酸的吸收和蛋白质的合成，为细胞生长所必需，对脂肪代谢亦有影响，与皮脂分泌紧密相关，因而，头皮脂溢、多屑时常用它。③维生素C：被称为皮肤最密切的伙伴，它促进氨基酸中酪氨酸和色氨酸的代谢，延长肌体寿命，是构成皮肤细胞间质的必需成分。所以，皮肤组织的完整、血管正常通透性的维持和色素代谢的平衡都离不开它。④维生素E：有抗衰老的功效，能促进皮肤血液循环和肉芽组织生长，使毛发、皮肤光润，并使皱纹展平。⑤维生素K：可改善因疲劳而引起的黑眼圈。

乌岩岭自然保护区维管束植物中共13科60种3变种具有比较丰富的维生素。维生素资源种类比较多的前7个科依次是蔷薇科17种1变种，猕猴桃科8种1变种，葡萄科8种，胡颓子科5种，芸香科3种1变种，木兰科3种，松科2种。

二、主要维生素植物资源列举

1. 酸模叶蓼 **Polygonum lapathifolium** Linn.（蓼科 Polygonaceae）

100g鲜嫩茎叶含胡萝卜素8.43mg、维生素B_2 0.83mg、维生素C 33mg。鲜嫩茎叶用沸水稍加烫煮后作蔬菜可补充相关维生素不足。

2. 何首乌 Fallopia multiflora (Thunb.) Harald.（蓼科 Polygonaceae）

100g鲜叶和茎尖含胡萝卜素7.30mg、维生素B_2 1.05mg、维生素C 131mg。嫩茎叶用开水烫后炒食可补充相关维生素不足。

3. 藜 Chenopodium album Linn.（藜科 Chenopodiaceae）

100g嫩叶含胡萝卜素6.33mg、维生素B_2 0.34mg、维生素C 167mg。若想补充维生素，应新鲜食用，晒干会大幅度减少维生素含量。

4. 皱果苋 Amaranthus viridis Linn.（苋科 Amaranthaceae）

100g鲜嫩叶含胡萝卜素3.29mg、维生素B_2 0.11mg、维生素C 105mg。

附：同属植物凹头苋*A. blitum* Linn.、尾穗苋*A. caudatus* Linn.、繁穗苋*A. cruentus* Linn.、绿穗苋*A. hybridus* Linn.、大序绿穗苋*A. patulus* Bertol、反枝苋*A. retroflexus* Linn.、刺苋*A. spinosus* Linn.和苋*A. tricolor* Linn.都有丰富的维生素可开发利用。

5. 马齿苋 Portulaca oleracea Linn.（马齿苋科 Portulacaceae）

100g鲜嫩茎叶含蛋白质2.3g、脂肪0.5g、糖类3g、粗纤维0.7g、钙85mg、磷56mg、铁1.5mg、胡萝卜素2.23mg、维生素B_1 0.03mg、维生素B_2 0.11mg、维生素PP 0.7mg、维生素C 23mg，还含有大量去甲肾上腺素、钾盐、柠檬酸、苹果酸、氨基酸、生物碱等。宜供肠胃道感染、皮肤粗糙干燥、维生素A缺乏症、角膜软化症、眼干燥症、夜盲症、小儿单纯性腹泻、小儿百日咳、钩虫病、妇女赤白带下、硅沉着病患者及孕妇临产时食用。

6. 荠菜 Capsella bursa-pastoris (Linn.) Medic.（十字花科 Cruciferae）

100g鲜草含胡萝卜素3.63mg、维生素B_2 0.14mg、维生素C 80mg。在花前采集食用，花后维生素含量明显减少，且口感不好。本种适应性强，栽培管理简单，含有多种蛋白质和高浓度的氨基酸，效果异常显著。

7. 桃 Amygdalus persica Linn.（蔷薇科 Rosaceae）

桃的含糖量为7%～15%，苹果酸、柠檬酸和金鸡纳酸含量占总酸量的90%左右。芳香物质主要成分是内酯物质，例如戊内酯、辛内酯、癸酯、十二内酯，以及苯甲醛、萜二烯醋酸酯、苯甲酸酯。纤维素含量0.1%，每100g可食部含糖7～15g、有机酸0.2～0.9g、蛋白质0.4～0.8g、脂肪0.1～0.5g、维生素C 3～5mg、维生素B_1 0.01～0.20mg、维生素B_2 0.2mg，以及其他营养素蛋白质、脂肪、碳水化合物、钙、磷、铁、胡萝卜素、硫胺素、维生素B_2、烟酸等。桃可作为水果鲜食或制作饮料。

8. 野山楂 Crataegus cuneata Sieb. et Zucc.（蔷薇科 Rosaceae）

野山楂果实中总糖含量5.50%，总酸含量3.70%，富含16种氨基酸和矿物质元素。每100g野山楂果肉中含维生素C 60mg左右，高者可达90mg以上，是一种维生素C含量较高的果品，在果品中仅次于枣和猕猴桃。野山楂果实中还含有维生素B_2 0.32～0.58μg/kg，维生素B_1 0.12～0.42μg/kg，可作为野生水果直接食用或制作饮料、饼干或面包的添加剂。

9. 金樱子（刺梨子、糖罐头）**Rosa laevigata** Michx.（蔷薇科 Rosaceae）

100g鲜金樱子果肉含维生素C 1009mg，含量仅次于刺梨，是鲜枣的2倍，猕猴桃的10倍，柑橘的30倍。金樱子含有丰富的锌和硒，这两种元素为人体必需的具有特定保健和防癌功效的微量元素。金樱子中含有脂肪酸、卜甾醇、鞣质及皂苷等，能降血脂，减少脂肪在血管内的沉积，可用于治疗动脉粥样硬化症。

附：同属硕苞蔷薇 *Rosa bracteata* Wendl. 果实亦含有丰富的维生素C和糖类，具有开发价值。

10. 掌叶覆盆子（掌叶悬钩子）**Rubus chingii** Hu（蔷薇科 Rosaceae）

果大，味甜，可食、制糖及酿酒；又可入药，为强壮剂；根能止咳、活血、消肿。覆盆子为常用中药，其果实中含有18个单体成分，分别鉴定为：山奈酚、紫云英苷、山奈酚-3-O-β-D-吡喃葡萄糖醛酸甲酯、山奈酚-3-O-芸香糖苷、椴树苷、异槲皮苷、芦丁、根皮苷、β-谷甾醇、β-胡萝卜苷、乌苏酸、覆盆子苷、没食子酸、短叶苏木酚酸甲酯、葡萄糖和甲基-β-D-吡喃葡萄糖苷等。成熟果实是新型高营养的野生果品，富含氨基酸、维生素C、维生素E、维生素PP、超氧化物歧化酶、矿物质元素和挥发性成分等，是具有抗衰老、保健、美容功效的"新型第三代水果"。欧美的一些国家对悬钩子属植物栽培选优已久，并进行大面积推广，获得很大进展。

附：悬钩子属 *Rubus* 保护区共有30种，除木莓 *Rubus swinhoei* Hance 外，都可以食用，都有丰富的维生素，具有开发价值。

11. 柑橘 Citrus reticulata Blaco（芸香科 Rutaceae）

每100g果肉营养成分含量：热量51 kcal，蛋白质0.7g，脂肪0.2g，总糖11.5g，膳食纤维0.4g，柠檬酸0.7mg，类胡萝卜素890μg，维生素A 86.9μg，硫胺素0.08mg，维生素B_2 0.04mg，烟酸0.4mg，维生素C 28mg，维生素E 0.92mg，维生素A 148μg，钾154mg，钠14mg，钙35mg，镁11mg，铁0.2mg，锰0.14mg，锌0.08mg，铜0.04mg，磷18mg，硒0.3μg。果肉中含20种氨基酸。

12. 堇菜（如意草）**Viola arcuata** Blume（堇菜科 Violaceae）

每100g鲜茎叶含胡萝卜素5.29mg、维生素B_1 0.21mg、维生素B_2 0.32mg、维生素C 28mg。采后用开水烫，再换清水漂洗一下即可炒食。营养丰富，效果较好。

13. 鸡眼草 Kummerowia striata (Thunb.) Schindl.（豆科 Leguminosae）

粗脂肪含量2.07%，粗纤维含量34.22%，粗蛋白质含量 14.14%，粗灰分含量5.02%，无氮浸出物含量44.55%，钙含量 0.68%，磷含量0.26%，特别是维生素C的含量达到270mg/100g（鲜草）。

附：同属的短萼鸡眼草 *K. stipulacea* (Maxim.) Makino粗脂肪含量2.16%，粗纤维含量32.74%，粗蛋白质含量15.98%，粗灰分含量5.63%，无氮浸出物含量43.49%，钙含量0.78%，磷含量0.20%。较之鸡眼草叶量丰富，茎、叶、花序混合样品粗纤维含量比鸡眼草低4.2%，粗蛋白含量高13.06%，具有同样的开发价值。

14. 葡萄 Vitis vinifera Linn.（葡萄科 Vitaceae）

为著名水果，可生食或制葡萄干，可以制成葡萄汁，并酿酒，酿酒后的酒脚可提酒石酸，根和藤药用能止呕、安胎。

附：同属的蘡薁 *Vitis bryoniifolia* Bunge、东南葡萄 *Vitis chunganeniss* Hu、刺葡萄 *Vitis davidii* (Roman.) Föex、葛藟（葛藟葡萄）*Vitis flexuosa* Thunb.、菱状葡萄（菱叶葡萄）*Vitis hancockii* Hance、毛葡萄 *Vitis heyneana* Roem. et Schult.、温州葡萄 *Vitis wenchowensis* C. Ling ex W. T. Wang 和网脉葡萄 *Vitis wilsoniae* H. J. Veitch 都是富含维生素的植物。

15. 中华猕猴桃 Actinidia chinensis Planch.（猕猴桃科 Actinidiaceae）

果实是本属中最大的一种，从生产利用情况看，又是本属中经济意义最大的一种。据分析，果实的维生素含量每100g鲜样中一般为100～200mg，高的达400mg，为柑橘5～10倍；维生素E 含量为0.42～2.79mg/100g，糖类含量8%～14%，酸类含量1.4%～2.0%，还含酪氨酸等氨基酸12种。猕猴桃维生素C含量62mg/100g，还有糖类、蛋白质、类脂、镁、铁、维生素等。不但可以鲜食，而且可以制饮料、糕点、糖果等。在烧炖老母鸡等时，不但能缩短烧煮时间，而且可使肉质更鲜美。

附：同属的软枣猕猴桃 *Actinidia arguta* (Sieb. et Zucc.) Planch. ex Miq.、异色猕猴桃 *Actinidia callosa* Lindl. var. *discolor* C. F. Liang、京梨猕猴桃 *Actinidia callosa* Lindl. var. *henryi* Maxim.、毛花猕猴桃 *Actinidia eriantha* Benth.、长叶猕猴桃 *Actinidia hemsleyana* Dunn、小叶猕猴桃 *Actinidia lanceolata* Dunn、黑蕊猕猴桃 *Actinidia melanandra* Franch.、浙江猕猴桃 *Actinidia zhejiangensis* C. F. Liang 都是富含维生素的植物。

16. 石榴 Punica granatum Linn.（石榴科 Punicaceae）

维生素C含量71mg/100g，还有糖、蛋白质、脂肪、苹果酸、枸橼酸、钙、磷、钾等。注意：多食蚀齿生痰。不但可以鲜食，而且可以制成果酱、果汁、果脯、果酒、罐头、饮料和糕点、糖果等。

17. 柿 Diospyros kaki Thunb.（柿科 Ebenaceae）

柿子含有的营养物质很多，含有大量胡萝卜素、维生素C、葡萄糖、果糖及碘、钙、磷、铁等矿物质元素。其中，碘含量居果品之首，糖类和维生素C比一般水果高出1～2倍。每100g柿子含胡萝卜素440μg，在体内可以转化为维生素A，可以防治夜盲症等维生素A缺乏症。100g柿叶的维生素C含量达866mg，可制茶饮用。

18. 打碗花 Calystegia hederacea Wall. ex Roxb（旋花科 Convolvulaceae）

100g鲜叶含胡萝卜素8.30mg、维生素B_2 0.07mg、维生素C 78mg。可供药用及作蔬菜。

19. 枸杞 Lycium chinense Mill（茄科 Solanaceae）

100g鲜叶中含胡萝卜素5.91mg、维生素B_2 1mg、维生素C 69mg。枸杞籽含甜菜碱、酸浆红色素等。作蔬菜食用可补充维生素不足。

第五节　饮料植物资源

一、概述

植物饮料是以植物为原料制成的饮料。饮料通常按原料和制作工艺来分,主要有碳酸饮料(如汽水、雪碧)、果蔬饮料(如柠檬汁、苹果汁、椰子汁、玉米汁等)、发酵饮料(通常是指各种酒类,包括啤酒、黄酒、白酒等)、蛋白饮料(通常是指家畜产出的各种奶类及其制成的饮料,广义上说也包括以蛋白质含量丰富的植物种子或块根、块茎制成的饮料,如豆奶、花生露、葛根饮料等)、保健饮料(是具有防病治病功效的饮料,如人参茶、蜂王浆、西洋参口服液等)、常规饮料(通常指茶叶、咖啡和可可制成的饮料,被誉为世界三大饮料)。

乌岩岭自然保护区维管束植物中共37科83种7变种可作为饮料开发。其中,裸子植物1科1种,被子植物36科82种7变种。饮料植物资源种类比较多的前8个科依次是桑科菊科8种,4种3变种,豆科6种,忍冬科6种,蔷薇科4种,葡萄科3种,唇形科3种,茜草科3种。

二、主要饮料植物资源列举

1. 侧柏 Platycladus orientalis (Linn.) Franco(柏科 Cupressaceae)

侧柏可制作饮料,称柏叶饮。方法是取嫩枝叶500g,先用清水浸泡,然后晾晒至半干;取干净锅,将枝叶放入,置于火上不断翻炒至脆并研磨成粗末,冷却;取250g清水,将碎末放入,加白砂糖100g,放在火上煮沸,然后用文火加热,离火;过滤晾凉,置于冰箱内备用。饮用时,每次取25g,加250ml开水即可。柏叶饮能振作精神,益理智能,清活肺气,开胃增食欲,活血消瘀,可治疗吐血咯血、久咳不愈、胃口不好等症。

2. 青钱柳 Cyclocarya paliurus (Batal.) Iljinsk.(胡桃科 Juglandaceae)

青钱柳茶是一种比较流行的饮品。它的功效比较多,适当的喝一些青钱柳茶可以有效降低身体内血糖的含量,对于一些高血糖患者有一定的辅助治疗作用。此外,青钱柳茶中的膳食纤维含量比较高,可以降低身体内的胆固醇和甘油三酯,起到降血压、降血脂的目的。

青钱柳茶其制作工艺如下:青钱柳鲜叶采摘后,放在地上摊晾2～3h;再将青钱柳鲜叶杀青,温度175～220℃,时间5～20min;把杀青后的茶叶包在茶巾里,利用速包机把整个茶叶紧包成球状,制得茶包;将打包好的茶包放在揉捻机中进行揉捻,使茶叶成型,制得茶球;将揉捻好的茶球打散,然后重复进行揉捻;将重复揉捻好的茶球解块后摊铺在竹筛上,放在铁架上,置于炉中干燥,即得青钱柳茶。干燥分两次:第一次足火温度110 ~ 120℃，使茶叶含水量在20% ~ 25%；第二次足火温度85 ~ 95℃，茶叶成品含水量为6%。

3. 木姜叶柯（多穗柯）**Lithocarpus litseifolius** (Hance) Chun（壳斗科 Fagaceae）

木姜叶柯产地的群众千百年来都采其嫩叶作"甜茶"，其香气浓郁，色泽鲜艳，回味甘甜持久，风味独特。服用后能清热利尿，防治湿热痢疾、皮肤瘙痒、痈疽恶疮，对高血压及冠心病有辅助疗效。长期饮用，能滋肝养胃，清热润肺，生津止渴，降压减肥。当今世界上许多国家正在寻找茶、糖、药三位一体的第三代新茶源，多穗柯是最佳选择。木姜叶柯叶浸提液的营养成分及药用成分分析结果表明,茶汤中除含钾、钠、钙、镁等常量元素外，还富含铁、锰、锌等多种人体必需的微量元素。富含16种以上的氨基酸，总量达 6%，还含有维生素C、维生素E、维生素A等人体必需的维生素。其主要药用成分为茶多酚、茶黄酮，含量高于一般的绿茶，故有一定的药理功效。特别是茶汤中因含有二氢查耳酮（PHC）类物质,故甘甜可口，极富"甜茶"特色。另外，茶汤中水浸出物含量较高，非常耐冲泡。其茶中咖啡因含量低于一般茶叶，故多饮不会产生中枢神经兴奋而导致失眠等副作用。有鉴于此，多穗柯嫩叶可用作新一代的"茶源"，利用其嫩叶可以作茶叶或复合型的袋泡茶、速溶茶、甜茶精，或做成甜茶饮料和可乐。

4. 薜荔 Ficus pumila Linn.（桑科 Moraceae）

瘦果的外果皮含有丰富的果胶，含量达11.8%以上，以多聚半乳糖为基本结构的果胶类物质，酯化度为40.8%，属低脂果胶。100g薜荔果中含水分82.3g、蛋白质0.7g、脂肪0.8g、纤维3.5g、碳水化合物3.4g、硫胺素0.02mg、维生素B_2 0.04mg、烟酸0.6mg、钙24mg、磷24mg、铁0.3mg。果实中另含一种凝胶质样物质，水解后可生成葡萄糖、果糖及阿拉伯糖等。其果胶可通过简单的工艺程序制成饮料，不仅清凉可口，而且能祛风利湿，清热解毒，补肾固精。同时碳水化合物含量低，即能量低，多喝亦不发胖。其制作流程如下：果序（雌性）成熟（果皮成紫红色，部分自行开裂）→纵向切开→取出瘦果（俗称种子）→晒干→冷藏备用→取干燥瘦果50g，装入细密的布袋中，其口用绳扎紧→用干净脸盆盛凉开水2kg，放入50mg K_2CO_3→将装有瘦果的布袋置凉开水中10min→用手在水中反复搓揉布袋，直到袋内的瘦果从表面黏到光滑不黏，取出布袋→静置1h，即成果冻→加适量的调味品（白糖、香精、醋等）→清凉可口饮料。

附：在保护区，珍珠莲 *Ficus sarmentosa* Buch.-Ham. ex Smith var. *henryi* (King ex D. Oliv.) Corner及其变种爬藤榕 var. *impressa* (Champ. ex Benth.) Corner、白背爬藤榕 var. *nipponica* (Franch. et Sav.) Corner都有相同的利用价值。

5. 桑 Morus alba Linn.（桑科 Moraceae）

桑的聚花果俗称桑椹，含有脂肪酸，主要由亚油酸、硬脂酸及油酸组成，具有分解脂肪、降低血脂、防止血管硬化等作用。含有鞣酸、脂肪酸、苹果酸等营养物质，能帮助脂肪、蛋白质及淀粉的消化，故有健脾胃、助消化之功效，可用于治疗消化不良导致的腹泻。含有大量的水分、碳水化合物、维生素、胡萝卜素及人体必需的微量元素等，能够有效地扩充人体的血容量，且补而不腻，适宜于高血压、妇女病患者食疗。含有乌发素，能使头发变得黑而亮泽。所含的芦丁、花色素、葡萄糖、果糖、苹果酸、钙、无机盐、胡萝卜素、多种维生素及烟酸等成分，有预防肿瘤细胞扩散、避免癌症发生的功效。桑椹除可作水果食用外，还可制成美味可口、营养丰富、防病治病的保健饮料。其工艺流程主要是：成熟桑椹（紫红色）→去杂清洗→捣烂榨汁→汁液过滤→口味调整（甜度、酸度、香气等）→杀菌消毒→真空包装→冷藏。

附：保护区内与其同属的还有鸡桑 *Morus australis* Poir.，亦可开发利用。

6. 马齿苋 **Portulaca oleracea** Linn.（马齿苋科 Portulacaceae）

马齿苋中绝大多数氨基酸的含量都比栽培蔬菜中的氨基酸含量高，所含人体必需氨基酸总量为11970mg/100g（干），包括天冬氨酸、丙氨酸、酪氨酸、苏氨酸、苯丙氨酸、丝氨酸、缬氨酸、组氨酸、谷氨酸、蛋氨酸、赖氨酸、脯氨酸、异亮氨酸、精氨酸、甘氨酸及亮氨酸。马齿苋地上部分含有葡萄糖、果糖、蔗糖、维生素E、维生素C、维生素B_1、维生素B_2、维生素A、叶黄素、β-胡萝卜素、α-生育酚、谷甾醇、豆甾醇、菜油甾醇、蛋白质等营养成分。在药理上具有抗肿瘤、降血脂、抗动脉粥样硬化、降血糖、增强免疫力、抗衰老、抗菌、抗病毒、松弛平滑肌和骨骼肌的作用。马齿苋作为国家卫生部认定的药食同源野生植物之一，在我国已有千百年的利用史。

马齿苋可制成保健饮料。主要工艺是：马齿苋1kg，白糖0.5kg，将新鲜马齿苋洗干净、轧碎、加入适量的水，用不锈钢锅煎煮20min，压滤，所得滤汁再用多层纱布或棉布过滤，即得到酸甜适口的饮料。该饮料对弗氏痢疾杆菌、伤寒杆菌、大肠杆菌以及金黄色葡萄球菌均有抑制作用，可益气、消暑热、宽中下气、润肠、消积滞、杀虫、治疗疮疖红肿疼痛等。

7. 浙江蜡梅 **Chimonanthus zhejiangensis** M. C. Liu（蜡梅科 Calycanthaceae）

夏、秋二季采收浙江蜡梅新鲜叶，按茶叶制作方法进行炒制、干燥，制成蜡梅茶，其性凉、味微苦，具有解表祛风、清热解毒、舒散风寒、芳香化湿、辟秽醒脾的功效，主要用于预防和治疗感冒与流行性感冒。

8. 杜仲 **Eucommia ulmoides** Oliv.（杜仲科 Eucommiaceae）

杜仲茶是以植物杜仲的叶为原料制作而成的健康饮品，品味微苦而回味甜。常饮有益健康，睡前喝一杯，有很好的保健功效，无任何副作用。其具护肝补肾、降压降脂、增强免疫、通便利尿、安神养眠、美容养颜、减肥等功效。通常在杜仲叶初长成、生长最旺盛、花蕾将开放时，或在花盛开而果实种子尚未成熟时采收，洗净，用刀切成细条，依照茶叶制作方法，用文火在不锈钢锅内翻炒，不时喷水雾，以防炒焦，待叶中水分减少80%左右，闻之有清香气时取出，烘干，密封包装。其中嫩芽杜仲茶品质最高。

9. 葛 **Pueraria montana** (Lour.) Merr（豆科 Leguminosae）

葛根含有葛根素、葛根素木糖苷、大豆黄酮苷、花生酸、维生素C、多种氨基酸及多种微量元素，且葛根素和类黄酮类化合物含量相对较高。现代医学研究发现，葛根异黄酮具有促进心脑血管、视网膜血流，舒张平滑肌解痉挛，抗癌及诱导癌细胞分化，抗氧化，降血糖，降血脂，降低血醇浓度，解热，提高记忆功能，增强机体免疫力的作用。临床主要应用于治疗冠心病、心绞痛、眼底病、突发性耳聋、偏头痛、颈椎病等。

以葛根为原料制成的饮料具有口感清香、入口甘甜的特点。其工艺主要是：葛根切碎后与护色液以1：1.8混合，打浆，室温（25℃）下调pH值至6.0，浸提80min，过滤所得滤液以耐高温α-淀粉酶处理，最佳处理条件为：pH值6.0，温度80℃，35min，酶量为净葛重的4‰。所得滤液进行高温灭蛋白和低温过滤处理，罐装，杀菌，即得产品。

10. 枸骨（构骨）**Ilex cornuta** Lindl. et Paxt.（冬青科 Aquifoliaceae）

枸骨俗称安徽苦丁茶，其叶中药名功劳叶，化学成分主要是冬青苷类和苦丁茶苷类，此外还有胡萝卜苷、苦丁茶糖脂素甲、苦丁茶糖脂素乙、咖啡酰鸡纳酸、腺苷。枸骨苦丁茶由枸骨嫩叶用茶叶的加工方法加工而成，民间使用历史悠久，有散风热、清头目、解烦躁、活血脉等功效。食用口感颇佳。

11. 大叶冬青 Ilex latifolia Thunb.（冬青科 Aquifoliaceae）

大叶冬青浙江民间称浙江苦丁茶，叶内含有黄酮类，芦丁、杨梅酮、槲皮素等多种对人体有益的活性物质，具清热解毒、降血压、降血脂、降胆固醇等药用保健功效。叶是绿色保健饮料苦丁茶的原料。加工方法是先将嫩叶横切成细条，再用炒茶叶的方法制作而成。研究表明，大叶冬青叶中的挥发油对肺癌较明显的疗效。

12. 柿 Diospyros kaki Thunb.（柿科 Ebenaceae）

用柿的叶制成的茶称柿叶茶。柿叶作茶源于我国民间，后风靡于日本，至20世纪80年代，柿叶茶已成为十分流行的保健饮品，受越来越多的人青睐。研究表明，柿叶中含有丰富的维生素C，是普通茶叶含量的几十倍，也高于猕猴桃；另外还含有黄酮类、多酚类、香豆素、挥发油、有机酸、胡萝卜素、蛋白质、糖、矿物质和胆碱等物质。常饮柿叶茶，对稳血压、降血压、软化血管、清血热和消炎均有一定疗效。该茶还可增强人体新陈代谢，具有利小便、通大便、止牙痛、护肤、祛斑、除臭、醒酒等作用。通过饮用柿叶茶，可以从中摄取人体大脑神经元必需的乙酰胆碱，对预防阿尔茨海默病十分有益。最近的研究还表明，常饮柿叶茶对预防感冒有显著的作用。有人进一步利用柿叶中所含的特殊物质（如酮类物质、多酚类物质）研究开发具有抗癌作用的新产品。柿叶茶的工艺过程为：采叶→选叶→清洗→杀青→冷水浸泡→晒干→揉碎→烘炒→成形→晾干→包装。

13. 忍冬（金银花）**Lonicera japonica** Thunb.（忍冬科 Caprifoliaceae）

忍冬又名金银花。以其花为主料制成的金银花茶片，具有清热、消炎、杀菌、利尿、止痒等功能。它具有用量固定、安全卫生、携带方便、使用简便、功效显著的特点。金银花茶片的制作主要包括：① 金银花于每年5—6月采集，以花未开放、软糯洁净、气味芳香、花朵粗长肥大、色黄白者为佳。② 将鲜金银花进行冷冻干燥，在低温下进行超微细粉碎，加超微细明胶粉、超微细白糖粉、超微细硬脂酸镁粉，经充分拌和后压成一定规格的片剂，再经检验和塑铝纸分粒压封而成为产品。金银花茶片用于预防热疖、痱子、痤疮、皮炎、痈疽、肿毒等。取适量片剂用开水冲泡后饮用。

14. 野菊 Chrysanthemum indicum Linn.（菊科 Compositae）

以野菊的头状花序为原料制成的茶称野菊茶，主要经过鲜花采摘、阴干、生晒蒸晒、烘焙等工序制作而成。《中华人民共和国药典》2015年版一部有收载。野菊花呈类球形，黄绿色至棕黄色，气芳香，味苦。以色黄无梗、完整、气香、花未全开者为佳，而花完全开放、散瓣、有花梗、吸潮、色暗、散气者质次。野菊花茶味甘苦，性微寒，有散风清热、清肝明目和解毒消炎等作用。

菊花成分杭白菊（浙江）可食部为100%，100g含水分9.9g、蛋白质14g、脂肪4.3g、碳水化合物34.1g、维生素 B_1 0.04mg、维生素 B_2 0.98mg、烟酸6mg、维生素 C 1mg、维生素 E 1.61mg、钾184mg、钠37.7mg、钙345mg、镁283mg、铁218.7mg、锰6.08mg、锌4.19mg、铜1.57mg、磷125mg、硒0.016mg，还含有挥发油、胆碱、水苏碱、菊苷等。精油主要成分有龙脑、樟脑、菊烯酮等。

附：保护区还有甘菊 *Chrysanthemum lavandulifolium* (Fisch. ex Trautv.) Makino，亦可制茶，具有相似的功效。

第六节　食用色素植物资源

一、概述

色素植物我国约有130种：葡萄科、杜鹃花科、菊科、忍冬科、茜草科、锦葵科、紫草科等。

食用色素是色素的一种，即能被人适量食用，可使食物在一定程度上改变原有颜色的食品添加剂，分为天然食用色素和人工合成食用色素两种。天然食用色素，多为植物色素，也包括微生物色素、动物色素及无机色素。绝大部分来自植物组织，特别是水果和蔬菜。安全性高，有的还兼具营养作用（如 β-胡萝卜素）。与之相对的是人工合成食用色素，其主要是化工产品，是通过化学合成制得的有机色素。随着毒理学的发展，人们认识到合成色素主要以苯、甲苯、萘等为原料经化学合成，多属苯胺类色素，它不仅无任何营养价值，而且对人体健康有害。如在肉类腌制时最常用的亚硝酸钠，其毒性较强，在药物学中称为剧毒药；有些合成色素在人体代谢过程中能产生有害物质，在合成过程中也可能被其他有害的化学物质污染。因此，现在各国已允许食用的合成色素无论是品种还是数量都越来越少。

食用植物色素作为天然食用色素的一种，按来源分，主要有天然植物色素和合成植物色素。植物中的天然色素按化学结构的不同，可以分为四大类。①吡咯衍生物类色素：是以四个吡咯环构成卟吩为基础的天然色素，它们广泛地存在于绿色植物的叶绿体中，叶绿素是其主要代表。在高等植物中，叶绿素主要有两种类型，即叶绿素a呈蓝绿色和叶绿素b呈黄绿色，它们的比例为3∶1。②多烯类色素：是由异戊二烯［$CH_2=C(CH_3) CH=CH_2$］为单元组成的共轭双键长链为基础的一类色素，为脂溶性色素，主要存在于绿色植物的果实中，如番茄红素、辣椒红素和玉米黄素等。③酚类色素：为水溶性或醇溶性色素，是多元酚的衍生物，可分为黄酮类、花青素类和鞣质三大类。如矢车菊色素、天竺葵色素、飞燕草色素、芍药色素、牵牛花色素和橙皮素等。④酮类和醌类衍生物色素：它们的种类较少，主要存在于植物的地下茎、霉菌分泌物及红甜菜中。

天然植物色素的特点：① 绝大多数天然色素无毒、副作用，安全性高。② 天然植物色素大多为花青素类、黄酮类、类胡萝卜素类化合物，因此，食用天然色素不但无毒无害，而且很多食用天然色素含有人体必需的营养物质，或本身就是维生素或具有维生素性质的物质，如维生素B_2、番茄红素、玉米黄色素、β-胡萝卜素等，尤其是β-胡萝卜素，国家已归类为营养强化剂，用于食品强化可防止人体维生素A的缺乏症和眼干燥病等。还有一些天然色素具有一定的药理功能，对某些疾病有预防和治疗作用。③ 天然植物色素不但具有着色作用，而且具有增强人体功能、保健防病等功效。如芦丁天然食用黄色素具有使人维持正常抵抗能力和防止动脉硬化等功能，在医学上一直作为治疗心血管系统疾病的辅助药物和营养增补剂。④ 天然色素的着色色调比较自然，更接近于天然物质的颜色。⑤ 大部分天然色素对光、热、氧、金属离子等很敏感，稳定性较差。⑥ 绝大多数天然色素染着力较差，染着不易均匀。⑦ 天然色素对pH值变化十分敏感，色调会随之发生很大变化。如花青素在酸性时呈红色，中性时呈紫色，碱性时呈蓝色。⑧ 天然色素种类繁多、性质复杂，就一种天然色素而言，应用时专用性较强，运用范围狭窄。

乌岩岭自然保护区维管束植物中能作食用色素的植物共21科36种1变种。其中，裸子植物1科1种，被子植物20科35种1变种。食用色素资源种类比较多的前6个科依次是菊科5种，苋科3种，葡萄科3种，杜鹃科3种，唇形科2种1变种，茜草科3种。

二、主要食用色素植物资源列举

1. 板栗 Castanea mollissima Blume（壳斗科 Fagaceae）

板栗壳含天然棕色素，通常称栗色，易溶于水及乙醇水溶液，其溶液色调为典型的棕色，不溶于非极性溶剂，在pH 3.5～4.0环境中，均呈现稳定的棕色，对光照、温度、还原剂、氧化剂、酸碱、常用食品添加剂和配料（如葡萄糖、蔗糖、防腐剂、糖精钠、柠檬酸等）的稳定性都较好。在自然光下照射30d，或在温度100℃下加热3h，其颜色都能保持稳定不变；在pH 3～10范围内板栗壳棕色素的吸光度和颜色变化不大，即板栗壳棕色素在酸性和碱性条件下都比较稳定。对金属离子而言，Na^+、K^+、Mg^{2+}、Ca^{2+}、Ba^{2+}等离子对色素的稳定性影响不大，但Fe^{3+}、Pb^{3+}、Cu^{2+}、Zn^{2+}等离子对色素有破坏作用，会与色素反应生成有色沉淀，并使色素液褪色。

板栗壳含天然棕色素，分子式$C_{35}H_{32}O_3$，相对分子质量540。理化性状为深棕色粉末，易溶于水及乙醇水溶液，不溶于非极性溶剂。在偏碱性条件下呈棕色，在偏酸性条件下为红棕色。对热和光均稳定。

提取方法简单，用水浸提，将滤液纯化、精制而得。

本品对光、热均稳定，可用于焙烤食品着色。根据我国《食品添加剂使用卫生标准》（GB 2760—2007）规定：用于可乐饮料最大使用量1.0g/kg；配制酒最大使用量0.3g/kg。

保护区内壳斗科植物共35种，从理论上说，全部种类的果壳都能提取棕色素，称为橡子壳棕色素，但以果壳颜色较深、果实较大者较好。

2. 木姜叶柯（多穗柯）**Lithocarpus litseifolius**（Hance）Chun（壳斗科 Fagaceae）

木姜叶柯叶含棕色素，称多穗柯棕色素，主要着色成分为多元酚缩合物。理化性状为棕褐色粉末，无异味。易溶于水及乙醇水溶液。光、热、酸、碱等均较稳定。不易潮解变质。

以多穗柯嫩叶为原料，经抽提、纯化、精制而得。

根据我国《食品添加剂使用卫生标准》（CB 2760—2007）规定：用于可乐型饮料，最大使用量1.0g/kg；配制糖果、汽水、糕点、冰淇淋、酒，最大使用量0.4g/kg。实际使用时，汽水用0.02%，可乐型饮料用0.1%，效果均佳。

3. 桑 Morus alba Linn.（桑科 Moraceae）

桑椹红色素是从桑椹中提取的一种食用天然红色素。桑椹红色素主要成分为氰靛-3-葡萄糖苷，其次还有少量天竺葵-3-葡萄糖苷和碧冬茄-3-芸香糖苷。

桑椹红色素对热和光的稳定性较好。当温度在80℃或80℃以下，受热时间不超过60min，色素的稳定性良好；在100℃下加热30min和100min，吸光度下降15.7%和30.7%（与室温比较）。在相距40cm的紫外线灯下照射20h，溶液的吸光度仅下降38%。金属离子对桑椹红色素的影响不一。Fe^{2+}、Fe^{3+}、Cu^{2+}和Zn^{2+}的存在对该色素的稳定性有明显不利影响，其中Fe^{3+}为102.64ppm时，能使红色溶液产生粉红色沉淀，颜色有改变。Mg^{2+}、Al^{3+}、K^+、Na^+、Ca^{2+}金属离子对该色素的稳定性均有保护作用和增色作用。在实际生产中，桑椹果的储藏、包装运输及加工过程中，应避免与铁、铜、锌等金属接触。

桑椹红色素适用于酸性或微酸性的饮料、酒、冻冰糕、糖果等的着色，在酸性条件下色泽鲜艳稳定。

4. 苋 Amaranthus tricolor Linn.（苋科 Amaranthaceae）

在食用的苋菜中有茎叶红色或紫红色的品种，俗称红苋菜，其茎叶含有天然苋菜红。天然苋菜红主要着色成分为苋菜苷和甜菜苷。

天然苋菜红为紫红色无定形干燥粉末，易吸湿。易溶于水和稀乙醇溶液，溶液在pH小于7时呈紫红色，澄明，不溶于无水乙醇、石油醚等有机溶剂。对光、热的稳定性较差。铜、铁等金属离子对其稳定性有负影响。pH大于9.0时，本品溶液由紫红色转变为黄色。

以苋可食部分为原料，经水提取，乙醇精制获得浓缩液。通过干燥处理，即可获得紫红色干燥粉末状成品。

使用时pH应小于7，且避免长时间受热。根据我国《食品添加剂使用卫生标准》（GB 2760—2007）规定：可用于高糖果汁（味）或果汁（味）型饮料、碳酸饮料、配制酒、糖果、糕点上彩装、红绿丝、青梅、山楂制品、染色樱桃罐头（系装饰用，不宜食用）、果冻，最大使用量0.25g/kg。

5. 鸡冠花 Celosia cristata Linn.（苋科 Amaranthaceae）

从鸡冠花中提的红色素，主要有效成分为花青素类色素，由于提取方法不同，还有其他成分，如植物酸糖、胶质等。该色素为暗红色固体或稠状物易溶于水和乙醇水溶液中，不溶于较纯的乙醇、酮、石油醚、乙醚等有机溶剂中。在水溶液中呈红色，水溶液的最大吸收峰为35nm。该色素的稳定性与浓度有关，温度越高，色素的稳定性越差，但室温条件下对色素影响不大。该色素在较高温加热时，只适宜短时间加热。耐光性较好。在弱酸性至近中性条件下稳定，为玫瑰红色；在强酸性中颜色变浅；在偏碱性溶液中颜色变棕色，不稳定。

具有较高的食用安全性。用作原料提取色素产品不仅作用范围广，而且比较安全可靠，是一种较为理想的天然食用功能性植物色素资源，具有广阔的开发利用价值和规模化生产前景。

6. 落葵 Basella rubra Linn.（落葵科 Basellaceae）

落葵红色素是从落葵成熟果实中提取的一种天然食用红色素。落葵红色素有色成分为甜菜苷。该色素为水溶性色素，易溶于水与稀的乙醇溶液，可溶于甲醇，不溶于丙酮与醚类等有机溶剂，颜色在pH值3～7范围内呈鲜艳的紫红色，着色力强。该色素受光照，加热，Fe^{2+}、Fe^{3+}、Cu^{2+}等金属离子的影响，加入适量的维生素C可以得到改善。一定浓度的色素溶液，温度升高或受热时间延长都使其稳定性下降。在60℃加热30min的吸光度比室温下降16.7%，升到90℃以上时吸光度急剧下降，75℃加热40min后吸光度下降50%左右，紫外线的直线照射，使色素的稳定性下降，照射的时间越长，下降的趋势越明显。

宜作果冻、冷饮、发酵食品和蜜饯等食品的红色着色剂。适宜用于酸性食品。在生产、储存、使用过程中尽量避免长时间的光照和高温；尽量避免与Fe^{2+}、Fe^{3+}、Cu^{2+}的接触，使用时pH值应控制在3～7范围内，也可根据需要加入适量的维生素C稳定剂。

7. 金樱子 Rosa laevigata Michx.（蔷薇科 Rosaceae）

金樱子果实含有棕红色素，称金樱子棕，主要着色成分为多酚化合物。其为棕红色浸膏，溶于水、稀乙醇溶液，极易溶于热水，溶液澄清透明，不溶于食用油及非极性溶剂。本品水溶液在弱酸性环境中色调偏黄，在弱碱性环境中显红棕色。对光、热较稳定。以野生植物金樱子果实为原料，经浸提、浓缩制成金樱子棕。

根据我国《食品添加剂使用卫生标准》（GB 2760—2007）规定，用于碳酸饮料时，最大使用量10g/kg；配制酒时，最大使用量0.2g/kg。

8. 柑橘 Citrus reticulata Blaco（芸香科 Rutaceae）

柑橘的果皮中似有黄色素，称柑橘黄，是以类胡萝卜素为主体的混合物，其主要着色成分为 7,8-二氢-γ-胡萝卜素。

柑橘黄为深红色黏稠状液体，具有柑橘清香味。相对密度为 0.91～0.92。极易溶于乙醚、己烷、苯、甲苯、石油醚、油脂等溶剂，可溶于乙醇、丙酮，不溶于水。

提取方法是将柑橘皮洗净、消毒，经干燥、粉碎，用溶剂提取、纯化、浓缩而成。

柑橘黄为油溶性色素，但也可制成水分散型色素。市售品有两种规格，油溶性和水分散型柑橘黄。柑橘黄遇光逐渐褪色，若添加抗氧化剂即可延长保存期，应注意避光保存。

根据我国《食品添加剂使用卫生标准》（GB 2760—2007）规定：可按生产需要适量用于面饼、饼干、糕点、糖果、果汁（果味）型饮料。

9. 葡萄 Vitis vinifera Linn.（葡萄科 Vitaceae）

葡萄皮通常为红色或紫红色，因为含有葡萄皮红色素。葡萄皮红素为花色苷类色素。其主要着色的成分是锦葵素、芍药素、翠雀素和 2′-甲花翠素或花青素的葡萄糖苷。其理化性状是：红至暗紫色液状、块状、糊状或粉末状物质，稍带特异性臭气。溶于水、乙醇、丙醇，不溶于油脂。色调随 pH 的变化而变化，酸性时呈红色、紫红色，碱性时呈暗蓝色。在 Fe^{3+} 存在时呈暗紫色。染着性、耐热性不太强。易氧化变色。

除去制造葡萄汁或葡萄酒后的残渣中的种子及杂物，经浸提、过滤、浓缩等精制，或进一步添加麦芽糊精、变性淀粉后经喷雾干燥制成。

根据我国《食品添加剂使用卫生标准》（GB 2760—2007）规定：配制酒、碳酸饮料、果汁（果味）型饮料、冰棍时的最大使用量为 1g/kg；制果酱时的最大使用量 1.5g/kg；制糖果、糕点时的最大使用量为 2.0g/kg。

10. 茶 Camellia sinensis (Linn.) Kuntze（山茶科 Theaceae）

茶叶中含有黄色素，称茶黄色素，主要成分以多酚类物质、儿茶素为主，还含有氨基酸、维生素 C、维生素 E 及维生素 A、黄酮及黄酮醇等物质。

其为黄色或橙黄色粉末。易溶于水和含水乙醇，不溶于氯仿和石油醚。具有抗氧化性。属酸性色素，色泽以在 pH 为 4.6～7.0 时为好。通过茶叶除杂、清洗，经有机酸浸提、过滤、二次浓缩后干燥制得。

茶黄色素属酸性色素，最好用于 pH 为 4.6～7.0 的食品中，其抗氧化作用可与维生素 C 相比。根据我国《食品添加剂使用卫生标准》（GB 2760—2007）规定：可在果蔬汁饮料、配制酒、糖果、糕点上彩装、红绿丝、奶茶、果茶中按生产需要适量使用，通常在汽水、糖果、糕点中的使用量约 0.4g/kg。

以茶叶本身的绿色为基础，可制成茶绿色素，主要成分是叶绿素或叶绿素铜钠盐，还含有黄酮醇及其苷、茶多酚、酚酸、缩酚酸、咖啡因等。其为黄绿色或墨绿色粉末。易溶于水和含水乙醇，不溶于氯仿和石油醚。具有抗氧化性。

提取方法是茶叶除杂、清洗，经有机酸、维生素C浸提、过滤、浓缩，进一步分离制成。

根据我国《食品添加剂使用卫生标准》（GB 2760—2007）规定：其使用范围和使用量同茶黄色素。

11. 乌饭树 Vaccinium bracteatum Thunb.（杜鹃花科 Ericaceae）

乌饭树果实的色素含量高，呈深红至蓝色，其发色基团为蒽醌类和靛类，主要是氰靛 -3- 葡萄糖苷。乌饭树叶也含有大量的蓝黑色素，主要成分是10- 对香豆酰基水晶兰苷，即乌饭树苷，我国民间早已食用。所以，用此提取色素安全可靠。

乌饭树叶色素的浸膏呈黑色膏状，具有龙眼香气，无异味并有较强的吸湿性，用手摸之有黏手感。易溶于水，微溶于75%乙醇，不溶于乙醚、脂肪和油类。乌饭树叶色素对溶液的酸碱性反应灵敏。取一定浓度不同酸度的溶液，在波长570nm进行吸光度测定，其测定结果为：色素的吸光度值在碱性条件下高，在酸性条件下低；在碱性溶液中的颜色比酸性中深，带蓝紫色，酸液稍带红色。乌饭树叶色素耐热性好，将其溶液加热至100℃、200min，测该溶液的吸光度值，几乎无变化。这一性质有利于应用于加热食品。

叶色素提取如下：①嫩枝叶的采集。在5—6月采集乌饭树的嫩枝叶，除去杂质，置于通风良好的室内晾干。②破碎。晾干的枝叶置破碎机内破碎。③漫提。采用逆流浸提，6个浸提罐为1组，用水浸提，时间24h，浸提次数为11次。浸提液经脱脂纱布收集，弃去废渣。④过滤。经250目滤布过滤。⑤浓缩。滤液经真空浓缩制得膏状色素成品。

乌饭树果和叶都含有蓝黑色素，是提取天然食用色素的良好植物资源。从该资源中提取的色素颜色鲜艳，耐光热性能好。该色素中还含有糖果胶、有机酸、微量元素等组分，对人体具有一定的营养价值和医疗保健功能。

乌饭树色素提取工艺简单，色素各方面性能好，是一种很有开发前途的新的天然食用色素品种。

12. 天目地黄 Rehmannia chingii Li（玄参科 Scrophulariaceae）

天目地黄根含地黄黄色素。主要成分是恩贝酸（2, 5-二羟基-3-烷基对苯二醌），为菊黄色片状晶，熔点142～143℃，能溶于热的有机溶剂及碱性水溶液中，不易溶于石油醚，几乎不溶于水。其碱性水溶液受紫外光照射易分解褪色。

地黄黄色素的提取按以下步骤操作。①粉碎。将新鲜地黄根用清水洗净、晾干，磨成粉。②脱脂。用与干地黄粉等量的石油醚搅拌脱除脂肪2次，并过滤除去，回收石油醚。③萃取。用等量氯仿萃取滤渣3次，过滤，合并3次萃取液。④蒸馏。将3次萃取液水浴加热，减压蒸馏，回收氯仿，得晶状粗色素制品。⑤精制。将粗制品地黄色素与等量的氯仿混合，用水浴加热搅拌，趁热过滤，将滤液冷却至室温，静置。待结晶完全，滤取晶体，用等量的石油醚洗涤2次，抽干，于60℃真空干燥得精品地黄色素。

地黄色素不溶于水，使用时应加入助溶剂，如柠檬酸钠。其由于受紫外照射会褪色，应加入还原剂，如维生素C防止氧化，这样方可用于饮料、食品及药品的着色。

13. 栀子 Gardenia jasminoides Ellis（茜草科 Rubiacea）

栀子果实成熟时为黄色、橙黄色或橙红色，含有栀子黄色素，也称藏花素。栀子黄色素主要着色成分为藏花素，属类胡萝卜素系列。

其为橙黄色膏状或红棕色结晶粉末，微臭，易溶于水，溶于乙醇和丙二醇，不溶于油脂，水溶液呈弱酸性或中性，其色调几乎不受环境pH变化的影响。pH为4.0～6.0或8.0～11.0时，该色素比β-胡萝卜素稳定，特别是偏碱性条件下黄色更鲜艳；中性或偏碱性时，该色素耐光性、耐热性均较好，而偏酸性时较差，易发生褐变。耐金属离子较好（除铁离子外，铁离子有使其变黑的倾向）。耐盐性、耐还原性、耐微生物性均较好。对蛋白质着色力优于淀粉。对两者着色均较稳定。糖对本品有稳定作用。

将栀子的果实去皮、破碎，制为粉状，用水或乙醇水溶液抽提，精制而得膏状物或进一步精制为粉状成品。

配制成水溶液使用或直接使用浸膏或粉末。铁离子能使色素变黑，应避免与铁接触。不宜用于酸性饮料，以防褪色。根据我国《食品添加剂使用卫生标准》（GB 2760—2007）规定：可用于果汁（味）型饮料、配制酒、糕点上彩装、糕点、冰棍、雪糕、蜜饯、膨化食品、果冻、面饼、糖果、栗子罐头，最大使用量为0.3g/kg。实际使用参考：用于一般汽水、汽酒为0.2g/kg；竹叶青酒为0.19g/kg。用栀子粉按1∶7加水制得栀子黄色素液，对蛋卷着色，在和面时按25∶1加入，着色效果好。

栀子蓝是由栀子果实中的黄色素经酶处理后制成的蓝色素。

理化性状为：蓝色粉末，几乎无臭无味，易溶于水、含水乙醇及含水乙二醇，呈鲜明蓝色。pH在3～8范围内色调无变化。耐热，在120℃、60min不褪色。吸潮性弱，耐光性差。本品对蛋白质染色力强，吸光度（1000倍稀释水溶液，590nm）0.5。

栀子果实用水提取得黄色素，再经食品加工用酶处理后得蓝色素。

栀子蓝耐光性差，使用中应注意避光保存和选择适宜的包装容器。根据我国《食品添加剂使用卫生标准》（GB 2760—2007）规定：用于果味型饮料与糕点上彩装、配制酒，最大使用量为0.2g/kg。用于糖果、果酱，最大使用量为0.3g/kg。

14. 东南茜草（茜草）**Rubia argyi** (Lévl. et Vant.) Hara ex Lauener（茜草科 Rubiaceae）

东南茜草的根和根状茎含有红色素，可开发利用。茜草中红色素主要是茜草素、羟基茜草素、异茜草素、伪羟基茜草素（加热失去CO_2转变为羟基茜草素）、茜草酸及茜草苷。

茜草采挖于4—5月开始，以9—12月采者质量为好。除去泥土，晒干或烘干。以根粗长，表面暗紫红色、断面棕红色、无苗者为好。多生于山坡岩石旁或沟边草丛中。

茜草又是一种中药，主治血热吐血、月经不止或血崩，对跌打损伤也有疗效。

15. 艾蒿 Artemisia argyi Lévl et Vant.（菊科 Compositae）

艾蒿含的叶绿素可开发利用，提取产物称艾蒿绿色素。叶中除了含有叶绿素、纤维素等外，还含约0.02%的挥发油，油中主要成分为侧柏酮、樟脑等。此外尚含有腺嘌呤、胆碱、维生素A样物质、维生素B、维生素C、维生素D及淀粉酶等。

艾蒿绿色素的提取按以下操作步骤进行。

①前处理。将新鲜艾蒿洗净，除去杂物和残败艾蒿。

②浸冻。将洗净的鲜艾蒿加入下列任一种溶液中并浸没：1% $NaHCO_3$ 溶液；1% NaCl 溶液（精盐）；1% Na_2CO_3 和1% NaCl 等体积混合液。浸没后于 $-30℃$ 冻结5h。

③解冻。冻结后的艾蒿于室温自然解冻，分别过滤、甩干，用清水搅拌洗涤数次，过滤甩干。

④干燥粉碎。将上步洗涤甩干后的艾蒿，于80℃干燥2h，粉碎成细末得成品，收率4%~8%。

⑤将叶绿素中的镁置换成钠：分别用1% $NaHCO_3$ 溶液、1% NCl溶液、1% $NaHCO_3$ 和1% NaCl 等体积混合液浸液浸冻后制得成品，其色泽分别为深绿色、浅绿色、鲜绿色。

艾蒿绿色素用作食品添加剂加入食品中，使食品着色，特别是面食着色。本品用于食品着色时，在色香味方面具有优势。

附：保护区内还有印度蒿（五月艾）*Artemisia indica* Willd.、牡蒿 *Artemisia japonica* Thunb.、矮蒿 *Artemisia lancea* Vant.、野艾蒿 *Artemisia lavandulaefolia* DC. 等具有相似的开发利用价值。

第七节　食用香料植物资源

一、概述

香料植物是能分泌和积累具有芳香气味物质的一类植物。我国南方地域辽阔，具有适应多种多样香料植物生长的气候，是世界上香料植物资源最丰富的地域之一。香料按使用目的不同，分食用香料和工业香料。食用香料植物是指用于各类食品加香调味或饮料调配的植物性原料，是植物的某个部位或全部。但食用香料植物含香味的部分常集中于植物的特定器官，如根、茎、叶等器官。美国香辛料协会规定，凡是主要用来食品调味的植物，均可称为食用香料植物。

食用香料植物可分为烹调香草和辛香料两大类。①烹调香草。在食品工业中，烹调香草是指具特有芳香的软茎植物，多采取顶部枝梢部分作食品的赋香调味剂，使用时既可用新鲜的，又用其干品，干品常常剥去硬质、无香气的外皮。这种香草多半产自温带地区，其所含精油较少。鲜品香气较干品强，这是因为在干燥过程中挥发性香成分有所散发。②辛香料。它指在食品调味中食用的干燥的芳香植物品种。其精油含量较高，并具有明显的芳香气味。它多半产自热带和亚热带地区，使用植物的花蕾、果实、种子、球根、鳞茎、树皮等特定部分。有些品种原来并不属于辛香料一类植物，如大蒜、洋葱等，但为了分类方便也划归这一类。

食用香料植物除香味成分外，还含有丰富的蛋白质、氨基酸、糖、淀粉、纤维素和矿物质，有一定的营养价值，有些香味调料还具有防腐性、防氧化性等。在食品应用中，食用香料植物的种子和含有芳香的部分，适当干燥之后经筛选、研磨粉碎，然后根据不同的配方，按照加香食品口味的要求，调配出具有不同滋味和风味的调味料；在药物学应用中，食用香料植物具有防腐抑菌及抗氧化作用。食用香料植物的防腐作用很早就被古人所利用。食用香料植物之所以能防腐抑菌，真正起作用的活性物质是精油。食用香料植物的抗氧化作用就是与氧化的初级产物（过氧化氢化物）作用，从而组织自动氧化作用的连锁反应。在医疗应用中，食用香料植物与口腔黏膜接触后，作用于神经器官，能大量地增加唾液分泌。有些食用香料植物的精油也可用于涂擦推拿，对风湿症有一定疗效。

世界上对食用香料的需求逐年增加，人们对食用香料的品质要求也越来越高，传统的直接添加方法逐渐被淘汰，取而代之的是现代食用香料加工业。食用香料的应用对推动其制品向深加工、精加工及工业化发展起着重要作用。大部分食用香料可以含有精油的器官及树脂分泌物为原料，制成各种不同形态的香料产品。而精油是植物性香料的代表，其提取方法主要有如下4种。

①**水蒸气蒸馏法**。适用于香气成分不因水蒸气加热而产生显著变化的原料。此法实施简便，故应用较广。利用精油的挥发性，虽其沸点大都在150～300℃，但通入水蒸气即可在低于100℃时被蒸馏出。在蒸馏前应先将原料适当干燥、粉碎，均匀装入带筛板的蒸锅中，从筛板下面通入水蒸气，上升的水蒸气均匀通过料层，精油通过水渗作用从植物组织中逸出，随水蒸气上升，经蒸馏锅上方导气的鹅颈管、冷凝管进入油水分离器，最后分离出精油。

②**萃取法**。对于香气成分受热易变质的，或一部分香气成分溶解于水中、不适用水蒸气提取的原料，尤其是某些鲜花原料，精油含量较低，只能采用低于水蒸气蒸馏法的温度提取的原料，宜采用萃取法。最常用的是挥发性溶剂萃取法。所用溶剂有石油醚、苯、二氯乙烷或混合溶剂等。所制的浸膏在香气上与原香料植物的香气仍有差别，但尚能满足调香的要求。如玫瑰、茉莉、白兰、紫罗兰、金合欢、黄水仙、香石竹、金雀花等比较娇嫩的鲜花，都采用这种方法加工。其过程是：将鲜花和溶剂放入静置或转动的萃取器中，通常在室温下进行。分离出的萃取液，经澄清过滤后用蒸馏法在较低温度下回收溶剂，最后脱净溶剂制成浸膏，或者再经乙醇萃取，脱除蜡类物质制成精油。如一般挥发性溶剂的萃取温度对热敏性香成分有影响，则使用液化的丙烷、丁烷或二氧化碳作溶剂，在特殊的耐压设备中萃取。用液化二氧化碳作溶剂时，还可采用超临界萃取法，在较低温度下不需加热除去溶剂，对食品香料的加工萃取极为适合，制品香气更加接近

天然原料，且无溶剂残留。但因设备投资大，技术要求较高，工业上的应用尚不广泛。

③**冷榨冷磨法**。用于从柑橘类果实或果皮获得精油的方法。经压榨刺磨，可在室温下将油囊压裂或刺破，使精油流出。从油囊释出的精油连同破碎的果皮组织、细胞碎屑、细胞液喷淋水一起流出，再将油、水和渣屑分离、澄清，即得产品。实施的方法有：手工压榨果皮，流出的精油借助海绵吸取进行回收；手工锉榨法，利用铜质的具有尖刺的锉榨器，手工进行锉榨，使精油流入漏斗回收；机械压榨法，利用按锉榨原理设计的各种锉榨或压榨机，如辊榨机、螺旋压榨机；机械磨削法，从整果的外面进行磨削取油。

④**吸附法**。最早应用的吸附法为冷吸附法。将采摘下来仍有生命力的鲜花，如茉莉和晚香玉等花朵放在涂有精制油脂的花框上，然后将花框叠起，放在低温室中。经过一段时间要更换花朵，多次更换后使油脂吸附鲜花的芳香成分达到饱和。然后用乙醇进行萃取，制成的产品称为香脂精油。此外，利用活性炭吸附的原理，将上述类型鲜花采摘后放入顶端置有活性炭床层的吸附室中，通入一定温度和流量的纯净空气，空气通过花层将鲜花释出的头香成分带入活性炭床层中被吸附。经过一定时间后，将饱和的活性炭用溶剂脱附，制成精油。近来开发了多种新的多孔聚合物吸附剂，吸附技术有进一步的发展，并发展了使用液化二氧化碳为脱附的溶剂，使精油质量和得率有显著提高。

乌岩岭自然保护区维管束植物中共23科91种4变种具有比较丰富的食用香料。其中，裸子植物3科8种，被子植物20科83种4变种。食用香料植物资源种类比较多的前10个科依次是樟科15种1变种，菊科13种，唇形科9种1变种，芸香科6种1变种，木兰科6种，五加科5种，柏科4种，百合科3种1变种，伞形科3种，蜡梅科2种。

二、主要食用香料植物资源列举

1. 蕺菜（鱼腥草）**Houttuynia cordata** Thunb.（三白草科 Saururaceae）

鱼腥草叶油成分为月桂烯型，含量为51.06%，其他主要成分尚有2-十一酮（27.52%）、苏子油烯（1.31%）、癸醛（3.02%）、乙酸龙脑酯（1.39%）、鱼腥草素（95%）、2-十三酮（20%）等。

本种精油和嫩茎叶、根作调味佐料。

2. 细叶香桂（香桂）**Cinnamomum subavenium** Miq.（樟科 Lauraceae）

香桂叶油可作香料及医药上的杀菌剂，还可以分离丁香酚，用作食品及烟用香精。香桂皮油可作化妆品及牙膏的香精原料。香桂叶是罐头食品的重要配料，能增加并保持食品香味。

3. 狭叶山胡椒 Lindera angustifolia Cheng（樟科 Lauraceae）

狭叶山胡椒叶油含罗勒烯6.5%，主要成分尚有枞油烯（10.63%）、月桂烯（7.13%）、α-水芹烯（2.87%）、异松油烯（1.54%）、β-榄香烯（1.41%）、γ-木罗烯（1.23%）、甲基丁香酚（1.10%）等。

本种叶油具有青芒果香气，可作食品、饮料、牙膏、皂用香精。种子含油脂（约37%）作工业用油，供制肥皂、润滑油。

4. 香叶树 Lindera communis Hemsl.（樟科 Lauraceae）

香叶树叶油的主要成分为 t-β-罗勒烯（43.57%）、c-β-罗勒烯（14.59%）、γ-蒎烯（2.78%）、莰烯（2.64%）、β-蒎烯（1.82%）、月桂烯（2.17%）、乙酸龙脑酯（1.36%）、c-β-金合欢烯（1.40%）、β-芹子烯（1.71%）、α-金合欢烯（2.07%）等。

本种叶、果精油可用作食品、化妆品、牙膏、皂用香精。枝叶作熏香原料。叶及果可治牛马癣疥疮癞。种子富含油脂（约60%），为制肥皂、润滑油、油墨的优质原料。

5. 山鸡椒 Litsea cubeba (Lour.) Pers.（樟科 Lauraceae）

果油成分为柠檬醛型，含量为73.56%（橙花醛32.74%、香叶醛40.82%），主要成分尚有6-甲基-5-庚烯-2-酮（5.42%）、柠檬烯（4.15%）、芳樟醇（1.73%）、香茅醛（4.36%）、橙花醇（1.33%）、香叶醇（1.98%）等。

本种果油为提制柠檬醛的重要原料之一，用作食品、化妆品、皂用、烟草香精，为合成紫罗兰酮、甲基紫罗兰酮、乙基紫罗兰酮的原料，紫罗兰酮等用于配制高级香精。

附：同科的樟（香樟）*Cinnamomum camphora* (Linn.) Presl、浙江樟 *Cinnamomum chekiangense* Nakai、乌药 *Lindera aggregata* (Sims) Kosterm. 及其变型红果乌药 f. *rubra* P. L. Chiu、山胡椒 *Lindera glauca*（Sieb. et Zucc.）Bl.、红脉钓樟 *Lindera rubronervia* Gamble、木姜子 *Litsea pungens* Hemsl.、檫木 *Sassafras tzumu* (Hemsl.) Hemsl. 有相同的开发价值。

6. 柚 Citrus maxima (Burm.) Mwrr.（芸香科 Rutaceae）

柚子花油的主要成分为柠檬烯（35.55%）、芳樟醇（13.76%）、β-蒎烯（0.90%）、α-蒎烯（2.06%）、香桧烯（1.82%）、对聚伞花素（2.04%）、蒈烯-4（2.20%）、α-罗勒烯（1.19%）、橙花叔醇（6.55%）、c-β-金合欢醇（7.87%）等。

柚子为名果之一。果皮油含柠檬烯（93%），可用于调配食品、饮料、化妆品、牙膏、皂用香精。叶、果皮供药用。果皮提取果胶或蜜饯等。

7. 柑橘 Citrus reticulata Blaco（芸香科 Rutaceae）

柑橘皮油成分为柠檬烯型，含量为89.92%，主要成分有芳樟醇（1.34%）等。

可用作食品、饮料、化妆品、牙膏的香料。

8. 椿叶花椒 Zanthoxylum ailanthoides Sieb. et Zucc.（芸香科 Rutaceae）

果油的主要成分为 c-β-罗勒烯（36.74%）、α-水芹烯（13.72%）、柠檬烯（14.20%）、t-β-罗勒烯（9.12%）、α-蒎烯（4.0%）、月桂烯（4.20%）、芳樟醇（1.07%）、松油烯-4-醇（1.50%）、α-松油醇（3.07%）、香茅醇（1.24%）等。果实和果油可用作肉食品、饮料及日用品的调香配料。

附：同属的野大叶臭花椒 *Zanthoxylum myriacanthum* Wall. ex Hook. f.、青花椒 *Zanthoxylum schinifolium* Sieb. et Zucc. 有相同的开发价值。

9. 竹叶椒 Zanthoxylum armatum DC.（芸香科 Rutaceae）

果皮可作调味品。果还可入药，为芳香健胃剂。枝叶含芳香油0.020～0.08%，果实含油0.24%～0.79%，种子含油11%，出油率约为7%，油深棕色，有花椒味，可用于食品调味。

果熟时采摘，摘后即行蒸馏，药用则晒干除去杂质及枝梗后包装，放干燥处备用。

附：其变种毛竹叶椒 var. *ferrugineum* (Rehd. et Wils.) C. C. Huang有相同的开发价值。

10. 香椿 Toona sinensis (A. Juss.) Roem.（楝科 Meliaceae）

香椿油的主要成分为 γ-木罗烯（9.32%）、β-丁香烯（8.94%）、β-榄香烯（2.54%）、芳萜烯（1.22%）、β-古芸烯（4·38%）、γ-古芸烯（3.20%）、蛇麻烯（1.16%）、β-愈创烯（3.41%）、δ-杜松烯（2.30%）、白千层醇（3.75%）、δ-杜松醇（5.72%）等。

叶油、果油可作天然食用调味香料。幼嫩叶芽作调味蔬菜或凉拌菜调味加香的佐料，或腌渍供食用。干果磨成粉，作调味香料。

11. 黄连木 Pistacia chinensis Bunge（漆树科 Anacardiaceae）

叶可提芳香油。种子油可作润滑油。果实、树皮及叶含鞣质，可提炼栲胶。木材黄色，质坚而重，供制家具、器具及建筑用等。鲜叶含芳香油0.12%。种子含油35.05%。树皮、叶、果实分别含鞣质4.15%、10.81%、5.4%。

夏秋间采鲜叶蒸馏芳香油。花后采叶，树皮10月采剥，晒干或风干备用。秋分前后，果实变为铜绿色时含油最多，采后及时晒干备榨。

本种为油脂植物，又是芳香植物，木材很坚实，效益显著。

12. 中华猕猴桃 Actinidia chinensis Planch.（猕猴桃科 Actinidiaceae）

猕猴桃果油的主要成分为丁酸乙酯（16.78%）、乙酸乙酯（1.30%）、2-甲酸丙醇（5.48%）、甲酸丁酯（3.95%）、2-己烯醛（2.76%）、2-己烯-1-醇（己醇，7.53%）、己酸乙酯（1.57%）、1-氧化芳樟醇（1.10%）、邻苯二甲酸二丁酯（1.81%）等。猕猴桃花油的主要成分为苯乙酮（23.39%）、芳樟醇（10.96%）、十五烷（11.96%）、6-甲基2-庚酮（2.06%）、甲酸-β-苯乙酯（1.91%）、β-紫罗兰酮（1.15%）、α-金合欢烯（3.44%）、十六烷（1.58%）、1-十七烯（7.69%）、十七烷（7.43%）、十九烷（1.63%）、邻苯二甲酸二丁酯（2.57%）等。

本种花油或浸膏（精油）可用于调香，用作食品、饮料、化妆品、牙膏、皂用香精。

13. 木犀（桂花）Osmanthus fragrans Lour.（木犀科 Oleaceae）

木犀的花经浸提，溶剂回收后即得桂花膏。主要成分为芳樟醇（15.37%）、亚油酸（15.90%）、亚油酸乙酯（14.78%）、棕榈酸（11.47%）、β-紫罗兰酮（.16%）、γ-癸内酯（2.88%）、二氢-β-紫罗兰酮（4.98%）、四氢-β-紫罗兰酮（2.52%）、芳樟醇氧化物（呋喃型1.88%～1.92%，吡喃型1.07%～1.72%）、1，8-桉叶素（1.0%）等。

桂花精油或浸膏为我国重要的天然香料产品之一，驰名中外，广泛用于食品、化妆品、皂用香精调配。花可直接腌制，用于制作糕点、糖果，或浸制桂花酒、桂花糖。桂花种子含油脂（15%～20%），可供食用。

14. 牡荆 Vitex negundo Linn. var. cannabifolia (Sieb. et Zucc.) Hand.-Mazz.（马鞭草科 Verbenaceae）

开花时为优良的蜜源植物；花、叶可提芳香油，种子可榨工业用油，也可药用称"黄荆子"，为清凉性镇静、镇痛药；茎皮含纤维，可供编织。枝叶含芳香油 0.0%～0.7%，种子含油 16.41%。

采叶作为提取芳香油原料时，可先采 1/3，待种子成熟后，采收种子供药用或榨油，再适当采剥其茎皮作为纤维原料。

分布广，产量高，收效快，并有多种用途，效益显著。

15. 藿香 Agastache rugosa (Fisch. et Mey.) Kuntze（唇形科 Labiatae）

全草含挥发油约 0.35%，含量及组成随产地、采收期而有所差异，油中主要成分为胡椒酚甲醚、藿香酚、去氢藿香酚、山楂酸、齐墩果酸、3-乙酰基齐墩果酸、刺槐素、胡萝卜苷和 β-谷甾醇，可用作食品、饮料、日用品香精。

在抽穗或部分开花时收割，收后略晒，去除部分水分，便可进行加工蒸馏，作为药材"藿香"，于 7—9 月采收地上全株，放置干燥通风处阴干，以免油分挥发。

16. 紫苏 Perilla frutescens (Linn.) Britt.（唇形科 Labiatae）

紫苏茎叶有白、红 2 类，在分类上已经合而为一，在化学成分上略有差异。白紫苏油成分为紫苏酮型，含量为 52.65%，主要成分尚有去氢紫苏酮（28.33%）、β-丁香烯（4.08%）、c-β-金合欢烯（1.01%）、β-柠檬烯（1.13%）等。红紫苏油成分为紫苏醛型，含量为 50.99%，主要成分尚有紫苏酮（16.28%）、7-辛烯-4-醇（1.52%）、柠檬烯（9.91%）、侧柏酮（1.23%）、α-异薄荷酮（1.05%）、紫苏醇（3.45%）、β-丁香烯（3.43%）、α-金合欢烯（2.85%）等。

白紫苏油和红紫苏油可分别分离紫苏酮及紫苏醛，可用作食品香精，但红紫苏油的香气及品质较优于白紫苏油。

17. 香薷 Elsholtzia ciliata (Thunb.) Hyland.（唇形科 Labiatae）

茎叶可提取芳香油，茎叶含芳香油 0.26%～0.59%，干品含 0.8%～2%。香薷油主要成分为香荆芥酚（33%）、麝香草酚（30%）、对聚伞花素（10%）、γ-松油烯（7%）、蛇麻烯（4%）、α-水芹烯（2%）等。种子含油 38%～42%，香薷油成分为 β-去氢香薷酮型，含量 81.31%，主要成分尚有 1,3,5-三甲基-2-甲氧基苯（6.88%）、芳樟醇（1.43%）、香薷酮（2.33%）、α-去氢香薷酮（1.14%）、蛇麻烯（2.61%）等。

芳香油作食用香料用。种子油可供制皂。

开花前采收茎叶，趁鲜加工蒸馏芳香油。9—10 月果熟时割取全株，晒干，打下种子，除去杂质，放置通风处备用。

18. 薄荷 Mentha canadensis Linn.（唇形科 Labiatae）

新鲜茎叶含油 0.8%～1.0%，干品含油 1.3%～2.0%，油的主要成分为 l-薄荷脑、异薄荷酮、乙酸乙酸癸酯、苯甲酸甲酯及微量的桉叶素、α-松油醇等。主要成分为薄荷醇（77.61%）、薄荷酮（11.17%）、柠檬烯（0.75%）、胡薄荷酮（0.92%）等。

本种精油具有特有的芳香、辛辣味和凉感，用作食品、清凉饮料、牙膏、烟草、酒、化妆品、香皂、口腔卫生用香精，在医药上用于祛风、防腐、消炎、镇痛、止痒、健胃等药品中。

民间用薄荷鲜嫩茎作食用佐料，牛、羊肉及火锅等的调味加香。晒干的薄荷茎叶亦常用作食品的矫味剂和作清凉食品饮料，有祛风、兴奋、发汗等功效。

附：同科的香茶菜 *Isodon amethystoides* (Benth.) Hara、凉粉草 *Mesona chinensis* Benth.、石荠苎 *Mosla scabra* (Thunb.) C. Y. Wu et H. W. Li、牛至 *Origanum vulgare* Linn. 和鼠尾草 *Salvia japonica* Thunb. 都为具有较大开发价值的香料植物。

19. 栀子 **Gardenia jasminoides** Ellis（茜草科 Rubiaceae）

栀子花经浸提、溶剂回收后即得栀子花膏，得率为0.10%～0.13%，精油主要成分为芳樟醇、芳樟醇氧化物、乙酸苄酯、乙酸芳樟酯、松油醇、邻氨基苯甲酸甲酯、乙酸苏合香酯、橙花醇、香叶醇等。

栀子花膏、精油具有栀子花鲜花香气，可用于多种香型化妆品、香皂香精，也可作高级香水香精。

20. 藿香蓟（胜红蓟）**Ageratum conyzoides** Linn.（菊科 Compositae）

藿香蓟叶油的主要成分为1，4-二甲基-2，5-二异丙基苯（37.37%）、乙酸-2，6-二丁基对甲酚酯（29.69%）、α-榄香烯（1.18%）、β-丁香烯（15.60%）、蛇麻烯（2.91%）、γ-木罗烯（2.84%）、β-没药烯（2.48%）等。

本种精油可用于调香。藿香蓟是一种恶性入侵植物，如能变害为利，是一举两得的好事。

21. 艾蒿 **Artemisia argyi** Lévl et Vant.（菊科 Compositae）

干枯株含芳香油0.33%。叶含儿茶类鞣质1.733%，并含黄艾脑、侧柏透酮、杜松子萜等。茎叶芳香油，可用作食品调香原料。

端午节前后采收最好，采后即可加工蒸馏芳香油。药用亦于茎叶茂盛而花未开时摘叶晒干或阴干。

22. 茵陈蒿 **Artemisia capillaris** Thunb.（菊科 Compositae）

茎叶含芳香油。芳香油主要成分为蒎烯及茵陈烃。供配制各种清凉剂、香水，亦可用于食品调香。其中所含蒎烯可合成高级香料。

若要提取芳香油，宜在开花时割取，趁鲜加工蒸馏。药用则于早春采高10～15cm的幼苗，挖取全株，去除杂质、泥土，晒干即可。

23. 野菊 **Chrysanthemum indicum** Linn.（菊科 Compositae）

鲜花出油率为0.05%～0.07%，花油成分为α-蒎烯、莰烯、香桧烯、β-蒎烯、对聚伞花素、柠檬烯、桉叶素、芳樟醇、侧柏酮、樟脑、龙脑、松油烯-4-醇、乙酸龙脑酯、乙酸香桧醇酯、乙酸菊酯、姜黄烯等。

花油或浸膏可用作菊花型食品、饮料、日用品香精。

花盛开时期，采下立即加工。

24. 泽兰 Eupatorium japonicum Thunb.（菊科 Compositae）

茎叶含芳香油。鲜茎叶含芳香油0.3%～0.4%，干基叶含0.8%～1.4%，主要成分为二甲基百里香草对氨醌、乙酸龙脑酯、芳樟醇、飞苈草醇、飞苈草醛等。

芳香油可作食品调香原料，也作皂用香精，

8—10月，割取新鲜茎叶或略阴干后加工。

25. 香附子 Cyperus rotundus Linn.（莎草科 Cyperaceae）

块茎含精油1%左右，油呈棕黄色液体，有强烈药气。其主要成分为香附醇、α-香附酮，此外还含有脂肪及酚类。

原油经分馏处理后，可用于调制木兰香、玫瑰香等型香精。

26. 百合 Lilium brownii F. E. Brown ex Miellez var. **viridulum** Baker（百合科 Liliaceae）

鲜花含芳香油，主要成分是苯甲酸乙酯、芳樟醇、3，7-二甲基-1，3，6-辛三烯、己酸乙醇，可作香料。鳞茎含丰富的淀粉，是一种名贵食品，亦作药用，有润肺止咳、清热、安神和利尿等功效。

第八节　植物甜味剂资源

一、概述

植物甜味剂是一种重要的食品添加剂。为了满足人们对甜食以及防治癌症等多种疾病的要求，人们努力发掘了一大批高甜度和低热能的物质，其甜味物质的浓度，有的比蔗糖要高许多倍。这些物质有许多是从含糖类的植物中提取的。植物所含的蔗糖、葡萄糖、果糖等糖类除了能赋予食品以甜味外，还是重要的营养物质，供给人体以热能，一般都被视为食品原料。但这些物质亦是天然的甜味剂，从这些植物中可提取其甜味成分，进而制成甜味剂，这是当前人们大力研究的一个重要课题。为了便于植物甜味剂的开发利用，我们将糖类植物归入植物甜味剂类，作为天然甜味剂资源的重要组成部分。

用作食品添加剂的甜味剂主要有三大类。一类为糖类甜味剂（营养型甜味剂），如蔗糖、葡萄糖等，一旦过量摄入就会不利于人体健康。第二类为人工合成的甜味剂，因对人体健康有致病性等已逐渐被淘汰，如糖精已被FAO（联合国粮农组织）和WHO（世界卫生组织）隶属的JECFA（食品添加剂专家委员会）从GRAS（公认为安全）的名单中划去。第三类为正在发展的非糖类甜味剂（非营养型或低热值甜味剂），来源于植物，甜度高且热值很小。在人们日益关注自身健康的今天，"回归自然"是人们消费生活、享受生活的第一重要理念。因此，从天然植物体内提取非糖类天然甜味剂越来越被研究人员所重视。

糖作为甜味剂，历史悠久。非糖类甜味剂的开发是近百年的事，天然非糖类甜味剂的开发是近几十年的事。非糖类甜味剂要想与糖类甜味剂竞争，需要具备以下条件：①口感与蔗糖相似；②价格能与蔗糖竞争，即在食品中达到同样甜度所需要的非糖类甜味剂成本比蔗糖低；③使用简单方便；④安全无毒。

天然非糖类甜味剂按其化学结构不同，可分为以下几类：

糖苷类。我国这类甜味植物资源丰富，民间也早已应用。此类天然甜味剂具有口感好、安全等特点。属于这类甜味植物的有甜叶菊、掌叶悬钩子、罗汉果、甘草、多穗柯等。

糖醇类。此类甜味剂与蔗糖相似，系低热量的甜味剂。如野甘草中的木糖醇，国外已经大量用于糖尿病及肥胖症等病人的饮食中；山梨醇广泛存在于植物之中，其甜味是蔗糖的一半，在食品中有广泛的用途；还有麦芽糖醇，甜度接近蔗糖，摄入人体后能与糖类同样代谢，但热能低，血糖值不上升，不增加胆固醇，是良好的食品甜味剂。

多肽类。多肽类也称甜味蛋白，如马槟榔种仁含的马槟榔甜蛋白、热带非洲防己科植物奇异果果实含的甜味蛋白（甜度为蔗糖的1500倍）、热带非洲竹芋科植物西非竹芋果实含的甜味蛋白（甜度为蔗糖的1600倍）。

变味蛋白。如热带西非山榄科植物神秘果的果实，食用后可使味觉改变，对酸味产生甜感；帕拉金糖是运用生物工程将蔗糖转化而成，其学名为异麦芽酮糖，也有人称之为异蔗糖，其甜味酷似蔗糖，但为低甜度糖。

从甜味植物中提取各种天然甜味剂的方法很多，但基本原理是把含有甜素的植物部位进行浸提、过滤、除去杂质、浓缩和干燥。一般使用水提醇沉或醇提水沉法获得粗制品，然后重结晶或层析获得精制品。

现已发现并进行研究开发的非糖类甜味植物有20多种，例如，竹竽科、防己科、赤铁科、豆科(甘草、光叶甘草和巴西甘草)、葫芦科(罗汉果和肉花雪旦)、菊科(甜叶菊)、唇形科（白云参）、蔷薇科（甜叶悬钩子）、马鞭草科、山矾科、壳斗科、葡萄科、胡桃科（黄杞）等。

二、主要植物甜味剂资源列举

1. 青钱柳 Cyclocarya paliurus (Batal.) Iljinsk.（胡桃科 Juglandaceae）

青钱柳叶富含青钱柳苷，青钱柳苷的甜度是蔗糖的250倍，故以青钱柳叶制作的青钱柳茶入口有甜味，俗称甜茶，但青钱柳苷不会被人体摄入并产生糖代谢，因而不会升高血糖。又因青钱柳富含维生素、锗、硒、铬、钒、锌、铁、钙含量等物质，能在平衡血糖、血脂中发挥重要的作用。

附：同科的黄杞 *Engelhardia roxburghiana* Wall. 的叶含黄杞苷，味甜，也是一种非糖类甜味剂。

2. 木姜叶柯（多穗石栎）**Lithocarpus litseifolius** (Hance) Chun.（壳斗科 Fagaceae）

木姜叶柯叶中富二氢查耳酮类物质，是甜味的主要成分，含量高达2%（占干叶重）。从叶中提取的多穗柯甜素甜度为蔗糖的150～200倍，据文献报道，甜味剂甜味成分主要是根皮苷、三叶苷、3-羟基根皮苷。其中以三叶苷含量最高，占95%。用其嫩叶制作的茶味甚甜，亦称甜茶。

二氢查耳酮有甜度大、用量极小、毒理分析安全等特点，可应用于食品、饮料和医药中。

3. 柑橘Citrus reticulata Blaco（芸香科 Rutaceae）

柑橘类果皮中含二氢查耳酮，具有很强的甜味。如柚子所含柚皮二氢查耳酮和新橙皮苷二氢查耳酮。前者的甜度比蔗糖高100倍，后者比蔗糖高1000倍。通过酶法，使未成熟的柑橘中的橙皮苷与橙皮苷酶作用，再与碱还原，则变成有强甜味的橙皮素、7-葡萄糖苷二氢查耳酮。

附：柑橘类资源在保护区还有柚*Citrus maxima* (Burm.) Mwrr.、金豆（山橘）*Citrus japonica* Thunb.、椪柑 *Citrus reticulata* Blaco'Ponkan'和瓯柑'Suavissima'，果皮均可提取根皮苷。

4. 紫苏 Perilla frutescens (Linn.) Britt.（唇形科 Labiatae）

茎叶所含挥发油中有40%～50%的紫苏醛，其味甜，甜度为蔗糖的200倍，可代替甘草、蜂蜜和枫糖，作食品的甜味剂，因其有香气，特别适宜应用于香烟生产。

第九节　饲用植物资源

一、概述

饲用植物泛指天然草地上可供草食家畜或草食野生动物作为饲料的草本植物和木本植物（包括半灌木、灌木、乔木的嫩枝和叶），其具体表现形式有饲用植物粉和饲用植物提取物。通常人们将草本饲用植物统称为牧草，将木本饲用植物称为木本饲料，它们都是可以再生的自然资源。我国拥有非常丰富的天然草地，是世界上第二大草地国，天然草地总面积达39276×10⁴hm²，占全国国土总面积的40%以上。广阔的天然草地、气候、地形和土壤等自然环境条件复杂，草地类型多样，为各类饲用植物的生长和繁衍提供了不同的生态条件。种类繁多的饲用植物资源不仅是发展草食家畜和草食动物的主要饲料来源之一，而且在维护陆地生态平衡中起着重要作用。

国内外一些专家学者非常重视饲用植物的经济属性，从草地经营的角度出发，对划分天然草地饲用植物经济类群进行过研究，把饲用植物分为四大类，分别是禾本科饲用植物、豆科饲用植物、莎草科饲用植物和杂类草饲用植物。

禾本科牧草在我国天然草地上分布最广，参与度最高，饲用价值最大。根据调查，在不同类型的天然草地上，禾本科牧草均占有重要地位。在全国18个草地类型中，除高寒荒漠类草地外，其余各大类草地中都有禾本科牧草占优势的草地类型。主要的禾本科牧草有羊草、针茅、披碱草、芨芨草、糙隐子草、无芒雀麦草、拂子茅、冰草等。

豆科牧草就种的数量而言，占我国饲用植物资源总量的第一位，占饲用植物总数的18.53%，营养价值亦很高，是天然草地上蛋白质饲料的主要来源之一。但是，绝大多数种类在天然草地上的参与度都很低，在草群中起的作用较小，因此，总的饲用价值较低。主要的豆科牧草有黄花苜蓿、白三叶、草木樨、直立黄芪、歪头菜、花苜蓿、胡枝子、锦鸡儿等。

莎草科饲用植物的种类虽然不及豆科、禾本科和菊科的种类多，但它们在天然草地上的分布和参与度均较高，特别是在高寒草甸类草地和沼泽类草地上的参与度更高，饲用价值更大。饲用价值较好的莎草科牧草有寸草薹、披针薹、沙薹和嵩草。

杂类草饲用植物是除禾本科、豆科和莎草科饲用植物外，天然草地上的其他饲用植物。它们在天然草地上数量大，分布广，但处于优势地位的种类很少，一般多处于伴生地位。杂类草的饲用价值因种类不同，差异极大，有些种含有丰富的营养物质，具有某些特殊价值。如百合科葱属植物、菊科蒿属植物的蛋白质、粗脂肪的含量都很高，适口性也好。

二、饲料学的专有名词

粗蛋白质含量。饲料中含氮物质包括纯蛋白质含量和氨化物（氨化物有氨基酸、酰胺、硝酸盐及铵盐等），两者总称为粗蛋白质含量。

粗脂肪含量。饲料脂肪的测定，通常是将试样放在特制的仪器中，用脂溶性溶剂（乙醚、石油醚、氯仿等）反复抽提，可把脂肪抽提出来，浸提出的物质中除脂肪外，还有一部分类脂物质，如游离脂肪酸、蜡、色素以及脂溶性维生素等，所以称为粗脂肪。

粗纤维含量。用固定量的酸和碱，在特定条件下消煮样品，再用乙醇除去醇可溶物，经高温灼烧扣除矿物质的量，所余量称为粗纤维含量。它不是一个确切的化学实体，只是在公认强制规定的条件下，测出的概略养分。其中以纤维素为主，还有少量半纤维素和木质素等。

无氮浸出物含量。无氮浸出物主要指淀粉、葡萄糖、果糖、蔗糖、糊精、五碳糖胶、有机酸和不属于纤维素的其他碳水化合物，如半纤维素及一部分木质素（不同来源的饲料，其无氮浸出物中所含木质素的量相差极大）。在植物性饲料中，只有少量的有机酸游离存在或与钾、钠、钙含量等形成盐类。有机酸多为酒石酸、柠檬酸、草酸、苹果酸；发酵过的饲料中多含乳酸、醋酸等。

粗灰分含量。粗灰分含量指试样在550℃灼烧后，所得残渣的含量，用质量分数表示。残渣中主要是氧化物、盐类等矿物质，也包括混入饲料中的砂石、土等，故称粗灰分。

乌岩岭自然保护区维管束植物中共94科618种42变种为饲用植物类资源。其中，蕨类植物9科10种，裸子植物2科5种，被子植物83科603种42变种。饲用植物资源种类比较多的前9个科依次是禾本科禾亚科112种11变种，菊科82种1变种，豆科71种4变种，莎草科34种，百合科15种2变种，蓼科14种1变种，荨麻科14种1变种，苋科14种，十字花科12种。

三、主要饲用植物资源列举

1. 槐叶苹Salvinia natans (Linn.) All.（槐叶苹科 Salviniaceae）

槐叶苹柔软细嫩，叶片比重占整株的90%以上，易于采集，鲜重产量达0.6～1kg/m²。营养成分中，粗蛋白质含量达10.3%，无氮浸出物含量达26.5%，粗纤维含量仅为14.6%，粗灰分含量占31.8%。其适口性尚佳，在家禽盛产期间喂，产蛋量明显提高，并有利于其换羽，长期饲喂，也可防治一般消化道疾病，且具有保健功能。

附：蕨类植物中还有苹*Marsilea minuta* Linn.（苹科 Marsileaceae）、海金沙 *Lygodium japonicum* (Thunb.) Sw.（海金沙科 Lygodiaceae）、乌蕨 *Sphenomeris chinensis* (Linn.) Maxon（鳞始蕨科 Lindsaeaceae）、蕨 *Pteridium aquilinum* (Linn.) Kuhn var. *latiusculum* (Desv.) Unherw（蕨科 Pteridiaceae）、乌毛蕨 *Blechnum orientale* Linn.（乌毛蕨科 Blechnaceae）等。

2. 马尾松 Pinus massoniana Lamb.（松科 Pinaceae）

针叶营养价值较高，粗蛋白含量为6%～12%，含有18～20种氨基酸，赖氨酸（含量占蛋白质的6.54%左右）7%～12%，天冬氨酸、谷氨酸、亮氨酸和缬氨酸等含量亦较多。粗脂肪含量7%～12%。胡萝卜素含量70～340mg/kg。维生素E含量200～1000mg/kg，维生素C含量400～2500mg/kg，叶绿素含量1000～2000mg/kg。含有多种矿物质元素，主要有钙、磷、钠、钾、硫、铁、铜、钴、碘、镁、锌、钼、硒等，比苜蓿的微量元素含量还要丰富。多糖类如戊糖含量10%～13%，鞣质含量4%左右。还含有树脂及精油（松针油含量为0.5%～7%）、松香酸、挥发油、β-蒎烯、黄酮素、山奈酸、乙酸龙脑酯等。此外，松叶还含有多种杀菌止痒成分。

针叶为猪饲料，猪喜食，更宜加工成松针粉，作为饲料添加剂，饲养家禽效果也很好。据报道，在产蛋鸡饲料中加5%松针粉可提高产蛋率13.8%，并可使蛋黄色泽变深；在猪的饲料中加3.5%松针粉，其可增重15%，饲养周期可缩短60天，而且可提高瘦肉率，改善猪肉品质；在奶牛饲料中加10%松针粉，可提高产奶量74%；松针粉对肉鸽、肉鸡、肉羊、肉牛的增重也有明显的效果。

附：保护区内同属还有湿地松 *Pinus eliottii* Engelm、黄山松 *Pinus taiwanensis* Hayata、火炬松 *Pinus taeda* Linn. 的针叶都可利用。

3. 壳斗科 Fagaceae

本科植物的叶及种子均可作饲料用，但因鞣质含量较大，特别在秋季，鞣质含量显著增高，不宜饲用，只能在春季利用其叶。坚果应经过适当的处理后作饲料。本科植物之叶及果实之平均成分如下。

鲜叶水分含量57.77%，粗蛋白质含量5.77%，粗脂肪含量1.88%，无氮浸出物含量22.04%，粗纤维含量9.84%，粗灰分含量2.70%。

干叶水分含量11.72%，粗蛋白质含量12.59%，粗脂肪含量3.66%，无氮浸出物含量49.33%，粗纤维含量17.80%，粗灰分含量5.90%，磷含量0.63%，钙含量0.58%。

鲜坚果水分含量38.34%，粗蛋白质含量3.35%，粗脂肪含量3.43%，无氮浸出物含量49.86%，粗纤维含量9.84%，粗灰分含量2.69%。

干坚果水分含量11.00%，粗蛋白质含量6.03%，粗脂肪含量5.40%，无氮浸出物含量49.33%，粗纤维含量7.10%，粗灰分含量2.39%。

4. 萹蓄 Polygonum aviculare Linn.（蓼科 Polygonaceae）

鲜草水分含量66.89%，粗蛋白质含量5.47%，粗脂肪含量1.01%，无氮浸出物含量17.61%，粗纤维含量5.91%，粗灰分含量3.11%，钙含量0.11%。

干草水分含量9.77%，粗蛋白质含量14.90%，粗脂肪含量2.75%，无氮浸出物含量48.01%，粗纤维含量16.09%，粗灰分含量8.48%，钙含量0.29%。

营养成分较丰富，维生素C含量在春季野草中较高，磷含量极低，几乎是全然无磷含量。

适口性良好，各家畜均喜食，尤以猪之嗜食性极高，为春夏优良的饲料。开花期及生育期长，且柔软，耐踩踏。

5. 藜 Chenopodium album Linn.（藜科 Chenopodiaceae）

鲜草水分含量76.56%，粗蛋白质含量5.14%，粗脂肪含量0.39%，无氮浸出物含量9.26%，粗纤维含量3.88%，粗灰分含量4.77%，磷含量0.20%，钙含量0.98%。

干草水分含量11.78%，粗蛋白质含量19.31%，粗脂肪含量1.45%，无氮浸出物含量34.87%，粗纤维含量14.58%，粗灰分含量17.92%，磷含量0.77%，钙含量3.70%。

花前植物体柔软，猪、羊喜食，牛好嗜食。花后老化，牲畜喜食性下降，可在花前刈取晒干作干草利用。藜生态适应能力强，耐旱和瘠薄，盐土中亦长。

6. 刺蓼 Polygonum senticosum (Meisn.) Franch. et Sav.（蓼科 Polygonaceae）

鲜草水分含量77.51%，粗蛋白质含量3.51%，粗脂肪含量0.30%，无氮浸出物含量10.53%，粗纤维含量9.54%，粗灰分含量2.21%，磷酸含量0.10%，钙含量0.51%。

干草水分含量10.38%，粗蛋白质含量13.99%，粗脂肪含量1.21%，无氮浸出物含量41.96%，粗纤维含量23.67%，粗灰分含量8.79%，磷含量0.40%，钙含量2.03%。

质较柔软，适口性良好，尤以干草为佳，所含苦味少，较一般的蓼科植物。家畜适口性较好。制干草时应考虑其收割期不可过晚。

7. 反枝苋 Amaranthus retroflexus Linn.（苋科 Amaranthaceae）

鲜草水分含量84.44%，粗蛋白质含量2.92%，粗脂肪含量0.20%，无氮浸出物含量6.91%，粗纤维含量5.91%，粗灰分含量2.37%，磷酸含量0.17%，钙含量0.54%。

干草水分含量6.82%，粗蛋白质含量17.46%，粗脂肪含量1.22%，无氮浸出物含量41.42%，粗纤维含量18.92%，粗灰分含量14.10%，磷含量0.99%，钙含量3.23%。

猪、羊的适口性良好，其他家畜一般。野草产量甚高，且茎部不易老化，亦往往能作饲料。花期生长，特别在初秋之际，仍盛行开花，生长亦极旺盛，为优良的饲料植物。

附：同属还有凹头苋*Amaranthus blitum* Linn.、繁穗苋*Amaranthus cruentus* Linn.、绿穗苋*Amaranthus hybridus* Linn.、刺苋*Amaranthus spinosus* Linn.、皱果苋*Amaranthus viridis* Linn.均可作饲料。

8. 马齿苋 Portulaca oleracea Linn.（马齿苋科 Portulacaceae）

干草蛋白质含量2.3%，脂肪含量0.5%，碳水化合物含量3.2%，硫胺素含量0.03mg/100g，钙含量85mg/100g，维生素A含量0.372 mg/100g，维生素B_2含量0.11mg/100g，烟酸含量0.7mg/100g，维生素C含量23mg/100g，铁含量1.5mg/100g。

猪极喜食，为养猪之良好饲料，其他家畜不喜食。

9. 柔毛水杨梅 Geum japonicum Thunb. var. chinense F. Bolle（蔷薇科 Rosaceae）

鲜草水分含量65.41%，粗蛋白质含量2.49%，粗脂肪含量0.97%，无氮浸出物含量17.88%，粗纤维含量10.32%，粗灰分含量2.93%，磷含量0.29%，钙含量0.86%。

干草水分含量10.86%，粗蛋白质含量6.43%，粗脂肪含量2.49%，无氮浸出物含量46.07%，粗纤维含量26.59%，粗灰分含量7.56%，磷含量0.56%，钙含量2.21%。

无论鲜草还是干草，家畜均喜食，蛋白质含量较高，是优良的饲料植物。

10. 地榆 Sanguisorba officinalis Linn.（蔷薇科 Rosaceae）

干草水分含量18.92%，粗蛋白质含量9.58%，粗脂肪含量2.69%，无氮浸出物含量45.15%，粗纤维含量14.06%，粗灰分含量9.59%，纯蛋白质含量8.48%，磷酸含量0.56%，钙含量2.57%，胡萝卜素含量77.391mg/100g，维生素C含量43.809mg/100g。

蛋白质含量高，维生素丰富。春季草鲜嫩时家畜喜食，夏秋老化，适口性下降，直到不食。

11. 紫云英 Astragalus sinicus Linn.（豆科 Leguminosae）

干草水分含量13.5%，粗蛋白质含量17.5%，粗脂肪含量2.5%，无氮浸出物含量36.0%，粗纤维含量23.8%，粗灰分含量6.7%，磷含量0.41%，钙含量1.07%，钾含量1.7%，钠含量0.08%，镁含量0.39%，胡萝卜素含量6.25mg/100g，维生素C含量138.6mg/100g。

营养价值甚高，蛋白质良好，并含钙，为最有价值的饲料之一。在保护区已逸生，呈野生状态。

12. 含羞草决明 Cassia minmosoides Linn.（豆科 Leguminosae）

鲜草水分含量72.34%，粗蛋白质含量4.28%，粗脂肪含量0.95%，无氮浸出物含量12.85%，粗纤维含量8.51%，粗灰分含量1.10%，纯蛋白质含量1.57%。

干草水分含量10.49%，粗蛋白质含量13.85%，粗脂肪含量3.08%，无氮浸出物含量41.47%，粗纤维含量27.54%，粗灰分含量3.57%，纯蛋白质含量5.89%。

本植物在新鲜状态时适口性不良，牛、羊等反刍动物不喜食，干草则喜食。但作猪饲料比较合适。

同属还有短叶决明 *Cassia leschenaultiana* DC.和豆茶决明 *Cassia nomame* (Makino) Kitagawa也可作为饲料。

13. 尖叶长柄山蚂蝗 Hylodesmum podocarpum (DC.) H. Ohashi et R. R. Mill subsp. **oxyphyllum** (DC.) H. Ohashi et R. R. Mill（豆科 Leguminosae）

鲜草水分含量72.26%，粗蛋白质含量3.90%，粗脂肪含量1.33%，无氮浸出物含量11.72%，粗纤维含量7.77%，粗灰分含量1.02%。

干草水分含量12.68%，粗蛋白质含量12.47%，粗脂肪含量2.65%，无氮浸出物含量44.06%，粗纤维含量23.32%，粗灰分含量4.81%，纯蛋白质含量11.64%，磷含量0.22%，钙含量1.32%，镁含量0.44%，钾含量0.94%，钠含量0.22%。

叶量丰富，适口性良好，各种家畜自春迄秋均喜食。

14. 鸡眼草 Kummerowia striata (Thunb.) Schindl.（豆科 Leguminosae）

鲜草水分含量62.76%，粗蛋白质含量7.55%，粗脂肪含量0.80%，无氮浸出物含量18.8%，粗纤维含量7.65%，粗灰分含量2.97%，磷含量0.33%，钙含量0.61%。

干草水分含量8.96%，粗蛋白质含量18.47%，粗脂肪含量2.18%，无氮浸出物含量44.42%，粗纤维含量18.70%，粗灰分含量7.27%，磷含量0.80%，钙含量1.48%。

鸡眼草可利用成分丰富，含多量之蛋白及钙。茎叶柔软，适口性极佳，无论鲜草、干草均为各种家畜喜食。但植株较小，野草收量少，但在开花期前后均能利用，特别在晚夏开花，可作为秋季之饲料，且因密集生长之故，茎叶极少硬化，可利用部分较多，适于放牧或刈草之用，并有栽培价值。本植物富耐寒耐旱性，贫瘠土亦能生长，种子脱落后翌年能再生，充作放牧地之混播植物极为适宜。

附：同属还有短萼鸡眼草 *Kummerowia stipulacea* (Maxim.) Makino，其习性与之相近，亦可作牧草。

15. 胡枝子 Lespedeza bicolor Turcz.（豆科 Leguminosae）

鲜草水分含量78.40%，粗蛋白质含量4.01%，粗脂肪含量0.79%，无氮浸出物含量8.15%，粗纤维含量7.60%，粗灰分含量1.0.%，纯蛋白质含量1.02%，磷酸含量0.14%。

干草水分含量9.97%，粗蛋白质含量14.93%，粗脂肪含量3.57%，无氮浸出物含量42.33%，粗纤维含量25.04%，粗灰分含量4.16%，纯蛋白质含量4.16%。

由于胡枝子鲜嫩茎叶丰富，是马、牛、羊、猪等家畜的优质青饲料。

附：同属还有中华胡枝子 *Lespedeza chinensis* G. Don、截叶铁扫帚 *Lespedeza cuneata* (Dum. Cours.) G. Don、大叶胡枝子 *Lespedeza davidii* Franch.、美丽胡枝子 *Lespedeza thunbergii* (DC.) Nakai subsp. *formosa* (Vogel) H. Ohashi等均可作饲料。

16. 草木樨 Melilotus officinalis (Linn.) Lam.（豆科 Leguminosae）

鲜草水分含量68.54%，粗蛋白质含量5.07%，粗脂肪含量0.48%，无氮浸出物含量12.04%，粗纤维含量10.64%，粗灰分含量1.87%，钙含量1.69%，磷酸含量0.14%。

干草水分含量11.39%，粗蛋白质含量14.29%，粗脂肪含量1.34%，无氮浸出物含量37.74%，粗纤维含量29.98%，粗灰分含量5.26%，钙含量1.94%，磷酸0.41%。

草木樨在欧洲为野生杂草，在我国古时将之夹于书中辟蠹，称芸香。花期比其他种早半个多月，耐碱性土壤，为常见的牧草。

17. 葛 Pueraria montana (Lour.) Merr.（豆科 Leguminosae）

鲜叶水分含量76.93%，粗蛋白质含量3.99%，粗脂肪含量0.63%，无氮浸出物含量10.11%，粗纤维含量6.83%，粗灰分含量1.52%。

干草水分含量7.08%，粗蛋白质含量16.08%，粗脂肪含量2.52%，无氮浸出物含量40.70%，粗纤维含量27.49%，粗灰分含量6.13%，纯蛋白质含量1.97%，磷含量0.71%，钙含量1.80%。

本植物对家畜的适口性为中等，用葛叶与其他粗饲料混合饲喂有增进家畜食欲之效。葛的野生资源相当丰富。葛喜富含有机质之土壤，对酸性土适应力较强，于阴地亦能生长良好。通常用扦插或根繁殖。

18. 大巢菜 Vicia sativa Linn.（豆科 Leguminosae）

鲜草水分含量84.51%，粗蛋白质含量4.64%，粗脂肪含量0.59%，无氮浸出物含量5.49%，粗纤维含量3.16%，粗灰分含量1.63%，纯蛋白质含量3.89%。

干草水分含量9.04%，粗蛋白质含量24.48%，粗脂肪含量3.73%，无氮浸出物含量32.09%，粗纤维含量20.98%，粗灰分含量8.68%，磷含量0.24%，钙含量0.17%。

无论鲜、干草之适口性均良好，各种家畜均嗜食，由于纤维含量低，更适宜非反刍动物食用。

附：同属还有广布野豌豆 *Vicia cracca* Linn.、小巢菜 *Vicia hirsute* (Linn.) S. F. Gray、四籽野豌豆 *Vicia tetrasperma* (Linn.) Schreb.，亦可作牧草。

19. 水芹（水芹菜）Oenanthe javanica (Bl.) DC.（伞形科 Umbelliferae）

鲜草水分含量89.68%，粗蛋白质含量2.35%，粗脂肪含量0.41%，无氮浸出物含量5.12%，粗纤维含量1.14%，粗灰分含量1.30%，纯蛋白质含量1.85%，磷酸含量0.08%，胡萝卜素含量4.28mg/100g，维生素B 含量20.326mg/100g，烟酸含量1.1mg/100g，维生素C含量39mg/100g。

干草水分含量11.10%，粗蛋白质含量16.42%，粗脂肪含量3.16%，无氮浸出物含量45.18%，粗纤维含量11.78%，粗灰分含量12.36%，纯蛋白质含量5.89%，胡萝卜素含量41.8mg/100g，维生素B 含量 22.23mg/100g。

反刍动物和非反刍动物都喜食，营养丰富，可利用的时间长，是优良的饮料植物。

20. 沙参 Adenophora stricta Miq.（桔梗科 Campanulaceae）

鲜草水分含量88.32%，粗蛋白质含量1.95%，粗脂肪含量0.62%，无氮浸出物含量6.31%，粗纤维含量2.07%，粗灰分含量0.73%，纯蛋白质含量1.30%，磷酸含量0.07%，钙含量0.27%。

春日幼嫩时期之适口性中等，以后渐不食。林野或原野放牧，春中嗜，夏秋不食。

21. 艾蒿 Artemisia argyi Lévl et Vant.（菊科 Compositae）

鲜草水分含量75.66%，粗蛋白质含量3.41%，粗脂肪含量1.16%，无氮浸出物含量12.51%，粗纤维含量5.23%，粗灰分含量2.02%，纯蛋白质含量2.10%。

干草水分含量11.08%，粗蛋白质含量12.46%，粗脂肪含量4.23%，无氮浸出物含量45.72%，粗纤维含量19.12%，粗灰分含量7.39%，纯蛋白质含量7.91%。

茎虽稍粗刚，且略含辛味，但牛均喜食，在有寄生虫时尤喜采食以驱虫。因其蛋白质含量高，而纤维素含量低，可作为猪等非反刍家畜饲料。

艾蒿在干燥地方虽亦能生长良好，但不如稍稍湿润之地收量丰富，在梅雨季之前可收刈两次。放牧时，各时期均喜食。种子有肥育之特效，枯萎后仍保有相当多的蛋白质，实为放牧地用重要之野草，但制干草有时比较困难，可作为青储之原料。

附：同属还有茵陈蒿 Artemisia capillaris Thunb.、印度蒿 Artemisia indica Willd.、牡蒿 Artemisia japonica Thunb.、白苞蒿 Artemisia lactifolia Wall. ex DC.、矮蒿 Artemisia lancea Vant.、野艾蒿 Artemisia lavandulaefolia DC.、猪毛蒿 Artemisia scoparia Waldst. et Kit. 都可作为饲料。

22. 马兰 Aster indicus Linn.（菊科 Compositae）

马兰的枝、叶质地柔软，无毒，具清香味。幼嫩的茎芽和叶，牛、羊、猪、兔及家禽均喜食；开花以后，仅马、牛、羊采食；秋后枯黄，水牛、黄牛采食，是一种良好的牧草。从马兰营养成分看，其幼茎、叶的粗蛋白质含量、粗脂肪含量、无氮浸出物含量、钙含量和磷含量的含量均相当高；开花后粗纤维含量增高，营养成分含量有所下降。马兰株高一般为30~70cm，但在条件好的情况下，可高达150cm，多分枝。茎叶比为45：55（质量比），产草量较高，适于放牧利用，开花前放牧利用最好。

23. 狼杷草 Bidens tripartita Linn.（菊科 Compositae）

鲜草水分含量83.61%，粗蛋白质含量3.13%，粗脂肪含量0.57%，无氮浸出物含量8.87%，粗纤维含量2.51%，粗灰分含量1.31%，纯蛋白质含量2.6%，磷酸含量0.20%。

适口性甚高，鲜草、干草均为各种家畜所喜食。野草收量及干草生产量均高，本种自晚夏至初秋开花，进入结实期，茎呈暗紫色时，仍极少硬化，适于秋季放牧或刈草之用，有栽培价值，因有群生和量大的特性，刈取便利，宜制为青储饲料。

附：同属还有婆婆针 Bidens bipinnata Linn.、金盏银盘 Bidens biternata (Lour.) Merr. et Sherff、大狼杷草 Bidens frondosa Linn.、鬼针草 Bidens pilosa Linn. 也可作饲料。

24. 刺儿菜 Cirsium setosum（Willd.）M. Bieb.（菊科 Compositae）

鲜草水分含量76.67%，粗蛋白质含量3.05%，粗脂肪含量1.11%，无氮浸出物含量8.72%，粗纤维含量6.05%，粗灰分含量4.39%，钙含量1.07%，磷酸含量0.17%，胡萝卜素含量5.99mg/100g，维生素B含量20.328mg/100g，维生素C含量44mg/100g。

干草水分含量4.73%，粗蛋白质含量12.12%，粗脂肪含量4.39%，无氮浸出物含量34.59%，粗纤维含量24.05%，粗灰分含量17.42%，钙含量4.25%，磷酸含量0.66%。

鲜草羊均微嗜食，牛喜食，纤维含量低，蛋白质含量高，是猪的优良饲料。

附：同属还有蓟 Cirsium japonicum Fisch. ex DC.、线叶蓟 Cirsium lineare (Thunb.) Sch.–Bip. 与之营养成分相近，都可作为饲料。

25. 小蓬草 Erigeron canadensis Linn.（菊科 Compositae）

鲜草水分含量81.56%，粗蛋白质含量2.70%，粗脂肪含量0.50%，无氮浸出物含量7.50%，粗纤维含量5.55%，粗灰分含量2.19%，钙含量0.32%，磷酸含量0.25%，维生素C含量24.80mg/100g。

干草水分含量11.75%，粗蛋白质含量12.93%，粗脂肪含量2.39%，无氮浸出物含量35.86%，粗纤维含量26.58%，粗灰分含量10.49%，纯蛋白质含量7.91%，钙含量1.53%，磷酸含量1.18%。

因含有特异之芳香气，幼嫩时期家畜嗜食，但随植物生长而逐渐不喜食，马、牛、羊均微嗜或不食，故必在幼嫩多汁时利用或于此时刈收制为青储以便保藏。在浙江农村常作猪饲料。

附：同属的一年蓬 Erigeron annuus (Linn.) Pers.、香丝草 Erigeron bonariensis Linn.、苏门白酒草 Erigeron sumatrensis Retzius、白酒草 Eschenbachia japonica (Thunb.) J. Koster 都可作为饲料。

26. 鼠麹草 Gnaphalium affine D. Don（菊科 Compositae）

鲜草水分含量81.91%，粗蛋白质含量2.54%，粗脂肪含量1.23%，无氮浸出物含量8.03%，粗纤维含量4.78%，粗灰分含量1.51%，钙含量0.37%，磷酸含量0.14%。

植株柔软，纤维含量低，蛋白含量高，为优良的养猪饲料，煮熟或制成发酵饲料均宜。

附：同属还有宽叶鼠麹草 Gnaphalium adnatum (Wall. ex DC.) Kitamura、秋鼠麹草 Gnaphalium hypoleucum DC.、细叶鼠麹草 Gnaphalium japonicum Thunb.、匙叶鼠麹草 Gnaphalium pensylvanicum Willd. 与之相近，亦可开发利用。

27. 苦荬菜（多头苦荬菜）**Ixeris polycephala** Cass. ex DC.（菊科 Compositae）

鲜草水分含量79.28%，粗蛋白质含量3.50%，粗脂肪含量1.51%，无氮浸出物含量8.62%，粗纤维含量5.49%，粗灰分含量1.59%，纯蛋白质含量2.01%，钙含量0.43%，磷酸含量0.15%。

本植物在幼嫩时期的适口性良好，但逐渐成长后，适口性低降，猪喜食。

附：同属还有中华苦荬菜 *Ixeris chinensis* (Thunb.) Kitagawa、剪刀股 *Ixeris debelis* (Thunb.) A. Gray、圆叶苦荬菜 *Ixeris stolonifera* A. Gray. 都可作饲料。

28. 蜂斗菜 Petasites japonica (Sieb. et Zucc.) Maxim.（菊科 Compositae）

鲜草水分含量87.58%，粗蛋白质含量2.25%，粗脂肪含量0.76%，无氮浸出物含量6.49%，粗纤维含量1.52%，粗灰分含量1.40%，磷酸含量0.08%。

在幼嫩时期，粗蛋白质含量高，至10月末粗蛋白质含量约减去一半，相反的，粗脂肪含量则约增加2倍。牛、羊适口性不甚高，纤维含量低，蛋白质含量高，是猪的优良饲料。

本植物可栽培，性强健，但忌日光之强烈照射，喜阴湿而富腐殖质之土壤，可分株繁殖，移植之翌年开始收获，可收获数年。

29. 苦荬菜 Sonchus oleraceus Linn.（菊科 Compositae）

鲜草水分含量83.72%，粗蛋白质含量3.09%，粗脂肪含量1.15%，无氮浸出物含量7.93%，粗纤维含量2.62%，粗灰分含量1.50%，纯蛋白质含量2.71%，磷酸含量0.09%，维生素C含量68.2mg/100g，胡萝卜素含量14.5mg/100g。

苦荬菜的茎叶柔嫩多汁、无刺、无毛，稍有苦味，是一种良好的青绿饲料。猪、鹅最喜食；兔、鸭喜食；山羊、绵羊乐食；马、牛少量采食。据实验，开花期以前切碎生喂或煮熟饲喂，每日用650g苦荬菜饲喂家兔，其采食率可达77%；切碎喂鸡、鸭也有良好的效果。秋季，维生素C、胡萝卜素含量比春、夏季高。苦荬菜的产量高，质量好，适口性佳。冬季青绿、春季返青早，对解决冬春缺乏青绿饲料，特别对饲养猪、禽等具有重要价值。

30. 山牛蒡 Synurus deltoides (Ait.) Nakai

干草水分含量12.58%，粗蛋白质含量9.58%，粗脂肪含量5.46%，无氮浸出物含量47.74%，粗纤维含量13.89%，粗灰分含量10.73%，纯蛋白质含量9.01%，钙含量1.75%，磷酸含量0.27%，镁含量0.16%，钾含量2.10%，钠含量0.30%。

反刍动物适口性中等，猪喜食，冬日枯草时牛、羊均喜食。

31. 蒲公英 Taraxacum mongolicum Hand.-Mazz.（菊科 Compositae）

鲜草水分含量76.67%，粗蛋白质含量3.05%，粗脂肪含量1.11%，无氮浸出物含量8.72%，粗纤维含量6.05%，粗灰分含量4.39%，钙含量1.07%，磷酸含量0.17%，胡萝卜素含量5.99mg/100g，维生素B_2含量0.328mg/100g，维生素C含量44mg/100g。

干草水分含量4.73%，粗蛋白质含量12.12%，粗脂肪含量4.39%，无氮浸出物含量34.59%，粗纤维含量24.05%，粗灰分含量17.42%，钙含量4.25%，磷酸含量0.66%。

植物体柔软，故适口性良好，各种家畜均喜食。由于植株矮小，且水分含量高，干燥困难，不宜作干草生产，但生长期长，从早春萌发到枯萎，长达9个月均可利用，尤其是作为猪饲料。

32. 苍耳 Xanthium strumarium Linn.（菊科 Compositae）

鲜草水分含量76.67%，粗蛋白质含量3.05%，粗脂肪含量1.11%，无氮浸出物含量

8.72%，粗纤维含量6.05%，粗灰分含量4.39%，钙含量1.07%，磷酸含量0.17%，胡萝卜素含量5.99mg/100g，维生素B$_2$含量0.328mg/100g，维生素C含量44mg/100g。

干草水分含量4.73%，粗蛋白质含量12.12%，粗脂肪含量4.39%，无氮浸出物含量34.59%，粗纤维含量24.05%，粗灰分含量17.42%，钙含量4.25%，磷酸含量0.66%。

适口性中等；鲜草牛喜食，羊次之；干草牛喜食，羊略喜食；制为发酵饲料后猪喜食。野生储量丰富，花后茎部迅速老化，故用作饲料时以愈早刈取愈佳，开花后刈取者可制为青储饲料。

33. 尖叶眼子菜 Potamogeton oxyphyllus Miq.（眼子菜科 Potamogetonaceae）

干草水分含量14.4%，粗蛋白质含量13.6%，粗脂肪含量1.5%，无氮浸出物含量43.4%，粗纤维含量16.0%，粗灰分含量11.0%，纯蛋白质含量13.0%。

本草营养丰富，为各种家畜，特别是猪的饲料。

附：同属还有菹草 Potamogeton crispus Linn.、鸡冠眼子菜 Potamogeton cristatus Regel et Maack 均可作饲料。

34. 看麦娘 Alopecurus aequalis Sobol.（禾本科 Gramineae）

鲜草水分含量69.92%，粗蛋白质含量2.17%，粗脂肪含量0.83%，无氮浸出物含量15.64%，粗纤维含量8.28%，粗灰分含量3.16%，磷含量0.19%，钙含量0.03%。

干草水分含量12.05%，粗蛋白质含量6.34%，粗脂肪含量2.42%，无氮浸出物含量45.75%，粗纤维含量24.20%，粗灰分含量9.24%，磷含量0.57%，钙含量0.10%。

草质柔软，适口性良好，但落花后适口性减低。

附：还有日本看麦娘 Alopecurus japonicus Steud. 与其相近，可开发利用。

35. 荩草 Arthraxon hispidus (Thunb.) Makino（禾本科 Gramineae）

干草水分含量11.35%，粗蛋白质含量7.19%，粗脂肪含量2.75%，无氮浸出物含量43.54%，粗纤维含量25.92%，粗灰分含量9.25%，纯蛋白质含量6.38%，磷含量0.53%。

在春季柔软期间适口性良好，各家畜均喜食，以后逐渐刚粗硬化，适口性减低。

36. 野燕麦 Avena fatua Linn.（禾本科 Gramineae）

鲜草水分含量66.38%，粗蛋白质含量2.69%，粗脂肪含量0.68%，无氮浸出物含量16.04%，粗纤维含量11.87%，粗灰分含量1.98%，磷含量0.09%，钙含量0.06%。

干草水分含量9.86%，粗蛋白质含量7.22%，粗脂肪含量1.83%，无氮浸出物含量43.96%，粗纤维含量31.81%，粗灰分含量5.32%，磷含量0.24%，钙含量0.17%。

无论鲜、干草之适口性均良好，各种家畜均嗜食，尤以羊最喜食，结实后，变刚粗，茎下部木质化，适口性下降。野草之收量多，利用期亦长。

附：保护区内还有疏花雀麦 Bromus remotiflorus (Steud.) Ohwi 与之相似，可开发利用。

37. 菵草 Beckmannia syzigachne (Steud.) Fern.（禾本科 Gramineae）

鲜草水分含量70.97%，粗蛋白质含量2.41%，粗脂肪含量0.75%，无氮浸出物含量13.84%，粗纤维含量8.98%，粗灰分含量3.05%，磷含量0.16%，钙含量0.17%。

干草水分含量10.68%，粗蛋白质含量7.42%，粗脂肪含量2.30%，无氮浸出物含量42.58%，粗纤维含量27.64%，粗灰分含量9.38%，磷含量0.48%，钙含量0.51%。

开花前适口性良好，各种家畜均喜食。开花后无论鲜草、干草适口性均降低。

38. 拂子茅 Calamagrostis epigeios (Linn.) Roth（禾本科 Gramineae）

鲜草水分含量62.40%，粗蛋白质含量3.22%，粗脂肪含量0.59%，无氮浸出物含量16.64%，粗纤维含量14.33%，粗灰分含量2.82%，磷含量0.09%，钙含量0.28%。

干草水分含量10.68%，粗蛋白质含量7.66%，粗脂肪含量1.40%，无氮浸出物含量39.51%，粗纤维含量34.04%，粗灰分含量6.71%，磷含量0.22%，钙含量0.12%。

鲜草之适口性不甚高，但在硬化前刈取晒制的干草适口性甚良好，各家畜均喜食。野草有丛生性，收量较多，开花后，茎穗变为灰黄色，质亦刚粗，饲料价值减低，故以在开花前刈取利用为要。

拂子茅其根状茎顽强，抗盐碱土壤，又耐强湿，是固定泥沙、保护河岸的良好材料。

39. 橘草 Cymbopogon goeringii (Steud.) A. Camus（禾本科 Gramineae）

鲜草水分含量75.93%，粗蛋白质含量1.92%，粗脂肪含量0.47%，无氮浸出物含量2.80%，粗纤维含量8.30%，粗灰分含量1.80%，磷含量0.09%。

春季幼嫩时季，适口性良好，牛、羊均喜食。抽穗开花后变刚粗，适口性降低。

40. 升马唐 Digitaria ciliaris (Retz.) Koel.（禾本科 Gramineae）

鲜草水分含量78.01%，粗蛋白质含量2.40%，粗脂肪含量0.86%，无氮浸出物含量10.07%，粗纤维含量6.18%，粗灰分含量2.49%，纯蛋白质含量2.16%，磷含量0.14%。

升马唐茎、叶质地柔软，为牛、羊、马所喜食，特别是夏秋季节，是牛的好饲草。我国南方亚热带地区，农民常将饲养的耕牛于路旁、地边牵引放牧，生长于农地中的升马唐亦可作耕牛的补充饲料，在产区，群众对这种草的饲用价值评价甚高，认为是夏秋季牛的好饲料，特别是秋初，升马唐结籽时，草质仍较柔嫩，而穗中又含营养价值较高的籽实，故饲用价值较好。可晒制干草，作冬季牲畜的补充饲料。

附：同属还有毛马唐 *Digitaria ciliaris* var. *chrysoblephara* (Fig. et De Not.) R. R. Stewart、短叶马唐 *Digitaria radicosa* (Presl.) Miq.、紫马唐 *Digitaria violascens* Link 有同样的利用价值。

41. 稗 Echinochloa crusgalli (Linn.) Beauv.（禾本科 Gramineae）

鲜草水分含量75.65%，粗蛋白质含量2.06%，粗脂肪含量0.38%，无氮浸出物含量10.94%，粗纤维含量8.21%，粗灰分含量2.76%，磷含量0.10%，钙含量0.19%。

干草水分含量11.13%，粗蛋白质含量7.50%，粗脂肪含量1.38%，无氮浸出物含量39.94%，粗纤维含量29.98%，粗灰分含量10.07%，磷含量0.37%，钙含量0.70%。

适口性良好，鲜、干草各种家畜均喜食。收量甚多，生长旺盛，常保柔软性，开花期亦长，故宜于长时间利用，但茎易刚粗，故以早期刈取为要。

附：保护区内还有长芒稗 *Echinochloa caudata* Roshev.、光头稗 *Echinochloa colona*

(Linn.) Link、无芒稗 *Echinochloa crusgalli* (Linn.) Beauv. var. *mitis* (Pursh) Peterm. 和西来稗 *Echinochloa crusgalli* (Linn.) Beauv. var. *zelayensis* (H. B. K.) Hitchc. 与之相似，可开发利用。

42. 牛筋草 Eleusine indica (Linn.) Gaerth.（禾本科 Gramineae）

鲜草粗蛋白质含量2.68%，粗脂肪含量1.16%，粗纤维含量5.22%，粗灰分含量2.58%，无氮浸出物含量18.36%。

秆叶柔软，适口性好，马、羊、兔喜食，牛极喜食。年可收获1~2次，产量中等，耐旱力强。宜放牧，青刈或调制干草、青储料。茎秆纤维可作麻袋及造纸原料。因广州人常取其秆戏弄蟋蟀而得名蟋蟀草。

43. 知风草 Eragrostis ferruginea (Thunb.) Beauv.（禾本科 Gramineae）

鲜草水分含量64.70%，粗蛋白质含量1.98%，粗脂肪含量0.72%，无氮浸出物含量20.04%，粗纤维含量10.81%，粗灰分含量1.75%。

干草水分含量9.18%，粗蛋白质含量5.08%，粗脂肪含量1.84%，无氮浸出物含量51.57%，粗纤维含量27.82%，粗灰分含量4.51%，

适口性良好，各种家畜均喜食。草质虽稍刚粗，但致密，不易腐败，干草虽遭雨湿，亦不致变色，产量较高。

附：同属还有珠芽画眉草 *Eragrostis cumingii* Steud.、乱草 *Eragrostis japonica* (Thunb.) Trin.、宿根画眉草 *Eragrostis perennans* Keng 和画眉草 *Eragrostis pilosa* (Linn.) Beauv. 等也可作为牧草利用。

44. 假俭草 Eremochloa ophiuroides (Munro) Hack.（禾本科 Gramineae）

草质柔软，入冬枯黄，嫩时牛、羊喜食。结实期干草粗蛋白质含量3.82%，粗脂肪含量1.62%，粗纤维含量45.80%，粗灰分含量8.12%，无氮浸出物含量40.64%。

较耐践踏，宜放牧。又可作水土保持植物。

45. 野黍 Eriochloa villosa (Thunb.) Kunth（禾本科 Gramineae）

鲜草水分含量64.35%，粗蛋白质含量1.57%，粗脂肪含量0.48%，无氮浸出物含量17.73%，粗纤维含量12.18%，粗灰分含量3.69%，磷含量0.17%，钙含量0.13%。

干草水分含量9.53%，粗蛋白质含量6.02%，粗脂肪含量1.21%，无氮浸出物含量42.70%，粗纤维含量30.81%，粗灰分含量9.36%，磷含量0.42%，钙含量0.33%。

鲜草马喜食，牛、羊中等嗜食；干草各种家畜均喜食。鲜草产量大，开花期长，且草质比较柔软，叶量多，易于干制，故鲜草、干草之利用价值均高。

46. 小颖羊茅 Festuca parvigluma Steud.（禾本科 Gramineae）

鲜草水分含量70.9%，粗蛋白质含量2.34%，粗脂肪含量1.07%，无氮浸出物含量17.33%，粗纤维含量7.27%，粗灰分含量1.90%。

干草水分含量13.42%，粗蛋白质含量12.13%，粗脂肪含量2.28%，无氮浸出物含量38.33%，粗纤维含量25.15%，粗灰分含量8.69%，磷含量0.74%。

春季适口性良好，入夏以后适口性降低，直到不食。

47. 甜茅 Glyceria acutiflora Torr. subsp. **japonica** (Steud.) T. Koyama et Kawano（禾本科 Gramineae）

鲜草水分含量68.35%，粗蛋白质含量3.70%，粗脂肪含量1.18%，无氮浸出物含量16.92%，粗纤维含量7.12%，粗灰分含量2.73%。

干草水分含量9.69%，粗蛋白质含量10.55%，粗脂肪含量3.37%，无氮浸出物含量48.20%，粗纤维含量20.32%，粗灰分含量7.79%。

草质甚柔软，适口性高，各家畜均喜食。收量不高，但可供青刈或制干草用。

48. 大白茅 Imperata cylindrica (Linn.) Raeuschel var. **major** (Nees) C. B. Hubb.（禾本科 Gramineae）

鲜草水分含量65.62%，粗蛋白质含量2.57%，粗脂肪含量0.87%，无氮浸出物含量17.06%，粗纤维含量12.05%，粗灰分含量2.03%。

干草水分含量8.46%，粗蛋白质含量6.32%，粗脂肪含量2.31%，无氮浸出物含量45.43%，粗纤维含量32.09%，粗灰分含量5.40%。

幼嫩者适口性良好，秋季茎叶稍粗硬后，家畜只食全长的1/2，但第二次刈者质柔软，各种家畜均喜食。适应性强，到处自生，容易繁茂。宜放牧、青割或制干草。但不耐践踏，重牧后易引起退化。

49. 柳叶箬 Isachne globosa (Thunb.) Kuntze（禾本科 Gramineae）

鲜草水分含量73.77%，粗蛋白质含量2.31%，粗脂肪含量0.75%，无氮浸出物含量12.83%，粗纤维含量8.26%，粗灰分含量2.07%，纯蛋白质含量2.03%，磷含量0.16%。

幼嫩时为家畜所喜食，硬化后适口性减退，幼叶可为养兔之饲草。

附：还有浙江柳叶箬 *Isachne hoi* Keng f.、日本柳叶箬 *Isachne nipponensis* Ohwi和平颖柳叶箬 *Isachne truncata* A. Camus 与其相近，可开发利用。

50. 有芒鸭嘴草 Ischaemum aristatum Linn.（禾本科 Gramineae）

鲜草水分含量58.97%，粗蛋白质含量3.55%，粗脂肪含量8.90%，无氮浸出物含量21.60%，粗纤维含量12.92%，粗灰分含量2.07%，纯蛋白质含量3.23%，磷含量1.40%，钙含量3.20%。

幼嫩时适口性良好，牛、羊均喜食。

附：同属还有粗毛鸭嘴草 *Ischaemum barbatum* Retz.和细毛鸭嘴草 *Ischaemum ciliare* Retz. 与之相近，可作牧草利用。

51. 芒 Miscanthus sinensis Anderss.（禾本科 Gramineae）

鲜草水分含量75.52%，粗蛋白质含量1.97%，粗脂肪含量0.50%，无氮浸出物含量12.23%，粗纤维含量8.53%，粗灰分含量1.75%，磷含量0.53%，钙含量0.33%，镁含量0.26%，钾含量3.01%，钠含量0.07%。

干草水分含量10.48%，粗蛋白质含量5.36%，粗脂肪含量1.83%，无氮浸出物含量

44.73%，粗纤维含量31.19%，粗灰分含量6.41%。

幼嫩时适口性良好，尤其牛最喜食，其后变刚粗，各家畜仅食先端或不食。

芒之成分视生长程度而有显著的变化，以幼嫩时期之成分为良好，以6月及10月之成分相比较，粗蛋白质含量减少1/3，粗脂肪含量减少1/2，粗灰分含量之含量亦减少，胡萝卜素含量亦显著降低，粗纤维含量却增高，故6—7月为良好利用时期，8月以后各种营养成分均显著低下，入秋以后，营养成分更少。按草本部位来区分，则以叶部之养分最佳，各种营养成分高而粗纤维含量低。

附：同属植物还有五节芒 *Miscanthus floridulus* (Labill.) Warb. ex K. Schum. et Laut.，幼嫩时牛、羊均喜食，前者因常绿，冬季因无其他鲜草，牛、羊亦食用。五节芒的产量远大于芒。

52. 糠稷 Panicum bisulcatum Thunb.（禾本科 Gramineae）

干草水分含量10.25%，粗蛋白质含量10.79%，粗脂肪含量2.08%，无氮浸出物含量43.60%，粗纤维含量26.74%，粗灰分含量1.79%。

牛、羊喜食，生长快，营养丰富。

53. 雀稗 Paspalum thunbergii Kunth ex Steud.（禾本科 Gramineae）

鲜草水分含量75.08%，粗蛋白质含量1.64%，粗脂肪含量0.63%，无氮浸出物含量12.94%，粗纤维含量7.94%，粗灰分含量1.80%，磷含量0.09%。

春季幼嫩时家畜中等嗜食，其后渐次不食，但羊喜食秋季之根生叶。

附：同属还有长叶雀稗 *Paspalum longifolium* Roxb. 和圆果雀稗 *Paspalum scrobiculatum* Linn. var. *orbiculare* (G. Forst.) Hack. 与其相近，可作牧草开发。

54. 狼尾草 Pennisetum alopecuroides (Linn.) Spreng.（禾本科 Gramineae）

鲜草水分含量65.58%，粗蛋白质含量1.74%，粗脂肪含量0.80%，无氮浸出物含量13.40%，粗纤维含量7.15%，粗灰分含量3.12%。

抽穗前之适口性良好，抽穗后硬化，各种家畜不喜食，在抽穗前茎叶幼嫩，可作刈草及放牧之用。

55. 早熟禾 Poa annua Linn.（禾本科 Gramineae）

干草水分含量15.07%，粗蛋白质含量16.01%，粗脂肪含量3.90%，无氮浸出物含量40.88%，粗纤维含量17.89%，粗灰分含量6.25%，纯蛋白质含量11.36%，磷酸含量0.85%

全草柔软，有甜味，冬季仍保青色，适口性甚高。

草矮小，收量不高，花期早，5—6月即结实，至夏即枯，故利用期甚短，为早春有价值的野草。

56. 纤毛鹅观草 Roegneria ciliaris (Trin.) Nevski（禾本科 Gramineae）

鲜草水分含量88.6%，粗蛋白质含量2.97%，粗脂肪含量0.42%，无氮浸出物含量15.44%，粗纤维含量10.32%，粗灰分含量2.81%，磷酸含量0.18%，钙含量0.19%。

干草水分含量11.3%，粗蛋白质含量8.27%，粗脂肪含量1.18%，无氮浸出物含量43%，粗纤维含量28.7%，粗灰分含量7.82%，磷酸含量0.49%，钙含量0.51%。

虽然叶略粗硬，但适口性良好，各家畜均喜食。青刈时马最喜食，牛稍次，羊又次之；制成干草后马最喜食，牛、羊稍次之。

野草收量中等，因开花期短，故宜早期刈取，如收割失时，则变刚粗，且由绿色变为黄褐色、营养价值减退。

57. 狗尾草 Setaria viridis (Linn.) Beauv.（禾本科 Gramineae）

鲜草水分含量74.35%，粗蛋白质含量1.96%，粗脂肪含量0.50%，粗纤维含量7.79%，粗灰分含量2.02%，无氮浸出物含量13.39%。

叶质稍粗硬，又因有穗，家畜不甚喜食，但在幼嫩时期，各种家畜均喜食，抽穗期刈取，制为干草，品质良好。

保护区内常见野草，适应性强，产量亦高，特别开花前期生长繁茂，放牧或刈草晒干储备。

附：保护区内还有莠草 Setaria chondrachne (Steud.) Honda、大狗尾草 Setaria faberi Herrm. 和金色狗尾草 Setaria pumila (Poir.) Roem. et Schult. 与之相似，且产量更高。

58. 油芒 Spodiopogon cotulifer (Thunb.) Hack.（禾本科 Gramineae）

鲜草水分含量73.00%，粗蛋白质含量1.40%，粗脂肪含量0.49%，无氮浸出物含量14.13%，粗纤维含量8.96%，粗灰分含量2.03%。

干草水分含量10.11%，粗蛋白质含量5.56%，粗脂肪含量1.53%，无氮浸出物含量48.92%，粗纤维含量27.15%，粗灰分含量6.72%，纯蛋白质含量4.50%，磷含量0.21%，钙含量0.43%，镁含量0.24%，钾含量0.89%，钠含量0.18%。

适口性良好，各种家畜均喜食。本草比较密集生长而繁茂，但多少喜阴，故总量不甚多。

59. 大油芒 Spodiopogon sibiricus Trin.（禾本科 Gramineae）

鲜草水分含量60.51%，粗蛋白质含量3.30%，粗脂肪含量0.92%，无氮浸出物含量18.50%，粗纤维含量14.02%，粗灰分含量2.75%，钙含量0.14%。

干草水分含量7.52%，粗蛋白质含量3.15%，粗脂肪含量1.35%，无氮浸出物含量55.86%，粗纤维含量25.73%，粗灰分含量6.38%，纯蛋白质含量2.53%，磷含量0.13%，钙含量0.37%，镁含量0.11%，钾含量0.54%，钠含量0.37%。

适口性中等，干草之适口性略高。开花后硬化迅速，故若想作饲料用，应在开花前刈取为宜。

60. 黄背草 Themeda triandra Forssk.（禾本科 Gramineae）

干草水分含量10.44%，粗蛋白质含量6.32%，粗脂肪含量2.22%，无氮浸出物含量48.93%，粗纤维含量26.88%，粗灰分含量5.39%，纯蛋白质含量4.76%，磷含量0.18%，钙含量0.43%，镁含量0.22%，钾含量0.71%，钠含量0.26%。

春日之草适口性良好，其后渐次硬化，适口性降低。适应性强，生长量大。

附：同属还有苞子草 *Themeda caudata* (Nees) A. Camus 和菅 *Themeda villosa* (Poir.) A. Camus，生长量更大，但家畜的适口性不及黄背草。

61. 结缕草 Zoysia japonica Steud.（禾本科 Gramineae）

鲜草水分含量63.13%，粗蛋白质含量3.39%，粗脂肪含量1.22%，无氮浸出物含量10.25%，粗纤维含量6.38%，粗灰分含量3.13%。

干草水分含量8.94%，粗蛋白质含量8.37%，粗脂肪含量3.02%，无氮浸出物含量46.72%，粗纤维含量25.21%，粗灰分含量7.74%，纯蛋白质含量6.47%，磷含量0.23%，钙含量0.73%，镁含量0.21%，钾含量0.42%，钠含量0.24%。

茎叶常保柔软，由春到秋，各种家畜均喜食。本草虽矮小，但极为密生，故收量相当多，生态适应能力极强，耐干旱、耐踩踏，又系多年生，再生力强，宜于放牧用。也是园林草坪优良植物。

附：同属的中华结缕草 *Zoysia sinica* Hance 也可开发利用。

62. 大披针薹草 Carex lanceolata Boott（莎草科 Cyperaceae）

干草水分含量10.65%，粗蛋白质含量7.59%，粗脂肪含量2.08%，无氮浸出物含量53.61%，粗纤维含量27.04%，粗灰分含量8.42%，纯蛋白质含量6.22%，钙含量0.93%，磷酸含量0.19%，镁含量0.13%，钾含量0.66%，钠含量0.16%。

幼嫩时期牛、羊适口性均高，但成长后适口性减退，羊喜食。

63. 异型莎草 Cyperus difformis Linn.（莎草科 Cyperaceae）

鲜草水分含量87.78%，粗蛋白质含量0.75%，粗脂肪含量0.43%，无氮浸出物含量5.72%，粗纤维含量2.00%，粗灰分含量1.52%，纯蛋白质含量1.51%，磷酸含量0.07%。

牛、羊喜食性中等，花后略下降。

附：同属尚有阿穆尔莎草 *Cyperus amuricus* Maxim.、畦畔莎草 *Cyperus haspan* Linn.、碎米莎草 *Cyperus iria* Linn.、具芒碎米莎草 *Cyperus microiria* Steud.、香附子 *Cyperus rotundus* Linn. 等可作饲料利用。

64. 鸭跖草 Commelina communis Linn.（鸭跖草科 Commelinaceae）

鲜草水分含量89.82%，粗蛋白质含量1.25%，粗脂肪含量0.35%，无氮浸出物含量4.26%，粗纤维含量2.75%，粗灰分含量1.57%，纯蛋白质含量1.03%，磷酸含量0.06%。

鸭跖草适应性强，生长快，粗纤维含量低，是猪、鸭等的优良饲料，牛、羊也喜食。

附：同属的饭包草 *Commelina benghalensis* Linn.，同科的裸花水竹叶 *Murdannia nudiflora* (Linn.) Brenan 和水竹叶 *Murdannia triquetra* (Wall.) Brückn. 也有相似的特点，可作饲料利用。

65. 鸭舌草 Monochoria vaginalis（Burm. f.）Presl ex Kunth（雨久花科 Pontederiaceae）

鲜草水分含量93.9%，粗蛋白质含量1.2%，粗脂肪含量0.2%，无氮浸出物含量

2.34%，粗纤维含量1.1%，粗灰分含量1.3%。

干草水分含量11.1%，粗蛋白质含量19.7%，粗脂肪含量2.2%，无氮浸出物含量33.0%，粗纤维含量14.4%，粗灰分含量19.6%。

各地都有用来喂猪的习惯。采集时，整株拔取，洗去泥沙，切碎煮熟，鲜食或作青储饲料，是猪喜吃的饲料之一。特点是蛋白质含量较大。

66. 麦冬 Ophiopogon japonicus (Linn. f.) Ker -Gawl.（百合科 Liliaceae）

干草水分含量10.65%，粗蛋白质含量11.95%，粗脂肪含量5.37%，无氮浸出物含量52.92%，粗纤维含量22.96%，粗灰分含量6.78%，纯蛋白质含量11.16%，钙含量0.81%，磷酸含量0.31%，镁含量0.29%，钾含量1.93%，钠含量0.27%，胡萝卜素含量33.177mg/100g，维生素C含量35.585mg/100g。

含有大量蛋白质，为良好的饲料。适口性甚高，各家畜在任何季节均喜食，尤以羊最喜食。

附：与其相近的还有同属的间型沿阶草 Ophiopogon intermedius D. Don，近缘属山麦冬属 Liriope Lour. 的禾叶山麦冬 Liriope graminifolia (Linn.) Baker、阔叶山麦冬 Liriope muscari (Decne.) Bailey 和山麦冬 Liriope spicata (Thunb.) Lour.。

除了上述主要饲用植物外，乌岩岭自然保护区维管束植物中还有其他600多种饲用植物如凤尾兰 Yucca gloriosa Linn.（百合科 Liliaceae）、翅茎灯心草 Juncus alatus Franch. et Savat（灯心草科 Juncaceae）、浮萍 Lemna minor Linn（浮萍科 Lemnaceae）、矮慈菇 Sagittaria pygmaea Miq（泽泻科 Alismataceae）、小茨藻 Najas minor All（茨藻科 Najadaceae）等。

第十节　野生蔬菜资源

一、概述

野生蔬菜简称野菜，是指至今仍自然生长在山野荒坡、林缘灌丛、田头路边、溪沟草地等，未被人工栽培或未被广泛栽培的可供人们食用的草本植物和木本植物的嫩茎、叶、芽、果实、根以及部分真菌、藻类植物的总称。野生蔬菜主要包括三类：一是目前还在野生状态下，没有人工栽培或极少由人工栽培用作蔬菜的植物，如蕨菜；二是既有野生分布，同时有部分人工栽培，如荠菜、香椿、马齿苋等；三是一般情况下，它们并不做"菜"用，而是供药用、观赏、薪材或其他用途等，如药用植物枸杞。我国是野生蔬菜利用历史最悠久的国家之一，野菜资源丰富，分布广泛，文化底蕴深厚。野菜具有风味独特、天然无污染、安全无农残、营养价值高、药食同源等特点，具有栽培蔬菜无可比拟的营养价值、药用功效和保健功能等。

据调查资料显示，许多野生蔬菜本身就是药用植物，具有较好的医疗保健功能。其除了含有丰富的营养物质外，有的还含有生物碱类、黄酮类、醌蒽类、糖苷、萜类等多种多样的有效成分，能治多种疾病。几乎所有的野生蔬菜均可入药，我国民间就有很多用野生蔬菜治疗常见病的配方。如蒲公英可抗炎消菌，清热解毒；荆芥可治感冒咳嗽；蕺菜有明显的抗真菌作用，有一定的防癌抗癌功效；柳叶可防治高血压，柳花可调治妇科疾患；马齿苋有利于血糖稳定，还具消炎杀菌作用，有"天然抗生素"的美称；五味子具有滋阴强壮、补中益气的功效，还能提高人的视力和听力；委陵菜可以补脾健胃，提高食欲，悦颜美肤；胡枝子可润肺清热，补肝益肾，健脾祛湿等。

野生蔬菜除了具有保健和医疗功能外，还可以通过食物的形式供给人类营养素，具有很高的营养价值及食疗作用。根据《中国食物成分表（第2版）》中常见栽培蔬菜和野生蔬菜的营养成分对比，发现野生蔬菜的膳食纤维、蛋白质、胡萝卜素和维生素的含量均显著高于栽培蔬菜。野生蔬菜富含人体所必需的各种矿物质、维生素、蛋白质、氨基酸、碳水化合物及食用纤维等多种营养成分，尤其是维生素和矿物质含量较高，较一般蔬菜高许多倍。据分析，蕨菜等野菜中含有的蛋白质较芹菜和青椒高3倍，较番茄高2倍。野菜中还含有多种氨基酸和丰富的维生素。对234种野菜分析结果显示，有88种野菜的胡萝卜素含量高于5g/kg，而胡萝卜的胡萝卜素含量为1.35g/kg；80种野菜的维生素C含量高于100g/kg，其中61种野菜的维生素C含量较栽培蔬菜高50～100 mg/kg；34种野菜的维生素B_2含量较栽培蔬菜高0.2g/kg；茼蒿的钙含量为7300mg/kg，是菠菜的10倍；许多野菜中还含有大量人体所需的多种氨基酸，以及一般蔬菜所没有的维生素B_6、维生素B_{12}、维生素D、维生素K、维生素E。

目前已经利用的食用野菜中，除少部分可以直接烹调食用外，许多种类必须适时采集和经过加工后才能食用，如摘取嫩芽、叶和去杂脱苦、脱涩等才能烹调食用。有些种类需要经过干制、腌制后才能显现其风味。因此，加工不仅是为了储藏，也可提高风味。常见的野菜加工制品有如下几种。

①**干菜**。野菜干制是脱去鲜品原料中的水分，又尽量保持野菜原有风味的加工方法。一般在干燥之前进行原料预处理，包括挑选、漂烫（不仅能破坏酶的活性，防止氧化，而且比较容易烘干和复水）、熏硫或其他硫处理（对改进制品色泽和保护维生素C，具有很好的作用）。干燥可采用远红外线加热干燥设备或太阳能干燥室进行干燥。干燥后的制品还需要进行回软、防虫和防潮包装处理等。

②**酸菜**。它属于发酵酸渍制品，即在腌渍过程中，除产生乳酸外，也产生少量醋酸和酒精等。这些有机酸与酒精作用生成脂，使菜酸而具芳香味。

③**咸菜**。腌制是民间最常用的一种野菜加工方法，使野菜不仅可获得咸味、杀灭有害微生物，而且可以保持绿色和有清脆风味。

④**速冻野菜**。野菜季节性很强，旺季时上市品种多，数量大，供过于求，淡季时则供不应求。速冻野菜有助于调节市场需求。凡鲜品能直接用于烹调食用的，一般可用速冻方法，保持鲜菜原有的色泽、风味和营养成分，解冻、烹调后能保持菜形和好的口感。

叶菜类和根状茎类均能作速冻菜。

⑤**野菜罐头**。经过排气、密封、杀菌等步骤，可消灭致病微生物及酶的活性，可较长期间保持野菜的营养成分和色、香、味、形，保存的一种方法。

⑥**脱水野菜**。它属干菜的一种。一些绿叶菜、鲜嫩芽和容易干燥的野菜，可用简易而科学的方法，将其中水分脱去，仍保持鲜菜中的营养成分。这种干菜复水后又能恢复鲜菜的形态和色泽，风味变化也不大。

⑦**野菜的深加工制品**。除上述野菜加工制品之外，我国在野菜深加工，如浓缩马齿苋汁、马齿苋多糖（含量8.63% ~ 11.06%）、紫萁多糖（鲜根、状茎的多糖含量2.8%）、即食荠菜泥等的加工研究和生产，已取得可喜的成果。

乌岩岭自然保护区维管束植物中共125科737种87变种野生蔬菜类资源。其中，蕨类植物15科22种2变种，裸子植物3科5种，被子植物107科710种85变种。野生蔬菜类植物种类比较多的前10个科依次是菊科86种4变种，豆科46种3变种，百合科34种3变种，唇形科29种5变种，伞形科31种1变种，禾本科竹亚科25种2变种，蓼科24种1变种，蔷薇科22种3变种，壳斗科20种1变种，玄参科17种。

二、主要野生蔬菜植物资源列举

1. 蕨 Pteridium aquilinum (Linn.) Kuhn var. **latiusculum** (Desv.) Unherw.（蕨科 Pteridiaceae）

春季采嫩叶，鲜用、盐渍、干制。

每100g蕨菜干食部100%，热量1050kJ，含水分7.2g、蛋白质6.6g、脂肪0.9g、膳食纤维25.5g、碳水化合物542g、灰分5.6g、维生素B_2 0.16mg、烟酸2.7mg、维生素C 35mg、维生素E 0.53mg、钾59mg、钠1279.0mg、钙851mg、镁82mg、铁23.7mg、锰2.31mg、锌18.1mg、铜2.79mg、磷253mg、硒6.34g。

沸水焯过，换清水浸泡4 ~ 8h，炒食、腌制为咸菜、酱菜；干菜、盐渍品需水浸复原。

据报道，蕨叶、嫩芽及根状茎有毒，化学成分为多种茚满酮类化合物。另有报道，蕨根有很强的致癌活性。故在作菜或制取蕨粉时，均需注意食用方法与加工方法，以便除去其毒性。

蕨菜的根状茎含有35% ~ 40%淀粉，可提取蕨粉。蕨的根状茎还可供药用，具有清热、滑肠、降气、化痰、舒筋活络，以及治食嗝、气嗝、肠风热毒等功效。

2. 紫萁 Osmunda japonica Thunb.（紫萁科 Osmundaceae）

春季采拳卷绿色营养叶的嫩苗，鲜用、干制、盐渍。紫萁茎叶鲜嫩，味美爽口，营养丰富，是一种名贵的山珍野味。

每100g嫩苗含胡萝卜素1.97mg、维生素B_2 0.25mg、维生素C 69mg、钾31.2mg、钠0.51mg、钙1.9mg、镁2.93mg、磷7.1mg、铁125μg、锰81μg、锌62μg、铜18μg。

沸水焯过，换凉水浸泡1昼夜，其间换2 ~ 3次水，炒食、腌制酱菜；干制品水浸复原后食用。

附：蕨类植物中，石松 *Lycopodium japonicum* Thunb. ex Murray（石松科 Lycopodiaceae）、阴地蕨 *Scepteridium ternatum* (Thunb.) Lyon（阴地蕨科 Botrychiaceae）、芒萁 *Dicranopteris pedata* (Houtt.) Nakaike（里白科 Gleicheniaceae）、乌毛蕨 *Blechnum orientale* Linn（乌毛蕨科 Blechnaceae）、肾蕨 *Nephrolepis cordifolia* (Linn.) C. Presl（肾蕨科 Nephrolepidaceae）等植物也可作为食用蔬菜供人类食用。

在裸子植物中，苏铁 *Cycas revolute* Thunb（苏铁科 Cycadaceae）、银杏 *Ginkgo biloba* Linn（银杏科 Ginkgoaceae）和松科 Pinaceae 的江南油杉 *Keteleeria cyclolepis* Flous、马尾松 *Pinus massoniana* Lamb、黄山松（台湾松）*Pinus taiwanensis* Hayata 种子也可作为野生蔬菜供食用，但其利用价值相较于蕨类植物来说并不是很大。

3. 蕺菜（鱼腥草）Houttuynia cordata Thunb.（三白草科 Saururaceae）

春季采嫩茎叶；秋后或早春采挖地下茎，鲜用、盐渍、干制。

每100g嫩茎叶含蛋白质2.2g、脂肪0.4g、粗纤维1.2g、碳水化合物6g、硫胺素0.013mg、维生素C 33.7mg。每100g干品含钙660mg、磷540mg、铁40g、粗脂肪2.2g、蛋白质2.5g、碳水化合物3g、粗纤维18.35g。

地下茎炒食、生食、炖食；嫩茎叶沸水焯一下，换清水漂2～3次，做汤、凉拌、炒食。

4. 榆树 Ulmus pumila Linn.（榆科 Ulmaceae）

春季采嫩果、嫩叶，鲜用；树皮晒干，磨面。

榆树的翅果俗称榆钱，每100g榆钱食部100%，热量151kJ，含水分85.2g、蛋白质4.8g、脂肪0.4g、碳水化合物3.3g、膳食纤维4.3g、灰分2.0g、钾134mg、钙62mg、镁47mg、磷104mg、铁7.9mg、锰0.78mg、锌3.27mg、铜0.24μg、硒0.364μg、胡萝卜素73μg、维生素A 122μg、硫胺素0.04mg、维生素B_2 0.12mg、烟酸0.9mg、维生素C 11mg、维生素E 0.54mg。

嫩果及嫩叶洗净，生食、煮粥、做馅；树皮磨面后，可与玉米粉或其他面粉配合食用。

5. 何首乌 Fallopia multiflora (Thunb.) Harald.（蓼科 Polygonaceae）

嫩叶和茎尖可作蔬菜食用。

100g鲜叶、茎尖含胡萝卜素7.30mg、维生素B 10.5mg、维生素C 131mg。

采摘嫩茎叶，用开水烫后炒食。

6. 萹蓄 Polygonum aviculare Linn.（蓼科 Polygonaceae）

3—6月采摘。嫩叶、茎尖可作菜。

每100g嫩茎、叶含热量288.7kJ，含水分79g、蛋白质6.0g、脂肪0.6g、粗纤维2.1g、碳水化合物10g、灰分2.0g、胡萝卜素9.5mg、维生素B_2 0.58mg、维生素C 158mg、钙50mg、磷70mg。

炒或切碎后和面蒸饼，也可晒成干菜。

7. 酸模 Rumex acetosa Linn.（蓼科 Polygonaceae）

嫩苗、嫩叶可作蔬菜。

100g嫩叶含胡萝卜素446mg、维生素B_2 0.13mg、维生素C 52mg。

采后在开水中烫软，换清水浸泡约1h，即可炒菜或做汤。

8. 藜 Chenopodium album Linn.（藜科 Chenopodiaceae）

幼苗、嫩茎可作蔬菜。

每100g嫩茎叶含热量192kJ、水分86g、蛋白质3.5g、脂肪0.8g、粗纤维1.2g、碳水化合物6g、灰分2.3g、胡萝卜素5.36mg、硫胺素0.13mg、维生素B_2 0.29mg、烟酸1.4mg、维生素C 69mg、钙209mg、铁0.9mg、磷70mg。

将食用部分经沸水烫，换清水浸泡数小时，后炒食或做馅，也可烫后晒制干菜。不可长期大量食用，以免引起人光过敏、浮肿或皮肤痒感，茎端被红色粉的红心红叶更容易引起反应，应避免采食。利用时间较短，主要在幼苗时期。

9. 牛膝 Achyranthes bidentata Blume（苋科 Amaranthaceae）

嫩叶可作蔬菜。

每100g鲜叶含胡萝卜素679mg、维生素B_2 0.48mg、维生素C 111mg。根含皂苷及葡萄糖醇类物质，并含多量的钾盐。

春夏季采摘嫩叶，洗净即可炒食。

10. 皱果苋 Amaranthus viridis Linn.（苋科 Amaranthaceae）

嫩茎叶可作菜食用。

每100g嫩茎叶含热量246.8kJ、水分80g、蛋白质5.5g、脂肪0.6g、粗纤维1.6g、碳水化合物8g、灰分4.4g、胡萝卜素7.15mg、硫胺素0.05mg、维生素B_2 0.36mg、烟酸2.1mg、维生素C 153mg、钙610mg、磷93mg。

春夏季采摘幼苗或嫩茎叶，用水浸烫一下即可炒食或做汤、馅。

11. 马齿苋 Portulaca oleracea Linn.（马齿苋科 Portulacaceae）

全草食用，并可药用，具消热解毒、消炎利尿的作用，对治疗急慢性痢疾有效。

每100g鲜茎叶含热量108.8kJ、水分92g、蛋白质2.3g、脂肪0.5g、粗纤维0.7g、碳水化合物3g、灰分1.3g、胡萝卜素2.23mg、硫胺素0.03mg、维生素B_2 0.11mg、烟酸0.7mg、维生素C 23mg、钙85mg、铁1.5mg、磷56mg。

马齿苋含有丰富的二羟乙胺、苹果酸、葡萄糖、钙、磷、铁以及维生素E、胡萝卜素、维生素B、维生素C等营养物质。马齿苋在营养上有一个突出的特点，它的ω3脂肪酸含量高于人和植物。ω3脂肪酸能抑制人体对胆固酸的吸收，降低血液胆固醇浓度，改善血管壁弹性，对防治心血管疾病很有利。马齿苋生食、烹食均可，柔软的茎可像菠菜一样烹制。不过如果对它强烈的味道不太习惯的话，就不要用太多。马齿苋茎顶部的叶子很柔软，可以像豆瓣菜一样烹食，可用来做汤、沙司、蛋黄酱和炖菜。马齿苋可以和碎萝卜或马铃薯泥一起，也可以和洋葱或番茄一起烹饪，其茎和叶可用醋腌泡食用。

12. 土人参 Talinum paniculatum (Jacq.) Gaertn.（马齿苋科 Portulacaceae）

春季采嫩茎叶，四季可采挖肉质根。

每100g食用部分含蛋白质1.56g、脂肪0.18g、总酸0.06g、粗纤维0.66g、干物质6.2g、还原糖0.44g、维生素C 11.6g、氨基酸1.33g、铁28.4mg、钙57.17mg、锌3.19mg。

土人参嫩茎叶俗称人参菜，品质脆嫩、爽滑可口，可炒食或做汤。肉质根可凉拌，宜与肉类炖汤，药膳两用。其具清热解毒的功效，对气虚乏力、脾虚泄泻、肺燥咳嗽、神经衰弱等有一定的疗效。

13. 荠菜 Capsella bursa-pastoris (Linn.) Medic.（十字花科 Cruciferae）

嫩茎叶作蔬菜。

每100g荠菜食部92%，含热量136kJ、水分88.8g、蛋白质2.9g、脂肪0.4g、膳食纤维2.2g、碳水化合物4.3g、灰分1.4g、胡萝卜素1770mg、维生素A 295mg、硫胺素0.06mg、维生素B_2 0.14mg、烟酸0.3mg、维生素E 0.57mg、维生素C 41mg、钾328mg、钠31.2mg、钙245mg、镁44mg、铁4.7mg、锰1.00mg、锌0.63mg、铜0.1mg、磷62mg、硒0.45μg，全草含草酸、酒石酸、苹果酸、对氨基苯磺酸、延胡索酸等有机酸，以及精氨酸、天冬氨酸、脯氨酸、蛋氨酸等十几种氨基酸。

早春采集全草，洗净即可炒食做馅或做汤，清香适口。也可晒干储藏备用。

14. 北美独行菜 Lepidium virginicum Linn.（十字花科 Cruciferae）

春季采嫩幼苗，鲜用、盐渍。

每100g干品含水分9.84g、粗蛋白15.18g、粗脂肪2g、粗纤维22.33g、钙150mg。

食部沸水焯过，投凉，去掉苦味，炒食、凉拌、做汤。

15. 费菜 Phedimus aizoon (Linn.)′t Hart（景天科 Crassulaceae）

春季采嫩苗、刚长出的嫩茎叶，鲜用、盐渍、焯一下干制。

每100g嫩茎叶含水分87g、热量196.6kJ、蛋白质2.1g、脂肪0.7g、碳水化合物8g、粗纤维1.5g、胡萝卜素2.54mg、维生素B_2 0.07mg、硫胺素0.05mg、烟酸0.9mg、维生素C 95mg、钙315mg、磷39mg、铁3.2mg。

食部沸水焯过，投凉，轻轻挤去汁水，凉拌、蘸酱、炒食、做汤。

16. 龙牙草 Agrimonia pilosa Ledeb.（蔷薇科 Rosaceae）

春季采嫩苗、嫩茎叶，鲜用、盐渍。

每100g嫩茎叶含胡萝卜素7.06mg、维生素B_2 0.63mg、维生素C 175mg、钾20.5mg、钠0.73mg、钙12.8mg、镁4.15mg、磷3.30mg、铁170μg、锰28μg、锌30μg、铜11μg。

食部沸水中焯1min，换凉水中浸泡2～4h，炒食、蘸酱、做汤。

17. 朝天委陵菜 Potentilla supina Linn.（蔷薇科 Rosaceae）

春季采嫩苗，鲜用、盐渍；晚秋挖根，鲜用、干制。

每100g嫩茎叶含胡萝卜素4.88mg、维生素B_2 0.74mg、维生素C 340mg、钾25.8mg、

钠0.37mg、钙12. mg、镁4.01mg、磷546mg、铁170g、锰42g、锌64g、铜11g。每100g块根含水分8g、蛋白质12.6g、脂肪1.4g、碳水化合物73g、热量1485.3k、粗纤维3.2g、灰分3.0g、钙123mg、磷334mg、铁24.2mg、胡萝卜素0.64mg、硫胺素0.06mg、烟酸3.3mg。

沸水焯过，换凉水浸泡过夜，蘸酱、炒食；块根蒸食、煮粥、炖食。

18. 地榆 Sanguisorba officinalis Linn.（蔷薇科 Rosaceae）

春、夏季采收嫩叶，开水浸烫后，换清水浸去苦味，可炒食。

每100g嫩茎叶含粗蛋白4.19g、粗脂肪1.11g、粗纤维1.82g、碳水化合物0.67g、灰分2.27g、胡萝卜素8.30mg、维生素B_2 0.72mg、维生素 C 229mg、钾18.6mg、钙14.6mg、镁4.52mg、磷2.16mg、钠0.7mg、铁116μg、锰46μg、锌25μg、铜9μg。

食部沸水焯过，换凉水中浸泡过夜，炒食。

19. 鸡眼草 Kummerowia striata (Thunb.) Schindl.（豆科 Leguminosae）

春季采嫩茎叶，鲜用、焯一下干制；秋季采收种子，晾干。

每100g嫩茎叶含水分67g、热量372.4kJ、蛋白质6.1g、脂肪1.4g、粗纤维10.5g、碳水化合物13g、灰分1.9g、胡萝卜素12.60mg、维生素B_2 0.80mg、维生素 C 270mg。

食部沸水焯过，换凉水中浸泡1～2天，炒食、做汤、干菜和面蒸食；种子捣碎，用水浸泡3～5天，煮粥、做饭或磨面。

20. 堇菜（如意草）Viola arcuata Blume（堇菜科 Violaceae）

苗、嫩茎叶可作野菜。

100g鲜茎叶含胡萝卜素5.29mg、维生素B_2 0.32mg、维生素 C 28.1mg。

采后用开水烫，再换清水漂洗一下即可炒食。口感好，营养丰富。

21. 野菱 Trapa natans Linn. var. pumila Nakano ex Verdcourt（菱科 Trapaceae）

秋季采收成熟果实，煮食、晒干。

每100g鲜品含水分69.2g、蛋白质3.6g、脂肪0.5g、粗纤维1.0g、碳水化合物24g、灰分1.7g、钙1.7mg、磷49mg、铁0.7mg、胡萝卜素0.0mg、硫胺素0.23mg、维生素B_2 0.05mg、烟酸1.9mg、维生素 C 5mg。

煮熟后去皮即可食，晒干的果实去皮后磨粉用。

22. 水芹（水芹菜）Oenanthe javanica (Bl.) DC.（伞形科 Umbelliferae）

春季、夏季采嫩苗、嫩茎叶，鲜用、盐渍。

每100g嫩茎叶含水分87g、热量120.97kJ、蛋白质2.5g、脂肪0.6g、碳水化合物4.0g、粗纤维3.8g、灰分22g、胡萝卜素4.28mg、维生素B_2 0.3mg、烟酸1.1mg、维生素 C 39mg。全草含挥发油，主要有 α - 和 β - 蒎烯、月桂烯、异松油烯等。

食部沸水焯过，投凉，凉拌、炖食、做汤、做馅、蘸酱。水芹为高产的野生水生蔬菜，以嫩茎和叶柄炒食，其味鲜美，水芹盛产期在春节前后，正值冬季缺菜季节。

23. 变豆菜 Sanicula chinensis Bunge（伞形科 Umbelliferae）

春季采嫩苗，鲜用、盐渍。

每100g嫩茎叶含胡萝卜素5.14mg、维生素$B_2$0.46mg、维生素C 33mg、钾332mg、钠0.2mg、钙30.9mg、镁4.94mg、磷2.05mg、铁101μg、锰277μg、锌29μg、铜14μg。

食部沸水焯过，换凉水浸泡过夜，炒食、蘸酱、凉拌、腌制。

24. 珍珠菜 Lysimachia clethroides Duby（报春花科 Primulaceae）

春季采嫩苗、嫩茎叶，鲜用。

珍珠菜营养丰富，极具开发价值。每100g珍珠菜嫩叶中含水分82.83g、维生素C 27.74mg、钾720.0mg、钠1.36mg、钙238.8mg、镁94.36mg、磷49.76mg、铜0.275mg、铁5.25mg、锌1.01mg、锰1.338mg、锶1.079mg。

全年可采摘嫩梢、嫩叶食用。可食部分含高钾低钠，各矿物质元素丰富，且是少病虫危害的佳菜良药。食部沸水焯1min，换凉水浸泡4h，炒食、凉拌或做汤，是潮州菜式中的必需品之一。

25. 打碗花 Calystegia hederacea Wall. ex Roxb.（旋花科 Convolvulaceae）

春季采嫩苗，鲜用、盐渍；春季或秋季挖根状茎，鲜用、盐渍。

每100g嫩茎叶含水分79g、脂肪0.5g、粗纤维3.1g、碳水化合物5g、灰分3.1g、胡萝卜素5.28mg、维生素$B_2$0.59mg、硫胺素0.02mg、维生素C 54mg、烟酸2.0mg、钙422mg、铁10mg、磷40mg。根状茎含淀粉17%。

沸水焯过，换凉水浸泡过夜，炒食、做汤；根状茎直接蒸食、腌制咸菜、沸水焯后凉拌。

26. 硬毛地笋 Lycopus lucidus Turcz. var. **hirtus** Regel（唇形科 Labiatae）

早春采嫩苗、嫩茎叶，早春或仲秋采挖根状茎，鲜用、盐渍。南方每年可收割2～3次。

每100g嫩叶含水分79g、热量251.04kJ、蛋白质43g、脂肪0.7g、粗纤维47g、碳水化合物9g、灰分2.3g、胡萝卜素6.33mg、维生素$B_2$0.23mg、硫胺素0.04mg、维生素C 7mg、钙207mg、铁4.4mg，磷62mg。

沸水焯过，投凉，凉拌、炒食；腌制咸菜、酱菜。

27. 薄荷 Mentha canadensis Linn.（唇形科 Labiatae）

春季采嫩苗、嫩梢，鲜用、盐渍、干制。

每100g嫩茎叶含胡萝卜素1.44mg、维生素$B_2$0.09mg、维生素C 46mg。每100g干品含钾31.2mg、钠0.45mg、钙10.5mg、镁4.74mg、磷2.83mg、铁156μg、锰52μg、锌38μg、铜12μg。新鲜叶含挥发油0.8%～1%，干茎叶含1.3%～2%。油中主要成分为薄荷醇（77%～78%），其次为薄荷酮（8%～12%）。

沸水焯过，换凉水浸泡2～4h，炒食、凉拌、做汤；直接切碎作凉菜、火锅等调味料。

28. 紫苏 Perilla frutescens (Linn.) Britt.（唇形科 Labiatae）

紫苏的茎、叶、种子均有很高的营养价值。每100g幼嫩茎叶中含蛋白质3.8g、脂肪1.3g、碳水化合物6.4g、粗纤维1.5g、胡萝卜素9.09mg、维生素 B_1 0.02mg、维生素 B_2 0.35mg、烟酸1.3mg、维生素C 47mg、钙3mg、磷44mg、铁23mg。每100g种子含有胡萝卜素28.87mg、维生素E 0.422mg、维生素 B_1 0.90mg、维生素 B_2 0.25mg。

紫苏的嫩茎叶和种子均可食用。新鲜紫苏叶可用开水冲后作饮料，可防暑解毒；嫩茎叶可炒食、凉拌或做汤，也可作调味品；种子炒熟，研成粉末，可作香料。

29. 枸杞 Lycium chinense Mill.（茄科 Solanaceae）

可随时采收嫩茎叶、嫩梢，秋季经霜前采叶，鲜用、盐渍。

每100g嫩芽含胡萝卜素5.9mg、硫胺素0.21mg、维生素C 69mg；每1g含钙1490μg、镁3970μg、锌679μg、铜14.83μg、铁349.81μg。

春季采嫩叶，开水烫后炒食。7—10月果熟时采摘，先置阴凉处，晾至皮皱后，再曝晒至干。根皮全年可采，但在清明节前采收，其皮质厚且易剥离，剥后晒干即可。

30. 车前草 Plantago asiatica Linn.（车前草科 Plantaginaceae）

春季时采嫩苗，鲜用、干制。

每100g嫩茎叶含蛋白质4g、脂肪1g、碳水化合物10g、粗纤维3.3g、胡萝卜素5.85mg、硫胺素0.09mg、维生素 B_2 0.25μg、维生素C 23mg、钙309mg、磷175mg、铁25.3mg。

沸水焯过，换凉水浸泡并揉搓，去其苦味，炒食、蘸酱、凉拌、做汤、做馅、和面油炸。

31. 败酱（黄花败酱）**Patrinia scabiosifolia** Link（败酱科 Valerianaceae）

春季时采嫩苗，鲜用、干制。

每100g嫩茎叶含水分79g、胡萝卜素4.5mg、维生素 B_2 0.18g、维生素C 74g。

沸水焯过，换凉水浸泡去苦味，炒食、做馅、和面蒸食。

32. 轮叶沙参 Adenophora tetraphylla (Thunb.) Fisch.（桔梗科 Campanulaceae）

春季采嫩茎叶，鲜用、盐渍；秋季挖根，盐渍、撕成条干制。

每100g根含蛋白质0.8g、脂肪1.6g、粗纤维5.4g、碳水化合物16g，胡萝卜素5.87mg、烟酸27mg、维生素C 104mg、钙585mg、磷180mg。根含三萜皂苷、生物碱、黄酮类、鞣质等，还含沙参皂苷、胡萝卜苷、β-谷甾醇、二十八烷酸、蒲公英萜酮、菊糖、淀粉、不饱和脂肪酸等。

沸水焯过，投凉，蘸酱、炒食、腌制咸菜；根洗净后去外皮，撕成条，凉拌、炒食、腌制酱菜。

33. 羊乳 Codonopsis lanceolata (Sieb. et Zucc.) Trautv.（桔梗科 Campanulaceae）

春、夏季采嫩苗，鲜用、盐渍；秋季挖根，鲜用、盐渍、撕成条干制。

每100g嫩茎叶含胡萝卜素14.40g、维生素 B_2 0.49mg、维生素C 59mg、钾23.7mg、钠0.72mg、钙32.4mg、镁352mg、磷1.37mg、铁91μg、锰154μg、锌30μg、铜91μg。

用水烫煮几分钟，再换清水浸泡数小时后做菜。根部可于春或晚秋挖掘，洗净泥土，用开水烫煮后，切成条，换清水浸泡漂洗后，炒菜，味美可口。药用则洗净泥土，整根晒干即可。

34. 牛蒡 Arctium lappa Linn.（菊科 Compositae）

春季采嫩茎叶，鲜用、盐渍；秋季挖根，鲜用、盐渍。

每100g鲜根含水分90.1g、蛋白质4.1g、脂肪0.1g、粗纤维1.5g、碳水化合物3.5g、灰分0.7g、硫胺素0.03mg、维生素 B_2 0.50mg、钙2mg、铁2mg、磷11mg。每100g鲜嫩叶含热量159kJ、水分87g、蛋白质4.7g、脂肪0.8g、粗纤维2.4g、碳水化合物3g、灰分2.4g、胡萝卜素390mg、硫胺素0.02mg、维生素 B_2 0.29mg、烟酸1.1mg、维生素 C 25mg、钙242mg、铁7.6mg、磷61mg。

嫩茎叶沸水焯过，换凉水浸泡1～2h，炒食、腌制咸菜；根直接浸泡后炒食、腌制咸菜。

35. 牡蒿 Artemisia japonica Thunb.（菊科 Compositae）

嫩苗、茎尖可作野菜。全株可提取芳香油。

每100g鲜嫩茎叶含胡萝卜素5.14mg、维生素 B_2 1.07mg、维生素 C 52mg。

春、夏、秋三季均可采摘，先用沸水过，再换清水漂洗，减除蒿味后，炒菜或做馅均可。浙江常用其做清明果。

36. 马兰 Aster indicus Linn.（菊科 Compositae）

春季采嫩苗，鲜用、盐渍。

每100g嫩苗含胡萝卜素3.32mg、维生素 C 46mg、维生素 B_2 0.05mg、钾36.4mg、钙8.9mg、镁3.40mg、磷3.88mg、钠0.5mg、铁370g、锰65g、锌45g、铜14g。

沸水焯过，换凉水浸泡过夜，凉拌、蘸酱、炒食、做汤。

37. 东风菜 Aster scaber Thunb.（菊科 Compositae）

采嫩苗、嫩茎叶，鲜用、盐渍、速冻保鲜。

每100g嫩茎叶含水分76g、粗蛋白267g、粗纤维2.75g、胡萝卜素4.69mg、维生素 C 0.28mg、烟酸0.8mg。

沸水焯后，换凉水泡12～24h，炒食、做汤、蘸酱、腌咸菜。

38. 野菊 Chrysanthemum indicum Linn.（菊科 Compositae）

春、夏季采嫩茎叶，秋季采花序，鲜用、盐渍、干制。

每100g嫩茎叶含水分85.0g、蛋白质3.0g、脂肪0.5g、碳水化合物6.0g、热量117.54kJ、粗纤维3.4g、灰分2.7g、钙178mg、磷41mg。

茎叶沸水焯过，投凉，炝拌、炒食做汤、煮粥；花炝拌、炒食、做汤、做配料、泡茶。

39. 刺儿菜 Cirsium setosum (Willd.) M. Bieb.（菊科 Compositae）

春季采嫩苗，夏季采嫩茎叶，鲜用、盐渍。

每100g嫩叶热量159.1kJ，含水分87g、蛋白质4.5g、脂肪0.4g、碳水化合物4g、粗纤维1.8g、灰分2.2g、胡萝卜素5.99mg、维生素$B_2$0.3mg、维生素C 4g、烟酸2.2g、硫胺素0.04mg、钙254mg、磷40mg、铁19.8mg。

直接炒食、炖食、氽汤；或沸水焯过，投凉，凉拌、炒食、做馅、做汤、煮菜粥。

40. 野茼蒿 Crassocephalum crepidioides (Benth.) S. Moore（菊科 Compositae）

开花前采收嫩茎叶。

每100g可食部分含蛋白质4.5g、胡萝卜素3.6mg、维生素C 56mg及钾、铁、锰等矿物质。

野茼蒿嫩茎叶柔软而多汁，味似茼蒿。全株可食，嫩茎叶可炒食、做汤或做火锅料，垂颈花蕾可调面粉油炸，肉质茎撕皮后，可炒食、做汤或腌渍凉拌。

41. 一点红 Emilia sonchifolia (Linn.) DC.（菊科 Compositae）

开花前采收嫩茎叶。

每100g食用部分含蛋白质2.36g、脂肪0.26g、总酸0.11g、粗纤维0.74g、干物质7.5g、还原糖0.44g、维生素C 10.0mg、氨基酸2.21mg、铁1.63mg、钙97.30mg、锌0.2mg。

一点红常作野菜，以嫩梢嫩叶为主，可炒食、做汤或作火锅料，质地爽脆，类似茼蒿的品味。

42. 翅果菊 Lactuca indica Linn.（菊科 Compositae）

采嫩苗（去根）、嫩叶，鲜用、盐渍。药用时，当心叶与外叶生长相平或现蕾以前采收，鲜用。

每100g嫩苗、嫩叶含胡萝卜素4.88mg、维生素$B_2$0.63mg、维生素C 29mg、钾32.8mg、钙15.8mg、镁4.12mg、磷2.10mg、钠0.40mg、铁108μg、锰77μg、锌39μg、铜14μg。

春、夏季采嫩苗或嫩茎尖，用开水烫后，稍加漂洗即可炒食或做馅，或掺入面中蒸食。

43. 苦苣菜 Sonchus oleraceus Linn.（菊科 Compositae）

嫩苗、嫩茎叶作蔬菜。采摘尚带紫色的嫩苗、嫩茎叶，鲜用、盐渍、焯一下干制。

100g嫩茎叶含胡萝卜素3.2mg、维生素$B_2$0.53mg、维生素C 88mg、钾37.60mg、钙17.20mg、镁4.60mg、磷2.60mg、钠0.81mg、铁124g、锰63g、锌34g、铜10μg。

早春采幼苗，夏秋亦可摘嫩茎叶，在开水中烫一会儿，再换清水漂洗，除去苦味，炒食或凉拌、炒菜、做汤、油炸。

44. 南方兔儿伞 Syneilesis australis Ling（菊科 Compositae）

春季采嫩苗、嫩叶，鲜用、盐渍。

每100g嫩叶含水分78g、胡萝卜素3.39mg、维生素$B_2$0.24mg、维生素C 30mg。

沸水焯过，投凉，炒食、做汤。

45. 蒲公英（蒙古蒲公英）**Taraxacum mongolicum** Hand.-Mazz.（菊科 Compositae）

嫩叶可作野菜。春季、夏初采嫩苗，鲜用、盐渍、焯一下干制。夏、秋季采花序，鲜用、干制。

每100g蒲公英嫩叶含水分84g、蛋白质4.8g、脂肪1.1g、碳水化合物5g（中性糖占干重30%～50%）、热量204.8kJ、粗纤维2.1g、灰分3.1g、钙216mg、磷93mg、铁12.4mg、维生素$B_2$0.39mg、烟酸1.9mg、维生素C 47mg，胡萝卜素7.08mg、硫胺素0.04mg、多种氨基酸及其他微量元素。

采摘嫩苗、叶，用开水烫一会儿，换清水漂洗，除去苦味后炒菜、凉拌、炖食、做汤，或直接洗净蘸酱，加糖、米醋凉拌。

46. 鸭跖草 Commelina communis Linn.（鸭跖草科 Commelinaceae）

采嫩苗、嫩茎叶，鲜用、盐渍、干制。药用时，8月开花盛期割取地上部分，去杂质，切段、晒干或鲜用。

每100g嫩茎叶含水分89g、粗蛋白2.8g、粗脂肪0.3g、碳水化合物5g、热量138.07kJ、粗纤维1.2g、灰分2.2g、钙206mg、磷39mg、铁5.4mg、胡萝卜素4.19mg、硫胺素0.03mg、维生素$B_2$0.29mg、烟酸0.9mg、维生素C 87mg。

直接腌渍成咸菜、炒食或凉拌，味清香。

47. 薤白 Allium macrostemon Bunge（百合科 Liliaceae）

生长季内均可采挖鳞茎，鲜用、盐渍、编辫干制。药用时，5—6月倒苗时采挖，除去叶苗和须根，洗净，用开水烫至透心或蒸至上气后，晒干或烘干。

每100g全株含热量506.5kJ、水分86g、蛋白质3.4g、脂肪0.4g、粗纤维0.9g、碳水化合物26g、灰分1.1g、胡萝卜素0.09mg、硫胺素0.08mg、维生素$B_2$0.14mg、烟酸0mg、维生素C 36mg、钙100mg、铁4.6mg、磷53mg。

蘸酱生食、炒食、做汤、做馅、做调味配料；腌渍咸菜。

48. 多花黄精 Polygonatum cyrtonema Hua（百合科 Liliaceae）

春、秋季采挖根状茎，洗净，切碎，浸泡2天，晾干，粉碎，过筛，制成干粉。

每100g根状茎含碳水化合物20g、蛋白质8.4g，另含若干甾体皂苷，黄精苷A、B，黄精多糖A、B、C，黄精低聚糖A、B、C等。

干粉掺入面粉，制作食品。

49. 玉竹 Polygonatum odoratum (Mill.) Druce（百合科 Liliaceae）

春季采嫩苗，鲜用、盐渍；秋季采挖根状茎，酱渍、干制。

每100g嫩苗含胡萝卜素5.40mg、维生素$B_2$0.19mg、维生素C 133ng、钾23mg、磷3.93mg、钠0.34mg、钙6.6mg、镁2.61mg、铁108g、锰87g、锌38g、铜7g。根状茎含玉竹黏多糖。

沸水焯过，凉拌、炒食、做汤；根状茎去须后蒸食、炒食、油炸、炖食。

50. 牛尾菜 Smilax riparia A. DC.（百合科 Liliaceae）

采尚未展叶的幼芽、柔嫩的顶梢，鲜用、盐渍。药用时，夏、秋季采收，鲜用或晒干。

每100g嫩茎叶含蛋白质19.72g、硫胺素0.558mg、维生素B$_2$ 1.627mg、维生素 C 37.62mg、钙59mg、磷66mg、铁6.4mg、锌0.9mg。

沸水焯过，换凉水浸泡1～2h，蘸酱、凉拌、炒食；做什锦咸菜。

除上述重要野生蔬菜外，被子植物中还有黄独 *Dioscorea bulbifera* Linn（薯蓣科 Dioscoreaceae）、油点草 *Tricyrtis macropoda* Miq（百合科 Liliaceae）、凤眼莲（水葫芦、凤眼蓝）*Eichhornia crassipes* (Mart.) Solms（雨久花科 Pontederiaceae）、饭包草 *Commelina benghalensis* Linn（鸭跖草科 Commelinaceae）、芋 *Colocasia esculenta* (Linn.) Schott（天南星科 Araceae）、斑茅 *Saccharum arundinaceum* Retz（禾本科 Gramineae）、水筛 *Blyxa japonica* (Miq.) Maxim. ex Asch. et Gürk（水鳖科 Hydrocharitaceae）、菹草 *Potamogeton crispus* Linn（眼子菜科 Potamogetonaceae）等也可作为野生蔬菜。

第十一节　食用竹资源

一、概述

竹子是禾本科竹亚科植物的统称，全球约有135属1500余种。通常竹子根据用途不同，大致分为观赏竹、建材用竹和食用竹等。食用竹主要是刚竹属 *Phyllostachys* Sieb. et Zucc.，该属几乎所有的种的笋均可食用，只是口感有差异，如毛竹 *Phyllostachys edulis*（Carr.）J. Houz.、红哺鸡竹（红竹）*Phyllostachys iridescens* C. Y. Yao et S. Y. Chen 等；其他属只有部分或个别种可食用，如簕竹属 *Bambusa* Schreb. 的绿竹 *Bambusa oldhamii* Munro、青皮竹 *Bambusa textilis* McClure，方竹属 *Chimonobambusa* Makino 的方竹 *Chimonobambusa quadrangularis* (Fenzi) Makino，少穗竹属 *Oligostachyum* C. P. Wang et G. H. Ye 的四季竹 *Oligostachyum lubricum* (Wen) Keng f.、肿节少穗竹（肿节竹）*Oligostachyum oedogonatum* (Z. P. Wang et G. H. Ye) Q. F. Zhang et K. F. Huang 和糙花少穗竹（小黄苦竹）*Oligostachyum scabriflorum* (McClure) Z. P. Wang et G. H. Ye，慈竹属 *Neosinocalamus* Keng f. 的吊丝球竹 *Neosinocalamus beecheyanus* (Munro) Keng f. et Wen，苦竹属 *Pleioblastus* Nakai 的华丝竹 *Pleioblastus intermedius* S. Y. Chen。竹笋为竹的幼芽，是人们最常食用的部分之一，其味香质脆，食用和栽培历史极为悠久。竹笋滋味鲜美，营养丰富，不仅含有纤维和糖类等碳水化合物，而且含有维生素、矿物质和蛋白质。特别可贵的是，所含蛋白质中有10多种氨基酸，其中对人体所必需的赖氨酸、色氨酸、苯丙氨酸、亮氨酸、异亮氨酸、蛋氨酸、缬氨酸、苏氨酸等8种氨基酸含量较多，堪称优良的保健蔬菜。竹笋含有大量水解氨基酸。氨基酸是笋体主要的呈味物质。游离谷氨酸及天冬氨酸在pH

6～7范围内具有鲜味，其含量越高，笋越鲜。竹笋不仅仅是鲜食的蔬菜，其加工而成的各种食品也不胜枚举，如竹笋干、玉兰片、笋豆、天目笋干、笋衣等。

竹笋的加工方法主要有5种，分别是清水竹笋、调味竹笋、研制竹笋、干制竹笋、笋汁饮料。具体加工工艺如下。

①**清水竹笋**。清水竹笋的大量生产始于20世纪80年代，产品以9L、18L清水竹笋罐头为主，主要出口到日本。近些年，150～500g装的真空小包装水煮笋受到消费者青睐。清水竹笋罐头加工过程一般分为：原料验收→预煮→冷却→剥壳→整形→分级→过磅、装罐→调整pH→杀菌、封口→冷却→入库、储存。

原料验收。竹笋要求新鲜，从挖掘到蒸煮不超过12h；按大、中、小进行分级，除去有虫笋、变质笋等不合格笋，并及时分装到指定的蒸煮筐内，以待预煮。

预煮、冷却。笋原料按大、中、小分别进行预煮，采取汽蒸或水煮两种方法。时间：大笋60min左右；中笋55min左右；小笋50min左右。不能过生，更不能过熟。预煮后的原料马上用流动水冷却，让笋体快速冷透，直至达到常温。

剥壳。将老根切去，去掉外皮，在尖部留1/3的嫩皮。用弹弓将笋衣弹干净，清洗竹笋，及时浸入清水里。

整形、分级。根据笋的形状、根部直径等，按照各等级要求进行整形细分。将形状、色泽和大小一致的笋放入同一容器内。

过磅、装罐。空罐用热水清洗消毒，冲洗干净。每罐固形物不得少于11kg，把挑选过磅好的笋小心放入罐内，注满清水。把等级规格、生产日期、工厂代号、个数写在罐头上。

调整pH。根据气温、水温的变化，按照工艺要求认真做好pH检测，及时调整换水次数及漂洗时间，当pH达到工艺要求时，及时换水杀菌。（高pH：4.7左右；常规：4.3左右。）

杀菌、封口。最后一次换水后，尽快进行杀菌。杀菌温度≥100℃；杀菌时间≥120min。消毒、杀菌后进行"十"字形封口，确保封口严密。

冷却：水煮笋经自然冷却后，再涂上食用白蜡油，用油布擦干，准备进仓库。

入库、储存。pH 4.2～4.7水煮笋：按规格、等级、生产日期分别堆放配置垫仓板，并留有通道，以便敲罐检查。pH 4.8～5.3水煮笋：自然冷却后的高pH水煮笋及时进冷库，按规格、等级、生产日期分别堆放，并配置垫仓板，冷库温度保持在1～5℃。

②**调味竹笋**。随着生活水平的提高，软包装调味竹笋等因食用方便、健康美味而备受消费者青睐，许多生产厂家研发出了油焖笋、辣味笋、玉笋片、酱丁笋、笋茸等方便产品。调味竹笋的加工工艺一般为：原料→修整、清洗→切分→蒸煮、护色→冷却→沥干→调味→装袋、封口→杀菌。

③**腌制竹笋**。竹笋腌制是利用食盐的高渗透压作用、微生物的发酵作用、蛋白质的分解作用等，抑制有害微生物的活动，赋予产品特有的风味。竹笋腌制有非发酵型腌制和发酵型腌制。非发酵型腌制品因食盐或其他腌制材料的用量很高，在腌制过程中完全抑制微生物的乳酸发酵作用；发酵型腌制品则添加少量食盐、香辛料等腌制材料，在腌

制过程中通过发酵作用增加竹笋的风味，发酵时产生的乳酸与加入的食盐和香辛料起到防腐作用。

④干制竹笋。干制竹笋又叫笋干。笋干是以新鲜竹笋为原料，经预处理、盐腌发酵后干燥或不经盐腌发酵直接干燥而成的，干制使竹笋制品具有良好的保藏性。传统工艺生产的笋干在储藏过程中容易发生褐变，影响外观，因此熏制过程常使用硫制剂作为护色剂，导致产品中硫含量超标，有害健康。

⑤笋汁饮料。竹笋性甘、微寒，能清热祛痰、解毒、利尿，可制作笋汁饮料。竹笋的下脚料营养价值很高，通过破碎、榨汁等，所得的笋汁可加工成饮料。笋煮液成分与鲜竹笋汁相近，可作为笋汁饮料生产原料，为变废为宝、综合利用开辟了新途径。因此，笋汁饮料的研发大大提高了竹笋综合利用率。

早期雷竹笋、毛竹冬笋在自然常温下，可存放3～4天或一周；中晚期哺鸡竹笋一般只能存放1～2天；夏秋季，竹笋一般存放超过1天时，会发黄、变味、老化。因此，竹笋的保鲜与储存至关重要。

乌岩岭自然保护区维管束植物中有食用竹类5属18种1变种，主要是刚竹属12种1变种，此外，绿竹属2种，方竹属1种，少穗竹属1种，苦竹属2种。

二、主要食用竹资源列举

1. 绿竹 Bambusa oldhamii Munro（竹亚科 Bambusoideae）

绿竹因竹身全绿而得名，别名马蹄竹。秆高6～9m，胸径5～8cm。箨鞘黄绿色，质地硬脆，背面贴生棕色细毛，以后则无毛而具光泽；箨耳微小，鞘口纤毛纤细；箨舌矮，高约1mm，顶端截平，边缘全缘；箨叶直立，三角形或长三角形，基部与鞘口等宽，背面无毛，腹部粗糙。绿竹笋形状弯曲，呈纺锤状，笋节靠母竹者向内较短，背向母竹者较长，切割处为一平面，像马蹄，故又名"马蹄笋"。笋长约25cm，基径8cm，单株重250～500g。笋肉质柔软、脆嫩、纤维少，味甚鲜美。节腔分化不明显，近实心。6月为收获初期，7—8月为盛收期，9月为收获末期，采收期比麻竹略短。一般亩产竹笋500～600kg，最高可达1000kg，为优良的鲜食夏秋笋。

绿竹笋含水率90.84%，蛋白质含量1.90%，粗纤维含量0.77%，灰分含量0.76%，脂肪含量0.34%，总糖含量1.81%，可溶性糖含量1.22%，磷含量54mg/100g，铁含量0.7mg/100g，钙含量7.9mg/100g。

2. 方竹 Chimonobambusa quadrangularis (Fenzi) Makino（竹亚科 Bambusoideae）

别名四方竹。秆高3～8m，胸径1～4cm，小型竹。基部竹秆略呈方形，故名方竹。秆表面有小疣状凸起，秆环隆起，箨环初时具小刺毛，基部数节有刺状气根围成环状。秆箨厚纸质至革质，无毛，边缘有纤毛，背面具多数紫色小斑点，每节分枝初为3枚，以后增多成为簇生。适度采收笋长30cm，基径2～3cm，单株笋重50～100g。笋味可口，可鲜食或加工笋干。笋期7—10月，为秋季出笋竹种，每亩产竹笋200～300kg，最高可达350kg。以观赏为主。

3. 四季竹 Oligostachyum lubricum (Wen) Keng f.（竹亚科 Bambusoideae）

又名浙东四季竹。秆高3~5m，胸径1~2cm，节间长35cm，小型竹，无白粉。笋箨淡紫色，疏生白色至淡黄色脱落性刺毛，边缘具纤毛；箨耳紫色，具粗直缘毛；箨叶绿色，阔披针形，秆密生，不具沟槽，3分枝，中间分枝粗于其余2分枝，以后可长出成4~5枝。小枝具叶3~4枚。叶耳紫色易落。适度采收笋长30~35cm，基径1~2cm，单枝笋重50g左右。笋期为5—10月。每亩产竹笋250~500kg，最高可达750kg。浙江、江西、福建等有分布，以自然分布为主。笋味可口，由于在夏、秋季出笋，较耐寒，虽竹笋较细小，笋味可口，但具有较大的开发利用价值。

四季竹笋含水率91.35%，粗纤维含量2.60%，灰分含量0.784%，蛋白质含量1.584%，粗脂肪含量0.591%。

4. 毛竹 Phyllostachys edulis (Carr.) J. Houz.（竹亚科 Bambusoideae）

秆高6~15m，胸径6~15cm，为大型竹。江南于3月下旬开始产春笋，盛期在4月，可持续产笋到5月下旬。笋尖刚露出土面时挖取的春笋成圆锥形，笋壳底色淡黄，有淡紫褐色小斑点，密被淡棕色毛，单个重1~2kg，品质最好。笋体露出土面后，笋壳色泽转变成底色褐紫，有黑褐色大斑块及斑点，壳表面密被棕色小刺毛，通常称为"毛笋"，这时笋体呈长圆锥形到圆柱形，单个重2~3kg，大的5kg以上。冬季可从土中挖取冬笋，呈淡黄色，被浅棕色毛，笋体略呈纺锤形，单个重250~753g，质嫩，味极鲜美。夏秋间可采掘鞭笋，笋壳淡黄色，被浅棕色毛，笋体细长，顶端尖锐，单个重100~200g。精细培育的笋用林每亩产春笋750~1000kg，最高可达2500kg。毛竹春有毛笋，夏秋有鞭笋，冬有冬笋，一年四季有笋。冬笋和春笋鲜品以及由春笋制成的玉兰片、盐渍笋、缩头笋、干菜笋等，除供国内消费外，还可出口外销。

毛笋含水率91.60%，粗纤维含量2.60%，灰分含量0.93%，蛋白质含量3.62%，还原糖含量1.30%。

5. 水竹 Phyllostachys heteroclada Oliv.（竹亚科 Bambusoideae）

别名水胖竹。秆高3~6m，胸径1~4cm，节内宽约6mm，小型竹。新秆有蜡质白粉和疏生毛，秆环略平。箨鞘绿色，无斑点，两边带褐黄色，边缘具整齐的灰色繸毛；箨耳小型但明显可见；箨叶窄三角形，绿色，边缘紫色，直立，舟状；箨舌宽短，先端平截或微拱。笋呈棒状，个体细小，先端渐小，长约30cm，基径1.5~2cm，单株重50~60g。质脆味鲜，蛋白质与磷含量高。含水分中等，风味绝佳。4月底5月初为收获初期，5月上、中旬为盛期，5月中、下旬为末期，历时约40天。鲜笋可储藏3~4天。一般每亩产竹笋175kg，最高可达250kg。

水竹竹笋含水率90.64%，蛋白质含量4.04%，粗纤维含量0.71%，灰分含量1.21%，脂肪含量0.62%，总糖含量1.32%，可溶性糖含量0.36%，磷含量92mg/100g，铁含量1.0mg/100g，钙含量15.3mg/100g。

水竹竹笋含有丰富的蛋白质和无机元素，其中蛋白质含量为4.00%左右，是毛竹笋的近2倍。无机元素的含量为1.12%～1.21%，较毛竹等竹笋都要高，其中，磷的含量为920mg/kg，是近30种竹笋中含量最高的。水竹竹笋是一种富磷蔬菜。

竹笋含有大量水解氨基酸，其含量为7.957mg/g。氨基酸是笋体主要呈味物质，游离谷氨酸及天冬氨酸在pH 6～7范围内具有鲜味，水竹竹笋中天冬氨酸和谷氨酸的含量分别为0.573mg/kg和0.511mg/kg，显著高于毛竹冬笋的含量。可溶性糖的含量达0.36%，是竹笋味鲜的又一原因。

6. 红哺鸡竹（红竹）Phyllostachys iridescens C. Y. Yao et S. Y. Chen（竹亚科 Bambusoideae）

别名红壳竹、红竹。箨鞘紫红色，边缘及顶部颜色尤深，具紫黑色斑点，光滑无毛，疏被白粉；无箨耳及毛；箨舌发达紫黑色；箨叶为颜色鲜艳的彩带状，边缘橘黄色，中间绿紫色，反转略皱褶。秆基部节间常具淡黄色纵条纹，秆环和箨环中度缓隆起。秆高8～12m，胸径8～9cm。笋先端较尖，适度采收长度30～35cm，基径4～5cm，单株笋重250～300g。笋肉白至黄白色，笋壁厚0.9cm。质脆味甜。4月中旬为收获初期，4月中、下旬为盛期，5月上旬为收获末期，历时25～30天。每亩产竹笋500～750kg，最高达1500kg。

红哺鸡竹竹笋含水率90.49%，粗纤维含量2.60%，灰分含量0.95%，蛋白质含量2.65%，脂肪含量4.5%，总糖含量2.76%，可溶性糖含量1.73%，磷含量66mg/100g，铁含量0.8mg/100g，钙含量9.7mg/100g。

7. 光箨篌竹 Phyllostachys nidularia Munro f. glabrovagina (McClure) Wen（竹亚科 Bambusoideae）

秆高4～8m，胸径2～3cm，小型竹，秆环显著隆起，二环先端细尖。小枝常仅有叶片1枚（初2～3枚，很快脱落），叶片先端常反转呈钩状。箨鞘淡黄绿色，具淡色条纹，浓被白粉，基部具丛状密生的刺毛；箨叶三角形，直立，形似枪矛，故名枪刀竹，基部两侧延伸成独特的大箨耳，紧抱竹秆；箨舌短，先端凸或截平。适度采收笋长度约30cm，基径2～3cm，单株重50～60g。笋肉白色，味甚美。笋壁厚0.2cm。4月上、中旬为收获初期，4月中、下旬为盛期，5月上、中旬为末期，历时30天左右。每亩产竹笋150～200kg，高的可达300～350kg。

笋含水率91.8%，粗纤维含量0.55%，灰分含量0.82%，蛋白质含量1.91%，脂肪含量0.58%，还原糖含量1.62%。

8. 灰竹（石竹）Phyllostachys nuda McClure（竹亚科 Bambusoideae）

别名灰竹、笋干竹。秆高5～10m，胸径2～4cm，新秆在节下具一浓厚白粉圈，秆环显著隆起而高于箨环，部分秆基部呈"之"字形曲折。箨鞘淡红褐色，部分笋具明显的颜色条纹，密被白粉，下部箨鞘密被斑块；无箨耳和肩毛；箨舌发达，先端平截。灰竹普遍处于野生状态。笋较细长，适度采收长度35cm，基径2～3cm，单株重

50～100g。4月中旬为收获初期，5月上、中旬为盛期，5月底为末期，历时约40天。每亩产竹笋达150～200kg，最高可达500kg。笋壳薄，肉厚，是加工天目笋干的最佳原料。

灰竹竹笋含水率98.46%，蛋白质含量2.97%，粗纤维含量0.88%，灰分含量1.00%，脂肪含量0.60%，总糖含量3.51%，可溶性糖含量2.11%，磷含量74mg/100g，铁含量1.1mg/100g，钙含量19.4mg/100g。

9. 刚竹 Phyllostachys sulphurea (Carr.) Riv. et C. Riv. var. **viridis** R. A. Young（竹亚科 Bambusoideae）

别名光竹、广竹、柄竹。秆高6～10m，胸径5～8cm，分枝以下仅具箨环。箨鞘呈黄色，具绿纵纹及不规则的淡棕色斑点，无毛；无箨耳及鞘口繸毛；箨舌显著，先端截平，边缘具粗须毛；箨叶细长，呈带状，其基部宽为箨舌的2/3，反转，下垂，微皱，绿色，边缘肉红色。适度采收笋长约33cm，基径4～5cm，单株重250～350g，大者可达1.75kg。笋呈圆锥形，先端渐尖，基部膨大圆钝；笋味一般，为油焖笋罐头的主要原料。5月上旬为收获初期，盛期在5月中旬，5月底至6月中旬为末期，历时60余天。一般每亩产竹笋500～750kg，最高可达1000kg左右。

竹笋含水率90.65%，蛋白质含量3.23%，粗纤维含量0.81%，灰分含量1.07%，脂肪含量0.94%，总糖含量3.28%，可溶性糖含量1.81%，磷含量80mg/100g，铁含量0.7mg/100g，钙含量13.3mg/100g。

10. 苦竹 Pleioblastus amarus (Keng) Keng f.（竹亚科 Bambusoideae）

秆高3～5m，胸径1～2cm，节间长25～30cm。幼秆淡绿色，厚被白粉，每节有3～5分枝，叶片披针形。鞘环有1圈褐色箨鞘基部残留物；箨鞘厚纸质至革质，淡黄绿色，被淡棕色刺毛，基部密生棕色刺毛；箨耳很小，有直立棕色毛；箨舌截平，长1～2mm；箨叶细长，披针形。笋期4—6月，笋味苦，煮熟漂洗后食用，别有风味，有清热利尿，消渴明目之功效。每亩产竹笋750kg以上。长江流域有分布。

苦竹笋含水率92.96%，粗纤维含量0.61%，灰分含量088%，蛋白质含量2.48%，粗脂肪含量0.22%，可溶性糖含量0.91%。

第十二节　蜜源植物资源

一、概述

蜜源植物是指供蜜蜂采集花蜜、蜜露和花粉的植物。它是蜜蜂食料的主要来源之一，是发展养蜂产业的物质基础。蜜蜂靠蜜源植物生存、繁衍和发展，也靠它为人类生产产品——蜂蜜、蜂蜡、王浆和花粉等。

蜜源植物的分类，主要有以下3种。

1. 蜜源植物根据是自然生长还是人工栽培，分为野生蜜源和人工栽培蜜源。野生蜜源是指未经人工栽培管理，在自然常态下生长的蜜源植物。其分布极广，种类数量最多，有些已利用，有些尚待开发利用。栽培蜜源是指通过人工栽培管理的蜜源，包括两类：一类是农作物蜜源，如粮食、饲料、油料、药用、果树等蜜源植物；另一类是观赏蜜源植物，如种植在路旁、公园、庭院、花圃的绿篱、林带树种，如乌桕、刺槐、睡莲等。

2. 蜜源植物根据提供给蜜蜂的采集物的性质不同，分为三类。蜜源植物指能分泌花蜜、供蜜蜂采集的植物，如荔枝、龙眼、紫云英。粉源植物指只能产花粉供蜜蜂采集食用和筑巢的蜜源植物，如柽柳、垂柳等。混合蜜源植物是指既能分泌花蜜，又能供蜜蜂采集食用和筑巢用花粉的蜜源植物，如泡桐、桃、梨等。

3. 根据蜜源植物泌蜜量的多少，分为主要蜜源植物和辅助蜜源植物。主要蜜源植物是指在养蜂生产中能采到大量商品蜜的植物，如荆条、盐肤木、桂花、椴树、油菜、荔枝、紫云英等。它们通常种植数量多、面积大，花期长，泌蜜量大。辅助蜜源植物是指在养蜂生产中不能采得大量商品蜜，仅利用以维持蜂群生活和提供蜂群繁殖的植物，具有种类繁多、零星分散、花期交错等特点。辅助蜜源植物的数量比较少，而且产出的花蜜数量也不多，但是它们的花期多出现于主要蜜源植物开花的间隔时段，因此这些辅助蜜源也有着重要的作用，可以为蜜蜂提供充足的饲料。常见的辅助蜜源植物有苹果树和桃树等果树，多数蔬菜和花卉也是辅助蜜源植物。辅助蜜源植物丰富，则蜂王产卵多，蜜蜂哺育力强，蜂群发展快，从而能提高蜂蜜、蜂蜡、王浆、花粉等产品的产量；越夏期蜂群不停产，群势不下降；越冬前能养成强群，采足越冬饲料。如果辅助蜜源植物不足，不仅蜂群发展缓慢，群弱多病，产品产量很少，而且还要补喂大量饲料，长此下去会造成蜂种退化。因此，辅助蜜源植物在蜜蜂生产中有很重要的地位。

蜂蜜是蜜蜂从开花植物的花中采得的花蜜在蜂巢中经充分酿造而成的天然甜物质。蜂蜜根据蜜源植物不同，分为单花蜜和杂花蜜（百花蜜）。单花蜜是蜜蜂采集单一植物的花蜜酿造成的蜂蜜，因品种单一，其性状特点显著。一般来讲，单一花蜜的纯度达到80%以上，即可称为单花蜜。如果纯度达到95%以上，即是极品单花蜜。杂花蜜是包含两种或两种以上蜜源的蜂蜜品种。相比单一花蜜，杂花蜜营养更全面，含有丰富的果糖及多种氨基酸、维生素、微量元素，更益人体吸收。

乌岩岭自然保护区维管束植物中共56科385种51变种为蜜源植物。其中，裸子植物5科11种，被子植物51科374种51变种。各科植物中含蜜源植物种类较多的前十科依次是蔷薇科81种11变种，豆科59种3变种，菊科28种2变种，忍冬科20种6变种，壳斗科15种2变种，唇形科15种1变种，大戟科12种1变种，鼠李科11种2变种，十字花科10种1变种，山茶科9种1变种。

二、主要蜜源植物资源列举

1. 马尾松 Pinus massoniana Lamb.（松科 Pinaceae）

马尾松是一种常绿针叶乔木，其花粉丰富，可增加蜂群粉源缺乏季节花粉的来源，对繁殖蜂群极有利，因此马尾松是重要的粉源植物。马尾松花粉中氨基酸含量较低，所测定的17种氨基酸总量约占花粉总量的9.47%。花粉中含有多种维生素，其中胆碱的含量较高，有202.94～267.79mg/100g。经测定，花粉中约含1.67%的还原糖，其中葡萄糖含量约为0.5%，果糖含量为0.49%。马尾松的花粉中还测出6中常量元素和24种微量元素，其中微量元素锰、镍含量较高。马尾松花粉，在中药中称"松黄"，久服之，有健身、抗衰老、延年、祛湿、消炎、生肌之功效。

3月中旬现雄花球，10天后开始散粉，3月下旬至4月中旬大量散粉，花期长约30天。雄蕊具2个花粉囊，藏粉极多，足够采集，蜂群喜采作食料。花期也泌蜜，量较少，也常泌出甘露蜜。

附：松科中黄山松 *Pinus taiwanensis* Hayata、引种的湿地松 *Pinus eliottii* Engelm.和火炬松 *Pinus taeda* Linn.也是蜜源植物。

2. 杉木 Cunninghamia lanceolata (Lamb.) Hook.（杉科 Taxodiaceae）

杉木能产生大量花粉，为蜜蜂采集利用，对加速蜂群繁殖、增强蜜蜂体质有一定作用。花粉淡黄色。花粉粒近球形，大小为21.5～43μm，没有沟和气囊，具有薄的外壁和厚的内壁，有一个不太明显稍凸出的乳头状凸起，乳头状凸起在赤道面上常不易看出，在极面上才能看到，外壁外层厚薄不均匀，常具皱褶形态。

花期3—4月，花粉丰富，花期长约20天。花粉淡黄色，对繁殖蜂群、培幼蜂有价值，为主要粉源植物。

3. 侧柏 Platycladus orientalis (Linn.) Franco（柏科 Cupressaceae）

侧柏花粉数量丰富，对早春蜂群繁殖具有一定的作用。花粉黄色。花粉粒球形，分解后花粉表面多具皱褶凹陷，直径为20～30μm，无萌发孔，外壁层次不明显，表面具稀疏而大小不一的颗粒状雕纹，颗粒大小约0.5μm。花粉轮廓线不平。花期2—3月，产粉极丰富。

附：裸子植物中，罗汉松科 Podocarpaceae 的罗汉松 *Podocarpus macrophyllus* (Thunb.) D. Don、竹柏 *Nageia nagi* Kuntze，三尖杉科 Cephalotaxaceae 的三尖杉 *Cephalotaxus fortunei* Hook. f.和粗榧 *Cephalotaxus sinensis* (Rehd. et Wils.) 也是优良的粉源植物。

4. 小果山龙眼 Helicia cochinchinensis Lour.（山龙眼科 Proteaceae）

5—7月开花。泌蜜产粉丰富，蜜蜂喜采。有些夜间开花。花朵数很多，气候好的条件下常年单产（每个蜂群每年产蜜量，下同）为10～20kg。

5. 水蓼 Polygonum hydropiper Linn.（蓼科 Polygonaceae）

开花泌蜜习性及对养蜂的价值花期因地区不同而异，一般为10—11月，10月上旬初花，10月中旬至11月上旬为盛花泌蜜高峰。水蓼是半水生植物，每年花期因水退的早迟而提前或拖后，当年水退早，长势好花多、蜜多，如果水退晚，则花少、蜜少或无蜜。因为是沼泽植物，因此每年都需经过水淹才能正常开花泌蜜，未经水淹的水蓼常受虫害，长势弱，花少无蜜。

开花期间，在干旱高温条件下泌蜜丰富，如果连续阴天低温，泌蜜就少。天气好，泌蜜非常丰富，常年蜜蜂的采蜜单产15～30kg。

水蓼蜜琥珀色，质软。新蜜有异味，存久消失。

6. 青葙 Celosia argentea Linn.（苋科 Amaranthaceae）

花期5—9月。泌蜜多，蜜蜂喜采，在生长较集中处，足够蜂群采蜜食用。

7. 睡莲 Nymphaea tetragona Georgi（睡莲科 Nymphaeaceae）

花期6—8月，单花泌蜜约10天，整个睡莲群落泌蜜长达2月。蜜蜂颇爱采集，在水生蜜源植物中有其特殊意义。

8. 南天竹 Nandina domestica Thunb.（小檗科 Berberidaceae）

花期5—7月，既泌蜜，又产粉，蜂喜采。

9. 鹅掌楸 Liriodendron chinense (Hemsl.) Sarg.（木兰科 Magnoliaceae）

花期5—6月，开花泌蜜约25天，5月中旬为盛花泌蜜高峰。泌蜜丰富，常年单产15kg以上。

蜜浅琥珀色，芳香质浓。花粉直径55.3μm×87.1μm。

10. 山鸡椒 Litsea cubeba (Lour.) Pers.（樟科 Lauraceae）

花期2—3月，开花泌蜜约20天。泌蜜多，中蜂强群在连片集中处单产10～15kg。在气温20℃时，开始泌蜜，22～25℃时泌蜜最多。

蜜淡黄色，味浓郁，汁浓稠，质良好。

11. 紫楠 Phoebe sheareri (Hemsl.) Gamble（樟科 Lauraceae）

花期5月下旬至6月中旬。泌蜜丰富，蜜腺着生于雄蕊基部，一般有2个。花粉黄色，蜜蜂特别喜采，是良好的辅助蜜源植物。

12. 檫木 Sassafras tzumu (Hemsl.) Hemsl.（樟科 Lauraceae）

花期2—3月，开花泌蜜约20天。蜜汁多，花粉丰富，蜜蜂喜采，对繁殖蜂群有利。

13. 荠菜 Capsella bursa-pastoris (Linn.) Medic.（十字花科 Cruciferae）

荠菜在全国各地野生，数量多，花期早，有蜜粉，腺位于雄蕊基部，圆球形，泌蜜丰富。蜜量多，质优，蜜蜂喜采，对繁殖蜂群有利。其花粉粒长球形，赤道面观为椭圆形，极面观为3裂圆形，大小为27.4μm×13.5μm，具3沟，沟膜不平。

14. 蔊菜 Rorippa indica (Linn.) Hiern（十字花科 Cruciferae）

花期因地区不同而异，一般为3—7月，由南往北逐渐推迟。泌蜜丰富，产粉多。集中分布可取蜜。

15. 晚红瓦松 Orostachys japonica A. Berger（景天科 Crassulaceae）

9—10月开花，花期长30天左右。泌蜜丰富，常年单产5～10kg，丰年可达15kg。蜂喜采，如果集中连片分布，可取更多商品蜜。

16. 蛇莓 Duchesnea indica (Andr.) Focke（蔷薇科 Rosaceae）

花期3—4月，分布广，有时可成群落。蜜粉丰富，花对蜂引诱力强，对繁殖蜂群极有利。

17. 枇杷 Eriobotrya japonica (Thunb.) Lindl.（蔷薇科 Rosaceae）

枇杷泌蜜丰富，为优良的蜜源植物。花期长60天或70～130天。枇杷在气温15℃时就泌蜜，20℃时泌蜜增多，特别在夜凉昼热、南风回暖、空气湿润的条件下泌蜜更多。常年每群蜂可产蜜5～10kg或更多。枇杷在生长阶段如遇长期不雨，花期推迟，花蜜减少；在开花泌蜜阶段怕寒潮、低温、阴雨和冷风。这些不利因素冬季经常发生，对泌蜜影响较大。枇杷开花泌蜜有明显的大小年，而在那些枇杷立地条件好、技术管理先进的果园，则大小年就不甚明显。

枇杷蜜新蜜琥珀色，结晶暗黄色，颗粒较粗，有浓郁枇杷香，具有治疗呼吸道疾病的作用。

18. 石斑木 Rhaphiolepis indica (Linn.) Lindl.（蔷薇科 Rosaceae）

花期4—5月，分布地区较多。产粉量多，泌蜜丰富，蜂群喜采，为良好蜜源植物，对蜂群发展作用大。

19. 紫云英 Astragalus sinicus Linn.（豆科 Leguminosae）

花期因地区不同而异，浙江3月下旬现蕾，4月上、中旬开花，4月下旬盛花，泌蜜高峰，5月中旬花谢，结束花期。花期长25～30天，交错开花可达40多天。紫云英为早晨开花，至下午4时达高峰，5—6时下降，晚上闭合。开花较适宜的气温为14～18℃，湿度80%以下，有光。主茎上花先开，侧枝的花后开，先开的花蜜多，后开的少。开花初期花冠粉红色时，泌蜜较少，盛花期花冠变为鲜红时，泌蜜才达高峰。主茎花朵数占40%以上，第一分枝的花占30%，这些花旺盛健壮，泌蜜也多。每株约有花序7～9个，初开1～2个花序，蜂群大量采粉进粉，3～7个花序开时，蜂群就大量进蜜，直至结束。

泌蜜期喜晴暖高温天气，如连晴10天可获丰收，连晴半月可获大丰收。泌蜜适宜气温20～22℃，以25～30℃为最好，超37℃时泌蜜减少。强群蜂日产蜜达12.5kg，每箱常年单产16～30kg，也有20～40kg。

紫云英生长在湿润沙土、重壤土、石灰质冲积土、施用有机肥或磷肥的土壤上，泌蜜量大；而在黏重、排水差、保肥力差的土壤上，泌蜜量小。初种第1～2年，泌蜜极少或无蜜，2年后，根瘤多，肥力增多，泌蜜量逐渐增多。

蜜为白色至特浅色，结晶为乳白色，颗粒细腻，味鲜，芳香，甜而不腻，为上等蜜。出口价高25%。蜜的化学成分：果糖43.3%，葡萄糖31.7%，蔗糖1.7%，酶值17.9%。

20. 胡枝子 **Lespedeza bicolor** Turcz.（豆科 Leguminosae）

花期为9月中、下旬至10月中、下旬，开花泌蜜期20多天。胡枝子泌蜜属于高温型，泌蜜适温25 ~ 30℃，在高温、多湿、晴天条件下，泌蜜最多，每箱常年单产10 ~ 15kg或更多。树龄与泌蜜也有很大的关系：2 ~ 3年壮龄树，花朵多而大，泌蜜丰富；老龄树当年萌发条短，花序短、花少，蜜少。在开花前20 ~ 40天遇旱，花期提前，泌蜜期缩短，泌蜜少或无蜜。如果花朵及叶片受虫危害，即影响当年或下年的开花泌蜜。

胡枝子在南方泌蜜较少，可能是在南方开花通常是9—10月。气温低，对高温型蜜源是不利的。

新蜜为浅琥珀色，结晶洁白，细腻如脂，味芳香，清甜，质优良。蜜的化学成分：果糖41%，葡萄糖29.3%，蔗糖36%，酶值10.9%。

21. 广布野豌豆 **Vicia cracca** Linn.（豆科 Leguminosae）

花期因产地不同而异。浙江在5—8月开花，品种不同，花期也不同，尖叶的开花早，毛叶的开花晚。开花泌蜜期为25 ~ 30天。通常从现蕾至开花需12天左右。花自下而上、自内向外开放。开花适温为14 ~ 20℃，12 ~ 13℃开花缓慢，8℃以下容易落花。泌蜜适温24 ~ 28℃，25℃以上泌蜜最多，20℃以下泌蜜减少或无蜜。小阵雨后晴朗无风，泌蜜特别多。常年每箱单产20 ~ 25kg，丰年为30 ~ 32kg。

蜜浅白色，质浓稠，味芳香，结晶后洁白，质优等。蜜的化学成分：果糖42.2%，葡萄糖32.1%，蔗糖3.3%，酶值10.9%。

22. 野老鹳草 **Geranium carolinianum** Linn.（牻牛儿苗科 Geraniaceae）

7月至8月中旬开花。蜜汁丰富，蜂喜采，丰年可取蜜。花粒球形，直径115.8μm，表面有棒状雕纹。

附：同属的东亚老鹳草（中日老鹳草）*Geranium thunbergii* Sieb. ex Lindl. et Paxt和老鹳草 *Geranium wilfordii* Maxim.也是蜜源植物。

23. 柑橘 **Citrus reticulata** Blaco（芸香科 Rutaceae）

花期因品种和产地不同而异，保护区4月中旬初花，4月下旬至5月中旬盛花。

花从受光多的枝顶先开，后渐向下移和向侧枝。花多在夜晚和上午开，14□20℃为花期适宜温度，在21℃以上开花速度加快。蜜腺着生于雌蕊周围，初开时蜜多，花瓣辐射时蜜少，待花瓣反曲时泌蜜停止。丰年单产10 ~ 30kg或更多。

雨水对泌蜜影响很大。开花泌蜜间，无雨就可丰收，小雨小收，连续阴雨歉收。大小年明显。柑橘花朵芳香，泌蜜丰富，对蜂群诱引力强，蜂极喜采，蜜质优良，是夏季主要蜜源植物。

蜜淡黄透明，结晶乳白色，甘甜清香。蜜的化学成分：果糖43.6%，葡萄糖28.5%，蔗糖3.8%，酶值13.9%。

24. 白背叶 **Mallotus apelta** (Lour.) Muell.- Arg.（大戟科 Euphorbiaceae）

花期6—9月。产粉丰富，花粉粒黄色。为南方主要粉源植物之一，对繁殖蜂群作用极大。

25. 山乌桕Triadica cochinchinensis Lour.（大戟科 Euphorbiaceae）

4月花蕾形成，出现花序，5月中旬至6月中旬开花，泌蜜期20～25天。泌蜜非常丰富，蜂群喜采。多是白天开花，雄花先开，雌花后开，开花泌蜜适宜气温25～28℃，湿度70%以上泌蜜特别多，每箱常年单产20～30kg，丰年可超过59kg以上。

旱情严重、酸性重土或5级以上的风，都直接影响泌蜜，其花期也正是雨季，并常受台风影响。在雨后天即晴、高温、湿度大、夜雨日晴等条件下，泌蜜特多。大小年不明显，产量较稳定。

蜜浅琥珀色，结晶黄白色，颗粒细小，甘甜适口，味略淡。

26. 乌桕Triadica sebifera (Linn.) Small.（大戟科 Euphorbiaceae）

雄花粉多于蜜，雌花蜜多于粉，一旦雌雄交叉开放，蜜和粉都很丰富。泌蜜气温25～32℃，以30℃为泌蜜最适温度，上午9—10时及下午3—4时泌蜜最多，蜂群采集最忙。高温多湿（湿润）是乌桕泌蜜的必需条件，湿度在70%以上泌蜜特别多。夜雨日晴、阳光普照或小雷雨后天晴，泌蜜最好，6—7月泌蜜量最大。在土层深厚、土质肥沃、疏松、湿润的冲积土上生长最好，花多，蜜多；生长在梯田及单季稻田边的花序长、泌蜜多。如果干旱、连续多日高温无雨、长期阴雨绵绵或大雾弥漫、生长在重酸性黏土上，都不利于泌蜜。西南干燥风或台风、寒潮等都影响泌蜜。

乌桕种后一般在5～7年开花，以10～30年的壮树泌蜜最多，幼树和老树泌蜜较少。乌桕在春梢生长和花序形成阶段日照充足，其后稳定，雨水适宜，春梢生长充实，花序长，花朵多，泌蜜丰富。

蜜为浅琥珀色，结晶暗乳白色，颗粒较粗。蜜的化学成分：果糖37.8%，葡萄糖32.4%，蔗糖4.3%，酶值8.3%。

27. 盐肤木 Rhus chinensis Miller.（漆树科 Anacardiaceae）

盐肤木花期8—9月。蜜粉丰富，在亚热带山区的许多地方为主要蜜源植物，每群中蜂可取蜜10～15kg；而在另一些地方则为很好的辅助蜜源，可为荞麦、水蓼和铃木蜜源培育采集蜂；对繁殖越冬蜂、储备越冬蜜有重要价值。

蜂蜜在巢房里为绿色，分离后为琥珀色，味较差。泌蜜适温25～30℃。

28. 小果冬青 Ilex micrococca Maxim.（冬青科 Aquifoliaceae）

单朵花开2～3天，全花期15～20天。雄花先开，花粉多，蜂群先抢采花粉，随后雌花开，蜂群就大量采蜜。适宜泌蜜气温在25～30℃，每日从上午7时至下午3时均泌蜜，对蜂群有强烈的引诱力，常年中蜂单产为15kg。

蜜浅琥珀色，结晶细腻。

29. 凤仙花 Impatiens balsamina Linn.（凤仙花科 Balsaminaceae）

7月中旬初花，8月上旬至9月上、中旬为盛花泌蜜高峰，花期约60天。泌蜜丰富，花朵对蜜蜂引诱力强，蜂喜采。正常的丰年可取蜜5～7次，10框为群单产可达10～15kg。

蜜味香甜、淡黄色。

30. 枣 Ziziphus jujuba Mill.（鼠李科 Rhamnaceae）

枣树原产我国，数量多，分布广，花期长，泌蜜丰富，容蜂量大，产蜜量高，为我国主要蜜源植物之一。其栽培变种如大枣、无核枣等也都是优良的蜜源植物。枣树通常在气温14～16℃开始萌芽，19～20℃现蕾，20～22℃开花。开花顺序由枣吊的基部往上次递开放。一吊每日开花7～8朵，一序开花1～2朵。主产区的枣树5月下旬或6月上旬始花，花期25～30天。枣树蜜为琥珀色，质地黏稠，不易结晶，初食有饴糖味，尾味有浓郁的杏仁香味，连食稍有辣感。

枣树花泌蜜属高温型，在一定范围内，泌蜜随气温升高而增加。通常枣树开花就泌蜜，次日泌蜜增多，第三天花盘由鲜黄色变为淡黄色，泌蜜减少。初花期蜜少，至部分花谢，有的已结小枣时，花已开盛，便进入大流蜜期。枣花泌蜜因品种和栽培方法不同而不同，枣股增多，开始进入盛花期。20～50年的枣树，枣吊多，花朵密，泌蜜丰富，在管理良好的条件下，可连年开花泌蜜。50年后枣头生长较弱，内膛出现徒长枝，开始进入自然更新阶段，花量下降，泌蜜随之减少。枣花泌蜜量与枣股上枣吊量、枣吊上叶片量呈正相关。1个枣股上有3个以上枣吊，1个枣吊上有7片以上叶，通常是泌蜜最多的。

31. 黄瑞木 Adinandra millettii（Hook. et Arn.）Benth. et Hook. f. ex Hance（山茶科 Theaceae）

花期5—6月，开花约20天。泌蜜多，花粉中等量。每天上午至中午泌蜜多。条件好，强群中蜂，单产10～16kg。

32. 茶 Camellia sinensis (Linn.) Kuntze（山茶科 Theaceae）

花期9—11月，因产区不同而异。泌蜜多，常年单产可达5～10kg。泌蜜量因地区或品种不同而有差异。

蜜淡黄色，味香甜。

33. 柃属 Eurya Thunb.（山茶科 Theaceae）

每种花期约15天。雄花先开，随后雌花开。雄花多粉，雌花多蜜。蜂群先进粉后进蜜。泌蜜气温以14～20℃为好，14℃以下也能泌蜜，夜经轻霜，日出天暖即流蜜，夜冷日热的条件泌蜜更多。泌蜜丰富，花中之蜜多时可聚积成滴，几乎盛满花冠，1只蜂采6～7朵即可满载而归。常年中蜂单产10～20kg，意蜂10～15kg。秋季雨水充足，花期长，蜜多；如遇干旱，花期推迟，泌蜜减少；花期遇连绵多雨；脱蕾，花期也延迟，影响采集及泌蜜，蜂群损失也重。花芳香，香气越浓，泌蜜越丰，以此可预测当天或第二天的泌蜜情况。泌蜜较稳定，大小年不甚明显。

蜜为浅白色，透明，结晶洁白，颗粒很细，质地纯净，味清香甜，深受国内外市场欢迎。蜜的化学成分：果糖44.7%，葡萄糖32.3%，蔗糖1.14%。

34. 木荷 Schima superba Gardn. et Champ.（山茶科 Theaceae）

花期5—6月。泌蜜多，常年单产5～10kg。

蜜琥珀色，香甜。花粉粒扁球形，直径35.5μm×42μm。分布广，数量多，对繁殖蜂极其有利。

35. 山杜英 Elaeocarpus sylvestris (Lour.) Poir.（杜英科 Elaeocarpaceae）

花期5月上旬至6月中旬。泌蜜较多，产粉较少，对繁殖蜂群颇为有利。条件好的，单产可达5～8kg。

附：同属还有中华杜英（华杜英）*Elaeocarpus chinensis* (Gardn. et Champ.) Hook. f.、杜英 *Elaeocarpus decipiens* Hemsl.、秃瓣杜英 *Elaeocarpus glabripetalus* Merr.、薯豆 *Elaeocarpus japonicus* Sieb. et Zucc. 均为蜜源植物。

36. 猴欢喜 Sloanea sinensis (Hance) Hemsl.（杜英科 Elaeocarpaceae）

花期5—6月。蜜、粉丰富，蜜蜂喜采。集中生长处，条件好的可取蜜，可满足繁殖蜂群需要。常有大小年现象。

37. 梧桐 Firmiana simplex (Linn.) W. Wight.（梧桐科 Sterculiaceae）

花期7月。泌蜜丰富，花粉多。常年单产8～10kg。条件好的也可为主要蜜源。

蜜淡黄色，味可口。

38. 中华猕猴桃 Actinidia chinensis Planch.（猕猴桃科 Actinidiaceae）

花期5—6月，开花约25天。泌蜜丰富，产粉也多。因产地及品种不同，泌蜜有差别，一般单产5～8kg，也有10kg以上的。对繁殖蜂群都有价值。

蜜淡黄色，芳香质优。

39. 牛奶子 Elaeagnus umbellata Thunb.（胡颓子科 Elaeagnaceae）

5月上旬初花，5月中旬至6月中旬为盛花泌蜜高峰，6月下旬为末期。花先叶开放，花冠黄白色，芳香。蜜多粉少，常年单产5～10kg，丰年可达15kg以上。

蜜淡黄色或琥珀色，味香甜。

40. 长籽柳叶菜 Epilobium pyrricholophum Franch. et Sav.（柳叶菜科 Onagraceae）

花期8—9月，开花泌蜜约25天。泌蜜多，条件好，常年单产约50kg。花蜜对蜜蜂有强烈的引诱力，蜂群喜欢采集，同生在一处的其他花蜜，蜂群常弃下不采，而忙于采集花蜜。夜冷日晴暖，泌蜜最多。

蜜淡白色，味甘香，汁浓稠，质优等。

41. 柿 Diospyros kaki Thunb.（柿科 Ebenaceae）

花期随地区不同而异。保护区通常在4—5月开花，花期长约18天。一株树的开花顺序为：树冠顶部先开，依次至中层、下层，常见上层多数花朵已凋谢枯萎，下层花正盛开，同一层的花，南西向阳的先开；具有雄花的品种，雄花就先开，雌花后开；同一序雄花中，中间一朵先开，两侧的后开。蜂群常年单产8～16kg，丰年可达20kg。在抽芽生长阶段如遇低温，无花或少花。大小年明显，产量不够稳定。

蜜浅琥珀色，质浓，结晶乳白色，颗粒细，味甘甜芳香。蜜的化学成分：果糖43%、葡萄糖29%，蔗糖3.6%，酶值10%。

42. 牡荆 Vitex negundo Linn. var. **cannabifolia** (Sieb. et Zucc.) Hand.-Mazz.（马鞭草科 Verbenaceae）

牡荆在6月上旬至中旬出现花序，6月下旬初花，7月上旬盛花，8月上旬开始衰残凋落，花期长约30天。遇天旱，可提早7天左右开花，花期缩短。泌蜜规律，每天出现两次高峰：上午7—9时，下午4—6时或更晚些。夜雨日晴，雨过天晴，气温高，湿度大，无风，闷热，泌蜜最汹涌，特别是温暖无风，小雷阵雨过后，泌蜜特别丰盛。泌蜜量的多少和所处的海拔、纬度、土壤环境的关系很大：在海拔680～800m，生长于含钙质土壤上的，泌蜜最好。总之，生长于肥沃钙质土上，长势茂盛，叶肥枝壮，花多，泌蜜量大，花期长达40～50天。

牡荆较耐旱、怕水涝。常年产量每箱产蜜5kg，在干旱严重或水涝季节，每箱还可取蜜1.5～3kg。干旱天气的泌蜜量比阴雨连绵时的泌蜜量多出数倍。

牡荆花序每序有小穗826条，每小穗又有15～35朵小花，每总穗有150～700朵或更多小花。蜜腺着生于子房顶端。常年单产为30～50kg，丰年可达100kg以上。中蜂每次每只可平均采到12～20mg；意蜂每次每只平均采到17～30mg。

牡荆泌蜜丰富，蜜质优良。

43. 香薷 Elsholtzia ciliata (Thunb.) Hyland.（唇形科 Labiatae）

9月下旬初花，10月上、中旬盛花，开花泌蜜30天左右，花期随海拔和纬度自高向低、由北向南推迟。泌蜜丰富，常年单产10～15kg，分布集中，长势旺盛，在土壤条件适宜的地区，丰年可产蜜15～40kg。气温在17℃时开始泌蜜，20～22℃时泌蜜最多。白花种泌蜜较少。夜里降霜，昼晴高温，泌蜜特别多。花诱蜂力强。

蜜质浓厚，洁白色，结晶细腻，味香甜，新蜜具薄荷味。

44. 薄荷 Mentha canadensis Linn.（唇形科 Labiatae）

花期8月下旬至10月中旬，也有延至10月下旬的。泌蜜期约25天，泌蜜丰富。气温20℃时开始泌蜜。花蜜对蜜蜂有强引诱力，蜂群喜采。天气越干燥，泌蜜越多，中蜂可充分利用。一般单产为10～15kg，丰年泌蜜更多，可产20～30kg。

蜜浅黄色，芳香味甜。新蜜薄荷味，有清凉感。

45. 水苏 Stachys japonica Miq.（唇形科 Labiatae）

6中旬至8月中、下旬开花，7月中旬至8月中旬为泌蜜高峰。主茎的花先开，侧枝后开，自下往上开，直至下霜。气温15℃时开始泌蜜，20～25℃时泌蜜最多，5℃以下时无蜜，但气温上升后仍能恢复泌蜜。泌蜜极为丰富，盛花期一只蜜蜂采十几朵就够载量，每箱蜂日进蜜量达10kg，常年单产50～100kg。

泌蜜期能耐水淹，露出水面部分仍能开花泌蜜，花朵中之蜜不易被雨水冲掉。雨后，只要温度高，均可泌蜜。在发育生长阶段喜雨怕旱。泌蜜期也怕阴雨低温及东北风，白露时受寒冷凉风一袭即断蜜。

蜜白色透明，结晶洁白细腻，有浓郁的水苏花香味，质稍稀薄。蜜的化学成分：果糖41.6%，葡萄糖35%，蔗糖1.22%，酶值8.3%。

第十三节　水果干果类植物资源

一、概述

　　果树一般是指能提供鲜食或干燥后食用果实的多年生木本和草本植物。果树生产是农业生产中重要的组成部分，其任务是生产产量高、品质优、消耗低、符合商品要求的鲜果和干果，满足人们生活、生产和对外贸易的需要。果树生产具有经济效益大而持久、综合利用广泛的特点，对于充分发挥我国土地、劳力、资源优势，加速农业现代化建设，繁荣农村经济，增加农民收入等都有重要意义。

　　鲜果不但色、香、味俱佳，而且富含多种维生素、矿物质、糖、酸、果胶和纤维素；干果则含有丰富的脂肪、蛋白质和碳水化合物，可作为木本粮油作物。因为水果中的营养物质大多可以直接被吸收，其中，维生素不被加热破坏，又多是生理碱性食物，果胶和纤维素能吸附食物中的有害物质，所以在现代食物结构中，果品具有特殊地位，是保证人们健康不可缺少的食品。人们在生活日益改善的情况下，对果品的需求，不论在种类品种上，或是数量、质量上都在不断提高。

　　自古以来，大部分果品及其附产品都可供药用，为历代本草所重视。龙眼、荔枝、枣、核桃被认为是珍贵的滋补品，陈皮、枇杷叶、乌梅、柿霜、梨膏、杏仁、山楂、猕猴桃等则为常用的药物。

　　果品还是食品工业的重要原料，可以加工制成水果罐头、果汁、果酱、果干、果脯、果膏、果冻、果泥、果酒和蜜饯等多种产品，果品及其加工产品也是出口创汇的重要商品。果树常是很好的蜜粉源植物，多数是绿化、美化、香化城乡环境建设的优良树种。此外，许多果树的根、茎、叶、花、果、种子又可综合应用于化工、工艺、建筑等方面。

　　乌岩岭自然保护区维管束植物中共49科216种38变种为水果干果类植物。其中，裸子植物5科8种1变种，被子植物44科208种37变种。水果干果类植物比较多的前九科依次是蔷薇科74种6变种，桑科10种6变种，葡萄科11种4变种，壳斗科14科，木通科9种1变种，猕猴桃科6种4变种，鼠李科7种1变种，柿科7种1变种，杜鹃花科6种2变种。

二、主要水果干果类植物资源列举

1. 银杏 Ginkgo biloba Linn.（银杏科 Ginkgoaceae）

　　银杏种子俗称白果，营养丰富，含粗脂肪2.16%、淀粉62.4%、总糖5.2%、还原糖1.1%、核蛋白0.26%、矿物质3%、粗纤维1.2%、维生素 C 66.8 ~ 129.2mg/100g、维生素

E 6.17～8.05mg/100g，以及维生素B_2、胡萝卜素、类胡萝卜素、花青素，另外有17种氨基酸和微量元素（如Fe、Cu、Mn、Zn）及常量元素（如Ca、Mg）等。为我国著名的干果之一，品味甘美，香糯微甘，口味清新，已经有1000多年的食用历史。

2. 罗汉松 Podocarpus macrophyllus (Thunb.) D. Don（罗汉松科 Podocarpaceae）

罗汉松种托在种子成熟时由绿转黄，由黄转红，最后呈紫红色，晶莹剔透，恰似身穿各式袈裟打坐的和尚，罗汉松的名称由此而来。种托口味甘甜，含有大量的氨基酸和矿物质，人体必需氨基酸含量占氨基酸总量的40.4%，其主要作用是降血脂、抗氧化、保肝护肝。

3. 南方红豆杉 Taxus wallichiana Zucc. var. mairei (Lemee et Lévl.) L. K. Fu et Nan Li（红豆杉科 Taxaceae）

南方红豆杉种子外有假种皮，成熟时鲜红透体，口味甘甜。根据报道，种皮中含可溶性固形物8.3%、可溶性糖10.28%、粗蛋白1.39%、粗纤维2.17%、粗脂肪2.76%、维生素C 16.31mg/100g。假种皮含15种氨基酸，其中8种必需氨基酸占总氨基酸的43.71%。在常量和微量元素中，分别以Ca和Fe的含量较高。

4. 榧树 Torreya grandis Fort. ex Lindl.（红豆杉科 Taxaceae）

榧树的种子可食用，闻名中外的著名干果香榧是其栽培品种。种子富含特有香气的乙酸芳樟脂和玫瑰香油等挥发油，所以特别诱人。现代研究发现，种子中含有铁、锌、钙、磷等10多种人体必需的微量元素，含有维生素A、维生素B_2、维生素E、烟酸和胡萝卜素等多种维生素。种子中的维生素E含量居各种干果之前列，经常食用可润泽肌肤，延缓衰老；所含的4种胆碱成分对淋巴细胞性白血病有一定的抑制作用，对辅助治疗和预防恶性程度很高的淋巴肉瘤有益；所含的榧子油，能驱除肠道绦虫、钩虫、蛲虫、蛔虫、姜片虫等各种寄生虫；维生素A较多，有益于保护眼睛，对眼睛干涩、易流泪、夜盲症等有预防和缓解功效；所含的脂肪能帮助脂溶性维生素的吸收，改善肠道功能，增进食欲、帮助消化，还具有润肺止咳祛痰、润肠通便的作用，对小儿遗尿也有一定的食疗功效。

附：在裸子植物中，三尖杉 Cephalotaxus fortunei Hook. f.（三尖杉科 Cephalotaxaceae）的种子外肉质的假种皮（套被）味甘甜可食。

5. 胡桃楸（华东野核桃）Juglans mandshurica Maxim.（胡桃科 Juglandaceae）

胡桃楸每100g种仁含水分3.2g、蛋白质15.8g、脂肪66.8g、碳水化合物10.9g、热量2962.27kJ、粗纤维1.5g、灰分1.8g、钙119mg、磷362mg、铁3.5mg。种子可生食或炒食，味道香美，可作糕点、糖果的原料；核仁又是一味有滋补作用的中药材，有补肾乌发的作用，可治肾虚、腰痛脚软、发早白等症。

6. 天仙果 Ficus erecta Thunb.（桑科 Moraceae）

本品味甘、性平，具有滋阴、补血、健脾之功效，对于病后体弱、贫血、产后缺乳、小儿虫积消瘦均有一定的疗效。可加工成果汁、果脯、果酱、果酒、果醋。

7. 薜荔 Ficus pumila Linn.（桑科 Moraceae）

果实用水搓洗即得黏液，可制冻粉，拌糖食用。

薜荔果实（隐花果）总氨基酸含量39.41%（其中必需氨基酸14.5%），总糖含量18.83%，总黄酮含量1.46%；瘦果外含果胶的部分由花被发育，残存的花被中果胶含量32.70%，蛋白质含量3.80%，总糖含量20.33%，总黄酮含量15.14%；种子中果胶含量15.15%（高于其他同类植物果实），蛋白质含量15.70%，粗纤维含量26.20%，总黄酮含量2.08%；种子含油丰富，高达30.13%，并且多为不饱和脂肪酸。薜荔果实的种子中的果胶主要由鼠李糖、葡萄糖组成，可溶多糖组成中含有葡萄糖。

薜荔果实成熟时紫红色，可作水果食用，甘甜、清香。更多的是用于制作减肥食品凉粉。

8. 桑 Morus alba Linn.（桑科 Moraceae）

桑树的聚花果名桑椹，大多为红紫色或黑色椭圆形聚花果，营养成分丰富，味甜汁多，是人们常食的水果之一。据报道，新鲜桑椹中含水分85.57%、灰分56.3%、总酸0.97%、粗纤维0.89%、粗蛋白1.01%、总糖14.11%、还原糖2.27%、总氨基酸293.00mg/100g，人体必需氨基酸占总氨基酸的22%，此外还有钙、铁、锌、硒等矿物质。除鲜食外，可加工成果汁、果酱、果酒。

附：保护区同属还有鸡桑 *Morus australis* Poir. 和华桑 *Morus cathayana* 具有相近的开发价值。

9. 三叶木通 Akebia trifoliata (Thunb.) Koidz.（木通科 Lardizabalaceae）

浆果成熟时一侧开裂，食用内部胶状的果肉，果味甘甜清香。果肉含有17种氨基酸，人体必需的赖氨酸含量高；微量元素铜、锌、铁、锰、硒、钾的含量均高于苹果和梨；维生素C的含量高达840mg/100g；富含脂肪及豆甾醇、β-谷甾醇、β-D-葡萄糖苷。

附：还有其亚种白木通 subsp. *australis* (Diels) T. Shimizu 和木通 *Akebia quinata* (Houtt.) Decne. 具有相近开发价值。

10. 鹰爪枫 Holboellia coriacea Diels（木通科 Lardizabalaceae）

鹰爪枫果实果皮以紫红色居多，稀黄褐色，单个果实平均重30.36g，全果含种子可食率为54.28%，不含种子可食率为38.24%，果味之甘甜、气味之清香，实非常规水果可比，可生食或酿酒或制饮料。为提高可食率和利用价值，鹰爪枫育种应以培育紫红色、无籽或少籽、果大皮薄的植株为目标。

11. 华中五味子（东亚五味子）**Schisandra sphenanthera** Rehd. et Wils.（木兰科 Magnoliaceae）

果实为红色，有柠檬余香，9月初果实成熟，含糖9%、蛋白质1.385%、维生素E 15.275μg/g、维生素 B_1 0.283μg/g、维生素 B_2 0.374μg/g、维生素C 21.61mg/g、有机酸1.2377%、氨基酸988.41mg/g、钾 22630μg/g、钙4375μg/g、锌15.50μg/g、铁65.00μg/g，可供药用和酿酒。

果实皮薄，含有五味子素0.12%，五味子素可用作强壮剂。味甘、酸，性温，能益气生津，补肾养心，收敛固涩。现代医学又将它用于治疗无黄疸型和迁延慢性肝炎。

附：同属还有粉背五味子（翼梗五味子）*Schisandra henryi* Clarke具有相近的开发价值。

12. 野山楂 Crataegus cuneata Sieb. et Zucc.（蔷薇科 Rosaceae）

果实含蛋白质0.7%、脂肪0.2%、总糖10%、维生素C及柠檬酸。果实可生吃，是当地群众初秋喜爱的野果，可加工成果酒、果酱、果汁，晒干是药材部门主要收购的种类。

13. 金樱子（刺梨子、糖罐头）**Rosa laevigata** Michx.（蔷薇科 Rosaceae）

果含柠檬酸、苹果酸、鞣质、维生素C、皂苷、糖等，维生素C含量高达1.2%，含总糖20%、总酸0.4%～0.8%。成熟的金樱子果实甜味浓，有蜂糖味及爽口清香，除鲜食外，可制果汁、果酒、果酱，特别适用于加工饮料。

14. 掌叶覆盆子（掌叶悬钩子）**Rubus chingii** Hu（蔷薇科 Rosaceae）

果含水分79.55%、总糖9.63%、总酸1.28%、粗蛋白2.31%、维生素C 5.78mg/100g、维生素B$_1$ 0.24μg/g、维生素B$_2$ 0.46μg/g、维生素E 14.79μg/g。果味甘甜清香，微带酸味，是本属中口感最好的种类之一，市场上500g价格超百元。目前多地开始人工栽培生产，主要是作中药材。

15. 山莓 Rubus corchorifolius Linn. f.（蔷薇科 Rosaceae）

果实含水分80.78%、总糖10.03%、总酸1.65%、粗蛋白1.22%、维生素C 5.29mg/100g、维生素B$_1$ 0.28μg/g、维生素B$_2$ 0.34μg/g、维生素E 14.64μg/g。果实可鲜食，味甘甜。宜制果汁、果酒、果酱。

入药具有补肝肾、固精之功效，对食欲不振、酸胀吐泻、遗精、阳痿有一定的治疗作用。

16. 插田泡（复盆子）**Rubus coreanus** Miq.（蔷薇科 Rosaceae）

果含水分83.62%、总糖8.08%、总酸2.31%、粗蛋白2.38%、维生素C 20.65mg/100g、维生素B$_1$ 0.51μg/g、维生素B$_2$ 0.25μg/g、维生素E 99.60μg/g。果味甘甜，清香，熟时紫红色。植株大，是本属单株结实量最大的种类之一，除鲜食外还可制果汁、果酒、果酱。

17. 高粱泡 Rubus lambertianus Ser.（蔷薇科 Rosaceae）

果实含水分88.44%、总糖2.40%、总酸3.36%、粗蛋白2.56%、维生素C 14.15mg/100g、维生素B$_1$ 0.71μg/g、维生素B$_2$ 0.92μg/g、维生素E 72.48μg/g。果味酸甘，略偏酸，可生食、酿酒。

18. 蓬蘽 Rubus hirsutus Thunb.（蔷薇科 Rosaceae）

果实含柠檬酸、苹果酸、盐类、水杨酸、果胶质、糖和维生素。据报道，果含水分84.83%、总糖7.97%、总酸1.93%、粗蛋白2.03%、维生素C 14.55mg/100g、维生素B$_1$ 0.34μg/g、维生素B$_2$ 0.34μg/g、维生素E 16.27μg/g。蓬蘽结果量大，果味甘甜，不带酸味，为多数人所喜食，可制果汁、果酒、果酱。

19. 茅莓 **Rubus parvifolius** Linn.（蔷薇科 Rosaceae）

果含水分96.27%、总糖2.96%、总酸1.28%、粗蛋白2.17%、维生素C 12.12mg/100g、维生素B_1 0.14μg/g、维生素B_2 0.39μg/g、维生素E 9.63μg/g。聚合果熟时紫红色，晶莹剔透，甘甜清香，且结果量大，实为难得的优良野生水果，除鲜食外还可制果汁、果酒、果酱。

20. 盾叶莓 **Rubus peltatus** Maxim.（蔷薇科 Rosaceae）

果含水分80.78%、总糖8.30%、总酸2.56%、粗蛋白2.14%、维生素C 12.93mg/100g、维生素B_1 0.26μg/g、维生素B_2 0.40 μg/g、维生素E 15.79μg/g。果味甘甜，单果重可达30g，是本属最大的种类之一，建议选择优良单株，开展人工栽培生产。

附：保护区共有悬钩子属*Rubus* Linn.30种，除木莓味苦，不堪食用外，均可作野果食用或开发其他产品。

21. 南酸枣 **Choerospondias axillaris** (Roxb.) Burtt et Hill（漆树科 Anacardiaceae）

果实可食部分含可溶性膳食纤维16.07mg/g、果胶16.78mg/g、黄酮1.85mg/g、氨基酸0.40mg/g、还原糖4.79mg/g、总酸16.61mg/g。果实生食，味略偏酸，可加少量白糖，则酸甜适口。除生食外，可制果汁、果脯、果酱、果酒、果醋。当地群众将其加入米粉（部分糯米粉）制成酸糕，很受欢迎。

具有健脾胃、收敛止痛之功效。常用于治疗胃酸缺乏、消化不良、肠炎、痢疾引起的腹痛、腹泻等疾病。

22. 枳椇（拐枣）**Hovenia acerba** Lindl.（鼠李科 Rhamnaceae）

果梗含蔗糖24%、葡萄糖9.52%、果糖7.92%。果梗可食用，味香甜而微酸。入药有健脾胃、滋阴补血之功效。嫩叶中也含有果糖，可以鲜食，其味如蜜。将树枝破碎，加水煎熬可制成蜜汁，是制作新型饮料的上好原料。果梗可加工成罐头、果酱，制作高级补品，用果梗酿制的拐枣酒能治风湿病。

附：同属还有光叶毛果枳椇*Hovenia trichocarpa* Chun et Tsiang var. *robusta* (Nakai et Y. Kimura) Y. L. Chon et P. K. Chou具有相近的开发价值。

23. 刺葡萄 **Vitis davidii**（Roman.）Föex（葡萄科 Vitaceae）

刺葡萄果实紫黑色，果实含水73%～80%，可溶性固形含量为16%，含糖量高达10%～30%，以葡萄糖为主，直接食用，酸甜可口，回味无穷。刺葡萄中的多量果酸有助于消化，适当多吃能健脾和胃。果中含有矿物质元素（如钙、钾、磷、铁）及多种维生素（如维生素B_1、维生素B_2、维生素B_6、维生素C）等，还含有多种人体所需的氨基酸，常食对治疗神经衰弱、疲劳过度大有裨益，是妇女、儿童和体弱贫血者的滋补佳品。

附：同属的蘷薁 *Vitis bryoniifolia* Bunge 和葛藟（葛藟葡萄）*Vitis flexuosa* Thunb. 的果实均可食用，果较刺葡萄小，但甜度更高。

24. 中华猕猴桃 **Actinidia chinensis** Planch.（猕猴桃科 Actinidiaceae）

中华猕猴桃的果实甜酸可口，风味极佳。果实除鲜食外，也可以加工成各种食品和饮料，如果酱、果汁、罐头、果脯、果酒、果冻等，具有丰富的营养价值，是高级滋补营养品。每100g果实中含维生素C 157mg。猕猴桃还含有良好的可溶性膳食纤维，最引人注目的地方当属其超氧化物歧化酶（SOD）含量在水果中名列前茅，仅次于刺梨、蓝莓等小众水果，远强于苹果、梨、西瓜、柑橘等日常水果。猕猴桃还具稳定情绪、降胆固醇、帮助消化、预防便秘、止渴利尿和保护心脏的作用。

25. 软枣猕猴桃 **Actinidia arguta** (Sieb. et Zucc.) Planch. ex Miq.（猕猴桃科 Actinidiaceae）

软枣猕猴桃成熟后不必去果皮，树上采摘即可入口。果实富含糖分和维生素C，其中含葡萄糖15.27%、果糖6.57%，蔗糖2.91%，果汁含酸量14%。果肉柔软多汁，味甘甜或微带酸味，性凉，有解热止渴、利尿通淋之功效，对肝炎、肺结核、胃、十二指肠溃疡有辅助疗效。也可制果酱、蜜饯、酿酒，或加工成罐头。

26. 毛花猕猴桃 **Actinidia eriantha** Benth.（猕猴桃科 Actinidiaceae）

果实含糖10%左右，含多种维生素及有机酸，还含有磷、钾、钙、镁、钠、铁、果胶质、猕猴桃碱。果味酸甜适口、性微寒，具清热生津、健脾止泻之功能，对于急慢性胃肠炎引起的腹泻、消化不良、食欲不振均有治疗作用。除生食外，可制果汁、果酱、果脯、罐头及酿酒。

27. 蔓胡颓子 **Elaeagnus glabra** Thunb.（胡颓子科 Elaeagnaceae）

果实味酸甜，可生食。单果质量约0.92g，可食率63.2%，可溶性固形物含量130.0mg/kg，酸度0.52%，糖度3.33%，维生素C含量42.5mg/kg，蛋白质含量2.05%。其他可参考胡颓子。

28. 胡颓子 **Elaeagnus pungens** Thunb.（胡颓子科 Elaeagnaceae）

果实味酸甜，可生食。单果质量约0.88g，可食率62.5%，可溶性固形物含量110.2mg/kg，酸度0.53%，糖度3.28%，维生素C含量 44.1mg/kg，蛋白质含量1.84%。也可酿果酒和熬糖。具有消食、止痢、止咳之功效，对消化不良、肠炎、痢疾、肺热喘咳有一定的疗效。

29. 牛奶子 **Elaeagnus umbellata** Thunb.（胡颓子科 Elaeagnaceae）

果实含脂肪0.98%、可溶性糖16.98%、果胶0.19%、苹果酸0.44%、纤维素3.84%。果肉肉质透明，汁液澄清，味甜，可生食。也可酿酒，作蜜饯、果酱。

30. 四照花 **Cornus kousa** F. Buerger ex Hance subsp. **chinensis** (Osborn) Q. Y. Xiang（山茱萸科 Cornaceae）

聚花果可生食，味甘甜，略有粗糙感。据测定，果实主要含可溶性蛋白3.534mg/g、可溶性糖62.84mg/g、游离氨基酸0.2255mg/g。也可酿酒、制醋。果实含茱萸苷、鞣质、维生素A及各种有机酸。药用为收敛强壮药，用于健胃补肾、治腰痛等病。

附：同属的秀丽香港四照花（秀丽四照花）*Cornus hongkongensis* Hemsl. subsp. *elegans*

(Fang et Hsieh) Q. Y. Xiang果亦可食用。

31. 乌饭树 **Vaccinium bracteatum** Thunb.（杜鹃花科 Ericaceae）

果味甘甜，可生食，又可熬糖、酿酒和制作饮料。食用乌饭树果实有强筋骨、益气、固精之功效，对心肾衰弱、支气管炎也有治疗作用。乌饭树果实每100g含水分8.2g、脂肪0.80g、蛋白质0.73g、可溶性固形物12.70g、总糖8.40g、粗纤维0.374g、灰分0.44g、维生素B_1 0.03mg、维生素B_2 0.05mg、烟酸1.24 mg、维生素C 21.40mg、氨基酸633.8mg，此外还含有多种微量元素。

附：同属尚有短尾越橘*Vaccinium carlesii* Dunn.、无梗越橘 *Vaccinium henryi* Hemsl.、江南越橘*Vaccinium mandarinorum* Diels、刺毛越橘 Vaccinium trichocladum Merr. et Metc。果实均可食用。

32. 龙葵 **Solanum nigrum** Linn.（茄科 Solanaceae）

龙葵果实为球状浆果，富含汁液，香气浓郁，并具有红宝石的天然色泽。龙葵果含有丰富的营养物质，特别是矿物质、维生素含量较高。生食略有苦味，具清热解毒的功效，可治疗疮肿毒、白带异常、咽喉肿痛、痢疾等症。龙葵果是酿酒的好原料。

附：同科的苦蘵*Physalis angulata* Linn.果亦可食用。

33. 芭蕉 **Musa basjoo** Sieb. et Zucc.（芭蕉科 Musaceae）

果可食用，果肉细腻润滑，但回味中略带一些酸涩。芭蕉果含有丰富的糖类、氨基酸及膳食纤维素，有利于肠胃健康，保护胃黏膜；芭蕉果还具有很强的利水消肿的作用，钾元素含量丰富，能够保持体内的电解质平衡和有效消除水肿的现象，对高血压也有很好的辅助治疗作用。

第二章 药用植物资源

药用植物资源是含有药用成分，对人类有直接或间接医疗作用和保健护理功能，可以作为植物性药物开发利用的植物总称。按吴征镒植物资源分类系统，药用植物资源分为中草药资源、农药植物资源和有毒植物资源3类。

第一节　中草药资源

一、概述

中草药是对我国所使用的天然药物的总称，它包括了中药和草药两大类。中药是指中国药典和地方药典记载的药，药典明确规定每种中药材的原植物，药用部位，采收季节，加工方法，药材的性状，鉴别的方法，水分、灰分、酸不溶性灰分、浸出物和有效成分含量。中药材可炮制成饮片。药典对饮片的炮制方法、外观性状、有效成分含量、性味与归经、功能与主治、用法和用量、配伍注意事项、饮片储藏等都做了严格的规定，为我国中药生产、加工和应用的法定标准。而草药通常称民间药，包括少数民族地区使用的药物，对中华民族的生存、繁衍和健康起到了极大的作用。它虽然没有中药那样有严格的规范和法定标准，但也有许多不成文的生产方法和使用标准。中草药通常包括植物药、动物药和矿物药3大类，但以植物药为主（约占中草药资源种类的87%）。本文所说的中草药仅指植物药。

（一）按药物的功效分类

此分类方法是在中医理论的指导下，按药物功效的相近性进行分类，中医药专业的《中药学》教材中就是按此分类的，通常分成如下类别。

1. 解表药。凡能疏解肌表、促使发汗，用于发散表邪、解除表症的中药材，称为解表药。其一般分为发散风寒药（如紫苏、生姜、香薷、葛根、浙江樟等）、发散风热药（如薄荷、菊花、天胡荽、桑叶、醉鱼草等）。

2. 清热药。凡以清解里热为主要作用的中药材，称为清热药，如天花粉（栝楼的根）、短萼黄连、淡竹叶、忍冬、蒲公英、紫花地丁、天目地黄、玄参、地骨皮（枸杞的根）等。

3. 泻下药。凡能引起腹泻或滑润大肠，促进排便的中药材，称为泻下药，如巴豆、芫花、荛花、美洲商陆等。

4. 祛风湿药。以祛除肌肉、经络、肌肉、筋骨的风湿湿邪，解除痹痛为主要作用的中药材，称为祛风湿药，如松节（马尾松树干上的节）、乌头、雷公藤、桑枝、豨莶、五加、藿香、桑寄生等。

5. 化湿药。凡气味芳香、性偏温燥、具有化湿运脾作用的中药材，称为化湿药，也称芳香化湿药，如佩兰、藿香、厚朴等。

6. 利水渗湿药。以通利水道、渗泄水湿为主要功效的中药材，称为利水渗湿药，如木通、车前、石韦、杠板归、荠菜等。

7. 温里药。凡能温里散寒、治疗里寒症的中药材，称为温里药，如花椒、吴茱萸、附子（乌头的侧根）、蛇床子、辣椒等。

8. 理气药。凡具有疏畅气机、消除气滞功效的中药材，称为理气药，如橘皮、乌药、香附子、柿蒂、厚朴等。

9. 消食药。凡能促进消化、以治疗饮食积滞为主的中药材，称为消食药，如野山楂、湖北山楂、鸡矢藤、萝卜子等。

10. 驱虫药。凡以驱除或杀灭人体内外寄生虫为主要作用的中药材，称为驱虫药，如苦楝皮、龙芽草（芽）、天名精（果实）、野胡萝卜（果实）、榧树（种子）等。

11. 止血药。凡以制止体内外出血为主要作用的中药材，称为止血药，如大蓟、刺儿菜、地榆、槐树（花）、侧柏（叶）、白茅（根）、茜草、白芨、棕榈（炭）等。

12. 活血化瘀药。凡以通行血脉、消散瘀血为主要作用的中药材，称为活血化瘀药，如桃（种仁）、益母草、泽兰、牛膝、月季（花）、奇蒿等。

13. 化痰止咳平喘药。凡能祛痰或消痰，减轻或制止咳嗽、喘息的中药材，称为化痰止咳平喘药，如半夏、天南星、旋覆花、前胡、桔梗、黄药子、百部、枇杷（叶）、紫金牛等。

14. 安神药。凡以安定神志为主要功效的中药材，称为安神药，如合欢（皮）、何首乌（藤）、侧柏（种子）等。

15. 平肝息风药。以平肝潜阳、息风止痉为主要作用的中药材，称为平肝息风药，如钩藤、蒺藜、天麻等。

16. 开窍药。凡具辛香走窜之性、以开窍醒神主要作用的中药材，称为开窍药，如樟脑、石菖蒲、菖蒲等。

17. 补虚药。凡能补益正气、增强体质、提高抗病能力、消除虚弱症候的中药材，称为补虚药，如孩儿参、淫羊藿、菟丝子、杜仲、何首乌、百合、麦冬、黄精、女贞子（果实）等。

18. 收涩药。凡以收敛固涩为主要功效的中药材，称为收涩药，如山茱萸、五倍子（盐肤木的虫瘿）、金樱子、棕榈皮、覆盆子等。

19. 涌吐药。凡以促使呕吐为主要功效的中药材，称为涌吐药，如油桐、木油桐、牯岭藜芦等。

20. 解毒杀虫燥湿止痒药。凡以解毒疗疮、攻毒杀虫、燥湿止痒为主要功效的中药材，称为解毒杀虫燥湿止痒药，如蛇床子、土荆皮（金钱松的根皮）、大蒜、博落回等。

21. 拔毒化腐生肌药。凡以拔毒化腐、生肌敛疮为主要功效的中药材，称为拔毒化腐生肌药。这类药材多具剧毒，只可外用，且以矿石为主，植物药较少，如白芨、紫珠等。

（二）按药用部位分类

根据药用部位的异同，药用植物分成如下9类。中草药生产、加工、销售常用该分类方法。

1. 根及根状茎类。该类药用植物的药用部位为根及地下茎（包括根状茎、鳞茎、球茎、块茎、假鳞茎），如薯蓣、白芨、百合、半夏、延胡索等。

2. 茎木类。该类药用植物的药用部位为植物的茎(藤)、枝、木、髓等，如夜交藤(何首乌的茎)、天仙藤（马兜铃的茎）、桑枝、皂角刺（皂荚的枝刺）、鬼羽箭（卫矛的木栓翅）等。

3. 皮类。该类药用植物的药用部位为植物的树皮或根皮，如杜仲、厚朴、五加皮、海桐皮（楤木的根皮）、桑白皮（桑的根皮和树皮）等。

4. 叶类。该类药用植物的药用部位为植物的叶，如枇杷叶、银杏叶、侧柏叶、艾叶等。

5. 花类。该类药用植物的药用部位为植物的整花、花序、花蕾或柱头等，如菊花、忍冬、月季、玉兰等。

6. 果实和种子类。该类药用植物的药用部位为植物的成熟或未成熟的果实、果皮、果肉、果核、种仁，如栝楼、山茱萸、枸杞等。

7. 全草类。该类药用植物的药用部位为植物的茎、叶或全株，如薄荷、藿香、细辛、紫花地丁等。

8. 树脂类。该类药用植物的药用部位来源于植物体产生的树脂或树胶，如安息香、松香（马尾松的树脂）、枫香脂等。

9. 藻菌类。该类药用植物为药用的藻类和真菌，如海带、昆布、冬虫夏草、茯苓、灵芝等。

（三）按有效成分分类

此方法根据药用植物所含的有效成分和生物活性物质的异同进行分类。此分类方法突出植物体的有效成分，有利于药用植物资源的开发利用，但由于药用植物常常有多种化学成分，且很多药用植物的有效成分尚未查清，故实际操作比较困难。在药用植物化学分类学和中药化学中常用此分类方法。通常有以下种类。

1. 含生物碱类药用植物。如乌头、延胡索、贝母、短萼黄连等。

2. 含皂苷类药用植物。如大叶三七、桔梗、甘草等。

3. 含醌类药用植物。如南丹参、何首乌、虎杖等。

4. 含香豆素和木质素类药用植物。如厚朴、杜仲、五味子、白芷等。

5. 含黄酮类药用植物。如葛根、黄芩、银杏叶、淫羊藿等。

6. 含强心苷类药用植物。如香加皮（杠柳的根皮）、洋地黄、黄花夹竹桃等。

7. 含萜类和挥发油类药用植物。如龙胆、天目地黄、薄荷、浙江樟等。

8. 含鞣质类药用植物。如五倍子（盐肤木的虫瘿）、何首乌、野山楂、木瓜、地榆等。

9. 含有机酸类药用植物。如忍冬、马兜铃、乌梅、五味子、覆盆子等。

（四）按植物的亲缘关系分类

按植物的亲缘关系分类即按植物分类系统分类，使用植物分类学的界、门、纲、目、科、属、种的分类系统，把药用植物进行分门别类。亲缘关系相近的，其化学成分也比较相近，便于在同种、同属、同科中寻找具有相类似的有效成分的新类群和新药。药用植物学多用该分类方法。本文按此分类法进行阐述。

我国地域辽阔，自然环境复杂多样，中草药种类繁多，资源十分丰富。根据文献资料统计，目前已知的中草药资源有383科2309属11146种。根据调查和有关文献资料，保护区的中草药共有189科685属1240种（包括种下分类等级），其中，蕨类植物40科66属148种，裸子植物8科13属15种，被子植物141科606属1077种。

二、主要中草药资源列举

I　蕨类植物门　Pteridophyta

一 石杉科 Huperziaceae

1. 蛇足石杉 Huperzia serrata (Thunb.) Trev.

生态环境：山谷两侧林荫下，特别是毛竹林下湿地、路旁或沟谷石上较多。

分布：保护区全区范围均有零星分布。

药用部位：夏秋采收，全草晒干后备用。

性味功效：性平，味苦、辛、微甘，具有止血散瘀、消肿止痛、清热除湿、解毒等功效。

主治用法：主治跌打损伤、内伤吐血、尿血、痔疮下血、白带异常、肿毒、口腔溃疡、水火烫伤等症。用量3～9g；外用鲜品适量，捣烂后敷患处。孕妇禁服。自1972年中国首次报道，该植物中所含的生物碱石杉碱甲在动物试验中有松弛横纹肌的作用后，蛇足石杉被医药界所重视。石杉碱甲是一种高效、低毒、可逆、具高选择性的乙酰胆碱酯酶抑制剂，可用于改善记忆力、治疗重症肌无力和阿尔茨海默病等，并对抑制有机磷酸中毒有一定疗效。

二 石松科 Lycopodiaceae

1. 石松 Lycopodium japonicum Thunb. ex Murray

生态环境：通常在土壤酸性、光照比较充足的疏林、草丛生长较多。

分布：保护区全区均有零星分布。

药用部位：夏秋采收，全草切段后晒干后备用。

性味功效：微苦、辛，温。祛风解毒，收敛止血，通经活络，消肿止痛。

主治用法：主治风湿腰腿痛、关节疼痛、屈伸不利、跌打损伤、刀伤、烫火伤。用量15～30g。

2. 藤石松 Lycopodiastrum casuarinoides (Spring) Holub ex Dixit

生态环境：海拔1000m以下山坡、山顶疏林或灌丛中。

分布：保护区全区均有零星分布。垟溪、乌岩岭分布较多。

药用部位：夏秋采收，全草切段后晒干后备用。

性味功效：味微甘，性温。祛风除湿，舒筋活血，明目，解毒。

主治用法：主治风湿性关节炎、跌打损伤、月经不调。用量15～60g，水煎或泡酒服。

三 卷柏科 Selaginellaceae

1. 卷柏 Selaginella tamariscina (Beauv.) Spring

生态环境：生于山谷潮湿的岩石上。

分布：保护区全区海拔1000m以下山谷常见。

药用部位：夏秋采收，全草晒干后备用。

性味功效：味辛，性平。活血通经，炒炭止血。

主治用法：治闭经、子宫出血、便血、脱肛。用量6～15g。据报道，对治疗放疗后鼻咽癌有较好疗效。

四 松叶蕨科 Psilotaceae

1. 松叶蕨 Psilotum nudum (Linn.) Griseb.

生态环境：生于岩石缝隙中或附生于树干上。

分布：保护区内仅见于乌岩岭。

药用部位：夏秋采收，全草晒干后备用。

性味功效：味辛涩，性温。活血止血，祛风湿。

主治用法：治疗瘘伤吐血、坐骨神经风湿麻木、筋骨疼痛、跌打损伤等症。用量6～15g。

五 阴地蕨科 Botrychiaceae

1. 阴地蕨 Scepteridium ternatum (Thunb.) Lyon

生态环境：生于山地林下阴湿处。

分布：保护区内仅见于乌岩岭。

药用部位：冬至至清明采收，全草鲜用或晒干后备用。

性味功效：味甘、苦，性凉、微寒。清热解毒，平肝熄风，止咳，止血，明目去翳。

主治用法：主治小儿高热惊搐、肺热咳嗽、咯血、百日咳、癫狂、痢疾、疮疡肿毒、瘰疬、毒蛇咬伤、目赤火眼、目生翳障。

六 观音座莲科 Angiopteridaceae

1. 福建莲座蕨 Angiopteris fokiensis Hieron.

生态环境：生于海拔200～500m山谷溪边林中阴湿处。

分布：垟溪。

药用部位：根状茎切片，晒干后备用。

性味功效：味淡，性凉。祛瘀止血，解毒。

主治用法：治跌打损伤、功能性子宫出血。外用治毒蛇咬伤、疔疮、创伤出血。用量9～15g。

七 紫萁科 Osmundaceae

1. 紫萁 Osmunda japonica Thunb.

生态环境：生于海拔200～1000m山坡、山谷林下。

分布：保护区分布较普遍。

药用部位：根状茎切片，晒干后备用。

性味功效：味苦，性凉，有小毒。清热解毒，止血，杀虫。

主治用法：预防麻疹、流行性乙型脑炎；治流行性感冒、痢疾、子宫出血、钩虫病、蛔虫病。用量6～15g，孕妇慎用。

八 海金沙科 Lygodiaceae

1. 海金沙 Lygodium japonicum (Thunb.) Sw.

生态环境：生于山谷、灌丛、路旁、村边。

分布：保护区分布普遍。

药用部位：立秋前后打下孢子（即海金沙）；全年割下全草，晒干后备用。

性味功效：味甘，性寒。利尿通淋，清热解毒。

主治用法：治泌尿系统感染、肾炎、感冒、气管炎、腮腺炎、流行性乙型脑炎、痢疾、肝炎、乳腺炎。用量：海金沙（孢子）6~9g，全草15~30g。

九 蚌壳蕨科 Dicksoniaceae

1. 金毛狗 Cibotium barometz (Linn.) J. Smith

生态环境：溪沟边、林下阴湿处。

分布：叶山岭、竹里、垟溪。

药用部位：全年可采，根状茎切片，晒干后备用。

性味功效：味苦、甘，性温。补肝肾，强筋骨，壮腰膝，祛风湿。

主治用法：治腰肌劳损、腰腿疼痛、风湿性关节炎、半身不遂、遗尿、老人尿频。用量3~9g。治外伤出血，取少量捣烂后敷伤口。

一〇 蕨科 Pteridiaceae

1. 蕨 Pteridium aquilinum (Linn.) Kuhn var. **latiusculum** (Desv.) Unherw.

生态环境：生于海拔200m以上的荒山、荒坡、疏林下、林缘。

分布：保护区分布普遍。

药用部位：根状茎及全草。根状茎秋冬采收，全草夏秋采收，切段，晒干后备用。

性味功效：味甘，性寒。清热利湿，消肿，安神。

主治用法：治发热、痢疾、湿热黄疸、高血压、头昏失眠、风湿性关节炎、白带异常、痔疮、脱肛。用量9~30g。

一一 凤尾蕨科 Pteridaceae

1. 剑叶凤尾蕨 Pteris ensiformis Burm.

生态环境：生于海拔1000m以下的林下、路旁灌丛中。

分布：保护区内分布普遍，但零星。

药用部位：夏秋采收，全草鲜用或晒干后备用。

性味功效：味甘苦、微辛，性凉。清热解毒，利尿。

主治用法：治湿热黄疸性肝炎、痢疾、乳腺炎、小便不利。用量15~30g。

2. 井栏边草 Pteris multifida Poir.

生态环境：林下、路旁、村边草丛中。

分布：保护区内分布普遍。

药用部位：全年可采收，全草鲜用或晒干后备用。

性味功效：味淡，性凉。清热利湿，解毒止痢，凉血止血。

主治用法：治痢疾、肝炎、泌尿系统感染、感冒发热、咽喉肿痛、白带异常、崩漏、农药中毒。外用治外伤出血、烧伤、烫伤。用量15~30g。

一二 中国蕨科 Sinopteridaceae

1. 野雉尾（金粉蕨）**Onychium japonicum** (Thunb.) Kunze

生态环境：多见于山坡林缘、沟边岩石上、路边。

分布：保护区内分布普遍。

药用部位：全年可采收，全草鲜用或晒干后备用。

性味功效：味涩、苦，性凉。清热解毒，利尿，祛风除湿。

主治用法：治外感风热、恶风、咽痛、风湿痹痛、跌打疼痛、胃疼、疮毒、黄疸型肝炎、乳腺炎、肠炎、痢疾、外伤出血。用量9～15g。

一三 裸子蕨科 Hemionitidacea

1. 凤丫蕨 Coniogramme japonica (Thunb.) Diels

生态环境：山谷或林下潮湿处。

分布：保护区内分布普遍。

药用部位：夏秋采收，全草鲜用或晒干后备用。

性味功效：味苦，性凉。清热解毒，活血止痛，祛风除湿。

主治用法：治风湿筋骨痛、跌打损伤、瘀血腹痛、闭经、目赤肿痛、肿毒初起、乳腺炎。用量15～30g。

一四 铁角蕨科 Aspleniaceae

1. 铁角蕨 Asplenium trichomanes Linn.

生态环境：多见于山谷、山坡、路边石缝。

分布：保护区内分布普遍。

药用部位：夏秋采收，全草鲜用或晒干后备用。

性味功效：味苦，性寒。清热利湿，消肿解毒，利尿通淋。

主治用法：治小儿高热惊风、阴虚盗汗、痢疾、月经不调、带下病、淋浊、胃溃疡、烧伤、烫伤、疮疖肿毒、外伤出血。用量15～30g。

一五 乌毛蕨科 Blechnaceaae

1. 狗脊 Woodwardia japonica (Linn. f.) Smith

生态环境：多生于林下、灌丛、荒地。

分布：保护区内分布普遍。

药用部位：全年可采，根状茎切片，晒干后备用。

性味功效：味微苦，性凉，有小毒。清热解毒，止血。

主治用法：预防麻疹、流行性乙型脑炎。治流行性感冒、痢疾、子宫出血、钩虫病、蛔虫病。用量6～15g。孕妇慎用。

2. 胎生狗脊 Woodwardia prolifera Hook. et Arn.

生态环境：山地、路边、疏林下。

分布：保护区内分布普遍。

药用部位：全年可采，根状茎切片，晒干后备用。

性味功效：味苦，性寒。祛风除湿。

主治用法：用于治疗肝肾不足所致腰腿痛、四肢麻木、筋骨疼痛等症。用量9～12g，水煎服。

一六 鳞毛蕨科 Dryopteridaceae

1. 贯众 Cyrtomium fortunei J. Smith

生态环境：生于海拔1000m以下疏林下、岩石上、坡地，以及树干上。

分布：保护区内分布普遍。

药用部位：全年可采，根状茎切片，晒干后备用。

性味功效：味苦涩，微寒。清热解毒，止血，平肝，杀虫。

主治用法：治疗热病发斑疹、吐血、衄血、崩漏、便血、赤痢、虫积腹痛等症。用量9～30g。

一七 肾蕨科 Nephrolepidaceae

1. 肾蕨 Nephrolepis cordifolia (Linn.) C. Presl

生态环境：生于海拔500m以下的向阳山坡林下。

分布：保护区内垟溪和叶山岭比较常见。

药用部位：全年可采收，根状茎、叶或全草晒干后备用。

性味功效：味甘、淡、微涩，性凉。清热解毒，润肺止咳，软坚消积。

主治用法：治感冒发热、肺热咳嗽、黄疸、淋浊、小便涩痛、泄泻、痢疾、带下、疝气、乳痈、瘰疬、烫伤、刀伤、淋巴结炎、体癣、睾丸炎。用量15～30g。

一八 水龙骨科 Polypodiaceae

1. 水龙骨 Polypodiodes niponica (Mett.) Ching

生态环境：海拔800m以下林下、林缘、山沟水边岩石上或林中树干上。

分布：保护区内分布较广，但较零星。

药用部位：夏秋采收，根状茎晒干后备用。

性味功效：味甘、苦，性凉。清热解毒，祛风利湿，止咳止痛。

主治用法：内服治小儿高热惊风、咳嗽气喘、急性结膜炎、尿路感染、风湿性关节炎、牙痛。外用治荨麻疹、疮疖肿毒、跌打损伤。用量15～30g。

2. 石韦 Pyrrosia lingua (Thunb.) Farwell

生态环境：多生于岩石上或树干上。

分布：保护区内分布较普遍。

药用部位：全年可采收，全草晒干后备用。

性味功效：味苦、甘，性凉。清热化痰，利尿通淋，清肺。

主治用法：利水通淋，清肺泄热。治淋痛、尿血、尿路结石、肾炎、崩漏、痢疾、肺热咳嗽、慢性气管炎、金疮、痈疽。

3. 庐山石韦 Pyrrosia sheareri (Bak.) Ching

生态环境：多生于岩石上或树干上。

分布：保护区内分布较普遍。

药用部位：全年可采收，全草晒干后备用。

性味功效：味苦、甘，性寒。清热化痰，利尿通淋。

主治用法：治水肿、淋病、热咳、痰多。

一九 槲蕨科 Drynariaceae

1. 槲蕨 Drynaria roosii Nakaike

生态环境：多生于岩石上或树干上。

分布：保护区内分布较普遍。

药用部位：全年可采收，根状茎晒干后备用。

性味功效：味微苦，性温。补肾，壮骨，祛风湿，活血止痛。

主治用法：治跌打损伤、骨折、瘀血作痛、风湿性关节炎、肾虚久泻、耳鸣牙痛。用量4.5～9g。

II 裸子植物门 Gymnospermae

一 苏铁科 Cycadaceae

1. 苏铁 Cycas revolute Thunb.

生态环境：庭院栽培。

分布：保护区内村落附近有栽培。

药用部位：叶全年可采，夏季采花，秋季采种子。

性味功效：叶、花、种子味微甘，性微温，有小毒。活血、止血、燥湿。

主治用法：花、种子治慢性肝炎、高血压引起的头胀痛、遗精、白带异常、闭经、胃疼。叶主治痢疾、小儿消化不良、宫颈癌。根祛风通络，主治风湿。

二 银杏科 Ginkgoaceae

1. 银杏 Ginkgo biloba Linn.

生态环境：造林地或房前屋后栽培。

分布：保护区内常见栽培。

药用部位：9—10月采种，去外种皮，洗净，晒干后备用。自然落叶前采叶，晒干后备用。

性味功效：味甘、苦、涩，性平，有小毒。种子能杀虫，温肺益气，镇咳止喘，涩精，止带，抗利尿。叶能益气敛肺，化湿止咳。

主治用法：种子口服治支气管哮喘、慢性气管炎、肺结核、尿频、遗精、白带异常；外敷主治疥疮。叶治冠状动脉硬化性心脏、心绞痛、血清胆固醇过高症、痢疾、象皮肿。用量种子和叶均为4.5～9g。

三 松科 Pinaceae

1. 马尾松 Pinus massoniana Lamb.

生态环境：生于海拔1000m以下的山地，向阳山坡较多。

分布：保护区内分布最普遍的树种之一。

药用部位：松节（带油的茎节）、针叶全年采收。松脂春、夏采割，采用蒸汽法得到松节油和松香，保存备用。松花粉在雄球花即将开放前采收。

性味功效：松节味苦，性温；祛风燥湿。松节油味苦、甘，性温；散寒止痛。松香味苦、甘，性温；生肌止痛，燥湿杀虫。松针味苦，性温；祛风燥湿。松花粉味甘，性温；润肺止咳，燥湿收敛，益气血，止血。

主治用法：松节和松节油主治风湿性关节炎、跌打损伤、扭伤、筋骨疼痛。松花粉口服主治血虚头晕，外敷治湿疹。松香治湿疹瘙痒。松枝可涩精。松树皮能生肌止血。

2. 黄山松 Pinus taiwanensis Hayata

生态环境：生于海拔1000m以上的山地。

分布：保护区内达到上述海拔高度的山地有分布。

药用部位：参考马尾松。

性味功效：参考马尾松。

主治用法：参考马尾松。

3. 金钱松 Pseudolarix kaempferi (Lindl.) Gord.

生态环境：造林地或房前屋后栽培。

分布：现栽培地附近已有逸生。

药用部位：根皮入药，中药名土荆皮，立夏前后采收，晒干后备用。

性味功效：味苦涩，性平，有毒。杀虫疗癣。

主治用法：可治疗各种癣，常单用本品浸酒涂擦或研磨后用醋调配涂擦。

四 杉科 Taxodiaceae

1. 杉木 Cunninghamia lanceolata (Lamb.) Hook.

生态环境：海拔1000m以下的山地。

分布：保护区内常见，多为人工林。

药用部位：幼苗、根、树皮、木材、叶、球果及杉节，全年可采收。

性味功效：味苦辛，性微温。散瘀消肿，祛风解毒，止血生肌。

主治用法：治疝气痛、跌打损伤、痧症。树皮煎水后洗，治皮肤病、漆疮。杉节烧成灰后，调麻油涂患处，治慢性溃疡，生肌收口。嫩叶或幼苗捣烂后外敷，治跌打瘀肿、烧伤、烫伤、外伤出血。

五 柏科 Cupressaceae

1. 侧柏 Platycladus orientalis (Linn.) Franco

生态环境：零星栽培或逸生。

分布：房前屋后、路边偶见。

药用部位：夏、秋采枝叶，秋、冬采种子。

性味功效：枝叶味苦、涩，性寒；凉血，止血，止咳。种子（柏子仁）味甘，性平；养心，安神，润肠。

主治用法：嫩枝及叶治吐血、衄血、尿血、赤白带下、子宫出血、紫斑。种子治失眠、遗精、心悸出汗、神经衰弱、便秘、咳嗽。根皮治急性黄疸性肝炎。球果治慢性气管炎。

六 三尖杉科 Cephalotaxaceae

1. 三尖杉 Cephalotaxus fortunei Hook. f.

生态环境：生于海拔1000m以下的山谷、溪边针阔叶混交林中或裸岩旁。

分布：保护区内各片均有零星分布。

药用部位：夏、秋采收茎皮、枝叶，秋、冬采收种子，晒干后备用。

性味功效：种子味甘、涩，性平；驱虫，消积。枝叶味苦、涩，性寒；止咳润肺，消积，抗癌。

主治用法：种子治蛔虫病、钩虫病、积食；用量16～18g，水煎，早、晚饭后各服一次，或炒熟食用。枝叶治恶性肿瘤，三尖杉总生物碱对淋巴肉瘤、肺癌、嗜酸性淋巴肉芽肿等有较好的疗效，对胃癌、上颌窦癌、子宫平滑肌肉瘤、食道癌也有一定效果。

2. 粗榧 Cephalotaxus sinensis (Rehd. et Wils.) Li

生态环境：生于海拔200～600m的砂岩或石灰岩背阴山坡、溪谷杂木林中。

分布：保护区内各片均有零星分布。

药用部位：参考三尖杉。

性味功效：参考三尖杉。

主治用法：参考三尖杉。

七 红豆杉科 Taxaceae

1. 南方红豆杉 Taxus wallichiana Zucc. var. **mairei** (Lemee et Lévl.) L. K. Fu et Nan Li

生态环境：生于海拔600m以下常绿阔叶林或混交林内，零星散生。

分布：保护区内见于乌岩岭、垟溪。

药用部位：秋、冬采收种子，晒干后备用。

性味功效：味苦、辛，性温。驱虫，消积食，抗癌。

主治用法：治食积、蛔虫病。用量9～15g，炒热，水煎服。

2. 榧树 Torreya grandis Fort. ex Lindl.

生态环境：生于海拔400～800m的针阔叶混交林中。

分布：保护区内见于乌岩岭、垟溪。

药用部位：秋冬采收种子，晒干后备用。

性味功效：种子味甘，性平。杀虫，消积，润肠。

主治用法：治虫积腹痛、小儿疳积、燥咳、便秘、痔疮。

III 被子植物门 Angiospermae

三白草科 Saururaceae

1. 蕺菜（鱼腥草）Houttuynia cordata Thunb.

生态环境：生于低湿沼泽地、沟边、溪旁、路边、林缘。

分布：保护区内常见。

药用部位：夏、秋采收，全草鲜用或晒干后备用。

性味功效：味酸、辛，性凉，有小毒。清热解毒，利水消肿。

主治用法：口服治扁桃体炎、肺脓肿、肺炎、气管炎、泌尿系统感染、肾炎水肿、蜂窝组织炎、中耳炎；外用治痈疖肿毒、毒蛇咬伤。用量15～30g；外用鲜品适量，捣烂后敷患处。

2. 三白草 Saururus chinensis (Lour.) Baill.

生态环境：生于池塘或溪沟边、溪旁。

分布：保护区内零星分布。

药用部位：夏、秋采收，根状茎或全草晒干后备用。

性味功效：味甘、辛，性寒。清热解毒，利水消肿。

主治用法：口服治尿路感染及结石、肾炎水肿、白带异常；外用治疗疮脓肿、皮肤湿疹、毒蛇咬伤。用量15～30g；外用鲜品适量，捣烂后敷患处。

金粟兰科 Chloranthaceae

1. 及己 Chloranthus serratus (Thunb.) Roem. et Schult.

生态环境：生于沟边林下阴湿处。

分布：保护区内仅见于垟溪。

药用部位：夏、秋采收，全草晒干后备用。

性味功效：味辛，性温，有毒。舒筋活络，祛风止痛，消肿解毒。

主治用法：治跌打损伤、风湿性腰腿痛、疔疮肿毒、毒蛇咬伤。用量3～6g；外用鲜品适量，捣烂后敷患处。

2. 草珊瑚 Sarcandra glabra (Thunb.) Nakai

生态环境：生于海拔1000m以下山坡、山谷林下。

分布：保护区内常见。

药用部位：夏、秋采收，全草晒干后备用。

性味功效：味苦，性平，有小毒。清热解毒，通经接骨。

主治用法：治流行性感冒、流行性乙型脑炎、咽喉炎、麻疹、肺炎、细菌性痢疾、急性阑尾炎、疮疡肿毒、骨折、跌打损伤、风湿性关节炎、癌症。用量9～15g。

三 杨梅科 Myricaceae

1. 杨梅 Myrica rubra (Lour.) Sieb. et Zucc.

生态环境：生于山地疏林中，常见栽培。

分布：保护区内分布较普遍。

药用部位：6—7月采收果实，全年可采树皮和根，晒干后备用。

性味功效：根、树皮味苦，性温；散瘀止血，止痛。果味酸、甘，性平；生津止渴。

主治用法：根、树皮口服治跌打损伤、骨折、痢疾、胃溃疡、十二指肠溃疡、牙痛；外用治创伤出血、烧伤、烫伤。果治口干、食欲不振。用量9～15g；根、树皮外用，取适量研粉，敷患处，或用食用油调后敷患处。

四 胡桃科 Juglandaceae

1. 青钱柳 Cyclocarya paliurus (Batal.) Iljinsk.

生态环境：生于山谷沟边次生阔叶林中。

分布：保护区内见于乌岩岭、垟溪、黄桥等地。

药用部位：树皮、根全年可采收，以冬季为佳，切片，晒干后备用。叶在春季长成正常大小时采摘，按加工茶叶的方式加工备用。

性味功效：味微苦，性温。清热解毒，祛风，消炎止痛，杀虫，止痒。

主治用法：降血压，降血脂，降血糖，防衰老，美容养颜。通常以喝茶的形式食用。

五 桑科 Moraceae

1. 构树 Broussonetia papyrifera (Linn.) L' Hérit. ex Vent.

生态环境：生于低海拔的路边、山谷、林缘。

分布：保护区海拔600m以下常见。

药用部位：夏、秋采收，晒干后备用。

性味功效：种子，中药名楮实子，味甘，性寒；补肾，强筋骨，明目，利尿。叶味甘，性凉；清热，凉血，利湿，杀虫。树皮味甘，性平；利尿消肿，祛风湿。

主治用法：种子治腰膝酸软、肾虚目昏、阳痿、水肿，用量6～12g。叶治鼻衄、肠炎、痢疾，用量9～15g；外用割伤树皮取鲜浆汁，擦患处，治神经性皮炎及癣症。

2. 薜荔 Ficus pumila Linn.

生态环境：生于村郊、旷野、溪沟边树上、石上或残墙破壁上。

分布：保护区内常见。

药用部位：果（隐花果）熟时及时采收，切开，晒干后备用。不育幼枝（中药名络石藤）全年可采收，切段，晒干后备用。

性味功效：果味甘，性平；补肾固精，活血，催乳。络石藤味苦，性平；祛风通络，活血止痛。

主治用法：果治遗精、阳痿、乳汁不通、闭经、乳糜尿，用量9～15g。络石藤治风湿性关节炎、腰腿痛、跌打损伤、痈疖肿毒，外用治创伤出血，用量9～15g。

3. 桑 Morus alba Linn.

生态环境：常见栽培，亦有逸生于村边、旷野。

分布：保护区内多见于人为活动较多的房前屋后、路边、农田边。

药用部位：桑白皮（根部内皮）、桑枝、桑叶夏秋采收。桑椹（果序）果熟时及时采收，晒干后备用。

性味功效：桑白皮味甘，性寒；润肺平喘，利水消肿。桑枝味苦，性平；祛风镇痛，通络，桑叶味甘苦，性寒；疏风清热，清肝明目。桑椹味甘酸，性凉；滋补肝肾，养血祛风。

主治用法：桑白皮治肺热喘咳、面目浮肿、小便不利、高血压、糖尿病、跌打损伤，用量6～12g。桑枝治风湿性关节炎，用量15～30g。桑叶治风热感冒、头痛、目赤肿痛、咽喉肿痛、肺热咳嗽，用量3～12g。桑椹治耳聋目昏、须发早白、神经衰弱、血虚便秘、风湿性关节炎，用量9～15g。

六 马兜铃科 Aristolochiaceae

1. 管花马兜铃 Aristolochia tubiflora Dunn

生态环境：生于山谷、山坡林中灌丛阴湿处。

分布：保护区内见于乌岩岭和垟溪。

药用部位：冬季采挖根和茎，洗净，切段，晒干后备用。

性味功效：根和茎味苦，性寒。清热解毒，消热止喘，降肺气，活筋络。

主治用法：根治痧气、腹痛、胃痛、积食腹胀、毒蛇咬伤。用量干根粉 1 g。毒蛇咬伤鲜品捣烂后外敷。

2. 尾花细辛 Asarum caudigerum Hance

生态环境：生于山谷、溪边林下阴湿处。

分布：保护区内零星分布。

药用部位：春、秋采挖，鲜用或晒干后备用。

性味功效：味辛，性温。活血通经，祛风止咳，清热解毒。

主治用法：治麻疹、跌打损伤、丹毒、毒蛇咬伤、风寒感冒、痰多咳嗽、头痛、牙痛、口舌生疮。

3. 马蹄细辛 （小叶马蹄香） **Asarum ichangense** C.Y. Cheng et C. S. Yang

生态环境：生于阴山坡、湿润林下、林缘潮湿草丛中。

分布：保护区内见于乌岩岭、黄桥和垟溪。

药用部位：夏、秋采收根和全草，晒干后备用。

性味功效：味辛，微苦，性温。祛风止痛，温经散寒。

主治用法：治风寒感冒、咳喘、牙痛、中暑腹痛、肠炎、痢疾、风湿性关节炎、跌打损伤、痈疮肿毒、蛇咬伤。内服：煎汤每次 3 ~ 6g；研磨每次 1g。

七 蓼科 Polygonaceae

1. 何首乌 Fallopia multiflora (Thunb.) Harald.

生态环境：生于低山山坡林缘、山野石缝间、路边、墙旁、旷地上。

分布：保护区内海拔 700m 以下常见。

药用部位：秋、冬采挖块根切片，晒干后备用。夏、秋采茎、叶，切段，晒干后备用。

性味功效：块根（何首乌）生用为生首乌，味甘、苦，性寒，有毒；润肠，解毒，散结。经炮制的何首乌称制首乌，味甘，性温；补肝肾，益精血，养心安神。茎（夜交藤）味甘，性平；养心安神，祛风湿。

主治用法：制首乌治神经衰弱、贫血、须发早白、头晕、失眠、盗汗、血胆固醇过高、腰膝酸痛、遗精、白带异常。生首乌主治阴血不足之便秘、淋巴结结核、痈疖。夜交藤治神经衰弱、失眠多梦、全身酸痛，外用治疮癣瘙痒，用量 9 ~ 15g。

2. 萹蓄 Polygonum aviculare Linn.

生态环境：生于田野、荒地或水边湿地。

分布：保护区内常见。

药用部位：夏、秋采收，全草晒干后备用。

性味功效：味苦，性平。清热利尿，解毒驱虫。

主治用法：治尿路系统感染、结石、肾炎、黄疸、细菌性痢疾、蛔虫病、蛲虫病、疥癣湿痒。用量 6 ~ 9g.

3. 虎杖 Reynoutria japonica Houtt.

生态环境：生于山谷、沟边潮湿处。

分布：保护区内常见。

药用部位：秋、冬挖取根状茎，切片，晒干后备用。

性味功效：根状茎又名活血龙，味苦、酸，性凉。清热利湿，通便解毒，活血化瘀。

主治用法：治肝炎、肠炎、痢疾、扁桃体炎、咽喉炎、支气管炎、风湿性关节炎、急性肾炎、尿路感染、闭经、便秘。外用治烧伤、烫伤、跌打损伤、痈疖肿毒、毒蛇咬伤。用量9～15g；外用鲜品捣烂，干品研粉后敷患处。

4. 羊蹄 Rumex japonicus Houtt.

生态环境：生于低山山坡疏林边、溪边、旷野沟边、路旁、村庄园地及墙脚下。

分布：保护区海拔700m以下常见。

药用部位：秋、冬采挖根，切片，晒干后备用。

性味功效：味苦、酸，性寒，有小毒。凉血，止血，解毒，通便，杀虫。

主治用法：治大便秘结、淋浊、黄疸、吐血、秃疮。

八 苋科 Amaranthaceae

1. 土牛膝 Achyranthes aspera Linn.

生态环境：生于山坡疏林、村边路旁、园地及空旷草地上。

分布：保护区内常见。

药用部位：秋季采挖根和根状茎，晒干后备用。

性味功效：味苦、酸，性平。清热解毒，活血通经，祛风止痛。

主治用法：治感冒发热、扁桃体炎、白喉、流行性腮腺炎、疟疾、风湿性关节炎、泌尿系统结石、肾炎消肿。用量15～30g。

附：牛膝 Achyranthes bidentata Blume及其变种少毛牛膝var. japonica Miq.、柳叶牛膝 Achyranthes longifolia (Makino) Makino 药用功效基本相同。

2. 青葙 Celosia argentea Linn.

生态环境：生于旷野、田边、村旁草丛中。出现在人类活动较多处。

分布：保护区内常见。

药用部位：夏、秋果实成熟时采收果序，晒干，打出种子；夏、秋采收茎和叶，晒干后备用。

性味功效：种子味苦，性微寒；祛风明目，清肝火。茎、叶味淡，性凉；收敛，消炎。

主治用法：种子治目赤肿痛、视物不清、气管哮喘、胃肠炎。用量3～9g。

3. 鸡冠花 Celosia cristata Linn.

生态环境：人工栽培或逸生。

分布：保护区内村落附近的路边、山坡。

药用部位：夏、秋采收，花序、种子晒干后备用。

性味功效：花序味甘，性凉；凉血止血，止带，止痢。种子味甘，性寒；祛风明目，清肝火。

主治用法：花序治功能性子宫出血、白带过多，用量9～15g。种子治目赤肿痛、视物不清、气管哮喘、胃肠炎、赤白带下，用量3～9g。

九 紫茉莉科 Nyctaginaceae

1. 紫茉莉 **Mirabilis jalapa** Linn.

生态环境：人工栽培或逸生。

分布：保护区内房前屋后作花卉栽培，现已逸生至村落附近的路边、山坡。

药用部位：夏、秋采收，块根、叶晒干后备用。

性味功效：味甘、淡，性凉。清热利湿，活血调经，解毒消肿。

主治用法：根治扁桃体炎、月经不调、白带异常、子宫颈糜烂、前列腺炎、泌尿系统感染、风湿性关节酸痛；全草外用治乳腺炎、跌打损伤、痈疖疔疮。用量9～15g。全草外用，适量，鲜品捣烂后外敷，或煎汤外洗。孕妇忌服。

一〇 商陆科 Phytolaccaceae

1. 商陆 **Phytolacca acinosa** Roxb.

生态环境：生于丘陵的疏林下、农垦地、旷野、路旁及宅旁阴湿地。

分布：保护区内分布较广，但零散。

药用部位：秋末冬初采挖，将根切片，晒干后备用。

性味功效：味苦，性寒，有毒。泄水，利尿，消肿。

主治用法：治消肿、腹水、小便不利、子宫颈糜烂、白带过多，外用治痈肿疮毒。用量3～9g。

附：美洲商陆（垂序商陆）*Phytolacca americana* Linn. 原产于北美，现已成归化种，较商陆在保护区内更常见，其功效与商陆相近。

一一 番杏科 Aizoaceae

1. 粟米草 **Mollugo stricta** Linn.

生态环境：生于村旁园地、田埂边、路旁、旷野和草地上。

分布：保护区内常见。

药用部位：夏、秋采收，全草鲜用或晒干后备用。

性味功效：味淡、涩，性平。抗菌消炎，清热止泻。

主治用法：治腹痛泻泄、感冒咳嗽、皮肤风疹；外用治眼结膜炎、疮疖肿毒。用量3～9g；外用适量，鲜草捣烂后塞鼻或外敷。

一二 马齿苋科 Portulacaceae

1. 马齿苋 **Portulaca oleracea** Linn.

生态环境：生于村旁园地、路旁、旷野和草地上。

分布：保护区内常见。

药用部位：夏、秋采收，全草鲜用或晒干后备用。

性味功效：味酸，性寒。清热利湿，解毒消肿，消炎，止渴利尿。

主治用法：治细菌性痢疾、急性胃肠炎、急性阑尾炎、乳腺炎、痔疮出血、白带；外用治疗疗疮肿毒、湿疹、带状疱疹。

2. 土人参 Talinum paniculatum (Jacq.) Gaertn.

生态环境：生于村边、路旁、园地。

分布：保护区内常见。

药用部位：夏、秋采收，根和叶晒干后备用。

性味功效：味甘，性平。补中益气，润肺生津。

主治用法：治气虚乏力，体虚自汗，脾虚泄泻，肺燥咳嗽，乳汁稀少。用量15～30g。

一三 落葵科 Basellaceae

1. 落葵薯 Anredera cordifolia (Tenore) Steenis

生态环境：生于房前屋后、园地、溪边石上、墙上或树上。

分布：原产于美洲，现已归化，保护区内较常见。

药用部位：夏、秋采收，块茎、珠芽、茎、叶晒干后备用或鲜用。

性味功效：味微苦，性温。滋阴，壮腰，健膝，消肿散瘀。

主治用法：可治疗腰膝酸痛、跌打损伤、风湿性关节炎、尿道炎、糖尿病、胃脘痛、腹泻、鼻炎、咽炎、口腔溃疡等症。

2. 落葵 Basella rubra Linn.

生态环境：生于房前屋后、园地、溪边，常作绿篱。

分布：原产于亚洲热带，普遍作蔬菜栽培，在保护区内有逸生。

药用部位：夏、秋采收，全草晒干后备用或鲜用。

性味功效：味甘、淡，性凉。清热解毒，接骨止痛。

主治用法：口服治阑尾炎、痢疾、大便秘结、膀胱炎；外用治骨折、跌打损伤、外伤出血、烧伤、烫伤。

一四 石竹科 Caryophyllaceae

1. 孩儿参 Pseudostellaria heterophlla (Miq.) Pax

生态环境：生于谷地、背阴山坡林下阴湿地及岩石缝中。

分布：保护区内乌岩岭有分布。

药用部位：夏季茎、叶大部分枯萎时采挖，洗净，除去须根，置沸水中略烫后晒干或直接晒干。

性味功效：味甘、微苦，性平。益气健脾，生津润肺。

主治用法：治疗脾虚体倦、食欲不振、病后虚弱、自汗口渴、肺燥干咳。用量9～30g。

一五 睡莲科 Nymphaeaceae

1. 莲 Nelumbo nucifera Gaertn.

生态环境：生于富含腐殖质土的池塘或湖泊中。常见栽培。

分布：保护区内村落附近池塘有栽培。

药用部位：藕（根状茎）、藕节（根状茎的节部）秋、冬采收，藕鲜用，藕节切下晒干后备用。叶（荷叶）、叶柄（荷梗）秋季叶未枯黄前采收。莲须（雄蕊）6—8月花盛开时采收，在通风处阴干或盖白纸晒干后备用。莲房（花托）、莲心（种子的胚）、莲子（坚果）果熟时采收，晒干后备用。

性味功效：藕味苦、性寒；凉血散瘀，止渴除烦。藕节味甘、涩，性平；消瘀，止血。叶味微苦，性平；升清降浊、清暑解热。叶柄微苦，性平；清暑，宽中理气。莲须味甘、涩，性温；固肾涩精。莲房味苦、涩，性温；消瘀止血。莲心味苦，性寒；清心火，降血压。莲子味甘、微涩，性平；健脾止泻，养心益肾。

主治用法：藕治热病烦渴、咯血、衄血、吐血、便血、尿血，用量250～500g。藕节治衄血、吐血、便血、尿血、血痢、功能性子宫出血，用量9～15g，鲜品30～60g。叶治中暑、肠炎、吐血、衄血、便血、尿血、功能性子宫出血，用量6～12g。叶柄治中暑头昏、胸闷、气滞，用量3～9g。莲须治遗精、滑精、白带异常、尿频、遗尿，用量3～9g。莲房治产后瘀血腹痛、崩漏带下、便血、尿血、产后胎衣不下，用量9～15g。莲心治热病口渴、心烦失眠、高血压，用量1.5～3g。莲子治脾虚腹泻、便溏、遗精、白带异常，用量6～12g。

一六 毛茛科 Ranunculaceae

1. 女萎 Clematis apiifolia DC.

生态环境：生于向阳低山坡路旁、溪边灌草丛中、山麓林缘。

分布：保护区内常见。

药用部位：夏、秋采收，将茎、叶晒干后备用。

性味功效：味辛，性温，有小毒。祛风除湿，温中理气，消食，利尿。

主治用法：治风湿痹痛、小便不利、吐泻、痢疾、腹痛肠鸣、水肿。用量10～15g。

2. 威灵仙 Clematis chinensis Osbeck

生态环境：生于低山坡杂木林林缘及路旁、山麓溪沟边。

分布：保护区内见于乌岩岭、竹里等地。

药用部位：秋季采收，将根、茎晒干后备用。

性味功效：根味辛、微苦，性温；祛风除湿，通络止痛。叶味辛、苦，性平；消炎解毒。

主治用法：根治风寒湿痹、关节不利、四肢麻木、跌打损伤、扁桃体炎、黄疸型急性传染性肝炎、鱼骨鲠喉、食道异物、丝虫病，外用治牙痛、角膜溃疡。叶治咽喉炎、急性扁桃体炎。

3. 短萼黄连 Coptis chinensis Franch. var. brevisepala W. T. Wang et Hsiao

生态环境：生于海拔500～1000m山谷沟边林下潮湿的岩石上。

分布：保护区内见于乌岩岭万斤窑。

药用部位：秋季采收，将根状茎洗净，切段，晒干后备用。

性味功效：味苦，性寒。清热泻火，解毒消肿，燥湿健胃。

主治用法：治菌痢、肠炎腹泻、流行性脑脊髓膜炎、黄疸肝炎、疔疮肿毒、目赤肿痛、高热不退、烧伤、烫伤。

4. 毛茛 Ranunculus japonicus Thunb.

生态环境：生于溪边、沟旁、田边湿地。

分布：保护区内常见。

药用部位：春、夏采收，全草鲜用。

性味功效：味辛、微苦，性温，有毒。利湿消肿，止痛，退翳，截疟，杀虫。

主治用法：治胃痛（鲜品捣烂后敷胃俞、肾俞等穴位，局部有灼热感时弃去）、黄疸（外敷手臂三角肌下）、疟疾（于发作前外敷大椎穴，局部有灼热感时弃去，如有水泡用消毒纱布覆盖）、淋巴结结核（敷局部）、角膜薄翳（敷手腕脉门处，左眼敷右手，右眼敷左手，双眼敷双手，至水泡起，挑破水泡，涂消炎药膏防止感染）、灭蛆，杀孑孓。一般不内服。

5. 天葵 Semiaquilegia adoxoides (DC.) Makino

生态环境：生于丘陵草地、疏林下、林缘、路旁、沟边。

分布：保护区内常见。

药用部位：夏、秋采收，块根晒干后备用。

性味功效：味甘、苦，性寒，有小毒。清热解毒，利尿消肿。

主治用法：治疗疮疖肿、乳腺炎、扁桃体炎、淋巴结结核、跌打损伤、毒蛇咬伤、小便不利。用量3～9g；外用适量捣烂后敷患处。脾胃虚弱者慎用。

6. 尖叶唐松草 Thalictrum acutifolium (Hand.-Mazz.) Boivin

生态环境：生于山坡疏林下、林缘、溪边等阴湿的草丛中。

分布：保护区内见于乌岩岭、垟溪等地。

药用部位：夏、秋采收，挖根及全草，晒干后备用。

性味功效：味苦，性寒。消肿解毒，明目，止泻。

主治用法：治下痢腹痛、目赤肿痛、跌打损伤、肝炎、肺炎、肾炎、疮疖肿毒。

7. 大叶唐松草 Thalictrum faberi Ulbr.

生态环境：生于溪边、沟旁、林下阴湿处。

分布：保护区内分布普遍，但零星，

药用部位：夏、秋采收，挖根及全草，晒干后备用。

性味功效：味苦、辛，性平。清热，泻火，解毒。

主治用法：治痢疾、泄泻、目赤肿痛、湿热黄疸。用量3～9g。

8. 华东唐松草 Thalictrum fortunei S. Moore

生态环境：生于海拔600m以上的湿润山谷及北向山坡疏林下阴湿处。

分布：保护区内见于乌岩岭、黄桥等地。

药用部位：夏、秋采收，挖根及全草，晒干后备用。

性味功效：味苦，性寒。清湿热，消肿解毒，杀虫。

主治用法：根替代黄连，治疗疮、疱疖、牙痛、皮炎、湿症。

一七 小檗科 Berberidaceae

1. 六角莲 Dysosma pleiantha (Hance) Woods.

生态环境：生于山谷和山坡阔叶林下阴湿地。

分布：保护区内分布较广，但零星。

药用部位：夏、秋采收，根状茎晒干后备用。

性味功效：味苦、辛，性凉，有小毒。清热解毒，活血散瘀。

主治用法：治毒蛇咬伤、跌打损伤。外用治虫蛇咬伤、痈疮疖肿、淋巴结炎、腮腺炎、乳腺癌。用量3～9g。

2. 八角莲 Dysosma versipellis (Hance) M. Cheng ex T. S. Ying

生态环境：生于海拔500m以上山坡林下、灌丛中、溪沟旁阴湿处。

分布：保护区内见于乌岩岭。

药用部位：夏、秋采收，根状茎晒干后备用或鲜用。

性味功效：味苦、辛，性温，有毒。消炎解毒，散瘀止痛。

主治用法：治毒蛇咬伤、疔疮、牙痛、痢疾、肺热咳嗽、腮腺炎、急性淋巴结炎、跌打损伤。

3. 三枝九叶草（箭叶淫羊藿）Epimedium sagittatum (Sieb. et Zucc.) Maxim.

生态环境：生于山坡、谷地阔叶林下、竹林下、林缘灌丛中及路旁岩石缝中。

分布：保护区内分布较广，但零星。

药用部位：夏、秋采收，全株洗净，晒干后备用。

性味功效：味辛、苦，性温。补精壮阳，祛风湿，补肝肾，强筋骨。

主治用法：治阳痿早泄、小便失禁、风湿性关节炎、腰痛、冠心病、目眩、耳鸣、四肢麻痹、神经衰弱、慢性支气管炎、白细胞减少症、更年期高血压、慢性前列腺炎等。

用量9～15g。

4. 阔叶十大功劳 Mahonia bealei (Fort.) Carr.

生态环境：生于山坡、谷地阔叶林下阴湿处，也有栽培。

分布：保护区内分布较广，但零星。

药用部位：秋、冬砍茎挖根，晒干后备用；叶全年可采。茎和根中药名功劳木；叶名功劳叶。

性味功效：味苦，性寒。叶滋阴清热，茎和根清热解毒。

主治用法：叶治肺结核、感冒。根和茎治细菌性痢疾、急性胃肠炎、传染性肝炎、肺炎、肺结核、支气管炎、咽喉肿痛。外用治眼结膜炎、痈疖肿毒、烧伤、烫伤。用量15～30g；外用适量。

附：小果十大功劳 *Mahonia bodinieri* Gagnep. 和十大功劳 *Mahonia fortunei* (Lindl.) Fedde 与阔叶十大功劳功效相近。

5. 南天竹 Nandina domestica Thunb.

生态环境：生于阴湿谷地及山坡林下、溪边灌丛中、竹林内。

分布：保护区内分布较广。

药用部位：根和茎全年可采，切片，晒干后备用。秋冬果实成熟时采摘，晒干后备用。

性味功效：根、茎味苦，性寒；清热除湿，通经活络。果味苦，性平，有小毒；止咳平喘。

主治用法：根、茎治感冒发热、眼结膜炎、肺热咳嗽、湿热黄疸、急性胃肠炎、尿路感染、跌打损伤。果治咳嗽、哮喘、百日咳。用量根、茎30g，果9g。

一八 防己科 Menispermaceae

1. 蝙蝠葛 Menispermum dauricum DC.

生态环境：生于低山山坡林缘、山麓沟边及丘陵地旷野灌丛中。

分布：保护区内分布较广。

药用部位：秋、冬采挖根状茎，切片，晒干后备用。

性味功效：味苦，性寒。清热，祛风，降血压，镇痛，驱虫。

主治用法：主治牙龈肿痛、咳嗽、肺炎、支气管炎、扁桃体炎、咽喉炎、风湿痹痛、麻木、水肿、脚气、痢疾、肠炎、胃痛腹胀。

2. 汉防己（风龙）**Sinomenium acutum** (Thunb.) Rehd. et Wils.

生态环境：生于向阳山坡林缘灌木丛中、山麓溪沟边及路旁。

分布：保护区内分布较广。

药用部位：全年可采，根、藤茎洗净，切片，晒干后备用。

性味功效：味辛、苦，性温。祛风湿，通经络，止痛。

主治用法：治风湿性关节炎、关节肿痛、肌肤麻木、瘙痒。用量6～9g。

3. 金钱吊乌龟（头花千金藤）**Stephania cephalantha Hayata**

生态环境：生于阴湿山坡林缘、疏林下或溪边草丛中。

分布：保护区内分布较广，但零星。

药用部位：秋、冬采收，块根切片，晒干后备用。

性味功效：味苦，性寒。清热解毒，凉血止血，散瘀消肿。

主治用法：治急性肝炎、细菌性痢疾、急性阑尾炎、胃痛、内出血、跌打损伤、毒蛇咬伤。外用治流行性腮腺炎、淋巴结炎、神经性皮炎。用量9～15g。

4. 千金藤（千斤藤）**Stephania japonica** (Thunb.) Miers

生态环境：生于山坡溪畔、路旁、矮林缘或草丛中、田塍及村庄周围。

分布：保护区内分布较广，但零星。

药用部位：全年可采，块根切片，晒干后备用。

性味功效：味苦、辛，性寒。清热解毒，祛风止痛，利水消肿。

主治用法：治咽喉肿痛、疮疖肿毒、毒蛇咬伤、风湿痹痛、胃痛、脚气水肿。用量9～15g；外用适量，鲜品捣烂后敷患处。

5. 粉防己（石蟾蜍）**Stephania tetrandra** S. Moore

生态环境：生于山谷疏林、灌丛、旷野。

分布：保护区内分布较广，但零星。

药用部位：秋、冬采收，块根切片，晒干后备用。

性味功效：味苦、辛，性寒。利水消肿。清热解毒，祛风除湿，行气止痛。

主治用法：口服治水肿、小便不利、风湿性关节炎、高血压。外用治毒蛇咬伤、痈疮疖肿。用量4.5～9g；外用适量，鲜品捣烂后敷患处。

一九 木兰科 Magnoliaceae

1. 披针叶茴香（红毒茴、莽草）**Illicium lanceolatum** A. C. Smith

生态环境：生于向阴山坡、阴湿的溪谷两旁杂木林中。

分布：保护区内分布较广。

药用部位：全年可采，根和根皮晒干后备用。

性味功效：味辛、微苦，性温，有毒。散瘀，祛风，止痛。

主治用法：治跌打损伤、扭挫伤、骨折、风湿性关节炎。外用研粉，调酒后外敷，或浸酒外擦。

2. 南五味子 Kadsura longipedunculata Finet et Gagnep.

生态环境：生于山坡、山麓、山谷、溪边、路旁杂木林中及林缘。

分布：保护区内分布较广。

药用部位：秋、冬采收，根、茎、叶、果晒干后备用。

性味功效：味苦，性平。活血行气，消胀，解毒。

主治用法：口服治月经不调、痛经、经闭腹痛、风湿性关节炎、跌打损伤、咽喉肿痛。外用治痔疮肿痛、虫蛇咬伤。用量6～9g；外用适量，用水煎洗或研粉后敷患处。

3. 玉兰 Magnolia denudata Desr.

生态环境：生于海拔500～900m的山坡混交林内或溪谷两旁。

分布：保护区内分布较广，但零星。

药用部位：早春采收花蕾，晒干后备用。

性味功效：味辛，性温。祛风散寒，通鼻窍。

主治用法：治头痛、鼻塞、急性鼻窦炎、慢性鼻窦炎、过敏性鼻炎。

4. 厚朴（凹叶厚朴）**Magnolia officinalis Rehd. et Wils.**

生态环境：生于山坡、山坳、山麓、路旁、溪边杂木林中，也有栽培。

分布：保护区内分布较零星。

药用部位：春季采收花蕾，夏、秋采收树皮、根皮，秋、冬采收果实，晒干后备用。

性味功效：树皮、根皮味苦、辛，性温；温中理气，消积散满。花蕾、果味微苦，性温；宽中理气。

主治用法：树皮、根皮治腹脘胀满、反胃呕逆、肠梗阻、宿食不消、痰壅喘咳、湿满泻痢，驱蛔虫。花蕾、果治感冒咳嗽、胸闷不适。用量3～9g。

5. 华中五味子（东亚五味子）**Schisandra sphenanthera Rehd. et Wils.**

生态环境：生于较阴湿的向阳山地灌木丛中，也见于林缘、路旁及溪谷两岸旁。

分布：保护区内分布较广。

药用部位：秋、冬采收根、藤茎、果实，晒干后备用。

性味功效：果实味酸、咸，性温；滋肾，固涩止泻。根及藤茎味辛，性温；舒筋活血，消积，收敛解毒。

主治用法：治肺虚咳嗽、津亏口渴、自汗、盗汗、慢性腹泻。

二 ◎ 樟科 Lauraceae

1. 樟（香樟）**Cinnamomum camphora (Linn.) Presl**

生态环境：生于向阳山坡、山麓、沟谷、道路两旁及村庄周围。

分布：保护区内分布较广。

药用部位：夏、秋采收根、木材、树皮、叶、果实，晒干后备用。

性味功效：味辛，性温。祛风散寒，理气活血，止痛止痒。

主治用法：根、木材治感冒头痛、风湿骨痛、跌打损伤、克山病。树皮、叶外用治慢性下肢溃疡、皮肤瘙痒，熏烟可驱杀蚊子。果治胃腹冷痛、食滞、腹胀、胃肠炎。用量根、木材15～30g，果9～15g。

2. 乌药 Lindera aggregata (Sims) Kosterm.

生态环境：生于山坡林下、丘陵灌丛中、疏林内或溪谷两旁。

分布：保护区内分布较广。

药用部位：夏、秋采收，根、树皮晒干后备用。

性味功效：味辛，性温，气香。温中散寒，行气止痛。

主治用法：治心痛、胃痛、吐泻腹痛、痛经、疝痛、尿频、风湿疼痛、外伤出血。用量3～12g。

附：红果乌药 f. *rubra* P. L. Chiu 与乌药功效相同。

3. 山鸡椒 Litsea cubeba (Lour.) Pers.

生态环境：生于向阳山麓路边、荒山、疏林、灌丛中，也见于溪沟边岩石缝中。

分布：保护区内分布普遍。

药用部位：夏、秋采收，果实、根、叶晒干后备用。

性味功效：味辛，微苦，性温。祛风散寒，理气止痛，消食，平喘。

主治用法：根治风湿骨痛、四肢麻木、腰腿痛、跌打损伤、感冒头痛、胃痛。叶外用治痈疖肿痛、乳腺炎、虫蛇咬伤，预防蚊虫叮咬。果治感冒头痛、消化不良、胃痛。用量根15～30g；果实3～9g；外用鲜叶适量，捣烂后敷患处。

附：在保护区更为常见的为毛山鸡椒 var. *formosana* (Nakai) Yang et P. H. Huang，其功效与山鸡椒同。

罂粟科 Papaveraceae

1. 伏生紫堇（夏天无）**Corydalis decumbens** (Thunb.) Pers.

生态环境：生于丘陵、低山坡潮湿的林下、山谷阴湿草丛中、水沟边及田塍边。

分布：保护区内分布较广，但零星。

药用部位：春末夏初采收，块根晒干后备用。

性味功效：味苦，性凉。行气活血，通络止痛。

主治用法：治高血压、偏瘫、小儿麻痹后遗症、坐骨神经痛、风湿性关节炎、跌打损伤。用量6～12g，研磨后，分3次服。

2. 延胡索 Corydalis yanhusuo W. T. Wang ex Z. Y. Su et C. Y. Wu

生态环境：生于山麓坡地林缘草丛中、旷野沟边潮湿地。常见栽培。

分布：保护区仅见栽培。

药用部位：夏初采收块茎，沸水煮后晒干后备用，即为中药延胡索，"浙八味"之一。

性味功效：味苦，微辛，性温。活血，散瘀，理气，止痛。

主治用法：治心腹腰膝诸痛、月经不调、崩中、产后血晕、恶露不尽、跌打损伤。用量5～15g。

3. 博落回 Macleaya cordata (Willd.) R. Br.

生态环境：生于丘陵、低山草地及山麓旷野荒地。

分布：保护区内分布较广。

药用部位：夏、秋采收，全草切段，鲜用或晒干后备用。

性味功效：味苦，性寒，有大毒。杀虫，祛风解毒，散瘀消肿。

主治用法：治跌打损伤、风湿性关节炎、痈疖肿毒、下肢溃疡，鲜品适量，捣烂后外敷。治阴道滴虫，煎水后洗阴道。治湿疹，煎水后洗。治烧伤、烫伤，研粉后擦患处。并可杀蛆虫。不能内服。

二二 十字花科 Cruciferae

1. 荠菜 Capsella bursa-pastoris (Linn.) Medic.

生态环境：常见于农地、路边、宅旁草丛中。

分布：保护区内分布较广。

药用部位：春末夏初采收，鲜用或晒干后备用。

性味功效：味甘、淡，性平。清热解毒，平肝，凉血止血，止泻，利尿。

主治用法：治产后子宫出血、月经过多、肺结核咯血、高血压、感冒发热、肾炎水肿、泌尿系统结石、乳糜尿、肠炎。用量鲜品 100～200g，干品 15～60g。

二三 景天科 Crassulaceae

1. 费菜 Phedimus aizoon (Linn.)′t Hart

生态环境：生于山坡、山谷疏林下岩石上。

分布：保护区内分布较广。

药用部位：夏、秋采收，全草鲜用或晒干后备用。

性味功效：味甘，微酸，性平。散瘀，止血，宁心安神，解毒。

主治用法：治吐血、衄血、咯血、便血、尿血、崩漏、紫斑、外伤出血、跌打损伤、心悸、失眠、疮疖痈肿、烫伤、蛇虫咬伤。用量 15～30g，外用鲜品适量，捣烂后外敷。

2. 垂盆草 Sedum sarmentosum Bunge

生态环境：生于山坡、岩石石隙、沟边、路旁湿润处。

分布：保护区内分布较广。

药用部位：夏、秋采收，全草鲜用或晒干后备用。

性味功效：味甘、微酸，性凉。清热解毒，消肿利尿，排脓生肌。

主治用法：治咽喉肿痛、口腔溃疡、肝炎、痢疾。外用治烧伤、烫伤、痈疮疖肿、带状疱疹、毒蛇咬伤。用量鲜品 30～120g，捣汁服；干草 15～30g，水煎服；外用适量鲜品捣烂后敷患处。

二四 虎耳草科 Saxifragaceae

1. 落新妇（红升麻、金毛三七）Astilbe chinensis (Maxim.) Franch. et Sav.

生态环境：生于山坡林下、林缘、沟边、路旁湿润处。

分布：保护区内分布较广。

药用部位：夏、秋采收，根状茎晒干后备用。

性味功效：味微辛、苦，性凉。散瘀止痛，祛风除湿。

主治用法：治跌打损伤、劳损、筋骨酸痛、慢性关节炎、手术后痛、胃痛、肠炎、毒蛇咬伤。用量6～9g。

2. 虎耳草 Saxifraga stolonifera Curtis

生态环境：生于山谷、林下、沟边阴湿的石缝中。

分布：保护区内分布较广。

药用部位：夏、秋采收，全草鲜用或晒干后备用。

性味功效：味苦、辛，性寒，有小毒。清热解毒。

主治用法：治小儿发热、咳嗽气喘。外用治中耳炎、耳郭溃烂、疔疮、湿疹。用量9～15g。

二五 金缕梅科 Hamamelidaceae

1. 枫香 Liquidambar formosana Hance

生态环境：生于山地林中或村落附近。

分布：保护区内分布较广。

药用部位：夏、秋采收根、叶及树脂，秋、冬采收果实，晒干后备用。

性味功效：根味苦，性温；祛风止痛。叶味苦，性平；祛风除湿，行气止痛。果（中药名路路通）味苦，性平；祛风通络，利水下乳。树脂（中药名白胶香）味苦、辛，性平；解毒生肌，止血止痛。

主治用法：根治风湿性关节炎、牙痛。叶治肠炎、痢疾、胃痛；外用治毒蜂蛰伤、皮肤湿疹。果治乳汁不通、月经不调、风湿性关节炎、腰腿痛、小便不利、荨麻疹。白胶香治外伤出血、跌打疼痛。用量根、叶15～30g，果3～9g，白胶香1.5～3g，孕妇忌服；外用适量。

2. 檵木 Loropetalum chinesis (R. Br.) Oliv.

生态环境：生于向阳山坡、路旁、丘陵及旷野溪沟边。

分布：保护区内分布较广。

药用部位：夏、秋采收根、叶，春季采收花，晒干后备用。

性味功效：叶味苦、涩，性平；止血，止泻，止痛，生肌。花味甘、涩，性平；清热、止血。根味苦，性温；行血去瘀。

主治用法：叶治子宫出血、腹泻；外用治烧伤、外伤出血。花治鼻出血、外伤出血。根治血瘀经闭、跌打损伤、慢性关节炎、外伤出血。用量花6～9g，根9～15g，叶15～30g；外用适量，鲜品捣烂或干品研粉后敷患处。

3. 半枫荷（小叶半枫荷）**Semiliquidambar cathayensis H. T. Chang**

生态环境：生于山坡、山谷林中。

分布：保护区内仅见于乌岩岭。

药用部位：夏、秋采收根、叶、树皮，晒干后备用。

性味功效：味甘，性温。祛风除湿，舒筋活血。

主治用法：治风湿性关节炎、类风湿性关节炎、腰肌劳损、慢性腰腿痛、半身不遂、跌打损伤、扭挫伤。外用治刀伤出血。用量15～30g。

二六 杜仲科 Eucommiaceae

1. 杜仲 Eucommia ulmoides Oliv.

生态环境：山地或房前屋后人工栽培。

分布：保护区各保护点均有零星栽培。

药用部位：夏、秋采收，树皮晒干后备用。

性味功效：味甘、微辛，性温。补肝肾，强筋骨，安胎。

主治用法：治高血压、头晕目眩、腰膝酸疼、筋骨痿软、妊娠胎漏、胎动不安。用量6～15g。

二七 蔷薇科 Rosaceae

1. 龙牙草 Agrimonia pilosa Ledeb.

生态环境：生于山坡、沟谷、路旁、山麓林缘草丛中及旷野村旁。

分布：保护区内分布较广。

药用部位：夏、秋采收全草，冬季至早春采收地下冬芽，鲜用或晒干后备用。

性味功效：味苦、涩，性平。全草收敛止血，消炎止痢。冬芽驱虫。

主治用法：全草治呕血、咯血、衄血、尿血、便血、功能性子宫出血、胃肠炎、痢疾、肠道滴虫；外用治痈疔疮、阴道滴虫。冬芽治绦虫病。用量15～30g；外用鲜草适量，捣敷或煎浓汁、熬膏涂局部。

2. 梅 Armeniaca mume Sieb.

生态环境：生于路边、沟边林缘。常见栽培。

分布：保护区内分布较广，但较零散。

药用部位：花冬末春初采收，果夏季采收，晒干后备用。

性味功效：花味微酸、涩，性平；解郁和中，生津。果（乌梅）味酸、涩，性温；敛肺涩肠，生津止渴，驱虫止痢。

主治用法：治肺虚久咳、口干烦渴、胆道蛔虫、胆囊炎、细菌性痢疾、慢性腹泻、月经过多、癌瘤、牛皮癣。外用治疮疡久不收口、鸡眼。用量3～9g；外用适量，烧成炭后研成细粉，外敷；乌梅肉湿润后捣烂，涂患处。

3. 杏 Armeniaca vulgaris Lam.

生态环境：房前屋后栽培。

分布：保护区内村落附近。

药用部位：夏季采收，取种仁晒干后备用。

性味功效：味苦，性温，有小毒。止咳，平喘，宣肺，润肠。

主治用法：主治咳嗽气喘、大便秘结。用量 3 ~ 9g。

4. 郁李 Cerasus japonica (Thunb.) Lois.

生态环境：生于向阳山地、山麓路旁、林缘或灌丛中。

分布：保护区内分布较广，但较零散。

药用部位：种子中药名郁李仁，夏季采收，晒干后备用。

性味功效：味辛、苦、甘，性平。润肠通便，下气利水。

主治用法：治大肠气滞、肠燥便秘、水肿腹满、脚气、小便不利。用量 3 ~ 9g。孕妇慎用。

5. 野山楂 Crataegus cuneata Sieb. et Zucc.

生态环境：生于向阳山坡、山谷或山麓灌木丛中，以及沟边、路旁。

分布：保护区内分布较广。

药用部位：夏、秋采收果实、根、叶，晒干后备用。

性味功效：味酸、甘，性温。健胃消积，收敛止血，散瘀止痛。

主治用法：果（中药名南山楂）治积滞、消化不良、小儿疳积、细菌性痢疾、肠炎、产后腹疼、高血压、绦虫病、冻疮。叶水煎当茶饮，可降血压。根治风湿性肿胀。用量果 10 ~ 16g，根 50 ~ 100g，叶适量。

6. 枇杷 Eriobotrya japonica (Thunb.) Lindl.

生态环境：常见栽培，偶见逸生。

分布：保护区内村落附近。

药用部位：夏季采收，叶、根、果核晒干后备用。

性味功效：叶味苦，性平；化痰止咳，和胃降气。根味苦，性平；清肺止咳，镇痛下乳。果核味苦，性寒；疏肝理气。

主治用法：叶治支气管炎、肺热哮喘、胃热呕吐，用量 5 ~ 9g。根治肺结核咳嗽、风湿筋骨疼痛、乳汁不通，用量 8 ~ 50g。果核治疝痛、淋巴结结核、咳嗽，用量 6 ~ 12g。

7. 豆梨 Pyrus calleryana Decne.

生态环境：生于温暖湿润的山坡、沼泽地、杂木林中。

分布：保护区内分布较广。

药用部位：冬季采收果实，夏、秋采收叶，全年采收根，晒干后备用或鲜用。

性味功效：根、叶味甘、涩，性凉；疏肝和胃，缓急止泻。果实味酸、甘、涩，性寒；健胃，消食，止痢，止咳。

主治用法：根、叶治肺燥咳嗽、急性眼结膜炎，用量 15 ~ 30g。果实治消化不良、肠炎痢疾，用量 15 ~ 30g。

8. 金樱子（刺梨子、糖罐头）**Rosa laevigata** Michx.

生态环境：生于向阳山坡、谷地疏林灌丛中及山麓溪流沿岸等处。

分布：保护区内普遍分布。

药用部位：秋季采收果实，根、叶全年可采，鲜用或晒干后备用。

性味功效：果实味酸、甘、涩，性平；补肾固精，缩尿，涩肠止泻。根味甘、淡、涩，性平；活血止血，祛风除湿，收敛解毒，杀虫。叶味苦，性平；解毒消肿。

主治用法：果治神经衰弱、高血压、神经性头痛、久咳、自汗、盗汗、脾虚泄泻、慢性肾炎、遗精、遗尿、尿频、白带异常、崩漏。叶外用治疮疖、烧伤、烫伤、外伤出血。根治肠炎、痢疾、肾炎、乳糜尿、象皮肿、跌打损伤、腰肌劳损、风湿性关节炎、遗精、月经不调、白带异常、子宫脱垂、脱肛；外用治烧伤、烫伤。用量果 3～15g；叶外用适量，鲜叶捣烂后外敷；根 15～60g。

9. 掌叶覆盆子（掌叶悬钩子）**Rubus chingii** Hu

生态环境：生于山坡、山麓、沟谷疏林下或林缘。

分布：保护区内普遍分布。

药用部位：春末夏初采收果实，晒干后备用。

性味功效：味甘、酸，性温。补肝肾，缩小便，明目乌发。

主治用法：治阳痿滑精、带浊不孕、肾虚尿频、遗尿、目视暗昏、须发早白。

10. 插田泡（复盆子）**Rubus coreanus** Miq.

生态环境：生于低山坡、山谷疏林下或林缘灌丛中，山麓、沟边路旁也常见。

分布：保护区内普遍分布。

药用部位：夏季采收果实，全年采收根，晒干后备用。

性味功效：果实甘、微酸，性温；行气活血，补肾固精，助阳明目，缩小便。根味涩、苦，性凉；活血止血，祛风除湿。

主治用法：果治阳痿、遗精、遗尿、白带异常。根治跌打损伤、骨折、月经不调，外用治外伤出血。

11. 地榆 Sanguisorba officinalis Linn.

生态环境：生于山坡、路旁草丛中。

分布：保护区内分布较广，但较零散。

药用部位：夏、秋采收根，鲜用或晒干后备用。

性味功效：味苦、酸，性微寒。凉血止血，收敛止泻。

主治用法：治咯血、吐血、便血、尿血、痔疮出血、功能性子宫出血、白带异常、痢疾、疮痈肿痛、湿疹、阴痒、水火烫伤、蛇虫咬伤。用量：煎汤，6～15g；鲜品 30～120g。

二八 豆科 Leguminosae

1. 合欢 Albizia julibrissin Durazz.

生态环境：生于向阳山坡、山麓、山谷疏林中或林缘，也常见于郊野旷地。

分布：保护区内分布较广。

药用部位：夏、秋采收树皮，夏季采收花，晒干后备用。

性味功效：树皮味甘，性平；安神解郁，和血止痛。花味甘、苦，性平；养心，开胃，理气，解郁。

主治用法：树皮治心神不安、失眠、肺脓肿、咯脓痰、筋骨损伤、痈疖肿痛，用量4.5～9g。花治神经衰弱、失眠健忘、胸闷不舒，用量3～9g。

附：山合欢 *Albizia kalkora* (Roxb.) Prain 与合欢药功效相近。

2. 龙须藤 Bauhinia championii (Benth.) Benth.

生态环境：生于山坡林缘、灌丛中或溪边裸岩石缝中。

分布：保护区内海拔600m以下常见。

药用部位：夏、秋采收，根和老茎切片，晒干后备用。

性味功效：味涩、微苦，性平。祛风除湿，活血止痛，健脾理气。

主治用法：治跌打损伤、风湿性关节炎、胃痛、小儿疳积。用量15～30g。

3. 云实 Caesalpinia decapetala (Roth) Alston

生态环境：生于海拔700m以下的山坡、水沟旁，石灰性岩石山上常见。

分布：保护区内分布较广。

药用部位：秋、冬采收种子，晒干后备用。

性味功效：种子（中药名云实子）味辛，性温。解毒除湿，止咳化痰。

主治用法：治痢疾、疟疾、慢性气管炎、小儿疳积、虫积。用量9～15g。

4. 锦鸡儿 Caragana sinica (Buc′ hoz) Rehd.

生态环境：生于山坡林下、林缘、路旁。

分布：保护区内分布较广。

药用部位：春末夏初采收花，全年采收根，晒干后备用。

性味功效：根（中药名金雀根）味甘、微辛，性平；滋补强壮，活血调经，祛风利湿。花（中药名金雀花）味甘，性温；祛风活血，止咳化痰。

主治用法：根治高血压、头昏头晕、耳鸣眼花、体弱乏力、月经不调、白带异常、乳汁不足、风湿性关节炎、跌打损伤。花治头晕耳鸣、肺虚咳嗽、小儿消化不良。用量根15～30g，花12～18g。

5. 紫荆 Cercis chinensis Bunge

生态环境：房前屋后路旁栽培。

分布：保护区内村落附近。

药用部位：夏、秋采收，树皮晒干后备用。

性味功效：味苦，性平。活血通经，消肿止痛，解毒。

主治用法：治月经不调、痛经、经闭腹痛、风湿性关节炎、跌打损伤、咽喉肿痛；外用治痔疮肿痛、虫蛇咬伤。用量6～9g；外用适量，煎汤洗，或研磨后敷患处。

6. 皂荚 Gleditsia sinensis Lam.

生态环境：生于山坡、山谷疏林中。

分布：保护区内见于乌岩岭和垟溪。

药用部位：秋、冬采收，果实晒干后备用。

性味功效：味辛、咸，性温，有小毒。祛痰，开窍。

主治用法：治咳嗽气喘、卒然昏迷、癫痫痰盛、中风、牙关紧闭。用量0.9～1.5g。

7. 香花崖豆藤（香花鸡血藤）Millettia dielsiana Harms

生态环境：生于山谷、溪边林荫下或灌丛中。

分布：保护区内分布较广。

药用部位：夏、秋采收，根和藤切片，晒干后备用。

性味功效：味甘，性温。补血行血，通经活络。

主治用法：治贫血、月经不调、闭经、风湿痹痛、腰腿酸疼、四肢麻木、放射引起的白细胞减少症。

8. 网络崖豆藤（昆明鸡血藤）Millettia reticulata Benth.

生态环境：山坡、山谷、溪边、路边灌木丛中或林缘。

分布：保护区内分布较广。

药用部位：夏、秋采收，根和藤切片，晒干后备用。

性味功效：味甘、涩，性温，有小毒。补血活血，祛风湿，能经络，强筋骨。

主治用法：治风湿痹痛、腰腿酸疼、月经不调、闭经、白带异常、遗精、贫血。用量10～30g。

9. 常春油麻藤 Mucuna sempervirens Hemsl.

生态环境：生于林木繁茂、遮阴强而湿润的山谷岩旁、溪边疏林中。

分布：保护区内分布较广。

药用部位：夏、秋采收，藤茎切片，鲜用或晒干后备用。

性味功效：味甘、微苦，性温。活血调经，补血舒筋。

主治用法：治月经不调、闭经、产后血虚、贫血、风湿痹痛、四肢麻木、跌打损伤。用量10～15g；外用鲜品捣烂后敷患处。

10. 葛 Pueraria montana (Lour.) Merr.

生态环境：生于山坡、山谷、沟边疏林中或林缘，也常见于荒地、路旁草丛中。

分布：保护区内分布普遍。

药用部位：秋、冬采收，根（切片）、花晒干后备用。

性味功效：根味甘、辛，性平；解肌退热，生津止渴，透发斑疹。花味甘，性平；解酒毒，醒脾，止血。

主治用法：根治感冒发热、口渴、头痛项强、疹出不透、急性胃肠炎、小儿腹泻、肠梗阻、痢疾、高血压引起的颈项强直和疼痛、心绞痛、突发性耳聋，并可解酒毒，用量3～9g。花治烦热口渴、头痛头晕、脘腹胀满、呕逆吐酸、不思饮食、吐血、肠风下血，解酒毒，用量3～9g。

附：野葛（葛麻姆）var. *lobata* (Willd.) Maesen et S. M. Almeida ex Sanjappa et Predeep与葛药用功效相同，前者分布更普遍，因而使用更多。

11. 苦参 **Sophora flavescens** Ait.

生态环境：生于山坡、山谷疏林下或林缘，多见于旷野草丛中。

分布：保护区内分布较广。

药用部位：夏、秋采收，根切片，晒干后备用。

性味功效：味苦，性寒，有小毒。清热利湿，祛风杀虫。

主治用法：治急性细菌性痢疾、阿米巴痢疾、肠炎、黄疸、结核性渗出性胸膜炎、结核性腹膜炎（腹水型）、尿路感染、小便不利、白带异常、痔疮肿痛、麻风；外用治外阴瘙痒、阴道滴虫病、烧伤、烫伤，灭蛆，灭孑孓。用量4.5～9g；外用适量，煎水后洗或研磨后涂敷患处。不宜与藜芦同用。

12. 槐树 **Sophora japonica** Linn.

生态环境：常见于村落附近山坡、路边，多为逸生。

分布：保护区内偶见。

药用部位：春季采收花蕾，秋季采收果实，晒干后备用。

性味功效：花蕾（槐花米）味苦，性微寒；凉血止血，清肝明目。果实（槐角）味苦，性寒；清热泻火，凉血止血。

主治用法：槐花米治吐血、衄血、便血、痔疮出血、血痢、崩漏、风热目赤、高血压、皮肤风疹；用量6～10g。槐角治肠热便血、痔肿出血、肝热头痛、眩晕目赤；用量6～15g。

二九 酢浆草科 Oxalidaceae

1. 酢浆草 **Oxalis corniculata** Linn.

生态环境：生于旷地、园地或田边。

分布：保护区内常见。

药用部位：夏、秋采收，全草鲜用或晒干后备用。

性味功效：味酸，性凉。清热利湿，解毒消肿。

主治用法：治感冒发热、肠炎、肝炎、尿路感染、结石、神经衰弱；外用治跌打损伤、毒蛇咬伤、痈肿疮疖、脚癣、湿疹、烧伤、烫伤。用量15～60g；外用鲜品适量，捣烂后敷患处，或煎水后洗。

三〇 牻牛儿苗科 Geraniaceae

1. 野老鹳草 Geranium carolinianum Linn.

生态环境：生于低山山坡、旷野、山麓、田园及水沟边。

分布：保护区内常见。

药用部位：夏、秋采收，全草切段，晒干后备用。

性味功效：味苦、涩，性平。祛风活络，清热止泻。

主治用法：治风湿性关节炎、跌打损伤、坐骨神经痛、痢疾、月经不调、疱疹性角膜炎。用量9～15g。

三一 芸香科 Rutaceae

1. 柑橘 Citrus reticulata Blaco

生态环境：人工栽培，偶见逸生。

分布：保护区内各保护点常见。

药用部位：种子名橘核，叶名橘叶，成熟的果皮名陈皮，未成熟果用刀十字切开晒干名四化青皮，中果皮内壁维管束名橘络，幼果晒干名青皮，外层果皮名橘红。幼果夏季采收，其余均秋末冬初采收。

性味功效：陈皮味辛、苦，性温；理气健脾、燥湿化痰、止咳降逆。橘络味甘、苦，性平；行气通络，化痰止咳。橘核味苦，性微温；理气散结，止痛。

主治用法：陈皮治脘腹胀满及疼痛、食少纳呆、恶心呕吐、嗳气、呃逆、便溏泄泻、寒痰咳嗽等病症，还可解鱼蟹毒。橘核治睾丸胀痛、疝气疼痛、乳房结块胀痛、腰痛等。青皮治肝郁气滞所致的胸胁胀满、胃脘胀闷、疝气、食积、乳房作胀或结块、症瘕等症。橘络治痰滞经络之胸胁胀痛、咳嗽咳痰或痰中带血等症。

附：柑橘在温州的2个常见品种椪柑 'Ponkan' 和瓯柑 'Suavissima' 药用功效与之相同。

2. 吴茱萸 Euodia rutaecarpa (Juss.) Benth.

生态环境：生于低山山坡疏林下或林缘旷地、溪边、田野，也有栽培。

分布：保护区内零星分布。

药用部位：夏季果实尚未完全成熟时采收，晒干后备用。

性味功效：味辛、苦，性热。温中散寒，疏肝止痛，燥湿，止呕。

主治用法：治胃腹冷痛、恶心呕吐、泛酸嗳气、腹泻、蛲虫病；外用治高血压、湿疹。用量1.5～4.5g。

3. 椿叶花椒 Zanthoxylum ailanthoides Sieb. et Zucc.

生态环境：生于山坡疏林、林缘、山麓旷地、溪流两旁。

分布：保护区内零星分布。

药用部位：夏、秋采收，树皮、根皮（中药名浙桐皮）晒干后备用。

性味功效：味甘、辛，性平，有小毒。祛风通络，活血散瘀，解蛇毒。

主治用法：治跌打损伤、风湿骨痛、蛇伤肿痛、外伤出血。

4. 青花椒 Zanthoxylum schinifolium Sieb. et Zucc.

生态环境：生于海拔600～1300m山坡林缘、岩石间灌丛中。

分布：保护区内见于乌岩岭、黄桥保护点。

药用部位：夏、秋采收，根和果实晒干后备用。

性味功效：味辛，性温，有小毒。芳香健胃、温中散寒、除湿止痛、杀虫解毒、止痒解腥。

主治用法：增加食欲，降低血压。服花椒水能去除寄生虫。

三二 苦木科 Simaroubaceae

1. 臭椿 Ailanthus altissima Swingle

生态环境：生于村落边、路边、向阳山坡疏林内、林缘或灌木丛中。

分布：保护区内零星分布。

药用部位：秋、冬采收，根皮和干皮（中药名樗白皮）、果实（中药名凤眼草）晒干后备用。

性味功效：樗白皮味苦、涩，性寒；燥湿清热，止泻，止血。凤眼草味苦，性凉；清扫利尿，止痛，止血。

主治用法：樗白皮治慢性痢疾、肠炎、便血、遗精、白带异常、功能性子宫出血。凤眼草治胃痛、便血、尿血；外用治阴道滴虫。用量均为6～9g。果实外用适量，水煎冲洗。

2. 苦木 Picrasma quassioides (D. Don) Benn.

生态环境：生于山坡与山谷阔叶林内、沟边或岩石缝隙中。

分布：保护区内零星分布。

药用部位：全年采收根和茎枝。

性味功效：味苦，性寒，有毒。清热解毒，祛湿。

主治用法：治风热感冒、咽喉肿痛、湿热泻痢、湿疹、疮疖、蛇虫咬伤。用量6～15g。

三三 楝科 Meliaceae

1. 楝树 Melia azedarach Linn.

生态环境：生于低山山坡林缘、田野、路旁、河边、村落附近。

分布：保护区内零星分布。

药用部位：全年采收树皮和根皮，晒干后备用。

性味功效：味苦，性寒，有小毒。清热、燥湿、杀虫。

主治用法：治蛔虫病、钩虫病、蛲虫病、疥疮、头癣、水田皮炎。用量6～12g。

2. 香椿 Toona sinensis (A. Juss.) Roem.

生态环境：生于向阳山坡、山谷疏林中或林缘，常见村落边栽培。

分布：保护区内零星分布。

药用部位：根皮全年可采，叶、嫩枝夏、秋采收，果（中药名香铃子）秋、冬采收。

性味功效：味苦、涩，性温。祛风利湿，止血止痛。

主治用法：根皮治疗痢疾、肠炎、泌尿道感染、便血、血崩、白带异常、风湿腰腿痛。叶及嫩枝治疗痢疾。果治疗胃溃疡、十二指肠溃疡、慢性胃炎。用量根皮9～15g，果6～9g。

三四 远志科 Polygalaceae

1. 瓜子金 Polygala japonica Houtt.

生态环境：生于低山坡、山麓路旁、田野草丛中。

分布：保护区内零星分布。

药用部位：夏、秋采收，全草晒干后备用。

性味功效：味辛，性微温。清热解毒，活血散瘀，化痰止咳。

主治用法：治咳嗽、痰多、慢性咽喉炎、跌打损伤、疔疮疖肿、毒蛇咬伤。

三五 大戟科 Euphorbiaceae

1. 铁苋菜 Acalypha australis Linn.

生态环境：生于向阳山坡、路旁、村落附近及旷野等处。

分布：保护区内普遍分布。

药用部位：夏、秋采收，全草切段，鲜用或晒干后备用。

性味功效：味苦、涩，性凉。清热解毒，消积，止痢，止血。

主治用法：治肠炎、细菌性痢疾、阿米巴痢疾、小儿疳积、肝炎、疟疾、吐血、衄血、尿血、便血、子宫出血；外用治痈疖疮疡，外伤出血、湿疹、皮炎、毒蛇咬伤。用量15～30g；外用适量鲜品，捣烂后敷患处。

2. 黑面神 Breynia fruticosa (Linn.) Muell.-Arg.

生态环境：生于山坡、山脚疏林下或灌丛中。

分布：保护区内见于垟溪。

药用部位：夏、秋采收，全株切段，鲜用或晒干后备用。

性味功效：味微苦，性凉，有小毒。清热解毒，散瘀止痛，止痒。

主治用法：根治急性胃肠炎、扁桃体炎、支气管炎、尿路结石、产后子宫收缩疼痛、风湿性关节炎。叶外用治烧伤、烫伤、湿疹、过敏性皮炎、皮肤瘙痒、阴道炎。用量根6g。叶外用适量，鲜枝叶煎水后洗，或捣烂取汁擦。孕妇忌服。

附：喙果黑面神 *Breynia rostrata* Merr. 其药用功效与黑面神相近。

3. 巴豆 Croton tiglium Linn.

生态环境：生于山坡、路旁、房屋边。

分布：保护区内见于垟溪保护点交溪，可能是人工栽培后逸生。

药用部位：夏、秋采收，全株及种子晒干后备用。

性味功效：种子味辛，性热，有大毒；泻下祛积，逐水消肿。根、叶味辛，性温，有毒；温中散寒，祛风活络。

主治用法：种子治寒积停滞、胸腹胀满；外用治白喉、疟疾、肠梗阻。根治风湿性关节炎、跌打肿痛、毒蛇咬伤。叶外用治冻疮，并可杀蝇蛆。种子用量内服0.15～0.3g，去种皮去油（巴豆霜），配入丸、散剂；外用适量，研磨或捣烂以纱布包后擦患处。体弱和孕妇忌服，不能与牵牛子同用。根用量3～9g。叶外用适量，煎水后洗患处。

4. 地锦（地锦草）**Euphorbia humifusa** Willd.

生态环境：生于旷野、路边、园地、住宅前后以及庭院内。

分布：保护区内普遍分布。

药用部位：夏、秋采收，全草晒干后备用。

性味功效：味辛，性平。清热解毒，利湿退黄，通经活络，止血消肿。

主治用法：治湿热痢疾、黄疸、咯血、吐血、血淋、便血、崩漏、乳汁不下、小儿疳积、跌打损伤、疮疡肿毒、毒蛇咬伤、烧伤、烫伤。用量10～15g；外用鲜品捣烂后敷患处。血虚无瘀及脾胃虚弱者慎用。

附：斑地锦 *Euphorbia maculata* Linn. 与地锦功效基本相同。

5. 一叶萩（叶底珠）**Flueggea suffruticosa** (Pall.) Baill.

生态环境：生于山坡、山脚、郊野、路边灌丛中。

分布：保护区内仅见于乌岩岭。

药用部位：夏、秋采收，全株晒干后备用。

性味功效：味甘、苦，性平，有毒。祛风活血，补肾强筋。

主治用法：治疗面神经麻痹、小儿麻痹后遗症、眩晕、耳聋、神经衰弱、嗜睡症、阳痿。用量3～6g。

6. 算盘子（馒头果）**Glochidion puberum** (Linn.) Hutch

生态环境：生于向阳山坡路边、灌丛中及水沟旁。

分布：保护区内普遍分布。

药用部位：夏、秋采收，根和叶晒干后备用。

性味功效：味微苦、涩，性凉。清热利湿，祛风活络。

主治用法：主治感冒发热、咽喉痛、疟疾、急性胃肠炎、消化不良、痢疾、风湿性关节炎、跌打损伤、白带异常、痛经。用量15～30g。

7. 叶下珠 Phyllanthus urinaria Linn.

生态环境：生于农地、园圃、路边旷地杂草丛中。

分布：保护区内普遍分布。

药用部位：夏、秋采收，全草切段，晒干后备用。

性味功效：味甘，微苦，性凉。清热散结，健胃消积。

主治用法：治痢疾、肾炎水肿、泌尿系统感染、暑热、目赤肿痛、小儿疳积。用量15～30g。

8. 乌桕 Triadica sebifera (Linn.) Small

生态环境：生于旷野、溪边、山谷、路边、低山杂木林中。

分布：保护区内零星分布。

药用部位：夏、秋采收，树皮、根皮、叶晒干后备用。

性味功效：味苦，性微温，有小毒。利尿，解毒，杀虫，通便。

主治用法：治血吸虫病、肝硬化腹水、大小便不利、毒蛇咬伤；外用治疗疮、鸡眼、乳腺炎、跌打损伤、湿疹、皮炎。用量根皮3～9g；叶9～15g；外用适量，鲜叶捣烂后敷患处，或煎水后洗。

三六 黄杨科 Buxaceae

1. 黄杨 Buxus sinica (Rehd. et Wils.) Cheng ex M. Cheng.

生态环境：生于山坡、山麓多石灌丛中。

分布：保护区内见于乌岩岭、黄桥保护点。

药用部位：夏、秋采收，根、叶晒干后备用。

性味功效：味苦、辛，性平。祛风除湿，行气活血。

主治用法：治风湿性关节炎、痢疾、胃痛、疝痛、腹胀、牙痛、跌打损伤、疮痈肿毒。用量9～12g，作煎剂或泡酒服；外用适量，捣烂后敷患处。

三七 漆树科 Anacardiaceae

1. 南酸枣 Choerospondias axillaris (Roxb.) Burtt et Hill

生态环境：生于山坡、丘陵、溪谷林内、山麓溪涧边。

分布：保护区内零星分布。

药用部位：夏、秋采收，树皮晒干后备用。

性味功效：味酸、涩，性凉。解毒收敛，止痛，止血。

主治用法：治烧伤、烫伤、外伤出血、牛皮癣。外用适量，不内服。

2. 盐肤木（盐麸木）**Rhus chinensis** Miller.

生态环境：生于山坡、山谷疏林下或荒地、旷野灌丛中。

分布：保护区内普遍分布。

药用部位：夏、秋采收，根、叶晒干后备用。枝、叶被五倍子蚜虫叮咬后形成虫瘿，称五倍子。

性味功效：根、叶味酸、咸，性寒；清热解毒，散瘀止血。五倍子味酸、涩，性平；

敛肺，涩肠，止血。

主治用法：根治感冒发热、支气管炎、咳嗽咯血、肠炎、痢疾、痔疮出血。根、叶外用治跌打损伤、毒蛇咬伤、漆疮。用量15～60g；外用适量，鲜叶捣烂后敷患处或煎水后洗患处。五倍子治肺虚久咳、自汗盗汗、久痢久泻、脱肛、遗精、白浊、各种出血、痈肿。

三八 冬青科 Aquifoliaceae

1. 冬青 Ilex chinensis Sims

生态环境：生于山坡、山麓、山谷疏林下或林缘。

分布：保护区内普遍分布。

药用部位：夏、秋采收，根、叶晒干后备用。

性味功效：味苦、涩，性寒。清热解毒，凉血止血。

主治用法：治上呼吸道感染、慢性气管炎、肾盂肾炎、细菌性痢疾；外用治烧伤、烫伤、冻伤、乳腺炎。

2. 枸骨（构骨）Ilex cornuta Lindl. et Paxt.

生态环境：生于山坡、谷地、溪边杂木林或灌丛中。

分布：保护区内普遍分布。

药用部位：夏、秋采收，根、叶、果实晒干后备用。

性味功效：根味苦；性凉，祛风，止痛，解毒。叶（中药名功劳叶）味微苦，性凉；凉血，通虚热，强腰膝。果实（中药名功劳子）味苦、涩，性微温；补肾，固涩。

主治用法：根治风湿性关节酸痛、腰肌劳损、头痛、牙痛、黄疸型肝炎。叶治肺结核潮热、咳嗽咯血、骨结核、头晕耳鸣、腰酸脚软、白癜风。果治白带过多、慢性腹泻。用量根16～45g，叶、果6～15g。

3. 大叶冬青 Ilex latifolia Thunb.

生态环境：生于阴湿的山谷杂木林中或溪边林内。

分布：保护区内普遍、但零星分布。

药用部位：夏、秋采收，叶晒干后备用。

性味功效：味苦，性凉。清热解毒，止渴生津。

主治用法：治斑痧肚痛、病后烦渴、疟疾，并作凉茶配料。

4. 毛冬青 Ilex pubescens Hook. et Arn.

生态环境：生于山坡、山谷、丘陵疏林下、林缘、灌丛中。

分布：保护区内普遍分布。

药用部位：夏、秋采收，根、茎切片，晒干后备用。

性味功效：味甘，性平。活血通脉，消肿止痛，清热解毒。

主治用法：治心绞痛、心肌梗死、血栓闭塞性脉管炎、中心性视网膜炎、扁桃体炎、咽喉炎、小儿肺炎、冻疮。用量3～9g；外用适量，煎水后洗或干叶研粉调油，擦患处。

5. 铁冬青 Ilex rotunda Thunb.

生态环境：生于山谷、溪边疏林中或丘陵、村边旷地上。

分布：保护区内普遍、但零星分布。

药用部位：夏、秋采收，根、树皮、叶晒干后备用。

性味功效：味苦，性凉。清热解毒，消肿止痛。

主治用法：治感冒、扁桃体炎、咽喉肿痛、急性胃肠炎、风湿骨痛。外用治跌打损伤、痈疖疮疡、外伤出血、烧伤、烫伤。用量9～15g；外用适量，树皮研粉调油，擦患处；鲜叶或根捣烂后敷患处。

三九 卫矛科 Celastraceae

1. 南蛇藤 Celastrus orbiculatus Thunb.

生态环境：生于山坡疏林、溪谷林缘、山麓路旁灌丛中，常攀援于树上、岩石上。

分布：保护区内普遍、但零星分布。

药用部位：夏、秋采收，全株切片，晒干后备用。

性味功效：根、茎味辛，性温；祛风活血，消肿止痛。果味甘、苦，性平；安神镇静。叶味苦，性平；解毒，散瘀。

主治用法：根、茎治风湿性关节炎、跌打损伤、腰腿痛、闭经。果治神经衰弱、心悸、失眠、健忘。叶治跌打损伤、多发性疖肿、毒蛇咬伤。用量根、茎9～15g，果6～15g。叶外用适量，捣烂后敷患处。孕妇忌用。

2. 雷公藤 Tripterygium wilfordii Hook.

生态环境：生于山谷、沟边疏林下阴湿处。

分布：保护区内普遍、但零星分布。

药用部位：根、叶、花夏、秋采收，果实秋、冬采收，晒干后备用。

性味功效：味苦、辛，性凉，有大毒。祛风，解毒，杀虫。

主治用法：外用治风湿性关节炎、皮肤发痒，杀蛆虫、孑孓，灭钉螺，毒鼠。本品因有剧毒，内服必须在医生的指导下进行，而且根皮必须除去，木质部用文火煎煮2h以上方可。外用适量，捣烂后敷患处，或鲜品捣汁后擦患处，敷药时间不可超过半小时，否则起泡。

四〇 省沽油科 Staphyleaceae

1. 野鸦椿 Euscaphis japonica (Thunb.) Kanitz

生态环境：生于丘陵、旷野、向阳的山坡灌丛中。

分布：保护区内普遍分布。

药用部位：秋、冬采收，根、果实晒干后备用。

性味功效：根味微苦，性平；解表，清热，利湿。果味辛，性温；祛风散寒，行气止痛。

主治用法：根治感冒头痛、痢疾、肠炎。果治月经不调、疝痛、胃痛。用量15～30g，果9～15g。

2. 锐尖山香圆 Turpinia arguta (Lindl.) Seem.

生态环境：生于山谷疏林下或溪边林缘灌丛中。

分布：保护区内见于垟溪保护点。

药用部位：夏、秋采收，根、叶晒干后备用。

性味功效：味苦，性寒。活血散瘀，消肿止痛。

主治用法：治跌打损伤，叶捣烂后外敷。治脾脏肿大，干根30～60g炖猪脾脏。

四一 无患子科 Sapindaceae

1. 无患子 Sapindus saponaria Linn.

生态环境：常见房前屋后、道路两旁栽培，亦有逸生。

分布：保护区内村落附近常见。

药用部位：夏、秋采收，根、果晒干后备用。

性味功效：果味苦、微辛，性寒，有小毒；清热除痰，利咽止泻。根味苦，性凉；清热解毒，化痰散瘀。

主治用法：果治白喉、咽喉炎、扁桃体炎、支气管炎、百日咳、急性胃肠炎（煅炭）。根治感冒高热、咳嗽、哮喘、毒蛇咬伤。用量果1～3个，水煎冲蜂蜜服；根15～30g。

四二 凤仙花科 Balsaminaceae

1. 凤仙花（指甲花）**Impatiens balsamina** Linn.

生态环境：常见栽培花卉，偶见逸生。

分布：保护区内村落附近常见。

药用部位：夏、秋采收，种子、花、全草晒干后备用。

性味功效：种子（中药名急性子）味微苦，性温，有小毒；活血通经，软坚消积。花味甘，性温，有小毒；活血通经，祛风止痛，外用解毒。全草（中药名透骨草）味辛、苦，性温；散风祛湿，解毒止痛。

主治用法：种子治闭经、难产、骨鲠咽喉、肿块积聚，用量6～9g，孕妇忌服。花治闭经、跌打损伤、瘀血肿痛、风湿性关节炎、痈疖疮疡、毒蛇咬伤、手癣，用量3～6g，外用适量，鲜花捣烂后敷患处，孕妇忌服。全草治风湿性关节炎，外用治疮疡肿毒，用量6～9g，外用适量，煎烫熏洗患处。

四三 鼠李科 Rhamnaceae

1. 枳椇（拐枣）**Hovenia acerba** Lindl.

生态环境：生于阳光充足的山坡、沟谷及路边，常见于村落附近。

分布：保护区内普遍分布。

药用部位：秋、冬采收果实、果序梗、根皮，晒干后备用。

性味功效：果实味甘，性平；清热利尿，止咳除烦，解酒毒。果序梗味甘，性平；祛风除湿，清热，利尿，解酒毒。根味甘、涩，性温；祛风活络，止血，解酒。

主治用法：果实治热病烦渴、呃逆、呕吐、小便不利、酒精中毒。果序梗治风湿病，祛风通经，解渴除烦，降血压。根治风湿筋骨痛、劳伤咳嗽、咯血、小儿惊风、醉酒。

附：其变种光叶毛果枳椇 *Hovenia trichocarpa* Chun et Tsiang var. *robusta* (Nakai et Y. Kimura) Y. L. Chon et P. K. Chou 的药用功效基本相近。

2. 雀梅藤（雀梅）**Sageretia thea** (Osbeck) Johnst.

生态环境：生于山坡裸岩旁、山麓乱石堆、沟边灌丛中。

分布：保护区内海拔700m以下常见。

药用部位：夏、秋采收，根、叶晒干后备用。

性味功效：根味甘、淡，性平；行气化痰。叶味酸，性凉；解毒消肿，止痛。

主治用法：根治咳嗽气喘、胃痛。叶外用治疮疡肿毒、烧伤、烫伤。用量根9～15g；叶外用适量，鲜品捣烂后敷患处，或干叶研粉调油后涂患处。

附：刺藤子 *Sageretia melliana* Hand.-Mazz. 与雀梅藤药用功效相近。

3. 枣 Ziziphus jujuba Mill.

生态环境：果园或房前屋后栽培。

分布：保护区内村落附近。

药用部位：秋季采收果实，夏、秋采收树皮、根，晒干后备用。

性味功效：果（大枣）味甘，性温；补脾益气，养心安神。树皮味苦、涩，性温；消炎、止血，止泻。根味甘，性温；行气，活血，调经。

主治用法：果治脾虚泄泻、心悸、失眠、盗汗、血小板减少性紫癜。树皮治气管炎、肠炎、痢疾、崩漏；外用治外伤出血。根治月经不调、红崩、白带异常。用量果、树皮、根均为6～9g。

四四 葡萄科 Vitaceae

1. 乌蔹莓 Cayratia japonica (Thunb.) Gagnep.

生态环境：生于山坡、路旁草丛或灌丛中。

分布：保护区内常见。

药用部位：夏、秋采收，全株切段，晒干后备用。

性味功效：味酸、苦，性寒。解毒消肿，活血散瘀，利尿，止血。

主治用法：治咽喉肿痛、目翳、咯血、血尿、痢疾；外用治痈肿、丹毒、腮腺炎、跌打损伤、毒蛇咬伤。用量15～30g；外用适量，研磨后调敷或鲜品取汁后涂患处。

2. 葡萄 Vitis vinifera Linn.

生态环境：果园或房前屋后栽培。

分布：保护区内村落附近常见。

药用部位：夏、秋采收，果实、根、藤晒干后备用。

性味功效：果味甘，性平；解表透疹，利尿，安胎。根、藤味甘、苦，性寒；祛风湿，利尿，止血，消食，解毒，安胎。

主治用法：果治麻疹不透、小便不利、胎动不安。根、藤治风湿骨疼、水肿；外用治骨折。用量果、根、藤均为15～45g；外用鲜根适量，骨折复位后，捣烂后敷患处。

四五 椴树科 Tiliaceae

1. 田麻 Corchoropsis crenata Sieb. et Zucc.

生态环境：生于山地、旷野、田地边、路旁草丛中。

分布：保护区内普遍、但零星分布。

药用部位：夏、秋采收，全草切段，晒干后备用。

性味功效：味苦，性凉。清热利湿，解毒止血。

主治用法：治痈疖肿毒、咽喉肿痛、疥疮、小儿疳积、白带过多、外伤出血。用量9～15g；外用鲜品适量，捣烂后敷患处。

2. 甜麻 Corchorus aestuans Linn.

生态环境：生于村旁、路旁、旷野、山坡、田埂、园地草丛中。

分布：保护区内零星分布。

药用部位：夏、秋采收，全草切段，晒干后备用。

性味功效：味苦，性寒。清热解毒，消肿拔毒。

主治用法：治中暑发热、痢疾、咽喉疼痛；外用治疮疖肿毒。用量15～30g；外用鲜品适量，捣烂后敷患处。

四六 锦葵科 Malvaceae

1. 苘麻 Abutilon theophrasti Medik.

生态环境：生于房前屋后、路旁、荒野、田边。

分布：保护区内零星分布。

药用部位：秋季采收，种子、根、全草晒干后备用。

性味功效：种子（中药名冬葵子）味苦，性平；清扫利湿，退翳。根（中药名苘麻根）味苦，性平；利湿解毒。全草或叶（中药名苘麻）味苦，性平；解毒，祛风。

主治用法：种子治疗角膜薄翳、痢疾、痈肿。根治疗小便淋痛、痢疾。全草或叶治痈疽疮毒、痢疾、中耳炎、耳鸣、耳聋、关节酸痛。

四七 梧桐科 Sterculiaceae

1. 梧桐 Firmiana simplex (Linn.) W. Wight

生态环境：生于山谷、沟边、村落附近旷地。

分布：保护区内零星分布。

药用部位：夏、秋采收，根、叶晒干后备用。

性味功效：味微苦，性平。活血散瘀，降血压，消肿，通经。

主治用法：治跌打骨折、高血压、月经不调、疮疖红肿。

四八 猕猴桃科 Actinidiaceae

1. 中华猕猴桃 Actinidia chinensis Planch.

生态环境：生于向阳山坡、山麓、沟边、路旁疏林中或林缘。

分布：保护区内常见分布。

药用部位：夏、秋采收，根晒干后备用。

性味功效：果味酸、甘，性寒；调中理气，生津润燥，解热除烦。根和根皮味苦、涩，性寒；清热解毒，活血消肿，祛风利湿。

主治用法：果治消化不良、食欲不振、呕吐、烧伤、烫伤。根和根皮治风湿性关节炎、跌打损伤、丝虫病、肝炎、痢疾、淋巴结结核、痈疖肿毒、癌症。用量根 15～60g；果适量，鲜食或榨汁服。

2. 毛花猕猴桃 Actinidia eriantha Benth.

生态环境：生于向阳山坡、山麓、沟边、路旁疏林中或林缘。

分布：保护区内常见分布。

药用部位：夏、秋采收，根、根皮、叶晒干后备用。

性味功效：味微辛，性寒。抗癌，消肿解毒。

主治用法：根治胃癌、乳腺癌、食道癌、腹股沟淋巴结炎、疮疖、皮炎。根皮外用治跌打损伤。叶外用治乳腺炎。用量根 15～60g。根皮、叶外用鲜品适量，捣烂后敷患处。

3. 对萼猕猴桃 Actinidia valvata Dunn

生态环境：生于山谷林缘或溪边岩石旁。

分布：保护区内有零星分布。

药用部位：夏、秋采收，根晒干后备用。

性味功效：味苦、涩，性凉。清热解毒，消肿。

主治用法：治疮痈、疖肿、脓肿、妇女白带异常、麻风病，对肝癌和消化系统的癌症有比较明显的抑制和治疗效果。用量30～60g。

四九 藤黄科 Guttiferae（Clusiaceae）

1. 黄海棠 Hypericum ascyron Linn.

生态环境：生于山地、疏林、灌丛或草地。

分布：保护区内有零星分布。

药用部位：夏、秋采收，全草切段，晒干后备用。

性味功效：味苦，性寒。凉血止血，活血调经，清热解毒。

主治用法：治血热所致的吐血、咯血、尿血、便血、崩漏、跌打损伤、外伤出血、月经不调、痛经、乳汁不下、风热感冒、疟疾、肝炎、痢疾、腹泻、毒蛇咬伤、烫伤、湿疹、黄水疮。用量5～15g；外用鲜品适量，捣烂后敷患处。

2. 小连翘 Hypericum erectum Thunb. ex Murr.

生态环境：生于山谷、山坡、路边草丛中。

分布：保护区内常见分布。

药用部位：夏、秋采收，全草晒干后备用。

性味功效：味苦，性凉。解毒消肿，散瘀止血。

主治用法：治吐血、衄血、无名肿毒、毒蛇咬伤、跌打肿痛。

附：密腺小连翘 Hypericum seniawinii Maxim. 与小连翘药用功效相近。

3. 地耳草 Hypericum japinicum Thunb. ex Murr.

生态环境：生于山坡、沟边、田野草丛中。

分布：保护区内常见分布。

药用部位：夏、秋采收，全草晒干后备用。

性味功效：味甘、微苦，性凉。清热利湿，解毒消肿，散瘀止痛。

主治用法：治肝炎、早期肝硬化、阑尾炎、眼结膜炎、扁桃体炎；外用治痈疖肿毒、带状疱疹、毒蛇咬伤、跌打损伤。用量鲜品30～60g。干品15～30g；外用鲜品适量，捣烂后敷患处。

4. 金丝梅 Hypericum patulum Thunb.

生态环境：生于山坡、山谷、沟边灌草丛中。

分布：保护区内零星分布。

药用部位：夏、秋采收，全草晒干后备用。

性味功效：味微苦，性寒。清热解毒，凉血止血，杀虫、止痒。

主治用法：全草治上呼吸道感染、肝炎、痢疾、胃炎。果治血崩、鼻衄。叶外用治皮肤瘙痒、黄水疮。根驱蛔虫。用量全草9～15g；叶外用适量，煎水后洗或干粉敷患处。

5. 元宝草 Hypericum sampsonii Hance

生态环境：生于山坡草丛、旷野、路边阴湿处。

分布：保护区内有常见分布。

药用部位：夏、秋采收，全草切段，晒干后备用。

性味功效：味辛、苦，性寒。通经活络，清热解毒，凉血止血。

主治用法：治小儿高热、痢疾、肠炎、吐血、衄血、月经不调、白带异常；外用治外伤出血、跌打损伤、乳腺炎、烧伤、烫伤、毒蛇咬伤。用量9～15g；外用鲜品适量，捣烂后敷患处或干粉敷患处。

五 ◯ 堇菜科 Violaceae

1. 戟叶堇菜 Viola betonicifolia Smith

生态环境：生于较阴湿的田埂边、草坡、路旁、水沟边及旷地上。

分布：保护区内常见分布。

药用部位：全草，全年可采，通常鲜用。

性味功效：味微苦、辛，性寒。清热，解毒，消肿。

主治用法：治疮疖肿毒、跌打损伤、刀伤出血、目赤肿痛、黄疸、肠痈、咽喉痛。鲜品适量，捣烂后敷患处。用量9～15g。

2. 南山堇菜 Viola chaerophylloides (Regel) W. Beck.

生态环境：生于山坡林下、山间路边、水沟边阴湿处。

分布：保护区内常见分布。

药用部位：全草，全年可采，通常鲜用。

性味功效：味辛、苦，性寒。清热解毒，凉血止血，止咳化痰。

主治用法：治风热咳嗽、气喘无痰、刀伤出血、跌打损伤。

3. 蔓茎堇菜（七星莲）Viola diffusa Ging.

生态环境：生于山坡、山麓、水沟边草丛中。

分布：保护区内常见分布。

药用部位：全草全年可采，通常鲜用。

性味功效：味微苦，性寒。清热解毒，消肿排脓，生肌接骨，清肺止咳。

主治用法：治肝炎、百日咳、目赤肿痛。外用治急性乳腺炎、疔疮、痈疖、带状疱疹、毒蛇咬伤、跌打损伤。用量15～30g；外用鲜品适量，捣烂后敷患处。

4. 紫花地丁 Viola philippica Cav.

生态环境：生于山谷林下、田间、荒地或路旁。

分布：保护区内常见分布。

药用部位：夏、秋采收，全草晒干后备用。

性味功效：味微苦，性寒。清热解毒，凉血消肿。

主治用法：治痈疖、丹毒、乳腺炎、目赤肿痛、咽喉炎、黄疸型肝炎、肠炎、毒蛇咬伤。用量15～30g；外用鲜品适量，捣烂后敷患处。

五 一 旌节花科 Stachyuraceae

1. 中国旌节花 Stachyurus chinensis Franch.

生态环境：生于山沟边、谷地、林中或林缘。

分布：保护区内常见分布。

药用部位：夏、秋采收，茎部髓心晒干后备用。

性味功效：味淡，性平。清热利水，通乳。

主治用法：治尿路感染、尿闭或尿少、热病口渴、小便黄赤、乳汁不通。用量3～9g。

附：喜马拉雅旌节花 *Stachyurus himalaicus* Hook. f. et Thoms. ex Benth. 与本种药用功效相近。

五二 秋海棠科 Begoniaceae

1. 紫背天葵 Begonia fimbristipula Hance

生态环境：生于山谷林下岩石上。

分布：保护区内见于乌岩岭、黄桥。

药用部位：夏、秋采收，全草晒干后备用。

性味功效：味甘、淡，性凉。清热凉血，止咳化痰，散瘀消肿。

主治用法：治中暑发烧、肺热咳嗽、咯血、淋巴结结核、血瘀腹痛；外用治扭伤、挫伤、骨折、烧伤、烫伤。用量6～9g；外用适量鲜品，捣烂后敷患处。

五三 瑞香科 Thymelaeaceae

1. 芫花 Daphne genkwa Sieb. et Zucc.

生态环境：生于向阳山坡灌丛中、路旁或疏林下。

分布：保护区内零星分布。

药用部位：春季采收花蕾，全年采收根皮，晒干后备用。

性味功效：味辛，性温，有毒。泄水消肿。

主治用法：治痰饮喘咳、水肿胀满。

2. 南岭荛花 了哥王 **Wikstroemia indica** (Linn.) C. A. Mey.

生态环境：生于低山坡、山谷疏林下、溪边灌丛中。

分布：保护区内零星分布。

药用部位：夏、秋采收，根皮、根、叶晒干后备用。

性味功效：味微苦、辛，性寒，有大毒。消炎止痛，排毒止痒。

主治用法：治跌打损伤、风湿骨痛、恶疮、烂肉溃疡、淋巴结结核、哮喘、腮腺炎、扁桃体炎、毒蛇咬伤、蜈蚣咬伤、疥癣等。

五四 胡颓子科 Elaeagnaceae

1. 蔓胡颓子 Elaeagnus glabra Thunb.

生态环境：生于山谷林缘、山坡、丘陵、路旁灌丛中。

分布：保护区内常见分布。

药用部位：果春季采收，叶、根夏季采收，晒干后备用。

性味功效：味酸，性平。叶平喘止咳。果收敛止泻。根利水通淋，散瘀消肿。

主治用法：治支气管哮喘、慢性气管炎、跌打损伤、腹泻。

2. 胡颓子 Elaeagnus pungens Thunb.

生态环境：生于山地林缘、灌丛中。

分布：保护区内常见分布。

药用部位：果春季采收，叶、根夏季采收，晒干后备用。

性味功效：根味苦，性平；祛风利湿，祛瘀止血。叶微苦，性平；止咳平喘。果味甘、酸，性平；消食止痢。

主治用法：根治传染性肝炎、小儿疳积、风湿性关节炎、咯血、吐血、便血、崩漏、白带异常、跌打损伤。叶治支气管炎、咳嗽、哮喘。果治肠炎、痢疾、食欲不振等。

五五 千屈菜科 Lythraceae

1. 南紫薇 Lagerstroemia subcostata Koehne in Engl.

生态环境：生于山坡、溪边疏林下、林缘或灌丛中。

分布：保护区内零星分布。

药用部位：夏、秋采收，根晒干后备用。

性味功效：味淡、微苦，性寒。解毒，散瘀，截疟。

主治用法：治痈疮肿毒、毒蛇咬伤、疟疾。用量9～15g；外用适量鲜品，捣烂后敷患处。

五六 石榴科 Punicaceae

1. 石榴 Punica granatum Linn.

生态环境：果园或房前屋后栽培。

分布：保护区内村落附近。

药用部位：根皮、茎皮夏、秋采收，果皮秋、冬采收，花、叶夏季采收，晒干后备用。

性味功效：味酸、涩，性温。收敛止泻，杀虫。

主治用法：根皮、茎皮、果皮治虚寒久泻、肠炎、痢疾、便血、脱肛、血崩、绦虫病、蛔虫病。果皮外用治稻田皮炎。花治吐血、衄血；外用治中耳炎。叶治急性肠炎。用量根皮、果皮3～9g；花3～9g；外用研粉，适量吹耳内。

五七 蓝果树科 Nyssaceae

1. 喜树 Camptotheca acuminata Decne.

生态环境：生于山谷、溪边、村旁疏林或杂木林中。

分布：保护区内零星分布。

药用部位：夏、秋采收，根、树枝、根皮、叶、果实晒干后备用。

性味功效：味苦、涩，性凉。抗癌，清热，杀虫。

主治用法：治胃癌、结肠癌、直肠癌、膀胱癌、慢性粒细胞性白血病、急性细胞性白血病；外用治牛皮癣。临床上多提取喜树碱用。用量每日10～20mg。

五八 八角枫科 Alangiaceae

1. 八角枫（华瓜木）**Alangium chinense** (Lour.) Harms

生态环境：生于较阴湿的山谷、山坡杂木林中。

分布：保护区内常见分布。

药用部位：夏、秋采收，侧根、须根、花、叶晒干后备用。

性味功效：味辛，性微温，有毒。祛风除湿，舒筋活络。

主治用法：治风湿性关节炎、跌打损伤、精神分裂症。用量侧根3～9g；用量由小逐渐到大，切勿过量，须根一般不超过3g，宜在饭后服，孕妇忌服，小儿和年老体弱者慎用。

五九 野牡丹科 Melastomataceae

1. 地菍Melastoma dodecandrum Lour.

生态环境：生于山坡、松林下、田边、路旁、村旁草丛中或岩石缝中。

分布：保护区内常见分布。

药用部位：夏、秋采收，全草晒干后备用。

性味功效：味甘、酸，性平。清热解毒，祛风利湿，凉血止血，补脾益肾。

主治用法：预防流行性脑脊髓膜炎，治肠炎、痢疾、肺脓肿、盆腔炎、子宫出血、贫血、白带异常、腰腿痛、风湿骨痛、外伤出血、毒蛇咬伤。用量30～60g。

六〇 五加科 Araliaceae

1. 棘茎楤木Aralia echinocaulis Hand.-Mazz.

生态环境：生于偏阴的山坡、路边、山沟、林缘。

分布：保护区内零星分布。

药用部位：夏、秋采收，全草晒干后备用。

性味功效：味辛、微苦，性平。祛风除湿，活血行气，解毒消肿。

主治用法：治风湿痹痛、跌打损伤、骨折、胃脘痛、疝气、崩漏、骨髓炎、痈疽、毒蛇咬伤。用量9～15g；外用适量鲜品，捣烂后敷患处。

2. 五加Eleutherococcus nodiflorus (Dunn) S. Y. Hu

生态环境：生于阴湿的灌丛中、山坡水沟边、阴坡的疏林下。

分布：保护区内零星分布。

药用部位：夏、秋采收，根皮晒干后备用。

性味功效：味辛，性温。祛风除湿，强筋壮骨。

主治用法：治风湿性关节炎、腰腿酸疼、半身不遂、跌打损伤、水肿。用量9～15g。

3. 大叶三七（竹节参）**Panax japonicus C. A. Mey.**

生态环境：生于海拔800m以上山谷沟边阔叶林下。

分布：保护区内见于乌岩岭万斤窑。

药用部位：秋、冬采收根状茎，晒干后备用。

性味功效：味甘、微苦，性温。活血化瘀，滋补强壮，祛痰。

主治用法：治跌打损伤、风湿性关节炎、胃痛；外用治外伤出血。

附：其变种羽叶三七（疙瘩七）var. *bipinnatifidus* (Seem.) C. Y. Wu et Feng ex C. Chou et al. 药用功效基本相同。

六二 伞形科 Umbelliferae (Apiaceae)

1. 紫花前胡 Angelica decursiva (Miq.) Franch. et Sav.

生态环境：生于、路旁湿润的阔叶疏林下或草丛中。

分布：保护区内零星分布。

药用部位：秋、冬采收根，晒干后备用。

性味功效：味苦、辛，微寒。解表止咳，疏风清热，活血调经。

主治用法：治感冒咳嗽、上呼吸道感染、咳喘、痰多。用量3～9g。

2. 积雪草（老鸦碗、大叶伤筋草）Centella asiatica (Linn.) Urban

生态环境：生于潮湿的沟边、路旁、草地。

分布：保护区内普遍分布。

药用部位：夏、秋采收，全草晒干后备用。

性味功效：味甘、微苦，性凉。清热解毒，活血，利尿。

主治用法：治感冒、中暑、扁桃体炎、咽喉炎、胸膜炎、泌尿系统感染、结石、传染性肝炎、肠炎、痢疾、解毒（断肠草、砒霜、蕈中毒）、跌打损伤；外用治毒蛇咬伤、疔疮肿毒、带状疱疹、外伤出血。用量15～60g；外用适量，鲜草捣烂后敷患处或绞汁后涂患处。

3. 蛇床 Cnidium monnieri (Linn.) Cuss.

生态环境：生于低山坡、田野、路旁潮湿地或沟边。

分布：保护区内零星分布。

药用部位：秋、冬采收，根晒干后备用。

性味功效：味苦、辛，性温，有小毒。强阳益肾，祛风燥湿，杀虫止痒。

主治用法：治阴痒带下、阴道滴虫、皮肤湿疹、阳痿。用量3～9g；外用适量，煎汤熏洗。

4. 天胡荽 Hydrocotyle sibthorpioides Lam.

生态环境：生于山坡、路边潮湿地、房屋墙脚下。

分布：保护区内普遍分布。

药用部位：夏、秋采收，全草晒干后备用。

性味功效：味甘、淡、微辛，性凉。清热利湿，祛痰止痛。

主治用法：治传染性黄疸型肝炎、肝硬化腹水、泌尿系统感染、泌尿系统结石、伤风感冒、咳嗽、百日咳、咽喉炎、扁桃体炎、目翳；外用治湿疹、带状疱疹、衄血。用量9～15g；外用适量，鲜草捣烂后敷患处。

附：其变种破铜钱 var. *batrachium* (Hance) Hand.-Mazz. ex Shan 的药用功效相近。

5. 藁本 Ligusticum sinense Oliv.

生态环境：生于山谷林下阴湿地。

分布：保护区内见于乌岩岭、黄桥。

药用部位：春、秋采挖，根状茎晒干后备用。

性味功效：味辛，性温。祛风除湿，散寒止痛。

主治用法：治风寒头痛、巅顶疼痛、心腹气痛、疥癣、寒湿泄泻。用量3～10g。

6. 水芹（水芹菜）Oenanthe javanica (Bl.) DC.

生态环境：生于低山坡、山脚旷野溪沟边浅水处。

分布：保护区内普遍分布。

药用部位：夏、秋采收，全草晒干后备用或鲜用。

性味功效：味甘，性平。清热利湿，止血，降血压。

主治用法：治感冒发热、呕吐腹泻、尿路感染、崩漏、白带异常、高血压。用量3～10g。鲜品可捣烂取汁饮用。

7. 隔山香（柠檬香咸草）Ostericum citriodora (Hance) Yuan et Shan

生态环境：生于向阳山坡溪沟边、灌木林下或林缘草丛中。

分布：保护区内零星分布。

药用部位：夏、秋采收，根和全草晒干后备用。

性味功效：味苦、辛，性微温，气香。祛风消肿，活血散瘀，行气止痛。

主治用法：治胃痛、腹痛、心绞痛、头痛、风湿骨痛、跌打损伤、疝痛、风热咳嗽、支气管炎、肝硬化腹水、闭经、阿米巴痢疾、腮腺炎、毒蛇咬伤。对防治麻疹及上呼吸道感染有较好疗效。用量9～30g，水煎服或研粉服1.5～3g。

8. 前胡（白花前胡）Peucedanum praeruptorum Dunn

生态环境：生于向阳山坡荒地草丛中。

分布：保护区内零星分布。

药用部位：夏、秋采收，根晒干后备用。

性味功效：味苦、辛，性微寒。疏风清热，降气化痰。

主治用法：治感冒咳嗽、上呼吸道感染、咳喘、痰多。用量9～30g。

9. 小窃衣 Torilis japonica (Houtt.) DC.

生态环境：生于荒坡、旷野、路旁、村边草丛中。

分布：保护区内普遍分布。

药用部位：夏、秋采收，根、果晒干后备用。

性味功效：味微苦、辛，性微温，有小毒。活血消肿，收敛杀虫。

主治用法：治慢性腹泻、蛔虫病。用量6～9g。痈疮溃烂久不收口、阴道滴虫用果实适量，水煎冲洗。

六二 山茱萸科 Cornaceae

1. 青荚叶 Helwingia japonica (Thunb.) Dietr.

生态环境：生于阴山坡、山谷溪涧边、林下灌丛中。

分布：保护区内零星分布。

药用部位：夏、秋采收，叶、果晒干后备用。

性味功效：味辛、苦，性平。祛风除湿，活血解毒。

主治用法：治感冒咳嗽、风湿痹痛、胃痛、痢疾、便血、月经不调、跌打损伤、骨折、痈疖疮毒、毒蛇咬伤。用量9～15g；外用鲜品捣烂后敷患处。

六三 鹿蹄草科 Pyrolaceae

1. 鹿蹄草 Pyrola calliantha H. Andr.

生态环境：生于海拔800m以上的山坡、路边、林下、沟谷两旁阴湿处。

分布：保护区内见于乌岩岭、黄桥。

药用部位：夏、秋采收，全草晒干后备用。

性味功效：味苦，性平。祛风湿，强筋骨，止血。

主治用法：治虚劳咳嗽、肾虚盗汗、腰膝无力、风湿及类风湿性关节炎、半身不遂、崩漏、白带异常、结膜炎、各种出血。

附：普通鹿蹄草 *Pyrola decorata* H. Andr. 药用功效与鹿蹄草相近。

六四 杜鹃花科 Ericaceae

1. 羊踯躅 Rhododendron molle G. Don

生态环境：生于山坡林缘或山脊灌丛、草地上。

分布：保护区内见于乌岩岭、黄桥。

药用部位：夏、秋采收，根、花、果晒干后备用。

性味功效：根味辛，性温，有毒；祛风、止咳，散瘀，止痛，杀虫。花味辛，性温，有大毒；镇痛，杀虫。果味苦，性温，有大毒；祛风止痛，止咳平喘。

主治用法：根治风湿痹痛、跌打损伤、神经痛、慢性支气管炎；外用治肛门单瘘管，杀灭钉螺。花外擦治癣，煎水含漱治龋齿痛。果治跌打损伤、风湿性关节炎。茎、叶杀蝇蛆、孑孓、钉螺。用量根1.5～3g，果0.6～1.2g；外用适量，孕妇忌服。

2. 映山红 Rhododendron simsii Planch.

生态环境：生于山坡、山麓、山顶疏林下或灌丛中。

分布：保护区内普遍分布。

药用部位：春季采收花，夏、秋采收根、叶，晒干后备用。

性味功效：根味酸、涩，性温，有毒；祛风湿，活血化瘀，止血。叶、花味甘、酸，性平；清热解毒，化痰止咳，止痒。

主治用法：根治风湿性关节炎、跌打损伤、闭经；外用治外伤出血。花、叶治支气管炎、荨麻疹；外用治痈肿。用量根 6～9g，花、叶 9～15g；外用适量，根研粉，叶鲜品捣烂后敷患处。

六五 紫金牛科 Myrsinaceae

1. 朱砂根 Ardisia crenata Sims

生态环境：生于山地常绿阔叶林、杉木林下或溪沟边荫蔽潮湿灌木林中。

分布：保护区内普遍分布。

药用部位：夏、秋采收，根、叶晒干后备用。

性味功效：味苦、辛，性平。行血祛风，解毒消肿。

主治用法：治上呼吸道感染、咽喉肿痛、扁桃体炎、白喉、支气管炎、风湿性关节炎、腰腿痛、跌打损伤、丹毒、淋巴结炎；外用治外伤肿痛、骨折、毒蛇咬伤。用量 3～9g；外用适量，鲜根或鲜叶捣烂后敷患处。

2. 百两金 Ardisia crispa (Thunb.) A. DC

生态环境：山坡或山谷林下阴湿处。

分布：保护区内零星分布。

药用部位：夏、秋采收，根、叶晒干后备用。

性味功效：味苦，性平。清利咽喉，散瘀消肿。

主治用法：治咽喉肿痛、跌打损伤、风湿骨痛。用量根、叶均为 9～15g。

3. 紫金牛 Ardisia japonica (Thunb.) Bl.

生态环境：生于山坡、山谷林下阴湿处。

分布：保护区内普遍分布。

药用部位：夏、秋采收，全株晒干后备用。

性味功效：味辛，性平。止咳化痰，祛风解毒，活血止痛。

主治用法：治支气管炎、大叶性肺炎、小儿肺炎、肺结核、肝炎、痢疾、急性肾炎、尿路感染、痛经、跌打损伤、风湿；外用治皮肤瘙痒、漆疮。用量 15～60g；外用适量，煎水后洗患处。

4. 虎舌红 Ardisia mamillata Hance

生态环境：生于山坡、沟边林下阴湿处。

分布：保护区内零星分布。

药用部位：夏、秋采收，全株晒干后备用。

性味功效：味苦、微辛，性凉。散瘀止血，清热利湿。

主治用法：治风湿性关节炎、跌打损伤、肺结核咯血、月经过多、痛经、肝炎、痢疾、小儿疳积。用量 9～15g。

六六 报春花科 Primulaceae

1. 过路黄（金钱草）Lysimachia christinae Hance

生态环境：生于疏林下、荒地、路旁、沟边湿润处。

分布：保护区内零星分布。

药用部位：夏、秋采收，全草晒干后备用。

性味功效：味苦，酸，性凉。清热解毒，利尿排石，活血散瘀。

主治用法：治肝炎、胆结石、胆囊炎、黄疸型肝炎、泌尿系统结石、水肿、跌打损伤、毒蛇咬伤、毒蕈及药物中毒；外用治化脓性炎症、烧伤、烫伤。用量15～60g（鲜品120～150g）；外用适量，鲜品捣烂后敷患处或取汁后涂患处。

2. 星宿菜 Lysimachia fortunei Maxim

生态环境：生于路旁、田埂及溪边草丛中。

分布：保护区内常见分布。

药用部位：夏、秋采收，全草切段，晒干后备用。

性味功效：味苦、涩，性平。清热利湿，活血调经。

主治用法：治感冒、咳嗽咯血、肠炎、痢疾、肝炎、疳积、疟疾、风湿关节疼、痛经、闭经、白带异常、乳腺炎、结膜炎、毒蛇咬伤、跌打损伤。用量15～30g；外用适量，鲜品捣烂后敷患处。

3. 点腺过路黄 Lysimachia hemsleyana Maxim.

生态环境：生于低山坡、路边、沟边用荒地。

分布：保护区内零星分布。

药用部位：夏、秋采收，全草晒干后备用或鲜用。

性味功效：味苦，性凉。清热解毒，利尿通淋，消肿散瘀。

主治用法：治肝炎、肾炎、膀胱炎、闭经。用量30～60g。

六七 柿科 Ebenaceae

1. 柿 Diospyros kaki Thunb.

生态环境：果园或房前屋后栽培，偶见逸生。

分布：保护区内常见。

药用部位：秋、冬采收果、果蒂、柿霜（柿饼上的白霜），夏、秋采收根、叶，晒干后备用。

性味功效：果（柿子）味甘，性凉；润肺生津，降压止血。果蒂（宿存花萼）味苦，性平；降气止呃。柿霜味甘，性凉；生津利咽，润肺止咳。根味苦、涩，性凉；清热凉血。叶味苦、酸，性凉；降血压。

主治用法：果治肺燥咳嗽、咽喉干痛、胃肠出血、高血压。柿蒂治呃逆、噫气、夜尿症。柿霜治口疮、咽喉痛、咽干咳嗽。根治吐血、痔疮出血、血痢。叶治高血压。用量柿子1～2个（50～100g）；柿蒂、柿霜3～9g；根6～9g；叶研粉吞服3g或泡茶饮。

1a. 野柿 var. sylvestris Makino

生态环境：生于山地林中。

分布：保护区内常见。

药用部位：夏、秋采收，根晒干后备用。

性味功效：味涩、酸，性凉。收敛清热。

主治用法：治风湿性关节炎。野柿的其他药用功效可参阅柿。

六八 安息香科 Styracaceae

1. 越南安息香 Styrax tonkinensis (Pierre) Craib ex Hartw.

生态环境：生于200～400m的山坡林中。

分布：保护区内见于垟溪。

药用部位：夏、秋采收，叶、树脂晒干后备用。

性味功效：叶味苦、甘，性平；润肺止咳。树脂（安息香）味辛、苦，性平；开窍，清神，行气，活血，止痛。

主治用法：叶治肺热咳嗽。树脂治中风痰厥、气郁暴厥、中恶昏迷、心腹疼痛、产后血晕、小儿惊风。

六九 木犀科 Oleaceae

1. 白蜡树（尖叶白蜡树、尖尾白蜡树）Fraxinus chinensis Roxb.

生态环境：生于山谷、山坡林中或林缘。

分布：保护区内零星分布。

药用部位：夏、秋采收，树皮、根皮晒干后备用。

性味功效：味苦，性微寒。清热燥湿，止痢，明目。

主治用法：治肠炎、痢疾、白带异常、慢性气管炎、急性结膜炎；外用治牛皮癣。用量6～9g；外用30～60g，煎水后洗患处。

2. 女贞 Ligustrum lucidum W. T. Ait.

生态环境：生于山谷、溪边或山坡疏林中。多栽培。

分布：保护区内常见。

药用部位：秋、冬采收，果实、枝、叶、树皮晒干后备用。

性味功效：果（中药名女贞子）味苦，性平；滋补肝肾，乌发明目。枝、叶、树皮味苦，性冰、凉；祛痰止咳。

主治用法：果治肝肾阴虚、头晕目眩、耳鸣、头发早白、腰膝酸软、老年习惯性便秘、慢性苯中毒，用量9～15g。枝、叶、树皮治咳嗽、支气管炎，用量30～60g。

七〇 马钱科 Loganiaceae

1. 醉鱼草 Buddleja lindleyana Fort.

生态环境：生于山地、路旁、山谷、溪边。

分布：保护区内普遍分布。

药用部位：夏、秋采收，全草晒干后备用。

性味功效：味苦、微辛，性温，有毒。祛风除湿，止咳化痰，散瘀，杀虫。

主治用法：治支气管炎、咳嗽、哮喘、风湿性关节炎、跌打损伤，外用治创伤出血、烧伤、烫伤，并作杀蛆灭孑孓用。用量9～15g；外用适量，捣烂或研粉后敷患处。孕妇忌服。

七一 龙胆科 Gentianaceae

1. 华南龙胆 Gentiana lourirei (D. Don) Griseb.

生态环境：生于山坡阴湿林下、林缘及路旁草丛中。

分布：保护区内零星分布。

药用部位：夏、秋采收，全草晒干后备用。

性味功效：味苦、辛，性寒。清热利湿，解毒消痈。

主治用法：治咽喉肿痛、阑尾炎、白带异常、尿血；外用治疮疡肿毒、淋巴结结核。用量6～15g；外用适量，捣烂后敷患处。

2. 龙胆 Gentiana scabra Bunge

生态环境：生于海拔600m以上的山坡、路旁草丛中。

分布：保护区内零星分布。

药用部位：夏、秋采收，全草晒干后备用。

性味功效：味苦，性寒。泻肝胆实火，除下焦湿热。

主治用法：治高血压、头晕耳鸣、目赤肿痛、胸胁痛、胆囊炎、湿热黄疸、急性传染性肝炎、膀胱炎、阴部湿痒、疮疖痈肿。用量3～6g。

3. 华双蝴蝶 Tripterospermum chinensis (Migo) H. Smith ex Nilsson

生态环境：生于山坡、沟谷阴湿林下及溪谷阴湿草丛中。

分布：保护区内零星分布。

药用部位：夏、秋采收，全草晒干后备用。

性味功效：味辛、苦，性寒。清热解毒，祛痰止咳。

主治用法：治肺热咳嗽、肺痨咯血、肺痈、肾炎、疮痈疖肿。

七二 夹竹桃科 Apocynaceae

1. 念珠藤 Alyxia sinensis Champ. ex Benth.

生态环境：生于山坡、路边灌草丛、溪边、岩壁等处。

分布：保护区内主要见于垟溪。

药用部位：夏、秋采收，全草晒干后备用。

性味功效：味辛、微苦，性温。祛风活血，通经活络。

主治用法：治风湿性关节炎、腰痛、跌打损伤、闭经。用量15～24g，水煎或酒水炖服。

2. 络石 Trachelospermum jasminoides (Lindl.) Lem.

生态环境：攀生于树干、岩石或墙上。

分布：保护区内普遍分布。

药用部位：夏、秋采收，根、茎晒干后备用。

性味功效：味苦，性平。祛风止痛，活血通经。

主治用法：治风湿性关节炎、腰腿痛、跌打损伤、痈疖肿毒；外用创伤出血。用量9～15g；外用适量鲜品捣烂后或干品研粉后敷患处。

3. 酸叶胶藤 Urceola rosea (Hook. et Arn.) D. J. Middleton

生态环境：生于山地杂木林中。

分布：保护区内零星分布。

药用部位：夏、秋采收，藤茎晒干后备用。

性味功效：味酸、微涩，性凉。利尿消肿，止痛。

主治用法：治咽喉肿痛、慢性肾炎、肠炎、风湿骨痛、跌打损伤。用量15～30g；外用鲜品捣烂后敷患处。

七三 萝藦科 Asclepiadaceae

1. 蔓剪草 Cynanchum chekiangense M. Cheng ex Tsiang et P. T. Li

生态环境：生于山谷、溪边林中潮湿处。

分布：保护区内零星分布。

药用部位：夏、秋采收，根晒干后备用。

性味功效：味辛，性温。理气健脾，活血散瘀，祛暑，杀虫。

主治用法：治跌打损伤、疥疮。用量6～9g，水煎服。

2. 徐长卿 Cynanchum paniculatum (Bunge) Kitagawa

生态环境：生于向阳山坡草丛中。

分布：保护区内零星分布。

药用部位：夏、秋采收，根、全草晒干后备用。

性味功效：味辛，性温。消肿解毒，通经活络，止痛。

主治用法：治风湿性关节炎、腰痛、胃痛、痛经、毒蛇咬伤、跌打损伤；外用治神经性皮炎、荨麻疹、带状疱疹。用量3～9g；外用适量，鲜根捣烂后或干品研粉后敷患处。

3. 柳叶白前 Cynanchum stauntonii (Decne) Schltr. ex Lévl.

生态环境：生于山谷、湿地、水边至半浸于水中。

分布：保护区内零星分布。

药用部位：夏、秋采收，全草晒干后备用。

性味功效：味苦、辛，性凉。清肺化痰，止咳平喘。

主治用法：根、根状茎治感冒咳嗽、支气管炎、气喘、水肿、小便不利。全草治肝炎、麻疹初期未透；外用治毒蛇咬伤、皮肤湿疹。用量根及根状茎0.6～12g，全草15～30g；外用适量，鲜草捣烂后敷患处。

4. 萝藦 Metaplexis japonica (Thunb.) Makino

生态环境：生于低海拔的山坡林下、田野、岩石边、路旁草丛中及村落附近。

分布：保护区内零星分布。

药用部位：夏、秋采收，果壳、根、茎、叶晒干后备用。

性味功效：根味甘，性温，有毒；补气益精。果壳味辛，性温；补虚助阳、止咳化痰。全草味甘、微辛，性温；行气活血，消肿解毒。

主治用法：根治体质虚弱、阳痿、白带异常、乳汁不足、小儿疳积。果治体质虚弱、腰腿疼痛、缺奶、白带异常、痰喘咳嗽、百日咳、阳痿、遗精；外用治创伤出血。根治跌打、蛇咬、疔疮、瘰疬、阳痿；外用治疔疮、五步蛇咬伤。茎、叶治小儿疳积、疔肿、肾虚遗精、乳汁不足；外用治疮疖肿毒、虫蛇咬伤。种毛可止血。

七四 旋花科 Convolvulaceae

1. 打碗花 Calystegia hederacea Wall. ex Roxb.

生态环境：生于耕地、荒坡、路边、溪沟边草丛中。

分布：保护区内常见分布。

药用部位：夏、秋采收，根、花晒干后备用。

性味功效：味甘，性寒。清热利湿，理气健脾。

主治用法：治急性结膜炎、咽喉炎、白带异常、疝气。用量9～30g。

2. 菟丝子 Cuscuta chinensis Lam.

生态环境：寄生于草本植物或灌木上。

分布：保护区内零星分布。

药用部位：夏、秋采收，种子晒干后备用。

性味功效：味辛、甘，性平。补肝肾，益精，明目。

主治用法：治腰膝酸软、阳痿、遗精、尿频、头晕目眩、视力减退、胎动不安。用量 6 ～ 15g。

附：与菟丝子药用功效相近的还有南方菟丝子 *Cuscuta australis* R. Br. 和金灯藤 *Cuscuta japonica* Choisy。

3. 马蹄金 **Dichondra micrantha** Urban

生态环境：生于林缘或村边、路旁、田野阴湿处。

分布：保护区内零星分布。

药用部位：夏、秋采收，全草晒干后备用。

性味功效：味辛、淡，性微温。疏风散寒，行气破积。

主治用法：治感冒风寒、疟疾、中暑腹痛、泌尿系统结石、急慢性肝炎、跌打肿痛。

4. 土丁桂 **Evolvulus alsinoides** (Linn.) Linn.

生态环境：生于山坡、丘陵、干旱旷地或草坡上。

分布：保护区内零星分布。

药用部位：夏、秋采收，全草晒干后备用。

性味功效：味苦、涩，性平。止咳平喘，清热利湿，散瘀止痛。

主治用法：治支气管炎、咳嗽、黄疸、胃痛、消化不良、急性肠炎、痢疾、泌尿系统感染、白带异常、跌打损伤、腰腿疼痛。用量 3 ～ 9g。

七五 紫草科 Boraginaceae

1. 琉璃草 **Cynoglossum furcatum** Wall.

生态环境：生于山坡、路边、林间草地。

分布：保护区内零星分布。

药用部位：夏、秋采收，根、叶晒干后备用。

性味功效：味苦，性凉。清热解毒，散瘀止血。

主治用法：治痈肿疮疖、崩漏、咯血、跌打损伤、外伤出血、毒蛇咬伤。用量 9 ～ 12g；外用鲜品捣烂后敷患处。

2. 少花琉璃草 **Cynoglossum lanceolatum** Forsk.

生态环境：生于山坡林边或丘陵路旁、旷地上。

分布：保护区内零星分布。

药用部位：夏、秋采收，全草晒干后备用。

性味功效：味苦，性凉。清热解毒，利尿消肿，活血。

主治用法：治急性肾炎、月经不调；外用治痈肿疮毒、毒蛇咬伤。用量 9 ～ 15g；外用鲜品捣烂后敷患处。

3. 梓木草 **Lithospermum zollingeri** A. DC.

生态环境：生于山坡灌草丛中或房边沙地上。

分布：保护区内零星分布。

药用部位：夏、秋采收，全草及果实晒干后备用。

性味功效：味甘、辛，性温。温中健胃，消肿止痛，止血。

主治用法：治胃胀反酸、吐血、跌打损伤、疔疮、支气管炎、消化不良等症。

4. 附地菜 Trigonotis peduncularis (Trev.) Benth. ex Bak. et. Moore

生态环境：生于田间、路边、山坡、山谷、溪边草丛。

分布：保护区内常见分布。

药用部位：夏、秋采收，全草晒干后备用。

性味功效：味甘、辛，性温。温中健胃，消肿止痛，止血。

主治用法：治胃痛、吐酸、吐血；外用治跌打损伤、骨折。用量3～6g；外用鲜品适量,捣烂后敷患处。

七六 马鞭草科 Verbenaceae

1. 紫珠 Callicarpa bodinieri Lévl.

生态环境：生于山坡、山脚、疏林林缘灌丛、水沟边、路边、旷地。

分布：保护区内常见分布。

药用部位：夏、秋采收，根、叶、果实晒干后备用。

性味功效：味苦、微辛，性平。收敛止血，通经，解毒消肿。

主治用法：治血瘀痛经、风湿痹痛、跌打瘀肿、外伤出血、衄血、咯血、月经不调、白带异常。用量10～15g。

2. 白棠子树 Callicarpa dichotoma (Lour.) K. Koch

生态环境：生于山区溪边或山坡灌丛中。

分布：保护区内零星分布。

药用部位：夏、秋采收，根、叶、茎晒干后备用。

性味功效：味苦、涩，性平。止血，散瘀，消炎。

主治用法：治衄血、咯血、胃肠出血、子宫出血、上呼吸道感染、扁桃体炎、肺炎、支气管炎；外用治外伤出血、烧伤、烫伤。用量3～9g；外用鲜品适量，捣烂后或干品研粉后敷患处。

3. 红紫珠 Callicarpa rubella Lindl.

生态环境：生于山谷、林边、溪边或路旁。

分布：保护区内零星分布。

药用部位：夏、秋采收，全草晒干后备用。

性味功效：味微苦，性凉。驱蛔虫，消肿止痛，止血，接骨。

主治用法：治跌打瘀肿、咯血、骨折、外伤出血、疔疮、蛔虫病。民间用根炖肉，可通经和治妇女红、白带异常。嫩芽揉烂后擦癣。用量15～30g；外用鲜品适量，捣烂后敷患处。

4. 兰香草 Caryopteris incana (Thunb.) Miq.

生态环境：生于山坡、路边草丛中或岩石间。

分布：保护区内零星分布。

药用部位：夏、秋采收，全草晒干后备用。

性味功效：味辛，性温，气香。疏风解表，止咳祛痰，散瘀止痛。

主治用法：治上呼吸道感染、百日咳、支气管炎、风湿性关节炎、胃肠炎、跌打肿痛、产后瘀血腹痛、毒蛇咬伤、湿疹、皮肤瘙痒。用量15～30g；外用鲜品适量，捣烂后敷患处。

5. 臭牡丹 Clerodendrum bungei Steud.

生态环境：生于山坡、林缘、沟边或村落附近旷地上。

分布：保护区内零星分布。

药用部位：夏、秋采收，全草晒干后备用。

性味功效：味苦、辛，性平。祛风除湿，解毒散瘀。

主治用法：根治风湿性关节炎、跌打损伤、高血压、头晕头痛、肺脓肿。叶外用治痈疖疮疡、痔疮发炎、湿疹，还可灭蛆。用量15～30g；外用鲜品适量，捣烂后敷患处。

6. 大青 Clerodendrum cyrtophyllum Turcz.

生态环境：生于山坡、路边、林缘、灌木丛中。

分布：保护区内普遍分布。

药用部位：夏、秋采收，根、叶晒干后备用。

性味功效：味苦，性寒。清热利湿，散瘀解毒。

主治用法：治流行性脑脊髓膜炎、流行性乙型脑炎、感冒头痛、麻疹并发肺炎、流行性腮腺炎、扁桃体炎、传染性肝炎、痢疾、尿路感染。用量15～30g。

7. 海州常山 Clerodendrum trichitomum Thunb.

生态环境：生于路边、溪边、山谷及山坡灌丛中。

分布：保护区内普遍分布。

药用部位：夏、秋采收，根、叶、全草晒干后备用。

性味功效：味苦、甘，性平。祛风湿，降血压。

主治用法：治风湿痹痛、半身不遂、高血压、偏头痛、疟疾、痢疾、痔疮、痈疽疮疥。用量9～15g(鲜品50～100g)浸酒或入丸、散；外用煎水后洗、研磨后调敷或捣敷。

8. 豆腐柴 Premna microphylla Turcz.

生态环境：生于山坡、路边、山谷、溪旁灌丛中。

分布：保护区内普遍分布。

药用部位：夏、秋采收，根和茎切片，晒干后备用。

性味功效：味辛、微甘，性微温。祛风湿，壮肾阳。

主治用法：治风湿痹痛、肥大性脊椎炎、肩周炎、肾虚阳痿、月经不调。用量

10 ～ 30g。

9. 马鞭草 Verbena officinalis Linn.

生态环境：生于山脚、路旁及村边荒地上。

分布：保护区内普遍分布。

药用部位：夏、秋采收，全草切片，晒干后备用。

性味功效：味苦，性微寒。清热解毒，截疟杀虫，利尿消肿，通经散瘀。

主治用法：治疟疾、血吸虫病、丝虫病、感冒发烧、急性胃肠炎、细菌性痢疾、肝炎、肝硬化腹水、肾炎水肿、尿路感染、阴囊肿痛、月经不调、血瘀经闭、牙周炎、白喉、咽喉肿痛；外用治跌打损伤、疔疮肿毒。用量10 ～ 30g；外用鲜品适量，捣烂后敷患处。

10. 牡荆 Vitex negundo Linn. var. cannabifolia (Sieb. et Zucc.) Hand.-Mazz.

生态环境：生于山坡、路旁、沟边灌丛中。

分布：保护区内普遍分布。

药用部位：夏、秋采收，果实和全草切片，晒干后备用。

性味功效：根、茎味苦、微辛，性平；清肺止咳，化痰截疟。叶味苦，性凉；清热解表，化湿截疟。果味苦，辛，性温；止咳平喘，理气止痛。

主治用法：根、茎治支气管炎、疟疾、肝炎。叶治感冒、肠炎、痢疾、疟疾、泌尿系统感染；外用治湿疹、皮炎、脚癣，煎汤外洗；鲜叶捣烂后外敷，治虫、蛇咬伤，灭蚊。鲜全株灭蛆。果实治咳嗽哮喘、胃痛、消化不良、肠炎、痢疾。用量根、茎15 ～ 30g，叶9 ～ 30g，果3 ～ 9g。

七七 唇形科 Labiatae (Lamiaceae)

1. 藿香 Agastache rugosa (Fisch. et Mey.) Kuntze

生态环境：房前屋后栽培。

分布：保护区内村落附近。

药用部位：夏、秋采收，全草切片，晒干后备用。

性味功效：味辛，性微温。解暑化湿，行气和胃。

主治用法：治中暑发热、头痛胸闷、食欲不振、恶心、呕吐、泄泻；外用治手脚癣。用量6 ～ 12g，外用适量。

2. 金疮小草 Ajuga decumbens Thunb.

生态环境：生于山坡、草地、旷野、荒地、山谷、溪边。

分布：保护区内零星分布。

药用部位：春、夏采收，全草晒干后备用或鲜用。

性味功效：味苦，性寒。清热解毒，消肿止痛，凉血平肝。

主治用法：治上呼吸道感染、扁桃体炎、咽喉炎、支气管炎、肺炎、肺脓肿、胃肠炎、肝炎、阑尾炎、乳腺炎、急性结膜炎、高血压；外用治跌打损伤、外伤出血、痈疖疮疡、烧伤、烫伤、毒蛇咬伤。用量15～60g；外用鲜品适量，捣烂后敷患处。

附：紫背金盘 *Ajuga nipponensis* Makino 药用功效与金疮小草相近。

3. 活血丹 Glechoma longituba (Nakai) Kupr.

生态环境：生于山地疏林下、溪边、村边、路旁等湿润处。

分布：保护区内普遍分布。

药用部位：夏、秋采收，全草晒干后备用。

性味功效：味辛、苦，性凉。清热解毒，利尿排石，散瘀消肿。

主治用法：治尿路感染、尿路结石、胃和十二指肠溃疡、黄疸型肝炎、肝胆结石、感冒、咳嗽、风湿性关节炎、月经不调、雷公藤中毒、跌打损伤、骨折、疮疡肿毒。用量9～30g；外用鲜品适量，捣烂后敷患处。

4. 香茶菜 Isodon amethystoides (Benth.) Hara

生态环境：生于山地竹林下或疏林下、路边、溪边草丛中。

分布：保护区内零星分布。

药用部位：夏、秋采收，全草或根晒干后备用。

性味功效：味辛、苦，性凉。清热解毒，散瘀消肿。

主治用法：治毒蛇咬伤、跌打肿痛、筋骨酸痛、疮疡。用量15～30g，水煎服或水煎冲黄酒服；外用鲜品适量，捣烂后敷患处。

5. 益母草 Leonurus japonicus Houtt.

生态环境：生于山坡、路边、村边、旷野。

分布：保护区内常见分布。

药用部位：夏、秋采收，全草、果实晒干后备用。

性味功效：全草味苦、辛，性微寒；活血调经，利尿消肿。果（中药名茺蔚子）味辛、甘，性微寒；活血调经，平肝，明目，利尿。

主治用法：治月经不调、闭经、产后瘀血腹痛、肾炎浮肿、小便不利、尿血；外用治疮疡肿毒。用量9～30g；外用适量，研粉或鲜品捣烂后敷患处，或水煎后洗患处。

6. 硬毛地笋 Lycopus lucidus Turcz. var. **hirtus** Regel

生态环境：生于山谷、沟边或沼泽地。

分布：保护区内零星分布。

药用部位：夏、秋采收，全草、根晒干后备用。

性味功效：味苦、辛，性微温。活血，调经、利尿。

主治用法：治闭经、月经不调、产后瘀血腹痛、水肿、跌打损伤。用量3～9g。

7. 薄荷 Mentha canadensis Linn.

生态环境：生于沟边、田边、路边潮湿地。

分布：保护区内零星分布。

药用部位：夏、秋采收，全草切段，晒干后备用。

性味功效：味辛，性凉。疏散风热，清利头目。

主治用法：治感冒风热、头痛、目赤、咽痛、牙痛、皮肤瘙痒。用量3～9g。

9. 石荠苧 Mosla scabra (Thunb.) C. Y. Wu et H. W. Li

生态环境：生于山坡、村边、路旁或旷地上。

分布：保护区内常见分布。

药用部位：夏、秋采收，全草切段，晒干后备用。

性味功效：味辛，性微温。疏风清暑，行气理血，利湿止痒。

主治用法：治感冒头痛、咽喉肿痛、中暑、急性胃肠炎、痢疾、小便不利、肾炎水肿、白带异常。炒炭用治便血、子宫出血。外用治跌打损伤、外伤出血、痱子、皮炎、湿疹、脚癣、多发性疖肿、毒蛇咬伤。用量3～9g；外用适量，研粉或鲜品捣烂后敷患处，或水煎洗患处。

10. 紫苏 Perilla frutescens (Linn.) Britt.

生态环境：常见房前屋后栽培，也有逸生。

分布：保护区内见于村落附近。

药用部位：夏、秋采收，全草或分为紫苏叶、紫苏梗、紫苏子晒干后备用。

性味功效：全草味辛，性温；散寒解表，理气宽中。紫苏叶发表散寒。紫苏梗理气宽胸，解郁安胎。紫苏子降气定喘，化痰止咳，利膈宽肠。

主治用法：全草治风寒感冒、头痛、咳嗽、胸胀腹满，用量3～9g。紫苏叶治风寒感冒、鼻塞头痛、咳喘、鱼蟹中毒，用量3～9g。紫苏梗治胸闷不舒、气滞腹胀、妊娠呕吐、胎动不安，用量4.5～9g。紫苏子治咳嗽痰多、气喘、胸闷呃逆，用量3～9g。

附：紫苏的变种回回苏 var. *crispa* (Benth.) Decne. ex Bail.和野紫苏 var. *purpurascens* (Hayata) H. W. Li药用功效相近，通常通用。

11. 夏枯草 Prunella vulgaris Linn.

生态环境：生于山坡、路旁、荒地或田埂上。

分布：保护区内普遍分布。

药用部位：夏季采收，花序或全草切段，晒干后备用。

性味功效：味苦、辛，性寒。清肝明目，清热散结。

主治用法：治淋巴结结核、甲状腺肿、高血压、头痛、耳鸣、目赤肿痛、肺结核、急性乳腺炎、腮腺炎、痈疖肿毒。用量6～9g。

12. 南丹参 Salvia bowleyana Dunn

生态环境：生于低山坡、山谷疏林下、林缘、山脚路边、溪沟边、竹林下。

分布：保护区内零星分布。

药用部位：夏、秋采收，根和根状茎晒干后备用。

性味功效：味苦，性微寒。祛瘀止痛，活血调经，疏肝止痛，养心除烦。

主治用法：治月经不调、经闭痛经、神经衰弱、心烦不眠、症瘕积聚、胸腹刺痛、热痹疼痛、疮疡肿痛、慢性肝炎、肝脾肿大、心绞痛。

13. 华鼠尾草 Salvia chinensis Benth.

生态环境：生于山坡疏林下、林缘或草丛中。

分布：保护区内零星分布。

药用部位：夏、秋采收，全草切段，晒干后备用。

性味功效：味辛、苦，性微寒。活血化瘀，清热利湿，散结消肿。

主治用法：治月经不调、痛经、经闭、崩漏、便血、温热黄疸、热毒血痢、淋痛、带下、风湿骨痛、瘰疬、疮肿、乳痈、带状疱疹、跌打损伤。用量9～15g；外用鲜品捣烂后敷患处。

14. 荔枝草 Salvia plebeia R. Br.

生态环境：生于山坡、路旁、沟边、田野潮湿的土壤上。

分布：保护区内零星分布。

药用部位：夏、秋采收，全草切段，晒干后备用。

性味功效：味苦、辛，性凉。清热解毒，利尿消肿，凉血止血。

主治用法：治扁桃体炎、肺结核咯血、支气管炎、腹水肿胀、肾炎水肿、崩漏、便血、血小板减少性紫癜；外用治痈肿、痔疮肿痛、乳腺炎、阴道炎。用量15～30g；外用鲜品捣烂后敷患处或水煎洗。

15. 半枝莲 Scutellaria barbata D. Don

生态环境：生于水田边、溪边或湿润的草地上。

分布：保护区内零星分布。

药用部位：夏、秋采收，全草切段，晒干后备用。

性味功效：味微苦，性凉。清热解毒，消肿止痛，活血祛瘀，抗癌。

主治用法：治肿瘤、阑尾炎、肝炎、肝硬化腹水、肺脓肿；外用治乳腺炎、痈疖肿毒、毒蛇咬伤、跌打损伤。用量15～30g；外用鲜品捣烂后敷患处。

16. 印度黄芩（韩信草）**Scutellaria indica** Linn.

生态环境：生于山坡、草地、路旁、山谷等处。

分布：保护区内零星分布。

药用部位：夏、秋采收，全草切段，晒干后备用。

性味功效：味辛、微苦，性平。清热解毒，活血散瘀。

主治用法：治肺脓肿、痢疾、肠炎。外用治疗疮痈肿、跌打损伤、胸胁疼痛、毒蛇咬伤、蜂蛰伤、外伤出血。用量15～30g；外用鲜品捣烂后敷患处。

附：其变种小叶韩信草 var. *parvifolia* (Makino) Makino 药用功效与原种基本相同。

17. 水苏 Stachys japonica Miq.

生态环境：生于潮湿的田间、泥塘边、水沟边或山脚水草丛中。

分布：保护区内零星分布。

药用部位：夏、秋采收，根状茎及全草晒干后备用。

性味功效：味甘，性凉。清热解毒，祛痰止咳。

主治用法：治感冒、扁桃体炎、咽喉炎、尿路感染、上消化道出血、功能性子宫出血等。

18. 庐山香科科 Teucrium pernyi Franch.

生态环境：生于山坡疏林下、林缘、溪涧边草丛中。

分布：保护区内零星分布。

药用部位：夏、秋采收，根及全草晒干后备用。

性味功效：味辛、微甘，性温。清热利湿，解毒，健脾。

主治用法：治痢疾、小儿惊风、痈疮、跌打损伤。用量6~15g。

19. 血见愁 Teucrium viscidum Blume

生态环境：生于山坡、山脚、荒地、草地、村边、路旁湿润处。

分布：保护区内普遍分布。

药用部位：夏、秋采收，全草切段，晒干后备用。

性味功效：味苦、微辛，性凉。凉血止血，散瘀消肿，解毒止痛。

主治用法：治吐血、衄血、便血、痛经、产后瘀血腹痛；外用治跌打损伤、瘀血肿痛、外伤出血、痈肿疔疮、毒蛇咬伤、风湿性关节炎。用量15~30g；外用适量，鲜品捣烂后敷患处或水煎洗。

七八 茄科 Solanaceae

1. 曼陀罗 Datura stramonium Linn.

生态环境：常见栽培，现已经逸生在山坡、田间、路旁、水沟边。

分布：保护区内见于村落附近。

药用部位：夏、秋采收，花、果、叶晒干后备用。

性味功效：味辛、苦，性温，有大毒。麻醉，镇痛，平喘止咳。

主治用法：治支气管哮喘、慢性喘息性支气管炎、胃痛、牙痛、风湿痛、损伤疼痛、手术麻醉。用量0.3~0.6g，水煎服或制成酊剂、浸膏服。

2. 枸杞 Lycium chinense Mill.

生态环境：生于旷野、路边、河边、水沟边、村庄附近墙脚下或山坡灌丛中。

分布：保护区内见于村落附近。

药用部位：夏、秋采收，根皮、果实晒干后备用。

性味功效：根皮（中药名地骨皮）味甘，性寒；清热退烧，凉血，降血压。果实（中药名杞子）味甘，性平；滋补肝肾，益精明目。

主治用法：根皮治肺结核低热、肺热咳嗽、糖尿病、高血压，用量6~12g。果实治肾虚、精血不足、腰脊酸痛、性神经衰弱、头目眩晕、视力减退，用量 6 ~ 12g。

3. 苦蘵 Physalis angulata Linn.

生态环境：生于山谷、村边、荒地、路旁等土壤肥沃湿润之处。

分布：保护区内常见分布。

药用部位：夏、秋采收，全草切段，晒干后备用。

性味功效：味苦，性寒。清热解毒，水肿散结。

主治用法：治咽喉肿痛、腮腺炎、牙龈肿痛、急性肝炎、菌痢。用量 15 ~ 30g。

4. 白英 Solanum lyratum Thunb.

生态环境：生于较阴湿的路边、山坡、竹林下、沟边草丛或灌丛中。

分布：保护区内常见分布。

药用部位：夏、秋采收，全草切段，晒干后备用。

性味功效：味甘、苦，性微寒。清热解毒，消肿镇痛，利水消肿。

主治用法：治阴道糜烂、痈疮、癣疥、黄疸、丹毒、癌症、毒蛇咬伤、急性胃肠炎、瘰疬、白带异常、风火赤眼、牙痛、甲状腺肿大、化脓性骨髓炎、痔疮。用量 15 ~ 30g。

5. 龙葵 Solanum nigrum Linn.

生态环境：生于山坡、荒地、田边及村庄附近旷地上。

分布：保护区内常见分布。

药用部位：夏、秋采收，全草切段，晒干后备用。

性味功效：味苦，性寒，有小毒。清热解毒，利水消肿。

主治用法：治感冒发热、牙痛、慢性支气管炎、痢疾、泌尿系统感染、乳腺炎、白带异常、癌症；外用治痈疖疔疮、毒蛇咬伤。用量 9 ~ 30g；外用适量鲜品捣烂后敷患处。

七九 **玄参科** Scrophulariaceae

1. 绵毛鹿茸草（沙氏鹿茸草）**Monochasma savatieri** Franch. ex Maxim.

生态环境：生于山坡岩石旁、路边或草丛中。

分布：保护区内零星分布。

药用部位：夏、秋采收，全草晒干后备用。

性味功效：味苦，性凉。清热解毒，凉血止血。

主治用法：治小儿鹅口疮、牙痛、肺炎、小儿高热、风湿性关节炎、吐血、便血；外用治乳腺炎、外伤出血。

2. 鹿茸草 Monochasma sheareri (S. Moore) Maxim. ex Franch. et. Sav.

生态环境：生于向阳山坡裸岩旁、路边草丛中。

分布：保护区内零星分布。

药用部位：夏、秋采收，全草晒干后备用。

性味功效：味苦，性平。清热解毒，凉血止血。

主治用法：治感冒、心中烦热、咳嗽、吐血、赤痢、便血、月经不调、风湿骨痛、牙痛、乳痈。

3. 天目地黄 Rehmannia chingii Li

生态环境：生于低山坡、山脚、旷野草丛中或山谷两旁石坡上。

分布：保护区内零星分布。

药用部位：秋、冬采收，挖根，洗净后在火坑上烘干备用。

性味功效：味甘、苦，性寒。清热凉血，润燥生津，补益肝肾。

主治用法：治温热病、高热烦躁、吐血、衄血、口干、咽喉肿痛、中耳炎、烫伤。

4. 玄参 Scrophularia ningpoensis Hemsl.

生态环境：生于山坡、山谷疏林或竹林下、山脚路边、溪沟边草丛中。

分布：保护区内零星分布。

药用部位：10—11月采挖根，晒干后备用。

性味功效：味苦、咸，性微寒。滋阴，降火，生津，解毒。

主治用法：治热病烦渴、发斑、齿龈炎、扁桃体炎、咽喉炎、痈肿、急性淋巴结炎、肠燥便秘。用量6～12g。不宜与藜芦同用。

5. 腺毛阴行草 Siphonostegia laeta S. Moore.

生态环境：生于山坡林下、荒地、丘陵草丛中。

分布：保护区内普遍分布。

药用部位：夏、秋采收，全草切段，晒干后备用。

性味功效：味苦，性微寒。清热利湿，凉血止血，祛瘀。

主治用法：治黄疸型肝炎、胆囊炎、蚕豆病、泌尿系统结石、小便不利、尿血、便血、产后瘀血腹痛；外用治创伤出血、烧伤、烫伤。用量3～9g；外用适量，研磨后调敷或撒患处。

6. 爬岩红 Veronicastrum axillare (Sieb. et Zucc.)Yamazaki

生态环境：生于向阳山坡灌丛中、石缝内、溪谷两旁草丛中、竹林下及村旁、路边、水沟边。

分布：保护区内普遍分布。

药用部位：夏、秋采收，全草切段，晒干后备用。

性味功效：味微苦，性凉。清热解毒，利水消肿，散瘀止痛。

主治用法：治肺热咳嗽、肝炎、水肿；外用治跌打损伤、毒蛇咬伤、烧伤、烫伤。用量9～15g；外用适量鲜品捣烂后敷患处。孕妇忌服。

附：毛叶腹水草 Veronicastrum villosulum (Miq.) Yamazaki、铁钓竿 var. *glabrum* Chin et Hong 和两头莲 var. *parviflorum* Chin et Hong 与爬岩红药用功效相近。

八〇 紫葳科 Bignoniaceae

1. 凌霄 Campsis grandiflora (Thunb.) Schum.

生态环境：生于山坡、路旁、疏林下、沟边较阴湿处。

分布：保护区内零星分布，多见于村落附近栽培。

药用部位：夏、秋采收，花、根晒干后备用。

性味功效：花味酸，性微寒；活血通经，祛风。根味苦，性凉；活血散瘀，解毒消肿。

主治用法：花治月经不调、闭经、小腹胀痛、白带异常、风疹瘙痒。根治风湿痹痛、跌打损伤、骨折、脱臼、急性胃肠炎。用量花3～9g，根9～30g；外用鲜根适量，捣烂后敷患处。

八一 苦苣苔科 Gesneriaceae

1. 吊石苣苔 Lysionotus pauciflorus Maxim.

生态环境：生于山地、沟谷崖上或树干上。

分布：保护区内零星分布。

药用部位：夏、秋采收，全草晒干后备用。

性味功效：味苦，性凉。清热利湿，祛痰止咳，活血调经。

主治用法：治咳嗽、支气管炎、痢疾、钩端螺旋体病、风湿疼痛、跌打损伤、月经不调、白带异常。用量6～15g。

八二 爵床科 Acanthaceae

1. 白接骨 Asystasia neesiana Wall.

生态环境：生于阴湿的山坡林下、溪畔石缝内、路边草丛中。

分布：保护区内零星分布。

药用部位：夏、秋采收，全草或根状茎晒干后备用。

性味功效：味淡，性凉。清热解毒，散瘀止血，利尿。

主治用法：治肺结核、咽喉肿痛、糖尿病、腹水；外用治外伤出血、扭伤、疖肿。用量30～60g；外用适量，鲜品捣烂后敷患处或干品研粉后撒患处。

2. 水蓑衣 Hygrophila ringens (Linn.) R. Br. ex Spreng.

生态环境：生于沟边、溪旁、田边或洼地上。

分布：保护区内零星分布。

药用部位：夏、秋采收，全草切段，晒干后备用。

性味功效：味甘、微苦，性凉。清热解毒，化瘀止痛。

主治用法：治咽喉炎、乳腺炎、吐血、衄血、百日咳；外用治骨折、跌打损伤、毒蛇咬伤。用量15～30g；外用适量，鲜品捣烂后敷患处。

3. 爵床 Justicia procumbens Linn.

生态环境：生于旷野草地、路旁、水沟边阴湿处。

分布：保护区内普遍分布。

药用部位：夏、秋采收，全草晒干后备用。

性味功效：味微苦，性寒。清热解毒，利尿消肿。

主治用法：治感冒发热、疟疾、咽喉肿痛、小儿疳积、痢疾、肠炎、肝炎、肾炎水肿、泌尿系统感染、乳糜尿；外用治痈疮疖肿、跌打损伤。用量15～30g；外用适量，鲜品捣烂后敷患处。

4. 九头狮子草 Peristrophe japonica (Thunb.) Bremek.

生态环境：生于路旁、草地或林下阴湿处。

分布：保护区内普遍分布。

药用部位：夏、秋采收，全草切段，晒干后备用。

性味功效：味辛、微苦，性凉。解表发汗，解毒消肿，镇痉。

主治用法：治感冒发热、咽喉肿痛、白喉、小儿消化不良、小儿高热惊风；外用治痈疖肿毒、毒蛇咬伤、跌打损伤。用量15～30g；外用适量，鲜品捣烂后敷患处。

5. 菜头肾 Strobilanthes sarcorrhiza (C. Ling) C. Z. Zheng ex Y. F. Deng et N. H. Xia

生态环境：生于山坡、山谷、路边、林下阴湿处。

分布：保护区内零星分布。

药用部位：夏、秋采收，根、茎、叶晒干后备用。

性味功效：味甘、微苦，性凉。根养阴补肾。茎、叶清热解毒。

主治用法：根治肾虚腰痛、阴虚牙痛、迁延型或慢性肝炎、肾炎等。茎、叶治急性传染性肝炎；外用治疗疮疖肿、肌腱扭伤。用量9～15g。

八三 车前草科 Plantaginaceae

1. 车前草 Plantago asiatica Linn.

生态环境：生于较湿润的田野、沟渠边、山地、路旁、田园和房前屋后。

分布：保护区内常见分布。

药用部位：夏、秋采收，全草和种子晒干后备用。

性味功效：味甘，性寒。清热利尿，祛痰止咳，明目。

主治用法：治泌尿系统感染、结石、肾炎水肿、小便不利、肠炎、支气管炎、急性眼结膜炎。用量全草15～30g，种子3～9g。

八四 茜草科 Rubiaceae

1. 水团花 Adina pilulifera (Lam.) Franch. ex Drake

生态环境：生于山坡林下山沟边、河岸及溪流两旁。

分布：保护区内常见分布。

药用部位：夏、秋采收，全株切片，晒干后备用。

性味功效：味苦、涩，性凉。清热解毒，散瘀止痛。

主治用法：根治感冒发热、腮腺炎、咽喉肿痛、风湿疼痛；花、果治细菌性痢疾、急性肠胃炎、阴道滴虫；叶、茎皮治跌打损伤、骨折、疖肿、皮肤湿疹。

附：细叶水团花 *Adina rubella* Hance 与水团花药用功效相近。

2. 虎刺 Damnacanthus indicus Gaertn.

生态环境：生于阴山坡灌丛中、竹林下、林缘及溪沟两旁草丛中。

分布：保护区内零星分布。

药用部位：夏、秋采收，根切片，晒干后备用。

性味功效：味甘、微苦，性平。补血益气，止血。

主治用法：治体弱血虚、神疲乏力、崩漏、肠风下血。用量30～50g。

附：短刺虎刺 *Damnacanthus giganteus* (Makino) Nakai 与虎刺药用功效基本相同。

3. 猪殃殃 Galium spurium Linn.

生态环境：生于路边、荒地、田埂边、农垦旱地、山脚水沟边。

分布：保护区内常见分布。

药用部位：夏、秋采收，全草晒干后备用。

性味功效：味苦，性凉。凉血解毒，利尿消肿。

主治用法：治慢性阑尾炎、痈疽、乳腺癌、劳伤胸肋痛、跌打损伤、尿道炎、血尿、蛇伤、小儿阴茎水肿。

4. 栀子（大花栀子、水栀子）Gardenia jasminoides Ellis

生态环境：生于低山坡疏林中或荒坡、沟旁、路边。

分布：保护区内常见分布。

药用部位：夏、秋采收，果、根晒干后备用。

性味功效：味苦，性寒。泻火解毒，清热利湿，凉血散瘀。

主治用法：果治热病高烧、心烦不眠、实火牙痛、口舌生疮、鼻衄、吐血、眼结膜炎、疮疡肿痛、黄疸型传染性肝炎、尿血、蚕豆病；外用治外伤出血、扭挫伤。根治传染性肝炎、跌打损伤、风火牙痛。果用量3～9g；外用适量，研磨后敷患处。根30～60g。

附：狭叶栀子 *Gardenia stenophylla* Merr. 药用功效与栀子相近。

5. 金毛耳草 Hedyotis chrysotricha (Palib.) Merr.

生态环境：生于山地林下岩石上、山坡路旁、溪边或田野草丛中。

分布：保护区内常见分布。

药用部位：夏、秋采收，全草晒干后备用。

性味功效：味苦，性凉。清热利湿，消肿解毒。

主治用法：治肠炎、痢疾、黄疸型传染性肝炎、小儿急性肾炎、乳糜尿、功能性子宫出血、咽喉肿痛；外用治毒蛇、蜈蚣咬伤、跌打损伤、外伤出血、疔疮肿毒。用量15～60g；外用适量，鲜品捣烂后敷患处。

6. 白花蛇舌草 Hedyotis diffusa Willd.

生态环境：生于山坡、田边、旷野、路边及水沟边。

分布：保护区内零星分布。

药用部位：夏、秋采收，全草晒干后备用。

性味功效：味甘、淡，性凉。清热解毒，利尿消肿，活血止痛。

主治用法：治恶性肿瘤、阑尾炎、肝炎、泌尿系统感染、支气管炎、扁桃体炎、咽喉炎、跌打损伤；外用治疮疖痈肿、毒蛇咬伤。用量15～60g；外用适量，鲜品捣烂后敷患处。

7. 鸡矢藤 Paederia foetida Linn.

生态环境：生于山谷、山坡、林缘、旷野灌丛中。

分布：保护区内常见分布。

药用部位：夏、秋采收，根和全草切段，晒干后备用。

性味功效：味甘、微苦，性平。祛风利湿，消食化积，止咳，止痛。

主治用法：治风湿筋骨痛、跌打损伤、外伤性疼痛、肝胆、胃肠绞痛、黄疸型肝炎、肠炎、痢疾、消化不良、小儿疳积、肺结核咯血、支气管炎、放射引起的白细胞减少症、农药中毒；外用治皮炎、湿疹、痈疖肿毒。用量15～30g；外用适量，鲜品捣烂后敷患处。

8. 东南茜草（茜草）Rubia argyi (Lévl. et Vant.) Hara ex Lauener

生态环境：生于山坡林缘、灌丛中、路边、沟边草丛中。

分布：保护区内常见分布。

药用部位：夏、秋采收，根、茎叶分别切段，晒干后备用。

性味功效：根（中药名茜草）味苦，性寒；凉血、止血，祛瘀，通经。茎叶（中药名过山龙、茜草藤）味辛，微寒；活血消肿。

主治用法：治血热咯血、吐血、衄血、尿血、便血、崩漏、经闭、产后瘀阻腹痛、跌打损伤、风湿痹痛、黄疸、疮痈、痔肿；外用治肠炎、跌打损伤、疖肿、神经性皮炎。用量3～9g；外用适量，研粉调敷患处或煎水后洗患处。

9. 白马骨 Serissa serissoides (DC.) Druce

生态环境：生于山坡、山脚、路边、溪谷两旁草丛中及岩石缝中。

分布：保护区内常见分布。

药用部位：夏、秋采收，全株切段，晒干后备用。

性味功效：味淡、微辛，性凉。疏风解表，清热除湿，舒筋活络。

主治用法：治感冒、咳嗽、牙痛、急性扁桃体炎、咽喉炎、急性与慢性肝炎、肠炎、痢疾、小儿疳积、高血压头痛、偏头痛、风湿性关节炎、白带异常。茎烧灰，点眼治目翳。用量15～30g。

附：六月雪 *Serissa japonica* (Thunb.) Thunb. 与白马骨药用功效相近。

10. 钩藤 Uncaria rhynchophylla (Miq.) Miq. ex Havil.

生态环境：生于山谷、溪边或湿润的灌丛中。

分布：保护区600m以下常见分布。

药用部位：夏、秋采收，带钩的茎枝、根晒干后备用。

性味功效：带钩的茎枝味甘、苦，性微寒；清热平肝，熄风，止痉。根味甘、苦，性平；祛风湿，通络。

主治用法：带钩的茎枝治小儿高热、惊厥、抽搐、小儿夜啼、风热头痛、头晕目眩、高血压、神经性头痛。根治风湿性关节炎、跌打损伤。用量茎枝6～15g；根15～30g。

八五 忍冬科 Caprifoliaceae

1. 忍冬（金银花）**Lonicera japonica** Thunb.

生态环境：生于山坡林缘、山谷、沟边、地边及石隙间。

分布：保护区内常见分布。

药用部位：夏、秋采收，花、藤晒干后备用。

性味功效：花（中药名金银花）味甘，性寒；清热解毒，疏散风热，凉血止痢。藤（中药名忍冬藤）功效与花相同，解毒效果不及金银花，但有较好的疏通经络的作用。

主治用法：治上呼吸道感染、流行性感冒、扁桃体炎、急性乳腺炎、大叶性肺炎、肺脓肿、细菌性痢疾、钩端螺旋体病、急性阑尾炎、痈疖脓肿、丹毒、外伤感染、宫颈糜烂。用量9～60g。

附：菰腺忍冬 *Lonicera hypoglauca* Miq. 和大花忍冬（灰毡毛忍冬）*Lonicera macrantha* (D. Don) Spreng. 药用功效均与忍冬相近，其花常与忍冬通用。

2. 接骨草 Sambucus javanica Bl.

生态环境：生于山坡、路旁、山谷、溪边用村落附近。

分布：保护区内常见分布。

药用部位：夏、秋采收，全株晒干后备用。

性味功效：味甘、微苦，性平。根散瘀消肿，祛风通络；茎、叶利尿消肿，活血止痛。

主治用法：根治跌打损伤、扭伤肿痛、骨折疼痛、风湿性关节炎。茎、叶治肾炎水肿、腰膝酸痛；外用治跌打肿痛。用量30～60g；外用适量，鲜品捣烂后敷患处。漆树科植物过敏可煎汤洗患处。

3. 接骨木 Sambucus williamsii Hance

生态环境：生于山坡疏林下、林缘灌丛中、路旁、山谷、农舍附近。

分布：保护区内常见分布。

药用部位：夏、秋采收，茎、枝晒干后备用。

性味功效：味甘、苦，性平。祛风利湿，活血止血。

主治用法：治风湿痹痛、痛风、大骨节病、急性与慢性肾炎、风疹、跌打损伤、骨折肿痛、外伤出血。用量15～30g；外用适量，鲜品捣烂后敷患处。

4. 荚蒾 Viburnum dilatatum Thunb.

生态环境：生于向阳山坡、山麓林下或灌丛中。

分布：保护区内常见分布。

药用部位：夏、秋采收，根、枝、叶晒干后备用。

性味功效：枝、叶味酸，性微寒；清热解毒，疏风解表。根味辛、涩，性微寒；祛瘀消肿。

主治用法：枝、叶治疔疮发热、风寒感冒；外用治过敏性皮炎。用量15～30g；外用适量，煎水温洗患处。根治淋巴结炎（丝虫病引起）、跌打损伤。用量15～30g，煎水或水酒各半煎服；外用适量。

八六 败酱科 Valerianaceae

1. 白花败酱（攀倒甑）Patrinia villosa (Thunb.) Juss.

生态环境：生于山谷、沟边、山坡草丛中。

分布：保护区内常见分布。

药用部位：夏、秋采收，全草切段，晒干后备用。

性味功效：味苦、辛，性凉。清热利湿，解毒排脓，活血祛瘀。

主治用法：治阑尾炎、痢疾、肠炎、肝炎、眼结膜炎、产后瘀血腹痛、痈肿疔疮。用量15～30g；鲜全草60～120g；外用适量，捣烂后敷患处。

附：异叶败酱（墓头回）*Patrinia heterophylla* Bunge、斑花败酱（少蕊败酱）*Patrinia monandra* C. B. Clarke、败酱（黄花败酱）*Patrinia scabiosifolia* Link 与白花败酱的药用功效基本相同。

八七 葫芦科 Cucurbitaceae

1. 绞股蓝 Gynostemma pentaphyllum (Thunb.) Makino

生态环境：生于山地林中、山脚溪谷旁、林缘裸岩边、水沟边。

分布：保护区内普遍分布。

药用部位：夏、秋采收，全草晒干后备用。

性味功效：味苦、甘，性寒。清热解毒，止咳祛痰，抗癌防老，降血脂。

主治用法：治慢性支气管炎、传染性肝炎、肾盂肾炎、胃肠炎、高血脂。

2. 浙江雪胆 Hemsleya zhejiangensis C. Z. Zheng

生态环境：生于海拔600～800m山谷竹林下。

分布：保护区内仅见于乌岩岭。

药用部位：秋季采收，块茎切片，晒干后备用。

性味功效：苦，寒，有小毒。清热解毒、消肿止痛。

主治用法：治疗肠炎、菌痢、冠心病、气管炎、慢性子宫颈炎。

3. 王瓜 Trichosanthes cucumeroides (Ser.) Maxim.

生态环境：生于山坡草丛、山脚郊野疏林、林缘、路边及灌木丛中。

分布：保护区内零星分布。

药用部位：夏、秋采收，成熟果实、种子和根晒干后备用。

性味功效：味苦，性寒。清热生津，消瘀通乳，除黄通经。

主治用法：治痈肿、慢性咽喉炎、噎膈反胃、乳汁滞少、黄疸型肝炎、经闭。

4. 栝楼 Trichosanthes kirilowii Maxim.

生态环境：生于山坡草丛、林缘、山谷向阳处。常见栽培。

分布：保护区内零星分布。

药用部位：夏、秋采收块根，秋冬采收果实、果皮、种子，晒干后备用。

性味功效：果实（中药名瓜蒌）、果皮（中药名瓜蒌皮）味甘、微苦，性寒；润肺化痰，滑肠散结，通便。种子（中药名瓜蒌子）味甘，性寒；润燥滑肠，清热化痰。块根（中药名天花粉）味甘、微苦，性微寒；清热化痰，养胃生津，解毒消肿。

主治用法：果实治肺热咳嗽、胸闷、心绞痛、便秘、乳腺炎。用量9～24g。种子治大便燥结、肺热咳嗽、痰稠难咯。用量6～12g。块根治肺热燥咳、津伤口渴、糖尿病、痈疽疔肿。用量9～30g。制成天花粉注射剂治恶性葡萄胎、绒毛膜上皮癌。天花粉蛋白有引产作用。

八八 桔梗科 Campanulaceae

1. 华东杏叶沙参 Adenophora petiolata Pax et K. Hoffm. subsp. **huadungensis** (Hong) Hong et S. Ge

生态环境：生于向阳山坡、路旁、山野草丛中。

分布：保护区内零星分布。

药用部位：夏、秋采收，根晒干后备用。

性味功效：味甘、苦，性微寒。养阴清热，润肺化痰，止咳。

主治用法：治肺热咳嗽、燥咳痰少、虚热喉痹、津伤口渴。用量10～15g。

2. 轮叶沙参 Adenophora tetraphylla (Thunb.) Fisch.

生态环境：生于向阳山坡、路旁、山脚林缘、溪沟边草丛中。

分布：保护区内零星分布。

药用部位：夏、秋采收，根晒干后备用。

性味功效：味甘，性凉。清热养阴，润肺止咳。

主治用法：治气管炎、百日咳、肺热咳嗽、咯痰黄稠。用量6～12g。不宜与藜芦同用。

附：沙参 *Adenophora stricta* Miq. 的药用功效与轮叶沙参相近。

3. 金钱豹（小花金钱豹）**Campanumoea javanica** Bl. subsp. **japonica** (Makino) Hong

生态环境：生于山坡、山谷灌丛、草地上，常缠绕它物生长。

分布：保护区内零星分布。

药用部位：夏、秋采收，根晒干后备用。

性味功效：味甘，性平。补中益气，润肺生津。

主治用法：治气虚乏力、脾虚泄泻、肺虚咳嗽、小儿疳积、乳汁稀少。用量9～15g。

4. 羊乳 Codonopsis lanceolata (Sieb. et Zucc.) Trautv.

生态环境：生于山坡、路旁、山沟边灌木林下阴湿处，常缠绕它物生长。

分布：保护区内零星分布。

药用部位：夏、秋采收，根晒干后备用。

性味功效：根（中药名山海螺）味甘，性平。补肾通乳，排脓解毒。

主治用法：治病后体虚、乳汁不足、乳腺炎、肺脓肿、痈疖疮疡。用量15～60g。

5. 半边莲 Lobelia chinensis Lour.

生态环境：生于水田边、沟边、路旁、潮湿的荒地上。

分布：保护区内常见分布。

药用部位：夏、秋采收，全草晒干后备用。

性味功效：味辛、微苦，性平。清热解毒，利尿消肿。

主治用法：治毒蛇咬伤、肝硬化腹水、晚期血吸虫病腹水、肾炎水肿、扁桃体炎、阑尾炎；外用治跌打损伤、痈疖疔疮。用量15～30g；外用鲜品适量，捣烂后敷患处。

6. 铜锤玉带草 Lobelia nummularia Lam

生态环境：生于山谷、路旁草地、林下、水沟、石隙等荫蔽处。

分布：保护区内零星分布。

药用部位：夏、秋采收，全草晒干后备用。

性味功效：味辛、苦，性平。祛风利湿，活血散瘀。

主治用法：治风湿疼痛、月经不调、白带异常、遗精；外用治跌打损伤、创伤出血。用量30～60g；外用鲜品适量，捣烂后敷患处。孕妇忌服。

八九 菊科 Campositae(Asteraceae)

1. 藿香蓟（胜红蓟）**Ageratum conyzoides** Linn.

生态环境：生于山坡、山谷、路边、村落附近。原产于中南美洲，现已全球广泛逸生。

分布：保护区内常见。

药用部位：夏、秋采收，全草切段，晒干后备用。

性味功效：味辛、微苦，性凉。祛风清热，止痛，止血，排石。

主治用法：治上呼吸道感染、扁桃体炎、咽喉炎、急性胃肠炎、胃痛、腹痛、崩漏、肾结石、膀胱结石、湿疹、鹅口疮、痈疖肿毒、蜂窝组织炎、下肢溃疡、中耳炎、外伤出血。或绞汁滴耳，或煎水后洗。

2. 杏香兔儿风 Ainsliaea fragrans Champ. ex Benth.

生态环境：生于山坡、山麓疏林下、路旁、沟边灌草丛中。

分布：保护区内常见。

药用部位：夏、秋采收，全草晒干后备用。

性味功效：味苦、辛，性平。清热解毒，消积散结，止咳，止血。

主治用法：治上呼吸道感染、肺脓肿、肺结核咯血、黄疸、小儿疳积、消化不良、乳腺炎；外用治中耳炎、毒蛇咬伤。用量15～30g；外用鲜品适量，捣烂后敷患处。

3. 铁灯兔儿风 Ainsliaea macroclinidioides Hayata

生态环境：生于山坡、山谷疏林下或林缘草丛中。

分布：保护区内常见。

药用部位：夏、秋采收，全草晒干后备用。

性味功效：味辛、微苦，性凉。清热解毒。

主治用法：治鹅口疮。用量15～30g。

4. 香青 Anaphalis sinica Hance

生态环境：生于山坡、路旁、旷野草丛中。

分布：保护区内常见。

药用部位：夏、秋采收，全草晒干后备用。

性味功效：味辛、微苦，性微温。祛风解表，宣肺止咳。

主治用法：治感冒、气管炎、肠炎、痢疾。用量10～30g。

5. 牛蒡 Arctium lappa Linn.

生态环境：生于山坡、山谷、林缘、河边、村边、路旁或荒地上。

分布：保护区内常见。

药用部位：夏、秋采收，果实、根晒干后备用。

性味功效：果味辛、苦，性寒；疏散风热，宣肺透疹，散结解毒。根味苦、辛，性寒；清热解毒，疏风利咽。

主治用法：果治风热感冒、头痛、咽喉肿痛、流行性腮腺炎、疹出不透、痈疖疮疡。根治风热感冒、咳嗽、咽喉肿痛、疮疖肿毒、脚癣、湿疹。用量果4.5～9g；根9～15g。

6. 奇蒿（六月霜）Artemisia anomala S. Moore

生态环境：生于山坡、沟边、河岸、疏林下或林缘，也常见于旷野、荒地。

分布：保护区内常见。

药用部位：夏、秋采收，全草切段，晒干后备用。

性味功效：味辛、苦，性平。清暑利湿，活血散瘀，通经止痛。

主治用法：治中暑、头痛、肠炎、痢疾、经闭腹痛、风湿疼痛、跌打损伤；外用治创伤出血、乳腺炎。用量15～30g。外用鲜品适量，捣烂后敷患处或干品研粉后敷患处。孕妇忌服。

7. 艾蒿 Artemisia argyi Lévl et Vant.

生态环境：生于山坡、路旁、荒地。常有栽培。

分布：保护区内常见。

药用部位：夏、秋采收，地上部分晒干后备用。

性味功效：味苦、辛，性温。散寒除湿，温经止血。

主治用法：治功能性子宫出血、先兆流产、痛经、月经不调；外用治湿疹、皮肤瘙痒。用量3～6g。

9. 茵陈蒿 Artemisia capillaris Thunb.

生态环境：多生于河边或近溪流的山坡上。

分布：保护区内零星分布。

药用部位：夏、秋采收，地上部分晒干后备用。

性味功效：味苦、辛，性微寒。清热利湿，利胆退黄。

主治用法：治黄疸型肝炎、小便不利、湿疹瘙痒、疔疮火毒。用量9～15g。脾虚血亏导致的虚黄、萎黄，不宜使用。

附：猪毛蒿 Artemisia scoparia Waldst. et Kit. 与茵陈蒿药用功效相近，且猪毛蒿更常见。

10. 三脉叶紫菀（卵叶三脉紫菀、微糙三脉叶紫菀）**Aster trinervius Roxb. subsp. ageratoides (Turcz.) Grierson**

生态环境：生于山坡、山谷、疏林下或林缘草地。

分布：保护区内常见。

药用部位：夏、秋采收，地上部分切段，晒干后备用。

性味功效：味甘、辛，性平。清热解毒，凉血止血。

主治用法：治感冒发热、牙龈出血、疮疖、癫疮。用量果4.5～9g。

11. 白术 Atractylodes macrocephala Koidz.

生态环境：常见农家栽培。

分布：保护区内村落附近。

药用部位：霜降至立冬采挖根状茎，晒干或烘干备用。

性味功效：味甘、微苦，性温。健脾，燥湿，和中。

主治用法：治脾虚食少、消化不良、慢性腹泻、痰饮水肿、自汗、胎动不安。用量4.5～9g。

12. 婆婆针 Bidens bipinnata Linn.

生态环境：生于向阳山坡、山谷、路边、荒地及田埂。

分布：保护区内常见。

药用部位：夏、秋采收，全草切段，晒干后备用。

性味功效：味苦、性平。清热解毒，祛风活血。

主治用法：治上呼吸道感染、咽喉肿痛、急性阑尾炎、急性黄疸型传染性肝炎、消化不良、风湿性关节炎、疟疾；外用治疮疖、毒蛇咬伤、跌打肿痛。用量15～60g；外用适量鲜品捣烂后敷患处。

附：金盏银盘 Bidens biternata (Lour.) Merr. et Sherff、大狼杷草 Bidens frondosa Linn.、狼杷草 Bidens tripartita Linn.和鬼针草 Bidens pilosa Linn.药用功效与婆婆针相近。

13. 天名精 Carpesium abrotanoides Linn.

生态环境：生于低山坡疏林下、山脚郊野、路边、旷地、村落附近。

分布：保护区内常见。

药用部位：夏、秋采收，果实晒干后备用。

性味功效：果实（中药名北鹤虱）味苦、辛，性平，有小毒。消炎杀虫。

主治用法：治蛔虫病、蛲虫病、绦虫病、虫积腹痛。用量3～9g。全草煎水外用，可作皮肤消毒剂。

14. 烟管头草 Carpesium cernuum Linn.

生态环境：生于山坡、路旁、山谷草地。

分布：保护区内常见。

药用部位：夏、秋采收，全草切段，晒干后备用。

性味功效：味微苦，性寒。清热解毒，消炎祛痰，截疟。

主治用法：治感冒、腹痛、急性肠炎、淋巴结结核、疝气、疟疾、喉痛、牙痛。

附：金挖耳 Carpesium divaricatum Sieb. et Zucc.与烟管头草药用功效相近。

15. 石胡荽（球子草）**Centipeda minima (Linn.) A. Br. et Aschers.**

生态环境：生于路旁、荒野、稻田阴湿地。

分布：保护区内常见。

药用部位：夏、秋采收，全草切段，晒干后备用。

性味功效：味辛，性温。通窍散寒，祛风利湿，散瘀消肿。

主治用法：治感冒鼻塞、急性鼻炎、慢性鼻炎、过敏性鼻炎、百日咳、慢性支气管炎、蛔虫病、跌打损伤、风湿性关节炎、毒蛇咬伤。用量3～6g；外用鲜品9～15g，捣烂后塞鼻或敷患处。

16. 蓟（大蓟）**Cirsium japonicum Fisch. ex DC.**

生态环境：生于山坡、山谷疏林下、山脚郊野、路边、水沟边。

分布：保护区内常见。

药用部位：夏、秋采收，根和全草切段，晒干后备用。

性味功效：味甘，性凉。凉血止血，散瘀消肿。

主治用法：治衄血、咯血、吐血、尿血、功能性子宫出血、产后出血、肝炎、肾炎、乳腺炎、跌打损伤；外用治外伤出血、痈疖肿毒。用量15～30g；外用鲜品适量，捣烂后敷患处。

附：线叶蓟 *Cirsium lineare* (Thunb.) Sch.-Bip.、刺儿菜（小蓟）*Cirsium setosum* (Willd.) M. Bieb. 药用功效与大蓟相近。

17. 野菊 **Chrysanthemum indicum** Linn.

生态环境：生于山坡、路边、旷野、沟边等处。

分布：保护区内常见。

药用部位：夏、秋采收，全草或花序晒干后备用。

性味功效：味苦、辛，性凉。清热解毒，降压。

主治用法：防治流行性脑脊髓膜炎、流行性感冒，治高血压、肝炎、痢疾、痈疖疔疮、毒蛇咬伤。用量9～30g；外用鲜品适量，捣烂后敷患处。

附：甘菊 *Chrysanthemum lavandulifolium* (Fisch. ex Trautv.) Makino 与野菊药用功效基本相同。

18. 鳢肠（墨旱莲）**Eclipta prostrata** Linn.

生态环境：生于田边、路旁、溪边等较阴湿肥沃之处。

分布：保护区内常见。

药用部位：夏、秋采收，全草切段，晒干后备用。

性味功效：味甘、酸，性凉。凉血止血，滋补肝肾，清热解毒。

主治用法：治吐血、衄血、尿血、便血、血崩、慢性肝炎、肠炎、痢疾、小儿疳积、肾虚耳鸣、须发早白、神经衰弱；外用治脚癣、湿疹、疮疡、创伤出血。用量15～30g；外用鲜品适量，捣烂后敷患处。寒泻者忌服。

19. 地胆草 **Elephantopus sacber** Linn.

生态环境：生于山坡、路旁、旷地。

分布：保护区内零星分布。

药用部位：夏、秋采收，全草晒干后备用。

性味功效：味苦，性凉。清热解毒，利尿消肿。

主治用法：治感冒、急性扁桃体炎、咽喉炎、眼结膜炎、流行性乙型脑炎、百日咳、急性黄疸型肝炎、肝硬化、急性肾炎、慢性肾炎、疖肿、湿疹。用量15～30g；外用鲜品适量，捣烂后敷患处。孕妇慎服。

20. 一点红 **Emilia sonchifolia** (Linn.) DC.

生态环境：生于山坡草地、荒地、田边和耕地上。

分布：保护区内常见。

药用部位：夏、秋采收，全草晒干后备用。

性味功效：味苦，性凉。清热利尿，散瘀消肿。

主治用法：治上呼吸道感染、咽喉肿痛、口腔溃疡、肺炎、急性肠炎、细菌性痢疾、泌尿系统感染、睾丸炎、乳腺炎、疖肿疮疡、皮肤湿疹、跌打损伤。用量15～30g；外用鲜品适量，捣烂后敷患处。

附：小一点红（细红背叶）*Emilia prenanthoidea* DC.药用功效与一点红基本相同。

21. 华泽兰（多须公）**Eupatorium chinense** Linn.

生态环境：生于山坡、山麓疏林下或林缘草丛中。

分布：保护区内常见。

药用部位：夏、秋采收，根、叶晒干后备用。

性味功效：味苦，性凉。清热解毒，利咽化痰。

主治用法：治白喉、扁桃体炎、咽喉炎、感冒高热、麻疹、肺炎、支气管炎、风湿性关节炎、痈疽肿毒、毒蛇咬伤。用量15～30g；外用鲜品适量，捣烂后敷患处。孕妇忌服。

22. 佩兰 Eupatorium fortunei Turcz.

生态环境：生于山脚郊野水沟边、田埂边、河边及旷地潮湿草丛中。

分布：保护区内常见。

药用部位：夏、秋采收，地上部分晒干后备用。

性味功效：味辛，性平。醒脾，化湿，清暑。

主治用法：治夏季伤暑、发热头重、胸闷腹胀、食欲不振、口中发黏、急性胃肠炎、胃痛、腹痛。用量4.5～9g。

23. 鼠麴草 Gnaphalium affine D. Don

生态环境：生于田埂、荒地、路边。

分布：保护区内常见。

药用部位：春、夏采收，全草晒干后备用。

性味功效：味甘，性平。止咳平喘，降血压，祛风湿。

主治用法：治感冒咳嗽、支气管炎、哮喘、高血压、蚕豆病、风湿腰腿痛；外用治跌打损伤、毒蛇咬伤。用量15～30g；外用鲜品适量，捣烂后敷患处。

24. 菊三七（菊叶三七）**Gynura japonica** (Thunb.) Juel.

生态环境：生于山间疏林下、坡地草丛中，也栽培于园圃或房前屋后。

分布：保护区内零星分布。

药用部位：夏、秋采收，全草切段，晒干后备用。

性味功效：味甘、微苦，性温。散瘀止血，解毒消肿。

主治用法：治吐血、衄血、尿血、便血、功能性子宫出血、产后瘀血腹痛、大骨节病；外用治跌打损伤、痈疽疮疡、毒蛇咬伤、外伤出血。用量3～9g；外用鲜品适量，捣烂后敷患处。

25. 菊芋 Helianthus tuberosus Linn.

生态环境：常栽培于房前屋后、田园、地边，亦有逸生。

分布：保护区内见于村落附近。

药用部位：夏、秋采收茎和叶，切段，晒干后备用。秋、冬采收块茎，鲜用或腌制后冷藏备用。

性味功效：味甘、微苦，性凉。清热凉血，消肿。

主治用法：茎和叶治热病、肠热出血、骨折肿痛、跌打损伤。用量3～9g；外用鲜品适量，捣烂后敷患处。块茎捣烂后外敷，治无名肿毒、腮腺炎，还可治疗糖尿病。其对血糖具有双向调节作用，食用块茎可有效治疗便秘。

26. 泥胡菜 Hemisteptia lyrata (Bunge) Fisch. et Mey.

生态环境：生于山坡、路旁、荒地或旷野。

分布：保护区内常见。

药用部位：春、夏采收，全草切段，晒干后备用。

性味功效：味辛，性平。消肿散结，清热解毒。

主治用法：治乳腺炎、颈淋巴结炎、痈肿疔疮、风疹瘙痒。用量9～15g；外用鲜品适量，捣烂后敷患处或煎水后洗患处。

27. 旋覆花 Inula japonica Thunb.

生态环境：生于山坡、路旁、田埂边或沟边湿地。

分布：保护区内零星分布。

药用部位：夏、秋采收，根、叶晒干后备用。

性味功效：味苦、辛、咸，性微温。消痰行水，降气止呕。

主治用法：治咳喘痰黏、呕吐噫气、胸痞胁痛。用量3～9g。用纱布包煎或滤去毛。风热咳者禁用。

28. 千里光 Senecio scandens Buch.-Ham. ex D. Don

生态环境：生于山坡、山脚疏林下、林缘、路旁、沟边草丛中。

分布：保护区内常见。

药用部位：夏、秋采收，全草切段，晒干后备用。

性味功效：味苦、辛，性凉。清热解毒，凉血消肿，清肝明目。

主治用法：治上呼吸道感染、扁桃体炎、咽喉炎、肺炎、眼结膜炎、痢疾、肠炎、阑尾炎、急性淋巴管炎、丹毒、疖肿、湿疹、过敏性皮炎、痔疮。用量9～15g；外用鲜品适量，捣烂后敷患处或煎水后洗。

29. 豨莶 Sigesbeckia orientalis Linn.

生态环境：生于山坡、山谷、林缘或疏林下、路边、荒野草丛中。

分布：保护区内常见。

药用部位：夏、秋采收，全草切段，晒干后备用。

性味功效：味苦，性寒，有小毒。祛风湿，通络，降血压。

主治用法：治风湿性关节炎、腰膝无力、四肢麻木、半身不遂、高血压、神经衰弱、急性黄疸型传染性肝炎、疟疾；外用治疮疖肿毒。用量9～30g；外用鲜品适量，捣烂后敷患处。

附：腺梗豨莶 *Sigesbeckia pubescens* Makino 与豨莶功效相近。

30. 一枝黄花 **Solidago decurrens** Lour.

生态环境：生于山坡林缘、山谷疏林、荒野草丛、山脚、路边。

分布：保护区内常见。

药用部位：夏、秋采收，全草切段，晒干后备用。

性味功效：味苦、辛，性平，有小毒。疏风清热，解毒消肿。

主治用法：治上呼吸道感染、扁桃体炎、咽喉肿痛、支气管炎、肺炎、肺结核咯血、急性肾炎、慢性肾炎；外用治跌打损伤、毒蛇咬伤、乳腺炎、痈疖肿毒。用量9～30g；外用鲜品适量，捣烂后敷患处或水煎浓汁外擦。孕妇忌服。

31. 苦苣菜 **Sonchus oleraceus** Linn.

生态环境：生于山坡、山谷疏林下或林缘、路边、田野、荒地。

分布：保护区内常见。

药用部位：夏、秋采收，全草切段，晒干后备用。

性味功效：味苦，性寒。清热解毒，凉血止血。

主治用法：治肠炎、痢疾、急性黄疸型传染性肝炎、阑尾炎、乳腺炎、口腔炎、咽喉炎、扁桃体炎、吐血、衄血、咯血、便血、崩漏；外用治痈疮肿毒、中耳炎。用量15～30g；外用鲜品适量，捣烂后敷患处或捣汁滴耳。

32. 苣荬菜 **Sonchus wightianus** DC.

生态环境：生于路边、田野、疏林中或荒地上。

分布：保护区内常见。

药用部位：夏、秋采收，全草切段，晒干后备用。

性味功效：味苦，性寒。清热利湿，凉血解毒，行气止痛。

主治用法：治咽喉炎、吐血、尿血、急性细菌性痢疾、阑尾炎、乳腺炎、遗精、白浊、吐泻。用量9～30g；外用治疮疖肿毒，鲜品适量，捣烂后敷患处。

33. 蒲公英（蒙古蒲公英）**Taraxacum mongolicum** Hand.-Mazz.

生态环境：生于低山坡、丘陵、山脚、郊野、路边、沟边、宅旁及田野草地。

分布：保护区内常见。

药用部位：春、夏采收，全草晒干后备用。

性味功效：味甘、苦，性寒。清热解毒，消痈散结。

主治用法：治上呼吸道感染、急性扁桃体炎、眼结膜炎、流行性腮腺炎、急性乳腺炎、胃炎、胃炎、痢疾、肝炎、胆囊炎、急性阑尾炎、泌尿系统感染、盆腔炎、痈疖疔疮。用量9～24g，或鲜品30～60g；外用适量鲜品，洗净捣烂后敷患处。

34. 苍耳 Xanthium strumarium Linn.

生态环境：生于路旁、村边、旷野或荒地上。

分布：保护区内常见。

药用部位：夏、秋采收，全草切段或果实晒干后备用。

性味功效：味苦、辛、甘，性温，有小毒。发汗通窍，散寒祛湿，消炎镇痛。

主治用法：苍耳种子治感冒头痛、慢性鼻窦炎、副鼻窦炎、疟疾、风湿性关节炎。苍耳草治子宫出血、深部脓肿、麻风、皮肤湿疹。用量苍耳种子4.5～9g，苍耳草30～60g。

九〇 香蒲科 Typhaceae

1. 水烛 Typha angustifolia Linn.

生态环境：生于水边、池塘、沼泽中。

分布：保护区内零星分布。

药用部位：6—7月采收雄蕊和花粉，晒干后备用。

性味功效：花粉（中药名蒲黄）味甘，性平。生用行血，消瘀，止痛；炒用止血。

主治用法：治吐血、咯血、衄血、血痢、便血、崩漏、外伤出血、心腹疼痛、产后瘀痛、跌打损伤、血淋涩痛、带下、重舌、口疮。用量3～10g。生用散瘀止痛，炒炭可收敛止血，治血瘀、止血则生熟各半。外用适量，研粉擦敷。

九一 黑三棱科 Sparganiaceae

1. 曲轴黑三棱 Sparganium fallax Graebn.

生态环境：生于湖泊、沼泽、水池及水沟中。

分布：保护区内零星分布。

药用部位：秋季采挖，块根晒干后备用。

性味功效：味辛、苦，性平。破血行气，消积止痛。

主治用法：治瘀滞经闭、痛经、食积胀痛、跌打损伤。用量5～10g。气虚体弱、血枯经闭、月经过多者及孕妇禁用。

九二 眼子菜科 Potamogetonaceae

1. 眼子菜 Potamogeton distinctus A. Benn.

生态环境：生于池塘、水田、水沟等静水中。

分布：保护区内零星分布。

药用部位：夏、秋采收，全草晒干后备用。

性味功效：味苦，性寒。清热解毒，利湿通淋，止血，驱蛔虫。

主治用法：治热淋、痔疮出血、湿热痢疾、黄疸、带下、鼻衄、蛔虫病、疮痈肿毒。用量9～15g；外用鲜品捣烂后敷患处。

九三 泽泻科 Alismataceae

1. 东方泽泻 Alisma orientale (Sam.) Juzep.

生态环境：逸生于沼泽中或栽培。

分布：保护区内零星分布。

药用部位：冬季采收，球茎晒干后备用。

性味功效：味甘，性寒。清热，渗湿，利尿。

主治用法：治肾炎水肿、肾盂肾炎、肠炎泄泻、小便不利。用量3～12g。

2. 野慈菇 Sagittaria trifolia Linn.

生态环境：生于湖泊、池塘、沼泽、水田等水域。

分布：保护区内零星分布。

药用部位：夏、秋采收，全草晒干后备用。

性味功效：味甘、微苦，性微寒。清热通淋，散结解毒。

主治用法：治淋浊、疮肿、目赤肿痛、瘰疬、睾丸炎、毒蛇咬伤。用量15～30g；外用鲜品捣烂后敷患处。

九四 禾本科 Gramineae (Poaceae)

（一）竹亚科 Bambusoideae Ascher. et Graebn.

1. 青皮竹 Bambusa textilis McClure

生态环境：常见栽培，亦有逸生。

分布：保护区内村落附近、山地河边。

药用部位：夏、秋采收竹黄（竹秆内分泌液积聚干固后的片状或粒状物）晾干备用。

性味功效：味甘，性寒。清热化痰，凉心定惊。

主治用法：治小儿惊风、癫痫、热病神昏、中风痰迷、痰热咳嗽。用量3～9g；外用适量，研粉后敷患处。

2. 毛竹 Phyllostachys edulis (Carr.) J. Houz.

生态环境：生于山坡、山谷成纯林，多为人工栽培。

分布：保护区内极常见。

药用部位：夏、秋采收，叶晒干后备用。

性味功效：味甘、淡、微涩，性温。清热利尿，止吐。

主治用法：治烦热口渴、小儿疳积、小儿发热、高热不退、呕吐。用量20～30g。

3a. 毛金竹 Phyllostachys nigra (Lodd. ex Lindl.) Munro var. **henonis** (Mitford.) Stapf ex Rendl.

生态环境：生于山顶、郊野溪沟边、溪滩两岸或潮湿的旷地上。

分布：保护区内零星分布。

药用部位：竹沥（鲜竹经加热后沥出的液体）。

性味功效：味甘，性寒。清热化痰，凉心定惊。

主治用法：治肺热咳嗽痰多、气喘胸闷、中风舌强、痰涎壅盛、小儿痰热惊风。

附：灰竹（石竹）*Phyllostachys nuda* McClure 可替代毛金竹加热得到竹沥，功效相近。

4. 苦竹 Pleioblastus amarus (Keng) Keng f.

生态环境：生于山坡、山谷疏林中或成小片纯林。

分布：保护区内常见。

药用部位：夏、秋采收，根状茎及叶鲜用或晒干后备用。

性味功效：根状茎味苦，性寒；清热解毒，止咳，通络。叶味苦，性寒；清热，明目，解毒。

主治用法：治热病烦渴、失眠、小便短赤、口疮、目痛、失声、烫伤。用量鲜品 20 ~ 40g，干品 6 ~ 12g。

（二）禾亚科　Agrostidoideae　Keng et Keng f.

5. 芦竹 Arundo donax Linn.

生态环境：生于河岸上或溪涧旁。

分布：保护区内零星分布。

药用部位：夏、秋采收，根状茎及嫩笋芽鲜用或晒干后备用。

性味功效：味苦、甘，性寒。清热泻火。

主治用法：治热病烦渴、风火牙痛、小便不利。用量鲜品 50 ~ 100g，干品 30 ~ 60g。

6. 野燕麦 Avena fatua Linn.

生态环境：生于荒芜田野，常与小麦混生，成为田间杂草。

分布：保护区内常见。

药用部位：春、夏采收，全草及果实晒干后备用。

性味功效：味甘，性平。收敛止血，固表止汗。

主治用法：治吐血、血崩、白带异常、便血、自汗、盗汗。用量 15 ~ 30g。

7. 薏苡 Coix lacryma-jobi Linn.

生态环境：生于溪边、水边、塘边。

分布：保护区内零星分布。

药用部位：春、夏采收，根及根状茎晒干后备用。

性味功效：味甘、淡，性微寒。清热，利湿，杀虫。根利水，止咳。

主治用法：根状茎治尿路感染、尿路结石、水肿、脚气、蛔虫病、白带过多。根治麻疹、筋骨拘挛。用量 15 ~ 30g。

8. 狗牙根 Cynodon dactylon (Linn.) Pers.

生态环境：生于旷野、路旁及草地上。

分布：保护区内常见。

药用部位：春、夏采收，全草切段，晒干后备用。

性味功效：味甘，性平。清热利尿，散瘀止血，舒筋活络。

主治用法：治上呼吸道感染、肝炎、痢疾、泌尿系统感染、鼻衄、咯血、吐血、呕血、便血、脚气水肿、风湿骨痛、荨麻疹、半身不遂、手脚麻木、跌打损伤；外用治外伤出血、骨折、疮痈、小腿溃疡。用量15～30g。根状茎30～60g，水煎或泡酒服。外用鲜嫩叶适量，捣烂后敷患处。

9. 牛筋草 Eleusine indica (Linn.) Gaerth.

生态环境：生于山坡、路旁、房前屋后、旷野、荒芜之地。

分布：保护区内常见。

药用部位：春、夏采收，全草切段，晒干后备用。

性味功效：味甘、淡，性平。清热解毒，祛风利湿，散瘀止血。

主治用法：防治流行性乙型脑炎、流行性脑脊髓膜炎、风湿性关节炎、黄疸型肝炎、小儿消化不良、肠炎、痢疾、尿道炎；外用治跌打损伤、外伤出血、狗咬伤。用量30～60g；外用适量，鲜全草捣烂后敷患处。

10. 大白茅 Imperata cylindrica (Linn.) Raeuschel var. major (Nees) C. B. Hubb.

生态环境：生于撂荒地、火烧后林地、路边、旷地。

分布：保护区内常见。

药用部位：夏、秋采收，根状茎晒干后备用。

性味功效：味甘，性寒。清热利尿，凉血止血。

主治用法：治急性肾炎水肿、泌尿系统感染、衄血、咯血、吐血、尿血、高血压、热病烦渴、肺热咳嗽。用量15～30g。

11. 淡竹叶 Lophatherum gracile Brongn.

生态环境：生于山坡、山谷疏林下阴湿处。

分布：保护区内常见。

药用部位：夏、秋采收，全草切段，晒干后备用。

性味功效：味甘、淡，性寒。利小便，清心火，除烦热，生津止渴。

主治用法：治感冒发热、中暑、咽喉炎、尿道炎、高热烦渴、牙周炎、口腔炎、失眠。

12. 芦苇 Phragmites australis (Cav.) Trin. ex Steud.

生态环境：生于河边、池塘、沼泽地。

分布：保护区内零星分布。

药用部位：夏、秋采收，根状茎晒干后备用。

性味功效：味甘，性寒。清肺胃热，生津止渴，止呕除烦。

主治用法：治热病烦渴、牙龈出血、鼻出血、胃热呕吐、肺脓肿、大叶性肺炎、气管炎、尿少色黄。用量9～30g。

13. 金丝草 Pogonatherum crinitum (Thunb.) Kunth

生态环境：生于阴湿山坡、河边、田埂、石缝中。

分布：保护区内零星分布。

药用部位：夏、秋采收，全草晒干后备用。

性味功效：味甘、淡，性凉。清热，解暑，利尿。

主治用法：治感冒发热、中暑、尿路感染、肾炎水肿、黄疸型肝炎、糖尿病、小儿久热不退。用量15～30g。

14. 菰 Zizania latifolia (Griseb.) Turcz. ex Stapf

生态环境：水稻田、池塘、湖泊等栽培，亦有逸生。

分布：保护区内常见。

药用部位：夏、秋采收，茭白、根、果实鲜用或晒干后备用。

性味功效：由茭白黑粉菌致膨大的茎称茭白，味甘，性凉；清热除烦，止渴，通乳，利大小便。根味甘，性寒；清热解毒。果实（中药名菰米）味甘，性寒；清热除烦，生津止渴。

主治用法：茭白治热病烦渴、酒精中毒、二便不利、乳汁不通。根治消渴、烫伤。果实治心烦、口渴、大便不通、小便不利。用量鲜茭白50～100g，干茭白15～30g；鲜根100～150g，干根60～90g；果实9～15g。

九五 莎草科 Cyperaceae

1. 浆果薹草 Carex baccans Nees

生态环境：生于山坡、山谷、村边、路旁较阴湿的灌草丛中。

分布：保护区内零星分布。

药用部位：夏、秋采收，全草切段，晒干后备用。

性味功效：根味苦、涩，性凉；调经止血。果实味甘、辛，性平；透疹止咳，补中利水。

主治用法：根治衄血、便血、月经过多、产后出血。果实治麻疹、水痘、百日咳、脱肛、浮肿。用量根和果实均20～30g；全草亦可入药，兼具根和果实之功效。用量15～24g。

2. 香附子 Cyperus rotundus Linn.

生态环境：生于旷野、旱地、路旁、山坡。

分布：保护区内常见。

药用部位：秋、冬采收，根状茎晒干后备用。

性味功效：根状茎（中药名香附子）味微苦、辛，性平。理气疏肝，调经止痛。

主治用法：治胃腹胀痛、两胁疼痛、痛经、月经不调。用量6～12g。

3. 荸荠 Eleocharis dulcis (Burm.) Trinius ex Henschel

生态环境：水稻田或浅水池塘、湖泊栽培，亦有逸生。

分布：保护区内零星可见。

药用部位：秋、冬采收，球茎鲜用，地上部分晒干后备用。

性味功效：球茎味甘，性平；清热止渴，利湿化痰，降血压。地上全草味苦，性平，清热利尿。

主治用法：球茎治热病、伤津烦渴、咽喉肿痛、口腔炎、温热黄疸、高血压、小便不利、麻疹、肺热咳嗽、痔疮出血。地上全草治呃逆、小便不利。用量球茎2～4个直接食用或适量捣汁服。地上全草15～30g。

4. 水蜈蚣 Kyllinga brevifolia Rottb.

生态环境：生于空旷湿地、沼泽地、水田边、溪沟边及路旁草丛中。

分布：保护区内常见。

药用部位：夏、秋采收，全草晒干后备用。

性味功效：味辛，性平。疏风解表，清热利湿，止咳化痰，祛瘀消肿。

主治用法：治伤风感冒、支气管炎、百日咳、疟疾、痢疾、肝炎、乳糜尿、跌打损伤、风湿性关节炎。外用治毒蛇咬伤、皮肤瘙痒、疖肿。用量15～30g；外用适量，鲜品捣烂后敷患处或干品煎水后洗患处。

九六 棕榈科 Palmae (Arecaceae)

1. 棕榈 Trachycarpus fortunei (Hook.) H. Wendl.

生态环境：村落附近常见栽培，常见逸生。

分布：保护区内仅见零星逸生。

药用部位：秋季采收，叶鞘纤维、根、果实晒干后备用。

性味功效：味苦、涩，性平。收敛止血。

主治用法：治鼻衄、吐血、便血、功能性子宫出血、带下。用量6～12g。

九七 天南星科 Araceae

1. 菖蒲 Acorus calamus Linn.

生态环境：生于浅水池塘、水沟、溪涧湿地。

分布：保护区内零星分布。

药用部位：秋、冬采挖，根状茎鲜用或晒干后备用。

性味功效：味辛、苦，性温。开窍化痰，辟秽杀虫。

主治用法：治痰涎壅闭、神志不清、慢性气管炎、痢疾、肠炎、腹胀腹痛、食欲不振、风寒湿痹。用量3～9g。水煎服或研粉，每次0.3～0.6g；外用适量，研粉油调敷疥疮。

2. 金钱蒲（石菖蒲）**Acorus gramineus** Soland. ex Ait.

生态环境：生于溪沟边、河边及潮湿的岩石上。

分布：保护区内零星分布。

药用部位：秋、冬采挖，根状茎鲜用或晒干后备用。

性味功效：味辛，性温。理气止痛，祛风消肿。

主治用法：治慢性胃炎、胃溃疡、消化不良、胸腹胀闷；外用敷于关节处治扭伤。

3. 海芋 Alocasia macrorrhizos (Linn.) G. Don

生态环境：生于溪沟边阴湿的林下或草丛中。

分布：保护区内垟溪保护点有逸生归化。

药用部位：夏、秋采收，根状茎切片，晒干后备用。

性味功效：味微辛、涩，性寒，有毒。清热解毒，消肿。

主治用法：治感冒、肺结核、肠伤寒、蛇虫咬伤、疮疡肿毒。用量9～15g；鲜品30～60g，久煎后方能内服。外用适量，鲜品捣烂后敷患处（不能敷正常皮肤）。

4. 东亚蘑芋（华东蘑芋、疏毛蘑芋）**Amorphophallus kiusianus** (Makino) Makino

生态环境：生于山谷或山脚林下或草丛中。

分布：保护区内零星分布。

药用部位：秋、冬采挖，块状茎鲜用或晒干后备用。

性味功效：味辛，性寒，有毒。消肿散结，解毒止痛。

主治用法：治肿瘤、颈淋巴结结核、痈疖肿毒、眼镜蛇咬伤。用量9～15g；鲜品30～60g，需煎3h后才能服用。外用适量，鲜品捣烂后敷患处。

5. 天南星 Arisaema heterophyllum Bl.

生态环境：生于较阴湿的山谷或山坡林下、灌草丛中。

分布：保护区内零星分布。

药用部位：秋季采挖，块茎鲜用或晒干后备用。

性味功效：味苦、辛，性温，有毒；祛风定惊，化痰散结。胆南星（天南星块茎的细粉与牛、羊、猪胆汁经加工而成，或为生天南星细粉与牛、羊、猪胆汁经发酵加工而成）味苦，性平；化痰熄风，定惊。

主治用法：治面神经麻痹、半身不遂、小儿惊风、破伤风、癫痫；外用治疗疮肿毒、毒蛇咬伤、灭蝇蛆。胆南星治小儿痰热、惊风抽搐。生用抗肿瘤，用时需谨慎。用量制南星2.4～4.5g；胆南星3～6g。天南星外用适量，鲜品捣烂后或干品研粉后醋调敷患处。

附：一把伞南星 *Arisaema erubescens* (Wall.) Schott 药用功效与天南星相同。

6. 芋（野芋）**Colocasia esculenta** (Linn.) Schott

生态环境：常见栽培，在丘陵和低山山谷、沟边常见逸生。

分布：保护区内零星分布。

药用部位：秋、冬采挖，块茎、叶、叶柄、花序晒干后备用。

性味功效：块茎味辛，性平，有小毒；宽胃肠，破宿血，去死肌，调中补虚，行气消胀，壮筋骨，益气力，祛暑热，止痛消炎。茎、叶味辛，性平；除烦止泻。

主治用法：块茎治血热烦渴、头上软疖。用量鲜品50g，或干品12g，水煎服。茎、叶、叶柄治胎动不安、蛇虫咬伤、痈肿毒痛、蜂蛰、黄水疮等。花序治子宫脱垂、小儿脱肛、痔疮核脱出及吐血等。用量15g。

7. 滴水珠 Pinellia cordata N. E. Brown

生态环境：生于潮湿的岩石边或陡峭的石壁上。

分布：保护区内零星分布。

药用部位：冬季采收，块茎晒干后备用。

性味功效：味辛，性温，有小毒。解毒止痛，消肿散结。

主治用法：治毒蛇咬伤、乳痈、跌打损伤、胃痛、腰痛；外用治痈疮肿毒、跌打损伤。用量0.3～0.6g，研粉装胶囊吞服，或1～3粒块茎吞服（不可嚼碎），外用适量，鲜块茎捣烂后敷患处。

8. 掌叶半夏 Pinellia pedatisecta Schott

生态环境：生于潮湿的岩石边或陡峭的石壁上。

分布：保护区内零星分布。

药用部位：冬季采收，块茎晒干后备用。

性味功效：味辛、涩，性温，有小毒。水肿解毒，散瘀止痛。

主治用法：治顽痰咳嗽、中风痰壅、口眼歪斜、半身不遂、癫痫、惊风、破伤风。外用鲜品适量，研磨以醋或酒调敷患处，治痈肿、蛇虫咬伤。

9. 半夏 Pinellia ternate (Thunb.) Tenore ex Breit.

生态环境：生于山坡、路边、林下阴湿处，以旱地、茶园、菜园上为多。

分布：保护区内常见。

药用部位：夏季采收，块茎晒干后备用。

性味功效：味辛，性温，有毒。燥湿化痰，降逆止呕，生用消疖肿。

主治用法：治咳嗽痰多、胸闷胀满、恶心呕吐；生用治疖肿、毒蛇咬伤。用量6～9g；外用适量，捣烂包纱布塞鼻治急性乳腺炎，酒浸取液滴治中耳炎。

10. 大薸 Pistia stratiotes Linn.

生态环境：原产于美洲热带，现常有栽培，也常见逸生。

分布：保护区内零星可见。

药用部位：夏、秋采收，全草晒干后备用。

性味功效：味辛，性凉。祛风发汗，利尿解毒。

主治用法：治感冒、水肿、小便不利、风湿痛、皮肤瘙痒、荨麻疹、麻疹不透；外用治汗斑、湿疹。用量9～15g；外用适量，捣烂取汁涂或煎水后洗患处。孕妇忌服。

九八 浮萍科 Lemnaceae

1. 紫萍 Spirodela polyrhiza (Linn.) Schleid.

生态环境：生于池沼、稻田、水塘静水和河面。

分布：保护区内常见。

药用部位：夏、秋采收，全草晒干后备用。

性味功效：味辛，性寒。祛风，发汗，利尿，消肿。

主治用法：治风热感冒、麻疹不透、荨麻疹、水肿。外用适量，煎水熏洗。

九九 谷精草科 Eriocaulaceae

1. 谷精草 Eriocaulon buergerianum Koern.

生态环境：生于浅水池塘、水田中、水沟边。

分布：保护区内常见。

药用部位：夏、秋采收，头状花序或全草晒干后备用。

性味功效：味辛、甘，性平。疏散风热，明目退翳。

主治用法：治眼结膜炎、角膜薄翳、夜盲症、视网膜脉络膜炎、小儿疳积。用量 9~15g。

2. 白药谷精草 Eriocaulon cinereum R. Br.

生态环境：生于水田中、水沟边及沼泽地。

分布：保护区内常见。

药用部位：夏、秋采收，全草晒干后备用。

性味功效：味甘，性平。消炎，利尿，清肝明目，疏风退热，退翳。

主治用法：治风热头痛、目赤肿痛、衄血、牙痛。

一〇〇 鸭跖草科 Commelinaceae

1. 鸭跖草 Commelina communis Linn.

生态环境：生于山坡路旁、田地边、溪边阴湿处。

分布：保护区内常见。

药用部位：夏、秋采收，全草晒干后备用或鲜用。

性味功效：味甘、淡，性微寒。清热解毒，利水消肿。

主治用法：治流行性感冒、急性扁桃体炎、咽喉炎、水肿、泌尿系统感染、急性肠炎、痢疾；外用治睑腺炎、疮疖肿毒。用量30~60g；外用适量，鲜草捣烂后敷患处。

一〇一 灯心草科 Juncaceae

1. 灯心草 Juncus effusus Linn.

生态环境：生于河边、池边、水沟、稻田旁、草地及沼泽等湿地。

分布：保护区内常见。

药用部位：夏、秋采收，茎髓及全草晒干后备用。

性味功效：味甘、淡，性凉。清心火，利小便。

主治用法：治心烦口渴、口舌生疮、尿路感染、小便不利、疟疾。用量全草3～9g；茎髓1.5～3g。

2. 野灯心草 Juncus setchuensis Buch.

生态环境：生于山沟、林下阴湿地、溪边、路旁的浅水处。

分布：保护区内常见。

药用部位：夏、秋采收，全草晒干后备用。

性味功效：味苦，性凉。利水通淋，泄热安神，凉血止血。

主治用法：治热淋、肾炎水肿、心热烦躁、心悸失眠、口舌生疮、咽喉痛、牙痛、目赤肿痛、衄血、咯血、尿血。用量9～15g。

一〇二 百合科 Liliaceae

1. 粉条儿菜 Aletris spicata (Thunb.) Franch.

生态环境：生于向阳空旷草地、山坡路边、杂木林缘。

分布：保护区内零星分布。

药用部位：夏、秋采收，全草切段，晒干后备用。

性味功效：味甘，性平。润肺止咳，养心安神，消积驱虫。

主治用法：治支气管炎、百日咳、神经官能症、小儿疳积、蛔虫病、腮腺炎。用量9～30g。

2. 天门冬 Asparagus cochinchinensis (Lour.) Merr.

生态环境：生于山坡路边、溪边灌丛中、阴湿的杂木林下。

分布：保护区内零星分布。

药用部位：秋、冬采收，块根晒干后备用。

性味功效：味微苦、甘，性寒。养阴清热，润燥生津。

主治用法：治肺结核、支气管炎、白喉、百日咳、口燥咽干、热病口渴、糖尿病、大便燥结；外用治疮疡肿毒、毒蛇咬伤。用量6～15g；外用适量，鲜品捣烂后敷患处。

3. 开口箭 Campylandra chinensis (Baker) M. N. Tamura et al.

生态环境：生于山坡、山谷林下阴湿处。

分布：保护区内零星分布。

药用部位：秋季采挖，根状茎晒干后备用。

性味功效：味甘、微苦，性凉，有毒。清热解毒，散瘀止痛。

主治用法：治白喉、风湿性关节炎、腰腿痛、跌打损伤、狂犬咬伤、毒蛇咬伤；外用治痈疖。用量0.6～0.9g；研粉服，或1.5～3g水煎服。外用适量，鲜品捣烂后敷患处。

孕妇忌服。

4. 云南大百合 Cardiocrinum giganteum (Wall.) Makino var. **yunnanense** (Leichtlin ex Elwes) Stearn

生态环境：生于山谷、林下阴湿处。

分布：保护区内零星分布。

药用部位：春、夏采挖，鳞茎晒干后备用。

性味功效：味微甘、苦，性寒。清肺止咳，凉血消肿。

主治用法：治鼻窦炎、中耳炎。

5. 宝铎草 Disporum sessile D. Don ex Schult.

生态环境：生于阴湿的山坡、山谷疏林下或林缘草丛中。

分布：保护区内常见。

药用部位：秋、冬采收，根、茎晒干后备用。

性味功效：味甘、淡，性平。清肺化痰，止咳，健脾消食，舒筋活血。

主治用法：治肺结核咳嗽、食欲不振、胸腹胀满、筋骨疼痛、腰腿痛；外用治烧伤、烫伤、骨折。用量25～50g；外用适量，鲜品捣烂或干品研粉后敷患处。

6. 萱草 Hemerocallis fulva (Linn.) Linn.

生态环境：生于向阳山坡、山谷、溪边、路旁灌草丛中。

分布：保护区内常见。

药用部位：夏、秋采收，花、根及全草切段，晒干后备用。

性味功效：味甘，性凉。清热利尿，凉血止血。

主治用法：治腮腺炎、黄疸、膀胱炎、尿血、小便不利、乳汁缺乏、月经不调、衄血、便血；外用治乳腺炎。用量6～12g；外用适量，鲜品捣烂后敷患处。

7. 紫萼 Hosta ventricosa (Salisb.) Stearn

生态环境：生于丘陵、低山坡林下、溪沟两旁、山脚水沟边草丛中。

分布：保护区内常见。

药用部位：夏、秋采收，根及全草切段，晒干后备用。

性味功效：味微甘，性凉。散瘀止痛，解毒。

主治用法：治胃痛、跌打损伤、鱼骨鲠喉；外用治虫蛇咬伤、痈肿疔疮。用量6～9g。配入其他药兑酒服或水煎服。

8. 百合 Lilium brownii F. E. Brown ex Miellez var. **viridulum** Baker

生态环境：生于丘陵、山坡灌丛中、疏林下、溪谷两旁、山脚、郊野草丛中。

分布：保护区内常见。

药用部位：秋、冬采挖，鳞茎晒干后备用。

性味功效：味甘，性平。润肺止咳，宁心安神。

主治用法：治肺结核咳嗽、痰中带血、神经衰弱、心烦不安。用量6～15g。

附：原种野百合 *Lilium brownii* F. E. Brown ex Miellez、条叶百合 *Lilium callosum* Sieb. et Zucc.和卷丹 *Lilium tigrinum* Ker-Gawl.药用功效与百合基本相同。

9. 阔叶山麦冬 Liriope muscari (Decne.) Bailey

生态环境：生于低山坡竹林下、溪谷两旁湿润草丛中。

分布：保护区内常见。

药用部位：秋、冬采挖，块根晒干后备用。

性味功效：味甘，性平。补肺养胃，滋阴生津。

主治用法：治虚劳咳嗽、心烦口渴、肺炎、吐血、便秘、乳汁不足。

10. 麦冬 Ophiopogon japonicus (Linn. f.) Ker -Gawl.

生态环境：野生于溪沟岸边、阴湿山谷、山坡林下。常见庭院、路边栽培。

分布：保护区内常见。

药用部位：秋、冬采挖，块根晒干后备用。

性味功效：味甘，微苦，性凉。滋阴生津，润肺止咳，清心除烦。

主治用法：治热病伤津、心烦、口渴、咽干、肺热燥咳、肺结核咯血。用量 4.5～9g。

附：山麦冬 *Liriope spicata* (Thunb.) Lour. 与麦冬药用功效相近。

11. 华重楼（七叶一枝花）**Paris polyphylla** Smith. var. **chinensis** (Franch.) Hara

生态环境：生于山坡、山谷、沟边林下阴湿处。

分布：保护区内零星分布。

药用部位：秋、冬采挖，根状茎晒干后备用。

性味功效：味苦，性寒，有小毒。清热解毒，消肿止痛。

主治用法：治流行性乙型脑炎、胃痛、阑尾炎、淋巴结结核、扁桃体炎、乳腺炎、毒蛇、毒虫咬伤、疮疡肿毒。用量4.5～9g；外用适量，煎水或研磨调醋敷患处。

附：狭叶重楼 var. *stenophylla* Franch. 与华重楼药用功效基本相同，但根状茎细长，在临床上应用较少。

12. 多花黄精 Polygonatum cyrtonema Hua

生态环境：生于山坡林下或林缘、沟边、路边灌草丛中。

分布：保护区内常见。

药用部位：秋、冬采挖，根状茎蒸熟后晒干备用。

性味功效：味甘，性平。补脾润肺，养阴生津。

主治用法：治肺结核干咳、久病津亏口干、倦怠乏力、糖尿病、高血压。用量 9～18g；外用黄精浸膏治脚癣。

附：长梗黄精 *Polygonatum filipes* Merr. 与多花黄精功效相近。

13. 玉竹 Polygonatum odoratum (Mill.) Druce

生态环境：生于山坡、山麓、山谷疏林下、林缘灌木丛中阴湿处。

分布：保护区内零星分布。

药用部位：秋、冬采挖，根状茎反复揉晒至干后或蒸熟后晒干后备用。

性味功效：味甘，性平。养阴润燥，生津止渴。

主治用法：治病伤阴、口燥咽干、干咳少痰、肺结核咳嗽、糖尿病、心脏病。用量6～12g。

14. 吉祥草 Reineckea carnea (Andr.) Kunth

生态环境：生于阴湿山坡、山谷林下。

分布：保护区内零星分布。

药用部位：夏、秋采收，全草切段，晒干后备用。

性味功效：味甘，性平。润肺止咳，祛风接骨。

主治用法：治肺结核、咳嗽咯血、慢性支气管炎、哮喘、风湿性关节炎；外用治跌打损伤、骨折。用量15～30g；外用适量，捣烂加酒炒敷患处。

15. 菝葜 Smilax china Linn.

生态环境：生于向阳山坡、山麓疏林下或林缘灌丛中。

分布：保护区内常见。

药用部位：秋、冬采挖，根状茎、叶切片，晒干后备用。

性味功效：味甘、酸，性平。祛风利湿，解毒消肿。

主治用法：治风湿性关节炎、跌打损伤、胃肠炎、痢疾、消化不良、糖尿病、乳糜尿、白带异常、癌症。叶外用治痈疖疔疮、烧伤、烫伤。用量根状茎30～60g；外用叶适量，研磨调油外敷。

16. 土茯苓 Smilax glabra Roxb.

生态环境：生于山坡、山谷疏林下或林缘，河岸、路边也有。

分布：保护区内常见。

药用部位：秋、冬采挖，根状茎切片，晒干后备用。

性味功效：味甘、淡，性平。清热解毒，利湿。

主治用法：治钩端螺旋体病、梅毒、风湿性关节炎、痈疖肿毒、湿疹、皮炎、汞粉、慢性中毒。用量15～100g。

17. 牛尾菜 Smilax riparia A. DC.

生态环境：生于山坡、山谷疏林下或林缘灌丛中。

分布：保护区内常见。

药用部位：秋、冬采挖，根状茎切片，晒干后备用。

性味功效：味甘、苦，性平。祛风活络，祛痰止咳。

主治用法：治风湿性关节炎、筋骨疼痛、跌打损伤、腰肌劳损、支气管炎、肺结核咳嗽咯血。用量15～100g，水煎或泡酒服。

18. 牯岭藜芦 Veratrum schindleri Loes. f.

生态环境：生于山坡、山谷疏林下或林缘。

分布：保护区内零星分布。

药用部位：秋、冬采收，须根晒干后备用。

性味功效：味辛、微苦，性寒，有毒。通窍，催吐，散瘀，消肿，止痛。

主治用法：治跌打损伤、积瘀疼痛、风湿肿痛、头痛鼻塞、牙痛。

一〇三 石蒜科 Amaryllidaceae

1. 仙茅 Curculigo orchioides Gaertn.

生态环境：生于山坡、山麓疏林下、林缘、草地或荒坡。

分布：保护区内零星分布。

药用部位：秋、冬采收，根状茎晒干后备用。

性味功效：味辛、甘，性温，有小毒。补肾壮阳，散瘀除湿。

主治用法：治肾虚、阳痿、遗精、遗尿、慢性肾炎、腰膝酸痛、风湿性关节炎、胃腹冷痛、更年期高血压。用量3～9g。

2. 石蒜 Lycoris radiata (L′ Hér.) Herb

生态环境：生于阴湿的山坡、山谷、山顶山崖下、溪沟两岸。

分布：保护区内零星分布。

药用部位：夏季采挖，鳞茎鲜用。

性味功效：味辛、甘，性温，有毒。消肿，杀虫。

主治用法：外用治淋巴结结核、疔疮疖肿、风湿性关节炎、毒蛇咬伤；鲜鳞茎捣烂后敷涌泉穴或脐部可消水肿，也可灭蛆、灭鼠。外用适量，捣烂后敷患处。

一〇四 薯蓣科 Dioscoreaceae

1. 黄独 Dioscorea bulbifera Linn.

生态环境：生于阴湿的山谷、溪畔杂木林下、灌丛中或山坡、路旁。

分布：保护区内零星分布。

药用部位：秋、冬采挖，块茎切片，晒干后备用。

性味功效：味苦、辛，性凉，有小毒。解毒消肿，化痰散结，凉血止血。

主治用法：治甲状腺肿大、淋巴结结核、咽喉肿痛、吐血、咯血、百日咳、癌肿；外用治疮疖。用量9～15g；外用适量，捣烂或磨汁后涂敷患处。

2. 薯莨 Dioscorea cirrhosa Lour.

生态环境：生于山坡、山谷疏林下或林缘灌丛中。

分布：保护区内零星分布。

药用部位：秋、冬采挖，块茎切片，晒干后备用。

性味功效：味苦、微酸、涩，性平。活血补血，收敛固涩。

主治用法：功能性子宫出血、产后出血、咯血、吐血、尿血、腹泻；外用治烧伤。用量1.2～9g；外用适量。

3. 粉背薯蓣（粉草薢）**Dioscorea collettii** Hook f. var. **hypoglauca** (Palib.) Pei et Ting

生态环境：生于山坡水沟边阴处、疏林下或林缘灌丛中。

分布：保护区内零星分布。

药用部位：秋、冬采挖，根状茎切片，晒干后备用。

性味功效：味苦，性平。利湿祛浊，祛风除痹。

主治用法：治尿浊、带下病、风湿痹痛、腰膝酸痛。

附：福州薯蓣（福草薢）*Dioscorea futschauensis* Uline ex R. Kunth、山草薢 *Dioscorea tokoro* Makino、绵草薢 *Dioscorea spongiosa* J. Q. Xi, M. Mizuno et W. L. Zhao 与粉背薯蓣药用功效基本相近。

4. 日本薯蓣（尖叶薯蓣）**Dioscorea japonica** Thunb.

生态环境：生于向阳山坡疏林下或灌丛中。

分布：保护区内常见。

药用部位：秋、冬采挖，根状茎切片，晒干后备用。

性味功效：味甘，性平。清热解毒，健脾补肺，益胃补肾，固肾益精，强筋骨。

主治用法：治脾胃亏损、消化不良、慢性腹泻、遗精、遗尿等。

附：薯蓣 *Dioscorea polystachya* Turcz. 的药用功效与日本薯蓣相近。

一〇五 鸢尾科 Iridaceae

1. 射干 Belamcanda chinensis (Linn.) DC.

生态环境：生于山坡、草地、沟谷、滩地。

分布：保护区内零星分布。

药用部位：秋季采挖，根状茎晒干后备用。

性味功效：味苦，性寒，有小毒。清热解毒，祛痰利咽，活血祛瘀。

主治用法：治咽喉肿痛、扁桃体炎、腮腺炎、支气管炎、咳嗽多痰、肝脾肿大、闭经、乳腺炎；外用治皮炎、跌打损伤。用量3～6g；外用适量，煎水后洗或捣烂后敷患处。

2. 蝴蝶花 Iris japonica Thunb.

生态环境：生于阴湿的山谷、沟边、林下。

分布：保护区内常见。

药用部位：秋季采挖，全草或根状茎晒干后备用。

性味功效：味苦，性寒，有小毒。清热解毒，消肿止痛。

主治用法：全草治肝炎、肝大、肝区痛、胃痛、食积胀满、咽喉肿痛、跌打损伤。根状茎治便秘。用量全草6～15g，根状茎3～6g。

3. 小花鸢尾 Iris speculatrix Hance

生态环境：生于山谷、沟边林下处。

分布：保护区内零星分布。

药用部位：秋季采挖，根、根状茎晒干后备用。

性味功效：味辛，性温，有小毒。活血镇痛。

主治用法：治跌打损伤、闪腰岔气（急性胸肋痛）等痛症。用量 3 ~ 6g，泡酒服。治狂犬咬伤。用量根状茎9g，泡酒服。治风湿、风寒骨痛。用量全草煎水后洗。

一〇六 芭蕉科 Musaceae

1. 芭蕉 Musa basjoo Sieb. et Zucc.

生态环境：栽培于村落、庭院。

分布：保护区内村落附近。

药用部位：全年采收，根、花、叶晒干后备用。

性味功效：味甘、淡，性寒。清热，利尿，解毒。

主治用法：治热病、中暑、脚气、痈肿热毒、烫伤。

一〇七 姜科 Zingiberaceae

1. 山姜 Alpinia japonica (Thunb.) Miq.

生态环境：生于山坡、山谷林下阴湿处。

分布：保护区内常见。

药用部位：夏、秋采收，果实、根状茎、全草晒干后备用。

性味功效：味辛，性温。理气止痛，活血通络。

主治用法：治风湿性关节炎、跌打损伤、牙痛、胃痛。用量 3 ~ 9g。

2. 襄荷 Zingiber mioga (Thunb.) Rosc.

生态环境：生于阴湿的山谷、沟边疏林下或林缘。

分布：保护区内常见。

药用部位：秋、冬采收，根状茎切片，晒干后备用。

性味功效：味辛，性温。温中理气，祛风止痛，止咳平喘。

主治用法：治感冒咳嗽、气管炎、哮喘、风寒牙痛、脘腹冷痛、跌打损伤、腰腿痛、遗尿、月经不调、经闭、白带异常；外用治皮肤风疹、淋巴结结核。用量9 ~ 15g；外用适量，煎水后洗或捣烂后敷患处。

一〇八 兰科 Orchidaceae

1. 金线兰（花叶开唇兰）**Anoectochilus roxburghii** (Wall.) Lindl.

生态环境：生于密林下、山沟边阴湿处。

分布：见于乌岩岭、黄桥和垟溪保护点。

药用部位：夏、秋采收，全草晒干后备用。

性味功效：味甘、淡，性凉。清热润肺，消炎解毒。

主治用法：治肺结核、肺热咳嗽、风湿性关节炎、跌打损伤、慢性胃炎等。

2. 竹叶兰 Arundina graminifolia (D. Don) Hochr.

生态环境：生于溪谷山坡草地或草丛中。

分布：保护区内零星分布。

药用部位：夏、秋采收，根状茎或全草切段，晒干后备用。

性味功效：味苦，性平。清热解毒，除湿利尿。

主治用法：治肝炎、跌打损伤、淋巴结结核、风湿疼痛、膀胱炎、毒蛇咬伤；外用治痈疮肿毒。用量鲜品15～30g，水煎服。外用适量，捣烂后敷患处。

3. 白芨 Bletilla striata (Thunb.) Reichb. f.

生态环境：生于山坡疏林下、沟谷边滩地，在以石灰岩为母岩的山地生长较多。

分布：保护区内零星分布。

药用部位：秋季采挖，块茎水煮后晒干后备用。

性味功效：味苦、甘，性凉。补肺止血，消肿生肌。

主治用法：治肺结核咯血、支气管扩张咯血、胃溃疡吐血、尿血、便血；外用治外伤出血、烧伤、烫伤。用量6～15g，研粉3～6g；外用适量，研粉或鲜品捣烂后敷患处。

4. 广东石豆兰 Bulbophyllum kwangtungense Schltr.

生态环境：附生于岩石上。

分布：保护区内零星分布。

药用部位：夏、秋采收，全草晒干后备用。

性味功效：味甘、淡，性凉。清热止咳，祛风。

主治用法：治风热咽痛、肺热咳嗽、风湿性关节炎、跌打损伤。用量6～12g。

5. 建兰 Cymbidium ensifolium Sw.

生态环境：生于山坡林下或灌丛下腐殖质丰富的土壤中、碎石缝中。

分布：保护区内零星分布。

药用部位：全年可采，全草或根晒干后备用。

性味功效：味辛，性平。滋阴清肺，化痰止咳。

主治用法：治百日咳、肺结核咳嗽、咯血、神经衰弱、头晕腰痛、尿路感染、白带异常。用量3～9g。

7. 高斑叶兰 Goodyera procera (Ker-Gawl.) Hook.

生态环境：生于山坡林下、沟边阴湿处。

分布：保护区内零星分布。

药用部位：夏、秋采收，全草晒干后备用。

性味功效：味辛，性温。祛风除湿，止咳平喘。

主治用法：治风湿骨痛、跌打损伤、气管炎、哮喘。用量9～15g，水煎或泡酒服。

8. 斑叶兰 Goodyera schlechtendaliana Reichb. f.

生态环境：生于海拔600m以上山坡、山谷林下阴湿处。

分布：保护区内零星分布。

药用部位：夏、秋采收，全草晒干后备用。

性味功效：味淡，性寒。清肺止咳，解毒消肿，止痛。

主治用法：治肺结核咳嗽、支气管炎；外用治毒蛇咬伤、痈疖疮疡。用量3～9g；外用适量，鲜品捣烂后敷患处。

9. 见血青 Liparis nervosa (Thunb.) Lindl.

生态环境：生于低山区山坡灌木林下阴湿处。

分布：保护区内零星分布。

药用部位：夏、秋采收，全草晒干后备用。

性味功效：味苦，性寒。清热，凉血，止血。

主治用法：治肺热咯血、吐血；外用治创伤出血、疮疖肿毒。用量3～9g，水煎或作散剂服。外用适量，鲜品捣烂后敷患处或干品研粉后敷患处。

10. 细叶石仙桃 Pholidota cantonensis Rolfe

生态环境：附生于溪边林下岩石上。

分布：保护区内见于垟溪保护点。

药用部位：夏、秋采收，全草晒干后备用。

性味功效：味苦、微酸，性凉。清热凉血，滋阴润肺，解毒。

主治用法：治痔疮、高热、湿疹、肺热咳嗽、咯血、急性肠炎、慢性骨髓炎、跌打损伤。用量30～60g；外用适量，鲜品捣烂后敷患处。

11. 石仙桃 Pholidota chinensis Lindl.

生态环境：生于山谷或溪边林下岩石上。

分布：保护区内见于垟溪保护点。

药用部位：夏、秋采收，假鳞茎、全草晒干后备用。

性味功效：味甘、淡，性凉。清热养阴，化痰止咳。

主治用法：治肺热咳嗽、肺结核咯血、淋巴结结核、小儿疳积、胃溃疡、十二指肠溃疡；外用治慢性骨髓炎。用量15～30g；外用适量，鲜品捣烂后敷患处。

12. 绶草（盘龙参）**Spiranthes sinensis** (Pers.) Ames

生态环境：生于山坡、路边草地或田地边荒地。

分布：保护区内零星分布。

药用部位：夏、秋采收，全草或根晒干后备用。

性味功效：味甘、淡，性平。滋阴补气，凉血解毒。

主治用法：治病后体虚、神经衰弱、肺结核咯血、咽喉肿痛、小儿夏季热、糖尿病、白带异常；外用治毒蛇咬伤。用量根或全草9～30g；外用适量，鲜品捣烂后敷患处。

13. 小花蜻蜓兰 Tulotis ussuriensis (Regel) Hara

生态环境：生于山坡林下、山谷、溪边阴湿处。

分布：保护区内零星分布。

药用部位：夏、秋采收，全草晒干后备用。

性味功效：味辛、苦，性凉。清热，消肿，解毒。

主治用法：治虚火牙痛、鹅口疮、无名肿毒、毒蛇咬伤、跌打损伤、风湿痹痛。用量9～30g；外用适量，鲜品捣烂后敷患处。

第二节　农药植物资源

一、概述

农药植物是指具有毒杀害虫和抑制病菌作用的植物。用其植物体本身或以植物体中可作为"农药"的各种生理活性物质加工而成的农药即为植物源农药。长期以来，化学农药的大量使用，不仅造成环境污染，严重危害人体健康，而且使害虫抗药性日益增强，亦使天敌遭到杀伤。植物源农药在这方面则有独特的优越性，属于天然药物，取自自然、用于自然，能迅速降解，无环境污染问题，有高选择性，对人畜安全，而且不会令害虫产生抗药性，具有无药害、有肥效、对作物生长有刺激作用、可兼治病虫害等优点。因此，植物农药越来越受到人们的重视，目前已成为新农药开发的一个重要方向，有效利用植物中存在的天然化学物质研制新型的植物农药有着广阔的前景。

根据实地调查、农家访问，并查阅相关文献资料，保护区共有农药植物293种（包括种下分类等级），隶属100科212属。现将比较主要的农药植物资源列举如下。

二、主要农药植物资源列举

I　蕨类植物门　Pteridophyta

🔘 **石杉科** Huperziaceae

1. 蛇足石杉 Huperzia serrata (Thunb.) Trev.

药用部位：全株；杀虫。

主要活性成分：石松生物碱。

防治方法和对象：全株捣烂，加水1～2倍，浸渍6h后压榨，滤液喷雾，可防治蚜虫、菜青虫。

🔘 **石松科** Lycopodiaceae

1. 石松 Lycopodium japonicum Thunb. ex Murray

药用部位：全株；杀虫。

主要活性成分：石松生物碱。

防治方法和对象：全株捣烂，加水 1～2 倍，浸渍 6h 后压榨，滤液喷雾，可防治蚜虫。

三 紫萁科 Osmundaceae

1. 紫萁 Osmunda japonica Thunb.

药用部位：全株；杀虫。

主要活性成分：山奈酚、β - 谷甾醇。

防治方法和对象：全株捣烂，加水 2 倍，浸渍 6h 后压榨，滤液喷雾，可防治小夜蛾、斜纹夜蛾。

四 海金沙科 Lygodiaceae

1. 海金沙 Lygodium japonicum (Thunb.) Sw.

药用部位：全株；杀虫、防治植病。

主要活性成分：木醛酮。

防治方法和对象：①茎叶切细，捣烂，加水 1～2 倍，浸渍 6h 后压榨，滤液喷雾；或将茎、叶晒干，碾磨成细粉，加水 5～7 倍，浸渍 6h，滤液喷雾，可防治蚜虫、红蜘蛛。②海金沙的乙酸乙酯萃取物喷雾，可抑制小麦纹枯病、番茄灰霉病。

五 蕨科 Pteridiaceae

1. 蕨 Pteridium aquilinum (Linn.) Kuhn var. **latiusculum** (Desv.) Unherw.

药用部位：全株；杀虫，防治植病。

主要活性成分：硫胺素酶、β - 谷甾醇、槲皮素、山奈酚等。

防治方法和对象：①全株切细，捣烂，加水 1～2 倍，浸渍 6h 后压榨，滤液喷雾；可防治蚜虫。②蕨菜多糖喷雾，可抑制甘薯瘟病。

六 凤尾蕨科 Pteridaceae

1. 蜈蚣草 Pteris vittata Linn.

药用部位：叶；杀虫。

主要活性成分：黄酮、甾体三萜类、香豆素。

防治方法和对象：叶 1kg 切细，捣烂，加水 1～2kg，浸渍 6h 后压榨，滤液喷雾；可防治蚜虫、菜青虫、斜纹夜蛾幼虫。

七 乌毛蕨科 Blechnaceaae

1. 狗脊 Woodwardia japonica (Linn. f.) Smith

药用部位：全株；杀虫、防治植病。

主要活性成分：β - 谷甾醇、吡喃酮。

防治方法和对象：①全株1kg捣烂，加水5kg，浸渍24h后压榨，滤液喷雾，或全株切碎，晒干，碾磨成细粉后喷撒，可防治蚜虫、螟虫、红蜘蛛。②狗脊乙酸乙酯萃取物可抑制小麦纹枯病、番茄灰霉病。

2. 胎生狗脊（珠芽狗脊）**Woodwardia prolifera** Hook. et Arn.

药用部位：全株；杀虫，防治植病。

主要活性成分：东北贯众素等酚类。

防治方法和对象：参考狗脊。

八 鳞毛蕨科 Dryopteridaceae

1. 贯众 Cyrtomium fortunei J. Smith

药用部位：全株；杀虫，防治植病。

主要活性成分：树胶、棉马精、黄酮类、甾萜类。

防治方法和对象：①根状茎晒干，碾磨成细粉后喷布，或根状茎捣烂，加水10倍，浸渍12h后压榨，滤液喷雾，可防治蚜虫、螟虫。②叶加水5倍煮液喷雾，可抑制霜霉病、马铃薯晚疫病。

II 裸子植物门 Gymnospermae

一 银杏科 Ginkgoaceae

1. 银杏 Ginkgo biloba Linn.

药用部位：种皮、叶；杀虫，防治植病。

主要活性成分：银杏酚酸。

防治方法和对象：①种皮、叶1kg捣烂，加水5kg，浸渍24h后压榨，滤液喷雾，可防治斜纹夜蛾、蚜虫、螟虫、红蜘蛛、菜青虫及其他咀嚼口器害虫。②种皮、叶晒干或烘干，碾磨成细粉，拌种或加肥水灌根，可防治金针虫、蛴螬。③种皮15倍水浸液喷雾，可抑制马铃薯晚疫病、小麦秆锈病、叶锈病。

二 松科 Pinaceae

1. 马尾松 Pinus massoniana Lamb.

药用部位：叶；杀虫，防治植病。

主要活性成分：α-蒎烯、石竹烯等。

防治方法和对象：①针叶5kg捣烂，加水2kg，浸渍12h后压榨，滤液喷雾，或灌根，可防治金花虫、叶甲、叶蝉、飞虱。②针叶捣烂，加水30倍浸渍12h后压榨，滤液喷雾，可抑制马铃薯晚疫病。

2. 金钱松 Pseudolarix kaempferi (Lindl.) Gord.

药用部位：叶；杀虫，防治植病。

主要活性成分：α-蒎烯、石竹烯等。

防治方法和对象：叶捣烂，加水20倍，浸渍12h后压榨，滤液喷雾，可防治斜纹夜蛾、棉铃虫，抑制土传病菌尖孢镰刀菌。

三 柏科 Cupressaceae

1. 柏木 Cupressus funebris Endl.

药用部位：枝、叶及种子；杀虫。

主要活性成分：松油醇、α-蒎烯。

防治方法和对象：枝、叶及种子捣碎后加等量水，浸泡12h，搅拌、揉搓、压榨，滤液加水2倍，喷雾，可防治螟虫、蚜虫。

2. 刺柏 Juniperus formosana Hayata

药用部位：枝、叶、种子；杀虫。

主要活性成分：β-桉叶素、柠檬烯、α-蒎烯。

防治方法和对象：参考柏木。

3. 侧柏 Platycladus orientalis (Linn.) Franco

药用部位：枝、叶及种仁；杀虫，防治植病。

主要活性成分：雪松醇、香橙素、槲皮素、α-蒎烯、石竹烯等。

防治方法和对象：①枝、叶晒干或烘干，碾磨成细粉，拌种或加肥水灌根，可防治蛴螬。②枝、叶捣碎后加等量水，搅拌、揉搓、浸泡12h后压榨，滤液加水2倍，喷雾，可防治螟虫、蚜虫。③枝、叶捣烂加10倍水，浸泡12h，取滤液喷雾，可抑制炭疽病、小麦条锈病。④种仁粉碎，加15倍水浸泡24h，取滤液喷雾，可抑制小麦叶锈病、秆锈病。

四 三尖杉科 Cephalotaxaceae

1. 三尖杉 Cephalotaxus fortunei Hook. f.

药用部位：枝叶；杀虫。

主要活性成分：三尖杉碱、β-石竹烯、α-石竹烯等。

防治方法和对象：枝、叶晒干或烘干，碾磨成细粉，沟施150kg/hm²，可防治花生根结线虫病。

III 被子植物门 Angiospermae

一 三白草科 Saururaceae

1. 蕺菜（鱼腥草）Houttuynia cordata Thunb.

药用部位：全株；杀虫，防治植病。

主要活性成分：蕺菜碱、槲皮素、癸酰乙醛、芦丁等。

防治方法和对象：①全株1kg捣烂，加水3kg，浸渍24h，滤液喷雾，可防治蚜虫、红蜘蛛、菜青虫、小夜蛾、斜纹夜蛾。②全株20倍水浸液喷雾，可治蔬菜根腐病。

2. 三白草 Saururus chinensis (Lour.) Baill.

药用部位：全株；杀虫。

主要活性成分：黄酮、蒽醌、甾醇等。

防治方法和对象：全株 1kg 捣烂，加水 3kg ，浸渍 24h，滤液喷雾，可防治蚜虫、红蜘蛛、菜青虫。

二 金粟兰科 Chloranthaceae

1. 丝穗金粟兰（水晶花）**Chloranthus fortunei** (A. Gray) Solms-Laub.

药用部位：全草；杀虫。

主要活性成分：萜类、香豆素类、松油醇等。

防治方法和对象：全株 1kg 捣烂，加水 3kg，浸渍 12h，滤液喷雾，可防治蚜虫。

2. 宽叶金粟兰 Chloranthus henryi Hemsl.

药用部位：全草；杀虫。

主要活性成分：倍半萜、倍半萜二聚体类。

防治方法和对象：全株 1kg 捣烂，加水 3kg ，浸渍 12h，滤液喷雾，可防治菜青虫。

3. 及己 Chloranthus serratus (Thunb.) Roem. et Schult.

药用部位：全草；杀虫。

主要活性成分：萜类、香豆素类、二氢莪术呋喃烯酮、焦莪术呋喃烯酮。

防治方法和对象：全株 1kg 捣烂，加水 3kg，浸渍 12h，滤液喷雾，可防治菜青虫。

4. 草珊瑚（接骨金粟兰）**Sarcandra glabra** (Thunb.) Nakai

药用部位：全草；杀虫。

主要活性成分：氰苷、大黄酚、大黄素。

防治方法和对象：全株 1kg 捣烂，加水 5kg，浸渍 12h，滤液喷雾，可防治蚜虫。

三 杨柳科 Salicaceae

1. 垂柳 Salix babylonica Linn.

药用部位：叶、树皮；杀虫，防治植病。

主要活性成分：柳苷。

防治方法和对象：①全株 1kg 捣烂，加水 3kg，浸渍 24h，或煎至沸后 0.5h，冷却，滤液喷雾，可防治蚜虫、螟虫、菜青虫。②叶及树皮晒干或烘干后碾磨成细粉，加 30 倍水浸液喷雾，可抑制甘薯黑斑病。③叶 5 倍水浸液喷雾，可抑制小麦叶锈病与秆锈病、棉花炭疽病。

四 杨梅科 Myricaceae

1. 杨梅 Myrica rubra (Lour.) Sieb. et Zucc.

药用部位：树皮；杀虫。

主要活性成分：鞣质、槲皮素、异槲皮苷。

防治方法和对象：①树皮晒干或烘干，碾磨成细粉，细粉1kg加水3kg，煮沸，冷却后滤液喷雾，可防治茶毛虫、苎麻虫、蚜虫、红蜘蛛。②树皮晒干或烘干，碾磨成细粉，细粉1kg加水6kg，浸渍12h，滤液加水10倍喷雾，可防治蚜虫、红蜘蛛、茶毛虫、苎麻虫。

五　胡桃科　Juglandaceae

1. 化香树 Platycarya strobilacea Sieb. et Zucc.

药用部位：叶；杀虫，防治植病。

主要活性成分：萘醌类。

防治方法和对象：①叶1kg捣烂，加水5kg，浸渍24h，滤液喷雾，可防治蚜虫、红蜘蛛、菜青虫、金花虫、地老虎等。②叶1kg捣烂，加水2倍，浸渍24h，滤液喷雾，可防治稻苞虫、叶甲、卷叶虫、蚜虫、红蜘蛛、菜青虫、金花虫、地老虎。③叶5倍水煮液喷雾，可抑制稻瘟病、霜霉病。

2. 枫杨 Pterocarya stenoptera C. DC.

药用部位：叶、树皮；杀虫，防治植病。

主要活性成分：β-蛇床烯、β-谷甾醇、槲皮素、2-戊醇。

防治方法和对象：①叶切碎，捣烂成浆，滤液加水5～7倍喷雾或浇灌土壤，可防治蚜虫、红蜘蛛、菜青虫、金花虫、地老虎。②叶、树皮晒干或烘干碾磨成细粉，拌种或加肥水灌根，可毒杀蝼蛄、地老虎等地下害虫。③叶7.5kg，加水50～75kg煎煮，冷却后滤液喷雾，可抑制茶云纹叶枯病、小麦叶锈病、马铃薯晚疫病。

六　壳斗科　Fagaceae

1. 板栗 Castanea mollissima Blume

药用部位：壳斗、树皮；杀虫。

主要活性成分：香豆素、黄酮类等。

防治方法和对象：壳斗或树皮1kg捣烂，加水5kg，浸渍24h，或煎煮，滤液喷雾，可防治飞虱、蚜虫、地老虎。

七　榆科　Ulmaceae

1. 糙叶树 Aphananthe aspera (Thunb.) Planch.

药用部位：叶；杀虫。

主要活性成分：黄酮类。

防治方法和对象：叶1kg，加水5kg，煎煮至沸后0.5h，滤液冷却后加2倍水喷雾，可防治蚜虫。

2. 朴树 Celtis sinensis Pers.

药用部位：叶；杀虫。

主要活性成分：鞣质、黄酮类。

防治方法和对象：叶1kg，捣烂，加水6kg，浸渍24h，滤出原液，加水1.5倍，喷雾，可防治棉蚜虫。

3. 榔榆 Ulmus parvifolia Jacq.

药用部位：叶；杀虫。

主要活性成分：鞣质、甾醇。

防治方法和对象：叶1kg，捣烂，加水6kg，煎煮至沸后0.5h，滤液冷却后加3倍水喷雾，可防治红蜘蛛。

4. 榆树 Ulmus pumila Linn.

药用部位：叶；杀虫。

主要活性成分：鞣质、甾醇。

防治方法和对象：叶1kg，捣烂，加水6kg，煎煮至沸后0.5h，滤液冷却后加3倍水喷雾，可防治菜青虫、蚜虫、红蜘蛛。

八 桑科 Moraceae

1. 楮（小构树）Broussonetia kazinoki Sieb. et Zucc.

药用部位：树皮、叶；杀虫。

主要活性成分：黄酮类。

防治方法和对象：树皮或叶1kg捣烂，加水5kg，煎煮至沸后0.5h，滤液冷却后喷雾，可防治螟虫、蚜虫、红蜘蛛。

2. 构树 Broussonetia papyrifera (Linn.) L' Hérit. ex Vent.

药用部位：茎、叶；杀虫，防治植病。

主要活性成分：黄酮类。

防治方法和对象：叶1kg捣烂，加水5kg，煎煮，滤液冷却后喷雾，可防治斜纹夜蛾、蚜虫、二十八星瓢虫，抑制蔬菜霜霉病。

3. 薜荔 Ficus pumila Linn.

药用部位：茎、叶；杀虫。

主要活性成分：乙醇浸出液分离得5种晶体，有内消旋肌醇、芦丁、β-谷甾醇、蒲公英甾醇乙酸酯和β-香树脂醇乙酸酯。茎尚含微量生物碱。

防治方法和对象：①茎、叶切断，每1kg加水4～6kg，浸渍24h后过滤，去渣制成原汁1kg，施用时加水15倍稀释，喷雾，能杀菜青虫、菜蚜虫。②1kg籽粉碎，加5kg水，热浸可杀棉蚜虫和菜青虫。

4. 珍珠莲 Ficus sarmentosa Buch.-Ham. ex Smith var. henryi (King ex D. Oliv.) Corne

药用部位：藤和根；杀虫。

主要活性成分：木犀草素、芹菜素、槲皮素、香橙素。

防治方法和对象：藤和根 1kg 切碎捣烂，加水 5kg，煎煮，滤液冷却后喷雾，可防治菜青虫、蚜虫。

5. 葎草 Humulus scandens (Lour.) Merr.

药用部位：全草；杀虫。

主要活性成分：木犀草素、β-谷甾醇、芹菜素、鞣质等。

防治方法和对象：全草 1kg 捣烂，加水 1.5kg，煎煮沸后 0.5h，滤液加 3 倍水喷雾，可防治蚜虫。

6. 桑 Morus alba Linn.

药用部位：叶；杀虫，防治植病。

主要活性成分：槲皮素、异槲皮苷、芦丁。

防治方法和对象：①叶 1kg，加水 5kg，煎煮沸后 0.5h，滤液加 4 倍水喷雾；或叶 1kg，加水 5～10kg，浸渍 12h，滤液喷雾，可防治蚜虫、红蜘蛛。②叶 10 倍水浸液喷雾，可抑制小麦赤霉病、秆锈病、叶锈病、棉花炭疽病。③叶 30 倍水浸液喷雾，可抑制马铃薯黑斑病。

九　蓼科　Polygonaceae

1. 金线草 Antenoron filiforme (Thunb.) Roberty et Vautier

药用部位：全草；杀虫。

主要活性成分：黄酮类、鞣质。

防治方法和对象：全草 1kg 捣烂，加水 5kg，煎煮 1h，滤液喷雾，可防治蚜虫、菜青虫。

1a. 短毛金线草 var. neofiliforme (Nakai) A. J. Li

作为农药使用，与原种相近。

2. 何首乌 Fallopia multiflora (Thunb.) Harald.

药用部位：全草；杀虫。

主要活性成分：大黄素、大黄素甲醚。

防治方法和对象：全草 1kg 切碎捣烂，加水 10kg，浸渍 6h，滤液喷雾，可防治蚜虫、红蜘蛛。

3. 萹蓄 Polygonum aviculare Linn.

药用部位：全草；杀虫。

主要活性成分：蒽醌类。

防治方法和对象：全草 1kg 捣烂，加水 2kg，煎煮沸后 0.5h，滤液加水 8 倍喷雾，可防治蚜虫、菜青虫、黏虫。

4. 水蓼（辣蓼）**Polygonum hydropiper** Linn.

药用部位：全草；杀虫。

主要活性成分：蓼二醛、芦丁。

防治方法和对象：①全草10kg捣烂，加水15kg，浸渍24h，滤液喷雾，可防治飞虱、稻苞虫、卷叶虫。②全草1kg切碎，加水5kg，煎煮1h，滤液喷雾，可防治茶毛虫、菜青虫、红蜘蛛、叶蝉、飞虱。

5. 蚕茧草 Polygonum japonicum Meisn.

药用部位：全草；杀虫。

主要活性成分：黄酮苷。

防治方法和对象：全草1kg捣烂，加水2kg，煎煮沸后0.5h，滤液冷却后加水5倍喷雾，可防治蚜虫、菜青虫、黏虫。

6. 酸模叶蓼 Polygonum lapathifolium Linn.

药用部位：全草；杀虫。

主要活性成分：蒽醌类。

防治方法和对象：全草1kg捣烂，加水2kg，煎煮沸后0.5h，冷却，滤液加水5倍喷雾，可防治菜粉蝶、马铃薯甲虫。

6a. 绵毛酸模叶蓼 var. salicifolium Sibth.

可参考原种酸模叶蓼。

7. 红蓼（荭草）Polygonum orientale Linn.

药用部位：全草。

主要活性成分：黄酮苷。

防治方法和对象：叶和花毒性很大，把它放入有蝇蛆的粪缸内，和粪便拌和起来，两天后可杀蝇蛆70%。

8. 杠板归 Polygonum perfoliatum Linn.

药用部位：全草；杀虫。

主要活性成分：大黄素、大黄酚、强心苷、蒽醌类。

防治方法和对象：①全草1kg捣烂，加水8kg，浸渍6h，冷却，滤液喷雾，可防治蚜虫、菜青虫、螟虫。②全草晒干或烘干，碾磨成细粉，加水20倍，浸渍6h，滤液喷雾，可防治蚜虫、菜青虫、螟虫。

9. 虎杖 Reynoutria japonica Houtt.

药用部位：根；杀虫。

主要活性成分：大黄素、大黄酚。

防治方法和对象：①根1kg捣烂，加水3～5kg，浸渍24h或煎煮沸后0.5h，冷却，滤液喷雾，可防治螟虫、蚜虫。②根晒干或烘干碾磨成细粉，喷布，可防治螟虫、蚜虫。

10. 酸模 Rumex acetosa Linn.

药用部位：全草；杀虫，防治植病。

主要活性成分：大黄素、大黄酚、大黄素甲醚。

防治方法和对象：①全草1kg切碎捣烂，加水10kg，浸渍12h，滤液喷雾，可防治蚜虫。②全草切碎捣烂，10倍水，浸渍24h，滤液喷雾，可抑制马铃薯晚疫病、小麦条锈病、叶锈病。

11. 齿果酸模 Rumex dentatus Linn.

药用部位：全草；杀虫，防治植病。

主要活性成分：大黄素、大黄酚、大黄素甲醚。

防治方法和对象：①全草1kg切碎捣烂，加水3kg，浸渍6h，滤液喷雾，可防治蚜虫、菜青虫、红蜘蛛。②其余参考酸模。

12. 羊蹄 Rumex japonicus Houtt.

药用部位：全草；杀虫。

主要活性成分：大黄素、大黄酚。

防治方法和对象：全草1kg切碎捣烂，加水3kg，浸渍6h，滤液喷雾，可防治蚜虫。

藜科 Chenopodiaceae

1. 藜 Chenopodium album Linn.

药用部位：全草；杀虫。

主要活性成分：芦丁、β-谷甾醇等。

防治方法和对象：全草1kg切碎捣烂，加水3kg，浸渍6h，滤液喷雾，可防治蚜虫、菜青虫。

2. 土荆芥 Chenopodium ambrosioides Linn.

药用部位：全草；杀虫。

主要活性成分：α-山道年、对异丙基甲苯、γ-萜二烯、α-山道年二元醇等。

防治方法和对象：全草1kg，加水3kg，煎煮沸后0.5h，冷却，滤液加5倍水喷雾，可防治蚜虫、小夜蛾。

苋科 Amaranthaceae

1. 牛膝 Achyranthes bidentata Blume

药用部位：全草；杀虫、防治植病。

主要活性成分：三萜皂苷。

防治方法和对象：①全草1kg切碎捣烂，加水1.5kg，浸渍6h，滤液加水3~4倍喷雾，可防治蚜虫。②全草10倍水浸液喷雾，可抑制小麦秆锈病、叶锈病和马铃薯晚疫病。

2. 柳叶牛膝 Achyranthes longifolia (Makino) Makino

药用部位：全草；杀虫、防治植病。

主要活性成分：三萜皂苷、黄酮、甾体。

防治方法和对象：参考牛膝。

3. 喜旱莲子草 Alternanthera philoxeroides (Mart.) Griseb.

药用部位：全草，杀虫。

主要活性成分：甾醇类、黄酮类、三萜类、有机酸和皂苷类等。

防治方法和对象：喜旱莲子草石油醚提取物、乙酸乙酯提取物和正丁醇提取物4000g/L处理后，小菜蛾的触杀校正死亡率均达到70%，斜纹夜蛾的触杀和胃毒校正死亡率均达到80%。

4. 青葙 Celosia argentea Linn.

药用部位：种子；杀虫、防治植病。

主要活性成分：β-谷甾醇、对羟基苯甲酸。

防治方法和对象：①种子1kg粉碎，加水1.5kg，浸渍6h，滤液加水3～4倍喷雾，可防治蚜虫。②种子粉碎，加10倍水浸液喷雾，可抑制小麦秆锈病、叶锈病和马铃薯晚疫病。

一二 商陆科 Phytolaccaceae

1. 商陆 Phytolacca acinosa Roxb.

药用部位：根、叶；杀虫、防治植病。

主要活性成分：三萜皂苷。

防治方法和对象：①根、叶1kg，加水10kg，煎煮1h，滤液加水6倍喷雾，可防治蚜虫、小夜蛾、红蜘蛛。②根、叶晒干或烘干，碾磨成细粉，加水5倍，浸渍48h，滤液喷雾，可防治蚜虫、小夜蛾、红蜘蛛。③根15倍水浸液喷雾，可抑制小麦秆锈病、叶锈病。

2. 美洲商陆（垂序商陆）Phytolacca americana Linn.

药用部位：根、叶；杀虫、防治植病。

主要活性成分：三萜皂苷、多糖。

防治方法和对象：参考商陆。

一三 马齿苋科 Portulacaceae

1. 马齿苋 Portulaca oleracea Linn.

药用部位：全草；杀虫、防治植病。

主要活性成分：香豆素、强心苷、蒽醌苷、生物碱、香豆素、黄酮。

防治方法和对象：①全草1kg，加水2kg，煎煮沸后0.5h，滤液加水5倍喷雾，可防治蚜虫、小夜蛾。②全草捣烂，加水10kg，浸渍6h，滤液喷雾，可防治蚜虫、小夜蛾。③全草15倍水浸液喷雾，可抑制小麦秆锈病、叶锈病和马铃薯晚疫病。

一四 毛茛科 Ranunculaceae

1. 乌头 Aconitum carmichaelii Debx.

药用部位：根、叶；杀虫。

主要活性成分：乌头碱、次乌头碱、新乌头碱等多种生物碱。

防治方法和对象：根、叶1kg，切碎捣烂，加水10kg，浸渍6h，滤液喷雾，可防治蚜虫、菜青虫、蛴螬、地老虎等。

2. 赣皖乌头 Aconitum finetianum Hand.-Mazz.

药用部位：参考乌头。

主要活性成分：参考乌头。

防治方法和对象：参考乌头。

3. 瓜叶乌头 Aconitum hemsleyanum Pritz

药用部位：参考乌头。

主要活性成分：参考乌头。

防治方法和对象：参考乌头。

4. 小木通 Clematis armandi Franch

药用部位：全草；杀虫。

主要活性成分：4, 7-二甲氧基-5-甲基-香豆素、异松脂素、松脂素、落叶松脂素、丁香脂素、鹅掌楸苷、3-甲氧基-对苯二酚-4-O-β-D-葡萄糖苷等。

防治方法和对象：全草与樟脑、水后煮沸榨汁，可作农药之用，主治菜青虫、造桥虫、地老虎等植物虫害。

5. 威灵仙 Clematis chinensis Osbeck

药用部位：全株；杀虫。

主要活性成分：白头翁素、β-谷甾醇。

防治方法和对象：全株1kg，切碎捣烂，加水4kg，煮沸后0.25h，滤液加水4倍喷雾，可防治造桥虫、菜青虫、地老虎。

6. 山木通 Clematis finetiana Lévl. et Vant

药用部位：根；杀虫。

主要活性成分：β-谷甾醇、三萜皂苷。

防治方法和对象：根1kg，切碎捣烂，加水5kg，浸渍24h，滤液喷雾，可防治蚜虫。

7. 单叶铁线莲 Clematis henryi Oliv.

药用部位：根；杀虫。

主要活性成分：β-谷甾醇、胡萝卜苷。

防治方法和对象：根1kg，切碎捣烂，加水5kg，浸渍24h，滤液喷雾，可防治蚜虫。

8. 圆锥铁线莲 Clematis terniflora DC.

药用部位：根；杀虫。

主要活性成分：β-谷甾醇、三萜皂苷。

防治方法和对象：根1kg切碎，加水4kg，煎煮1h，滤液加水10倍，喷雾，防治螟虫、蚜虫、菜青虫等。

9. 禺毛茛 Ranunculus cantoniensis DC.

药用部位：全草；杀虫、防治植病。

主要活性成分：白头翁素。

防治方法和对象：①全草1kg，切碎捣烂，加水5kg，浸渍24h，滤液喷雾，可防治蚜虫、菜青虫。②全草丙酮粗提物喷雾，可抑制西瓜枯萎病、香蕉枯萎病、香蕉炭疽病。

10. 毛茛 Ranunculus japonicus Thunb.

药用部位：全草；杀虫。

主要活性成分：木犀草素、白头翁素、β-谷甾醇。

防治方法和对象：①全草1kg，加水10kg，煎煮沸后0.5h，或浸渍24h，滤液喷雾，可防治螟虫、蚜虫、菜青虫等软体虫害。②整株沤田，每亩75kg，可防治螟虫。

11. 石龙芮 Ranunculus sceleratus Linn.

药用部位：全草；杀虫。

主要活性成分：白头翁素。

防治方法和对象：全草1kg，切碎捣烂，加水5kg，浸渍24h，滤液喷雾，可防治蚜虫、螟虫。

12. 扬子毛茛 Ranunculus sieboldii Miq.

药用部位：全草；杀虫。

主要活性成分：木犀草素、β-谷甾醇。

防治方法和对象：全草1kg，切碎捣烂，加水5kg，浸渍24h，滤液喷雾，可防治蚜虫。

13. 天葵 Semiaquilegia adoxoides (DC.) Makino

药用部位：根、茎、种子；杀虫。

主要活性成分：β-谷甾醇、胡萝卜苷。

防治方法和对象：根、茎、种子晒干或烘干，碾磨成细粉，加水10倍，浸渍12h，滤液喷雾；或种子粉10%，加细陶土90%，制成粉剂喷布，可防治螟虫、蚜虫、菜青虫、红蜘蛛、象虫。

一五 木通科 Lardizabalaceae

1. 木通 Akebia quinata (Houtt.) Decne.

药用部位：全株；杀虫。

主要活性成分：β-谷甾醇、木通皂苷、齐墩果酸。

防治方法和对象：全草1kg，切碎捣烂，加水4kg，煮沸后0.5h，冷却后滤液喷雾，可防治蚜虫。

2. 三叶木通 Akebia trifoliata (Thunb.) Koidz.

药用部位：枝、叶；杀虫、防治植病。

主要活性成分：槲皮素、三萜皂苷。

防治方法和对象：①枝、叶1kg，切碎捣烂，加水4kg，煮沸后0.5h，冷却后滤液喷雾，可防治蚜虫。②枝、叶切碎捣烂，加20倍水，浸渍24h，滤液喷雾，可抑制马铃薯晚疫病。

2a. 白木通 subsp. **australis** (Diels) T. Shimizu

药用部位：参考三叶木通。

主要活性成分：参考三叶木通。

防治方法和对象：参考三叶木通。

3. 大血藤 Sargentodoxa cuneata (Oliv.) Rehd. et Wils.

药用部位：全株；杀虫。

主要活性成分：大黄素、β-谷甾醇。

防治方法和对象：全株1kg，切碎捣烂，加水1kg，煮至沸后0.5h，冷却后滤液加水2倍喷雾，可防治蚜虫、蚂蝗、菜青虫等食叶害虫。

一六 小檗科 Berberidaceae

1. 六角莲 Dysosma pleiantha (Hance) Woods.

药用部位：全草；杀虫。

主要活性成分：鬼臼毒素、β-谷甾醇、大黄素甲醚等。

防治方法和对象：全草1kg，切碎捣烂，加水5kg，浸渍24h，滤液喷雾，可防治蚜虫、螟虫。

2. 三枝九叶草（箭叶淫羊藿）**Epimedium sagittatum** (Sieb. et Zucc.) Maxim.

药用部位：全草；杀虫、防治植病。

主要活性成分：黄酮类。

防治方法和对象：①全草1kg，切碎捣烂，加水5kg，浸渍24h，滤液喷雾，可防治蚜虫。②全草切碎捣烂，加水10~20倍，浸渍24h，滤液喷雾，可抑制马铃薯晚疫病、小麦秆锈病、叶锈病、棉花黄萎病。

3. 阔叶十大功劳 Mahonia bealei (Fort.) Carr.

药用部位：全株；杀虫。

主要活性成分：小檗碱、药根碱、β-谷甾醇。

防治方法和对象：①根、茎1kg，切碎捣烂，加水8kg，煮至沸后0.5h，冷却后滤液喷雾，可防治稻苞虫、黏虫、卷叶虫。②根、茎晒干，碾磨成细粉，配成毒饵诱杀黏虫。

4. 南天竹 Nandina domestica Thunb.

药用部位：枝、叶；杀虫。

主要活性成分：小檗碱。

防治方法和对象：枝、叶1kg，切碎捣烂，加水3kg，煮至沸后0.5h，冷却后滤液喷雾，可防治蚜虫。

一七 防己科 Menispermaceae

1. 木防己 Cocculus orbiculatus (Linn.) DC.

药用部位：根、茎、叶；杀虫。

主要活性成分：木防己碱、木兰碱等生物碱。

防治方法和对象：根、茎、叶1kg，切碎捣烂，加水4kg，煮至沸后0.5h，冷却后滤液加水4倍喷雾，可防治蚜虫、螟虫。

2. 蝙蝠葛 Menispermum dauricum DC.

药用部位：全株；杀虫。

主要活性成分：香豆素。

防治方法和对象：全株1kg，切碎捣烂，加水4kg，煮至沸后0.5h，冷却后滤液加水4倍喷雾，可防治蚜虫、螟虫。

一八 木兰科 Magnoliaceae

1. 披针叶茴香（红毒茴）Illicium lanceolatum A. C. Smith

药用部位：种子、根皮；杀虫。

主要活性成分：倍半萜内酯、芳香油。

防治方法和对象：果实及根皮1kg，切碎捣烂，加水10kg，煮至沸后0.5h，冷却后滤液喷雾，或浸渍48h，滤液喷雾，可防治地老虎、菜青虫等软体害虫。

一九 樟科 Lauraceae

1. 樟（香樟）Cinnamomum camphora (Linn.) Presl

药用部位：全株；杀虫。

主要活性成分：黄酮类、樟脑、黄樟油素、1, 8-桉叶素。

防治方法和对象：①枝、叶1kg，切碎捣烂，加水2kg，煮至沸后0.5h，冷却后滤液加水30倍喷雾，可防治飞虱、叶蝉等。②枝、叶或樟木屑1kg，加水3kg，煮至沸后0.5h，冷却后滤液喷雾，可防治野蚕、菜青虫等软体虫类。

2. 乌药 Lindera aggregata (Sims) Kosterm.

药用部位：根；杀虫、防治植病。

主要活性成分：鞣质、倍半萜。

防治方法和对象：①根切碎，晒干，磨粉过筛，制成乌药粉，可防治地蚕等地下害虫。②根1kg切碎，加水10kg，煮至沸后0.5h，冷却后滤液喷雾，可防治蚜虫、黏虫。③乌药根干粉10倍水浸液喷雾，可防治蚜虫、黏虫。④乌药根干粉10 ~ 20倍水浸液喷雾，可抑制马铃薯晚疫病、棉花黄萎病、小麦秆锈病和叶锈病。

3. 三桠乌药 Lindera obtusiloba Bl.

药用部位：叶、果实；杀虫。

主要活性成分：乌药醇。

防治方法和对象：果实1kg，加水15kg，或叶1kg，加水5kg，煮至沸后0.5h，冷却后滤液喷雾，可防治红蜘蛛。

4. 山橿 Lindera reflexa Hemsl.

药用部位：根；杀虫。

主要活性成分：生物碱类、β-谷甾醇。

防治方法和对象：根1kg切碎，加水10kg，煮至沸后0.5h，冷却后滤液喷雾，可防治蚜虫、黏虫。

5. 山鸡椒 Litsea cubeba (Lour.) Pers.

药用部位：枝、叶；杀虫。

主要活性成分：灰叶素、木兰箭毒碱、β-谷甾醇、桉叶素。

防治方法和对象：枝、叶1kg，捣碎，加水1kg，煮至沸后0.5h，冷却后滤液喷雾，可防治螟虫、蚜虫。

5a. 毛山鸡椒 var. formosana (Nakai) Yang et P. H. Huang

药用部位：参考原种山鸡椒。

主要活性成分：参考原种山鸡椒。

防治方法和对象：参考原种山鸡椒。

6. 檫木 Sassafras tzumu (Hemsl.) Hemsl.

药用部位：枝、叶；杀虫。

主要活性成分：黄樟油素。

防治方法和对象：枝、叶1kg，捣碎，加水1kg，煮至沸后0.5h，冷却后滤液喷雾，可防治螟虫、蚜虫。

罂粟科 Papaveraceae

1. 刻叶紫堇 Corydalis incisa (Thunb.) Pers.

药用部位：全草；杀虫。

主要活性成分：黄连碱等。

防治方法和对象：全草1kg，捣碎，加水5kg，煮至沸后0.5h，冷却后滤液喷雾，可防治螟虫、蚜虫、菜青虫。

2. 黄堇 Corydalis pallida (Thunb.) Pers.

药用部位：全草；杀虫。

主要活性成分：原阿片碱(双花母草素)、血根碱、普洛托品。

防治方法和对象：全草1kg，捣碎，加水8kg，煎煮至沸，冷却后滤液喷雾，可防治蚜虫、卷叶蛾。

3. 小花黄堇 Corydalis racemosa (Thunb.) Pers.

药用部位：全草；杀虫。

主要活性成分：生物碱。

防治方法和对象：全草1kg，加水5kg，煎煮至沸，冷却后滤液喷雾，可防治螟虫、蚜虫。

4. 博落回 Macleaya cordata (Willd.) R. Br

药用部位：全草；杀虫，防治植病。

主要活性成分：生物碱类。

防治方法和对象：①茎、叶1kg，捣碎，加水2kg，煎煮至沸，冷却后滤液喷雾，可防治茶毛虫、茶蚕、蚜虫、苎麻虫。②捣碎茎、叶，10倍水浸液喷雾，可抑制小麦秆锈病。

二一 十字花科 Cruciferae

1. 荠菜 Capsella bursa-pastoris (Linn.) Medic.

药用部位：茎、叶；杀虫。

主要活性成分：芹菜素、对羟基苯甲酸、布枯苷等。

防治方法和对象：茎、叶1kg，捣碎，加水5kg，浸渍24h，滤液喷雾，可防治菜粉蝶、蚜虫、红蜘蛛等。

2. 臭荠 Coronopus didymus (Linn.) Smith

药用部位：茎、叶；杀虫。

主要活性成分：槲皮素、山柰酚、强心苷、苦味质、皂苷。

防治方法和对象：茎、叶1kg，捣碎，加水5kg，浸渍24h，滤液喷雾，可防治菜粉蝶、蚜虫、红蜘蛛等。

二二 茅膏菜科 Droseraceae

1. 茅膏菜 Drosera peltata Smith ex Willd.

药用部位：全草；杀虫，皮肤消毒。

主要活性成分：异柿萘醇酮4-O-β-D-葡萄糖苷、异柿萘醇酮、表异柿萘醇酮、矶松素、茅膏醌、茅膏醌-5-O-葡萄糖苷、槲皮素、山柰酚、棉花皮素-8-O-葡萄糖苷、3, 3′-二甲氧基鞣花酸、鞣花酸等。

防治方法和对象：全株1kg，加水5kg，煎煮30min，滤液喷雾，可防治菜粉蝶、蚜虫、红蜘蛛等，也可作皮肤消毒剂。

二三 景天科 Crassulaceae

1. 晚红瓦松 Orostachys japonica A. Berger

药用部位：全草；杀虫。

主要活性成分：含鞣酸、黏液质等。

防治方法和对象：全草1kg，加水5kg，煎煮30min，滤液加樟脑200g（加适量酒精溶化后加入），再加水 5kg，喷雾，防治棉蚜虫、蟓虫、菜青虫等。

2. 垂盆草 Sedum sarmentosum Bunge

药用部位：全草；杀虫。

主要活性成分：木犀草素、氰苷类。

防治方法和对象：全草 1kg，捣碎，加水 5kg，浸渍 24h，滤液喷雾，可防治黏虫、蚜虫。

二四 虎耳草科 Saxifragaceae

1. 虎耳草 Saxifraga stolonifera Curtis

药用部位：根、叶；杀虫。

主要活性成分：β-谷甾醇、胡萝卜苷、槲皮素等。

防治方法和对象：根或叶 1kg，捣碎，加水 5kg，浸渍 24h，滤液喷雾，可防治黏虫、蚜虫。

2. 钻地风（桐叶藤）**Schizophragma integrifolium (Franch.) Oliv.**

药用部位：根、茎；杀虫。

主要活性成分：挥发油、黄酮类。

防治方法和对象：根或茎 1kg，切碎，加水 8kg，浸渍 24h，滤液喷雾，可防治黏虫、蚜虫。

二五 金缕梅科 Hamamelidaceae

1. 枫香 Liquidambar formosana Hance

药用部位：叶；杀虫。

主要活性成分：β-谷甾醇、松油醇、β-石竹烯。

防治方法和对象：叶 1kg，切碎，加水 20kg，煮至沸后 0.5h，冷却后滤液喷雾，可防治菜青虫等软体虫类。

二六 蔷薇科 Rosaceae

1. 龙牙草 Agrimonia pilosa Ledeb.

药用部位：全草；杀虫、防治植病。

主要活性成分：仙鹤草素、槲皮素、山奈酚、木犀草素、芹菜素、β-谷甾醇。

防治方法和对象：①全草 1kg，切碎捣烂，加水 8kg，浸渍 24h，滤液喷雾，可防治蚜虫。②全草，切碎捣烂，加水 10 倍，浸渍 24h，滤液喷雾，可抑制小麦叶锈病、秆锈病。

2. 桃 Amygdalus persica Linn.

药用部位：叶；杀虫。

主要活性成分：苦杏仁苷、奎宁。

防治方法和对象：叶 1kg，捣烂，加水 4kg，煎煮或浸渍，滤液加水 4 倍喷雾，可防治蚜虫、飞虱、叶蝉。

3. 蛇莓 Duchesnea indica (Andr.) Focke

药用部位：全草；杀虫。

主要活性成分：黄酮类、三萜类。

防治方法和对象：全草1kg，切碎捣烂，加水5kg，浸渍24h，滤液喷雾，可防治蚜虫，亦可杀灭蝇蛆、孑孓。

4. 湖北海棠 Malus hupehensis (Pamp.) Rehd.

药用部位：叶、果实；杀虫。

主要活性成分：邻苯二甲酸二丁酯、2，4-二叔丁基苯酚。

防治方法和对象：叶或果实1kg，切碎捣烂，加水4kg，煎煮或浸渍，滤液加水3倍喷雾，可防治蚜虫、象虫。

5. 石楠（紫金牛叶石楠）Photinia serratifolia (Desf.) Kalk.

药用部位：叶；杀虫、防治植病。

主要活性成分：挥发油类。

防治方法和对象：①叶1kg，切碎捣烂，加水5kg，浸渍24h，滤液喷雾，可防治蚜虫。②叶干粉5倍水浸液喷雾，可防治蚜虫。③叶干粉30倍水浸液喷雾，可抑制马铃薯晚疫病。

6. 李 Prunus salicina Lindl.

药用部位：叶；杀虫。

主要活性成分：β-谷甾醇、豆甾醇、胡萝卜苷、羽扇豆醇、熊果酸等。

防治方法和对象：叶1kg，捣烂，加水1kg，浸渍24h，滤液加水2倍喷雾，可防治棉蚜虫。

7. 金樱子（刺梨子、糖罐头）Rosa laevigata Michx.

药用部位：根；杀虫。

主要活性成分：皂苷、β-谷甾醇等。

防治方法和对象：根1kg，切碎捣烂，加水8kg，浸渍24h，滤液喷雾，可防治蚜虫、菜青虫、飞虱、叶蝉、小菜蛾。

8. 地榆 Sanguisorba officinalis Linn.

药用部位：根、叶；杀虫。

主要活性成分：皂苷、槲皮素、β-谷甾醇。

防治方法和对象：根或叶1kg，切碎捣烂，加水10kg，浸渍24h，滤液喷雾，可防治蚜虫、红蜘蛛。

二七 豆科 Leguminosae

1. 紫荆 Cercis chinensis Bunge

药用部位：根、树皮；杀虫。

主要活性成分：黄酮类。

防治方法和对象：根或树皮1kg，切碎捣烂，加水5kg，浸渍24h，滤液喷雾，可防治蝽虫、蚜虫、象虫。

2. 假地蓝 Crotalaria ferruginea Grah. ex Benth.

药用部位：全草，主要是根和茎。

主要活性成分：酚性成分、有机酸、糖、多糖、苷类及植物甾醇等反应。

防治方法和对象：根、茎1kg，捣碎，加水2~3kg，浸渍2h，去渣即得原液，原液1kg加水2~3kg，即可喷洒，可防治蝽虫、蚜虫、象虫。

3. 黄檀 Dalbergia hupeana Hance

药用部位：茎、叶；杀虫。

主要活性成分：三萜皂苷、芹菜素。

防治方法和对象：茎、叶1kg，切碎捣烂，加水5kg，浸渍24h，滤液喷雾，可防治蝽虫、蚜虫。

4. 中南鱼藤 Derris fordii Oliv.

药用部位：根；杀虫。

主要活性成分：鱼藤酮。

防治方法和对象：根1kg，切碎捣烂，加水5kg，浸渍24h，滤液加水2倍，加中性洗衣粉200g，喷雾，可防治蚜虫、红蜘蛛、叶蝉、粉虱、银纹夜蛾等。

4a. 亮叶中南鱼藤 var. lucida How

药用部位：参考中南鱼藤。

主要活性成分：参考中南鱼藤。

防治方法和对象：参考中南鱼藤。

5. 小槐花 Desmodium caudatum (Thunb.) DC.

药用部位：叶、种子；杀虫。

主要活性成分：β-谷甾醇、蒽醌类、生物碱、当药素等黄酮苷及刀豆氨酸等氨基酸。

防治方法和对象：①种子晒干，磨成细粉，加5倍陶土，喷布可防治蝽虫、蚜虫。②叶1kg，切碎捣烂，加水5kg，浸渍24h，滤液喷雾，可防治蝽虫、蚜虫。

6. 皂荚 Gleditsia sinensis Lam.

药用部位：叶、果实；杀虫、防治植病。

主要活性成分：萜类、黄酮类、酚酸类、甾体类。

防治方法和对象：①叶或果2kg，切碎捣烂，加水1kg，浸渍12h，滤液加6倍水喷雾，可防治蚜虫、菜青虫、红蜘蛛。②叶或果1kg，切碎捣烂，加水10kg，煮沸后0.5h，或浸渍24h，滤液喷雾，可防治蚜虫、菜青虫、红蜘蛛，并可抑制小麦秆锈病、叶锈病和马铃薯晚疫病。

7. 香花崖豆藤 Millettia dielsiana Harms.

药用部位：根、茎皮；杀虫。

主要活性成分：鱼藤酮类、香豆素、木栓酮等。

防治方法和对象：根或茎皮 1kg，切碎捣烂，加水 10kg，浸渍 12h，滤液喷雾，可防治叶蝉、瘿蚊、蚜虫、螟虫、飞虱。

8. 厚果崖豆藤 Millettia pachycarpa Benth.

药用部位：种子。

主要活性成分：鱼藤酮。

防治方法和对象：用厚果崖豆藤种子细粉 0.25～0.5kg，加水 5kg 和中性洗衣粉 15g 搅匀喷洒，可防治菜青虫、蟓象、蚜虫、金龟子、卷叶虫、蓟马等。

9. 网络崖豆藤（昆明鸡血藤）**Millettia reticulata Benth.**

药用部位：根、种子；杀虫。

主要活性成分：鱼藤酮。

防治方法和对象：根或种子 1kg，加水 2kg 捣烂，浸渍 12h，加水 5 倍，滤液喷雾，可防治蚜虫、螟虫、飞虱。

10. 野葛（葛麻姆）**Pueraria montana** (Lour.) Merr. var. **lobata** (Willd.) Maesen et S. M. Almeida ex Sanjappa et Predeep

药用部位：根、叶；杀虫。

主要活性成分：黄酮类。

防治方法和对象：叶 1kg，加水 0.5kg，捣烂，浸渍 12h，滤液加水 2 倍喷雾，或根切碎捣烂，加水 5 倍浸渍 24h，滤液喷雾，可防治菜青虫、蚜虫、红蜘蛛、螟虫、地老虎。

11. 鹿藿 Rhynchosia volubilis Lour.

药用部位：种子；杀虫。

主要活性成分：蒽醌类。

防治方法和对象：种子 1kg，捣烂，加水 10kg，浸渍 12h，滤液喷雾，可防治蚜虫、螟虫。

12. 苦参 Sophora flavescens Ait.

药用部位：全草；杀虫、防治植病。

主要活性成分：苦参酮、脱氢苦参碱、槐树二氢黄酮、金雀花碱。

防治方法和对象：①茎、叶 1kg，捣烂，加水 5kg，浸渍 24h，或煮沸 0.5h，冷却，滤液喷雾，可防治蚜虫、菜青虫、螟虫、弯腰虫、红蜘蛛、野蚕、茶毛虫。②根皮晒干碾磨成细粉，随种下播，可防治蛴螬。③全株 20 倍水浸液喷雾，可抑制小麦秆锈病、叶锈病和马铃薯晚疫病。

13. 槐树 Sophora japonica Linn.

药用部位：根、叶、花、果；杀虫、防治植病。

主要活性成分：芦丁、黄酮类。

防治方法和对象：①根、果、叶 1kg，捣烂，加 10 倍水，浸渍 24h，或煮沸 0.5h，冷却，滤液喷雾，可防治蚜虫、菜青虫等软体虫类。②花干粉20倍水煮液，冷却后喷雾，抑制小麦叶锈病。

14. 广布野豌豆 Vicia cracca Linn.

药用部位：根、叶；杀虫。

主要活性成分：香豆素、黄酮类。

防治方法和对象：根或叶1kg，捣烂，加水5kg，浸渍24h，滤液喷雾，可防治螟虫、蚜虫。

15. 紫藤 Wisteria sinensis Sweet

药用部位：叶。

主要活性成分：丙酮、芳樟醇

防治方法和对象：叶1kg，捣烂，加水5kg，浸渍24h，滤液喷雾，能抑制白菜软腐病菌和香瓜枯萎病菌的菌丝生长。

二八 酢浆草科 Oxalidaceae

1. 酢浆草 Oxalis corniculata Linn.

药用部位：全草；杀虫。

主要活性成分：β-谷甾醇、木犀草素。

防治方法和对象：全草1kg，捣烂，加水5kg，浸渍24h，滤液喷雾，可防治螟虫、蚜虫。

二九 蒺藜科 Zygophyllaceae

1. 蒺藜 Tribulus terrestris Linn.

药用部位：全草。

主要活性成分：皂苷类、黄酮类、生物碱等。

防治方法和对象：蒺藜水提取物浓度为20mg/L时对小麦颖枯菌和小麦赤霉菌的抑制率均为70%；蒺藜水提取物终浓度为60mg/L时对棉铃虫的毒杀率达100%。

三〇 芸香科 Rutaceae

1. 松风草（臭节草）Boenninghausenia albiflora (Hook.) Reichb. ex Meisn.

药用部位：全草；杀虫。

主要活性成分：白藓碱、花椒毒素。

防治方法和对象：全草1kg，捣烂，加水5kg，浸渍24h，滤液喷雾，可防治螟虫、蚜虫。

2. 吴茱萸 Euodia rutaecarpa (Juss.) Benth.

药用部位：叶、果实；杀虫。

主要活性成分：生物碱、苦味素等。

防治方法和对象：叶或果1kg，捣烂，加水2kg，浸渍24h，或煎煮至沸后0.5h，滤液加水2倍喷雾，可防治螟虫、蚜虫。

3. 竹叶椒 Zanthoxylum armatum DC.

药用部位：叶、种子；杀虫、防治植病。

主要活性成分：桉叶素、菌芋碱、白藓碱、木兰花碱。

防治方法和对象：叶及种子晒干或烘干，碾磨成细粉后，加10倍陶土喷布，可防治螟虫，并可抑制稻瘟病。

4. 青花椒 Zanthoxylum schinifolium Sieb. et Zucc.

药用部位：果实；抑菌防病。

主要活性成分：萜烯及其氧化物、倍半萜烯为主，此外还有酯、酸、醛、酮等。

防治方法和对象：花椒油在质量浓度为 0.05g/L 时，对棉花红腐病具有较强的抑制作用。

三一 苦木科 Simaroubaceae

1. 臭椿 Ailanthus altissima Swingle

药用部位：根、树皮、叶；杀虫、防治植病。

主要活性成分：苦木苦味素、皂素、槲皮素。

防治方法和对象：①叶、果1kg，捣烂，加水3kg，浸渍24h，滤液喷雾，或根晒干或烘干，碾磨成细粉后喷布，可防治螟虫、菜青虫、蚜虫。②叶5倍水煮液喷雾，可抑制霜霉病、小麦秆锈病。

2. 苦木 Picrasma quassioides (D. Don) Benn.

药用部位：根皮、树皮；杀虫、防治植病。

主要活性成分：苦木苦味素、二氢黄酮苷类。

防治方法和对象：①根皮、树皮1kg，捣烂，加水15kg，浸渍24h，滤液喷雾，可防治螟虫、稻苞虫、地老虎、蝼蛄、菜青虫等。②树皮捣烂，加5倍水浸液喷雾，可抑制马铃薯晚疫病。

三二 楝科 Meliaceae

1. 楝树 Melia azedarach Linn.

药用部位：叶、果实、种子、树皮；杀虫、防治植病。

主要活性成分：川楝素。

防治方法和对象：①叶及果实1kg，捣烂，加水3kg，浸渍6h，滤液加水8倍喷雾，可防治稻苞虫、飞虱、叶蝉、菜青虫、蚜虫、介壳虫等。②树皮1kg，捣烂，加水10kg，煎煮至沸后0.5h，冷却，滤液喷雾，可防治蚜虫、菜青虫、吸浆虫、介壳虫等。③叶晒干或烘干，碾磨成细粉，细粉加水拌湿润后与种肥同播，可防治蛴螬、金针虫等地下害虫。④种子碾磨成粉细，加水 10～15 倍，浸渍 6h，滤液喷雾，可抑制小麦秆锈病、叶锈病、棉角斑病、炭疽病、立枯病及马铃薯晚疫病。⑤种子细粉可毒杀黏虫。

三三 大戟科 Euphorbiaceae

1. 巴豆 Croton tiglium Linn.

药用部位：种子、茎、叶；杀虫、防治植病。

主要活性成分：主要包括醛类、酸类、醇类、酚类和酮类。

防治方法和对象：①巴豆煎汁对玉米象成虫均具有明显的触杀作用。②巴豆粉 1kg，加水 100kg 拌匀后，加肥皂乳化喷雾，防治蚜虫、猿叶虫幼虫、二十八星瓢虫、桑螟、野蚕、螟虫及各种茶虫等。③具有良好的抑菌作用，尤其是对真菌的抑制，且毒副作用小，可用于开发新型的抗菌抑菌剂。

2. 泽漆 Euphorbia helioscopia Linn.

药用部位：全草；杀虫、防治植病。

主要活性成分：泽漆毒素、皂苷丁酸、β-谷甾醇、槲皮素等。

防治方法和对象：①全草 1kg，捣烂，加水 6～8kg，浸渍 3～4d，或煎煮至沸后 0.5h，滤液喷雾，可防治蚜虫、黏虫、红蜘蛛、螟虫、吸浆虫、介壳虫等，抑制小麦秆锈病与叶锈病、赤霉病、甘薯黑斑病、马铃薯晚疫病。②茎、叶晒干，碾磨成粉细，与种肥同播，可防治蛴螬、金针虫。

3. 地锦（地锦草）**Euphorbia humifusa** Willd.

药用部位：全草；杀虫、防治植病。

主要活性成分：β-谷甾醇、槲皮素等。

防治方法和对象：全草 1kg，捣烂，加水 10kg，浸渍 24h，滤液喷雾，可防治蚜虫、红蜘蛛，抑制黄瓜白粉病、炭疽病、灰霉病。

4. 一叶萩（叶底珠）**Flueggea suffruticosa** (Pall.) Baill.

药用部位：枝、叶；杀虫。

主要活性成分：一叶萩碱、二氢一叶萩碱。

防治方法和对象：枝、叶 1kg，切碎捣烂，加水 5～10kg，浸渍 24h 或煎煮 3～4h，滤液喷雾，可防治蚜虫、菜青虫。

5. 算盘子（馒头果）**Glochidion puberum** (Linn.) Hutch.

药用部位：全株；杀虫。

主要活性成分：牡荆素、胡萝卜苷、β-谷甾醇、槲皮素等。

防治方法和对象：茎、叶 1kg，捣碎，加水 3kg，浸渍 12h，滤液喷雾，可防治螟虫、蚜虫、飞虱、菜青虫。

6. 石岩枫 Mallotus repandus (Willd.) Muell.- Arg.

药用部位：根、茎、叶；杀虫。

主要活性成分：石岩枫酸、香豆素、鞣质。

防治方法和对象：根、茎、叶1kg，捣烂，加水10kg，浸渍24h，滤液喷雾，可防治蚜虫、红蜘蛛。

7. 蓖麻 Ricinus communis Linn

药用部位：全草；杀虫、防治植病。

主要活性成分：蓖麻毒蛋白、蓖麻碱，其中蓖麻毒蛋白毒性大。

防治方法和对象：①叶撒于田间，或在田间种植蓖麻，可诱杀金龟子。②叶、秸秆晒干，碾磨成粉细，喷布或拌种，可防治蛴螬。③叶捣烂，加等量水浸渍12h，滤液加2倍水喷雾，或叶1kg，捣烂，加水5倍，煎煮至沸后0.5h，冷却，滤液喷雾，可防治金花虫、螟虫、叶蝉、蓟马、蚜虫、斜纹夜蛾、菜青虫、红蜘蛛、苞心虫。④种子榨油后的残渣加5倍水，并加少许肥皂制成乳剂，可防治蚜虫、菜青虫、金龟子等。⑤种子捣烂面糊，加适量肥皂水调匀，加水10倍喷雾，可防治金龟子成虫、蚜虫等。⑥干叶细粉5～10倍水浸液或煎煮液，滤液喷雾，可抑制小麦秆锈病、叶锈病和马铃薯晚疫病，可防治蚜虫、红蜘蛛。

8. 乌桕 Triadica sebifera (Linn.) Small

药用部位：叶、根皮；杀虫、防治植病。

主要活性成分：花椒素、东莨菪素、黄酮类。

防治方法和对象：①叶1kg，捣烂，加水2kg，浸渍6h，滤液加水5倍喷雾，可防治蚜虫、螟虫、稻苞虫、红蜘蛛、豆芫青、金花虫、28星瓢虫幼虫、小夜蛾。②叶捣碎，施于田中，可防治蚂蝗，并提高土壤肥力。③叶捣烂，加水10倍，浸渍12h，滤液喷雾，可防治棉角斑病、炭疽病。

9. 油桐 Vernicia fordii (Hemsl.) Airy-Shaw

药用部位：全株；杀虫、防治植病。

主要活性成分：羽扇豆醇、槲皮素等。

防治方法和对象：①老叶1kg，切碎捣烂，加水3～5kg，浸渍36h，滤液喷雾，可防治地老虎、蝼蛄等地下害虫。②果皮1kg，捣烂，加水10kg，浸渍24h，滤液喷雾，可防治蚜虫、菜青虫、红蜘蛛、螟虫、地老虎、蝼蛄。③果压榨出桐油，加适量草木灰后拌种播种，可防治地老虎、蝼蛄等地下害虫。④叶捣烂，15倍水浸渍24h，滤液喷雾，可抑制马铃薯晚疫病。⑤果皮制作毒饵，可诱杀老鼠。

三（四）交让木科（虎皮楠科）Daphniphyllaceae

1. 交让木 Daphniphyllum macropodum Miq.

药用部位：叶；杀虫。

主要活性成分：二萜生物碱。

防治方法和对象：叶1kg，切碎捣烂，加水3～5kg，煎煮至沸后0.25h，冷却，滤液喷雾，可防治蚜虫。

2. 虎皮楠 Daphniphyllum oldhamii (Hemsl.) Rosenth.

药用部位：参考交让木。

主要活性成分：参考交让木。

防治方法和对象：参考交让木。

三五 漆树科 Anacardiaceae

1. 黄连木 Pistacia chinensis Bunge

药用部位：枝、叶；杀虫。

主要活性成分：β-谷甾醇、槲皮素等。

防治方法和对象：枝、叶1kg，切碎，加水10kg，煎煮3～4h，冷却，滤液喷雾，可防治蚜虫、红蜘蛛、螟虫。

2. 盐肤木（盐麸木）**Rhus chinensis** Miller.

药用部位：根、叶；杀虫。

主要活性成分：漆酚、香豆素、β-谷甾醇。

防治方法和对象：①根1kg，切碎，加水3g，煎煮3～4h，冷却，滤液喷雾，可防治蚜虫、菜青虫。②叶1kg，捣烂，加水2kg，煎煮，冷却，滤液喷雾，可防治蚜虫、菜青虫。

3. 野漆 Toxicodendron succedaneum (Linn.) Kuntze

药用部位：根、叶；杀虫。

主要活性成分：漆酚。

防治方法和对象：参考盐肤木。

4. 木蜡树 Toxicodendron sylvestre (Sieb. et Zucc.) Kuntze

药用部位：参考野漆。

主要活性成分：参考野漆。

防治方法和对象：参考野漆。

三六 卫矛科 Celastraceae

1. 哥兰叶 Celastrus gemmatus Loes.

药用部位：全株；杀虫、防治植病。

主要活性成分：槲皮素-3-O-新橙皮糖苷、木犀草素、山奈酚等。

防治方法和对象：全株1kg，切碎捣烂，加水5kg，煎煮6h，冷却，滤液喷雾可防治蚜虫、螟虫、菜青虫。

2. 南蛇藤 Celastrus orbiculatus Thunb.

药用部位：全株；杀虫。

主要活性成分：二氢沉香呋喃倍半萜、山奈酚、槲皮素等。

防治方法和对象：全株1kg，切碎捣烂，加水5kg，煎煮6h，冷却，滤液喷雾，可防治蚜虫、螟虫、菜青虫。

3. 扶芳藤（常春卫矛、胶东卫矛）**Euonymus fortunei** (Turcz.) Hand.-Mazz.

药用部位：全株；杀虫。

主要活性成分：二氢沉香呋喃型倍半萜。

防治方法和对象：全株1kg，切碎捣烂，加水6kg，煎煮6h，冷却，滤液喷雾，可防治蚜虫、螟虫、菜青虫。

4. 雷公藤 Tripterygium wilfordii Hook.

药用部位：根；杀虫、防治植病、灭鼠。

主要活性成分：雷公藤生物碱。

防治方法和对象：①根皮1kg，晒干或烘干，碾磨成细粉，加水5～7kg，煎煮沸后0.5h，滤液加水喷雾，可防治蚜虫、菜青虫、猿叶虫、黄守瓜、叶甲、茶毛虫、茶蚕、松毛虫、斜纹夜蛾、鼠。②根干粉加水30倍，煎煮或冷水浸泡24h，滤液喷雾，可防治蚜虫、菜青虫、猿叶虫、黄守瓜、叶甲、茶毛虫、茶蚕、松毛虫、斜纹夜蛾、鼠。③根干粉制毒饵，可防治金针虫、蛴螬等多种地下害虫。④根10倍水浸液喷雾，可抑制小麦秆锈病、叶锈病。

三七 省沽油科 Staphyleaceae

1. 野鸦椿 Euscaphis japonica (Thunb.) Kanitz

药用部位：枝、叶；杀虫。

主要活性成分：齐墩果酸、鞣质等。

防治方法和对象：①枝、叶晒干或烘干，碾磨成细粉，1kg加细土3kg喷布，可防治蚜虫、螟虫、菜青虫。②枝、叶1kg，切碎捣烂，加水12kg，煎煮，冷却，滤液喷雾，可防治蚜虫、螟虫、菜青虫。

三八 无患子科 Sapindaceae

1. 无患子 Sapindus saponaria Linn.

药用部位：果皮；杀虫。

主要活性成分：苦楝子酮。

防治方法和对象：果皮1kg，捣烂，加水1～2kg，煎煮至沸后0.5h，滤液加水50倍喷雾，可防治蚜虫、螟虫、红蜘蛛、金花虫、地蚕等。

三九 凤仙花科 Balsaminaceae

1. 凤仙花 Impatiens balsamina Linn.

药用部位：全株；杀虫。

主要活性成分：萘醌类、β-谷甾醇。

防治方法和对象：全株1kg，切碎捣烂，加水3kg，浸渍6h，滤液加少许肥皂水乳化后喷雾，可防治蚜虫、螟虫、菜青虫。

2. 牯岭凤仙花（野凤仙）**Impatiens davidi** Franch.

药用部位：全株及种子；杀虫。

主要活性成分：种子含植物皂素、油脂等。茎、叶含有机酸。

防治方法和对象：全草1kg，捣碎，加水3kg，榨取汁液3kg，加洗衣粉50g，乳化制成原液，施用时加水10倍，喷雾，防治蚜虫及各种软体害虫。

四〇 鼠李科 Rhamnaceae

1. 长叶冻绿 Rhamnus crenata Sieb. et Zucc.

药用部位：枝、叶；杀虫。

主要活性成分：大黄酚、大黄素。

防治方法和对象：枝、叶1kg，切碎捣烂，加水3kg，煎煮，冷却，滤液喷雾，可防治菜青虫等软体虫类。

2. 冻绿 Rhamnus utilis Decne.

药用部位：枝、叶；杀虫。

主要活性成分：山奈酚、7-羟基-5-甲氧基苯酞、山奈素、墨沙酮、山奈酚-3-O-α-L-鼠李糖苷、4′，5，7-三羟基-黄烷-4-醇、槲皮素、木犀草素等。

防治方法和对象：枝、叶1kg，切碎捣烂，加水3kg，煎煮，冷却，滤液喷雾，可防治菜青虫等软体虫类。

四一 葡萄科 Vitaceae

1. 乌蔹莓 Cayratia japonica (Thunb.) Gagnep.

药用部位：全株；杀虫。

主要活性成分：羽扇豆醇、木犀草素、芹菜素。

防治方法和对象：枝、叶或全株切碎捣烂，加等量水，浸渍24h，滤液加2倍水喷雾，可防治蚜虫、菜青虫。

四二 锦葵科 Malvaceae

1. 苘麻 Abutilon theophrasti Medik.

药用部位：全株；诱虫。

主要活性成分：有机酸、黄酮类、皂苷类、萜类等。

防治方法和对象：在棉花和大豆的整个生长期，间种的苘麻对B型烟粉虱均有极显著的诱集作用。

四三 梧桐科 Sterculiaceae

1. 梧桐 Firmiana simplex (Linn.) W. Wight

药用部位：叶；杀虫、防治植病。

主要活性成分：芦丁、甜菜碱、β-谷甾醇。

防治方法和对象：叶1kg，切碎捣烂，加水10kg，浸渍24h，滤液喷雾，可防治蚜虫、菜青虫，抑制棉花炭疽病。

四四 猕猴桃科 Actinidiaceae

1. 中华猕猴桃 Actinidia chinensis Planch.

药用部位：全株；杀虫。

主要活性成分：蒽醌类、黄酮类。

防治方法和对象：①根1kg，切碎捣烂，加水50kg，浸渍24h，滤液喷雾，可防治茶毛虫、菜青、稻苞虫、螟虫。②根1kg，切碎捣烂，加水5kg，浸渍12h，或煎煮至沸，冷却，滤液加3倍水喷雾，可防治茶毛虫、菜青虫、稻苞虫、螟虫。③叶或根晒干或烘干，碾磨成细粉，掺草木灰喷布，可防治菜青虫、叶甲、稻苞虫、猿叶虫等。

四五 山茶科 Theaceae

1. 油茶 Camellia oleifera C. Abel

药用部位：种子榨油后的残渣，即油茶饼；杀虫、防治植病。

主要活性成分：皂素。

防治方法和对象：①油茶饼1kg，磨细过筛，加水20kg，煎煮沸后1.5h，或浸渍24h，滤液喷雾，可防治螟虫、稻苞虫、菜青虫、根结线虫。②油茶饼磨成细粉，田间撒粉，可防治螟虫、稻苞虫、菜青虫；喷布可抑制小麦叶锈病、马铃薯晚疫病、甘薯黑斑病。③油茶饼1.5kg，磨细后炒至半焦，加生石灰50kg，稻田放干水后撒于田中，3d后灌水，可防治水稻根金花虫和稻象鼻虫幼虫。

2. 茶 Camellia sinensis (Linn.) Kuntze

药用部位：果实；杀虫、防治植病。

主要活性成分：茶皂素。

防治方法和对象：参考油茶。

3. 木荷 Schima superba Gardn. et Champ.

药用部位：树皮；杀虫。

主要活性成分：糖苷类、山柰酚。

防治方法和对象：树皮1kg，切碎捣烂，加水5倍，浸渍12h，或煎煮至沸后0.5h，滤液加水3倍喷雾，可防治菜青虫、天牛。

四六 藤黄科 Guttiferae（Clusiaceae）

1. 黄海棠 Hypericum ascyron Linn.

药用部位：全草；杀虫。

主要活性成分：山柰酚、槲皮素、金丝桃苷、β-谷甾醇等。

防治方法和对象：全草1kg，切碎捣烂，加水5kg，浸渍12h，滤液喷雾，可防治菜青虫、茶粉蝶。

四七 堇菜科 Violaceae

1. 紫花地丁 Viola philippica Cav.

药用部位：全草；杀虫。

主要活性成分：木犀草素、槲皮素、β-谷甾醇。

防治方法和对象：全草1kg，切碎捣烂，加水5kg，浸渍12h，滤液喷雾，可防治菜青虫、茶粉蝶。

四八 旌节花科 Stachyuraceae

1. 中国旌节花 Stachyurus chinensis Franch.

药用部位：枝、叶；杀虫。

主要活性成分：β-谷甾醇、鞣质。

防治方法和对象：枝、叶1kg，切碎捣烂，加水5kg，浸渍12h，滤液喷雾，可防治菜青虫、蚜虫。

四九 瑞香科 Thymelaeaceae

1. 芫花 Daphne genkwa Sieb. et Zucc.

药用部位：全株；杀虫、防治植病。

主要活性成分：谷甾醇、芫花素、洋芹子素等。

防治方法和对象：①枝1kg捣碎，加水5kg，煮20min过滤成原液，1kg原液加水5kg，或用15～20kg水泡2～3天，浇作物根部，可防治地下害虫。②茎捣碎或晒干磨成细粉，拌在粪内下肥，可防治地老虎、金针虫、蝼蛄、蛴螬等。③茎磨成粉，用清糠调成胶状，塞在虫蛀的树孔里，可防治桑天牛、桑蛀虫等。④芫花茎粉10倍水浸液对菜蚜杀虫率为11%。⑤5%芫花粉剂对棉炭疽病抑制效果为75%。⑥15倍水浸液对小麦锈病菌夏孢子发芽抑制效果为90%以上。⑦花干粉的20倍水煮液，对小麦锈病菌夏孢子发芽抑制效果4%。

2. 结香 Edgeworthia chrysantha Lindl.

药用部位：花；杀虫。

主要活性成分：β-谷甾醇、香豆素。

防治方法和对象：花1kg，捣烂，加水10kg，浸渍12h，滤液喷雾，可防治螟虫、蚜虫。

3. 南岭荛花（了哥王）Wikstroemia indica (Linn.) C. A. Mey.

药用部位：全株；杀虫。

主要活性成分：香豆素类、黄酮类、挥发油类、木质素类及甾体类。

防治方法和对象：1kg枝捣碎，加水5kg，煮20min，过滤成原液，1kg原液加水5kg，灌被害作物根部，可防治地下害虫。

附：同属还有北江荛花 *Wikstroemia monnula* Hance. 和白花荛花 *Wikstroemia trichotoma* (Thunb.) Makino 与之相近。

五〇 胡颓子科 Elaeagnaceae

1. 牛奶子 Elaeagnus umbellata Thunb.

药用部位：叶；杀虫。

主要活性成分：黄酮类。

防治方法和对象：叶 1kg，捣烂，加水 5kg，浸渍 24h，滤液喷雾，可防治蚜虫。

五一 石榴科 Punicaceae

1. 石榴 Punica granatum Linn.

药用部位：果皮；杀虫、防治植病。

主要活性成分：生物碱。

防治方法和对象：果皮 1kg，捣烂，加水 5kg，浸渍 24h，再煎煮 0.5h，滤液加水 5 倍喷雾，可防治螟虫、蚜虫、小绿叶蝉、蓟马、盲椿象，抑制白菜软腐病、棉花角斑病。

五二 蓝果树科 Nyssaceae

1. 喜树 Camptotheca acuminata Decne.

药用部位：枝、叶；杀虫。

主要活性成分：喜树碱、喜树次碱。

防治方法和对象：枝、叶 1kg，切碎捣烂，加水 5kg，浸渍 12h，滤液喷雾，可防治蚜虫。

五三 八角枫科 Alangiaceae

1. 八角枫（华瓜木）Alangium chinense (Lour.) Harms

药用部位：枝、叶；杀虫。

主要活性成分：1,8-桉叶素、α-松油醇。

防治方法和对象：叶 1kg，加水 1.5kg，煎煮至沸，滤液加水 3 倍喷雾，可防治蚜虫。

附：同属还有毛八角枫 *Alangium kurzii* Craib、云山八角枫 var. *handelii* (Schnarf) Fang、瓜木（三裂瓜木）*Alangium platanifolium* (Sieb. et Zucc.) Harms var. *trilobum* (Miq.) Ohwi 的作用和使用方法与八角枫相近。

五四 五加科 Araliaceae

1. 五加 Eleutherococcus nodiflorus (Dunn) S. Y. Hu

药用部位：全株；杀虫、防治植病。

主要活性成分：黄酮、挥发油等。

防治方法和对象：①枝、叶 1kg，加水 10kg，煎煮至棕黑色并发出刺鼻臭味，冷却，滤液喷雾，可防治菜青虫、蚜虫。②枝、叶1kg，切碎捣烂，加水2～3kg，浸渍48h，滤液加2倍水喷雾，可防治菜青虫、蚜虫、地老虎、蛴螬等。③根皮晒干或烘干，碾磨成细粉，制成毒饵，可诱杀地老虎、蛴螬等地下害虫。④干枝、叶30倍水浸液喷雾，可抑制马铃薯晚疫病、黑斑病、棉花枯萎病。

2. 鹅掌柴 Schefflera heptaphylla (Linn.) Frodin

药用部位：全株；杀虫、防治植病。

主要活性成分：β-榄香烯、α-姜黄烯以及匙叶桉油烯醇等。

防治方法和对象：枝、叶1kg，切碎捣烂，加水2～3kg，浸渍48h，滤液加2倍水喷雾，可防治菜青虫、蚜虫、地老虎、蛴螬等。

五五 伞形科 Umbelliferae (Apiaceae)

1. 积雪草（老鸦碗、大叶伤筋草）**Centella asiatica (Linn.) Urban**

药用部位：全株；杀虫。

主要活性成分：β-谷甾醇、槲皮素、山柰酚等。

防治方法和对象：茎、叶1kg，切碎捣烂，加水5～10kg，浸渍12h，滤液喷雾，可防治菜青虫、蚜虫。

2. 蛇床 Cnidium monnieri (Linn.) Cuss.

药用部位：全草；杀虫、防治植病。

主要活性成分：蛇床子素。

防治方法和对象：①全草1kg，切碎捣烂，加水20kg，煎煮至沸后0.5h，冷却，滤液喷雾，可防治黏虫、蚜虫。②全草晒干或烘干，碾磨成细粉，加水5倍，浸渍24h，滤液喷雾，可防治黏虫、蚜虫。③全草15倍水浸液喷雾，可抑制马铃薯晚疫病、小麦秆锈病和叶锈病。

3. 野胡萝卜 Daucus carota Linn.

药用部位：全株；杀虫、防治植病。

主要活性成分：石竹烯、β-蒎烯、β-丁香烯、α-葎草烯、α-细辛醚烯。

防治方法和对象：①全株1kg，切碎捣烂，加水3kg，煎煮至沸后0.5h，冷却，滤液加等量水喷雾，可防治蚜虫、菜青虫、螟虫。②全株1kg，切碎捣烂，加水2kg，浸渍12h，滤液喷雾，可防治蚜虫、菜青虫、螟虫。③全株晒干或烘干，碾磨成细粉，制成毒饵，可诱杀黏虫。④全株干粉30倍水浸液喷雾，可抑制甘薯黑斑病。

五六 杜鹃花科 Ericaceae

1. 马醉木 Pieris japonica (Thunb.) D. Don

药用部位：枝、叶；杀虫。

主要活性成分：马醉木毒素、二氢查耳酮、β-谷甾醇。

防治方法和对象：①枝、叶1kg，切碎捣烂，加水6kg，煎煮至沸，冷却，滤液稀释

10倍喷雾，或20倍水浸渍24h，滤液喷雾，可防治蚜虫、菜青虫、螟虫、飞虱及鳞翅目初龄幼虫。②将枝、叶耕入土中，可防治地老虎。

2. 羊踯躅 Rhododendron molle G. Don

药用部位：全株；杀虫、防治植病。

主要活性成分：闹羊花毒素。

防治方法和对象：①枝、叶1kg，切碎捣烂，加水2kg，浸渍12～24h，滤液加水2～3倍喷雾，可防治蚜虫、菜青虫、螟虫、28星瓢虫幼虫、斜纹夜蛾、白毒蛾、小夜蛾等。②花晒干或烘干，碾磨成细粉，加水80倍，浸渍12h，滤液灌根，可防治地老虎、蛴螬等多种地下害虫；细粉与细土混合喷布，可防治蚜虫、菜青虫、白毒蛾、小夜蛾等。③花1kg，加水5kg，煎煮至红褐色，滤液加少许肥皂，搅拌后冷却，喷雾，可防治蚜虫、菜青虫、螟虫、稻瘿蝇、28星瓢虫幼虫、斜纹夜蛾、白毒蛾、小夜蛾等。④根1kg，切碎捣烂，加水2kg，煎煮后冷却，喷雾，可防治蚜虫、菜青虫、螟虫、稻瘿蝇、28星瓢虫幼虫、斜纹夜蛾、白毒蛾、小夜蛾等。⑤花1kg，加白酒3kg，密闭浸渍24h，滤液加水9倍喷雾，可防治蚜虫、菜青虫、螟虫、稻瘿蝇、白毒蛾等。⑥干枝、叶粉30倍水浸液喷雾，可抑制马铃薯晚疫病。⑦根5倍水煮液喷雾，可抑制蔬菜霜霉病。

3. 马银花 Rhododendron ovatum Planch. ex Maxim.

药用部位：花、根；杀虫、防治植病。

主要活性成分：β-谷甾醇、槲皮素、蒲公英赛醇等。

防治方法和对象：参考马醉木。

五七 报春花科 Primulaceae

1. 泽珍珠菜 Lysimachia candida Lindl.

药用部位：全草；杀虫。

主要活性成分：槲皮素。

防治方法和对象：全草1kg，切碎捣烂，加水5kg，浸渍12h，滤液喷雾，可防治蛴螬。

2. 珍珠菜 Lysimachia clethroides Duby

药用部位：全草；杀虫。

主要活性成分：木犀草素、柚皮素。

防治方法和对象：全草1kg，切碎捣烂，加水5kg，浸渍12h，滤液喷雾，可防治蚜虫。

五八 柿科 Ebenaceae

1. 柿 Diospyros kaki Thunb.

药用部位：果皮、叶；杀虫。

主要活性成分：苯甲酸、槲皮素、β-谷甾醇、山奈酚。

防治方法和对象：果皮或叶1kg，捣烂，加水1kg，浸渍24h，或煎煮，滤液加5倍水喷雾，可防治蚜虫、菜青虫。

1a. 野柿 var. sylvestris Makino

药用部位：参考柿。

主要活性成分：参考柿。

防治方法和对象：参考柿。

五九 山矾科 Symplocaceae

1. 白檀 Symplocos paniculata (Thunb.) Miq.

药用部位：枝、叶、根；杀虫。

主要活性成分：β-谷甾醇、胡萝卜苷、蒲公英赛酮。

防治方法和对象：枝、叶或根1kg，捣烂，加水5kg，浸渍24h，滤液喷雾，可防治蚜虫、菜青虫。

六〇 木犀科 Oleaceae

1. 女贞 Ligustrum lucidum W. T. Ait.

药用部位：果实；杀虫。

主要活性成分：女贞子苷、齐墩果酸、乙酰墩果酸、熊果酸。

防治方法和对象：果实1kg，捣烂，加水8kg，浸渍24h，滤液喷雾，可防治蚜虫、红蜘蛛。

六一 马钱科 Loganiaceae

1. 醉鱼草 Buddleja lindleyana Fort.

药用部位：枝、叶；杀虫、防治植病。

主要活性成分：蒙花苷、芦丁、木犀草素、槲皮素、芹菜素、β-谷甾醇。

防治方法和对象：枝、叶1kg，切碎捣烂，加水6kg，煎煮沸后0.5h，或浸渍24h，滤液喷雾，可防治螟虫、斜纹夜蛾、小夜蛾，并可抑制霜霉病。

六二 龙胆科 Gentianaceae

1. 龙胆 Gentiana scabra Bunge

药用部位：全草。

主要活性成分：龙胆苦苷、当药苷、当药苦苷、龙胆碱、龙胆三糖、龙胆黄酮等。

防治方法和对象：乙醇浸提液均对大豆蚜虫具有较高的触杀作用。

六三 夹竹桃科 Apocynaceae

1. 络石 Trachelospermum jasminoides (Lindl.) Lem.

药用部位：枝、叶、花；杀虫。

主要活性成分：木犀草素、槲皮素、山柰酚、β-谷甾醇。

防治方法和对象：枝、叶或花1kg，切碎捣烂，加水3kg，煎煮沸后1h，滤液喷雾，可防治飞虱、叶蝉。

六四 萝藦科 Asclepiadaceae

1. 牛皮消 Cynanchum auriculatum Royle ex Wight

药用部位：枝、叶；杀虫。

主要活性成分：β-谷甾醇、麦角甾烷。

防治方法和对象：枝、叶1kg，切碎捣烂，加水5kg，浸渍6h，滤液喷雾，可防治蚜虫、小夜蛾。

六五 旋花科 Convolvulaceae

1. 马蹄金 Dichondra micrantha Urban

药用部位：全草；杀虫。

主要活性成分：茵芋苷、β-谷甾醇、东莨菪素。

防治方法和对象：枝、叶1kg，切碎捣烂，加水8kg，浸渍24h，滤液喷雾，可防治蚜虫、红蜘蛛。

六六 马鞭草科 Verbenaceae

1. 尖齿臭茉莉 Clerodendrum lindleyi Decne. ex Planch.

药用部位：茎、叶及枝，主要用叶；杀虫、防治植病。

主要活性成分：黄酮苷、酚类、皂苷、鞣质。

防治方法和对象：①将叶捣烂后，每0.5kg加水1kg，压出汁液1.2kg，过滤去渣成原液。每0.5kg原液加水1～1.5kg，或将捣碎的叶加水2.5～3.5kg，浸泡3～5昼夜，所得的原液可防治地蚕、蚜虫，效果达60%～70%。②10倍水浸液对小麦秆锈病及叶锈病菌夏孢子发芽抑制效果均在20%，20倍水浸液对马铃薯晚疫病菌孢子发芽有显著抑制作用。③20倍水浸液对孑孓的杀虫率为26.6%，100倍酒精浸液杀虫率为4.4%。

2. 海州常山 Clerodendrum trichitomum Thunb.

药用部位：茎、叶及枝，主要用叶；杀虫、防治植病。

主要活性成分：含有软木三萜酮、表木栓醇等。

防治方法和对象：参考尖齿臭茉莉。

3. 豆腐柴 Premna microphylla Turcz.

药用部位：枝、叶、根；防治植病。

主要活性成分：木栓酮、β-谷甾醇、木犀草素、胡萝卜苷等。

防治方法和对象：①枝、叶或根1kg，切碎捣烂，加水10kg，浸渍24h，滤液喷雾，可抑制小麦秆锈病、叶锈病和马铃薯晚疫病。②根1kg，切碎捣烂，加水20kg，浸渍

24h，滤液喷雾，可抑制棉花黄萎病、棉花枯萎病。

4. 马鞭草 Verbena officinalis Linn.

药用部位：全草；杀虫、防治植病。

主要活性成分：马鞭草苷。

防治方法和对象：①全草1kg，切碎捣烂，加水1kg，浸渍8h，滤液加水5倍喷雾，可防治菜青虫、蚜虫、金花虫。②全草1kg，切碎捣烂，加水2kg，煎煮沸后0.5h，滤液加水5倍喷雾，可防治菜青虫、蚜虫、金花虫。③全草1kg，切碎捣烂，加水15kg，浸渍8h，滤液喷雾，可抑制小麦秆锈病、叶锈病和马铃薯晚疫病。

5. 牡荆 Vitex negundo Linn. var. cannabifolia (Sieb. et Zucc.) Hand.-Mazz.

药用部位：枝、叶、果实；杀虫。

主要活性成分：牡荆素、芹菜素、β-谷甾醇。

防治方法和对象：①枝、叶1kg，切碎捣烂，加水3kg，浸渍72h，滤液喷雾，可防治蚜虫、螟虫、菜青虫、红蜘蛛、地老虎、斜纹夜蛾。②果实1kg，加水2kg，煎煮至膏状，滤液加水5倍喷雾，可防治虫、螟虫、菜青虫、红蜘蛛、地老虎、斜纹夜蛾。

六七 唇形科 Labiatae (Lamiaceae)

1. 金疮小草 Ajuga decumbens Thunb.

药用部位：全草；杀虫。

主要活性成分：筋骨草素、木犀草素、芹菜素。

防治方法和对象：全草1kg，切碎捣烂，加水4～5kg，浸渍24h，滤液喷雾，可防治蚜虫、菜青虫。

2. 紫背金盘 Ajuga nipponensis Makino

药用部位：全草；杀虫。

主要活性成分：筋骨草素、β-谷甾醇。

防治方法和对象：全草1kg，切碎捣烂，加水5kg，浸渍24h，滤液喷雾，可防治蚜虫。

3. 活血丹 Glechoma longituba (Nakai) Kupr.

药用部位：全草；杀虫。

主要活性成分：1,8-桉叶素、木犀草素、芦丁、芹菜素。

防治方法和对象：全草1kg，切碎捣烂，加水4～5kg，浸渍24h，滤液喷雾，可防治蚜虫。

4. 益母草 Leonurus japonicus Houtt.

药用部位：全草；杀虫、防治植病。

主要活性成分：水苏碱、槲皮素、β-谷甾醇。

防治方法和对象：①全草1kg，切碎捣烂，加水5kg，煎煮，滤液加水8倍喷雾，可防治蚜虫、28星瓢虫幼虫，抑制稻瘟病、霜霉病。②全草1kg，切碎捣烂，加水5kg，浸渍24h，滤液加水3倍喷雾，可抑制马铃薯晚疫病、小麦叶锈病。

5. 薄荷 Mentha canadensis Linn.

药用部位：全草；杀虫。

主要活性成分：挥发油。

防治方法和对象：全草1kg，切碎捣烂，加水3kg，煎煮，滤液加水3倍喷雾，或加水1kg，浸渍12h，滤液加水5倍喷雾，可防治蚜虫。

6. 石荠苧 Mosla scabra (Thunb.) C. Y. Wu et H. W. Li

药用部位：全草；杀虫。

主要活性成分：生物碱、皂苷、鞣质、挥发油等。

防治方法和对象：全草1kg，切碎捣烂，加水3kg，煎煮，滤液加水3倍喷雾，可防治蚜虫、菜青虫。

7. 紫苏 Perilla frutescens (Linn.) Britt.

药用部位：全草；杀虫、防治植病。

主要活性成分：紫苏醛、木犀草素。

防治方法和对象：①全草1kg，切碎捣烂，加水1kg，浸渍12h，滤液加水2倍喷雾，可防治蚜虫。②全草1kg，切碎捣烂，加水10~20kg，浸渍12h，滤液喷雾，可抑制马铃薯晚疫病、棉花炭疽病。

8. 夏枯草 Prunella vulgaris Linn.

药用部位：全草；杀虫。

主要活性成分：1,8-桉叶素、木犀草素、芦丁、槲皮素、β-谷甾醇。

防治方法和对象：全草1kg，切碎捣烂，加水1kg，浸渍12h，滤液加水2倍喷雾，可防治蚜虫、米象。

9. 京黄芩 Scutellaria pekinensis Maxim.

药用部位：全草；防治植病。

主要活性成分：黄芩苷（黄芩素）。

防治方法和对象：全草1kg，切碎捣烂，加水1kg，浸渍12h，滤液加水10倍喷雾，可抑制苹果腐烂病、马铃薯晚疫病。

10. 水苏 Stachys japonica Miq.

药用部位：全草；杀虫。

主要活性成分：水苏碱。

防治方法和对象：全草1kg，切碎捣烂，加水1kg，浸渍12h，滤液加水2倍喷雾，可防治蚜虫。

六八 茄科 Solanaceae

1. 曼陀罗 Datura stramonium Linn.

药用部位：全草；杀虫、防治植病。

主要活性成分：东莨菪碱、阿托品。

防治方法和对象：①全草1kg，切碎捣烂，加水2kg，浸渍12h，滤液加水3倍喷雾，可防治蚜虫、蟓虫、红蜘蛛、造桥虫以及其他软体虫类。②全草1kg，切碎捣烂，加水5kg，滤液加水5倍喷雾，可防治蚜虫、蟓虫、红蜘蛛、造桥虫以及其他软体虫类。③全株15倍水浸液喷雾，可抑制马铃薯晚疫病、小麦秆锈病与叶锈病。

2. 枸杞 Lycium chinense Mill.

药用部位：根；杀虫。

主要活性成分：甜菜碱、β-谷甾醇。

防治方法和对象：根1kg，切碎捣烂，加水5kg，煎煮，滤液冷却，喷雾，可防治蚜虫等食叶害虫。

3. 烟草 Nicotiana tabacum Linn.

药用部位：全草；杀虫、防治植病。

主要活性成分：烟碱、甲基毒藜碱。

防治方法和对象：①叶晒干，磨成细粉，1kg加草木灰3~6kg，喷布可防治蚜虫、蟓虫、黄条跳甲、菜青虫等。②叶1kg，切碎捣烂，加水50kg，浸渍24h，滤液喷雾，可防治菜青虫、蓟马、军配虫、地蚕、蚜虫、茶毛虫、红蜘蛛、金花虫、蟓虫、潜叶蛾。③稻田插秧后4~6d，将茎切成长约4cm小段，插入稻根附近土中，可防治水稻枯心。④茎1kg，切碎捣烂，加水4kg，煎煮，滤液冷却，加水2倍喷雾，可防治菜青虫、蓟马、地蚕、蚜虫、茶毛虫、红蜘蛛、金花虫、蟓虫、潜叶蛾。⑤叶干粉20倍水浸液喷雾，可抑制小麦秆锈病；5倍水浸液喷雾，可抑制小麦叶锈病。

4. 白英 Solanum lyratum Thunb.

药用部位：枝、叶；杀虫。

主要活性成分：糖苷生物碱。

防治方法和对象：枝、叶1kg，切碎捣烂，加水5kg，浸渍24h，滤液喷雾，可防治蚜虫、红蜘蛛。

5. 龙葵 Solanum nigrum Linn.

药用部位：全草；杀虫。

主要活性成分：龙葵苷。

防治方法和对象：全草1kg，切碎捣烂，加水1kg，浸渍5~6h，滤液加水2~3倍喷雾，可防治蚜虫、红蜘蛛。

六九 玄参科 Scrophulariaceae

1. 阿拉伯婆婆纳 Veronica persica Poir.

药用部位：全草；杀虫。

主要活性成分：乙醇提取物。

防治方法和对象：阿拉伯婆婆纳乙醇提取物触杀绿豆象，24 h 的半致死率为 1329μg/ml。

七〇 紫葳科 Bignoniaceae

1. 梓树 Catalpa ovata G. Don

药用部位：树皮、叶；杀虫。

主要活性成分：甾体、萜类等

防治方法和对象：树皮或叶 1kg，切碎捣烂，加水 1kg，浸渍 5～6h，滤液加水 2～3 倍喷雾，可防治蚜虫、菜青虫、红蜘蛛。

七一 透骨草科 Phrymataceae

1. 透骨草 Phryma leptostachya Linn. subsp. **asiatica** (Hara) Kitamura

药用部位：全草；杀虫。

主要活性成分：透骨草素、透骨草本醇乙酸酯。

防治方法和对象：全草 1kg，切碎捣烂，加水 1kg，浸渍 12h，滤液加水 2～3 倍喷雾，可防治蚜虫、菜青虫、蝇蛆、红蜘蛛。

七二 车前草科 Plantaginaceae

1. 车前草 Plantago asiatica Linn.

药用部位：全草；杀虫、防治植病。

主要活性成分：车前苷。

防治方法和对象：①全草 1kg，切碎捣烂，加水 3kg，浸渍 6h，滤液喷雾，可防治蚜虫、红蜘蛛、菜青虫。②种子晒干或烘干，碾磨成细粉，加水 20 倍，滤液喷雾，可抑制棉花立枯病。

七三 茜草科 Rubiaceae

1. 鸡矢藤 Paederia foetida Linn.

药用部位：枝、叶；杀虫。

主要活性成分：β-谷甾醇、胡萝卜苷、齐墩果酸、蒲公英赛醇、异东莨菪香豆素。

防治方法和对象：枝、叶 1kg，切碎捣烂，加水 5kg，浸渍 6h，滤液喷雾，可防治蚜虫、红蜘蛛。

2. 东南茜草（茜草）Rubia argyi (Lévl. et Vant.) Hara ex Lauener

药用部位：枝、叶；杀虫。

主要活性成分：蒽醌类。

防治方法和对象：枝、叶 1kg，切碎捣烂，加水 5kg，浸渍 6h，滤液喷雾，可防治蚜虫、椿象、红蜘蛛。

七四 忍冬科 Caprifoliaceae

1. 忍冬（金银花）**Lonicera japonica** Thunb.

药用部位：茎、叶；杀虫。

主要活性成分：木犀草素。

防治方法和对象：茎、叶1kg，切碎捣烂，加水10kg，煎煮至沸后0.5h，冷却，滤液喷雾，加水2kg，浸渍8h，滤液加水5倍喷雾，可防治菜青虫、飞虱、叶蝉。

2. 接骨草 Sambucus javanica Bl.

药用部位：茎、叶；杀虫。

主要活性成分：木犀草素、β-谷甾醇、槲皮素。

防治方法和对象：茎、叶1kg，切碎捣烂，加水5kg，煎煮至沸后0.5h，冷却，滤液喷雾，可防治蚜虫。

3. 接骨木 Sambucus williamsii Hance

药用部位：枝、叶；杀虫。

主要活性成分：槲皮素、山柰酚、β-谷甾醇。

防治方法和对象：参考接骨草。

七五 败酱科 Valerianaceae

1. 败酱（黄花败酱）**Patrinia scabiosifolia** Link

药用部位：茎、叶；杀虫。

主要活性成分：皂苷类、黄酮类。

防治方法和对象：茎、叶1kg，切碎捣烂，加水5kg，浸渍6h，滤液喷雾，可防治蚜虫。

七六 桔梗科 Campanulaceae

1. 半边莲 Lobelia chinensis Lour.

药用部位：茎、叶；杀虫。

主要活性成分：半边莲碱。

防治方法和对象：茎、叶1kg，捣烂，加水5kg，煎煮至沸后0.5h，或浸渍24h，滤液喷雾，可防治蚜虫、红蜘蛛。

七七 菊科 Compositae (Asteraceae)

1. 牛蒡 Arctium lappa Linn.

药用部位：叶；杀虫。

主要活性成分：芦丁、槲皮素、木犀草素。

防治方法和对象：叶1kg，捣烂，加水5kg，浸渍6h，滤液喷雾，可防治蚜虫。

2. 艾蒿 Artemisia argyi Lévl et Vant.

药用部位：全草；杀虫、防治植病。

主要活性成分：桉叶素、松油醇、水芹烯等。

防治方法和对象：①全草1kg，捣烂，加水5kg，煎煮至沸后0.5h，或浸渍5h，滤液喷雾，可防治蚜虫、菜青虫、红蜘蛛、斜纹夜蛾。②全草50倍水浸液喷雾，可抑制马铃薯晚疫病、小麦秆锈病与叶锈病。③全草制成毒饵，可毒杀黏虫。

3. 茵陈蒿 Artemisia capillaris Thunb.

药用部位：茎、叶；杀虫。

主要活性成分：茵陈二炔。

防治方法和对象：茎、叶1kg，捣烂，加水5kg，浸渍6h，滤液喷雾，可防治蚜虫。

4. 牡蒿 Artemisia japonica Thunb.

药用部位：全草；杀虫。

主要活性成分：青蒿素、1,8-桉叶素、α-蒎烯、青蒿酮等。

防治方法和对象：全草1kg，捣烂，加水5kg，浸渍6h，滤液喷雾，可防治蚜虫。

5. 野艾蒿 Artemisia lavandulaefolia DC.

药用部位：全草；杀虫。

主要活性成分：木犀草素、芹菜素、β-谷甾醇、槲皮素等。

防治方法和对象：全草1kg，捣烂，加水5kg，浸渍6h，滤液喷雾，可防治蚜虫、红蜘蛛、斜纹夜蛾。

6. 猪毛蒿 Artemisia scoparia Waldst. et Kit.

药用部位：全草；杀虫。

主要活性成分：1-苯基-2,4-己二炔、1,8-桉叶素。

防治方法和对象：全草1kg，捣烂，加水5kg，浸渍6h，滤液喷雾，可防治蚜虫、小夜蛾。

7. 婆婆针 Bidens bipinnata Linn.

药用部位：全草；杀虫。

主要活性成分：芹菜素、芦丁、β-谷甾醇、槲皮素等。

防治方法和对象：全草1kg，捣烂，加水5kg，浸渍6h，滤液喷雾，可防治蚜虫、螟虫。

8. 鬼针草 Bidens pilosa Linn.

药用部位：全草；杀虫。

主要活性成分：香豆素、β-谷甾醇等。

防治方法和对象：全草1kg，捣烂，加水5kg，浸渍6h，滤液喷雾，可防治蚜虫。

9. 天名精 Carpesium abrotanoides Linn.

药用部位：全草；杀虫、防治植病。

主要活性成分：倍半萜内酯类。

防治方法和对象：①全草1kg，捣烂，加水5kg，浸渍3h，滤液喷雾，可防治蚜虫。②茎叶15倍水浸液喷雾，可抑制小麦秆锈病、叶锈病和马铃薯晚疫病。

10. 烟管头草 Carpesium cernuum Linn.

药用部位：全草；杀虫。

主要活性成分：倍半萜内酯类、β-谷甾醇。

防治方法和对象：全草1kg，捣烂，加水5kg，浸渍6h，滤液喷雾，可防治蚜虫、菜青虫、地老虎。

11. 金挖耳 Carpesium divaricatum Sieb. et Zucc.

药用部位：全草；杀虫。

主要活性成分：β-谷甾醇、胡萝卜苷等。

防治方法和对象：全草1kg，捣烂，加水5kg，浸渍6h，滤液喷雾，可防治蚜虫、菜青虫、地老虎。

12. 石胡荽（球子草）**Centipeda minima** (Linn.) A. Br. et Aschers.

药用部位：全草；杀钉螺。

主要活性成分：倍半萜内酯和甾醇类。

防治方法和对象：大于2.0g/L的石胡荽水提物和醇提物溶液处理钉螺5d，钉螺死亡率可达100%。

13. 野菊 Chrysanthemum indicum Linn.

药用部位：全草；杀虫。

主要活性成分：1,8-桉叶素、倍半萜类。

防治方法和对象：①全草1kg，捣烂，加水2kg，浸渍1h，滤液喷雾，可防治蚜虫、菜青虫、红蜘蛛。②全草1kg，捣烂，加水5kg，煎煮，冷却，滤液喷雾，可防治蚜虫、菜青虫、红蜘蛛。

14. 蓟（大蓟）**Cirsium japonicum Fisch. ex DC.**

药用部位：根；抑菌。

主要活性成分：水、石油醚和乙醇提取物。

防治方法和对象：水、石油醚和乙醇提取物对石榴枯萎病菌、水稻稻瘟病菌、玉米小斑病菌、烟草蛙眼病菌、茶白星病菌等均有明显的抑菌作用。

15. 黄瓜假还阳参（苦荬菜）**Crepidiastrum denticulatum** (Houtt.) Pak et Kawano

药用部位：全草；杀虫。

主要活性成分：木犀草素。

防治方法和对象：全草1kg，捣烂，加水2kg，浸渍1h，滤液喷雾，可防治蚜虫、菜青虫、红蜘蛛。

16. 尖裂假还阳参（抱茎苦荬菜）**Crepidiastrum sonchifolium** (Maxim.) Pak et Kawano

药用部位：全草。

主要活性成分：萜类。

防治方法和对象：全草 1kg，捣烂，加水 2kg，浸渍 1h，滤液喷雾，可防治蚜虫、菜青虫、红蜘蛛。

17. 一年蓬 Erigeron annuus (Linn.) Pers.

药用部位：全草；杀虫。

主要活性成分：大叶香烯、槲皮素、芹菜素等。

防治方法和对象：全草 1kg，捣烂，加水 2kg，浸渍 6h，滤液喷雾，可防治菜青虫。

18. 小蓬草（加拿大蓬、小飞蓬）**Erigeron canadensis** Linn.

药用部位：全草；杀虫。

主要活性成分：柠檬烯、α-姜黄烯等。

防治方法和对象：全草 1kg，捣烂，加水 2kg，浸渍 6h，滤液喷雾，可防治蚜虫、象虫。

19. 牛膝菊（睫毛牛膝菊）**Galinsoga parvifolia** Cav.

药用部位：全草；杀虫。

主要活性成分：无水乙醇浸提物。

防治方法和对象：过对二斑叶螨雌成螨的触杀 72h 后，死亡率达 100%。

20. 鼠麴草 Gnaphalium affine D. Don

药用部位：全草；杀虫。

主要活性成分：大黄素甲醚、芦丁、石竹烯等。

防治方法和对象：全草 1kg，捣烂，加水 3kg，浸渍 6h，压榨滤液喷雾，可防治蚜虫、斜纹夜蛾。

21. 苦荬菜（多头苦荬菜）**Ixeris polycephala** Cass. ex DC.

药用部位：全草；杀虫。

主要活性成分：木犀草素。

防治方法和对象：全草 1kg，捣烂，加水 3kg，煎煮，冷却，滤液喷雾，或浸渍 6h，压榨滤液喷雾，可防治蚜虫。

22. 千里光 Senecio scandens Buch.-Ham. ex D. Don

药用部位：全草；杀虫。

主要活性成分：木犀草素、千里光宁碱、鞣质、β-谷甾醇。

防治方法和对象：全草 1kg，捣烂，加水 5kg，浸渍 6h，压榨滤液喷雾，可防治蚜虫。

22a. 缺裂千里光 var. incisus Franch.

药用部位：参考千里光。

主要活性成分：参考千里光。

防治方法和对象：参考千里光。

23. 苦苣菜 Sonchus oleraceus Linn.

药用部位：全草；杀虫。

主要活性成分：木犀草素、芹菜素。

防治方法和对象：全草 1kg，捣烂，加水 3kg，浸渍 6h，压榨滤液喷雾，可防治蚜虫。

24. 蒲公英（蒙古蒲公英）**Taraxacum mongolicum** Hand.-Mazz.

药用部位：全草；杀虫、防治植病。

主要活性成分：黄酮类、倍半萜内酯类。

防治方法和对象：全草 1kg，捣烂，加水 3kg，浸渍 6h，压榨滤液喷雾，可防治蚜虫。

25. 苍耳 Xanthium strumarium Linn.

药用部位：全草；杀虫。

主要活性成分：苍耳苷。

防治方法和对象：全草 1kg，捣烂，加水 3 ~ 5kg，煎煮至沸后 0.5h，冷却，滤液喷雾，或浸渍 24h，压榨滤液喷雾，可防治蚜虫、红蜘蛛、菜青虫。

七八 **禾本科** Gramineae (Poaceae)

禾亚科 Agrostidoideae Keng et Keng f.

1. 芦苇 Phragmites australis (Cav.) Trin. ex Steud.

药用部位：茎、叶；杀虫。

主要活性成分：芹菜素、芦丁、山奈酚、木犀草素。

防治方法和对象：茎、叶 1kg，切碎捣烂，加水 5kg，浸渍 6h，压榨滤液喷雾，可防治黏虫、菜青虫。

2. 狗尾草 Setaria viridis (Linn.) Beauv.

药用部位：全草；杀虫。

主要活性成分：苯甲醛、苯甲醇、2，3-二氢苯并呋喃等。

防治方法和对象：全草 1kg，切碎捣烂，加水 5kg，浸渍 6h，滤液喷雾，可防治蚜虫、菜青虫。

七九 **天南星科** Araceae

1. 菖蒲 Acorus calamus Linn.

药用部位：全草；杀虫、防治植病。

主要活性成分：α-细辛醚、α-蒎烯、β-谷甾醇、β-水芹烯、桉叶素、芹菜素等。

防治方法和对象：①全草 1kg，捣烂，加水 2kg，煎煮至沸后 0.5h，冷却，滤液加

3倍水喷雾，或加水1kg，浸渍12h，滤液加水5倍喷雾，可防治蚜虫、红蜘蛛、习虱、叶蝉、螟虫。②全株干粉15倍水浸液喷雾，可抑制小麦秆锈病、叶锈病。③全株干粉30倍水浸液喷雾，可抑制马铃薯晚疫病、棉花立枯病与黄萎病。

2. 金钱蒲（石菖蒲）**Acorus gramineus** Soland. ex Ait.

药用部位：全草；杀虫、防治植病。

主要活性成分：α-细辛醚、β-细辛醚、胡萝卜苷、羽扇豆醇等。

防治方法和对象：①全草1kg，捣烂，加水1kg，浸渍12h，滤液加水5倍喷雾，可防治蚜虫。②全草晒干或烘干，碾磨成细粉，加水30倍浸渍12h，滤液喷雾，可抑制马铃薯晚疫病。

3. 东亚蘑芋（华东蘑芋、疏毛蘑芋）**Amorphophallus kiusianus** (Makino) Makino

药用部位：球茎；杀虫。

主要活性成分：蘑芋生物碱。

防治方法和对象：球茎1kg，切碎捣烂，加水50kg，浸渍12h，滤液喷雾，或泼洒或灌根，可防治螟虫及地下害虫。

4. 一把伞南星 Arisaema erubescens (Wall.) Schott

药用部位：球茎；杀虫。

主要活性成分：皂苷、水苏碱。

防治方法和对象：球茎切碎捣烂，加水15倍，浸渍12h，滤液喷雾，或泼洒或灌根，可防治菜粉蝶、黏虫、象虫。

5. 天南星 Arisaema heterophyllum Bl.

药用部位：块茎；杀虫、防治植病。

主要活性成分：皂苷、生物碱。

防治方法和对象：①块茎1kg，切碎捣烂，加水1kg，浸渍12h，滤液加水5～10倍喷雾，可防治红蜘蛛、蚜虫、菜青虫。②块茎晒干或烘干，碾磨成细粉，喷布，可防治红蜘蛛、蚜虫、菜青虫。③块茎干粉10倍水煮液冷却后喷雾，可抑制棉花立枯病、小麦秆锈病。

6. 云台南星 Arisaema silvestrii Pamp.

药用部位：参考天南星。

主要活性成分：参考天南星。

防治方法和对象：参考天南星。

7. 半夏 Pinellia ternate (Thunb.) Tenore ex Breit.

药用部位：全草；杀虫、防治植病。

主要活性成分：半夏蛋白、半夏生物碱、β-谷甾醇。

防治方法和对象：①全草晒干或烘干，碾磨成细粉，加水50倍，浸渍0.5h，煎煮至沸，冷却，滤液喷雾，可防治螟虫、蚜虫、菜青虫、桑蟥、红蜘蛛。②全草1kg，切碎捣烂，加水2.5kg，磨成浆液，滤液加水2倍喷雾，或浸渍12h，滤液加水5～10喷雾，可防治螟虫、蚜虫、菜青虫、桑蟥、红蜘蛛。③全草干粉点穴，可防治螟虫等。④全草干粉15倍水浸液喷雾，可抑制小麦秆锈病、叶锈病和马铃薯晚疫病。

八○ 鸭跖草科 Commelinaceae

1. 鸭跖草 Commelina communis Linn.

药用部位：全草；杀虫。

主要活性成分：木犀草素、芹菜素等。

防治方法和对象：全草加少许水捣烂，榨取汁液，滤液加水6倍喷雾，可防治蚜虫、黏虫。

八一 百合科 Liliaceae

1. 萱草 Hemerocallis fulva (Linn.) Linn.

药用部位：全草；杀虫。

主要活性成分：秋水仙碱、大黄酚、大黄素甲醚。

防治方法和对象：全草1kg，切碎捣烂，加水5kg，浸渍8h，滤液喷雾，可防治蚜虫、红蜘蛛。

2. 玉竹 Polygonatum odoratum (Mill.) Druce

药用部位：全草；杀虫。

主要活性成分：甾体皂苷。

防治方法和对象：全草1kg，切碎捣烂，加水5kg，浸渍8h，滤液喷雾，可防治蚜虫、红蜘蛛、螟虫。

3. 土茯苓 Smilax glabra Roxb.

药用部位：全株；杀虫。

主要活性成分：山奈酚、槲皮素、薯蓣皂苷、β-谷甾醇、芦丁、胡萝卜苷。

防治方法和对象：全株1kg，捣烂，加水3kg，煎煮至沸后0.5h，冷却，滤液加5倍水喷雾，可防治蚜虫。

4. 牯岭藜芦 Veratrum schindleri Loes. f.

药用部位：根状茎、根；杀虫。

主要活性成分：藜芦生物碱。

防治方法和对象：①根状茎1kg，切碎捣烂，加水40kg，煎煮至沸后0.5h，或浸渍24h，滤液喷雾，可防治蚜虫、菜青虫、红蜘蛛、野蚕、螟虫。②根1kg，捣烂，加水20kg，浸渍24h，滤液喷雾，可防治蚜虫、菜青虫、红蜘蛛、野蚕、螟虫。

八二 石蒜科 Amaryllidaceae

1. 中国石蒜 Lycoris chinensis Traub.

药用部位：鳞茎；杀虫、防治植病。

主要活性成分：石蒜碱、二氢石蒜碱、皂苷。

防治方法和对象：①鳞茎1kg，捣烂，加水5kg，浸渍6h，滤液喷雾，可防治蚜虫、菜青虫、红蜘蛛、地老虎。②鳞茎晒干或烘干，碾磨成细粉，喷布可防治蚜虫、菜青虫、地老虎、红蜘蛛。③鳞茎捣烂，加水15～30倍浸渍，滤液喷雾，可抑制马铃薯晚疫病、小麦条锈病。

2. 石蒜 Lycoris radiata (L′ Hér.) Herb.

药用部位：鳞茎；杀虫、防治植病。

主要活性成分：石蒜碱、皂苷。

防治方法和对象：①鳞茎1kg，捣烂，加水5kg，浸渍6h，滤液喷雾，可防治蚜虫、菜青虫、红蜘蛛、地老虎。②鳞茎晒干或烘干，碾磨成细粉，喷布可防治蚜虫、菜青虫、地老虎、红蜘蛛。③鳞茎捣烂，加水15～30倍浸渍，滤液喷雾，可抑制马铃薯晚疫病、小麦条锈病。

八三 薯蓣科 Dioscoreaceae

1. 黄独 Dioscorea bulbifera Linn.

药用部位：块茎；杀虫。

主要活性成分：薯蓣碱。

防治方法和对象：块茎1kg，捣烂，加水5kg，浸渍6h，滤液喷雾，可防治蚜虫、菜粉蝶、地老虎。

2. 纤细薯蓣（白萆薢）**Dioscorea gracillima** Miq.

药用部位：块茎；杀虫。

主要活性成分：薯蓣碱、甾体皂苷。

防治方法和对象：块茎1kg，捣烂，加水5kg，浸渍6h，滤液喷雾，可防治蚜虫。

3. 薯蓣 Dioscorea polystachya Turcz.

药用部位：根状茎；杀虫。

主要活性成分：薯蓣碱。

防治方法和对象：根状茎1kg，捣烂，加水5kg，浸渍6h，滤液喷雾，可防治蚜虫、象虫、红蜘蛛。

八四 鸢尾科 Iridaceae

1. 射干 Belamcanda chinensis (Linn.) DC.

药用部位：全株；杀虫、防治植病。

主要活性成分：异黄酮类。

防治方法和对象：①全株晒干或烘干，碾磨成细粉，加水5倍煎煮1h，或浸渍24h，滤液喷雾，可防治蚜虫。②全株晒干或烘干，碾磨成细粉，制成毒饵可诱杀黏虫。③全株干粉加水15倍，浸渍6h，滤液喷雾，可抑制马铃薯晚疫病、小麦秆锈病。

八五 兰科 Orchidaceae

1. 白芨 Bletilla striata (Thunb.) Reichb. f.

药用部位：全草；杀虫。

主要活性成分：块茎含白芨胶质、香精油等。

防治方法和对象：全草1kg，捣烂，加水8kg，煎煮沸后0.5h，冷却，滤液喷雾，可防治蚜虫。

第三节 有毒植物资源

一、概述

有毒植物的识别与利用是古老实用科学之一，人们在寻找食物、药物的过程中积累了大量的有毒植物的知识。我国早在战国时期，《山海经》中就记载了不少的有毒植物；两周时代已开始将有毒植物用于药用和杀虫；秦汉时期，有毒植物已被广泛用于医药、捕猎或制成毒箭作为武器。汉代《神农本草经》中记载有毒植物21种；梁代《神农本草经集注》中记载有毒植物55种；唐代《新修本草》记载有毒植物66种，宋代《经史证类备急本草》记载有毒植物55种；明代《本草纲目》记载有毒植物150种，且专列出《毒草卷》，按毒性大小分为大毒、中毒、小毒三类。1970—1978年，开展了全国有毒植物的综合调查，编写《中国有毒植物》一书，记载有毒植物101科943种。

有毒植物是植物资源的重要组成部分，不仅具有药用、农药、保护与改善环境等实用性，而且对揭示一些生命过程的奥秘起着重要的作用。如通过吗啡类化合物作用机制的研究，发现了对中枢神经系统起重要作用的阿片受体系统；对士的宁的研究证实了甘氨酸作为脊髓中重要抑制神经递质的作用；木黎芦毒素是研究神经膜离子传递机制的重要工具；蓖麻毒素对蛋白质生化合成有影响，对了解细胞变异作用很有价值。这充分说明有毒植物是基础科学与实用科学广泛联系的一个领域。

有毒植物在植物界的比例虽然不大，但在植物资源利用中，如食用野果、野菜等造成中毒，甚至死亡的事还时有发生，因此，掌握一些能准确识别有毒植物的基本知识还是有必要的，具体如下。

有些植物的根、茎、枝及叶被折断，常可见到乳白色、黄色、茶色、红色等汁液或带黏性的胶状黏液流出，这类植物通常是有毒植物，如大戟科、罂粟科、夹竹桃科、萝摩科等植物。当然，有些植物虽有汁液，但无毒性或仅有小毒，但比例较小，如桑、构树、桔梗、南沙参等。当见到有汁液的植物，如不能确认无毒，就别食用。

有毒植物的根、茎、枝及叶揉碎后，有的会有刺激性气味，用舌头舔之，常有苦味、辣味或涩味。此时如不能确认无毒，就别食用。当然某些剧毒植物，一旦触及人畜，即使量很少也会对人体造成伤害。因此，尽可能不要用舌头舔尝，应请教当地群众或用其他方法确定。

凡能杀灭苍蝇、蚊子、农业害虫的植物，家畜、家禽不食用或食用后出现不良反应的植物通常有毒，人类一般不能食用。

我国有毒植物约有1300种，分布于140科，其中有毒植物较多的科有毛茛科、杜鹃花科、大戟科、茄科、石竹科、豆科，其次为天南星科、萝摩科、菊科、罂粟科、芸香科、夹竹桃科、伞形科、防己科、马钱科、瑞香科、木兰科、荨麻科、漆树科。

根据相关文献资料和群众走访调查，保护区共有有毒植物336种，隶属105科，其中，蕨类植物7科7种，裸子植物5科6种，被子植物93科323种。种类较多的前10科依次是：菊科26种，豆科19种，天南星科14种，蓼科13种，大戟科13种，百合科10种，毛茛科9种，蔷薇科9种，罂粟科7种，芸香科7种。

二、主要有毒植物资源列举

I 蕨类植物门 Pteridophyta

一 石杉科 Huperziaceae

1. 蛇足石杉 Huperzia serrata (Thunb.) Trev.

有毒部位：全草。

主要有毒成分：蛇足石杉碱。

中毒症状及处理：兴奋过度，直至惊厥，呼吸困难。救治：停药，洗胃，导泻，口服活性炭和巴比妥类药物。其他对症治疗。

二 石松科 Lycopodiaceae

1. 石松 Lycopodium japonicum Thunb. ex Murray

有毒部位：全草。

主要有毒成分：石松生物碱。

中毒症状及处理：危害蛙和猫、兔等哺乳动物。兔中毒后表现为过度兴奋、强制性和阵发性惊厥，严重者因中枢麻痹窒息死亡。

三 木贼科 Equisetaceae

1. 节节草 Hippochaete ramosissima (Desf.) Milde ex Bruhin

有毒部位：全株。

主要有毒成分：多种黄酮苷，如山柰酚-7-二葡萄糖苷、山柰酚-3-槐苷。

中毒症状及处理：主要是马、牛等食草动物误食后出现中枢神经中毒症状，以运动机能障碍为主，呼吸困难，全身出汗，最后呈虚脱和窒息状态。

四 松叶蕨科 Psilotaceae

1. 松叶蕨 Psilotum nudum (Linn.) Griseb.

有毒部位：全草。

主要有毒成分：松叶蕨苷等。

中毒症状及处理：动物食用后肌肉松弛、嗜睡、软瘫，最后死亡。

五 蕨科 Pteridiaceae

1. 蕨 Pteridium aquilinum (Linn.) Kuhn var. **latiusculum** (Desv.) Unherw.

有毒部位：叶、嫩芽、根状茎。

主要有毒成分：硫胺酶、原蕨苷、葡萄糖苷。

中毒症状及处理：牛食后常慢性中毒，表现为血尿、腹痛、消瘦、消化道溃烂、贫血、呆立凝视、行步缓慢、多卧少立、咀嚼无力。如在短期内大量采食，可在一个月左右诱发以骨髓损害及全身出血为特征的急性致死性蕨中毒。少量采食（每天 2～3g）则可诱发以膀胱肿瘤形成及血尿为特征的牛地方性血尿症。

六 凤尾蕨科 Pteridaceae

1. 蜈蚣草 Pteris vittata Linn.

有毒部位：全草。

主要有毒成分：木脂体苷、顺 - 二氢二松柏醇 -9-O- β -D- 葡萄糖苷。

中毒症状及处理：剂量过大时，可形成广泛的出血点。救治：服用维生素 B_4，并行对症治疗。

七 铁线蕨科 Adiantaceae

1. 铁线蕨 Adiantum capillus-veneris Linn

有毒部位：全草。

主要有毒成分：紫云英苷、异槲皮苷、芦丁、山奈酚 -3- 葡萄糖苷。

中毒症状及处理：大量误食可出现呕吐、腹痛、腹泻等症状。

八 鳞毛蕨科 Dryopteridaceae

1. 贯众 Cyrtomium fortunei J. Smith

有毒部位：根状茎及叶柄基部。

主要有毒成分：绵马酸、绵马素、白绵马素。

中毒症状及处理：轻度中毒表现为头痛、眩晕、反射性兴奋增强、腹痛、腹泻、呼吸困难、短暂失明。中毒重者有谵妄、肌肉抽搐疼痛、惊厥、昏迷、甚至肝坏死、肾功能损害、永久性失明，最后因呼吸或心力衰竭而死亡。救治：服用泻盐类，以促进肠道内毒物排出；发生惊厥时，可静脉注射巴比妥盐，以控制痉挛。出现呼吸抑制时，可给氧或人工呼吸。

II　裸子植物门　Gymnospermae

一　苏铁科 Cycadaceae

1. 苏铁 Cycas revolute Thunb.

有毒部位：种子。

主要有毒成分：苏铁苷。

中毒症状及处理：头晕，呕吐。救治：用 1000～1500 倍高锰酸钾溶液或 0.5%～4% 鞣酸溶液洗胃。或催吐。

二　银杏科 Ginkgoaceae

1. 银杏 Ginkgo biloba Linn.

有毒部位：种子。

主要有毒成分：白果酸、白果醇、白果酚、银杏毒、氰苷。

中毒症状及处理：发热，呕吐，腹痛，下泻，惊厥，皮肤青紫，呼吸困难以至神志昏迷，最后死于严重的呼吸困难和心力衰竭。少数发生感觉障碍，下肢呈弛缓性瘫痪及软瘫。外用白果酊剂，偶见引起过敏。救治：立即洗胃，导泻，服蛋清、活性炭，并对症处理。

三　松科 Pinaceae

1. 金钱松 Pseudolarix kaempferi (Lindl.) Gord.

有毒部位：根皮或树皮（土槿皮）。

主要有毒成分：土槿皮甲酸。

中毒症状及处理：土槿皮通常只外用，内服可致中毒，表现为呕吐、腹泻、便血、头晕，甚至烦躁不安、大汗淋漓、面色苍白。救治：催吐，洗胃，导泻，输液。大量饮浓茶或绿豆汤。

四　柏科 Cupressaceae

1. 侧柏 Platycladus orientalis (Linn.) Franco

有毒部位：枝、叶有小毒。

主要有毒成分：α-雪松醇。

中毒症状及处理：腹泻、恶心、呕吐、头晕，严重者可发生肺水肿、阵发性强直性惊厥、呼吸衰竭。救治：洗胃，导泻，催吐。

2. 圆柏 Sabina chinensis (Linn.) Ant.

有毒部位：枝、叶。

主要有毒成分：穗花杉双黄酮、扁柏双黄酮、芹菜素等。

中毒症状及处理：参考侧柏。

五 三尖杉科 Cephalotaxaceae

1. 三尖杉 Cephalotaxus fortunei Hook. f.

有毒部位：枝、叶。

主要有毒成分：三尖杉碱、三尖杉碱等。

中毒症状及处理：主要表现为骨髓抑制，对各系列的造血细胞均有抑制作用；心脏毒性，造成窦性心动过速、房性或室性期外收缩、心电图出现T段变化、心肌缺血；低血压；消化系统症状，如畏食、恶心、呕吐，甚至肝功能损害。

六 红豆杉科 Taxaceae

1. 南方红豆杉 Taxus wallichiana Zucc. var. **mairei** (Lemee et Lévl.) L. K. Fu et Nan Li

有毒部位：树皮、枝、叶。

主要有毒成分：紫杉碱。

中毒症状及处理：中毒初期呈兴奋、呕吐、流涎，而后出现呼吸困难、心跳缓慢、体温下降、皮肤及四肢厥冷、知觉麻木、便秘、腹部鼓胀、血尿和尿闭等，后期呈运动失调以致痉挛和昏迷，终因心跳停止而死亡。

III 被子植物门 Angiospermae

一 三白草科 Saururaceae

1. 蕺菜（鱼腥草）Houttuynia cordata Thunb.

有毒部位：全草。

主要有毒成分：鱼腥草素（蕺菜碱）。

中毒症状及处理：毒性小。少数病人服药后偶可出现头晕、胃部不适、心窝部烧灼感等。有报道使用鱼腥草注射液后出现皮炎、末梢神经炎、过敏性休克乃至死亡。救治：轻度反应者，停药后能自行缓解。出现过敏性休克者，应紧急吸氧，肌肉注射肾上腺素。

2. 三白草 Saururus chinensis (Lour.) Baill.

有毒部位：全草。

主要有毒成分：三白脂素、金丝桃苷、槲皮苷、异槲皮苷。

中毒症状及处理：毒性小。少数病人服药后偶可出现头晕、胃部不适、心窝部烧灼感等。

二 金粟兰科 Chloranthaceae

1. 丝穗金粟兰（水晶花）Chloranthus fortunei (A. Gray) Solms-Laub.

有毒部位：根、全草。

主要有毒成分：丙烯酰胺、倍半萜烯。

中毒症状及处理：煎剂毒性较弱，研磨吞服极易中毒，服3株以上可致中毒或死亡。救治：中毒早期宜用催吐法，若见吐出物带血，不能继续催吐，应清热解毒，凉血止血，用鲜生地500g，捣汁顿服，或取鲜荷叶750g水煎取汁，合鲜豆浆饮之。

2. 宽叶金粟兰 Chloranthus henryi Hemsl.

有毒部位：参考丝穗金粟兰。

主要有毒成分：参考丝穗金粟兰。

中毒症状及处理：参考丝穗金粟兰。

3. 及己 Chloranthus serratus (Thunb.) Roem. et Schult.

有毒部位：根、全草。

主要有毒成分：腈苷。

中毒症状及处理：毒性小，服用较大剂量时出现中毒反应，如头昏、乏力、呕吐，继而出现呼吸急促、躁动不安、心率过速、血压升高，最后可致呼吸麻痹而死亡。救治：轻者对症治疗，重者可洗胃、催吐、输液等。

4. 草珊瑚（接骨金粟兰）Sarcandra glabra (Thunb.) Nakai

有毒部位：全草有小毒。

主要有毒成分：左旋类没药素甲、异秦皮定、延胡索酸琥珀酸、黄酮苷。

中毒症状及处理：少数患者服后出现头昏、乏力、呕吐，注射后致局部疼痛或引起皮肤斑疹、荨麻疹等过敏反应。

三 杨柳科 Salicaceae

1. 垂柳 Salix babylonica Linn.

有毒部位：叶、树皮。

主要有毒成分：水杨苷、芦丁。

中毒症状及处理：恶心、呕吐、耳鸣、视觉障碍等，严重者可出现呼吸困难、嗜睡、昏迷。

四 胡桃科 Juglandaceae

1. 化香树 Platycarya strobilacea Sieb. et Zucc.

有毒部位：叶。

主要有毒成分：鞣质。

中毒症状及处理：头昏，恶心，心慌，大汗淋漓，面色苍白，呼吸急促，嘴唇发绀，昏迷，以至心博骤停。

2. 枫杨 Pterocarya stenoptera C. DC.

有毒部位：叶、树皮、根皮、须根。

主要有毒成分：鞣质、水杨酸、酚性成分。

中毒症状及处理：过量服用4天后，有腹疼、腹泻、呕吐、恶心、头疼、头晕、全身无力等症状。救治：用1∶2000高锰酸钾溶液洗胃、输液和中西医对症治疗。

五 壳斗科 Fagaceae

1. 柯（石栎）**Lithocarpus glaber** (Thunb.) Nakai

有毒部位：幼芽、嫩枝叶、果实。

主要有毒成分：鞣质。

中毒症状及处理：鞣质在胃肠道被降解成毒性更大的小分子酚类化合物，吸收进入血液后对肝肾等实质性脏器产生毒性作用。

2. 麻栎 Quercus acutissima Carr.

有毒部位：幼芽、嫩枝叶、果实。枝叶老化后毒性减少。

主要有毒成分：鞣质。

中毒症状及处理：鞣质在胃肠道被降解成毒性更大的小分子酚类化合物，吸收进入血液后对肝肾等实质性脏器产生毒性作用。主要对牛、羊等采食叶子的牲畜危害较大，对人类影响较小。

3. 槲栎（锐齿槲栎）**Quercus aliena** Blume

有毒部位：参考麻栎。

主要有毒成分：参考麻栎。

中毒症状及处理：参考麻栎。

4. 白栎 Quercus fabri Hance

有毒部位：参考麻栎。

主要有毒成分：参考麻栎。

中毒症状及处理：参考麻栎。

5. 枹栎（瀑栎、短柄枹）**Quercus serrata** Murr.

有毒部位：参考麻栎。

主要有毒成分：参考麻栎。

中毒症状及处理：参考麻栎。

6. 栓皮栎 Quercus variabilis Blume

有毒部位：参考麻栎。

主要有毒成分：参考麻栎。

中毒症状及处理：参考麻栎。

六 桑科 Moraceae

1. 藤葡蟠（藤构）Broussonetia kaempferi Sieb. var. **australis** Suzuki

有毒部位：树皮、乳汁、叶。

主要有毒成分：黄酮醇。

中毒症状及处理：皮肤接触乳汁引起过敏，奇痒难熬。用药过量导致恶心、呕吐、腹痛、腹泻等症状。

2. 构棘（葨芝）Maclura cochinchinensis (Lour.) Corner

有毒部位：根、果实。

主要有毒成分：柘树异黄酮、β-谷甾醇。

中毒症状及处理：用药过量导致恶心、呕吐、腹痛、腹泻等症状。

3. 桑 Morus alba Linn.

有毒部位：果序（桑椹）

主要有毒成分：芦丁、槲皮素、异槲皮素、桑苷、桑黄酮。

中毒症状及处理：口服过量出现恶心、呕吐、口腔发麻、腹痛、腹泻等症状。严重者可出现中毒休克、出血性肠炎。有小儿食用桑椹过量中毒死亡的报道。

七 荨麻科 Urticaceae

1. 楼梯草 Elatostema involucratum Franch. et Sav.

有毒部位：全草。

主要有毒成分：山奈酚-4，7-二甲基-3-O-葡萄糖苷、槲皮素-7-O-β-D-葡萄糖苷、山奈酚-3-O-β-D-半乳糖苷、洋芹素-7-O-β-D-葡萄糖苷、胡萝卜苷、棕榈酸。

中毒症状及处理：毒性较低。口服过量出现恶心、呕吐、腹泻等症状。

2. 艾麻 Laportea cuspidata (Wedd.) Friis

有毒部位：地上部分。

主要有毒成分：茎、叶上的绒毛。

中毒症状及处理：皮肤接触，产生火烧、针刺样疼痛。救治：皮肤反复涂肥皂水，用大量清水冲洗。

八 马兜铃科 Aristolochiaceae

1. 尾花细辛 Asarum caudigerum Hance

有毒部位：全草。

主要有毒成分：主要是挥发油中的龙脑、4-松香烯醇、α-松香醇等。

中毒症状及处理：参考马蹄细辛。

2. 马蹄细辛（小叶马蹄香）Asarum ichangense C. Y. Cheng et C. S. Yang

有毒部位：带根全草。

主要有毒成分：挥发油，主要为甲基丁香酚、黄樟醚。

中毒症状及处理：口服量过大或煎煮时间过短可致中毒。首先出现头痛、呕吐、出汗、呼吸急促、躁动不安、颈项强直、体温升高、心率过速、血压升高、全身震颤、肌肉紧张，继之出现牙关紧闭、角弓反张、意识不清、四肢抽搐、狂躁、无规则的不自主运动、眼球突出，最后因呼吸麻痹而致死。救治：对症处理，严重者静脉滴注5%～10%葡萄糖注射液，吸氧、升压、针灸等措施。

九　蓼科 Polygonaceae

1. 金线草 Antenoron filiforme (Thunb.) Roberty et Vautier

有毒部位：全草。

主要有毒成分：没食子酸、左旋儿茶精。

中毒症状及处理：引发怀孕妇女流产。

2. 荞麦 Fagopyrum esculentum Moench

有毒部位：全株。

主要有毒成分：光敏物质荞麦素。

中毒症状及处理：主要危害家畜牛、羊、猪、马、家兔等。浅色或白色皮肤动物，采食后在阳光中紫外线照射下发生光敏反应，局部皮肤出现红斑、丘疹、渗出等症状。

3. 何首乌 Fallopia multiflora (Thunb.) Harald.

有毒部位：块根。

主要有毒成分：主要是蒽苷类，如大黄素、大黄素甲醚、大黄酸、大黄酚蒽酮等。

中毒症状及处理：生首乌用量过大或用时过久可出现毒性反应。轻则腹泻、腹痛、恶心、呕吐，重则出现阵发性强直性痉挛、抽搐、躁动不安，甚至发生呼吸麻痹。救治：若发现中毒症状，应立即停药，及时洗胃、导泻和对症处理。

4. 火炭母 Polygonum chinense Linn.

有毒部位：地上部分。

主要有毒成分：β-谷甾醇、山奈酚、槲皮素、没食子酸等。

中毒症状及处理：口服过量导致呕吐、腹痛、腹泻、血尿等症状。

5. 水蓼（辣蓼）Polygonum hydropiper Linn.

有毒部位：全草。

主要有毒成分：水蓼素、金丝桃苷、蓼酸、蒽醌等。

中毒症状及处理：口服过量导致呕吐、腹痛、腹泻、血尿等症状。

6. 酸模叶蓼 Polygonum lapathifolium Linn.

有毒部位：全草。

主要有毒成分：黄酮、蒽醌类等。

中毒症状及处理：口服过量导致呕吐、腹痛、腹泻、血尿等症状。

7. 长鬃蓼（马蓼）**Polygonum longisetum** De Br.

有毒部位：全草。

主要有毒成分：β-谷甾醇、山奈酚、槲皮素、没食子酸等。

中毒症状及处理：口服过量导致咽喉干哑、咳嗽。

8. 红蓼（荭草）**Polygonum orientale** Linn.

有毒部位：全草。

主要有毒成分：荭草素和荭草苷、叶绿醌、β-谷甾醇等。

中毒症状及处理：茎、叶的水溶性提取物对蛙、小鼠有抑制作用；对蛙、兔的离休心脏也有抑制作用（不被阿托品拮抗，对蛙心之抑制可用麻黄碱及氯化钙拮抗）；对蛙下肢血管及兔耳血管皆有明显的收缩作用，能使犬的血压短暂升高；对离体兔肠无作用；对兔在位子宫有兴奋作用。未见临床中毒报道。

9. 杠板归 Polygonum perfoliatum Linn.

有毒部位：全草。

主要有毒成分：靛苷、蒽苷、山奈酚。

中毒症状及处理：小毒。在正常用量下，一般不会中毒。救治：如中毒，可用甘草、绿豆汤内服。体质虚弱者慎用。

10. 春蓼 Polygonum persicaria Linn.

有毒部位：全草。

主要有毒成分：草酸盐、黄酮类、黏液质及多种香豆精类化合物。

中毒症状及处理：对人和家畜均有毒性，误食后可引起中毒，主要症状为胃炎、膀胱炎、血尿、痉挛、麻痹等。

11. 箭叶蓼 Polygonum sagittatum Linn.

有毒部位：果实或全草。

主要有毒成分：槲皮苷、水蓼素。

中毒症状及处理：误食后可引起中毒，主要症状为胃炎、膀胱炎、血尿、痉挛、麻痹等。

12. 虎杖 Reynoutria japonica Houtt.

有毒部位：全草。

主要有毒成分：蒽醌、蒽醌苷、虎杖苷、大黄素、大黄素甲醚、大黄酚等。

中毒症状及处理：口干、口苦、恶心、腹痛、腹泻、肝功能异常，甚至引起血尿。偶见周身出现芝麻大小红疹，奇痒难受。严重者可造成肝肾功能障碍。慢性中毒有血小板减少及倾向。

13. 酸模 Rumex acetosa Linn.

有毒部位：全草。

主要有毒成分：草酸及草酸盐、大黄素、大黄酚等黄酮类化合物。

中毒症状及处理：草酸盐对黏膜具有较强的刺激作用，摄入过量会引起胃肠炎。草酸盐离子进入血液，与血清钙等离子结合，形成不溶性草酸盐结晶，严重扰乱钙的代谢过程，发生急性低钙血综合征。草酸盐结晶在肾小管腔内沉积，可引起间质性肾炎和肾纤维化，或发生尿石症和尿毒症。草酸盐在消化器官、肺脏和脑组织血管壁上形成结晶，可引起血管坏死性出血，以及相应器官功能障碍。

14. 齿果酸模 **Rumex dentatus** Linn.

有毒部位：地上部分。

主要有毒成分：大黄素、大黄酚、芦荟大黄素、大黄素甲醚、植物甾醇等。

中毒症状及处理：腹泻、呕吐。误食大量茎、叶可引起腹胀、流涎、胃肠炎、手足抽搐或惊厥等。救治：早期可催吐、洗胃。内服药用炭2～4g、钙片0.5～1g，每日3～4次。

15. 羊蹄 **Rumex japonicus** Houtt.

有毒部位：根及全草。

主要有毒成分：大黄素、大黄酚、草酸及草酸盐。

中毒症状及处理：腹泻、呕吐。误食大量茎、叶，可引起腹胀、流涎、胃肠炎、手足抽搐或惊厥等。救治：早期可催吐、洗胃。内服药用炭2～4g、钙片0.5～1g，每日3～4次。

一 ◎ 藜科 Chenopodiaceae

1. 藜 **Chenopodium album** Linn.

有毒部位：全草。

主要有毒成分：光敏性物质、挥发油、谷甾醇。

中毒症状及处理：食藜后经日光照射，可致藜日光过敏性皮炎。它是一种急性浮肿而有皮下出血的皮肤疾患，出现浮肿、潮红、瘀斑、水泡，甚至坏死溃疡，伴有轻重不等的全身症状及局部疼痛等。救治：可肌肉注射用维生素B_{12}，每次60～75μg，每日或间日一次，一般3～7d可治愈。

2. 土荆芥 **Chenopodium ambrosioides** Linn.

有毒部位：全草。

主要有毒成分：土荆芥油。

中毒症状及处理：恶心、呕吐、腹痛、感觉异常、头痛、眩晕、视力障碍、肾受损害等。重症出现谵妄、惊厥、瘫痪、昏迷、呼吸中枢麻痹而死亡。如能恢复，常遗留永久性耳聋、视力障碍等。救治：天名精60g，大黄18g（后下），玄明粉12g（冲），煎汤即服。或甘草90g，煎汤频服。严重者可用5%葡萄糖生理盐水静脉滴注，并给氧、呼吸中枢兴奋剂、升压剂等对症处理。

一一 苋科 Amaranthaceae

1. 牛膝 Achyranthes bidentata Blume

有毒部位：全草。

主要有毒成分：三萜皂苷、蜕皮甾酮、牛膝甾酮、生物碱等。

中毒症状及处理：小毒。服用过量出现肠胃不适、腹泻等症状，停药后自然消失。

2. 反枝苋 Amaranthus retroflexus Linn.

有毒部位：全草。

主要有毒成分：苋菜红苷、锦葵花素 -3- 葡萄糖苷、芍药花素 -3- 葡萄糖苷等。

中毒症状及处理：小毒。服用过量出现肠胃不适、腹泻等症状，停药后自然消失。

3. 刺苋 Amaranthus spinosus Linn.

有毒部位：全草。

主要有毒成分：黄酮苷、有机酸。

中毒症状及处理：小毒。虚痢日久者及孕妇慎用。

一二 紫茉莉科 Nyctaginaceae

1. 紫茉莉 Mirabilis jalapa Linn.

有毒部位：全草。

主要有毒成分：相汁皮素和山柰酚葡萄糖苷。

中毒症状及处理：小毒。服用过量可引起呕吐、腹泻、腹痛。救治：1∶2000高锰酸钾洗胃，静脉输液，以补所失之体液。

一三 商陆科 Phytolaccaceae

1. 商陆 Phytolacca acinosa Roxb.

有毒部位：根。

主要有毒成分：三萜商陆皂苷、去甲商陆皂苷。

中毒症状及处理：服药后0.5～5h发病，轻度至中度体温升高，2～4d降到正常。早期有恶心、出血性呕吐、腹疼腹泻，继而有呼吸急促、心率增快、血压升高、尿少或失禁、眩晕或头痛、言语不清、神质模糊、胡言躁动、站立不稳等症状，严重者昏迷抽搐，手足乱动，瞳孔散大，对光反射消失，血压下降，呼吸衰竭，最后可因心跳或呼吸衰竭而死亡。救治：早期饮食醋半碗，压舌板探喉取吐，取蛋清或米糊饮之，若见腹痛、泄泻、发热，可用防风15g、甘草15g、肉桂3g、绿豆60g煎水服。还可静脉输液、针刺和使用解毒剂等。

2. 美洲商陆 Phytolacca americana Linn.

有毒部位：参考商陆。

主要有毒成分：参考商陆。

中毒症状及处理：参考商陆。

一四 马齿苋科 Portulacaceae

1. 马齿苋 Portulaca oleracea Linn.

有毒部位：全草。

主要有毒成分：去甲肾上腺素、多巴、多巴胺、甜菜素、甜菜苷、草酸等。

中毒症状及处理：腹泻、肌肉无力、萎靡。

一五 石竹科 Caryophyllaceae

1. 蚤缀 Arenaria serpyllifolia Linn.

有毒部位：全株。

主要有毒成分：牡荆素、异牡荆素、荭草素、异荭草素等多种黄酮成分。

中毒症状及处理：小毒。服用过量出现肠胃不适、腹泻等症状，停药后自然消失。

2. 繁缕 Stellaria media (Linn.) Villars

有毒部位：种子、茎、叶。

主要有毒成分：皂苷、黄酮。

中毒症状及处理：牛、羊等家畜食用过量后出现腹泻、腹痛等消化功能障碍。

一六 毛茛科 Ranunculaceae

1. 女萎 Clematis apiifolia DC

有毒部位：全株。

主要有毒成分：强心苷、白头翁素。

中毒症状及处理：毒性小，用药过量偶有反应，停药后症状即消失。

1a. 钝齿铁线莲 var. argentilucida (Lévl. et Vant.) W. T. Wang

有毒部位：参考女萎。

主要有毒成分：参考女萎。

中毒症状及处理：参考女萎。

2. 威灵仙 Clematis chinensis Osbeck

有毒部位：根。

主要有毒成分：白头翁素、白头翁醇。

中毒症状及处理：外用引起皮肤发泡溃烂及过敏性皮炎。内服口腔灼热、肿烂，呕吐、腹痛或剧烈腹泻，呼吸困难，脉缓，瞳孔散大，严重者10余小时内死亡。救治：皮肤、黏膜中毒者，可用生理盐水、硼酸或鞣酸溶液洗涤。内服中毒早期用0.2%高锰酸钾溶液洗胃，或服蛋清，或静脉滴注葡萄糖生理盐水；剧烈腹痛可用阿托品等对症治疗。

3. 小升麻 Cimicifuga japonica (Thunb.) Spreng.

有毒部位：全草，特别是根状茎。

主要有毒成分：升麻碱、升麻苷、水杨酸、阿魏酸等。

中毒症状及处理：常规用量可致呕吐及胃肠炎，大剂量可致头痛、震颤、四肢强直性收缩、乏力、眩晕，缓脉虚脱等。救治：可用绿豆、甘草等解毒药治之。

4. 还亮草 Delphinium anthriscifolium Hance

有毒部位：全草，种子毒性最大。

主要有毒成分：洋翠雀碱、洋翠雀定碱、硬飞燕草碱、硬飞燕草次碱等二萜类生物碱。

中毒症状及处理：过量使用出现流涎、腹痛、痉挛、肌肉无力和呼吸困难等症状。

5. 禺毛茛 Ranunculus cantoniensis DC.

有毒部位：全草。

主要有毒成分：原白头翁素。

中毒症状及处理：参考毛茛。

6. 茴茴蒜 Ranunculus chinensis Bunge

有毒部位：全草。

主要有毒成分：原白头翁素、黄酮类化合物、酚类。

中毒症状及处理：外用会使皮肤发泡，在刺泡放水时防止感染。内服中毒表现为口腔灼热、恶心、腹痛腹泻、便血、瞳孔散大，严重者可出现痉挛、呼吸衰竭而死亡。

7. 毛茛 Ranunculus japonicus Thunb.

有毒部位：全草，花毒性最大，茎叶次之。

主要有毒成分：白头翁素、原白头翁素。

中毒症状及处理：外用剂量过大，可致皮肤局部红肿、水泡，甚至形成溃疡及坏死。误入眼中，可发生结膜炎或角膜溃疡等。毛茛不可内服，若误食可使口腔黏膜糜烂，并有呕吐甚至吐血、腹痛、腹泻、舌痉挛及紧缩、瞳孔散大、肾脏炎症及出血。救治：采用清水或0.5%药用炭混悬液洗胃，以急救。口服中毒者，口服乳汁及黏性饮料以保护胃黏膜，用4%的碳酸氢钠溶液清洗口腔。皮肤中毒者亦可用4%的碳酸氢钠溶液清洗皮肤。误入眼中者用3%硼酸冲洗眼部。

8. 石龙芮 Ranunculus sceleratus Linn.

有毒部位：全草。

主要有毒成分：毛茛苷、白头翁素、原白头翁素。

中毒症状及处理：大毒。外敷时间过度、内服过量均可引起中毒。外用中毒症状为皮肤、黏膜红肿、疼痛，局部充血或发泡。内服中毒症状为口腔灼热，随后肿胀，咀嚼困难，恶心，呕吐，剧烈腹痛，腹泻，大便有时带血，血尿，蛋白尿，脉搏缓慢，呼吸困难，瞳孔散大，严重者十余小时死亡。救治：甘草15g、绿豆60g，水煎2次，合在一起，每小时服一次，2次服完。剧烈腹痛、腹泻者，焦地榆15g、盐黄柏9g、粟壳6g、炙甘草15g，水煎2次，早、晚分服。洗胃、静脉滴注葡萄糖生理盐水。

9. 扬子毛茛 Ranunculus sieboldii Miq.

有毒部位：参考毛茛。

主要有毒成分：参考毛茛。

中毒症状及处理：参考毛茛。

10. 天葵 Semiaquilegia adoxoides (DC.) Makino

有毒部位：块根。

主要有毒成分：天葵苷（黄酮双糖苷）。

中毒症状及处理：恶心，腹痛，腹泻。一般停药后症状能自行消失。脾虚、便溏和小便清利者忌用。

一七 木通科 Lardizabalaceae

1. 木通 Akebia quinata (Houtt.) Decne.

有毒部位：茎、叶、果皮。

主要有毒成分：三萜皂苷、木通皂苷。

中毒症状及处理：木通皂苷小剂量有显著的利尿作用，大剂量可导致急性肾功能衰竭。主要症状为胃肠剧痛、腹泻、呕吐，严重时出现少尿、尿闭、蛋白尿及脱水等肾功能衰竭症状。救治：1：5000高锰酸钾溶液洗胃、硫酸镁导泻，对症治疗。

2. 三叶木通 Akebia trifoliata (Thunb.) Koidz.

有毒部位：枝叶。

主要有毒成分：多种木通皂苷。

中毒症状及处理：参考木通。

3. 五月瓜藤 Holboellia angustifolia Wall.

有毒部位：根。

主要有毒成分：不详。

中毒症状及处理：根氯仿或石油醚提取物小鼠腹腔200～500mg/kg注射，出现活动减少、翻正反射消失、瘫痪以致死亡等情况。根甲醇提取物小鼠腹腔300mg/kg注射，出现步态不稳、活动减少、翻正反射消失和死亡等情况。

4. 大血藤 Sargentodoxa cuneata (Oliv.) Rehd. et Wils.

有毒部位：全株。

主要有毒成分：大黄素、大黄素甲醚、β-谷甾醇、黄酮类等。

中毒症状及处理：毒性较大，内服应严格控制用量。出现毒性反应，立即停药，并采取相应急救措施。

一八 小檗科 Berberidaceae

1. 六角莲 Dysosma pleiantha (Hance) Woods.

有毒部位：根状茎。

主要有毒成分：鬼臼毒素、去氢鬼臼毒素、脱氧鬼臼毒素。

中毒症状及处理：外用过量可致接触性皮炎。口服过量，初期表现为恶心、呕吐、腹泻，继而呼吸急促，大汗淋漓，躁动不安，运动失调，最后可致休克死亡。救治：中毒早期可以洗胃催吐，继服黏膜保护剂牛奶等；严重者可静脉滴注5% ~ 10%葡萄糖注射液和吸氧。

2. 八角莲Dysosma versipellis (Hance) M. Cheng ex T. S. Ying

有毒部位：参考六角莲。

主要有毒成分：参考六角莲。

中毒症状及处理：参考六角莲。

3. 三枝九叶草（箭叶淫羊藿）Epimedium sagittatum (Sieb. et Zucc.) Maxim.

有毒部位：茎、叶。

主要有毒成分：淫羊藿苷、淫羊藿次苷、淫羊藿新苷、植物甾醇等。

中毒症状及处理：毒性较小。长期服用或用药过量，常导致失眠。

4. 阔叶十大功劳Mahonia bealei (Fort.) Carr.

有毒部位：茎和茎皮。

主要有毒成分：小檗碱、粉防己碱、药根碱、掌叶防己碱、尖刺碱、异粉防己碱、木兰碱等。

中毒症状及处理：小毒。长期服用或用药过量，可能导致胃口下降。

5. 南天竹Nandina domestica Thunb.

有毒部位：果实。

主要有毒成分：南天竹碱、南天竹碱甲醚等。

中毒症状及处理：恶心，呕吐，肌肉痉挛，惊厥，心悸，脉快，血压下降，严重者呼吸困难，四肢瘫痪，昏迷，脉搏缓慢或不规则，最后因呼吸中枢麻痹、心力衰竭而死亡。救治：采用中西医结合救治原则对症处理。严重者可进行人工呼吸，吸氧，静脉滴注5%葡萄糖生理盐水、升压、给强心药、针灸等处理。

一九 防己科 Menispermaceae

1. 木防己Cocculus orbiculatus (Linn.) DC.

有毒部位：根。

主要有毒成分：木防己碱、木防己甲素（门尼新碱）。

中毒症状及处理：木防己口服30 ~ 100g可发生中毒，出现呕吐、震颤、共济失调、肌张力增加、四肢麻痹，可因呼吸抑制而惊厥死亡。救治：口服或注射苯巴比妥，并行灌胃、催吐、灌肠等对症处理。

2. 蝙蝠葛Menispermum dauricum DC.

有毒部位：全株，根及根状茎毒性较大。

主要有毒成分：蝙蝠葛碱、山豆根碱、汉防己碱。

中毒症状及处理：蝙蝠葛毒性小，引起中毒的原因常与用药过量有关。中毒症状有出现腹胀、腹泻、大便次数增加、食欲不振、恶心等胃肠道反应，疲乏、失眠、嗜睡等神经系统反应，可合DPT升高，出现黄疸。上述症状在停药后能自行缓解或消失。

3. 汉防己 Sinomenium acutum (Thunb.) Rehd. et Wils.

有毒部位：藤茎。

主要有毒成分：青藤碱、双青藤碱、异青藤碱等吗啡类生物碱。

中毒症状及处理：静脉注射或大剂量口服时可致中毒。轻者出现皮疹及胃肠道反应，严重者呼吸困难，汗出，血压下降，继之心率加速，呼吸系统高度衰竭。

4. 金线吊乌龟（头花千金藤）**Stephania cephalantha Hayata**

有毒部位：块根。

主要有毒成分：左旋异紫堇定、头花千金藤碱、异粉防己碱、粉防己碱、轮环藤宁碱等。

中毒症状及处理：阴虚内热者忌用。

5. 千金藤（千斤藤）**Stephania japonica (Thunb.) Miers**

有毒部位：全株，根、茎叶毒性较大。

主要有毒成分：千金藤碱、表千金藤碱、次表千金藤碱、莲花宁碱。

中毒症状及处理：使用过量可引起人和动物中毒。

6. 粉防己（石蟾蜍）**Stephania tetrandra S. Moore**

有毒部位：根。

主要有毒成分：汉防己甲素（汉防己碱）、汉防己乙素（汉防己诺林碱）、汉防己丙素（酚性生物碱）。

中毒症状及处理：口服30～100g可发生中毒，出现呕吐、震颤、共济失调、肌张力增加、四肢麻痹，可因呼吸抑制而惊厥死亡。救治：口服或注射苯巴比妥，并行灌胃、催吐、灌肠等对症处理。

二 ◎ **木兰科** Magnoliaceae

1. 披针叶茴香 Illicium lanceolatum A. C. Smith

有毒部位：全株，果实毒性最大。

主要有毒成分：莽草素、新莽草素和伪等倍半萜内酯类化合物。

中毒症状及处理：头昏，眩晕，咽喉灼辣，流涎，恶心，呕吐，汗出，躁动不安，严重者出现抽搐、发绀、呼吸困难、角弓反张、惊厥、休克等症状、终因呼吸衰竭而死亡。救治：可按一般中毒急救处理，如早期洗胃、催吐、口服10%小苏打100ml，必要时输葡萄糖生理盐水，加维生素C 1g，以助排毒。出现惊厥时，可肌肉注射盐酸氯丙嗪或苯巴比妥等。

2. 厚朴（凹叶厚朴）**Magnolia officinalis** Rehd. et Wils.

有毒部位：树皮、根皮。

主要有毒成分：厚朴酚、异厚朴酚、四氢厚朴酚、木兰箭毒碱和挥发油。

中毒症状及处理：厚朴酚、异厚朴酚有明显的中枢性肌肉松弛作用；木兰箭毒碱是一种非去极化型神经-肌肉阻断剂，能松弛横纹肌。

二一 樟科 Lauraceae

1. 樟（香樟）**Cinnamomum camphora** (Linn.) Presl

有毒部位：全株。

主要有毒成分：樟脑。

中毒症状及处理：樟脑主要伤害中枢神经系统。经口中毒潜伏期5～30min，出现咽喉烧灼感、恶心、呕吐、运动失调、嗜睡、精神错乱、烦躁不安、谵妄、抽搐、昏迷等症状，可因呼吸骤停而死亡。

2. 浙江樟 Cinnamomum chekiangense Nakai

有毒部位：树皮。

主要有毒成分：桂皮醛、丁香油酚、黄樟醚等。

中毒症状及处理：轻则恶心、呕吐、头晕，重则血压下降、运动失调、痉挛、呼吸急促、腹痛腹泻等。救治：及时洗胃，服牛奶、蛋清、豆浆等，注射葡萄糖生理盐水，给镇静剂，对症治疗。

3. 细叶香桂（香桂）**Cinnamomum subavenium** Miq.

有毒部位：树皮。

主要有毒成分：丁香油酚、黄樟醚、芳香醇、桉叶素、柠檬醛等。

中毒症状及处理：参考浙江樟。

二二 罂粟科 Papaveraceae

1. 紫堇 Corydalis edulis Maxim.

有毒部位：全草。

主要有毒成分：异喹啉类生物碱。

中毒症状及处理：紫堇有毒，通常外用，如内服，必须严格控制剂量，切不能生服。中毒的主要表现是中枢神经系统的抑制作用。

2. 刻叶紫堇 Corydalis incisa (Thunb.) Pers.

有毒部位：全草。

主要有毒成分：紫堇碱、刻叶紫堇明碱、黄连碱、血根碱等多种生物碱。

中毒症状及处理：误食刻叶紫堇常引起呕吐。救治：玉叶金花鲜叶90～120g捣汁，取3～5个鸡蛋蛋清，大蓟根粉、天门冬粉各1.5g，先止吐，后灌服，每15min一次。口渴者多喝绿豆汤。本品一般只作外用，内服应慎用。

3. 黄堇 Corydalis pallida (Thunb.) Pers.

有毒部位：全草。

主要有毒成分：防己碱、四氢掌叶防己碱。

中毒症状及处理：黄堇毒性较大，主要对中枢神经有毒害作用。用之当慎。

4. 小花黄堇 Corydalis racemosa (Thunb.) Pers.

有毒部位：参考黄堇。

主要有毒成分：参考黄堇。

中毒症状及处理：参考黄堇。

5. 延胡索 Corydalis yanhusuo W. T. Wang ex Z. Y. Su et C. Y. Wu

有毒部位：块茎。

主要有毒成分：多种生物碱。

中毒症状及处理：毒性较小。大剂量时会出现头昏、脸色苍白、嗜睡、四肢乏力、呼吸困难、抽搐、血压下降、脉搏减弱、心跳无力等，重者可引起休克、强直性惊厥及呼吸中枢抑制。救治：洗胃、导泻、5%葡萄糖生理盐水静脉注射等。

6. 血水草 Eomecon chionantha Hance

有毒部位：全草。

主要有毒成分：血根碱、白屈菜红碱。

中毒症状及处理：小毒。服用过量会引起中毒，对胃肠道黏膜有较强刺激。救治：可参考含生物碱类药物中毒的救治原则。

7. 博落回 Macleaya cordata (Willd.) R. Br

有毒部位：带根全草，根和果实毒性较大。

主要有毒成分：多种生物碱，其中乙氧基血根碱和白屈菜红碱毒性较大。

中毒症状及处理：胸部不适，恐惧不安，面色苍白，出冷汗，口干渴，时有抽搐，甚至晕厥，眼上翻，瞳孔散大，对光反射迟钝，呼吸急促，心悸，阵发性心动过速，心律及脉象极度不齐，终则休克而死亡。救治：0.5‰ ~ 1‰高锰酸钾溶液洗胃，催吐，静脉滴注葡萄糖生理盐水，注射尼可刹米及强心剂，注射阿托品。

二三 茅膏菜科 Droseraceae

1. 茅膏菜 Drosera peltata Smith ex Willd.

有毒部位：块根及全草。

主要有毒成分：茅膏菜醌、矾松素。

中毒症状及处理：皮肤接触茅膏菜浸出液可引起皮肤烧痛；口服量大可致中毒，出现头痛、眩晕、口内苦涩、流涎，重者有恶心、呕吐、神志不清、腹痛、腹泻、口唇发绀等症状。救治：皮肤接触中毒，用清水或鞣酸液洗涤后敷硼酸软膏。误食中毒，先给亚硝酸盐，随后给予10% ~ 20%硫代硫酸钠2 ~ 5g，静脉注射。误食早期，可用3%双氧水洗胃。

二四 景天科 Crassulaceae

1. 晚红瓦松 Orostachys japonica A. Berger

有毒部位：全草。

主要有毒成分：山奈素、槲皮素。

中毒症状及处理：出现房室传导阻滞和室性期前收缩等改变。救治：如出现中毒症状，应立即停药，并服生绿豆汤解毒。

2. 凹叶景天 Sedum emarginatum Migo

有毒部位：全草。

主要有毒成分：参考垂盆草。

中毒症状及处理：参考垂盆草。

3. 佛甲草 Sedum lineare Thunb.

有毒部位：茎、叶。

主要有毒成分：红车轴草素、香豌豆苷、香豌豆苷-3′-甲醚、α-谷甾醇等。

中毒症状及处理：文献记载有毒，未见中毒报道。

4. 垂盆草 Sedum sarmentosum Bunge

有毒部位：全草。

主要有毒成分：消旋甲基异石榴皮碱、二氢异石榴皮碱、3-甲酰-1,4-二羟基二氢吡喃、垂盆草苷、β-谷甾醇等。

中毒症状及处理：脾胃虚寒者慎用。

二五 虎耳草科 Saxifragaceae

1. 落新妇 Astilbe chinensis (Maxim.) Franch. et Sav.

有毒部位：全草。

主要有毒成分：水杨酸、2，3-二羟基苯甲酸氢氰酸。花含槲皮素。

中毒症状及处理：全草含氢氰酸，有较大的毒性。

2. 中国绣球 Hydrangea chinensis Maxim.

有毒部位：根。

主要有毒成分：绣球碱甲、绣球碱乙、绣球碱丙。

中毒症状及处理：恶心、呕吐、腹痛、腹泻、便血，严重时能破坏毛细血管而导致胃肠黏膜充血或出血，并能引起心悸、心律不齐、发绀及血压下降，最终可因循环衰竭而死亡。救治：大量呕吐时肌肉注射氯丙嗪，静脉滴注葡萄糖生理盐水，口服维生素B_1、C、K等。血压下降者静脉滴注去甲基肾上腺素。心功能不全者酌情给予强心药。

3. 粗枝绣球 Hydrangea robusta Hook. f. et Thoms.

有毒部位：参考中国绣球。

主要有毒成分：参考中国绣球。

中毒症状及处理：参考中国绣球。

4. 扯根菜 Penthorum chinense Pursh

有毒部位：全草。

主要有毒成分：没食子酸。

中毒症状及处理：长期大量服用可能对肾脏产生不利的影响，可以配合其他中药以减少副作用，具体请遵医嘱。过量用药后，出现突然跌倒、呼吸加快、战栗等症状。救治：卧床休息，必要时对症治疗。

5. 虎耳草 Saxifraga stolonifera Curtis

有毒部位：全草。

主要有毒成分：生物碱、熊果酚苷等。

中毒症状及处理：文献记载对人和动物均有毒性，但未见临床中毒报道。

二六 金缕梅科 Hamamelidaceae

1. 枫香 Liquidambar formosana Hance

有毒部位：果序。

主要有毒成分：β-松油烯、β-蒎烯、柠檬烯、氧化丁香烯等、枫香脂、熊果酸。

中毒症状及处理：文献记载有小毒，但未见中毒报道。孕妇慎服。

二七 蔷薇科 Rosaceae

1. 桃 Amygdalus persica Linn.

有毒部位：种子（桃仁）。

主要有毒成分：苦杏仁苷。

中毒症状及处理：过量服用或食用桃仁可致中毒。初期出现黏膜刺激反应、恶心呕吐、头痛头晕、全身无力、视觉朦胧、心跳加速、血压升高等；继之呼吸困难，上述症状渐趋严重，呼吸急促或慢或不规则，但意识尚存；进而意识丧失，二便失禁，眼张目凝，瞳孔散大，对光反射消失，发生强度痉挛和发绀，陷于昏迷，血压下降，体温上升，呼吸显著变慢，反射减弱或消失；最后呼吸高度衰竭，终因呼吸麻痹、心跳停止而死亡。救治：应立即注射亚硝酸钠，然后缓慢静脉注射硫代硫酸钠解毒。

2. 杏 Armeniaca vulgaris Lam.

有毒部位：种子。

主要有毒成分：苦杏仁苷。

中毒症状及处理：一般儿童食用数粒至20粒，成人40～60粒可发生中毒，甚至死亡。中毒症状为初觉苦涩，流涎，头晕，恶心，呕吐，腹痛，腹泻，烦躁不安和恐惧，心悸，四肢软弱等，稍后感到胸闷，并有不同程度的呼吸困难，严重时呼吸微弱，意识不清，继而发展到意识丧失，瞳孔散大，对光反射消失，血压下降，牙关紧闭，全身痉挛，四肢冰冷，呈休克状态，最后因呼吸麻痹、心跳停止而死亡。救治：按氰化物中毒处理。中医疗法：杏树皮或根60～90g，煎汤内服，每4h 1次；或绿豆60g，水煎，加砂糖内服。

3. 郁李 Cerasus japonica (Thunb.) Lois.

有毒部位：种仁。

主要有毒成分：苦杏仁苷。

中毒症状及处理：大量进食中毒极快，数秒钟内不省人事，20～30min死亡。食量较小则轻度中毒，口苦流涎，恶心呕吐，腹痛腹泻，头晕，心悸，呼吸困难、浅慢，发绀，凝视，瞳孔散大，虚脱或阵发性痉挛，昏迷，四肢厥冷等。强创伤或针刺，皮肤出血呈鲜红色且不易凝结为其特征。救治：用3%过氧化氢、1%过锰酸钾或10%硫代硫酸钠、骨炭末混悬液洗胃和内服，并用3%亚硝酸钠溶液19～15ml静脉注射（5min内注完），同时静脉缓注25%硫代硫酸钠溶液50ml。小孩酌减。或口服0.4%龙胆紫约30ml。病危者可先吸入亚硝酸戊酯，每隔2～3min可吸30s，吸入次数根据病情而定。民间偏方：甘草、绿豆加黄糖煮汤，可大量饮用。

4. 蛇莓 Duchesnea indica (Andr.) Focke

有毒部位：全草。

主要有毒成分：β-谷甾醇、三萜皂苷。

中毒症状及处理：在用药中，仅少数患者有恶心、呕吐、上腹部不适，未发现其他不良反应。一般停药即症状消失。

5. 枇杷 Eriobotrya japonica (Thunb.) Lindl.

有毒部位：叶、果仁。

主要有毒成分：苦杏仁苷。

中毒症状及处理：食用枇杷仁20～40粒可引起中毒。2h后出现头晕、头痛、恶心、呕吐、腹泻、头与胸部有压迫感症状，严重者可出现恐怖感症状、呼吸困难、瞳孔散大、昏迷、痉挛等症状，甚至可因呼吸衰竭死亡。牛、羊、猪食用树叶或种仁也会中毒，甚至死亡。

6. 柔毛水杨梅 Geum japonicum Thunb. var. **chinense** F. Bolle

有毒部位：全草。

主要有毒成分：水杨梅苷、酚性葡萄糖苷。

中毒症状及处理：药性寒，脾胃虚寒者慎服。

7. 贵州石楠（椤木石楠）**Photinia bodinieri** Lévl.

有毒部位：根、茎、叶、种子。

主要有毒成分：苦杏仁苷。

中毒症状及处理：人和动物误食叶和种子可引起氢氰酸中毒。

8. 光叶石楠 Photinia glabra (Thunb.) Maxim

有毒部位：根、茎、叶、种子。

主要有毒成分：苦杏仁苷。

中毒症状及处理：人和动物误食叶和种子可引起氢氰酸中毒。

9. 石楠 Photinia serratifolia (Desf.) Kalk.

有毒部位：根、叶。

主要有毒成分：苦杏仁苷。

中毒症状及处理：食用过量引起头痛、恶心、呕吐、心悸、四肢无力、烦躁等。

10. 蛇含委陵菜 Potentilla kleiniana Wight et Arn.

有毒部位：全草。

主要有毒成分：仙鹤草素、蛇含鞣质、长梗马兜铃素。

中毒症状及处理：文献记载有毒，未见中毒报道。

11. 李 Prunus salicina Lindl.

有毒部位：果实及种子。

主要有毒成分：苦李仁苷、绿原酸、木犀草素 -7-O- 二葡萄糖苷等。

中毒症状及处理：过食可引起脑胀虚热，如心烦发热、潮热多汗等症状。

二八 豆科 Leguminosae

1. 山合欢 Albizia kalkora (Roxb.) Prain

有毒部位：茎皮、花。

主要有毒成分：皂苷、鞣质。

中毒症状及处理：小鼠腹腔注射乙醇或水提取物 1000mg/kg，出现活动减少、翻正反射消失，惊厥死亡。

2. 亮叶猴耳环 Archidendron lucidum (Benth.) Nielsen

有毒部位：种子、豆荚。

主要有毒成分：猴耳环碱等多种生物碱。

中毒症状及处理：这些生物碱作用于中枢神经系统，使动物产生特征性痉挛；作用于神经末梢，有局部麻醉作用。人中毒后出现呕吐、眩晕，严重者可导致死亡。

3. 紫云英 Astragalus sinicus Linn.

有毒部位：全草。

主要有毒成分：槲皮素糖苷、芹菜素、异鼠李素、木犀草素、刺槐素、山柰酚等。

中毒症状及处理：马、牛、羊等牲畜大量采食可引起急性中毒；长期少量采食，能引起慢性中毒。急性中毒数天内死亡。慢性症发生缓慢，症状轻微，可能拖延数月或 1 年以上。中毒后，精神沉郁，食欲减退，步行不稳，后肢无力，有时伏卧地上，由于后肢麻痹而不能站立，终至死亡。有些病例由于中毒后肌肉失去控制，盲目奔跑，最后常麻痹而倒地不起。牛中毒多出现狂暴不安症状；妊娠母牛往往流产。羊慢性中毒症状不明显，特征是牙齿渐渐变黑并且松动。救治：马中毒后，可内服亚砷酸钾溶液

（每天1次，每次20ml）。牛中毒最好皮下注射硝酸士的宁0.008～0.15mg，每天1次，连续使用3天。

4. 薄叶羊蹄甲 Bauhinia glauca (Wall. ex Benth.) Benth. subsp. **tenuiflora** (Watt ex C. B. Clarke) K. Larsen et S. S. Larsen

有毒部位：果实。

主要有毒成分：香橙素、二氢槲皮素、5，7-二羟基色酮等。

中毒症状及处理：果实含有毒性，吃了会引起腹泻，甚至是中毒。

5. 云实 Caesalpinia decapetala (Roth) Alston

有毒部位：全株。茎和果实毒性较大。

主要有毒成分：生物碱、萜类、哌可酸。

中毒症状及处理：误食后出现兴奋、烦躁。

6. 杭子梢 Campylotropis macrocarpa (Bunge) Rehd.

有毒部位：全草。

主要有毒成分：木脂素、香豆素类、黄酮类、鞣质等。

中毒症状及处理：小鼠腹腔注射茎、叶的水提取物，出现安静、四肢无力、丧失攀爬能力、衰竭，36h后死亡。

7. 锦鸡儿 Caragana sinica (Buc′ hoz) Rehd.

有毒部位：茎、叶。

主要有毒成分：β-谷甾醇、胆甾醇、菜油甾醇等。

中毒症状及处理：茎、叶乙醇提取物小鼠腹腔注射的半致死量为10g/kg。

8. 含羞草决明 Cassia minmosoides Linn.

有毒部位：全株。

主要有毒成分：正三十一烷醇、大黄酚。

中毒症状及处理：大量食用后引起腹泻，孕妇多食引起流产。

9. 紫荆 Cercis chinensis Bunge

有毒部位：树皮。

主要有毒成分：阿福豆苷、槲皮素-3-α-L-鼠李糖苷、山柰酚等。

中毒症状及处理：毒性小。孕妇不适合服用这种中药材，避免自己以及胎儿的健康出现问题。

10. 响铃豆 Crotalaria albida Heyne ex Benth.

有毒部位：全草，种子毒性较大。

主要有毒成分：双稠吡咯啶类生物碱。

中毒症状及处理：过量服用出现体重减轻、动作不协调、黏膜黄染、嗜睡等，严重者可出现肝功能衰竭。研究表明，双稠吡咯啶类生物碱具有明显的肝毒性，可导致肝硬化，甚至肝癌。响铃豆不仅对人体有毒，对马、牛、羊、猪、猴、鸡均有毒性。

11. 假地蓝 Crotalaria ferruginea Grah. ex Benth.

有毒部位：全草。

主要有毒成分：猪屎豆碱、次猪屎豆碱、光萼猪屎豆碱、猪屎青碱等生物碱，尚含 β-谷甾醇、木犀草素、牡荆素、牡荆素木糖苷、能凝集人 A 型和 B 型红细胞的植物凝集素。

中毒症状及处理：种子及叶含大量生物碱，可通过完整皮肤吸收，主要表现为对肝脏毒性，但不出现贫血、血清总蛋白降低、血浆凝血时间延长（大鼠）。用开花期植物的叶喂饲山羊可引起中毒，干枯物则失去毒性。

12. 农吉利（野百合）**Crotalaria sessiliflora Linn.**

有毒部位：全草，种子毒性较大。

主要有毒成分：双稠吡咯啶类生物碱、农吉利甲素、农吉利乙素、农吉利丙素等生物碱。

中毒症状及处理：农吉利中毒潜伏期长，常常在停药后相当时间才表现出来，其对肝脏的损害是不可逆的，主要表现为食欲不振、腹胀、腹痛，继而黄疸、肝大、腹水，严重时引起肝昏迷、肝功能异常。救治：首先应立即停药，左旋半胱氨酸、二巯基丁二酸钠、甘草酸和牛黄清心丸对农吉利中毒有明显的防护和解毒作用。

13. 黄檀 Dalbergia hupeana Hance

有毒部位：根皮。

主要有毒成分：右旋来欧卡品、左旋来欧辛、芹菜素、异鼠李素、三萜糖苷、槐花皂苷等。

中毒症状及处理：小毒。药用时控制用量，出现中毒症状时，停药即可。

14. 中南鱼藤 Derris fordii Oliv.

有毒部位：全草。

主要有毒成分：鱼藤酮。

中毒症状及处理：人误食后引起中毒，发生阵发性腹痛、恶心、呕吐、阵发性痉挛、肌肉颤动、呼吸减慢、面色苍白、四肢冰冷、昏迷、瞳孔缩小、唇绀、心律不齐、脉微弱，可因呼吸中枢麻痹衰竭而死亡。皮肤中毒可出现片状丘疹，发红，并有渗出物。救治：洗胃、导泻，及对症治疗。

14a. 亮叶中南鱼藤 var. lucida How

有毒部位：参考中南鱼藤。

主要有毒成分：参考中南鱼藤。

中毒症状及处理：参考中南鱼藤。

15. 皂荚 Gleditsia sinensis Lam.

有毒部位：树皮、叶、果实、种子。

主要有毒成分：皂荚皂苷、皂荚苷。

中毒症状及处理：初感咽干热痛、上腹饱胀及灼热感，继则腹部绞痛、恶心呕吐、烦躁不安、腹泻、大便呈水样及泡沫状、头晕无力、四肢酸麻、酱油色小便、面色苍白、黄疸等。严重者可发生脱水、休克、呼吸急促、心悸痉挛、谵妄、呼吸麻痹，最后死亡。救治：早期洗胃、导泻；5%葡萄糖生理盐水静脉滴注，维持水、电解质平衡，并促进毒素排泄。严重者输血，吸氧，酌用地塞米松等可的松类激素。

16. 香花崖豆藤 Millettia dielsiana Harms

有毒部位：根、茎皮。

主要有毒成分：鱼藤酮、拟鱼藤酮。

中毒症状及处理：出汗、呕吐等反应。必要时对症处理。

17. 厚果崖豆藤 Millettia pachycarpa Benth.

有毒部位：根、叶、果实及种子。

主要有毒成分：鱼藤酮。

中毒症状及处理：呕吐，腹痛，眩晕，黏膜干燥，呼吸迫促，失神，对神经先兴奋后麻痹。救治：早期洗胃，给润滑保护剂，补充体液等对症治疗。

18. 网络崖豆藤（昆明鸡血藤）**Millettia reticulata Benth.**

有毒部位：茎藤、种子。

主要有毒成分：7-羟基-8, 4′-二甲基异黄酮、7-羟基-8, 4′-二甲氧基异黄酮。

中毒症状及处理：种子可毒鱼，人吃了会中毒。

19. 花榈木 Ormosia henryi Hemsl. et Wils.

有毒部位：全株。

主要有毒成分：牻牛儿醇、芫荽油醇、橙花醇、松油醇、桉油醇、苦艾萜。

中毒症状及处理：树皮活血化瘀，会引起孕妇流产。

20. 葛 Pueraria montana (Lour.) Merr.

有毒部位：全株。

主要有毒成分：黄酮类。

中毒症状及处理：葛根过量服用或长期服用会导致便秘，低血压、低血糖者应慎用。

21. 苦参 Sophora flavescens Ait.

有毒部位：根、种子。

主要有毒成分：苦参碱、氧化苦参碱、臭豆碱。

中毒症状及处理：正常用量服药，个别患者出现头昏、恶心、呕吐及便秘等轻微的不良反应，可自行消失。若过量，出现流涎、步态不稳、呼吸急促、脉搏快等症状，严重者出现痉挛、惊厥、呼吸慢及不规则等，甚至呼吸抑制危及生命。救治：早期催吐、洗胃、导泻；口服蛋清、牛奶、鞣酸蛋白；静脉滴注5%葡萄糖生理盐水；中草药解毒治疗。

22. 槐树 Sophora japonica Linn.

有毒部位：茎皮、叶、花、果。

主要有毒成分：花、果含多种黄酮、异黄酮及其苷类；种子含金雀花碱、N-甲基金雀花碱和苦参碱等生物碱。

中毒症状及处理：人和动物误食过多新鲜槐花或槐叶可引起水肿、皮肤发热、发痒等中毒症状。误食荚果可引起腹痛、腹泻等胃肠黏膜刺激症状。

23. 小巢菜 Vicia hirsuta (Linn.) S. F. Gray

有毒部位：全草。

主要有毒成分：叶含芹菜苷、槲皮素；种子含热精胺、氨丙基高精脒、腐胺、精脒、精胺。

中毒症状及处理：牲畜食后以慢性中毒为主，马、牛通常在食后一个月发病。种子所含的胺类，水解后释放出氢氰酸，人、畜误食过量引起中毒。

24. 大巢菜 Vicia sativa Linn.

有毒部位：全草，花期和果期毒性最大。

主要有毒成分：种子含毒苷类和神经毒素。前者有巢菜苷、野豌豆苷、蚕豆嘌呤核苷和伴巢菜苷；后者有 β-氰基丙氨酸和 γ-谷酰基-β-氰基丙氨酸。

中毒症状及处理：牲畜食后以慢性中毒为主，马、牛通常在食后一个月发病。种子所含的野豌豆苷，水解后释放出氢氰酸，人、畜误食过量引起中毒。

25. 紫藤 Wisteria sinensis Sweet

有毒部位：茎、叶、种子。

主要有毒成分：种子、叶含金雀花碱；茎皮含紫藤苷。

中毒症状及处理：呕吐，腹痛，腹泻以至脱水等。救治：可催吐、洗胃、导泻、对症治疗等。

二九 **酢浆草科** Oxalidaceae

1. 酢浆草 Oxalis corniculata Linn.

有毒部位：全草。

主要有毒成分：草酸盐。

中毒症状及处理：大量食用后出现流涎、呕吐、腹泻、脉搏缓慢、肌肉颤抖、瞳孔散大、抽搐、强直性痉挛、血尿、呼吸困难、发绀、虚脱。

1a. 直立酢浆草 var. stricta (Linn.) Huang et L. R. Xu

有毒部位：全草。

主要有毒成分：草酸盐。

中毒症状及处理：参考酢浆草。

三〇 **古柯科** Erythoxylaceae

1. 东方古柯 Erythroxylum sinense Y. C. Wu

有毒部位：叶。

主要有毒成分：叶含生物碱0.64%～1.48%，主要有1-可卡因、肉桂酰可卡因、α，β-组丝可卡因，并含苯甲酰芽子碱、芽子碱甲酮、降芽子碱、托哌可卡因、古豆碱、古豆醇碱、红古豆碱、芽子定甲酯。

中毒症状及处理：主要毒性反应是兴奋中枢神经系统，表现为多言、激动、失眠，并产生快感，剂量增大则低级中枢受波及，引起震颤和惊厥，继而由兴奋转为抑制，可因呼吸中枢的抑制而死亡。

三一 蒺藜科 Zygophyllaceae

1. 蒺藜 Tribulus terrestris Linn.

有毒部位：全草。

主要有毒成分：刺蒺藜苷、紫云英苷、生物碱、皂苷、亚硝酸盐等。

中毒症状及处理：乏力，嗜睡，头昏，恶心，呕吐，心悸，气急，脉数，口唇、指甲、皮肤黏膜呈青紫色。严重者出现肺水肿，呼吸衰竭，甚至窒息。血虚气弱及孕妇禁用。救治：迅速洗胃，导泻；给氧；静脉注射细胞色素C 15～30ml；抗休克；静脉注射1%美兰1～2mg/kg，1～2h后可重复一次。

三二 芸香科 Rutaceae

1. 松风草（臭节草）**Boenninghausenia albiflora (Hook.) Reichb. ex Meisn.**

有毒部位：全草。

主要有毒成分：白藓碱、花椒毒素。

中毒症状及处理：小白鼠腹腔注射氯仿提取液1250mg/kg后，出现步态不稳的情况，40min后有2/3小白鼠翻正反射消失。腹腔注射乙醇提取液1137.5mg/kg，15min后活动减少，瘫痪，惊厥死亡。

2. 楝叶吴茱萸（臭辣树）**Euodia fargesii Dode**

有毒部位：果实。

主要有毒成分：生物碱、黄酮、柠檬苦素。

中毒症状及处理：文献资料记载有毒，未见中毒报道。

3. 吴茱萸 Euodia rutaecarpa (Juss.) Benth.

有毒部位：果实。

主要有毒成分：吴茱萸碱、吴茱萸次碱、吴茱萸卡品碱、羟基吴茱萸碱、吴茱萸因碱等。

中毒症状及处理：大量吴茱萸对中枢神经有兴奋作用，可引起视力障碍及错觉。在临床上中毒者很少。

4. 臭常山 Orixa japonica Thunb.

有毒部位：根及全草。

主要有毒成分：白藓碱、花椒毒素。

中毒症状及处理：毒性小。药用中偶见出现恶心、呕吐、腹痛等症状，通常停药后能自行消失。

5. 茵芋 Skimmia reevesiana Fort.

有毒部位：茎叶。

主要有毒成分：茵芋碱、单叶芸香品碱、吴茱萸定碱、吴茱萸素、茵芋宁碱等。

中毒症状及处理：误食少量引起轻度痉挛，大量则引起血压下降、心脏停博而死亡。救治：痉挛时肌肉注射苯巴比妥，然后洗胃、导泻，血压下降则注射肾上腺素。

6. 飞龙掌血 Toddalia asiatica (Linn.) Lam.

有毒部位：果实。

主要有毒成分：飞龙内酯、小檗碱、飞龙碱。

中毒症状及处理：头痛、头晕。救治：按中毒急救一般原则处理，并对症治疗。

7. 椿叶花椒 Zanthoxylum ailanthoides Sieb. et Zucc.

有毒部位：树皮。

主要有毒成分：花椒碱、茵芋碱、樟叶木防己碱、木兰碱等。

中毒症状及处理：易导致癌变。

8. 竹叶椒 Zanthoxylum armatum DC.

有毒部位：果实、叶、根。

主要有毒成分：白鲜碱、茵芋碱、木兰碱、崖椒碱、竹叶椒碱。

中毒症状及处理：轻者恶心，呕吐，腹泻；重者瞳孔缩小，谵妄，昏迷，呼吸衰竭。救治：催吐，洗胃，口服蛋清，并行输液排毒，应用兴奋剂等。

8a. 毛竹叶椒 var. ferrugineum (Rehd. et Wils.) C. C. Huang

有毒部位：参考竹叶椒。

主要有毒成分：参考竹叶椒。

中毒症状及处理：参考竹叶椒。

9. 花椒 Zanthoxylum bungeanum Maxim.

有毒部位：果皮、种子。

主要有毒成分：牻牛儿醇。

中毒症状及处理：恶心，呕吐，口干，头昏，严重时抽搐，谵妄，昏迷，呼吸困难，最后因呼吸衰竭死亡。救治：对症处理，催吐、洗胃，服鸡蛋清等。抽搐时可肌肉注射安定；呼吸困难时可吸氧，注射山梗菜碱等呼吸兴奋剂。

三三 苦木科 Simaroubaceae

1. 臭椿 Ailanthus altissima Swingle

有毒部位：根皮、树皮、叶。

主要有毒成分：臭椿苦酮、臭椿苦内酯、苦木素、新异苦木素、槲皮苷等。

中毒症状及处理：小鼠口服臭椿的半致死量为27.3mg/kg，死亡小鼠的肝脏和胃肠道均出现了明显的病理损伤。

2. 苦木 Picrasma quassioides (D. Don) Benn.

有毒部位：树皮、根皮或茎干。

主要有毒成分：苦木碱等吲哚类生物碱及三萜化合物。

中毒症状及处理：误服过量后，出现咽喉、胃部疼痛，呕吐，下泻，眩晕，抽搐，严重者则出现休克。救治：洗胃、服蛋清或面糊。并对症治疗。

三四 楝科 Meliaceae

1. 楝树 Melia azedarach Linn.

有毒部位：树皮、叶、种子。

主要有毒成分：四环三萜类化合物、苦楝毒素。

中毒症状及处理：种子毒性最大，树皮次之，叶最小。成人食果6～9个、种子30～40粒、树皮400g，可在0.5～3h死亡。临床应用控制严格的用量范围，一般无严重反应。救治：主要是对症治疗，如催吐、洗胃、补液、补充维生素。若呼吸困难，应输氧。

2. 香椿 Toona sinensis (A. Juss.) Roem.

有毒部位：叶。

主要有毒成分：叶含硝酸盐和亚硝酸盐。

中毒症状及处理：香椿中的硝酸盐含量超过了世界卫生组织和联合国粮农组织的标准。两种人不宜吃香椿：一是得了过敏性疾病，也就是过敏体质的人，比如得过敏性紫癜等的病人；二是患过大病的病人，比如得过肾衰竭的病人。

三五 远志科 Polygalaceae

1. 齿果草 Salomonia cantoniensis Lour.

有毒部位：全草。

主要有毒成分：不详。

中毒症状及处理：文献记载有小毒，未见中毒报道。

三六 大戟科 Euphorbiaceae

1. 黑面神 Breynia fruticosa (Linn.) Muell.-Arg.

有毒部位：嫩枝叶。

主要有毒成分：鞣质、酚类和三萜。

中毒症状及处理：头昏，上腹不适，频繁呕吐，尿少等。肝脏受损时可出现黄疸及转氨酶升高。

2. 巴豆 Croton tiglium Linn.

有毒部位：全株，种子毒性最大。

主要有毒成分：巴豆油、巴豆毒素、巴豆苷、巴豆毒性球蛋白及生物碱。

中毒症状及处理：误食、服用过量、手剥巴豆壳或接触巴豆油均可中毒或损害皮肤。内服5～16mg即可出现症状。初时咽喉肿痛，眩晕，呕吐，肠绞痛，频繁泻下米汤样大便或便血，并见血尿或尿闭。可因剧烈吐泻引起脱水，脉搏细弱，体温下降，皮肤冷湿，危重者，可因急性肾功能衰竭或呼吸循环衰竭而死亡。皮肤接触巴豆油，即可出现脓疱状皮疹，症见发泡水肿，并有烧灼感。救治：内服中毒者，立即用温水洗胃，洗胃后给予冷牛奶、蛋清、冷米汤、豆浆等；或用黄连、黄柏煎汤冷服；也可用捣烂的鲜芭蕉叶榨汁饮服。并可根据病情酌用强心剂、输液、解痉剂、止痛剂以及针刺等抢救措施。外用中毒者，可用冷水洗涤患部，或用黄连30～60g水煎，待冷，洗敷患部。

3. 泽漆 Euphorbia helioscopia Linn.

有毒部位：全草。

主要有毒成分：泽漆皂苷、泽漆醇、三萜、大戟乳脂。

中毒症状及处理：轻者上腹不适、疼痛，重者可致剧烈腹痛、腹泻、恶心、呕吐、头痛、烦躁不安、血压下降，严重者脱水呈休克状。外用亦可引起黏膜充血。救治：中毒严重者可中西医结合对症处理。中药可用大青叶、生绿豆、黑豆各30g，甘草15g，水煎2次，合在一起，每4h服1次，2次服完，连服3～4剂。或先用温水洗胃，然后服活性炭末20g。剧烈腹痛时肌肉注射延胡索针2～4ml，每4h 1次。烦躁不安时，口服巴比妥类药物。呼吸困难时，给予中枢神经兴奋药。

4. 飞扬草 Euphorbia hirta Linn.

有毒部位：全草。

主要有毒成分：黄酮苷、酚类、蒲公英萜醇等。

中毒症状及处理：中毒后可引起腹泻。救治：生甘草10g、金银花12g，煎服。

5. 地锦（地锦草）**Euphorbia humifusa Willd.**

有毒部位：全草。

主要有毒成分：黄酮苷、酚类。

中毒症状及处理：中毒后可引起腹泻。救治：生甘草10g、金银花12g，煎服。

6. 斑地锦 Euphorbia maculata Linn.

有毒部位：参考地锦。

主要有毒成分：参考地锦。

中毒症状及处理：参考地锦。

7. 一叶萩（叶底珠）**Flueggea suffruticosa (Pall.) Baill.**

有毒部位：全株，鲜嫩枝、叶、根及汁液毒性较大，开花期毒性最大。

主要有毒成分：一叶萩碱、二氢一叶萩碱、叶底珠碱。

中毒症状及处理：一叶萩碱用于穴位注射时部分病人出现局部肿胀，一般停药2天后症状消失。若注射误入血管或注射量过大，可引起强直性惊厥、呼吸麻痹，最后死于呼吸停止。救治：严重者可静脉滴注5%~10%葡萄糖注射液，并给予吸氧。

8. 算盘子（馒头果）**Glochidion puberum (Linn.) Hutch.**

有毒部位：果、根、叶。

主要有毒成分：牡荆素、胡萝卜苷、β-谷甾醇、槲皮素等。

中毒症状及处理：过量服用以后容易出现食物中毒，会让使用者出现恶心、呕吐和腹胀等不良症状。

9. 粗糠柴 Mallotus philippensis (Lam.) Muell. -Arg.

有毒部位：果实和叶下棕红色腺点。

主要有毒成分：粗糠柴素。

中毒症状及处理：恶心，剧烈下泻，呕吐。救治：洗胃，内服蛋清、面糊、活性炭或鞣酸蛋白，大量频饮淡盐水或静脉滴注5%葡萄糖生理盐水；对症治疗。

10. 石岩枫 Mallotus repandus (Willd.) Muell.- Arg.

有毒部位：全株。

主要有毒成分：水解鞣质、石岩枫氰吡酮、二萜内酯、羽扇豆醇、蒲公英赛醇、熊果酸等。

中毒症状及处理：中国植物图谱数据库收录的有毒植物。未见中毒报道。

11. 白木乌桕 Neoshirakia japonica (Sieb. et Zucc.) Esser

有毒部位：根皮。

主要有毒成分：大戟二萜醇酯、大戟二萜醇、2, 4, 6-三烯癸酸-β-乙酸酯等。

中毒症状及处理：中国植物图谱数据库收录的有毒植物。未见中毒报道。

12. 蜜柑草 Phyllanthus ussuriensis P. Rupr. et Maxim.

有毒部位：全草。

主要有毒成分：老鹳草素、柯里拉京、短叶苏木酚酸、鞣花酸、没食子酸、原儿茶酸。

中毒症状及处理：文献记载有毒，未见中毒报道。

13. 蓖麻 Ricinus communis Linn

有毒部位：茎、叶、种子。

主要有毒成分：蓖麻毒素、蓖麻碱。

中毒症状及处理：蓖麻毒素是一种细胞原浆毒，可损害肝、肾等实质脏器，并有凝集、溶解红细胞的作用。中毒症状为咽喉灼热、恶心呕吐、腹痛腹泻、肝肾损伤，最后血压下降，呼吸停止而死亡。救治：轻者可催吐、洗胃、导泻、服小苏打、静脉滴注葡萄糖生理盐水。重者可使用止痛剂、解痉剂、强心剂等药物。

14. 山乌桕 Triadica cochinchinensis Lour.

有毒部位：种子、树皮、根皮、叶。

主要有毒成分：蒲公英赛醇、β-谷甾醇、没食子酸等。

中毒症状及处理：孕妇及体虚者忌服。用量加大需久煎，如服药后出现腹泻不止时，可服冷稀饭解之。

15. 乌桕 **Triadica sebifera** (Linn.) Small

有毒部位：根、茎的木质部和韧皮部，种子。

主要有毒成分：花椒素油、白蒿香豆精、东莨菪素、甾醇、树胶。

中毒症状及处理：大剂量内服或以乌桕木材作砧板均可引起中毒，出现具有明显的胃肠道症状，如恶心、呕吐、腹痛、腹泻等，少数有四肢、口唇发麻、面色苍白、惊慌、胸紧、严重咳嗽等。救治：洗胃，导泻，服活性炭，大量饮淡盐水，静脉滴注5%葡萄糖生理盐水。民间用蜂蜜冲服解毒。

16. 油桐 **Vernicia fordii** (Hemsl.) Airy-Shaw

有毒部位：全株，种子毒性较大。

主要有毒成分：桐子酸、异桐子酸。

中毒症状及处理：轻者头晕、胸闷、恶心、呕吐、腹痛、腹泻，重者出现汗多、血性大便、全身痛、乏力、呼吸困难、抽搐，最后因心脏停博而死亡。救治：洗胃，导泻，服牛奶、蛋清及大量糖水，或饮用淡盐水，促进毒液排出，适当补液。出现循环衰竭时，应立即采用强心剂。民间采用红糖、米煮粥内服，或生甘草30g用水煎服。

三七 交让木科（虎皮楠科） Daphniphyllaceae

1. 交让木 **Daphniphyllum macropodum** Miq.

有毒部位：叶、种子。

主要有毒成分：共交让木碱、交让木碱、交让木碱Ⅱ。

中毒症状及处理：中国植物图谱数据库收录的有毒植物，煎汁可作驱虫药，动物食后可致死。

2. 虎皮楠 **Daphniphyllum oldhamii** (Hemsl.) Rosenth.

有毒部位：根、叶。

主要有毒成分：共交让木碱、交让木碱、交让木碱Ⅱ。

中毒症状及处理：中国植物图谱数据库收录的有毒植物，煎汁可作驱虫药，动物食后可致死。

三八 黄杨科 Buxaceae

1. 匙叶黄杨 **Buxus bodinieri** Lévl.

有毒部位：叶、树皮。

主要有毒成分：多种甾体生物碱。

中毒症状及处理：腹泻、腹痛、痉挛，严重中毒可出现剧烈腹痛，因呼吸及循环障碍而死亡。

2. 黄杨 Buxus sinica (Rehd. et Wils.) Cheng ex M. Cheng

有毒部位：叶。

主要有毒成分：多种甾体生物碱。

中毒症状及处理：腹泻、腹痛、步态不稳、痉挛，严重中毒可因呼吸及循环障碍而死亡。

三九 漆树科 Anacardiaceae

1. 黄连木 Pistacia chinensis Bunge

有毒部位：根、树皮、叶、芽。

主要有毒成分：β-谷甾醇、槲皮素。

中毒症状及处理：毒性小，其性寒凉，脾胃虚寒者慎用。

2. 盐肤木（盐麸木）Rhus chinensis Miller.

有毒部位：叶或叶柄上长的虫瘿（五倍子）。

主要有毒成分：五倍子鞣酸。

中毒症状及处理：用量过大可引起中毒，出现恶心、呕吐、腹痛、下泻或便秘等消化道症状。救治：一般停药后上述症状即可自行消失，重者给予对症处理。

3. 野漆 Toxicodendron succedaneum (Linn.) Kuntze

有毒部位：全株，特别是乳汁。

主要有毒成分：野漆树苷。

中毒症状及处理：部分人接触野漆树会产生过敏反应，皮肤红肿、痒痛。若误食过量则因野漆树的强烈刺激作用而发生呕吐，毒物吸收则引起全身水肿、疲倦、瞳孔散大。救治：皮肤过敏者可用韭菜烤热擦患处，或用肥皂水、碳酸氢钠溶液洗涤，或用3%硼酸湿敷患处。服蛋清、面糊、活性炭；口服抗过敏药；静脉注射钙剂；酌情给解痉剂等对症治疗。

4. 木蜡树 Toxicodendron sylvestre (Sieb. et Zucc.) Kuntze

有毒部位：参考野漆。

主要有毒成分：参考野漆。

中毒症状及处理：参考野漆。

5. 毛漆树 Toxicodendron trichocarpum (Miq.) Kuntze

有毒部位：枝叶，特别是乳汁。

主要有毒成分：野漆树苷。

中毒症状及处理：部分人接触毛漆树会产生过敏反应，皮肤红肿、痒痛。救治：参考野漆。

四〇 冬青科 Aquifoliaceae

1. 大叶冬青 Ilex latifolia Thunb.

有毒部位：叶。

主要有毒成分：熊果酸、熊果醇、β-谷甾醇。

中毒症状及处理：性大寒，味苦。脾胃虚寒者慎用。

四一 卫矛科 Celastraceae

1. 南蛇藤 Celastrus orbiculatus Thunb.

有毒部位：全株。

主要有毒成分：黄酮苷、南蛇藤三醇、异南蛇藤三醇。

中毒症状及处理：服用后有胃肠道反应，表现为轻度的胃部不适、恶心、呕吐等。

2. 雷公藤 Tripterygium wilfordii Hook.

有毒部位：全株，嫩叶、芽尖毒性最大，根次之。

主要有毒成分：种类多，以雷公藤碱毒性较大。

中毒症状及处理：大毒。中毒症状是多方面的，消化系统、心血管系统、泌尿系统、呼吸系统、神经系统、血液系统、生殖系统等均有损害。按常规剂量用药，副作用发生率36.7%。超过剂量，或服用禁止入药部分，如嫩叶、芽尖等就会中毒，嫩芽7个或30～60g可致死，一般中毒后24h死亡，最多可超过4天。雷公藤药用必须在专业医生指导下，严格按剂量和服用方法进行。

四二 无患子科 Sapindaceae

1. 无患子 Sapindus saponaria Linn.

有毒部位：果实，尤其是种子。

主要有毒成分：无患子皂苷。

中毒症状及处理：食其果会引起恶心、呕吐，还有溶血作用。

四三 清风藤科 Sabiaceae

1. 清风藤 Sabia japonica Maxim.

有毒部位：全株。

主要有毒成分：青风藤碱、尖防己碱、白兰花碱、光千金藤碱、青藤碱、双青藤碱、木兰花碱、异青藤碱、土藤碱、豆甾醇、β-谷甾醇、消旋丁香树脂酚、十六烷酸甲酯。

中毒症状及处理：青藤碱小鼠口服的半致死量为580mg/kg，静脉注射的半致死量为156.7mg/kg，皮下注射的半致死量为535mg/kg。

四四 凤仙花科 Balsaminaceae

1. 凤仙花 Impatiens balsamina Linn

有毒部位：全草。

主要有毒成分：山奈酚。

中毒症状及处理：皮肤接触凤仙花的花，特别是汁液，会红肿、发痒、疼痛。尽快用肥皂水清洗。内服凤仙花根可使中枢神经受抑制，表现为神志淡漠、乏力、呼吸困难等。救治：催吐，洗胃，导泻，输液。

四五 鼠李科 Rhamnaceae

1. 长叶冻绿 Rhamnus crenata Sieb. et Zucc.

有毒部位：根、茎、叶。

主要有毒成分：柯桠素。

中毒症状及处理：腹泻、腰疼、血尿、蛋白尿。救治：先洗胃，后服浓茶或鞣酸、活性炭，必要时可静脉滴注葡萄糖生理盐水。

2. 薄叶鼠李 Rhamnus leptophylla Schneid.

有毒部位：参考长叶冻绿。

主要有毒成分：参考长叶冻绿。

中毒症状及处理：参考长叶冻绿。

四六 葡萄科 Vitaceae

1. 蛇葡萄 Ampelopsis glandulosa (Wall.) Momiyama

有毒部位：全草。

主要有毒成分：黄酮苷、酚类。

中毒症状及处理：文献记载有小毒，目前未发现中毒报道，用药应按用量以防万一。

2. 乌蔹莓 Cayratia japonica (Thunb.) Gagnep.

有毒部位：全株。

主要有毒成分：咖啡酸乙酯、木犀草素、芹菜素。

中毒症状及处理：上述物质有明显的细胞毒性，在浓度为50μm时，细胞生长抑制率为73.6%。

3. 爬山虎 Parthenocissus tricuspidata (Sieb. et Zucc.) Planch.

有毒部位：全株。

主要有毒成分：羟乙基赖氨酸、羟乙基鸟氨酸、矢车菊素。

中毒症状及处理：中国植物图谱数据库收录的有毒植物，全株有毒。但未见人中毒报道。

4. 无毛崖爬藤 Tetrastigma obtectum (Wall.) Planch. var. **glabrum**（Lévl. et Vent.）Gagnep.

有毒部位：全株。

主要有毒成分：不详。

中毒症状及处理：中国植物图谱数据库收录的有毒植物，全株有毒。但未见人中毒报道。

四七 椴树科 Tiliaceae

1. 甜麻 Corchorus aestuans Linn.

有毒部位：种子。牛、马食用后会死亡。

主要有毒成分：七里香苷甲、黄麻醇。

中毒症状及处理：对人和动物均有毒性，误食量大即可致死。

2. 扁担杆 Grewia biloba G. Don

有毒部位：全株。

主要有毒成分：木栓酮、表木栓醇、二十一烷酸、β-谷甾醇、棕榈酸丙酯、儿茶素。

中毒症状及处理：文献记载有毒，未见中毒报道。

四八 锦葵科 Malvaceae

1. 苘麻 Abutilon theophrasti Medik.

有毒部位：全草。

主要有毒成分：生物碱、甾体类、锦葵酸、苹婆酸，叶还含芦丁。

中毒症状及处理：平时不能过量服用，不然会产生一些副作用，如腹痛腹泻、恶心、呕吐。脾胃虚寒和体质较弱的人群不适宜吃。

2. 白背黄花稔 Sida rhombifolia Linn.

有毒部位：全草。

主要有毒成分：麻黄碱、鸭嘴花酚碱、鸭嘴花酮碱等生物碱。

中毒症状及处理：文献记载有毒，未见中毒报道。

四九 猕猴桃科 Actinidiaceae

1. 中华猕猴桃 Actinidia chinensis Planch.

有毒部位：根。

主要有毒成分：大黄素酸、β-谷甾醇、猕猴桃碱等。

中毒症状及处理：小毒，孕妇服用可能引起流产，应慎用。

五〇 山茶科 Theaceae

1. 毛花连蕊茶 Camellia fraterna Hance

有毒部位：叶、花、果。

主要有毒成分：3-羟基-4-甲氧基苯甲酸、熊果酸。

中毒症状及处理：文献记载有毒，未见中毒报道。

2. 红山茶 Camellia japonica Linn.

有毒部位：根、果。

主要有毒成分：风信子、槲皮素、山柰酚、原儿茶酸等。

中毒症状及处理：文献记载有毒，未见中毒报道。

3. 油茶 Camellia oleifera C. Abel

有毒部位：叶、花、果。

主要有毒成分：茶碱、咖啡因碱、奎宁碱、洋地黄、皂苷。

中毒症状及处理：对动物，特别是鱼类有显著的胃毒作用。

4. 茶 Camellia sinensis (Linn.) Kuntze

有毒部位：叶、花、果。

主要有毒成分：咖啡因、茶碱、黄嘌呤、鞣质等。

中毒症状及处理：文献记载有毒，未见中毒报道。

5. 木荷 Schima superba Gardn. et Champ.

有毒部位：全株，树皮和根皮毒性较大。

主要有毒成分：2, 6-二甲氧基苯醌、2, 4, 6-三甲氧基苯酚、丁香酸、松柏醛、丁香醛、山奈酚、槲皮素等。

中毒症状及处理：皮肤接触其树皮可产生红肿、发痒；误食全株任何部分，特别是树皮和根皮可中毒致死。

6. 厚皮香 Ternstroemia gymnanthera (Wight et Arn.) Beddome

有毒部位：果。

主要有毒成分：不详。

中毒症状及处理：文献记载果有毒，未见中毒报道。

五一 藤黄科 Guttiferae（Clusiaceae）

1. 黄海棠 Hypericum ascyron Linn.

有毒部位：全株。

主要有毒成分：金丝桃素，其花瓣中含量最高。

中毒症状及处理：金丝桃素是一种继发性光敏物质，能促使机体细胞对太阳光波照射敏感，仅对无色素区域细胞产生作用，引起细胞本身的水肿甚至坏死，引发光敏性皮炎。对牛、羊等牲畜，特别是白色动物光敏作用明显。

2. 元宝草 Hypericum sampsonii Hance

有毒部位：全草。

主要有毒成分：聚（异）戊二烯二苯甲酮类衍生物、萘骈双蒽酮、黄酮类、二苯甲酮类等。

中毒症状及处理：参考黄海棠。

五二 堇菜科 Violaceae

1. 犁头草（心叶堇菜）Viola japonica Langsd. ex DC.

有毒部位：全草。

主要有毒成分：棕榈酸、对羟基苯甲酸等。

中毒症状及处理：小毒。药性寒凉，脾胃虚寒者慎用。

五三 秋海棠科 Begoniaceae

1. 秋海棠 Begonia grandis Dry.

有毒部位：全草。

主要有毒成分：β-谷甾醇、β-香树素、胡萝卜苷、豆甾醇、豆甾醇-3-β-D-吡喃葡萄糖苷、4′，5，7-三羟基酮-6-O-β-D-吡喃葡萄糖苷。

中毒症状及处理：有微毒，服药后部分人会出现皮肤瘙痒、呕吐、拉肚子、咽喉肿痛、呼吸困难等症状。停药后上述症状通常会自行消失。

五四 瑞香科 Thymelaeaceae

1. 芫花 Daphne genkwa Sieb. et Zucc.

有毒部位：全株，以花蕾和根毒性较大。

主要有毒成分：芫花酯甲、芫花酯乙、芫花酯丙、苯甲酰基瑞香毒素等二萜类化合物。

中毒症状及处理：外用可引起皮肤充血，内服过量可出现恶心、呕吐、剧烈腹痛、腹泻、头疼头晕，甚至昏迷。救治：内服中毒者，早期可饮大量冷浓茶，或用白芨9g，研成细粉一次冲服，以保护胃黏膜。腹痛剧烈时，肌肉注射盐酸吗啡15mg及盐酸阿托品0.6mg。

2. 毛瑞香 Daphne kiusiana Miq. var. **atrocaulis** (Rehd.) F. Maekawa

有毒部位：根皮。

主要有毒成分：瑞香毒素、白瑞香素、伞形花内酯。

中毒症状及处理：参考芫花。

3. 结香 Edgeworthia chrysantha Lindl.

有毒部位：茎皮或根皮。

主要有毒成分：β-谷甾醇、瑞香素、瑞香苷。

中毒症状及处理：瞌睡，全身无力，血压下降，呕吐等。生品外用可致皮肤起泡。救治：洗胃，导泻，输液，利尿，对症治疗。

4. 南岭荛花（了哥王）**Wikstroemia indica** (Linn.) C. A. Mey.

有毒部位：根皮、茎、叶、果实。

主要有毒成分：西瑞香素、邻苯二甲酸二丁酯、β-谷甾醇、对羟基苯甲酸甲酯、2,4,6-三羟基苯甲酸甲酯、芫花素。

中毒症状及处理：皮肤接触可引起红肿、起泡、发痒。内服用量过大、煎煮时间不足、炮制不当均可致中毒。表现为胸闷、恶心、呕吐、腹痛、大量腹泻等。救治：吃冷白粥，大量饮服盐水、浓茶。

5. 北江荛花 Wikstroemia monnula Hance.

有毒部位：根。

主要有毒成分：二萜、黄酮、酚酸类、苷类等。

中毒症状及处理：参考南岭荛花。

五五 石榴科 Punicaceae

1. 石榴 Punica granatum Linn.

有毒部位：果皮、根皮、茎皮。

主要有毒成分：石榴皮总碱、异石榴皮总碱、伪石榴皮总碱、甲基异石榴皮总碱等多种生物碱。

中毒症状及处理：恶心，呕吐，腹痛腹泻，反应亢进，眩晕，头痛，耳鸣，视觉模糊，虚弱，小腿痉挛；剂量过大则迅速产生瞳孔散大，部分盲目，剧烈头痛，衰竭，有时惊厥，最终致呼吸麻痹而死亡。救治：轻者无需特殊处理，停药后短期内症状即可消失。重者必须立即停药，并予以洗胃、导泻及对症处理。

五六 蓝果树科 Nyssaceae

1. 喜树 Camptotheca acuminata Decne.

有毒部位：果实、根皮、树皮、枝和叶。

主要有毒成分：喜树碱。

中毒症状及处理：抗癌中药。内服或注射过量引起中毒，导致消化系统、造血系统、泌尿系统功能障碍，口腔黏膜感染，脱发，皮肤痒痛、炎性红斑和水泡。用药必须注意病人的身体状况，准确合理，甘草酸单铵盐能显著对抗喜树碱毒性。

五七 八角枫科 Alangiaceae

1. 八角枫（华瓜木）Alangium chinense (Lour.) Harms

有毒部位：全株，特别是根、须根和树皮。

主要有毒成分：生物碱（毒黎碱）、酚类。

中毒症状及处理：误服须根 15～30g，可致中毒。症状如面色苍白，头昏，肢软无力，皮肤麻木，甚至活动，呼吸浅慢，严重时呼吸停止，室性心动过速，以至心跳停止。严格掌握剂量，心、肝、肺、肾功能减退者，更应慎之。救治：洗胃、静脉补液、利尿剂排毒，呼吸抑制时进行人工呼吸。

2. 毛八角枫 Alangium kurzii Craib

有毒部位：参考八角枫。

主要有毒成分：参考八角枫。

中毒症状及处理：参考八角枫。

2a. 云山八角枫 var. handelii (Schnarf) Fang

有毒部位：参考八角枫。

主要有毒成分：参考八角枫。

中毒症状及处理：参考八角枫。

3. 瓜木（三裂瓜木）**Alangium platanifolium** (Sieb. et Zucc.) Harms var. **trilobum** (Miq.) Ohwi

有毒部位：参考八角枫。

主要有毒成分：参考八角枫。

中毒症状及处理：参考八角枫。

五八 **五加科** Araliaceae

1. 楤木 Aralia chinensis Linn.

有毒部位：茎皮。

主要有毒成分：齐墩果酸、刺囊酸、常春藤苷元、豆甾醇、油菜甾醇、谷甾醇。

中毒症状及处理：该物种为中国植物图谱数据库收录的有毒植物，其毒性为小鼠腹腔注射 $10\sim20g/kg$ 皮的水提取物，抽搐死亡。因有较强的活血祛瘀功效，孕妇慎用。

2. 中华常春藤 Hedera nepalensis K. Koch var. **sinensis** (Tobl.) Rehd.

有毒部位：茎、叶。

主要有毒成分：常春藤苷、肌醇、胡萝卜素等。

中毒症状及处理：麻醉、呕吐、呼吸困难等。孩童误食会引起腹痛、腹泻等症状，严重时会引发肠胃发炎、昏迷，甚至导致呼吸困难。救治：及时喝一些糖水，冲淡毒性，并根据中毒情况采取相应救治措施。

五九 **伞形科** Umbelliferae (Apiaceae)

1. 紫花前胡 Angelica decursiva (Miq.) Franch. et Sav.

有毒部位：根。

主要有毒成分：6, 7-吡喃香豆素、紫花前胡次素、紫花前胡素、紫花前胡苷、紫花前胡苷元、紫花前胡皂苷、柠檬烯、间伞花烃、对特丁基茴香醚等。

中毒症状及处理：煮食鲜品致日光性皮炎、皮肤灼烧样疼痛、水肿、头昏、恶心。应依据病情及个体差异，严格控制剂量，禁止超剂量应用。需长期使用紫花前胡及其制剂时，应在医师指导下用药，以确保用药安全、有效。

2. 蛇床 Cnidium monnieri (Linn.) Cuss.

有毒部位：果实。

主要有毒成分：总香豆素。

中毒症状及处理：服用后，少数患者有轻微口干、思睡及胃部不适，饭后服用可避免，停药后自然消失。蛇床浸液外擦，少数患者出现皮肤潮红、剧痒。强阳精关不固者慎用。救治：口服赛庚啶片，外擦丙酸培氯美松霜。

3. 野胡萝卜 Daucus carota Linn

有毒部位：成熟果实（南鹤虱）及全草。

主要有毒成分：南鹤虱挥发油。

中毒症状及处理：文献记载有小毒，但口服致急性中毒之实例未见报道。本品有抗生育、引产作用，孕妇慎用。

4. 天胡荽 Hydrocotyle sibthorpioides Lam.

有毒部位：全草。

主要有毒成分：正丁基-O-β-D-吡喃果糖苷、当归棱子芹醇葡萄糖苷、槲皮素、3-O-β-D-半乳糖苷、槲皮素、芹菜素、山奈酚、齐墩果酸、β-谷甾醇、豆甾醇等。

中毒症状及处理：药性寒凉，所以体虚、胃寒的人慎用鲜品，孕妇慎服。

4a. 破铜钱 var. batrachium (Hance) Hand.-Mazz. ex Shan

有毒部位：参考天胡荽。

主要有毒成分：参考天胡荽。

中毒症状及处理：参考天胡荽。

5. 前胡（白花前胡）**Peucedanum praeruptorum Dunn**

有毒部位：根。

主要有毒成分：白花前胡甲素、白花前胡乙素、白花前胡丙素等香豆素类化合物。

中毒症状及处理：气虚血少之病；凡阴虚火炽，煎熬真阴，凝结为痰而发咳喘；真气虚而气不归元，以致胸胁逆满；头痛不因于痰，而因于阴血虚；内热心烦，外现寒热而非外感者，禁用前胡。

6. 异叶茴芹 Pimpinella diversifolia DC.

有毒部位：全草。

主要有毒成分：棕榈酸、亚油酸、吉马烯、姜烯、法内散、β-红没药烯等。

中毒症状及处理：小毒。孕妇慎用。

7. 小窃衣 Torilis japonica (Houtt.) DC.

有毒部位：全草。

主要有毒成分：α-侧柏烯、α-蒎烯、β-蒎烯、樟烯、莒烯、α-水芹烯、柠檬烯、β-水芹烯、γ-松油烯、对聚伞花素、β-丁香烯、乙酸龙脑酯、乙酸牻牛儿酯等。

中毒症状及处理：文献记载有小毒，未见中毒报道。

8. 窃衣 Torilis scabra (Thunb.) DC.

有毒部位：参考小窃衣。

主要有毒成分：参考小窃衣。

中毒症状及处理：参考小窃衣。

六 ● 山茱萸科 Cornaceae

1. 青荚叶 Helwingia japonica (Thunb.) Dietr.

有毒部位：叶、果。

主要有毒成分：谷甾醇、羽扇豆醇、桦木醇、桦木酸、棕榈酸甘油酯、桂皮酸、H-4-烯-3-酮-豆甾醇、H-4-烯-3-酮-豆甾醇、2′, 3′, 4′, 5′, 6′-五羟基查耳酮、洋芹素7-O-β-D-吡喃葡萄糖苷和木犀草素7-O-β-D-吡喃葡萄糖。

中毒症状及处理：文献记载有小毒，未见中毒报道。

六一 杜鹃花科 Ericaceae

1. 毛果南烛 Lyonia ovalifolia (Wall.) Drude var. **hebecarpa** (Franch. ex Forb. et Hemsl.) Chun

有毒部位：全株，尤以花的毒性最大。

主要有毒成分：梫木毒素。

中毒症状及处理：牲畜食用后昏迷、呼吸麻痹、运动神经末梢麻痹、呕吐和肌肉痉挛。

2. 马醉木 Pieris japonica (Thunb.) D. Don

有毒部位：枝、叶、种子，叶有剧毒。

主要有毒成分：马醉木毒素、马醉木槲皮素等。

中毒症状及处理：胃肠道刺激症状，如恶心、呕吐、腹痛、腹泻等；肢麻，抽搐，呼吸麻痹。救治：排除毒物，对症治疗。

3. 羊踯躅 Rhododendron molle G. Don

有毒部位：全株，花、花序、果实毒性较大。

主要有毒成分：梫木毒素、石楠素、羊踯躅素、日本杜鹃素、闹羊花毒素。

中毒症状及处理：主要危害牛、羊、猪等牲畜。作为中药使用，用药不当或过量也会带来严重后果。轻则恶心、呕吐、腹泻、心率减慢、血压下降、动作失调，呼吸困难。严重者因呼吸停止而死亡。救治：洗胃、静脉滴注5%葡萄糖生理盐水、吸氧。

4. 马银花 Rhododendron ovatum Planch. ex Maxim.

有毒部位：根、花。

主要有毒成分：叶含槲皮素、杨梅树皮素、棉花皮素、二氢槲皮素。

中毒症状及处理：参考羊踯躅。

5. 映山红 Rhododendron simsii Planch.

有毒部位：全株，花含毒素最多。

主要有毒成分：木藜芦毒素、杜鹃酮、映山红素等四环二萜类毒素。

中毒症状及处理：恶心，头昏，心跳缓慢，皮肤发红，平衡失调等。停药后症状自行消失，无任何后遗症。

六二 报春花科 Primulaceae

1. 泽珍珠菜 Lysimachia candida Lindl.

有毒部位：全草。

主要有毒成分：杨梅素皮苷、柽柳素、珍珠菜苷、豆甾醇等。

中毒症状及处理：文献记载有毒，未见中毒报道。药性苦凉，脾胃虚寒者慎用。

六三 山矾科 Symplocaceae

1. 白檀 Symplocos paniculata (Thunb.) Miq.

有毒部位：全株。

主要有毒成分：齐墩果烷型和乌苏烷型五环三萜。

中毒症状及处理：文献记载根有小毒，但临床未见中毒病例报道。

六四 安息香科 Styracaceae

1. 野茉莉 Styrax japonicus Sieb. et Zucc.

有毒部位：叶、果。

主要有毒成分：苯并呋喃类、双四氢呋喃类、四氢呋喃类、简单木脂素类、五环三萜类、苯丙素类、甾体类。

中毒症状及处理：文献记载根有小毒，但临床未见中毒病例报道。

六五 木犀科 Oleaceae

1. 女贞 Ligustrum lucidum W. T. Ait.

有毒部位：根、茎皮。

主要有毒成分：女贞子苷、橄榄苦苷、齐墩果酸等。

中毒症状及处理：误食根 5～6h，出现频繁呕吐、腹痛、腹泻、精神萎靡、口唇发绀、瞳孔散大、轻度脱水等。

六六 马钱科 Loganiaceae

1. 驳骨丹 Buddleja asiatica Lour.

有毒部位：全株。

主要有毒成分：生物碱、挥发油。

中毒症状及处理：人误食后可致头晕、恶心、剧烈呕吐、腹泻。

2. 醉鱼草 Buddleja lindleyana Fort.

有毒部位：全草。

主要有毒成分：醉鱼草苷（蒙花苷）、醉鱼草素乙。

中毒症状及处理：头晕，恶心，呕吐，腹痛，全身无力，面色苍白，四肢麻木，重者可出现呼吸困难，肢体震颤。救治：洗胃，导泻，静脉滴注葡萄糖生理盐水，并肌肉注射维生素 B_1、B_6 等。

六七 龙胆科 Gentianaceae

1. 龙胆 Gentiana scabra Bunge

有毒部位：根、根状茎。

主要有毒成分：龙胆苦苷、龙胆碱。

中毒症状及处理：对人和动物均具毒性。用药过量对胃肠有刺激，可使黏膜充血，并抑制心脏，使心率减慢，出现房室传导阻滞，如不及时救治会出现生命危险。动物过量采食引起中毒。

六八 夹竹桃科 Apocynaceae

1. 念珠藤 Alyxia sinensis Champ. ex Benth.

有毒部位：全株。

主要有毒成分：大黄素、大黄素甲醚、大黄酚、香豆素、β-谷甾醇、β-谷甾醇乙酸酯等。

中毒症状及处理：阴虚发热者、肠胃湿热者及怀孕者皆所禁用；忌与牛奶子、穿山龙同用。

2. 紫花络石 Trachelospermum axillare Hook. f.

有毒部位：全草。

主要有毒成分：紫花络石苷元、紫花络石苷、4-去甲基紫花络石苷元等。

中毒症状及处理：心悸，多汗，头晕。救治：催吐，洗胃，导泻，饮蛋清、面糊。

3. 短柱络石 Trachelospermum brevistylum Hand.-Mazz.

有毒部位：全株。

主要有毒成分：牛姜苷、络石苷、去甲基络石苷等。

中毒症状及处理：恶心、呕吐、腹痛、腹泻、四肢远端麻木等，可因心脏骤停死亡。

4. 络石 Trachelospermum jasminoides (Lindl.) Lem.

有毒部位：全株。

主要有毒成分：岩白菜素、柯伊利素-7-O-β-D-葡萄糖苷、牛蒡子苷元-4'-O-β-龙胆二糖苷、罗汉松树脂酚-4'-O-β-龙胆二糖苷、紫花络石苷元、紫花络石苷、4-去甲基紫花络石苷元、木樨草素-7-O-β-龙胆二糖苷、牛蒡子苷、络石苷元-4'-O-β-龙胆二糖苷、木樨草素-7-O-β-D-葡萄糖苷。

中毒症状及处理：恶心、呕吐、腹痛、腹泻、四肢远端麻木等，可因心脏骤停死亡。

六九 萝藦科 Asclepiadaceae

1. 徐长卿 Cynanchum paniculatum (Bunge) Kitagawa

有毒部位：全草。

主要有毒成分：牡丹酚。

中毒症状及处理：牡丹酚对动物试验证明有一定毒性，但未见临床中毒报道。应用徐长卿应适量而止。

2. 柳叶白前 Cynanchum stauntonii (Decne) Schltr. ex Lévl.

有毒部位：根、根状茎。

主要有毒成分：强心苷、生物碱。

中毒症状及处理：凡咳逆上气、咳嗽气逆、气虚、气不归元者禁用。

3. 匙羹藤 Gymnema sylvestre (Retz.) Schult.

有毒部位：根及根状茎。

主要有毒成分：牛弥菜醇A、正十七烷醇、豆甾醇-3-O-葡萄糖苷、1-栎醇、正十八烷醇、硝酸钾、羽扇豆醇桂皮酸酯、豆甾醇。

中毒症状及处理：孕妇慎用。

4. 牛奶菜 Marsdenia sinensis Hemsl.

有毒部位：全株。

主要有毒成分：孕甾烷类、三萜类、黄酮类、有机酸类等。

中毒症状及处理：轻度头昏、头痛、口干或胃部灼热、便次增多。但都能在服药过程中自行消失。

5. 萝藦 Metaplexis japonica (Thunb.) Makino

有毒部位：根、茎。

主要有毒成分：根含酯型苷、苯甲酰热马酮、萝藦苷元、异热马酮、肉珊瑚苷元、萝藦米宁、二苯甲酰萝藦醇、去酰萝藦苷元、去酰牛皮消苷元、夜来香素、去羟基肉珊瑚苷元等。茎、叶含加拿大麻糖、洋地黄毒糖、肉珊瑚苷元、萝藦苷元、苯甲酰热马酮、夜来香素、去羟基肉珊瑚苷元等。

中毒症状及处理：根、茎有毒，小鼠腹腔注射其氯仿提取物1000mg/kg，10余小时内全部死亡，多服可引起中毒。

6. 七层楼 Tylophora floribunda Miq.

有毒部位：根。

主要有毒成分：娃儿藤碱。

中毒症状及处理：娃儿藤碱对中枢神经有不可逆的毒性。中毒症状为轻度头昏、头痛、口干或胃部灼热、便次增多。但都能在服药过程中自行消失。部分患者有恶心、呕吐、腹泻等毒副反应，通常在停药后即可消失。

七 ◉ 旋花科 Convolvulaceae

1. 打碗花 Calystegia hederacea Wall. ex Roxb.

有毒部位：根状茎。

主要有毒成分：生物碱。

中毒症状及处理：家畜适量采食不会引起中毒，若大量单一采食可引起中毒。

2. 菟丝子 Cuscuta chinensis Lam.

有毒部位：全株。

主要有毒成分：槲皮素、紫云英苷、金丝桃苷。

中毒症状及处理：文献记载有小毒，动物一般不采食，未见中毒报道。

七一 紫草科 Boraginaceae

1. 柔弱斑种草 Bothriospermum zeylanicum (J. Jacq.) Druce

有毒部位：全草。

主要有毒成分：不详。

中毒症状及处理：文献记载有小毒，未见中毒报道。

七二 马鞭草科 Verbenaceae

1. 老鸦糊 Callicarpa giraldii Hesse ex Rehd.

有毒部位：叶、果实。

主要有毒成分：酚类、鞣质、有机酸等。

中毒症状及处理：老鸦糊果实磨成粉，撒到鱼塘或者河里，可以麻醉鱼。

2. 枇杷叶紫珠 Callicarpa kochiana Makino.

有毒部位：全株。

主要有毒成分：石竹烯、松油醇、甘香烯、脱氢香橙烯、紫罗烯等。

中毒症状及处理：文献记载有小毒，但未见中毒报道。

3. 膜叶紫珠（窄叶紫珠）**Callicarpa membranacea** Chang

有毒部位：叶、果实。

主要有毒成分：黄酮类、梓醇类、环烯醚萜类、二萜皂苷、三萜皂苷。

中毒症状及处理：文献记载有小毒，未见中毒报道。

4. 臭牡丹 Clerodendrum bungei Steud.

有毒部位：茎、叶。

主要有毒成分：生物碱。

中毒症状及处理：文献记载有小毒，临床使用未见中毒报道。

5. 海州常山 Clerodendrum trichitomum Thunb.

有毒部位：嫩枝及叶。

主要有毒成分：海州常山黄酮苷、刺槐素 -7- 双葡萄糖醛酸苷、植物血凝素、臭梧桐素 A 和 B、海州常山苦味素 A 和 B。

中毒症状及处理：臭梧桐煎剂 10g/kg 给犬灌胃 3 周，肝脏、血液和心电图均无异常，但剂量为 20g/kg 灌胃时，即致呕吐。煎剂给小鼠腹腔注射时的半致死量为 20.6g/kg。

6. 马鞭草 Verbena officinalis Linn.

有毒部位：全草。

主要有毒成分：马鞭草苷、马鞭草宁等。

中毒症状及处理：小毒。口服过量，部分患者有腹泻、恶心、呕吐、头昏头痛等毒副反应。一般停药后症状即可自行消失。

七三 唇形科 Labiatae (Lamiaceae)

1. 广防风 Anisomeles indica (Linn.) Kuntze

有毒部位：全草。

主要有毒成分：含氮有机物、降倍半萜、二萜、三萜、多酚类、简单苯衍生物苷类、酚酸、降倍半萜苷和核苷酸。

中毒症状及处理：小毒。临床使用未见中毒报道。

2. 活血丹 Glechoma longituba (Nakai) Kupr.

有毒部位：全草。

主要有毒成分：醌类化合物、萜类、环肽类。

中毒症状及处理：孕妇服用后易导致流产。

3. 益母草 Leonurus japonicus Houtt.

有毒部位：全草，种子毒性较大。

主要有毒成分：益母草碱、水苏碱。

中毒症状及处理：中毒发生于服药后4～6h。症状为突然全身无力，下肢不能活动、麻木、呈瘫痪状态，周身酸痛，大汗出，小动脉扩张导致血压下降，四肢发冷，甚至休克；呼吸增快，重者出现呼吸麻痹、腰痛、血尿，孕妇流产；全身痉挛，口唇发绀，脉沉细微等。救治：轻度中毒者停止服药，症状即可自行缓解。重度中毒者可催吐、洗胃、吸氧、输液，必要时给予强心剂，血压下降者可用去甲肾上腺素静脉滴注；脉沉肢冷者用附子干姜汤；口服赤豆、绿豆、甘草汤解毒。

4. 薄荷 Mentha canadensis Linn.

有毒部位：全草。

主要有毒成分：挥发油、黄酮、有机酸等。

中毒症状及处理：过量食用会使食道和胃连接的贲门肌肉松弛，致使胃内食物倒流，同时胸前区产生烧灼感和疼痛。

5. 紫苏 Perilla frutescens (Linn.) Britt.

有毒部位：全株。

主要有毒成分：紫苏醛、紫苏酮、香薷酮及三甲氧基苯丙烯等。

中毒症状及处理：主要危害水牛、黄牛，对人体通常无危害。

七四 茄科 Solanaceae

1. 曼陀罗 Datura stramonium Linn.

有毒部位：全株。

主要有毒成分：东莨菪碱、莨菪碱。

中毒症状及处理：对周围神经为抑制副交感神经机能，引起口干、散瞳、心动过速、皮肤潮红等。对中枢神经系统则为兴奋作用，引起烦躁、谵妄、幻视、惊厥，严重者嗜睡、昏迷。

2. 单花红丝线（紫单花红丝线）**Lycianthes lysimachioides** (Wall.) Bitter

有毒部位：全草，主要是叶。

主要有毒成分：烟碱。

中毒症状及处理：轻度中毒表现为流涎、呕吐、恶心、腹泻、心悸、心痛、头晕、瞳孔缩小、血压升高；重者则腹痛剧烈、皮肤冷湿、呼吸困难、瞳孔散大、血压下降、心律不齐，甚至惊厥、昏迷，呼吸中枢麻痹而于数分钟内死亡。救治：静脉输液。食入烟碱者，速以1∶2000高锰酸钾或1%～2%鞣酸或1,3-双氧水洗胃。皮肤接触者，以大量淡水冲洗感染部位。出现呼吸麻痹者，给予吸氧、人工呼吸，不宜给兴奋剂。血压低且出现虚脱者，用麻黄素、垂体加压素，如心跳停止，即行心脏按压，或静脉注射阿托品1mg，或心内注射肾上腺素。

3. 假酸浆 Nicandra physalodes (Linn.) Gaertn.

有毒部位：全草。

主要有毒成分：假酸浆烯酮、假酸浆烯酮内酯、假酸浆酮、假酸浆苷苦素、曼陀罗甾内酯等。

中毒症状及处理：文献记载有小毒，未见中毒报道。

4. 烟草 Nicotiana tabacum Linn.

有毒部位：全株，叶的毒性较大。

主要有毒成分：烟碱。

中毒症状及处理：小剂量引起兴奋，大剂量引起麻痹，中毒表现为头晕、流涎、恶心、呕吐、腹泻、心动过缓等。

5. 牛茄子 Solanum capsicoides Allioni

有毒部位：全株有毒，未成熟果实毒性较大。

主要有毒成分：澳洲茄胺、3,5-澳洲茄二烯、澳洲茄碱、澳洲茄边碱、茄碱。

中毒症状及处理：误食后可导致人畜中毒。

6. 野海茄 Solanum japonense Nakai

有毒部位：全草。

主要有毒成分：甾体化合物、澳洲茄边碱。

中毒症状及处理：误食后可导致人畜中毒。

7. 白英 Solanum lyratum Thunb.

有毒部位：全草，果实毒性较大。

主要有毒成分：茄碱。

中毒症状及处理：小毒。大剂量食用引起喉头烧灼及恶心、呕吐、眩晕、瞳孔散大、出现惊厥性肌肉运动，甚至全身性衰竭。体虚无湿热者忌用。救治：停止服药，用甘草煎水或三黄汤饮服。

8. 龙葵 Solanum nigrum Linn.

有毒部位：全草及果实，特别是未成熟果实。

主要有毒成分：茄碱、澳洲茄碱、茄边碱、苷类甾体生物碱。

中毒症状及处理：毒性较小，中毒者多因用量过大或误食未成熟果实。中毒症状是先有咽喉、口内刺激或烧灼感，继而恶心、呕吐、腹痛、腹泻。严重者除上述症状外，同时头痛、眩晕、汗出、心悸、体温升高、血压下降、心率先快后慢、昏迷、抽搐、瞳孔散大、呼吸困难，也可出现肠原发性发绀，最后导致心力衰竭，或呼吸中枢麻痹而死亡。救治：用浓茶水洗胃、催吐；饮用淡盐水或糖盐水补充体液，或输液。休克者用升压药，呼吸困难者给予吸氧或人工呼吸。

七五 玄参科 Scrophulariaceae

1. 爬岩红 Veronicastrum axillare (Sieb. et Zucc.)Yamazaki

有毒部位：全草。

主要有毒成分：甾醇、甘露醇、树脂。

中毒症状及处理：服用1h后即感头昏眼花、恶心呕吐，4h后腹部绞痛腹泻，剧烈呕吐，甚至冷汗出，四肢乏力，厥冷，脉微等。救治：抗休克治疗，监测生命体征，对症治疗。

2. 毛叶腹水草 Veronicastrum villosulum (Miq.) Yamazaki

有毒部位：参考爬岩红。

主要有毒成分：参考爬岩红。

中毒症状及处理：参考爬岩红。

2a. 铁钓竿 var. glabrum Chin et Hong

有毒部位：参考爬岩红。

主要有毒成分：参考爬岩红。

中毒症状及处理：参考爬岩红。

2b. 两头莲 var. parviflorum Chin et Hong

有毒部位：参考爬岩红。

主要有毒成分：参考爬岩红。

中毒症状及处理：参考爬岩红。

七六 紫葳科 Bignoniaceae

1. 凌霄 Campsis grandiflora (Thunb.) Schum.

有毒部位：花。

主要有毒成分：芹菜素、β-谷甾醇。

中毒症状及处理：孕妇服用会导致流产，禁用。

2. 梓树 Catalpa ovata G. Don

有毒部位：全株。

主要有毒成分：羽扇豆醇、阿魏酸、异阿魏酸、谷甾醇、β-谷甾醇等。

中毒症状及处理：过量服用中枢神经麻痹、呼吸抑制、心跳异常而致死亡。

七八 列当科 Orobanchaceae

1. 野菰 Aeginetia indica Linn.

有毒部位：全草。

主要有毒成分：野菰酸、野菰内酯、β-谷甾醇、多烯酸等。

中毒症状及处理：毒性较强。过量使用导致中毒，甚至危及生命。

2. 中国野菰 Aeginetia sinensis G. Beck.

有毒部位：参考野菰。

主要有毒成分：参考野菰。

中毒症状及处理：参考野菰。

七九 苦苣苔科 Gesneriaceae

1. 降龙草 Hemiboea subcapitata C. B.Clarke

有毒部位：全草。

主要有毒成分：蒽醌类化合物。

中毒症状及处理：有毒，过量可致死，

八〇 透骨草科 Phrymataceae

1. 透骨草 Phryma leptostachya Linn. subsp. **asiatica** (Hara) Kitamura

有毒部位：全草。

主要有毒成分：品碱、黄连碱、罂粟红碱 D 等。

中毒症状及处理：过量食用导致中毒，出现腹痛、恶心、呕吐、头晕、昏迷、抽搐等多种中毒症状。

八一 车前草科 Plantaginaceae

1. 车前草 Plantago asiatica Linn.

有毒部位：全草。

主要有毒成分：熊果酸、β-谷甾醇、豆甾醇、车前草苷等。

中毒症状及处理：过量食用会引起腹泻，长期大量食用会对肝、肾有所伤害，尤其是孕妇一定要根据医生的规定使用。

八二 茜草科 Rubiaceae

1. 水团花 Adina pilulifera (Lam.) Franch. ex Drake

有毒部位：枝、叶及花果。

主要有毒成分：β-谷甾醇、豆甾醇、奎诺酸、金鸡纳酸、白桦脂酸等。

中毒症状及处理：毒性小。水团花醇提取物小鼠灌胃的半致死量为（332.8±12.1）g（生药）/kg。水团花乙酸乙酯提取物小鼠最大耐受量为400g/kg，观察72h未见明显的毒性反应。

2. 玉叶金花 Mussaenda pubescens Ait. f.

有毒部位：根、茎、叶。

主要有毒成分：玉叶金花皂苷。

中毒症状及处理：玉叶金花皂苷1000mg/kg小鼠尾静脉注射给药后15min，小鼠出现瞳孔扩张，直接、间接对光反射迟钝或消失等症状，之后相继死亡。

3. 鸡矢藤 Paederia foetida Linn.

有毒部位：全株。

主要有毒成分：鸡矢藤苷。

中毒症状及处理：过量食用会出现呕吐、腹泻等症状。

4. 东南茜草（茜草）Rubia argyi (Lévl. et Vant.) Hara ex Lauener

有毒部位：全草。

主要有毒成分：茜草素、羟基茜草素、异茜草素等蒽醌苷类衍生物。

中毒症状及处理：对蜗牛、蚯蚓等有毒，对哺乳动物和人毒性相对较小。

5. 钩藤 Uncaria rhynchophylla (Miq.) Miq. ex Havil.

有毒部位：叶、带钩茎枝。

主要有毒成分：钩藤碱、异钩藤碱、去氢钩藤碱、异去氢钩藤碱、毛钩藤碱等生物碱。

中毒症状及处理：主要造成运动麻痹和呼吸抑制。

八三 忍冬科 Caprifoliaceae

1. 接骨草 Sambucus javanica Bl.

有毒部位：全株。

主要有毒成分：全草含黄酮类、酚、鞣质、绿原酸等，种子含氰苷类。

中毒症状及处理：恶心、呕吐和腹泻等。

2. 接骨木 Sambucus williamsii Hance

有毒部位：全株。

主要有毒成分：接骨木根含α-莫诺苷、β-莫诺苷等环烯醚萜类成分，以及β-谷甾醇、胡萝卜苷；茎枝中含有熊果酸、齐墩果酸、α-香树脂醇、白桦醇、白桦酸、印楝素等三萜苷元类化合物，以及β-谷甾醇、豆甾醇、胡萝卜苷、蒲公英赛醇等甾醇类化合物。

中毒症状及处理：饵料中接骨木含量为20%时，对小鼠的毒杀率为80%；在含量为15%时，毒杀率为30%；在含量为10%时，毒杀率为10%。

八四　败酱科 Valerianaceae

1. 败酱（黄花败酱）**Patrinia scabiosifolia** Link

有毒部位：全草。

主要有毒成分：败酱皂苷、齐墩果酸、常春藤皂苷元、东莨菪素、马栗树皮素等。

中毒症状及处理：黄花败酱醇浸膏30g/kg，灌服，对小鼠有轻度呼吸抑制和轻度致泻作用。

2. 白花败酱 Patrinia villosa (Thunb.) Juss.

有毒部位：根及根状茎。

主要有毒成分：α-蒎烯、β-蒎烯、乙酸龙脑酯、缬草三酯、异缬草三酯、高缬草三酯、缬草碱、缬草根碱等。

中毒症状及处理：文献报道有小毒，但未见中毒报道。

八五　葫芦科 Cucurbitaceae

1. 王瓜 Trichosanthes cucumeroides (Ser.) Maxim.

有毒部位：根。

主要有毒成分：胆碱。

中毒症状及处理：仅《中国有毒植物》等文献记载有小毒，未见中毒报告。

2. 栝楼 Trichosanthes kirilowii Maxim.

有毒部位：根。

主要有毒成分：天花粉蛋白。

中毒症状及处理：根内服可致头晕、恶心、呕吐和腹泻，还会出现过敏反应，孕妇可致流产。救治：轻者停药后症状可缓解或消失，较重者应对症处理。

八六　桔梗科 Campanulaceae

1. 半边莲 Lobelia chinensis Lour.

有毒部位：带根全草。

主要有毒成分：半边莲碱、去氢半边莲碱、氧化半边莲碱。

中毒症状及处理：流涎、恶心、头痛、腹泻、血压升高、脉搏先缓后急，严重者痉挛、瞳孔散大，最后因呼吸中枢麻痹而死亡。救治：催吐，洗胃，饮浓茶，注射葡萄糖液。如出现惊厥，可给解痉剂，针刺人中、合谷、涌泉等穴位；若呼吸麻痹，注射强心剂和兴奋剂，保暖，必要时给氧或进行人工呼吸。民间用黄豆汁、甜桔梗煎水服，或甘草煎水内服，或饮盐水。

2. 山梗菜 Lobelia sessilifolia Lamb.

有毒部位：根或带根全草。

主要有毒成分：山梗菜碱。

中毒症状及处理：用药过量可引起中毒。恶心、呕吐、呼吸麻痹、血压下降和惊厥。阴虚多汗者忌用。救治：用硫酸铜催吐，用1：2000高锰酸钾溶液洗胃。若出现惊厥，使用镇静剂、吸氧及其他对症治疗。也可用甘草汤内服解毒。

八七 菊科 Compositae (Asteraceae)

1. 艾蒿 Artemisia argyi Lévl et Vant.

有毒部位：叶。

主要有毒成分：萜品烯醇。

中毒症状及处理：急性中毒：口服后30min即感喉头干渴、上腹部不适、疼痛、恶心、呕吐，继而全身无力、头晕、耳鸣、谵妄、四肢颤动，终至痉挛。若病情迁延，则有肝大及黄疸，曾有死亡报道。恢复后常有健忘、幻觉等后遗症。慢性中毒：有过敏、共济失调、幻想、神经炎、癫痫样抽搐等症状。外用和艾灸可引起过敏及接触性皮炎。救治：将病人置于安静及光线较暗的房间内，急性中毒者洗胃、导泻、口服活性炭，如发生惊厥，采取安定等镇惊措施。

2. 茵陈蒿 Artemisia capillaris Thunb.

有毒部位：地上部分。

主要有毒成分：茵陈色原酮、芫花素、茵陈蒿酸、槲皮素等。

中毒症状及处理：文献记载有小毒，但未见中毒报道。

3. 鬼针草 Bidens pilosa Linn.

有毒部位：全草。

主要有毒成分：生物碱、鞣质、皂苷、胆碱及挥发油等成分。

中毒症状及处理：细嫩茎、叶是牲畜优良饲料，但单一过量饲喂可引起中毒。

4. 狼杷草（狼把草）Bidens tripartita Linn.

有毒部位：全草。

主要有毒成分：木犀草素、紫卯素-7-O-D-吡喃葡萄糖苷、2,3,4,4′-四羟基查耳酮等。

中毒症状及处理：小毒。药性寒凉，易伤脾胃。

5. 天名精 Carpesium abrotanoides Linn.

有毒部位：果实。

主要有毒成分：天名精内酯。

中毒症状及处理：内服过量发生中毒。症状为恶心、呕吐、食欲不振、头晕、头痛、四肢软弱无力、不能行走、说话困难，严重时发生阵发性痉挛、抽搐。救治：催吐，洗胃；静脉滴注生理盐水2000 ~ 3000ml；肌肉注射尼可刹米0.25 ~ 0.5g或硝酸士的宁1mg；甘草、绿豆各30g，煎汤当茶饮。

6. 烟管头草 Carpesium cernuum Linn.

有毒部位：全草。

主要有毒成分：天名精内酯。

中毒症状及处理：腹痛，恶心，呕吐，头晕，耳鸣，肝大，血压下降。救治：洗胃，导泻，催吐，补液及口服肝泰乐等。

7. 金挖耳 Carpesium divaricatum Sieb. et Zucc.

有毒部位：全草。

主要有毒成分：金挖耳草素。

中毒症状及处理：参考烟管头草。

8. 野菊 Chrysanthemum indicum Linn.

有毒部位：花。

主要有毒成分：野菊花内酯、野菊花醇、野菊花三醇、野菊花酮、菊油环酮等。

中毒症状及处理：药性寒凉，易伤脾胃。

9. 蓟（大蓟）Cirsium japonicum Fisch. ex DC.

有毒部位：全草。

主要有毒成分：药性寒凉，易伤脾胃。

中毒症状及处理：细嫩茎、叶是牲畜优良饲料，但单一过量饲喂可引起中毒。当植株老化后，茎、叶上的刺变硬，会伤及牲畜口腔。

10. 白酒草 Eschenbachia japonica (Thunb.) J. Koster

有毒部位：全草。

主要有毒成分：柠檬烯、芳樟醇、乙酸亚油醇脂及醛类、母菊酯、去氢母菊酯等。

中毒症状及处理：文献记载有小毒，未见中毒报道。

11. 华泽兰 Eupatorium chinense Linn.

有毒部位：全草，叶毒性较大。

主要有毒成分：泽兰素、对羟基苯甲醛、邻苯二甲酸二异丁基酯、邻苯二甲酸二正丁酯、对香豆酸等。

中毒症状及处理：呼吸困难，步态不稳，四肢强直，后驱痉挛，有蛋白质的糖尿症。

12. 佩兰 Eupatorium fortunei Turcz.

有毒部位：全草。

主要有毒成分：金丝桃苷、生物碱、香豆精、佩兰内酯等。

中毒症状及处理：牛、羊等食用后表现为呼吸困难，步态不稳，四肢强直，后驱痉挛，有蛋白质的糖尿症。

13. 泽兰（白头婆）Eupatorium japonicum Thunb.

有毒部位：全草。新鲜叶毒性较大，叶干后毒性减弱。

主要有毒成分：麝香草氢醌、飞机草醛、蒲公英甾醇、黄酮苷、酚类、香豆素等。

中毒症状及处理：家畜饲喂后能引起慢性中毒，侵害肝脏与肾脏，表现为呼吸困难，步态不稳，四肢强直，后期痉挛，有蛋白尿、糖尿。

14. 白背三七草（白子菜）**Gynura divaricata** (Linn.) DC.

有毒部位：根及全草。

主要有毒成分：菊三七碱、千里光宁碱、3-表-薯蓣皂苷元-3-β-D-吡喃葡萄糖苷等。

中毒症状及处理：药性寒凉，易伤脾胃。

15. 旋覆花 Inula japonica Thunb.

有毒部位：全草，主要是头状花序。

主要有毒成分：大花旋覆花素、旋覆花素。

中毒症状及处理：发热，恶心，全身散在性丘疹，瘙痒，亦有服药后出现胃脘嘈杂、泛逆欲吐、胃中若万虫窜动和致暴泻的报道。救治：立即停药，不需特殊处理，症状较重者对症治疗多可缓解。

16. 台湾翅果菊 Lactuca formosana Maxim.

有毒部位：全草。

主要有毒成分：不详。

中毒症状及处理：文献记载有小毒，未见中毒报道。

17. 翅果菊 Lactuca indica Linn.

有毒部位：根。

主要有毒成分：11′,13-二氢莴苣内酯、乙酸酯。

中毒症状及处理：文献记载有小毒，未见中毒报道。

18. 六棱菊 Laggera alata (D. Don) Sch.Bip ex Oliv.

有毒部位：全草。

主要有毒成分：百里香氢醌二甲基醚、α-桉叶醇、α-葎草烯、β-丁香烯等。

中毒症状及处理：小毒。过量服用或长时间服用会出现恶心、呕吐等反应，停药后短时间内反应即可消失。

19. 千里光 Senecio scandens Buch.-Ham. ex D. Don

有毒部位：全草。

主要有毒成分：千里光宁碱、千里光菲灵、毛茛黄素、菊黄素。

中毒症状及处理：毒性小。内服后仅少数人出现恶心、食欲减退等副反应。肌肉注射千里光注射液后反应较大。亦有死亡报道。

19a. 缺裂千里光 var. incisus Franch.

有毒部位：参考千里光。

主要有毒成分：参考千里光。

中毒症状及处理：参考千里光。

20. 毛梗豨莶 Sigesbeckia glabrescens Makino

有毒部位：全草。

主要有毒成分：豨莶苦味质及生物碱。

中毒症状及处理：文献资料记载有一定毒性，未见中毒报道。

21. 豨莶 Sigesbeckia orientalis Linn.

有毒部位：全草。

主要有毒成分：豨莶苦味质及生物碱。

中毒症状及处理：文献资料记载有一定毒性，表现为呕吐、恶心、胃不适、腹泻，但不会危及生命。

22. 腺梗豨莶 Sigesbeckia pubescens Makino

有毒部位：参考豨莶。

主要有毒成分：参考豨莶。

中毒症状及处理：参考豨莶。

23. 蒲儿根 Sinosenecio oldhamianus (Maxim.) B. Nord.

有毒部位：全草。

主要有毒成分：β-谷甾醇、棕榈酸、泽兰素、金丝桃苷、咖啡酸等。

中毒症状及处理：文献资料记载有小毒，未见中毒报道。

24. 加拿大一枝黄花 Solidago canadensis Linn.

有毒部位：全草，主要是花粉。

主要有毒成分：6-羟基-3, 13-二烯-15, 16-克罗烷内酯、2-羟基-6-甲氧基苯甲酸、3-甲酰吲哚、3β, 4α-二羟基-6β-巴豆酰-13-烯-15, 16-克罗烷内酯、3β, 4α-二羟基-6β-当归酰-13-烯-15, 16-克罗烷内酯、加拿大一枝黄花二萜、齐墩果-12-烯、乌苏-12-烯、十八烷酸、α-菠菜甾醇、山奈酚、槲皮素等。

中毒症状及处理：大量花粉导致人畜过敏。

25. 一枝黄花 Solidago decurrens Lour.

有毒部位：全草。

主要有毒成分：黄花酚苷、皂苷、绿原酸、咖啡酸等。

中毒症状及处理：服药后有咽喉麻辣感，有时还有恶心、呕吐、头昏、口干、咳嗽、小便灼热等症状，服用过量可致泄泻。救治：停药后即可自愈，无需特殊处理。

26. 南方兔儿伞（兔儿伞）**Syneilesis australis Ling**

有毒部位：根及全草。

主要有毒成分：3-(2-甲基-2-丁烯酰氧基)-8-甲氧基-6, 15-环氧-艾里莫芬-7(11)-烯-12, 8α-内酯、β-芹子烯、6α-甲氧基桉叶-4(15)-烯-1β-醇、5α, 7αH-桉叶-3-烯-15-醛-1-酮、大根香叶-1β-醇、10α-羟基日本刺参萜-4-酮、10β-羟基-6β, 8β-二甲氧基-艾里莫芬-7(11)-烯-12, 8α-内酯、8β, 10β-羟基-6β-甲氧基艾里莫芬-7(11)-烯-12, 8α-内酯、4(15)-烯-桉叶-1β, 6α-二醇。

中毒症状及处理：有毒。孕妇禁用，会导致胎儿发育不良。妇女经期食用会使身体更加虚寒，月经紊乱。

27. 蒲公英 Taraxacum mongolicum Hand.-Mazz.

有毒部位：全草。

主要有毒成分：蒲公英甾醇、胆碱、菊糖、果胶等。

中毒症状及处理：小毒。常规用量煎服后，偶见有胃肠道反应，如恶心、呕吐、腹部不适及轻度泄泻。

28. 狗舌草 Tephroseris kirilowii (Turcz. ex DC.) Holub.

有毒部位：全草。

主要有毒成分：双稠吡咯烷生物碱。

中毒症状及处理：对肝肾有损害。各种动物均可中毒。

29. 苍耳 Xanthium strumarium Linn.

有毒部位：全草，特别是果实。

主要有毒成分：苍耳苷、苍耳酯、苍耳醇等，果还含毒蛋白、毒苷。

中毒症状及处理：口服 9～15g，偶有短暂口干、喉燥。超过30g，可致中毒，轻者乏力、精神萎靡、头痛、头昏、食欲不振、恶心、呕吐、便秘、腹泻等，重者出现烦躁不安、昏迷、惊厥、心跳快或心律失常、黄疸、肝大、出血倾向。部分患者可因肝肾功能衰竭和呼吸麻痹而死亡。救治：早期宜用催吐法，若服药超过4次，应用泻下排毒，并大量喝糖水，严重者可进行洗胃、导泻等对症治疗。

八八 泽泻科 Alismataceae

1. 野慈菇 Sagittaria trifolia Linn.

有毒部位：球茎。

主要有毒成分：皂苷、生物碱等。

中毒症状及处理：新鲜球茎有毒，充分煮熟即无毒，可食用。

八九 禾本科 Gramineae (Poaceae)

禾亚科 Agrostidoideae Keng et Keng f.

1. 狗牙根 Cynodon dactylon (Linn.) Pers.

有毒部位：全草。

主要有毒成分：香草醛、牛蒡子苷元、麦芽酚、去氢催吐萝芙木醇、地芰普内酯、浙贝素、3-吲哚甲醛、阿魏酸、罗汉松脂素、松脂素、咖啡酸乙酯、紫花络石苷元等。

中毒症状及处理：文献记载有小毒，未见中毒临床报道。

1a. 双花狗牙根 var. biflorus Merino

有毒部位：参考狗牙根。

主要有毒成分：参考狗牙根。

中毒症状及处理：参考狗牙根。

2. 牛筋草 Eleusine indica (Linn.) Gaerth.

有毒部位：全草。

主要有毒成分：异荭草素、木犀草素 -7-O-芸香糖苷、小麦黄素、5, 7-二羟基 -3′, 4′, 5′-三甲氧基黄酮、木犀草素 -7-O-葡萄糖苷、牡荆素、异牡荆素、三色堇黄酮苷、3-O-β-D-吡喃葡萄糖基-β-谷甾醇、6′-O-棕榈酰基-3-O-β-吡喃葡萄糖基-β-谷甾醇等。

中毒症状及处理：使肾脏负担加重，引起身体水肿和腹部疼痛等多种不良反应。

3. 黑麦草 Lolium perenne Linn.

有毒部位：种子。

主要有毒成分：黑麦草碱、毒麦碱、垂头碱等多种生物碱。

中毒症状及处理：黑麦草碱和毒麦碱对脑、脊髓等中枢系统有麻痹任用。人食用含 4%以上黑麦草种子的小麦面粉即急性中毒，症状为眩晕、恶心、呕吐、腹痛、腹泻、疲乏无力、发热、眼球肿胀，重者嗜睡、昏迷、发抖、痉挛等，最后因中枢神经系统麻痹而死亡。牲畜食用一定量的种子也会中毒。

九 ◎ 天南星科 Araceae

1. 菖蒲 Acorus calamus Linn.

有毒部位：全株，根状茎毒性较大。

主要有毒成分：根状茎含多种挥发油，如细辛脑、顺-甲基异丁香酚、反-甲基异丁香酚及甲基异丁香酚等。

中毒症状及处理：口服过量会产生强烈的幻视。阴虚阳亢、汗多、精滑者慎服。根状茎醇提取物小鼠腹腔注射最小致死量为4g/kg，中毒后表现为呼吸快而浅、阵发性痉挛，而后强直性痉挛，最后死亡。

2. 金钱蒲（石菖蒲）**Acorus gramineus** Soland. ex Ait.

有毒部位：全草。

主要有毒成分：α-细辛脑、β-细辛脑、γ-细辛脑、顺-甲基异丁香油酚、榄香脂素、细辛醛、δ-荜澄茄烯、百里香酚、肉豆蔻酸。

中毒症状及处理：呕吐、头昏、兴奋、抽搐，如不及时治疗，可迅速转为痉挛状态、牙关紧闭、角弓反张、意识不清、眼球突出、神志昏迷，最后死于呼吸麻痹。

3. 尖尾芋 Alocasia cucullata (Lour.) G. Don

有毒部位：全株有毒，以根状茎毒性较大。

主要有毒成分：亚油酸、十六烷酸、间十五烷基酚、亚麻酸等。

中毒症状及处理：喉痒、心律不齐等。小鼠腹腔注射根状茎的氯仿提取物 200mg/kg，出现肌肉张力增加、活动减少等症状，部分惊厥瘫痪，其余仅有轻度震颤；大剂量则惊厥死亡。

4. 海芋 Alocasia macrorrhizos (Linn.) G. Don

有毒部位：全株有毒，根状茎毒性较大。

主要有毒成分：草酸钙、皂毒苷。

中毒症状及处理：海芋毒性较大，未经处理即药用、误食、吸入，则中毒，表现为舌、喉发痒或肿胀，流涎，肠胃烧痛，恶心，呕吐，腹泻，出汗，惊厥，严重者窒息、心脏停博而死亡。皮肤接触汁液后出现瘙痒症状。眼与汁液接触导致失明。救治：皮肤中毒可用醋酸洗涤；误食中毒，服蛋清、面糊，大量饮糖水，静脉滴注葡萄糖生理盐水。

5. 东亚蘑芋（华东蘑芋、疏毛蘑芋）**Amorphophallus kiusianus (Makino) Makino**

有毒部位：全株有毒，块茎毒性较大。

主要有毒成分：蘑芋甘露聚糖。

中毒症状及处理：蘑芋生食或熟食过量，初期舌、喉灼热及痒痛，肿大，胃肠有烧灼感，继而流涎、恶心、腹痛、语言不清、出汗、舌动不灵、心慌、心悸、面色苍白、脉弱无力、惊厥、呼吸不规则，严重时中枢系统完全麻痹而死亡。

6. 灯台莲（全缘灯台莲）**Arisaema bockii Engl.**

有毒部位：参考一把伞南星。

主要有毒成分：参考一把伞南星。

中毒症状及处理：参考一把伞南星。

7. 一把伞南星 Arisaema erubescens (Wall.) Schott

有毒部位：块茎。

主要有毒成分：三萜皂苷、秋水仙碱等。

中毒症状及处理：皮肤接触后受强烈的刺激作用，初为瘙痒，而后麻木。误食后口腔咽喉发痒、灼辣、麻木，舌疼痛肿大，言语不清，味觉丧失，张口困难，大量流涎，口腔黏膜糜烂以至坏死脱落。全身反应有头昏、心慌、四肢发麻、呼吸开始缓慢不均，而后麻痹，严重者昏迷、窒息或惊厥，最后因呼吸衰竭而死亡。救治：迅速用生姜汁含漱，并内服5ml；或用食醋30～60ml加生姜汁含漱，并内服5ml；或生姜30g、防风60g、甘草15g，清水煎煮，先含嗽，后内服，可连服数日，至痊愈为止。主要是对症处理。

8. 天南星 Arisaema heterophyllum Bl.

有毒部位：参考一把伞南星。

主要有毒成分：参考一把伞南星。

中毒症状及处理：参考一把伞南星。

9. 云台南星 Arisaema silvestrii Pamp.

有毒部位：参考一把伞南星。

主要有毒成分：参考一把伞南星。

中毒症状及处理：参考一把伞南星。

10. 芋（野芋）Colocasia esculenta (Linn.) Schott

有毒部位：根状茎和块茎。

主要有毒成分：氰苷、酸性毒皂苷。

中毒症状及处理：过量服用生品可引起中毒。症状为舌喉发痒与肿胀，流涎，肠胃烧痛，恶心，呕吐，腹泻，汗出，惊厥，严重者窒息、心脏停博而死。皮肤接触汁液后出现瘙痒症状，眼接触后可引起失明。食用未煮透（夹生）芋头可能导致听力障碍。救治：催吐，1%醋酸洗胃，轻者可饮蛋清、乳汁、面糊、米醋或生姜汁解毒。导泻。补液。对症治疗。皮肤中毒时，用清水或醋酸洗涤局部。眼内溅入汁液时，用清水彻底冲洗，不应少于15min。

11. 滴水珠 Pinellia cordata N. E. Brown

有毒部位：块茎。

主要有毒成分：β-谷甾醇、β-谷甾醇-D-葡萄糖苷。

中毒症状及处理：喉舌麻木、肿痛，失声，头晕，流涎，呕吐，继而全身麻木。救治：洗胃后服浓茶、蛋清、面糊、果汁或稀醋。注射维生素B_1、B_{12}对症治疗。痉挛时给予解痉剂，针刺人中、合谷穴、涌泉穴；出现麻痹时给兴奋剂；呼吸困难时吸氧，窒息者气管切开。

12. 掌叶半夏 Pinellia pedatisecta Schott

有毒部位：块茎。

主要有毒成分：掌叶半夏碱乙。

中毒症状及处理：生食块茎可导致口腔黏膜轻度糜烂，甚至部分坏死脱落，咽喉干燥并有烧灼感，舌体肿大，口唇水肿，大量流涎，口舌麻木，味觉丧失，声音嘶哑，张口困难，严重者可致窒息。救治：误食后立即以醋30~60g内服或含漱，或用生姜汁5~10ml内服或含漱。

13. 盾叶半夏 Pinellia peltata Pei

有毒部位：参考掌叶半夏。

主要有毒成分：参考掌叶半夏。

中毒症状及处理：参考掌叶半夏。

14. 半夏 Pinellia ternate (Thunb.) Tenore ex Breit.

有毒部位：块茎。

主要有毒成分：3，4-二羟基苯甲醛。

中毒症状及处理：生半夏有毒。中毒症状为口腔、喉头、消化道黏膜均受强烈刺激，服少量可使口舌麻木，多量则烧痛肿胀，不能发音，呕吐，全身麻木，呼吸迟缓而不整，痉挛，呼吸困难，最后因呼吸麻痹而死亡。救治：洗胃，饮服蛋清、面糊或少量稀醋。白矾末10g、生姜汁5ml，调匀，一次服下；或生姜、绿豆各30g，防风60g，甘草15g，水煎200ml，先含漱一半，后内服一半。

15. 大藻 Pistia stratiotes Linn.

有毒部位：全草。

主要有毒成分：不详。

中毒症状及处理：体质特殊的孕妇忌服。

九一 鸭跖草科 Commelinaceae

1. 鸭跖草 Commelina communis Linn.

有毒部位：全草。

主要有毒成分：木犀草素、山柰酚、3-醛基吲哚、对羟基苯甲醛、丁香醛、香草乙酮、原儿茶酸、对羟基苯甲酸、棕榈酸、β-谷甾醇、豆甾醇等。

中毒症状及处理：药性寒凉，脾胃虚寒者慎服。

九二 百合科 Liliaceae

1. 短柄粉条儿菜 Aletris scopulorum Dunn.

有毒部位：参考下条粉条儿菜。

有毒成分：参考下条粉条儿菜。

中毒症状及处理：参考下条粉条儿菜。

2. 粉条儿菜 Aletris spicata (Thunb.) Franch.

有毒部位：根及全草。

主要有毒成分：环石仙桃萜醇、白桦脂酸、熊果酸、13-表柏油酸、5-羟基-3, 7, 4′-三甲氧基黄酮、二十二烷酸-1-甘油酯、正十七烷醇、正二十四烷酸、24, 24-二甲基-环木菠萝烷-3-醇、β-谷甾醇等。

中毒症状及处理：文献记载有小毒，未见中毒报道。

3. 薤白 Allium macrostemon Bunge

有毒部位：鳞茎或带鳞茎全草。

主要有毒成分：β-谷甾醇、胡萝卜苷、胡萝卜苷十一烷酸酯、腺苷、琥珀酸、紫丁香苷等。

中毒症状及处理：服用过多对胃黏膜有刺激，溃疡患者不宜常用；平时脾胃虚寒者，服本品后往往发生噫气，也不宜多用。有报道患者在治疗过程中，因在方剂中加用薤白出现严重腹泻，一天达8次以上，泻下黄水样便。

4. 绵枣儿 Barnardia japonica (Thunb.) Schult. et Schult. f.

有毒部位：鳞茎或带鳞茎全草。

主要有毒成分：海葱苷、毒粮苷。

中毒症状及处理：恶心、呕吐、腹痛、头痛、心律不齐、呼吸急迫，严重时神志昏迷，心跳、呼吸停止而死亡。救治：轻度中毒用甘草15g；绿豆30g，煎液饮服；或饮服生脉饮。严重中毒者，洗胃，导泻、静脉注射葡萄糖生理盐水（添加10%氯化钾12 ~ 25ml）。

5. 开口箭 Campylandra chinensis (Baker) M. N. Tamura et al.

有毒部位：根状茎。

主要有毒成分：万年青苷。

中毒症状及处理：本品用至10g，曾有中毒报告。症状为头痛、眩晕、恶心、呕吐等。救治：洗胃，导泻。用阿托品及654-2注射液对抗。服生绿豆汤解毒。

6. 山菅 Dianella ensifolia (Linn.) Redoute

有毒部位：全草。

主要有毒成分：强心苷类化合物。

中毒症状及处理：误食引起噎逆，呼吸困难而死。救治：按中毒急救一般原则处理，对症治疗。亦可灌服鲜鸭血或鲜羊血，直到将毒物吐出。

7. 萱草 Hemerocallis fulva (Linn.) Linn.

有毒部位：全株，尤以根部毒性较大。

主要有毒成分：萱草根素。

中毒症状及处理：过量用药，造成肝、肾细胞有不同程度的浊肿，肺部有瘀血或斑状出血。萱草花不可食用。救治：洗胃，导泻，口服活性炭，并对症治疗。

8a. 华重楼（七叶一枝花）**Paris polyphylla** Smith. var. **chinensis** (Franch.) Hara

有毒部位：根状茎。

主要有毒成分：蚤休苷、蚤休士宁苷、重楼皂苷及生物碱。

中毒症状及处理：毒性小，成人每次服用62～94g才会出现中毒症状，主要表现为恶心、呕吐、头晕、头痛、眼花，严重者可出现痉挛。救治：洗胃，导泻，内服稀醋酸。

8b. 狭叶重楼 var. stenophylla Franch.

有毒部位：参考华重楼。

主要有毒成分：参考华重楼。

中毒症状及处理：参考华重楼。

9. 玉竹 Polygonatum odoratum (Mill.) Druce

有毒部位：根状茎。

主要有毒成分：N-阿魏酸酪酰胺、5-羟甲基糠醛、丁香树脂酚、$3\beta,14\alpha$-二羟基-25-螺甾烷醇-5-烯、β-谷甾醇。

中毒症状及处理：小毒。脾虚便溏、痰湿内蕴、中寒腹泻、胃部胀满、不喜饮水、痰多、苔厚腻等湿痰盛者忌食。

10. 吉祥草 Reineckea carnea (Andr.) Kunth

有毒部位：全草。

主要有毒成分：棕榈酸、三十烷酸、熊果酸、槲皮素、胡萝卜苷等。

中毒症状及处理：吉祥草亚慢性毒性试验表明：RC原粉剂量达到100mg/(kg·d)时，对大鼠的CHO、GLU、ALP和脾脏系数等观测指标产生明显影响，且有良好剂量–反应关系；当剂量达到1000mg/(kg·d)时，对大鼠的BUN、肺和肾脏系数产生明显影响。RC 75μm原粉对大鼠亚慢性经口毒性试验的最大无作用剂量为10mg/(kg·d)。

11. 牯岭藜芦 Veratrum schindleri Loes. f.

有毒部位：全株，根、茎毒性较大。

主要有毒成分：原藜芦碱、介藜芦胺、胚芽儿碱、红藜芦碱等。

中毒症状及处理：上腹部烧灼感、流涎、恶心、呕吐、呃逆、出汗、口周围麻木、口及手指刺痛、视力模糊，严重者可便血、意识丧失、谵妄、四肢痉挛、震颤、血压下降、心率显著减慢、心律失常，因呼吸中枢受抑制及支气管痉挛可出现呼吸困难。勿与羊肉同服，以免中毒。救治：洗胃及导泻；口服活性炭；脱水或电解质紊乱者，静脉补液及补充钾盐；阿托品0.5~1mg皮下注射；吸氧；葱煎水内服，或雄黄、葱头、猪油加浓茶冷服。

九三 石蒜科 Amaryllidaceae

1. 龙舌兰 Agave americana Linn.

有毒部位：叶。

主要有毒成分：草酸、草酸盐、腐蚀性挥发油以及溶血性皂苷。

中毒症状及处理：叶汁有毒，皮肤接触后产生灼热感，发痒，红疹，甚至产生水泡。羊采食后出现中耳炎、发绀、呼吸困难和心率加快等症状。

2. 文殊兰 Crinum asiaticum Linn. var. sinicum (Roxb. ex Herb.) Baker

有毒部位：全株，鳞茎毒性较大。

主要有毒成分：石蒜碱、多花水仙碱。

中毒症状及处理：接触皮肤可引起红肿、发痒，进入呼吸道会引起鼻出血，还可出现流涎、呕吐、腹泻、舌硬直、手足发冷、心动过速、脉弱、休克，甚至呼吸中枢麻痹而死亡。救治：洗胃，导泻，饮稀醋酸、糖水，对症治疗。

3. 仙茅 Curculigo orchioides Gaertn.

有毒部位：根状茎。

主要有毒成分：石蒜碱、丝兰皂苷元、杨梅酮苷。

中毒症状及处理：毒性小，一般不易中毒，过量可引起中毒，表现为舌肿大、烦躁。救治：用大黄、元明粉水煎服，也煎服三黄汤。

4. 花朱顶红 Hippeastrum vittatum (L'Hér.) Herb.

有毒部位：鳞茎。

主要有毒成分：石蒜碱、水仙碱等。

中毒症状及处理：误食鳞茎，会引起呕吐、昏睡、腹泻等症状。

5. 中国石蒜 Lycoris chinensis Traub.

有毒部位：鳞茎。

主要有毒成分：石蒜碱、加兰他敏、石蒜胺碱、石蒜伦碱、水仙花碱、伪石蒜碱、高石蒜碱等生物碱。

中毒症状及处理：口服过量，产生流涎、呕吐、腹泻、心动过缓、手脚发冷，甚至呼吸中枢麻痹而死亡等中毒症状。救治：洗胃、导泻、催吐等对症治疗。

6. 石蒜 Lycoris radiata (L'Hér.) Herb.

有毒部位：鳞茎。

主要有毒成分：石蒜碱、石蒜胺碱、加兰他敏等多种生物碱。

中毒症状及处理：恶心、呕吐、腹痛、腹泻、烦躁、肌肉痉挛、惊厥、血压下降、虚脱、呼吸困难，常死于呼吸麻痹。救治：用0.5‰高锰酸钾或1%~2%鞣酸溶液洗胃；呕吐剧烈时，肌肉注射氯丙嗪25~50mg；静脉注射葡萄糖生理盐水；呼吸循环衰竭时，使用呼吸、循环兴奋剂；甘草30g、绿豆45g，水煎服。

九四 薯蓣科 Dioscoreaceae

1. 黄独 Dioscorea bulbifera Linn.

有毒部位：块茎。

主要有毒成分：呋喃去甲基二萜类化合物、鞣质、苦味质。

中毒症状及处理：毒性中等，过量服用可引起中毒。中毒症状是口、舌、喉等处烧灼痛，流涎、恶心、呕吐、腹痛、腹泻，瞳孔缩小，严重者出现昏迷、呼吸困难和心脏停博而死亡。尤以引起肝脏损害，致中毒性肝炎较多。救治：洗胃、导泻，通常内服蛋清、葛粉糊、活性炭，饮糖水，静脉滴注葡萄糖生理盐水。

2. 山萆薢 Dioscorea tokoro Makino

有毒部位：根状茎。

主要有毒成分：薯蓣皂素毒苷。

中毒症状及处理：肾阴虚者忌服。

九五 鸢尾科 Iridaceae

1. 射干 Belamcanda chinensis (Linn.) DC.

有毒部位：根状茎及全草。

主要有毒成分：鸢尾黄酮、鸢尾黄酮苷、射干异黄酮。

中毒症状及处理：毒性小，中毒症状为吞咽咀嚼障碍、四肢僵直、活动困难、全身肌肉强直。虚火及脾虚便溏者忌用。如出现中毒，立即停药即可。

2. 蝴蝶花 Iris japonica Thunb.

有毒部位：全草。

主要有毒成分：鸢尾苷、鸢尾素。

中毒症状及处理：主要是对马、牛、羊等草食牲畜造成危害。

3. 小花鸢尾 Iris speculatrix Hance

有毒部位：参考蝴蝶花。

主要有毒成分：参考蝴蝶花。

中毒症状及处理：参考蝴蝶花。

九六 **兰科** Orchidaceae

1. 台湾独蒜兰 Pleione formosana Hayata

有毒部位：假鳞茎。

主要有毒成分：秋水仙碱。

中毒症状及处理：严重者发生电解质平衡紊乱，造成低氯、低钾、碱中毒或酸中毒，出现不同程度的休克症状，甚至因呼吸衰竭而死亡。救治：防治各种并发症为原则，即洗胃、导泻、输液、调整电解质平衡、抗休克、给氧等。

第三章 工业用植物资源

工业用植物资源作为工业原料应用的植物资源，是现代工业赖以生存的最基本条件。按吴征镒植物资源分类系统，工业用植物资源分为木材资源、纤维植物资源、鞣料植物资源、香料植物资源、工业用油脂植物资源、植物胶资源、工业用植物染料资源、能源植物资源、经济昆虫寄主植物资源、其他工业用植物资源等10类。

第一节 木材资源

一、概述

木材资源作为国民经济发展的战略资源，在我国可持续发展战略实践中发挥着重要作用。但是中国森林资源相对匮乏，加之国家对森林采伐实行限额政策，自1998年中国实施天然林保护工程以来，在一定程度上调减了部分天然林的产量，减少了木材的供给量，国内木材资源的供给量远远不能满足日益增长的木材资源需求量，且"十三五"期间提出了建设生态文明和推进绿色发展的战略，因此，中国的木材供需失衡问题开始变得更加突出，木材在供需上的不平衡导致了中国木材供给在很大程度上依赖进口。战略资源大量依赖进口会给中国的社会经济发展带来一系列的潜在风险，一旦木材来源被切断，将会给国内以木制品产业为代表的产业造成很大的冲击。

浙江省是全国木材资源最丰富、分布较集中的省份之一，其中列入《中国主要栽培珍贵树种参考名录》的珍贵用材树种就有南方红豆杉、红豆树、楠木类、榉树、银杏、榧树、光皮桦等78种，总面积约211万亩（其中以用材为目的的有77万亩），总蓄积115万立方米。珍贵木材材质好、用途广、商业价值高，是一种经济社会发展特需的战略资源，不可复制，坚固耐用，而且具有艺术、收藏和传承历史文化的特点。随着经济发展，人民生活水平提高，社会对珍贵木材需求旺盛，但海外资源日益枯竭，同时，珍贵用材树种生长培育周期长，经济价值高，有着比其他森林更好的生态、经济和社会功能。浙江省作为全国经济强省，森林资源消耗量大，70%以上的木材原料依赖于省外市场。

保护区拥有木材资源452种，其中，列入国家林业局《中国主要栽培珍贵树种参考名录（2017年版）》和浙江省林业厅《浙江省珍贵树种资源发展纲要（2008—2020）》的珍贵木材资源73种，介绍如下。

二、主要木材资源列举

1. 银杏 Ginkgo biloba Linn.（银杏科 Ginkgoaceae）

资源特性：落叶大乔木，高达40m，胸径可达4m。中国特有树种；喜光，对气候、土壤的适应范围较宽，但不耐盐碱土及黏重的土壤。

木材特征：银杏木材的边材和心材区别明显：边材宽3～9cm，横断面边材淡黄色或浅红色，纵断面黄白色。心材因积聚草酸钙结晶等，变成黄褐色或红褐色。银杏木材密度较小，0.45～0.53g/cm³；木材中只见管胞，无导管；管胞的大小不一致，排列不整齐；银杏木材中，没有树脂道组织，也无轴向薄壁细胞，这种结构使其干缩时体积变化较小；银杏木材的射线组织不发达，数量少而小，1cm长木材仅见2～5根，且只有一层细胞组成，射线薄壁细胞、早材管胞交叉场纹孔与杉木相似，使其在木材的横断面上也不易形成裂缝。

材性及用途：不翘不裂不变形，抗虫性强，木纹美丽，容易加工，胶着力大，握钉力强。是木刻、高级文具、图板、风琴键盘、高档家具的优质用材。

2. 江南油杉 Keteleeria cyclolepis Flous（松科 Pinaceae）

资源特性：乔木，高达20m，胸径60cm。中国特有树种；喜光，较耐干旱。

木材特征：木材黄褐色至浅红褐色，心材与边材区别不明显；有光泽；湿切面上微有酸臭气味，易消失；无特殊气味。生长轮甚明显，轮间晚材带色深，宽度不均匀，早材至晚材急变；轴向薄壁组织不见。木射线稀至中，甚细至略细，在放大镜下横切面上明显；在肉眼下径切面上有射线斑纹。

材性及用途：木材纹理直，结构细。是建筑、家具、船舱、面板等的良材。

3. 金钱松 Pseudolarix kaempferi (Lindl.) Gord.（松科 Pinaceae）

资源特性：乔木，高达40m，胸径1.7m。喜光，喜生于土层肥沃、温暖湿润、排水良好的酸性土山区，生长快。

木材特征：木材黄褐色，结构粗但纹理通直，硬度适中，性较脆。

材性及用途：木材纹理通直。可作建筑、板材、家具、器具及木纤维工业原料等用材。

4. 黄杉 Pseudotsuga sinensis Dode（松科 Pinaceae）

资源特性：乔木，高达50m，胸径1m。中国特有树种；喜光，喜生于土壤肥沃温暖温润的地区，耐旱、耐寒能力强。

木材特征：黄杉树皮呈金钱豹花纹状，材质坚韧，富有弹力，保存期长，是良好的建筑及器具用材。黄杉具有浅淡的玫瑰色泽和美观的通直纹理，经阳光晒后颜色变暗。心材与边材区分明显，心材淡红色，边材淡黄色而有树脂木纹，木材质地细微到中等，纹路笔直，非渗水性。

材性及用途：黄杉质轻，强度大，弹性和韧性比较好，抗冲击性强，导热性小，易于加工，耐久性好（在干燥条件下），是室内装修和工程建筑制作的理想材料，很适合加工成窗框和门框、木线条、橱柜和其他细木工制品。黄杉具有很高的抗腐蚀性和优异的结构性能，因此是制作工业用储液箱、大桶以及其他储存容器的主要木材。其稳定性和易加工性还使之成为制造工业零部件的选材。

5. 日本扁柏 Chamaecyparis obtusa (Sieb. et Zucc.) Engl.（柏科 Cupressaceae）

资源特性：常绿乔木，高达40m，胸径1.5m。喜温湿，适生于肥沃、排水良好的土壤，抗逆性强。

木材特征：心材与边材区别明显：边材呈淡黄白色，心材呈淡红白色。木材纹理通直均匀，细腻，有光泽。散发特殊芳香。

木材及用途：平均气干密度0.44g/cm³，稍轻软。材质一致，心材耐久、耐湿、耐水性能优良，干燥性能、胶黏性能、涂饰性能、耐磨性能良好，便于长期保存。常用于木构建筑（柱、梁、墙板、地板等）、室内装饰、门窗、家具、浴槽、桑拿间、雕刻等。自古以来广泛用于宫殿寺庙的建造。

6. 柏木 Cupressus funebris Endl.（柏科 Cupressaceae）

资源特性：常绿乔木，高达35m，胸径2m。中国特有树种；喜温暖湿润的气候，耐干旱瘠薄，也稍耐水湿，耐寒性也强。

木材特征：柏木新伐木材树皮有白色树脂流出，在树皮横切面可见树脂囊。木材具柏木香气；横切面心材与边材区别明显或略明显，边材黄白色，心材草黄褐色或至微带红色，久露空气中材色转深。生长轮明显，早材至晚材缓变。横切面早材管胞近圆形至多边形，轴向薄壁组织星散状；弦切面木射线单列；径切面轴向管胞具缘纹孔1列；交叉场纹孔式为柏木型，横列；轴向薄壁细胞常含深色树脂。

材性及用途：气干密度0.53~0.58g/cm³。纹理直或斜，材质致密；硬度、强度、冲击韧性中，耐腐、抗虫性强。可作船舷、家具、木模、文具、室内装修、雕刻、细木工等用材。

7. 福建柏 Fokienia hodginsii (Dunn) Henry et Thomas（柏科 Cupressaceae）

资源特性：常绿乔木，高达17m。中国特有树种；阳性树种，喜生于温暖湿润的山地森林，适生于酸性或强酸性土壤。

木材特征：边材与心材区别明显或不明显，边材浅黄褐色或灰黄褐色，心材黄褐或浅红褐色。年轮明显，秋材带色深(紫黄褐色)。木材具柏木香气，味苦，触之有油质感。木质线极细至甚细，放大镜下横切面上可见之，径切面上可见木质线斑。纵向薄壁细胞于放大镜下明显，散生或弦向排列。

材性及用途：纹理匀直，结构细密，木材轻，收缩度小，强度中等，质地略软，加工容易，切面光滑，油漆性欠佳，胶黏性良好，握钉力中等，易干燥，干后材质稳定。是建筑、家具、细木工、雕刻的良好用材。

8. 侧柏 Platycladus orientalis (Linn.) Franco（柏科 Cupressaceae）

资源特性：常绿乔木，高达20m，胸径1m。中国特有树种；喜光，喜生于湿润肥沃排水良好的钙质土壤，耐寒、耐旱、抗盐碱，萌芽性强，寿命长。

木材特征：木材有光泽，柏木香气浓郁，味微苦。心材有油性感；横切面心材与边材区别明显，边材黄白至浅黄褐色，心材草黄褐或至暗黄褐色，久露空气中材色转深。生长轮明显，早材至晚材渐变。早材管胞横切面为圆形、方形及多边形，晚材管胞横切面为长方形、椭圆形及多边形；轴向薄壁组织星散状或弦列；弦切面木射线单列，偶见2列或成对；径切面轴向管胞具缘纹孔1列，极少成对；交叉场纹孔式为柏木型，横列；轴向薄壁细胞常含深色树脂。树脂道缺如。

材性及用途：气干密度0.612～0.618g/cm³。纹理斜行，材质细密，结构细而匀；耐腐力强，硬度中，强度及冲击韧性中；干缩小。可作建筑、器具、家具、农具及文具等用材。

9. 竹柏 Nageia nagi Kuntze（罗汉松科 Podocarpaceae）

资源特性：乔木，高达20m，胸径50cm。喜生于湿润但无积水的肥沃酸性土壤中，抗寒性弱。

木材特征：木材光泽弱，无特殊气味。横切面心材与边材区别明显，木材浅黄褐、黄褐至黄红褐色。生长轮略明显或不明显，早材至晚材渐变。早材管胞横切面为方形、长方形及多边形，晚材管胞横切面多似圆形及椭圆形；轴向薄壁组织星散状及短弦列；弦切面木射线单列；径切面轴向管胞具缘纹孔1列；交叉场纹孔式为柏木型或云杉型，横列；轴向薄壁细胞常含少量深色树脂。树脂道缺如。

材性及用途：气干密度0.529g/cm³。纹理通直，材质细密；硬度中软，干缩小，易加工，耐久用，抗虫性强。可作优良的建筑、船舶、家具、器具等用材。

10. 三尖杉 CepH alotaxus fortunei Hook. f.（三尖杉科 Cephalotaxaceae）

资源特性：乔木，高达20m，胸径40cm。中国特有树种；喜生于山坡疏林、溪谷湿润而排水良好的地方。

木材特征：木材有光泽，无特殊气味，微苦。心材与边材区别通常不明显，木材浅黄褐色，轮间或晚材带色深（灰紫色）。生长轮略明显或不明显，早材至晚材渐变。早材管胞横切面为多边形及方形，晚材管胞横切面为长方形、方形及多边形；轴向薄壁组织星散状及数个排成弦列；弦切面木射线单列；径切面轴向管胞具缘纹孔1列；交叉场纹孔式为柏木型及云杉型，横列；轴向薄壁细胞含少量深色树脂。树脂道缺如。

材性及用途：气干密度0.629g/cm³。纹理直或斜，材质坚实，结构细致；硬度及强度中；韧性强，有弹性；干缩小。可作建筑、桥梁、舟车、美工艺术品、农具、家具及器具等用材。

11. 南方红豆杉 Taxus wallichiana Zucc. var. mairei (Lemee et Lévl.) L. K. Fu et Nan Li（红豆杉科 Taxaceae）

资源特性：常绿乔木，高达30m，胸径60～100cm。中国特有树种；耐阴树种，喜温暖湿润的气候，喜生于肥沃酸性土壤中，耐干旱瘠薄，不耐低洼积水。

木材特征：木材光泽略强，无特殊气味和滋味。横切面心材与边材区别明显，边材黄白色或浅黄色，心材橘黄红至玫瑰红色。生长轮明显，早材至晚材渐变。早材管胞横切面为不规则多边形及方形，晚材管胞横切面为长方形、方形及多边形；轴向薄壁组织缺如；弦切面木射线单列；径切面轴向管胞具缘纹孔1列；交叉场纹孔式为柏木型，横列。射线细胞少数含深色树脂。树脂道缺如。

材性及用途：气干密度0.623～0.761g/cm³。纹理直，结构细；坚实耐用，干后少开裂，硬度中或中至硬，强度低至中，防腐力强，韧性强。可作优良的建筑、桥梁、家具、器材等用材。但产量少，一般仅作细木加工、船桨、拱形制品、雕刻、乐器及箱板等用材。

12. 榧树 Torreya grandis Fort. ex Lindl.（红豆杉科 Taxaceae）

资源特性：常绿针叶乔木，高达25m，胸径55cm。中国特有树种；喜光，好凉爽湿润的环境，忌积水低洼地，能耐寒。

木材特征：木材有光泽。略具香气。横切面心材与边材区别明显或略明显，边材黄白色，心材嫩黄色或黄褐色。生长轮颇明显，早材至晚材渐变。早材管胞横切面为不规则多边形及方形，晚材管胞横切面为长方形及方形；轴向薄壁组织缺如；弦切面木射线单列；径切面轴向管胞具缘纹孔1列；交叉场纹孔式为柏木型，横列；射线细胞含极少量深色树脂。树脂道缺如。

材性及用途：气干密度0.499g/cm³。纹理直，结构细至中；硬度适中，干缩小，有弹性，不反挠，不开裂，耐水湿。可作建筑、船舶、车厢、桩、柱、家具及车工等用材。

13. 黄杞 Engelhardia roxburghiana Wall.（胡桃科 Juglandaceae）

资源特性：半常绿乔木，高达10m。喜生于热带山地雨林或热带常绿季雨林中，南亚热带至中亚热带南部亦有分布。生长快。

木材特征：木材浅灰褐色或浅灰红褐色，无光泽或光泽弱，无特殊气味和滋味。横切面心材与边材区别不明显，常带蓝变色杂斑。生长轮不明显至略明显；半环孔材至散孔材。管孔略少；径列或斜列；侵填体偶见。导管横切面为卵圆形、椭圆形及圆形，少数具多角形轮廓；轴向薄壁组织多为离管带状，常呈连续或不连续弦向带，余为环管束状及环管状，间或星散状与星散-聚合状；具缘纹孔斜列及直列；木射线非叠生。射线细胞常含树胶，晶体未见。射线-导管间纹孔式类似管间纹孔式，或呈横列刻痕状。波痕及胞间道缺如。

材性及用途：气干密度0.566～0.569g/cm³。纹理斜，结构细，略均匀；硬度中，干缩小，强度低至中，冲击韧性中。可作房屋结构、车厢、木模、农具及家具等用材。

14. 亮叶桦 Betula luminifera H. Winkl.（桦木科 Betulaceae）

资源特性：乔木，高达20m，胸径达80cm。喜温暖湿润气候及肥沃酸性砂质土，适应性强，耐干旱瘠薄，是山区造林的先锋树种。

木材特征：木材有光泽，无特殊气味和滋味。横切面心材与边材区别常明显，边材浅红褐色，心材红褐色。生长轮略明显或明显，轮间呈浅色细线；散孔材。管孔常呈白点状；导管横切面为圆形及卵圆形；单管孔及短径列复管孔；少数呈管孔团；散生；侵填体偶见。轴向薄壁组织轮界状及星散状，间或环管状；树胶偶见，晶体未见。具缘纹孔数少，略明显；木射线非叠生；射线组织同形单列及多列，稀至异形Ⅲ型；射线细胞为卵圆形至椭圆形，树胶丰富，晶体未见。射线-导管间纹孔式类似管间纹孔式。波痕及胞间道缺如。

材性及用途：气干密度0.590～0.723g/cm³。纹理直，结构甚细至细，均匀；硬度中或硬，干缩大，强度中，冲击韧性高。可作航空、建筑、家具、造纸等用材。

15. 锥栗（珍珠栗）Castanea henryi (Skan) Rehd. et Wils.（壳斗科 Fagaceae）

资源特性：乔木，树干挺直，高达30m，胸径达1.5m。喜光，耐旱，要求排水良好；病虫害少，生长迅速，属优良速生树种。

木材特征：木材无特殊气味和滋味，有光泽。横切面心材与边材区别略明显，心材浅栗褐色或浅红褐色，边材浅褐色或浅灰褐色。生长轮明显，早材至晚材急变。横切面早材导管为圆形及卵圆形，轴向薄壁组织多为星散-聚合状及断续离管带状；弦切面木射线通常单列，稀成对或2列；径切面轴向管胞具缘纹孔通常互列；射线-导管间纹孔式为大圆形；轴向薄壁细胞常含树胶。

材性及用途：气干密度约0.634g/cm³。纹理直，结构中至粗，不均匀；硬度硬或中，干缩小至中，强度中，冲击韧性中，耐腐性中，抗虫性弱。可作家具、木模、室内装修、电杆、舟车、工农具柄等用材。

16. 米槠 Castanopsis carlesii (Hemsl.) Hayata（壳斗科 Fagaceae）

资源特性：乔木，高达10～25m，胸径1m。喜雨量充沛和温暖气候，能耐阴，喜生于深厚、温润的中性和酸性土，亦耐干旱和贫瘠。

木材特征：木材无特殊气味和滋味。横切面心材与边材区别欠明显，木材浅红褐色或栗褐色微红，边材部分常有黄变。生长轮略明显，早材至晚材急变。横切面早材导管通常为卵圆形，少数为椭圆形，轴向薄壁组织星散-聚合状及断续离管带状；弦切面木射线同形单列及多列；径切面轴向管胞具缘纹孔小，圆形；射线-导管间纹孔式为刻痕状，少数肾形或卵圆形，直列、斜列及横列；轴向薄壁细胞常含树胶。

材性及用途：气干密度0.501～0.591g/cm³。材质易开裂，纹理直，结构粗，不均匀；强度低或中，冲击韧性中。可作家具、建筑、农具等用材。

17. 甜槠 Castanopsis eyrei (Champ. ex Benth.) Tutch（壳斗科 Fagaceae）

资源特性：乔木，高达20m，胸径50cm。喜生于肥沃湿润酸性土壤中，适应性较强，萌芽力强。

木材特征：木材无特殊气味和滋味。横切面心材与边材区别不明显，木材浅栗褐色或浅褐色。生长轮略明显，早材至晚材急变。横切面早材导管为卵圆形及圆形，稀椭圆形；轴向薄壁组织星散-聚合状及断续离管带状；弦切面木射线异形单列；径切面轴向管胞具缘纹孔圆形；射线-导管间纹孔式为刻痕状，少数肾形，直列、斜列及横列；轴向薄壁细胞常含树胶。

材性及用途：气干密度0.552～0.617g/cm³。材质易开裂，纹理直，结构细至中，不均匀；硬度中，强度低至中，冲击韧性中，不耐腐。可作木桩、枕木、家具、室内装修、工农柄具等用材。

18. 栲树 Castanopsis fargesii Franch.（壳斗科 Fagaceae）

资源特性：乔木，高达25m，胸径80cm。喜温暖，不耐寒，不耐盐碱，萌芽力强。

木材特征：木材无特殊气味和滋味。横切面心材与边材区别欠明显，木材浅红褐色或栗褐色微红，边材部分常有黄变。生长轮略明显，早材至晚材急变。横切面早材导管通常为卵圆形，少数为椭圆形，斜列或簇集，轴向薄壁组织星散-聚合状及断续离管带状；弦切面木射线同形单列及多列；径切面轴向管胞具缘纹孔小，圆形；射线-导管间纹孔式为刻痕状，少数肾形或卵圆形，直列、斜列及横列；轴向薄壁细胞常含树胶。

材性及用途：气干密度0.550～0.610g/cm³。纹理直，结构粗，不均匀；强度低至中，冲击韧性中。可作家具、房屋、各种农具、木桩、室内装修等用材。

19. 南岭栲 Castanopsis fordii Hance (壳斗科 Fagaceae)

资源特性：乔木，高达30m，胸径1m。较喜光，幼年耐阴，较速生。

木材特征：木材无特殊气味和滋味。横切面心材与边材区别明显，心材红褐色、鲜红褐色或砖红色，边材暗红褐色。生长轮略明显，早材至晚材略渐变。横切面早材导管通常为卵圆形，少数圆形及椭圆形；轴向薄壁组织主要为离管带状、星散-聚合状及断续离管带状；弦切面木射线同形单列及少数异形单列；径切面轴向管胞具缘纹孔卵圆形；射线-导管间纹孔式为大圆形及刻痕状；轴向薄壁细胞常含树胶。

材性及用途：气干密度约0.54g/cm³。材质轻至中，纹理直，结构细至中，不均匀；硬度中，强度中，冲击韧性中。可作家具、木模、室内装修、电杆、舟车、工农具柄、雕刻等用材。

20. 苦槠 Castanopsis sclerophylla (Lindl. ex Paxton) Schott.（壳斗科 Fagaceae）

资源特性：乔木，高达20m，胸径1m。喜光，喜生于温暖、气候湿润处，耐旱。

木材特征：木材无特殊气味和滋味。横切面心材与边材区别略明显，材色为灰红褐色。生长轮略明显，早材至晚材急变。横切面早材导管为卵圆形及圆形，稀椭圆形；轴向薄壁组织星散-聚合状及断续离管带状；弦切面木射线同形单列；径切面轴向管胞具缘纹孔圆形；射线-导管间纹孔式为刻痕状，少数肾形，直列、斜列及横列；轴向薄壁细胞常含树胶。

材性及用途：气干密度 $0.508 \sim 0.595g/cm^3$。纹理直至斜，结构不均匀，材质轻至中；干缩小，强度低或低至中，冲击韧性中。是建筑、桥梁、家具、运动器材、农具及机械等的上等用材。耐腐性强，尚可试做酒桶及造船。

21. 钩栲 Castanopsis tibetana Hance（壳斗科 Fagaceae）

资源特性：乔木，高达25m，胸径2m。喜生于湿润的山地杂木林中。

木材特征：木材无特殊气味和滋味。横切面心材与边材区别明显，心材红褐色，鲜红褐色或砖红色，边材暗红褐色。生长轮略明显，早材至晚材略渐变。横切面早材导管通常为卵圆形，少数圆形及椭圆形，晚材管孔为多三角形；轴向薄壁组织多为离管带状及星散-聚合状；弦切面木射线同形单列及少数异形单列；径切面轴向管胞具缘纹孔卵圆形；射线-导管间纹孔式为大圆形及刻痕状；轴向薄壁细胞常含树胶。

材性及用途：气干密度约 $0.622g/cm^3$。材质中，纹理直或斜，结构细至中，不均匀；硬度中，强度中，冲击韧性中。可作枕木、家具、室内装修、电杆、舟车、工农具柄、雕刻等用材。

22. 青冈 Cyclobalanopsis glauca (Thunb.) Oerst.（壳斗科 Fagaceae）

资源特性：乔木，高达20m，胸径1m。耐寒、耐阴、耐瘠薄、耐干燥，深根性，萌芽力强，可萌芽更新。全光照下生长更快。

木材特征：木材无特殊气味和滋味。横切面心材与边材区别不明显，木材灰黄色，灰褐色带红或浅红褐色带灰，但外面部分材色常稍浅。生长轮不明显，轮间有时呈深色纤维带。横切面导管为圆形及卵圆形，通常单管孔；弦切面木射线同形单列及多列，径切面管胞具缘纹孔小，数少；轴向薄壁组织多为离管带状，少数星散状或星散-聚合状；射线-导管间纹孔式多为刻痕状，多数直立，少数斜列；轴向薄壁组织量多，含少量树脂。

材性及用途：气干密度 $0.892 \sim 0.900g/cm^3$。材质均匀一致，且坚硬耐磨；硬度、强度、冲击韧性好，耐腐。可作枕木、矿柱、篱柱、电杆、木柱、桥梁、家具、各类农具等用材。

23. 细叶青冈（青栲）Cyclobalanopsis myrsinaefolia (Blume) Oerst.（壳斗科 Fagaceae）

资源特性：乔木，高达25m，胸径1m。中性喜光，喜生于微碱性或中性的石灰岩土壤上，在酸性土壤上也生长良好，萌芽力强，可萌芽更新。

木材特征：木材灰黄色、灰褐色带红或浅红褐色带灰；心材与边材区别不明显，但外面部分材色常稍浅；有光泽；无特殊气味和滋味。生长轮不明显，轮间有时呈深色纤维带；散孔壁组织量多；多为离管带状（肉眼下可见），并似傍管状。木射线中至略密；

射线组织同形单列及多列。直立或方形射线细胞偶见，比横卧射线细胞高或略高；后者为卵圆形及椭圆形。射线细胞含少量树胶，常有菱形晶体出现，端壁节状加厚及水平壁纹孔多不明显。射线-导管间纹孔式主要为刻痕状，多数直立，少数斜列。

材性及用途：气干密度 $0.893g/cm^3$。木材坚韧，耐磨损、油漆性能良好，花纹美丽，硬度大。可作枕木、桩柱、车船、工具柄等用材，也是拼花地板、家具走廊扶手、仪器箱盒等的优质材料。

24. 水青冈 **Fagus longipetiolata** Seem.（壳斗科 Fagaceae）

资源特性：乔木，高达25m。喜阳，喜温凉、湿润气候。

木材特征：木材浅红褐色至红褐色；心材与边材区别不明显，有的外面部分材色略浅；有光泽；无特殊气味和滋味。生长轮明显，轮间呈深色带，木射线向内凹；半环孔材；宽度略均匀。管孔甚多；甚小至略小，在放大镜下明显或略明显；在生长轮内部较多较大，外部甚少甚小，最外部则管孔缺如；散生。轴向薄壁组织在放大镜下不见或略见，呈细短弦线或斑点状。木射线中至略密，分宽窄两类，宽射线与单列射线间有中间型多列射线。射线细胞多含树胶，菱形晶体数少，端壁节状加厚及水平壁纹孔多而明显。射线-导管间纹孔式为横列刻痕状。

材性及用途：气干密度 $0.67 \sim 0.72g/cm^3$。木材为散孔材，纹理直，结构粗，有臭气，少虫蛀，创面光滑，纹理美观，适宜作胶合板、贴面板；木材材质轻柔且耐磨，可作航空器材、车辆、纺织、建筑和家具等用材。

25. 亮叶水青冈 **Fagus lucida** Rehd. et Wils.（壳斗科 Fagaceae）

资源特性：落叶乔木，高达25m，胸径1m。喜凉湿气候，幼苗耐阴。

木材特征：亮叶水青冈木材为散孔材。导管横切面为卵圆形或圆形，直径 $50.7 \sim 85.6\mu m$，略具多角形轮廓。在生长轮内部，导管密度大，外部则明显减少，近生长轮界常缺如。纤维管胞壁厚，木射线分单列和多列射线两类。

材性及用途：木材纹理直，可作家具和农具用。

26. 麻栎 **Quercus acutissima** Carr.（壳斗科 Fagaceae）

资源特性：落叶乔木，高达30m，胸径1m。喜光，耐干旱、瘠薄，亦耐寒，萌芽力强，但不耐移植。

木材特征：边材暗黄褐或灰黄褐色，与心材区别略明显，心材浅红褐色。木材有光泽；无特殊气味和滋味。生长轮甚明显；环孔材；宽度略均匀，早材管孔通常略大，少数甚大，在肉眼下明显或甚明显；连续排列成明显早材带；心材中侵填体常见；射线细胞常含树胶，菱形晶体数多，端壁节状加厚及水平壁纹孔多而明显。射线-导管间纹孔式通常为刻痕状，少数肾形或类似管纹孔式，通常直立或斜列。

材性及用途：气干密度 $0.8 \sim 0.93g/cm^3$。木材为环孔材，边材淡红褐色，心材红褐色，材质坚硬，纹理直或斜，耐腐朽，天气干时易翘裂。可作枕木、坑木、桥梁、地板等。

27. 槲栎 Quercus aliena Blume Quercus aliena Blume var. acuteserrata Maxim. ex Wenz.（壳斗科 Fagaceae）

资源特性：落叶乔木，高达30m。喜光，稍耐阴，耐干旱瘠薄；喜生于酸性至中性湿润深厚而排水良好的土壤。

木材特征：边材浅黄褐色，与心材区别明显，心材浅栗褐或栗褐色。木材有光泽；无特殊气味和滋味。生长轮甚明显；环孔材；宽度略均匀。轴向薄壁组织多；射线组织一般为同形单列及多列。直立或方形射线细胞偶见，比横卧射线细胞略高；后者通常为卵圆形。射线细胞含少量树胶，菱形晶体可见，端壁节状加厚及水平壁纹孔略明显。射线-导管间纹孔式为刻痕状，少数类似管间纹孔式。

材性及用途：气干密度为 $0.63 \sim 0.79 \text{g/cm}^3$。木材坚硬，耐腐，纹理致密。可作建筑、家具及薪炭等用材。

28. 白栎 Quercus fabri Hance（壳斗科 Fagaceae）

资源特性：落叶乔木或灌木状，高达20m。喜光，喜温暖气候，耐干旱瘠薄，但在肥沃湿润处生长最好。

木材特征：木材颜色变化较大，从浅黄或浅红至浅褐色，木材常为玫瑰色调。生长轮明显。环孔材，早材管孔 $2 \sim 3$ 列，侵填体丰富。早材至晚材急变；晚材管孔小，呈火焰状。轴向薄壁组织环管状及细弦线状。木射线具宽窄两类。木材纹理直，结构粗。单管孔及少数径列复管孔。导管分子单穿孔。轴向薄壁组织星散-聚合状、细弦线状。木射线非叠生；窄木射线甚多，多为单列；宽木射线组织同形单列或多列。

材性及用途：气干密度 0.767g/cm^3。木材坚硬，花纹美观，耐磨耐腐。可作家具、装修、车辆等用材。

29. 乌冈栎 Quercus pH illyraeoides A. Gray（壳斗科 Fagaceae）

资源特性：常绿灌木或小乔木，高 $1 \sim 10\text{m}$，胸径1.2m。喜光，耐干旱、耐瘠薄，生长缓慢。

木材特征：木材构造导管较小；几全为聚合射线；环管管胞更多。余略同青冈。

材性及用途：木材坚硬，耐腐，密度、硬度及强度都比青冈更大。是良好的家具、农具、细木工用材。

30. 栓皮栎 Quercus variabilis Blume（壳斗科 Fagaceae）

资源特性：落叶乔木，高达30m，胸径1m。喜光，萌芽力强。适应性强，喜生于深厚肥沃、排水良好处，抗风，抗旱，耐火耐瘠薄。

木材特征：木材为环孔材，除材色稍深（心材红褐色至鲜红褐色）外，余略同麻栎。

材性及用途：气干密度 0.87g/cm^3。纹理斜，结构略粗，材质坚硬，耐冲击，切削较困难，切面光泽，花纹美丽。可作建筑、车船、矿柱、枕木、家具等用材。

31. 春榆 Ulmus davidiana Planch. var. japonica (Rehd.) Nakai（榆科 Ulmaceae）

资源特性：落叶乔木，高达25m，胸径1m。喜光，耐寒、耐旱，对土壤要求不严，对气候适应性强。

木材特征：边材浅黄褐色，与心材区别略明显，容易感染变色菌，心材浅栗褐色。木材有光泽；无特殊气味和滋味。生长轮明显，轮间呈深色晚材带；环孔材；宽度略均匀。木射线密度稀至中；早材导管横切面为圆形、卵圆形及椭圆形；射线组织同形单列及多列。射线细胞多为圆形及卵圆形，略具多角形轮廓，部分含树胶，晶体未见，端壁节状加厚及水平壁纹孔明显。

材性及用途：气干密度0.58~0.78g/cm³。木材纹理直或斜行，结构粗，密度和硬度适中，有香味，力学强度较高，弯挠性较好，有美丽的花纹。可作家具、器具、室内装修、车辆、船舶、地板等用材。

32. 榔榆 Ulmus parvifolia Jacq.（榆科 Ulmaceae）

资源特性：乔木，高达35m，胸径1m。喜光，喜温暖及土壤肥沃、排水良好的中性土壤，耐干旱。

木材特征：边材黄褐色或浅褐色，与心材区别明显，心材红褐色或暗红褐色。木材有光泽；无特殊气味和滋味。生长轮明显；环孔材。早材管孔中至略大；连续排列成早材带；早材至晚材急变。晚材管孔小；簇集，在外部排列成连续或不连续弦向带或波浪形。导管下早材带横切面上为卵圆形；具侵填体。晚材带横切面为不规则多角形。螺纹加厚仅存在于小导管管壁上。管间纹孔式互交。维管管胞螺纹加厚明显；具缘纹孔略同导管。轴向薄壁组织多为傍管状，与维管管胞相聚；树胶丰富；具菱形晶体或晶簇。木纤维单纹孔或具狭缘。木射线非叠生。射线细胞树胶丰富，晶体未见。射线-导管间纹孔式类似管间纹孔式。胞间道缺如。

材性及用途：气干密度0.898g/cm³。纹理直或斜；结构中，不均匀；重而硬，干缩中，强度中。可作车轮部件、农具、地板、枕木、桥梁各部、木桩、车架、船舶、房屋建筑各部构建用材。

33. 大叶榉树（榉树）Zelkova schneideriana Hand.-Mazz.（榆科 Ulmaceae）

资源特性：落叶大乔木，树高25m，胸径80cm。喜光，喜生于温暖湿润气候、肥沃湿润土壤处。

木材特征：边材黄褐色，较宽，与心材区别明显，心材浅栗褐色带黄。木材有光泽；无特殊气味和滋味。生长轮明显；环孔材。早材管孔中至略大，连续排列成早材带，通常含侵填体；早材至晚材急变。晚材管孔小，簇集，排列成连续或不连续弦向带或波浪形。导管下早材带横切面上为卵圆形，圆形；具侵填体。晚材带横切面为不规则多角形。螺纹加厚仅存在于小导管管壁上，局部叠生。单穿孔。管间纹孔式互交，略稀疏，多角形。轴向薄壁组织局部叠生，主要为傍管状，与维管管胞相聚；树胶未见；具菱形晶体或晶簇。木纤维单纹孔或具狭缘。单列射线少。木射线非叠生。射线细胞树胶稀少，菱形晶体数多。径切面上射线斑纹明显。射线-导管间纹孔式类似管间纹孔式。胞间道缺如。

材性及用途：气干密度 0.791g/cm³。纹理直；结构中，不均匀；重而硬，干缩大，强度中至高，冲击韧性甚高。材色鲜艳，光泽性强。可作地板、枕木、桥梁各部、木桩、车架、船舶、房屋建筑各部构建等用材。

34. 鹅掌楸 Liriodendron chinense (Hemsl.) Sarg.（木兰科 Magnoliaceae）

资源特性：落叶大乔木，高达40m，胸径达1m。中国特有树种；喜光及温和湿润气候，有一定的耐寒性，喜深厚肥沃、适湿而排水良好的酸性或微酸性土壤。

木材特征：边材黄白或浅红褐色，与心材区别略明显，心材灰黄褐色或略带绿色。木材有光泽；无特殊气味和滋味。生长轮明显，轮间呈浅色线；散孔材。导管横切面为卵圆形、圆形，散生或斜列，侵填体稀少，螺纹加厚未见。管间纹孔式对列，椭圆形及略似长方形。轴向薄壁组织量少，轮界状；树胶晶体未见。木纤维具缘纹孔数多，圆形。木射线非叠生。单列射线少。射线细胞树胶及晶体未见，油细胞或黏液细胞数少。射线-导管间纹孔式常为单侧复纹孔式及单纹孔式，形大。胞间道缺如。

材性及用途：气干密度 0.577g/cm³。纹理交错；结构甚细，均匀，轻至中；硬度中，干缩中至大，强度低，冲击韧性中。其易加工，少变形，干燥后少开裂，无虫蛀。是建筑、船舶、家具、细木工的优良用材，亦可制胶合板、作纸浆原料等。

35. 木莲（乳源木莲）Manglietia fordiana Oliv.（木兰科 Magnoliaceae）

资源特性：常绿大乔木，高达30m，胸径达1m。幼年耐阴，长大后喜光，喜生于温暖湿润气候及肥沃的酸性土壤。

木材特征：边材灰黄褐色，与心材区别明显，心材黄色或暗褐色或略带绿色。木材光泽强；干材无特殊气味和滋味。生长轮略明显；散孔材。管孔略多。导管横切面为多角形；散生；具侵填体；螺纹加厚缺如。管间纹孔式梯状及梯状-对列，长椭圆及椭圆形。轴向薄壁组织量少，轮界状；树胶晶体未见；筛状纹孔式常见。木纤维具缘纹孔数多，圆形及卵圆形。木射线非叠生。射线细胞含树胶，晶体及油细胞或黏液细胞未见。射线-导管间纹孔式常为单侧复纹孔式。径切面上射线斑纹明显。波痕及胞间道缺如。

材性及用途：纹理直；结构甚细，均匀，密度小，硬度中，干缩小，强度低，冲击韧性中。加工容易，切面光滑；油漆后光亮性良好；胶黏容易；不耐磨损。可作胶合板、家具、房架、室内装修、文具、工艺品、仪器箱盒、绘图板、木尺等。

36. 深山含笑 Michelia maudiae Dunn（木兰科 Magnoliaceae）

资源特性：常绿乔木，高达20m。喜光，幼时较耐阴。喜生于温暖、湿润环境，有一定耐寒能力。根系发达，萌芽力强。

木材特征：边材浅黄褐色，与心材区别明显，心材浅绿黄色。木材有光泽；无特殊气味和滋味。生长轮略明显；散孔材。管孔多。导管横切面为卵圆形及圆形，散生；侵填体稀少；螺纹加厚明显。复穿孔，梯状。管间纹孔式梯状，长椭圆及椭圆形。轴向薄壁组织量少，轮界状；树胶少量；晶体未见。木纤维具缘纹孔数多，明显，圆形及卵圆形。木射线非叠生。单列射线少。射线细胞含少量树胶，晶体未见，油细胞或黏液细胞常见。射线-导管间纹孔式常为单侧复纹孔式。径切面上射线斑纹明显。波痕及胞间道缺如。

材性及用途：气干密度0.575g/cm³。纹理直；结构甚细，均匀，密度中，硬度中，干缩中，强度中，冲击韧性中。加工容易，切面光滑；油漆后光亮性良好；胶黏容易；边材易腐朽。可作房屋建筑、农具、胶合板等材料，也可作工艺品及渔轮的船侧板等。

37. 乐东拟单性木兰 Parakmeria lotungensis (Chun et Tsoong) Law（木兰科 Magnoliaceae）

资源特性：常绿乔木，高达30m，胸径达30cm。中国特有树种；喜光，对土壤肥力要求不高，幼树稍耐阴和耐寒。

木材特征：边材黄白色至浅黄褐色，与心材区别明显。木材有光泽；无特殊气味和滋味。生长轮略明显；散孔材。管孔多。导管横切面为卵圆形及圆形，散生；侵填体稀少；螺纹加厚明显。复穿孔，梯状。管间纹孔式梯状，长椭圆形及椭圆形。轴向薄壁组织量少，轮界状；树胶少量；晶体未见。木纤维具缘纹孔数多，明显，圆形及卵圆形。木射线非叠生。单列射线少。射线细胞含少量树胶，晶体未见，油细胞或黏液细胞常见。射线-导管间纹孔式常为单侧复纹孔式。径切面上射线斑纹明显。波痕及胞间道缺如。

材性及用途：气干密度0.708g/cm³。纹理直；结构甚细，均匀，密度中，硬度中，干缩中，强度中，冲击韧性中。加工容易，切面光滑；油漆后光亮性良好；胶黏容易；耐水湿。可作房屋建筑、农具、胶合板等材料，也可作纸浆原料和纤维板等。

38. 华南樟 Cinnamomum austro-sinense H. T. Chang（樟科 Lauraceae）

资源特性：常绿乔木，高达20m，胸径达50cm。喜光；喜生于土壤肥沃、温暖湿润处。

木材特征：边材黄褐色至灰褐色或浅黄褐色微红，与心材区别不明显。木材光泽强；新切面上樟脑气味较少；味苦。生长轮明显；散孔材至半环孔材。管孔略多，略小至中，在肉眼下可见，斜列或散生；具侵填体。轴向薄壁组织环管状及轮界状；极少含树胶；晶体未见；油细胞或黏液细胞甚多。星散薄壁组织偶见。木纤维薄壁厚；具缘纹孔数多，圆形。木射线稀至中；极细至略细。木射线细胞内部分含树胶，晶体未见，油细胞或黏液细胞多数。波痕及胞间道缺如。

材性及用途：气干密度0.506g/cm³。纹理直；结构细而匀；轻而软，干缩中，强度低。耐腐朽，耐虫害，防腐浸注较难；切面光滑，光泽性强；易胶黏；握钉力中至强。木材适于作船材、车辆、房屋建筑、室内装修、家具、手工艺品、机模、乐器、运动器械等用材。

39. 樟（香樟）Cinnamomum camphora (Linn.) Presl（樟科 Lauraceae）

资源特性：常绿乔木，高达40m，胸径达4m。喜光，喜温暖湿润的气候，不耐寒。

木材特征：边材黄褐色至灰褐色或浅黄褐色微红，与心材区别明显，心材红褐色或红褐色微带紫色，沿纹理方向常杂有红色或暗色条纹。木材光泽强；新切面上樟脑气味浓厚，经久不衰；味苦。生长轮明显；散孔材至半环孔材。管孔略多，略小至中，在肉眼下可见；斜列或散生；具侵填体。轴向薄壁组织环管状及轮界状；极少含树胶；晶体未见；油细胞或黏液细胞甚多。木纤维薄壁加厚；具缘纹孔数多，圆形。木射线稀至中；极细至略细。木射线细胞内部分含树胶，晶体未见，油细胞或黏液细胞多数。波痕及胞间道缺如。

材性及用途：气干密度0.535～0.58g/cm³。螺纹纹理或交错纹理；结构细而匀；硬度软至中，干缩小，强度低，冲击韧性中。耐腐朽，耐虫害，防腐浸注较难；切面光滑，光泽性强；易胶黏；握钉力中至强。木材、枝、根等可提制樟脑，木材不易变形，耐虫蛀。常作家具、雕刻品、木制品和家装等用材。

40. 浙江樟 Cinnamomum chekiangense Nakai（樟科 Lauraceae）

资源特性：常绿乔木，高达20m，胸径达50cm。喜光，喜湿润、深厚、肥沃、排水良好的微酸性至中性土壤。

木材特征：边材黄褐色至灰褐色或浅黄褐色微红，与心材区别明显，心材红褐色或红褐色微带紫色，沿纹理方向常杂有红色或暗色条纹。木材光泽强；新切面上樟脑气味浓厚，经久不衰；味苦。生长轮明显；散孔材至半环孔材。管孔略多，略小至中，在肉眼下可见，斜列或散生；具侵填体。轴向薄壁组织环管状及轮界状；极少含树胶；晶体未见；油细胞或黏液细胞甚多。木纤维薄壁加厚；具缘纹孔数多，圆形。木射线稀至中；极细至略细。木射线细胞内部分含树胶，晶体未见，油细胞或黏液细胞多数。波痕及胞间道缺如。

材性及用途：气干密度0.535～0.58g/cm³。螺纹纹理或交错纹理；结构细而匀；硬度软至中，干缩小，强度低，冲击韧性中。耐腐朽，耐虫害，防腐浸注较难；切面光滑，光泽性强；易胶黏；握钉力中至强。木材耐水湿，质地细腻坚硬，有香气，耐腐，防蛀，是船舶、建筑、家具等的优良用材。

41. 沉水樟 Cinnamomum micranthum (Hayata) Hayata（樟科 Lauraceae）

资源特性：常绿乔木，高达40m，胸径1.5m。生于山坡、山谷密林中、路边或河旁水边。

木材特征：散孔材至半环孔材，心材与边材区别明显，心材红褐色，边材黄褐色，生长轮明显，轴向薄壁组织环管束状，结构细而均匀。从树砍倒后干下部有大量液体流出，树皮外皮硬，内皮褐色，香气很快消失。木质松软，木质发毛，有划手质感。

材性及用途：木材纹理通直，有香气，具花纹。其木材顺纹抗压强度和抗弯强度均低，冲击韧性中等，端面硬度软，属轻质材。可作造纸材料和胶合板贴面材料。

42. 黑壳楠 Lindera megaphylla Hemsl. f. trichoclada (Rehd.) Cheng（樟科 Lauraceae）

资源特性：常绿乔木，高达15（25）m，胸径达35cm。生于山坡、谷地湿润常绿阔叶林或灌丛中。

木材特征：黑壳楠树皮灰褐色至灰黑色，木材呈黄白色或浅灰绿色，心材与边材区分不明显。木材表面有较弱光泽；气微香，味略辛。木材纹理直至斜，木材构造细腻且均匀；生长轮不明显至略明显；心材轮间细线颜色较边材轮间细线颜色深；散生，宽度较均匀；横切面上管孔肉眼下略可见，放大镜下明晰，大小略一致，分布均匀，散生；管孔内少见侵填体；轴向薄壁组织放大镜下可见，稀疏傍管状；横切面上木射线在肉眼下可见至不可见，在放大镜下明显，比管孔小。在放大镜下弦切面木射线明显，径切面上射线斑纹明显。波痕及胞间道缺如。

材性及用途：纹理直，有光泽，结构致密，坚实耐用。是建筑、家具、船舶等的优良用材。

43. 豹皮樟 Litsea coreana Lévl. var. sinensis (Allen) Yang et P. H. Huang（樟科 Lauraceae）

资源特性：常绿乔木，高8～15m，胸径30～40cm。生于山地杂木林中。

木材特征：木材生长轮明显，大部分生长轮是由晚材纤维壁变厚形成。散孔材，管孔排列形式为径列、斜列或散生。管孔以单管孔和短径列复管孔组成，偶见管孔团，单管孔率50%～70%。

材性及用途：木材稍坚硬。可供建筑、器具、乐器等用。

44. 浙江润楠 Machilus chekiangensis S. Lee（樟科 Lauraceae）

资源特性：乔木。喜温暖湿润、土层深厚肥沃的环境。

木材特征：木材无桢楠香气；散孔材；轴向薄壁组织环管束状；木射线在放大镜下可见，径切面上有射线斑纹。

材性及用途：木质结构细致，容易加工，加工后纹理光滑美丽；木材经久耐用，带有清雅而浓郁的香味，有很强的杀菌功效。是优良的建筑材料。

45. 建楠 Machilus oreophila Hance（樟科 Lauraceae）

资源特性：灌木或乔木，通常高5～8m。生于山谷林边水旁或河边。

木材特征：建润楠属散孔材，管孔为单管孔或2～4个径列复管孔。导管分子单穿孔，少数复穿孔，管间纹孔式互列。侵填体未见。轴向薄壁组织环管状、环管束状或似翼状，并具星散状；具树胶。具分隔木纤维。木射线非叠生，单列射线甚少，多列射线宽2～3个细胞，射线组织异形Ⅰ及Ⅱ型；射线细胞内树胶丰富。油细胞或黏液细胞丰富，存在于薄壁细胞或射线细胞中。晶体未见。

材性及用途：结构细致，材色淡雅均匀，光泽性强。为高级家具、地板、胶合板及装饰（如木雕、车工等）材料。

46. 刨花楠 Machilus pauhoi Kanehira（樟科 Lauraceae）

资源特性：乔木，高达22m，胸径达50cm。深根性，偏阴树种；幼年喜阴耐湿，幼苗生长缓慢，中年喜光喜湿，生长迅速。

木材特征：刨花楠木材边材灰褐色或灰黄褐色，与心材区别明显，心材红褐色。木材有光泽；干材无特殊气味和滋味；生材刨花或干材刨花浸水后有黏液。生长轮明显，轮间呈深色带；散孔材；宽度不均匀。管孔略少；中等大小，在肉眼下略见；大小一致，分布均匀；散生或斜列。轴向薄壁组织在放大镜下可见；傍管状。木射线稀至中，极细至略细，在放大镜下明显，比管孔小；在肉眼下径切面上射线斑纹明显。波痕及胞间道缺如。

材性及用途：气干密度约为0.53g/cm³。纹理斜或直，结构细而均匀；轻而软，干缩小至中，强度低。可作人造板、纸、家具等原料。

47. 红楠 Machilus thunbergii Sieb. et Zucc.（樟科 Lauraceae）

资源特性：乔木，高达20m，胸径1m。生于山地针阔叶混交林中。

木材特征：红楠边材淡黄色，心材灰褐色。油细胞或黏液细胞较少，木材有光泽；干材无特殊气味和滋味。生长轮明显，轮间呈深色带；散孔材；宽度不均匀。管孔略少；中等大小，在肉眼下略见；大小一致，分布均匀；散生或斜列。轴向薄壁组织在放大镜下可见；傍管状。木射线稀至中，射线组织异形Ⅱ（稀Ⅲ）型。波痕及胞间道缺如。

材性及用途：气干密度约为0.56g/cm³。木材纹理斜或直；结构细而匀，木材软，干缩小至中，强度低至中，冲击韧性中。供建筑、家具、小船、胶合板、雕刻等用。

48. 闽楠 Phoebe bournei (Hemsl.) Yang（樟科 Lauraceae）

资源特性：大乔木，高达15～20m。中性树种，根系深，在土层深厚、排水良好的砂壤土上生长良好。

木材特征：木材为黄褐色带绿色，心材与边材区别不明显，木材光泽性较强；新切面有浓郁芳香气味。木材纹理斜，在弦切面上观察其纹理呈典型波浪状，在灯光的照射下犹如金黄色的绸缎。生长轮明显，生长轮轮廓多为椭圆形并略具波浪状，轮间呈深色带状。生长轮宽窄不一，生长轮宽度最宽达5.4mm，最窄为1.2mm，平均宽度为3.5mm。管孔略小至中，在放大镜下明显，生长轮外部近年轮末处管孔相对小而少些；管孔分布类型为散孔材；管孔组合为单管孔和短的径列复管孔；管孔排列星散状。轴向薄壁组织量较少，肉眼下隐约可见，淡黄色，在放大镜下可见，傍管型，环管状。木射线放大镜下明显，间距略均匀，中至略密，肉眼下径切面上射线斑纹明显。

材性及用途：木材芳香耐久，淡黄色，材质致密坚韧，不易反翘开裂，加工容易，削面光滑，纹理美观。为建筑、高级家具等良好木材。

49. 浙江楠 Phoebe chekiangensis C. B. Shang（樟科 Lauraceae）

资源特性：大乔木，高达20m，胸径达50cm。中性偏耐阴树种，但到壮龄期要求有适当的光照，深根性，抗风性强。分布于丘陵低山沟谷地或山坡林内。

木材特征：浙江楠心材与边材区别不明显。生长轮明显，轮间呈深色带；散孔材；宽度颇均匀。管孔略少；略小至中，在肉眼下略见；大小一致，分布略均匀；散生或斜列；具侵填体。轴向薄壁组织量少，在放大镜下明显，环管状。木射线稀至中，极细至略细，在放大镜下明显；在肉眼下径切面上射线斑纹明显。波痕及胞间道缺如。浙江楠木材黄褐色，富有光泽，木材新切面有香气，易消失，滋味微苦。浙江楠的木材为散孔材，具有导管组织。横切面观察导管组织，管孔为圆形及卵圆形，稀椭圆形，略具多角形轮廓；星散状分布，多数单管孔及2～3个径列复管孔，偶呈管孔团。导管分子单穿孔，单穿孔为卵圆梯状，复穿孔偶见，管间纹孔式互列。薄壁细胞内含丰富的油细胞。

木射线非叠生，局部排列整齐；单列射线少，多列射线宽2～3列（常2列）。射线组织异形Ⅱ型及Ⅰ型。

材性及用途：树干通直，木材坚硬致密，不翘不裂，不易腐朽，削面光滑美观，芳香而有光泽。为建筑、船舶、家具、雕刻和精密模具的上等用材。

50. 紫楠 Phoebe sheareri (Hemsl.) Gamble（樟科 Lauraceae）

资源特性：大灌木至乔木，高5～15m。耐阴树种，喜温暖湿润气候及深厚、肥沃、湿润、排水良好之微酸性及中性土壤。多生于山地阔叶林中。

木材特征：紫楠木材肉眼下呈淡灰色至淡黄褐色，木材表面有光泽，纹理直，木材结构细腻而均匀，木材新切面有浓厚幽香，经久不衰，味苦。生长轮肉眼下明显，轮间呈浅色带；横切面上管孔略多，略小至中，在肉眼下可见，大小基本一致，在放大镜下明显，为散孔材；在放大镜下弦切面上木射线明显，径切面上射线斑纹明显。导管横切面圆形及卵圆形，分布较均匀，大小基本一致；管孔组合以单管孔为主，偶见2～3个短径列或斜列复管孔，少见管孔团；导管腔内少见侵填体；导管细胞端部的穿孔多为单穿孔，偶见梯状复穿孔；相邻导管间细胞壁上纹孔为互列，纹口少见外延，偶见合生。

材性及用途：紫楠木材纹理直，结构细，材质坚硬，耐腐性强，木性稳定，不翘不裂，经久耐用，具有特殊香气。常作建筑、船舶、家具等用材。

51. 檫木 Sassafras tzumu (Hemsl.) Hemsl.（樟科 Lauraceae）

资源特性：落叶乔木，高达35m，胸径达2.5m。喜温暖湿润气候，喜光，不耐阴。常生于疏林或密林中。

木材特征：环孔材，早材管孔2～3列。心材与边材有明显区别，心材灰褐色或深红褐色，边材黄褐色。生长轮明显，轮间呈深色带。轴向薄壁组织环管束状。木射线在肉眼下略见。

材性及用途：气干密度0.584g/cm³。强度及硬度中等，加工容易，油漆或上蜡性能良好。宜作椅类、床类、顶箱柜、沙发、餐桌、书桌等中高档家具。

52. 伯乐树 Bretschneidera sinensis Hemsl.（伯乐树科 Bretschneideraceae）

资源特性：落叶乔木，高20～25m，胸径30～60cm。中国特有珍稀濒危植物。生于低海拔至中海拔的山地林中。

木材特征：散孔材，有较明显的生长轮。导管分子多为单穿孔板，少数为梯形复穿孔板，具螺纹。管胞、纤维、韧型木纤维同时存在，木薄壁组织以轮界分布为主。木射线多为大型异形射线。缺乏侵填体、树脂道及分泌细胞。

材性及用途：材质优良，硬度适中，不容易翘裂和变形，纹理直而美观。是制作高级家具、装饰板和工艺品的上等木材。

53. 细柄蕈树 Altingia gracilipes Hemsl.（金缕梅科 Hamamelidaceae）

资源特性：常绿乔木，高达25m。喜光树种，生于山坡、山脊阔叶林内。

木材特征：木材心材与边材略明显，边材浅红褐色或黄褐色，心材红褐色，有光泽。

纹理斜或略交错，结构甚细、均匀，重而硬，干缩大，强度中，干燥不易，有翘裂现象。

材性及用途：木材坚重，纹理致密，干形通直，生长迅速，抗病性较强，用途广。木材供建筑家具用，又可培养香菇。

54. 橉木（华东稠李）**Padus buergeriana** (Miq.) Yü et Ku（蔷薇科 Rosaceae）

资源特性：落叶乔木，高6～12（～25）m。生于高山密林中、山坡阳处疏林中、山谷斜坡或路旁空旷地。

木材特征：年轮不明显，外皮不开裂，内皮与外皮同色，心材与边材不明显，散孔材，木射线细，木薄壁组织傍管束状，离管轮界。

材性及用途：生长速度较快，年轮比较均匀，木纤维较长（长径比较大），密度中等偏上，材质较好；木材的干缩率、湿胀性和吸水性均较小，木材的尺寸稳定性较好，不易变形，由于木射线较宽，干燥时控制不当易开裂；木材的力学性质优异；中等硬度适合用于建筑、制作家具、造纸及生产人造板，其机械加工性能良好，易加工；其因木射线较宽，年轮比较明显，也可作为刨切薄木进行贴面装饰，尤其是弦向刨切薄木，其装饰效果较好。

55. 南岭黄檀 Dalbergia balansae Prain（豆科 Leguminosae）

资源特性：乔木，高6～15m。阳性树种，生长于中国热带、南亚热带地区，垂直分布多在海拔300～900m的低山、丘陵和河谷地带。

木材特征：生长轮明显。心材新切面暗红褐色、橘红褐色至深红褐色，常带黑色条纹。管孔在肉眼下可见至明显，弦向直径最大351μm，平均139μm。轴向薄壁组织在放大镜下明显，主要为离管型，星散-聚合状、细线状（与木射线相交，局部网状可见）、聚翼状、环管束状。木纤维壁厚。木射线在放大镜下明显（新切面上橘红色）；波痕不明显；射线组织同形单列。

材性及用途：新切面气味辛辣；结构细；纹理直或交错；气干密度0.98～1.22g/cm³。可以抛光，可作装饰木材，但它的油脂性不利于加工。家具和钢琴制造业一度对黄檀木的需求量很大，黄檀木也是艺术家们喜欢的雕刻选材，非常适合雕刻立体造型。

56. 黄檀 Dalbergia hupeana Hance（豆科 Leguminosae）

资源特性：乔木，高10～20m。生于山地林中或灌丛中，山沟溪旁及有小树林的坡地常见。

木材特征：心材与边材区别极明显，边材灰白色至灰褐色，宽2～3cm，心材玫瑰黄色、红褐色、灰紫褐色，常有宽窄不等的黑色或紫黄色带状条纹。新切面红褐色至栗褐色，常带深浅相同的黑褐色或栗褐色条纹。生长轮不明显或略明显。横切面上，轴向薄壁组织与木射线相交，呈明显的网状花纹；弦切面上有栗褐色细条纹构成丰富的美丽花纹。

材性及用途：坚韧、致密，可作各种负重力及拉力强的用具及器材，木材横断面生长轮不明显。木材黄白色或黄淡褐色，结构细密，质硬重，切面光滑，耐冲击，易磨损、富于弹性，材色美观悦目，油漆胶黏性好，是运动器械、玩具、雕刻及其他细木工优良用材。民间利用此材作斧头柄、农具等。

57. 皂荚 Gleditsia sinensis Lam.（豆科 Leguminosae）

资源特性：落叶乔木或小乔木，高达30m。性喜光而稍耐阴，属于深根性树种，生于山坡林中或谷地、路旁。

木材特征：气干密度0.56～0.75g/cm³。生长轮界略明显，木材无特殊气味，心材与边材区别不明显，边材黄白色或浅黄褐色，木材纹理斜，结构中。

材性及用途：木材坚实，耐腐耐磨。可用于制作工艺品、家具。

58. 花榈木 Ormosia henryi Hemsl. et Wils.（豆科 Leguminosae）

资源特性：常绿乔木，高达16m，胸径达40cm。生于山坡、溪谷两旁杂木林内。

木材特征：有香气或很微弱，波痕可见，生长轮散孔材至半环孔材，心材红褐色、浅红褐色至紫红褐色，轴向薄壁组织傍管断续波浪形及同心层细线状。

材性及用途：气干密度通常大，木材颇佳，略疏松，坚硬，纹理精致美丽，老者纹拳曲，嫩者纹直。适作雕刻和家具之用。

59. 红椿 Toona ciliata Roem.（楝科 Meliaceae）

资源特性：大乔木，高达20m。阳性深根性树种，性喜温暖，不耐阴，多生于低海拔沟谷林中或山坡疏林中。

木材特征：气干密度0.477g/cm³。边材灰红褐或灰黄褐色，与心材区别明显，心材深红褐色。木材有光泽，具芳香气味，无特殊滋味；生长轮明显；半环孔或近似散孔材。管孔少至甚少。轴向薄壁组织在放大镜下明显；傍管状及轮界状，木射线稀至中，在肉眼下可见，径切面上射线斑纹明显。波痕缺如。胞间道未见。

材性及用途：纹理直，结构中至粗，略均匀；轻而软；干缩小，强度低，冲击韧性中。可制作钢琴外壳、装饰雕刻、网球与羽毛球拍等。

60. 香椿 Toona sinensis (A. Juss.) Roem.（楝科 Meliaceae）

资源特性：落叶乔木，高达16m，胸径达1m。喜光，较耐湿，适宜生长于河边、宅院周围肥沃湿润的土壤中。

木材特征：边材红褐色或灰红褐色，与心材区别明显，心材深红褐色。木树有光泽；具芬芳气味；无特殊滋味，生长轮明显；环孔材；宽度略均匀；早材至晚材急变，晚材管孔略少，甚小至略小，在放大镜下明显，早材管孔中至略大，在肉眼下甚明显；含红褐色树胶；侵填体未见；散生，轴向薄壁组织在放大镜下可见；环管束状，木射线稀至，波痕缺如，胞间道轴向薄壁组织出现于晚材带，在横切面及径切面上肉眼下分别呈褐色环状与长条纹。

材性及用途：气干密度0.591g/cm³。易干燥，无缺陷，干后尺寸性稳定；性耐腐，抗蚁蛀；机械加工容易，刨面光泽性强。材色美丽，光泽好，油漆后更为光亮；同时干缩小，干后尺寸稳定，不变形。适宜作船壳板、游艇各部件，车厢，门、窗及其他室内装修等，钢琴的外壳，三弦琴的腹板，美工、文体方面的装饰雕刻，电视机及收音机木壳，羽毛球拍等。

61. 匙叶黄杨 Buxus bodinieri Lévl.（黄杨科 Buxaceae）

资源特性：小灌木，高 0.5～1m。喜光亦耐阴，常生于湿润肥沃、腐殖质丰富的溪谷岩间。

木材特征：横切面上内外皮分明，外皮淡黄色，内皮黄褐色并有显著的油感，与材表相接处还有一轮深色环带。树皮总厚通常不超过 2mm，很难分离。材表淡黄色，平滑，但不易显露。原木横切面上年轮不明显至略可辨，早、晚材缓变，但晚材外缘有一环深色环带。心材与边材不分。木材姜黄色，清淡雅致。散孔材。单管孔，管孔极细，稀疏，星散分布。管孔内含物未见。木射线细密。木薄壁组织含量甚少，30 倍放大镜下可依稀看到傍管型束状和离管型切线状。

材性及用途：木材纹理稍斜，结构细致，材质均匀，略重，干燥缓慢，耐腐，少遭虫蛀，材色清淡文雅，素有"假象牙"之誉，切削时无坚硬感。可供车旋构件、乐器线轴、木梳、精致木盒、图章及各种雕刻原料。

62. 黄杨 Buxus sinica (Rehd. et Wils.) Cheng ex M. Cheng.（黄杨科 Buxaceae）

资源特性：灌木或小乔木，高 1～6m。多生于山谷、溪边、林下。

木材特征：木材鲜黄褐色或黄色，心材与边材区别不明显。有光泽；无特殊滋味，生长轮不明显或略明显，轮间呈细线；散孔材；宽度不均匀，甚狭窄。管孔甚多，极小至甚小，在放大镜下亦不易见。轴向薄壁组织不见，木射线中至略密，极细至略细，在放大镜下明显，比管孔大；在肉眼下径切面上射线斑纹不明显，波痕及胞间道缺如。

材性及用途：斜纹理；结构甚细，均匀；略重硬；干燥缓慢，若不留心则劈裂严重；性耐腐、耐虫；锯解不难，车旋及雕刻性能特别好，切削面极光洁。最适宜作雕刻装饰品，目前广泛用作各类木雕、木梳、镶嵌工艺品、民乐器（如二胡）等的线轴。

63. 尖叶黄杨 Buxus sinica (Rehd. et Wils.) Cheng ex M. Cheng. var. **aemulans** (Rehd. et Wils.) P. Brückn. et T. L. Ming（黄杨科 Buxaceae）

资源特性：常绿灌木。生于溪边岩上或灌丛中。

木材特征：树皮薄，质软，不易剥落。外皮黄褐色微绿，不规则浅裂；内皮黄白色，韧皮纤维不发达。材表平滑。髓实心。树干断面近圆形。散孔材，管孔多而小，镜下很难见到。边材与心材区别不明显，木材鲜黄色或浅黄色。生长轮略明显，狭而不均匀，轮界处有深色细线条。木射线细，径面有射线斑纹。轴向薄壁组织不见。木材有光泽。

材性及用途：斜纹理；结构甚细，均匀；略重硬；干燥缓慢，若不留心则劈裂严重；性耐腐、耐虫；锯解不难，雕刻性能特别好，切削面极光洁。最适宜作雕刻装饰品，目前广泛用作各类木雕、木梳、镶嵌工艺品、民乐器（如二胡）等的线轴。

64. 南酸枣 Choerospondias axillaris (Roxb.) Burtt et Hill（漆树科 Anacardiaceae）

资源特性：落叶乔木，高 8～20m。性喜阳光，略耐阴，喜温暖湿润气候，不耐寒，生于山坡、丘陵或沟谷林中。

木材特征：边材黄褐色或浅黄褐色，感染蓝变色菌后呈灰褐色，与心材区别明显，心材红褐色。木材有光泽；无特殊气味和滋味，生长轮明显；环孔材；宽度略均匀。早材管孔中至略大，在肉眼下可见至明显，连续排列成明显早材带；心材管孔中有侵填体；早材至晚材略急变，晚材管孔略小，在放大镜下可见；散生或斜列。轴向薄壁组织略少，在放大镜下明显；傍管状。木射线稀少，极细至略细，肉眼略见；径切面上射线斑纹明显。波痕缺如。胞间道不见。

材性及用途：气干密度 0.569g/cm³。纹理直；结构中，不均匀；密度及硬度中；干缩小至中；强度及冲击韧性中。板材易干燥，少开裂；边材容易呈蓝色，心材耐腐，不抗蛀蚀；切削容易，切面光滑。花纹美观，可制装饰胶合板。

65. 黄连木 **Pistacia chinensis** Bunge（漆树科 Anacardiaceae）

资源特性：落叶大乔木，高达20m，胸径达1m。喜光，幼时稍耐阴，喜温暖，畏严寒，耐干旱瘠薄，对土壤要求不严。

木材特征：边材浅黄褐色，易感染蓝变色菌而呈灰褐色，与心材区别明显，心材橄榄黄色或金黄色，久露空气中则材色转深。木材有光泽；无特殊气味，味苦；生长轮明显；环孔材；宽度不均匀。早材管孔通常略大，在肉眼下明显（边材），略拥挤，连续排列成明显早材带（色浅）；在心材中侵填体丰富；早材至晚材急变，晚材管孔甚小，在放大镜下可见，斜列或呈断续波浪形（"人"字形）。轴向薄壁组织在放大镜下明显；傍管状；木射线稀至中，极细至中，在放大镜下明显；在肉眼下径切上射线斑纹明显。波痕缺如，胞间道不见。

材性及用途：气干密度 0.818g/cm³。多为斜纹理；结构中至粗，不均匀；木材重而硬；干缩及强度中；冲击韧性甚高。不难干燥，未见缺陷；天然耐腐性强，立木时心材有虫孔及腐朽；切削不困难，切面光滑。木材用作各类工艺美术及雕刻、手杖、珠宝匣盒、镜框、家具、烟斗等。

66. 冬青 **Ilex chinensis** Sims（冬青科 Aquifoliaceae）

资源特性：常绿乔木，高达10m。喜温暖气候，有一定耐寒力，生于山坡常绿阔叶林中和林缘。

木材特征：木材灰白色或至浅黄白色，心材与边材区别不明显；有光泽；略有马铃薯气味；无特殊滋味。生长轮略明显，轮间呈细线；散孔材；宽度略均匀。管孔甚小至略小，在放大镜下可见或略见，大小一致，分布不均匀，径列；侵填体未见。轴向薄壁组织不见，木射线稀至中，极细至略宽，在肉眼下可见至明晰，比最大管孔大得多，弦切面或材身上界于粗纱纹与细纱纹之间；径切面上射线斑纹略明显至明显。波痕及胞间道缺如。

材性及用途：气干密度 0.785g/cm³。纹理直；结构甚细，均匀；木材重；硬度、干缩及强度中。干燥时有翘裂现象，但不严重；木材不耐腐，抗蚁性弱，外部容易变色；

切削容易，切面很光滑；色浅。宜作各种车工制品，如玩具、工农具柄、筷子、刷子及其他家庭用具，雕刻，纸，还可试制牙签、铅笔杆。

67. 大叶冬青 Ilex latifolia Thunb.（冬青科 Aquifoliaceae）

资源特性：常绿大乔木，高达20m，胸径60cm。生于山坡常绿阔叶林中、灌丛中或竹林中。

木材特征：外皮灰黄至灰白色，皱褶不开裂至不规则微裂。圆形皮孔明显；石细胞混合状排列，韧皮纤维不发达。材表面细纱纹明显，髓实心。树干断面近圆形，树皮与木质部交界处具黑色环圈。散孔材，管孔小，径列状，常为管孔链状排列，放大镜下略可见。边材与心材区别不明显，木材灰白色微黄，久后转为浅黄褐色。生长轮不明显至略明显。木射线中，径面有射线斑纹。轴向薄壁组织不见。木材略有光泽。

材性及用途：可作细木工原料。

68. 小果冬青 Ilex micrococca Maxim.（冬青科 Aquifoliaceae）

资源特性：落叶大乔木，高达20m。喜光，生于山地常绿阔叶林内。

木材特征：小枝粗壮，无毛，具白色、圆形或长圆形常并生的气孔。心、边材区别并不特别明显，浅黄白色至浅黄褐色，久置后带灰色。单管孔及长的径向复管孔，与温带产同属木材导管壁比较，热带产本属木材不具螺纹加厚。具梯状穿孔。轴向薄壁组织星散状、星散-聚合状。木射线异 I 型，多列射线多数宽超达5个细胞，射线与导管间纹孔对列或梯状。木纤维不具螺纹加厚。

材性及用途：气干密度0.43～0.63g/cm³。纹理通直。木材软至略重、硬。可作农具、家具、建筑、火柴杆等用材，也是优良造纸原料，适宜造书写纸、印刷纸等。

69. 厚皮香 Ternstroemia gymnanthera (Wight et Arn.) Beddome（山茶科 Theaceae）

资源特性：常绿乔木，高达20m，胸径50cm。喜温暖、凉爽气候，较耐寒，适宜生于微酸性土壤，生于山地林中、林缘路边或近山顶疏林中。

木材特征：树皮平滑、灰褐色，小枝灰褐色。木材红褐色；木射线密度中等偏细；不见木薄壁组织；管孔呈星状、径状排列，管孔甚多，甚小至略少；年轮不明显，具有网纹状表面，外皮不开裂；心、边材区别不明显。

材性及用途：气干密度约0.723g/cm³。散孔材；纹理直；结构甚细、均匀；密度、强度及冲击韧性中；木材坚硬致密。可作车辆、家具、农具与工艺用材。

70. 蓝果树 Nyssa sinensis Oliv.（蓝果树科 Nyssaceae）

资源特性：落叶乔木，高达15m，胸径达40cm。喜光，喜温暖湿润气候，生于山谷或溪边潮湿混交林中。

木材特征：树皮淡褐色或深灰色，粗糙，常裂成薄片脱落；木材黄白色、浅黄褐色；小枝圆柱形，无毛，当年生枝淡绿色，多年生枝褐色；皮孔显著，近圆形；管孔呈星散状排列；木射线密度偏细；不见木薄壁组织；年轮略明显；材表平滑，具有牙刺；心、边材区分不明显。

材性及用途：气干密度约0.733g/cm³。散孔材；纹理斜或交错；结构甚细、均匀；密度中，质硬，强度中至高，冲击韧性中；木材坚硬。供建筑和制舟车、家具等用，或作枕木和胶合板、造纸原料。

71. 山柿（浙江柿）**Diospyros japonica** Sieb. et Zuce.（柿科Ebenaceae）

资源特性：落叶乔木，高达17m，胸径达50cm。喜光，喜湿润，生于山坡、山谷混交林中。

木材特征：树皮带灰色，后变褐色，树干和老枝常散生分枝的刺；嫩枝稍被柔毛。木材黄褐色或为浅灰黑色；心、边材区分不明显；通常为散孔材，或至半环孔材；管孔略少；离管弦向排列，细而密；木射线稀至略密。

材性及用途：气干密度约0.820g/cm³。纹理斜；结构细、均匀；木材重，甚硬；冲击韧性高。木材可作家具等用材。

72. 梓树 Catalpa ovata G. Don（紫葳科Bignoniaceae）

资源特性：落叶乔木，高达15m，胸径达30cm。喜光，稍耐阴，耐寒，生长于山沟或河谷。

木材特征：树皮暗灰色或带灰褐色，老时呈片状脱落。边材灰黄褐色，与心材区别略明显，心材深灰褐色；无特殊气味和滋味。早材管孔中至甚大，带宽数管孔；晚材管孔甚小至中，斜列或有时弦列；生长轮明显，环孔材至半环孔材；木射线稀至中，径切面上射线斑纹明显。射线组织为异Ⅲ型。

材性及用途：气干密度约0.472g/cm³。纹理直；结构粗、不均匀；轻而软；强度低，冲击韧性中。木材宜作枕木、桥梁、电杆、车辆、船舶、建筑、高级地板、家具（箱、柜、桌、椅等）、水车、木桶等用材，还宜作细木工、美工、玩具和乐器用材。

73. 香果树 Emmenopterys henryi Oliv.（茜草科Rubiaceae）

资源特性：落叶大乔木，高达30m，胸高直径达1m。喜湿润而肥沃的土壤，生于山谷林中。

木材特征：树皮纤维不发达，石细胞可见，木材黄白色至黄褐色；心、边材无区别；无特殊气味和滋味。生长轮略明显，轮间呈浅色带；散孔材；管孔略小，分布不均匀，径列；木射线数目中等，甚细至略细，径切面上有射线斑纹。

材性及用途：气干密度约0.436g/cm³。纹理直；结构甚细、均匀；轻而软；干缩小；切削容易，切面光滑。可作制蜡纸及人造棉的原料，供制家具和建筑用。

第二节　纤维植物资源

一、概述

纤维植物资源是指植物体内含有大量纤维组织，并能够从中获得纤维而被利用的一类植物。植物纤维被广泛地用作编织、造纸、纺织等工业的原材料，此外，部分纤维植物兼有食用、药用等功能，与人类生活的关系极为密切。

中国利用纤维植物，特别是苎麻和大麻的历史悠久，在新石器时期的土陶器上已有麻布的印纹。《诗经》中就有"丘中有麻刀""车门之池，可以沤麻"等文字记载。人类最初利用纤维制衣造纸、编织各种生活用具和工艺制品，到现代社会利用纤维制造塑料、炸药、喷漆、乳浊剂和黏合剂等，已成为产业经济的重要组成部分。

植物纤维在植物学、商业或造纸工业上的定义有一定的区别。植物学上指的植物纤维是指一种长纺锤形细胞，两端尖锐，具有较厚的次生壁，壁上常有单纹孔，在植物体内具有机械支撑、连接、包裹、充填等作用。商业和造纸工业上所称的纤维，除了上述植物纤维的含义外，还包括针阔叶树木材中的管胞和单子叶植物的茎秆、叶柄、叶鞘中与纤维连接在一起的维管组织。

植物纤维广泛存在于植物的根、茎、叶、果实和种子中，其中以茎部的纤维最为重要。植物根据习性不同，可以分为木本植物和草本植物。木本植物茎中，维管束呈环状（双子叶植物），维管束外面的韧皮部有韧皮纤维（如构树、山棉、椴树等），维管束内面的木质部含有木纤维（如杨树、柳树、榆树等）；草本植物的茎中有若干维管束，维管束外面的韧皮部含有韧皮纤维，常成束状存在（如大麻、亚麻等）。根部也含有纤维，根部纤维与茎部相似。叶片纤维主要集中在维管束的四周及其上下两端，有的还延伸到上下表皮，可作纤维用的叶有剑麻、马蔺等植物。果实纤维如椰子、木棉外层纤维壳。种子纤维如棉花、杨树、柳树的种子纤维。

植物纤维存在种类和的部位不同，用途也不一样。榆科、椴树科、梧桐科、桑科、瑞香科、荨麻科、锦葵科的许多种类韧皮纤维发达，适合制作纺织纤维、高级文化用纸。如中国传统的书画用纸——宣纸，就是以青檀枝条中的韧皮纤维为主要原料制成。麻类植物的茎皮纤维和棕榈的叶鞘纤维，抗拉、耐腐蚀和耐磨损能力较强，可制作航海船舰的缆绳或机械传送带等。蜡纸、绝缘纸和皮纸可由桑树韧皮纤维制成。编织席子、草帽、篮子等各种生活用品和工艺制品的纤维，通常用草本纤维植物皮下层纤维和维管束鞘纤维。它们不仅含量比较丰富，而且既具有韧性又具有弹性，如灯心草科的灯心草，莎草科的莎草、蔗草等，禾本科毛竹等植物的茎秆。此外，荆条藤草也可编织生活用具和工艺品，如葛藤、鸡血藤、桑枝、柳条。

造纸纤维众多，按原料不同，有以木材为原料的，如云杉和红松等针叶树材的管胞，杨树和桦木等阔叶树材的韧皮纤维和纤维管胞；我国西南、中南、华东等地的重要纸浆常以竹子为主要原料；有的以芦苇为主要原料，有的以草料为原料，如稻草、麦秆、高粱秆、玉米秆。

保护区拥有纤维植物资源452种（含种下等级），其中，资源储量大、开发利用价值较高的优良纤维植物资源45种，具体介绍如下。

二、主要纤维植物列举

1. 马尾松 Pinus massoniana Lamb.（松科 Pinaceae）

资源特性：常绿乔木，高达45m，胸径1.5m。适应能力强，能在多种生境中生长，在干旱、瘠薄的红壤、石砾土、砂质土，岩石缝中均可出现，为荒山恢复森林的先锋树种。

纤维特征：木材纤维长度3567～4015μm，宽40.08～52.68μm，长宽比67.18～98.93。

部位及用途：木材纤维柔软、细长、强度较高，易分解，是十分优良的造纸制浆原料，广泛用于制造新闻纸、牛皮纸或其他高品质纸张。

附：同属的黄山松 *Pinus taiwanensis* Hayata 亦有相近的用途。

2. 杉木 Cunninghamia lanceolata (Lamb.) Hook.（杉科 Taxodiaceae）

资源特性：乔木，高达30m，胸径达2.5～3m。

纤维特征：纤维长度1850～3250μm，纤维宽34.4～42.2μm，长宽比53.5～83.4。

部位及用途：杉木早期速生，没有灾害性病虫危害，纤维为2mm以上的长纤维，是生产高级印刷纸、高级纸巾和尿不湿的优良材料。

3. 加杨 Populus canadensis Moench（杨柳科 Salicaceae）

资源特性：落叶乔木，高30m，胸径达0.8m。

纤维特征：纤维长1005μm，宽25μm，长宽比39.9。

部位及用途：加杨木材经碱化制得木浆用漂白粉单段漂白后，可作文化用纸的纸浆，漂白后的白度达68%～70%。

4. 青钱柳 Cyclocarya paliurus (Batal.) Iljinsk.（胡桃科 Juglandaceae）

资源特性：落叶乔木，高达30m。

纤维特征：纤维长度615～1635μm，纤维宽24～31μm，长宽比26～65。

部位及用途：树皮纤维，可作造纸原料。

5. 桤木 Alnus cremastogyne Burk（桦木科 Betulaceae）

资源特性：乔木，高达40m。

纤维特征：平均纤维长度为1222μm，且分布集中合理，纤维宽度24.8μm，长宽比为49.2。木材基本密度和纤维长度在各种源间和不同年龄阶段存在极显著差异，纤维宽度在不同种源间存在显著差异，不同年龄阶段间差异不明显。

部位及用途：纤维形态、物理性质和化学成分均有利于造纸和降低成本，是优良的造纸纤维树种，并可进行全树干利用。茎皮纤维制人造棉和绳索。

6. 甜槠 Castanopsis eyrei (Champ. ex Benth.) Tutch（壳斗科 Fagaceae）

资源特性：常绿大乔木，高达20m，胸径50cm。

纤维特征：树皮中纤维素含量40%～43%。

部位及用途：造纸原料。

7. 南岭栲（毛锥）**Castanopsis fordii** Hance（壳斗科 Fagaceae）

资源特性：乔木，高 8～15（～30）m，胸径达 1m。

纤维特征：树皮纤维虽较短，但长宽比较大，纤维壁腔比小；纤维素含量 45.6%，聚戊糖含量 27.58%，Klason 木素含量 27.22%。

部位及用途：是一种良好的造纸原料资源。

8. 苦槠 Castanopsis sclerophylla (Lindl. ex Paxton) Schott.（壳斗科 Fagaceae）

资源特性：乔木，高达 15m，胸径 50cm。

纤维特征：树皮中纤维素含量 55%～60%。

部位及用途：苦槠粗纤维素含量高，且叶革质，耐火性强，是良好的防火树种。

9. 麻栎 Quercus acutissima Carr.（壳斗科 Fagaceae）

资源特性：落叶乔木，高达 30m，胸径达 1m。

纤维特征：树皮中纤维素含量 45%～47%，其中，α-纤维素含量 27%～30%，半纤维素含量 20%～23%。

部位及用途：造纸原料。

10. 白栎 Quercus fabri Hance（壳斗科 Fagaceae）

资源特性：落叶乔木或灌木状，高达 20m。

纤维特征：果实粗纤维在未成熟时含量最高为 26.6%，在完全成熟时最低为 7.2%。

部位及用途：造纸原料。

11. 栓皮栎 Quercus variabilis Blume（壳斗科 Fagaceae）

资源特性：落叶乔木，高达 30m。

纤维特征：树皮中纤维素含量 47%～48%，其中，α-纤维素含量 25%～26%，半纤维素含量 20%～23%。

部位及用途：栓皮质细而轻软，有弹力及浮力，不透气、不透水、不传电、不易传热、不易与化学药品起作用，为绝热、绝缘、防震、防湿、隔音的优良原料，是航海用的救生衣具、浮标、瓶塞、军用火药库、冷藏库、化学工业的保温设备等轻工业和国防工业的重要原料。

12. 糙叶树 Aphananthe aspera (Thunb.) Planch.（榆科 Ulmaceae）

资源特性：落叶乔木，高达 25m，胸径达 0.50m。

纤维特征：纤维长 1050.00～1340.00μm，宽 15.00～21.00μm，长宽比为 63.80～70.00。茎皮含纤维 34.00%。

部位及用途：树皮坚韧，可剥作纤维，供制人造棉、绳索；木材坚硬细密，不易折裂，可供制家具农具和建筑用；叶可作马饲料；干叶面粗糙，供铜、锡和牙角器等打磨用。

13. 紫弹树 Celtis biondii Pamp.（榆科 Ulmaceae）

资源特性：落叶小乔木至乔木，高达 18m，胸径达 0.4m。喜湿润及肥厚的黏质土壤。

纤维特征：含纤维素21.30%、半纤维素16.02%、木质素24.24%、灰分9.90%。

部位及用途：可作造纸原料；树皮纤维可代麻制绳索、织袋。

14. 多脉榆 Ulmus castaneifolia Hemsl.（榆科 Ulmaceae）

资源特性：落叶乔木，高达20m，胸径达0.5m。

纤维特征：韧皮纤维发达、柔韧，呈层状分离。

部位及用途：枝皮纤维可制绳，作造纸原料。

15. 春榆 Ulmus davidiana Planch. var. **japonica** (Rehd.) Nakai（榆科 Ulmaceae）

资源特性：落叶乔木或灌木状，高达15m，胸径达0.30m。

纤维特征：内皮柔韧，具大量的韧皮纤维，红褐色；韧皮射线与弦向排列的韧皮纤维带及筛管带纵横相间成矩形的网状小格；木纤维壁厚，纤维平均长1240.00μm，纤维宽15.00～19.00μm。

部位及用途：枝皮可代麻制绳，枝条可编筐。

16. 榔榆 Ulmus parvifolia Jacq.（榆科 Ulmaceae）

资源特性：落叶乔木，高达25m，胸径达1m。

纤维特征：早材：纤维平均长1303.50μm；纤维宽7.50～20.00μm；纤维长宽比为74.49～130.35。晚材：纤维平均长1451.50μm；纤维宽10.00～17.50μm；纤维长宽比为82.04～145.15。树皮含纤维36.00%。

部位及用途：树皮纤维纯、细，杂质少，可作蜡纸及人造棉原料，或织麻袋、编绳索，也可作蚓棉原料等。

17. 榆树 Ulmus pumila Linn.（榆科 Ulmaceae）

资源特性：落叶乔木，高达25m，胸径达1m。

纤维特征：茎皮含纤维素16.14%；单纤维平均长3660.00μm，平均宽19.80μm；木纤维长为400.00～1200.00μm，平均宽为1.00μm，壁薄。

部位及用途：枝皮纤维坚韧，可代麻制绳索、麻袋或作人造棉、造纸原料。

18. 藤葡蟠（藤构）**Broussonetia kaempferi** Sieb. var. **australis** Suzuki（桑科 Moraceae）

资源特性：落叶灌木，高1～3m。

纤维特征：茎皮纤维细而长，富韧性；茎皮含纤维素72.00%～86.12%；单纤维长3000.00～6000.00μm，宽3.00～4.00μm。

部位及用途：韧皮纤维为造纸优良原料；茎皮纤维可制绝缘纸、雨伞用棉纸，亦可代麻或制人造棉及高级混纺原料。

19. 楮（小构树）**Broussonetia kazinoki** Sieb. et Zucc.（桑科 Moraceae）

资源特性：灌木，高0.50～3m。生于山坡、路旁、沟边、灌丛及疏林下较湿润处。

纤维特征：纤维长3900.00～8700.00μm，宽11.60～30.40μm。

部位及用途：树皮纤维细长，是优质的造纸原料，也可制人造棉。

20. 构树 Broussonetia papyrifera (Linn.) L′ Hérit. ex Vent.（桑科 Moraceae）

资源特性：乔木，高达16m，胸径达0.6m。

纤维特征：构树木质部纤维为短纤维，但长宽比较小，纤维长（495.7±96.2）μm，宽（17.3±3.6）μm，长宽比大多25～35。构树韧皮纤维长，为长纤维，长宽比大，是优质的纤维原料；纤维长（7607.2±3912.4）μm，宽（27.3±10.8）μm，长宽比介于250～300。

部位及用途：木材系纤维原料之一，构树皮为高级纤维。树皮纤维长而细柔，为造纸及制绳索的材料，可制复写纸、宣纸、蜡纸、绝缘纸及人造棉等。

21. 粗叶榕 Ficus hirta Vahl（桑科 Moraceae）

资源特性：灌木或小乔木，高2～3m（～8）m。

纤维特征：粗叶榕茎枝的横切面纤维木栓层细胞2～4层，木栓层内侧薄壁细胞含草酸钙方晶，石细胞、纤维断续环列。韧皮部窄，外侧厚壁细胞断续排列成环状。木质部宽，由导管和木纤维组成，木射线1～2列细胞，导管单个或2～4个紧密相连。髓周细胞为2～5层石细胞环带，多呈类圆形或多角形，大小不一，壁极厚，孔沟明显。

部位及用途：茎皮纤维制麻绳、麻袋。

22. 薜荔 Ficus pumila Linn.（桑科 Moraceae）

资源特性：攀援或匍匐灌木。

纤维特征：茎横切面最外为木栓层。皮层的外侧有断续环列的石细胞。韧皮部较薄，外侧有非木化的纤维，形成层成环。木质部全由木化细胞所成，导管类圆形，大而稀少，散列，木射线不明显，在木质部内部尚有内侧形成层和内侧韧皮部。髓部薄壁细胞常破碎，亦可见纤维束散在。

部位及用途：茎皮纤维可制作麻绳等。

23. 珍珠莲 Ficus sarmentosa Buch.-Ham. ex Smith var. **henryi** (King ex D. Oliv.) Corner（桑科 Moraceae）

资源特性：攀援或匍匐藤状灌木。

纤维特征：枝皮纤维为长纤维，韧性佳。

部位及用途：茎皮纤维可制人造棉。藤条可供制绳索用。

24. 爬藤榕 Ficus sarmentosa Buch.-Ham. ex Smith var. **impressa** (Champ. ex Benth.) Corner（桑科 Moraceae）

资源特性：常绿攀援灌木，高2～10m。

纤维特征：叶横切面中的中脉维管束分为上、下两部分，上面的较小，木质部导管呈放射状排列，木化；韧皮部较薄，维管束外有纤维细胞单个或几个相连散生。茎横切面中皮层细胞数列，类圆形、长圆形或不规则形，中柱鞘纤维数个一群断续环形分布，有的纤维壁外薄壁细胞含有草酸钙结晶，形成嵌晶纤维。韧皮部较厚，筛管群细胞类圆形。

部位及用途：茎皮纤维可制人造棉。藤条可供制绳索用。

25. 桑 Morus alba Linn.（桑科 Moraceae）

资源特性：乔木，高达15m，胸径0.5m。

纤维特征：桑皮纤维是一种新型的天然纤维，既有棉的特征，又具有麻纤维优点，因此具有极广阔的应用前景。但是，桑皮纤维的纤维素含量较低，约40%。纤维长度18000～22000μm，细度2.0～2.4detex，纤维较短，且强度不够。

部位及用途：树皮为纤维原料，用制蜡纸、绝缘纸、皮纸等，也可制人造棉。

26. 海岛苎麻 Boehmeria formosana Hayata（荨麻科 Urticaceae）

资源特性：多年生草本或亚灌木，高达1.5m。

纤维特征：单纤维细胞直径26.47μm，胞壁厚度4.28μm，壁腔比0.48，节间距离208.07μm。半纤维素含量14.24%，木质素含量1.43%，纤维素含量70.96%

部位及用途：茎皮纤维可代麻供纺织用。

27. 苎麻 Boehmeria nivea (Linn.) Gaud.（荨麻科 Urticaceae）

资源特性：亚灌木或灌木，高0.5～1.5m。

纤维特征：苎麻茎皮纤维细长，粗细不均，呈圆筒形或扁平带状。横截面为腰圆形或扁平形，细胞壁厚度均匀，有时带有辐射状条纹，平均直径27.86μm。半纤维素含量13.11%，木质素含量1.25%，纤维素含量73.71%。

部位及用途：苎麻的茎皮纤维细长，强韧，可织成飞机的翼布、橡胶工业的衬布、电线包被、渔网、人造丝、人造棉等；短纤维可为高级纸张、火药、人造丝等的原料，又可织地毯、麻袋等。

28. 葛 Pueraria montana (Lour.) Merr.（豆科 Leguminosae）

资源特性：粗壮藤本，长达8m。

纤维特征：葛的纤维呈褐黄色或灰色，纤维长约0.95cm，宽0.01～0.022mm。

部位及用途：葛藤脱胶后可以制成良好的纤维。葛布即用此原料制成，可作服装及雨衣、油布等。茎皮纤维可以结绳、织布等用，亦为制纸及丝的代用品。

29. 扁担杆 Grewia biloba G. Don（椴树科 Tiliaceae）

资源特性：灌木或小乔木，高1～4m。

纤维特征：纤维呈淡黄色或白色，拉力较黄麻、梧桐皮好，纤维直，类似大麻，纤维层显著，一般在四层以上，纤维柔软，手触偶感粗糙。

部位及用途：茎皮纤维色白、质地软，可作人造棉，宜混纺或单纺。

30. 梵天花 Urena procumbens Linn.（锦葵科 Malvaceae）

资源特性：小灌木，高约80cm。

纤维特征：纤维含量40.5%，纤维长约1.3cm，拉力强。

部位及用途：外皮经脱胶，可制绳索供纺织用。

31. 结香 Edgeworthia chrysantha Lindl.（瑞香科 Thymelaeaceae）

资源特性：灌木，高0.7～1.5m。

纤维特征：树皮纤维一般叫"雪花皮"，质地美丽，细致有光泽，十分贵重。纤维短而细。

部位及用途：茎皮纤维可作高级纸、人造棉原料。

32. 光叶荛花（光洁荛花）**Wikstroemia glabra** Cheng（瑞香科 Thymelaeaceae）

资源特性：灌木，高1.5m。

纤维特征：树皮纤维是均匀的较长纤维，纤维长度700～1307.4μm。

部位及用途：荛花树皮纤维具有独特的特性。常为制造宣纸的原材料，造的纸张强度大，匀度好，柔性系数高，造纸性能更好。

33. 白花泡桐 Paulownia fortunei (Seem.) Lemsl.（玄参科 Scrophulariaceae）

资源特性：属于落叶乔木，高达30m，胸径达2m。

纤维特征：木纤维长度平均622.63μm，宽25.71μm，纤维壁厚2.33μm。

部位及用途：制浆造纸。

34. 毛竹 Phyllostachys edulis (Carr.) J. Houz.（禾本科 Gramineae）

资源特性：秆高20m，胸径达20cm。

纤维特征：纤维长1658.58～2330.88μm，纤维宽12.00～15.07μm，纤维长宽比为132.77～196.96。

部位及用途：嫩竹及秆箨作造纸原料。

35. 水竹 Phyllostachys heteroclada Oliv.（禾本科 Gramineae）

资源特性：秆高6m，粗达3cm，节间长达30cm。

纤维特征：纤维长1625.55～2178.24μm，纤维宽12.61～16.52μm，纤维长宽比为107.66～150.71。

部位及用途：宜编制各种生活及生产用具。

36. 刚竹 Phyllostachys sulphurea (Carr.) Riv. et C. Riv. var. **viridis** R. A. Young（禾本科 Gramineae）

资源特性：秆高6～15m，直径4～10cm，中部节间长20～45cm。

纤维特征：纤维长0.825～4.050mm，纤维宽5.3～31.5μm，纤维长宽比为123～147。

部位及用途：造纸原料。

37. 孝顺竹 Bambusa multiplex (Lour.) Raeusch. ex Schult. et Schult. f.（禾本科 Gramineae）

资源特性：秆高4～7m，直径1.5～2.5cm，节间长30～50cm。

纤维特征：纤维长0.825～4.275mm，纤维宽3.5～26.3μm，纤维长宽比为139～183。

部位及用途：孝顺竹秆材柔韧，纤维长，为优良的造纸原料，可代绳索捆扎脚手架。

38. 绿竹 Bambusa oldhamii Munro（禾本科 Gramineae）

资源特性：秆高6～9m，径粗5～8cm，节间圆筒形，长20～35cm。

纤维特征：绿竹竹材纤维属长纤维类型，纤维长1256.81～2097.13μm，纤维宽11.63～17.64μm，纤维长宽比为96.27～173.80。

部位及用途：造纸原料。

39. 青皮竹 Bambusa textilis McClure（禾本科 Gramineae）

资源特性：秆高 8～10m，直径 3～5cm，节间长 40～70cm。

纤维特征：纤维长 1.87～3.09mm，纤维宽 12.7μm，纤维长宽比为 190。

部位及用途：造纸原料，可作绳索。

40. 短穗竹 Brachystachyum densiflorum (Rendl.) Keng（禾本科 Gramineae）

资源特性：散生竹，秆高 2～6m。

纤维特征：纤维长 0.825～3.375mm，纤维宽 5.3～35.0μm，纤维长宽比为 128～129。

部位及用途：造纸原料。

41. 苦竹 Pleioblastus amarus (Keng) Keng f.（禾本科 Gramineae）

资源特性：秆高 3～5m，粗 1.5～2cm。

纤维特征：纤维长 0.900～3.975mm，纤维宽 7.0～33.3μm，纤维长宽比为 133～150。

部位及用途：造纸的良好材料。用苦竹制成的宣纸类制品具有色泽鲜艳、不易被虫蛀的特点。

42. 芦竹 Arundo donax Linn.（禾本科 Gramineae）

资源特性：秆高 3～6m，直径（1～）1.5～2.5（～3.5）cm，具发达根状茎。

纤维特征：纤维平均长 1.28mm，一般纤维长度 0.70～1.79mm，纤维平均宽 14.6μm，一般纤维宽度 13.7～19.6μm，纤维长宽比为 88。

部位及用途：纤维素含量高，是制优质纸浆和人造丝的原料。

43. 芦苇 Phragmites australis (Cav.) Trin. ex Steud.（禾本科 Gramineae）

资源特性：多年水生或湿生的高大禾草，高 1～3m，直径 1～4cm。生于江河湖泽、池塘沟渠沿岸和低湿地。

纤维特征：芦苇原料的纤维素含量约 41.49%。芦苇纤维平均长度 1.19mm，平均宽度 10.5μm，长宽比约为 113。纤维平均腔径 3.6μm，平均单壁厚 3.3μm，腔壁比约为 1.83。

部位及用途：芦苇茎秆坚韧，纤维含量高，是造纸工业中不可多得的原材料。

44. 棕榈 Trachycarpus fortunei (Hook.) H. Wendl.（棕榈科 Palmae）

资源特性：常绿乔木，高达 7m。棕榈是世界上最耐寒的棕榈科植物之一。

纤维特征：棕榈纤维一般指棕榈叶鞘纤维。棕榈空果串（果序梗）纤维的长度约为 8.71cm，纤维素含量为 85.04%，木质素含量为 18.60%，水分和灰分分别占 1.84%、0.87%。棕榈纤维平均长度在 35.4mm，直径 150～600μm，平均直径为 359.15μm。棕榈纤维中纤维素含量低，仅为 28.16%。棕榈单纤维的平均长度为 640.80μm，直径 7.33～10.35μm，为细小毛茸状。

部位及用途：棕榈叶鞘为扇子型，有棕纤维，叶可制扇、帽等工艺品。

45. 灯心草 Juncus effusus Linn.（灯心草科 Juncaceae）

资源特性：多年生草本植物，高达 90cm，直径 0.1～0.3cm。

纤维特征：灯心草的茎展开后呈现出细长圆柱形或者压扁形，长35～100c m，直径约4mm；将灯心草的茎髓横切面置于显微镜下展开观察，发现茎都由通气组织组成。其细胞呈矩形，有很多分枝，分枝长度10～60μm，直径16～40μm，厚约2.0μm，相邻细胞之间其分枝顶端衔接紧密，构成网状，其细胞的间隙以三角形和四边形为主。灯心草药材呈粉末类白色，全部为星状薄壁细胞，彼此以星芒相接，形成大的三角形或四边形气腔，长5～51μm，宽5～12μm，壁稍厚，有的可见细小纹孔，星芒相接的壁薄，有的可见1～2个念珠状增厚。

部位及用途：茎皮纤维可作编织和造纸原料。

第三节　鞣料植物资源

一、概述

鞣料植物资源是指富含鞣质，能够提取鞣质的植物资源。鞣质，又名单宁，是植物新陈代谢产生的一种多元酚的衍生物，属天然有机化合物，呈棕黄色到棕褐色粉状、粒状、块状或浆状，能使兽畜的生皮成为柔韧、致密、不透水、不易腐的革。栲胶是用水浸提鞣料植物的树皮、根、叶、果壳等，再将浸提液蒸干制成的粉状或块状固体。栲胶中所含鞣质不是一种，而是结构相近、性质不同的多种鞣质的混合物，无固定溶解度，溶液呈胶体化学性质。根据鞣料植物所含鞣质的种类不同，可以分为缩合类鞣质、水解类鞣质和混合类鞣质。缩合类鞣质，也称儿茶鞣质或不可水解鞣质，不水解，加热后分解为间苯三酚，分子间会缩合变成暗红色沉淀，即"红粉"，如黑荆树皮、落叶松树皮、云杉树皮、红根皮、栲树皮等富含缩合类鞣质；水解类鞣质，也称没食子酸鞣质，易水解，加热后分解为邻苯三酚，如栎类果实壳斗、栗木、漆树叶、五倍子等富含水解类鞣质；混合类鞣质，如中华常春藤、槲树、杨梅等所含的鞣质兼有缩合类和水解类两者的特征。

植物体内的鞣质往往是几种多元酚衍生物组成的复杂混合物。不同鞣料植物含有的鞣质不同，甚至同种植物的不同部位含有的鞣质也不一样，如栎类树皮的鞣质属缩合类，但果实壳斗中的鞣质属水解类。鞣质具有的共同特征包括：具显著的涩味；与明胶作用生成沉淀或浑浊液；与高铁盐发生颜色反应，呈蓝色或绿色；与生物碱和一些有机碱作用，生成沉淀；与重金属离子作用，生成沉淀。

鞣料植物制成的栲胶最初用作制革工业的鞣皮剂，随着科学技术的发展，人们逐渐扩大了其使用范围，目前将其广泛应用于皮革、纺织、石油化工、气体脱硫以及医药等领域，在食品和饮料中也有应用，此外，还可以用作锅炉除垢防垢剂、泥浆减水剂、选矿抑制剂、吸黏剂、污水处理剂、涂料、染料、电池电极添加剂等。近年来，用栲胶研制出了一些新型产品，主要应用于制造工程防渗加固的化学灌浆材料、新型铸造辅料等中，为鞣料植物的开发和利用开辟了新途径。

在植物界中，除藻类、菌类不含或极少含鞣质外，大多数植物中都含有鞣质。裸子植物中的松科植物，如冷杉属、铁杉属和落叶松属植物均富含鞣质。被子植物中的豆科、壳斗科、蔷薇科、漆树科、红树科、桃金娘科、山茶科、杨梅科、胡桃科、槭树科、杜鹃花科、柿树科、梧桐科、鼠李科等许多植物都含有丰富的鞣质。据统计，我国鞣料植物有300多种，生产上重要的鞣料植物资源包括蕨类植物的凤尾蕨，裸子植物的落叶松、云杉、油杉、杉木、粗榧，被子植物的化香树、栓皮栎、麻栎、槲栎、板栗、刺栲、拳参、酸模、盐肤木、青麸杨、红麸杨、秋茄树、地榆、蔷薇、悬钩子、薯蓣、黑荆树等。

保护区拥有鞣料植物资源220种，其中生长速度较快；木材鞣质含量不低于3.5%，树皮等鞣质含量不低于7.0%；鞣革性能好，纯度高，涩度高；产量丰富稳定，易人工培植的优良鞣料植物资源49种，具体介绍如下。

二、主要鞣料植物列举

1. 杉木 Cunninghamia lanceolata (Lamb.) Hook.（杉科 Taxodiaceae）

资源特性：常绿乔木，高达30m，胸径2.5～3m。

使用部位、主要成分及用途：树皮含鞣质3.5%～22.2%。以杉木树皮生产栲胶。

2. 杨梅 Myrica rubra (Lour.) Sieb. et Zucc.（杨梅科 Myricaceae）

资源特性：常绿乔木，高5～15m，胸径达60cm。

使用部位、主要成分及用途：树皮、根皮和叶片均富含鞣质：树皮含鞣质14.6%～27.0%，纯度71.80%～80.78%，根皮含鞣质高达19.4%，叶片含鞣质12.6%，均可提取栲胶以制革。混合类鞣质渗透快，鞣液沉淀少，适合鞣化底革、装具革、羊里革等，制成的革丰满，颜色鲜艳。

3. 枫杨 Pterocarya stenoptera C. DC.（胡桃科 Juglandaceae）

资源特性：落叶乔木，高达30m，胸径达1m。

使用部位、主要成分及用途：树皮和枝叶片含鞣质。树皮含鞣质6.9%，纯度为51.1%。树皮和枝皮可提取栲胶，亦可作纤维原料。

4. 化香树 Platycarya strobilacea Sieb. et Zucc.（胡桃科 Juglandaceae）

资源特性：落叶小乔木，高达6m。

使用部位、主要成分及用途：树皮、叶片和果实均含有鞣质。果实含鞣质10%～40%，树皮含鞣质8%～26%（树龄越大，树皮越厚，鞣质含量越高，树干基部含量比上部高），叶片含鞣质17%～30%。化香果鞣质属于水解类鞣质，鞣性好，渗透速度快，可以鞣制各种皮革，制成的革为棕色，质地丰满坚实。

5. 江南桤木 Alnus trabeculosa Hand.-Mazz.（桦木科 Betulaceae）

资源特性：乔木，高约10m。

使用部位、主要成分及用途：树皮和果序富含鞣质，可以提制栲胶。果实含鞣质

11.44%。

6. 雷公鹅耳枥 Carpinus viminea Lindl.（桦木科 Betulaceae）

资源特性：乔木，高可达10m。

使用部位、主要成分及用途：叶片含鞣质16.43%。

7. 川榛 Corylus heterophylla Fisch. ex Trautv. var. **sutchuanensis** Franch.（桦木科 Betulaceae）

资源特性：落叶灌木或小乔木。树高3～7m。

使用部位、主要成分及用途：树皮及叶片含鞣质，为提取栲胶的原料。叶片含鞣质5.95%～14.58%。

8. 锥栗 Castanea henryi (Skan) Rehd. et Wils.（壳斗科 Fagaceae）

资源特性：落叶乔木，高30m，胸径1m。

使用部位、主要成分及用途：树皮、壳斗、嫩枝、木材的髓部均含有鞣质。木材含鞣质13.5%，纯度78.2%；树皮含鞣质5.1%，纯度46.5%；壳斗含鞣质6.5%，纯度51.6%。用于硝皮或染渔网。

9. 板栗 Castanea mollissima Blume（壳斗科 Fagaceae）

资源特性：乔木，高20m，胸径80cm。

使用部位、主要成分及用途：树皮、木材含鞣质8.53%，纯度38.98%；嫩枝含鞣质6.21%；壳斗含鞣质21.25%。可用于鞣制轻革与重革。

10. 茅栗 Castanea seguinii Dode（壳斗科 Fagaceae）

资源特性：落叶灌木或小乔木，高2～12m。

使用部位、主要成分及用途：树皮、壳斗、嫩枝、木材的髓部均含鞣质。其中，壳斗含鞣质9.40%，树皮含鞣质9.40%。可作栲胶原料，也可作丝绸的黑色染料。

11. 青冈（青冈栎）**Cyclobalanopsis glauca** (Thunb.) Oerst.（壳斗科 Fagaceae）

资源特性：常绿乔木，高可达20m，胸径1m。

使用部位、主要成分及用途：树皮、壳斗含鞣质。树皮含鞣质16%，纯度47.3%；叶片含鞣质10.2%，纯度28.7%；壳斗含鞣质10%～15%。可作栲胶原料。

12. 麻栎 Quercus acutissima Carr.（壳斗科 Fagaceae）

资源特性：落叶乔木，高可达30m，胸径达1m。

使用部位、主要成分及用途：橡碗（壳斗）含丰富的鞣质，总苞刺中鞣质含量最高，内壳次之，树叶片、茎皮含量少。鞣质主要属水解类鞣质。橡碗含鞣质32.60%，纯度65.58%；树叶片含鞣质5.60%，纯度34.40%；树皮含鞣质10.11%，纯度73.9%。可以鞣制各种皮革。

13. 槲栎（锐齿槲栎）**Quercus aliena** Blume（壳斗科 Fagaceae）

资源特性：落叶乔木，高达30m。

使用部位、主要成分及用途：树皮含鞣质3.95%～11.12%，壳斗含鞣质9.64%。鞣质属水解类鞣质，可作栲胶原料。

14. 白栎 Quercus fabri Hance（壳斗科 Fagaceae）

资源特性：落叶乔木或灌木状，高达20m。

使用部位、主要成分及用途：树皮、壳斗含鞣质11.5%～18.6%，可作栲胶原料。

15. 甜槠 Castanopsis eyrei (Champ. ex Benth.) Tutch（壳斗科 Fagaceae）

资源特性：常绿乔木，高达20m，胸径达50cm。

使用部位、主要成分及用途：树皮鞣质含量3.72～11.86%，纯度63%；壳斗鞣质含量比树皮高。鞣质属水解类。

16. 苦槠 Castanopsis sclerophylla (Lindl. ex Paxton) Schott.（壳斗科 Fagaceae）

资源特性：乔木，高达15m，胸可达50cm。

使用部位、主要成分及用途：树皮、木材、壳斗含鞣质。树皮含鞣质10.6%，纯度57%；木材含鞣质10.3%；壳斗鞣质含量比树皮、木材高，可作栲胶原料。坚果含淀粉，浸水脱涩后可作豆腐，供食用，称"苦槠豆腐"。

17. 构树 Broussonetia papyrifera (Linn.) L' Hérit. ex Vent.（桑科 Moraceae）

资源特性：落叶乔木，高10～20m。喜光，适应性强，耐干旱瘠薄。

使用部位、主要成分及用途：构树树皮、木材、叶片均含鞣质。树皮含鞣质8.45%，叶片含鞣质24.82%，可提制栲胶。

18. 虎杖 Reynoutria japonica Houtt.（蓼科 Polygonaceae）

资源特性：多年生草本，高1～2m。

使用部位、主要成分及用途：根、茎、叶片均含鞣质，其中叶片含鞣质17%。

19. 酸模 Rumex acetosa Linn.（蓼科 Polygonaceae）

资源特性：多年生草本。高40～100cm。

使用部位、主要成分及用途：根含鞣质15.2%～27.5%，叶片含鞣质7.6%。这类鞣质渗透速度快，可以鞣制各种皮革。

20. 樟（香樟）**Cinnamomum camphora** (Linn.) Presl (樟科 Lauraceae)

资源特性：常绿大乔木，高达30m，胸径达3m。

使用部位、主要成分及用途：叶片含鞣质13.4%。香樟叶片提取的鞣质多为水解鞣质，此类鞣质在医学上已作为消炎收敛药物，名鞣酸。

21. 枫香 Liquidambar formosana Hance（金缕梅科 Hamamelidaceae）

资源特性：落叶乔木，高达30m，胸径达1m。喜温暖湿润气候，性喜光，耐干旱瘠薄。

使用部位、主要成分及用途：叶片含鞣质8%～13.5%。枫香叶片提取的鞣质多为水解鞣质，此类鞣质在医学上已作为消炎收敛药物，名鞣酸。

22. 龙牙草 Agrimonia pilosa Ledeb.（蔷薇科 Rosaceae）

资源特性：多年生草本，高30～100cm。

使用部位、主要成分及用途：全株含鞣质7.59%～15.71%，叶片含鞣质11.55%。鞣质多用于医学研究，具有抗肿瘤的作用。

23. 硕苞蔷薇 Rosa bracteata Wendl.（蔷薇科 Rosaceae）

资源特性：披散灌木，高2～5m。

使用部位、主要成分及用途：根皮含鞣质34.1%。蔷薇科有些种属的根皮富含鞣质，因其根通常为红色，统称红根皮。红根皮是一种有效的鞣质。其中鞣质与皮结合得好，渗透速度也快。但红根鞣液在制革过程中易生沉淀，转液时产生大量的泡沫，生产中需加以处理，用以制底革和装具革，单独制成的革质地丰满，色为红棕，与其他鞣质混合使用效果较好。不过这种鞣质存在于植物的根部，采掘费工费时，故发展前途不大，只能用作辅助鞣质。

24. 小果蔷薇 Rosa cymosa Tratt.（蔷薇科 Rosaceae）

资源特性：攀援灌木，高2～5m。

使用部位、主要成分及用途：根皮含鞣质11.15%～24.06%，属于红根皮。

25. 金樱子 Rosa laevigata Michx.（蔷薇科 Rosaceae）

资源特性：攀援灌木，高可达5m。

使用部位、主要成分及用途：根皮富含鞣质19%～23%，纯度60%～68%，属于红根皮。

26. 地榆 Sanguisorba officinalis Linn.（蔷薇科 Rosaceae）

资源特性：多年生草本，高30～120cm。

使用部位、主要成分及用途：根、茎、叶片均含有鞣质。根含鞣质11.50%～14.58%，纯度36.70%～51.80%；叶片含鞣质10.10%～16.32%，纯度25.95%～50.03%；果实含鞣质21.67%。根皮属于红根皮。

27. 山合欢 Albizia kalkora (Roxb.) Prain（豆科 Leguminosae）

资源特性：落叶乔木，高3～8m。

使用部位、主要成分及用途：树皮含鞣质含15.24%，纯度55.75%。这种鞣质属缩合类鞣质，渗透快，结合好，颜色鲜浅。

28. 云实 Caesalpinia decapetala (Roth) Alston（豆科 Leguminosae）

资源特性：攀援灌木。喜光。

使用部位、主要成分及用途：果壳、茎皮含鞣质，其中果壳含鞣质30.40%。云实荚果果壳鞣质的鞣革性能一般，优点是质量好。用它单独制成的革偏软，颜色浅暗，在潮湿气候期，呈海绵状。

29. 藤黄檀 Dalbergia hancei Benth.（豆科 Leguminosae）

资源特性：藤本。喜光，耐干旱瘠薄。

使用部位、主要成分及用途：树皮和果实均含有鞣质，茎皮含鞣质25%。

30. 皂荚 Gleditsia sinensis Lam.（豆科 Leguminosae）

资源特性：落叶乔木，高达30m。

使用部位、主要成分及用途：树皮和果实均含有鞣质，茎皮含鞣质25%。皂荚中主含皂荚苷、二十九烷以及鞣质等。

31. 臭椿 Ailanthus altissima Swingle（苦木科 Simaroubaceae）

资源特性：落叶乔木，高达20m。

使用部位、主要成分及用途：叶片、根和树皮含鞣质，其中叶片含鞣质8.5%～15.0%。

32. 楝树 Melia azedarach Linn.（楝科 Meliaceae）

资源特性：落叶乔木，高达10m。

使用部位、主要成分及用途：叶片和树皮含鞣质，叶片含鞣质23.17%，树皮含鞣质6.9%～7.0%。用鲜叶片可灭钉螺和作农药；用根皮可驱蛔虫和钩虫，但有毒，用时要严遵医嘱；根皮粉调醋可治疗疥癣；果核仁油可供制油漆、润滑油和肥皂。

33. 乌桕 Triadica sebifera (Linn.) Small（大戟科 Euphorbiaceae）

资源特性：落叶乔木，高可达15m。为中国特有的经济树种。

使用部位、主要成分及用途：乌桕树皮及叶片含鞣质，可提栲胶。

34. 南酸枣 Choerospondias axillaris (Roxb.) Burtt et Hill（漆树科 Anacardiaceae）

资源特性：落叶乔木，高8～20m。

使用部位、主要成分及用途：叶片、树皮、树枝含鞣质，树皮含鞣质7.25%～19.55%，树枝含鞣质8.2%。树皮和叶片可作为提取栲胶的原料。

35. 黄连木 Pistacia chinensis Bunge

资源特性：落叶乔木，高达25～30m。

使用部位、主要成分及用途：叶片含鞣质10.8%，果实含鞣质5.4%，可提制栲胶。

36. 盐肤木 Rhus chinensis Miller.（漆树科 Anacardiaceae）

资源特性：落叶灌木或小乔木，高2～10m。喜光、耐寒，在酸性、中性及石灰性土壤乃至干旱瘠薄的土壤上均能生长。

使用部位、主要成分及用途：盐肤木的幼枝、嫩叶片受五倍子蚜虫寄生刺激后形成的虫瘿即五倍子，其是著名的提制栲胶的原料，含鞣质30.71%，纯度80%，鞣质属水解类。树皮中的鞣质含量较低，约为3.47%。五倍子提取栲胶，鞣革性能优良，所含鞣质纯度大、涩度高，渗透速度快，可制各种皮革。但这种鞣质极不稳定，受环境条件的影响变化大。

37. 木蜡树 Toxicodendron sylvestre (Sieb. et Zucc.) Kuntze（漆树科 Anacardiaceae）

资源特性：落叶乔木或小乔木，高达10m。

使用部位、主要成分及用途：树叶鞣质含量高达28.62%。树叶片鞣液含糖质较多，容易发酵，鞣性温和，颜色浅淡，纯漆叶片制成的革接近白色。

38. 野漆树 Toxicodendron succedaneum (Linn.) Kuntze（漆树科 Anacardiaceae）

资源特性：落叶乔木或小乔木，高达10m。

使用部位、主要成分及用途：树皮、叶片含鞣质，树皮含21.35%，可提栲胶。

39. 冬青 Ilex chinensis Sims（冬青科 Aquifoliaceae）

资源特性：常绿乔木，一般高达13m。

使用部位、主要成分及用途：树皮含鞣质16.45%，可提制栲胶。

40. 厚皮香 Ternstroemia gymnanthera (Wight et Arn.) Beddome（山茶科 Theaceae）

资源特性：灌木或小乔木，高1.5～10m，有时达15m，胸径30～40cm。全株无毛；树皮灰褐色，平滑；嫩枝浅红褐色或灰褐色，小枝灰褐色。

使用部位、主要成分及用途：树皮含鞣质21%～30%，纯度70%～75%。该鞣质属缩合类，鞣革性能好。厚皮香是国产提提取栲胶最优的品种之一，可作鞣料植物栽培。

41. 油茶 Camellia oleifera C. Abel（山茶科 Theaceae）

资源特性：灌木或中乔木；嫩枝有粗毛。

使用部位、主要成分及用途：根状茎含鞣质14.35%，茶壳中含鞣质9.23%，可用水浸提法提取栲胶。其栲胶是制革工业的主要原料，还可作为矿产工业上使用的浮选剂。

42. 石榴 Punica granatum Linn.（石榴科 Punicaceae）

资源特性：石榴是落叶灌木或小乔木，在热带是常绿树。

使用部位、主要成分及用途：树皮、根皮、果皮均含鞣质。树皮含鞣质20%～30%，根皮含鞣质20%～28%，果皮含鞣质25%～32%。

43. 中华常春藤 Hedera nepalensis K. Koch var. sinensis (Tobl.) Rehd.（五加科 Araliaceae）

资源特性：常绿攀援灌木；茎长3～20m。

使用部位、主要成分及用途：茎、叶片富含鞣质，茎含鞣质12.01%，叶片含鞣质29.4%，可提制栲胶。

44. 灯台树 Cornus controversa Hemsl.（山茱萸科 Cornaceae）

资源特性：落叶乔木，高6～15m，稀达20m。

使用部位、主要成分及用途：树皮含鞣质14.37%～30.02%，纯度59.09%～74.77%。

45. 山柿（浙江柿）Diospyros japonica Sieb. et Zuce.（柿科 Ebenaceae）

资源特性：乔木，高达12m。

使用部位、主要成分及用途：果实和果蒂均含丰富的鞣质，高达36.68%。

46. 油柿（华东油柿）Diospyros oleifera Cheng（柿科 Ebenaceae）

资源特性：落叶乔木，树干通直，高达14m，胸径达40cm。

使用部位、主要成分及用途：树皮及未熟果含鞣质，其中未熟果含鞣质25%。鞣质能凝固微生物体内的原生质，故有抑菌作用和抗病毒作用。

47. 菝葜 Smilax china Linn.（百合科 Liliaceae）

资源特性：攀援灌木，有块状根状茎。地上茎长80～480cm，细长、坚硬且疏生倒钩刺。

使用部位、主要成分及用途：根状茎含鞣质14.35%。

48. 薯蓣 Dioscorea polystachya Turcz.（薯蓣科 Dioscoreaceae）

资源特性：多年生草本植物。茎蔓生，常带紫色；块根圆柱形；叶片对生，卵形或椭圆形；花乳白色，雌雄异株。

使用部位、主要成分及用途：块茎中鞣质含量丰富，鞣质含量11%～31%。

49. 薯莨 Dioscorea cirrhosa Lour.（薯蓣科 Dioscoreaceae）

资源特性：藤本植物，长可达20m。

使用部位、主要成分及用途：薯莨鞣质含量丰富。薯莨块茎中鞣质含量随产地不同变化较大，可从11%到31%不等。块茎的黏液也易于提取，民间大量取其汁染皮制革、渔民工作服及渔网。

第四节　香料植物资源

一、概述

香料植物是指含有芳香成分或挥发性精油的植物。这些芳香成分或挥发性精油是香料植物代谢过程中的重要次生物质，存在于植物的全株或根、茎、叶、花、果实等器官中。常用的香料植物有玫瑰、薰衣草、薄荷、茉莉、香荚兰、桂皮等。香料植物具有重要的经济价值，其中最有代表性的是茉莉花，它曾享有香料之冠的美誉；2018年我国山苍子油行业需求量达到2815.9吨，其他产量较高的还有大茴香油、白兰油、桉叶油和松节油等。天然香料是香料、医药卫生、烟草等行业不可或缺的天然原料，随着社会经济的发展，香料产品广泛应用于配料，食物及用品等的调香、防霉、防腐及防蛀。此外，天然香料的成分分析，尤其是有重要作用的微量成分为合成香料的发展带来了新的契机。

香料在我国有着悠久的应用历史，是古代贸易的重要商品。由于天然精油生产受自然条件的限制，加上有机化学工业的发展，自20世纪50年代以来，合成香料发展迅速，一些原来得自精油的萜类香料，如芳樟醇、香叶醇、橙花醇、香茅醇、柠地醛等已先后用半合成法或全合成法投入生产，产量相当可观。我国香料香精逐步形成独立的工业体系，现有香料香精生产企业1000余家。

进入21世纪，"回归自然""返璞归真""健康至上"成为全世界人们的消费共识，香料消费也向原生态、有机、纯天然方向发展，加上天然香料具有独特的香韵，使得天然香料产业，尤其是食品香料产业得到恢复和发展。2005—2015年，天然香料产品销售额占香料总销售额的比重由15.0%提升至20.0%，天然香料产业发展态势良好，从而促使世界各国加大对天然香料的重视程度，尤其是香料植物的研究和开发利用。

我国香料植物资源丰富，拥有香料植物1000多种，其中具有较高开发利用价值的香料植物400多种，已开发利用的香料植物100多种，如八角茴香、桂皮、薄荷、山苍子、桂花、柏木等都在国际市场上占有很大份额。随着人们对香料植物的进一步研究，新的有更高价值的香料植物会陆续发现，从而为天然香料的生产提供更丰富的来源。

保护区拥有香料植物资源261种，其中，资源储量较大的，除前面所述的食用香料植物资源外，作为工业原料开发利用价值较高的优良香料植物资源54种，具体介绍如下。

二、主要香料植物列举

1. 马尾松 Pinus massoniana Lamb.（松科 Pinaceae）

资源特性：常绿乔木，高达40m，胸径达1m。阳性树种，喜光、喜温。

使用部位、主要成分及用途：从马尾松树上可采收3种香料产品：松脂、松针油和松果油。松脂加工产品为松香、松节油和其他副产品。松脂含松节油15%～25%，主要化学成分为蒎烯、柠檬醛等。松节油是合成香料的重要原料，香料工业用量很大。松脂、松针油在医药、化工、国防等方面都有重要用途，不仅内销，还是重要出口物资。松针油得率为0.2%，主要化学成分为蒎烯、乙酸龙脑酯等。松果油得率为0.2%～0.4%，主要化学成分为柠檬烯和乙酸龙脑酯等。松针油和松果油可用来配制日用品、香皂和化妆品香精。

2. 柏木 Cupressus funebris Endl.（柏科 Cupressaceae）

资源特性：常绿乔木，高达30m，胸径达2m。喜生于温暖湿润气候，在石灰岩山地钙质土上生长良好。

使用部位、主要成分及用途：柏木根与树干的含油率3%～5%，油的主要成分有柏木脑（含量为30%～40%）、β-柏木烯、α-柏木烯、松油醇、松油烯等。柏木叶含油率0.2%～1%，油的主要成分有侧柏酮、松油烯、樟脑烯等。柏木油在香料工业中占有重要地位，经过分离和化学合成，可以加工成系列产品，如柏木脑、β-柏木烯、α-柏木烯等。柏木脑经合成又可获得甲基柏木醚、异丙基柏木醚、乙酸柏木酯、柏木烷呋喃衍生物。β-柏木烯和α-柏木烯亦可加工合成为柏木烯醛、柏木烷酮、乙烯基柏木烯和环氧柏木烷等单体香料，可用于调配化妆品、香皂用香精。柏木脑又是良好的定香剂，还用于医药工业。

3. 榧树 Torreya grandis Fort. ex Lindl.（红豆杉科 Taxaceae）

资源特性：常绿乔木，高达20m，胸径达1m。喜温暖湿润的气候及肥沃的土层。

使用部位、主要成分及用途：假种皮可用于提取浸膏和精油用，得膏率和得油率分别为1.2%～1.6%和1.0%～1.2%。浸膏和精油可作香皂、化妆品香精。

4. 草珊瑚（接骨金粟兰）**Sarcandra glabra** (Thunb.) Nakai（金粟兰科 Chloranthaceae）

资源特性：多年生草本或亚灌木，高50～120cm。喜阴，生于山坡、沟谷常绿阔叶林下阴湿处。

使用部位、主要成分及用途：草珊瑚叶出油率0.2%～0.3%，叶油成分为α-蒎烯、莰烯、月桂烯、柠檬烯、罗勒烯、芳樟醇、乙酸芳樟酯、乙酸龙脑酯、乙酸松油酯、乙酸香叶酯、榄香烯、丁香烯、杜松烯、榄香醇、β-桉叶醇等。本种鲜叶供提草珊瑚油、竹节油，可作化妆品、肥皂香精。

5. 杨梅 Myrica rubra (Lour.) Sieb. et Zucc.（杨梅科 Myricaceae）

资源特性：常绿乔木，高达15m，胸径达60cm。喜酸性土壤，原产中国温带、亚热带湿润气候的海拔125～1500m的山坡或山谷林中。

使用部位、主要成分及用途：叶含挥发油、鞣质、蒲公英赛醇、α-香树脂醇、β-香树脂醇、蛇麻脂醇、内消旋肌醇和杨梅树皮苷，具有较高的药用价值。

6. 马蹄细辛（小叶马蹄香）**Asarum ichangense** C. Y. Cheng et C. S. Yang（马兜铃科 Aristolochiaceae）

资源特性：多年生草本；根状茎短，根稍肉质。

使用部位、主要成分及用途：根状茎含挥发油，油的主要成分为甲基丁香酚、黄樟醚、L-细辛脂素、L-芝麻脂素，有镇静、抑菌、麻醉、杀虫等作用，还可以用于制作化妆品、防腐剂等。

7. 香蓼 Polygonum viscosum Buch.-Ham. ex D. Don（蓼科 Polygonaceae）

资源特性：草本，高50～90cm。

使用部位、主要成分及用途：叶片和茎含挥发油。油的主要成分为十二烷醛、癸醇、异长叶烯、癸烷、蛇麻烯、石竹烯氧化物、石竹烯、倍半香桧烯和α-橄榄烯。提取的香蓼精油对常见细菌和真菌均具有一定程度的抑制生长作用，对细菌类的枯草芽孢杆菌和大肠杆菌作用明显，对玉米黏虫表现出较好的拒食活性。

8. 玉兰 Magnolia denudata Desr.（木兰科 Magnoliaceae）

资源特性：落叶乔木，高达25m，胸径1m。喜光，较耐寒，可露地越冬。

使用部位、主要成分及用途：鲜花或花蕾出油率0.10%～0.30%。油的主要成分为α-蒎烯、香桧烯、月桂烯、1, 8-桉叶素、对聚伞花素、氧化芳樟醇、芳樟醇、波旁烯、乙酸龙脑酯、乙酸香叶酯、乙酸香茅酯、香叶醇、杜松烯、榄香醇（烯）、β-丁香烯、蛇麻烯、橙花叔醇、β-桉叶醇等。

9. 浙江蜡梅 Chimonanthus zhejiangensis M. C. Liu（蜡梅科 Calycanthaceae）

资源特性：常绿灌木，高1～3m。喜阳，耐阴、耐寒、耐旱，忌渍水。

使用部位、主要成分及用途：蜡梅鲜花浸膏得率为0.5%～0.6%。精油的主要成分为芳樟醇、金合欢醇、松油醇、吲哚、桉油素、龙脑、樟脑、蒎烯及倍半萜醇等。精油可用于调配日用化妆品、香水等。

10. 瓜馥木 Fissistigma oldhamii (Hemsl.) Merr.（番荔枝科 Annonaceae）

资源特性：攀援灌木，长约8m。

使用部位、主要成分及用途：根、茎、叶含挥发性成分，主要为莰烯、2-己烯醛、β-罗勒烯、伞花烃、顺-3-己烯醇、α-荜澄茄油烯、α-可巴烯、β-波旁烯、苯甲醛、芳樟醇、β-石竹烯、α-石竹烯、γ-衣兰油烯、α-松油醇、巴伦西亚橘烯、双环大根香叶烯、橙花叔醇、雪松醇、桉油烯醇。可用于调制化妆品、皂用香精。

11. 浙江樟 Cinnamomum chekiangense Nakai（樟科 Lauraceae）

资源特性：常绿乔木，高达50m，胸径30～35cm。幼年期耐阴，喜温暖湿润气候。

使用部位、主要成分及用途：根、树干、枝叶含精油，含量分别为：根5%～6%，树干3.526%，枝叶3.70%；香料工业中樟油占有重要的地位。其分馏的主产物——白樟油是提取桉叶素的原料，又是一种重要的有机溶剂；红樟油所含的黄樟素是合成洋茉莉醛、乙基香兰素等的重要原料；蓝樟油可作低档皂用香精、消毒剂、除臭剂。樟油及其产品可应用于医药、农药、矿业等部门，是化工、医药、国防等方面的重要原料。

12. 细叶香桂（香桂）Cinnamomum subavenium Miq.（樟科 Lauraceae）

资源特性：常绿乔木，高达20m，胸径达50cm。喜温暖湿润气候，以及肥沃深厚、排水良好的酸性土。

使用部位、主要成分及用途：香桂皮油为丁香酚型，丁香酚含量为67.42%，主要成分尚有柠檬烯（26.45%）、松油烯-4-醇等。香桂叶油的主要成分为丁香酚、松油烯-4-醇、柠檬烯等。本种皮油可作调配化妆品、肥皂、香水香精，食品、沙司调料；单独分离后的丁香酚，可作制造香兰素等的原料及医药上用作杀菌剂。叶油可用作化妆品、牙膏香精；其叶是罐头食品的重要配料，能增加食品香味和保持期。

13. 香叶树 Lindera communis Hemsl.（樟科 Lauraceae）

资源特性：常绿灌木或小乔木，高3～4m，胸径达25cm。生于干燥砂质土壤，散生或混生于常绿阔叶林中。

使用部位、主要成分及用途：香叶树叶油的主要成分为罗勒烯、蒎烯等。叶、果精油可用作食品、化妆品、牙膏、皂用香精。枝叶作熏香原料。叶及果可治牛马癣疥疮癞。种子富含油脂（约60%），为制肥皂、润滑油、油墨的优质原料；医药用，可作栓剂基质；为可可豆的代用品，也可少量食用，但必须先行精炼；油粕可作肥料。

14. 山胡椒 Lindera glauca (Sieb. et Zucc.) Bl.（樟科 Lauraceae）

资源特性：落叶灌木或小乔木，高达8m。分布于海拔200～1600m的山坡灌木丛中或疏密林中、溪边。

使用部位、主要成分及用途：山胡椒果实及枝叶精油可以用水蒸气常压蒸馏进行提取。出油率果实为1%左右，叶约为0.2%。果实精油主要含罗勒烯（约占80%），还含β-蒎烯、黄樟油素、壬醛等12种次要成分；叶精油主要含石竹烯、1, 8-桉叶油素、乙酸龙脑酯、β-蒎烯、莰烯等。精油可用于调配食用香精、化妆品及皂用香精。

15. 山鸡椒 Litsea cubeba (Lour.) Pers.（樟科 Lauraceae）

资源特性：落叶灌木或小乔木，高8～10m。喜光，生于向阳的山地、灌丛、疏林或林中路旁、水边。

使用部位、主要成分及用途：果实。果实中挥发油的主要成分是柠檬醛（69.22%）。

精油作为食品香料，添加在各种腌渍食品内，风味特殊又能抑制好氧菌的生长。

16. 檫木 Sassafras tzumu (Hemsl.) Hemsl.（樟科 Lauraceae）

资源特性：落叶乔木，高达35m，胸径达2.5m。生长于温暖湿润气候，喜光，不耐阴。

使用部位、主要成分及用途：茎挥发油的主要成分为1-石竹烯、香树烯和罗汉柏烯，还含有一定量的苯甲氧羰基-L-天门冬氨酸、去氧熊胆酸和1, 14-二溴十四烷。可作香料。

17. 枫香 Liquidambar formosana Hance（金缕梅科 Hamamelidaceae）

资源特性：落叶乔木，高达40m，胸径可达1.5m。喜温暖湿润气候，性喜光，幼树稍耐阴，耐干旱瘠薄土壤，不耐水涝。

使用部位、主要成分及用途：树液呈黏性半固体状，棕黄色，具松脂芳香气味。枫香香液和枫脂的主要成分有龙脑、肉桂醇和桂皮素，可用于调配多种香精，也是较好的定香剂。

18. 软条七蔷薇 Rosa henryi Bouleng.（蔷薇科 Rosaceae）

资源特性：灌木，高3～5m。生于山谷、林边、田边或灌丛中。

使用部位、主要成分及用途：精油为天然调香原料，用作调配花香型化妆品、香水、皂用香精。

19. 槐树 Sophora japonica Linn.（豆科 Leguminosae）

资源特性：乔木，高达25m，胸径25～30cm。喜光，耐寒，稍耐阴。

使用部位、主要成分及用途：精油成分主要有乙酸乙酯、芳樟醇、苯乙醇、香叶醇、橙花叔醇、柏木脑、棕榈酸乙酯、棕榈酸、亚油酸甲酯、亚油酸乙酯、亚麻酸乙酯、硬脂酸乙酯等。精油为天然调香原料，可作化妆品、香水、皂用香精。

20. 松风草 Boenninghausenia albiflora (Hook.) Reichb. ex Meisn.（芸香科 Rutaceae）

资源特性：多年生草本，高达80cm。生于山坡、林下及灌丛中。

使用部位、主要成分及用途：干茎叶出油率0.10%～0.20%，叶油主要成分为 α-松油醇、松油烯-4-醇等。本种根入药，驱蚊，杀菌，治感冒及各种炎症。

21. 吴茱萸 Euodia rutaecarpa (Juss.) Benth.（芸香科 Rutaceae）

资源特性：小乔木或灌木，高3～5m。生于山地疏林或灌木丛中，多见于向阳坡地。

使用部位、主要成分及用途：干叶出油率0.4%，叶油的主要成分为月桂烯、枞油烯、t-β-罗勒烯等。吴茱萸干果出油率0.52%。本种精油可用于调香。

22. 竹叶椒 Zanthoxylum armatum DC.（芸香科 Rutaceae）

资源特性：落叶灌木或小乔木，高达4m。生于山坡疏林、灌丛中及路旁。

使用部位、主要成分及用途：竹叶椒果出油率2.15%，主要成分为蒎烯、香桧烯、月桂烯、柠檬烯、罗勒烯、异松油烯、芳樟醇、松油烯-4-醇、松油醇、乙酸芳樟酯、乙酸松油酯、β-丁香烯等。鲜叶出油率0.30%～0.50%。本种果实和果油可用作调味香料。

23. 花椒 Zanthoxylum bungeanum Maxim.（芸香科 Rutaceae）

资源特性：芸香科落叶小乔木，高 3 ~ 7m。喜光，耐寒，耐旱，萌蘖性强。

使用部位、主要成分及用途：果实用常规水蒸气蒸馏提取精油，出油率4%～7%。精油主要化学成分有花椒烯、水茴香萜、香叶醇、香茅醇等。精油通过精制处理后用于调配香精。

24. 香椿 Toona sinensis (A. Juss.) Roem.（楝科 Meliaceae）

资源特性：落叶乔木。喜光，较耐湿。

使用部位、主要成分及用途：鲜叶出油率0.06%～0.10%，鲜侧根出油率0.12%，鲜根皮出油率0.05%，干果出油率0.29%～0.35%。它们均有叶香气味。香椿油的主要成分为 γ-木罗烯、β-丁香烯、β-榄香烯等。叶油、果油可作天然食用调味香料、赋香剂。幼嫩叶芽作调味蔬菜或凉拌菜调味加香的佐料，或腌制食用。干果磨成粉作调味香料。

25. 中华猕猴桃 Actinidia chinensis Planch.（猕猴桃科 Actinidiaceae）

资源特性：大型落叶木质攀援藤本，高 7 ~ 8m。中华猕猴桃是中国特有的藤本果树。喜光，喜土层深厚、肥沃、疏松的土壤，忌土壤黏重。

使用部位、主要成分及用途：茎叶精油的主要成分是直链脂肪酸衍生物，其中 α-亚麻酸含量最高（约63.97%），其次是三萜。短链烯醇衍生物能使猫产生猫"薄荷效应"，猫喜欢吃它的新鲜叶子和嫩枝用来治愈伤口和使自己兴奋，故也称它为"猫人参"。

26. 毛瑞香 Daphne kiusiana Miq. var. atrocaulis (Rehd.) F. Maekawa.（瑞香科 Thymelaeaceae）

资源特性：常绿直立灌木。

使用部位、主要成分及用途：瑞香花含挥发油，其成分有二十七烷、二十九烷、十九烯、罗勒烯、亚麻酸甲酯、金合欢酸乙酸酯、牻牛儿醇、苯甲酸、金合欢醛、壬醛、牻牛儿醇基丙酮、β-紫罗兰酮、愈创木酚、4-甲基愈创木酚、牻牛儿酸、壬酸、芳樟醇氧化物、罗勒烯环氧化物、瑞香素、木犀草素、芹菜素、瑞香苷、瑞香素-8-葡萄糖苷等。花可提制芳香油，用于医药领域。

27. 白簕 Eleutherococcus trifoliatus (Linn.) S. Y. Hu（五加科 Araliaceae）

资源特性：攀援灌木，高 1 ~ 7m。

使用部位、主要成分及用途：白簕叶挥发油成分复杂，采用GC-MS联用技术研究白簕叶挥发油的化学成分，已鉴定出的81种成分占挥发油总量的96.50%，其中以萜烯及萜醇类化合物为主。萜类化合物具有多种生物活性，是某些中草药的有效成分，如白簕叶挥发油中的单萜类化合物蒎烯、柠檬烯、水芹。还有羽扇豆烷三萜化合物和2种苯丙素苷类化合物，均具有一定的药用价值。

28. 藁本 Ligusticum sinense Oliv.（伞形科 Umbelliferae）

资源特性：多年生草本，高达1m。根状茎发达，具膨大的结节。

使用部位、主要成分及用途：根及根状茎含挥发油，油中成分为正丁烯呋内酯、四氢丁基酰内酯、甲基丁香酚等。根可提制芳香油，用于医药领域。

29. 香根芹 Osmorhiza aristata (Thunb.) Rydberg（伞形科 Umbelliferae）

资源特性：多年生草本，可药用。根粗硬，有香气。

使用部位、主要成分及用途：根状茎含多炔化合物、紫茎芹醚、1-烯丙基-2, 4-二甲氧基苯、茴香醚、O-甲基胡椒酚、茴香醛、2, 4-二甲氧基苯甲醛、甾醇。根可提制芳香油，用于医药。

30. 隔山香 Ostericum citriodora (Hance) Yuan et Shan（伞形科 Umbelliferae）

资源特性：多年生草本，高0.5～1.3m。喜深厚肥沃土壤。

使用部位、主要成分及用途：根挥发油中主要成分为左旋-α-蒎烯（42.17%）和洋芹脑（35.26%），叶挥发油中主要成分为石竹烯及其氧化物（58.91%），而果实挥发油主要成分为洋芹脑（74.80%）和D-柠檬烯（11.04%）。D-柠檬烯不但具有抗炎、利胆溶石等作用，而且在预防和治疗乳腺癌、肺癌、肝癌等方面均取得了较好的疗效；榄香素有明显的镇痛作用；α-蒎烯具有镇咳和祛痰作用，同时对真菌也有抑菌和杀菌作用等；石竹烯具有一定的平喘作用，可用于治疗老年慢性支气管炎，石竹烯氧化物可治疗皮肤霉菌病，尤其适用于短期治疗甲霉菌病等。

31. 异叶茴芹 Pimpinella diversifolia DC.（伞形科 Umbelliferae）

资源特性：多年生草本，高0.3～2m。

使用部位、主要成分及用途：异叶茴芹全草挥发油中主要含萜类化合物、链状芳香族化合物（烷烃、醇、醛及羧酸）。在异叶回芹挥发油中的主要萜类化合物是吉马烯、姜烯、石竹烯等，还富含棕榈酸、亚油酸。其中，棕榈酸、亚油酸是人类必须脂肪酸，亚油酸是维生素E的基本脂肪酸成分，对冠心病患者有作用；石竹烯、榄香烯具有镇痉、抗病毒、平喘、抗菌等作用；植醇可作为合成维生素K_1和维生素E的原料。

32. 郁香安息香（芬芳安息香）**Styrax odoratissimus** Champ.（安息香科 Styracaceae）

资源特性：小乔木，高4～10m，胸径达20cm。

使用部位、主要成分及用途：分泌的树脂的化学成分主要为木脂素类、萜类以及芳香挥发性类，是药物的组成成分，具有活血、提神、安定、止痛等功效。

33. 木犀（桂花）**Osmanthus fragrans** Lour.（木犀科 Oleaceae）

资源特性：常绿灌木或乔木，高5～18m；树皮灰褐色。桂花是中国传统十大名花之一。

使用部位、主要成分及用途：桂花精油的主要化学成分为紫罗兰酮、芳樟醇、香叶醇、橙花醇等，是一种高级名贵香料。在香料工业中使用桂花浸膏，如作食品、化妆品、香皂的香精，用它加香或用桂花腌制后直接生产的产品，有桂花酒、桂花糖果、桂花蜜饯、桂花香水、桂花肥皂等。

34. 兰香草 Caryopteris incana (Thunb.) Miq.（马鞭草科 Verbenaceae）

资源特性：小灌木，高26～100cm。

使用部位、主要成分及用途：全草。挥发油中的主要化合物是芳樟醇、紫苏醇、香芹酮，其次有茅苎烯、4-甲基-6-庚烯-3-酮、茴草烯、马鞭草烯酮、左旋松香芹酮、2-壬烯-4-炔等。此油具有较好的香气特征，是一种具有一定开发价值的香料工业原料，且兰香草挥发油中的一些主要成分，如紫苏醇、香芹酮、马鞭草烯酮及其中所含的酚类化合物都有一定的抑菌、杀菌功效。

35. 牡荆 Vitex negundo Linn. var. **cannabifolia** (Sieb. et Zucc.) Hand.-Mazz.（马鞭草科 Verbenaceae）

资源特性：落叶灌木或小乔木。

使用部位、主要成分及用途：花与叶含挥发油，主要成分为 β-丁香烯、香桧烯、反-β-金合欢烯、β-甲基紫罗兰酮、1,8-桉叶油素等，可用于牙膏、口香糖、冷饮、饮料等食品的加香。

36. 藿香 Agastache rugosa (Fisch. et Mey.) Kuntze（唇形科 Labiatae）

资源特性：多年生草本。茎直立，高0.5～1.5m。

使用部位、主要成分及用途：藿香茎叶油的主要成分为甲基黑椒酚、α-异薄荷酮、胡薄荷酮、香桧烯、柠檬烯、小茴香酮、侧柏酮、薄荷酮等。本种精油为名贵香料，留香持久，多作香料的定香剂。

37. 紫花香薷 Elsholtzia argyi Lévl.（唇形科 Labiatae）

资源特性：草本，高0.5～1m。茎四棱形，具槽，紫色，槽内被疏生或密集的白色短柔毛。

使用部位、主要成分及用途：叶和花序含有精油。精油主要化学成分为桉叶素（32%～34%）、柠檬醛（36%～40%）、芳樟醇（14%～19%），以及香草醛、香叶醇等。精油有较好的香气，用于配制化妆品香精。

38. 薄荷 Mentha canadensis Linn.（唇形科 Labiatae）

资源特性：多年生草本。茎直立，高30～60cm。

使用部位、主要成分及用途：植株经蒸馏得薄荷油。油为无色透明液体，具有特殊的芳香辛辣味和凉爽感，经分析含有160多种化学成分，其主要成分是薄荷醇（75%～90%），其次为薄荷酮。原油加工后的工业产品叫薄荷脑和薄荷素油，广泛地用于消炎、止痒、止痛、健胃、防腐驱虫的药品中，也是牙膏、糖果、烟草、酒类、清凉饮料、日用品等的重要原料，尤以牙膏、糖果中的用量最大。薄荷油有杀灭细菌和真菌的功效，可作无污染农药使用。

39. 石香薷 Mosla chinensis Maxim.（唇形科 Labiatae）

资源特性：直立草本。茎高9～40cm，纤细，自基部多分枝，或植株矮小不分枝，被白色疏柔毛。

使用部位、主要成分及用途：石香薷全草挥发油中麝香草酚和香荆芥酚为主要成分，分别占总挥发油成分的39.99%和36.88%。麝香草酚和香荆芥酚对痢疾杆菌和肠炎常见菌均具有较强的抑菌和杀菌作用。挥发油中含有对聚伞花素。临床证实对聚伞花素具有祛痰、抗炎作用，效果明显，起效快，不良反应小等。挥发油中还含有一定量的石竹烯及其氧化物。石竹烯具有一定的平喘作用，可用于治疗老年慢性支气管炎；石竹烯氧化物可治疗皮肤霉菌病，尤其适用于短期治疗甲霉菌病；它们还具有镇痛、清热解毒、利尿消肿的功效。

40. 石荠苧 Mosla scabra (Thunb.) C. Y. Wu et H. W. Li（唇形科 Labiatae）

资源特性：一年生草本，茎高20~100cm。

使用部位、主要成分及用途：鲜花中含生物碱、皂苷、鞣质和挥发油。挥发油的主要成分为l-侧柏酮、香桧烯、柠檬烯、石竹烯、水芹烯等。其挥发油可以作为香型化妆品、洗涤香精的添加剂。

41. 紫苏 Perilla frutescens (Linn.) Britt.（唇形科 Labiatae）

资源特性：一年生直立草本植物。茎高0.3~2m，绿色或紫色，钝四棱形，具四槽，被长柔毛。

使用部位、主要成分及用途：全株含挥发油，油中主要为紫苏醛、紫苏醇、柠檬稀、芳樟醇、薄荷脑、丁香烯，并含香薷酮、紫苏酮、丁香酚等。紫苏挥发油不但是天然香料和风味剂，可应用于食品和化妆品行业。

42. 栀子（大花栀子、水栀子）**Gardenia jasminoides** Ellis（茜草科 Rubiaceae）

资源特性：常绿小灌木。我国著名八大香花之一。

使用部位、主要成分及用途：栀子鲜花用石油醚浸提得到淡黄色膏状物，再用乙醇处理可得黄色精油。精油具强烈栀子花香，香气成分复杂，包括酯类、萜烯类和烃类物质。其是重要的香气修饰剂，因价格昂贵，通常只作高档香水或化妆品用香精的修饰性成分。

43. 忍冬（金银花）**Lonicera japonica** Thunb.（忍冬科 Caprifoliaceae）

资源特性：多年生半常绿缠绕藤本。

使用部位、主要成分及用途：鲜花中含以绿原酸为代表的有机酸类、黄酮类、环烯醚萜苷类、三萜及三萜皂苷类、挥发油类等，还有单萜环苷类、倍半萜类及其他类化合物。忍冬花精油为上等香料，可用于香精的调配；忍冬花提取物可作抗炎剂、抗菌剂、抗氧化剂、保湿剂、减肥剂。

44. 缬草 Valeriana officinalis Linn.（败酱科 Valerianaceae）

资源特性：多年生高大草本，高100~150cm。

使用部位、主要成分及用途：根、鲜花。根含挥发油0.5%~2%，主成分为异戊酸龙脑酯、龙脑、莰烯、蒎烯、松油醇、柠檬烯、吡咯基-α-甲基甲酮、莳烯、月桂烯等，挥发油可用作香料。花提取物可用作皮肤调理剂、抗氧化剂、抗炎剂、生发促进剂。

45. 艾蒿 Artemisia argyi Lévl et Vant.（菊科 Campositae）

资源特性：多年生草本或略呈半灌木状，植株有浓烈香气。

使用部位、主要成分及用途：叶的主要成分为乙酸乙酯、1,8-桉叶油素、水合莰烯、樟脑、2-松油醇、葛缕酮等化学物。用水蒸气蒸馏法和有机溶剂萃取法提取艾叶中的有效成分，得到挥发油，可作为香料。

46. 茵陈蒿 Artemisia capillaris Thunb.（菊科 Compositae）

资源特性：半灌木状草本，植株有浓烈香气。

使用部位、主要成分及用途：茵陈蒿含具有利胆作用的蒿属香豆精。全草含挥发油约0.23%，油中主要成分为β-蒎烯、茵陈二炔酮、茵陈二烯酮、茵陈烯炔、茵陈炔内酯等，还含有绿原酸、咖啡酸、茵陈色原酮、甲基茵陈色原酮等。茵陈蒿还能够食用，一些菜肴中加入茵陈蒿，能够使菜肴更加可口、滋补。

47. 野艾蒿 Artemisia lavandulaefolia DC.（菊科 Compositae）

资源特性：多年生草本。茎直立，高50~120cm，下部叶有长柄，中部叶长达8cm。

使用部位、主要成分及用途：野艾蒿精油主要成分为桉叶油素、金合欢烯、樟脑、2,6,6-三甲基-2,4-环庚二烯酮、香草醛。植株中部以上的叶、枝、花，切碎用水蒸气蒸馏得精油。

48. 野菊 Chrysanthemum indicum Linn.（菊科 Compositae）

资源特性：多年生草本，高0.25~1m。

使用部位、主要成分及用途：鲜花含挥发油0.1%~0.2%，油中含白菊醇、白菊酮，还含樟脑、β-3-莶烯、桧烯、香草醇、野菊花内酯、密蒙花苷、木犀草素葡萄糖苷、菊红苷菊黄质、环氧叶黄素、木犀草素、野菊花酮、野菊花醇、胡萝卜苷、豚草素、金合欢素、山俞酸甘油酯、棕榈酸等。用于提取香料。

49. 扭鞘香茅 Cymbopogon tortilis (Presl.) A. Camus（禾本科 Gramineae）

资源特性：多年生，密丛型具香味草本。

使用部位、主要成分及用途：扭鞘香茅叶片精油中芳香族化合物占64.14%，萜类化合物及其含氧衍生物仅占8.95%，脂肪族化合物占10.51%。该精油的主要成分包括甲基丁香酚、甲基异丁香酚等。可用在食用香精及烟草的生产中，或用作丁香酚和异丁香酚的变调剂。

50. 香附子 Cyperus rotundus Linn.（莎草科 Cyperaceae）

资源特性：多年生草本。匍匐根状茎细长或呈纺锤形。

使用部位、主要成分及用途：根状茎挥发油中主要为香附子烯、香附醇、异香附醇，并含β-蒎烯、莰烯、1,8-桉叶素、柠檬烯、芹子三烯、β-芹子烯、α-香附酮、β-香附酮、香附醇酮、莎草薁酮、环氧莎草薁酮、考布松、异考布松，亦含三萜类、黄酮类及生物碱等。可消炎抗菌，治疗部分妇科疾病。

51. 菖蒲 Acorus calamus Linn.（天南星科 Araceae）

资源特性：多年生草本。

使用部位、主要成分及用途：根、茎、叶均含挥发油。挥发油主要成分为顺-甲基异丁香油酚、菖蒲大牻牛儿酮、异菖蒲烯二醇、菖蒲混烯，还含少量的芳樟醇、樟脑、龙脑、α-松油醇、β-榄香烯、甲基丁香油酚、β-古芸烯、β-荜澄茄油烯、白菖烯、水菖蒲酮等。有镇静、抗惊厥、抗抑郁的作用。用作化妆品及皂用香精。

52. 金钱蒲（石菖蒲）**Acorus gramineus** Soland. ex Ait.（天南星科 Araceae）

资源特性：多年生草本，高20～30cm。

使用部位、主要成分及用途：根、茎、叶均含挥发油。油的主要成分为芳樟醇、桂叶烯、罗勒烯、异松油烯、柠檬烯、α-松油烯、β-松油烯、γ-松油烯、β-水芹烯、α-萜品醇、萜品-4-醇、樟烯、樟脑、β-蒎烯、长松针烯、香茅醇、龙脑、樟脑、β-揽香烯、β-石竹烯、异香橙烯、β-蛇床烯、香橙烯Ⅵ、α-紫穗槐烯、α-古芸烯、β-荜澄茄烯、α-细辛醚、β-细辛醚、γ-细辛醚、丁香酚、桂皮醛等。有镇静、抗惊厥、降温作用。根、茎提取物制成的片剂在临床上用于治疗癫痫等神经系统病患。

53. 野百合 Lilium brownii F. E. Brown ex Miellez（百合科 Liliaceae）

资源特性：鳞茎球形，茎高0.7～2m。

使用部位、主要成分及用途：花可提取挥发油。挥发油的主要成分为1, 4, 7, 10, 13, 16-六氧杂环十八烷、3, 4-二甲基-2-己酮、5-甲基-3-庚醇、2-戊醇、6-甲基-3-庚酮、1-戊醇，此外还含有醛类和少量酸类。制成的精油有除体臭、促进新陈代谢、镇定安眠等作用。

54. 山姜 Alpinia japonica (Thunb.) Miq.（姜科 Zingiberaceae）

资源特性：多年生草本，高35～70cm，具横生、分枝的根状茎。生于林下阴湿处。

使用部位、主要成分及用途：种子含挥发油。油的主要成分为桉叶油醇、γ-杜松烯、γ-萜品烯、芳樟醇、莰烯、石竹素、4-萜烯醇、蒎烯。可供药用，治消化不良、腹痛、呕吐、噫气、慢性下痢。

第五节　工业用油脂植物资源

一、概述

油脂是油和脂肪的统称（烃的衍生物）。油脂来源于植物和动物，主要来源为植物，植物油脂占世界总油脂产量的70%左右。植物油脂用途广泛，既是人类营养的主要来源和重要的工业原料，又是潜在的可再生能源。油脂植物资源是能产生，并能储藏植物油脂的植物的统称，植物油脂通常以油滴形式积累储藏在其种子中，一般以种仁含量最高，此外还有少量植物油脂产生和储藏在其他组织中，如果皮、树体等。植物油脂是人们生活中不可少的油料及工业原料，除食用外，广泛用于油漆、印染、日化、塑料、橡胶、医药、轻纺等行业。

工业用油脂植物资源是指提取的油脂主要用作工业原料的植物资源。工业用油脂植物与食用油脂植物没有绝对的界限，如油菜、大豆、向日葵等油料植物主要供食用，也是当前发达国家生物柴油的主要原料。美国的大豆、欧盟的油菜籽多用于生物柴油生产。

但是随着世界人口的增多、生物柴油产业的发展，生物柴油的需求量不断增加，对原料的需求随之加大，油料作物的种植占用大量耕地，且威胁到了人类的粮食安全，事实证明，利用油料作物来生产生物柴油在人口众多、耕地资源有限的地区是不适宜的。我国油菜籽、花生及棉籽产量居世界第一，大豆产量居世界第四，但是其产量不能满足我国人民的食用需要，且它们的种植占用耕地，所以在我国利用大豆等传统食用油脂植物生产生物柴油并不可行。因此，本书所指的工业用油脂植物资源不包括传统的、常规栽培的食用植物资源。

油脂的化学组成主要为甘油三元醇和脂肪酸的酯。植物油脂是高级脂肪酸甘油酯的复杂化合物，不溶于水，难溶于醇，而溶于乙醚、石油醚、苯等有机溶剂。常温下呈液体的称为油，呈固体的称为脂。油类可再分为：①干性油，如桐油、乌桕油等，这些油在空气中易氧化干燥形成富有弹性的柔韧固态膜，且形成的膜加热不熔化，不溶于有机溶剂；②弱干性油或半干性油，如向日葵油、大豆油等，这些油经过化学处理能变干或形成坚固的薄膜，但不像干性油那样，一接触空气，很快就干，且形成的膜加热时熔化，部分或全部溶于有机溶剂；③不干性油，如棕榈油，这些油在空气中不能氧化干燥形成固态膜。脂类包括：①含有挥发性脂肪酸的种类，如椰子油、可可油，油棕仁油等；②不含挥发性脂肪酸的种类，如漆树蜡等。

植物油脂的脂肪酸种类多，且不饱和酸的含量较高，而不同的脂肪酸具有不同的经济用途，如月桂酸含量高的油可作为洗涤剂的原料，硬脂酸含量高的油适合作肥皂，因此，对野生油脂植物资源的开发利用很早就被人重视。我国的油脂植物资源丰富，拥有油脂植物资源1500多种，约占全国种子植物的5%。其中，种子含油率15%以上的约1000种，含油率20%以上的约300种，含油率40%以上的植物为154种。我国油脂植物种数在科属中分布很不均匀，在地区分布上差异亦很大：油脂植物资源从南到北、从东到西、从低海拔到高海拔逐渐减少。工业用油脂植物资源集中分布区域为亚热带至热带区域，而且以野生为主，野生种占总数的75.4%。

保护区拥有工业用油脂植物资源433种，其中，资源蕴藏量较大、种子含油率高的优良工业用油脂植物资源有45种，具体介绍如下。

二、主要工业用油脂植物资源列举

1. 马尾松 Pinus massoniana Lamb.（松科 Pinaceae）

资源特性：常绿乔木，高达45m，胸径达1.5m。生于干旱、瘠薄的红壤、石砾土及砂质土，或岩石缝中，为荒山恢复森林的先锋树种。

使用部位、含油率及用途：种子含油率约30%，供制皂、油漆和工业用润滑油用，也可作食用油。

2. 湿地松 Pinus eliottii Engelm.（松科 Pinaceae）

资源特性：常绿乔木，高10～30m，胸径15～90cm。适生于低山丘陵区，耐水湿。

使用部位、含油率及用途：种子含油率约30%，用途同马尾松。

3. 杉木 Cunninghamia lanceolata (Lamb.) Hook.（杉科 Taxodiaceae）

资源特性：乔木，高可达30m，胸径可达2.5～3m。

使用部位、含油率及用途：种子含油率19.62%。可用于制作肥皂。

4. 侧柏 Platycladus orientalis (Linn.) Franco（柏科 Cupressaceae）

资源特性：常绿乔木，高可达20m，胸径1m。喜光，对土壤条件要求不严，能耐干旱瘠薄条件，生长较慢。

使用部位、含油率及用途：种子含油率22.17%，出油率18%。其油可制油墨和肥皂。

5. 竹柏 Nageia nagi Kuntze（罗汉松科 Podocarpaceae）

资源特性：常绿大乔木，高20～30m，胸径50～70cm。喜温暖、湿润气候及土质疏松肥沃的酸性土壤，不耐贫瘠。

使用部位、含油率及用途：种子含油率31.92%，种仁含油率52.50%。可制润滑油和肥皂，种子油经过去苦处理可供食用。

6. 三尖杉 Cephalotaxus fortunei Hook. f.（三尖杉科 Cephalotaxaceae）

资源特性：常绿乔木，高达20m，胸径40cm。

使用部位、含油率及用途：种仁含油率61.4%。作工业用油。

7. 粗榧 Cephalotaxus sinensis (Rehd. et Wils.) Li（三尖杉科 Cephalotaxaceae）

资源特性：灌木或小乔木，高达2～5m，胸径达80cm。喜温暖湿润气候，不耐干旱瘠薄，中性树种。

使用部位、含油率及用途：种子含油率50%～60%，出油率25%～27%。油可制肥皂及作润滑油等；精制后亦可食用。

8. 南方红豆杉 Taxus wallichiana Zucc. var. **mairei** (Lemee et Lévl.) L. K. Fu et Nan Li（红豆杉科 Taxaceae）

资源特性：常绿乔木，高达30m，胸径达60～100cm。喜温暖湿润的气候，耐阴。

使用部位、含油率及用途：种仁含油率28.55%。可作食用油，也可作为抗肿瘤的药物原料。

9. 榧树 Torreya grandis Fort. ex Lindl.（红豆杉科 Taxaceae）

资源特性：常绿乔木，高达25m，胸径2m。

使用部位、含油率及用途：种仁含油率54.62%～61.47%。可提制食用油，也可制保健品。

10. 朴树 Celtis sinensis Pers.（榆科 Ulmaceae）

资源特性：落叶乔木，高达20m，胸径1m。喜温暖气候，喜光，稍耐阴，适应性强。

使用部位、含油率及用途：种子含油率约40%，可榨油供制肥皂、润滑油等，是很好的生物质能源。

11. 构树 Broussonetia papyrifera (Linn.) L′Hérit. ex Vent.（桑科 Moraceae）

资源特性：落叶乔木，高 10～20m，胸径 60cm。喜光，耐寒冷，耐湿热，适应性强，对大气污染的抗性强。

使用部位、含油率及用途：构树种子油中维生素E含量高，还含有棕榈酸、硬脂酸、珠光脂酸等脂肪酸，以及多种不饱和脂肪酸，如亚油酸、油酸等。种子油具有很高的营养价值，可应用于食品加工、生物制药等行业。

12. 青皮木 Schoepfia jasminodora Sieb. et Zucc.（铁青树科 Olacaceae）

资源特性：落叶小乔木，高 2～6m。喜光，稍耐阴。

使用部位、含油率及用途：种子含油率 38.3%。种子油的油酸含量较高，可作润滑油及乳化剂等的原料。

13. 樟（香樟）**Cinnamomum camphora** (Linn.) Presl（樟科 Lauraceae）

资源特性：常绿高大乔木，高达 30m，胸径达 3m。喜温暖湿润气候，能耐炎热气候，也较耐寒。

使用部位、含油率及用途：果皮含油率 31.8%，仁含油率 56.1%。可作制皂和润滑油。

14. 乌药 Lindera aggregata (Sims) Kosterm.（樟科 Lauraceae）

资源特性：常绿灌木或小乔木，高达 5m，胸径达 4cm。喜光，耐旱，对土壤适应性强。

使用部位、含油率及用途：果皮、枝叶含芳香油，可提制化妆品、皂用香精等原料。种子含油率 56%，可供制作肥皂、润滑油、印色油等。

15. 山橿 Lindera reflexa Hemsl.（樟科 Lauraceae）

资源特性：落叶灌木或小乔木。喜温暖湿润气候，多生长在土层深厚、土壤肥沃、半阴凉的环境中。

使用部位、含油率及用途：种子。种子含油率约 61.90%，供工业用。

16. 红脉钓樟 Lindera rubronervia Gamble（樟科 Lauraceae）

资源特性：落叶灌木或小乔木，高可达 5m。

使用部位、含油率及用途：种子含油率约 44.90%，供制肥皂及润滑油等用。

17. 豹皮樟 Litsea coreana Lévl. var. **sinensis** (Allen) Yang et P. H. Huang（樟科 Lauraceae）

资源特性：常绿乔木，高 8～15m，胸径 30～40cm。

使用部位、含油率及用途：种子含油率约 55.30%，供药用。

18. 山鸡椒 Litsea cubeba (Lour.) Pers.（樟科 Lauraceae）

资源特性：落叶灌木或小乔木，高达 8～10m，胸径 8～12cm。

使用部位、含油率及用途：种子含油率约 52.20%，作医药制品、香精、工业用油。

19. 黄丹木姜子 Litsea elongata (Wall. ex Nees) Benth. et Hook. f.（樟科 Lauraceae）

资源特性：常绿小乔木或乔木，高达 12m，胸径达 40cm。中性偏阳性树种，适生于排水良好的酸性红壤、黄壤及山地棕壤。

使用部位、含油率及用途：种子含油率约53.0%，供制肥皂、工业用油。

20. 荠菜 Capsella bursa-pastoris (Linn.) Medic.（十字花科 Cruciferae）

资源特性：一年生或二年生草本，高10～50cm。

使用部位、含油率及用途：种子。种子含油率20%～30%，供制油漆及肥皂。

21. 桃 Amygdalus persica Linn.（蔷薇科 Rosaceae）

资源特性：小乔木，高3～8m，胸径4～7cm。

使用部位、含油率及用途：桃仁含油率约45%，可作工业用油。

22. 杏 Armeniaca vulgaris Lam.（蔷薇科 Rosaceae）

资源特性：乔木，高5～12m，胸径达30cm。喜光，抗旱，抗寒，适应性强。

使用部位、含油率及用途：杏仁含油率55%～68%，油质稳定，味道芳香，易消化，是一种极品绿色植物油。

23. 重阳木 Bischofia polycarpa (Lévl.) Airy-Shaw（大戟科 Euphorbiaceae）

资源特性：落叶乔木，高达15m，胸径达1m。

使用部位、含油率及用途：种子含油率约30%，油有香味，可作润滑油和肥皂油，也可供食用。

24. 野梧桐 Mallotus japonicus (Thunb.) Muell.- Arg.（大戟科 Euphorbiaceae）

资源特性：小乔木或灌木，高2～4m，胸径40cm。

使用部位、含油率及用途：种子含油率达38%，可作工业原料，炒熟可食用或榨油。

25. 蓖麻 Ricinus communis Linn.（大戟科 Euphorbiaceae）

资源特性：一年生粗壮草本，高达5m，胸径达7～15cm。

使用部位、含油率及用途：蓖麻种子含油率为47%～59%，容易出油。蓖麻油在工业上用途广，在医药上作缓泻剂。

26. 山乌桕 Triadica cochinchinensis Lour.（大戟科 Euphorbiaceae）

资源特性：乔大或灌木，高3～12m，胸径50～60cm。喜光，生于山地、丘陵的山腰、山脚和沟谷两旁，喜深厚、湿润的酸性土壤。

使用部位、含油率及用途：山乌桕种子含油率为43.15%，供制肥皂、油漆、润滑油和蜡烛等，也是一种理想的生物柴油原料。

27. 乌桕 Triadica sebifera (Linn.) Small（大戟科 Euphorbiaceae）

资源特性：乔木，高达15m，胸径达1m。喜光，对土壤适应性较强，中性、微酸性和钙质土都能适应。生于旷野、塘边或疏林中。

使用部位、含油率及用途：种子含油率40%～53%。种子油可制油漆、机器润滑油等，也可作为生物柴油原料。

28. 油桐 Vernicia fordii (Hemsl.) Airy-Shaw（大戟科 Euphorbiaceae）

资源特性：落叶乔木，高达10m。生于向阳山坡，宜于土质肥沃、排水良好、酸性、中性砂壤土栽植。

使用部位、含油率及用途：油桐种子油脂含量达65.65%。可以制造油漆、油布、油墨，又可以作防水防腐剂等。

29. 木油桐（千年桐）**Vernicia montana** Lour.（大戟科 Euphorbiaceae）

资源特性：落叶乔木，高达20m。喜光，不耐阴蔽，喜暖热多雨气候，抗病性强，生长速度快。

使用部位、含油率及用途：种子含油率35%～40%，种仁含油高达70%。木油桐榨出的油叫木油，是优良的干性油，广泛用于制漆、塑料、电器、人造橡胶、人造皮革、人造汽油、油墨等制造业。

30. 黄连木 Pistacia chinensis Bunge（漆树科 Anacardiaceae）

资源特性：落叶乔木，高达20m。喜光，不耐严寒。在酸性、中性、微碱性土壤上均能生长。

使用部位、含油率及用途：其种子富含油脂，含油率高达42.5%。黄连木种子油加工后得到的是一种非干性油脂，是制造肥皂和机械润滑油的重要原料。黄连木油经提炼后还可以作为环氧增塑剂推广应用。

31. 盐肤木（盐麸木）**Rhus chinensis** Mill.（漆树科 Anacardiaceae）

资源特性：落叶小乔木或灌木，高2～10m。其适应性强，生长快，耐干旱瘠薄，根蘖力强。

使用部位、含油率及用途：盐肤木果实及其种子均含丰富的油脂，野生盐肤木果实中的油脂平均含量在18%左右。可用作食用油和生物柴油。

32. 木蜡树 Toxicodendron sylvestre (Sieb. et Zucc.) Kuntze（漆树科 Anacardiaceae）

资源特性：落叶乔木或小乔木，高达10m。生于山坡、沟旁灌木丛中。

使用部位、含油率及用途：果壳含油率达56.36%，提取的漆蜡可制蜡烛，作食用油、肥皂、油墨和提取甘油。

33. 南蛇藤 Celastrus orbiculatus Thunb.（卫矛科 Celastraceae）

资源特性：落叶藤状灌木，长12m。生于山坡、疏林及沟谷中。

使用部位、含油率及用途：种子含油率约51.2%，作机械用油的原料。

34. 阔叶槭 Acer amplum Rehd.（槭树科 Aceraceae）

资源特性：落叶高大乔木，高10～20m，胸径0.8m。

使用部位、含油率及用途：种子油供制工业用油。

35. 全缘叶栾树 Koelreuteria bipinnata Franch. var. **integrifoliola** (Merr.) T. Chen（无患子科 Sapindaceae）

资源特性：乔木，高可达20m，胸径1m。喜生于石灰质土壤。

使用部位、含油率及用途：种子含油率约38.77%，种仁含油率约54.47%，供制皂和工业用油，也是良好的生物柴油原料，也可作食用油。

36. 无患子 Sapindus saponaria Linn.（无患子科 Sapindaceae）

资源特性：落叶乔木，高8～25m，胸径0.7m。生于土壤疏松湿润的疏林中。

使用部位、含油率及用途：种子含油率约36.2%，供工业用润滑油用。

37. 冻绿 Rhamnus utilis Decne.（鼠李科 Rhamnaceae）

资源特性：灌木或小乔木，高达4m。生长于山地、丘陵、山坡草丛、灌丛或疏林下。

使用部位、含油率及用途：种子含油率约30.9%，供工业用润滑油用。

38. 梧桐 Firmiana simplex (Linn.) W. Wight（梧桐科 Sterculiaceae）

资源特性：落叶乔木，高达16m，胸径0.5m。喜温暖、湿润和阳光充足，土层深厚、肥沃、排水良好的钙质壤土。

使用部位、含油率及用途：种子含油率20.7%～25.1%，供制皂和工业用油，可作食用油。

39. 油茶 Camellia oleifera C. Abel（山茶科 Theaceae）

资源特性：灌木或中乔木。油茶喜温怕寒，适生于酸性肥沃的土壤。

使用部位、含油率及用途：种子含油率约27%，供润发及调药，可制蜡烛和肥皂，也可作机油的代用品；同时茶油色清味香，营养丰富，耐储藏，是优质食用油。

40. 山桐子 Idesia polycarpa Maxim.（大风子科 Flacourtiaceae）

资源特性：落叶乔木，高8～21m。喜光，耐低温，喜深厚、潮润、肥沃、疏松土壤。

使用部位、含油率及用途：果实含油率约为36.3%，种子含油率为22.4%～25.9%。山桐子油作为一种半干性油，可供制皂、油漆涂料和润滑油用，且其具有良好的滋润和软化作用，亦广泛用于高档化妆品及护肤品中，也可作食用油。

41. 赛山梅 Styrax confusus Hemsl.（安息香科 Styracaceae）

资源特性：小乔木，高2～8m。喜于气候温暖、土壤湿润的山地生长。

使用部位、含油率及用途：种仁含油率52.8%。种子油在工业上供制肥皂、润滑油和油墨等，也可作食用油。

42. 野茉莉 Styrax japonicus Sieb. et Zucc.（安息香科 Styracaceae）

资源特性：灌木或小乔木，高4～8m。喜生于酸性、疏松肥沃、土层较深厚的土壤中。

使用部位、含油率及用途：种仁含油率约30.5%，种子油可作肥皂、生物柴油或机器润滑油。

43. 栓叶安息香（红皮树）**Styrax suberifolius** Hook. et Arn.（安息香科 Styracaceae）

资源特性：乔木，高4～20m，胸径达40cm。喜光，稍耐阴，喜湿润的沟谷地带，喜肥沃疏松的酸性土壤，耐干旱瘠薄。

使用部位、含油率及用途：种子含油率26.1%～27.7%，种仁含油率21.6%，可制肥皂或油漆。

44. 越南安息香 Styrax tonkinensis (Pierre) Craib ex Hartw.（安息香科 Styracaceae）

资源特性：乔木，高可达30m。喜温暖湿润，喜土层深厚、疏松肥沃、微酸性土壤，生于山坡或山谷、疏林中或林缘。

使用部位、含油率及用途：种子含油率约70%。种子油称"白花油"，可供药用，治疥疮，也供制生物柴油、生物化工基础材料等。

45. 栝楼 Trichosanthes kirilowii Maxim.（葫芦科 Cucurbitaceae）

资源特性：攀援藤本，长达10m。喜温暖湿润气候，较耐寒，不耐干旱，喜土层深厚、疏松肥沃的砂质土壤。

使用部位、含油率及用途：种仁含油率51%，可作为工业用油、供药用，也可作食用油。

第六节　植物胶资源

一、概述

广义植物胶资源类包括树脂资源、树胶资源和橡胶资源三大类，狭义的植物胶专指植物源的水溶性高分子多糖类物质。本书按照广义植物胶资源进行阐述。

（一）树脂资源

树脂种类繁多，主要来源于树脂植物特殊的管道、乳管及其他储藏器官，是植物新陈代谢的次生产物，如松脂、生漆、冷杉树脂、琥珀等；而来源于动物的主要指紫胶，是紫胶虫（*Laccifer lacca*）寄生于某些树种枝条上，分泌紫红色、具有特殊性能的树脂。当树脂植物被人为或自然机械损伤后，即可分泌树脂。刚分泌出来的树脂为流体，一般颜色较淡，接触阳光、空气后逐渐固化，形成透明或半透明的不规则块状物，颜色逐渐变深。

天然树脂的种类很多，可溶于有机溶剂，如乙醇和乙醚，且大多不溶于水，不导电，无固定熔点，受热变软并逐渐熔化等。树脂按照基本组分不同，可分为三大类：①纯树脂，即由萜类物质及粗香精油组成的树脂状物质，一般不溶于水，而溶于有机溶剂，如松脂等；②含树胶脂或树胶树脂，由多糖类物质组成，可溶于水或遇水溶胀，而不溶于醇及有机溶剂，如乳香等；③含油树脂或香胶，是指含有较多精油、能溶于油中的树脂。天然树脂主要用作涂料，也可用于造纸、绝缘材料、胶黏剂、医药、香料等行业；有些可作装饰工艺品的原料，如琥珀；折光率与普通玻璃相似，可作为显微镜等光学器材的透明胶黏剂，如冷杉胶。

松脂是松属树种中含有的树脂，是生产松香、松节油的原料。松香是重要的化工原料，广泛应用于肥皂、造纸、油漆、橡胶等行业。松节油是一种天然精油，是以蒎烯为主的多种萜烃类的混合物，有特有的化学活性，是涂料、松油醇、香料、樟脑、树脂等的重要原料。我国采脂的植物主要为松属树种，生产中有记录进行规模采脂的4种松树分别为马尾松（*Pinus massoniana*）、云南松（*P. yunnanensis*）、思茅松（*P. kesiya* var. *langbianensis*）、湿地松（*P. elliottii*）。不同树种产脂能力相差很大：马尾松是分布最广的产松脂树种，单株年产脂量2.5～5.0kg；湿地松产脂量比马尾松高2倍左右。

生漆又名国漆、大漆，是漆树科漆树属植物韧皮部内割流出来的乳白色黏稠液体，是能在常温下固化成膜的天然高分子复合涂料，素有"涂料之王"之美誉，是现代国防、工业、农业、科技以及民用的重要原料之一。生漆特产于中国，也是我国传统的出口商品之一。我国是漆树品种资源最丰富的国家，漆树属树种有15个，漆树品种资源有200余个，分布在全国的20多个省（区、市）。优良漆树品种有贵州红漆树（陕西）、阳高小木漆树（湖北、四川）、灯台小木漆（四川、湖北）、竹叶小木漆树（湖南、四川）、白皮小木漆树（广西）、阳高大木漆树（湖北）、天水大叶漆树（甘肃）等。国产生漆的主要成分为漆酚（60%～70%）、水分（20%～30%）、漆多糖（5%～7%）、漆酶（＜1.0%），还含有 α，β 不饱和六元环内酯等挥发性致敏物组分。漆酚不溶于水但溶于多种有机溶剂，生漆质量取决于漆酚含量；漆酶为一种罕见的含铜氧化酶，与漆酚干燥等有关；漆多糖是一种很好的悬浮剂和稳定剂。生漆与空气接触后被氧化，颜色逐渐变黑，浮在器物上干燥后结成光亮坚硬的漆膜。漆膜是由漆酚所形成的网状高分子立体结构，具有经久耐磨、耐油、耐溶剂、耐水、绝缘、耐化学介质、耐腐蚀等优良性能。生漆可直接作为涂料使用，经过加工（精制）或改性后再使用，性能更佳。

冷杉树脂是冷杉胶的原料。冷杉胶透明度好，不结晶，有一定的胶合能力和迅速固化的特性，折光率与玻璃相近，在 ±45℃范围内具有不会偏移和破裂的特性，是胶接镜片的优良胶接剂，广泛应用于光学仪器制造业。冷杉树脂主要含有冷杉树脂酸（30%～45%）、杉油（30%～35%）、中性物（20%～28%）、氧化树脂酸（4%～10%），以及少量的果酸、鞣质、脂肪酸。新鲜冷杉树脂几无色，常温下呈液态，放置后呈黄色，有黏性，为稍具荧光的透明体，不结晶，有芳香气味，味苦涩；冷杉油挥发，树脂干固变硬。冷杉树脂树种主要有臭冷杉*Abies nephrolepis*、西伯利亚冷杉*A. sibirica*和紫冷杉*A. recurva*等。

紫胶是紫胶虫寄生于某些树种枝条上，吮吸树汁后分泌的一种紫红色、具有特殊性能的天然树脂。树上采集的胶块除去树枝等杂质后称紫胶原胶，主要含有树脂（70%～80%）、蜡质（5%～6%）、色素（1%～3%）。原胶经粉碎、筛选、搅拌、漂洗、脱水、干燥后可加工成紫胶树脂、紫胶色素、紫胶蜡。紫胶树脂是羟基脂肪酸、羟基倍半萜烯酸构成的脂和聚脂混合物，具有黏着力强、光泽好、对紫外线稳定、电绝缘性能良好、兼有热塑性和热固性等优点，能溶于醇和碱，耐油、耐酸，对人无毒、无刺激，可用作清漆、抛光剂、胶黏剂、绝缘材料和模铸材料等，广泛用于国防、电气、涂料、橡胶、塑料、医药、造纸、印刷、食品等行业。紫胶蜡是一种黄色硬质天然蜡，要由C28～C34的偶数碳原子脂肪醇和脂肪酸组成，硬度大，光泽好，对溶剂保持力强，可用于电器等行业。紫胶色素是蒽醌类化合物，鲜红色粉末状，可作为良好的食用红色素。

（二）树胶资源

树胶是由多糖类物质组成的胶质类物质，是复杂的高分子化合物或多种成分组成的混合物，主要包括半乳甘露聚糖胶、葡甘聚糖胶。树胶可溶于水并形成黏性溶液，不溶于有机溶剂；树胶遇水能溶胀水合形成高黏度的溶胶液，其黏度随粉剂浓度增加而显著增加；由于它的非离子性，树胶液一般不受阴、阳离子的影响，不产生盐析现象；树胶水合后可与硼砂、重铬酸盐等多种化学试剂发生交联作用，形成具有一定黏弹性的水基凝胶，要比胶液黏度高几十倍甚至几百倍。

半乳甘露聚糖胶因其独特的流变性，而被广泛用作增稠剂、稳定剂、黏合剂、胶凝剂、浮选剂、絮凝剂、分散剂等，应用于石油钻采、食品医药、纺织印染、采矿选矿、炸药、陶瓷、建筑涂料、木材加工、造纸、农药等行业；葡甘聚糖胶则因具有独特的生物活性与功能而在生物医药、保健食品、纺织印染、特种涂料和日用化工等方面显示出巨大的商业利用价值。

（三）橡胶资源

天然橡胶是一种天然高分子化合物，主要成分为是顺-1，4-聚异戊二烯（91%～94%），此外还有少量蛋白质、脂肪酸、灰分、糖类等物质。天然橡胶是重要的战略物资和工业原料，因其独特的物理和化学特性，在航空、航天、航海、医疗和重型汽车制造等领域具有不可替代性。世界上约有2000种植物含天然橡胶，其中原产于亚马孙森林的巴西橡胶树 *Hevea brasiliensis* (Willd. ex A. Juss.) Muell.-Arg因其经济寿命长、采收方便、胶乳产量高、橡胶品质好等优点，成为世界上最主要的人工栽培产胶植物。天然橡胶具有不可替代性，被广泛应用于各个行业，目前部分或完全用天然橡胶制成的物品超过7万种。由于巴西橡胶树栽培地域性强，天然橡胶成为一种资源约束型产业，受到了世界各国的广泛重视。我国从1903年由马来西亚华侨何遵书在海南建立琼海橡胶园，开始引进橡胶树，至今有海南、云南、广东三大天然橡胶优势种植区，2019年，我国橡胶树种植总面积116.1万公顷，居世界第3位，其中可采割面积72万公顷，每公顷平均产量1075kg。从工业利用情况看，我国自产橡胶还不能满足工业需要。

保护区拥有植物胶资源88种，其中优良植物胶资源17种，具体介绍如下。

二、主要植物胶植物列举

1. 马尾松 Pinus massoniana Lamb.（松科 Pinaceae）

资源特性：常绿乔木，高达45m，胸径1.5m。生于干旱、瘠薄的红壤、石砾土及砂质土，或生于岩石缝中，为荒山森林恢复的先锋树种。马尾松是中国特有的松类树种，也是中国面积最大的产脂树种。中国松脂产量占世界总量的60%以上，而马尾松松脂占中国松脂产量90%以上。

资源类型：树脂资源——松脂。

使用部位、主要成分及用途：树干。松脂主要成分为单萜烯类、倍半萜烯类及二萜树脂酸，占松脂总量的97.05%，且松脂中α-蒎烯和β-蒎烯、长叶烯和石竹烯分别占单萜烯类、倍半萜烯类物质的94.88%及94.62%，左旋海松酸、山达海松酸、枞酸、去氢枞酸、新枞酸共占二萜树脂酸的95.83%。松脂可以加工成松香、松节油，主要产品有歧化松香、合成樟脑、合成松香等，可广泛应用于涂料、胶黏剂、造纸、金属加工、合成橡胶和建筑等行业。

2. 黄山松（台湾松）**Pinus taiwanensis** Hayata（松科 Pinaceae）

资源特性：乔木，高达30m，胸径80cm。喜光、深根性树种，在土层深厚、排水良好的酸性土及向阳山坡生长良好，耐瘠薄。

资源类型：树脂资源——松脂。

使用部位、主要成分及用途：树干。松脂单萜类含量约36.4%，其中α-蒎烯33.3%、β-蒎烯1.1%、β-香叶烯0.2%；倍半萜类含量很高，约16.6%，其中长叶烯含量高达12.4%、石竹烯1.7%；双萜类含量约46.8%，其中异海松酸、枞酸和新枞酸含量都很低，分别为0.7%、3.3%和4.1%；还有糖松酸0.4%。松脂可以加工成松香、松节油。

3. 湿地松 Pinus eliottii Engelm.（松科 Pinaceae）

资源特性：常绿乔木。原产于北美东南沿海、古巴、中美洲等地。抗旱、耐涝、耐瘠薄，有良好的适应性和抗逆性。

资源类型：树脂资源——松脂。

使用部位、主要成分及用途：树干。松脂单萜类含量约32.6%，其中α-蒎烯约15.5%、β-蒎烯约12.6%、苧烯3.3%；倍半萜类中只有痕量长叶烯；双萜类含量约67.1%，海松酸/异海松酸型树脂酸含量很高，达16.3%；枞酸含量4.8%，新枞酸含量约11.6%。松脂可以加工成松香、松节油。

4. 火炬松 Pinus taeda Linn.（松科 Pinaceae）

资源特性：常绿乔木，高达30m。原产于北美东南部。适应性和抗逆性强。

资源类型：树脂资源——松脂。

使用部位、主要成分及用途：树干。松脂单萜类含量很高，约44.0%，其中α-蒎烯为31.9%；倍半萜类中长叶烯和石竹烯均为痕量；双萜类含量约55.7%。松脂可以提取松香和松节油。

5. 枫香 Liquidambar formosana Hance（金缕梅科 Hamamelidaceae）

资源特性：落叶乔木，高达30m，胸径达1m。

资源类型：树脂资源——其他树脂。

使用部位、主要成分及用途：树干。枫香树脂表面淡黄色、半透明，质松脆、易碎，气味清香，燃烧时更强烈。其主要成分是一种香树脂，其中亦含桂皮醇、桂皮酸及其他酯类。枫香树脂中含挥发油，主要成分为倍半萜烯类化合物及桂皮酸酯、桂皮酸、桂皮醇、左旋龙脑等。树脂可供药用，作显微技术的黏合剂、塑料、人造革的原料。

附：同属的缺萼枫香 *Liquidambar acalycina* Chang 有相近的用途。

6. 杜仲 Eucommia ulmoides Oliv.（杜仲科 Eucommiaceae）

资源特性：落叶乔木，高达20m，胸径达50cm。本科仅1属1种。我国特有。

资源类型：橡胶资源。

使用部位、主要成分及用途：全株除木质部外，各种组织和器官都含有硬橡胶。该橡胶性能优良，吸水性极小，耐酸、碱、油及化学试剂的腐蚀，可制造海底电缆、各种耐酸碱容器的衬里，亦可作补牙材料和黏着剂材料。主产四川、陕西、湖北、河南、贵州、云南等，栽培、野生均有分布。

7. 桃 Amygdalus persica Linn.（蔷薇科 Rosaceae）

资源特性：落叶灌木或小乔木，高达6m。

资源类型：树胶资源。

使用部位、主要成分及用途：树干分泌桃胶。桃胶呈淡红色或淡黄色至黄褐色，为半透明固体块状，外表光滑，易溶于水，水溶液呈黏性，可作黏合剂，亦可作药片的赋形剂。桃胶为一种由半乳糖、甘露糖、阿拉伯糖、葡萄糖醛酸和木糖组成的多糖。

附：李 *Prunus salicina* Lindl.、杏 *Armeniaca vulgaris* Lam.等所产之胶均称为桃胶，具有相同的用途。

8. 合欢 Albizia julibrissin Durazz.（豆科 Leguminosae）

资源特性：落叶乔木，高达16m。喜温暖湿润和阳光充足环境，对气候和土壤适应性强，宜在排水良好、肥沃土壤生长，但也耐瘠薄土壤和干旱气候，但不耐水涝。生长迅速。

资源类型：树胶资源——紫胶虫饲养。

使用部位、主要成分及用途：树枝。紫胶主要成分为羟基脂肪酸（紫胶桐酸）和倍半萜烯酸（壳脑酸）。紫胶树脂可用作清漆、抛光剂、胶黏剂、绝缘材料和模铸材料等，广泛用于国防、电气、涂料、橡胶、塑料、医药、制革、造纸、印刷、食品等工业。

9. 南岭黄檀 Dalbergia balansae Prain（豆科 Leguminosae）

资源特性：高6～15m。优质的紫胶虫寄主树，放养的紫胶虫生产的紫胶胶质好，出胶量大。

资源类型：树胶资源——紫胶虫饲养。

使用部位、主要成分及用途：树枝。紫胶是紫胶虫吸取寄主树树液后分泌出的紫色天然树脂。紫胶主要成分为羟基脂肪酸（紫胶桐酸）和倍半萜烯酸（壳脑酸）。紫胶树脂可用作清漆、抛光剂、胶黏剂、绝缘材料和模铸材料等，广泛用于国防、电气、涂料、橡胶等工业。紫胶蜡可用于电器工业、抛光剂和鞋油等。

10. 皂荚 Gleditsia sinensis Lam（豆科 Leguminosae）

资源特性：落叶乔木，树高达25m。喜温暖湿润气候及深厚肥沃稍湿润的土壤，在石灰质土、轻盐碱性土、黏土、砂砾质土上均能正常生长，性喜光，稍耐阴。

资源类型：树胶资源。

使用部位、主要成分及用途：果实。皂荚种子内树胶主要成分为半乳甘露聚糖，即皂荚胶。皂荚种子可提取瓜尔豆胶，属非离子型半乳甘露聚糖，在食品工业中广泛应用。皂荚的植物胶可配制高黏度胶体，使油和气能够以更高的速度被开采出来；控制在断裂过程中多孔岩层结构的液体流失、降低液体输送过程中摩擦压力损失；制造新型的安全炸药；在印染过程中，起着染料传递、分散介质、稀释剂的作用；汽蒸时起到吸湿剂、稠厚剂的作用；作为铜网添加剂，在纸张黏结中取代和补充天然的半纤维素。

11. 肥皂荚 Gymnocladus chinensis Baillon（豆科 Leguminosae）

资源特性：落叶乔木，无刺，高5～12m。

资源类型：树胶资源。

使用部位、主要成分及用途：果实。皂荚种子内胚乳主要成分为半乳甘露聚糖。在石油工业中，皂荚的植物胶可配制高黏度胶体，使油和气能够以更高的速度被开采出来；控制在断裂过程中多孔岩层结构的液体流失、降低液体输送过程中摩擦压力损失；制造新型的安全炸药；汽蒸时起到吸湿剂、稠厚剂的作用；作为铜网添加剂；在食品工业中有广泛的应用。与皂荚相比，原料分散，采集较困难。

12. 田菁 Sesbania cannabina（Retz.）Poir.（豆科 Leguminosae）

资源特性：一年生灌木状草本植物，植株高1～3m。

资源类型：树胶资源。

使用部位、主要成分及用途：种子含田菁胶，属半乳甘露聚糖。该胶现为世界商品胶中销量最大的树胶，可用于食品、造纸、纺织、石油、矿冶、涂料、炸药等方面，可代替黄耆胶和阿拉伯树胶。

13. 槐树 Sophora japonica Linn.（豆科 Leguminosae）

资源特性：落叶乔木，高15～25m。

资源类型：树胶资源。

使用部位、主要成分及用途：树干。槐胶为槐树的树脂。

14. 野漆 Toxicodendron succedaneum (Linn.) Kuntze（漆树科 Anacardiaceae）

资源特性：落叶乔木或小乔木，高达10m。

资源类型：树脂资源——生漆。

使用部位、主要成分及用途：树干。生漆的主要成分是漆酚、含氮物（包括漆酶）、树胶质、水分、油分，另外还有微量的钙、镁、铝、钾、钠、硅及微量的有机酸、葡萄糖等。它是漆树的一种生理分泌物，是漆树皮经人为刺伤后，从韧皮部流出的乳白色黏稠液体。生漆为优良涂料，在附着力、耐热性、防蚀性及抗磨损等方面均优于人工合成涂料，且具防辐射能力，在国际市场上占重要的地位。

15. 木蜡树 Toxicodendron sylvestre (Sieb. et Zucc.) Kuntze（漆树科 Anacardiaceae）

资源特性：参考野漆。

资源类型：参考野漆。

使用部位、主要成分及用途：参考野漆。

16. 台湾翅果菊 Lactuca formosana Maxim.（菊科 Compositae）

资源特性：一年生草本，高 0.5～1.5m。根分枝常呈萝卜状。

资源类型：橡胶资源。

使用部位、主要成分及用途：根、茎、叶含大量乳汁，可提橡胶。

17. 白芨 Bletilla striata (Thunb.) Reichb. f.（兰科 Orchidaceae）

资源特性：多年生草本球根植物。喜温暖、阴湿的环境，耐阴性强，忌强光直射，最喜排水良好、含腐殖质多的砂壤土。

资源类型：树胶资源。

使用部位、主要成分及用途：块茎。白芨中含有丰富的白芨多糖（白芨胶），是由葡萄糖和甘露糖（1:3）以 β-糖苷键聚合而成的一种葡甘露聚糖。白芨多糖可作为药物载体、微囊的囊材、栓剂的基质、片剂的黏合剂、糖衣片的隔离层材料、膜剂成膜材料、医用耦合剂，也可作为食品添加剂、水果涂膜的保鲜剂、乳化剂中的稳定剂或增稠剂、化妆品添加剂、糊料、浆丝绸和棉纱、涂料等。

第七节　工业用植物染料资源

一、概述

植物染料，指利用植物的根、茎、叶、花、果实、种子提取色素作染料。植物染料的工艺利用，是古代中国染色工艺的主流。中国对植物染料的利用历史非常悠久，在长期的实践中找到了许多有应用价值的染料植物。商周时期，染色技术不断提高。宫廷手工作坊中设有专职的官吏，管理染色生产。到汉代，染色技术达到了相当高的水平。中国古代染色用的染料，大都是天然矿物或植物染料。古代原色包括青、赤、黄、白、黑，称为"五色"，将原色混合，可以得到"间色"。青色，主要用从菘蓝和蓼科的蓼蓝中提取靛蓝染成。赤色，主要从茜草根中提取，以明矾为媒染剂染成。黄色，早期主要用栀子染成；南北朝以后，又有地黄、槐树花、黄檗、姜黄、柘黄等。柘黄染出的织物在月光下呈泛红光的赭黄色，在烛光下呈现赭红色，隋代后便成为宫廷专用染料。黑色，主要用栎实、五倍子、柿叶、冬青、栗壳、莲子壳、乌桕叶等染成。

20世纪初，化学合成染料问世，因合成染料染色性能优异、品种众多和成本低廉，植物染料逐渐退出了染料市场。

21世纪以来，人们对健康、环保和生态的追求日益增加，并且化学合成染料在一定条件下会释放有毒有害气体，危害人体健康，这使得人们将注意力重新转移到天然植物染料上来。大多数植物染料具有无毒无害、无致敏物、无致癌性和可降解性等优点，广泛应用于纺织染料、服饰用品等领域；同时，由于部分植物具有药用价值，在卫生、医药、美妆等领域也有广泛应用。

我国民间应用的植物染料种类非常丰富，保护区拥有工业用植物染料资源47种，其中，优良工业用植物染料资源有25种，具体介绍如下。

二、主要工业用植物染料列举

1. 化香树 Platycarya strobilacea Sieb. et Zucc.（胡桃科 Juglandaceae）

资源特性：落叶小乔木，高2～6m。

使用部位、主要成分及用途：果序及树皮富含鞣质，可作黑色染料。

2. 板栗 Castanea mollissima Blume（壳斗科 Fagaceae）

资源特性：落叶乔木，高达20m，胸径80cm。

使用部位、主要成分及用途：板栗壳中含有大量的可食性天然棕色素以及丰富的糖类、氨基酸、鞣质等。在食品工业上可作为食用菌培养基的优质原料，或从中提取食品棕色着色剂；在制革工业上可用于提炼栲胶。板栗壳色素不仅是食品、日用化学品和药品理想的着色剂，而且属黄酮类物质，有抗氧化和抗衰老等重要保健功效，是种很好的环境友好产品。

3. 栓皮栎 Quercus variabilis Blume（壳斗科 Fagaceae）

资源特性：落叶乔木，高达30m，胸径达1m。

使用部位、主要成分及用途：栓皮栎橡子壳中的棕色素含量较高，具有很强的生物活性，是优良的天然食用色素。栓皮栎橡子壳中还含有丰富的多酚类色素成分，其主要成分为缩合鞣质，约占色素多酚的90%，且具有清除重金属、抗氧化和抑菌作用，安全性高，对光、热稳定，无异味，着色性好，是较为优良的天然食用色素。

4. 柘 Maclura tricuspidata Carr.（桑科 Moraceae）

资源特性：落叶灌木或小乔木，高1～7m。

使用部位、主要成分及用途：柘用作染料的部分是木材。柘木中所含化合物槲皮素、山奈酚、三羟基二氢异黄酮、花旗松素、二氢桑色素、环桂木黄素等均为黄酮类化合物。黄酮类化合物，与金属盐反应可生成有色的络合物，是染料的主要成分。用柘树材质所染之黄色，名为柘黄或赭黄。此色有别于其他染料所染之黄色，是中国古代很长一段时间内皇帝服装的专用色。

5. 桑 Morus alba Linn.（桑科 Moraceae）

资源特性：落叶乔木或灌木，高3～10m。

使用部位、主要成分及用途：枝、叶和桑皮含黄色素，都是极好的天然植物染料。桑叶染色，在丝布与棉布的呈色很接近，可染出卡其黄，其中用铝、锡媒染成色稍鲜明些，呈黄褐色或稍带黄味的灰色。

6. 杠板归 Polygonum perfoliatum Linn.（蓼科 Polygonaceae）

资源特性：一年生草本，长1～2m。

使用部位、主要成分及用途：杠板归在生境变化时其营养器官（如茎、叶）极易变为红色，具有丰富的天然红色素，是极具开发前景的食用天然色素资源。杠板归红色素提取容易，性能良好，用作天然食用色素不仅安全可行，而且还有一定的药用价值。

7. 商陆 Phytolacca acinosa Roxb.（商陆科 Phytolaccaceae）

资源特性：多年生草本，高0.5～1.5m。喜温暖、阴湿的气候和富含腐殖质的深厚砂壤土。生于水边、林下、路旁、田野。

使用部位、主要成分及用途：商陆浆果含紫红色素。色素着色性能好，安全性高；易溶于水、乙醇等，不易溶于其他有机溶剂；耐酸性优于耐碱性，在pH 3～8时稳定性好，日光照射对色素稳定性影响较大，需避光保存；主要应用于食品、化妆品、药品制造等行业。

注：同属植物美洲商陆（垂序商陆）*Phytolacca americana* Linn.具有相同的开发价值。

8. 山樱花 Cerasus serrulata (Lindl.) G. Don.（蔷薇科 Rosaceae）

资源特性：落叶乔木，高4～16m。

使用部位、主要成分及用途：山樱花的花含红色素，可以提取樱花色素。樱花色素提取工艺简单，性质稳定，颜色鲜艳，价廉易得，具有广阔的开发利用价值和规模化生产前景，可用于制作有色糖果、果汁饮料、茶饮料及酒类。

9. 庭藤 Indigofera decora Lindl.（豆科 Leguminosae）

资源特性：直立灌木或亚灌木，高30～90cm。

使用部位、主要成分及用途：全草含靛苷，水解后生成羟基吲哚，此成分氧化生成色素靛蓝，可作蓝色染料。

10. 槐树 Sophora japonica Linn.（豆科 Leguminosae）

资源特性：乔木，高达25m，胸径可达1.5m。喜较凉燥气候及肥厚的冲积土壤，耐温暖及湿热气候，在酸性土、中性土和钙质土均能生长，不耐水湿。

使用部位、主要成分及用途：槐花中含有丰富的黄酮类物质，即黄色素。槐花黄色素是一种天然的并具有保健功能的食品添加剂和绿色环保颜料，可广泛应用于食品加工业及纺织业。槐花黄色素鲜艳，用在食品加工中稳定性能好，无毒性，并有营养和药理功能；用在服装染色上色牢度强，无刺激，无副作用，并有保健功能。

11. 乌桕 Triadica sebifera (Linn.) Small（大戟科 Euphorbiaceae）

资源特性：乔木，高达15m，胸径可达1m。喜光，对土壤适应性较强，在中性、微酸性和钙质土都能适应。生于旷野、塘边或疏林中。

使用部位、主要成分及用途：叶为黑色染料，可染衣物。

12. 盐肤木 Rhus chinensis Mill.（漆树科 Anacardiaceae）

资源特性：落叶灌木或小乔木，高 2 ~ 10m。喜光，耐寒，在酸性、中性及石灰性土壤乃至干旱瘠薄的土壤上均能生长；根系发达，根萌蘖性很强，生长快，适应性强。

使用部位、主要成分及用途：幼枝和叶上形成的虫瘿可作工业染料的原料和制作黑色墨水。

13. 枸骨（构骨）**Ilex cornuta** Lindl. et Paxt.（冬青科 Aquifoliaceae）

资源特性：常绿灌木或小乔木，高 1 ~ 3m，稀达 10m。

使用部位、主要成分及用途：叶含皂苷、鞣质、苦味质等；树皮含生物碱等，可作黑色染料。

14. 冬青 Ilex chinensis Sims（冬青科 Aquifoliaceae）

资源特性：常绿乔木，高达 20m，胸径达 1m。

使用部位、主要成分及用途：冬青叶中的紫色素是一种天然植物染料，在 70 ~ 80℃温度范围内性能稳定。真丝织物采用该色素染色可以得到较深的染色效果，色牢度能够达到服用要求。

15. 凤仙花 Impatiens balsamina Linn.（凤仙花科 Balsaminaceae）

资源特性：一年生草本，高 60 ~ 100cm。

使用部位、主要成分及用途：花含各种花色苷，由此分得矢车菊素、飞燕草素、蹄纹天竺素、锦葵花素，又含山柰酚、槲皮素，以及一种萘醌成分（可能是指甲花醌）。根含矢车菊素苷、指甲花醌、2-甲氧基-1, 4-萘醌。茎含山柰酚-3-葡萄糖苷、槲皮素-3-葡萄糖苷、蹄纹天竺素-3-葡萄糖苷、矢车菊素-3-葡萄糖苷等。

16. 长叶冻绿 Rhamnus crenata Sieb. et Zucc.（鼠李科 Rhamnaceae）

资源特性：落叶灌木或小乔木，高达 7m。

使用部位、主要成分及用途：果实和根部可提取鼠李宁 A、鼠李宁 B 两种绿色素。这些色素都可以直接放在弱碱性浴中染棉和丝绸。

17. 冻绿 Rhamnus utilis Decne.（鼠李科 Rhamnaceae）

资源特性：落叶灌木或小乔木，高达 4m。

使用部位、主要成分及用途：果和叶内含绿色素。色素成分比较复杂，有天然绿一号、天然绿二号，以及黄色调的鼠李宁 A、鼠李宁 B 和甲基鼠李素等。这些色素都可以采用直接放在弱碱性浴中染棉和丝绸。

18. 茶 Camellia sinensis (Linn.) Kuntze（山茶科 Theaceae）

资源特性：常绿灌木或小乔木。

使用部位、主要成分及用途：茶叶中的茶多酚含量占茶叶干物质总量的 20% ~ 35%，而在茶多酚总量中，儿茶素约占 70%。儿茶素是茶溶液中的主要可溶性色素，结构复杂，分子差异大。茶叶染色产品具有宁静柔和的色泽、持久淡雅的清香，而且亲肤、除臭、防过敏，尤其是抗菌性能优良。茶叶天然色素可用于糖果、糕点的生产，添加量一般为0.5%～1%，并能用于生产化妆品、染发剂，也可用作纺织和皮革工业的染料。

19. 乌饭树 Vaccinium bracteatum Thunb.（杜鹃花科 Ericaceae）

资源特性：常绿灌木或小乔木，树高1～3m。生于山坡、路旁或灌木丛中，萌发力强，喜光耐旱，耐瘠薄。

使用部位、主要成分及用途：乌饭树果实的色素含量高，呈深红色至蓝色，其发色基团为蒽醌类和靛类，主要是氰靛-3-葡萄糖苷。乌饭树叶也含有大量的蓝黑色素，主要成分是10-对香豆酰基水晶兰苷，即乌饭树苷，可作为天然食品染料和防腐剂。

20. 君迁子 Diospyros lotus Linn.（柿科 Ebenaceae）

资源特性：落叶大乔木，高达30m，胸径达1m。

使用部位、主要成分及用途：果实含黑枣黄色素，易溶于水、乙醇、丙酮等溶剂，对光热均稳定，pH 3～7条件下显黄色，pH＞7时显深黄色，有一定的抗菌作用。

21. 球花马蓝 Strobilanthes dimorphotricha Hance（爵床科 Acanthaceae）

资源特性：多年生草本，高40～100cm。

使用部位、主要成分及用途：叶主要成分为靛苷，常作蓝色染料用。

注：同属的少花马蓝 Strobilanthes oligantha Miq. 具有相同的开发价值。

22. 菜头肾 Strobilanthes sarcorrhiza (C. Ling) C. Z. Zheng ex Y. F. Deng et N. H. Xia（爵床科 Acanthaceae）

资源特性：多年生草本植物，具根状茎，高达40cm。

使用部位、主要成分及用途：全草。全草含靛苷，可作蓝色染料。

23. 栀子 Gardenia jasminoides Ellis（茜草科 Rubiacea）

资源特性：常绿灌木，高0.5～3m。

使用部位、主要成分及用途：栀子果实成熟时为黄色、橙黄色或橙红色，含有栀子黄色素，也称藏花素。栀子黄主要着色成分为藏花素，属类胡萝卜素，可用于食品和化妆品染色。

24. 东南茜草（茜草）Rubia argyi (Lévl. et Vant.) Hara ex Lauener（茜草科 Rubiacea）

资源特性：草质攀援藤本。

使用部位、主要成分及用途：茜草根中提取鲜红色茜草素，用于染动植物性纤维，为一种媒染性天然染料。

25. 薯莨 Dioscorea cirrhosa Lour.（薯蓣科 Dioscoreaceae）

资源特性：藤本，粗壮，长可达20m。

使用部位、主要成分及用途：薯莨的块茎含鞣质5%～9%，此为不脱色染料，又因化学性质活泼，可与各种媒介剂混合，染成不同颜色，且经过媒染后，耐光，耐水，耐酸。闻名世界的香云纱，就是从薯莨的块茎中提出的鞣质染制而成的。

第八节　能源植物资源

一、概述

以煤炭、石油、天然气等能源矿产资源为代表的能源体系随着资源的日益枯竭而面临着严重的危机，人们对生物质能源的研究和开发利用工作在21世纪得到了快速的发展。生物质能源是唯一含碳的可再生资源，可转化为常规的固态、液态和气态燃料，即生物质能源，不仅可以直接替代化石燃料，而且与能源生产和消费系统兼容性很高。生物质中的碳来自大气中的二氧化碳，生物质能源的生产和消费可以实现碳的封闭循环，不增加大气中的碳总量。2018年10月，国际能源署发布的《2018可再生能源年度报告》首次称生物质能源是"被忽视的巨人"。该报告指出："2017年，全球可再生能源的一半来自现代生物质能源；现代生物质能源提供的能量，是风能加太阳能之和的4倍。"2016年全球能源消费量中，可再生能源占比20.1%；可再生能源中，现代生物质能源约占比5.1%（生物质发电、生物质取暖供热和车用生物质能源的占比分别为0.5%、3.7%和0.9%）。预测未来生物质能源将在全球范围内引领可再生能源的发展。

生物质能源始于玉米/甘蔗乙醇。在中国，因生物质原料触及"粮食安全"而在公众中产生误解，外加原料分散、产业化规模小和"不成气候"等偏见，政策重视程度和支持力度一直不大。中国大幅度"压煤"的最大难点在于高度分散和难以清洁燃烧的、年消费约5亿吨散煤的60多万个中小燃煤锅炉以及农村取暖用煤。进入21世纪，中国工业化提速，煤炭消费和汽车生产量骤增，导致2013年以来的雾霾大爆发，国务院于2013年8月紧急发布《大气污染防治行动计划》。在大规模"压煤"和降低机动车尾气污染的过程中，生物质能源的环保功能凸显。《大气污染防治行动计划》颁布后的15个月里，国家能源主管部门连续颁发8个文件推动生物质成型燃料供热和生物质发电发展。燃料乙醇、生物天然气以及其他减排添加剂都将成为重要选项。

能源植物栽培目的是专门生产固体、液体、气体或其他形式的能源。当前人类赖以生存的粮食和畜牧业的饲料是生产生物质能源最直接的原料，但是从全球尤其是我国当前和未来对粮食的需求情况来看，这些作物不可能成为主要的能源作物。因此，能源植物是专门用于加工形成食品和饲料以外的以能源为主的生物基产品的、规模化人工栽培生产的植物。国际上使用的"专用能源作物"是专用于生产碳源或能源的作物，用以加工形成食品和饲料以外的所有生物基产品，即除具有能源用途外，还有生产化学材料和天然纤维等其他用途。我国人口与土地资源之间的矛盾尤为突出，发展非粮能源作物是无可置疑的方针。这里的"粮"除了指小麦、玉米等狭义的粮食作物外，还包括人类食用的糖类、油料等，以及用于生产动物性食品的饲料。

根据植物系统法、光合途径、生活周期、化学成分组成及其利用等方法对能源植物进行分类。按化学成分组成及其利用分，能源植物分为糖料植物、淀粉植物、油料植物、含油微藻植物和木质纤维素植物5类。能源植物根据转化利用目的产物的不同，分为乙醇植物和柴油植物等。但是，同一种能源植物的用途很多，尤其是随着转化技术研究的不断深入，以含木质纤维素为主的植物几乎可以转化为上述各种能源产品，还能形成氢气。能源植物是生物质能源的主要原料来源之一，开发利用能源植物是应对全球气候变化、能源短缺和环境污染最有潜力的发展方向之一，受到联合国及各国政府的高度重视，越来越多的世界主要经济体通过立法鼓励甚至强制推广使用生物乙醇、生物柴油等生物质能源。

植物体都是由碳、氢、氧、氮元素等组成的，它们通过燃烧、发酵、腐烂等等方式，最终产生CO_2及大量的能量。从严格意义（广义）上讲，任何一种绿色植物都是能源植物。通常所说的能源植物是指有比较高的开发价值和效益的能源植物，相对于广义的能源植物，暂时称为狭义能源植物吧。保护区拥有能源植物资源27种（狭义能源植物）。

二、主要能源植物列举

1. 加杨 Populus canadensis Moench（杨柳科 Salicaceae）

资源特性：落叶乔木，高15～30m，胸径1m。具有适应性强、生长快、分枝高、主干直、抗虫性好、萌芽力强等特点。

使用部位、主要成分及用途：木材部分。加杨木材是引进的速生树种，经8～10年的短轮伐期造林，在同等立地条件和经营管理下，立木材积是通常是杉木的3～4倍。

2. 垂柳 Salix babylonica Linn.（杨柳科 Salicaceae）

资源特性：高大落叶乔木，高12～18m。垂柳喜光，喜温暖湿润气候和湿润、深厚的土壤，但对土壤适应性较强，耐水湿，在河边生长尤好，在土层深厚、地势高燥的地区也能正常生长。

使用部位、主要成分及用途：木材部分。柳属植物作为能源植物，是开发利用的最广泛、经济效益与生态效益最充分发挥的植物。其木材价格、热值与其他阔叶材树相似，经济价值高，碳氮比高，硫和灰分的含量低，是理想的气化、液化原料。

3. 板栗 Castanea mollissima Blume（壳斗科 Fagaceae）

资源特性：乔木，高20m，胸径80cm。除青海、宁夏、新疆、海南等少数地区外，广布南北各地。

使用部位、主要成分及用途：果实含淀粉51%～60%，蛋白质5.7%～10.7%，脂肪2%～7.4%，维生素A、维生素B、维生素B_2、维生素C，钙、磷、钾等矿物质，可发酵生产乙醇。我国板栗资源丰富、产量大，约占世界总产量的83%。

4. 甜槠Castanopsis eyrei (Champ. ex Benth.) Tutch（壳斗科Fagaceae）

资源特性：乔木，高达20m。产长江以南各地，在常绿阔叶林或针叶阔混交林中常为主要树种。

使用部位、主要成分及用途：种子淀粉含量达65.77%，果实出仁率约66%，可作饲料，亦可制乙醇。

5. 苦槠Castanopsis sclerophylla (Lindl. ex Paxton) Schott.（壳斗科Fagaceae）

资源特性：常绿乔木，高10～15m，胸径可达50cm。

使用部位、主要成分及用途：苦槠果实含水分26.67%、灰分1.397%、脂肪1.745%、蛋白质1.73%、淀粉48.73%、还原糖54.14%、果胶6.30%，可制作粉条、豆腐等食品，亦可提取淀粉，生产乙醇。

6. 青冈（青冈栎）Cyclobalanopsis glauca (Thunb.) Oerst.（壳斗科Fagaceae）

资源特性：常绿乔木，高可达20m。

使用部位、主要成分及用途：种子含淀粉60%～70%，可作饲料，生产乙醇，纺织工业上作为上浆剂使用，石油工业上作为缓凝剂、堵漏剂等。

7. 硬壳柯（硬斗石栎）Lithocarpus hancei (Benth.) Rehd.（壳斗科Fagaceae）

资源特性：乔木，高很少超过15m。分布广，各地习见生于海拔约2600m以下的多种生境中。

使用部位、主要成分及用途：种子含淀粉50.64%～66.23%，可用来制造葡萄糖、草酸、变性淀粉、乙醇。

8. 麻栎Quercus acutissima Carr.（壳斗科Fagaceae）

资源特性：落叶乔木，高达30m。叶缘有刺芒状锯齿，壳斗杯形，坚果卵形或椭圆形。地理分布很广，是很有发展前途的非粮木本淀粉能源植物。

使用部位、主要成分及用途：种子含淀粉56.4%，可作饲料和生产乙醇。麻栎种子转化生物乙醇生产成本低，工艺流程简单，技术成熟，"不与人争粮"。叶片含蛋白质13.58%，可饲柞蚕，壳斗、树皮可提取栲胶。麻栎还是传统的薪炭、木炭用资源树种。

9. 栓皮栎Quercus variabilis Blume（壳斗科Fagaceae）

资源特性：落叶乔木，高可达30m。

使用部位、主要成分及用途：种子含淀粉59.3%，含鞣质5.1%，可用于生产乙醇。树种分布广，种子转化生物乙醇生产成本低，工艺流程简单，技术成熟，"不与人争粮"。树枝、树干可作薪材、木炭。

10. 构树Broussonetia papyrifera (Linn.) L' Hérit. ex Vent.（桑科Moraceae）

资源特性：乔木，高10～20m。是主要分布于我国黄河、长江及珠江流域各地的重要森林植物。

使用部位、主要成分及用途：树枝、树干可作为薪材，生长快，轮伐期很短，生产成本低，投资少。构树种子含有40.28%的脂肪油，可制肥皂、油漆和润滑油等。

11. 樟（香樟）**Cinnamomum camphora** (Linn.) Presl（樟科 Lauraceae）

资源特性：常绿高大乔木，高可达30m，直径可达3m。结实产量高，适生区域广，适应性强。

使用部位、主要成分及用途：种仁含油率37.10% ~ 41.80%。脂肪酸组成中 C_{12} ~ C_{20} 脂肪酸含量高，其中 C_{12} 和 C_{18} 脂肪酸分别占脂肪酸总含量的41.7% ~ 67.77%和24.64% ~ 26.12%。是优良的生物柴油能源树种。

12. 狭叶山胡椒 Lindera angustifolia Cheng（樟科 Lauraceae）

资源特性：落叶灌木或小乔木，高可达8m。分布范围广，适应性强。

使用部位、主要成分及用途：种仁含油率高达53.70%。脂肪酸组成中 C_{12} ~ C_{20} 脂肪酸含量高，其中 C_{12} 和 C_{18} 脂肪酸分别占脂肪酸总含量的67.94%和21.62%。是优良的生物柴油能源树种。

13. 香叶树 Lindera communis Hemsl.（樟科 Lauraceae）

资源特性：常绿灌木或小乔木，高1 ~ 5m，胸径25cm。分布范围广，适应性强。

使用部位、主要成分及用途：种仁含油率高达33.90%。脂肪酸组成中 C_{12} ~ C_{20} 脂肪酸含量高，其中 C_{18} 和 C_{12} 脂肪酸分别占脂肪酸总含量的39.07%和33.44%。是优良的生物柴油能源树种。

14. 山橿 Lindera reflexa Hemsl.（樟科 Lauraceae）

资源特性：落叶灌木或小乔木。分布范围广，适应性强。

使用部位、主要成分及用途：种仁含油率高达62.80%。脂肪酸组成中 C_{12} ~ C_{20} 脂肪酸含量高，其中 C_{16} 和 C_{18} 脂肪酸分别占脂肪酸总含量的31.94%和27.23%。是优良的生物柴油能源树种。

15. 山鸡椒 Litsea cubeba (Lour.) Pers.（樟科 Lauraceae）

资源特性：落叶灌木或小乔木，高8 ~ 10m。分布范围广，适应性强。

使用部位、主要成分及用途：种仁含油率36.71% ~ 40.85%。脂肪酸组成中 C_{12} ~ C_{20} 脂肪酸含量高，分别其中 C_{16} 和 C_{18} 脂肪酸占脂肪酸总含量的48.34%和34.14%。是优良的生物柴油能源树种。

16. 葛 Pueraria montana (Lour.) Merr.（豆科 Leguminosae）

资源特性：粗壮藤本，长可达8m。生长速度快，适应性广，抗逆性强。

使用部位、主要成分及用途：块根中含有丰富的矿物质和黄酮类物质，还可提取槐二醇、大豆皂醇、大豆苷醇等。葛块根肥厚，富含淀粉，可通过发酵产生乙醇、甲烷等能源，在当前能源紧缺的情况下，具有很大的开发前景。

17. 蓖麻 Ricinus communis Linn.（大戟科 Euphorbiaceae）

资源特性：一年生粗壮草本，高达5m。

使用部位、主要成分及用途：蓖麻是一种优质的能源植物，为世界十大油料作物之一。每年全世界约有 10×10^4 t 的蓖麻籽用于原油的生产，以解决世界能源问题。目前国内蓖麻每年的种植面积约$30 \times 10^4 hm^2$，单产约$1000kg/hm^2$，总产$25 \times 10^4 t \sim 30 \times 10^4 t$。蓖麻主要应用于工、农业两大领域，其中在工业领域的应用主要是在榨油、能源、聚合物、精细化工等方面。蓖麻籽除可以榨蓖麻油外，还可以制成生物柴油和环境友好型润滑油。

18. 乌桕 Triadica sebifera (Linn.) Small（大戟科 Euphorbiaceae）

资源特性：乔木，高达15m。

使用部位、主要成分及用途：种子含油率高达41%，相较于其他几种重要木本油料树种，乌桕有种植地区广、产量高、收益时间长等优点。果实全籽含油率≥48%。籽粒大，不易掉落。种子千粒重≥0.15g。其籽油是转化生物柴油的理想原料，也可以在具有高附加值的食品加工、医疗行业发挥重要作用。

19. 黄连木 Pistacia chinensis Bunge（漆树科 Anacardiaceae）

资源特性：落叶乔木，高达25～30m。是最具有开发潜力的生物质能源树种。

使用部位、主要成分及用途：种子含油率35.05%，出油率20%～35%，果壳含油率3.28%。可提炼生物柴油，种子油可作润滑油或制皂。

20. 无患子 Sapindus saponaria Linn.（无患子科 Sapindaceae）

资源特性：落叶大乔木，高可达25m。适应性强，喜温暖湿润环境，耐寒能力较强，喜光，稍耐阴，耐干旱，不耐水湿，对土壤的要求不严，酸性土、中性土、微碱性土、碱性土及钙质土均能适应，但在土层深厚湿润、肥沃、排水良好的砂质土壤中生长最好。

使用部位、主要成分及用途：无患子果皮含有皂素，可代肥皂；种仁含油率高，用来提取油脂，制造天然滑润油，也可用来制造生物柴油；树叶可入药；综合利用率高，与其他能源树种相比具有较高的经济效益，发展前景十分广阔。

21. 山桐子 Idesia polycarpa Maxim.（大风子科 Flacourtiaceae）

资源特性：落叶乔木，高10～15m。为亚热带阳性速生树种，对气候条件要求不严，能耐低温高热（-14～40℃），对土壤适应性强。山桐子含油率高，生长快，产量高，投资小，收益大，具有"树上油库"美称。

使用部位、主要成分及用途：山桐子是一种含油率很高的木本油料树种，其果肉占果实总重的62.3%，种子占37.6%；果肉含油43.6%，种子含油22.40%～25.90%。山桐子油品质量好，其中不饱和脂肪酸高达82%以上，亚油酸就高达66%以上，维生素E高达1%以上，是良好的食用油、保健油和工业用油原料。山桐子油也是制备生物能源的重要原料，为半干性油，油中亚油酸含量高达52.50%～81.40%，精炼后可转化为性能优良的生物柴油，且由山桐子所制备的生物柴油达到美国生物柴油的标准，并且目前优于由其他原料制备的生物柴油。

22. 越南安息香 Styrax tonkinensis (Pierre) Craib ex Hartw.（安息香科 Styracaceae）

资源特性：乔木，高6～30m，胸径8～60cm。适应性强，生长迅速，病虫害少，经济价值高。

使用部位、主要成分及用途：木材为散孔材，树干通直，结构致密，材质松软，可作火柴杆、家具及板材；种子油称"白花油"，可供药用，治疗疮；树脂称"安息香"，含有较多香脂酸，是医药上的贵重药材，并可制造高级香料。

23. 菊芋 Helianthus tuberosus Linn.（菊科 Compositae）

资源特性：多年生宿根草本，植株高达3m，多分枝。菊芋是C3植物，通过磷酸戊糖途径固定同化CO_2，光合速率接近某些C4植物，生物质产量高，适应性广，抗逆性强。

使用部位、主要成分及用途：地下块茎富含菊糖，是食品和医药领域重要的原料，开发出低聚果糖、高果糖浆等具有较高经济价值的生物基产品。地上茎秆既可作为生物发电的燃料，也可作为造纸的原料。菊芋总生物量高达35.0t/hm^2，其中块茎干物质产量达16.3t/hm^2，地上部干物质产量高达31.3t/hm^2。菊芋能源化利用方式多样，块茎或整株糖分发酵产乙醇和甲烷，菊糖发酵催化生产生物柴油，茎秆纤维素发酵产乙醇，或茎秆直接燃烧或制成固体成型燃料。

24. 五节芒 Miscanthus floridulus (Labill.) Warb. ex K. Schum. et Laut.（禾本科 Gramineae）

资源特性：多年生草本，高2～3m。五节芒是C4植物，光合固碳效率高、生长快、适应性强、病虫害抗性强、产量高，为优良的草本能源植物，从亚热带到温带的广阔地区都能生长。

使用部位、主要成分及用途：五节芒能燃烧完全，在收割时比较干燥，植株体内只会有20%～30%的水分。五节芒每亩产量高达2.0～2.7t，每亩五节芒物质能量相当于330kg石油，比一般植物都高，而且可连续多年收获。五节芒燃烧时发热量很高，收获后的干草易制成燃料，用于电厂发电以替代煤、石油等，不会产生大量的NO_x、SO_2等污染气体，可明显减少酸雨发生的可能性，并且释放的CO_2又可以被生长的植物重新吸收，实现CO_2的零排放。五节芒也可作为生物乙醇原料。

25. 狼尾草 Pennisetum alopecuroides (Linn.) Spreng.（禾本科 Gramineae）

资源特性：多年生草本植物，高0.3～1.2m。属于具高效光合效能的能源植物，具有生命力旺盛、抗逆性强、根系发达、维护成本低廉、管理简单等优点。

使用部位、主要成分及用途：狼尾草鲜草中含粗脂肪0.80%、粗蛋白1.74%、粗纤维7.15%、无氮浸出物13.4%和灰分3.21%。狼尾草再生能力强，可多次刈割，生长迅速，抗逆性强，适用于作燃料、饲料等，也可利用狼尾草进行发电。狼尾草是能源草作物中种植应用最广的种属植物之一，其能源品质尤为突出，是理想的木质纤维素类能源作物，可通过化学或生物转化等方法制造乙醇或沼气，也可通过直接燃烧、致密成型燃烧及热裂解制生物油、生物炭、生物气等方式利用。

26. 斑茅 Saccharum arundinaceum Retz.（禾本科 Gramineae）

资源特性：多年生高大丛生草本，高2～6m，直径1～2cm。斑茅是C4植物，其对环境要求低，种植成本低，再生能力强，是理想的能源植物。

使用部位、主要成分及用途：斑茅含纤维素43.77%、半纤维素28.57%、木质素11.01%。斑茅是多年生草本，具有高产热值和低灰分含量的特点，可用来生产生物乙醇或直接燃烧。斑茅生物量大，纤维含量高于欧美的能源草模式植物柳枝稷和芒。斑茅生物质能源开发潜力巨大，是我国本土优良的能源草资源。斑茅目前主要用于远缘杂交改良甘蔗抗性，相对于其他能源植物并没有明显优势，但是，通过培育斑茅甘蔗杂交的斑茅后代，可以得到新型的产能量极高的能源植物。

27. 棕榈 Trachycarpus fortunei (Hook.) H. Wendl.（棕榈科 Palmae）

资源特性：常绿乔木，高可达3～10m。棕榈喜温暖湿润的气候，极耐寒，较耐阴，成品极耐旱，唯不能抵受太大的日夜温差。棕榈是国内分布最广、分布纬度最高的棕榈科种类。

使用部位、主要成分及用途：油棕榈的果仁和果壳纤维富含油脂，可以提取果仁油和囊果被油，但其成分与果肉中所含油脂不同，均可作生物柴油。

第九节　经济昆虫寄主植物资源

一、概述

经济昆虫的寄主植物指通过寄生的昆虫生产人类所需的工业原料或药品，主要包括丝绸（蚕丝）、紫胶、白蜡、五倍子等的植物。

（一）绢丝昆虫寄生植物资源

丝绸（蚕丝）是由绢丝昆虫在体内合成、分泌并吐出蛋白质纤维（茧）为原料织造的纺织品。商业性应用的绢丝昆虫主要包括桑蚕 *Bombyx mori* L.、柞蚕 *Antheraea pernyi* Gurein-Meneville、天蚕 *A. yamamai* Guerin-Meneville、琥珀蚕 *A. assamensis* Helfer、蓖麻蚕 *Samia cynthia* ricin (Donovan)、樟蚕 *Eriogyna pyretorum* (Westwood)、栗蚕 *Dictyopoea japonica* Moore.、樗蚕 *Philosamia cyntia* Walker et Fdlker、乌桕蚕 *Attacus atlas* L.、柳蚕 *Actias selene* Hubner等，其中以桑蚕为主。

桑蚕，又称家蚕，属鳞翅目蚕蛾科，以桑 *Morus alba* Linn.叶为食料吐丝结茧的经济昆虫。桑蚕是中国古代最主要的经济昆虫之一。桑蚕为寡食性昆虫，喜食桑叶，桑叶也是蚕最适合的天然食料。保护区可用于桑蚕养殖的植物资源还包括鸡桑 *M. australis* Poir.、华桑 *M. cathayana* Hemsl.、柘 *Maclura tricuspidata* Carr.、构树 *Broussonetia papyrifera* (Linn.) L' Hérit. ex Vent.、小构树 *B. kazinoki* Sieb. et Zucc.等。桑蚕茧可以缫丝，蚕丝是优良的纺织纤维，是绸缎的原料。

柞蚕，属鳞翅目，大蚕蛾科，以柞树叶为食料的吐丝结茧昆虫。原产于中国。保护区可用于柞蚕养殖的植物资源有栎属的麻栎 *Quercus acutissima* Carr.、槲栎（锐齿槲栎）*Q.*

aliena Blume、小叶栎 *Q. chenii* Nakai、巴东栎 *Q. engleriana* Seem.、白栎 *Q. fabri* Hance、枹栎（瘰栎、短柄枹）*Q. serrata* Murr.、栓皮栎 *Q. variabilis* Blume、槲树 *Q. dentata* Thunb.，此外，板栗 *Castanea mollissima* Blume、茅栗 *Castanea seguinii* Dode、杜梨 *Pyrus betulifolia* Bunge、豆梨 *Pyrus calleryana* Decne.、麻梨 *Pyrus serrulata* Rehd.等植物也可。柞蚕茧可缫丝，柞蚕丝是柞绸的原料。

天蚕，又名山蚕，属鳞翅目大蚕蛾科，以壳斗科栎属植物，如栓皮栎等树叶为食料的吐丝结茧的经济昆虫。保护区可用于天蚕养殖的植物资源同柞蚕。天蚕茧为绿色，能缫丝，丝质优美、轻柔，不需要染色而能保持天然绿色，并具有独特的光泽，织成丝绸色泽艳丽、美观，是高级的丝织品。

琥珀蚕，属鳞翅目大蚕蛾科，是以樟科楠木属植物叶为食料的吐丝结茧的经济昆虫，又称阿萨姆或姆珈蚕。保护区可用于琥珀蚕养殖的植物资源有闽楠 *Phoebe bournei* (Hemsl.) Yang、浙江楠 *Phoebe chekiangensis* P. T. Li、紫楠 *Phoebe sheareri* (Hemsl.) Gamble、流苏子 *Coptosapelta diffusa* (Champ. ex Benth.) Steenis、短刺虎刺 *Damnacanthus giganteus* (Makino) Nakai、虎刺 *Damnacanthus indicus* Gaertn.、浙皖虎刺（浙江虎刺）*Damnacanthus macrophyllus* Sieb. ex Miq.、狗骨柴 *Diplospora dubia* (Lindl.) Masam.、栀子 *Gardenia jasminoides* Ellis、狭叶栀子 *Gardenia stenophylla* Merr.、日本粗叶木 *Lasianthus japonicus* Miq.、羊角藤 *Morinda umbellata* Linn.、深山含笑 *Michelia maudiae* Dunn、野含笑 *Michelia skinneriana* Dunn、华南樟 *Cinnamomum austro-sinense* H. T. Chang、樟树 *Cinnamomum camphora* (Linn.) Presl、浙江樟 *Cinnamomum chekiangense* Nakai、沉水樟 *Cinnamomum micranthum* (Hayata) Hayata、细叶香桂 *Cinnamomum subavenium* Miq.等常绿树种的叶子。茧呈金黄色，能缫丝。丝质坚韧，带琥珀光泽，因此称之为"琥珀蚕"，其织品供制作贵重服饰。

蓖麻蚕，属鳞翅目大蚕蛾科，以大戟科蓖麻 *Ricinus communis* Linn. 叶为食料的吐丝结茧的经济昆虫。蓖麻蚕原产于印度东北部的阿萨姆邦，18世纪开始从印度传出，中国有引种饲养。保护区可用于蓖麻蚕养殖的仅有蓖麻。蓖麻蚕茧不能缫丝，只能作绢纺原料，纺制蓖麻绢丝。

樟蚕，又称天蚕、枫蚕、渔丝蚕，属鳞翅目大蚕蛾科，以樟树 *Cinnamomum camphora* (L.) Presl叶为食料的吐丝结茧的经济昆虫。樟蚕主要食樟树叶，丝质较优。保护区可用于樟蚕养殖的植物资源有樟树 *Cinnamomum camphora* (Linn.) Presl、枫香 *Liquidambar formosana* Hance、野蔷薇 *Rosa multiflora* Thunb.、杜梨 *Pyrus betulifolia* Bunge、豆梨 *Pyrus calleryana* Decne.、麻梨 *Pyrus serrulata* Rehd.等树叶。主要产区是中国、越南、印度等国，产量最多的是中国的海南岛。樟蚕一般在成熟期时，先将熟蚕浸死在水中，然后手工将其第2～3腹脚间撕破蚕腹，取出2条丝腺浸入冰醋酸（浓度2.5%）中，5min后拉丝，可拉长至200cm，丝经水洗后光滑透明，坚韧耐水，在水中透明无影，是最佳的钓鱼线，还可精制成外科用的优质缝合线。樟蚕茧也可缫丝，但数量很少，世界上只有中国生产樟蚕丝。

栗蚕，属鳞翅目大蚕蛾科，以胡桃楸*Juglans mandshurica* Maxim.、板栗*Castanea mollissima* Blume叶为主食料的吐丝结茧的经济昆虫。上述植物资源保护区均有，此外保护区还有茅栗*Castanea seguinii* Dode、杏*Armeniaca vulgaris* Lam.、枫杨*Pterocarya stenoptera* C. DC.、樟树*Cinnamomum camphora* (Linn.) Presl等也可用于栗蚕饲养。栗蚕茧可缫丝，也可作绢纺原料，丝质优良。也可以从栗蚕熟蚕腹中取出丝腺，浸酸后拉长作钓鱼丝或医疗用丝。

樗蚕，又名椿蚕、小乌桕蚕，属鳞翅目大蚕蛾科，以臭椿*Ailanthus altissima* (Mill.) Swingle叶为主食料的吐丝结茧的经济昆虫。保护区可用于樗蚕养殖的植物资源有臭椿*A. altissima* (Mill.) Swingle、乌桕*Triadica sebifera* (Linn.) Small、蓖麻*Ricinus communis* Linn.、冬青*Ilex chinensis* Sims、含笑*Michelia figo* (Lour.) Spreng.、泡桐*Paulownia fortunei* (Seem.) Lemsl.、梧桐*Firmiana simplex* (L.) W. Wight、樟树*Cinnamomum camphora* (L.) Presl等的吐丝结茧的经济昆虫。茧灰褐色、纺锤形、顶端有孔。织成的绸称椿绸。

乌桕蚕，又名大山蚕、大乌桕蚕，属鳞翅目大蚕蛾科，以乌桕*Triadica sebifera* (Linn.) Small叶为主食料的吐丝结茧的经济昆虫。保护区有乌桕分布。茧可纺绢丝，强伸力好，织绸称绢绸。

柳蚕，又称大青天蛾蚕、中柏蚕，属鳞翅目大蚕蛾科。以柳树*Salix babylonica* L.、枫杨*Pterocarya stenoptera* C. DC.、乌桕*Triadica sebifera* (Linn.) Small叶为主食料的吐丝结茧的经济昆虫。上述植物资源保护区均有。熟蚕在叶片间结茧，茧形大，暗褐色，能缫丝300m以上。

（二）紫胶虫寄主植物资源

紫胶亦称"虫胶"，是紫胶虫*Laccifer lacca* (Kerr) Targ.吸取寄主植物树液后分泌的紫色天然树脂，主要含有紫胶树脂、紫胶蜡和紫胶色素。紫胶具有绝缘、黏合、热塑、防水、防潮、防锈、耐腐等特性，广泛应用于国防、电子、塑料、油漆、印刷及轻工业等领域。紫胶色素无毒、着色鲜艳、经久不脱，为生物染色和食品工业广泛利用。

紫胶虫是一种广食性的昆虫。我国已知其寄主植物近300种，保护区可用于紫胶虫养殖的植物资源有南岭黄檀*Dalbergia balansae* Prain、合欢*Albizzia julibrissin* Durazz.、猴耳环*Archidendron clypearia* (Jack) Nielsen、亮叶猴耳环*Archidendron lucidum* (Benth.) Nielsen、薄叶猴耳环*Archidendron utile* (Chun et How) Nielsen等。

（三）白蜡虫寄主植物资源

白蜡又称中国蜡，是白蜡虫*Ericerus pela* Chavannes（俗称蜡虫）的分泌物，主要含有虫蜡酸、虫蜡醇酯。商品白蜡色泽洁白、无臭无味、硬度大、熔点高（80～83℃）。白蜡的理化性质较稳定，经久不腐，具有密闭、防潮、防锈、着光的作用，是军工、轻工、化工和手工业的重要原料，药用具有生肌、止血、止痛、补虚、强化筋骨等作用。

白蜡虫的寄主植物有20多种，主要是木犀科的植物，漆树科和马鞭草科少数植物亦有白蜡虫寄生。现在生产主要用女贞 *Ligustrum lucidum* W. T. Ait.养殖白蜡虫雌虫，生产虫种，用白蜡树 *Fraxinus chinensis* Roxb.养殖雄虫，生产蜡花，然后加工成白蜡。保护区白蜡虫寄主植物资源还有苦枥木 *Fraxinus insularis* Hemsl.、庐山梣 *Fraxinus sieboldiana* Bl.、蜡子树 *Ligustrum leucanthum* (S. Moore) P. S. Green、华女贞 *Ligustrum lianum* Hsu、小叶女贞 *Ligustrum quihoui* Carr.、小蜡 *Ligustrum sinense* Lour.，此外，野漆树 *Toxicodendron succedaneum* (Linn.) Kuntze、木蜡树 *Toxicodendron sylvestre* (Sieb. et Zucc.) Kuntze、毛漆树 *Toxicodendron trichocarpum* (Miq.) Kuntze、牡荆 *Vitex negundo* L. var. *cannabifolia* (Sieb. et Zucc.) Hand.-Mazz.、山牡荆 *Vitex quinata* (Lour.) Will.也可饲养白蜡虫。

（四）五倍子寄主植物资源

五倍子是寄生在寄主植物上的五倍子蚜虫形成的虫瘿。经加工提炼后的产品，工业上称为"栲胶"。五倍子可提取单宁胶、没食子酸和焦性没食子酸，广泛应用于石油、矿冶、化工、染料、制革、医药、国防等领域。五倍子也是我国传统的林特产品之一，质量优良，远销国外。

据调查，我国五倍子蚜虫有14种，冬寄主为藓类植物，夏寄主为漆树科漆树属和盐肤木属树种。不同五倍子蚜虫种类的冬寄主藓类不同。保护区五倍子蚜虫夏寄主植物主要包括野漆树 *Toxicodendron succedaneum* (Linn.) Kuntze、木蜡树 *Toxicodendron sylvestre* (Sieb. et Zucc.) Kuntze、毛漆树 *Toxicodendron trichocarpum* (Miq.) Kuntze、盐肤木 *Rhus chinensis* Miller.、白背麸杨 *Rhus hypoleuca* Champ. ex Benth.。保护区五倍子蚜虫冬寄主藓类植物主要有短肋青藓 *Brachythe ciumwichurae*、狭叶绢藓 *Fntodon angustifolius*)（倍花蚜冬寄主植物）、细枝赤齿藓 *Erythrodontium leptothallum*、细枝赤齿园枝 *E.1eptothallum* var. *tereticaule*)（肚倍蚜冬寄主植物）、鳞叶藓 *Taxlphyllum taxirameum*（倍花蚜、枣铁倍花蚜冬寄主植物）、大羽藓 *Thuldium cymbifolium*、细枝羽藓 *T. delicatulum*、灰羽藓 *T. glaucinum*（红小铁枣蚜冬寄主植物）。

保护区拥有经济昆虫寄主植物资源23种，其中优良经济昆虫寄主植物资源18种，具体介绍如下。

二、主要经济昆虫寄主植物列举

1. 垂柳 Salix babylonica Linn. (杨柳科 Salicaceae)

资源特性：落叶乔木。喜光，喜湿，耐寒，是中生偏湿树种。但一些种也较耐旱和耐盐碱，在生态条件较恶劣的地方能够生长，在立地条件优越的平原沃野生长更好。

资源类型：绢丝昆虫寄生植物资源。

部位及用途：叶片用于柳蚕养殖。柳蚕能食多种植物的叶子，主要为柳、枫杨、乌桕、樟、泡桐等树叶。其丝质地良好，优质茧可抽300m长的丝，有细而耐腐的优点。

2. 枫杨 Pterocarya stenoptera C. DC. (胡桃科 Juglandaceae)

资源特性：落叶乔木，高达30m，胸径达1m。喜光，略耐侧荫，幼树耐阴，耐寒能力中等，主要分布于黄河流域及其以南地区。枫杨树冠宽广，枝叶茂密，生长迅速，是常见的庭荫树和防护树种。

资源类型：绢丝昆虫寄生植物资源。

部位及用途：叶片用于栗蚕、柳蚕养殖。栗蚕茧可缫丝，也可作绢纺原料，丝质优良。栗蚕也可以从熟蚕腹中取出丝腺，浸酸后拉长作钓鱼丝或医疗用丝。柳蚕同栗蚕一样为绢丝昆虫，茧大，暗褐色，优质茧可缫丝300m以上，细而耐腐。

3. 板栗 Castanea mollissima Blume（壳斗科 Fagaceae）

资源特性：落叶乔木，高达20m，胸径0.8m。生于低山丘陵、缓坡及河滩。

资源类型：绢丝昆虫寄生植物资源。

部位及用途：叶片用于柞蚕、栗蚕养殖。食核桃叶的栗蚕茧重，茧层厚，食板栗叶者较差。栗蚕茧外观呈灯笼状，有大小不等的网眼。茧可作绢纺原料，丝质优良。栗蚕丝有特殊的荧光性，可用作防伪材料。也可以从熟蚕腹中取出丝腺，浸酸后拉长作钓鱼丝或医疗用丝。栗蚕蛹也是优质的高蛋白低脂肪食物。

4. 白栎 Quercus fabri Hance（壳斗科 Fagaceae）

资源特性：落叶乔木或灌木状，高达20m。

资源类型：绢丝昆虫寄生植物资源。

部位及用途：叶片用于柞蚕、天蚕养殖。柞蚕以壳斗科栎属植物为饲料。柞蚕茧可缫丝，柞蚕丝是柞绸的原料。柞蚕蛹含有丰富的营养成分，是高蛋白低脂肪食物，并具有健身强神、强腰壮肾的功效。柞蚕蛹在经过生物技术诱导后能够产生抗菌蛋白、抗菌肽、溶菌酶和凝集素等次级代谢产物，分离纯化后可用作食品添加剂，其杀菌谱广，食用后易被体内蛋白酶水解消化，且无任何毒副作用。

5. 栓皮栎 Quercus variabilis Blume（壳斗科 Fagaceae）

资源特性：高大落叶乔木，高达30m，胸径达1m以上。喜光，幼苗能耐阴。深根性，根系发达，萌芽力强。适应性强，抗风、抗旱、耐火耐瘠薄，在酸性、中性及钙质土壤均能生长，尤以在土层深厚肥沃、排水良好的土壤或砂壤土生长最好。

资源类型：寄生植物资源。

部位及用途：叶片用于柞蚕、天蚕养殖。天蚕茧丝由于具有天然的宝石绿色泽，强力和伸度又显著优于家蚕丝，不需染色就可织出华美轻柔的织物，加之数量稀少，故天蚕丝价格昂贵。

6. 桑 Morus alba Linn.（桑科 Moraceae）

资源特性：灌木或乔木，高3～10m，胸径达50cm。喜光，幼时稍耐阴。喜温暖湿润气候，耐寒，耐干旱，耐水湿能力强。

资源类型：绢丝昆虫寄生植物资源。

部位及用途：嫩叶用于桑蚕养殖。桑叶是桑蚕最适合的天然食料。

7. 樟（香樟）**Cinnamomum camphora** (Linn.) Presl（樟科 Lauraceae）

资源特性：常绿大乔木，高 10～55m，胸径 0.3～0.8m。樟树喜光，幼苗、幼树耐阴，喜温暖湿润气候，不耐寒，萌芽力强，耐修剪。抗二氧化硫、臭氧、烟尘污染能力强，能吸收多种有毒气体。

资源类型：绢丝昆虫寄生植物资源。

部位及用途：叶片用于樟蚕、琥珀蚕、栗蚕、樗蚕养殖。樟蚕主食樟树叶，也食枫香叶、垂柳叶、野蔷薇及柯树叶等。将樟蚕熟蚕浸在水中杀死，然后取出 2 条丝腺浸入冰醋酸进行拉丝，经水洗后的茧丝光滑透明，坚韧耐水，在水中透明无影，是极好的钓鱼线。目前，樟蚕丝也被用作外科手术缝合线，其可被人体吸收，手术后不必拆线。

8. 闽楠 Phoebe bournei (Hemsl.) Yang（樟科 Lauraceae）

资源特性：常绿大乔木，高达 15～20m。为阴性树种，根系深，在土层深厚、排水良好的砂壤土上生长良好。

资源类型：绢丝昆虫寄生植物资源。

部位及用途：叶片用于琥珀蚕养殖。琥珀蚕能食数种植物的叶子，主食楠木叶，也食茜草科虎刺等常绿树的叶子，以及含笑属、樟属等植物的叶子。琥珀蚕丝具有天然的金黄色，有光泽，强伸力好，吸湿性强，耐洗，不易褪色。琥珀蚕丝产量稀少，华丽高贵，享有盛誉，印度阿萨姆邦形成了浓厚的琥珀蚕丝文化。

9. 合欢 Albizia julibrissin Durazz.（豆科 Leguminosae）

资源特性：落叶乔木，高 4～15m。喜光，喜温暖，耐寒、耐旱、耐土壤瘠薄及轻度盐碱，对 SO_2、Cl_2 等有害气体有较强的抗性。宜在排水良好、肥沃土壤生长，不耐水涝，生长迅速。

资源类型：紫胶虫寄主植物资源。

部位及用途：叶片用于紫胶虫养殖，是紫胶虫的优良寄主树种，具有生长速度快、宜胶枝条多、病虫害少等优点。

10. 南岭黄檀 Dalbergia balansae Prain（豆科 Leguminosae）

资源特性：乔木，高 6～15m。南岭黄檀原为野生种，属阳性树种，在阳光充足的阳坡地生长良好。较耐寒，在绝对最低温为 -5℃ 的环境下尚能生长。要求土壤为页岩、砂页岩、花岗岩等发育而成的红壤、砖红壤性红壤，于土层较深厚、湿润肥沃的地段生长良好。

资源类型：紫胶虫寄主植物资源。

部位及用途：叶片用于紫胶虫养殖，是优良的紫胶虫寄主树种。耐虫力强，适应胶虫寄生，紫胶产量高，质量好。

11. 臭椿 Ailanthus altissima Swingle（苦木科 Simaroubaceae）

资源特性：落叶乔木，高可达 20m。喜光，不耐阴。适应性强，除黏土外，在中性、酸性及钙质土中都能生长，适生于深厚、肥沃、湿润的砂质土壤。耐寒，耐旱，不耐水湿，长期积水会烂根死亡。

资源类型：绢丝昆虫寄生植物资源。

部位及用途：叶片用于樗蚕养殖。樗蚕主食臭椿叶，兼食乌桕、蓖麻、冬青、含笑、泡桐、樟树叶等。用樗蚕茧抽丝织绸，柔韧坚实，色调古雅，不易染尘。农村一般均缫土丝，织成的绸称为椿绸。

12. 蓖麻 Ricinus communis Linn.（大戟科 Euphorbiaceae）

资源特性：一年生粗壮草本或草质灌木，高达5m。深根作物，喜高温，不耐霜，酸碱适应性强，在中国广为栽培。

资源类型：绢丝昆虫寄生植物资源。

部位及用途：叶片用于蓖麻蚕、樗蚕养殖。蓖麻叶含有丰富的蛋白质、脂肪、碳水化合物、总糖、矿物质及氨基酸，是饲养蓖麻蚕的良好饲料。蓖麻蚕的茧呈洁白色，但光泽不如桑蚕茧明亮，不能缫丝，只能作为绢纺原料，也有与桑蚕废丝、柞废丝、苎麻、化纤等混纺的混纺绢丝。蓖麻蚕蛹含有丰富的蛋白质、脂肪、氨基酸和矿物质，是人类很好的保健食品。蓖麻蚕粪便可以喂鱼及作沼气原料，经过堆沤发酵后的蚕粪还是优良的有机肥，对果树及其他的农作物都有显著的增产和提高品质的作用。

13. 乌桕 Triadica sebifera (Linn.) Small（大戟科 Euphorbiaceae）

资源特性：落叶乔木，高可达15m。喜光树种，对光照、温度均有一定的要求，能耐间歇或短期水淹，对土壤适应性较强，深根性，侧根发达，抗风、抗毒气（氟化氢），生长快。

资源类型：绢丝昆虫寄生植物资源。

部位及用途：叶片用于乌桕蚕、柳蚕养殖。柳蚕茧丝细而耐腐蚀，可用于制作耐腐蚀材料或纺织原材料。柳蚕蛹是优质的高蛋白低脂肪健康食品，其成虫体形较大，形态优美，色彩绚丽，可制作成工艺品。乌桕蚕全茧重6.5～10g，茧层重0.9～1.1g，茧层率约10%。茧脱胶后可纺丝，丝质优良，强伸力好，织成的绢绸称"水䌷"，非常耐用。

14. 盐肤木 Rhus chinensis Miller.（漆树科 Anacardiaceae）

资源特性：落叶灌木或小乔木，高2～10m。喜光、耐寒，在酸性、中性及石灰性土壤乃至干旱瘠薄的土壤上均能生长；根系发达，根萌蘖性很强，生长快，适应性强。

资源类型：五倍子寄主植物资源。

部位及用途：嫩枝、叶片用于五倍子蚜虫养殖。是一种常见的五倍子蚜虫寄主植物。由五倍子生产的单宁酸、没食子酸和焦性没食子酸，是医药、纺织、石油、化工、食品等工业的重要原料。

15. 野漆树 Toxicodendron succedaneum (Linn.) Kuntze（漆树科 Anacardiaceae）

资源特性：落叶乔木或小乔木，高达10m。喜光，喜温暖，不耐寒；耐干旱、贫瘠的砾质土，忌水湿。

资源类型：五倍子寄主植物资源。

部位及用途：叶片用于五倍子蚜虫养殖。是五倍子蚜虫主要的寄主树种之一。由五倍子生产的单宁酸、没食子酸和焦性没食子酸，是医药、纺织、石油、化工、食品等工业的重要原料。

16. 木蜡树 Toxicodendron sylvestre (Sieb. et Zucc.) Kuntze（漆树科 Anacardiaceae）

资源特性：落叶乔木或小乔木，高达10m。喜光，不耐阴。喜温暖环境，不甚耐寒。适生于深厚肥沃、含水丰富的土壤，对酸性、钙质土、盐碱土均能适应。主根发达，抗风力强，耐水湿。

资源类型：五倍子寄主植物资源。

部位及用途：叶片用于五倍子蚜虫养殖。是一种常见的五倍子蚜虫寄主植物。由五倍子生产的单宁酸、没食子酸和焦性没食子酸，是医药、纺织、石油、化工、食品等工业的重要原料。

17. 白蜡树 Fraxinus chinensis Roxb.（木犀科 Oleaceae）

资源特性：落叶乔木，高10～12m。白蜡树属于阳性树种，喜光，对土壤的适应性较强，在酸性土、中性土及钙质土上均能生长，耐轻度盐碱，喜湿润、肥沃的砂壤质土壤。

资源类型：白蜡虫寄主植物资源。

部位及用途：叶片用于白蜡虫养殖，是优良的白蜡虫寄主植物，最适于生产白蜡。其生产的白蜡用途很广，特别是广泛应用于医药和工业等领域，是我国传统的出口商品。

18. 女贞 Ligustrum lucidum W. T. Ait.（木犀科 Oleaceae）

资源特性：常绿灌木或乔木，高可达25m。女贞耐寒性好，耐水湿，喜温暖湿润气候，喜光耐阴。为深根性树种，须根发达，生长快，萌芽力强，耐修剪，但不耐瘠薄。对大气污染的抗性较强。

资源类型：白蜡虫寄主植物资源。

部位及用途：叶片用于白蜡虫养殖，是白蜡虫优良的寄主植物，是最适于繁育种虫的树种。

第十节　其他工业用植物资源

一、概述

除了以上九类工业用植物资源外，还有一些其他工业用植物资源，包括有机酸类、皂素类、钾盐类、栓皮类和烟草等。

有机酸是指广泛存在于生物中的一种含有羧基的酸性有机化合物（不包括氨基酸），可与醇反应生成酯。最常见的有机酸有羧酸、磺酸、亚磺酸、硫羧酸等。有机酸类物质存在于植物的根、茎、叶、花、果等组织，通常以游离态、盐类或酯类的形式存在。以植物原料制得的有机酸类主要有柠檬酸、酒石酸、脂肪酸、草酸等。

皂素为能形成水溶液或胶体溶液，并能形成肥皂状泡沫的植物糖苷的统称，结构较为复杂，由皂苷和糖、糖醛酸或其他有机酸组成。皂素广泛分布于植物的组织中，通常以钙盐、镁盐、钾盐等形式存在，皂素水解后又分解为葡萄糖、半乳糖、阿拉伯胶糖等。皂素具有吸湿性，易溶于水和乙醇溶液中，皂素水溶液与氯化钡、醋酸铝等溶液易发生沉淀。植物体的根、茎、叶等部位含皂素较多。皂素是重要的工业原料，主要用于药用或代替肥皂用。

钾盐是重要的工业原料，也为农业上重要的钾肥来源。一般植物含钾量占干物质重量的0.3%～5.0%，约占植物灰分（燃烧后的残留物）重量的50%。灰分钾盐主要为碳酸钾、硫酸钾、氯化钾等。植物含钾量与植物种类、器官有关，通常含淀粉、糖等碳水化合物较多的植物含钾量较高。

栓皮又称软木，是由栓皮栎和栓皮槠树干、枝的木栓形成层发育形成的发达的木栓薄壁组织，具有密度低、弹性好、可压缩性好、导热系数低、吸振隔音、防潮、阻燃、耐磨、绝缘、耐化学腐蚀等独特的性能。以栓皮为原料可生产各类软木制品，主要作为保温设备和电气绝缘材料广泛用于机械、设备、电器、建筑、水利工程、室内装饰、食品包装、文体用品、家居用品等领域，也用于航天、军舰、潜艇、导弹、核电工程等尖端领域。

烟草叶片为卷烟工业的主要原料。烟草含有纤维素、淀粉、蛋白质、糖、生物碱、果胶、碳水化合物、酚、脂肪酸、萜烯类、固醇和无机物质。烟草的特异物质以生物碱为主，主要成分为烟碱（俗名尼古丁），此外还含有去甲烟碱、新烟碱和萜烯类物质；烟草中的香气物质包括烷烃、烯烃、醛、酚、酸、酯、酮和呋喃等物质。烟气中的尼古丁具有兴奋中枢神经的作用，有增强注意力、记忆力和想象力，稳定情绪等作用，但会使人上瘾或产生依赖性，重复使用尼古丁也增加心脏速度、升高血压并降低食欲，大剂量的尼古丁会引起呕吐以及恶心，严重时人会死亡。

保护区拥有其他工业用植物资源35种，其中优良植物资源11种，具体介绍如下。

二、主要其他工业用植物列举

1. 栓皮栎 Quercus variabilis Blume（壳斗科 Fagaceae）

资源特性：落叶乔木，高 15～25m，胸径达 1m。树皮黑褐色，木栓层发达。

资源类型：栓皮类。

使用部位、主要成分及用途：栓皮栎的木栓层是由木栓形成层组织木栓化了的死细胞组成，对树干具有保护作用，连续地分布在树干的四周（俗称外皮），树皮比较容易剥离。栓皮栎的外皮为灰褐色，软木层（木栓层）呈土黄色。栓皮栎树皮表面不平整，有较深的沟槽，沟槽深度略小于树皮厚度；存在明显的年轮线；有皮孔和石细胞，且大量石细胞分布的区域会形成一个棕色的环带；栓皮栎软木细胞内部中空。以栓皮栎外皮为原料可生产各类软木制品，广泛用于机械、设备、电器、建筑、水利工程、室内装饰、食品包装、文体用品、家居用品等领域。

2. 藤金合欢 Acacia vietnamensis I. C. Nielsen（豆科 Leguminosae）

资源特性：攀援藤本。

资源类型：皂素类。

主要成分与及用途：藤金合欢果荚提取出一种新苷，用于抗癌和避孕药。

3. 山合欢 Albizia kalkora (Roxb.) Prain（豆科 Leguminosae）

资源特性：落叶小乔木或灌木，通高 3 ~ 8m。生长快，能耐干旱及瘠薄地。

资源类型：皂素类。

主要成分与及用途：树皮含齐墩果烷型皂苷，具有解郁安神、活血消肿的功能，用于治疗心神不安、忧郁失眠、肺痈疮肿、跌扑伤痛等症。

4. 皂荚 Gleditsia sinensis Lam.（豆科 Leguminosae）

资源特性：落叶乔木或小乔木，高达 30m。喜光，稍耐阴，具较强耐旱性。

资源类型：皂素类。

主要成分与及用途：豆荚果皮含皂荚素 23.47%。荚煎汁可代肥皂，尤以洗涤丝织品为好，不损害光泽。荚果灰中含有丰富的碳酸钾，可用于化学工业。

5. 肥皂荚 Gymnocladus chinensis Baillon（豆科 Leguminosae）

资源特性：落叶乔木，无刺，高 5 ~ 12m。喜光，耐干旱、耐酷暑、耐严寒。

资源类型：皂素类。

主要成分与及用途：果皮含三萜皂苷类化合物，可制作表面活性剂。

6. 无患子 Sapindus saponaria Linn.（无患子科 Sapindaceae）

资源特性：落叶大乔木，高可达 20m。喜光，稍耐阴，耐寒能力较强，不耐水湿。

资源类型：皂素类。

主要成分与及用途：果皮含无患子皂素，可代肥皂作洗涤丝织品剂，对皮肤有消毒作用。

7. 刺葡萄 Vitis davidii (Roman. du Caill.) Foex.（葡萄科 Vitaceae）

资源特性：木质藤本。小枝被软皮刺。生于山坡、沟谷林中或灌丛。

资源类型：有机酸类。

使用部位、主要成分及用途：刺葡萄果实含有丰富的有机酸，主要含有草酸、酒石酸、苹果酸、乳酸、乙酸、柠檬酸，其中酒石酸的含量最高，达到 4.40g/L，其次是苹果酸，含量为 0.32g/L。刺葡萄是优良的酿酒原料。

8. 油茶 Camellia oleifera C. Abel（山茶科 Theaceae）

资源特性：常绿灌木或小乔木。喜温暖，怕寒冷。

资源类型：皂素类。

主要成分与及用途：榨油后的油茶饼中含皂苷 10% ~ 15%，是油茶皂苷的一个重要来源。油茶皂苷有一定的抑菌作用。

9. 茶 Camellia sinensis (Linn.) Kuntze（山茶科 Theaceae）

资源特性：常绿灌木或小乔木。

资源类型：皂素类。

主要成分与及用途：种子可提取茶皂素，是一种性能良好的天然表面活性剂，制造乳化剂、洗洁剂、农药助剂、饲料添加剂、蟹虾养殖保护剂、纺织助剂、油田泡沫剂、采矿浮选剂、加气混凝土稳泡剂与混凝土外加剂、防冻剂等。

10. 烟草 Nicotiana tabacum Linn.（茄科 Solanaceae）

资源特性：一年生或有限多年生草本，高 0.7 ~ 2.0m。原产于南美洲。

资源类型：烟草类。

使用部位、主要成分及用途：烟草叶片含有纤维素、淀粉、蛋白质、糖、生物碱等成分。特异物质以生物碱为主，主要成分为烟碱，此外还包括去甲烟碱、新烟碱和萜烯类物质。香气成分包括烷烃、烯烃、醛、酚、酸、酯、酮和呋喃等物质。烟草是卷烟工业的主要原料。

11. 黄独 Dioscorea bulbifera Linn.（薯蓣科 Dioscoreaceae）

资源特性：缠绕藤本。地下有根状茎或块茎。

资源类型：皂素类。

使用部位、主要成分及用途：根状茎或块茎含有薯蓣皂素，含量为 0.3085%。薯蓣皂素是甾体类激素药物的重要合成前体，以其为原料可以生产皮质激素、性激素等 300种以上的药物，因此薯蓣皂素有"药用黄金"之称。甾体激素具有很强的抗感染、抗过敏、抗病毒和抗休克等药理作用，具有免疫、抗肿瘤、抗真菌、防治心血管疾病，以及杀灭血吸虫等作用。

注：同属植物还有细柄薯蓣(细草薢)*Dioscorea tenuipes* Franch. et Sav.、福州薯蓣(福草薢) *D. futschauensis* Uline ex R. Kunth、绵草薢 *D. spongiosa* J. Q. Xi, M. Mizuno et. W. L. Zhao、日本薯蓣（尖叶薯蓣）*D. japonica* Thunb.、薯蓣 *D. polystachya* Turcz. 均含有薯蓣皂素，其含量分别是细柄薯蓣 1.7141%、福州薯蓣 1.1703%、绵草薢 1.0169%、日本薯蓣 0.2923%、薯蓣 0.1068%。

第四章　保护与改造环境植物资源

植物能保护生态环境、改善生态环境和美化环境。保护和改善环境植物资源是植物资源的重要组成部分，可分为生态防护类、绿化观赏类和环境保护类三类。

生态防护类植物资源包括防风固沙、水土保持、改良土壤，防治生态恶化，保护生态环境的植物资源。此类资源植物木本、草本、藤本都有，但必须用得其所，多数适应性较强。绿化观赏类植物资源包括荒山荒地大地生态绿化的树种和草种，以及环境绿化美化、庭院绿化美化的树种、花卉等。环境保护类植物资源包括抗污染、净化环境和能监测环境污染的指示植物。

根据吴征镒的植物资源分类系统，保护和改造环境植物资源通常可分为6类，即防风固沙植物资源、水土保持植物资源、绿肥植物资源、观赏植物资源、指示植物资源、抗污染植物和监测植物资源。

第一节　防风固沙植物资源

一、概述

随着环境保护理念的提高，近年来自然生态系统和环境保护的力度不断加强。全国第5次荒漠化和沙化的监测结果显示，我国荒漠化土地面积达到 $261.2 \times 10^4\,\mathrm{km}^2$，占我国国土面积的27.2%；沙化土地面积为 $172.1 \times 10^4\,\mathrm{km}^2$，占我国国土面积的17.9%。我国作为世界上沙漠面积较大、分布范围较广且受沙漠化严重的国家之一，实施的以荒漠化、沙化治理为主的工程有"三北"防护林体系和全国防治沙漠化工程（占全国7大防护林工程中的2项），从而遏制土地的沙漠化危害，取得了较好显著的生态、经济和社会效益。

沿海地区是我国经济最发达、城市化进程最快、人口最稠密的地区，在国民经济和社会发展全局中具有举足轻重的地位和作用。但长期以来受地理位置和自然条件等因素影响，台风、海啸、风暴潮、暴雨、洪涝、干旱、风沙等自然灾害频发，严重威胁着沿海地区经济发展和人民群众生命财产安全。我国于20世纪80年代启动沿海防护林体系建设工程，经过20多年的建设，沿海防护林体系工程建设范围不断扩大，建设内容不断丰富，工程区森林资源逐年增长，生态环境逐步改善，防灾减灾能力和生态防护功能逐渐增强，工程建设取得了较大成效。

依据《浙江省沿海防护林体系建设工程规划（2016—2025）》，至2015年，全省沿海防护林体系三道防线已建沿海防护林面积20.7万公顷，占工程区国土面积的3.84%。浙江省沿海地区逐步形成以沿海基干林带、平原农区和城镇防护林网、山地丘陵防护林三道防线为体系的框架。

防风固沙植物具有抗风蚀沙埋、耐干旱、耐盐碱、根系发达、繁殖迅速等生物学、生态学特性。保护区拥有防风固沙植物资源42种，其中，资源蕴藏量较大、适应性强、防风固沙效果好的植物资源19种，具体介绍如下。

二、主要防风固沙植物列举

1. 湿地松 Pinus eliottii Engelm.（松科 Pinaceae）

资源特性：乔木，在原产地高达30m，树姿挺秀，树荫浓，宜配植于山间坡地、溪边池畔，可成丛成片栽植，亦适于庭院、草地孤植或丛植作庭荫树及背景树。适生于低山丘陵地带，既抗旱又耐涝耐瘠，有良好的适应性和抗逆力，生长势常比同地区的马尾松或黑松为好，很少受松毛虫和松材线虫危害。湿地松纯林和与其他防风树种的混交林在沿海地区有优良的防风效果，可有效减小海岸风速，抗风力强，在11～12级台风袭击下很少受害；根系可耐短期海水浸灌。

2. 马尾松 Pinus massoniana Lamb.（松科 Pinaceae）

资源特性：乔木，高达45m，为喜光、深根性树种，根系发达，主根明显，有根瘤菌。对土壤要求不严格，喜微酸性土壤，但怕水涝，不耐盐碱，在石砾土、砂质土、黏土、山脊和阳坡的冲刷薄地上、陡峭的石山岩缝里都能生长，是荒山森林恢复的先锋树种，适应性极强，可保持瘠薄山地的水土，减少泥石流，防止山体滑坡。在海边相对海拔较高的山坡成片种植，有较强的抗风效果。

3. 火炬松 Pinus taeda Linn.（松科 Pinaceae）

资源特性：乔木，在原产地高达30m，喜光，喜温暖湿润，适生于山地、丘陵坡地的中部至下部及坡麓。对土壤要求不严，能耐干燥瘠薄的土壤，除含碳酸盐的土壤外，能在红壤、黄壤、黄红壤、黄棕壤、第四纪黏土等多种土壤上生长，在黏土，石砾含量50%左右的石砾土以及岩石裸露、土层较为浅薄的丘陵岗地上都生长。怕水湿，不耐盐碱。火炬松根系发达，能有效截留降雨和地表径流，拦阻泥沙，防风效果良好，适合在南方水土流失严重的山地种植。在海边相对海拔较高的山坡成片种植，有较好的抗风效果。

4. 侧柏 Platycladus orientalis (Linn.) Franco（柏科 Cupressaceae）

资源特性：常绿乔木，高20m以上，胸径达1m。喜光，幼时稍耐阴，适应性强，对土壤要求不严，在酸性、中性、石灰性和轻盐碱土壤中均可生长。喜生于湿润肥沃、排水良好的钙质土壤，耐干旱瘠薄，萌芽能力强，耐寒力中等，耐强光照，耐高温。抗盐碱，在平地或悬崖峭壁上都能生长。浅根性，但侧根发达，抗风性较好。

5. 麻栎 Quercus acutissima Carr.（壳斗科 Fagaceae）

资源特性：落叶乔木，高达30m，胸径达1m。喜光，深根性，根系发达，对土壤条件要求不严，耐干旱瘠薄，亦耐寒耐旱；宜生于酸性土壤，亦适生于石灰岩钙质土，是荒山瘠地造林的先锋树种。与其他树种混交能形成良好的干形，萌芽力强，但不耐移植。抗污染、抗风能力都较强。

6. 乌冈栎 Quercus phillyraeoides A. Gray（壳斗科 Fagaceae）

资源特性：常绿小乔木或乔木。喜光，根系极其发达，对土壤条件要求不严，可在裸岩的石缝中正常生长，枝条韧性好，抗风能力强，可用合适的造林方式在海边营造防风林。

7. 多脉榆 Ulmus castaneifolia Hemsl.（榆科 Ulmaceae）

资源特性：落叶乔木，高达20m，胸径50cm。喜光树种，散生在向阳山坡、山谷稀疏阔叶林内或林缘。喜深厚、肥沃、有机质含量较多的土壤。生长快，适应性强，根系发达，有粗壮的主根和侧根，抗风力强，为荒山造林、森林更新、防风固沙的优良树种。

8. 榆树 Ulmus pumila Linn.（榆科 Ulmaceae）

资源特性：落叶乔木，高达25m。喜光，耐旱，耐寒，耐瘠薄，不择土壤，适应性很强。根系发达，抗风力、保土力强。生长速度快，生命力旺盛。对生长环境没有太大的要求，贫瘠的土地照样可以生存。列植于公路及人行道，群植于草坪、山坡。常密植作树篱，农村"四旁"绿化的主要树种，也是防风固沙、水土保持和盐碱地造林的重要树种。

9. 亮叶猴耳环 Archidendron lucidum (Benth.) Nielsen（豆科 Leguminosae）

资源特性：常绿小乔木。根系发达，抗风能力强，耐盐碱，在含盐量在0.6%以下的盐碱性土上都可以正常生长，萌芽力和根蘖性强，为优良海岸防风树种。

10. 胡枝子 Lespedeza bicolor Turcz.（豆科 Leguminosae）

资源特性：直立灌木，高1～3m，多分枝，喜生于向阳山坡、林缘、路旁、灌丛及杂木林间。根系发达，抗逆性强，耐旱，耐瘠薄，耐酸，耐盐碱，耐刈割，对土壤适应性强，在瘠薄的新开垦地上可以生长，但最适生于腐殖土。胡枝子由于枝叶茂盛，常成丛生长，再生性很强，是优良的荒山与边坡绿化、防风固沙保土植物。

11. 美丽胡枝子 Lespedeza thunbergii (DC.) Nakai subsp. **formosa** (Vogel) H. Ohashi（豆科 Leguminosae）

资源特性：落叶灌木，高2～3m。适应性强，耐干旱，耐高温，耐瘠薄，耐酸性土，耐土壤贫瘠，耐刈割等，是荒山绿化、水土保持和改良土壤的先锋树种，多散生，但有时在森林火烧或砍伐迹地上，呈丛状、片状分布，形成灌木群落。根系有根瘤，在土层薄而贫瘠的山坡、砾石的缝隙中能正常生长发育。美丽胡枝子是很好的固土、持水及改良土壤树种，也是荒山裸地造林的先锋灌木，适合用于岩石边坡等特殊困难立地条件下的植被恢复。

12. 盐肤木 Rhus chinensis Miller.（漆树科 Anacardiaceae）

资源特性：落叶小乔木或灌木，高达10m。喜光，喜温暖湿润气候，适应性强，耐寒。对土壤要求不严，在酸性、中性及石灰性土壤乃至干旱瘠薄的土壤上均能生长。根系发达，根萌蘖性很强，生长快，常成片生长，防风和固土效果好。

13. 木荷 Schima superba Gardn. et Champ.（山茶科 Theaceae）

资源特性：大乔木，高达25m，适应亚热带气候。对土壤适应性较强，在酸性土如红壤、红黄壤、黄壤上均可生长，但以在肥厚、湿润、疏松的砂壤土生长良好。树冠浓郁，根系发达，耐干旱、瘠薄，可用于荒山绿化、生物防火、针叶林改阔叶林。枝条韧性好，抗风力强，可考虑在海边、相对海拔较高的山坡成片种植，营造防风林带。

14. 枸杞 Lycium chinense Mill.（茄科 Solanaceae）

资源特性：灌木，高0.5～2m。枸杞喜冷凉气候，耐寒力很强。枸杞多生长在碱性土和砂质土，根系发达，抗旱能力强，在干旱荒漠地仍能生长。由于耐干旱，可生长在沙地，因此可作为水土保持的灌木，而且耐盐碱，成为盐碱地先锋植物。

15. 忍冬 Lonicera japonica Thunb.（忍冬科 Caprifoliaceae）

资源特性：多年生半常绿缠绕灌木。集药用经济与水保生态于一身。耐热耐寒，耐涝耐旱，适应性极强，无论是盐碱沙地、肥沃良田，还是山岭薄地、土丘荒坡、路旁、河边堤岸、房前屋后都生长旺盛，枝繁叶茂。金银花根长达10m，固着能力极强。茎叶缠绕匍匐生长，当年长达9m，而且节上生根能力强，在瘠薄立地通常能形成优势群落，成为植被网，具有良好的固土和阻挡水土流失的作用。

16. 菊芋 Helianthus tuberosus Linn.（菊科 Compositae）

资源特性：多年生宿根草本植物，具块状地下茎及发达的纤维状根。菊芋可在−50℃休眠，地温回升后处于正常发育的生长状态。在温度条件较好的情况下，地下茎可储存大量水分，待干旱时代其茎生长。在无霜期遇到干旱，茎叶枯死，雨后仍可恢复正常发育。菊芋具有极强的繁殖力，一次播种，多年受益，以每年10倍的速度繁殖，适应于耕地、沙地、沟渠、地角、荒漠轻度盐碱地等不同类型的立地种植。菊芋繁殖力强、耐贫瘠、耐寒、耐旱、抗病虫害，具有良好的防风固沙作用，是干旱半干旱地区的优良作物，具有良好的生态效益。

17. 野古草 Arundinella hirta (Thunb.) Tanaka（禾本科 Gramineae）

资源特性：多年生草本植物。根状茎较粗壮，密生具多脉的鳞片，须根发达。因野古草具有肥厚的根状茎，固土力强，适作固堤护坡植物。

18. 拂子茅 Calamagrostis epigeios (Linn.) Roth（禾本科 Gramineae）

资源特性：多年生草本植物。在低土壤水分条件下，拂子茅分株产生较少的根状茎，与新生后代分株，分株的相对独立可能有利于在气候干旱、扰动强烈的沙地环境中实现风险分摊，提高基株的成活概率。其根状茎顽强，抗盐碱土壤，又耐强湿，是固定泥沙、保护河岸的良好材料。

19. 狗牙根 Cynodondactylon (Linn.) Pers.（禾本科 Gramineae）

资源特性：低矮草本植物，具有耐盐碱、生长快、建坪迅速等优点。秆细而坚韧，下部匍匐地面蔓延甚长，节上常生不定根，直立部分高 10～30cm，直径 1～1.5mm，秆壁厚，光滑无毛，有时略两侧压扁。其根状茎蔓延力很强，广铺地面，为良好的固堤保土植物。

第二节　水土保持植物资源

一、概述

水土流失是指在水力、风力、重力、冻融等自然营力和人类活动作用下，水土资源和土地生产力的破坏和损失，包括土地表层侵蚀及水的损失。水土流失可分为水力侵蚀、重力侵蚀和风力侵蚀三种类型。我国70%的土地为山丘，长期不合理使用资源和复杂的自然因素致使水土流失严重。根据《2018年中国水土保持公报》，全国水土流失面积约有 $273.69 \times 10^4 \text{km}^2$。其中，水力侵蚀面积 $115.09 \times 10^4 \text{km}^2$，占水土流失总面积的42.05%；风力侵蚀面积 $158.60 \times 10^4 \text{km}^2$，占水土流失总面积的57.95%。按侵蚀强度不同，轻度、中度、强烈、极强烈、剧烈侵蚀面积分别为 $168.25 \times 10^4 \text{km}^2$、$21.03 \times 10^4 \text{km}^2$、$16.74 \times 10^4 \text{km}^2$、$20.68 \times 10^4 \text{km}^2$，分别占水土流失总面积的61.48%、17.17%、7.68%、6.11%、7.56%。水土流失给生态环境带来了严重的威胁，因此，做好水土保持工作刻不容缓。

我国将水土保持最为一项基本国策，实施的以水土保持为主的工程有长江中上游防护林体系、太行山绿化工程、平原绿化工程、黄土高原水土保护林工程（占全国7大防护林工程中的4项），以此来遏制水土流失危害的进一步扩大，并出台了相关法律来阻止水土流失，成立了一个水土保持的建设体系，以将大流域作为重点、将小流域划分为单元的方式进行水土流失治理，提出在小流域内开展商品化、产业化经济，促使小流域治理朝着纵向发展，发展了一系列水土保持治理技术，为水土保持的规范性提供保障。

浙江省水土流失总面积8000多 km^2，约占浙江省国土总面积的8%，坡耕地、园地经济林地势治理是重点和难点，水土保持任务依然十分繁重。为此，浙江省修订《水土保持法》，制定《浙江省水土保持条例》，为全省更好地预防和治理水土流失、保护合理利用水土资源、维护生态安全提供了重要法律依据。

植树造林是有效防止水土流失，保护、改良、合理利用水土资源的重要途径。选择优良的乡土水土保持植物意义重大。保护区拥有水土保持植物资源629种，其中，资源蕴藏量较大，适应性广、水土保持效果好的植物资源74种，具体介绍如下。

二、主要水土保持植物列举

1. 里白 Diplopterygium glaucum (Thunb. ex Houtt.) Nakai（里白科 Gleicheniaceae）

资源特性：多年生蕨类植物，高1.5cm或更高。根状茎横走，根系发达，被鳞片。植株高大，羽叶覆盖面大，多成片生于林下、山谷、沟边等阴湿环境，形成里白灌丛状优势群落，有较好的截留降雨作用，对较为阴湿生境的水土保持效果好。

2. 蜈蚣草 Pteris vittata Linn.（凤尾蕨科 Pteridaceae）

资源特性：多年生蕨类植物，高30～100cm。根状茎直立，短而粗壮，秆密丛生。叶簇生，多密集着于基部，叶片质较硬，叶浓郁，地表覆盖效果好。喜湿、耐热、喜生于钙质土或石灰岩上，也常生于石隙或墙壁上，生长迅速，再生能力强，是石灰岩山地优良的水土保持和护坡植物。

3. 贯众 Cyrtomium fortunei J. Smith（鳞毛蕨科 Dryopteridaceae）

资源特性：常绿草本，高达80cm。根状茎粗短，连同叶柄基部均密生红棕色钻状披针形鳞片。叶簇生，密集着生。喜温暖湿润、半阴环境，耐寒性较强，较耐干旱，多生于山坡林边、溪边丛林下及岩石隙中，是阴湿生境优良的水土保持地被植物。

4. 日本冷杉 Abies firma Zucc.（松科 Pinaceae）

资源特性：常绿乔木，高达50m，胸径达2m。树形高大，大枝通常平展，树冠塔形、浓郁，林冠对降雨的截留效果好。喜湿润、温凉，不耐干燥、酷热，耐半阴，喜生于湿润肥沃、疏松排水良好的酸性或微酸性的棕色或黄红壤土地，适合作为高海拔冷凉气候中的水土保持树种。

5. 马尾松 Pinus massoniana Lamb.（松科 Pinaceae）

资源特性：松属乔木，高可达45m，胸径1.5m。树皮红褐色，枝平展或斜展，树冠宽塔形或伞形，枝条每年生长一轮，林冠对降雨的截留作用好。根系深，主根明显，侧根发达，并有菌根共生，耐旱耐瘠，常作为荒山造林的先锋树种，是优良的固土和水土保持树种，也是南方低海拔地区主要用材及产脂树种。

6. 黄山松 Pinus taiwanensis Hayata（松科 Pinaceae）

资源特性：常绿乔木，高达30m，胸径80cm。我国特有树种，生长在海拔600m以上。其较马尾松叶更为粗短，为喜光、深根性树种，喜凉润，耐瘠薄，根系发达，固土，但生长迟缓。在土层深厚、排水良好的酸性土及向阳山坡生长良好，对恶劣环境适应性强，可作为较高海拔地区荒山造林、水土保持的先锋树种。

7. 金钱松 Pseudolarix kaempferi (Lindl.) Gord.（松科 Pinaceae）

资源特性：落叶乔木，高达40m，胸径达1.5m。我国特有树种。枝平展，树冠宽塔形，截留降雨的能力好。分布于海拔100～1500m针叶树、阔叶树林中。性喜温暖，多雨，土层深厚、肥沃、排水良好的酸性土壤，是我国亚热带地区山区优良的水土保持树种。

8. 杉木 Cunninghamia lanceolata (Lamb.) Hook.（杉科 Taxodiaceae）

资源特性：常绿乔木，高达30m，胸径达3m。树冠圆锥形，枝叶繁茂，能有效截流降水；生长快，自然整枝能力强，林下枯枝落叶层厚，通常形成厚厚的腐殖质层。喜温暖湿润、多雾静风的气候环境，不耐严寒及湿热，怕风，怕旱。适宜在土壤疏松、深厚肥沃的山洼、山腰、山脚和阴坡山地上生长。通常用种子繁殖、扦插繁殖或树桩萌芽更新，适栽范围广，是常见的水土保持树种。

9. 柏木 Cupressus funebris Endl.（柏科 Cupressaceae）

资源特性：常绿乔木，高达35m，胸径2m。我国特有树种。小枝细长下垂，生鳞叶的小枝扁，排成一平面，两面同形，截留降雨，增加林地持水量。喜于石灰岩山地钙质土上生长，适应性强，是南方石灰岩山地优良的水土保持树种。

10. 罗汉松 Podocarpus macrophyllus (Thunb.) D. Don（罗汉松科 Podocarpaceae）

资源特性：常绿乔木，高达20m，胸径达60cm。叶螺旋状着生，线状披针形。枝叶繁茂，能有效截留降雨，有利于防治水土流失。喜温暖湿润气候，耐阴性强，喜排水良好湿润的砂壤土，对土壤要求较高，是优良的水土保持乔木树种。

11. 三尖杉 Cephalotaxus fortunei Hook. f.（三尖杉科 Cephalotaxaceae）

资源特性：常绿乔木，高10m～20m，胸径达40cm。生于山坡疏林、溪谷中湿润而排水良好的地方。三尖杉能生长在土层较为贫瘠的生境，能适应林下光照强度较差的环境条件，并正常生长和更新。适合作为南方丘陵地带水土保持和改善单一树种林地的树种。

12. 银叶柳 Salix chienii Cheng（杨柳科 Salicaceae）

资源特性：灌木或小乔木，高达12m。生于溪流两岸的灌木丛和山谷、山坡、山脚。喜光，喜湿润土地，颇耐寒。银叶柳耐水湿性好，可作为修复河道的植被，减少河道的水土流失和洪水对河岸的冲刷。

13. 杨梅 Myrica rubra (Lour.) Sieb. et Zucc.（杨梅科 Myricaceae）

资源特性：常绿乔木，高达15m以上，胸径达60cm。喜酸性土壤，较为抗寒，产于温带、亚热带湿润气候的山坡或山谷林中。杨梅枝繁叶茂，树冠圆整，降雨截留效果好，具有菌根，耐瘠薄，根系发达，能改善土壤条件，是治理侵蚀劣地的先锋树种。

14. 化香树 Platycarya strobilacea Sieb. et Zucc.（胡桃科 Juglandaceae）

资源特性：落叶小乔木，高2～6m。喜光，对土壤酸碱性要求不高，耐干旱瘠薄，速生萌芽性强，常生长在向阳山坡及杂木林中。常与山苍子、杜鹃花、枹栎等树种在山坡形成次生林，根系可减小雨水对坡地的冲蚀，落叶可改良山地土壤条件。

15. 枫杨 Pterocarya stenoptera C. DC.（胡桃科 Juglandaceae）

资源特性：落叶乔木，高达30m，胸径达1m。喜深厚、肥沃、湿润的土壤。喜光，耐湿，不耐干燥，不怕霜雪，生于沿溪涧河滩、阴湿山坡地的林中。萌芽力很强，可快速形成次生林，枯落物可蓄积雨水，减少地表径流并改善土壤，根系发达，适合作河道护坡固土植物。

16. 江南桤木 Alnus trabeculosa Hand.-Mazz.（桦木科 Betulaceae）

资源特性：乔木，高约10m。能适应酸性、中性和微碱性土壤，喜温暖气候和深厚湿润、肥沃土壤，在荒地、荒山也能生长。根株萌芽力强，能迅速形成次生林，能飞籽成林，常形成天然混交林或纯林。根系发达，可用于护岸固堤，根系有根瘤，枯落物生物量较大，改良土壤和涵养水源效果好。

17. 雷公鹅耳枥 Carpinus viminea Lindl.（桦木科 Betulaceae）

资源特性：落叶乔木，高10～20m。生于山坡杂木林中。萌芽力强，枯落物较多，能起到调节地表径流与地下渗流的作用，枯落物腐烂后形成较厚的腐殖质层可以改良土壤物理结构，增强土壤保水能力，可作南方山地水土保持树种。

18. 板栗 Castanea mollissima Blume（壳斗科 Fagaceae）

资源特性：落叶乔木，高20～40m。深根性树种，侧根、细根均发达，成年树根系的水平伸展范围广，超过枝展1倍以上，垂直分布以20～60cm的土层根系最多。板栗幼嫩根上常有菌根共生，菌丝体呈网纱状，菌根可使根系表皮层细胞显著增大，增加根系的吸收能力，扩大吸收面积，还可分解土壤中的养分，促进根系生长。菌根的形成和发育与土壤肥力有密切关系，有机质多、土壤pH值5.5～7、充气良好、土壤含水量20%～50%、土温13～32℃时菌根形成多，生长也好，水土保持能力好。

19. 甜槠 Castanopsis eyrei (Champ. ex Benth.) Tutch（壳斗科 Fagaceae）

资源特性：常绿乔木，高达20m，生于丘陵或山地疏林或密林中。树干通直，枝叶茂密，四季常绿，林冠截留降雨作用强，能显著减少地表径流。材质良好，用途广，繁殖容易，适应性强。可作营造针阔叶混交林的树种和次生林抚育时的主要留养树种，水土保持能力强。

20. 栲树（栲）Castanopsis fargesii Franch.（壳斗科 Fagaceae）

资源特性：常绿乔木，高达30m，生于常绿阔叶树林下或林缘。枝叶繁茂，树冠浓郁，林冠降雨截留作用强，能显著减少地表径流。种子萌芽力强，伐根上的萌条可长成大树，林下更新好，水土保持能力强。

21. 苦槠 Castanopsis sclerophylla (Lindl. ex Paxton) Schott.（壳斗科 Fagaceae）

资源特性：次生常绿阔叶林的组成树种，高达20m，多生于低山丘陵地区。针阔叶混交林或水源涵养林的好树种，喜深厚、湿润土壤，也耐干旱、瘠薄。深根性，萌芽性强，抗污染，寿命长，具有较强的水土保持的能力。

22. 青冈 Cyclobalanopsis glauca (Thunb.) Oerst.（壳斗科 Fagaceae）

资源特性：常绿乔木，高达20m，生于海拔60～2600m的山坡或沟谷，对气候条件反应敏感，中性喜光，幼龄稍耐侧方荫蔽。喜生于微碱性或中性的石灰岩土壤上，在酸性土壤上也生长良好。深根性直根系，耐干燥，可生长于多石砾的山地。萌芽力强，可采用萌芽更新。可作防风林，具有较强的水土保持的能力。

23. 柯（石栎）**Lithocarpus glaber** (Thunb.) Nakai（壳斗科 Fagaceae）

资源特性：喜光，稍耐阴，耐干旱瘠薄，高15～20m，生于海拔约1500m以下坡地杂木林中，喜生于土层深厚、湿润土壤，也能生于干燥瘠薄山地。具有较强的水土保持的能力。

24. 枹栎（瘭栎、短柄枹）**Quercus serrata** Thunb.（壳斗科 Fagaceae）

资源特性：落叶乔木，高达25m，产于海拔1600～1900m林中。树木枯落物层和土壤层对降水再分配，从而有涵蓄水分、调节径流等功能。

25. 朴树 Celtis sinensis Pers.（榆科 Ulmaceae）

资源特性：落叶乔木，高达20m。喜光耐阴，多生于平原耐阴处，树冠圆满宽广，树荫浓密繁茂，具有极强的适应性且寿命长，具有水土保持的能力。

26. 榔榆 Ulmus parvifolia Jacq.（榆科 Ulmaceae）

资源特性：落叶乔木，高达25m，生于平原、丘陵、山坡及谷地。喜光，耐干旱，在酸性、中性及碱性土上均能生长，但以气候温暖，肥沃、排水良好的中性土壤为最适宜的生境，抗性强，具有水土保持的能力。

27. 榆树 Ulmus pumila Linn.（榆科 Ulmaceae）

资源特性：落叶乔木，高达25m，生于河边低湿处，耐旱抗碱，低山区亦有生长。阳性树种，喜光，耐旱，耐寒，耐瘠薄，不择土壤，适应性很强。榆树树干通直，树体高大，绿荫较浓，适应性强，生长快，具有水土保持的能力。在林业上也是营造防风林、水土保持林和盐碱地造林的主要树种之一。

28. 构树 Broussonetia papyrifera (Linn.) L' Hérit. ex Vent.（桑科 Moraceae）

资源特性：落叶乔木，高10～20m，为强阳性树种，适应性特强，抗逆性强，耐旱，耐瘠。常野生或栽于村庄附近的荒地、田园及沟旁。构树是浅根性树种，侧根发达，细根很多，对地表土层把持力较强，根蘖力极强，根的四周常形成较多的根蘖苗，呈较密的片状林分。枝叶茂密，叶表面粗糙，具有良好的截留雨水的功能及较强的水土保持的能力。

29. 构棘（葨芝）**Maclura cochinchinensis** (Lour.) Corner（桑科 Moraceae）

资源特性：直立或攀援灌木，高2～3m，稀达6m，生于海拔200～1500m的阳光充足的荒坡、山地、林缘和溪旁。通过枝条和根系紧贴着覆盖地表，作为优良的地被覆盖物大大缓冲了雨水对地面的冲刷力和打击，减缓了地表径流，具有较好的水土保持的能力。

30. 桑 Morus alba Linn.（桑科 Moraceae）

资源特性：落叶乔木或灌木，高达15m。喜温暖湿润气候，稍耐阴。耐旱，不耐涝，耐瘠薄，对土壤的适应性强。生长快，枝叶茂盛，能明显减缓雨滴对地表的冲击力，减少地表径流。并有强大的根系，能有效地固结土壤，种植于梯田地埂，提高了梯田地埂的稳定性，增强了梯田的抗冲能力，从而起到了水土保持作用。

31. 苎麻 Boehmeria nivea (Linn.) Gaud.（荨麻科 Urticaceae）

资源特性：亚灌木或灌木，高 0.5～1.5m。生于山谷林边或草坡，海拔 200～1700m。要求土层深厚、疏松、有机质含量高、保水、保肥、排水良好。苎麻根系发达，固土力强。苎麻属深根型植物，萝卜状根粗长，入土较深，一般入土深达50cm以上，大部分细根分布在35cm左右的耕作层中，固土力特别强，保持土壤效果好。苎麻覆盖率高、时间长。苎麻覆盖后，既减少水分蒸发，保持土壤湿润，降低土壤侵蚀量和地表径流量，又有利于苎麻生长，从而起到较好的水土保持作用。

32. 何首乌 Fallopia multiflora (Thunb.) Harald.（蓼科 Polygonaceae）

资源特性：何首乌为多年生植物。茎缠绕，长 2～4m。生于山谷灌丛、山坡林下、沟边石隙，海拔 200～3000m。萌蘖能力强，具水土保持能力。

33. 木通 Akebia quinata (Houtt.) Decne.（木通科 Lardizabalaceae）

资源特性：落叶木质藤本。茎纤细，圆柱形，缠绕。常生长在低海拔山坡林下草丛中。在微酸、多腐殖质的黄壤中生长良好，也能适应中性土壤。适应性强，耐干旱瘠薄，根系发达，成活容易，长迅速，更新能力强，从而起水土保持作用。

34. 五月瓜藤 Holboellia angustifolia Wall.（木通科 Lardizabalaceae）

资源特性：常绿木质藤本。生长于海拔 500～3000m 的山坡杂木林及沟谷林中。性喜温暖湿润气候，耐阴，稍畏寒，要在凉爽通风的环境中生长。五月瓜藤茎藤坚韧，缠绕性强，能减缓雨水对地表的冲击力，从而起到水土保持作用。

35. 南天竹 Nandina domestica Thunb.（小檗科 Berberidaceae）

资源特性：常绿丛生灌木，株高约2m。南天竹性喜温暖及湿润的环境，比较耐阴，也耐寒，容易养护。栽培土要求肥沃、排水良好的砂壤土。对水分要求不甚严格，既能耐湿，也能耐旱。适宜生长在没有阳光直射、较为湿润的环境，在自然条件下的水土保持能力非常强大。

36. 汉防己 Sinomenium acutum (Thunb.) Rehd. et Wils.（防己科 Menispermaceae）

资源特性：木质大藤本，长达20m。喜生于石灰岩山地岩石缝中及阳光充足处，常攀援于大树上或岩石上。多生于山坡、丘陵地带的草丛及灌木林缘。耐寒，对气候和土壤要求不严。叶片和果实均可观赏，适用于棚架、栅栏、假山和岩石绿化，也是良好地被，能起到很好的水土保持作用。

37. 南五味子 Kadsura longipedunculata Finet et Gagnep.（木兰科 Magnoliaceae）

资源特性：藤本植物，藤长2.5～4m。在山区的杂木林中、林缘或山沟的灌木丛中，缠绕在其他林木上生长。喜温暖湿润气候。南五味子枝叶繁茂，夏季花开具有香味，秋季聚合果红色鲜艳，具有较高的观赏价值，是庭院、公园垂直绿化和水土保持的良好树种。

38. 玉兰 Magnolia denudata Desr.（木兰科 Magnoliaceae）

资源特性：落叶乔木，高达25m。玉兰性喜光，较耐寒，可露地越冬。喜干燥，忌低湿，栽植地渍水易烂根。喜肥沃、排水良好而带微酸性的砂壤土，在弱碱性的土壤上亦可生长。植物适应性强，根系发达，固土护坡能力强，是水土保持林、水源涵养林的主要树种。

39. 木莲（乳源木莲）Manglietia fordiana Oliv.（木兰科 Magnoliaceae）

资源特性：乔木，高达20m。生于海拔1200m的花岗岩、砂质岩山地丘陵。喜半阴，幼树耐阴，喜温暖湿润的环境。喜深厚肥沃、排水良好的酸性黄壤土。幼年耐阴，长大后喜光。在低海拔干热地方生长不良。是优良庭院观赏、"四旁"绿化和水土保持树种。

40. 深山含笑 Michelia maudiae Dunn（木兰科 Magnoliaceae）

资源特性：常绿乔木，高达20m。喜温暖、湿润环境，有一定耐寒能力。中等喜光，幼时较耐阴。自然更新能力强，生长快，适应性广。抗干热，对二氧化硫的抗性较强。喜土层深厚、疏松、肥沃而湿润的酸性砂壤土。根系发达，萌芽力强，是优良的水土保持植物。

41. 樟（香樟）Cinnamomum camphora (Linn.) Presl（樟科 Lauraceae）

资源特性：常绿乔木，高达30m。喜光，稍耐阴；喜温暖湿润气候，耐寒性不强，对土壤要求不严，较耐水湿，但不耐干旱、瘠薄土壤和盐碱土。枝叶繁茂，郁闭度高，林冠截留降雨效果好。主根发达，深根性。适应能力强，速生优质，栽植和养护容易，是优良的水土保持植物。

42. 小叶蚊母树 Distylium buxifolium (Hance) Merr.（金缕梅科 Hamamelidaceae）

资源特性：常绿灌木，高1～2m。枝叶繁茂，生长旺盛，萌芽力强，耐修剪。可片植、列植、丛植，是优良的色块、矮篱、高篱植物，对土壤要求不严，抗逆性强，在海滨滩地、岸坡地也适宜栽植，可作地被植物，是优良的水土保持植物。

43. 枫香 Liquidambar formosana Hance（金缕梅科 Hamamelidaceae）

资源特性：落叶乔木，高达30m，喜温暖湿润气候，性喜光，幼树稍耐阴，耐干旱瘠薄土壤，不耐水涝。多生于平地、村落附近及低山的次生林。种子繁殖，萌发力强，适于直播造林。深根性树种，抗风，是优良、速生荒山造林良种。具有水土保持的能力。

44. 杜仲 Eucommia ulmoides Oliv.（杜仲科 Eucommiaceae）

资源特性：杜仲根系发达，有明显的垂直主根及庞大的侧根。主根深可达1.5m以上。根幅可达3m以上。各种根系密集于地表下5～100cm范围内，具有良好的固土、透水、保水功能。根有较强的穿伸性能，主侧根均能沿岩石的缝隙伸长，可以促进缝隙的扩展，增强母岩的透水与储水性能。枝叶茂密，叶表面粗糙，具有良好的截留降雨的功能。

45. 泰顺石楠 Photinia taishunensis G. H. Xia, L. H. Lou et S. H. Jin（蔷薇科 Rosaceae）

资源特性：常绿披散状灌木，高1～2m。常密集丛生状，形成浓郁的地被覆盖地表，根系发达，对气候土壤等自然条件要求不严，抗逆性强，适应性广，生长速度快，保持水土效果好，种植管理容易，可观叶、观花、观果，为优良的园林铺地植物，能起到很好的水土保持作用。

46. 蓬蘽 Rubus hirsutus Thunb.（蔷薇科 Rosaceae）

资源特性：灌木，高达1m，生于山坡路旁阴湿处或灌丛中。喜光，耐一定的荫蔽。根状茎极其发达，自然分布水平幅度为1.4m×1.5m，垂直深度一般小于50cm，集中分布于10～25cm深的土层中；萌蘽繁殖率极高，通常成片生长成优势种群，能很快覆盖地表，对土壤要求不严，水土保持效果好。

47. 合欢 Albizia julibrissin Durazz.（豆科 Leguminosae）

资源特性：落叶乔木，高4～15m。主根粗壮，能穿透土层下层和向岩缝伸展，吸取深层水肥，因此，具有突出的抗旱能力。它萌芽能力旺盛，天然更新良好。幼树在密林下生长不良，但萌生能力强，冬春采伐，砍后伐桩萌芽率100%。耐采割，每伐桩萌条3～7个，能自然成材的1～3个。合欢以其浓密的枝叶覆盖地面，大量落叶回归林地，从而减少地表径流，增加土壤有机质含量，根系固土固氮，起到了改良和保持土壤的作用。

48. 山合欢 Albizia kalkora (Roxb.) Prain（豆科 Leguminosae）

资源特性：落叶乔木，小枝棕褐色，高6～15m。根系发达，主根深可达1m以下，侧根多分布在20～30cm深的土层内。经调查，7年生山合欢林内土层厚40cm，枯落物厚度2cm，郁闭度80%，草本盖度75%，灌木盖度30%。

49. 锦鸡儿 Caragana sinica (Buc' hoz) Rehd.（豆科 Leguminosae）

资源特性：落叶灌木，高1～2m。根系深且发达。枝叶茂密，地表枯枝落叶再加上根系分布在土壤上层，上下结合，形成一个有效的保水保土防护体系，因此是良好的水土保持树种。有根瘤菌能固氮，能改良土壤，是荒山和沙荒绿化的先锋树种。

50. 皂荚 Gleditsia sinensis Lam.（豆科 Leguminosae）

资源特性：落叶乔木，树高15～20m，树冠达15m。深根性，根系发达，在疏松的土壤母质上或较黏紧的土层中，根深可达2m以上。具有较好的固土与改良土壤的作用。枝叶茂密，叶大枝多，能产生较多的枯枝落叶，腐烂速度较慢，林内具有较厚的枯落物层，对吸收降水、增加渗透有良好的作用。皂荚树可散生栽植，也可营造片林，在瘠薄地可长成大径木，是低海拔阳坡的水保兼用材的造林树种。

51. 胡枝子 Lespedeza bicolor Turcz.（豆科 Leguminosae）

资源特性：直立灌木，高1～3m，多分枝。根系发达，能固持土壤。胡枝子为浅根性树种，侧根、须根发达，构成网状根群固持土壤，须根还可沿石缝下扎。萌芽力强，平茬后可在茎上萌出3～5个以上的枝条。枯枝落叶丰富，分解速度快。枯枝落叶可以吸收自身重量1.5～1.8倍的水分，从而减少了径流量，减少了对土壤的冲刷，还改良了土壤的通气蓄水性能，增加了土壤的肥力和渗透能力。胡枝子的根部有大量的根瘤菌，可以固氮。

52. 美丽胡枝子 Lespedeza thunbergii (DC.) Nakai subsp. **formosa** (Vogel) H. Ohashi（豆科 Leguminosae）

资源特性：直立灌木，高 1 ~ 2m，多分枝。适应性较广，耐旱，耐高温，耐酸性土，耐贫瘠土壤，也较耐阴蔽。通常生于向阳山坡、山谷、路边灌丛中或林缘，尤其在新开辟的山坡荒地、公路两边的上边坡和下边坡、马尾松林缘或疏林下，很好的固土、持水及改良土壤树种。

53. 天蓝苜蓿 Medicago lupulina Linn.（豆科 Leguminosae）

资源特性：多年生草本植物，高达60cm。枝叶繁茂，分枝多，而且萌发早，在早春2月底，阳坡上即发芽出土。待到雨季时，茂密的枝叶已经覆盖地面。一丛天蓝苜蓿可覆盖约0.5m²的地面，可以起到很好的截留降雨的作用。根系发达，直根系，主根粗长，侧根分枝多，且着生大量的根瘤，形成一个固持土壤的网络，所以具有良好的防止冲刷、固坡护沟、蓄水保土作用。

54. 野葛 Pueraria montana (Lour.) Merr. var. **lobata** (Willd.) Maesen et S. M. Almeida ex Sanjappa et Predeep（豆科 Leguminosae）

资源特性：野葛有萌芽力强、生长迅速、茎蔓伏地生长、与地面接触易生根等特点，栽植后只要不被破坏，能在短期内形成良好的活地被物层，起到保护地面、防止水土流失的作用。枝叶量大，每年落叶和枯枝能形成良好的枯落物层，起到改良土壤、增强渗透能力和涵养水分的作用，从而可有效地减少水土流失。根系发达，根与根瘤菌共生，能肥土、保土和固持土体。亩产鲜茎叶6000多千克，产量高，营养价值大，为马、牛、羊猪等家畜所喜食。此外，茎条柔韧，可编制藤具；嫩茎叶可作饲料；根粗大，富含淀粉，供食用及酿酒用；根、花、荚能入药，有解毒、止渴、止泻作用。

55. 臭椿 Ailanthus altissima Swingle（苦木科 Simaroubaceae）

资源特性：臭椿主根发达，向下生长的深度可达3m以下，为深根性树种。侧根多分布在20 ~ 70cm深的土层内，数量不多，并倾斜向下生长，故可与其他浅根性树种营造混交林。如在碳酸盐反应较强的石灰岩山地，臭椿是侧柏的良好混交树种。由于根系发达，穿透能力强，能充分利用母质层内的水分和养分，因此在岩石裸露、土壤干旱、土层瘠薄地区营造臭椿林可起到水土保持作用。

56. 楝树 Melia azedarach Linn.（楝科 Meliaceae）

资源特性：落叶乔木，高10m以上。主根不明显，但侧根发达，侧方延长3 ~ 4m或更远，须根较少，侧根和须根主要分布在20 ~ 80cm深的土层内。萌生能力强，幼树受害折断，砍伐或火烧后均可萌生，树干折断也能萌生。楝树萌条3 ~ 5根，萌条长势大于原植株，可谓越砍越旺，越砍越多。一般每个伐桩可萌发10根以上萌条，多者可达30 ~ 40根，所以，楝树栽于村边田头、沿海滩地、丘陵山脚，则可以保护沟渠和防止水土流失。

57. 南酸枣 Choerospondias axillaris (Roxb.) Burtt et Hill（漆树科 Anacardiaceae）

资源特性：落叶乔木，高8 ~ 20m。喜阳，略耐阴；喜温暖湿润气候，不耐寒；对土壤要求不高，喜生于深厚肥沃而排水良好的酸性或中性土壤。枝叶繁茂，萌芽力强，生长迅速，郁闭度高，根系发达，是优良的水土保持植物。

58. 黄连木 Pistacia chinensis Bunge（漆树科 Anacardiaceae）

资源特性：落叶乔木，高25～30m。喜光，幼时稍耐阴；喜温暖，畏严寒；耐干旱瘠薄，对土壤要求不严，微酸性、中性和微碱性的砂质、黏质土均能适应，而以在肥沃、湿润而排水良好的石灰岩山地生长最好。主根发达，根系多，分布深，萌芽力强，能防风、固土和减少土壤冲刷。树冠广阔，枝叶稠密，落叶量大，枯落物多，能很好地改良土壤，提高土壤的渗透速度和增强土体抗侵蚀能力。

59. 全缘叶栾树 Koelreuteria bipinnata Franch. var. integrifoliola (Merr.) T. Chen（无患子科 Sapindaceae）

资源特性：根深、叶茂，羽状复叶柄大不易腐烂，具有枯落物多而厚的特性。适生长在坡基及坡谷堆积物处，不仅可以固持土壤及石块，而且能拦截坡面冲刷下来的泥土，是很好的水土保持树种。全缘叶栾树在具有一定枯落物的环境下，天然更新良好，可以自我调节林分的密度与林分状况，林分的水保效益比较稳定。

60. 无患子 Sapindus saponaria Linn.（无患子科 Sapindaceae）

资源特性：落叶乔木，高达20m。喜光，稍耐阴，耐寒能力较强，对土壤要求不严。深根性，抗风力强。枝繁叶茂，枯枝落叶生物量大，生长快，寿命长。具有良好的水土保持能力。

61. 爬山虎 Parthenocissus tricuspidata (Sieb. et Zucc.) Planch.（葡萄科 Vitaceae）

资源特性：多年生大型落叶木质藤本植物，茎长达18m。爬山虎适应性强，性喜阴湿环境，但不怕强光，耐寒、耐旱、耐贫瘠，气候适应性强，在暖温带以南冬季也可以保持半常绿或常绿状态。节上有吸盘，在土壤、岩石等攀附、固着效果好，具有良好的水土保持能力。

62. 扁担杆 Grewia biloba G. Don（椴树科 Tiliaceae）

资源特性：灌木或小乔木，高1～4m，生长于丘陵、低山路边草地、灌丛或疏林。耐干旱瘠薄土壤，可在干旱裸露的山顶成活。扁担杆具有大而密集的灌丛，可以形成较大的固土体。能截留地表水，且年枯叶落物较多，能吸收较多的降水。在干旱瘠薄地长良好，是干旱阳坡的一个优良植被类型，枯落物产量多，水保功能相对较高。能在阳坡疏林下形成灌木层，可增加原林分的水保功能，是一个较好的水保树种。

63. 木荷 Schima superba Gardn. et Champ.（山茶科 Theaceae）

资源特性：常绿乔木，高可达25m。木荷树形美观，树姿优雅，枝繁叶茂，树冠浓密，林冠截留降雨效果好，根系发达，为优良的水土保持、水源涵养树种。叶片厚革质，着火温度高，含水量大，不易燃烧，是营造生物防火林带的理想树种。

64. 南岭荛花 Wikstroemia indica (Linn.) C. A. Mey.（瑞香科 Thymelaeaceae）

资源特性：落叶灌木，高0.5～1.5m，分布于热带和亚热带，海拔1500m以下地区的灌丛、空旷林下、石山上或田边路旁。喜湿、喜热。南岭荛花不仅耐干旱瘠薄,而且根萌蘖性强,是我国亚热带水土流失区植被恢复的优良灌木类植物。

65. 石榴 Punica granatum Linn.（石榴科 Punicaceae）

资源特性:落叶灌木至小乔木,高5～7m。根系发达,3年生树主根长62cm,侧、毛根76条,根系分布大都集中在深10～3cm的土层中,根比冠幅大1/3左右。根蘖能力强,枝叶稠密,小枝柔软不易风折等特性,能有效地截留和削减地表径流、防止土壤冲刷等,起到良好的水保效益。石榴树冠稠密度达到70%～80%时,其树冠截留量为15～20mm;石榴林区与自然荒坡相比,径流模数可减少50.6%,侵蚀模数减少77.1%。

66. 灯台树 Cornus controversa Hemsl.（山茱萸科 Cornaceae）

资源特性:落叶乔木,高6～15m,生于海拔250～1500m的常绿阔叶林或针阔叶混交林中。灯台树喜温暖气候及半阴环境,适应性强,耐寒、耐热,生长快。灯台树还具有很高的生态价值,因其为落叶树种,落叶层堆积厚,能够很好地防止水土流失,具有涵养水源的功能。同时,灯台树分布范围广,适应性强,能够在一些地力衰退的林地上生长,对林地地力的恢复起到重要的作用。

67. 柿 Diospyros kaki Thunb.（柿科 Ebenaceae）

资源特性:落叶大乔木,高10～14m。深根性树种,喜温暖气候,阳光充足,深厚、肥沃、湿润、排水良好的土壤,适生于中性土壤,较能耐寒,耐瘠薄,抗旱性强,适应性及抗病性均强。叶片大而厚,枯枝落叶生物量较大,根系发达,水土保持效果好。秋季柿果红彤彤,外观艳丽诱人;柿叶也变成红色,景观美丽;是园林绿化和庭院经济栽培的重要树种之一。

68. 君迁子 Diospyros lotus Linn.（柿科 Ebenaceae）

资源特性:落叶乔木,高达30m,胸径达1.3m。根系发达,分布广而均匀。据调查,3年生苗木的根系,直径在0.05cm以上的有306条,根系干物质重321.2g,主要根群分布在深20～40cm的土层内,一级侧根发达,萌生细根的能力较强,同时有很强的吸附能力,水土保持效果好。在坡上栽植时,根能顺坡伸展;栽在梯田外沿的树,其内侧根系可伸入梯田内部吸收肥水,外侧常伸展很远,起到水土保持作用。

69. 络石 Trachelospermum jasminoides (Lindl.) Lem.（夹竹桃科 Apocynaceae）

资源特性:常绿木质藤本,长达10m。对气候的适应性强,能耐寒冷但忌严寒,耐暑热,喜弱光,亦耐烈日高温,攀附石壁等覆盖地表,截留降水效果较好。它生长良好,不但能在地面形成一定厚度的覆盖层,而且能缠绕树干而上,直达林冠层。这对于加大地面覆盖度、防止地面溅蚀、减少地表径流和拦截泥沙都具有很好的作用。

70. 野古草 Arundinella hirta (Thunb.) Tanaka（禾本科 Gramineae）

资源特性:茎叶粗壮、宽大,簇生或根状茎节上萌出单茎叶。野古草适应性较强,在较干的山坡、微碱性土、微酸性土、砂壤土、草甸、草原杂木林间草地都能很好生长。它繁殖快,根系发达,能盘结土壤,增强土壤抗冲能力;茎叶茂盛,能郁闭地面,减轻雨滴对地面的冲击；它的落叶和老根腐烂后，能改善土壤结构，提高土壤肥力，是一种较好的水土保持植物。

71. 狗牙根 Cynodon dactylon (Linn.) Pers.（禾本科 Gramineae）

资源特性：低矮草本，高 10～30cm，分布广。极耐热和抗旱，但不抗寒也不耐阴，它较耐淹，耐盐性也较好，对土壤要求不高。其根状茎蔓延力很强，广铺地面，为良好的固堤保土植物。狗牙根由于覆盖性好，蔓延速度快，耐践踏，再生力强，所以被广泛用于高尔夫球场及其他高强度践踏的运动场、庭院、公园、机场、道路、水库堤岸等草坪绿地。

72. 黄背草 Themeda triandra Forssk.（禾本科 Gramineae）

资源特性：多年生簇生草本植物，秆高达 1.5m。优良的水保植物，具有发达的根系，主要分布在深 0～20cm 的土层中。黄背草须根很多，植株繁茂，对增加覆盖、固土蓄水都有较好的作用。

73. 结缕草 Zoysia japonica Steud.（禾本科 Gramineae）

资源特性：多年生草本，高 14～20cm，生于平原、山坡或海滨草地上。结缕草喜温暖湿润气候，喜光，但又有一定的耐阴性。抗旱、抗盐碱、抗病虫害能力强，耐瘠薄，耐践踏，耐水湿。结缕草具有强大的地下茎，节间短而密，每节生有大量须根，分布深度多在 20～30cm 深的土层内，叶片较宽厚、光滑、密集、坚韧而富有弹性，抗践踏，耐修剪，是极好的运动场和草坪用草、水土保持植物。

74. 大披针薹草 Carex lanceolata Boott（莎草科 Cyperaceae）

资源特性：多年生草本，根系发达，固土保水力很强，在干旱地区簇生，在山坡林缘及林下能形成大面积植物群落，根系交叉生长，好似毛毡一样，对土壤的固持力很强，再加上茎叶的密集，凡是有该种生长的地方，均无水土冲刷现象。发芽早，生长快，地面的覆盖度达 70%～100%，可以阻挡雨滴对地面的打击力，有效地阻止水土流失，增强土壤的渗透力。

第三节　绿肥植物资源

一、概述

绿肥是作为肥用或改良土壤用的一类植物的总称。它富含有机质和氮、磷、钾等有效养分，可以作为提高农业生产的重要肥料。从理论上说，所有的植物都是生命有机体，腐烂分解后都含有有机质和氮、磷、钾等有效养分，能肥沃土壤和提供植物生长用的养料，因此，广义的绿肥是所有的植物。但习惯上只把容易腐烂分解，且有机质含量相对丰富的草本植物和某些树木的叶，特别是嫩叶称为绿肥，即狭义的绿肥，本节所指均为此类。其按来源不同，可分为栽培绿肥和野生绿肥。其按科属分，可分为豆科绿肥（如紫云英、苕子、金花菜、猪屎豆等）和非豆科绿肥（如肥田萝卜、油菜、青刈大麦、燕麦等）两类。其按生育期长短分，又可分为一年生绿肥（如饭豆、绿豆、豇豆）、二年生（越年生）绿肥（如紫云英、蚕豆、豌豆）、多年生绿肥（如紫苜蓿、胡枝子、紫穗槐）。其按主要生育期分，又可分为冬季绿肥和夏季绿肥两类。此外，利用作物换茬的短暂间隙，栽培生长快、生育期短的绿肥，作为后茬利用的，叫短期绿肥；利用水面养殖的（如满江红），叫水生绿肥。

绿肥培肥土壤的作用已为国内外土壤农化界所公认。种植和施用绿肥就是生物改土行之有效的措施。绿肥主要有以下功效：①增加土壤有机质含量，培肥地力。②补充土壤重要氮源。③富集矿物质元素，减少土壤中磷、钾的固定。④保持水土。⑤是农牧结合的纽带。⑥具有明显的增产效果。

栽培绿肥又称绿肥作物，是绿肥的主体，在保护区内主要是自然生长的野生植物。本节讨论的主要是野生绿肥植物。根据相关文献资料和常作绿肥的植物调查，保护区共有16科48属65种（包括种下分类等级）可作绿肥，其中豆科、禾本科、菊科为种类最丰富的科。

二、主要绿肥植物列举

1. 槐叶蘋 Salvinia natans (Linn.) All.（槐叶蘋科 Salviniaceae）

利用部位：全株。占鲜物重（%）：H_2O 94.0，N 0.148，P_2O_5 0.031，K_2O 0.24；占干物重（%）：N 2.465，P_2O_5 0.509，K_2O 4.004。

槐叶蘋为水生漂浮植物，生长快，单位面积产量高，一旦水体干枯或捞出施用于农地，短时间内干枯腐烂，转化成肥料而被农作物吸收利用。槐叶蘋能大量利用水体中的氮、磷、钾，对水质净化效果较强。

2. 满江红 Azolla pinnata R. Br. subsp. **asiatica** R. M. K. Saunders et K. Fowler（满江红科 Azollaceae）

利用部位：全株。占鲜物重（%）：N 0.251，P_2O_5 0.023，K_2O 0.160，有机质含量5.63%。

特点与槐叶蘋相近，但生长更快，是南方水稻、茭白常用的绿肥植物。

3. 喜旱莲子草 Alternanthera philoxeroides (Mart.) Griseb.（苋科 Amaranthaceae）

利用部位：全株。占鲜物重（%）：H_2O 90.9，N 0.21，P_2O_5 0.09，K_2O 0.85；占干物重（%）：N 2.35，P_2O_5 0.97，K_2O 9.34。

原产于巴西，作为饲料植物引进，繁殖和生长迅速，现已成为农田主要杂草，虽然肥分较高，但应用时需注意控制范围。

4. 枫香 Liquidambar formosana Hance（金缕梅科 Hamamelidaceae）

利用部位：嫩茎和叶。占干物重（%）：N 1.83，P_2O_5 0.29，K_2O 1.46。

早在20世纪80年代前，化肥没有大量使用，枫香的嫩茎和叶被用作水稻的基肥使用，效果不错，现在已经基本不用了。

5. 合萌 Aeschynomene indica Linn.（豆科 Leguminosae）

利用部位：全株。占鲜物重（%）：H_2O 38.4；占干物重（%）：N 3.29，P_2O_5 0.66，K_2O 0.69。

该种是除常规栽培的豆科绿肥外，比较优良的野生绿肥，适应性强，翻耕后肥效高且快，有推广价值。

6. 杭子梢 Campylotropis macrocarpa (Bunge) Rehd.（豆科 Leguminosae）

利用部位：嫩茎和叶。占干物重（%）：N 1.90，P_2O_5 0.18。

农村常用绿肥，肥效高。

7. 鸡眼草 Kummerowia striata (Thunb.) Schindl.（豆科 Leguminosae）

利用部位：全株。占干物重（%）：N 1.57，P_2O_5 0.70，K_2O 1.25。

植株较小，在农地生长对农作物影响不大，且地下的根瘤菌丰富，对改良土壤、增加肥力效果明显。

8. 胡枝子 Lespedeza bicolor Turcz.（豆科 Leguminosae）

利用部位：花前期嫩梢。占鲜物重（%）：N 0.61，P_2O_5 0.09，K_2O 0.31；占干物重（%）：N 2.59，P_2O_5 0.38，K_2O 1.23。

农村常用绿肥，肥效高。

9. 截叶铁扫帚 Lespedeza cuneata (Dum. Cours.) G. Don（豆科 Leguminosae）

利用部位：嫩茎和叶。占干物重（%）：N 1.19，P_2O_5 0.39。

生长快，刈除后腐烂快，肥效高。

10. 野葛 Pueraria montana (Lour.) Merr. var. **lobata** (Willd.) Maesen et S. M. Almeida ex Sanjappa et Predeep（豆科 Leguminosae）

利用部位：嫩茎和叶。占鲜物重（%）：N 0.50，P_2O_5 0.12，K_2 0.87；占干物重（%）：N 3.18，P_2O_5 0.78，K_2O 5.58。

生长极其迅速，嫩茎和叶肥效高，但容易徒长造成危害，必须加以控制。

11. 苦参 Sophora flavescens Ait.（豆科 Leguminosae）

利用部位：花期茎叶。占鲜物重（%）：H_2O 76.0，N 0.49，P_2O_5 0.12，K_2O 0.35；占干物重（%）：N 2.04，P_2O_5 0.50，K_2O 1.45，C 38.29。

生长快，生物量大，刈除后腐烂快，肥效高。

12. 大巢菜 Vicia sativa Linn.（豆科 Leguminosae）

利用部位：全株。占鲜物重（%）：H_2O 72.5，N 0.63，P_2O_5 0.14，K_2O 0.36。

春季至初夏绿肥，生长快，肥效高，特别是地下根瘤菌丰富，对改良土壤、增加肥力效果明显。可试作栽培绿肥。

13. 楝树 Melia azedarach Linn.（楝科 Meliaceae）

利用部位：叶片。占干物重（%）：N 3.18～4.43，P_2O_5 0.78～1.30，K_2O 2.44～5.58。

早在20世纪80年代前，化肥没有大量应用，叶被用作水稻的基肥使用，效果不错，现在较少使用。楝树叶有杀死地下害虫的作用。

14. 乌桕 Triadica sebifera (Linn.) Small（大戟科 Euphorbiaceae）

利用部位：嫩茎和叶。占干物重（%）：N 3.22，P_2O_5 0.095，K_2O 1.00。

早在20世纪80年代前，嫩茎和叶被用作水稻的基肥使用，现在已经基本不用了。

15. 盐肤木 Rhus chinensis Miller.（漆树科 Anacardiaceae）

利用部位：嫩茎和叶。占鲜物重（%）：N 0.85，P_2O_5 0.15，K_2O 0.70；占干物重（%）：N 2.96，P_2O_5 1.05，K_2O 1.82。

适应性强，生长快，枝叶量大，肥效亦高，是一种值得推广的木本绿肥。

16. 鹅掌柴 Schefflera heptaphylla (Linn.) Frodin（五加科 Araliaceae）

利用部位：嫩茎和叶。占干物重（%）：N 2.74，P_2O_5 0.34，K_2O 3.13。

对生长环境要求较高，需阴湿但土壤排水良好的小环境。肥效较高。

17. 臭牡丹 Clerodendrum bungei Steud.（马鞭草科 Verbenaceae）

利用部位：嫩茎和叶。占干物重（%）：N 3.14，P_2O_5 0.17，K_2O 0.91。

适应性强，枝叶肥效亦高，可推广应用。

18. 牡荆 Vitex negundo Linn. var. **cannabifolia** (Sieb. et Zucc.) Hand.-Mazz.（马鞭草科 Verbenaceae）

利用部位：嫩茎和叶。占干物重（%）：N 4.45，P_2O_5 0.79，K_2O 2.61。

生长快，嫩茎和叶比例大，腐烂分解快，是优良的木本绿肥之一。

19. 野艾蒿 Artemisia lavandulaefolia DC.（菊科 Compositae）

利用部位：全株。占干物重（%）：N 3.03，P_2O_5 0.95，K_2O 5.47。

繁殖系数高，生长快，腐烂分解快，肥效亦高，是优良的野生绿肥之一。

20. 升马唐 Digitaria ciliaris (Retz.) Koel.（禾本科 Gramineae）

利用部位：全草。占干物重（%）：N 1.49，P_2O_5 4.49，K_2O 2.09。

繁殖系数高，生长快，腐烂分解快，肥效亦高。为常见的田间杂草，应用时应注意控制。

21. 牛筋草 Eleusine indica (Linn.) Gaerth.（禾本科 Gramineae）

利用部位：全草。占干物重（%）：N 3.29，P_2O_5 0.18，K_2O 2.62。

常见杂草，刈除后覆盖地面可抑制其他杂草生长，肥效亦高。

22. 知风草 Eragrostis ferruginea (Thunb.) Beauv.（禾本科 Gramineae）

利用部位：全株。占干物重（%）：N 1.56，P_2O_5 0.27，K_2O 1.60。

常见杂草，刈除后覆盖地面可抑制其他杂草生长，肥效亦高。

23. 大白茅 Imperata cylindrica (Linn.) Raeuschel var. **major** (Nees) C. B. Hubb.（禾本科 Gramineae）

利用部位：地上部分。占干物重（%）：N 0.74，P_2O_5 0.08，K_2O 1.27。

重要的水土保持植物，生长量大，刈除后覆盖地面可抑制其他杂草生长，肥效亦高。

24. 有芒鸭嘴草 Ischaemum aristatum Linn.（禾本科 Gramineae）

利用部位：地上部分。占干物重（%）：N 0.62，P_2O_5 0.06。

生长量大，刈除后覆盖地面可抑制其他杂草生长，肥效亦高。

25. 芦苇 Phragmites australis (Cav.) Trin. ex Steud.（禾本科 Gramineae）

利用部位：嫩茎和叶。占干物重（%）：N 2.11，P_2O_5 0.62，K_2O 0.11。

生长量大，腐烂时间长，刈除后覆盖地面可抑制其他杂草生长，但肥效低。

26. 大藻 Pistia stratiotes Linn.（天南星科 Araceae）

利用部位：全草。占鲜物重（%）：N 0.22，P_2O_5 0.06，K_2O 0.10。

原产于全球热带，作猪饲料引进。繁殖快，生长迅速，捞出后施用于农地，短时间内干枯腐烂，转化成肥料被农作物吸收利用。大藻能大量利用水体中的氮、磷、钾，对水质净化效果较强。

27. 凤眼莲 Eichhornia crassipes (Mart.) Solms（雨久花科 Pontederiaceae）

利用部位：全株。占鲜物重（%）：H_2O 92.86，N 1.22，P_2O_5 0.059，K_2O 0.362；占干物重（%）：N 1.704，P_2O_5 0.824，K_2O 0.065。

原产于美洲热带，作为饲料引进。繁殖和生长极快，已成为水体入侵植物。覆盖地面可抑制其他杂草生长，肥效较低。

第四节　观赏植物资源

一、概述

（一）观赏植物的含义

什么是观赏植物？目前尚无确切定义。一般来讲，凡其茎、叶、花、果或其个体、群体有较高观赏价值的植物都可称为观赏植物。通常人们习惯把具有木本习性的植物称为观赏树木或园林树木，而把具有草本习性的植物称为花卉。本书所说的观赏植物是观赏树木与花卉的总称。

观赏树木与花卉虽然在用途上是相似的，但在具体应用上存在差异。观赏树木通常定植在园中某一确定位置而长期利用，即时间长久，利用的空间固定，一经定植就不再移动。观赏树木主要是用来改善环境、建造景观、美化庭院。观赏树木多以其优美的枝叶及雄伟的树姿呈现其壮观美，在园林中兼有较强的遮阴、降温、防尘、消音等生态功能。观赏树木的栽培较粗放，管理较为简便，除苗木外，很少有经营性栽培。而观赏花卉除定植在庭院中供欣赏外，还以盆栽方式异地利用，亦可剪枝、切花供应，或在保护地促成栽培。观赏花卉常以鲜艳、丰富的花色为观赏重点。同时，花卉通常需要精细栽培和管护，更多的是作商品性栽培。

因此，一些以观花或观果为主的灌木或小乔木（如牡丹、蜡梅、月季、梅花、桃花、山茶、石榴、杜鹃等）及一些枝叶优美、常具彩叶的灌木或小乔木（如印度橡胶树、红桑、红狗尾、一品红、变叶木、鹅掌柴、金脉爵床等适于盆栽而入室观叶的种类）常归入花卉类。

可见，某些观赏树木与花卉之间没有一个明确的界线，只是为了教学或研究方便，人为地进行划分。我国观赏植物种类繁多，资源丰富。据不完全统计，地球上植物的总种数达50余万种，原产我国的高等植物有3万种以上，木本植物近8000种。目前，园林生产中栽培利用的观赏植物仅为其中很小一部分，大量的种类还未被认识与利用。要充分挖掘观赏植物资源，丰富园林景观，进行科学合理的规划和研究是十分重要的。

园林栽培应用的各种观赏植物，均为人们对野生植物长期人为选择、引种驯化的结果。尽管它们在形态、习性、用途等方面各异，但在某些方面存在着必然联系与共性。例如，山毛榉科树种多数木质坚硬，富含鞣质，无性繁殖较困难，应以有性繁殖为主；又如，裸子植物中的松、柏类，生长速度较慢，寿命长，在园林绿地中成长、保存的古树大树就较多，这些古树、大树多为园林建设的宝贵财富；再如，亲缘关系相近的种间，常有相似的形态结构与化学成分、一致的生理代谢特点，亲和力大，嫁接繁殖成活率高等。

（二）观赏植物的作用

观赏植物以其色、香、韵、姿、趣等而成为城市园林和风景区绿化的重要材料，在园林的构建中起着骨干作用。各类观赏植物，不论是观赏树木，还是花卉，只要精心选择、巧妙配植，均能发挥其美化环境、保护环境、改善环境的重要作用。

美化作用。一些观赏植物以其本身的体态、色彩、芳香、风韵等体现其个体美；有的以其群体或不同观赏植物的有机组合而体现其群体美；还有一些观赏植物以其动态、声响以及朝夕、四季变化体现其自然美，如风中的垂柳、雨中的芭蕉、雾中迷离的翠竹、阳光下盛开的花朵、雪中的苍松翠柏、秋天累累的果实、满山的红叶。

生态作用。观赏植物能调节气候、净化空气、减弱噪声、防风固沙、保持水土；有些观赏植物能分泌杀菌素，或吸收有毒气体，或净化水质，有利于人体健康。

经济作用。观赏植物不仅有美化作用和生态作用，还能产生大的经济效益。随着国民经济的增长和人们生活水平的提高，对观赏植物的需求和消费增强，由此带动了花卉产业和旅游业的发展。

（三）观赏植物的分类

1.根据植物生长型或体型分类

观赏植物按其生长型或体型分，可分为木本观赏植物和草本观赏植物两大类。木本观赏植物又可分为乔木类、灌木类、木质藤本类和竹类等。草本观赏植物又可分为一、二年生草本花卉和多年生草本花卉。

2.根据主要观赏部位分类

（1）观花类

花色、花形、花香等表现突出的观赏植物，如玉兰、桂花、山茶、梅花、月季、牡丹、水仙等。

（2）观果类

果实显著、挂果丰满、宿存时间长的观赏植物，如南天竹、佛手、金柑、冬珊瑚、朱砂根、乌柿等。

（3）观叶类

叶的形状、颜色、大小、着生方式等独特的观赏植物，如银杏、鹅掌楸、变叶木、彩叶芋、龟背竹、肖竹芋属、竹芋属及其他一些观叶植物。

（4）赏枝干类

枝、干有独特的风姿或有奇特的色泽、附属物等的观赏植物，如白皮松、红端木、竹节蓼、仙人掌类植物。

（5）赏根类

如榕树、红叶露兜树等。

（6）赏株形类

如雪松、龙柏、南洋杉、龙爪柳等。

3.根据园林用途分类

（1）行道树类

主要指栽植在道路系统，如公路、街道、园路、铁路等两侧，整齐排列，以遮阴、美化为目的的乔木树种。行道树为城乡绿化的骨干树，能统一、组合城市景观，体现城市与道路特色，创造宜人的空间环境。行道树的选择因道路的性质、功能而异。公路、街道的行道树应是树冠整齐、冠幅较大、树姿优美、树干下部及根部不萌生新枝、抗逆性强、对环境的保护作用大、根系发达、抗倒伏、生长迅速、寿命长、耐修剪、落叶整齐、无恶臭或其他凋落物污染环境、大苗栽种容易成活的种类。常见种类有水杉、银杏、银桦、荷花玉兰、樟、悬铃木、榕树、黄葛树、秋枫、复羽叶栾树、羊蹄甲、女贞、杜英、刺桐等。银杏、鹅掌楸、椴树、悬铃木、七叶树被称为世界五大行道树，其中，悬铃木号称行道树之王。

（2）孤散植树类

主要指以单株形式，布置在花坛、广场、草地中央、道路交叉点、河流曲线转折处外侧、水池岸边、庭院角落、假山、登山道及园林建筑等处的，起主景、局部点缀或遮阴作用的一类树木。由于应用范围很广，情况复杂，应根据运用地点的环境条件、构景设计与功能需要来选择树种。孤散植树类表现的主题是树木的个体美，故姿态优美、开花结果丰盛、四季常绿、叶色秀丽、抗逆性强的阳性树种更为适宜，如苏铁、雪松、金钱松、白皮松、五针松、水杉、池杉、异叶南洋杉、塔柏、圆柏、日本花柏、黄葛树、榕树、荷花玉兰、悬铃木、樟、樱花、梅、秋枫、红枫、鸡爪槭、紫薇、枫香、假槟榔、棕榈、棕竹、蒲葵及其他造型类树木等。

（3）垂直绿化类

主要根据藤蔓植物的生长特性和绿化应用对象来选择树种。如墙面绿化可以选用爬山虎、薜荔、常春藤等具吸盘、不定根的种类；棚架绿化宜用木香、紫藤、葡萄、藤本月季、蔷薇、凌霄、叶子花、使君子、常春油麻藤等；陡岩坎绿化则可以蔷薇忍冬、枸杞、野迎春等为材料。

（4）绿篱类

通常是以耐密植、耐修剪、养护管理简便、有一定观赏价值的木本观赏种类为主。绿篱种类不同，选用的树种也会有一定差异。

以绿篱高度不同，可分为三类：①高篱类。篱高2m左右，起围墙作用，多不修剪，应以生长旺高大的种类为主，如蚊母树、石楠、日本珊瑚树、桂花、女贞、丛生竹类等。②中篱类。篱高1m左右，多配植在建筑物旁和路边，起联系与分割作用，常作轻度修剪，多选用枸骨、冬青卫矛、六月雪、木槿、小叶女贞、小蜡等。③矮篱类。篱高50cm以内，主要植于规则式花坛、水池边缘，起装饰作用，需作强度修剪，应选萌芽力强的树种，如小檗、黄杨、萼距花、雀舌花、小月季、迎春等。

以观赏特性不同，可分为：①花篱类。主要起观赏装饰作用，多用皱皮木瓜、日本木瓜、紫荆、金丝梅、金丝桃、瑞香、木槿、野迎春、金钟花、杜鹃等花灌木。②果篱类。由观果灌木组成，如小檗、南天竹、枸骨、火棘等。③刺篱类。起防护警界作用，由具刺的灌木组成，如小檗、马甲子、枳壳、火棘、蔷薇等。

（5）造型类及树桩盆景类

造型类是指经过人工整形制成的各种物像的单株或绿篱，有时又将它们统称为球形类树木。其造型形式众多，要求与绿篱类基本一致，但以常绿种类、生长较慢者为佳，如罗汉松、海桐、枸骨、冬青卫矛、六月雪、黄杨等。

树桩盆景是在盆中再现大自然风貌或表达特定意境的艺术品，树种应以适应性强，根系分布浅，耐干旱瘠薄，耐粗放管理，生长速度适中，能耐阴，寿命长，花、果、叶有较高观赏价值的种类为宜。由于树桩盆景多要进行修剪与艺术造型，材料选择应较盆栽类更严格。它还要求树种能耐修剪蟠扎，萌芽力强，节间短缩，枝叶细小，如银杏、日本五针松、短叶罗汉松、榔榆、皱皮木瓜、六月雪、紫藤、南天竹、紫薇、乌柿等。

（6）草坪地被类

指那些低矮的，可以避免地表裸露、防止尘土飞扬和水土流失、调节小气候、丰富园林景观的草本和木本观赏植物。草坪多为禾本科植物，可分为暖季性草坪和冷季性草坪。暖季性草坪草常见的有结缕草、狗牙根；冷季性草坪常见的有高羊茅、黑麦草。地被类木本习性的如铺地柏、地瓜藤、八角金盘、日本珊瑚、萼距花属、雀舌花等；草本习性的如蝴蝶花、吊兰、沿阶草属、山麦冬属等。

（7）花坛花境类

指露地栽培，用于布置花坛、花境或点缀园景用的观赏种类，如三色堇、金鱼草、金盏菊、万寿菊、一串红、矮牵牛、鸡冠花、羽衣甘蓝、彩叶草、菊花、郁金香、风信子、水仙、四季秋海棠等。

4.根据形态、习性、分类学地位综合分类

以上几种分类都是从某一方面出发对观赏植物进行的，从不同角度阐述了观赏植物在各种分类方法中的地位及用途，对生产实践有一定的实用价值。但这些分类方法所遵循的分类依据单一，多带有一定的片面性，难免顾此失彼，性状又常彼此交叉重叠，受人为主观意志支配较大，难掌握标准，可变性大，在不同程度上均有其局限性与片面性。观赏植物的形态与习性主要受种类遗传学特性制约，不易改变。以观赏植物的形态、习性、分类学地位为依据的综合分类法，取长补短，既便于区分，又有利于实用。按这种分类法将观赏植物分为：

（1）针叶型树类

包括全部的针叶树种，以松、杉、柏为主体，不少为优秀的观叶形树木，在园林绿地中应用极为广泛，其中的雪松、金钱松、日本金松、巨杉、南洋杉被誉为世界五大公园树种。针叶型树又可分为常绿针叶树种（如松属、雪松、柳杉属、柏科等）和落叶针叶树种，（如落叶松属、金钱松、水杉、落羽杉属、怪柳等）两大类。

（2）棕榈型树类

是树形较特殊的一类观赏树木。常绿；树干直，多无分枝；叶大型，掌状或羽状分裂，聚生于茎端。包括棕榈科、苏铁科植物，分布于热带及亚热带地区，性不耐寒，适应性强，观赏价值大，在我国主要产于南方。

（3）竹类

为禾本科竹亚科的多年生常绿树种。竹类为我国园林传统的观赏植物，素有高风亮节的雅誉，历来为人们所喜爱和颂扬。主要产地为热带、亚热带，少数产于温带，我国主要分布于秦岭—淮河流域以南地区。

（4）阔叶型树类

是种类最多的一类观赏树木，主要为双子叶植物。叶片大小介于针叶型类与棕榈型类树木叶片之间，叶形千差万别。既有观花、观叶、观形、观果树种，也可组成大片森林，产生显著的生态环境效益。分布范围极广，用途多样，是温带及亚热带主要树种。阔叶型树类可分为：

①常绿乔木类。主要分布于热带、亚热带地区，不耐寒，四季常青，包括了木兰科、樟科、桃金娘科、山茶科、木犀科等的多数属、种。

②落叶乔木类。为我国北方主要阔叶树种，较耐寒，季相变化明显，如山毛榉科、

杨柳科、胡桃科、桦木科、榆科、悬铃木科、金缕梅科、漆树科、豆科等的许多种。

③常绿灌木类。在华南常见，耐寒力较弱，北方多温室栽培，种类众多，其中的龙血树类、鹅掌木、孔雀木、变叶木、红背桂等为著名的观叶树种。

④落叶灌木类。分布很广，种类也不少，用途广泛，许多种类都是优秀的观花、观果、观叶树种，被大量用于地栽、盆栽观赏。

（5）藤蔓类

该类树木主要用于垂直绿化。种类繁多，习性各异。从植物系统分类上看，藤蔓植物主要分布在桑科、葡萄科、猕猴桃科、五加科、葫芦科、豆科、夹竹桃科等科中。

（6）草本花卉类

分布很广，种类繁多。又可分为一年生花卉、球根类、宿根类、多浆及仙人掌类、室内观叶植物、水生花卉和草坪地被类等。

保护区共有观赏植物173科632属1376种（包括种下分类等级），其中，蕨类植物35科58属158种，裸子植物8科24属33种，被子植物130科550属1185种。

二、主要观赏植物列举

1. 石松 Lycopodium japonicum Thunb. ex Murray（石松科 Lycopodiaceae）

石松的茎蔓生，叶纤细柔软，是优良的观叶植物，适宜种植在公园和风景区松林下或林缘、路旁，它能成片覆盖地面，作壁挂或作插花花篮的材料效果也很好。

营养体繁殖，截取匍匐茎分段栽培。石松适应性强，对温度适应幅度较宽，大气湿度在70%～80%的范围内都能生长。石松是一种喜光植物，但在夏季炎热的中午，为防止日晒过分而引起焦叶，需要遮阴。浇水要适度，保持中等湿润，不积水。

2. 卷柏 Selaginella tamariscina (Beauv.) Spring（卷柏科 Selaginellaceae）

当干燥时，枝叶卷缩成一团，当潮湿时，枝叶伸展，呈莲座状，姿态奇异，像一幅美丽的图案，适宜小型盆栽供观赏，也可与其他蕨类配植。卷柏也是配置山水盆景的极佳材料。

卷柏广布长江南北，对环境的适应性强，所以引种容易成功。能栽种在岩石上，也能土生，栽植在盆内。种植在岩石上时，初栽的几星期要多浇水，促使它的根附着于岩石上。如果盆栽，盆土宜选排水良好的砂壤土。掌握好水和空气湿度是栽培好卷柏的重要因素。

附：同属可供观赏的还有翠云草 *Selaginella uncinata* (Desv.) Spring。

3. 福建莲座蕨 Angiopteris fokiensis Hieron.（观音座莲科 Angiopteridaceae）

福建莲座蕨刚劲挺拔，四季常青；具有大型的羽叶；它的拳卷幼叶也很大，表面覆盖着厚密的长毛；根状茎如莲座，形态奇特美观。布置于庭院、会场或大型会议室，显得格外庄重而有气魄；若配植于花坛中心，颇具有南国风情。

多采用无性繁殖。福建莲座蕨块茎上有芽，将带芽的块茎纵切成若干块，每块至少带1芽进行分栽。

4. 福建紫萁 Osmunda cinnamomea Linn. var. fokiense Cop.（紫萁科 Osmundaceae）

福建紫萁叶如羽簇生，枝叶繁茂，挺拔潇洒，在林下或林缘生长特别茂盛，常成群丛生覆盖林地，可用于环境绿化，增加绿化层次，丰富园林景观。盆栽适用于布置大的厅堂、会场、宾馆，给人以舒适宁静之感。叶是插花、花束、花圈的好材料。

分株繁殖。分开的根状茎与叶的多少要相称得当使整个植株保持平衡均匀分开后加以修剪，并除去烂根。分株繁殖由于具有完整的根、茎、叶，故成活率很高。引种福建紫萁必须栽培在肥沃的酸性土上，切忌用碱土，它喜阴蔽或漫射光处，对大气湿度和土壤水分要求较高，在低海拔的地区栽培，由于气候干燥，特别要注意浇水，经常用水喷叶，保持湿润的生活环境。入秋后叶片渐枯萎，地下根状茎进入休眠期，待翌年春天重新发芽。

5. 海金沙 Lygodium japonicum (Thunb.) Sw.（海金沙科 Lygodiaceae）

海金沙为草质藤本，在蕨类中是唯一能以叶轴攀援的植物。纤柔雅致长达数米的叶轴倒垂悬挂，宛如绿色窗帘，翠绿色的羽状小叶显得妩媚动人、赏心悦目，适宜绿化居室，作悬垂吊挂的盆景。露地栽培在庭院的篱栏上或栽种在阳台上，也甚为美观。它的叶轴可以制花圈。

6. 金毛狗 Cibotium barometz(Linn.) J. Smith（蚌壳蕨科 Dicksoniaceae）

金毛狗体形似树蕨，叶丛生于茎顶端，形成冠状，叶大型、革质，四季常青，坚挺有力。它肥大的根状茎密被金毛，长圆形如伏地的小狗，具有独特的观赏价值，是盆栽观赏极佳植物，可根据当地的气候条件栽培在室内或温室，也非常适宜种植在花径、花坛中心。

可用孢子繁殖。

7. 团叶鳞始蕨 Lindsaea orbiculata（Lam.）Mett.（鳞始蕨科 Lindsaeaceae）

团叶鳞始蕨的叶柄亮栗色，有光泽，叶扇状圆形，别具一格，古朴大方，叶色翠绿经久不凋。它是盆栽极佳观赏植物，也是点缀山水盆景的好材料。

引种栽培一定要在酸性土壤中，最好选用红壤土区阔叶林下的腐叶土。要求温暖湿润的生活环境，空气湿度保持在70%～80%，4—8月需水较多，10月起以后需水量逐渐减少，夏季要预防热害，置于荫蔽环境下，经常用水喷叶。冬天要防止低温伤害，越冬温度不能低于0℃。

8. 乌蕨 Sphenomeris chinensis (Linn.) Maxon（鳞始蕨科 Lindsaeaceae）

乌蕨叶多次分裂，叶色青翠，远观形如野鸡尾，近看似精美的图画，经久不凋，适宜盆栽供观赏和供作插瓶、花束、花圈等用。

孢子繁殖或分株繁殖均可。孢子繁殖方法与其他真蕨类相似。分株繁殖宜在3—4月进行，将野生苗根状茎剪断，其上带数叶，盆栽或地栽，栽培土可取用较肥沃的山地自然土，要求半荫蔽或荫蔽，大气湿度在70%～80%，盆土保持湿润状态。

9. 井栏边草 Pteris multifida Poir.（凤尾蕨科 Pteridaceae）

井栏边草因常生于井栏边而得名。它叶丛细柔，色泽鲜绿，形如凤尾，秀丽多姿，是室内垂吊盆栽观叶佳品，人们无不喜爱。若植于庭院阴湿处或石隙、沟边则野趣横生，令人心旷神怡。它还是切花插瓶的好材料。

多用分株法进行繁殖，也可用孢子繁殖。栽培管理的关键是荫蔽；另要求空气湿润、土壤透水良好，宜栽植在林下或在室内盆栽，春、夏季天气干燥时，每天早晚应淋水1次，使相对湿度不低于80%，夏季如移出室外，应放在荫棚内，半月施薄肥一次，冬季温度要求不低于5℃。

附：同属可供观赏的还有蜈蚣草 Pteris vittata Linn.。

10. 野雉尾（金粉蕨）Onychium japonicum (Thunb.) Kunze（中国蕨科 Sinopteridaceae）

野鸡尾株形整齐，叶细裂，叶色翠绿，秀丽可爱，是极好的观叶植物。适于室内盆栽，也是瓶花及花束、花篮等良好的衬叶材料。露地栽培可和假山、山水盆景配植。

野鸡尾适应性强，容易栽培，对温度的适应幅度较宽。它在半荫蔽或荫蔽的环境下都能生长，要求大气相对湿度在70%～80%，土壤湿润。冬天要防止低温对叶的伤害，越冬温度不低于0℃。

11. 扇叶铁线蕨 Adiantum flabellulatum Linn.（铁线蕨科 Adiantaceae）

扇叶铁线蕨植株矮小，柄栗黑色，小羽片斜扇形，四季常青，经久不凋，适于室内栽培，是布置书房、卧室的好材料，还可作切花材料，或在庭院中用来点缀石灰岩假山。

扇叶铁线蕨繁殖常用方法除分株外，用孢子繁殖也不困难。分株繁殖在春天较好。扇叶铁线蕨与其他花卉不一样，若发现叶片萎蔫或枯干，耐心管理，大部分能够抽出新芽。

12. 虎尾铁角蕨 Asplenium incisum Thunb.（铁角蕨科 Aspleniaceae）

株形矮小，叶细裂、鲜绿，姿态优美，四季常绿，用来配植山水盆景或单独植于盆内，供室内装饰。

虎尾铁角蕨引种可以种植在酸性岩石上，也可种植在酸性土上。因植株矮小，可用小盆栽，盆土要选肥沃的酸性土壤，或在盆土内掺入一些基肥。它属于中生植物，喜欢中等湿度的土壤及大气湿度，不喜欢常积水和含大量盐分的土壤。

附：同属可供观赏的还有华中铁角蕨 Asplenium sarelii Hook. ex Blakiston。

13. 黄山鳞毛蕨 Dryopteris whangshangensis Ching（鳞毛蕨科 Dryopteridaceae）

株高40～80cm，根状茎粗壮、直立，伸出地面，叶呈莲座状簇生，宛如苏铁。林下、假山傍种植或盆栽均适宜。是观赏蕨类中的佼佼者，早在20世纪30年代秦仁昌教授已向人们推荐。

根状茎繁殖和孢子繁殖均可。

14. 杯盖阴石蕨（圆盖阴石蕨）**Humata griffithiana** (Hook.) C. Chr.（骨碎补科 Davalliaceae）

根状茎粗壮，密被灰白色鳞片，状如一小鼠攀附悬盆或石山表面，非常引人注目，若绑扎成动物形态，摆设案头奇趣横生。它的叶三角形，四季常绿，幽雅美丽，适宜在室内或阳台作悬盆材料，也是点缀石山、山水盆景的理想植物。

用根状茎繁殖。它喜阴，不宜置于直射阳光下，大气湿度在80%最好，盆土处于比较湿润的状态，如果大气干燥或温度高都会生长不好，为了保持湿润的生活环境，夏天可用水喷叶。为了使它的叶色更加鲜绿，在生长期间施点稀释的氮钾肥。冬天要移入室内培养。

15. 金鸡脚 Phymatopteris hastata (Thunb.) Kitagawa ex H. Itô（水龙骨科 Polypodiaceae）

金鸡脚叶通常三裂，酷似鸡脚，因而得名。叶色翠绿，雄浑坚挺，盆栽点缀案头、窗台，给人以金鸡倒立的美感。配植于大型山水盆景、庭院假山石缝、溪边林下，独具奇观，增添野趣。

用分株繁殖及孢子繁殖均可。分株繁殖在春、秋进行，将母株根状茎切断，每段带二三片叶，栽在排水良好的苗床培育，注意洒水，荫蔽，待来年新叶长出即可移栽。孢子繁殖以3—5月为宜，温度保持在20℃左右，1个月后长成叶原体，待原体发育为孢子体时即可分栽。

16. 槲蕨 Drynaria roosii Nakaike（槲蕨科 Drynariaceae）

槲蕨的叶二型，营养叶短小，黄绿色或枯黄色，干膜质，卵圆形，边缘粗浅裂；孢子叶高大，青翠欲滴，四季常绿，叶柄基部两侧有狭翅。它的叶别具一格，耐人寻味，适于盆栽供观赏、作室内装饰、点缀假山。

引种宜在秋天或早春进行，截取一段带叶的根状茎植于岩石上或盆内，盆栽宜选用排水良好又肥沃的土壤。槲蕨能忍受短期的低温（-9℃），要求1月平均气温不低于4℃，在长江以南可以露地越冬，四季常绿。它虽然附生，但不是旱生性，要保持土壤中等湿润状态，在高温季节或夏旱及秋旱时多浇水，经常用水喷叶，10月后浇水可逐渐减少。它也能忍受短期干旱。槲蕨需要半荫蔽或荫蔽的环境。在整个生长期间，还要施一次肥。

17. 银杏 Ginkgo biloba Linn.（银杏科 Ginkgoaceae）

银杏树干通直高耸、树姿优美，叶形奇特美丽，且叶色早春嫩绿，秋季金黄，果实华贵，令人赏心悦目，自古以来在庭院庙宇广为栽培。它是庭院中极美丽的树种，常配植草地中心或落叶树丛中，也是珍贵的行道树和庭荫树。幼树攀扎造型甚为优美，制树桩盆景亦显得古朴多姿。

播种、扦插、嫁接、压条和根蘖等方法繁殖。

18. 黄杉 Pseudotsuga sinensis Dode（松科 Pinaceae）

华东黄杉树体高大，枝繁叶茂，树干较直，不规则轮生的大枝开展，迎风上下，颇为潇洒，可作为庭院观赏树栽植，尤其是在城市高层建筑小区应用可大幅提高绿化的空间效率。

华东黄杉目前大树已不多见，应保存母树，采种繁殖。秋季采收球果，晾干，筛出种子，放入布袋储存，至翌年早春播种。苗床需遮阴，排水良好，土壤疏松。

19. 金钱松 Pseudolarix kaempferi (Lindl.) Gord.

金钱松树干通直，树冠宽塔形，巍峨端直美丽；枝条层层舒展，姿态优美；叶片簇状密生，平展而圆，加之新春、深秋叶色嫩黄、金黄，故有金钱松之称，被列为世界著名五大园林树种之一。金钱松不仅叶形、叶色讨人喜爱，落叶也别有风韵。

金钱松播种繁殖结种有大小年之别，一般隔年或每3～5年丰产一次。成熟时果鳞与种子同时脱落，故果鳞由绿色转为淡黄色时，便需采收。采收后，待球果开裂，收取种子。种子含油丰富，不宜曝晒，以免油化而影响发芽率。

20. 柳杉 Cryptomeria japonica (Thunb. ex Linn. f.) D. Don var. sinensis Miq.（杉科 Taxodiaceae）

柳杉终年常绿，轮生的枝条宛柔下垂；树冠圆锥形，老龄时渐呈圆形；树龄可达千余年，被称为"树王"。柳杉还能净化空气，1hm² 每年可吸收720kg 二氧化硫，多在庭院、寺庙前、花坛等处孤植，以供观赏，也列植于房前屋后，作为绿色屏障。

柳杉以播种或插条繁殖。

21. 杉木 Cunninghamia lanceolata (Lamb.) Hook.（杉科 Taxodiaceae）

阳性偏中性树种，幼树稍能耐阴。性喜温暖、湿润、雨量充沛和静风的环境条件。要求土壤深厚、肥沃、疏松、富含腐殖质、酸性至中性、排水良好。在山谷、山腰、山脚生长良好。浅根性，萌芽性甚强。杉木树体高耸，成尖塔形，最适宜于园林上群植成林、丛植或列植于道路两侧。

多用播种繁殖，也用扦插、萌芽更新等方法繁殖。

22. 福建柏 Fokienia hodginsii (Dunn) Henry et Thomas（柏科 Cupressaceae）

福建柏高大雄浑，树皮红褐色，球果成熟时也呈红褐色，叶深绿色，十分秀美，适于庭院种植，或植于园之一隅，或在草坪上孤植，也可列植于路旁。

福建柏一般以播种繁殖。苗期常有立枯病为患，可施药防治。幼树能耐一定荫蔽，但15年生以后，便需要适当光照。

23. 刺柏 Juniperus formosana Hayata（柏科 Cupressaceae）

刺柏青翠常绿，枝条斜展，树冠塔形，姿态优美。适宜于庭院、公园、道旁、墓地栽植，对植、列植、群植均可，长江流域各大城市多栽培供观赏。

刺柏以播种或插条繁殖。播种育苗者，种子应在播种前催芽处理，以利发芽整齐。

24. 竹柏 Nageia nagi Kuntze（罗汉松科 Podocarpaceae）

竹柏叶形奇异，终年苍翠；树干修直，紫褐色树干平滑；枝条开展，树冠广圆锥形，叶茂荫浓。为优美的常绿观赏树木，可在公园、庭院内成片栽植，也可与其他落叶树种混合栽种。

播种繁殖，随采随播，发芽率可达90%以上，30年树高可达15m。

25. 三尖杉 Cephalotaxus fortunei Hook. f.（三尖杉科 Cephalotaxaceae）

三尖杉终年常绿，灰褐色树皮浅裂为薄鳞片状剥落，外种皮熟时呈紫色或紫红色，多植于庭院以供观赏。

三尖杉繁殖较易，播种或扦插均可。

附：同属可供观赏的植物还有粗榧 *Cephalotaxus sinensis* (Rehd. et Wils.) Li。

26. 南方红豆杉 Taxus wallichiana Zucc. var. mairei (Lemee et Lévl.) L. K. Fu et Nan Li（红豆杉科 Taxaceae）

南方红豆杉枝叶浓密，终年深绿苍翠，树形端庄，加之秋日成熟的种子鲜红，散布在绿叶丛中，十分鲜艳夺目，故人们又称它为美丽红豆杉。是庭院中不可多得的耐阴观赏树种，可配植于较阴的环境。

南方红豆杉可用播种、扦插及分株等方法繁殖。种子有休眠特性，宜秋季采收后即播或低温湿沙储藏后春播，干种子春播后至第二年始陆续发芽；因其生长缓慢，约10年始能定植。扦插以夏初嫩枝生根较快。栽培应注意育苗期适当遮阴，保持土壤湿润。

27. 三白草 Saururus chinensis (Lour.) Baill.（三白草科 Saururaceae）

在众多的观赏植物中，或以姿态出众，或以颜色丰富取胜。在开花时，花序下 2 ~ 3 片叶子常呈乳白色，故名三白草。常盆栽供观赏，亦可作优良的切花材料。

湿生植物。用分株繁殖。春季挖取带芽的地下茎，切成 13 ~ 17cm 长一段栽种；也可盆栽，只要保持盆土湿润即可正常生长。

28. 草珊瑚（接骨金粟兰）Sarcandra glabra (Thunb.) Nakai（金粟兰科 Chloranthaceae）

草珊瑚多年生，叶常绿，性耐阴，花淡黄，果鲜红，适宜盆栽。常作室内观叶植物，在宾馆、会场等室内花坛群植，可作其他花卉的陪衬材料。

用扦插或分蘖繁殖。初春及黄梅季节剪枝扦插较易成活。露地栽培，配植坡地或台地林下，冬季注意防寒受冻，夏季防止烈日直晒。

29. 垂柳 Salix babylonica Linn.（杨柳科 Salicaceae）

树冠开展，枝条细长，柔软下垂，是水旁绿化的优良树种，亦可用作道树、庭荫树、固岸护堤树。此外，垂柳发芽早，落叶晚，对有毒气体抗性较强，并能吸收 SO_2，故也适用于工厂区绿化。

播种和扦插繁殖，一般以扦插繁殖为主。采种后需及时播种。

30. 杨梅 Myrica rubra (Lour.) Sieb. et Zucc.（杨梅科 Myricaceae）

杨梅枝叶繁茂，树冠整齐，栽于庭院可作绿荫或隐蔽之用。果实较大，夏日果熟，红色、紫黑色或白色，与深绿色的叶片形成鲜明对照。雄花序长而大，紫红色，红艳夺目，亦具较高的观赏价值。园林中可以孤植、丛植或列植，亦可片植成杨梅"水果园"。

播种或嫁接繁殖。播种繁殖，待果实成熟后采种，阴干后点播或条播，也可用沙层堆积储藏至第二年春季播种，播种后保持适当湿度，适量浇水，出苗后2个月左右至第二年春季移栽。嫁接繁殖用本砧，本砧用播种法繁殖，出苗后培育2年，以清明节时嫁接为宜，生长期间应注意施肥和整形、修剪工作。

31. 青钱柳 Cyclocarya paliurus (Batal.) Iljinsk.（胡桃科 Juglandaceae）

青钱柳的果翅在果核周围呈圆盘状，果序轴长25～30cm，一串串坚果宛如一串串圆形的铜钱，十分奇特，植于庭院，果熟季节，摇树"钱"落，妙趣横生，民间把它看成富贵的象征。

用播种繁殖。果熟后采种，搓去果翅，藏于通风处，冬播或春播均可条播，播后覆土1cm，加铺稻草，幼苗长至7～10cm时间苗，1～2年生苗可出圃定植。

32. 黄杞（少叶黄杞）**Engelhardia roxburghiana** Wall.（胡桃科 Juglandaceae）

黄杞树体高大，树枝通直，树冠整齐，枝繁叶茂，秋日叶色金黄，密生黄色腺点的果实悬挂于果序上，靓丽醒目，是难得的秋色叶树种。可于公园内丛植、列植或孤植，公路和街道作街道树。

播种繁殖，随采随播或半湿砂藏的次春播种。

33. 枫杨 Pterocarya stenoptera C. DC（胡桃科 Juglandaceae）

树体高大，树冠开展，枝叶茂盛，果实奇特可爱，结实量大，给人以丰收之感。耐湿，适应性强。可植于水旁作护岸固堤和防风树种，也可作行道树和庭荫树。

播种繁殖。

34. 江南桤木 Alnus trabeculosa Hand.-Mazz.（桦木科 Betulaceae）

阳性树种，喜温湿气候，耐水湿。对土壤的适应性较强，有一定的耐旱和耐瘠薄能力，但以在深厚、肥沃、湿润的土壤上生长最佳。根系发达，生长迅速。树干通直，树冠宽大，枝叶浓密。适于作庭荫树、混交片植林、风景林或防护林，在公路、公园、庭院、低湿地或河滩等地种植。

播种繁殖。

35. 青冈（青冈栎）**Cyclobalanopsis glauca** (Thunb.) Oerst.（壳斗科 Fagaceae）

青冈枝叶茂密，树姿优美，四季常青，是良好的观赏及造林树种。深根性，生长速度中等，萌芽力强，耐修剪，宜丛植、群植或混植成林，但不宜孤植。又因萌芽力强，有较好的抗有毒气体、隔音和防火能力，可用作绿篱、绿墙、厂矿绿化、防风林和防火林树种。

播种繁殖。

36. 柯（石栎）**Lithocarpus glaber** (Thunb.) Nakai（壳斗科 Fagaceae）

较耐干旱和瘠薄。萌芽力强，枝叶茂密，绿荫深浓，宜作庭荫树，于草坪中孤植、丛植、山坡成片栽植，或作其他花木的背景树。

播种繁殖。

37. 白栎 Quercus fabri Hance（壳斗科 Fagaceae）

阳性树种，喜温暖气候，耐干旱瘠薄，但在肥沃湿润处生长最好。萌芽力强。树形优美，枝叶茂密，叶果形奇，极具情趣，夏叶深绿，秋叶紫红，季相变化明显。可植为庭荫树，适宜栽植在宽阔地带。

播种繁殖。

38. 西川朴 Celtis vandervoetiana Schneid.（榆科 Ulmaceae）

阳性树种，稍耐阴。喜温暖湿润气候，喜生长于深厚、湿润和疏松的土壤，耐干旱、瘠薄和轻度盐碱。适应性强，深根性，抗风，耐烟尘，抗污染，萌芽力强，生长较快，寿命长。树冠圆满宽阔，树荫浓郁，适合于公园、庭院作庭荫树，也可作行道树，是工矿绿化、农村"四旁"绿化及防风固堤的好树种。

播种繁殖。

39. 榔榆 Ulmus parvifolia Jacq.（榆科 Ulmaceae）

阳性树种，稍耐阴。喜温暖湿润气候，耐寒；喜肥沃湿润土壤，亦有一定耐干旱、瘠薄能力，在酸性、中性、石灰性的坡地、平原、溪边均能生长。生长速度中等，寿命较长。深根性，萌芽力强，对烟尘及有毒气体的抗性较强。树形优美，姿态潇洒，树皮斑驳鳞裂，小枝柔垂，当新叶初放时，满树嫩绿，为最佳观赏期，秋季落叶后也可作寒树供观赏。在园林中孤植、丛植，或与亭、榭、山石配植都十分合适，也可栽作行道树、庭荫树或制作盆景，并适合作厂矿区绿化树种。

播种繁殖。

40. 榉树 Zelkova schneideriana Hand.-Mazz.

阳性树种，略耐阴。喜温暖湿润气候；喜深厚、肥沃而湿润的土壤，不耐干旱、瘠薄。耐烟尘，抗污染。深根性，抗风性强，寿命长。树姿雄伟，树冠开阔，枝细叶美，绿荫覆地；秋叶红艳，可作庭院秋季观叶树。列植于人行道、公路旁作行道树，也可林植、群植作风景林。居民区、农村"四旁"绿化都可应用，也是长江中下游各地的造林树种。新绿娇嫩，萌芽力强，是制作树桩盆景的好材料。

播种繁殖。

41. 构树 Broussonetia papyrifera (Linn.) L' Hérit. ex Vent.（桑科 Moraceae）

阳性树种，稍耐阴。对气候、土壤适应性极强，能耐北方的干冷和南方的湿热气候，耐干旱和瘠薄，亦耐湿，喜钙质土，也可在酸性、中性土上生长。生长快。构树外貌虽较粗野，但枝叶茂密且适应性强，特别是对烟尘及有毒气体抗性很强，是城乡绿化的重要树种，尤其适合于工矿区及荒山坡地绿化，亦可选作庭荫树及防护林用。

播种繁殖，或埋根、扦插、分蘖、压条等方法繁殖。

42. 柘 Maclura tricuspidata Carr.（桑科 Moraceae）

阳性树种亦耐阴。耐寒，喜钙土，耐干旱、瘠薄，多生于山脊的石缝中，适生性很强。柘叶秀果丽，可在公园的边角、背阴处、街头绿地作庭荫树或刺篱。繁殖容易，是风景区绿化荒滩保持水土的首选乡土树种。

播种或扦插繁殖。

43. 薜荔 Ficus pumila Linn.（桑科 Moraceae）

阳性树种，亦较耐阴蔽，喜温暖湿润气候，有一定的耐寒性；对土壤的适应性较强，沙土或黏土均宜，较耐干旱，亦较耐水湿。萌芽力强。吸附根极发达，遇物即附着。藤蔓覆盖效果极佳，适于石壁、悬崖、古树、寺庙和高层建筑物的立体绿化，以及大型游乐场、森林公园、新开路基坡面的造景及护坡保土，颇具山野风光，也可盆栽。

播种、扦插或压条繁殖。

44. 红蓼 Polygonum orientale Linn.（蓼科 Polygonaceae）

红蓼是以观花为主的观赏植物，夏时红色的果穗灼灼其华，十分疏散洒脱，好似热带一种美丽的观赏植物狗尾红，所以有人称其为狗尾巴花。可植于庭院供观赏，也可作为插花和装饰材料。

播种繁殖。

45. 青葙 Celosia argentea Linn.（苋科 Amaranthaceae）

青葙是一种以观花为主的观赏植物，园林中可地栽或盆栽，地栽时可用于花坛、道路两旁及庭院，孤植、片植或与其他草花混合栽植。盆栽主要用于花卉陈设造景。

播种繁殖。春季播种、条播或撒播，栽植地宜选温暖湿润环境、肥沃的土壤或砂壤土，但其对土壤要求不严，红壤、黏土也可生长。

46. 芡实 Euryale ferox Salisb. ex Koenig et Sims（睡莲科 Nymphaeaceae）

芡实是一种叶、花、果均具观赏价值的水生观赏植物，是水体绿化、美化的材料。叶大而圆盾形，叶脉粗壮隆起，两面生刺，给人粗犷的感觉。紫红色的花朵大而有光泽，在绿叶碧水的衬托下显得楚楚动人。深紫红色的果好似露出水面的"鸡头"，在晨曦中宛如金鸡报晓。

繁殖可用实生苗或播种苗移栽。如用苗量小，可于6月选挖有3～5片带根的绿叶（叶径20～40cm长）的天然实生苗移栽。若用苗量大，则可采用播种育苗移栽。

47. 威灵仙 Clematis chinensis Osbeck（毛茛科 Ranunculaceae）

威灵仙是垂直绿化的好材料，但攀援力不强，用铁丝扶持可攀附于墙壁或花架上。花多纯白，常覆盖于灌丛上部或攀援于树干、假山、墙壁上。

威灵仙可用播种、压条、分株、扦插及嫁接等法繁殖。播种法仅繁殖原种或育种时应用。压条法可在4—5月将枝蔓压入土内或盆中，入土部分至少应有2个节，深约3cm，封土后砸实并压一块砖，经常保持湿润，1年后即可割离。栽植扦插宜在春夏雨季进行。威灵仙不宜移栽，不论用何种方法繁殖幼苗，均以一次定植为好。

48. 单叶铁线莲 Clematis henryi Oliv.（毛茛科 Ranunculaceae）

常绿木质藤本。叶形秀长，叶色翠绿，花白色、清香，开于寒冬，正是万物枯萧季节，故又名雪里开。常可用于垂直绿化，攀援于树干、假山、墙壁上。

播种、压条、分株、扦插繁殖均可。

49. 八角莲 Dysosma versipellis (Hance) M. Cheng ex T. S. Ying（小檗科 Berberidaceae）

八角莲为我国特产，是中药中之珍品。它叶形奇特，似八角金盘，具朴实无华的风姿，有顺乎自然的美态，是一种极为珍贵的耐阴观叶植物。可植于庭院假山间隙、林下的阴湿之地，也可盆栽放于厅堂。

用分株繁殖。选择疏松、肥沃的砂壤土或腐殖质土，冬末或早春将挖出的根状茎切开穴栽，早期注意遮阴和浇水。也可用播种繁殖。

附：同属还有六角莲 *Dysosma pleiantha* (Hance) Woods. 在保护区内更常见，具相近的观赏价值。

50. 天台小檗（长柱小檗）**Berberis lempergiana** Ahrendt（小檗科 Berberidaceae）

天台小檗春开黄花，秋结红果，为花果俱美的观赏树种；它枝叶稠密而多棘针，故多在园林的池畔、石旁、墙隅、树下栽植，也可在园林内列植，作为绿篱以分隔道路、景区。也可制作盆景供观赏。

用播种、插条、分蘖等方法均可繁殖。

51. 三枝九叶草（箭叶淫羊藿）**Epimedium sagittatum** (Sieb. et Zucc.) Maxim.（小檗科 Berberidaceae）

三枝九叶草别名箭叶淫羊藿，因一茎三桠、一桠三叶而得名。箭叶终年青绿，黄花多而秀丽，在庭院中可布置花坛，植于花丛或盆栽供观赏。三枝九叶草补腰膝，强心志，益气力，坚筋骨，治老人昏耄、中年健忘、四肢不仁等，久服令人有子。

多以播种繁殖。

52. 阔叶十大功劳 Mahonia bealei (Fort.) Carr.（小檗科 Berberidaceae）

阔叶十大功劳叶形奇特，别具一格，冬季开花，芳香馥郁。是一种十分典雅的观赏植物，可植于岩石园，也可栽溪边、水榭或盆栽，还是冬季切花的好材料。

播种、扦插或分株繁殖。

附：同属植物可供观赏的还有小果十大功劳 *Mahonia bodinieri* Gagnep.。

53. 南天竹 Nandina domestica Thunb.（小檗科 Berberidaceae）

阳性树种，喜半阴，但在强光下亦能生长。在强光下叶色常发红，喜温暖、湿润气候，有一定耐寒性，喜肥沃、湿润而排水良好的土壤，是石灰岩钙质土指示植物，生长较慢，在瘠薄干燥处生长不良。红叶片片，果实成簇，红果累累，经久不落，是观叶赏果的优良树种，宜配植于偏阴的假山石旁、墙前屋后、墙角或花坛、花境。

分株、播种或扦插繁殖。

54. 蝙蝠葛 Menispermum dauricum DC.（防己科 Menispermaceae）

蝙蝠葛叶深绿而有光泽，叶形如蝙蝠。当其布满墙垣或岩石上时，微风轻拂，宛如绿色的蝙蝠上下起舞，甚为美丽。是很好的主体绿化植物。

蝙蝠葛可播种繁殖，亦可插条或老根分株繁殖。栽培管理较易，在山石墙垣上让其自行攀附即可。

55. 披针叶茴香 Illicium lanceolatum A. C. Smith（木兰科 Magnoliaceae）

树态优美，枝叶浓密，叶片光亮而常绿，花色淡雅而芳香，是园林绿化的优良树种。单植、群植均适宜，既可盆栽供观赏，又可栽在室外、窗前或庭院的灌木花坛里。

播种繁殖或扦插繁殖。

56. 鹅掌楸 Liriodendron chinense (Hemsl.) Sarg.（木兰科 Magnoliaceae）

鹅掌楸是中国著名的观赏树种，树干直立如塔，树形优美，老龄树枝水平开展，春、夏季远远望去绿叶密缀枝头。深秋叶叶金黄，辉煌满树。鹅掌楸引人注目的还在于它那奇特古雅的花：外白里黄，盛开时如玉莲，单生于枝顶，馨香迎风远播。叶片似古朴的"马褂"，又似踏清波的"鹅掌"，迎风翻动不已。鹅掌楸花叶奇丽，在公园、庭院及广场中孤植，可作为中心树；或列植作为绿荫树、行道树。

鹅掌楸播种繁殖、插条繁殖均可。此树种移植较为困难，栽植地点不宜过于干燥，否则发育不佳，其特有之美就难以发挥。

57. 厚朴（凹叶厚朴）Magnolia officinalis Rehd. et Wils.（木兰科 Magnoliaceae）

厚朴花叶同放，枝条开展，叶形如同芭蕉扇，树形硕大，姿态优雅，花白而美丽，适宜于公园、庭院栽植，寺院及民居也周围多栽植，以供观赏。

厚朴用播种或分蘖繁殖。严寒酷暑以及久晴连雨、过湿、干燥的地方，均不宜种植。

58. 木莲（乳源木莲）Manglietia fordiana Oliv.

木莲树冠浓郁，四季翠绿，"叶似辛夷，花类莲，花色相傍"，因而历来受到人们的青睐。

播种或嫁接繁殖。

59. 深山含笑 Michelia maudiae Dunn（木兰科 Magnoliaceae）

深山含笑树形端正，枝叶茂盛，四季常青。春季开花，洁白如玉，花朵硕大，清香宜人，是园林绿化的优良观赏树木，引种栽培前途广阔。单植、列植、群植均宜，与木莲、木荷和玉兰搭配更为适合，还可作为含笑、广玉兰的砧木。入秋以后深山含笑的蓇葖果微裂后，露出鲜红色假种皮，艳丽夺目。它是一种既可观花又兼观果的观赏植物。

播种繁殖。播种在疏松肥沃的砂壤土上。出苗后应加强管理，并注意施肥，一般6月前施用腐熟稀薄肥，以后每半月施一次，8月后停施。高温季节需搭棚遮阴。寒冻季节用薄膜罩保护过冬。春季移栽时宜选深厚、疏松、肥沃的酸性砂壤土。

60. 瓜馥木 Fissistigma oldhamii (Hemsl.) Merr.（番荔枝科 Annonaceae）

瓜馥木花馨香四溢，花期长，经久不谢。小果球形，一串一串、硕果累累似葡萄。将瓜馥木植于园林篱墙边，任其攀援，颇有野趣。

繁殖以扦插为主，播种亦可。

61. 樟（香樟）**Cinnamomum camphora** (Linn.) Presl.（樟科 Lauraceae）

适应性强，树体高大，冠大荫浓，树姿雄伟，枝叶、花果均芳香，是城市绿化的优良树种，广泛用作庭荫树、行道树、防护林及风景林，配植于池畔、水边、山坡、平地，也可选作厂矿区绿化树种。

播种繁殖。

62. 红脉钓樟 Lindera rubronervia Gamble（樟科 Lauraceae）

其因叶脉及叶柄均为红色，所以称为红脉钓樟。花黄色，果紫黑色，叶片入秋又变为红色，是一种较好的观赏树木，可在园林内的池畔、山旁及林间栽植。

以播种和压条繁殖。

63. 刨花楠 Machilus pauhoi Kanehira（樟科 Lauraceae）

树体高大，冠大荫浓，叶秀色翠，新叶鲜红，远看整个树冠红色，时间可长达20天到1个月。在一般情况下刨花楠一年要产生2次新梢，且第二次新梢发生于9月，色彩更艳，在植物界少见，是不可多得的彩叶树种。可在公园、居住小区孤植、丛植，更宜在河道两岸、湖泊与水库岸边列植。

播种繁殖。7月果熟，及时采收，除去外果皮，立即播种，当年苗高可达20～30cm。

64. 闽楠 Phoebe bournei (Hemsl.) Yang（樟科 Lauraceae）

中性树种，幼时耐阴性强，喜温暖湿润气候及肥沃、湿润而排水良好之中性或微酸性土壤。生长速度缓慢，寿命长。深根性，有较强的萌蘖力。树干高大端直，树冠雄伟，宜作庭荫树及风景树，在园林及村落中常作为风水林栽培。木材坚硬致密，淡黄褐色，有香气，纹理直，不翘不裂，耐腐朽，是珍贵的建筑及高级家具用材。

播种繁殖。

65. 紫楠 Phoebe sheareri (Hemsl.) Gamble（樟科 Lauraceae）

树形端正美观，叶大荫浓，宜作庭荫树及绿化、风景树。在草坪林植、丛植或在大型建筑物前后配植，显得雄伟壮观。木材优质，为"金丝楠木"中的一种。

播种及扦插法繁殖。

66. 檫木 Sassafras tzumu (Hemsl.) Hemsl.（樟科 Lauraceae）

檫木树干挺拔，树姿优美，早春先叶吐华，繁花竞放，花色淡黄，缕缕幽香，沁人心脾，更有那棒槌似的红色果梗和果托，托住蓝黑色而又被白粉的果实。人们喜爱檫木，常用它作庭荫树、行道树及庭院绿化树。

播种或分株繁殖。

67. 血水草 Eomecon chionantha Hance（罂粟科 Papaveraceae）

血水草为单种属植物，我国特产。适于成片栽植于庭院阴湿处。花开季节，花葶抽出，高于基生叶，大而洁白的花朵像千百只蝴蝶，在绿叶的衬托下翩翩起舞，颇为美观。

可用播种繁殖，也可用横生的地下茎分兜繁殖。

68. 伯乐树 Bretschneidera sinensis Hemsl.（伯乐树科 Bretschneideraceae）

伯乐树是中国特有的古老的单种科残遗种，在被子植物的系统发育和古地理等方面都有科学研究价值。花淡红色，组成大型的圆锥花序，盛花期竖立于绿叶之中，蔚为壮观。果大而多，成熟时红色，也像一支火炬，擎天而举，好不气派。在园林中可孤植或群植，也可作行道树。在没有形成完整的树冠前，树皮怕西晒，注意侧方遮阴。

播种繁殖。造林地应选土壤深厚、肥沃、湿润的环境。

69. 茅膏菜 Drosera peltata Smith ex Willd.（茅膏菜科 Droseraceae）

茅膏菜是一种十分有趣的食虫植物，具有捕食小虫的高超本领。它半月形的叶片边缘密生的长腺毛不仅感觉灵敏，还经常分泌一些黏稠的液体，当小虫落在叶面的时候，它接收到这个刺激，腺毛全部向里弯曲，恰好把小虫包住，然后用腺毛分泌出来的消化液把小虫消化，之后，腺毛又慢慢张开，等待新的小虫到来。滑稽的是，茅膏菜的叶片虽说可以接受外来的刺激，但不能对刺激加以分辨，往往一颗小沙粒也可以使叶片发生腺毛弯曲，所以我们常会见到茅膏菜的叶片把一些细沙包在里面。茅膏菜群植于庭院或盆栽，可供观赏。

播种繁殖。

70. 晚红瓦松 Orostachys japonica A. Berger（景天科 Crassulaceae）

色彩缤纷的花序宛如宝塔，栩栩如生。用作盆栽置于室内，高雅别致。

播种或分兜繁殖。

71. 垂盆草 Sedum sarmentosum Bunge（景天科 Crassulaceae）

垂盆草叶如翡翠，匍匐而生，是园林中较好的耐阴地被植物。但因是肉质草本，不耐践踏，要在封闭式绿地上种植。也可作盆景，让茎叶下垂，迎风摇曳。黄色花朵清新淡雅，具有柔和飘逸的风格，可用作花坛布置和庭院摆设。

用匍匐枝作分根繁殖。一般在4—5月或秋季进行，垂盆草生长力特别强，每个节都能生根，养护管理简便，宜种在疏松的砂壤土上，干旱期间要保持土壤湿润，夏季高温要荫蔽。

72. 落新妇 Astilbe chinensis (Maxim.) Franch. et Sav.（虎耳草科 Saxifragaceae）

落新妇花色紫红，格调雅致，绿叶衬托，野趣横生，是园林中布置溪沟岩边小景的好材料，也可盆栽供观赏。

用播种和分根繁殖。播种在春季进行，苗床播种后要先盖一层薄土，再盖草，并保持土壤湿润。发芽出土后要及时揭草并遮阴。具真叶时可间苗。苗高5cm时可移栽。分根可在根状茎有芽鳞处分割，栽植时要遮阴，植后要及时松土、浇水。

附：同属植物可供观赏的还有大落新妇（华南落新妇）*Astilbe grandis* Stapf ex Wils.，花为白色。

73. 宁波溲疏 Deutzia ningpoensis Rehd.（虎耳草科 Saxifragaceae）

夏季开白花，繁密而素雅，花期长，散微香，宜植于草坪、山坡、路旁林缘。其因不成大树，长保小形，故可栽作花篱，花枝亦可作切花。

用播种、分蘖及插条繁殖。插条极易成活，梅雨季节用嫩枝扦插，2周即可生根，春季萌芽前，硬枝扦插成活率高。春季应加强管理，徒长过盛枝条，应予修剪。

附：同属植物可供观赏的还有齿叶溲疏（溲疏）*Deutzia crenata* Sied. et Zucc.。

74. 圆锥绣球 Hydrangea paniculata Sieb.（虎耳草科 Saxifragaceae）

圆锥绣球为大型圆锥花序，不育花具4枚萼片，白色，后变淡紫色，甚为显目。能育花虽小但数量多，且芳香，引人入胜。在庭院中可片植或丛植，观赏效果更佳。

用扦插、压条、分株等法繁殖。初夏用嫩枝扦插很易成活。春夏季压条均可进行。

附：同属植物可供观赏的还有冠盖绣球*Hydrangea anomala* D. Don、中国绣球*Hydrangea chinensis* Maxim.和粗枝绣球*Hydrangea robusta* Hook. f. et Thoms.。

75. 浙江山梅花（疏花山梅花）Philadelphus zhejiangensis S. M. Hwang

浙江山梅花开花时，正值雨季，绿叶衬托着无瑕的白花。浙江山梅花生长迅速，不择土质。虽好生向阳之地，阴湿寒冷瘠薄的地方也可生长。

分蘖、插条、播种均可繁殖，极易成活。

附：同属植物可供观赏的还有绢毛山梅花*Philadelphus sericanthus* Koehne 和其变种牯岭山梅花 var. *kulingensis* (Koehne) Hand.-Mazz.。

76. 虎耳草 Saxifraga stolonifera Curtis（虎耳草科 Saxifragaceae）

虎耳草叶片肥厚多汁，因形似虎耳而得名。其具有地下匍匐茎，适合于阴湿环境蔓生，常用于假山石隙间绿化，也可盆栽供室内垂挂。

繁殖可取茎顶已生根的小苗移植，在阴湿环境下易成活。高温季节移植的小苗要注意放在通风凉爽处，经常喷水，提高周围环境的湿度。

77. 蜡瓣花 Corylopsis sinensis Hemsl.（金缕梅科 Hamamelidaceae）

于春日先叶开花，总状花序，枝枝下垂，深黄滑泽，如琢蜜蜡而成，故名"蜡瓣"。枝叶繁茂，芳香清丽，适合于公园内配植，可栽植于花坛、假山岩隙及飞石附近。花枝可作瓶插材料。

繁殖较易，播种、分蘖及压条均可繁殖。分蘖应在春天芽萌动时进行。压条可在春季将枝条伏于地上，生根后于翌年春季移植。因种胚休眠期长，播种前，种子需经冷冻、潮湿的沙土层积。

附：同属可供观赏的植物还有腺蜡瓣花*Corylopsis glandulifera* Hemsl.和蜡瓣花的变种秃蜡瓣花 var. *calvescens* Rehd. et Wils.。

78. 小叶蚊母树 Distylium buxifolium (Hance) Merr.（金缕梅科 Hamamelidaceae）

小叶蚊母树枝繁叶茂，绿荫覆盖，对环境适应能力极强，干旱、瘠薄、水淹、空气和土壤污染均能适应，并良好生长，春日红花满枝（雄蕊的花丝红色），夏秋硕果累累，是近年开发的最优良的园林树种之一。可作绿球、绿篱、乔木林下配植，特别是河道、水边和工厂污染区绿化。

播种或扦插繁殖。扦插成活率极高，生长也快，但树冠不整齐，如作绿球绿化，应用实生苗。

79. 细柄蕈树 Altingia gracilipes Hemsl.（金缕梅科 Hamamelidaceae）

常绿大乔木。树干通直，冠大荫浓，叶柄细长，叶片革质。植物体内含有对人体健康有益的挥发油，气味芳香。宜作行道树、庭荫树、孤植树。

播种繁殖。

80. 枫香 Liquidamba formosana Hance（金缕梅科 Hamamelidaceae）

枫香树体高大，树冠宽阔，气势雄伟，深秋叶色红艳，是著名的秋色叶树种。适宜于低山、丘陵地区营造风景林，也可以作庭荫树，或于草地孤植、丛植，或于山坡与其他树木混植。若与常绿树丛配合种植，秋季红绿相衬，会显得格外美丽。枫香具有较强的耐火性和对有毒气体的抗性，可用于厂矿区绿化。

播种繁殖，也可以扦插。

附：同属具有相近观赏价值的有缺萼枫香 *Liquidambar acalycina* Chang。

81. 杜仲 Eucommia ulmoides Oliv.（杜仲科 Eucommiaceae）

阳性树种，不耐阴蔽；喜温暖气候，适应性强，有很强的耐寒性，有一定的耐盐碱性，但在过湿、过干或过于贫瘠的土壤上生长不良。根系较浅而侧根发达，萌蘗性强。杜仲树干端直，枝叶茂密，树形整齐优美，是良好的庭荫树及行道树，也可作一般的绿化造林树种。

播种繁殖，扦插、压条、分蘗或根插也可。

82. 棣棠花 Kerria japonica (Linn.) DC.（蔷薇科 Rosaceae）

棣棠花枝柔条垂，黄花辉灿，故多栽植为花篱和点缀建筑物旁，或于水池边、岩石旁、草地一隅丛栽，或中庭筑台栽植，冬赏翠枝，夏赏金花。

繁殖以分蘗为主，亦可插条和播种。单瓣者可播种繁殖；重瓣者不结实，分蘗繁殖于早春或晚秋进行；插条一般于早春萌芽前，随剪随插。

83. 石楠 Photinia serratifolia (Desf.) Kalk.（蔷薇科 Rosaceae）

石楠又名千年红、极药、端正树、扇骨木。常幼时有毛。树体端正，生长迅速。革质叶长椭圆形至倒卵状椭圆形，幼叶红紫色，不断萌发，犹如烂漫小花，老叶四季常青。花期5—7月，小花白色，繁花满树。果熟期10—11月，红果累累，状若珊瑚。树冠圆满，树姿优美，早春嫩叶红艳，老枝浓绿光亮，秋冬红果累累，是优良的观叶、观果树种。可作庭荫树，整形后孤植或对植点缀建筑的门庭两侧、草坪、庭院墙边、路角、池畔、花坛中心、街头绿地、居民新村、厂矿区，也可作绿墙、绿屏栽种。

播种或扦插繁殖。

84. 贵州石楠（椤木石楠）**Photinia bodinieri** Lévl.（蔷薇科 Rosaceae）

常绿乔木。冠大荫浓，叶色深绿，夏日白花满树，冬日红果满枝，可作庭荫树和孤植树。特别是枝上长有长而硬的枝刺，能随树体长大而长大，最宜作高篱应用。

播种繁殖。

85. 泰顺石楠 Photinia taishunensis G. H. Xia，L. H. Lou et S. H. Jin（蔷薇科 Rosaceae）

常绿披散灌木，藤本状。叶小但密集，新叶红色，长成后绿色，入冬气温降低，绿叶又成红色，且不脱落，次年天气暖和又成绿色，可作冬色叶树种应用。生态适应能力超强，在干旱的石缝能正常生长，在河道两侧生长极为旺盛，全株被水淹没7～10天，对生长几无影响。在水边种植，枝条能主动向水体方向生长，似漂浮于水面。宜在河道、湖泊、水库边的消落带种植。

扦插或播种繁殖。

86. 迎春樱桃 Cerasus discoidea Yu et Li（蔷薇科 Rosaceae）

迎春樱桃早春绽放，山野万物多未萌动，故名"迎春"，繁花如雪，继而浅红。往往用来点缀林窗，装饰林缘与庭院；或与常绿针叶树种配植，色彩上相得益彰；或临流孤植，使景色清幽入胜。

插条、嫁接或播种均可繁殖。

附：同属植物可供观赏的还有钟花樱桃*Cerasus campanulata* (Maxim.) A. N. Vassiljeva、华中樱桃*Cerasus conradinae* (Koehne) Yu et Li、浙闽樱桃*Cerasus schneideriana* (Koehne) Yü et Li、山樱花（樱花）*Cerasus serrulata* (Lindl.) G. Don.。

87. 石斑木 Rhaphiolepis indica (Linn.) Lindl.（蔷薇科 Rosaceae）

石斑木枝叶密生，枝强直而少屈曲，树冠圆形；春夏间开花，繁花满树，白里透红，鲜艳夺目，秋末黑紫色球形果，缀满枝头。适于园林内栽植路转角处和石阶旁，以供观赏。

用播种及扦插繁殖。播种可以在秋季随采随播，或种子作层积处理后于翌年春季播种。扦插可于6月份进行，幼苗需遮阴，移苗应带土。

附：同属植物可供观赏的还有锈毛石斑木*Rhaphiolepis ferruginea* Metc.和大叶石斑木*Rhaphiolepis major* Card.。

88. 硕苞蔷薇（糖钵）**Rosa bracteata** Wendl.（蔷薇科 Rosaceae）

硕苞蔷薇四季常绿，满布的白花不仅连春接夏，而且清馥可人。于庭院常栽植供观赏，或列植作绿篱。

硕苞蔷薇在温暖地带容易繁殖，插条或压条均可生根。

89. 盾叶莓 Rubus peltatus Maxim.（蔷薇科 Rosaceae）

盾叶莓叶掌状，形如盾，故而得名。小枝绿色，有白粉。5月白花，6月红果，果硕大，长椭圆形，直径可达5cm，悬钩子属果最大的种类之一，酸甜可口。宜于庭院内栽植供观赏。

播种、压条、扦插均可繁殖。

90. 石灰花楸（石灰树）**Sorbus folgneri** (Schneid.) Rehd.（蔷薇科 Rosaceae）

树姿挺拔，枝叶扶疏。叶片上面翠绿，下面雪白。花开季节，全树白花，一眼望去，在丛绿之中，犹如白云一片，入秋红果满枝，经久不落。是有待开发的优良观赏树种。

用播种繁殖。移栽在深秋落叶后至翌春发芽前进行。小苗需带宿土，大苗需带土球。

附：同属植物可供观赏的还有水榆花楸 Sorbus almifolia (Sieb. et Zucc. K. Koch)、棕脉花楸 Sorbus dunnii Rehd. 和江南花楸 Sorbus hemsleyi (Schneid.) Rehd.。

91. 合欢 Albizia julibrissin Durazz.（豆科 Leguminosae）

树姿优美，叶形雅致，纤细似羽，绿荫如伞，红花成簇，有色有香，秀美别致。宜作庭荫树和行道树，于屋旁、草坪、池畔等处孤植或片植，对 HCl、NO_2 抗性强，对 SO_2、Cl_2 有一定的抗性。

播种繁殖。

92. 云实 Caesalpinia decapetala (Roth) Alston（豆科 Leguminosae）

云实花黄而亮，秀丽别致，金光灿烂，在庭院中栽培供观赏。因枝条密生倒钩状小刺，园林中常用作篱垣或花架绿化。喜温暖气候。对土壤要求不严，但以排水良好的砂壤土上生长较好。

用播种繁殖。春季育苗，种子浸泡2天后播种，宜用穴播或条播，覆土3cm左右，当年冬季移栽。苗期和移栽后，每年除草1～2次，追肥1次。也可用硬枝扦插繁殖。

93. 锦鸡儿 Caragana sinica (Buc' hoz) Rehd.（豆科 Leguminosae）

锦鸡儿叶色鲜绿，花黄里透红，未完全开放时，蝶形花冠犹如袜子，故俗名"娘娘袜子"，盛花时节，全树橙黄。在园林中可植于岩石旁、小路边，或作绿篱用，亦可作盆景材料。性喜光，耐寒，适应性强，耐干旱瘠薄，不择土壤，能生于岩石缝中。

可用播种繁殖，采后即播，如经干藏，次年春播前应行浸种催芽，也可用分株压条、根插法繁殖。

94. 黄檀 Dalbergia hupeana Hance（豆科 Leguminosae）

树冠整齐，枝叶扶疏，夏日满树花香，秋日硕果累累。是荒山荒地绿化的先锋树种，可作庭荫树、风景树、行道树，以及石灰质土壤绿化树种。花香，开花能吸引大量蜂蝶，也可放养紫胶虫。优质用材树种。

播种繁殖。

95. 三叶山豆根（胡豆莲）Euchresta japonica Hook. f. ex Regel（豆科 Leguminosae）

天然资源甚少，又是寡种属。白色的蝶形花组成总状花序，盛花时节，一簇一簇。适宜种植在园林中林缘、河沟边、假山旁。

播种繁殖。因种子量少，发芽率低，生长较慢，要注意遮阴和防寒。也可用实生苗直接移栽。

96. 皂荚 Gleditsia sinensis Lam.（豆科 Leguminosae）

皂荚冠大荫浓，寿命较长，非常适宜作庭荫树、行道树，在风景区、丘陵地作造林树种，也可作"四旁"绿化树种，或截干使其萌生成灌木状刺篱。

播种繁殖。

97. 美丽胡枝子 Lespedeza thunbergii (DC.) Nakai subsp. **formosa** (Vogel) H. Ohashi（豆科 Leguminosae）

美丽胡枝子花色艳丽，花形如蝶，微风吹拂，似百蝶起舞。宜于庭院栽培供观赏，因其花期较晚，可与早开花卉一道配植。

播种繁殖。果熟后采下的种子阴干储藏，于第二年春季播种，点播或条播均可，幼苗长出后翌年春季移栽，成活后加强管理。

附：同属植物可供观赏的还有大叶胡枝子 *Lespedeza davidii* Franch.、胡枝子 *Lespedeza bicolor* Turcz. 等。

98. 网络崖豆藤（昆明鸡血藤）**Millettia reticulata** Benth.（豆科 Leguminosae）

鸡血藤属常绿大型攀援灌木。其地上茎长达数十米，茎粗达25cm，盘旋到立木上层，有的在林内呈高低波浪状迂回交错盘伏地面。花紫红色，是种较好的布置庭院的植物。枝叶茂密，终年常绿，荫蔽效果强。春天生叶开花，穗大而美，芳香扑鼻，是优良的棚架、门廊、山坡绿化材料。

播种、分株、压条、扦插等方法均可繁殖，易成活，管理粗放。

99. 常春油麻藤（常春鳖豆）**Mucuna sempervirens** Hemsl.（豆科 Leguminosae）

常春油麻藤为常绿木质藤本植物。花大而多，暗紫色，耀眼夺目，一串串紫色花朵悬挂于枝干上，形成"老茎开花"的奇观。其花形奇特，宛如雀鸟，十分可爱。荚果呈带状，大而多节，形态奇特，亦可观赏。常春油麻藤栽培在庭院中，或依棚架，或援大树，或攀墙垣，或附奇石。

播种繁殖。10—11月采收种子，翌年3月播种，选择深厚肥沃的土壤进行平整作畦，采用点播，当年4月苗，苗出后要搭架；在山区，可点播在大树周围，苗出土后，可以大树为支撑物。采用成熟度80%～90%的种子播种，出苗率高（可高达90%），出苗整齐，用完全成熟的种子播种，出苗时间长，总出苗率不到50%。

100. 花榈木 Ormosia henryi Hemsl. et Wils.（豆科 Leguminosae）

树冠浓荫覆地，是优良的庭荫树。种子红艳可爱，通称"红豆"，又名"相思子"，质地坚硬，经久不变色，古人常用其作项链、耳饰、戒指等装饰物品。

播种繁殖。

101. 槐树 Sophora japonica Linn.（豆科 Leguminosae）

树体高大，冠大荫浓，花期较长，果形串串如珠，寿命甚长，对SO_2等有毒气体有较强抗性。可作庭荫树、行道树和厂矿区绿化树种；为优良的蜜源树种；花、果药用，有收敛、止血之效；花可作黄色染料，花蕾叫"槐米"，可食用。

播种繁殖。

102. 紫藤 Wisteria sinensis Sweet（豆科 Leguminosae）

紫藤枝叶茂密，摇曳生姿，条蔓盘曲，攀栏缠架，老干盘桓扭绕宛若蛟龙，春天开花，繁盛芳香，形大色美，披垂悬挂，盛夏荚果累累，为著名的垂直绿化树种，适用于棚架、门廊、枯树、山石、墙面绿化，或修剪呈灌木状栽植于草坪溪旁、河边、池畔、岩石或假山旁。也可作盆栽观赏或制作桩景。紫藤老树蛟龙翻腾，虽历经沧桑，株干盘曲，但仍然岁岁铺翠，春春绽花，如此风姿，历来被国画家视为难得的题材，也深得今人的喜爱，许多花卉爱好者推崇它为"天下第一藤"。

播种繁殖。

103. 竹叶椒 Zanthoxylum armatum DC.（芸香科 Rutaceae）

竹叶椒叶轴具宽翼，茎、枝、叶具刺，别有野趣。果为红色蓇葖果。当秋高气爽之时，绿叶红果，颇为美观，是一种叶、果都具观赏价值的植物。盆栽、地栽均可；公园或庭院周围列植可作防护性绿篱；亦可孤植、丛植或群植于稀疏树下或稍阴湿之处。

播种繁殖。秋天随采随播，出苗快而整齐，播种后覆土，保持土壤湿润，第二年春季定植。

104. 臭椿 Ailanthus altissima Swingle（苦木科 Simaroubaceae）

阳性树种，适应干冷气候，能耐 −35℃ 低温。对土壤适应性强，耐干瘠，是石灰岩山地常见树种。可耐含盐量 0.6% 的盐碱土，不耐积水，耐烟尘，抗有毒气体。深根性，根蘖性强，生长快，寿命长。树干通直高大，树冠广阔，叶大荫浓，新春嫩叶红色，秋季翅果红黄相间，是优良的庭荫树、行道树、公路树。适应性强，适于荒山造林和盐碱绿化，更适于污染严重的工矿区、街头绿化。华北山地及平原防护林的重要速生用材、荒山造林的先锋树种。

播种繁殖，也可分蘖及根插繁殖。

105. 苦木 Picrasma quassioides (D. Don) Benn.（苦木科 Simaroubaceae）

苦木树皮灰褐色，具明显皮孔，叶为奇数羽状复叶，果熟时蓝绿色至红色，为优良观赏树木。于公园、庭院中与其他阔叶树混植或孤植均可，亦适宜栽植于建筑物旁侧或宅旁较阴湿处。

播种繁殖。

106. 楝树 Melia azedarach Linn.（楝科 Meliaceae）

阳性树种，喜温暖气候，不耐寒，对土壤要求不严，耐轻度盐碱，稍耐干瘠，较耐湿。耐烟尘，对 SO_2 抗性强。浅根性，侧根发达，主根不明显。萌芽力强，生长快，但寿命短。树形优美，叶形秀丽，春夏之交开淡紫色花朵，颇为美丽，且有淡香，是优良的庭荫树、行道树。因耐烟尘、抗 SO_2，是良好的城市及工矿区绿化树种，也是江南地区"四旁"绿化常用树种和黄河以南低山平原地区速生用材树种。

播种繁殖。

107. 香椿 Toona sinensis (A. Juss.) Roem.（楝科 Meliaceae）

阳性树种，有一定耐寒性。对土壤要求不严，稍耐盐碱，耐水湿，对有害气体抗性强，萌蘖性、萌芽力强，耐修剪。树干通直，树冠开阔，枝叶浓密，嫩叶红艳，常用作庭荫树、行道树、"四旁"绿化树。是华北、华东、华中低山丘陵或平原地区重要用材树种，有"中国桃花心木"之称。嫩芽、嫩叶可食，可培育成灌木状以采摘嫩叶，是重要的经济林树种。

播种育苗和分株繁殖。

108. 瓜子金 Polygala japonica Houtt.（远志科 Polygalaceae）

瓜子金是一种以观花为主的多年生常绿草本观赏植物。花形奇特，花瓣直竖，像一艘即将远航的船，拉起了紫色的风帆。园林中可地栽或盆栽，也可作为盆景的衬托植物。对土壤要求不严，于排水良好的砂壤土上生长较好。

播种繁殖和根状茎繁殖。播种繁殖宜晚秋播种；根状茎繁殖可于春、秋进行。

附：同属植物可供观赏的还有小花远志 Polygala polifolia Presl.。

109. 重阳木 Bischofia polycarpa (Lévl.) Airy-Shaw（大戟科 Euphorbiaceae）

阳性树种，稍耐阴，喜温暖气候，耐寒性较弱。对土壤要求不严，但在湿润、肥沃的土壤中生长最好。耐水湿，根系发达，抗风力强。速生，对大气污染有一定抗性。树姿优美，冠如伞盖，花色淡绿，花叶同放，秋叶转红，艳丽夺目，是良好的庭荫和行道树种，可用于堤岸、溪边、湖畔和草坪周围，孤植、丛植或与常绿树种配植，秋日分外壮丽。

播种繁殖。

110. 大戟 Euphorbia pekinensis Rupr.（大戟科 Euphorbiaceae）

黄绿色小花于盛夏开放，虽不光艳夺目，但总花序每伞又多次分枝，形成一个膨大的小花群，颇具特色。细看生于钟状总苞中的小花，实为一种奇特的鸟巢花序。雌、雄花均无花被，每朵雄花仅有一个雄蕊；每朵雌花由一个雌蕊组成，常伸出总苞外，下垂。

用播种繁殖和分根繁殖均可，对气温、水分、土壤的要求均不严格。

111. 算盘子（馒头果）Glochidion puberum (Linn.) Hutch.（大戟科 Euphorbiaceae）

算盘子果实扁球形，形如算盘珠，故名算盘子或算盘珠，成熟时带红色，密被茸毛，是一种极好的观果植物。园林中可于山麓林边栽植，也可于路旁和其他常绿树一道配植。算盘子喜温暖气候，不耐严寒，适宜向阳和排水良好的土壤栽培。

用播种繁殖，春播或秋播，开沟条播，覆土厚3cm左右，生长期间应注意松土、除草，雨季需注意排水。

附：同属植物可供观赏的还有里白算盘子 Glochidion triandrum (Blanco) C. B. Rob. 和湖北算盘子 Glochidion wilsonii Hutch.

112. 乌桕 Triadica sebifera (Linn.) Smal（大戟科 Euphorbiaceae）

乌桕是南方有名的红叶树种之一。

用播种繁殖。播种前需将种子浸于70℃草木灰水中数日，擦去白色蜡质层，以利发芽。近年对优良品种也用嫁接法育苗。幼苗移植早期要密植；3年以上的大苗要带土移栽，在春季刚萌芽时进行。

附：与其相近可供观赏的还有山乌桕 Triadica cochinchinensis Lour.、白木乌桕（白乳木）Neoshirakia japonica (Sieb. et Zucc.) Esser。

113. 黄杨 Buxus sinica (Rehd. et Wils.) Cheng ex M. Cheng.（黄杨科 Buxaceae）

黄杨枝叶茂盛，叶片春季嫩绿，夏季常绿，冬季带褐色，经冬不落。树冠球形，既耐阴又耐修剪。广泛植于庭院供观赏，宜在草坪、庭前孤植、丛植，或于路旁列植、点缀山石，常用作绿篱及基础种植材料，也是盆景的好材料。

采用播种、插条等办法繁殖。因其种子隔年发芽，如采后即播，要让它在苗床上保留一年；或冬季用湿沙层积储藏一年后播种。扦插繁殖可随时进行，但以夏至前后采用嫩枝扦插为佳。亦可用压条法繁殖，3—4月，选2年生枝条伏压土内，使之生根，翌春后与母株分离移栽。

114. 南酸枣 Choerospondias axillaris (Roxb.) Burtt et Hill（漆树科 Anacardiaceae）

阳性树种，适应性强，耐干旱瘠薄，生长快。树体高大，冠大荫浓，宜作庭荫树、行道树及工矿区绿化树。速生用材树种，供作板料、制家具用。果味酸甜，可食。

播种繁殖。

115. 黄连木 Pistacia chinensis Bunge（漆树科 Anacardiaceae）

阳性树种，幼时稍耐阴，喜温暖气候，耐干旱、瘠薄，在肥沃、疏松、湿润的土壤上生长好。树冠浑圆，枝叶繁密秀丽，宜作庭荫树、行道树、风景树。嫩叶可制茶或腌制食用，枝、叶可药用，有清热解毒、止渴消炎之效。种子油可制润滑油或制皂。

播种繁殖。

116. 枸骨（构骨）**Ilex cornuta** Lindl. et Paxt.（冬青科 Aquifoliaceae）

枸骨枝叶稠密，叶形奇特，深绿光亮，入秋后又红果累累，经冬不凋，鲜艳美丽，是良好的观叶、观果植物。可孤植于花坛中央，或植于草坪边缘，又是很好的绿篱及盆栽材料，果枝可供瓶插，经久不凋。

可用播种或扦插繁殖，但以扦插繁殖为主。10月采种除去果皮，经低温湿沙层积储藏，翌年3月下种，出苗前宜遮阴保湿。梅雨季节采用嫩枝扦插，插条长12～15cm，留上部2片叶，插后需遮阴保湿。移植可在秋季或早春进行。因须根少，需带土移植。

附：同属植物可供观赏的还有齿叶冬青（钝齿冬青）*Ilex crenata* Thunb.、温州冬青 *Ilex wenchowensis* S. Y. Hu。

117. 冬青 Ilex chinensis Sims（冬青科 Aquifoliaceae）

阳性树种，稍耐阴；喜温暖湿润气候和肥沃、排水良好的酸性土壤，不耐寒，较耐湿。深根性，萌芽力强，耐修剪，生长较慢。枝叶繁茂，四季浓荫覆地，秋冬果实红若丹珠，分外艳丽，是优良的庭荫树、园景树，可孤植、丛植于草坪、水边，或列植于门庭、墙边，也可作绿篱或盆景。

扦插或播种繁殖。

118. 尾叶冬青 Ilex wilsonii Loes.（冬青科 Aquifoliaceae）

常绿灌木或小乔木。树冠紧凑，枝叶浓密，叶色深绿，叶形秀气，秋冬果实累累，红艳透亮，经久不落。可用于公园、居住小区绿化，更宜作盆景供观赏。

扦插或播种繁殖。

119. 肉花卫矛 Euonymus carnosus Hemsl.（卫矛科 Celastraceae）

半常绿灌木或乔木。树冠整齐，枝叶扶疏，花时黄花绿叶相间，红果大而肉质，像无数的小红灯笼挂满全树。入冬叶色鲜红，引人注目，在保护区内，红叶不落，直到次年春暖又恢复绿色，为典型的冬色叶树种。用于河道、湖边绿化甚佳。

播种或扦插繁殖。

120. 扶芳藤（常春卫矛、胶东卫矛）**Euonymus fortunei** (Turcz.) Hand.-Mazz.（卫矛科 Celastraceae）

较耐水湿，也耐阴。易生不定根。四季常青，秋叶经霜变红，攀援能力较强。园林中可掩覆墙面、山石，攀援枯树、花架，匍匐地面蔓延生长作地被，作垂直绿化材料可种植于阳台、栏杆等处，任其枝条自然垂挂。

扦插、播种或压条繁殖。

121. 野鸦椿 Euscaphis japonica (Thunb.) Kanitz（省沽油科 Staphyleaceae）

野鸦椿树姿优美，秋季红果满树，经霜叶色变红，是秋日观叶、观果的优良园林树种。适栽植于园林草坪或疏林内，或作行道树栽植，以供观赏。福建建宁县将野鸦椿定为市花。

野鸦椿以播种繁殖。幼苗长出后，应搭棚遮阴，一年后可移栽。

122. 瘿椒树（银雀树）**Tapiscia sinensis** Oliv.（省沽油科 Staphyleaceae）

果实易遭虫瘿侵袭，故名"瘿椒"。植株高大，树姿美观，灰色树皮具有清香；黄色的花虽小，但散发蜜香；秋日转黄的叶，大而雅观。是一种很好的园林观赏树种，亦可作行道树和风景树。

银鹊树以播种和扦插繁殖。9—10月采种，次年2月中旬条播，4月中、下旬发芽，当年生苗可高达1m，翌年春季可出圃造林。扦插繁殖在4—5月进行。

123. 阔叶槭 Acer amplum Rehd.（槭树科 Aceraceae）

阔叶槭树体高大，树姿优美，叶形、果形奇特，叶色、果色富于变化，春、秋两季不同，是一种兼有观果价值的秋色叶树种。园林中可以孤殖、丛植、列植或群植，亦可作行道树或街道树栽种。

播种繁殖，亦可用同属其他种类为砧木，本种为接穗进行嫁接繁殖。

124. 紫果槭（小紫果槭、长柄紫果槭）**Acer cordatum** Pax（槭树科 Aceraceae）

常绿小乔木。树姿优美，叶形、果形奇特，新叶红色，长成后变绿，入秋后叶红果紫，极为艳丽。在保护区内，红叶不落，直到次年春暖又恢复绿色，为典型的冬色叶树种。春节前后大地缺花少绿，紫果槭成靓丽的风景。宜于公园、居住小区等人群往来密集场所种植，更宜在森林公园成块状造林，增添特色。

种播繁殖。

125. 牯岭凤仙花（野凤仙）**Impatiens davidi** Franch.（凤仙花科 Balsaminaceae）

凤仙花之花，"头翅尾足俱，翘然如凤状"，故又有"金凤"之名；其花红、紫、黄、白、碧以及杂色均有，但以红色为多，过去妇女多采其花瓣，包染指甲，故有"指甲花"的别名。牯岭凤仙花的花型基本与凤仙花相同，仅花色为黄色或橙黄色，更显得素雅，适宜庭院布置花坛和花境，也可盆栽供观赏。

播种繁殖。3—4月直播，很易发芽。出苗后如幼苗过密，可陆续间苗，定植距离30cm左右。在不通风的条件下易患白粉病，可用甲基托布津防治。

126. 枳椇（拐枣）**Hovenia acerba** Lindl.（鼠李科 Rhamnaceae）

阳性树种，有一定的耐寒能力；对土壤要求不严，在土层深厚、湿润而排水良好处生长快。深根性，萌芽力强，树态优美，枝叶荫浓，生长快，适应性强，是良好的庭荫树、行道树及"四旁"绿化树种。

播种繁殖，也可扦插或分蘖繁殖。

127. 爬山虎 Parthenocissus tricuspidata (Sieb. et Zucc.) Planch.（葡萄科 Vitaceae）

爬山虎是一种以观叶为主的观赏植物，花与果也具观赏价值。春天，叶片郁郁葱葱；夏天，开黄绿色小花；秋天，叶片变成橙黄色，园林中可地栽或盆栽，地栽时主要沿墙壁种植，利用茎卷须吸盘攀援而上，因翠叶遍盖如屏，为垂直绿化（墙面绿化）的重要植物。可用于隐蔽秃净的老树树干，在树下栽植后，当其攀援而上，则别具风姿，亦可用于庭院的门庭花架、花格、矮墙等；盆栽可造型。

用扦插、压条或播种繁殖。扦插从落叶后至萌芽前均可进行。播种10月采种，可冬播，或翌年春播。

附：具观赏价值的同属植物有异叶爬山虎*Parthenocissus dalzielii* Gagnep. 和绿爬山虎*Parthenocissus laetevirens* Rehd.。

128. 杜英 Elaeocarpus decipiens Hemsl.（杜英科 Elaeocarpaceae）

阳性树种，稍耐阴；喜温暖湿润气候，耐寒性不强，适生于酸性之黄壤和红黄壤山区。枝叶茂密，树冠圆整，叶脱落前均变红色，然后脱落，致使树体始终红绿相间，颇为美丽。宜于草坪、坡地、林缘、庭前、路口丛植，也可栽作其他花木的背景树，或列植成绿墙起隐蔽遮挡及隔声作用。因对SO_2有抗性，可选作工矿区绿化树种。

播种或扦插繁殖。

附：同属具有相近观赏价值的有中华杜英（华杜英）*Elaeocarpus chinensis* (Gardn. et Champ.) Hook. f.、秃瓣杜英*Elaeocarpus glabripetalus* Merr.、薯豆*Elaeocarpus japonicus* Sieb. et Zucc.、山杜英*Elaeocarpus sylvestris* (Lour.) Poir.。

129. 猴欢喜 Sloanea sinensis (Hance) Hemsl.（杜英科 Elaeocarpaceae）

猴欢喜是一种以观果为主的常绿观赏树木。叶、花也具观赏价值。园林中可以孤植、丛植或片植，亦可与其他观赏树种混植、栽植于假山、台地或池塘边，也可用于内院栽种。红色蒴果外被长而密的红色刺毛，外形近似板栗的具刺壳斗，颜色鲜艳。当果实开裂后，露出具黄色假种皮的种子，酷似猴子高兴时的笑脸，故取名"猴欢喜"。

播种繁殖，选取树形端直、无病虫害的健壮母树采种。猴欢喜苗期生长不快，2年生苗可供出圃移栽。造林地可考虑半阳坡，植于土层深厚、肥沃之处。

130. 紫茎 Stewartia sinensis Rehd. et Wils.（山茶科 Theaceae）

紫茎为我国特有的残遗植物，对东亚—北美植物区系研究有意义。它的树皮片状脱落，内皮棕黄、光洁；花大洁白，清秀淡雅，初夏开放，颇为悦目，在庭院中与常绿树配植。

用播种繁殖。

131. 厚皮香 Ternstroemia gymnanthera (Wight et Arn.) Beddome（山茶科 Theaceae）

厚皮香枝平展成层，树冠浑圆，叶革质、光亮，入冬转绯红色，远眺疑是红花满树，分外艳丽，开花时浓香扑鼻。大树可植于门庭两侧、步道角隅。小树则适于草坪边缘数株群植。它对 SO_2、HCl、Cl_2 抗性强，并能吸收有毒气体，适用于街道、厂矿绿化和营造环境保护林。

用播种或扦插繁殖播种。

附：同属植物可供观赏的还有亮叶厚皮香 *Ternstroemia nitida* Merr.。

132. 黄海棠 Hypericum ascyron Linn.（藤黄科 Guttiferae）

黄海棠是一种以观花为主的观赏植物，仲夏时节黄花密集，灿若金辉，绚丽可爱；叶的形态和着生方式也有较高的观赏价值。园林中可以地栽或盆栽，地栽沿路两旁可作绿篱，也可丛植群植于花坛、花台边缘。亦可作为切花材料。

播种繁殖。

附：同属植物可供观赏的还有小连翘 *Hypericum erectum* Thunb. ex Murr.、金丝梅 *Hypericum patulum* Thunb. 等。

133. 元宝草 Hypericum sampsonii Hance（藤黄科 Guttiferae）

元宝草是一种以观叶为主的观赏植物，两叶基部合生，酷似元宝，花为黄色，也具有观赏价值；可地栽或盆栽，地栽可单株栽植，点缀环境，丛植或片植能增添园林景色，亦可作切花的好材料。

播种繁殖，春季播种育苗。因性喜温暖环境，亦较耐寒耐旱，对土壤要求不严。因而栽培可选沟边、坡地及庭院不积水处栽种。

134. 南山堇菜 Viola chaerophylloides (Regel) W. Beck.（堇菜科 Violaceae）

南山堇菜花淡紫色，叶深裂而多变，如婆娑凤尾引人注目。栽于盆中，不仅可以观花，而且是一种很好的观叶植物。

播种繁殖。

附：同属植物可供观赏的还有紫花地丁 *Viola philippica* Cav.。

135. 山桐子 Idesia polycarpa Maxim.（大风子科 Flacourtiaceae）

山桐子叶似油桐树叶，故名为"山桐子"。山桐子属落叶乔木，叶大、宽卵心形，下面苍白，圆锥果序密生大量圆球形的红色浆果，落叶后还能在树上保留1～2个月，特别显目。是风景区良好的观景植物。种子榨油可供制肥皂或作润滑油，也可食用。

播种繁殖。应在果熟时采收，种子处理后即播或半湿沙储藏后春播，种子一旦干燥，发芽率大幅降低。

附：本种的变种毛叶山桐子 var. *vestita* Diels 亦有相同的观赏价值。

136. 中国旌节花 Stachyurus chinensis Franch.（旌节花科 Stachyuraceae）

旌节为中国古代使者所持之节。节，指竹节，以牦牛尾装饰，为信守的象征。旌节花之花，节节对生。公园绿地种植宜丛植，促使树体向高发展和花枝密集，春日可见长满黄花的旌节随风飘摇，秋日更有成串翠珠向你频频点头。

播种繁殖，秋播和春播均可，也能扦插繁殖，管理粗放。

137. 美丽秋海棠 Begonia algaia L. B. Smith et Wassh.（秋海棠科 Begoniaceae）

美丽秋海棠花美、果美、叶也美。植于林缘、岩石缝、假山边等阴湿之地，使山岩倍增野趣。盆栽可置于阳台，或妆点走廊、门庭。

用播种、扦插、分株繁殖。播种可在春秋季进行，用土必须经高温消毒，保持室温20℃左右，且土壤湿润。扦插在春季为好，一般两周后可生根。分株可在春季换盆时进行，将母株切成几份，切口用木炭粉涂抹，以防腐烂。

附：同属植物可供观赏的还有械叶秋海棠 *Begonia digyna* Irmsch.、紫背天葵 *Begonia fimbristipula* Hance 和中华秋海棠 *Begonia grandis* Dry. subsp. *sinensis* (A. DC.) Irmsch.。

138. 芫花 Daphne genkwa Sieb. et Zucc.（瑞香科 Thymelaeaceae）

芫花是一种以观花为主的观赏植物。早春先叶开花，花为淡紫红色，群植于花坛或点缀在山石之间，显得风姿秀丽，生意盎然。核果白色，亦为少见，也可观赏。

繁殖可扦插，也可播种。扦插于春季进行，展叶后要遮阴，发根后要保持土壤湿润，入夏后要施薄肥，翌年3月可分栽培育。播种可于3月进行，条播，盖草，约1个月后发芽，苗长5cm后可施薄肥，第二年早春移植。

139. 毛瑞香 Daphne kiusiana Miq. var. atrocaulis (Rehd.) F. Maekawa（瑞香科 Thymelaeaceae）

毛瑞香柔枝厚叶，树冠圆形，姿态极为美丽，早春开花，芳香扑鼻，俗称"雪里开"。在园林中，可地栽或盆栽；地栽可单植、丛植或列植，栽植于门庭前花坛、路两旁或铜像、纪念碑等重要建筑物四周；盆栽供观赏，尤为普遍。

扦插繁殖或压条繁殖。

140. 结香 Edgeworthia chrysantha Lindl.（瑞香科 Thymelaeaceae）

性喜半阴，喜温暖湿润气候，适生于肥沃、排水良好的砂壤土，过干和积水处都不相宜。耐寒性不强。结香柔枝长叶，弯之打结而不断，常修整成各种形状。花多而成簇，芳香，先叶开放，分外醒目。宜庭院栽植，水边、石间栽种尤为适宜，也可盆栽供观赏。

扦插或分株繁殖。

141. 胡颓子 Elaeagnus pungens Thunb.（胡颓子科 Elaeagnaceae）

胡颓子花银白色，冬季开放，且有芳香，十分难得，叶背银色且具褐色斑点，是观叶植物中少见的种类，其变种叶色更为美丽。果长椭圆形，成熟时红色，被锈色鳞片，于夏初成熟。胡颓子是兼观叶、观花、观果于一身的优良观赏树木。园林中可孤植或群植，也可与其他树木混植，或作绿篱布置。对多种有害气体抗性较强，适于污染区厂矿绿化。树冠圆形紧密，故常做球形栽培，亦可作为绿篱或盆景材料。

播种繁殖或扦插繁殖。因其对气候、土壤要求不严，又耐寒，引种栽培和繁殖容易成活。

142. 南紫薇 Lagerstroemia subcostata Koehne in Engl.（千屈菜科 Lythraceae）

南紫薇树形优美，树干光滑，花色洁白，花朵繁密。开花时正值夏秋少花季节，花期可长达数月，是具有很高观赏价值的树种。宜植于建筑物前、庭院内、路旁及草坪上，也可成片种植。南紫薇枝条柔软，便于攀扎，适宜作盆景素材；花也可瓶插，作切花材料。

播种或扦插方法进行繁殖。

143. 喜树 Camptotheca acuminata Decne.（蓝果树科 Nyssaceae）

树体高大，主干通直，树冠阔展而整齐，叶荫浓郁，夏日球形绿色花序满枝，秋冬迷你香蕉结成果串挂满树，可作庭荫树和行道树；根系发达，是优良的"四旁"绿化树种，也可营造防风林。

播种繁殖。

144. 蓝果树 Nyssa sinensis Oliv.（蓝果树科 Nyssaceae）

干形挺直，叶茂荫浓，春季有紫红色嫩叶，秋日叶转绯红，分外艳丽，适于作庭荫树、行道树。在园林中可与常绿阔叶树混植，作为上层骨干树种，构成林丛。

播种繁殖。

145. 赤楠 Syzygium buxifolium Hook. et Arn.（桃金娘科 Myrtaceae）

常绿灌木，枝繁叶茂，株形紧凑，叶色浓绿，入冬黑果满枝，晶莹发光，经久不落。可作庭院绿篱种植，更宜作盆景。

播种繁殖。

附：同属还有华南蒲桃 Syzygium austro-sinense (Merr. et Perry) H. T. Chang et Miau 和轮叶蒲桃（三叶赤楠）Syzygium grijsii (Hance) Merr.et Perry 有相近的观赏特性和园林用途。

146. 中华野海棠 Bredia sinensis (Diels) H. L. Li (野牡丹科 Melastomataceae)

常绿小灌木。枝叶扶疏，光洁发亮，叶色深绿，花开季节，红花绿叶，分外妖娆。可作花坛、林下植物种植。

播种和分株繁殖。

附：同属具有相近观赏价值的还有秀丽野海棠 Bredia amoena Diels. 和四棱野海棠 Bredia quadrangularis Cogn.。

147. 地菍 Melastoma dodecandrum Lour. (野牡丹科 Melastomataceae)

地菍是一种以观花为主的观赏植物，紫红色的大型花冠色彩艳丽，引人注目。5枚镰状花药与花丝形成一种特殊杠杆，十分有趣。地苓与假俭草或地毯草混植可作园林地被植物，地栽或盆栽即可，盆栽供室内观赏。

压条繁殖、分株繁殖和播种繁殖，成活率高。

148. 棘茎楤木 Aralia echinocaulis Hand.-Mazz.（五加科 Araliaceae）

棘茎楤木二回羽状复叶，小枝及茎干密生红棕色细长直刺，叶柄紫红色，叶下灰白色，大型圆锥花序顶生，秋日浆果成熟，紫黑透亮，可招致大量鸟儿觅食，形成山野自然风光。在公园，特别是森林公园中孤植、丛植、群植均适宜。棘茎楤木喜温暖环境，对土壤要求不严，高山、平地一般土壤均可栽种。

播种繁殖。

附：具观赏价值的同属植物有楤木 *Aralia chinensis* Linn.、头序楤木 *Aralia dasyphylla* Miq. 和长刺楤木 *Aralia spinifolia* Merr.。

149. 树参 Dendropanax dentiger (Harms) Merr.（五加科 Araliaceae）

树参是一种以观叶为主的常绿观赏树木，其叶大小、形状变化很大，从不裂、2裂、3裂到5裂均有，叶质深绿、肥厚，由于不裂叶近似于荷树叶或梨树叶或桂花树叶，分裂叶近似于枫香叶，故有"半枫荷""枫荷梨""枫荷桂"等雅称。果实成熟时为紫黑色的核果状浆果，兼具观赏价值。园林中可孤植、丛植、小片群植，常与其他阔叶树种混植或植于较稀疏林下。

种子和扦插繁殖均可，树参喜阴，幼苗更需遮阴。

150. 五加 Eleutherococcus nodiflorus (Dunn) S. Y. Hu（五加科 Araliaceae）

五加叶形美丽，花姿清秀，秋日黑果累累，宛若团团珍珠。园林中可孤植、丛植、列植或配植于树丛、林缘。也可盆栽供观赏，盆栽时要加强整形。列植时可作花篱。

播种或分株繁殖，扦插繁殖亦容易成活。

151. 短梗幌伞枫 Heteropanax brevipedicellatus Li（五加科 Araliaceae）

短梗幌伞枫是一种以观叶、观形为主的常绿观赏树木。大型羽状复叶聚生于茎顶，伸展成伞状，形似棕榈，蔚为壮观，庭院中适于孤植或群植供观赏或作为绿荫树、行道树栽培，也可盆栽供观赏。

种子和扦插繁殖。短梗幌伞枫喜阴，幼苗更需遮阴。

152. 大叶三七（竹节人参）Panax japonicus C. A. Mey.（五加科 Araliaceae）

竹节人参是一种多年生草本的药用兼观赏植物。叶形秀美，伞形花序由茎顶叶丛中抽出，独树一帜，给人蓬勃向上之感。盆栽、地栽均可。地栽时孤植、丛植、群植于阴湿的树下或用于点缀岩石园、花坛、花台；盆栽亦可用于室内装饰，清淡典雅。

播种繁殖或根状茎繁殖。特别要做好土壤消毒工作，使土壤中有机质含量高、湿润而排水良好，上方遮阴，夏天降温。

附：同属植物可供观赏的还有其变种羽叶三七 var. *bipinnatifidus* (Seem.) C. Y. Wu et Feng ex C. Chou et al.。

153. 鹅掌柴 Schefflera heptaphylla (Linn.) Frodin（五加科 Araliaceae）

株形紧密，树冠整齐优美，叶色浓绿，南方常栽于带状花坛或片植于乔木下作地被用。也是良好的盆栽观叶植物。

播种或扦插繁殖。

154. 积雪草 Centella asiatica (Linn.) Urban（伞形科 Umbelliferae）

积雪草是一种以观叶为特征的观赏植物。叶为近圆形或肾形，边缘有宽锯齿，基部深心形，好像缺口的饭碗，故有"崩大碗"的称呼；因叶近圆形似铜钱，亦有"铜钱草"的叫法。可盆栽或地栽。地栽于较低湿处，作草坪地被植物；盆栽时，由于茎纤细，不能直立，匍匐茎伸出盆口外，悬垂于盆四周，似盆栽"吊兰"，极为美观。

播种繁殖或分株繁殖。分株繁殖时，切取具有不定根的匍匐茎节（节上应留叶）进行栽培。

155. 红马蹄草 Hydrocotyle nepalensis Hook.（伞形科 Umbelliferae）

红马蹄草叶为圆肾形，如马蹄，煞是有趣。是一种以观叶为主要特征的观赏植物，可地栽或盆栽。地栽于庭院树下阴湿处，可作为地被植物栽培；盆栽可用栽培吊兰的方式栽培，使柔软的匍匐茎伸出盆口四周，呈悬垂状态。

播种繁殖和分株繁殖。

156. 前胡（白花前胡）**Peucedanum praeruptorum** Dunn（伞形科 Umbelliferae）

前胡叶形美丽，花色淡雅，双悬果奇特。是一种很好的观赏植物。庭院中可地栽或盆栽供观赏，地栽可孤植、疏散群植或片植于池塘、水沟旁或墙边、岩石园中近水处。

播种繁殖或分根繁殖。播种繁殖4月播种，条播或撒播。分根繁殖宜在春季进行。

157. 灯台树 Cornus controversa Hemsl.（山茱萸科 Cornaceae）

树干端直，枝条平展，轮生的树枝形成一层层平叠的树冠，层次分明，宛若灯台，树名由此而来。花白色素雅大方，圆果，紫红色鲜艳。适于作庭荫树和行道树，亦可供公园、住宅区种植。

用播种法繁殖。可在9—10月果熟后采收其核果，种子经堆放成熟后，洗净阴干，层积砂藏。翌年春季条播或点播，半月后出苗；如采用秋播，需到翌年春才能出苗。第二年秋末后可移栽。

158. 秀丽香港四照花 Cornus hongkongensis Hemsl. subsp. **elegans** (Fang et Hsieh) Q. Y. Xiang（山茱萸科 Cornaceae）

秀丽香港四照花四季翠绿，树姿优美，叶色光亮。5月，顶生花序长满树冠外层，花序苞片洁白，全树变成白色，花后全株葱绿，入秋果序球形，由绿变黄，继而变红、变紫，是观姿、观叶、观花、观果兼有的优良观赏植物。特别的是，入冬叶色变成鲜红，并不落叶，直到次春天气暖和，变红的叶又变成绿色，是难得的冬色叶树种。适于公园、庭院、住宅旁栽植，山区沟边、路旁种植无不适宜。成熟果肉质，形似"荔枝"，味甜可食，故有"山荔枝"之称。其果实还可酿酒。

播种繁殖。

159. 青荚叶 Helwingia japonica (Thunb.) Dietr.（山茱萸科Cornaceae）

青荚叶在叶面上开花结果，显得格外新奇，结出的果实紫黑色，宛若黑色的珍珠，因而又有"叶上珠"的俗名。是一种新奇的观叶花卉。可于庭院阶前、路旁、墙边、池畔栽植。因其耐阴，也可盆栽供室内装饰之用。

可用播种、插条、压条或分株等方式进行繁殖。为了提高其观赏价值，栽培中需要注意整形，利用短截修剪促生侧枝，形成丰满的、枝叶繁茂的圆形或扁圆形树冠，以增加形态美。

160. 华东山柳 Clethra barbinervis Sieb. et Zucc.（桤叶树科Clethraceae）

叶似柳树叶，但花的构造和花序的排列却不像柳树，而是合瓣花类的完全花，故名"山柳"。为避免两者的混乱，有人将其改名为"桤叶木"。华东山柳总状花序明显而突出，称雄于树冠之顶。可于庭院中栽植供观赏。

播种或分株繁殖。

附：同属植物可供观赏的还有江南山柳 *Clethra delavayi* Franch.。

161. 鹿蹄草 Pyrola calliantha H. Andr.（鹿蹄草科Pyrolaceae）

鹿蹄草植株小巧秀雅，叶似鹿蹄，叶脉明显，花含芳香，玲珑可爱。适合于室内盆栽，点缀案头，亦可作山水盆景中的林下小草。

用分株繁殖和播种繁殖。

附：同属植物可供观赏的还有普通鹿蹄草 *Pyrola decorata* H. Andr.。

162. 灯笼花 Enkianthus chinensis Franch.（杜鹃花科Ericaceae）

灯笼花花形奇特，花冠半透明，晶莹欲滴，玲珑剔透。1个花序常开5～8朵下垂的小花，既像一个个小灯笼，又像一簇簇小铃铛。灯笼花花期长，五一节前后开放，至儿童节还有花。庭院中既可孤植、列植、丛植，也可与其他乔木混植。但注意高温的夏季要降温和保证空气湿度适宜。

用播种、扦插或分株繁殖均可。播种繁殖，应防止幼苗期土壤过湿。因其萌蘖力强，一般栽培多采用分株。扦插可在秋季进行，用当年半熟枝条扦插较易生根。栽培中注意秋冬季宜稍干燥，春夏季保持湿润，高温夏季应遮阴和通风。

附：同属植物可供观赏的还有齿缘吊钟花 *Enkianthus serrulatus* (Wils.) Schneid.。

163. 毛果南烛 Lyonia ovalifolia (Wall.) Drude var. hebecarpa (Franch. ex Forb. et Hemsl.) Chun（杜鹃花科Ericaceae）

毛果南烛花冠白色，形如坛状，晶莹玉洁。尤其是每朵小花，在总状花序上都呈下垂姿态，从花丛中伸出，犹如一面面白色的旌旗。在院园中，若与假山、山石等配植，可使庭院充满野趣。

播种繁殖和扦插繁殖。

164. 马醉木 Pieris japonica (Thunb.) D. Don（杜鹃花科Ericaceae）

马醉木叶有剧毒，当牛、马误食其枝叶后即晕然如醉而得名。它树姿优美，叶色翠绿，是一种布置庭院的好材料。马醉木的花序上有白色壶状小花15～25朵，排列别致，有趣动人。尤其是新叶褐红色，艳丽可爱，在庭院中可孤植或丛植，以供观赏。

播种繁殖，可在每年3—4月进行；扦插繁殖，可取当年生长的枝条，于6—7月进行，高温夏季注意插条荫蔽，并适当浇水，保持土壤湿润。

165. 云锦杜鹃 Rhododendron fortunei Lindl.（杜鹃花科 Ericaceae）

云锦杜鹃是著名的高山花卉，绿叶挺秀，花色艳丽，暮春开放，灿若云锦。云锦杜鹃具有较高的观赏价值，可以植于庭院花坛中、假山坡上及溪水旁边，也可盆栽。

用播种繁殖。在自然条件下可以栽培，但高温夏季应注意荫蔽。

166. 羊踯躅 Rhododendron molle G. Don（杜鹃花科 Ericaceae）

羊踯躅有剧毒，陶弘景曰："羊食其叶，踯躅而死，故名。"但作为观赏植物，有很大价值。春末夏初开黄色花，数朵至数十朵密集于枝端。羊踯躅可盆栽，也可群植。植于花坛边缘、池畔、山崖、石隙，无不适宜。杜鹃种类繁多，但开黄花者很少，羊踯躅是杜鹃育种不可多得的原始材料。

对气候要求不严，以微酸性砂壤土或黏壤土较好，用分株和扦插繁殖。分株繁殖，在立冬前后将其植株连根挖起，分开移植、穴栽，每穴1～2株覆土压实。扦插繁殖，于清明至谷雨间选长30cm茁壮枝条，插入土中13～18cm，并注意浇水，保持土壤湿润。

167. 猴头杜鹃 Rhododendron simiarum Hance（杜鹃花科 Ericaceae）

猴头杜鹃树姿优美，风韵古朴。春天来到时，乳白色或粉红色的花朵竞相开放，玉蕊凝霞，鲜艳夺目，蔚为壮观。猴头杜鹃常在较高海拔山地形成纯林群落。猴头杜鹃最宜在海拔较高的森林公园成片种植，在低海拔地区，因夏季炎热，效果不佳。

播种繁殖，以腐殖土表面铺洗净剪碎的0.5～1cm厚的苔藓的基质最好，用无性繁殖，扦插效果不佳。

168. 泰顺杜鹃 Rhododendron taishunense B. Y. Ding et Y. Y. Fang（杜鹃花科 Ericaceae）

常绿灌木或小乔木。植株清秀，枝叶扶疏，叶色深绿，花开季节满树红花，衬以绿叶，十分耀眼，是近年发现的新种和有待开发的前景良好的花灌木。可在庭院、公园、花坛种植。

播种繁殖。

169. 江南越橘 Vaccinium mandarinorum Diels（杜鹃花科 Ericaceae）

江南越橘树姿清秀俊逸，树叶终年常绿。盛花期，缀满白色小花的花序宛如一排小灯笼在微风下拂动。圆球形的果，成熟时由红变紫。宜在庭院中的向阳处种植，也是很好的盆景材料。

常用扦插方法进行繁殖。

附：同属可供观赏的植物还有乌饭树 Vaccinium bracteatum Thunb.。

170. 朱砂根 Ardisia crenata Sims（紫金牛科 Myrsinaceae）

朱砂根是一种以观果为主要特征的常绿观赏植物。鲜红的果实，如红色的宝石在绿叶的衬托下晶莹透亮。地栽或盆栽均可；盆栽可供室内点缀环境，绿叶红果，给人们一种美的享受；地栽时，可以丛植、列植或成片栽培。

播种繁殖。

附：同属植物可供观赏的还有百两金*Ardisia crispa* (Thunb.) A. DC、紫金牛*Ardisia japonica* (Thunb.) Bl.、莲座紫金牛*Ardisia primulaefolia* Gardn. et Champ. 等。

171. 虎舌红 **Ardisia mamillata** Hance（紫金牛科 Myrsinaceae）

虎舌红叶片紫红色，果实鲜红色，叶果并美。园林中可以地栽或盆栽。地栽时以丛植或群植为佳，丛植于较阴湿的草坪中央或其一侧，增加了草坪色彩变化，起到锦上添花的作用，如作地被物片植时，则显出暗红地毯状的效果，高雅庄重；盆栽可作室内装饰。

播种繁殖或扦插繁殖。

172. 聚花过路黄 **Lysimachia congestiflora** Hemsl.（报春花科 Primulaceae）

聚花过路黄因常生于路边，开花黄色，数朵聚生于枝端而得名。它虽是路边不起眼的小草，但若在庭院配植得当，却可起到绿化地面的作用，成为良好的地被植物。春季开花，数朵聚生，金黄闪烁。

播种或匍匐茎繁殖。

173. 柿树 **Diospyros kaki** Thunb.（柿科 Ebenaceae）

阳性树种，喜温暖亦耐寒，能耐 −20℃的短期低温，对土壤要求不严。对有毒气体抗性较强。根系发达，寿命长，300 年生的古树还能结果。柿树树形优美，叶大，呈浓绿色而有光泽，在秋季又变红色，是良好的庭荫树。入秋以后，果实渐变橙黄色或橙红色，累累佳实悬于绿荫丛中，极为美观，又因果实不易脱落，叶落后仍能悬于树上，故观赏期长，观赏价值较高，是极好的园林结合生产树种，既适于城市园林，又适于自然风景区中配植应用。

嫁接繁殖。

174. 山矾 **Symplocos sumuntia** Buch.-Ham.ex D. Don（山矾科 Symplocaceae）

山矾四季常青，叶色深绿，花多洁白，清香浓郁，可作为公园、风景区和居民区观赏树种，特别是对空气和土壤污染抗性强，可作污染严重的厂区绿化。

可用播种繁殖。种子有隔年发芽的习性。也有移株，一般宜春季雨水季节进行，以提高成活率。

附：同属植物可供观赏的还有薄叶山矾*Symplocos anomala* Brand、黄牛奶树*Symplocos cochinchinensis* (Lour.) S. Moore var. *laurina* (Retz.) Nooteboom、羊舌树*Symplocos glauca* (Thunb.) Koidz.、团花山矾*Symplocos glomerata* Kingex C. B. Clarke、光叶山矾 *Symplocos lancifolia* Sieb. et Zucc.、光亮山矾*Symplocos lucida* (Thunb.) Sieb. et Zucc.、老鼠矢*Symplocos stellaris* Brand 等。

175. 银钟花 **Halesia macgregorii** Chun（安息香科 Styracaceae）

银钟花花白色，花冠似银钟，在小枝上 3～5 朵簇生，下垂且有清香，故名银钟花。

具宽大4翅的核果，形态奇特，树叶在入秋后变红，均可供观赏。银钟花是我国特有的珍稀树种，它在研究美洲和亚洲的大陆变迁、植物区系、植物地理等方面有一定的意义。

本种不易繁殖，因种子发芽率低，应选择健壮成年母树，10月采收成熟种子，放在湿沙中层积过冬，春季播种，第二年春可发芽出土。据国外报道，采收种子后，先在21℃下层积3～4个月，再在1～4℃下层积3～4个月，有利于种子发芽。

176. 白蜡树 **Fraxinus chinensis** Roxb.（木犀科 Oleaceae）

阳性树种，稍耐阴；适宜温暖湿润气候，亦耐干旱，耐寒冷。对土壤要求不严。抗烟尘及有毒气体。深根性，根系发达，萌芽、根蘖力均强，生长快，耐修剪。树干端正挺秀，叶绿荫浓，枝叶繁茂而鲜绿，秋叶橙黄，是优良的行道树和遮阴树，可用于湖岸绿化和工矿区绿化；也是重要经济树种，放养白蜡虫，生产白蜡。

播种繁殖为主，亦可扦插或压条。

177. 小叶女贞 **Ligustrum quihoui** Carr.（木犀科 Oleaceae）

阳性树种，稍耐阴；喜温暖湿润气候，较耐寒；对土壤要求不严，抗多种有毒气体。性强健，萌枝力强，耐修剪。其枝叶紧密、圆整，庭院中常栽植作绿篱，也可于庭院丛植或配植。抗多种有毒气体，是优良的抗污染树种。也是制作盆景的优良材料。

播种或扦插繁殖。

178. 醉鱼草 **Buddleja lindleyana** Fort.（马钱科 Loganiaceae）

因其花、叶揉碎投入水中后可使鱼类麻醉，故有"醉鱼草"之名。它枝叶婆娑，花朵繁茂，芳香宜人。适在园林中的溪沟边、坡地、桥头、墙根栽种。或作中型绿篱，丛植于空旷草地或草坪边缘。

播种或扦插繁殖。种子细小，播前将苗床灌透水分，下种后不覆土，架设荫棚，以保土壤湿润，播后10天左右发芽，苗高10cm时移苗一次，次年春季可出圃定植。每年花后可略加整形修剪，或在入冬前剪去地上部分，以利于翌年抽出新枝再多开花。扦插可在春季进行，用休眠枝作插条。

179. 华双蝴蝶 **Tripterospermum chinensis** (Migo) H. Smith ex Nilsson（龙胆科 Gentianaceae）

华双蝴蝶是一种以观叶为主的观赏植物。4叶时期的形态特别优美，形似蝴蝶，叶片上的脉纹及淡黄色斑块好似蝴蝶翅上的花斑，所以有"双蝴蝶"的美称。淡紫色的花高雅素洁，受人喜爱。可盆栽或地栽。盆栽可作案头或室内陈设，茎伸长后呈缠绕状，也可用于盆栽造型。地栽可于岩石园或树下阴湿处栽培。

播种繁殖。

180. 紫花络石 **Trachelospermum axillare** Hook. f.（夹竹桃科 Apocynaceae）

紫花络石是一种以观花为主的观赏植物，其叶与果实也具观赏价值，园林中常于岩石假山之旁、墙垣之处、老树旁侧或用大棚架栽植，任其攀援，四季常青。花紫而芳香，特别是茎上长出细长的气生根，随风飘荡，高脚碟状的花冠显得高雅而又饶有野趣。

压条、扦插或播种繁殖。

181. 旋花 Calystegia silvatica (Kitaibel) Griseb. subsp. **orientalis** Brummitt（旋花科 Convolvulaceae）

旋花叶呈三角形，叶基如戟状。粉红色的花冠像个大喇叭，其形态、色彩都很幽雅美观。庭院中可作地被植物或花篱栽培。

播种繁殖或扦插繁殖。

182. 飞蛾藤 Dinetus racemosus (Wall.) Sweet（旋花科 Convolvulaceae）

飞蛾藤叶形美，藤缠绕，花白而纯洁。庭院中可篱架或棚架栽培，也可造型；当篱架栽培时，可作花篱和境界篱；若棚架栽培，可作遮阳长廊，是垂直绿化的好材料。

播种繁殖。

183. 土丁桂 Evolvulus alsinoides (Linn.) Linn.（旋花科 Convolvulaceae）

土丁桂全身被银白色丝状毛，甚为稀奇，由此而得名"白毛将""银丝草"。盛夏季节，土丁桂纤细的茎上长着浅蓝色的漏斗状小花，素洁而典雅。园林中可作干燥坡地的地被植物栽种，也可盆栽供观赏。

播种繁殖。

184. 白棠子树 Callicarpa dichotoma (Lour.) K. Koch（马鞭草科 Verbenaceae）

白棠子树枝条、叶柄均紫红色，叶色浓绿，入秋紫果累累，玲珑剔透，经久不落。适于庭院栽植作草坪边缘绿化材料，也可种在假山旁、常绿树前或水边作衬托。果枝可作切花。

插枝和播种繁殖。扦插在春季、夏季均可进行，插后注意浇水和遮阴。生根容易，成活率高。播种育苗宜随采随播，冬季宜盖稻草防寒，至第二年春季，苗高15～20cm时可行移栽，通常当年即能开花。

185. 臭牡丹 Clerodendrum bungei Steud.（马鞭草科 Verbenaceae）

臭牡丹花开红紫色，聚伞花序大而美丽，人们把它与花中之王的牡丹媲美，然而它似牡丹却非牡丹，只能观其色而不能闻其味，乃美中不足之处。在园林中可丛植或片植，栽于坡地林缘或花坛。

用分株、根插及播种繁殖。因其根系横走，萌蘖力强，分株、根插均容易成活，栽培管理比较粗放。

186. 赪桐 Clerodendrum japonicum (Thunb.) Sweet（马鞭草科 Verbenaceae）

叶大，圆心形，大型聚伞圆锥花序鲜红夺目，花期长，是极为美丽的观花树种。庭院中可孤植、丛植或片植，若以常绿树丛或竹林为衬景，开花时节更显艳丽悦目，美不胜收。亦可盆栽供观赏。

分株、扦插、播种均可繁殖。分株繁殖，可将生长健壮的老株之根部萌芽另行栽培。扦插可剪取当年生成熟枝条于秋季进行。

187. 金疮小草 Ajuga decumbens Thunb.（唇形科 Labiatae）

金疮小草全身被白毛，俗名"白毛夏枯草"。淡蓝色的唇形花冠姿态优美，轮伞形花序别具一格。适于盆栽供观赏，或在园林中作地被植物。

播种繁殖。

附：同属植物紫脊金盘*Ajuga nipponensis* Makino 也有相近的观赏价值。

188. 香薷 **Elsholtzia ciliata** (Thunb.) Hyland.（唇形科 Labiatae）

香薷花冠淡紫红色，气味清香，媚态诱人，花序顶生，偏向一侧，俗称"牙刷草"，独具风姿。适于盆栽供观赏，或在园林中植于山坡、路旁，片植、列植均可。

播种繁殖。

附：同属植物海州香薷*Elsholtzia splendens* Nakai ex Maekawa 也有相近的观赏价值。

189. 夏枯草 **Prunella vulgaris** Linn.（唇形科 Labiatae）

夏枯草株形矮小，花蓝紫色，整个轮伞状穗状花序形如棒槌，故有"棒槌草"之称。又因植株夏末全株枯萎，名"夏枯草"。在庭院中成片栽植，观赏效果极佳。可作地被植物，亦可盆栽供观赏。

用播种繁殖。

190. 南丹参 **Salvia bowleyana** Dunn（唇形科 Labiatae）

南丹参花蓝紫色，淡雅素洁，风姿秀丽。可盆栽供观赏；也可在园林中列植或片植，作花径、花境、林缘材料；亦可作地被植物。

用播种或分株繁殖。

191. 水苏 **Stachys japonica** Miq.

水苏花色鲜艳，假穗状花序整齐悦目，可盆栽供观赏。也可作为地被植物在园林中沟旁、草甸片植。

用播种繁殖，或用分株繁殖。

192. 枸杞 **Lycium chinense** Mill.（茄科 Solanaceae）

枸杞开花后约1个月果实成熟，常在同株上花果并存，因此既可观花又可观果。花冠紫色，清新素雅。结实橘红，硕果累累。整株植物有它独特的风韵。枸杞喜凉爽气候，土壤以砂壤土最好，不宜在低洼多湿地栽培。在园林中可密植成篱或丛植栽培。枸杞枝条修剪后萌发快，易于造型，出根力强，是作盆景的好材料。

播种繁殖或分株繁殖。

193. 江南散血丹 **Physaliastrum heterophyllum** (Hemsl.) Migo（茄科 Solanaceae）

江南散血丹果实球形，下垂，被增大的宿存花萼所包围，外面有不规则散布的三角形硬凸起，呈粗壮刺状，显得十分奇特而美丽。可栽培于庭院的树下或池塘、水边较阴湿处，亦可盆栽供观赏。

播种繁殖。

194. 苦蘵 **Physalis angulata** Linn.（茄科 Solanaceae）

苦蘵花冠如钟状，花色淡黄，且有紫色斑纹，引人注目，十分好看。浆果球形，被宿存增大的花萼包围，形如喜庆的灯笼。可植于岩石园、庭院阴湿处，或盆栽供观赏。

播种繁殖。

195. 绵毛鹿茸草 Monochasma savatieri Franch. ex Maxim.（玄参科 Scrophulariaceae）

绵毛鹿茸草因全体密被白色绵毛而具观赏价值。灰白色的植株上部着生淡紫色的花，显得幽雅而自然。园林中主要用于盆栽供观赏，亦可作为山水盆景的衬托材料或案头小盆景植物栽培。

播种繁殖或分株繁殖。

196. 白花泡桐 Paulownia fortunei (Seem.) Lemsl.（玄参科 Scrophulariaceae）

阳性树种，不耐阴蔽，耐寒性强，较抗干旱，对土壤性质要求不严，但对肥力十分敏感，怕积水涝洼。速生。树冠美观，干形端直，树形优美，叶似楸叶，花色淡紫，是良好的"四旁"绿化速生树种。

播种、埋根、埋条均易繁殖。

197. 江西马先蒿 Pedicularis kiangsiensis Tsoong et Cheng f.（玄参科 Scrophulariaceae）

江南马先蒿是一种十分美丽的观赏植物，花紫红色，艳丽可爱，生于荒野草丛之中，很是引人注目。可植于庭院花坛，或与山石配植、片植、丛植，也宜盆栽供观赏。

播种繁殖或分株繁殖。

198. 玄参 Scrophularia ningpoensis Hemsl.（玄参科 Scrophulariaceae）

玄参为大型观花草本植物。大型聚伞圆锥花序，方形、有沟纹的茎，显得奇特而有趣味。可成片、成丛地栽，亦可盆栽供观赏。

播种繁殖或根芽繁殖。根芽繁殖时，秋季采收后，将根头埋于地下，深25cm，上盖沙土一层，以埋严芽子为限，次年春，随天气变暖逐渐去盖土，以防芽子伸长，影响栽种质量，4月初挖出，将根头切成小块，每块需带芽苞1～2个，按株距33m穴栽，每穴1棵，覆土5cm。也可采收时取下带芽的根状茎，立即下种，栽植地宜选排水良好的砂质壤土或腐殖质壤土。

199. 梓树 Catalpa ovata D.Don（紫葳科 Bignoniaceae）

阳性树种，稍耐阴；喜温暖湿润，颇耐寒，在暖热气候下生长不良；喜深厚、肥沃的土壤；深根性，不耐干旱、瘠薄，能耐轻盐碱土。对Cl_2、SO_2及烟尘有较强的抗性。梓树高大，叶片肥硕，树冠茂密，树干通直，树形优美，春末夏初花朵繁盛，果实悬垂如豇豆，是优良行道树、庭荫树，适宜于道路旁、村边宅旁配植。古人在房前屋后种植桑树、梓树，"桑梓"意指故乡。嫩叶可食；根皮或树皮的韧皮部（名梓白皮）药用，能清热、解毒、杀虫；种子亦可入药，为利尿剂；材质轻软，可制家具、乐器、棺木等。

播种繁殖为主，也可扦插或分蘖繁殖。

200. 野菰 Aeginetia indica Linn.（列当科 Orobanchaceae）

野菰的茎、花萼、花冠的颜色特别鲜艳；它的花冠似弯曲的喇叭，口部呈二唇状，花冠筒部被一斜裂的佛焰苞状的花萼所包。这一特有的形态恰似僧侣的帽子，所以有"僧帽花"的美称。野菰色彩美、形态美俱全，是一种很好的野生观赏植物。因其是寄生植物，需连寄主根部共同盆栽供观赏，可用于室内装饰。

引种栽培目前尚无系统材料，仅有少数花卉工作者、医药工作者，将野菰连同寄主禾本科植物根部一同掘起，栽于花盆中供观赏。

附：同属植物中国野菰 *Aeginetia sinensis* G. Beck. 也有相近的观赏价值。

201. 旋蒴苣苔 Boea hygrometrica (Bunge) R. Br.（苦苣苔科 Gesneriaceae）

旋蒴苣苔叶卵圆形，上面被贴伏的白色长柔毛，下面被白色或淡褐色绒毛，似猫的耳朵，故又名"猫耳朵"。叶全部基生，层叠若莲瓣。花淡蓝，素雅而高洁。在庭院中可散植于假山边、溪石旁，也可在室内盆栽供观赏。

播种繁殖或分株繁殖。

202. 苦苣苔 Conandron ramondioides Sieb. et Zucc.（苦苣苔科 Gesneriaceae）

苦苣苔是山间石壁阴湿处常见的阴生植物。花朵紫色。在园林中可植于草坪、路旁溪边、山石边等。盆栽可点缀居室。

播种繁殖或分株繁殖。

203. 温州长蒴苣苔 Didymocarpus cortusifolius (Hance) W. T. Wang（苦苣苔科 Gesneriaceae）

温州长蒴苣苔丛生多叶，早春开花，红艳秀丽。适合栽种在园林中潮湿沟壁岩石边，或盆栽供观赏。

播种或分株繁殖。

204. 降龙草 Hemiboea subcapitata C. B.Clarke（苦苣苔科 Gesneriaceae）

降龙草为肉质草本，晶莹剔透，对生叶叶柄呈船形，白色花朵密集而生，花冠弯筒状，形似龙头。适种植在园林中阴湿林下、沟谷旁或岩石边，也可盆栽。

播种繁殖或分株繁殖。

附：同属植物半蒴苣苔 *Hemiboea henryi* C. B. Clarke 也有相近的观赏价值。

205. 吊石苣苔 Lysionotus pauciflorus Maxim.（苦苣苔科 Gesneriaceae）

吊石营苔叶常绿而轮生，青翠光洁，花白色而淡紫，实属姿色俱佳的观赏植物。适于栽种在园林阴湿的岩石上、沟谷旁。也是制作山石盆景的良好材料。

分株繁殖。春季，采收其植株，用苔藓包根，迅速运至栽植地，视植株大小，将根状茎切成数段，分成数株，然后埋入潮湿、腐殖质丰富的土壤中，保持湿润，并注意遮阴。

206. 水团花 Adina pilulifera (Lam.) Franch. ex Drake（茜草科 Rubiaceae）

水团花夏日开花，花序头状如绒球，花色素雅，深秋果熟，美不胜收，故水团花既可观花，又可观果，是一种优良的观赏植物。在庭院中可单植或列植，于溪涧水畔。其因极耐水湿和大水淹没，可作河道绿化和固堤植物。

播种或分株繁殖。

207. 风箱树 Cephalanthus tetrandrus (Roxb.) Ridsd. et Bakh. f.（茜草科 Rubiaceae）

叶繁枝柔，深绿色的叶片四季常青，粉白色的头状花序发出阵阵幽香，入秋黑色的果实成熟。在园林中可单植、群植或片植，用于庭院布置，也宜作河道两侧、水库湖泊边护岸、护堤植物。

播种或扦插繁殖。

208. 流苏子 **Coptosapelta diffusa** (Champ. ex Benth.) Steenis（茜草科 Rubiaceae）

流苏子叶色终年苍翠，夏季高脚碟状的花朵白色或黄色，在庭院中的墙壁、假山或棚架边种植，任其藤叶攀援而上。

播种繁殖。

209. 虎刺 **Damnacanthus indicus** Gaertn.（茜草科 Rubiaceae）

虎刺株矮，叶绿，果红，经久不落，白色的花朵素雅幽香，是叶、花、果兼赏的优良观赏植物。庭院中可栽植于荫蔽的场所，如大树下、乔木树丛的前方以及墙边。亦可盆栽和制作盆景供室内观赏。

用播种繁殖或分株繁殖。播种繁殖于春季播种，随采随播，条播行距 50～60cm，播后盖土厚 1～2cm。分株繁殖在春芽萌动之前或秋季进行。苗期在夏季需搭盖荫棚。

210. 栀子 **Gardenia jasminoides** Ellis（茜草科 Rubiaceae）

阳性树种，也能耐阴，在荫蔽条件下叶色浓绿，但开花稍差。喜温暖、湿润气候，耐热也稍耐寒。喜肥沃、排水良好、酸性的轻黏壤土，也耐干旱、瘠薄，但植株易衰老。抗 SO_2 能力强。萌蘖力、萌芽力均强，耐修剪。叶色亮绿，四季常青，花大洁白，芳香浓郁，是良好的绿化、美化、香化材料。成片丛植或作花篱均极适宜，也可作阳台绿化、盆花、切花或盆景，还可用于街道和工矿区绿化。

扦插、压条繁殖。

211. 香果树 **Emmenopterys henryi** Oliv.（茜草科 Rubiaceae）

香果树树姿挺拔，叶色翠绿，花序大而美丽，果实红而呈纺锤形，加上有的萼片发育成叶状粉红色，果熟时还不脱落，色彩红绿交相辉映，甚为奇特。是理想的庭院绿化观赏树种。庭院中可孤植、列植或片植，营造成风景林或作行道树。香果树是我国特有的孑遗树种，它在研究茜草科系统发育和我国南部、西南部的植物区系特点等方面都有一定的意义。

用播种或扦插繁殖。一般 2 年或 4 年结实一次，果熟后即采取，放在通风干燥处 2～3 天，果裂后选出饱满的种子，砂藏在低温下或随即条播，播后 10～15 天出芽，要搭荫棚保持圃地湿润；待苗高 20cm 时移植一次，苗高 40cm 时可出圃造林。扦插繁殖，插条成活后第三年可出圃造林。

212. 大叶白纸扇 **Mussaenda shikokiana** Makino（茜草科 Rubiaceae）

大叶白纸扇枝繁叶大，花朵金黄色，萼片白如玉，玉叶金花，生机盎然。在园林中可与其他灌木配植，也可片植于疏林草地上，颇具野趣。

用播种或扦插繁殖。播种繁殖宜春季播种，撒播或条播，盖土 1～2cm 厚，保持土壤湿润，出苗后需遮阴通风，第二年秋即可移栽或定植。扦插繁殖以 3 月进行为宜，剪取

10～15cm长、带2～3个芽节的枝条，插于砂壤土中，生根迅速，次年即可定植。

213. 白马骨 Serissa serissoides (DC.) Druce（茜草科 Rubiaceae）

白马骨枝叶密集，满树白花，灿若繁星，故有"满天星"之称；又宛如雪花，撒满枝头，故又有"六月雪"之名。在庭院中可栽植于树丛或岩石旁，也可装饰花坛及花篱，亦是制作盆景的极好材料。

分株或扦插繁殖。分株繁殖宜春季3月进行。用半成熟枝扦插，在6—7月进行。均需搭棚遮阴，注意浇水，保持苗床温暖湿润，极易成活。

附：同属植物可供观赏的还有六月雪 Serissa japonica (Thunb.) Thunb.。

214. 钩藤 Uncaria rhynchophylla (Miq.) Miq. ex Havil.（茜草科 Rubiaceae）

钩藤茎蔓生，枝褐叶绿，四季常青，叶腋中成对的钩刺弯曲，形似鹰爪，秋日老叶泛红，红绿相映，颇具特色，花序为彩色绒球，也很醒目。它既是优良的观赏植物，也是垂直绿化的好材料。

用种子和分株繁殖。

215. 忍冬（金银花）Lonicera japonica Thunb.（忍冬科 Caprifoliaceae）

藤蔓缭绕，冬叶微红，花先白后黄，富含清香气味，是色香俱全的藤本植物。可缠绕篱垣、花架、花廊等作垂直绿化；或附在山石上，植于沟边，爬于山坡，用作地被；花期长，花芳香，又值盛夏酷暑开放，是庭院布置的极好材料；植株体轻，是美化屋顶花园的好树种；老桩作盆景，姿态古雅。

播种、扦插、压条、分株均可。

216. 接骨木 Sambucus williamsii Hance（忍冬科 Caprifoliaceae）

枝叶繁茂秀丽，春季白花盛开，夏秋红果盈盈，是良好的观花、观果灌木。宜植于草坪、林缘和水边，孤植或群植皆宜，也可用于城市、厂区绿化。

扦插、分株和播种繁殖。

217. 粉团荚蒾 Viburnum plicatum Thunb.（忍冬科 Caprifoliaceae）

粉团荚迷复伞形花序外围的大型不孕花，远眺酷似一群黄白色的蝴蝶，微风轻摇，翩翩起舞。花序中部的可孕花形如珍珠，蝶飞上下，如同戏珠，在庭院中，适于池畔、墙隅、路旁及草地中植之，或与其他灌木一道配植。

用播种、分株、扦插繁殖。一般常用扦插繁殖，在春末夏初进行。移栽宜在落叶后萌芽前进行，小苗要多带宿土，大苗要带土球，栽后注意遮阴、浇水，容易成活。

附：同属植物可供观赏的还有荚蒾 Viburnum dilatatum Thunb.。

218. 水马桑 Weigela japonica Thunb. var. sinica (Rehd.) Bailey（忍冬科 Caprifoliaceae）

枝叶浓密，花繁色艳，花色丰富，白、粉红到红均有。宜丛植于草坪、湖畔、庭院角隅、山坡、河滨、建筑物前，亦可在树丛、林缘密植为花篱，点缀假山石旁、坡地或制盆景。

扦插、压条和分株繁殖。

219. 华东杏叶沙参 Adenophora petiolata Pax et K. Hoffm. subsp. **huadungensis** (Hong) Hong et S. Ge（桔梗科 Campanulaceae）

华东杏叶沙参是一种以观花为主的观赏植物。花冠钟形，花色紫蓝，淡雅清新，十分可爱。可盆栽或地栽。园林中可作花境、岩石园及自然式布置。

播种繁殖或挖取有芽头的主根繁殖。秋冬季茎叶枯萎后挖取有芽头的主根栽培，第二年春季发芽率很高，春季发芽后，挖取带主根的植株栽培，同样能很好地成活，但植株越高大，越难成活。

220. 轮叶沙参 Adenophora tetraphylla (Thunb.) Fisch.（桔梗科 Campanulaceae）

轮叶沙参是一种以观花为主的观赏植物。圆锥状花序大型，有许多钟形蓝色的花悬挂在大大小小的花序轴上，而细长的花柱又伸出花冠之外，颜色、形态都特别引人注目。4叶甚至5～6叶轮生，这在植物中也不多见。可盆栽供观赏，或地栽在园林中作花境、岩石园及自然式布置。

播种繁殖或挖取有芦头的主根繁殖。秋冬季挖取有芦头的主根栽培，第二年春季成苗率很高。

221. 金钱豹 Campanumoea javanica Bl. subsp. **japonica** (Makino) Hong（桔梗科 Campanulaceae）

金钱豹为缠绕性藤本，可作垂直绿化的好材料。花钟状白色，果扁球状紫红色，形态美、色彩美。是一种值得开发的观赏植物。

播种繁殖或挖取幼株繁殖。

222. 羊乳 Codonopsis lanceolata (Sieb. et Zucc.) Trautv.（桔梗科 Campanulaceae）

羊乳花冠钟状，颜色黄绿带紫，花姿楚楚动人，茎蔓缠绕，纤柔娇嫩，四叶轮生，别有情趣。既可室内盆栽供观赏，也可在庭院中地栽作花篱。

播种繁殖或带芽头的根繁殖。

223. 半边莲 Lobelia chinensis Lour.（桔梗科 Campanulaceae）

半边莲开花虽不妖艳夺目，但花开半边，形如半边莲花，故有"半边莲"之称。它独特有趣的体态和风韵实为观赏植物之妙，令人赏心悦目，爱不释手。可盆栽于室内供观赏，在园林中常作地被植物种植在草坪上和花坛中。

分株及播种繁殖。分株繁殖在春季4—5月进行，新苗长出后，根据株丛大小分成若干株，然后开沟，按适当行距、株距栽种。播种繁殖，即将半边莲细小的种子播于疏松而排水良好的土中，不必覆土，在温度20℃的条件下，1～2周即可发芽。春播6—7月开花。生长期间注意浇水，花后剪去上部残枝，可促其秋季再度开花。

224. 杏香兔儿风 Ainsliaea fragrans Champ. ex Benth.（菊科 Compositae）

杏香兔儿风，基生叶，莲座状，中间抽一细长花序，亭亭玉立，犹如佛前一枝香。白色的花朵能散发出微微的杏仁香味，清香宜人。适合盆栽，作室内装饰，亦可布置花坛。

播种或分株繁殖。

附：同属可供观赏的植物还有铁灯兔儿风 *Ainsliaea macroclinidioides* Hayata。

225. 三脉叶紫菀 Aster trinervius Roxb. subsp. **ageratoides** (Turcz.) Grierson（菊科 Compositae）

金秋季节，人们漫步山边、田野，极目瞭望，可见漫山遍野的三脉叶紫菀，紫红、白相间的花朵簇生于枝顶，色形斑斓，美丽壮观，是布置花坛及岩石园的好材料。

繁殖多用分株法。

226. 野菊 Chrysanthemum indicum Linn.（菊科 Compositae）

深秋季节，百花凋谢，然而当人们漫步山野，就会看到那黄灿灿的野菊迎着凛冽的寒风泰然自若，吐露芬芳。野菊花色艳丽，花姿优美，历来受到人们的喜爱。野菊有许多变种和杂交种，栽培品种更是形态万千。野菊可用来布置花坛，制作盆花、盆景、花篮、花环等，并可作插瓶切花。

分株繁殖。

附：同属可供观赏的还有甘菊 *Chrysanthemum lavandulifolium* (Fisch. ex Trautv.) Makino。

227. 蓟（大蓟）Cirsium japonicum Fisch. ex DC.（菊科 Compositae）

大蓟基生叶呈莲座状，形态优美，盛开的头状花序紫红色，姣丽明艳。可在庭院中栽植供观赏，可盆栽，也可片植或布置花坛。

播种或分株繁殖。

228. 一点红 Emilia sonchifolia (Linn.) DC.（菊科 Compositae）

一点红植株矮小，叶形如琴，叶背紫红，形色独特，紫红色的头状花序，娇小玲珑，惹人怜爱，既可观叶，又可观花，且花期较长。可盆栽供室内装饰，也可片栽布置花坛。

播种繁殖。一点红果期长，采种子较易，春季2—3月播种，生长期间应注意浇水，保持土壤湿润。

229. 细叶鼠麹草（白背鼠麹草）Gnaphalium japonicum Thunb.（菊科 Compositae）

细叶鼠麹草匍匐枝四出，叶上青下白，成片生长，宛如绿油油的地毯，许多棕红或淡红色的花序竖立于株丛中。可盆栽，亦可用以配植花坛。

播种及分株繁殖。

附：同属植物可供观赏的还有秋鼠麹草 *Gnaphalium hypoleucum* DC.、宽叶鼠麹草 *Gnaphalium adnatum* (Wall. ex DC.) Kitamura。

230. 羊耳菊 Duhaldea cappa (Buch.-Ham. ex D. Don) Pruski et Anderb.（菊科 Compositae）

羊耳菊植株高大，全株被白毛，密集的花序耸立枝头，如果配以暖色花卉布置花坛，更显得淡雅高贵。

播种繁殖。4月中旬播种，条播、撒播均可，播前需整地，播后浅盖土，并保持土壤潮湿，2～3周可出苗，苗高4～6cm即可移栽，性喜湿润，旱季要注意浇水，一般管理较粗放。

231. 马兰 Aster indicus Linn.（菊科 Compositae）

马兰花金秋漫山遍野，迎风怒放，它花色素雅，亦可用来布置花坛或盆栽，也可片植于庭院草坪供观赏。

播种或分株繁殖。

232. 蜂斗菜 Petasites japonica (Sieb. et Zucc.) Maxim.（菊科 Compositae）

蜂斗菜叶片圆肾形，颇具特色，黄白色的花先叶开放，整齐悦目，可供观赏。若和早春开放的暖色花卉一道配植，可使庭院色彩缤纷。

多用根状茎繁殖。早春解冻后，将根状茎挖出，截成6～8cm长的一段，每段带3～4个芽，平放在已开沟的苗床中，盖土4～5cm厚，20天左右可出苗，秋季追肥、培土一次即可。

233. 千里光 Senecio scandens Buch.-Ham. ex D. Don（菊科 Compositae）

千里光枝繁叶茂，花多而黄，是布置花坛及岩石园的优良材料，也可盆栽或作盆景造型植物，还可作瓶插切花。

播种、扦插及压条繁殖。

234. 华漏芦（华麻花头）**Rhaponticum chinense** (S. Moore) L. Martins et Hidalgo（菊科 Compositae）

华漏芦仲夏时节花开，头状花序大，花色紫红。在庭院中可片栽或丛植供观赏，还可作切花。

播种繁殖。一般秋季采种，砂藏至翌年春季3—4月播种，播后盖土约厚1cm，2周可出苗，不需要特殊管理。

235. 一枝黄花 Solidago decurrens Lour.（菊科 Compositae）

一枝黄花盛花时一束一束富丽堂皇，是雅俗共赏的观赏植物。可片植或丛植于庭院中，常作花境，也可作切花材料。

播种或分株繁殖。

236. 南方兔儿伞（兔儿伞）**Syneilesis australis** Ling（菊科 Compositae）

南方兔儿伞叶大多裂，形状别具一格，宛如一把大伞，或许是野兔常在其叶下避雨，而得了这个雅称。花淡紫红色。是奇异的观叶兼观花植物，可盆栽以美化居室，亦可栽于花坛供观赏。

播种或分株繁殖。

237. 蒲公英（蒙古蒲公英）**Taraxacum mongolicum** Hand.-Mazz.（菊科 Compositae）

蒲公英植株小巧玲珑，叶丛中抽出数葶黄色的花葶，金光闪烁，开花后长成一团白绒绒的小球，遇到风吹，绒球散开，蒲公英的种子就像小降落伞，随风飘荡。可盆栽点缀居室，也是理想的地被植物配植材料。

种子及分株繁殖。生长过程中，注意浇水及防虫。

238. 苦草 Vallisneria natans (Lour.) Hara（水鳖科 Hydrocharitaceae）

苦草，雌雄异株，水面上开花受粉，水下结果，叶长随水深而有变化，长可达2m，绿色，在水中成片成丛生长。可作为水族箱内良好的布景材料，或池塘、沟中种养的水生植物，对水体中的重金属离子和氮磷有较好的富集作用。

播种繁殖或分株繁殖。

239. 孝顺竹 Bambusa multiplex (Lour.) Raeusch. ex Schult.et Schult. f.（禾本科 Gramineae）

阳性树种，稍耐阴；喜温暖、湿润环境，稍耐寒。喜深厚肥沃、排水良好的土壤。在上海能露地栽培，但冬天叶枯黄。竹丛秀美，枝叶婆娑秀丽，多于庭院中向阳处栽植，供观赏，也可植于池旁，或列植于庭院入口、道路两侧。

分株繁殖。

240. 方竹 Chimonobambusa quadrangularis (Fenzi) Makino（禾本科 Gramineae）

方竹四季青翠，枝干挺拔，虚心有节。方竹竹秆四方形，竹叶潇洒多姿，确属观赏竹类中罕见的珍品。宜植于庭院山石之间，书斋、厅堂四周，园路尽头或两旁，池旁、水边等。

繁殖通常采用移植母竹或鞭根的方法进行，亦可用播种法育苗繁殖。应选土层深厚、湿润、肥沃及较荫蔽之处栽种。

241. 阔叶箬竹 Indocalamus latifolius (Keng) McClur（禾本科 Gramineae）

阳性树种，略耐阴，在林下、林缘生长良好；喜温暖、湿润气候，稍耐寒；对土壤适应性广，喜肥沃、排水好的土壤。阔叶箬竹植株低矮，叶宽大，在园林中作地被绿化材料，或配植于庭院、点缀山石，也可植于河边护岸。

分株繁殖。

242. 毛竹 Phyllostachys edulis (Carr.) J. Houz.（禾本科 Gramineae）

阳性树种；喜温暖、湿润的气候；在土层深厚、肥沃、排水良好的酸性（pH 4.5 ~ 7）的土壤中生长良好，但在轻盐碱土中也能运鞭发芽、生长正常。不耐积水，抗旱力差，较耐寒，耐瘠薄。生长快，为多年生一次性开花结实植物。开花后竹叶脱落，竹秆死亡。毛竹竹秆高、叶翠，四季常青，秀丽挺拔，值霜雪而不凋，历四时而常茂，颇为夭艳，雅俗共赏。自古以来常植于庭院曲径、池畔、溪涧、山坡、石际、天井，或室内盆栽供观赏；与松、梅共植，誉为"岁寒三友"，点缀园林。毛竹根浅质轻，是植于屋顶花园的极好材料。

分株或埋鞭繁殖。

附：毛竹种内具有较高观赏价值的常见栽培型变种有以下几种。

①龟甲竹'Heterocycla'，秆中部以下的节极为缩短而于一节肿胀，相邻的节相互倾斜而于一侧彼此上下相接或近于上下相接，其他性状像毛竹。

②黄槽毛竹'Luteosulcata'，秆为绿色，但间的沟槽则为黄色。

③佛肚毛竹'Ventricosa'，秆的中部以下有10个以上的节间在中部膨大如佛肚状，但相邻的各节并不彼此交互倾斜。

243. 紫竹 Phyllostachys nigra (Lodd. ex Lindl.) Munro（禾本科 Gramineae）

竹类植物的竹秆多为绿色或黄绿色，而紫竹的竹秆初为绿色，后渐变为紫色，大小枝亦呈紫色，而叶呈绿色，姿态风韵、色彩别具一格，具有很高的观赏价值。为园林绿化优良竹种，宜栽植于庭院山石之间、书斋与厅堂四周、园路两旁、池旁水边。

移栽母竹或埋鞭繁殖，时间应在秋、春两季进行。

244. 苦竹 Pleioblastus amarus (Keng) Keng f.（禾本科 Gramineae）

适应性强，较耐寒，在低山、丘陵、平地的一般土壤上均能生长良好。苦竹竹秆挺直秀丽，叶片下垂，婆娑优雅，为优良的观赏竹种。可于庭院绿地成丛栽植，在亭边、石旁或窗前屋后配植。笋味苦，不能食用。

分株繁殖。

245. 茸球藨草 Scirpus lushanensis Ohwi（莎草科 Cyperaceae）

茸球藨草由于秆单生且粗壮，花锈色，果淡黄，喜湿好水，可供庭院、沼泽地点缀。

播种和分株繁殖。分株最为简单，4月将株丛切成数块，另行栽植即可。

246. 棕榈 Trachycarpus fortunei (Hook.) H. Wendl.（棕榈科 Palmae）

阳性树种，较耐阴；喜温暖、湿润气候，极耐寒，是世界上最耐寒的棕榈科植物之一。喜肥沃、排水良好的石灰土、中性或微酸性土壤。浅根系，不抗风，生长慢。树姿优美，在江南园林中常见，也是"四旁"绿化树种。在荒山面积较大、土壤表层多石块或石砾的地区，常培育棕榈纯林，营造热带风光。

播种繁殖。

247. 金钱蒲（石菖蒲）**Acorus gramineus** Soland. ex Ait.（天南星科 Araceae）

植株低矮，叶丛常绿而光亮，有芳香，性强健，耐阴湿，园林中常作湿地地被植物用，亦可盆栽，或作花坛、花径旁的镶边材料。

根状茎繁殖。春季挖出根状茎，选取幼嫩的根状茎切断作种，按33cm×13cm的距离穴栽。栽培地宜选砂壤土或富腐殖质壤土的沼泽地或水源地。栽培过程中，养护管理简便，要注意除草、松土和浇水，切忌干旱和强烈阳光照射。

248. 一把伞南星 Arisaema erubescens (Wall.) Schott（天南星科 Araceae）

耐阴观赏植物。园林中主要栽于林荫下、阴湿墙角等处，以增加园林绿化的层次。亦可盆栽于室内供观赏，因其毒性大，栽培与陈设时要特别慎重。全裂成伞状的叶形、佛焰苞、肥厚的花序轴、棍棒状的附属体、粗壮成短柱状的鲜红色的果序都具有重要的观赏价值。

播种或块茎繁殖。栽植地以湿润、排水良好的砂壤土或富含腐殖质的冲积壤土较好，不适宜用黏土栽培。

附：同属植物可供观赏的还有天南星 *Arisaema heterophyllum* Bl.、灯台莲（全缘灯台莲）*Arisaema bockii* Engl.、云台南星 *Arisaema silvestrii* Pamp.。

249. 掌叶半夏 Pinellia pedatisecta Schott（天南星科 Araceae）

可作庭院中林下的地被植物，于假山、花台、岩石缝中及路旁阴湿处等栽种，亦可盆栽供观赏。叶形似"狗爪"，故有，"狗爪半夏"之称，叶柄顶生的中间小叶最大，向两侧叶片逐渐变小，是很好的观叶植物；淡绿色的佛焰苞及鼠尾状的附属体伸出佛焰苞之外，是观花的好材料；红色的浆果聚生，更显色彩美。

播种或块茎繁殖。

250. 鸭跖草 Commelina communis Linn.（鸭跖草科 Commelinaceae）

花深蓝色，形如"蝴蝶"，栩栩如生。它管理简单，适合室内栽培，是良好的观叶植物，可布置窗台，庭院中也可种植在花坛边沿供观赏。

用播种繁殖或分株、压条、扦插均可繁殖。播种繁殖秋季进行，随采随播。扦插可在春夏进行，保持15℃左右，二周后即可生根。压条可在茎节处培土，保持湿润，生根后剪断，另行栽植即成新株，一年四季都可进行。

251. 聚花草 Floscopa scandens Lour.（鸭跖草科 Commelinaceae）

茎不分枝，匍匐生长，叶似竹叶，花如帚状，一簇一簇，或蓝或紫，是一种既可赏花又能观叶的观赏植物。适合室内盆栽，或园林中栽植，或点缀山石小景，可显出幽雅娴静之美。

用分株繁殖，栽种在水湿地上方能生长良好。

252. 杜若 Pollia japonica Thunb.（鸭跖草科 Commelinaceae）

杜若夏季开花，成片种植，情趣俱佳。宜栽种于林边潮湿处。

播种或分株移植。

253. 绵枣儿 Barnardia japonica (Thunb.) Schult. et Schult. f.（百合科 Liliaceae）

植株矮小，叶成条形，先花后叶，粉红色的小花成串而生，秋季开放，潇洒不俗。庭院中可成片栽植，亦可盆栽供观赏。

可挖取地下鳞茎移栽进行繁殖。

254. 开口箭 Campylandra chinensis (Baker) M. N. Tamura et al.（百合科 Liliaceae）

根状茎圆柱形，长而横生，形如牛尾巴，故有"牛尾七"之称。夏季花葶从叶丛中生出，花序穗状，密生多花，花黄而带绿，果红而偏紫，园林中种植，可供观赏。

开口箭繁殖容易，生长快，适应性强。一般只要用分株繁殖法进行移栽即可。

255. 云南大百合 Cardiocrinum giganteum (Wall.) Makino var. **yunnanense** (Leichtlin ex Elwes) Stearn（百合科 Liliaceae）

叶形大，肥厚而光亮，花硕大，显目而雅致。园林中适于林下成片栽植，或用于布置庭院边缘。

分植小鳞茎和播种法进行繁殖，也可用叶腋中的珠芽进行繁殖。

256. 深裂竹根七 Disporopsis pernyi (Hua) Diels（百合科 Liliaceae）

多年生矮小草本植物，其叶似竹叶，地下根状茎也似竹鞭，花开白色，纯洁秀美。可盆栽，也可在庭院中岩石旁点缀小景。

种子和分株繁殖。

257. 宝铎草 Disporum sessile D. Don ex Schult.（百合科 Liliaceae）

叶似竹叶，常年青翠，花开黄色，气味清香，秀雅宜人。庭院中常用于布置花境，也可植于林下树丛周围或布置建筑小景。

分株或播种繁殖。分株繁殖，将根状茎切断，每段带2~3个节，然后埋于湿润土中，覆土不宜太厚。

258. 萱草 Hemerocallis fulva (Linn.) Linn.（百合科 Liliaceae）

绿叶修长，花橙赤色，漏斗状，适应性强，管理简单。可在花坛、路边或疏林中丛植、行植或片植，亦可作切花。

分株、播种均可繁殖。

259. 紫萼 Hosta ventricosa (Salisb.) Stearn（百合科 Liliaceae）

叶色青翠而有光泽，叶脉弧形，颇具特色，花开紫色，形如玉簪，观叶观花，两者俱佳。园林中常作林下地被植物，也是岩石园、建筑物荫蔽处重要的绿化材料，亦可盆栽供观赏，或作切花。

多用分株繁殖，于春季4—5月或秋季10—11月进行，将根丛挖取切分，另行栽植即可。播种繁殖也可以，2~3年可开花，种植穴内应使用有机肥及少量磷肥，则叶绿而花茂。

260. 阔叶山麦冬 Liriope muscari (Decne.) Bailey（百合科 Liliaceae）

常绿而密集丛生，总状花序上生多数淡紫色小花，果实紫黑色，具有一定的观赏价值。适合种植在花坛的四周、木本花卉的周围、庭院房屋四周及路旁。

播种或分株繁殖。

261. 华重楼（七叶一枝花）Paris polyphylla Smith. var. chinensis (Franch.) Hara（百合科 Liliaceae）

主要为观叶植物，通常七叶轮生，花开茎顶，因而得名。七叶一枝花实为不可多得的奇花异草，盆栽于门前，或摆放于客房、书室。

播种和根状茎繁殖。播种繁殖，9—10月种子成熟时，随采随播，条播或撒播，覆土厚1.3~1.7cm，培育2~3年，春或深秋移植。根状茎繁殖，于采收时切下芽尖部3~5节，开沟栽种。生长期间要及时除草松土和浇水。追肥在第二年春季出苗后进行，以氮肥、磷肥为主。

262. 多花黄精 Polygonatum cyrtonema Hua（百合科 Liliaceae）

多年生具结节状肥厚根状茎的草本植物。茎干斜生，鲜绿，叶披针状椭圆形，整齐地排列于茎上，花黄绿色，成簇着生，浆果黑色。有较高的观赏价值，可盆栽，亦可种在林下、溪沟岩石旁，用来布置山间小景。

分株繁殖，切取横走根状茎埋入土中，极易成活。

263. 玉竹 Polygonatum odoratum (Mill.) Druce（百合科 Liliaceae）

叶似竹叶，茎干挺拔，春夏开白色小花，花如钟形，清雅可爱。在庭院中宜植于林下或林缘作为观赏的地被植物，或用于花境。

根状茎繁殖。秋季地上部枯萎后，将根状茎挖出，切成约6.6cm长小段，栽后覆土压实，适宜砂壤土和腐殖质壤土栽种，苗地可间作玉米、高粱，以创造凉爽阴湿环境。

264. 老鸦瓣 Tulipa edulis (Miq.) Baker（百合科 Liliaceae）

植株矮小，早春开花，花葶直立，花被白色而有明显紫色脉纹，新颖别致，成片种植在园林中的山路两旁、石旁、竹林下可增添野趣。是早春绿化的好材料。

挖取鳞茎埋入土中进行繁殖。亦可在4月采收成熟种子，播种繁殖。

265. 石蒜 Lycoris radiata (L' Hér.) Herb.（石蒜科 Amaryllidaceae）

叶线形，花鲜红，伞形花序生花数朵，且花被反卷，美态独特。园林中可作林下地被花卉，花境丛植或山石间、溪涧边自然点缀，颇有野趣。因其开花时无叶，配植时应与其他低矮耐阴的草本混植，观赏效果更佳。也可供盆栽、水养或作切花等用。

鳞茎繁殖。栽培简单，管理粗放。

附：同属还有中国石蒜 Lycoris chinensis Traub. 也有相近的园林价值。

266. 黄独 Dioscorea bulbifera Linn.（薯蓣科 Dioscoreaceae）

叶大，心形，藤可缠绕攀高，蒴果反曲，翅长圆形，十分奇特。园林中宜作垂直绿化植物，既可观叶，又可观果。

用珠芽繁殖。当藤长33cm左右时应搭架，供植物攀授生长。

附：同属植物可供观赏的还有薯莨 Dioscorea cirrhosa Lour.、福州薯蓣（福草薢）Dioscorea futschauensis Uline ex R. Kunth、五叶薯蓣 Dioscorea pentaphylla Linn. 等。

267. 蝴蝶花 Iris japonica Thunb.（鸢尾科 Iridaceae）

叶片深绿而有光泽，花葶高出叶，淡蓝紫色的花顶生，形似蝴蝶，大而秀丽，可在庭院、溪边或较荫蔽潮湿地成丛栽植，也可布置花坛、作地被植物或作切花。

多以分株繁殖。可每隔2～4年进行一次，春、秋两季或花后进行。

268. 白芨 Bletilla striata (Thunb.) Reichb. f.（兰科 Orchidaceae）

植株叶形优美，花色艳丽。宜在花境、岩石边丛植，或作林下地被植物，也可盆栽供观赏。

用假鳞茎繁殖或播种繁殖。

269. 钩距虾脊兰 Calanthe graciliflora Hayata（兰科 Orchidaceae）

植株清秀，馨香微度，花开玫瑰色，风姿动人，魅力无穷，可栽培供观赏。园林可用来装饰花坛，或片植、群植，也可盆栽作室内点缀之用。还可以作插花材料。

用播种繁殖。

附：同属有相近观赏价值的还有泽泻叶虾脊兰 Calanthe alismatifolia Lindl.、虾脊兰 Calanthe discolor Lindl.、细花虾脊兰 Calanthe mannii Hook. f. 和反瓣虾脊兰 Calanthe reflexa Maxim.。

270. 细茎石斛 Dendrobium moniliforme (Linn.) Sw.（兰科 Orchidaceae）

茎秆圆筒形，节膨大明显，青绿色或古铜色，似"绿竹半含箨，新梢才出墙"，花枝纤细，花姿奇异，花期持久，气味芬芳，用作盆景，有"独坐幽篁里，弹琴复长啸"

之感。

播种繁殖。

271. 毛葶玉凤花 Habenaria ciliolaris Kranzl.（兰科 Orchidaceae）

花葶生毛，从绿叶丛中伸出，花绿白色。园林中宜布置花坛边缘，也可盆栽供观赏。块茎繁殖。

附：同属植物可供观赏的还有鹅毛玉凤花 *Habenaria dentata* (Sw.) Schltr.、线叶十字兰（线叶玉凤花）*Habenaria linearifolia* Maxim. 和裂瓣玉凤花 *Habenaria petelotii* Gagnep.。

271. 黄花鹤顶兰（斑叶鹤顶兰）**Phaius flavus** (Blume) Lindl.（兰科 Orchidaceae）

既可观花又可观叶的兰科观赏植物。赏兰先赏叶，叶茂花始繁。斑叶鹤顶兰叶上洒有金黄色的斑块，不仅绿叶秀美，而且奇特难觅，是兰科植物中不可多得的珍品。它花开黄色，花姿婀娜。园林中可以地栽或盆栽。地栽于较荫蔽、湿度较大的岩石园、内庭花坊、花坛、池边等处，孤植、丛植或片植均可，也可与其他兰科植物或花灌木混合栽植。

分株繁殖为主。

273. 细叶石仙桃 Pholidota cantonensis Rolfe（兰科 Orchidaceae）

假鳞茎犹如翡翠，硕大似桃，两片绿叶，光亮青翠，一串白花，清雅别致。非常适宜将它栽植于室内水石盆景中或庭院的湖石上。

分株繁殖。将母株上的根状茎取下，切成数段，每段带 1～2 个假鳞茎，用竹钉将其固定在树皮或岩石缝中，待其生根，长苗后，即可拔去竹钉。

附：同属还有石仙桃 *Pholidota chinensis* Lindl. 具有相近的观赏价值。

274. 台湾独蒜兰 Pleione formosana Hayata（兰科 Orchidaceae）

鳞茎似长颈瓶，故有"瓶状独蒜兰"之称。它独叶一枝花，非常奇特，花大艳丽，灼灼其华，是室内盆栽的好材料。园林中也可群植于阴湿多岩石的地区。

播种或分株繁殖。播种繁殖，因种子细小且胚的发育不完全，只能在无菌条件下作胚培养。分株繁殖春、秋两季均可，春季于萌芽前进行，秋季 10—11 月进行。分株时，将母株挖出，除去腐根，用清水略洗一下，将横生成串的鳞茎切开，放在通风处，稍晾，待水分略干，再栽入培养土中，浇水压实，并适当遮阴。

275. 绶草（盘龙参）**Spiranthes sinensis** (Pers.) Ames（兰科 Orchidaceae）

植株小巧，花开玲珑，数十朵粉红色的小花在花轴上螺旋排列，似蟠龙盘柱。绶草是盆景的好材料，也可群植以布置花坛。

用分株法繁殖。

276. 带唇兰 Tainia dunnii Rolfe（兰科 Orchidaceae）

假鳞茎顶只生一叶，独树一帜，花葶纤细，花色淡黄。庭院中既可用于盆栽，也可丛植于花坛供观赏。

分株繁殖。

第五节　指示植物资源

一、概述

指示植物的定义可从两方面来说明：广义定义是同一种植物在一定生长和发育阶段内根据形态、品质、产量或叶子的颜色的不同，可以指示当地的土壤和气候的特征；狭义定义指根据某地有无某种或某群植物就可推定当地环境的特征。

本节主要从狭义方面来说明指示植物的内容和研究它们的作用，也就是说明不同种和不同群落的植物如何指示不同的环境条件。即根据某地有无某种植物或某群植物来推知该地气候和土壤条件的综合特征。

植物的生长需要一定的立地条件，即生态环境，包括土壤、水分、空气、光照等等。在自然界中，有些植物能够在多样的气候和土壤环境条件下生长正常，这类植物就称为随遇植物。它们对环境的适应能力强，因此也称生态广幅种。有些植物有一定的环境要求，但在不适宜的环境条件下也能生长，只是个体数量减少或生长不正常。这些植物在自然界占大多数，我们称为普通植物。还有些植物所能适应的环境的范围非常狭小，离开这个范围这些植物就不能生长，我们称之为环境指示植物，简称指示植物。

指示植物是指一定区域范围内能指示生长环境或某些环境条件的植物种、属或群落。指示植物与被指示对象之间在全部分布区内保持联系的称为普遍指示植物；只在分布区的一定地区内保持联系的则称之为地方指示植物。地方指示植物在数量上远远多于普遍指示植物。

按指示对象不同，指示植物可分为：

①土壤指示植物。用植被来鉴别土壤性质的植物。如芒萁为酸性土的指示植物；柏木为石灰性土壤的指示植物；多种碱蓬是强盐渍化土壤的指示植物；荩草是富氮土壤的指示植物；那杜草是黏重土壤的指示植物。

②气候指示植物。如椰子开花是热带气候的标志。

③矿物指示植物。如海洲香薷是铜矿脉的指示植物。

④环境污染指示植物。如唐菖蒲的叶片边缘和尖端出现淡黄色片状伤斑，则说明空气中存在氟化氢污染。

⑤潜水指示植物。可指示潜水埋藏的深度、水质及矿化度。如柳属是淡潜水土壤的指示植物；骆驼刺为微咸潜水土壤的指示植物。植物指示的水分等级共6级：0～1级表示土壤非常干旱；2～3级表示有少量水分到中等水分；4级是湿生环境；5级是水生环境。此外，植物的某些特征，如花的颜色、生态类群、年轮、畸形变异、化学成分等也具有指示某种生态条件的意义。

乌岩岭自然保护区维管束植物中，共有95种属于指示植物资源。

二、主要指示植物列举

1. 石松 Lycopodium japonicum Thunb. ex Murray（石松科 Lycopodiaceae）

石松不仅是土壤指示植物，用来指示酸性土壤，而且是矿物指示植物，用来指示铝矿的存在。水分级为1级。

2. 卷柏 Selaginella tamariscina (Beauv.) Spring（卷柏科 Selaginellaceae）

旱生草本。生于森林草原带、森林区的山地石质露头和石缝中。极耐干旱。长期失水，植株虽已变干，遇水后仍能复活生长。水分级为0级。

3. 里白 Diplopterygium glaucum (Thunb. ex Houtt.) Nakai（里白科 Gleicheniaceae）

芒萁分布于长江以南，大量生长于酸性红壤的山坡上，是酸性土壤指示植物。该植物对生态条件的考察具有重要意义。水分级为1～2级。

4. 蕨 Pteridium aquilinum (Linn.) Kuhn var. **latiusculum** (Desv.) Unherw.（蕨科 Pteridiaceae）

多年生中生草本。林区的伴生种，生林缘及荒坡，进入森林草原带和草原带的河滩草甸。pH值微酸性到中性。水分级为2级。

5. 剑叶凤尾蕨 Pteris ensiformis Burm.（凤尾蕨科 Pteridaceae）

生林下或溪边潮湿的酸性土壤上，海拔150～1000m。剑叶凤尾蕨喜阴湿生境，温度适应范围较广，低于10℃的低温会严重阻碍植株的正常生长，抑制幼叶的萌发。剑叶凤尾蕨是我国热带及亚热带气候区的酸性土指示植物，其生长地土壤的pH值为4.5～5.0。水分级为3～4级。

6. 蜈蚣草 Pteris vittata Linn.（凤尾蕨科 Pteridaceae）

生钙质土或石灰岩上，达海拔2000m以下，也常生于石隙或墙壁上。中国有色金属矿产资源丰富，砷的储量占世界范围的70%，矿山开采和冶炼都会造成砷污染。实验发现，随着蜈蚣草逐渐长大长高，羽叶中的砷浓度也越来越高，繁殖的第二代和刈割后的第二茬蜈蚣草依然保持着很强的砷富集特性，证实其砷富集功能具有明显的遗传特性。因此，蜈蚣草可作为环境污染指示植物，用来指示砷污染。根据蜈蚣草生长在钙质土或石灰岩上的生长特性，可作为土壤指示植物指示钙质土壤。水分级为1～2级。

7. 石竹 Diantjus chinensis Linn.（石竹科 Caryophyllaceae）

1985年在胶东三山岛金矿首次发现它与金矿在空间上的伴生关系，经过五年的调查研究，确定它就是金矿直接指示植物。在7—8月开花期，由于红色石竹花易于识别，用于发现金矿点和异常点特别有效。

8. 茴茴蒜 Ranunculus chinensis Bunge（毛茛科 Ranunculaceae）

中生草本。在森林草原带的草甸和沼泽化草甸中为伴生种，在森林区阔叶林林缘灌丛中也有生长，溪流两侧、沟旁、路边也常见散生。水分级为2～3级。

9. 北美独行菜 Lepidium virginicum Linn.（十字花科 Cruciferae）

旱中生草本。广泛生于丘陵、坡地、砂质草原、盐化草甸、田野路旁、沟边。为常见的杂草。多生长在中性和微碱性土壤上，轻度盐渍化情况下也有生长。水分级为1级。

10. 晚红瓦松 Orostachys japonicaA. Berger（景天科 Crassulaceae）

肉质旱生草本。广泛生于草原、森林草原区，在林区的林间草地上也有生长，在山地丘陵的砂质和砾石坡地上、沙砾质草原群落中、固定沙地上常有散生，在干旱的丘陵山地的砂质、石质丘顶上可形成占优势的小群落片段。耐干旱贫瘠的土壤，喜生于酸性母岩（如花岗岩等）风化的土壤上，为酸性土指示植物。常和耐旱的草沙蚕、白羊草等生长在一起。将其当作标本采后夹在书中，半个月不给水，拿出栽在花盆中仍能复活生长，说明其耐旱能力之强。水分级为0级。

11. 落新妇 Astilbe chinensis (Maxim.) Franch. et Sav.（虎耳草科 Saxifragaceae）

中生草本。为森林区林下草本层的伴生种，森林草原带及草原带的山谷溪边或沟谷潮湿地散生，喜潮湿肥沃土壤。水分级为3级。

12. 龙牙草 Agrimonia pilosa Ledeb.（蔷薇科 Rosaceae）

中生草本。林区和森林草原带中常见的伴生种，生于山坡、草地、路旁。pH值微酸到微碱。水分级为2级。

13. 桃 Amygdalus persica Linn.（蔷薇科 Rosaceae）

喜温暖，稍耐寒，喜肥沃、排水良好的土壤，碱性土、黏重土均不适宜，不耐水湿，忌洼地积水处栽培，根系较浅，但须根多、发达，寿命较短。桃不仅对二氧化硫和氟化氢有指示和吸附作用，还可作为氯气的监测器，在氯气含量超标的情况下，桃叶脉间会出现白或黄褐色斑点，很快落叶。

14. 梅 Armeniaca mume Sieb.（蔷薇科 Rosaceae）

梅喜温暖、湿润环境。气温以年平均温度16～23℃，在5℃左右花开放。温度过低不利于授粉，常致减产。山地栽培应选择向南山坡、土层深厚、排水良好的砾质或砂质土壤为好。梅对环境中二氧化硫、氟化氢、硫化氢、乙烯、苯、甲醛等污染气体都有监测能力。一旦环境中出现硫化物，它的叶片上就会出现斑纹，甚至枯黄脱落。这便是向人们发出的警报。

15. 茅莓 Rubus parvifolius Linn.（蔷薇科 Rosaceae）

中生灌木。生于林区及森林草原带的潮湿沟谷、丘陵、山地。适应性较广泛。pH值微酸到中性。多生于棕壤和褐土区。水分级为2级。

16. 杭子梢 Campylotropis macrocarpa (Bunge) Rehd.（豆科 Leguminosae）

中生灌木。森林区的林下灌木或杂木林伴生种，森林草原带也有生长。喜较湿润肥沃的土壤，多在山地丘陵阴坡、半阴坡和阳坡植被条件较好的地方出现。常和胡枝子、榛子、鹅耳枥、忍冬等混生。多生于褐土和棕壤上。pH值微酸至中性。水分级为2～3级。

17. 鸡眼草 Kummerowia striata (Thunb.) Schindl.（豆科 Leguminosae）

中生杂草。为浅根性植物，根系分布在距地表不过10cm深处。耐踩踏，适应性强。散生于草原带和森林草原带的山地、丘陵、田野、路旁等地，为常见的杂草。喜酸性土，但在中性、微碱性土壤上也可以生长，pH值可到5.5。水分级为1～2级。

18. 多花胡枝子 Lespedeza floribunda Bunge（豆科 Leguminosae）

喜暖的旱中生小灌木。森林草原带山地灌丛的伴生成分。耐干旱、瘠薄的土壤。其根系比较发达，主根深可达1m左右。在岩石裸露和水土流失严重的地段常和野古草、山类芦等组成灌木草丛。pH值微碱和中性。主要生长在褐土上。水分级为0~1级。

19. 蒺藜 Tribulus terrestris Linn.（蒺藜科 Zygophyllaceae）

中旱生。为田间、路旁、低山、丘陵的坡地上常见杂草。喜生于放牧过重和人为活动频繁之地、河流沿岸冲积的石砾质滩地上。耐践踏，亦耐干旱。是钙质土指示植物。水分级为0~1级。

20. 青花椒 Zanthoxylum schinifolium Sieb. et Zucc.（芸香科 Rutaceae）

中旱生灌木或小乔木。常见于林区的林缘和灌丛中，较耐旱，喜温。侧根发达，萌生力强，在石质坡地和土层较薄的地段，可长达3m以上。具有强大的生命力。在富含钙质的石灰岩山地也能生长，常见褐土上。pH值中性到微碱。水分级为1~2级。

21. 南蛇藤 Celastrus orbiculatus Thunb.（卫矛科 Celastraceae）

山地中生藤本状灌木。林区山地杂木林下或灌丛中常有其伴生。喜潮润的条件，常见于棕壤地带。pH值微酸到中性。水分级为2~3级。

22. 凤仙花 Impatiens balsamina Linn.（凤仙花科 Balsaminaceae）

性喜阳光，怕湿，耐热不耐寒。喜向阳的地势和疏松肥沃的土壤，在较贫瘠的土壤中也生长。

凤仙花是一种常见的氯、氯化氢的监测植物。氯气及氯化氢可使凤仙花植物叶片产生褐色点斑或块斑，与正常组织之间界线模糊或有过渡带，严重时全叶失绿漂白甚至脱落。

23. 扁担杆 Grewia biloba G. Don（椴树科 Tiliaceae）

中生灌木。林区的山地、丘陵杂木林下或灌丛中为伴生种。常见于棕壤和褐土上。喜温。海拔800m以下。pH值微酸到中性。水分级为2级。

24. 梧桐 Firmiana simplex (Linn.) W. Wight（梧桐科 Sterculiaceae）

喜光，喜温暖湿润气候，耐寒性不强；喜肥沃、湿润、深厚而排水良好的土壤，在酸性、中性及钙质土上均能生长，但不宜在积水洼地或盐碱地栽种，又不耐草荒。积水易烂根，受涝五天即可致死。通常在丘陵及山沟生长较好。深根性，直根粗壮；萌芽力弱，一般不宜修剪。生长尚快，寿命较长，能活百年以上。在生长季节受涝3~5天即烂根致死。发叶较晚，而秋天落叶早。宜植于村边、宅旁、山坡、石灰岩山坡等处。梧桐对二氧化硫、氯气等有毒气体，有较强的抵抗性，因而它被广泛地应用于监测二氧化硫、氯气等。除此之外，我们还可根据梧桐叶片中氟和硫的含量来监测较大范围大气中的氟化物和二氧化硫的污染。

25. 堇菜 Viola verecunda A. Gray（堇菜科 Violaceae）

喜生于湿草地、山坡草丛、灌丛、杂木林林缘、田野、宅旁等处。堇菜喜欢生长在其他植物感到有毒、生长不好的含锌土壤中，被人称为"锌草"。说起来，示锌植物实际上是人们最早用来探矿的"绿色指示器"。早在罗马帝国时期，开矿者就在今天德国的亚琛附近通过寻找"锌草"而发现锌矿。

26. 秋海棠 Begonia grandis Dry.（秋海棠科 Begoniaceae）

生山谷潮湿石壁上、山谷溪旁密林石上、山沟边岩石上和山谷灌丛中，海拔100～1100m。秋海棠可作为臭氧、氯气的监测植物。在臭氧超标的环境下，秋海棠叶表呈现蜡状，有坏死斑点，之后变白色或褐色，叶片发生红、紫、黑、褐等颜色，提早落叶。在氯气含量超标的情况下，秋海棠叶脉间会出现白或黄褐色斑点，很快落叶。

27. 蛇床 Cnidium monnieri (Linn.) Cuss.（伞形科 Umbelliferae）

中生草本。在森林区和田野、沟边、河岸、湖边常见。喜潮润条件，适应性广泛。pH值微酸到微碱，在轻度盐渍化土上也有生长。水分级为2～3级。

28. 水芹 Oenanthe javanica (Bl.) DC.（伞形科 Umbelliferae）

湿中生草本。生于水田、沼泽、低湿地。水分级为3～4级。

29. 鹿蹄草 Pyrola calliantha H. Andr.（鹿蹄草科 Pyrolaceae）

中生常绿草本。森林区草本层的伴生种。喜潮润的条件，多在林下阴湿处出现。pH值微酸性。常见于棕壤上。水分级为3级。

30. 徐长卿 Cynanchum paniculatum (Bunge) Kitagawa（萝藦科 Asclepiadaceae）

中旱生。伴生于草原带的砂质草原中以及干燥的山坡，或进入杂木林和灌丛间。较耐旱，多生于山地丘陵阳坡。水分级为1～2级。

31. 海州香薷 Elsholtzia splendens Nakai（唇形科 Labiatae）

生于山坡路旁或草丛中，海拔200～300m。1952年，我国在安徽某地铜矿发现海州香薷生长的土壤中铜的含量多达1000～2000mg/kg，被作为铜矿普查的标志之一。这种植物可以在含铜量高达4000～5000ppm、许多植物无法生存的土壤中顽强成长，且异常繁茂，在我国长江中下游及西南各地的铜矿化地区广泛分布。

32. 水苏 Stachys japonica Miq.（唇形科 Labiatae）

中生草甸种。生于森林区、河岸湿地、水沟旁或山谷溪水附近。喜湿润条件。多生于棕壤和褐土、草甸上。海拔可达1000m。水分级为3级。

33. 枸杞 Lycium chinense Mill.（茄科 Solanaceae）

中生。常生于山地、丘陵的荒坡、荒地、路旁及村屯附近。生态幅度很广，遍布各地。喜钙质土壤，在石灰岩山地丘陵生长良好。既耐旱又耐盐碱。为钙质土指示植物。水分级为1～2级。

34. 山萝花 Melampyrum roseum Maxim.（玄参科 Scrophulariaceae）

多生于林缘、疏林下，林间草地与灌丛间。喜潮润，多见于棕壤和褐土。水分级为2级。

35. 东南茜草 Rubia argyi (Lévl. et Vant.) Hara ex Lauener（茜草科 Rubiaceae）

生于林区的山地杂木林及灌丛、草甸中。生态幅度广泛，喜潮润条件。水分级为2级。

36. 接骨木 Sambucus williamsii Hance（忍冬科 Caprifoliaceae）

中生。生于山地丘陵杂木林和坡地灌丛中、平原、沙地、路旁。水分级为2～3级。

37. 轮叶沙参 Adenophora tetraphylla (Thunb.) Fisch.（桔梗科 Campanulaceae）

中生。生于林下、林缘林间草甸、河谷草甸沙地。喜潮湿条件。常见于棕壤上。水分级为3级。

38. 紫斑风铃草 Campanula punctata Lam.（桔梗科 Campanulaceae）

中生-森林草甸种。生于林区的林缘、林间草地、灌丛间。常见于棕壤和草甸土上。pH值微酸性和中性。水分级为2级。

39. 羊乳 Codonopsis lanceolata (Sieb. et Zucc.) Trautv.（桔梗科 Campanulaceae）

中生草质缠绕藤本。生于阔叶林区的山地灌丛、沟边和林内。喜阴湿处。多生于棕壤上。pH值微酸性和中性。水分级为3级。

40. 艾蒿 Artemisia argyi Lévl et Vant.（菊科 Compositae）

旱中生-草甸种。生于山地林缘、杂草地、路旁、河岸沙地。水分级为1～2级。

41. 牡蒿 Artemisia japonica Thunb.（菊科 Compositae）

旱中生-森林草甸种。生于山地林缘、草甸、河岸边、溪流两岸、固定沙地。水分级为2级。

42. 狼杷草（狼把草）**Bidens tripartita** Linn.（菊科 Compositae）

湿生。广泛生于各地带的水边湿地、沟渠及浅水滩地、水田。水分级为4级。

43. 野菊 Chrysanthemum indicum Linn.（菊科 Compositae）

中生草本。生于林缘、沟边、路旁。水分级为2级。

44. 旋覆花 Inula japonica Thunb.（菊科 Compositae）

中生-草甸种，生于田野、路边、河岸，林区的林草地、草甸也有零星散生。喜湿润条件。水分级为2～3级。

45. 毛梗豨莶 Sigesbeckia glabrescens Makino（菊科 Compositae）

中生。多生于林间草地和林下，河岸边、溪水旁有散生。喜潮湿。水分级为3～4级。

46. 南方兔儿伞（兔儿伞）**Syneilesis australis** Ling（菊科 Compositae）

中生-草甸种。生于林区山坡荒地、林缘、林下林间草甸、溪流沿岸、灌丛中。pH值微酸到中性。水分级为2～3级。

47. 水烛 Typha angustifolia Linn.（香蒲科 Typhaceae）

湿生沼泽种。生于水边沼泽中。水分级为5级。

48. 鸡冠眼子菜 Potamogeton cristatus Regel et Maack（眼子菜科 Potamogetonaceae）

水生植物，生于静水河、池沼中。多为水稻田中杂草。水分级为5级。

49. 东方泽泻 Alisma orientale (Sam.) Juzep.（泽泻科 Alismataceae）

湿生-沼泽种。生于沼泽化的河湖岸边、污水地和沼泽地。水分级为4级。

50. 野慈菇 Sagittaria trifolia Linn.（泽泻科 Alismataceae）

湿生-沼泽种。生于河湖岸边和水田中。水分级为5级。

51. 荩草 Arthraxon hispidus (Thunb.) Makino（禾本科 Gramineae）

中生-草甸种。生于温暖地方，喜湿润条件。多见于山地、丘陵灌丛、溪流沿岸、潮湿沙地，积水地、地边路旁湿润处。水分级为3～4级。

52. 野古草 Arundinella hirta (Thunb.) Tanaka（禾本科 Gramineae）

旱中生-草甸种。生于山地草原、草甸化草原、草甸、灌丛和林间草地上。它生长的地方为较好的宜林地。pH值由微酸到微碱。水分级为1级。

53. 拂子茅 Calamagrostis epigeios (Linn.) Roth（禾本科 Gramineae）

中生-草甸种。生于森林草原带、沟谷、低地和沙地上，成为建群种和优势种。能进入山地丘陵，散生于山地草甸和林缘。水分级为2～3级。

54. 野青茅 Deyeuxia pyramidalis (Host) Veldkamp（禾本科 Gramineae）

中生-草甸种。生于林缘、草甸、湿沙地、林间空地、疏林。生于棕壤区。pH值微酸性。一般海拔在1000以上。水分级为2～3级。

55. 荻 Miscanthus sacchariflorus (Maxim.) Benth.（禾本科 Gramineae）

喜暖中生-湿生草甸种。湿热地区沼泽草甸的建群种和优势种。在林区、森林草原、草甸、沙地、河岸边湿地都有其生长。同属的芒、紫芒的生境和指示水分等情况，基本和该种同。根系萌生力强，大量争夺土壤中的养分和水分，造林前要清除，造林后加强抚育。水分级为3级。

56. 芦苇 Phragmites australis (Cav.) Trin. ex Steud.（禾本科 Gramineae）

湿生-沼泽种。生于森林地带、草原地带和荒漠地带的河边积水沼泽、沼泽草甸、盐化沼泽草甸，为建群种和优势种。也能生于流动沙地和重盐土上，但生长不良。水分级为5级。

57. 早熟禾 Poa annua Linn.（禾本科 Gramineae）

生于平原和丘陵的路旁草地、田野水沟或荫蔽荒坡湿地，海拔100～4800m。早熟禾对二氧化硫和光化学烟雾敏感，可作为二氧化硫和光化学烟雾特别是臭氧的监测植物。

58. 狗尾草 Setaria viridis (Linn.) Beauv.（禾本科 Gramineae）

为中生禾草。生态幅度比较广。作为杂草在田间、路旁、沙地、林间、空地、草原、草甸都有其生长。水分级为1～2级。

59. 大油芒 Spodiopogon sibiricus Trin.（禾本科 Gramineae）

旱中生草甸种。生于林区和森林草原地带的山地和山麓，喜潮湿而深厚的土壤。pH值微酸到微碱。多在褐土和棕壤上生长。根系萌蘖力强，造林所要做好整地工作。水分级为2级。

60. 黄背草 Themeda triandra Forssk.（禾本科 Gramineae）

中旱生草甸草原种。生于暖温型森林区的石质山地阳坡。喜肥耐旱。水分级为1级。

61. 结缕草 Zoysia japonica Steud.（禾本科 Gramineae）

多生于海滩沙地和沿海丘陵石质低山草地路边。耐干旱，抗践踏。密结的根系分布在地表，大量吸收地表水。造林时要做好整地除草工作。水分级为0级。

62. 大披针薹草 Carex lanceolata Boott（莎草科 Cyperaceae）

中生 - 草甸种。为森林带和森林草原带的林下草本植物，阔叶林（栎树林）下草本层的优势种，也见于林缘草甸和草甸化草原。pH值微酸到中性。常见于棕壤上，褐土上也有。水分级为2～3级。

63. 鸭跖草 Commelina communis Linn.（鸭跖草科 Commelinaceae）

湿生 - 沼泽种。生于田野、沟渠边和沼泽草甸。水分级为4级。

64. 萱草 Hemerocallis fulva (Linn.) Linn.（百合科 Liliaceae）

性强健，耐寒，华北可露地越冬，适应性强，喜湿润也耐旱，喜阳光又耐半阴。对土壤选择性不强，但以富含腐殖质、排水良好的湿润土壤为宜。适应在海拔300～2500m生长。萱草对氟十分敏感，当空气受到氟污染时，萱草叶子的尖端就变成红褐色，所以常被用来监测环境是否受到氟污染的指示植物。

65. 玉竹 Polygonatum odoratum (Mill.) Druce（百合科 Liliaceae）

中生 - 森林草甸种。生于山地林下郁闭灌丛和山地杂草草甸中，喜湿润多腐殖质的肥沃土壤，喜微酸性土壤。水分级为3级。

第六节　抗污染植物和监测植物资源

一、概论

环境，一般泛指自然环境和社会环境。这里所说的环境是指"影响人类生存和发展的各种天然的和经过人工改造的自然因素的总体，包括大气、水、海洋、土地、矿藏、森林、草原、野生生物、自然遗迹、人文遗迹、自然保护区、风景名胜区、城市和乡村等"。人口的增加、工业生产的发展、资源消耗的加快使我们面临着生态环境恶化这一巨大环境问题的挑战。

环境污染是多方面的，概括起来有以下几个方面。

（一）大气污染

大气污染主要来自人们的生产和生活。一般来说，大气污染来源有三类：①人们为了获得能量而进行的大量燃烧活动，如煤、石油、天然气、木柴等在燃烧过程中，将大量污染物质释放入大气中；②工农业生产中的固体废弃物，城市生活垃圾在焚毁处理时产生的污染物质；③各种工业生产、机动车辆、喷洒农药等排放的有害气体。

大气污染物质种类很多，已经造成危害或者已受到人们关注的污染物质种类约有100种。其中影响范围广、对人类环境威胁较大的有 SO_2、CO、NO、NO_2、HC（碳氢化合物）、H_2、O_3、PAN（过氧硝酸乙酰酯）、Cl_2、NH_3、C_2H_4、HCl、H_2S、烟尘和粉尘中的重金属微粒（如汞、镉、铅、锌、镍、铜、砷、铬、铁及金属卤化物）和化学农药等。

（二）水体污染

当前水体污染主要有两种：一是自然污染；二是人为污染。二者相比，人为污染危害更大。在现代工业出现之前，主要是自然污染。所谓水体的自然污染，就是特殊的地质条件，使某地区水域中某种化学元素大量富集；雨水对各种矿石溶解后产生的有害矿水，流入水体后引起的水质污染。如我国东北的一些地方，天然水中的含氟量高，用这种水灌田污染了农作物，人吃了这种被污染的农产品就会影响人体健康。此外，火山爆发和干旱、风沙侵蚀产生的大量粉尘，一部分随雨雪降落流入水体，污染了水体等。所谓人为污染，主要是人类的生活活动和生产活动产生的污染。如工业生产中排放废气、废水、废渣；人们生活活动中产生污水、粪便、垃圾；农业生产中施用农药等排放污水残渣等污染物质。有的直接排入水体，有的地面堆放后经降雨雪水冲洗流入水体，大气中的污染物质随同降雨降雪进入水体，如此种种，都是造成水体污染的人为因素。

引起天然水体污染的物质种类繁多，大致可分成无毒无机物、有毒无机物、无毒有机物、有毒有机物四大类。无毒无机物主要指无机盐和氮、磷等植物营养物质；有毒无机物主要指汞、镉、铅、铬等重金属以及氰化物、氟化物等；无毒有机物指比较容易分解的碳水化合物、脂肪、蛋白质等；有毒有机物主要指苯酚、多环芳香烃和各种人工合成的多氯联苯、有机农药等。有些污染物质不仅本身有害，而且在水中还与其他物质相互作用，产生新的有毒物质，这就是所谓的次生污染物，或称二次污染物。

（三）土壤污染

一般说来，土壤里如果进入了某些有害物质，它们在数量上明显超过了土壤的自然本底含量，又超过了土壤的自净能力和净化能力，则在土壤里累积起来，使土壤的作用和理化性质发生不良的变化，继而影响植物的生长发育，降低了产量，这种土壤就是被污染了的土壤。污染土壤会危害植物健康，使产量显著降低，农作物大面积死亡，幸存下来的农作物体内毒物残留量也很高，粮食毒物含量超过食品卫生标准，人吃了也会中毒受害。土壤污染除对土壤本身和植物造成危害外，还是引起水体和大气污染的严重祸根。土壤受到了污染后，由于农田灌溉和雨水冲洗，土壤里的污染物质转移到水体，引起河湖江海以至地下水的污染。另外，风沙的携带使有害的土壤粉尘进入大气，引起大气污染。

污染土壤的有害物质，首先来自工业生产排放的"三废"。有毒物质先污染水体，再污染土壤，这叫水污染型土壤污染。这种污染占很大比例。大气受污染后，分散在大气里的有害气体和烟尘受重力作用或被雨雪水淋浇而降落地面，引起土壤污染。其次是施用农药不善引起土壤污染。农药一般是有毒的化学药品。使用化学农药防治病虫害和杂草，对农业生产增收有显著效果，但农药的滥施乱用则会引起农药污染的公害。长期或大量施用农药会给土壤和农作物留下残毒，造成土壤污染。

（四）农药污染

施用于各种植物上的农药，被植物的茎、叶片、果实表面黏附，直接发挥作用的仅占10%~20%，其余大部分均在施用过程中以多种方式损失于环境中。有的以雾滴和微粒形式飞散于大气；有的则直接散落于地面、土壤和水体之中，给环境带来污染。农药对大气的污染力：在施用农药时，不论是液态药剂还是粉状药粒，都能形成大量的飘浮物，这些飘浮的药滴或药尘除了附着在植物体的表面以外，相当大的一部分扩散于周围的大气中。它们有的被大气中的飘尘所吸附，有的则以气体或气溶胶的状态悬浮在空气中，成为大气中农药污染物的主要来源。

（五）噪声污染

噪声污染对人体健康产生危害。据实验表明，在160分贝以上动物可能昏迷或死亡；在140分贝以上建筑物可能受损伤（墙裂缝、玻璃破碎等）；短促的脉冲声在140分贝以上或连续声音在115分贝以上，能使人耳的听力或身体健康受到危害。

（六）放射性污染

环境中放射性来源，包括天然放射性来源和人工放射性来源两种。

天然放射性来源是人类生活在地球上，时刻都在接受着各种天然辐射，这就是天然本底辐射。天然本底辐射主要是宇宙射线和天然放射性核素的辐射。宇宙射线是一种从宇宙空间射到地球的高能粒子流，它由初级宇宙射线和次级宇宙射线组成。

人工放射性来源是环境中人工放射性来源，主要是生产、研究、试验使用放射性核素的部门排放的放射性"三废"以及核武器试验产生的放射性物质。随着和平利用原子能事业的发展，尤其是核能的开发利用，环境放射性污染的危害有增大的趋势。

（七）噪光污染

噪光污染主要指两方面：一是指白光污染；二是指人工白昼。

白光污染指的是城市采用大面积的镜子或铝合金门窗装潢门面，内部用水银玻璃装修，人们身历其境，仿佛置身镜子世界，方向莫辨。

人工白昼，是指日落之后，各种广告牌、霓虹灯、瀑布灯等等广布夜空，使人眼花缭乱，还有的强光束直冲城市夜幕，人们置身于这种环境，如同白昼一样。

噪光对人体健康的危害程度不亚于噪声，它干扰人们的神经系统，使正常视觉活动受到影响，伤害人的眼睛角膜和虹膜，引起视力下降，同时会使患白内障的危险性增加。

长期在强烈的白光反射环境中工作的人白内障的发病率可达40%左右。人工白昼的强光反射进居室，会扰乱人体内的生物钟，使人精神倦怠、失眠和神经衰弱等。

解决环境污染问题有多种策略和措施，其中植物措施是最经济、最常用的措施之一。其原理就是在被污染的环境中种植植物，植物对污染物或污染源进行拦截、阻滞、吸附、吸收、降解等，使污染程度降低，直到消除。

凡是能在某种污染源污染的环境中正常生长的植物，就是抗该污染源的抗污染植物。反之，如果某种污染源一出现，在此环境中原来生长正常的植物就受到该污染源的伤害，则该植物可视为该污染源的监测植物，当然必须根据污染源的强度和持续时间等因素来确定。可见抗污染植物和监测植物是对同一污染源的2个极端植物。

抗污染植物和监测植物是通过实验和观测确定的，目前实验用的植物材料绝大多数是常见的园林植物、果树、农作物，现在还处于野生状态的植物报道很少。

保护区已知的植物资源中，抗污染植物共有138种，监测植物有77种。

二、主要抗污染植物和监测植物列举

（一）对单一污染源的抗污染植物和监测植物

对SO_2抗性强的植物：扫帚菜 *Kochia scoparia* (Linn) Schrad f. *trichophylla* (Hort.) Schinz et Thell.、鸡冠花 *Celosia cristata* Linn.、十大功劳 *Mahonia fortunei* (Lindl.) Fedde、费菜 *Phedimus aizoon* (Linn.)′t Hart、枫香 *Liquidambar formosana* Hance、凤仙花 *Impatiens balsamina* Linn.、金钟花 *Forsythia viridissima* Lindl.、女贞 *Ligustrum lucidum* W. T. Ait.、大花金鸡菊 *Coreopsis grandiflora* Hogg. ex Sweet 等。

对SO_2抗性较强的植物：罗汉松 *Podocarpus macrophyllus* (Thunb.) D. Don、樟 *Cinnamomum camphora* (Linn.) Presl、浙江樟 *Cinnamomum chekiangense* Nakai、海桐 *Pittosporum tobira* (Thunb.) Ait. f.、蚊母树 *Distylium racemosum* Sieb. et Zucc.、瓯柑 *Citrus reticulata* Blaco 'Suavissima'、香椿 *Toona sinensis* (A. Juss.) Roem.、蓖麻 *Ricinus communis* Linn.、爬山虎 *Parthenocissus tricuspidata* (Sieb. et Zucc.) Planch.、梧桐 *Firmiana simplex* (Linn.) W. Wight、石榴 *Punica granatum* Linn.、柿 *Diospyros kaki* Thunb.、白蜡树 *Fraxinus chinensis* Roxb.、白花泡桐 *Paulownia fortunei* (Seem.) Lemsl.、棕榈 *Trachycarpus fortunei* (Hook.) H. Wendl. 等。

对SO_2敏感的植物（监测植物）：雪松 *Cedrus deodara* (Roxb.) G. Don、马尾松 *Pinus massoniana* Lamb.、杜仲 *Eucommia ulmoides* Oliv.、梅 *Armeniaca mume* Sieb.、月季 *Rosa chinensis* Jacq.、合欢 *Albizia julibrissin* Durazz. 等。

对HF抗性强的植物：龙柏 *Sabina chinensis* (Linn.) Ant. 'Kaizrka'、罗汉松 *Podocarpus macrophyllus* (Thunb.) D. Don、构树 *Broussonetia papyrifera* (Linn.) L′ Hérit. ex Vent.、桑 *Morus alba* Linn.、球序卷耳 *Cerastium glomeratum* Thuill.、费菜 *Phedimus aizoon* (Linn.)′t Hart、

虎耳草 *Saxifraga stolonifera* Curtis、枇杷 *Eriobotrya japonica* (Thunb.) Lindl.、竹叶椒 *Zanthoxylum armatum* DC.、黄连木 *Pistacia chinensis* Bunge、小叶女贞 *Ligustrum quihoui* Carr.、加拿大一枝黄花 *Solidago canadensis* Linn.、天门冬 *Asparagus cochinchinensis* (Lour.) Merr.、萱草 *Hemerocallis fulva* (Linn.) Linn. 等。

对HF抗性较强的植物：杜仲 *Eucommia ulmoides* Oliv.、海桐 *Pittosporum tobira* (Thunb.) Ait. f.、蚊母树 *Distylium racemosum* Sieb. et Zucc.、枣 *Ziziphus jujuba* Mill.、爬山虎 *Parthenocissus tricuspidata* (Sieb. et Zucc.) Planch.、胡颓子 *Elaeagnus pungens* Thunb.、石榴 *Punica granatum* Linn. 等。

对HF敏感的植物（监测植物）：雪松 *Cedrus deodara* (Roxb.) G. Don、杏 *Armeniaca vulgaris* Lam.、葡萄 *Vitis vinifera* Linn.、紫薇 *Lagerstroemia indica* Linn.、柿 *Diospyros kaki* Thunb. 等。

对Cl_2抗性强的植物：铁杉 *Tsuga chinensis* (Franch.) E. Pritzel、榆树 *Ulmus pumila* Linn.、桑 *Morus alba* Linn.、鸡冠花 *Celosia cristata* Linn.、枇杷 *Eriobotrya japonica* (Thunb.) Lindl、皂荚 *Gleditsia sinensis* Lam.、臭椿 *Ailanthus altissima* Swingle、乌桕 *Triadica sebifera* (Linn.) Small、卫矛 *Euonymus alatus* (Thunb.) Sieb.、枣 *Ziziphus jujuba* Mill.、爬山虎 *Parthenocissus tricuspidata* (Sieb. et Zucc.) Planch.、小叶女贞 *Ligustrum quihoui* Carr.、枸杞 *Lycium chinense* Mill.、忍冬（金银花）*Lonicera japonica* Thunb.、接骨木 *Sambucus williamsii* Hance 等。

对Cl_2抗性较强的植物：构树 *Broussonetia papyrifera* (Linn.) L′ Hérit. ex Vent.、樟 *Cinnamomum camphora* (Linn.) Presl、枇杷 *Eriobotrya japonica* (Thunb.) Lindl、葡萄 *Vitis vinifera* Linn.、石榴 *Punica granatum* Linn.、女贞 *Ligustrum lucidum* W. T. Ait.、白花泡桐 *Paulownia fortunei* (Seem.) Lemsl.、棕榈 *Trachycarpus fortunei* (Hook.) H. Wendl. 等。

对Cl_2敏感的植物（监测植物）：圆柏 *Sabina chinensis* (Linn.) Ant.、加杨 *Populus canadensis* Moench、垂柳 *Salix babylonica* Linn.、全缘叶栾树 *Koelreuteria bipinnata* Franch. var. *integrifoliola* (Merr.) T. Chen、紫薇 *Lagerstroemia indica* Linn.、柿 *Diospyros kaki* Thunb. 等。

对NO_2抗性强的植物：银杏 *Ginkgo biloba* Linn.、侧柏 *Platycladus orientalis* (Linn.) Franco、圆柏 *Sabina chinensis* (Linn.) Ant.、榆树 *Ulmus pumila* Linn.、桑 *Morus alba* Linn.、臭椿 *Ailanthus altissima* Swingle、全缘叶栾树 *Koelreuteria bipinnata* Franch. var. *integrifoliola* (Merr.) T. Chen、石蒜 *Lycoris radiata* (L′ Hér.) Herb. 等。

对NO_2抗性较强的植物：杜仲 *Eucommia ulmoides* Oliv.、白蜡树 *Fraxinus chinensis* Roxb.、白花泡桐 *Paulownia fortunei* (Seem.) Lemsl. 等。

对O_3抗性强的植物：圆柏 *Sabina chinensis* (Linn.) Ant.、侧柏 *Platycladus orientalis* (Linn.) Franco、垂柳 *Salix babylonica* Linn、榆树 *Ulmus pumila* Linn.、桑 *Morus alba* Linn.、浙江樟 *Cinnamomum chekiangense* Nakai、全缘叶栾树 *Koelreuteria bipinnata* Franch. var. *integrifoliola* (Merr.) T. Chen、薄荷 *Mentha canadensis* Linn. 等。

对 O$_3$ 抗性较强的植物：白花泡桐 *Paulownia fortunei* (Seem.) Lemsl. 等。

对 O$_3$ 敏感的植物（监测植物）：马尾松 *Pinus massoniana* Lamb. 等。

对 NH$_3$ 抗性强的植物：银杏 *Ginkgo biloba* Linn.、臭椿 *Ailanthus altissima* Swingle、紫薇 *Lagerstroemia indica* Linn.、女贞 *Ligustrum lucidum* W. T. Ait. 等。

对 NH$_3$ 敏感的植物（监测植物）：龙柏 *Sabina chinensis* (Linn.) Ant. 'Kaizrka'、垂柳 *Salix babylonica* Linn、杜仲 *Eucommia ulmoides* Oliv. 等。

对光化学烟雾抗性强的植物：银杏 *Ginkgo biloba* Linn.、圆柏 *Sabina chinensis* (Linn.) Ant.、侧柏 *Platycladus orientalis* (Linn.) Franco、榆树 *Ulmus pumila* Linn.、桑 *Morus alba* Linn.、臭椿 *Ailanthus altissima* Swingle、全缘叶栾树 *Koelreuteria bipinnata* Franch. var. *integrifoliola* (Merr.) T. Chen 等。

对光化学烟雾敏感的植物（监测植物）：紫薇 *Lagerstroemia indica* Linn.、白蜡树 *Fraxinus chinensis* Roxb. 等。

（二）抗污染植物和监测植物列举

1. 银杏 Ginkgo biloba Linn.（银杏科 Ginkgoaceae）

对 O$_3$ 的抗性极强。对 SO$_2$、HF 的抗性和吸收能力强。对 Cl$_2$、NH$_3$ 的抗性强。吸附烟尘的能力较强。据四川试验，在距磷肥厂和天然气脱硫厂污染源 60～100m 范围内，生长正常。在 SO$_2$ 污染区，日平均浓度 0.1mg/m^3，完全不受害，生长良好。据北京调查，当叶片中含 Cl$_2$ 量为 0.9% 时，仍能萌发新叶，生长正常。在 SO$_2$ 污染源旁边测定，SO$_2$ 浓度为 0.075ppm，叶片中含硫量为 1.034%。当叶中含硫量在 0.8～0.9 时，叶片轻度受害；当含硫量为 1% 时，全叶受害脱落，生长衰弱，雌株不结实，但能在次年萌发新叶。用浓度为 0.24mg/m^3 的 SO$_2$ 人工熏气，16h 后，叶片含硫量为 4.27mg/g（干重）；用浓度为 0.4mg/m^3 的 HF 熏气 16h 后，叶片含氟量为 0.72mg/g（干重）。

2. 雪松 Cedrus deodara (Roxb.) G. Don（松科 Pinaceae）

据我国有关单位测试分析，对 SO$_2$ 的吸收能力较强，其叶片含硫量占干叶重的 0.23%。据日本、德国试验，对 SO$_2$ 的抗性弱。对 HF 很敏感，可对氟起监测作用。杀菌能力较强，它分泌的杀菌素能在 10min 内将原生动物杀死。对粉尘、气的吸滞能力较强，并有减弱噪声和隔音作用。

3. 柳杉 Cryptomeria japonica (Thunb. ex Linn. f.) D. Don var. **sinensis** Miq.（杉科 Taxodiaceae）

对 O$_3$、NH$_3$ 的抗性强。对 SO$_2$ 的抗性和吸收能力较强。对 HF 的抗性较强。隔声和减弱噪声的能力较强。并有杀菌功能。在距 HF 污染源 60m 处，生长良好，无明显受害症状；在距 HF 污染源 30m 处，有受害表现，叶形变小、向上卷曲。据试验，以干物质计算，1kg 柳杉叶每月吸硫 3g。对噪声的减弱能力较强，是较好的隔声树种。能分泌出杀菌素，在 8min 内将动物杀死。

4. 杉木 Cunninghamia lanceolata (Lamb.) Hook.（杉科 Taxodiaceae）

对 SO_2 的抗性和吸收能力强。对 NH_3 的抗性强，并具有杀灭细菌的功能。对 Cl_2 抗性弱。

5. 水杉 Metasequoia glyptostroboides Hu et Cheng（杉科 Taxodiaceae）

对 SO_2 的抗性和吸收能力强。对 HF 的抗性较强。对 Cl_2 的吸收能力较强。并有隔声和减弱噪声的能力。据四川试验，用浓度为 $0.85mg/m^3$ 的 SO_2 进行熏气 16h 后，叶片含硫量为 5.43mg/g（干重）。据云南试验，在一个化工厂电解车间 Cl_2 污染区放置盆栽植株，60h 后，1kg 干叶含氯量为 4.9g。隔声能力较强，是减弱噪声的较好树种。

6. 侧柏 Platycladus orientalis (Linn.) Franco（柏科 Cupressaceae）

对 SO_2 的抗性和吸收能力强。对 Cl_2、HF 的抗性强。对 O_3 的抗性较强。熏气试验表明，对多种有害气体抗性强至中等，并有吸滞粉尘和灭菌的作用。据北京调查试验，在离 SO_2 污染源 3500m、1500m、1000m、500m 处，都能正常生长，结实多，无受害症状。据北京测定，当空气中 SO_2 浓度为 0.075ppm 时，叶中含硫量为 0.412%；浓度为 0.033～0.035ppm 时，叶中含硫量为 0.28%；浓度为 0.002ppm 时，叶中含硫量为 0.054%。在离 SO_2 污染源 3500m 处测定，5—10月，叶中含硫量由 0.018% 逐渐升高至 0.079%。据四川进行动态熏气试验，用浓度为 $0.75mg/m^3$ 的 HF 熏气 16h，叶片中含氟量为 0.87mg/g（干重）。据沈阳调查，在工业区，抗有害烟气的能力强。还具有一定的杀菌能力，能分泌杀菌素，将一些杆菌杀死。

7. 圆柏 Sabina chinensis (Linn.) Ant.（柏科 Cupressaceae）

对 SO_2、Cl_2 的抗性和吸收能力强。对 O_3、HF 的抗性较强。对汞蒸气的吸收能力较强。并有吸滞粉尘、减弱噪声和杀灭细菌的功能。据北京调查试验，在距 SO_2 污染源 1500m 处，生长正常。在 SO_2 污染区，叶片含硫量达 0.323%～0.678%，最高可达对照区的 20 倍。当含硫量为 0.8% 时，有轻度受害症状，但不影响生长。据沈阳调查，在抚顺工业区，对 SO_2、HF 抗性较强。据试验，对 O_3 抗性较强，O_3 浓度不超过 100ppm 时，不会受害。对 Cl_2 的抗性较强。据云南试验，在一个化工厂电解车间的 Cl_2 污染源附近，盆栽接触 60h 后，1kg 干叶含氯量为 3.31g。据分析，对噪声的减弱能力和隔声能力较强。并有杀菌功能，能分泌一种杀菌素，在 5min 内可将原生动物杀死。

8. 罗汉松 Podocarpus macrophyllus (Thunb.) D. Don（罗汉松科 Podocarpaceae）

对 SO_2 的抗性和吸收能力强。对 H_2S、Cl_2 的抗性强。对 HF、NO_2 的抗性较强。吸附烟尘的能力较强。据杭州栽培试验，在 SO_2 日平均浓度为 0.15～1.04 mg/m^3 及 0.09～0.47mg/m^3 的情况下，52天后，叶片受害面积仅为 4.5%～5%，表明抗性很强。杭州、南京进行人工熏气试验表明，对 SO_2、H_2S 的抗性强。在南京一些有 SO_2 污染的工厂中生长较好，在距 SO_2 污染源 300～350m 处不受害。在离 Cl_2 污染源 300m 处不受害。在 NO_2 污染源附近对 NO_2 的抗性较强。据杭州试验，SO_2 进行人工熏气，1kg 干叶可吸硫 6.4g。

9. 垂柳 Salix babylonica Linn.（杨柳科 Salicaceae）

对 SO_2、HF 的抗性和吸收能力强。对 Cl_2 的抗性和吸收能力较强。并有隔声、减弱噪声的功能。据上海、云南测定，对 SO_2 吸收能力强，在 SO_2 污染地区，枝叶受害后，能很快萌发新枝叶而恢复生长能力。据上海测定，在 SO_2 污染区，叶片中含硫2%，甚至在含硫3%以上时，也不受害。据云南测定，叶片含硫量达2.5%，在氟化物污染源附近，生长正常，未见受害症状。据云南测定，在距污染源10m处，叶片含氟量达100ppm以上，对HF抗性较强。据南京测定，在距HF污染源350m处，叶中含氟37.8ppm。如距磷肥厂高炉10～30m范围内生长，叶中含氟量竟高达510ppm。

10. 板栗 Castanea mollissima Blume（壳斗科Fagaceae）

对 SO_2 的抗性和吸收能力较强。对 Cl_2 的抗性较强。对HF的吸收能力较强。据南京进行的人工熏气试验，对 SO_2 和 Cl_2 的抗性较强。据北京调查测定，在一个钢铁厂中，对 SO_2 有较强的抗性，全年没有受害症状。在距 SO_2 污染源1400m处，叶片含硫量为0.59%。据云南测定，在一个氟污染地区，1kg干叶含氟量为200～400mg。

11. 青冈 Cyclobalanopsis glauca (Thunb.) Oerst.（壳斗科Fagaceae）

对 SO_2 、HF、 Cl_2 、 O_3 等的抗性强。据南京多次人工熏气试验，对有害气体抗性强。如以20ppm的 SO_2 熏气（静态）半小时，未产生任何受害症状。工厂栽培试验表明，对 Cl_2 和HF的抗性强。据日本调查试验，对 SO_2 的抗性很强，并有一定的吸收能力，在日本大阪污染区测定，其叶中含硫量为0.2%。

根扎很深，萌芽力强，可防风、防火。

12. 水青冈 Fagus longipetiolata Seem.（壳斗科Fagaceae）

吸滞烟尘的能力强。$1hm^2$ 每年吸滞粉尘68t。

13. 柯 Lithocarpus glaber (Thunb.) Nakai（壳斗科Fagaceae）

对 SO_2 的抗性强。南京人工熏气试验表明，其对有害气体的抗性与青冈相似。日本调查试验证明，对 SO_2 的抗性很强，吸收能力亦较强。据大阪测定，其叶中含硫量为0.27%。吸硫能力超过青冈。环保科技成果资料表明，对HF的抗性较强。

适于供混植、隐蔽及作绿篱之用。在住宅附近种植，对防火、防风、防尘沙、防潮湿有良好作用。

14. 麻栎 Quercus acutissima Carr.（壳斗科Fagaceae）

对有害气体抗性强至中等。对 SO_2 的抗性和吸收能力较强。对 Cl_2 也有较强的抗性。在南京某厂，因受 SO_2 污染危害，大批马尾松受害死亡，而麻栎则未受影响，生长正常。南京进行的人工熏气试验表明，对 SO_2 和 Cl_2 都有较强的抗性。在 SO_2 污染地区，1kg干叶可吸硫1g，证明吸硫能力强。环保科技成果资料表明，对HF抗性较强。防风、防火、防烟的能力强。阻滞粉尘率为7.19%。

15. 乌冈栎 Quercus phillyraeoides A. Gray（壳斗科Fagaceae）

吸收 SO_2 的能力较强。适于供绿篱、隐蔽及堤岸防风之用。在海岸栽植，可防潮防风。

16. 朴树 Celtis sinensis Pers.（榆科Ulmaceae）

对 SO_2 、HF、 Cl_2 的抗性和吸收能力强。吸附粉尘、烟尘的能力较强。据南京调查，在距SO_2污染源300~400m处，生长良好，无受害表现。距Cl_2污染源300m处，无明显受害症状，生长正常。在一个磷肥厂进行栽培试验，对HF的抗性强。据四川成都等地调查，对SO_2、HF的抗性强。据日本测定，在大阪市，叶片含硫量为0.25%。在某水泥厂距污染源200~250m处，每平方米叶面积吸滞粉尘9.37g。吸附粉尘能力很强。

17. 榔榆 Ulmus parvifolia Jacq.（榆科 Ulmaceae）

据德国、日本分析，对SO_2的抗性中等。有关资料表明，对SO_2有一定的吸收能力。对粉尘有较强的吸附能力。

18. 榆树 Ulmus pumila Linn.（榆科 Ulmaceae）

对SO_2、Cl_2、HF的抗性和吸收能力强。对HCl的抗性和吸收能力较强。对铅蒸气的吸收能力较强。吸附粉尘的能力强。据北京调查，在距SO_2污染源500m、1000m及3500m等处，生长良好，无任何受害症状。在沈阳、哈尔滨进行人工熏气试验，对SO_2的抗性强，对Cl_2、HF的抗性较强。据兰州调查，对HF的抗性强。据北京分析，在距SO_2污染源1000m处，叶片含硫量达0.23%~5%，对照区仅含0.01%~0.04%。当含硫量超过1%时，叶片上也未出现受害症状。据四川试验，用浓度为0.43mg/m³的SO_2进行人工熏气6h，叶片含硫量为5.31mg/g（干重）。据沈阳测定，叶片吸硫量为235.19mg/(m³·h)；熏气试验叶片含氟量为0.88mg/g（干重）。在污染区含氟2500ppm，吸氟1.453g。据上海分析测定，在铅污染区，1kg干叶含铅量为0.036g，比对照区高1.5~2倍。沈阳分析，在铅污染地区，1kg干叶含铅量为0.06g，比对照区高2倍多。据南京测定，在一个水泥厂距污染源20~250m处，1m²叶面积滞尘量为12.27g，吸尘量为3.93g。据分析，1m²叶面积吸尘量为3.93g。

19. 薜荔 Ficus pumila Linn.（桑科 Moraceae）

杀灭细菌能力强，5min内可杀死原生动物。

20. 桑 Morus alba Linn.（桑科 Moraceae）

对SO_2、Cl_2、HCl、HF的抗性和吸收能力强。对NO_2、NO、H_2S的抗性较强。对铅的吸收能力强。据广州调查试验，在工厂排放SO_2污染源下风向50m处栽培，仍能正常生长。在某农药厂Cl_2源附近10m内，其他植物很少生长，桑树却能成活，但长势受到影响，叶片有黄化现象；在Cl_2源下风向50m处试栽，能正常生长和开花结果。据江苏和上海调查，在距Cl_2源100m左右处，桑树受害较轻，而刺槐则大片死亡。据广州试验，在1ppm Cl_2条件下，熏气4h，1kg干叶吸氯量为0.5428g。据杭州试验，以SO_2熏气后，1kg干叶吸硫量为8g。据江苏分析，在氟化物污染的情况下，其叶片含氟量可增加2.5倍至数十倍。据四川测定，在磷肥厂下风向500m处，叶片含氟量为247.5ppm，含硫量为2750ppm；在清洁区，含氟量为18ppm，含硫量为1300ppm。据沈阳分析，在某冶炼厂铅污染区，1kg干叶片含铅量526.9mg，为清洁区的106倍。在汞污染区，1kg干叶片吸汞60mg；在非污染区，叶片不含汞。在距镉污染源400m处，1kg干叶吸镉17ppm。

21. 金鱼藻 Ceratophyllum demersum Linn.（金鱼藻科 Ceratophyllaceae）

对污水中的锌、砷的吸收能力强。1kg 干物质吸收锌 350mg；吸砷量为其自然含砷量（0.5～3ppm）的 2 倍以上。

22. 鹅掌楸 Liriodendron chinense (Hemsl.) Sarg.（木兰科 Magnoliaceae）

据上海、南京等地试验，对 SO_2、Cl_2 有较强的抗性。减弱噪声、隔音性能好。

23. 玉兰 Magnolia denudata Desr.（木兰科 Magnoliaceae）

对 NH_3 的抗性强。对 SO_2 的抗性和吸收能力较强。对 Cl_2、HF 的抗性较强。据南京调查，在一个有 SO_2、Cl_2 污染的工厂栽培，生长正常，表明对 SO_2 和 Cl_2 都有较强的抗性。在南京、西安进行人工熏气试验，对 SO_2、Cl_2 的抗性较强。据杭州分析，以 SO_2 进行人工熏气后，1kg 干叶可吸硫 1.6g 以上。

24. 樟（香樟）Cinnamomum camphora (Linn.) Presl（樟科 Lauraceae）

对 O_3 的抗性极强。对 SO_2、HF 的抗性和吸收能力强。对 NH_3 的抗性强。对 Cl_2 的抗性较强。吸附粉尘、减弱噪声的能力较强。并有杀菌功能。据日本研究，对 O_3 的抗性极强。据日本、德国试验，对 SO_2 的抗性强。据四川试验，用浓度为 0.85mg/m³ 的 SO_2 熏气 16h，显示抗性较强。在南京某大型硫酸厂，离 SO_2 污染源 300～400m 处，有轻度受害。据上海和杭州调查，对 Cl_2 有较强的抗性。据杭州测定，在 SO_2 污染区，1kg 干叶可吸硫 5.9g。据南京测定，在 HF 污染区，1kg 干叶可吸收氟 2000mg 以上。隔声、减弱噪声能力较强。并能分泌杀菌素，有杀灭细菌的功能。

25. 檫木 Sassafras tzumu (Hemsl.) Hemsl.（樟科 Lauraceae）

对 SO_2 的抗性较强。对 HF 和 Cl_2 的抗性中等。用 Cl_2 熏气试验，受害症状为叶脉、叶缘失绿，呈丁香棕色，但仍能生长成活。

26. 蚊母树 Distylium racemosum Sieb. et Zucc.（金缕梅科 Hamamelidaceae）

对 SO_2、Cl_2 的抗性和吸收能力强。对 HF、氧化氮的抗性强。并有抗性和吸收烟尘的功能。据江苏调查试验，在受到 SO_2、NO_2 袭击时无明显受害症状。在距 SO_2、Cl_2 污染源 100m 处试栽，受害不明显，生长正常。在某化工厂 Cl_2 污染源附近试栽，经几次高浓度 Cl_2 的袭击，未出现受害症状，生长良好。经多次高浓度 SO_2 人工熏气试验，表明抗性很强。在大型磷肥厂距原 HF 污染源 50m 处试栽，生长良好。据杭州分析，经 SO_2 人工熏气后，1kg 干叶可吸硫 3.2g。据南京分析，在氟污染地区，1kg 干叶吸氟 320mg；在 Cl_2 污染地区，1kg 干叶吸氯 1.1g。

27. 杜仲 Eucommia ulmoides Oliv.（杜仲科 Eucommiaceae）

对 HF 的抗性中等。对 SO_2 较敏感。对 Cl_2 和 HCl 的抗性弱。

28. 桃 Amygdalus persica Linn.（蔷薇科 Rosaceae）

对 HF 抗性中等。据云南分析，在氟污染区，叶片含氟量为 100ppm。在 Cl_2 污染区，1kg 干叶吸氯量为 7.81g。据美国研究，对 SO_2 的反应中等，反应指数为 2.3；对 H_2S 的抗性强；对 Cl_2、HCl 的抗性中等；对 HF 的抗性弱。

29. 杏 Armeniaca vulgaris Lam.（蔷薇科 Rosaceae）

对 SO_2 的抗性较强。对 HF 有一定抗性。其根部的微生物对氟吸收能力较强。

30. 山樱花（樱花）Cerasus serrulata (Lindl.) G. Don.（蔷薇科 Rosaceae）

据美国试验，对 HF 抗性强。据日本研究，对 O_3 的抗性中等。据上海测定，1kg 干叶吸汞 60mg。据南京有关单位研究，$1m^2$ 叶吸滞粉尘量为 2.75g，并对烟尘具有一定的阻滞能力。

31. 石楠 Photinia serratifolia (Desf.) Kalk.（蔷薇科 Rosaceae）

对 NO_2 的抗性强。对 SO_2 的抗性和吸收能力较强。对 HF、Cl_2 的抗性较强。

32. 李 Prunus salicina Lindl.（蔷薇科 Rosaceae）

据美国熏气试验，对 SO_2 反应中等，反应指数为 2.5。据日本、德国试验，对 SO_2 的抗性中等。对 HF 抗性强，据测定，1kg 干叶可含氟 130～1400ppm。对 Cl_2 有一定的吸收能力。对粉尘有吸附能力，并能杀灭某些有害细菌。

33. 砂梨 Pyrus pyrifolia (Burm. f.) Nakai（蔷薇科 Rosaceae）

对 HF 的抗性中等，吸氟能力强，据云南分析，在距氟污染源 400m 处，1kg 干叶含氟 100～300ppm。据日本试验，对 O_3 的抗性中等。对 Cl_2 和 HCl 抗性弱。

34. 月季 Rosa chinensis Jacq.（蔷薇科 Rosaceae）

据我国和美国试验，对 HF、SO_2 的抗性和吸收能力强，对 Cl_2、NO_2 的抗性较强，并对 H_2S、苯、苯酚、乙醚具有吸收能力。

35. 合欢 Albizia julibrissin Durazz.（豆科 Leguminosae）

对 SO_2、Cl_2、HF 的抗性和吸收能力强。对 O_3、HCl 的抗性较强。据西安调查，在离 SO_2 污染源 50m 处生长较好，未受害。据南京调查，在距 SO_2 污染源 200～300m 处能正常生长，无明显受害。据人工熏气试验，对 SO_2 的抗性较强。在离 Cl_2 污染源 50～100m 处未见受害，生长较好；在一化工厂内距 Cl_2 污染源 10～20m 处，生长仍较好，仅部分老叶基部的小叶尖端干枯。据南京分析，在距 SO_2 污染源 200m 处，叶片含硫量为清洁区的 5～6 倍，无明显受害症状。

36. 槐树 Sophora japonica Linn.（豆科 Leguminosae）

对 SO_2 的抗性和吸收能力较强。对 Cl_2、HF 的抗性较强。据南京调查，在大型硫酸厂及大型钢铁厂周围离 SO_2 污染源 250～500m 处，生长良好，不受害或受害很轻。据在 SO_2、Cl_2 及 HF 污染地区栽培试验，抗性均较强。人工熏气试验表明，对 SO_2、Cl_2 均有较强的抗性。叶片受害后，有很强的萌发和恢复能力。据北京测定，在 SO_2 污染区，1kg 干叶可吸硫 2.3～3.4g，叶片中含硫量达 0.7% 时也不受害。

37. 紫藤 Wisteria sinensis Sweet（豆科 Leguminosae）

据北京、上海等地试验，对 SO_2、Cl_2 的抗性和吸收能力强。对 HCl 的抗性较强。对铬有一定的抗性。

38. 柑橘 Citrus reticulata Blaco（芸香科 Rutaceae）

对 SO_2、HF、Cl_2、HCl 的抗性很强。据西安试验，用以上 4 种气体分别进行人工熏气，其他十余种树木都表现出不同程度的受害症状，柑橘则完全无受害症状，生长健壮，保持葱绿。据上海试验分析，在一个钢铁厂附近栽种的柑橘，1kg干叶可吸硫12g左右，而无明显受害症状。据美国试验，对HCl的抗性中等。吸收HF的能力强，当叶中含氟113ppm时仍不受害，达到138ppm时叶子才变黄。用1ppm HF浓度熏气，1kg干叶含氟2.05g，对照区含0.13g。

39. 花椒 Zanthoxylum bungeanum Maxim.（芸香科 Rutaceae）

吸滞粉尘的能力较强。资料表明，其吸滞粉尘的百分率为9.99%。

40. 臭椿 Ailanthus altissima Swingle（苦木科 Simaroubaceae）

对SO_2、Cl_2、HF、NO_2的抗性强。据各地在工矿区调查的报道，在SO_2或Cl_2污染最严重的地段，大多数植物受害不能生长，而臭椿却能成活。据北京调查，在某工厂空气中最高含氟量为7.33mg/m^3时，其他很多植物都不能成活，臭椿虽然落叶，但很快萌发新叶，恢复生长。南京、杭州、沈阳等地人工熏气试验或污染区试栽试验表明，对SO_2、Cl_2、HCl、HF有较强的抗性。据上海调查，对硝酸雾的抗性很强，在几次高浓度硝酸雾的袭击下，附近的许多植物均受害死亡，而臭椿却安然无恙。对NH_3的抗性较强。防风能力强。减弱噪声的能力较强，还具有一定的杀菌能力。据上海测定，在某钢铁厂附近，1kg干叶吸硫近30g。据北京分析，在离SO_2污染源700m处，叶内最高含硫量为对照区的40多倍。吸收铅蒸气的能力较强，据沈阳测定，在某冶炼厂附近，1kg干叶含铅量达152.3mg，为清洁区的28倍。吸滞粉尘的能力很强，在南京某水泥厂中距污染源200～250m处测定，1m^2叶片能吸附粉尘9.5g。

41. 楝树 Melia azedarach Linn.（楝科 Meliaceae）

对SO_2、HF的抗性和吸收能力强。对Cl_2、HCl的抗性较强。并有吸滞粉尘和杀灭细菌的功能。据西安在热电厂、钢铁厂、农药厂、铝制品厂调查，距SO_2污染源30m处生长良好，枝叶茂密，不受害；在离HF污染源50m处生长良好，未受害。据广州在某氮肥厂盆栽试验，对SO_2的抗性强。据上海调查，对Cl_2、HCl的抗性强。据南京调查，对SO_2、Cl_2的抗性较强。据四川试验，用0.43mg/m^3 SO_2动态熏气16h，叶片含硫量为5.07mg/g（干重）；用1mg/m^3 HF熏气16h，叶片含氟量为1.22mg/g（干重）。南京、广州进行人工熏气试验，对SO_2的抗性中等，对Cl_2的抗性较弱。据南京测定，在某水泥厂距污染源200～250m处，1m^2叶片面积吸附粉尘5.9g，并能分泌杀菌素，有一定的杀菌能力。

42. 乌桕 Triadica sebifera (Linn.) Small（大戟科 Euphorbiaceae）

对SO_2、HF的抗性和吸收能力强。对Cl_2的抗性强。对HCl的抗性较强。并有吸附粉尘的功能。据四川调查试验，在排放SO_2为主的天然气脱硫工厂附近，生长正常，无明显受害症状。用浓度为4mg/m^3的SO_2熏气8h，叶片轻度受害，未影响生长。据云南调查，在距HF污染源30m处，1kg干叶吸氟量达400mg以上。四川试验，在距HF污染源40m处，1kg干叶含氟量为420mg。用浓度为0.24mg/m^3的SO_2熏气16h后，叶片含硫量4.2mg/g（干重）。用浓度为0.4mg/m^3的HF熏气16h，叶片含氟量为1.07mg/g（干重）。

43. 黄杨 Buxus sinica (Rehd. et Wils.) Cheng ex M. Cheng.（黄杨科 Buxaceae）

对 SO_2、HF 的抗性和吸收能力强。对 Cl_2 的抗性强。对 H_2S、HCl 的抗性较强。并有隔声、减弱噪声的功能。据南京试验，在一个钢铁厂 SO_2、Cl_2 污染较严重的车间附近栽培，生长正常。在一个大型磷肥厂距污染源50m处进行栽培试验，经常受到高浓度 HF 袭击，受害症状轻微，生长较好。据上海、杭州调查试验，对 SO_2、Cl_2、H_2S、HF 的抗性强。在 HF 污染区，吸氟量可达728ppm。隔声、减弱噪声的能力较强。

44. 黄连木 Pistacia chinensis Bunge（漆树科 Anacardiaceae）

对 SO_2 的抗性较强。对烟尘的抗性和吸滞能力较强。并有杀菌作用。

45. 冬青 Ilex chinensis Sims（冬青科 Aquifoliaceae）

对 SO_2 的抗性强，并有一定的吸硫能力。在四川省华蓥山地区硫磺矿附近，表现对 SO_2 的抗性强。据杭州测定，经人工熏气试验，1kg 干叶吸硫0.33g。据日本、德国调查试验，对 SO_2 的抗性强。据日本研究，对 O_3 的抗性强。据美国研究，对 Cl_2 的抗性强。有吸收和净化汞的能力。还有较强的抗风能力。

46. 枸骨（构骨）Ilex cornuta Lindl. et Paxt.（冬青科 Aquifoliaceae）

对 SO_2、Cl_2 的抗性强。据杭州试验，在一个工厂盆栽，53天后观察，对 SO_2 的抗性很强，本身完全不受害。在南京一个工厂距 SO_2 污染源300～350m处，本身不受害，生长良好。南京、杭州进行人工熏气试验，表明对 SO_2 的抗性强。在南京一个工厂距 Cl_2 污染源300m处，本身不受害，生长正常。

47. 冬青卫矛 Euonymus japonicus Thunb.（卫矛科 Celastraceae）

对 SO_2、Cl_2、HCl 的抗性和吸收能力强。对 HF 的抗性较强。对汞的吸收能力较强。并有吸附烟尘、粉尘的功能。据江苏、西安调查，距 SO_2 污染源100m处生长良好，在距20～40m处仍可正常生长，无明显受害症状。在距 Cl_2 污染源300m处生长良好，在距50m处生长正常，甚至离 Cl_2 污染源10m处仍能成活生长。在一个磷肥厂距 HF 污染源50m处，生长正常。据杭州栽培试验，在距 SO_2 污染源40m处，日平均浓度为0.15～1.04mg/m^3，经53天接触后，叶片轻度受害，在距175m处基本不受害。南京和西安用 Cl_2 及 HF 进行熏气试验，均未出现受害症状。据试验，对 SO_2 的抗性强。据南京、上海分析，污染区的叶片含硫量为非污染区的1.7倍。在 HF 污染区，叶片含氟量达150ppm以上，为对照区的20多倍，而仍未受害。在有汞蒸气散放的工厂附近测定，叶片含汞量为52$\mu g/g$（干重）。据四川试验，用0.75mg/m^3 HF 对盆栽苗做动态熏气16h后，未见受害，1kg 干叶吸氟量为0.31g。据北京测定，在空气中 SO_2 日平均浓度为0.048mg/m^3 的条件下，植株未受害，1kg 干叶吸硫量为1.05g。在氯化物污染区，叶片含氯量比对照区高4倍，用 Cl_2 2ppm 对盆栽苗熏气6h，受害症状不明显，1kg 干叶吸氯量为5.3g。空气中 HF 日平均浓度为0.035mg/m^3，盆栽苗接触50天后，未见受害症状，1kg 干叶吸氟量为1.896g。据南京测定，某水泥厂距污染源200～250m处，1m^2 叶面积吸附粉尘6.63g。

48. 葡萄 Vitis vinifera Linn.（葡萄科 Vitaceae）

据北京、云南调查分析和美国试验，对 SO_2、Cl_2、HCl 的抗性较强。对 HF 具有较强的吸收能力。据云南分析，葡萄生长在氟污染区时，其叶片含氟量为175ppm。如在氟污染区，在整个生长季节能不断地吸收并逐渐积累氟化物，如在6月，其含氟量为2~159ppm，到9月可达到3~462ppm。在离排放氟气的某磷肥厂高炉东南200~400m处，其叶片的含氟量在100~300ppm。

49. 木槿 Hibiscus syriacus Linn.（锦葵科Malvaceae）

对SO_2、Cl_2的抗性和吸收能力强。对NH_3、HF的抗性强。对HCl、硝酸雾的抗性较强。并有很强的吸滞粉尘的功能。据杭州试验，生长力强，在SO_2污染区，叶片受害后，短期内能迅速萌发新叶，恢复生长。据四川试验，用2.67mg/m³ SO_2进行动态熏气16h后，叶片受害脱落，但很快萌发新叶，生长正常；在距SO_2污染源200m处，生长基本正常。据上海、南京调查，对SO_2、Cl_2、硝酸雾的抗性较强。据杭州分析，经SO_2人工熏气后，1kg干叶吸硫2.7g。据广东试验，在SO_2污染地区栽植73天后，1kg干叶吸硫10g以上。据北京测定，在HF污染区叶片吸氟量达1400pm。据南京测定，在某水泥厂距污染源200~250m处，1m叶片吸附粉尘8.13g。

50. 梧桐 Firmiana simplex (Linn.) W. Wight（梧桐科Sterculiaceae）

对SO_2、HF的抗性和吸收能力强。对Cl_2、NH_3的抗性较强。还有吸滞粉尘的功能。减弱噪声的能力较强。据日本、德国试验，对SO_2的抗性强。据杭州试验，在一个硫酸厂周围栽植的梧桐很少受害，生长基本正常。盆栽距SO_2污染源40m处，日平均浓度为0.15~1.04mg/m³，经53天接触后，叶子受到一定危害，生长量比正常的要减少26%；距175m处，日平均浓度为0.09~0.47mg/m³，减少约18%。但受害后萌发新叶的能力强，仍能生存成长。据南京试验，距SO_2污染源200m处，很少受害，生长良好。在磷肥厂距HF污染源50m处，对HF的抗性较强。在化肥厂硫酸车间附近污染区，叶片含硫量为非污染区的24倍。在氟污染区，1kg干叶可吸氟1000mg以上，但叶片已受害。据江苏分析试验，在距污染源50m处，叶片含氟量为684ppm，而对照区含氟量为12ppm。生长正常，不受害。有减弱噪声的功能，是较好的隔声树种。

51. 红山茶 Camellia japonica Linn.（山茶科Theaceae）

据四川、杭州、江苏、广东、南京、云南等地调查试验和日本、德国的试验，对SO_2、HF、Cl_2、H_2S的抗性强，对氟、氯的吸收能力强。据杭州一个炼油厂试验，当SO_2日平均浓度为0.15~1.04mg/m³时，52天后其叶片受害面积占20%，日平均浓度为0.09~0.47mg/m³时，完全不受害。日本、德国试验也表明，山茶花对SO_2的抗性强。据江苏测定，在一个有Cl_2污染的工厂，1kg山茶干叶吸氯量达3.53g。在氟污染的条件下，其叶片中含氟量高达1000pm以上。山茶还从土壤中吸收氟。幼叶中含氟量为40~150ppm，老叶中含氟量达400~800ppm。

52. 厚皮香 Ternstroemia gymnanthera (Wight et Arn.) Beddome（山茶科Theaceae）

对SO_2的抗性和吸收能力强。对汞蒸气的抗性较强。据杭州栽培试验，对SO_2的抗性强。在南京以高浓度SO_2进行人工熏气试验，枝叶完全不受害，对SO_2的抗性很强。

据日本调查，据在大阪市污染区分析，叶片含硫量为0.42%，是当地常绿树吸硫能力最强的一种。德国试验也表明，对SO_2的抗性强。据试验，对汞蒸气的抗性较强，在空气中含汞浓度高于$10\mu g/m^3$（0.005ppm）时不会受害。

53. 胡颓子 Elaeagnus pungens Thunb.（胡颓子科 Elaeagnaceae）

对SO_2的抗性和吸收能力强。对Cl_2、HF的抗性强。据杭州试验，在一个工厂进行盆栽，经53天观察，在大气中SO_2日平均浓度为$0.15\sim1.04mg/m^3$时，叶片受害面积为30%；在日平均浓度为$0.09\sim0.47mg/m^3$时，叶片受害面积为3.5%。据在杭州、南京人工熏气试验，对SO_2和Cl_2的抗性较强。据西安人工熏气试验，对HF的抗性强。据上海调查，对HF的抗性较强。

54. 紫薇 Lagerstroemia indica Linn.（千屈菜科 Lythraceae）

对SO_2的抗性和吸收能力强。对NH_3、Cl_2、HCl、HF的抗性较强。吸附粉尘的能力较强。据调查，在上海一些工厂中表现出对SO_2的抗性强，对HCl的抗性较强。据杭州试验，在一个有SO_2散放的工厂内进行栽培，经53天后，叶片轻度受害，但新叶萌发很快，恢复生长力很强。在昆明一个炼钢车间附近表现出对SO_2的抗性强。西安进行人工熏气试验，对SO_2、HF和Cl_2的抗性较强。据上海测定，1kg干叶可吸硫10g左右，生长良好，仅少数叶片受害。据云南测定，在一个炼钢车间旁，1kg干叶吸硫7g左右。在南京一个水泥厂测定，距污染源$200\sim250m$处，$1m^2$叶片吸附粉尘4.42g。还有较强的杀菌能力，能在5min内将原生动物杀死。

55. 石榴 Punica granatum Linn.（石榴科 Punicaceae）

对SO_2、Cl_2、HF、NO_2、CS_2的抗性和吸收能力强。对铅蒸气的吸收能力较强。并有吸滞粉尘的功能。

56. 映山红 Rhododendron simsii Planch.（杜鹃花科 Ericaceae）

对SO_2、NO_2、NO的抗性较强。对过氧硝酸乙酰酯的抗性强。据美国试验，对Cl_2、HCl、HF抗性中等。另据我国有关单位分析，对O_3的抗性中等。

57. 白蜡树 Fraxinus chinensis Roxb.（木犀科 Oleaceae）

对SO_2、Cl_2的抗性较强。并有吸收汞蒸气的能力。吸附粉尘的能力较强。抗烟尘的能力亦较强。

58. 女贞 Ligustrum lucidum W. T. Ait.（木犀科 Oleaceae）

对SO_2、HF、Cl_2、HCl的抗性和吸收能力强。对粉尘的吸滞能力强。还有隔声、弱噪声的作用。据江苏的调查试验，在大型硫酸厂周围50m以内生长正常，但有时有受害表现；在100m以外则不会受害。在南京一个SO_2污染较严重的工厂中，经多年的观察，生长较好，成为该厂主要的抗硫树种。据日本、德国试验，对SO_2的抗性强。据试验，在一个大型磷肥厂距离HF污染源100m以外生长正常。其叶片受污染的危害后，还有很强的萌发新枝叶和恢复生长的能力。在污染严重的地区，其他树木植物受害死亡，而女贞仍能成活。据江苏、云南测定，在SO_2污染地区，1kg干叶吸硫3.8g，有时高达7g而不受害。在HF污染地区，1kg干叶吸氟48.3mg。在Cl_2污染地区，1kg干叶吸氯6.1g而未受害。据上海测定，对铅蒸气、汞蒸气的吸收能力较强。在污染区吸铅0.0362g/kg。据南京测定，在某水泥厂中距污染源200～250m处，$1m^2$叶片面积吸滞粉尘6.3g。减弱噪声的能力也较强，是较好的隔声树种。

59. 木犀（桂花）**Osmanthus fragrans** Lour.（木犀科Oleaceae）

对SO_2、Cl_2的抗性和吸收能力较强。对汞气的吸收能力较强。还有吸滞粉尘、减弱噪声的功能。对HF抗性中等。据杭州人工熏气试验，对SO_2的抗性较强，1kg干叶吸硫3.6g。据广东试验，在距Cl_2排污口20m处，经过1周只有少数叶片受害。在污染区种植58天后，1kg干叶吸氯8g。据日本研究，在大阪市SO_2污染地区，叶中含硫量为0.28%。经上海研究，能吸收一部分汞蒸气而不受害。1kg干叶吸汞5.1mg。在非污染区不含汞。据南京测定，对粉尘的吸滞能力较强，吸滞量为$1m^2$叶面2.02g。减弱噪声的能力也较强。

60. 薄荷 Mentha canadensis Linn.（唇形科Labiatae）

对镉的吸收能力强。

61. 枸杞 Lycium chinense Mill.（茄科Solanaceae）

对Cl_2和HCl的抗性较强。

62. 白花泡桐 Paulownia fortunei (Seem.) Lemsl.（玄参科Scrophulariaceae）

对SO_2、HF的抗性和吸收能力强。对Cl_2，H_2S、硝酸雾的抗性强。对O_3、NO、NO_2的抗性较强。对粉尘、烟尘的吸附能力较强。据南京调查，在大型硫酸厂离SO_2污染源200m处，生长良好。在HF污染源附近，受害很轻。在离Cl_2污染源80m处生长正常，在40m处受害明显。据上海报道，对H_2S、硝酸雾的抗性强，对NO_2的抗性较强。据杭州SO_2人工熏气试验，1kg干叶可吸硫68g。据南京测定，在HF污染地区，1kg干叶吸氟化物95mg。据江苏试验，在距氟污染源350m处，叶片含氟量为106ppm，对照植物含氟量为10.9ppm，污染区含氟量比对照区高9.8倍，生长正常，无受害表现。据南京测定，在某水泥厂距污染源320m处，$1m^2$叶面积吸滞粉尘3.5g。

63. 栀子 Gardenia jasminoides Ellis（茜草科Rubiaceae）

对SO_2的抗性和吸收能力强。对HF、Cl_2、O_3的抗性较强。并有吸附粉尘的功能。据南京调查，在有SO_2污染的工厂中，生长正常。据杭州分析，经SO_2人工熏气后，1kg叶片可吸硫4.5g。据日本、德国试验，对SO_2的抗性强。据南京试验，对HF的抗性较强。据四川试验，盆栽苗放置在距SO_2污染源40m处，38天后，生长正常，轻度受害；放置距HF污染源10m处，38天后，生长正常，轻度受害。日本研究，对O_3有一定的抗性。据南京测定，在一个水泥厂距污染源200～250m处，$1m^2$叶片可吸附粉尘1.47g。

64. 忍冬（金银花）**Lonicera japonica** Thunb.（忍冬科Caprifoliaceae）

对HF的抗性强。对SO_2的抗性较强。具有非常强的固沙能力。生命力顽强，被掩埋在风沙里，仍苗壮生长。

65. 接骨木 Sambucus williamsii Hance（忍冬科Caprifoliaceae）

据美国试验，对HF的抗性强。对Cl_2、HCl、SO_2的抗性较强。对醛、酮、醇、醚、苯和致癌物质安息香吡啉等有毒气体抗性较强。

66. 青皮竹 Bambusa textilis McClure（禾本科 Gramineae）

对 SO_2、Cl_2 的抗性强。吸滞烟尘的能力较强。

67. 棕榈 Trachycarpus fortunei (Hook.) H. Wendl.（棕榈科 Palmae）

对 SO_2、Cl_2、HF 的抗性和吸收能力强。对汞的吸收能力较强。据南京调查试验，在距 SO_2 污染源 300m 处，无受害症状，生长良好。在大型磷肥厂距 HF 污染源 50m 处栽培试验，生长正常，在阴雨天，HF 浓度高时，叶尖有枯焦现象。据杭州盆栽试验，在距 SO_2 污染源 40m 处，日平均浓度为 $0.15\sim1.04mg/m^3$，经 53 天接触后，部分叶片轻度受害，对生长无影响；在距污染源 175m 处，完全不受害。据西安人工熏气试验，对 SO_2、Cl_2 的抗性强。日本、德国试验结果表明，对 SO_2 的抗性强。据云南分析，经 SO_2 污染后，1kg 干叶吸硫量为 5g 以上；在 HF 严重污染地区，1kg 干叶吸氟量为 1000mg 以上，但已受害。据上海分析，经 Cl_2 污染后，叶片含氯量为未经污染的 2.33 倍；在有汞蒸气散放的工厂附近，1kg 干叶含汞量为 84mg。

68. 凤眼莲 Eichhornia crassipes (Mart.) Solms（雨久花科 Pontederiaceae）

对污水中的酚、氰化物和锌、汞、铅、铬、镉、磷、氨等的吸收能力强。据试验，它能把污水中石油加工所产生的有毒物质除去 95% 以上，把炼油废水里的酚和氰化物分解成无毒物质。如酚被吸进植株内，与糖合成酚糖苷，对植物本身无毒，储存在细胞内；而有一小部分自由态的游离酚，被它体内的多酚氧化酶和过氧化物酶等逐渐氧化分解，变成二氧化碳、水和某些无毒化合物。这样，游离酚的毒性就被解除。对吸收的氰化物也像酚一样，变成氰糖苷，甚至被全部分解消化。据北京试验，在含硫酸锌 10ppm 的废水中栽培 38 天后，植株体中的含锌量达 280ppm，比其自然含锌量 115ppm 增加 13%。据美国试验，它能吸收、富集铅、汞、镍等。据我国有关单位试验，$1hm^2$ 凤眼莲 4 天就能从废矿水里获取 1125g 铅。在一段 2386m 长的污水河道中试种 $2.81hm^2$ 凤眼莲，6 个月就能净化受污染的河水 $9112\times10^4m^3$，除去有机质 500t、磷 4t、氨 63.4t，还能直接控制污染水体的硅藻类生长。

69. 凤尾兰 Yucca gloriosa Linn.（百合科 Liliaceae）

对 HF 的抗性和吸收能力强。对 SO_2、Cl_2、HCl 的抗性强。叶片不易受害，即使受害，由于萌生新叶的能力很强，在短期内便能恢复生长。在南京一个磷肥厂进行栽培试验，表明对 HF 有很强的抗性。在一个有 Cl_2 和 SO_2 污染的工厂中进行栽培试验，数年生长良好，没有受害症状。经人工熏气试验，证明对 SO_2 和 Cl_2 具有很强的抗性。据测定，在严重氟污染地区，1kg 干叶吸氟 266mg。

第五章 植物种质资源

植物关系到粮食、能源、自然资源和环境保护等重大问题。21世纪以来，由于地球上人口剧增和人类活动范围扩大，生态系统遭到越来越严重的破坏，大量的植物已经灭绝或濒临灭绝。据世界自然资源保护联盟保护监测中心估计，全世界有60000种以上的植物受到不同程度的威胁，而在我国，被评估濒危和受威胁的大约有300种。由于过度砍伐，地球上的热带森林面积约减少了40%，天然生境的变化导致野生种的丧失，造成大量的野生植物资源逐年减少，植物种质资源单一化，较难承受各种病虫害的袭击，给人类带来了灾难。

自然保护区作为生物种质资源保存的基因库，保护生物种质资源始终是其中心任务。自浙江乌岩岭国家级自然保护区成立以来，保护区的生物种质资源得到了较好的保护。然而由于大环境的变化，珍稀物种数量还是或快或慢地在减少。1983年开展自然保护区自然资源综合考察时，在核心区内大叶三七、短萼黄连、三叶山豆根、华重楼等保护植物可以说是比比皆是，但现在它们的数量已经明显减少。其原因可能是多方面的。

本节仅对保护区种质资源影响比较直接的三个方面做一记述，即自然保护区的保护植物、分布新记录植物和外来入侵植物。

第一节 保护区保护植物

根据1999年8月4日由国务院批准、国家林业局和农业部发布，于1999年9月9日起施行的《国家重点保护野生植物名录（第一批）》和浙江省人民政府公布的《浙江省重点保护野生植物名录（第一批）》，乌岩岭自然保护区共有保护植物65种（包括种下等级），隶属40科。其中，蕨类植物5科5种，裸子植物4科6种，被子植物31科54种。

其中，国家一级保护植物有南方红豆杉、伯乐树2种；国家二级保护植物有金毛狗、粗齿桫椤、黄杉、福建柏、榧树、台湾水青冈、大叶榉树、金荞麦、莲、鹅掌楸、厚朴、樟树、闽楠、浙江楠、半枫荷、三叶山豆根、野大豆、红椿、喜树、香果树、中华结缕草21种；其余42种为浙江省重点保护植物。

乌岩岭国家级自然保护区保护植物一览表

序号	中名	拉丁学名	科名	保护级别	主要分布点
1	蛇足石杉	*Huperzia serrata*	石杉科	省重点	乌岩岭、垟溪
2	松叶蕨	*Psilotum nudum*	松叶蕨科	省重点	黄桥
3	福建莲座蕨	*Angiopteris fokiensis*	观音座莲科	省重点	垟溪
4	金毛狗	*Cibotium barometz*	蚌壳蕨科	国家Ⅱ级	叶山岭、垟溪
5	粗齿桫椤	*Alsophila denticulata*	桫椤科	国家Ⅱ级	垟溪
6	江南油杉	*Keteleeria cyclolepis*	松科	省重点	乌岩岭
7	黄杉	*Pseudotsuga sinensis*	松科	国家Ⅱ级	碑排
8	福建柏	*Fokienia hodginsii*	柏科	国家Ⅱ级	乌岩岭、垟溪
9	竹柏	*Nageia nagi*	罗汉松科	省重点	垟溪
10	南方红豆杉	*Taxus wallichiana* var. *mairei*	红豆杉科	国家Ⅰ级	乌岩岭、竹里、垟溪
11	榧树	*Torreya grandis*	红豆杉科	国家Ⅱ级	乌岩岭、垟溪
12	台湾水青冈	*Fagus hayatae*	壳斗科	国家Ⅱ级	乌岩岭
13	大叶榉树	*Zelkova schneideriana*	榆科	国家Ⅱ级	乌岩岭、垟溪
14	金荞麦	*Fagopyrum dibotrys*	蓼科	国家Ⅱ级	乌岩岭、竹里、碑排、垟溪
15	孩儿参	*Pseudostellaria heterophlla*	石竹科	省重点	碑排、垟溪
16	莲	*Nelumbo nucifera*	睡莲科	国家Ⅱ级	碑排、竹里
17	睡莲	*Nymphaea tetragona*	睡莲科	省重点	垟溪
18	短萼黄连	*Coptis chinensis* var. *brevisepala*	毛茛科	省重点	乌岩岭、垟溪
19	六角莲	*Dysosma pleiantha*	小檗科	省重点	乌岩岭、垟溪、黄桥
20	八角莲	*Dysosma versipellis*	小檗科	省重点	乌岩岭、垟溪
21	黔岭淫羊藿	*Epimedium leptorrhizum*	小檗科	省重点	垟溪
22	三枝九叶草	*Epimedium sagittatum*	小檗科	省重点	乌岩岭
23	鹅掌楸	*Liriodendron chinense*	木兰科	国家Ⅱ级	乌岩岭、垟溪
24	厚朴	*Magnolia officinalis*	木兰科	国家Ⅱ级	乌岩岭、垟溪、黄桥
25	野含笑	*Michelia skinneriana*	木兰科	省重点	乌岩岭、垟溪
26	乐东拟单性木兰	*Parakmeria lotungensis*	木兰科	省重点	乌岩岭、垟溪
27	樟	*Cinnamomum camphora*	樟科	国家Ⅱ级	保护区内常见
28	沉水樟	*Cinnamomum micranthum*	樟科	省重点	乌岩岭、垟溪
29	闽楠	*Phoebe bournei*	樟科	国家Ⅱ级	垟溪、叶山岭
30	浙江楠	*Phoebe chekiangensis*	樟科	国家Ⅱ级	垟溪
31	延胡索	*Corydalis yanhusuo*	罂粟科	省重点	碑排、竹里

序号	中名	拉丁学名	科名	保护级别	主要分布点
32	伯乐树	*Bretschneidera sinensis*	伯乐树科	国家Ⅰ级	乌岩岭、垟溪
33	蕈树	*Altingia chinensis*	金缕梅科	省重点	垟溪
34	半枫荷	*Semiliquidambar cathayensis*	金缕梅科	国家Ⅱ级	垟溪
35	杜仲	*Eucommia ulmoides*	杜仲科	省重点	乌岩岭
36	龙须藤	*Bauhinia championii*	豆科	省重点	乌岩岭、垟溪
37	中南鱼藤	*Derris fordii*	豆科	省重点	碑排、竹里
38	三叶山豆根	*Euchresta japonica*	豆科	国家Ⅱ级	乌岩岭
39	野大豆	*Glycine soja*	豆科	国家Ⅱ级	保护区内常见
40	山绿豆	*Vigna minima*	豆科	省重点	保护区内常见
41	野豇豆	*Vigna vexillata*	豆科	省重点	保护区内常见
42	红椿	*Toona ciliata*	楝科	国家Ⅱ级	叶山村
43	红淡比	*Cleyera japonica*	山茶科	省重点	保护区内常见
44	紫背天葵	*Begonia fimbristipula*	秋海棠科	省重点	垟溪
45	秋海棠	*Begonia grandis*	秋海棠科	省重点	乌岩岭、垟溪
46	中华秋海棠	*Begonia grandis* subsp. *sinensis*	秋海棠科	省重点	乌岩岭、垟溪
47	喜树	*Camptotheca acuminata*	蓝果树科	国家Ⅱ级	保护区内常见
48	大叶三七	*Panax japonicus*	五加科	省重点	乌岩岭
49	羽叶三七	*Panax japonicus* var. *bipinnatifidus*	五加科	省重点	乌岩岭
50	岩茴香	*Ligusticum tachiroei*	伞形科	省重点	垟溪
51	泰顺杜鹃	*Rhododendron taishunense*	杜鹃花科	省重点	碑排、垟溪
52	银钟花	*Halesia macgregorii*	安息香科	省重点	乌岩岭
53	陀螺果	*Melliodendron xylocarpum*	安息香科	省重点	垟溪
54	云南木犀榄	*Olea tsoongii*	木犀科	省重点	垟溪
55	台闽苣苔	*Titanotrichum oldhamii*	苦苣苔科	省重点	竹里
56	菜头肾	*Strobilanthes sarcorrhiza*	爵床科	省重点	乌岩岭、黄桥、竹里、垟溪
57	香果树	*Emmenopterys henryi*	茜草科	国家Ⅱ级	保护区内常见
58	蔓九节	*Psychotria serpens*	茜草科	省重点	垟溪
59	浙江雪胆	*Hemsleya zhejiangensis*	葫芦科	省重点	乌岩岭
60	曲轴黑三棱	*Sparganium fallax*	黑三棱科	省重点	垟溪
61	方竹	*Chimonobambusa quadrangularis*	禾本科	省重点	乌岩岭
62	中华结缕草	*Zoysia sinica*	禾本科	国家Ⅱ级	乌岩岭、碑排、竹里、垟溪
63	毛鳞省藤	*Calamus thysanolepis*	棕榈科	省重点	司前至百丈
64	华重楼	*Paris polyphylla* var. *chinensis*	百合科	省重点	乌岩岭、垟溪
65	狭叶重楼	*Paris polyphylla* var. *stenophylla*	百合科	省重点	乌岩岭、垟溪

第二节　保护区分布新记录植物

通过本次植物资源调查，浙江乌岩岭国家级自然保护区共有维管束植物204科947属2292种4亚种59变种2变型3栽培变种，比对《乌岩岭自然保护区志》[种子植物135科580属1194种，蕨类植物33科75属179种，总计168科655属1373种（包括种下分类等级）]及《泰顺县维管束植物名录》，凡上述2份名录未出现的种类，视为保护区新记录植物，计87种，隶属38科74属。

1. 裸叶鳞毛蕨 Dryopteris gymnophylla (Baker) C. Chr.（鳞毛蕨科 Dryopteridaceae）

原分布：福建、四川，浙江遂昌、永嘉。日本也有。

保护区内分布：垟溪。

2. 无柄鳞毛蕨（钝齿鳞毛蕨）**Dryopteris submarginata** Rosenst.（鳞毛蕨科 Dryopteridaceae）

原分布：江西、福建、湖南、广西、四川、贵州，浙江临安、淳安、建德、遂昌、松阳、龙泉、庆元、永嘉、苍南。

保护区内分布：乌岩岭、垟溪。

3. 黄山鳞毛蕨 Dryopteris whangshangensis Ching（鳞毛蕨科 Dryopteridaceae）

原分布：安徽、江西，浙江安吉、临安、淳安、开化、遂昌。

保护区内分布：乌岩岭。

4. 前原耳蕨 Polystichum mayebarae Tagawa（鳞毛蕨科 Dryopteridaceae）

原分布：湖北、四川、河南、甘肃，浙江遂昌、永嘉。

保护区内分布：乌岩岭、垟溪。

5. 棕鳞耳蕨 Polystichum polyblepharum (Roem. ex Kuntze) C. Presl（鳞毛蕨科 Dryopteridaceae）

原分布：江苏、安徽、湖北、四川，浙江杭州、宁波、乐清、永嘉、文成。

保护区内分布：黄桥。

6. 相近石韦 Pyrrosia assimilis (Bak.) Ching（水龙骨科 Polypodiaceae）

原分布：长江以南省份，浙江杭州、诸暨、常山、东阳、武义、龙泉。

保护区内分布：垟溪。

7. 光石韦 Pyrrosia calvata (Bak.) Ching（水龙骨科 Polypodiaceae）

原分布：福建、广东、广西、四川、贵州、云南，浙江建德、乐清、文成、乐清、永嘉、洞头、瑞安、文成、平阳、苍南。

保护区内分布：乌岩岭、黄桥、垟溪。

8. 楼梯草 Elatostema involucratum Franch. et Sav.（荨麻科 Urticaceae）

原分布：安徽、江西、福建、湖北、四川、云南、河南、陕西，浙江临安、乐清、文成。

保护区内分布：乌岩岭。

9. 管花马兜铃 Aristolochia tubiflora Dunn（马兜铃科 Aristolochiaceae）

原分布：江西、福建、湖北、湖南、广东、广西、四川、贵州，浙江临安、淳安、遂昌、龙泉、青田、乐清、瑞安。

保护区内分布：竹里、碑排。

10. 小花蓼 Polygonum muricatum Meisn.（蓼科 Polygonaceae）

原分布：江苏、江西、福建、湖北、湖南、广西、四川、贵州、云南及东北地区，浙江安吉、杭州、开化、常山、普陀、天台、龙泉、云和、永嘉、瓯海、龙湾、瑞安、文成、平阳、苍南。

保护区内分布：乌岩岭、碑排、垟溪。

11. 五月瓜藤 Holboellia angustifolia Wall.（木通科 Lardizabalaceae）

原分布：云南、贵州、四川、湖北、湖南、陕西、安徽、广西、广东、福建，浙江临安、乐清、瑞安、文成、苍南。

保护区内分布：乌岩岭、垟溪。

12. 三桠乌药 Lindera obtusiloba Bl.（樟科 Lauraceae）

原分布：江苏、安徽、江西、福建、湖北、湖南、四川、西藏、山东、河南、陕西、甘肃、辽宁南部，浙江临安、淳安、建德、天台、遂昌、龙泉、庆元。

保护区内分布：乌岩岭。

13. 坤俊景天 Sedum kuntsunianum X. F. Jin, S. H. Jin et B. Y. Ding（景天科 Crassulaceae）新种。

保护区内分布：泰顺（黄桥）。

14. 天目山景天 Sedum tianmushanense Y. C. Ho & F.（景天科 Crassulaceae）

原分布：浙江临安西天目山老殿。

保护区内分布：乌岩岭。

15. 肾萼金腰 Chrysosplenium delavayi Franch.（虎耳草科 Saxifragaceae）

原分布：台湾、湖北、湖南、广西、四川、贵州、云南。缅甸北部也有。

保护区内分布：司前叶山桥。

16. 日本金腰 Chrysosplenium japonicum (Maxim.) Makino（虎耳草科 Saxifragaceae）

原分布：江西、辽宁、吉林，浙江杭州。朝鲜半岛、日本也有。

保护区内分布：乌岩岭。

17. 蚊母树 Distylium racemosum Sieb. et Zucc.（金缕梅科 Hamamelidaceae）

原分布：福建、台湾、广东，浙江乐清、苍南。朝鲜半岛及日本琉球群岛也有。

保护区内分布：乌岩岭、垟溪。

18. 泰顺石楠 Photinia taishunensis G. H. Xia, L. H. Lou et S. H. Jin（蔷薇科 Rosaceae）新种。

保护区内分布：垟溪（模式标本产地）。

19. 无腺白叶莓 Rubus innominatus S. Moore var. **kuntzeanus** (Hemsl.) Bailey（蔷薇科 Rosaceae）

原分布：江西、湖北、湖南、四川、贵州，浙江安吉、临安。

保护区内分布：垟溪至交溪。

20. 含羞草决明 Cassia minmosoides Linn.（豆科 Leguminosae）

原分布：福建、台湾、湖北、广东、海南、广西、云南，浙江松阳、龙泉、庆元、乐清、永嘉、洞头、瑞安、平阳、苍南。

保护区内分布：垟溪、碑排、竹里。

21. 三点金 Desmodium triflorum (Linn.) DC.（豆科 Leguminosae）

原分布：福建、江西、广东、海南、广西、云南、台湾，浙江龙泉。印度、斯里兰卡、尼泊尔、缅甸、泰国、越南、马来西亚、太平洋群岛、大洋洲和美洲热带地区也有。

保护区内分布：垟溪。

22. 白背麸杨 Rhus hypoleuca Champ. ex Benth.（漆树科 Anacardiaceae）

原分布：福建、台湾、湖南、广东，浙江开化、龙泉、庆元。

保护区内分布：垟溪。

23. 管茎凤仙花 Impatiens tubulosa Hemsl.（凤仙花科 Balsaminaceae）

原分布：浙江龙泉。

保护区内分布：垟溪。

24. 薄叶鼠李 Rhamnus leptophylla Schneid.（鼠李科 Rhamnaceae）

原分布：安徽、江西、福建、湖北、湖南、广东、广西、四川、贵州、云南、山东、河南、陕西，浙江临安、龙泉、景宁、乐清。

保护区内分布：垟溪。

25. 皱叶鼠李 Rhamnus rugulosa Hemsl.（鼠李科 Rhamnaceae）

原分布：安徽、江西、湖北、湖南、广东、四川、河南、山西、陕西、甘肃，浙江建德、淳安、文成。

保护区内分布：黄桥。

26. 毛枝蛇葡萄 Ampelopsis rubifolia (Wall.) Planch.（葡萄科 Vitaceae）

原分布：江西、湖南、广西、四川、贵州、云南，浙江文成。

保护区内分布：黄桥、竹里。

27. 大果俞藤 Yua austro-orientalis (Metcalf) C. L. Li（葡萄科 Vitaceae）

原分布：江西、福建、广东、广西。

保护区内分布：垟溪。

28. 短毛椴 Tilia chingiana Hu et Cheng（椴树科 Tiliaceae）

原分布：安徽南部，浙江临安。

保护区内分布：乌岩岭。

29. 安息香猕猴桃 Actinidia styracifolia C. F. Liang（猕猴桃科 Actinidiaceae）

原分布：福建、湖南，浙江庆元、缙云、永嘉、瑞安。

保护区内分布：垟溪、叶山村。

30. 亮叶厚皮香 Ternstroemia nitida Merr.（山茶科 Theaceae）

原分布：安徽南部、江西、福建、广东、广西，浙江开化、遂昌、龙泉、景宁、瑞安、平阳、苍南。

保护区内分布：垟溪。

31. 福建堇菜 Viola kosanensis Hayata（堇菜科 Violaceae）

原分布：江西、湖南、广东、海南、广西，浙江文成。

保护区内分布：黄桥。

32. 粗齿堇菜（犁头叶堇菜）**Viola magnifica** C. J. Wang et X. D. Wang（堇菜科 Violaceae）

原分布：安徽、江西、湖南、湖北、四川、云南，浙江临安、奉化、永嘉、文成。

保护区内分布：黄桥、竹里。

33. 紫背堇菜 Viola violacea Makino（堇菜科 Violaceae）

原分布：安徽、江西、福建，浙江永嘉、文成、瓯海、苍南。

保护区内分布：黄桥、垟溪。

34. 四棱野海棠（过路惊）**Bredia quadrangularis** Cogn.（野牡丹科 Melastomataceae）

原分布：江西、福建，浙江临安、开化、武义、庆元、文成。

保护区内分布：乌岩岭、碑排、黄桥、垟溪。

35. 肉穗草 Sarcopyramis bodinieri Lévl. et Vaniot（野牡丹科 Melastomataceae）

原分布：四川、贵州、云南、广西，浙江瑞安、文成、苍南。

保护区内分布：乌岩岭、垟溪。

36. 湘桂羊角芹 Aegopodium nandelii Wolff（伞形科 Umbelliferae）

原分布：湖南、广西、贵州，浙江淳安。

保护区内分布：垟溪。

37. 岩茴香 Ligusticum tachiroei (Franch. et Sav.) Hiroe et Constance（伞形科 Umbelliferae）

原分布：安徽、河南、河北、山西，浙江临安。

保护区内分布：垟溪。

38. 越南安息香 Styrax tonkinensis (Pierre) Craib ex Hartw.（安息香科 Styracaceae）

原分布：云南、贵州、广西、广东、福建、湖南、江西。

保护区内分布：垟溪。

39. 柳叶蓬莱葛 Gardneria lanceolata Rehd. et Wils.（马钱科 Loganiaceae）

原分布：安徽、四川、贵州、云南，浙江临安、龙泉、文成。

保护区内分布：垟溪。

40. 膜叶紫珠（窄叶紫珠）**Callicarpa membranacea** Chang（马鞭草科 Verbenaceae）

原分布：江苏、安徽、江西、湖北、湖南、广东、广西、贵州、四川、河南、陕西，浙江临安、常山、江山、天台、临海、瑞安、乐清、文成。

保护区内分布：黄桥、垟溪。

41. 赪桐 Clerodendrum japonicum (Thunb.) Sweet（马鞭草科 Verbenaceae）

原分布：江苏、江西、福建、台湾、湖南、广东、广西、四川、贵州、云南，浙江乐清、平阳、瑞安。

保护区内分布：龟湖。

42. 内折香茶菜 Isodon inflexus (Thunb.) Kudô（唇形科 Labiatae）

原分布：江苏、江西、湖南、河北、山东、辽宁、吉林，浙江临安、开化、遂昌、龙泉、乐清。

保护区内分布：乌岩岭、碑排。

43. 中华香简草 Keiskea sinensis Diels（唇形科 Labiatae）

原分布：江苏、安徽，浙江湖州、临安、天台、临海、瑞安。

保护区内分布：垟溪。

44. 杭州荠苧 Mosla hangchowensis Matsuda（唇形科 Labiatae）

原分布：浙江杭州、普陀、衢州、天台、临海、椒江、洞头、文成。

保护区内分布：司前。

45. 水珍珠菜 Pogostemon auricularius (Linn.) Hassk.（唇形科 Labiatae）

原分布：福建、台湾、江西、广东、广西、云南。

保护区内分布：竹里。

46. 光紫黄芩 Scutellaria laeteviolacea Koidz.（唇形科 Labiatae）

原分布：江苏、安徽，浙江安吉、临安、永嘉、瑞安。

保护区内分布：垟溪。

47. 大齿报春苣苔 Primulina juliae (Hance) Mich. Möller & A. Weber（苦苣苔科 Gesneriaceae）

原分布：福建、广东、湖南、江西。

保护区内分布：司前镇黄桥三插溪。

48. 台闽苣苔 Titanotrichum oldhamii (Hemsl.) Soler.（苦苣苔科 Gesneriaceae）

原分布：福建、台湾，浙江云和。

保护区内分布：竹里。

49. 浙南茜草 Rubia austrozhejiangensis Z. P. Lei, Y. Y. Zhou et R. W. Wang（茜草科 Rubiaceae）

新种。

保护区内分布：黄桥。

50. 柔垂缬草 Valerianaflaccidissima Maxim.（败酱科 Valerianaceae）

原分布：台湾、湖北、四川、云南、陕西，浙江临安、天台、庆元。

保护区内分布：乌岩岭。

51. 湘桂栝楼（小花栝楼）**Trichosanthes hylonoma Hand.-Mazz.**（葫芦科 Cucurbitaceae）

原分布：湖南南部、广西东北部、贵州东南部，浙江丽水。

保护区内分布：垟溪。

52. 钮子瓜 Zehneria bodinieri (Lévl.) W. J. de Wilde et Duyfjes（葫芦科 Cucurbitaceae）

原分布：四川、贵州、云南、广西、广东、福建、江西。

保护区内分布：垟溪。

53. 袋果草 Peracarpa carnosa (Wallich) J. D. Hooker & Thomson（桔梗科 Campanulaceae）

原分布：江苏、台湾、湖北、四川、贵州、云南、西藏，浙江杭州、遂昌。

保护区内分布：乌岩岭。

54. 小慈姑（小叶慈菇）**Sagittaria potamogetonifolia** Merr.（泽泻科 Alismataceae）

原分布：福建、广东、海南、广西，浙江江山、松阳、龙泉、庆元、文成。

保护区内分布：碑排、司前。

55. 红哺鸡竹（红竹）**Phyllostachys iridescens** C. Y. Yao et S. Y. Chen（禾本科 Gramineae）

原分布：江苏，浙江安吉、长兴、杭州、宁海、诸暨、缙云、庆元、平阳、苍南。

保护区内分布：司前。

56. 日本小丽草 Coelachne japonica Hack.（禾本科 Gramineae）

原分布：日本本州和九州，浙江苍南莒溪。

保护区内分布：黄桥。

57. 止血马唐 Digitaria ischaemum (Schreb.) Schreb. ex Muhl.（禾本科 Gramineae）

原分布：广布于欧亚大陆及北美洲温带地区，全国各地均有。浙江遂昌、乐清、永嘉、文成。

保护区内分布：黄桥、竹里。

58. 镰形䅟茅 Dimeria falcata Hack.（禾本科 Gramineae）

原分布：福建、台湾、香港、广东、广西。

保护区内分布：乌岩岭。

59. 具脊䅟茅 Dimeria ornithopoda Trin. subsp. **subrobusta** (Hack.) S. L. Chen et G. Y. Sheng（禾本科 Gramineae）

原分布：华东、华南、西南各省份，浙江永嘉、瑞安、文成、苍南。日本也有分布。

保护区内分布：黄桥、竹里、垟溪。

60. 宿根画眉草 Eragrostis perennans Keng（禾本科 Gramineae）

原分布：福建、广东、广西，浙江龙泉、瑞安、永嘉、苍南。

保护区内分布：垟溪。

61. 浙江柳叶箬 Isachne hoi Keng f.（禾本科 Gramineae）

原分布：浙江临安、云和。

保护区内分布：垟溪。

62. 日本柳叶箬 Isachne nipponensis Ohwi（禾本科 Gramineae）

原分布：江西、湖北、湖南，浙江开化、龙泉、永嘉。

保护区内分布：竹里。

63. 粗毛鸭嘴草 Ischaemum barbatum Retz.（禾本科 Gramineae）

原分布：华北、华东、华中、华南及西南各地。南亚至东南亚各国也有。

保护区内分布：垟溪。

64. 日本莠竹 Microstegium japonicum (Miq.) Koidz.（禾本科 Gramineae）

原分布：江苏、安徽、浙江、江西、湖北、湖南。东亚地区也有。

保护区内分布：垟溪。

65. 日本求米草 Oplismenus undulatifolius (Arduino) Roem. et Schult. var. **japonicus** (Steud.) G. Koidz.（禾本科 Gramineae）

原分布：河北、山东、陕西、安徽、江苏、江西、四川、福建、广东、广西、云南，浙江瓯海、瑞安、文成、平阳。日本也有。

保护区内分布：乌岩岭。

66. 浙南薹草 Carex austrozhejiangensis C. Z. Zheng et X. F. Jin（莎草科 Cyperaceae）

原分布：浙江遂昌、青田、龙泉、永嘉。

保护区内分布：黄桥、垟溪。

67. 长囊薹草 Carex harlandii Boott（莎草科 Cyperaceae）

原分布：湖北、广东、广西，浙江开化、乐清、瑞安。

保护区内分布：碑排。

68. 长穗高秆莎草 Cyperus exaltatus Retz. var. **megalanthus** Kük.（莎草科 Cyperaceae）

原分布：江苏，浙江嘉兴、杭州。

保护区内分布：黄桥。

69. 宜昌飘拂草 Fimbristylis henryi C. B. Clarke（莎草科 Cyperaceae）

原分布：江苏、安徽、江西、湖北、广东、四川、云南、陕西，浙江临安、桐庐、开化、遂昌、松阳、瑞安。

保护区内分布：碑排。

70. 羽毛地杨梅 Luzula plumosa E. Meyer（灯心草科 Juncaceae）

原分布：长江中下游各省份、云南、西藏、陕西，浙江临安、淳安、遂昌、龙泉。

保护区内分布：竹里。

71. 木本牛尾菜 Smilax ligneoriparia C. X. Fu et P. Li（百合科 Liliaceae）

新种。

保护区内分布：乌岩岭。

72. 头花水玉簪 Burmannia championii Thw.（水玉簪科 Burmanniaceae）

原分布：云南西畴、广东罗浮山，浙江遂昌、永嘉四海山、文成叶胜林场。

保护区内分布：乌岩岭万斤窑。

73. 宽翅水玉簪（石山水玉簪）**Burmannia nepalensis**(Miers) Hook. f.（水玉簪科 Burmanniaceae）

原分布：广西龙胜、云南西畴，浙江遂昌九龙山、庆元五岭根。

保护区内分布：垟溪。

74. 斑唇卷瓣兰 Bulbophyllum pecten-veneris (Gagnep.) Seidenf.（兰科 Orchidaceae）

原分布：台湾、湖南、湖北、海南、广西，浙江淳安、天台、龙泉、瑞安。

保护区内分布：垟溪。

75. 细花虾脊兰 Calanthe mannii Hook. f.（兰科 Orchidaceae）

原分布：江西北部、湖北西南部、广东东部、广西东北部、四川、贵州西南部、云南东北部、西藏东南部和南部。

保护区内分布：垟溪。

76. 台湾吻兰 Collabium formosanum Hayata（兰科 Orchidaceae）

原分布：台湾、湖北、湖南南部、广东北部和西南部、广西东北部至西北部、贵州东北部、云南东南部。越南也有。

保护区内分布：乌岩岭。

77. 蛤兰（小毛兰）Conchidium pusillum Griff.（兰科 Orchidaceae）

原分布：福建南部、香港、广西南部、云南东南部、西藏东南部，浙江文成、平阳。印度东北部、缅甸、越南和泰国也有。

保护区内分布：黄桥。

78. 血红肉果兰 Galeola septentrionalis H. G. Reichenbach（兰科 Orchidaceae）

原分布：安徽西南部、河南西部、湖南，浙江临安、遂昌、景宁。日本也有。

保护区内分布：乌岩岭。

79. 中华盆距兰 Gastrochilus sinensis Z. H. Tsi（兰科 Orchidaceae）

原分布：贵州东北部、云南西北部，浙江临安、平阳。

保护区内分布：乌岩岭。

80. 绿花斑叶兰 Goodyera viridiflora (Bl.) Lindl. ex D. Dietr.（兰科 Orchidaceae）

原分布：江西、福建、台湾、广东、海南、香港、云南，浙江乐清、瑞安、平阳。尼泊尔、不丹、印度、泰国、马来西亚、日本、菲律宾、印度尼西亚、澳大利亚也有。

保护区内分布：司前。

81. 裂瓣玉凤花 Habenaria petelotii Gagnep.（兰科 Orchidaceae）

原分布：安徽、江西、福建、湖南、广东、广西、四川、贵州、云南东南部，浙江临安、开化、文成、苍南。越南也有。

保护区内分布：竹里。

82. 旗唇兰 Kuhlhasseltia yakushimensis (Yamamoto) Ormerod（兰科 Orchidaceae）

原分布：安徽、台湾、湖南、重庆、四川、陕西，浙江临安、遂昌。日本也有。

保护区内分布：乌岩岭。

83. 日本对叶兰 Neottia japonica (Bl.) Szlach.（兰科 Orchidaceae）

原分布：台湾。日本琉球群岛也有。

保护区内分布：乌岩岭。

84. 二叶兜被兰 Neottianthe cucullata (Linn.) Schltr.（兰科 Orchidaceae）

原分布：安徽、江西、福建、河南、四川西部、云南西北部、西藏东部至南部、黑龙江、吉林、辽宁、内蒙古、河北、山西、陕西秦岭以北、甘肃、青海，浙江临安、龙泉。朝鲜半岛、日本、俄罗斯西伯利亚地区至中亚、蒙古、西欧、尼泊尔也有。

保护区内分布：乌岩岭。

85. 长叶山兰 Oreorchis fargesii Finet（兰科 Orchidaceae）

原分布：安徽、湖北、湖南、广西、四川、陕西，浙江临安西天目山、遂昌九龙山。

保护区内分布：乌岩岭。

86. 香港绶草 Spiranthes hongkongensis S. Y. Hu et Barretto（兰科 Orchidaceae）

原分布：台湾、香港，浙江余姚、乐清、永嘉、瑞安、文成、平阳、苍南。

保护区内分布：乌岩岭、碑排、竹里、垟溪。

87. 带叶兰 Taeniophyllum glandulosum Bl.（兰科 Orchidaceae）

原分布：福建北部、台湾、湖南、广东北部、海南、四川东北部、云南南部，浙江庆元。广布于朝鲜半岛南部、日本、泰国、马来西亚、印度尼西亚、巴布亚新几内亚和澳大利亚。

保护区内分布：乌岩岭。

第三节　保护区外来入侵植物

外来物种入侵的生态代价是本地物种多样性不可弥补的受损以及生态环境的恶化，其经济代价是农、林、牧、渔业产量与质量损失惨重与付出高额的防治费用。据估计，我国每年由生物入侵造成的直接和间接经济损失高达11.998亿元，而生态系统平衡发生变化、生态环境恶化、生物多样性丧失所造成的间接损失更是无法估计。因此，生物入侵、全球气候变化、生境破坏一起成为人类社会关注的三大环境问题。外来入侵生物的综合性与系统性研究已成为当今我国生态环境保护、农业生产和经济可持续发展的重要研究领域。

乌岩岭自然保护区外来入侵植物54种。根据《中国外来入侵植物名录》，入侵植物共分为4个等级。1级：恶性入侵种，指在国家层面上已经对经济和生态效益造成巨大损失和严重影响，入侵范围在一个以上自然地理区域的入侵植物。保护区内共有16种，占总数的29.6%。它们是土荆芥、喜旱莲子草、反枝苋、美洲商陆、落葵薯、三裂叶薯、阔叶丰花草、藿香蓟、大狼杷草、鬼针草、一年蓬、小蓬草、苏门白酒草、钻叶紫菀、大藻、凤眼莲。2级：严重入侵种，指在国家层面上已经对经济和生态效益造成较大损失和影响，并且入侵范围至少在一个自然地理区域的入侵植物。保护区内共有13种，占总数的24.1%。它们是绿穗苋、大序绿穗苋、皱果苋、北美独行菜、田菁、野老鹳草、飞扬草、曼陀罗、阿拉伯婆婆纳、野茼蒿、香丝草、牛膝菊、野燕麦。3级：局部入侵种，指没有在国家层面上大规模危害，分布范围在一个以上自然地理区域并造成局部危害的入侵植物。保护区内共有6种，占总数的11.1%。它们是含羞草决明、瘤梗甘薯、假酸浆、牛茄子、北美车前、婆婆针。4级：一般入侵种，指地理分布范围无论广泛还是狭窄，其生物学特性已经确定其危害性不明显，并且难以形成新的发展趋势的入侵植物。保护区内共有11种，占总数的20.4%。它们是苋、紫茉莉、土人参、球序卷耳、弯曲碎米荠、臭荠、斑地锦、细叶旱芹、直立婆婆纳、婆婆纳、苦苣菜。还有部分外来植物，原产地在国外，进入后没有达到入侵的级别，或目前了解不详细而无法确定未来发展趋势的物种，称为有待观察种。保护区内共有8种，占总数的14.8%。它们是青葙、鸡冠花、落葵、凤仙花、异檐花、大麻叶泽兰、菊芋、稀脉浮萍。

丁炳扬、胡仁勇在《温州外来入侵植物及其研究》中建立了温州外来入侵植物危害性风险评价指标体系，从境内外重视程度（2～10分）、地理分布（3～15分）、入侵途径（2～10分）、传播与繁殖方式（5～25分）、危害性及影响（4～20分）、防除处理难度（3～15分）6个方面对温州外来入侵植物危害性风险进行了评价，较仅根据入侵等级划分更准确。本书引用其评价的赋分值，原书未涉及的种类根据其指标体系给予赋分值。

1. 土荆芥 Chenopodium ambrosioides Linn.（藜科 Chenopodiaceae）

原产于中、南美洲，现广泛分布于全世界温带至热带地区。我国华北、华东、华中、华南、西南地区及台湾、香港、澳门均产。浙江各地均有分布。保护区内较常见。通常生长在路边、农地边、河岸及荒地。

本种数量大，对生长环境要求不严，种子产量大，在适宜温度下萌发率高，使其在自然条件下能快速完成入侵和定居过程。旱地主要杂草，且该种含有毒挥发油，对其他植物有化感作用。还是常见的花粉过敏源，对人体健康造成危害。恶性入侵种，风险指数：68。

防除技术与措施：土荆芥繁殖强，应在开花前拔除，或使用除草剂喷除。

2. 喜旱莲子草 Alternanthera philoxeroides (Mart.) Griseb.（苋科 Amaranthaceae）

原产于南美洲，世界温暖地区广泛归化。我国黄河流域及其以南地区、天津均有归化，浙江各地常见。保护区内习见。多生于河边、池沼、沟渠边和旱作地中。常成为群落中的优势种。

我国的喜旱莲子草于20世纪30年代由日本人引种至上海郊区和浙江。50年代后，我国南方多地将此草作为猪饲料引种而扩散，后逃逸为野生。保护区内可能途径也是作为猪饲料引种扩散。危害严重，特别是在沟渠、河道、湖泊、稻田、果园、菜地、花园内已经成为难除的恶性杂草。恶性入侵种，风险指数：84。

防除技术与措施：喜旱莲子草适应性强，繁殖速度快，生长迅速，在农田一年四季都有发生，与作物争肥争水争空间。且由于具匍匐地下茎，再生繁殖力强，人工很难防除，可采取除草剂多次喷除方法除治，也可在草丛割除后密集种植生长快、高度大的农作物，如大豆、玉米等，喜旱莲子草由于得不到阳光而消失。

3. 绿穗苋 Amaranthus hybridus Linn.（苋科 Amaranthaceae）

原产于美洲，归化于亚洲、欧洲和大洋洲。全国各省份均有入侵，保护区内习见。多生于路边、田地边、林缘和村落的房前屋后，常成优势群落。

入侵途径尚不明确，可能是引种带入，在本地可随有机肥、种子、水流、风力或鸟类传播。危害旱地农作物、苗圃、果园。由于其适应性强，植株比较高大，结实量亦大，对农业产量影响严重。严重入侵种，风险指数：58。

防除技术与措施：结果前进行人工拔除或化学防除。

4. 大序绿穗苋（台湾苋）Amaranthus patulus Bertol（苋科 Amaranthaceae）

原产于南美热带地区，现分布于日本、欧洲、南美洲和北美洲。我国安徽、浙江、江苏、上海、福建等地有归化。保护区内竹里、碑排、垟溪有归化。生于田边、路旁荒草地及村庄附近。

入侵途径可能是随农作物种苗的贸易交换而无意引进。大序绿穗苋植株高大，生长迅速，加上结实量大，发芽率高，可在较短的时间内形成优势群落，对农田、果园、苗圃等造成较大的危害。严重入侵种，风险指数：50。

防除技术与措施：结果前进行人工拔除或化学防除。

5. 反枝苋 Amaranthus retroflexus Linn.（苋科 Amaranthaceae）

原产于中、北美洲，现广泛传播并归化于世界各地。我国大部分省份都有分布。保护区垟溪有归化。生于路旁旷野、田边荒地、河岸等处。

入侵途径可能是引种过程中无意带入。反枝苋传播方式多样，可随有机肥、种子、水流、风力，甚至鸟类等进行传播。对果园、菜园有危害，且由于其可富集硝酸盐，家畜过量食用后会引起中毒。在《中国外来入侵植物名录》中定为恶性入侵种，但从保护区危害情况看，只能是局部入侵种，风险指数：48。

防除技术与措施：幼苗期拔除或用除草剂灭杀。

6. 苋 Amaranthus tricolor Linn.（苋科 Amaranthaceae）

原产于热带亚洲，归化于亚洲热带、亚热带。全国各地常栽培，现多有逸生。保护区内常见。生于房前屋后、路旁、旷野、荒地、沟旁、河岸等处。

原为常见的栽培蔬菜，由于其种子在低温下和较深层的土壤中能休眠，现成逸生植物。苋种子留在农田旱地中，常与目标农作物争肥夺料，争夺空间，对目标农作物的生长有一定影响。一般入侵种，风险指数：32。

7. 皱果苋 Amaranthus viridis Linn.（苋科 Amaranthaceae）

原产于热带美洲，现广泛分布在两半球的温带、热带和亚热带地区。我国东北、华北、华东、华中、华南地区及云南等地均有归化。保护区内见于村落附近。常生于疏松土壤中、宅旁、旷野、荒地、河岸、路旁或园地中。

入侵途径不明，可能是农作物种子贸易中无意带入。皱果苋生长迅速，常入侵农田和旱地，花生、豆类、蔬菜等作物受害较重。严重入侵种，风险指数：54。

防除技术与措施：出土前用24%的果尔或50%的扑草净处理土壤，出苗后用50%的二甲四氯等除草剂喷施。

8. 青葙 Celosia argentea Linn.（苋科 Amaranthaceae）

原产于印度，归化于北半球热带和温带地区。全国广布，保护区习见。常生长于宅旁、旷野、荒地、路旁。

入侵途径不明，可能是随贸易运输等活动夹带而来，也有可能是因为药用或观赏而引进。青葙适应性较强，耐干旱瘠薄，种子萌发力好，在光照充足处可成局部的优势群落，对农作物、果园、苗圃苗木生长有一定影响。有待观察种，风险指数：28。

防除技术与措施：青葙不耐阴，其他目标植物长高长密，其自然死亡，同时它对除草剂敏感，易于灭杀。

9. 鸡冠花 Celosia cristata Linn.（苋科 Amaranthaceae）

原产于热带美洲，归化于泛热带地区。全国除黑龙江、吉林外均有分布。保护区内村落附近常见。常生于宅旁、旷野、荒地、路旁。

入侵途径不明，有可能是因为药用或观赏而引进。鸡冠花在国内栽培历史较长，常常逸为野生，在旷野、荒地可形成优势群落，但对农业生产并未形成大的威胁。有待观察种，风险指数：28。

10. 紫茉莉 Mirabilis jalapa Linn.（紫茉莉科 Nyctaginaceae）

原产于热带美洲，世界温带至热带地区广泛引种和归化。我国南北各地常作观赏花卉栽培，且在多个省份逸为野生。保护区内村落附近常见。

作为观赏花卉引入，主要通过种子繁殖，也可以通过肉质根营养繁殖。在农地、苗圃生长对目标植物生长有较大影响，根和种子有毒。一般入侵种，风险指数：52。

11. 美洲商陆（垂序商陆）**Phytolacca americana** Linn.（商陆科 Phytolaccaceae）

原产于北美洲，现世界各地引种和归化。我国华北、华东、华中、华南、西南地区常见。保护区内常见。喜生长于土壤肥沃的林缘、地边、房前屋后。

入侵途径可能是作观赏引入后逸生。种子常被食果动物特别是鸟类散布，以根状茎和种子繁殖。为茶园、果园、竹林、旱作地一般性杂草，危害一般。根及浆果对人及家畜均有毒。在《中国外来入侵植物名录》中定为恶性入侵种，但从保护区危害情况看，只能是局部入侵种，风险指数：54。

防除技术与措施：可在花期前连根拔除。

12. 土人参 Talinum paniculatum (Jacq.) Gaertn.（马齿苋科 Portulacaceae）

原产于热带美洲，现分布于西非、南美热带和东南亚等地区。我国河北以南各省份都有栽培或逸生。保护区内可见，以村落附近出现频率较高。生于房前屋后、路边和山麓岩石旁。

入侵途径为人为引进，通过种子繁殖和传播。在保护区内的农地、果园仅为一般杂草。一般入侵种，风险指数：50。

防除技术与措施：可在花期前连根拔除。

13. 落葵薯 Anredera cordifolia (Tenore) Steenis（落葵科 Basellaceae）

原产于南美热带和亚热带地区，世界各地引种栽培，在温暖地区归化。我国南方至华北地区有栽培，在福建、湖南、广东、广西、重庆、贵州、香港等地逸为野生。保护区内垟溪、碑排、竹里等有逸生。通常生长在沟谷边、河岸岩石上、村旁墙边。

入侵途径可能是作观赏植物或药用植物引入。主要繁殖是通过扦插、小块茎等无性繁殖方式。该种的枝叶可覆盖小乔木、灌木和草本植物，对生物多样性造成危害。在《中国外来入侵植物名录》中定为恶性入侵种，但从保护区危害情况看，只能是局部入侵种，风险指数：65。

防除技术与措施：比较困难，主要是地下和茎上的小块茎，极易再萌芽，形成新的植株，可在幼苗期喷施除草剂。

14. 落葵 Basella rubra Jinn.（落葵科 Basellaceae）

原产于热带亚洲。长江流域及其以南各省份均有栽培或逸生。保护区附近多有栽培或逸生。

入侵途径可能是作蔬菜栽培引入。主要繁殖是通过种子和扦插繁殖。本种对生态的影响程度目前尚难确定，暂作有待观察种，风险指数：30。

15. 球序卷耳 Cerastium glomeratum Thuill.（石竹科 Caryophyllaceae）

原产于欧洲，归化于全世界，全国多数省份均有。保护区内常见。生于路边、旷野、荒地、旱作农地、林缘、房前屋后。

入侵途径尚不清楚，可能无意带入。主要是通过种子繁殖。虽然入侵的范围，个体数量也多，但由于植株较小，对生态环境的影响并不严重。一般入侵种，风险指数：40。

防除技术与措施：施用除草剂防除。

16. 弯曲碎米荠 Cardamine flexuosa With.（十字花科 Cruciferae）

原产于欧洲，归化于澳大利亚、美洲。我国除黑龙江、吉林外均有归化。保护区内常见。生于路边、旷野、荒地、旱作农地、林缘、房前屋后。

入侵途径尚不清楚，可能无意带入。主要是通过种子繁殖。虽然入侵的范围，个体数量也多，但由于植株较小，对生态环境的影响并不严重。一般入侵种，风险指数：38。

防除技术与措施：施用除草剂防除。

17. 臭荠 Coronopus didymus (Linn.) Smith（十字花科 Cruciferae）

原产于南美洲，现已广泛分布于欧洲、北美洲、亚洲。我国黄河流域及其以南各省份均有。保护区内常见。生于路边、旷野、荒地、旱作农地、林缘、房前屋后。

入侵方式尚不清楚，可能无意带入，再由鸟类、鼠类等传播扩展到其他地区。为农地、果园、苗圃等常见杂草。但对整个生态系统影响不大。一般入侵种，风险指数：58。

防除技术与措施：施用除草剂防除。由于其种子细小，通过深翻土地可有效防止向其他土地扩散。

18. 北美独行菜 Lepidium virginicum Linn.（十字花科 Cruciferae）

原产于美洲，现于欧洲和亚洲广泛归化。我国各省份均有分布。保护区内常见。生于路边、旷野、荒地、旱作农地、林缘、房前屋后。

入侵方式尚不清楚，可能无意带入，随人类活动扩散。对农业生有较大影响，对生物多样性也有一定影响。严重入侵种，风险指数：56。

防除技术与措施：深翻耕地是减少农田中其数量的有效方法之一。幼苗用百草枯等除草剂进行化学防治，效果较好。

19. 含羞草决明 Cassia minmosoides Linn.（豆科 Leguminosae）

原产于热带美洲，归化于全球热带、亚热带。我国除新疆、西藏、内蒙古、吉林外均有。保护区内常见。生于路边、旷野、荒地、旱作农地、林缘、房前屋后。

入侵方式尚不清楚，可能无意带入，随人类活动扩散。对农业生产有较大影响，对生物多样性也有一定影响。局部入侵种，风险指数：52。

防除技术与措施：施用除草剂防除。

20. 田菁 Sesbania cannabina（Retz.）Poir.（豆科 Leguminosae）

原产于印度、澳大利亚，归化于东欧、亚洲及大洋洲热带地区。我国主要在浙江、福建、台湾、广东、海南等地有逸生。保护区内不多见，适合生长于潮湿的田埂等。

入侵途径主要通过绿肥植物引进，主要以种子传播。近几年快速扩散，在局部已成为群落优势种，可能影响当地生物多样性。一般入侵种，风险指数：63。

防除技术与措施：在其结籽前刈割，同时用除草剂防除。

21. 野老鹳草 Geranium carolinianum Linn.（牻牛儿苗科 Geraniaceae）

原产于美洲，现在东半球广泛归化。我国山东、河南、安徽、江苏、江西、浙江、湖南、湖北、四川、云南等地均有。保护区内常见，生于低山坡的荒地、田园沟边、路旁草丛中。

入侵途径为无意引进。以种子繁殖。是一种常见的多倍体杂草，为麦类、油菜等夏收作物田间和果园恶性杂草。严重入侵种，风险指数50。

防除技术与措施：用除草剂防除。

22. 飞扬草 Euphorbia hirta Linn.（大戟科 Euphorbiaceae）

原产于热带非洲，日本、菲律宾、印度等热带与亚热带地区有分布。我国长江流域及其以南均有入侵。保护区内常见。生于农田、荒地、路旁等砂质土壤中。

入侵途径为作为药用植物引入，种子传播。对幼龄茶、果及蔬菜等作物均有危害。全株有毒，有致泻作用。在《中国外来入侵植物名录》中定为严重入侵种，从保护区的入侵状况看，应为一般入侵种，风险指数：38。

防除技术与措施：可用除草剂防除。

23. 斑地锦 Euphorbia maculata Linn.（大戟科 Euphorbiaceae）

原产于北美洲，现广泛分布于欧亚大陆。我国除东北外各省份外均有。保护区内常见。生于路边、旷野、荒地、旱作农地、林缘、房前屋后。

入侵途径不明，可能是无意带入。在本地为夏天自体散播种子传播，秋天由蚂蚁传播。旱地作物常见杂草，容易蔓延，但植株贴地生长，对多数作物影响较小。一般入侵种，风险指数：46。

防除技术与措施：人工铲除，辅以植物替代控制，也可用除草剂防除。

24. 凤仙花（指甲花）**Impatiens balsamina** Linn.（凤仙花科 Balsaminaceae）

原产于南亚，世界栽培并逸生。全国各省份均有。保护区附近常见。生于路边、旷野、荒地、房前屋后。

作为花卉引入。通过自然传播而逸生。一般入侵种，风险指数：32。

防除技术与措施：种子成熟前拔除。

25. 细叶旱芹 Cyclospermum leptophyllum (Pers.) Sprague ex Britt. et P. Wilson（伞形科 Umbelliferae）

原产于加勒比海多米尼加岛，归化于日本、马来西亚、大洋洲和美洲。我国浙江、上海、江苏、福建、台湾、湖北、湖南、广东、广西、香港等地均有归化。保护区内见于碑排、竹里。多生长在农田中。

入侵途径可能是混在农作物或绿化种苗中无意引入。种子常混入进口蔬菜，特别是旱芹、胡萝卜种子中引进与扩散。常见的农田杂草之一，影响农作物的正常生长，还可能成为病菌及害虫的寄主与传染源。一般入侵种，风险指数：38。

防除技术与措施：种子细小，种子埋藏深度对萌苗率影响较大，种植前深翻土地是预防其出苗数量的有效方法。精细的田间管理与及时中耕也是控制细叶旱芹危害的主要方法。除草剂可选用莠去津、草净津等。

26. 瘤梗甘薯 Ipomoea lacunosa Linn.（旋花科 Convolvulaceae）

原产于北美洲，日本有归化。浙江北部的杭州、舟山等地有归化。保护区内仅在垟溪有发现，生于村落附近路边、山坡。

无意带入。以种子繁殖。正处于扩散过程中，有可能入侵农地，危害农业生产，如入侵林地，可能对树木生产带来影响。局部入侵种，风险指数：60。

27. 三裂叶薯 Ipomoea triloba Linn.（旋花科 Convolvulaceae）

原产于美洲热带地区，现世界热带、亚热带地区均有分布。我国浙江、台湾、安徽、湖南、广东及沿海岛屿等有归化。保护区内见于里光附近。生于路边、苗圃、撂荒地等。

入侵途径尚不清楚，可能是随农作物或苗木带入。危害农作物和林木等。三裂叶薯扩散速度惊人，可能在未来几年呈暴发式生长，要引起注意。恶性入侵种，风险指数：62。

防除技术与措施：应在开花结果前将其拔除，可用草甘膦或四氯丙酸钠等除草剂防治。

28. 曼陀罗 Datura stramonium Linn.（茄科 Solanaceae）

原产于墨西哥，归化于热带和温带。我国各省份均有。保护区内村落附近少见。生于房前屋后、农地边。

入侵途径尚不清楚，可能是作为药用植物引进，通过种子繁殖扩散。从保护区分布看，目前尚未对生态环境造成大的威胁。在《中国外来入侵植物名录》中定为严重入侵种。从保护区入侵情况看，应为一般入侵种，风险指数：46。

防除技术与措施：应在开花结果前将其拔除。

29. 假酸浆 Nicandra physalodes (Linn.) Gaertn.（茄科 Solanaceae）

原产于南美洲秘鲁，我国作为花卉引入栽培，现各省份都出现逸生。保护区内垟溪有分布。

入侵途径可能是作为花卉引入栽培，通过种子繁殖而扩散。局部入侵种，风险指数：32。

防除技术与措施：应在开花结果前将其拔除或喷施除草剂。

30. 牛茄子 Solanum capsicoides Allioni（茄科 Solanaceae）

原产于巴西，世界热带地区有归化。我国长江流域及其以南各地有归化。保护区内常见。生于路旁荒地中或村庄附近旷地上。

入侵途径为无意引入，随农作物等引种而扩散。具刺杂草，植株及果实含茄碱，误食后可导致人畜中毒。局部入侵种，风险指数：42。

防除技术与措施：应在开花结果前将其拔除或喷施除草剂。

31. 直立婆婆纳 Veronica arvensis Linn.（玄参科 Scrophulariaceae）

原产于欧洲，归化于全球北温带地区。我国长江以南各省份均有分布。保护区内常见。生于路旁、荒地、旱作地、房前屋后。

入侵途径为无意引入，随农作物等引种而扩散。为农作物冬春主要杂草之一，危害小麦、蔬菜等农作物。一般入侵种，风险指数：55。

防除技术与措施：可采用集中铲除或用苯达松等除草剂防除。

32. 阿拉伯婆婆纳 Veronica persica Poir.（玄参科 Scrophulariaceae）

原产于亚洲西部、欧洲，归化于北半球温带和亚热带。我国长江以南各省份均有分布。保护区常见。生于路旁、荒地、林缘、疏林下、旱作地、房前屋后。

入侵途径为无意引入，随农作物等引种而扩散。为农作物冬春恶性杂草之一，危害小麦、蔬菜等农作物。严重入侵种，风险指数：68。

防除技术与措施：可采用不同配方的除草剂防除。

33. 婆婆纳 Veronica polita Fries（玄参科 Scrophulariaceae）

原产于西亚，归化于北温带和亚热带地区。我国长江以南各省份均有分布。保护区常见。生于路旁、荒地、林缘、疏林下、旱作地、房前屋后。

入侵途径为无意引入，随农作物等引种而扩散。为农作物冬春杂草之一，危害小麦、蔬菜等农作物。一般入侵种，风险指数：44。

防除技术与措施：可用甲磺隆、杀草丹等除草剂防治。

34. 北美车前 Plantago virginica Linn.（车前草科 Plantaginaceae）

原产于北美洲，现广布于世界温暖地区。我国华东、华南、西南、中南均有。保护区内村落附近有零星分布。生于房前屋后、路边、疏林下。

入侵途径可能是无意带入。种群的扩散主要依据其黏液性种子，借人、动物及交通工具传播。繁殖能力极强，蔓延迅速，为果园、旱田及草坪杂草。局部入侵种，风险指数：54。

防除技术与措施：可用甲磺隆等除草剂防治。

35. 阔叶丰花草 **Spermacoce alata** Aublet（茜草科 Rubiaceae）

原产于南美洲地区，现全球广泛归化。我国长江以南省份有归化。保护区内常见。生于阳光充足的路边、地边、荒地、果园、村落绿化地。

入侵途径可能是以军马饲料引进到我国华南，然后伴随农作物种子进入浙江。阔叶丰花草适应性强，生长快，很快可形成优势群落，对农作物生长有严重影响。恶性入侵种，风险指数：70。

防除技术与措施：应在开花结果前将其拔除或喷施除草剂。

36. 异檐花（卵叶异檐花）**Triodanis perfoliata** (Linn.) Nieuwl. subsp. **biflora** (Ruiz et Pav.) Lammers（桔梗科 Campanulaceae）

原产于美国南部，归化于南美洲和亚洲等地。安徽、福建、湖南、江苏、江西、四川、上海、台湾、浙江有归化。保护区村落附近有零星分布。通常生于路边或撂荒地里。

可能是由交通运输传入，种子传播扩散。植株较小，零散生长，对生态环境危害较小。待观察种，风险指数：28。

防除技术与措施：应在开花结果前将其拔除。

37. 藿香蓟（胜红蓟）**Ageratum conyzoides** Linn.（菊科 Compositae）

原产于中南美洲，现在非洲、亚洲热带和亚热带地区归化。我国分布于华东、华中、华南和西南地区。保护区内常见。生于田园、旱作物地、路边、荒地、山坡草地、灌丛等处。

入侵途径尚不清楚，19世纪出现在我国香港，继而由东南亚蔓延至我国云南。以种子传播为主。已在很多地区的菜地、果园、茶园、蔗田、旱作地及水边以优势种成片生长。结实率高，繁殖速度快，成为危害严重的农田杂草。恶性入侵种，风险指数：80。

防除技术与措施：可在花期前拔除。

38. 婆婆针 **Bidens bipinnata** Linn.（菊科 Compositae）

原产于东亚和北美洲，归化于朝鲜半岛、南亚和欧洲。我国各省份均有分布。保护区内常见。生于沟边、田边、路旁、山坡草丛。

入侵途径尚不清楚。结实率高，繁殖较快，可成优势群落，成为危害较大的农田杂草。局部入侵种，风险指数：48。

39. 大狼杷草（大狼把草）**Bidens frondosa** Linn.（菊科 Compositae）

原产于北美洲，现世界亚热带和温带地区均有分布。我国辽宁、山东、湖北、江西、浙江、上海、江苏、安徽等均有归化。保护区内常见。多生于荒地、路边、沟边、低洼水湿处和稻田田埂上。

入侵途径为无意活动引入。因瘦果芒刺具倒刺毛，可随人类或动物携带广泛传播。种子产量高，寿命长，生活力强，扩散速度很快，常常形成优势群落，严重危害农林业生产。恶性入侵种，风险指数：86。

防除技术与措施：大狼杷草繁殖能力强，应在开花结果前将其拔除，或使用除草剂防除。应用抗磺酰脲类除草剂的生态型，不能单独使用杀稗类除草剂。

40. 鬼针草 Bidens pilosa Linn.（菊科 Compositae）

原产于热带美洲，归化于亚洲和美洲的热带、亚热带地区。我国各省份均有归化。保护区内常见。多生于荒地、路边、沟边、山坡和农地边上。

入侵途径为无意活动引入。因瘦果芒刺具倒刺毛，可随人类或动物携带广泛传播。种子产量高，寿命长，生活力强，扩散速度很快，常常形成优势群落，严重危害农林业生产。恶性入侵种，风险指数：86。

防除技术与措施：鬼针草繁殖能力强，应在开花结果前将其拔除，或使用25%的氟磺草醚喷雾防除。

41. 野茼蒿（革命菜）**Crassocephalum crepidioides** (Benth.) S. Moore（菊科 Compositae）

原产于热带非洲，归化于全球温暖地区。我国黄河流域及其以南各省份均有归化。保护区内极常见。除水体中和茂密的林下外无处不有。

入侵途径为无意活动引入。种子有冠毛，随风传播很远，扩散很快，生长亦旺，对农作物和苗木等影响较大。严重入侵种，风险指数：70。

防除技术与措施：化学除草与人工拔除相结合。

42. 一年蓬 Erigeron annuus (Linn.) Pers.（菊科 Compositae）

原产于北美洲，归化于欧洲及日本。我国各省份均有。保护区内极常见，除水体和密林下外均可见。

入侵途径方式为无意引入。种子具冠毛，能随风扩散，或随苗木引种等夹带种子增加繁殖。常危害麦类、果树、桑和茶等作物，同时侵入农场、苗圃，造成危害。恶性入侵种，风险指数：74。

防除技术与措施：化学除草与人工防除相结合。

43. 香丝草（野塘蒿）**Erigeron bonariensis** Linn.（菊科 Compositae）

原产于南美洲，广泛归化于热带及亚热带地区。我国中部、东部、南部至西南部各省份均有。保护区内极常见，除水体和密林下外均可见。

入侵途径为人类和动物等活动传入。野塘蒿能产生大量瘦果，借冠毛随风扩散。生长旺盛，繁殖迅速，易与农作物发生竞争而严重影响农作物的产量。严重入侵种，风险指数：72。

防除技术与措施：在植物营养阶段进行人工拔除，集中堆放，上覆土和薄膜1个月后是优良的有机肥料。

44. 小蓬草（加拿大蓬、小飞蓬）**Erigeron canadensis** Linn.（菊科 Compositae）

原产于北美洲，归化于世界各地。我国南北各地均有。保护区内极常见，除水体和密林下外均可见。

入侵途径为人类和动物等活动传入。结实量大，瘦果能随风飘散，传播速度快，在其入侵之处，排挤本土植物，并有化感作用，对农林业生产和生态环境危害严重。恶性入侵种，风险指数：80。

防除技术与措施：在植物营养阶段进行人工拔除，集中堆放，上覆土和薄膜1个月后是优良的有机肥料。

45. 苏门白酒草 **Erigeron sumatrensis** Retzius（菊科Compositae）

原产于南美洲，广泛归化于热带和亚热带地区。我国长江以南各省份均有。保护区内常见。生于山坡、路旁、旷野、河岸、沟边、荒地。

入侵途径为人类和动物等活动无意传入。瘦果随风飘散，传播速度快，在其入侵之处，排挤本土植物，对农林业生产和生态环境危害严重。恶性入侵种，风险指数：82。

防除技术与措施：在植物营养阶段进行人工拔除或化学防除。

46. 大麻叶泽兰 **Eupatorium cannabinum** Linn.（菊科Compositae）

原产于欧洲。归化于我国安徽、广东、广西、贵州、河南、湖北、江苏、江西、台湾、西藏、云南、浙江。保护区内常见。生于路旁、林缘、沟边、农地边等处。

入侵途径为人类和动物等活动无意传入。对农林业生产和生态环境有一定影响。有待观察种，风险指数：34。

防除技术与措施：在植物营养阶段进行人工拔除或化学防除。

47. 牛膝菊（睫毛牛膝菊）**Galinsoga parvifolia** Cav.（菊科Compositae）

原产于南美洲，我国各省份均有归化。保护区内常见。生于山坡、路旁、荒地、林缘、疏林下。

入侵途径为人类和动物等活动无意传入。瘦果有黏性，黏附于动物或货物传播，对农林业生产和生态环境影响较大。严重入侵种，风险指数：62。

防除技术与措施：在植物营养阶段进行人工拔除或化学防除。

48. 菊芋 **Helianthus tuberosus** Linn.（菊科Compositae）

原产于北美洲，温带、亚热带广泛栽培，我国各地普遍栽培或逸生。保护区村落附近常见。

入侵途径为作为蔬菜作物引入。通过块茎和种子繁殖。适应性强，耐旱、耐寒，且有较强的繁殖能力。有待观察种，风险指数：58。

防除技术与措施：在春夏进行人工拔除或化学防除。

49. 苦苣菜 **Sonchus oleraceus** Linn.（菊科Compositae）

原产于欧洲，归化于全球各地。我国各地均有。保护区内常见。路边、旷野、山坡、林缘等均有。

入侵途径为无意带入，随风自然扩散。对农作物有较大危害。一般入侵种，风险指数：64。

防除技术与措施：人工拔除或化学防除。

50. 钻叶紫菀（钻形紫菀）**Symphyotrichum subulatum** (Michx.) G. L. Nesom（菊科 Compositae）

原产于北美洲，归化于全球温暖地区。我国华东、华南、华中、西南地区及河北、台湾均有。保护区常见。生于路边、旷野、山坡、林缘等。

入侵途径为混在农作物及绿化种苗中带入，瘦果随风飘散，常在荒地上形成优势群落。对农林业生产和生态环境造成严重影响。恶性入侵种，风险指数：80。

防除技术与措施：花期前人工拔除或化学防除。

51. 野燕麦 Avena fatua Linn.（禾本科 Gramineae）

原产于欧洲南部、中亚和西亚，归化于全球。我国各地均有。保护区内常见。生于荒芜田野或旱作田间杂草。

入侵途径为随小麦进口进入，随农作物种植等人类活动扩散，为世界性的农田杂草。恶性入侵种，风险指数：58。

防除技术与措施：实施水旱轮作并伏翻灭草，麦田施用燕麦畏、禾草灵、野燕枯，在苗期喷雾防治。

52. 大薸 Pistia stratiotes Linn.（天南星科 Araceae）

原产于美洲，归化于热带、亚热带地区。我国长江流域及以南各省份均有。保护区内因水体不多，因而不常见。生于村落附近池塘或河道中。

入侵途径是作为观赏或饲料植物引进，分株繁殖，沿水流扩散。在合适的水体繁殖快，影响排灌和水产品养殖，破坏水生生态系统。能吸收重金属等有毒物质，死后沉入水底，构成水质的二次污染。恶性入侵种，风险指数：54。

防除技术与措施：人工打捞，碾碎、晒干、填埋。

53. 稀脉浮萍 Lemna aequinoctialis Welw.（浮萍科 Lemnaceae）

原产地不详。全球广布。我国华东、华南、西南有淡水水体处均可有。保护区内常见。生于稻田、池塘、河道。

入侵途径不明。在水面快速生长影响排灌和水产品养殖，破坏水生生态系统。有待观察种，风险指数：40。

防除技术与措施：人工打捞，碾碎、晒干、填埋。

54. 凤眼莲（水葫芦、凤眼蓝）**Eichhornia crassipes** (Mart.) Solms（雨久花科 Pontederiaceae）

原产于巴西东北部，现广布于全球温暖地区。保护区内因水体不多，因而不常见。生于村落附近池塘或河道中。

入侵途径是作为观赏植物引进，此后作为饲料推广，通常以匍匐枝繁殖，依靠水流传播。繁殖能力极强，常常覆盖整个水面，阻塞河道，影响养殖，破坏水生生态系统。恶性入侵种，风险指数：82。

防除技术与措施：人工打捞，碾碎、晒干、填埋。

参考文献

1. 中国科学院植物志编委会. 中国植物志［M］. 北京：科学出版社：1954-2004.

2. 浙江植物志编辑委员会. 浙江植物志（1～7卷）［M］. 杭州：浙江科学技术出版社：1989-1994.

3. 郑朝宗. 浙江种子植物检索鉴定手册［M］. 杭州：浙江科学技术出版社，2005.

4.《乌岩岭自然保护区志》编纂委员会. 乌岩岭自然保护区志［M］. 北京：中国时代经济出版社，2014.

5. 丁炳扬. 温州野生维管束植物名录［M］. 杭州：浙江科学技术出版社，2016.

6. 丁炳扬，金川. 温州植物志（1～5卷）北京：中国林业出版社，2017.

7. 丁炳扬，胡仁勇. 温州外来入侵植物及其研究［M］. 杭州：浙江科学技术出版社，2011.

8. 朱太平，刘亮，朱明. 中国资源植物［M］. 北京：科学出版社，2007.

9.《全国中草药汇编》编写组. 全国中草药汇编［M］. 北京：人民卫生出版社，1990.

10.《浙江药用植物志》编写组. 浙江药用植物志（上、下册）［M］. 杭州：浙江科学技术出版社，1980.

11. 赵良成，张志翔，沐先运，等. 北京野生植物资源［M］. 北京：中国林业出版社，2014.

12. 李根有，陈征海，杨淑贞. 浙江野菜100种精选图谱［M］. 北京：科学出版社，2011.

13. 李根有，陈征海，桂祖云. 浙江野果200种精选图谱［M］. 北京：科学出版社，2013.

14. 李根有，陈征海，项茂林. 浙江野花300种精选图谱［M］. 北京：科学出版社，2012.

15. 李作文，张连全. 园林树木1966种［M］. 沈阳：辽宁科学技术出版社，2014.

16. 冉先德. 中华药海（上、下册）［M］. 哈尔滨：哈尔滨出版社，1993.

17. 易思荣，肖波. 金佛山野生观赏植物资源［M］. 北京：科学出版社，2015.

18. 成俊卿. 木材学［M］. 北京：中国林业出版社，1985.

19. 孟昭伟. 河南野生花卉［M］. 郑州：河南科学技术出版社，2015.

20. 刘胜祥. 植物资源学［M］. 武汉：武汉出版社，1994.

21. 杨利民. 野生植物资源学（第三版）［M］. 北京：中国农业出版社，2017.

22. 戴宝合. 野生植物资源学（第二版）［M］. 北京：中国农业出版社，2003.

23. 王振宇，刘荣，赵鑫. 植物资源学［M］. 北京：中国科学出版社，2007.

24. 楼炉焕. 观赏树木学［M］. 北京：中国农业出版社，2000.

25. 龙春林，郭志永，刘博，等. 中国民间资源植物及其传统知识［M］. 北京：科学出版社，2017.

26. 刘庆华，刘彦辰. 实用植物本草［M］. 天津：天津科学技术出版社，1998.

27. 徐国钧. 中草药彩色图谱［M］. 福州：福建科学技术出版社，1999.

28. 孙小侠. 有毒中药药性药理及临床研究应用实用手册（上、中、下册）［M］. 北京：

当代中国音像出版社,2004.

29. 赵运林,喻勋林,傅晓华,等.湖南药用植物［M］.长沙:湖南科学技术出版社,2006.

30. 梁国鲁,易思荣.金佛山野生药用植物资源［M］.北京:科学出版社,2013.

31. 李平,万定荣,邓旻.中国五峰特色常见药用植物［M］.武汉:湖北科学技术出版社,2014.

32. 汪纪武.世界药用植物速查辞典［M］.北京:中国医药科技出版社,2015.

33. 叶谷华,曾飞燕,叶育石,等.华南药用植物［M］.武汉:华中科技大学出版社,2013.

34. 陈冀胜,郑硕.中国有毒植物［M］.北京:科学出版社,1987.

35. 史志诚,尉亚辉.中国草地有毒植物［M］.北京:中国农业出版社,2016.

36. 张丽霞,李海涛,谭运洪.西双版纳有毒植物图鉴［M］.北京:中国林业出版社,2015.

37. 管永祥,李亚.江苏农业野生植物资源［M］.南京:东南大学出版社,2015.

38. 刘全儒.常见有毒和致敏植物［M］.北京:化学工业出版社,2010.

39. 田关森,王嫩仙,陈煜初,等.中国森林蔬菜［M］.北京:中国林业出版社,2009.

40. 瞿云明,谢建秋.浙江省丽水市杀虫抑菌植物［M］.北京:中国农业科学技术出版社,2017.

41. 谢碧霞,陈训.中国木本淀粉植物［M］.北京:科学出版社,2008.

42. 张卫明.植物资源开发利用与研究［M］.南京:东南大学出版社,2005.

43. 林祁,林云,赵阳.中国野菜野果的识别与利用（野果卷）［M］.郑州:河南科学技术出版社,2017.

44. 赵宝玉.中国重要有毒有害植物名录.北京:中国农业科学技术出版社,2015.

45. 吴棣飞.野菜野果野花图鉴［M］.长春:吉林科学技术出版社,2015.

46. 吴巍,周江菊.黔东南食用植物图鉴.北京:民族出版社,2017.

47. 胡先啸.经济植物手册（上、下册）［M］.北京:科学出版社,1955.

48. 陈默君,贾慎修.中国饲用植物［M］.北京:中国农业出版社,2002.

49. 徐洁,周晓罡.芳香植物研究与应用［M］.昆明:云南科技出版社,2017.

50. 朱亮锋,李泽贤,郑永利.芳香植物［M］.广州:南方日报出版社,2009.

51. 王元素,罗京焰,李莉.贵州饲用植物彩色图谱［M］.北京:化学工业出版社,2015.

52. 张明卫,袁昌齐,肖正春,等.一带一路经济植物［M］.南京:东南大学出版社,2017.

53. 张德怀,沐先运,王得志,等.北京雾灵山自然保护区 野生植物资源图谱［M］.北京:中国农业出版社,2017.

54. 刘忠华,包仁艳,王普飞.北京长城周边植物资源［M］.北京:中国林业出版社,2012.

55. 周繇,朱俊义,于俊林.中国长白山食用植物彩色图志［M］.北京:科学出版社,2012.

56. 万泉,肖祥希,林瑞荣.福建乡土油料植物［M］.北京:中国林业出版社,2009.

57. 张卫明,肖正春,史劲松.中国植物胶资源开发研究与利用［M］.南京:东南大学出版社,2008.

58. 余光.中国南方木材鉴定图谱［M］.福州:福建科学技术出版社,2017.

59. 方文彬,吴义强.中国湖南主要经济木材解剖性质及彩色图鉴［M］.北京:科学出版社,2011.

60. 卫广扬,唐汝明,龚耀乾,等.安徽木材识别与用途［M］.合肥:安徽科学技术出版社,1982.

61. 赵方莹.水土保持植物［M］.北京:中国林业出版社,2007.

62. 班程农.贵州亚热带野生经济植物资源及利用［M］.贵阳:贵州民族出版社,2003.

63. 马金双.中国入侵植物名录［M］.北京:高等教育出版社,2013.

64. 张光灿,胡海波,王树森.水土保持植物［M］.北京:中国林业出版社,2011.

65. 胡建忠.全国高效水土保持植物资源配置与开发利用［M］.北京:中国水利水电出版社,2016.

66. 饶军,李江.抚州植物资源［M］.北京:清华大学出版社,2009.

67. 胡长龙,胡桂红,胡桂林.室内植物净化与设计.北京:机械工业出版社,2013.

68. 胡长龙.植物与室内空气净化.北京:机械工业出版社,2007.

69. 王剑.室内植物是天然的保健医生［M］.北京:朝阳出版社,2008.

70. 何家庆.中国外来植物［M］.上海:上海科学技术出版社,2012.

71. 许定发,王希蓂,盛宁,等.中国经济植物（上卷）［M］.南京:江苏凤凰科学技术出版社,2015.

72. 许定发,王希蓂,盛宁,等.中国经济植物（下卷）［M］.南京:江苏凤凰科学技术出版社,2017.

73. 张建安,刘德华.生物质能源利用技术［M］.北京:化学工业出版社,2009.

74. 杜伟娜.可再生的碳源——生物质能［M］.北京:北京大学出版社,2015.

75. 胡霭堂,周立祥.植物营养学［M］.北京:中国农业大学出版社,2003.

76. 李惠民.山西省经济植物志［M］.北京:中国林业出版社,1990.

77. 陈力耕,李红叶.柑橘的营养与保健功［M］.南宁:广西科学技术出版社,2014.

78. 倪元颖,张欣,葛毅强.温带•亚热带果蔬汁原料及饮料制造［M］.北京:中国轻工业出版社,1999.

79. 苗青.科学补充维生素［M］.长春:吉林科学技术出版社,2003.

80. 汤金森.家制饮料［M］.郑州:河南科学技术出版社,1987.

81. 陈运中.天然色素生产技术及应用［M］.北京:中国轻工业出版社,2007.

82. 严鸿德,陆宁.健康饮料［M］.合肥:安徽科学技术出版社,2001.

83. 周立国.食用天然色素及其提取应用［M］.济南:山东科学技术出版社,1993.

84. 程必强,喻学俭,丁靖凯.云南香料植物资源及其利用［M］.昆明:云南科学技术出版社,2001.

85. 查亚锦,袁巧云,胡玉涛.香料、色素、观赏类中药材植物种植技术［M］.北京:

中国林业出版社, 2001.

86. 佟恒, 张仲葛. 400种野生饲料植物和它们的营养价值［M］. 北京: 农垦出版社, 1959.

87. 湖南省畜牧试验站. 湖南野生饲料［M］. 长沙: 湖南科学技术出版社, 1960.

88. 莫熙穆, 陈定如, 陈章和. 广东饲用植物［M］. 广州: 广东科技出版社, 1993.

89. 赵金光, 韦旭斌, 郭文场. 中国野菜［M］. 长春: 吉林科学技术出版社, 2004.

90. 何钧潮. 图说食用笋竹高效安全栽培［M］. 杭州: 浙江科学技术出版社, 2009.

91. 孙家华. 竹笋［M］. 北京: 科学技术文献出版社, 1992.

92. 苏丕林. 园林观赏树木［M］. 武汉: 湖北科学技术出版社, 1987.

93. 李先源. 观赏植物学［M］. 重庆: 西南师范大学出版社, 2007.

94. 孙居文. 园林树木学［M］. 上海: 上海交通大学出版社, 2003.

95. 吴玉华. 园林树木. 北京: 中国农业大学出版社, 2008.

96. 陈会勤. 观赏植物学. 北京: 中国农业大学出版社, 2011.

97. 郑紫云, 张清江. 抗污染观赏花卉·树木［M］. 北京: 中国科学技术出版社, 1994.

98. 费廷瑞. 指示植物与造林［M］. 北京: 中国林业出版社, 1992.

99. 江西省农业科学院作物研究所. 绿肥栽培与利用［M］. 上海: 上海科学技术出版社, 1982.

100. 焦彬. 中国绿肥［M］. 北京: 农业出版社, 1986.

101. 北京农业大学《肥料手册》编写组. 肥料手册［M］. 北京: 农业出版社, 1979.

102. 林铮. 果树学概论, 南方本［M］. 北京: 中国农业出版社, 1995.

103. 严贤春. 野果野菜野菌加工利用［M］. 北京: 中国农业出版社, 1994.

104. 石清峰. 太行山主要水土保持植物及其培育［M］. 北京: 中国林业出版社, 1994.

105. 夏汉平等. 优良水土保持植物与坡地复合农林业［M］. 北京: 气象出版社, 2000.11.

106. 浙江省吴兴县科学研究所, 浙江省湖州市科学研究所. 农药植物手册［M］. 上海: 科技卫生出版社, 1958.

107. 姜传义. 中国杀虫植物志［M］. 乌鲁木齐: 新疆科技卫生出版社, 1999.

108. 浙江省卫生厅. 浙江杀虫植物图说: 第1册［M］. 上海: 科技卫生出版社, 1958.

109. 农垦部干部学校. 515种土农药［M］. 北京: 农垦出版社, 1959.

110. 楼炉焕, 李根有, 吕正水, 等. 泰顺县植物资源调查报告［J］. 浙江林学院学报, 1994, 11(4): 327-334.

111. 吕正水, 董直晓, 徐柳杨, 等. 泰顺县维管束植物名录［J］. 浙江林学院学报, 1994, 11(4): 335-392.

112. 楼炉焕, 李根有, 吕正水, 等. 泰顺县维管束植物区系特点［J］. 浙江林学院学报, 1994, 11(4): 393-401.

113. 李根有, 楼炉焕, 吕正水, 等. 泰顺县野生观赏植物资源［J］. 浙江林学院学报, 1994, 11(4): 402-418.

114. 徐林娟, 楼炉焕, 钱百胜, 等. 泰顺县野生果树资源［J］. 浙江林学院学报, 1994, 11(4): 419-428.

115. 李根有, 楼炉焕, 吕正水, 等. 泰顺县野菜种质资源与利用［J］. 浙江林学院学报, 1994, 11(4): 429-448.

116. 楼炉焕, 李根有, 金水虎, 等.《浙江植物志》补遗资料［J］. 浙江林学院学报, 1994, 11(4): 449-452.

117. 曾莎, 张炼, 张玉平. 绿肥生产应用现状及绿肥还田研究进展［J］. 湖南农业科学, 2017(9): 132-134.

118. 曹卫东, 包兴国, 徐昌旭, 等. 中国绿肥科研60年回顾与未来展望［J］. 植物营养与肥料学报, 2017, 23(6): 1450-1461.

119. 陈智忠. 绿肥植物在园林绿化中的应用研究［J］. 内蒙古林业科技, 1998(12): 27-30.

120. 坚泽. 浅谈地被植物及其在园林绿化中的应用［J］. 中华建设科技, 2011(5): 12.

121. 任全进, 刘兴剑, 于金平. 江苏省野生草本观赏花卉资源及其在园林中的应用［J］. 江苏农业科学, 2014, 42(6): 218-220.

122. 孙红梅. 浅谈垂直绿化在城市中的应用［J］. 林果花卉, 2010(10): 45-46.

123. 江生泉, 涂清芳, 贾雪晴. 南方豆科绿肥植物资源及园林应用研究［J］. 佛山科学技术学院学报（自然科学版）, 2016, 34(1): 19-22.

124. 叶琦君, 周明顺. 抗污染植物在园林绿化中的应用实践［J］. 现代园艺, 2014(12): 161-162.

125. 贺军辉. 大气污染与抗污染植物［J］. 湖南林业科技, 1989(4): 27-30, 43.

126. 贾昆. 抗污染植物在园林绿化中的应用［J］. 中国园艺文摘, 2014, 30(3): 87-88.

127. 刘晓波, 高奇英, 朱文君, 等. 苦草与金鱼藻对水体污染物的去除效果［J］. 给水排水, 2018, 54(S2): 82-88.

128. 刘小阳, 王旭明. 污水沟中茑茑蒜的净污研究［J］. 合肥工业大学学报（自然科学版）, 2001(3): 435-437.

129. 吴晓宁, 陶义贵. 南五味子植物的综合利用与栽培技术［J］. 安徽农学通报（下半月刊）, 2010, 16(24): 150-151.

130. 田玉梅, 张义科. 风花菜生理生态学特性的研究［J］. 四川草原, 1990(2): 25-30.

131. 王宏伟, 郭志强, 李红玉, 等. 蓖麻在可持续发展农业中的生态价值［J］. 现代农业科学, 2008(12): 83-85, 88.

132. 王洪业. 湖北省沼生水马齿（Callitriche palustris L.）纪述［J］. 华中师范大学学报（自然科学版）, 1986(1): 94-98.

133. 武燕, 刘洋, 武金英. 大叶黄杨的生态经济学价值［J］. 边疆经济与文化, 2007(4): 33-34.

134. 朱兴娜, 施雪良. 狐尾藻的生产栽培与园林应用［J］. 南方农业（园林花卉版）,

2011, 5(6): 15-16.

135. 杨贤鑫, 易佳宇, 刘旺香, 等. 10种水生植物水质净化效果及生态设计应用研究 [J]. 现代园艺, 2019(19): 8-10.

136. 周振, 张彪, 杨海涛, 等. 曼陀罗对土壤镉污染的响应及镉累积特征 [J]. 江苏农业科学, 2019, 47(8): 269-272.

137. 李岩. 曼陀罗的引种驯化与园林应用研究 [J]. 黑龙江农业科学, 2011(9): 75-76.

138. 许桂芳, 吴铁明, 张朝阳. 抗污染植物在园林绿化中的应用 [J]. 林业调查规划, 2006(2): 146-149.

139. 徐颂军. 抗污染植物和污染指示植物 [J]. 生态科学, 1991(1): 96-98.

140. 郑成龙. 试论园林绿化中抗污染植物的应用 [J]. 门窗, 2014(2): 361, 363.

141. 兰旺荣, 徐松立, 黄旭光, 等. 大藻对微污染含铬废水的净化及其适应机制 [J]. 环境科学与技术, 2019, 42(3): 98-102, 128.

142. 韩玉洁, 杨琳, 赵玲, 等. 浮萍植物在水体净化中的研究及展望 [J]. 生物学通报, 2016, 51(6): 4-7.

143. 成水平, 况琪军, 夏宜琤. 香蒲、灯心草人工湿地的研究——Ⅰ. 净化污水的效果 [J]. 湖泊科学, 1997(4): 351-358.

144. 潘金火, 何满堂. 中药垂盆草中氨基酸和无机元素的定量分析 [J]. 中国药业, 2002, 11(4): 48.

145. 李先源, 张磊, 曹伟. 贵州省豆科结瘤固氮植物资源 [J]. 西南师范大学学报, 2004, 29(3): 445-448.

146. 刘虹, 易丽莎, 蒲乙琴, 等. 中国野生豆科植物资源及豆类蛋白研究概况调查 [J]. 西南师范大学学报（自然科学版）, 2004, 29(3): 445-450.

147. 宁阳阳, 邢福武. 中国樟科非粮生物柴油能源植物资源的初步评价与筛选 [J]. 植物科学学报, 2014, 32(3): 279-288.

148. 宋葆华, 李法曾, 贺新强, 等. 107种植物叶蛋白产量及其蛋白质含量比较 [J]. 植物资源与环境, 1999, 8(4): 52-54.

149. 伍彬, 郑曦孜. 大叶冬青化学成分研究 [J]. 药物研究, 2009, 18(10): 17-18.

150. 陈飙黄, 李晓储, 杨守辉, 等. 大叶冬青叶抗肿瘤活性初步研究 [J]. 林业科技开发, 2007(5): 30-31.

151. 杨雁芳, 阎玉凝. 中药枸骨叶和苦丁茶的现代研究进展 [J]. 中国药学杂志, 2000(1): 25-26.

152. 廖晓峰, 姚惠源. 天然甜味植物——多穗柯 [J]. 农牧产品开发, 1997(12): 29-31.

153. 李积华, 刘成梅, 李明. 功能性葛根饮料工艺研究 [J]. 江西食品工业, 2004(1): 20-22.

154. 刘力, 林新春, 孙培金, 等. 苦竹笋、叶营养成分分析 [J]. 竹子研究汇刊, 2005(2): 15-18.

155. 罐藏竹笋科技协作组. 竹笋的营养成分 [J]. 浙江林学院学报, 1984, 1(1): 1-13.

156. 鲁敏, 王仁卿, 齐鑫山. 绿化树种对大气氯污染的反应 [J]. 山东大学学报（理学版）: 2004, 39(2): 98-101.

157. 崔杰. 常见的大气污染与一些监测植物 [J]. 生物学教学, 2006, 31(3): 62-63.

158. 顾朝光, 宋爽, 何志桥. 大气污染物的植物监测方法研究 [J]. 浙江工业大学学报, 2005, 33(5): 566-569, 582.

159. 郎俊霞. 植物在防治环境污染中的作用及主要抗污染植物 [J]. 现代园艺, 2017(15): 178.

160. 李忠荣, 李文光. 对林中食用野果营养成分的分析 [J]. 林业勘查设计, 2011(3): 102.

161. 张琰, 范红伟, 卢士堂, 等. 河南大别山区悬钩子属野生果树资源研究 [J]. 安徽农业科学, 2006, 34(11): 2481-2483.

162. 董泽民, 雷小林, 周仁丹, 等. 40份胡颓子属植物果实样品的营养成分分析及品质评价 [J]. 经济林研究, 2019, 37(1): 107-116.

163. 吴祖芳, 翁佩芳. 桑椹的营养组分与功能特性分析 [J]. 中国食品学报, 2005, 5(3): 102-106.

164. 张恩景, 孟军华, 曾庆源. 薜荔化学成分与药理活性研究进展 [J]. 中国药师, 2017, 20(7): 1293-1295.

165. 赵玉宏, 田国政, 许明书, 等. 狭叶四照花果实主要营养成分的测定 [J]. 湖北民族学院学报（自然科学版）, 2003, 21(4): 21-22.

166. 张兵. 主要防风固沙植物及其应用价值 [J]. 内蒙古林业调查设计, 2012, 35(5): 62-65.

167. 解谦, 周凤, 张晓文, 等. 大同地区防风固沙植物资源调查 [J]. 山西农业大学学报, 2008, 28(1): 396-399.

168. 马丽, 王开梅, 李维林, 等. 蒺藜提取物作为生物农药的效果 [J]. 江苏农业科学, 2014, 42(3): 86-87.

169. 李丹, 张震, 王育鹏, 等. 喜旱莲子草提取物的杀虫活性 [J]. 生物安全学报, 2015, 24(1): 57-63.

170. 钟茂程, 管杨洋, 杨燕红, 等. 入侵植物提取物的杀虫活性分析与安全评价 [J]. 丽水学院学报, 2018(2): 48-53.

171. 邢燕燕, 韩俊艳, 刘广纯. 18种植物乙醇提取物对二斑叶螨的杀螨活性 [J]. 江苏农业科学, 2014, 12(18): 121-123.

172. 魏朝霞, 杨彩波, 和慧, 等. 大蓟提取物对植物病原真菌的抑制活性 [J]. 云南农业大学学报, 2014, 29(1): 140-143.

173. 赵嘉幸, 陈黎, 任宗灿, 等. GC-MS/MS法测定烟草中的57种酯类香味成分 [J]. 烟草科技, 2019, 53(12): 39-49.

174. 农业部农业贸易促进中心政策研究所, 中国农业科学院农业信息研究所国际信息研究室.生物能源仍将是全球最大的可再生能源〔J〕.世界农业,2017(8): 236.

175. 樊金栓,王性炎.巴山冷杉树脂中挥发油化学成分的研究〔J〕.西北植物学报 1992, 12(4): 322-326.

中国科学院北京植物研究所植化室植物胶组.半乳甘露聚糖植物胶的资源性能及其 应用〔J〕.金属矿山, 1976(1): 29-32.

176. 饶品昌,朱良辉,曹菊珍,不同产地用品种薯蓣属植物中薯蓣皂苷含量的初步研 究〔J〕.江西中医学院学报, 1996(增刊): 29-30.

177. 谭谊谈,薛山,唐会周.不同花期栀子花的香气成分分析〔J〕.食品科学, 2012, 33(12): 223-227.

178. 孙新,赵方贵,李树全,等.不同钾素水平对烟草香气物质的影响〔J〕.湖北农业 科学, 2018, 57(21): 83-86.

179. 王文翠,毛伟芳,姚雷.不同提取温度对栀子花香气成分的影响〔J〕.上海交通 大学学报(农业科学版), 2017, 35(2): 47-53.

180. 石元春,程序,朱范斌.当前中国生物质能源发展的若干战略思考〔J〕.科技导 报, 2019, 37(20): 6-11.

181. 刘德华.方兴未艾的生物能源产业〔J〕.生物产业技术, 2019(5): 1.

182. 李继蓉编译,邵本延校对.改性天然橡胶的工艺优点和应用〔J〕.橡胶译丛, 1992(1): 6-14.

183. 张少贞,姚健,杨永利,等.甘肃天然香料植物资源〔J〕.甘肃科学学报, 1993, 5(4): 10-14.

184. 彭献军,沈世华.构树———一种新型模式标本植物〔J〕.植物学报, 2018, 53(3): 372-381.

185. 韩培义.管涔山林区鞣料植物资源〔J〕.山西林业科技, 2009, 38(1): 50-54.

186. 陈云飞,苟光前,王瑶,等.贵州省江口县常用木本纤维植物资源初步调查〔J〕. 山地农业生物学报, 2016, 35(4): 48-53.

187. 陈云飞,苟光前.贵州省江口县木本鞣料植物资源调查与分析〔J〕.江西农业大 学学报, 2017, 39(5): 948-956.

188. 杜凌,刘未,张燕,等.贵州油脂植物资源及其开发利用现状调查〔J〕.资源与利 用, 2016, 35(9): 61-63, 65.

189. 本刊编辑部.国内外新能源开发资料选登〔J〕.水电与新能源, 2019, 33(4): 79-80.

190. 宁阳阳,李许文,胡晓敏,等.海南非粮油脂植物资源调查与筛选〔J〕.广东农业 科学, 2016(1): 56-62.

191. 杨秉仁.汉中地区香料植物资源的开发利用〔J〕.汉中师范学院学报, 2000, 18(1): 60-64.

192. 王新亮,徐颖,相昆,等.核桃氮、磷、钾营养研究进展〔J〕.山东农业科学, 2013, 45(3): 145-148.

193. 张志华, 高仪, 王文江, 等. 核桃果实成熟期间主要营养成分的变化［J］. 园艺学报, 2001, 28(6): 509-511.

194. 梁慧峰. 核桃楸的化学成分及其利用研究进展［J］. 北方园艺, 2010(16): 219-221.

195. 刘广平, 田立军, 赵宝军. 核桃楸的综合利用与开发［J］. 中国林业, 2007(8A): 27.

196. 张晓林, 刘超, 刘剑, 等. 核桃楸研究现状及育种策略［J］. 吉林林业科技, 2019, 48(1): 14-17.

197. 朱红波, 赵云, 林士杰, 等. 核桃楸资源研究进展［J］. 中国农学通报, 2011, 27(25): 1-4.

198. 赵国强, 王常高, 林建国, 等. 姜黄中薯蓣皂苷元提取工艺的优化［J］. 中成药, 2017, 39(9): 1834-1837.

199. 王仁光, 张绪成, 贾宏洁. 吉林省集安市香料植物名录［J］. 中国园艺文摘, 2012(4): 48-51.

200. 曲柏森, 张绪成, 江晖, 等. 集安市香料植物地理学研究［J］. 中国林副特产, 2010(1): 88-91.

201. 吴小锋, 徐俊良, 缪云, 等. 几种绢丝昆虫人工饲料研究概况［J］. 中国蚕业, 1996(3): 45-47.

202. 程道军, 鲁成, 周泽扬, 等. 几种绢丝昆虫遗传多样性的DNA研究［J］. 蚕业科学, 2002, 28(4): 277-282.

203. 姚小华, 余泽平, 熊勇, 等. 江西官山国家级自然保护区能源植物资源［J］. 南方林业科学, 2017, 45(6): 36-41.

204. 本刊编辑部. 江浙两省香料行业情况［J］. 国内外香化信息, 2011(4): 2-3.

205. 赵婧文, 卢志兴, 陈又清. 截干及修枝对有效枝条萌发能力及其对紫胶虫产紫胶的影响［J］. 生物资源, 2017, 39(5): 333-338.

206. 凌凤标, 介绍几种纤维和栲胶的资源［J］. 林业科技通讯, 1959(4): 12.

207. 张丽, 彭焱松, 宋满珍, 等. 井冈山自然保护区油脂植物资源调查与区系分析［J］. 中国油脂, 2017,. 42(9): 1-7.

208. 刘祖昕, 谢光辉. 菊芋作为能源植物研究进展［J］. 中国农业大学学报, 2012, 17(6): 122-132.

209. 张晰祥, 李军华, 彭艺茹. 卷烟主要化学成分琚观感质量相关性分析［J］. 南昌学院学报（自然科学版）, 2019, 33(4): 20-23.

210. 张文德. 栲胶在皮革工业中的应用与植物鞣料资源［J］. 皮革科技动态, 1972(1): 1-9.

211. 周磊, 许敏, 杨崇仁, 等. 壳斗科植物的化学成分及生物活性研究进展［J］. 天然产物研究与开发, 2012 (24): 260-273.

212. 赵前程, 郭冠勇, 齐晓芃, 等. 昆嵛山国家森林公园植物胶植物资源调查［J］. 北方园艺, 2010(3): 106-108.

213. 欧永忠, 黄素婷, 梁庆. 乐昌市染料植物资源研究 [J]. 现代农业科技, 2017(6): 168-170, 175.

214. 杜炜垠. 冷杉树脂的采集 [J]. 农业科技通讯, 1974(11): 33.

215. 樊金拴, 王性炎. 冷杉树脂及其利用 [J]. 陕西林业科技, 1991(4): 63-69.

216. 王晓春, 王晓光, 李冬, 等. 辽宁省木本能源植物资源的开发利用 [J]. 防护林科技, 2008(3): 87-88.

217. 黄晓霖, 彭晓娟. 林木生物质能源发展现状与对策 [J]. 乡村科技, 2017(26): 85-86.

218. 张丽, 钟爱文, 熊先华. 庐山自然保护区油脂植物资源调查 [J]. 中国油脂, 2017, 42(3): 1-6.

219. 吴东山, 杨章旗, 黄永利. 马尾松不同半同胞家系产脂力, 松脂组分分析与评价 [J]. 北京林业大学学报, 2019, 41(2): 53-61.

220. 安宁, 丁贵杰, 贾宏炎, 等. 马尾松不同径级产脂量和松脂成分差异研究 [J]. 中南林业科技大学学报, 2015, 35(8): 42-45.

221. 焦晋川, 杨万勤, 秦嘉励, 等. 岷江上游能源植物资源状况初步研究 [J]. 四川林业科技, 2018, 29(6): 41-45.

222. 刘章彬, 黄永林, 杨克迪, 等. 南岭栲叶多酚分类化学成分的分离与鉴定 [J]. 天然产物研究与开发, 2017(29): 67-73.

223. 谢光辉. 能源植物分类及其转化利用 [J]. 中国农业大学学报, 2011, 16(2): 1-7.

224. 林长松, 李玉英, 刘吉利, 等. 能源植物资源多样性及其开发利用前景 [J]. 河南农业科学, 2007(12): 17-21, 34.

225. 李为民, 柏国清, 陈昊, 等. 漆树种质资源遗传多样性研究进展 [J]. 陕西林业科技, 2017(2): 97-100.

226. 蒙祥隆. 浅析马尾松高产栽培技术及松脂用途 [J]. 大众科技, 2009(10): 142, 120.

227. 樊金拴, 王性炎. 秦岭冷杉树脂精油化学成分的研究 [J]. 林产化工与工业, 1992(1): 71-73.

228. 李斌, 罗永明. 山茶属植物化学成分及生物活性研究 [J]. 江西中医学院学报, 2000, 12(1): 44-47.

229. 高之奇, 白雪, 白重炎. 陕西午牛岭野生鞣料植物资源调查 [J]. 陕西农业科学, 2015, 61(3): 73-76.

230. 王爱云, 李春华. 食用香料植物的开发利用研究 [J]. 食品科学, 2002, 23(8): 300-302.

231. 李开泉, 邹盛勤, 陈武. 薯蓣属植物的研究开发现状 [J]. 林产化工通讯, 2004, 38(2): 26-29.

232. 刘承来, 陈延墉. 薯蓣属植物化学成分的研究 V——薯蓣属发霉植物中的甾体皂苷元 [J]. 中国医药工业杂志, 1984(5): 40-42.

233. 周振起, 封玉贤. 薯蓣属植物提取皂素的工艺研究 [J]. 中草药, 1985(7): 15-17.

234. 余绍福, 周兴栋, 邹惠亮, 等. 水栀子果实化学成分研究 [J]. 天然产物研究与开发, 2015(1): 63-66.

235. 张卫明, 蒋建新. 特种植物胶资源高效利用进展 [J]. 中国野生植物资源, 2003, 22(5): 4-5, 21.

236. 王昕玥. 天然植物染料的发展及其应用 [J]. 科技创新与应用, 2020(3): 24-25, 28.

237. 郭荣辉, 陈美梅. 天然植物染料的应用及发展 [J]. 纺织科学与工程学报, 2019, 36(1): 158-161.

238. 李惠民. 天然植物染料资源多样性及其应用研究进展 [J]. 西安工程科技学院学报, 2006, 20(3): 378-382.

239. 鲍思伟, 金则新. 天台山鞣料植物资源 [J]. 台州师专学报, 1996, 18(6): 53-57.

240. 边才苗, 金则新. 天台山油脂植物资源 [J]. 台州师专学报, 1996, 18(6): 47-51.

241. 付维, 郑涛, 代朝霞, 等. 铜仁市万山区野生木本纤维植物资源调查与分析 [J]. 山地农业生物学报, 2019, 38(5): 053-060.

242. 徐芬芬, 叶利民, 王爱斌. 我国淀粉、糖类和纤维植物资源及其用于乙醇发酵的探讨 [J]. 中国林副特产, 2006(3): 63-66.

243. 何海英, 邱凌, 冯佰利. 我国能源植物资源及其研发进展 [J]. 干旱地区农业研究, 2007, 25(增刊): 238-240.

244. 金华斌, 田维敏, 史敏晶. 我国天然橡胶产业发展概况及现状分析 [J]. 热带农业科学, 2017, 37(5): 98-104.

245. 陈笳鸿, 汪咏梅, 毕良武, 等. 我国西部地区植物单宁资源开发利用现状及发展建议 [J]. 林产化学与工业, 2002, 22(3): 65-69.

246. 李铠, 单志华. 我国植物鞣剂应用及分析研究 [J]. 中国皮革, 2007, 36(1): 53-57.

247. 李铠, 单志华. 我国植物鞣剂应用及分析研究（续）[J]. 中国皮革, 2007, 36(3): 61-65.

248. 向晓媚, 谭璐, 谭泽成, 等. 武功山地区油脂植物资源调查研究 [J]. 生物资源 2020, 42(1): 22-28.

249. 欧阳杰, 王晓东, 赵兵, 等. 香料植物应用研究进展 [J]. 香料香精化妆品, 2002(5): 32-35.

250. 郭辰星, 朱震锋, 刘嘉琦. 新时期中国木材资源供需现状、问题及方略 [J]. 中国林业经济, 2019(5): 66-69.

251. 王全杰, 任方萍, 高龙, 等. 新型植物皮革鞣剂的研究进展 [J]. 皮革科学与工程, 2011, 21(4): 38-40.

252. 赵言玉译. 烟草的成分与作用 [J]. 菏泽医专学报 1 9 9 2, 4(2): 69-71.

253. 白重炎, 张咏梅. 延安蔷薇科鞣料植物野生资源调查 [J]. 安徽农业科学, 2011, 39(25): 15422-15423.

254. 高居营, 计建荣, 白重炎. 延安野生油脂植物资源调查 [J]. 延安大学学报（自然科学版），2013, 32(3): 51-57.

255. 赵月玲. 沂山香料植物资源初探［J］. 昌潍师专学报（自然科学版），1997, 16(2): 37-40.

256. 王有江, 白红彤. 影响世界的香料植物［J］. 森林与人类, 2006(10): 32-35.

257. 张喜春, 江小明, 方俊杰, 等. 粤东地区香料植物资源研究［J］. 中国食物与营养, 2009(3): 16-19.

258. 李婧媛, 王健敏, 高波, 等. 云南天然香料产业发展分析与展望［J］. 农业展望, 2019(7): 49-53.

259. 何雨桐, 周启微, 李璠, 等. 云南省香料植物发展现状与对策建议［J］. 中国现代中药, 2019, 21(12): 1610-1613.

260. 楼建强, 徐承全. 浙南地区林化产业资源的调查［J］. 林业资源管理, 2001(3): 30-33.

261. 叶恭银, 胡萃, 张鸿翔. 珍贵绢丝昆虫——天蚕蚕蛾翅振行为观察［J］. 华东昆虫学报, 1998, 7(2): 23-28.

262. 叶恭银, 胡萃. 珍贵绢丝昆虫天蚕的半纯饲料［J］. 武夷科学, 1994(11): 59-63.

263. 陈彤, 李祖光, 曹慧, 等. 栀子花香气成分的研究［J］. 质谱学报, 2006, 27(增刊): 26-27.

264. 陈顺伟, 滕水明, 柏明娥, 等. 栀子黄色素浸提条件的优化选择研究［J］. 浙江林业科学, 2002, 22(6): 14-17.

265. 欧乞鍼, 李代芳, 黄冠鋆, 等. 中国油脂植物的研究1——六十种植物种子的油脂成分［J］. 云南植物研究, 1977(2): 28-41.

266. 欧乞鍼, 李代芳, 喻长惠, 等. 中国油脂植物的研究1——一百种植物种子的油脂成分［J］. 云南植物研究, 1980(3): 275-295.

267. 付满玲, 周科, 刘珉甬, 等. 栀子黄色素提取工艺及品质评价［J］. 中国民族民间医药, 2019, 28(21): 32-34.

268. 文明, 董静曦, 李伟平, 等. 中国各省（市）、区松脂资源的动态变化及评价［J］. 西部林业科学, 2016, 45(2): 15-21.

269. 端木炘. 中国金合欢属资源利用［J］. 林产化工通讯, 2002, 36(3): 29-31.

270. 斯龙燕. 中国漆树资源与品种现状及产业发展前景［J］. 绿色科技, 2016(1): 18-20.

271. 赵喜萍, 魏朔南. 中国生漆化学成分研究［J］. 中国野生植物资源, 2007, 26(6): 1-4.

272. 胡国浚. 中国天然橡胶产业扶持政策现状与改进对策［J］. 种子科技, 2017(8): 22, 24.

273. 冯富强. 中国天然橡胶生产的比较优势分析［J］. 化工管理, 2017(14): 99-100.

274. 刘崇乐. 紫胶虫与紫胶［J］. 生物学通报, 1957(5): 4-10.

275. 潘彩霞, 张宇骏, 董小龙, 等. 自然界中非鳞翅目绢丝昆虫. 蚕学通报［J］. 2012,

32(1): 14-20.

276. 孔潇潇. 金鱼藻对全氟辛烷磺酸的生物富集及响应特征［D］. 牡丹江: 牡丹江师范学院, 2015.

276. 杨少宗, 潘温文, 刘西, 等. 泰顺皿果草——浙江紫草科一新种［J］. 杭州师范大学学报（自然科学版）, 2020, 19(3): 258-260.

277. 谢文远, 陈锋, 刘菊莲, 等. 浙江葫芦科植物新资料［J］. 杭州师范大学学报（自然科学版）, 2019, 18(4): 418-422.

278. 裘宝林, 叶立新, 陈锋, 等. 浙江荚蒾属植物资料增补［J］. 杭州师范大学学报（自然科学版）, 2020, 19(3): 261-266.

279. 谢文远, 刘西, 梅旭东, 等. 浙江木犀科一新种: 浙南木犀［J］. 广西植物, 2021, 41(1): 10-15.

280. 陈征海, 陈贤兴, 李根有, 等. 浙江山矾属的分类修订［J］. 温州大学学报（自然科学版）, 2020, 41(1): 47-54.

281. 谢文远, 陈锋, 张芬耀, 等. 浙江种子植物资料增补［J］. 浙江林业科技, 2019, 39(1): 86-90.

282. 谢文远, 陈锋, 张芬耀, 等. 浙江种子植物资料订补［J］. 杭州师范大学学报（自然科学版）, 2020, 19(3): 247-252.

283. 刘菊莲, 徐跃良, 陈锋, 等. 中国东南部忍冬属一新种［J］. 杭州师范大学学报（自然科学版）, 2020, 19(3): 253-257.

284. 隗磊. 罗汉松实种托醇提物降血脂、抗氧化及保肝作用的研究［D］. 武汉: 湖北中医药大学, 20105.

285. 罗彬彬. 湖南刺葡萄酒降酸技术研究［D］. 武汉: 湖南农业大学, 2011.

286. 肖冰梅. 湖南省薯蓣属9种药用植物资源研究及种质评价［D］. 武汉: 湖南农业大学, 2007.

287. 刘慧娟. 内蒙古非粮油脂植物资源调查及五种植物油脂理化性质分析［D］. 包头: 内蒙古农业大学, 2013.

288. 刘艳贞. 栓皮栎 *Quercus variabilis* 软木构造及主要化学成分的分析［D］. 杨凌: 西北农林科技大学, 2008.

289. 妥彬. 浙东森林木本植物树皮性状及其功能策略［D］. 上海: 华东师范大学, 2019.

290. 程小军. 中国油脂植物种子脂肪酸数据库的建立及数据分析［D］. 杨凌: 西北农林科技大学, 2015.

291. 全国林业生物质能发展规划（2011–2020）［R］. 国家林业局, 2013.

中名索引

十五画及以上

拉丁学名索引

Bidens bipinnata Linn.95、174、297、360、630

Bidens biternata (Lour.) Merr. et Sherff95、174、297

Bidens frondosa Linn.95、174、297、630

Bidens pilosa Linn.95、174、297、360、420、631

Bidens tripartita Linn.95、174、420、592

Bignoniaceae88

Bischofia polycarpa (Levl.) Airy-Shaw59、485、559

Blechnaceaae22

Blechnum orientale Linn. 22、169、187

Bletilla striata (Thunb.) Reichb. f.114、318、366、494、585

Blumea formosana Kitamura95

Blumea megacephala (Randeria) Chang et Tseng95

Blumea oblongifolia Kitamura95

Blyxa aubertii Rich.99

Blyxa japonica (Miq.) Maxim. ex Asch. et Gürk.99、196

Boehmeria clidemioides Miq. var. *diffusa* (Wedd.) Hand.-Mazz. 35

Boehmeria formosana Hayata35、461

Boehmeria gracilis C. H. Wright35

Boehmeria japonica (Linn.) Miq. 35

Boehmeria longispica Steud.35

Boehmeria nivea (Linn.) Gaud.35、133、461、525

Boehmeria nivea (Linn.) Gaud.var. tenacissima (Gaud.) Miq.35

Boehmeria nivea var. *candicans* Wedd.35

Boehmeria nivea var. *nipononivea* (Koidz.) W. T. Wang35

Boehmeria platanifolia Franch. et Sav.35

Boehmeria spicata (Thunb.) Thunb.35

Boehmeria tricuspis (Hance) Makino35

Boehmeriaclidemioides Miq. 35

Boenninghausenia albiflora (Hook.) Reichb. ex Meisn.57、341、394、475

Bolbitidaceae24

Bolbitis subcordata (Cop.) Ching 24

Boraginaceae82

Bostrychanthera deflexa Benth.84

Bothriochloa ischaemum (Linn.) Keng101

Bothriospermum tenellum (Hornem.) Fisch. et C. A. Mey.82

Bothriospermum zeylanicum (J. Jacq.) Druce82、413

Botrychiaceae 16

Brachiaria villosa (Lam.) A. Camus101

Brachyelytrum erectum (Schreb.) Beauv. var. *japonicum* Hack.101

Brachyelytrum japonicum (Hackel) Matsumura ex Honda101

Brachystachyum densiflorum (Rendl.) Keng99、463

Bredia amoena Diels. 72、565

Bredia amoena var. *eglandulata* B. Y. Ding72

Bredia chinensis Merr.72

Bredia glabra Merr.72

Bredia quadrangularis Cogn.72、565、617

Bredia sinensis (Diels) H. L. Li 72、565

Bretschneidera sinensis Hemsl.46、449、552、613

Bretschneideraceae46

Breynia fruticosa (Linn.) Muell.-Arg.59、254、396

Breynia rostrata Merr.59、254

Briggsia chienii Chun88

Bromus japonicus Thunb.101

Bromus remotiflorus (Steud.) Ohwi101、177

Broussonetia kaempferi Sieb.var. australis Suzuki34、374、459

Broussonetia kazinoki Sieb. et Zucc. 34、326、459

Broussonetia papyrifera (Linn.) L'Hérit. ex Vent. 34、131、231、326、460、467、484、501、524、547、597、598

Broussonetia.kaempferi auct. non Sieb. 34、374、459

Bryophyllum pinnatum (Linn. f.) Oken46、627

Buddleja asiatica Lour.81、410

Buddleja lindleyana Fort.81、274、353、410、571

Bulbophyllum quadrangulum Z. H. Tsi114

Bulbophyllum chondriophorum (Gagnep.) Seidenf.114

Bulbophyllum flaviflorum (T. S. Liu et H. J. Su) Seidenf. 114、620

Bulbophyllum japonicum (Makino) Makino 114

Bulbophyllum kwangtungense Schltr.114、318

Bulbophyllum levinei Schltr. 114

Bulbophyllum pecten-veneris (Gagnep.) Seidenf. 114、620

Bulbophyllum psychoon auct. non Reichb. f.114

Bulbostylis barbata (Rottb.) Kunth.105

Bulbostylisdensa (Wall.) Hand.-Mazz.105

Burmannia championii Thw.113、620

Burmannia fadouensis H. Li113

Burmannia nepalensis (Miers) Hook. f. 113、620

Burmanniaceae113

Buxaceae 60

Buxus aemulans (Rehd. et Wils.) S. C. Li et S. H. Wu60

Buxus bodinieri Levl.60、399、452

Buxus sinica (Rehd. et Wils.) Cheng ex M. Cheng.60、256、400、452、560、606

Buxus sinica (Rehd. et Wils.) Cheng ex M. Cheng.var. aemulans (Rehd. et Wils.) P. Brückn. et T. L. Ming60、452

C

Cactaceae71

Caesalpinia decapetala (Roth) Alston53、249、390、468、556

Calamagrostis epigeios (Linn.) Roth 101、178、520、593

Calamagrostis epigeios var. densiflora Griseb.101

Calamus thysanolepis Hance108、613

Calanthe alismatifoliaLindl.114、585

Calanthe graciliflora Hayata114、585

Calanthe mannii Hook. f.114、585、621

Callerya dielsiana (Harms) P. K. Loc ex Z. Wei et Pedley55

Callerya nitida (Benth.) R. Geesink55

Callicarpa bodinieri Levl.83、278

Callicarpa brevipes (Benth.) Hance83

Callicarpa cathayana H. T. Chang83

蛇足石杉

光里白

金毛狗

半边旗

胎生狗脊

黄山鳞毛蕨

圆盖阴石蕨（叶建荣提供）

槲蕨（周正宝提供）

榧树

罗汉松

粗榧

蕺菜

三白草

山蒟

南川柳

黄杞

苦槠

短尾柯

巴东栎

乌冈栎（周正宝提供）

云山青冈

槲栎

山油麻

多脉榆（周正宝提供）

楮（周正宝提供）

天仙果

薜荔

珍珠莲

柘

戟叶蓼（叶建荣提供）

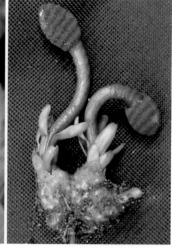

短穗蛇菰

鸡冠花

美洲商陆（叶建荣提供）

金钱吊乌龟

钝药野木瓜

鹰爪枫

披针叶茴香

刨花楠

南五味子

浙江樟（周正宝提供）

黑壳楠

豹皮樟

瓜馥木

红楠

闽楠

博落回（周正宝提供）

落新妇

圆锥绣球

细柄蕈树（周正宝提供）

小叶蚊母

泰顺石楠

石楠

石斑木

木莓

龙须藤

云实

假地豆

肥皂荚

美丽胡枝子

常春油麻藤

野葛

田菁

东方古柯

吴茱萸

茵芋

臭椿

山乌桕（周正宝提供）

算盘子

白木乌桕

油桐

交让木

秤星树

大叶冬青

铁冬青

肉花卫矛

垂丝卫矛（叶建荣提供）

野鸦椿

笔罗子

牯岭勾儿茶

刺葡萄

毛花猕猴桃

长叶猕猴桃

大萼黄瑞木

浙江红山茶

毛枝连蕊茶

翅柃

隔药柃

木荷（周正宝提供）

紫茎（叶建荣提供）

厚皮香

金丝梅

紫花地丁

毛叶山桐子

柞木（周正宝提供）

毛瑞香

结香

南岭荛花

赤楠

毛八角枫

异药花

秀丽野海棠（周正宝提供）

楤木

白簕

鹅掌柴

秀丽香港四照花

灯笼花

云锦杜鹃

扁枝越橘

江南越橘（周正宝提供）

珍珠菜

微毛山矾

山矾

银钟花

野茉莉

清香藤

獐牙菜

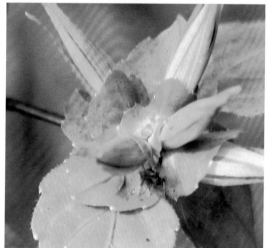

香港双蝴蝶

亚洲络石

紫花络石

络石（周正宝提供）

金灯藤（周正宝提供）

白棠子树

枇杷叶紫珠

臭牡丹

浙江大青（叶建荣提供）

硬毛地笋

夏枯草 　　　　　　　　　　华鼠尾草

荔枝草 　　　　　　　　　　白英

华东泡桐（周正宝提供）　　　中国野菰

浙皖粗筒苣苔（叶建荣提供）

吊石苣苔

爵床

水团花

栀子

羊角藤（周正宝提供）

忍冬

接骨草

饭汤子

水马桑（叶喜阳提供）

败酱（周正宝提供）

华东杏叶沙参

羊乳

半边莲

陀螺紫菀

蓟

佩兰

蜂斗菜（周正宝提供）

蒲儿根（周正宝提供）

曲轴黑三棱

刚竹

浆果薹草

条穗薹草

棕榈

天南星

芋（周正宝提供）

野灯心草

天门冬

百合

山麦冬

狭叶重楼

多花黄精（周正宝提供）

菝葜（周正宝提供）

油点草（叶建荣提供）

仙茅

斑叶兰

石蒜

射干

松叶蕨

福建莲座蕨

粗齿桫椤

江南油杉

竹柏

南方红豆杉

金荞麦

孩儿参

短萼黄连

六角莲

黔岭淫羊藿

鹅掌楸

厚朴

野含笑

樟

伯乐树

杜仲

三叶山豆根

野大豆

野豇豆

红椿

红淡比

紫背天葵

喜树

大叶三七

泰顺杜鹃

浙江雪胆

毛鳞省藤

狭叶重楼

楼梯草

管花马兜铃

三桠乌药

华重楼

天目山景天

肾萼金腰

日本金腰

泰顺石楠

管茎凤仙花

含羞草决明

管茎凤仙花

大果俞藤

福建堇菜

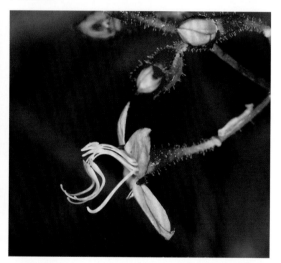

四棱野海棠

肉穗草

越南安息香

赪桐　　　　　　　　　水珍珠菜　　　　　　　　温氏报春苣苔

台闽苣苔　　　　　　　　　　浙南茜草

柔垂缬草

钮子瓜

袋果草

羽毛地杨梅

头花水玉簪

日本小丽草

宽翅水玉簪

血红肉果兰

斑唇卷瓣兰

细花虾脊兰

台湾吻兰

裂瓣玉凤花

二叶兜被兰

蛤兰

旗唇兰

中华盆距兰

日本对叶兰

香港绶草

带叶兰

土荆芥

喜旱莲子草

绿穗苋

刺苋

青葙

紫茉莉

土人参

落葵薯

落葵

球序卷耳

弯曲碎米荠

北美独行菜

落地生根

含羞草决明

野老鹳草

飞扬草

斑地锦

凤仙花

仙人掌

三裂叶薯

婆婆纳

直立婆婆纳

阿拉伯婆婆纳

阔叶丰花草

异檐花

藿香蓟

婆婆针

大狼耙草

鬼针草

野茼蒿

一年蓬

梁子菜

香丝草

小蓬草

苏门白酒草

牛膝菊

菊芋

裸柱菊

钻形紫菀

大薸

（除已标注的照片外，第1~28页的照片由楼炉焕提供，29~48页的照片由刘西提供）